地震前兆识别与地震灾害预警

Earthquake Precursory Identification and Earthquake Disaster Early Warning

——地壳断裂流变动力学理论的形成与应用

—— Formation and Application of Rheological Dynamics of Crustal Fracture

金日光 著

By Jin Riguang

中国地质大学出版社

ZHONGGUO DIZHI DAXUE CHUBANSHE

图书在版编目(CIP)数据

地震前兆识别与地震灾害预警——地壳断裂流变动力学理论的形成与应用/金日光著.—武汉:中国地质大学出版社,2009.10

ISBN 978-7-5625-2385-7

Ⅰ.地…
Ⅱ.金…
Ⅲ.①地震前兆②地震灾害-预警系统
Ⅳ.P315

中国版本图书馆 CIP 数据核字(2009)第 127530 号

地震前兆识别与地震灾害预警
——地壳断裂流变动力学理论的形成与应用

金日光 著

责任编辑:刘桂涛 姜 梅	责任校对:张咏梅
出版发行:中国地质大学出版社(武汉市洪山区鲁磨路388号)	邮政编码:430074
电 话:(027)67883511　　传真:67883580	E-mail:cbb@cug.edu.cn
经 销:全国新华书店	http://www.cugp.cn
开本:880 毫米×1230 毫米 1/16	字数:1065 千字 印张:33.625
版次:2009 年 10 月第 1 版	印次:2009 年 10 月第 1 次印刷
印刷:武汉鑫艺丰印务有限公司	印数:1—1 000 册
ISBN 978-7-5625-2385-7	定价:340.00 元

如有印装质量问题请与印刷厂联系调换

序

人类对地震孕育发生机理的认知，在科学上仍然存在着相当大的局限性，保持科学理性的头脑和积极探索的精神，一直是中国地震局所倡导的学术态度。汶川地震后，社会各界非常关注地震监测预报工作，有批评的，也有冷静思考的；有鼓励的，也有认真提供研究意见的，金日光教授就是迄今能够提出理论体系和方法的一位孜孜不倦的探索者。他有关地震预报的许多态度、想法和观点，我深有同感，是肯定和赞同的。

汶川地震发生后，中国地震局在按照党中央、国务院的部署，积极组织所属单位干部职工参加抗震救灾和恢复重建等各项工作的同时，也一直在对防震减灾工作，特别是地震预报研究深入总结和反思。经过近一段时间的分析和思考，更坚定了我对地震预报的一些认识。尽管地震预报很难，但并不等于不能预报。我个人坚信，人类终究能够完全攻克地震预报难关。但同时，我们不能够坐等，不能希冀"天上掉馅饼"的美事，必须按照党中央、国务院的要求，按照社会的需求，按照人民的期盼，坚持以人为本，认认真真想办法，扎扎实实做工作，大力开展地震预报研究，广泛进行地震预报探索，不断提高地震预报水平。所以，我对多学科融合探索地震预报方法持开放态度，为金日光教授的研究提供了一切必要协助。

金日光教授是我国材料科学与工程技术领域里成果卓著的专家，也是全国政协第八、九、十届常委。汶川地震发生后，他先后致信温家宝总理和回良玉副总理，希望能为地震预报研究做一些力所能及的工作，他这种对地震监测预报工作的支持和理解，以及对保障国家社会经济发展、保护人民生命财产安全的拳拳之心和无私之义，我深受感动，同时也非常敬佩。

在与中国地震台网中心的定期学术交流中，金日光教授所表现出的渊博学识和融会贯通的学术能力，给我们留下深刻印象。他采用群子统计力学对钻孔应变、重力、倾斜等观测数据进行细致的分析处理，为攻克地震预报难题开辟了一条新的、具有探索价值的途径。本书就是金日光教授对近一年与中国地震局监测预报司和中国地震台网中心合作研究的系统总结，在理论和方法上有了新的突破和见解，特别是对钻孔应变、重力、倾斜在临震信号上出现一致的发现，令人耳目一新。同时他尝试创建"地壳断裂流变动力学"这样一个多学科交叉的新学科，为地震预测预报提供理论依据和方法支持，具有很高的学术价值和实践意义。地震部门和我本人对此将一如既往地给予积极支持,并加强合作,期待取得更大突破。

坚持开放合作和开拓创新,是学习实践科学发展观的必然要求。我国的地震监测预报工作正遭遇着一些困难,同时也正在迎来良好发展机遇,只要我们进一步转变观念,充分吸取和凝聚各方面的智慧和力量,形成多学科开放合作的良好氛围,建立有效机制,努力形成合力,我国的地震预报工作一定会迎来新的积极局面。对此,我充满信心。

由于本人与金日光教授所从事的专业不同,为《地震前兆识别与地震灾害预警》作序,难免未尽理解,好在初衷是聊表敬意与期待。在此,从地震工作管理角度肯定和支持金日光教授的研究和探索。

中国地震局局长
陈建民
二〇〇九年六月

Preamble

There are considerable limitation in human cognition of the mechanism of earthquake preparation and occurrence in science. To maintain a scientific and rational mind and the spirit of active exploration is the academic attitude which has been advocated by China Earthquake Administration(CEA) at all times. After Wenchuan earthquake, the community is very concerned about the work of earthquake monitoring and forcasting, there are not only criticisms, but also cool-headed thinking; there are not only encouragement, but also serious views for research. Professor Jin Riguang is such an unwearied explorer who can put forward theory and method so far. I have the same view with his attitude, ideas and viewpoints about earthquake prediction.

After Wenchuan earthquake, following the Party Central Committee and the State Council's plan, China Earthquake Administration organized cadres and workers from affiliated units to participate in the earthquake relief and reconstruction work actively. At the same time, CEA has also been working on earthquake prevention and disaster reduction, especially on the summary and reflection of earthquake prediction research in depth. After a period of analysis and thinking, I am confident of some understanding of earthquake prediction. Although earthquake prediction is difficult, it doesn't mean that it can't be forecasted. I firmly believed that human will eventually be able to fully overcome the difficulties in earthquake prediction. However, there's no such thing as a free lunch, we can't just wait for good result. We must be in accordance with the Party Central Committee and State Council's request, in accordance with the needs of the community, in accordance with the expectation of the people, adhere to the people oriented, seriously think of ways to do a solid job, carry out earthquake prediction research and extensive exploration, keep on improving the level of earthquake prediction. Therefore, I have an open mind on the integration of multidisciplinary to explore the earthquake prediction and provide Professor Jin Riguang all the necessary assistance for his research.

Professor Jin Riguang is an outstanding expert who has achieved many achievement in China's Material Science and Engineering area. He is also the eighth, ninth and tenth Member of Standing Committee of Chinese People's Political Consultative Conference(CPPCC). After Wenchuan earthquake, he wrote letters to Premier Wen Jiabao and Vice Premier Hui Liangyu, hoping to do some work on earthquake prediction research within his ability. His support and understanding to earthquake monitoring and forecasting, as well as the kind heart and altruistic act to ensure national socioeconomic development and protect people's lives and property, moved me deeply and made me admire him very much at the sametime.

In the regular academic communion activity of China Earthquake Network Center, Professor Jin Riguang's extensive knowledge and ability of relating different aspects of learning impressed us very much. He use sub-cluster statistical mechanics to analyze the observation data of borehole strain, gravity and tilt, opened up a new and valuable way to overcome the problem in earthquake prediction. This book is a systematic summary for Professor Jin Riguang's nearly one year cooperative research with the Bureau of earthquake monitoring and forecasting of China Earthquake Administration and China Earthquake Network Center. The breakthrouhgs and new insights in theory and method, especially the finding that borehole strain, gravity and tilt earthquake impending signals identified with each other, are really refreshing. At the same time Professor Jin tried to establish a "rheological dynamics of crustal fracture", a new multidisciplinary of cross-disciplines, provided a theoretical basis and supporting method, which has a high academic value and practical significance. The department of Earthquake and I will, as always, give Professor Jin Riguang actively support and cooperation and look forward to his even greater breakthroughs.

Insisted on opening up and cooperation and innovation is the inevitable requirement of study and practice the concept of scientific development. China's earthquake monitoring and forecasting work is encountering some difficulties, but also meeting good opportunities for development. As long as we transform the concept further, draw and unite all aspects of strength and wisdom, establish a good opening up atmosphere and an effective mechanism of multi-disciplinary cooperation, make efforts to form a cohesive force, the work of earthquake prediction in China will come to a new positive situation. I am quite confident about it.

As a result of different specialty between Professor Jin Riguang's and mine, my preface to "The recognition of earthquake precursor and the early warning of earthquake", inevitably, is lack of throughly understanding, but luckily my original intention is just to express my respect and expectation. At this point, I would like to give my affirmation and support to Professor Jin Riguang's research and exploration from the perspective of the management of seismic work.

Director of China Earthquake Administration
Chen Jianmin
June, 2009

前 言

43年前的1966年3月8日、22日,河北邢台发生6.8级、7.2级地震,开启了新中国防震减灾事业的大门;33年前的1976年7月28日,河北唐山发生7.8级地震,让新中国一度火热的地震预报豪情降为冰点;1年前的今天2008年5月12日,四川汶川发生8.0级地震,使改革开放以来取得的地震预报科研成果再次受到冲击。在这个永远抹不掉痛苦记忆的日子,在汶川特大地震一周年之际,国务院新闻办发布《中国减灾行动白皮书》。古稀之年的作者,也在投身材料科学与工程技术教学及科研工作50年后的今天,以开辟地震前兆识别研究新途径的方式,期待早日攻克地震预测难题,告慰那些在地震灾害中死去的学生和同胞。

《地震前兆识别与地震灾害预警》,分15章60节。从汶川特大地震的应急管理思考到汶川特大地震的典型特征;从地球起源再探讨到地壳断裂机理再研究;从地震前兆识别到最新孕震形势分析;从地震测量科学概念到地震预警科学概念;从创建地震预测新学科到地震预测逻辑学意义,都进行了多学科的探索。本书以断裂力学、流变力学,以及与地壳断裂流变相关的固体潮汐力学和岩石塑性流体力学为基础,以动力学加速度、动力学加速量为主要特征,以群子多体对立竞争最可几强度统计力学为主要方法,以地壳断裂前兆临界极限为研究对象,探求地壳应变应力、重力、倾斜等作为地壳断裂前兆的充分必然性,并以实现地震前兆可量化识别为目的,以回归科学理性为己任,尝试构建地震灾害预警技术平台的理论和技术基础,促进政府提升灾害应急管理水平,满足防震减灾现实需要。

面对地震,人们寄希望于地震能够被预测预报;面对灾害,人们寄希望于政府高效的应急管理。随着汶川特大地震过去整整一周年,社会各界都在反思,对政府震前作为的呼声越来越高,对政府震前反应的技术要求也越来越严,各种观点层出不穷,各种建议良莠不齐,对中国地震工作的管理部门来说,既是挑战,也是机遇。目前社会上关于地震究竟能否被预报的争论仍在持续。作者从概念学、管理学和社会学的思考中受到启发,尝试从多学科、多角度论证了地震预测能为的技术基础和理论条件、地震灾害预警可行的技术支撑和方式方法、地震预报不可为的概念学思考和社会学评估等敏感问题,难免与相关学科和领域的专家学者产生分歧,谨请谅解。如果能够引起争鸣,这就是作者所期待的良好学术氛围,作者将坦然面对;如果能够对地震预测工作和防震减灾工作有所帮助,作者将感到欣慰和无愧。

"5.12"汶川特大地震举国同悲、举世震惊。一幕幕灾难惨景、一幅幅抗震救灾的画面,激发作者毅然涉足地壳断裂这个既陌生又似曾相识的领域。中国地震局对此给予了充分重视和极大支持。受材料断裂力学启发,作者首先运用自己在20世纪80年代初创建的群子统计理论(国际学术界称之为"第四统计力学理论"),对汶川特大地震地壳断裂的应力应变极限进行了临界量化分析,然后从地壳内应力与固体潮汐作用之间的对立竞争最可几强度入手,尝试探讨地壳内应力的来源、传播介质、流变通道与地壳断裂缺陷的必然关系,探讨导致地壳内应力加速失衡的量化条件和过程,探讨重力、倾斜与地壳断裂前兆的因果内在联系,探讨地震监测预报相关概念的科学性,探讨构建地震灾害预警平台的必要性和可行性。本书中,部分研究内容和学术观点已与中国地震局监测预报司、中国地震台网中心的专家学者进行了交流,在此书付梓之际表示感谢!

作者有关地震前兆识别与地震灾害预警方法的研究,以及地壳断裂流变动力学的研究,得到了许多人士的热情帮助。国务院抗震救灾总指挥部专家组组长马宗晋院士,向作者提出了许多专业意见和中肯建议;中国地震局和中国地震台网中心,始终是作者从事这项研究的后援和保证,陈建民局长多次亲自批示,并为本书作序,李克司长带队倾听意见,车时副司长和台网中心的张晓东副主任多次主持交流,牛安福等首席预报员经常与作者就地震预测方法问题深入交换意见,使作者深受鼓舞和启发;中国地震局地壳应力研究所邱泽华研究员、中国地震局监测预报司张勇先生也为作者的研究提供了帮助，在此表示衷心感谢！

北京化工大学材料与工程学院超细高强高模碳纤维研究团队的硕士研究生赵茵茵、张静、魏昆、秦其峰、张凡、孙国防、王亮、布风景、贾存龙，博士研究生张力、易凯、代永强、薛立伟等同学和许志献副教授，为了协助作者计算大量数据、处理地震前兆信息，放弃了寒暑假，放弃了周末休息，身为他们的指导老师，作者深受感动，并对他们的迅速成长感到欣慰。特别要感谢的是，武汉大学计算机学院的李雪飞博士和武汉亚达电子有限公司的胡俊杰董事长，为作者提供了灾害预警分析软件和安全预警系统终端，对形成实用成果至关重要。同时，作者要特别向四分量钻孔应变仪研制者池顺良教授和池毅先生表示致敬，他们坚持每天向作者提供观测数据已近11个月从未中断，使作者的研究得以持续；感谢砂层应力仪的研制者孙威先生也向作者提供了部分观测数据，为作者的研究丰富了内容。此外，还要感谢中国科学技术协会常委张开逊教授，他向作者介绍了许多传感技术和观测技术的特性，为作者的研究扩展了视野。

在本书的撰写和编辑过程中，朱厚宏先生在管理学和逻辑学方面提供了很好的建议，同时帮助整理了全书文字；作者实验室助理崔勇军、工作人员高居霞，为书稿打印、校对付出了辛勤的劳动。向作者提供研究帮助的还有珠海的陈俊亦先生，武汉的胡三芳先生、邢译天先生，上海的金文峰女士，以及日本科技界、韩国科技界的友人和台湾地区友人。北京化工大学国家重点实验室先进聚合物材料研究中心的武德珍、李齐方、张立群、汪晓东等教授为减轻作者的工作负担，做了大量的工作，校党委书记王芳同志非常关心这项研究，作者的夫人李铉淑不断地鼓励作者为国家为社会多做点力所能及的工作，在此一并感谢！

作者之所以列举这些给予研究帮助的人士，就是想向读者传递一个信息，中国地震局的领导和学者以及社会各界，都十分重视和支持社会各界参与地震预测科学研究，没有任何学科障碍。在作者与中国地震局及中国地震台网中心的学术交流过程中，丝毫没有感觉到他们有回避责任的消极，更多的是寻求地震预测突破的探讨。党中央、国务院主要领导亲自批示，关心这项研究；国务院办公厅的工作人员更是多次协助作者联系有关单位，获得研究素材。这些都是社会各界对我国防震减灾事业的重视和支持，作为科技工作者，只有加倍努力，才能回馈社会。

科学探索的路上没有终点，探索的人们没有歇息，我们共同的责任就是保护好我们同胞的生命，维护好我们的家园。

金日光

2009年5月12日于北京

Preface

After experiencing the magnitude 6.8 and 7.2 earthquakes occurring 43 years ago on March 8th and March 22nd, 1966 in Xingtai, Hebei province, China began to make every effort to protect against and mitigate earthquake disasters and there had been a growing enthusiasm in this cause since then. However, a magnitude of 7.8 earthquake striking Tangshan, Hebei province 33 years ago on July 28th, 1976 tremendously damaged the experts' enthusiasm for earthquake prediction. Moreover, one year ago on May 12th, 2008, a magnitude 8.0 earthquake that occurred in Wenchuan, Sichuan province, greatly challenged the scientific research achievement in earthquake prediction which had been made since the reform and opening-up in China in 1978. On the anniversary of the massive Wenchuan earthquake, an unforgettable day filled with heart-splitting memories, State Council Information Office published "The White Paper of China's Action for Disaster Prevention and Reduction". On this special day, I, in my seventies, having been devoting my heart and soul to the teaching and research in materials science and engineering technology for half a century, published this academic work concerning earthquake in memory of the students and fellow citizens who have sacrificed their lives in the devastating earthquake.

This book, Rheological Mechanics of Crustal Fault and Identification of Precursors of Earthquake, includes fifteen chapters within which there are altogether sixty sections. It conducts a multi-disciplinary exploration ranging from the emergency management to the typical characteristics of Wenchuan earthquake; from revisiting the theories of the earth's origins to reconsideration of the mechanism of the crustal fractures; from identification of earthquake precursor to the latest analysis of the warning signs of earthquake; from the concept of earthquake measurement to that of earthquake early warning; from founding the discipline of earthquake prediction to establishing its logical meaning. The theoretical foundations of this book are fracture mechanics, rheological mechanics, as well as solid tide mechanics and fluid mechanics of rock plasticity related to rheological mechanics of crustal fracture, mainly characterised by acceleration rate and acceleration in dynamics. Taking the critical limit of the precursors of crustal fracture as research object and adopting the methodology of statistical mechanics of most probable strength of the competition of multi-body sub-cluster, the book attempts to examine the inevitability to take crustal strain stress, gravity and tilt as the precursors of crustal fracture, aiming at quantifying the precursors of earthquakes and leading scientific studies back to the road of rationality. It seeks to provide theoretical and technical foundations for the early warning platform of earthquakes so as to promote government efficiency in emergency management and meet the practical needs for earthquake prevention and reduction.

Now in China, prompt and accurate prediction for earthquake is strongly desired; efficient emergency management is called for from the government. Over the past year since Wenchuan earthquake, people from all walks of life have turned it over in their minds. The demand for government's pre-earthquake actions is increasingly heard and there is also a critical need for developing technologies which guarantee pre-earthquake prevention. A multitude of opinions and suggestions come into horizon, which is a great challenge as well as an opportunity to the relevant sectors such as earthquake management. Although the issue of whether earthquake can be predicated is still under a heated discussion, the present author, inspired by the ideas from concept science, management science and sociology, attempts to prove the following aspects from multi-disciplinary and multi-dimensional perspectives: the technical foundations and theoretical conditions of the predictability of earthquake; technical support and methodologies of the early warning of earthquakes; the consideration of the impossibility of earthquake prediction in the light of concept science and sociological assessment. Since the ideas explored on these sensitive issues would probably diverge from, or even conflict with the views of other scholars in relevant fields, I would feel appreciated for the kindly understanding if there is such a case. If it can lead to a discussion in academic circle in which scholars can issue their opinions freely and exchange ideas, that would be desirable and delightful. If this book can be of any assistance to the cause of earthquake prediction, I would feel so gratified and honored.

The May-12 Wenchuan earthquake astonished the world, and left people across China into deep sorrow. The scenes of the devastating calamity and the whole country's rescue performed afterward stimulated me to probe into crustal fault——an area which seems foreign as well as familiar to me——with great determination. With the assistance of the State Council General Office, China Earthquake Administration has paid full attention to my study and offered me a lot of support. Inspired by the material fracture mechanics, I conduct a critical quantification analysis of the strain stress limit of crustal fracture in Wenchuan earthquake applying the sub-cluster statistical theory which I propsed in the early 1980s (known in the international academic circle as "The Fourth Statistical Mechanics Theory"). Then taking the most probable strength of the opposite competition between crustal internal stress and solid tide as the starting point, I continue to explore the following issues: the inevitable relationship between the crustal fracture fault, and the origin, transmission media and rheological channel of crustal internal stress; the quantifying conditions and process accelerating the unbalance of crustal internal stress; the internal relationship between gravity, tilt and the precursors of crustal fracture; the scientificity of the relevant concepts concerning the prediction of earthquake monitoring; the necessity and feasibility of constructing the platform for earthquake early warning. Some contents and academic views in this book have been discussed with the scholars and experts from the Bureau of Monitoring and Prediction of China Earthquake Administration and China Earthquake Networks Center, to whom I owe deep appreciation.

This study, which is concerned with the rheological mechanics of crustal fracture and the identification of the precursors of earthquakes, has been supported and helped by a good number of people. Academician Ma Zongjin, head of the Headquarter of the State Council Earthquake Relief Team, offered many a professional suggestion and insight as well as sound advice. China Earthquake Administration (CEA) and China Earthquake Networks Center (CENC) have provided me with the unfailing support ever since the beginning of the study, and Mr. Chen Jianmin, director of CEA has instructed directly and kindly agreed to write the preface for the book. Mr. Li Ke, the administrator, managed to participate in the meetings to exchange ideas with me several times. Mr. Che shi, the deputy administrator, and Mr. Zhang Xiaodong, the deputy director from CENC have hosted the meetings of discussion for me many times. Mr. Niu Anfu, chief forcaster, often had a deep talk with me in terms of the methods of earthquake prediction, inspiring me with enlightening ideas and words of encouragement. Mr. Qiu Zehua, researcher from Institute of Crustal Stress of CEA and Mr. Zhang Yong from the Bureau of Monitoring and Prediction of CEA also provided great help to my study. I express my sincere gratitude to all of them. Without the support that was so generously given by them, I could not have managed to finish this work.

The members of high strength and high modulus carbon fiber research team of Materials Science and Technology College in Beijing University of Chemical Technology, including eight postgraduate students, Zhao Yinyin, Zhang Jing, Wei kun, Qin Qifeng, Zhang Fan, Sun Guofang, Wang Liang, Bu Fengjing, Jia Cunlong, and four doctors Zhang Li, Yi Kai, Dai Yongqiang, Xue Liwei, and an associate professor Xu Zhixian, helped me calculate a large amount of data and analyze the seismic prognostic informations at the expense of giving up summer and winter vacations and almost all weekends when the research was undertaken. I am grateful to all of them for the wonderful work they've done and deeply moved by the sacrifice they have made. As their supervisor, I also feel gratified to see their growth in the academic field.

Dr. Li Xuefei from Computer Science College at Wuhan University, and Mr. Hu Junjie, chairman of the Ya Da Electronic Co., Ltd., deserve special appreciation for the disaster early warning analysis software and terminal of the safe early warning system they offered to me, which were essential to yield the practical results. My special thanks also go to Professor Chi Shunliang and Mr. Chi Yi, the developers of the four-component borehole strainmeters. It was the data they have observed and provided to me every single day in the past eleven months that made my study possible. I also feel grateful to Mr. Sun Wei, the developer of sand layer strainmeter, for the data he provided which have enriched the content of my study. What's more, I'd like to express my gratitude to Mr. Zhang Kaixun, the standing committee member of The China Association for Science and Technology, who has broadened my horizon of research by introducing the characteristics of sensor technology and the observation techniques to me.

In the writing and editing this book, my secretary Zhu Houhong has offered sound suggestions in terms of management science and logic, and gave aid in book organization and proofreading. The assistant of my laboratory, Cui Yongjun and staff Gao Juxia have made great efforts in proofreading, printing and copying the manuscripts. Besides, the support and help to my research also came from a number of wonderful persons. They are Mr. Chen Junyi from Zhuhai, Mr. Hu Sanfang and Mr. Xing Yitian from Wuhan, Miss Jin Wenfeng from Shanghai, as well as friends from the circle of Japanese and Korean science and technology, and fellows from Taiwan. I would like to express my heartfelt gratitude to them all.

From the generous help and unconditional support I have received during the research, I can clearly get such a message which I am more than happy to share with the readers of this book. That is, the leaders and scholars in China Earthquake Administration in particular, and people from all walks of society in general, are doing their best to support the scientific research on earthquake prediction conducted within any research field, with no barriers between disciplines at all. When I discussed academic issues with the experts of CEA during my study, what I saw is not the negative reaction of evading responsibility. Instead, they are making every effort to seek for the breakthrough in earthquake prediction. Chief leaders of The Party Central Committee and Stated Council have paid considerable attention to this study and issued instructions directly. The staff of General Office of the State Council have helped me to contact relevant departments to obtain materials for research many times. This is just one of the examples which reflect the great attention and sustained support given to the cause of earthquake prevention and reduction by the whole society. As a researcher, the only way I can pay back to the society is to redouble my effort.

There is no end on the road of scientific exploration. All explorers are determined to keep going, as all are carrying the same responsibility—— to protect lives and to safeguard the country.

Jin Riguang

12, May, 2009, in Beijng

目 录

第一章 汶川特大地震激发地震预测预警科学研究 (1)

第一节 汶川特大地震考验政府应急反应能力 (2)
一、预案启动迅速 政府动员高效 (2)
二、社会关注度高 参与积极 (3)
三、民心空前凝聚 体现制度优越性 (3)
四、灾区重建规模巨大科学规划体现以人为本 (4)

第二节 对汶川特大地震应急反应的思考 (4)
一、地震预测水平制约了应急反应能力 (4)
二、预警机制的缺乏影响了应急管理水平的发挥 (4)
三、地震监测台站的布局和建设还需要不断完善 (5)
四、群测群防在应急反应方面的重要作用还没有得到发挥 (6)
五、前兆观测技术需要不断创新、不断规范、不断探索 (6)
六、前兆观测缺乏识别能力以及理论支撑 (6)
七、应急反应的法律基础和保障还需要不断加强和完善 (6)
八、"以人为本"的科学发展观还需要在防震减灾工作中进一步体现 (7)

第三节 地震"监测预报"工作的困惑 (8)
一、职责与履责能力的困惑 (8)
二、确定性预报与预测不确定性争议的困惑 (8)
三、预测预报依据的逻辑困惑 (8)
四、多学科交叉与地震学科分置明晰的困惑 (9)
五、中国特色与开放学习的困惑 (9)
六、坚持测震主导与履行预报职责的困惑 (9)
七、法定职责与国际惯例不同的困惑 (9)
八、预测"百家争鸣"与预报"一言堂"的困惑 (9)

第二章 地壳断裂与地震成因理论的再认识 (10)

第一节 传统地震成因理论的局限性 (10)
一、宇宙起源的再探讨 (12)
二、地球起源的物理化学过程再探讨 (13)

第二节 从材料科学看地震成因的物理化学特性 (15)
一、流变力学特性 (15)
二、地球表层熔体的高粘弹性 (20)
三、地球自转产生向心爬杆效应 (20)

四、重力位能与释能 …………………………………………………………………………（22）

　第三节　材料断裂力学的启示 ……………………………………………………………………（25）

　　一、材料断裂过程与应力的关系 ……………………………………………………………（25）

　　二、材料断裂过程的应力极限 ………………………………………………………………（25）

　第四节　地壳断裂的力学特征 ……………………………………………………………………（29）

　　一、板块运动不是地震的主导成因 …………………………………………………………（30）

　　二、地壳断裂的力学特征 ……………………………………………………………………（30）

第三章　"地壳断裂流变动力学"理论探讨 …………………………………………………………（32）

　第一节　"地壳断裂流变动力学"的概念 …………………………………………………………（32）

　第二节　"地壳断裂流变动力学"的理论基础 ……………………………………………………（32）

　　一、基于流体力学帕斯卡里连通原理的突发性震荡理论 …………………………………（33）

　　二、基于断裂流变力学的大陆断裂带成因理论 ……………………………………………（34）

　　三、基于固体潮汐规律的应力-应变加速动力学理论 ……………………………………（37）

　　四、基于材料断裂力学的断裂临界识别方法 ………………………………………………（42）

　第三节　地壳断裂活动与地震的关系 ……………………………………………………………（44）

　　一、地震次数与震级关系 ……………………………………………………………………（44）

　　二、地质结构断裂带的流变历史效应 ………………………………………………………（44）

　　三、断裂带的活动形式 ………………………………………………………………………（45）

　第四节　地震前兆过程的"地壳断裂流变动力学"划分 …………………………………………（45）

　　一、短临加速增量过程 ………………………………………………………………………（45）

　　二、僵持缓静状态 ……………………………………………………………………………（46）

　　三、迫震趋势 …………………………………………………………………………………（46）

　　四、临震信号 …………………………………………………………………………………（46）

第四章　群子统计理论在"地壳断裂流变动力学"中的应用 ………………………………………（47）

　第一节　群子统计理论概述 ………………………………………………………………………（47）

　　一、欧美三大统计力学的局限性 ……………………………………………………………（47）

　　二、群子统计理论简介 ………………………………………………………………………（50）

　　三、第四统计力学的基本方程式的推导 ……………………………………………………（52）

　　四、定理及引理的证明 ………………………………………………………………………（53）

　第二节　群子统计理论多学科应用简介 …………………………………………………………（60）

　第三节　地壳应力应变的群子类型及其分析 ……………………………………………………（61）

　　一、地壳应力应变震荡的规律探讨 …………………………………………………………（61）

　　二、地壳应力应变的群子类型及其分析 ……………………………………………………（62）

　第四节　群子统计理论在地壳断裂前兆识别上的应用 …………………………………………（64）

　　一、负、正应变的竞争过程与最可几强度 …………………………………………………（64）

　　二、群子参数统计方程在地壳断裂前兆识别上的应用 ……………………………………（66）

　　三、群子统计方法应用于地震前兆识别的理论探讨 ………………………………………（70）

第五章　地壳断裂流变动力学条件与地震的逻辑关系探讨 ………………………………………（77）

　第一节　地壳应力与地壳断裂的观测方法 ………………………………………………………（77）

一、地壳应力观测 …………………………………………………………………………… (77)
　　二、地壳应力观测、地壳断裂监测与地壳断裂位移遥测的方法比较 …………………… (78)
第二节　传统应力应变的临界识别方法探讨 ……………………………………………… (81)
　　一、光滑曲线法 ……………………………………………………………………………… (81)
　　二、潮汐应变曲线的细观法 ………………………………………………………………… (81)
　　三、波动曲线差分直观法 …………………………………………………………………… (84)
第三节　地壳内应力与固体潮汐作用力之间的竞争关系 ………………………………… (87)
　　一、地壳内应力对固体潮汐作用力的抑制 ………………………………………………… (87)
　　二、四种危险度的定量表现形式 …………………………………………………………… (89)
第四节　群子统计理论在应力应变临界识别上的应用 …………………………………… (93)
　　一、基本概念 ………………………………………………………………………………… (93)
　　二、群子统计理论在应力应变临界识别上的应用包含三个要点 ………………………… (96)

第六章　汶川特大地震的应力应变前兆识别 …………………………………………… (123)
第一节　汶川特大地震应力应变的空间前兆识别 ………………………………………… (123)
　　一、钻孔应变观测台站的分布 ……………………………………………………………… (123)
　　二、钻孔应变仪工作状态评价 ……………………………………………………………… (125)
　　三、汶川特大地震的应力应变的空间力学前兆识别 ……………………………………… (143)
第二节　汶川特大地震应力应变随时间变化的初步前兆识别 …………………………… (146)
　　一、应力应变危险度群子参数的确定 ……………………………………………………… (146)
　　二、汶川特大地震前兆强度反映在时间上的状态量化特征 ……………………………… (148)
第三节　汶川特大地震应力应变的强度前兆特征 ………………………………………… (163)
　　一、简易直观推算地震强度的参考方法 …………………………………………………… (163)
　　二、地震强度识别的统计力学方法 ………………………………………………………… (164)
　　三、汶川特大地震的强度力学统计参数特征 ……………………………………………… (164)
第四节　汶川特大地震概率的动力学探讨 ………………………………………………… (166)
　　一、传统b值方法研究中期地震预测的局限性 ………………………………………… (167)
　　二、两种孕震动力学模式 …………………………………………………………………… (168)
　　三、运用"地震动力学概率统计方法"探讨汶川特大地震的时间和强度 ……………… (169)
第五节　汶川特大地震前兆的典型意义探讨 ……………………………………………… (171)
　　一、"地震预测模型"的尴尬 ……………………………………………………………… (171)
　　二、历史震例存在典型意义和非典型特征 ………………………………………………… (172)
　　三、汶川特大地震的地壳流变动力学典型意义和非典型特征 …………………………… (173)

第七章　汶川特大地震的重力前兆识别 ………………………………………………… (177)
第一节　中国重力场监测与研究现状 ……………………………………………………… (177)
第二节　汶川特大地震的重力法前兆识别原理 …………………………………………… (178)
　　一、重力曲线特征 …………………………………………………………………………… (178)
　　二、重力加速值的点阵分布体现地震前兆量化特征 ……………………………………… (181)
第三节　重力异常作为地震前兆的临界识别方法 ………………………………………… (183)

一、以24小时为单位的重力加速值点阵分布特征……………………………………(183)
二、从日报表和危险度参数上识别地震前兆………………………………………(189)

第八章　汶川特大地震的地倾斜前兆识别……………………………………(205)

第一节　地倾斜观测现状与地倾斜观测原理……………………………………(205)
一、地倾斜观测现状………………………………………………………………(205)
二、地倾斜观测原理………………………………………………………………(205)
三、地倾斜变化的加速速率………………………………………………………(209)

第二节　东西方向倾斜观测临界识别……………………………………………(212)
一、2008年1月—3月汶川地倾斜观测台南北向的加速值日报………………(212)
二、2008年4月27日起汶川观测台南北方向地倾斜异常状态的加速值……(220)

第三节　汶川特大地震前东西向地倾斜加速量化识别…………………………(228)

第四节　汶川特大地震前兆的重力和地倾斜识别对比…………………………(244)

第九章　"砂层应力"观测及其临界识别………………………………………(248)

第一节　砂层应力物理模型的提出………………………………………………(248)
一、单一震源作用下的孕震物理模型……………………………………………(250)
二、多震源作用下孕震物理模型…………………………………………………(251)

第二节　砂层应力观测的地震前兆………………………………………………(252)
一、正常的日变规律………………………………………………………………(252)
二、地震的5个阶段………………………………………………………………(253)

第三节　砂层应力方法对汶川特大地震前兆的解析……………………………(254)
一、砂层应力变化全过程(2007年11月1日至2008年5月12日)……………(254)
二、短临过程(2008年4月11日至5月12日)…………………………………(254)
三、临震及地震特征………………………………………………………………(255)
四、余震……………………………………………………………………………(255)

第四节　群子统计理论对砂层应力仪观测数据的定量解析……………………(256)
一、西集砂层应力分析……………………………………………………………(256)
二、昌平砂层应力分析……………………………………………………………(269)
三、对旧金山砂层应力反映汶川地震前后异常的解析…………………………(279)

第十章　地震前兆观测与地震前兆识别…………………………………………(290)

第一节　地震前兆与地震前兆观测的现状………………………………………(290)
一、地震前兆………………………………………………………………………(290)
二、地震前兆观测…………………………………………………………………(296)

第二节　地震前兆观测与地震前兆识别现状……………………………………(296)
一、我国地震前兆观测现状………………………………………………………(296)
二、我国地震前兆识别现状………………………………………………………(298)

第三节　地震前兆识别的理论依据和理论支持…………………………………(299)
一、地震前兆识别与地震成因理论密切相关……………………………………(299)
二、地震前兆识别技术的理论支持………………………………………………(300)

第四节　汶川特大地震前兆回顾性识别研究的误区……………………………………………(300)
　　　一、回顾性识别与前瞻性识别的本质区别……………………………………………………(300)
　　　二、汶川特大地震前兆回顾性识别研究的误区………………………………………………(300)
　　第五节　地震前兆前瞻性识别(趋势识别)探讨……………………………………………(301)
　　　一、地震前兆回顾性识别是前瞻性识别的基础………………………………………………(301)
　　　二、2009年姑咱应变台的趋势识别探讨………………………………………………………(302)
　　　三、徐州应变观测的应力应变前兆趋势………………………………………………………(305)
　　　四、双重加速值方法能有效消除四分量应变仪正负固有值不平衡…………………………(305)

第十一章　地震预测方法与地震预测理论探讨……………………………………………(307)
　　第一节　地壳"自组织"现象的不确定性与确定性……………………………………………(307)
　　　一、地壳内部"自组织"的不确定性……………………………………………………………(307)
　　　二、"自组织现象"的确定性……………………………………………………………………(307)
　　　三、"自组织现象"与"耗散理论"………………………………………………………………(307)
　　　四、"自组织现象"的加速特性是地震必然逻辑过程的本质属性……………………………(308)
　　第二节　地震预测理论与地震预测方法……………………………………………………(308)
　　　一、预测努力与预测实践的差距………………………………………………………………(308)
　　　二、地震预测理论缺失…………………………………………………………………………(309)
　　　三、地震预测理论及其框架概要………………………………………………………………(310)
　　第三节　基于地壳断裂流变动力学的震例研究与分析……………………………………(311)
　　　一、汶川特大地震再研究………………………………………………………………………(311)
　　　二、攀枝花地震、四平地震、忻州地震与汶川地震的比较研究………………………………(314)

第十二章　中国大陆地区2009年孕震形势的地壳断裂流变动力学分析………………(318)
　　第一节　运用"地震动力学统计方法"探讨2009年中国大陆地区孕震形势……………(318)
　　　一、汶川特大地震回顾性预测研究的启示……………………………………………………(318)
　　　二、我国四周的地震触角区与大陆地震关系的探讨…………………………………………(323)
　　第二节　汶川特大地震后首都圈孕震形势研究分析………………………………………(337)
　　　一、汶川特大地震标志我国大陆地区进入地震活跃期………………………………………(337)
　　　二、首都圈孕震形势研究………………………………………………………………………(345)
　　　三、应力应变加速状态出现反复………………………………………………………………(346)
　　　四、西集"砂层应力仪"对首都圈孕震形势的解析……………………………………………(347)
　　第三节　通化、徐州和襄樊台应变数据参数异常态的量化特点…………………………(348)
　　　一、通化、徐州从2009年初开始构成了相互呼应的应变加速异常带………………………(348)
　　　二、2009年4月16日开始,通化、徐州挤压应力加速积聚被拉张应力松弛耗散…………(350)
　　　三、值得关注的襄樊应变台数据最新情况……………………………………………………(351)
　　第四节　中国历法对地震预测的参考价值…………………………………………………(352)
　　　一、中国历法……………………………………………………………………………………(352)
　　　二、中国历法与地震时间的概率关联性………………………………………………………(353)

第十三章　地震前兆识别与地震预测方法的反演与应用………………………………(366)
　　第一节　地震前兆识别的依据、方法和目的………………………………………………(366)

一、地震前兆识别的依据 …………………………………………………………………… (366)
二、地震前兆识别的方法应用 ……………………………………………………………… (366)
三、自然界最佳黄金分割原理的启示 ……………………………………………………… (367)
四、地震前兆识别的目的 …………………………………………………………………… (368)

第二节 空间三维参数与地震前兆状态 ………………………………………………………… (369)
一、一维参数所反映的汶川特大地震前兆状态 …………………………………………… (369)
二、二维参数所反映的汶川特大地震前兆状态 …………………………………………… (369)
三、三维参数所反映的汶川特大地震前兆状态 …………………………………………… (370)

第三节 三维参数量化地震前兆危险状态的反演应用 ………………………………………… (371)
一、清晰反映汶川特大地震前兆的应变台站 ……………………………………………… (371)
二、汶川特大地震前兆与远程关联现象普遍性的探讨 …………………………………… (375)

第四节 复合群子参数与地震灾害预警时机 …………………………………………………… (380)
一、姑咱台所反映的孕震状态进入临震高危态的时间概念 ……………………………… (380)
二、复合群子参数提供孕震状态进入短临危险态的台站(图13-20～图13-25) …… (381)

第五节 三维参数和复合参数反映地震灾害预警时机的比较 ………………………………… (384)
一、两种应变的竞争状态 …………………………………………………………………… (408)
二、固体潮汐作用的背景 …………………………………………………………………… (409)
三、孕震强度的变化 ………………………………………………………………………… (409)
四、地震前兆短临危险态的挤压应变变化率的特征 ……………………………………… (409)
五、地震前兆临震高危态的挤压应变和固体潮汐异常加速率协同参数的量化特征 …… (409)
六、地震前兆临震高危态的能量突变的特征 ……………………………………………… (409)

第六节 应变数据识别方法的应用 ……………………………………………………………… (409)
一、应变数据背景 …………………………………………………………………………… (409)
二、应变数据时效 …………………………………………………………………………… (410)
三、应变数据识别方法的应用 ……………………………………………………………… (410)
四、对地震强度前兆特征量化的两种识别方法 …………………………………………… (411)
五、震例背景和应用举例 …………………………………………………………………… (411)

第十四章 地震前兆观测与地震灾害预警 ……………………………………………………… (485)

第一节 地震前兆与地震测量 …………………………………………………………………… (485)
一、地震测量相关概念的共性与差异 ……………………………………………………… (485)
二、地震测量相关概念是技术方法和理论体系的标志 …………………………………… (486)
三、大地运动速率监测与大地运动位移遥测 ……………………………………………… (487)
四、电场、磁场、热场、气象场与地震前兆 ……………………………………………… (488)

第二节 传统地震预测预报的概念误区 ………………………………………………………… (488)
一、传统自然现象预报概念的误区 ………………………………………………………… (488)
二、预测概念的科学意义 …………………………………………………………………… (489)
三、地震预测预报概念回归科学理性的必要性 …………………………………………… (489)
四、地震预测能为与地震预报不可为 ……………………………………………………… (491)

第三节 地震灾害预警概念 ……………………………………………………………………… (492)

一、预警概念的科学定义 (492)
  二、地震预报与地震灾害预警的本质区别 (492)
  三、地震灾害预警是最佳报平安的技术平台 (494)

 第四节 地震灾害预警的防震减灾意义探讨 (494)
  一、地震灾害预警是防震减灾的科学途径 (494)
  二、维护社会稳定也是一种减灾效益 (495)
  三、地震预警机制的减灾效能 (495)

 第五节 地震前兆识别与地震灾害预警 (495)
  一、特征性地震前兆及其特征体系 (495)
  二、地震灾害预警技术 (496)
  三、预警体系构成 (498)

第十五章 我国地震前兆台网与地震灾害预警体系建设的战略思考 (499)

 第一节 地震前兆台网与地震灾害预警体系建设的战略意义 (499)
  一、防震减灾行动的迫切需要 (499)
  二、"以人为本"科学发展观的具体体现 (500)
  三、地震科学探索的必要条件 (500)
  四、维护社会稳定的科学依据 (500)

 第二节 地震前兆台网与地震灾害预警体系建设的可行性 (501)
  一、地震前兆特征性观测可量化 (501)
  二、地震前兆识别方法与灾害预警体系具有实现智能化的技术条件 (502)
  三、地震前兆台网与地震灾害预警体系建设的战略时机已经成熟 (502)

 第三节 地震前兆台网与地震灾害预警体系建设的战略思考 (504)
  一、专业研究与专业预警 (504)
  二、紧急避险与公共预警 (505)
  三、专业研究与应急管理相结合 (505)
  四、区域预警与集中预警相结合的应急管理层次 (505)

后 记 (506)

参考文献 (508)

Contents

Chapter I Wenchuan earthquake stimulates scientific research of earthquake early warning and prediction. ……………………………………………………………………………… (1)

Section 1 Wenchuan earthquake tested the Government's emergency response capacity …… (2)

    1. Quickly-started plans and government's efficient mobilization ……………………… (2)

    2. High degree of social concern and participation actively ……………………………… (3)

    3. Unprecedented rallying the support of the people and reflecting the superiority of the socialist system ………………………………………………………………………… (3)

    4. Scientific planning of large-scale reconstruction in disaster areas reflected people-oriented … (4)

Section 2 Thinking about emergency response of Wenchuan earthquake …………………… (4)

    1. The level of earthquake prediction had restricted the ability of emergency response …… (4)

    2. The lack of early warning mechanism affected the level of emergency management …… (4)

    3. Construction of layout of earthquake monitoring stations also need to be improved constantly ……………………………………………………………………………… (5)

    4. Mass monitoring had not played an important role in the emergency response. ………… (6)

    5. Technologies of precursory observation needed constant innovation, regulation and exploration. ……………………………………………………………………………… (6)

    6. The lack of ability to reorganization and theoretical support in precursory observation. … (6)

    7. The legal basis for emergency response and security need to be continuously strengthened and improved ………………………………………………………………………… (6)

    8. "People-oriented" of scientific concept of development in earthquake disaster prevention and mitigation need to be further reflected. ………………………………………… (7)

Section 3 Confusion of Earthquake "monitoring and forecast" ……………………………… (8)

    1. Confusion of the capacity of the duties and responsibilities ………………………… (8)

    2. Confusion of controversy of certain forecast and uncertain prediction. ……………… (8)

    3. Confusion of logic of prediction and forecast ………………………………………… (8)

    4. Confusion of the multidisciplinary intersecting and clear division of earthquake. ……… (9)

    5. Confusion of Chinese characteristics and the open studying ………………………… (9)

    6. Confusion of persistence of leading of measuring earthquakes and performing their forecasting duties ………………………………………………………………………… (9)

    7. Confusion of legal duties and different international practices ……………………… (9)

    8. Confusion of prediction of "hundred schools of thought contend" and forecast of "Autocracy" ……………………………………………………………………………… (9)

Chapter II Re-recognition of crustal fracture and the theory about causes of earthquakes ……… (10)

Section 1 Limitations of the traditional theory about causes of earthquakes ………………… (10)

    1. Re-discussion on the origin of the universe ……………………………………… (12)

    2. Re-discussion on the origin of the Earth's physical and chemical processes …………… (13)

Section 2 Physical and chemical characteristics of causes of earthquakes based on materials science ……………………………………………………………………………………… (15)
  1. Characteristics of rheological mechanics ……………………………………… (15)
  2. High viscoelasticity of the earth's surface melt ……………………………… (20)
  3. Effect of climbing pole centripetal bought by Earth's rotation ……………… (20)
  4. Gravitational potential energy and its release ………………………………… (22)
Section 3 An apocalypse from material fracture mechanics ………………………… (25)
  1. The relationship between the fracture process and stress …………………… (25)
  2. The limit of fracture process …………………………………………………… (25)
Section 4 The mechanical characteristics of crustal fracture ……………………… (29)
  1. Plate movement is not the leading causes of earthquakes …………………… (30)
  2. The mechanical characteristics of crustal fracture …………………………… (30)

Chapter Ⅲ Theoretical discussion of Rheological dynamics of crustal fracture ……… (32)
Section 1 The concept of rheological dynamics of crustal fracture ………………… (32)
Section 2 Theoretical foundation of rheological dynamics of crustal fracture ……… (32)
  1. The sudden shocks theory based on the principle of Pascari Connectivity ……… (33)
  2. The causes of continental fault theory based on rheological fracture mechanics ……… (34)
  3. Stress-strain to accelerate the dynamics theory based on solid tide ………… (37)
  4. Methods to identification of fracture critical based on fracture mechanics ……… (42)
Section 3 The relationship between crustal fault activity and earthquakes ………… (44)
  1. The relationship between earthquake frequency and magnitude ……………… (44)
  2. Rheological history effect of the geological structure of the fault zone ……… (44)
  3. Activity forms of the fault zone ………………………………………………… (45)
Section 4 The division of the process of earthquake precursory by rheological dynamics of crustal fracture ……………………………………………………………………… (45)
  1. The process of short-term incremental process to speed up ………………… (45)
  2. The process of static process of easing the stalemate ………………………… (46)
  3. The process of compelling earthquake ………………………………………… (46)
  4. Inpending earthquake …………………………………………………………… (46)

Chapter Ⅳ Applications of the Sub-cluster Statistics Theory in Rheological dynamics of crustal fracture ……………………………………………………………………… (47)
Section 1 Overview of the Sub-cluster Statistics Theory …………………………… (47)
  1. Limitations of European and American Three Statistical Mechanical theories ……… (47)
  2. The introduction of Sub-cluster Statistical Theory (also known as the international academic community, "the fourth statistical mechanics") ……………………… (50)
  3. The derivation of fourth Statistical Mechanics basic equation ……………… (52)
  4. the proof of theorem and lemma ……………………………………………… (53)
Section 2 The introduction of Sub-cluster statistical theory application in multi-disciplinary ……… (60)
Section 3 The sub-cluster types and analysis of crustal stress and strain ………… (61)
  1. The discussion of the law of the crustal stress and strain …………………… (61)
  2. The sub-cluster types and analysis of crustal stress and strain ……………… (62)
Section 4 The application of Sub-cluster statistical theory in the precursor identification of

the earth's crust ······ (64)
1. The competitive process of Negative strain and the most probable intensity ······ (64)
2. The theoretical analysis of the precursor of crustal fracture ······ (66)
3. The application of Equations of the sub-cluster parameters in identifying the precursor of crustal fracture ······ (70)

Chapter V　The logical relationship between the dynamics conditions of Crustal fracture rheology and earthquake ······ (77)
　Section 1　The Methods of observation for Crustal stress and fracture ······ (77)
　　1. The observation of crustal stress ······ (77)
　　2. The Comparison of the observation of crustal stress, crustal fracture monitoring and Crustal fracture displacement telemetry ······ (78)
　Section 2　The discussion of traditionally clinic identified method for stress and strain ······ (81)
　　1. Smooth curve ······ (81)
　　2. Strain curves of micro-tidal mothod ······ (81)
　　3. Volatility curve differential intuitive method ······ (84)
　Section 3　The competitive relationship between Stress within the crust and Solid tidal force ······ (87)
　　1. The inhibition of Solid tidal force from Stress within the crust ······ (87)
　　2. Four types quantitative risk expressions ······ (89)
　Section 4　The application of Sub-cluster Statistical Theory in identifying the clinic stress and strain ······ (93)
　　1. Basic Concept ······ (93)
　　2. Three key points in the application of Sub-cluster Statistical Theory in identifying the clinic stress and strain ······ (96)

Chapter VI　The precursor recognition of stress-strain in Wenchuan earthquake ······ (123)
　Section 1　The Space precursor recognition of stress-strain in Wenchuan earthquake ······ (123)
　　1. The layout of observation stations for borehole strain ······ (123)
　　2. The evaluation of the working situation of borehole strain gauge ······ (125)
　　3. Stress-strain space mechanics precursor recognition in Wenchuan earthquake ······ (143)
　Section 2　Stress-strain time precursor recognition in Wenchuan earthquake ······ (146)
　　1. The definition of sub-cluster parameters of stress-strain risk level ······ (146)
　　2. The quantitative characteristics of the relationship between the time and stress-strain precursor in wenchaun earthquake ······ (148)
　Section 3　The characteristics of the stress-strain strength precursor in Wenchuan earthquake ······ (163)
　　1. A simple method of calculating the earthquake intensity ······ (163)
　　2. The statistical mechanics of the indentification of earthquake intensity ······ (164)
　　3. The characteristics of mechanical statistical parameter in Wenchuan earthquake ······ (164)
　Section 4　The discussion of dynamics of Wenchuan earthquake probability ······ (166)
　　1. The limitation of studying intermediate earthquake with traditional b method ······ (167)
　　2. Two dynamics modes of breeding earthquake ······ (168)
　　3. The discussion of the time and intensity in Wenchuan earthquake by the theory of

"statistical methods dynamics of earthquake" ………………………………………………… (169)
Section 5　The discussion of typical significance of Wenchuan earthquake ……………… (171)
　1. The embarrassment of "earthquake prediction model" ………………………………… (171)
　2. The typical significance and atypical characteristics of historical earthquakes ………… (172)
　3. The typical significance and atypical characteristics of crustal fracture and rheology in Wenchuan earthquake ……………………………………………………………… (173)

Chapter VII　The gravity precursor recognition in Wenchuan earthquake ……………… (177)
　Section 1　The present situation of monitoring and studying gravity field in China ……… (177)
　Section 2　The principles of recognizing gravity precursor of the Wenchuan earthquake …… (178)
　　1. The characteristics of gravity curve …………………………………………………… (178)
　　2. The dot-matrix distribution of the gravity accelerate value reflect the quantized features of earthquake precursor …………………………………………………………… (181)
　Section 3　Gravity anomaly as the critical identification methods of earthquake precursor … (183)
　　1. The dot-matrix distribution characteristics of the gravity accelerate value(24hr for a unit) ………………………………………………………………………………… (183)
　　2. Identifying earthquake precursor from daily report and parameters of risk factor …… (189)

Chapter VIII　The earth tilt precursor recognition in Wenchuan earthquake ……………… (205)
　Section 1　The present situation and principle of ground tilt measurement …………… (205)
　　1. The present situation of ground tilt measurement …………………………………… (205)
　　2. Principle of ground tilt measurement ………………………………………………… (205)
　　3. The accelerating speed of ground tilt ………………………………………………… (209)
　　Section 2　The critical identification of north-south tilt ………………………………… (212)
　　1. The daily report of acceleration magnitude of north-south tilt measured by Wenchuan observatory from January to March, 2008 ……………………………………… (212)
　　2. The abnormal acceleration magnitude of north-south ground tilt in Wenchuan since 27th, April, 2008 ……………………………………………………………………… (220)
　Section 3　The quantized recognition of the acceleration in east-west tilt before Wenchuan earthquake …………………………………………………………………… (228)
　Section 4　Comparison of gravity recognition and ground tilt recognition of Wenchuan earthquake precursor ………………………………………………………… (244)

Chapter IX　The measuring of "sand layer stress" and the critical recognition ………… (248)
　Section 1　The raising of physical model of "sand layer stress" ……………………… (248)
　　1. The physical model of breeding earthquake under a single hypocenter ……………… (250)
　　2. The physical model of breeding earthquake under multi-hypocenters ………………… (251)
　Section 2　The earthquake precursor by measuring "sand layer stress" ………………… (252)
　　1. The regular daily changes ……………………………………………………………… (252)
　　2. 5 stages of the earthquake …………………………………………………………… (253)
　Section 3　The explanation about Wenchuan earthquake precursor with "sand layer stress" method ……………………………………………………………………………… (254)
　　1. The relationship of potential signals (mv) and date (2007.11.1～2008.5.12) ……… (254)
　　2. The short-impending process (2008.4.11～2008.5.12) …………………………… (254)

3. The characteristics of the inminent earthquake and earthquake ……………… (255)

　　4. Aftershocks ………………………………………………………………………… (255)

　Section 4　The quantitative analysis of the observational datas from "sand layer stress" meter by sub-cluster theory ……………………………………………………………… (256)

　　1. Sand layer stress analysis of XiJi …………………………………………………… (256)

　　2. Sand layer stress analysis of ChangPing …………………………………………… (269)

　　3. The analysis of anomaly sand layer stress of San Francisco around Wenchuan earthquake ………………………………………………………………………………………… (279)

Chapter X　The observation and recognition of earthquake precursor …………………… (290)

　Section 1　Earthquake precursor and observation ……………………………………… (290)

　　1. Eearthquake precursor ………………………………………………………………… (296)

　　2. The observation of earthquake precursor …………………………………………… (296)

　Section 2　The present situation of the observation and recognition of earthquake precursor ………………………………………………………………………………………… (296)

　　1. The present situation of the observation of earthquake precursor ……………… (296)

　　2. The present situation of the recognition of earthquake precursor ……………… (298)

　Section 3　The theoretical basis of the recognition of earthquake precursor ………… (299)

　　1. The close relationship between the recognition of earthquake precursor and earthquake theory ………………………………………………………………………………… (299)

　　2. The theoretical support for Earthquake precursor recognition technology ……… (300)

　Section 4　Misunderstanding of the study for precursor retrospective identify for the Wenchuan earthquake ……………………………………………………………… (300)

　　1. The essential difference between Retrospective identification and Identify forward-looking ……………………………………………………………………………………… (300)

　　2. Misunderstanding of the study for Retrospective identification in Wenchuan earthquake ……………………………………………………………………………………… (300)

　Section 5　Forward-looking identification-tendency identification ……………………… (301)

　　1. The characteristic precursor of tendency identification …………………………… (301)

　　2. The discussion of the method of tendency identification ………………………… (302)

　　3. Xuzhou strain observation of stress-strain precurrsor identification …………… (305)

　　4. Double speed value method can effectively eliminate the imbalance between the opositive and negative intrinsic value of Four-component strain gauge …………………………… (305)

Chapter XI　Earthquake Prediction Theory and the situation Seismogenic in mainland China in 2009 ……………………………………………………………………………………… (307)

　Section 1　Uncertainty and certainty for the Phenomenon of "Self-organization" ……… (307)

　　1. Uncertainty of Crust internal "self-organizing" …………………………………… (307)

　　2. Certainty of "Phenomenon of Self-organization" …………………………………… (307)

　　3. "Phenomenon of Self-organization" and "Dissipative Theory" …………………… (307)

　　4. The properties of speeding up for "Phenomenon of Self-organization" is the nature attributes to the inevitable logic process ……………………………………………………… (308)

　Section 2　Theory and methods of earthquake prediction ……………………………… (308)

　　1. The difference between efforts and practice of Prediction ……………………… (308)

2. Lack of Earthquake Prediction Theory ……………………………………………… (309)
  3. Theory of Earthquake Prediction and the framework ………………………………… (310)
 Section 3　Based on the research and analysis of rheology of crustal fracture dynamics … (311)
  1. Further study for Wenchuan Earthquake ……………………………………………… (311)
  2. Comparative Study for Panzhihua, Siping, Yizhou and Wenchuan earthquake ………… (314)

Chapter XII　The research and analysis of breeding earthquake in rheology of crustal fracture dynamics in Mainland China. …………………………………………………………… (318)
 Section 1　The use of "statistical methods dynamics of earthquake" to explore the situation Seismogenic in mainland China in 2009 ………………………………………… (318)
  1. Retrospective Prediction of the Enlightenment to Wenchuan earthquake ……………… (318)
  2. The discussion of the relationship between the earthquake zone around our country and earthquake ……………………………………………………………………………… (323)
 Section 2　The research and analysis of the situation of breeding earthquake of the capital circle ……………………………………………………………………………… (337)
  1. Wenchuan Earthquake signs that mainland of China enters in earthquake active phase …………………………………………………………………………………… (337)
  2. The situation of breeding earthquake of the capital circle ………………………… (345)
  3. The reiteration of the acceleration of stress-strain …………………………………… (346)
  4. The resolution of Xiji "sand layer strainmeter" to the situation of breeding earthquake of the capital circle ……………………………………………………………………… (347)
 Section 3　The analysis of the abnormal evolution of stress-strain data sub-cluster parameters about Tonghua and Xuzhou ………………………………………………………… (348)
  1. Tonghua, Xuzhou constituted of the abnormal zone responsed to echo each other from early 2009 ………………………………………………………………………… (348)
  2. Tonghua, Xuzhou extrusion stress accelerating the accumulation were dissipated by pulled stress from 16 April, 2009 ……………………………………………………… (350)
  3. The latest contingency data in Xiangfan worthed to concern ………………………… (351)
 Section 4　Chinese calendar's reference value to Earthquake prediction …………………… (352)
  1. The Traditional Chinese Calendar. ………………………………………………… (352)
  2. The probabilistically relevance between the Traditional Chinese Calendar and the time of earthquake ……………………………………………………………………………… (353)

Chapter XIII　Application and inversion of earthquake precursor identification and earthquake prediction methods ……………………………………………………………… (366)
 Section 1　Basis, methods and purposes of earthquake precursor identification ………… (366)
  1. Basis of earthquake precursor identification ………………………………………… (366)
  2. Methods and application of earthquake precursor identification …………………… (366)
  3. Inspiration of Golden Section principle in the nature ……………………………… (367)
  4. The purpose of earthquake precursor identification ………………………………… (368)
 Section 2　Three-dimensional parameter in the space and the state of earthquake ……… (369)
  1. One-dimensional parameter reflected by the state of Wenchuan earthquake precursor … (369)
  2. Two-dimensional parameter reflected by the state of Wenchuan earthquake precursor … (369)
  3. Three-dimensional parameter reflected by the state of Wenchuan earthquake precursor … (370)

Section 3   Inversion and application of three-dimensional parameter which quantify the risk
             of the risk of earthquake precursor ……………………………………………………… (371)
  1. Strain stations reflecting Wenchuan earthquake precursor clearly …………………… (371)
  2. Discussion for the universality of long-range correlation phenomena of earthquake precursor
     …… (375)
Scetion 4   Complex sub-parameters and inversion of earthquake early-warning time …… (380)
  1. Complex sub-parameters provide stations from breeding earthquake to short-term …… (380)
  2. Complex sub-parameters provide time concept from breeding earthquake to critical
     state in high-risk earthquake ……………………………………………………………………… (381)
Section 5   Three-dimensional parameters and the complex parameters prompt the comparison
             of timing of earthquake warning ………………………………………………………… (384)
  1. Two competing strain ……………………………………………………………………………… (408)
  2. The background of the role of solid tide …………………………………………………… (409)
  3. Changes in the strength of breeding earthquake …………………………………………… (409)
  4. Quantitative characteristics of short-term of risk in earthquake precursor …………… (409)
  5. Quantitative characteristics of critical state in high-risk of earthquake precursor …… (409)
Section 6   Application of identification methods of strain data ………………………………… (409)
  1. Background of strain data ………………………………………………………………………… (409)
  2. Efficiency of strain data …………………………………………………………………………… (410)
  3. Application of identification methods of strain data ………………………………………… (410)
  4. Two quantitive methods to identify of the characteristics of the strength precursor of
     earthquake ……………………………………………………………………………………………… (411)
  5. Application ………………………………………………………………………………………… (411)

Chapter XIV   Observation of earthquake precursory and earthquake early warning. ………… (485)
  Section 1   Earthquake precursory and measurment of earthquake ……………………………… (485)
    1. Similarities and differences of the related concept of earthquake measurment. ………… (485)
    2. The related concept of earthquake measurment is the sign of technical methods and
       theoretical system. ……………………………………………………………………………… (486)
    3. Monitoring of earth movement rate and telemetering remote-monitoring of earth
       Displacement …………………………………………………………………………………… (487)
    4. Electric field, magnetic field, thermal field weather and earthquake precursor. ……… (488)
  Section 2   Concept misunderstanding of traditional scientific earthquake prediction ……… (488)
    1. The concept misunderstanding of prediction of traditional natural phenomena ………… (488)
    2. The scientific significance of the concept of forecast ……………………………………… (489)
    3. Necessity of the returning to scientific theory of the concept of earthquake prediction… (489)
    4. Feasibility of earthquake pridiction and infeasibility of earthquake forecast. …………… (491)
  Section 3   Concept of early warning of earthquake disaster ………………………………… (492)
    1. Scientific definition of the concept of early warning ……………………………………… (492)
    2. Essential difference between earthquake prediction and earthquake early warning …… (494)
    3. Earthquake early warning is the best techonology plateform to say "safe". …………… (494)
  Section 4   Significance Discussion of earthquake early warning in Earthquake Prevention and
               Disaster Reduction ……………………………………………………………………… (494)
    1. Earthquake early warning is the scientific way of Earthquake Prevention and Disaster Reduc-

  tion ······ (494)

  2. Maintaining social stability is also an effective disaster reduction ······ (495)

  3. Efficiency of earthquake early warning mechanism in disaster reduction ······ (495)

 Section 5 Identifying of earthquake precursors and earthquake early warning ······ (495)

  1. Characteristic features of earthquake precursors and its system ······ (495)

  2. Earthquake disaster warning technology ······ (496)

  3. Constitute of earthquake early warning system ······ (498)

Chapter xv Strategic thinking of the construction of China's earthquake precursor observation network and early warning system ······ (499)

 Section 1 Meaning of the construction of China's earthquake precursor observation network and early warning system ······ (499)

  1. Urgent need for action of Earthquake Prevention and Disaster Reduction ······ (499)

  2. A concrete manifestation of "people-oriented" scientific concept of development ······ (500)

  3. Necessary conditions of the earthquake for scientific exploration ······ (500)

  4. Scientific basis of the maintenance for social stability ······ (500)

 Section 2 The feasibility of the construction of China's earthquake precursor observation network and early warning systemp ······ (501)

  1. Quantifiable identification of the characteristics of precursor observations ······ (501)

  2. The method of identifying earthquake precursors and system of earthquake early warning can become intelligentized on technical conditions ······ (502)

  3. It's the strategic time for the construction China's earthquake precursor observation network and early warning system ······ (502)

 Section 3 Strategic thinking of the construction of China's earthquake precursor observation network and early warning system ······ (504)

  1. Professional research and professional warning ······ (504)

  2. Emergency aversion of hazards and public warning ······ (505)

  3. The combination of professional research and Disaster Reduction of emergency management ······ (505)

  4. The combination of regional early warning and centralized early warning ······ (505)

Postscript ······ (506)

References ······ (508)

第一章　汶川特大地震激发地震预测预警科学研究

【摘要】 汶川特大地震举世震惊,社会各界纷纷从不同角度在反思,作者在深入探讨地震前兆识别的理论依据和方法基础之前,尝试对汶川特大地震进行应急管理方面的思考,分析了我国当前地震监测预报工作面临的形势和困惑,提出地震监测预报工作需要转型的技术趋势和减灾形势要求,阐明作者跨学科探讨地震前兆识别技术的出发点和必要性。

公元 2008 年 5 月 12 日 14 时 28 分,一个永远铭刻在中国人心中的痛苦时间,位于四川省西北部的龙门山断裂带,发生了里氏 8.0 级强烈地震,根据中国地震台网中心测定的震中位置,国务院抗震救灾指挥部及新华社电讯称之为"汶川特大地震"。

按照中国地震局专业调查评测,汶川特大地震 11 度烈度区面积约 2419km^2,10 度烈度区面积约 3144km^2,9 度烈度区面积约 7738km^2(图 1-1),远远超过死亡人数达 24 万的唐山大地震。

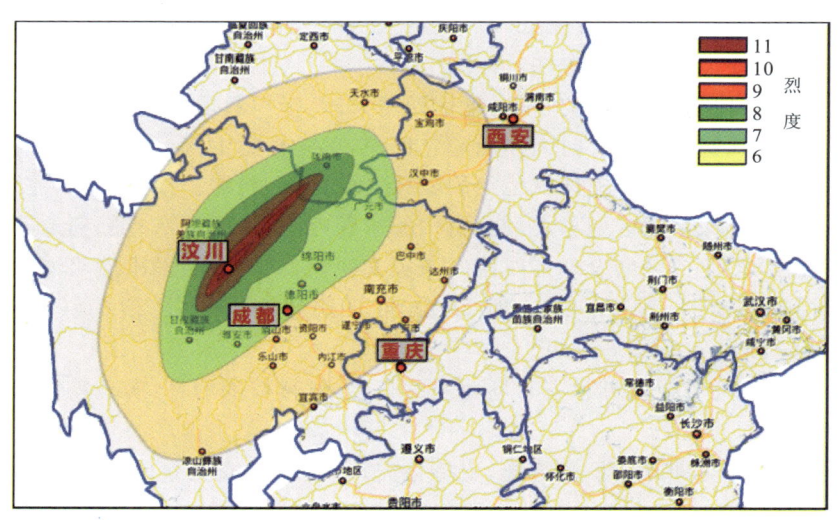

图 1-1　汶川 8.0 级地震烈度分布图

汶川特大地震波及范围很广,全国大陆地区除东北少数省份外,其他省市自治区均有震感。人员死伤和财产损失巨大,举国同悲,举世震惊(图 1-2)。地震在激发伟大抗震救灾精神和民族凝聚力的同时,也引发国人思考,难道我们在地震灾害面前就这样无能为力、束手无策吗?更引发学者思考,难道我们在地震灾害来临之前就这样无所作为、被动承受吗?无论地震学界如何引经据典,力陈预测如何之难,社会公众似乎对政府仍然抱有作为的期待。面对汶川特大地震灾害中死去的近十万同胞,面对几千万受灾群众,面对 13 亿国人期待的目光,面对地震界的尴尬,以人为本、执政为民的责任政府,在突发性自然灾害面前究竟该如何作为,这是一个无法回避、难以回答又必须回答的问题。

图 1-2 汶川特大地震是新中国成立以来破坏性最强的地震

第一节 汶川特大地震考验政府应急反应能力

汶川特大地震发生后,党中央、国务院立即启动重大自然灾害应急处置预案,反应之迅速在国内外都极为罕见,受到了国内外媒体的广泛关注。

国务院总理温家宝在地震发生后几个小时抵达四川灾区,指挥救援工作。

人民解放军各兵种、武警部队第一时间作出应急反应,迅疾集结灾区。

公安干警和民兵、预备役人员在灾区就地组织救援,维护社会稳定。

中国地震局专业救援队、全国各地各大医疗机构派出医疗队,从四面八方赶到地震灾区,展开救援;

新华社在地震发生后 17 分钟向全球播发第一条英文快讯,两分钟后发出简明消息:"据中国国家地震台网测定,北京时间 2008 年 5 月 12 日 14 时 28 分,在四川省汶川县(北纬 31.0°,东经 103.4°)发生 7.6 级地震"(后相继修订为 7.8 级、8.0 级)。

国务院新闻办震后每天举行抗震救灾专场新闻发布会,发布权威消息,实现震情和救援进展信息透明化、实时化。

震后第一天,社会各界立即开始积极募捐,支持救灾,自发组织或独立前往灾区参加救援的志愿者每天都在增加。

铁路、公路、水运和民航为抗震救灾物质开辟绿色通道,全力支援抗震救灾……

应急救援效率之高,赢得了国际社会的高度评价,展现了一个效率中国、人本中国的形象。汶川特大地震既是对我国经济社会的考验,同时也是对我国应对突发性重特大自然灾害反应能力的考验。

一、预案启动迅速 政府动员高效

汶川特大地震发生后半小时,中国地震局立即启动国家地震一级应急预案,并派出第一批 33 人组成的国家地震现场应急工作队和 183 人组成的国家地震灾害紧急救援队;中央军委处置突发事件领导小组,迅速启动解放军突发公共事件应急预案;国务院各部门、各省作出快速反应,纷纷成立相应的救灾应急机构,自上而下组织各自的救灾活动。

与 1976 年唐山大地震、1998 年百年不遇的大洪灾、2003 年的"非典"相比,汶川特大地震发生后,中国政府率领社会各界与时间竞跑,出现了"第一时间现象"。国家最高领导机构在震后第一时间作出了应对决策;媒体在第一时间发布了地震的信息;军队和政府各部门第一时间布置救灾工作;灾区各级党政主要领导亲临一线,深入灾区靠前指挥。这是一种前所未有的速度,各地、各单位第一时间伸出援助之手,组织多个医疗救援队赶赴灾区。一个个急促的时间刻度,清晰地记录下党和政府对生命的尊重,对人民的责任,彰显出法治政府、服务政府、人本政府、责任政府的形象。

在自然灾害爆发的几个小时内,中共中央政治局常委会专门召开会议,全面部署抗震救灾工作,胡锦涛总书记亲自主持会议并作重要指示。

国务院抗震救灾总指挥部成立,由温家宝任总指挥,李克强、回良玉任副总指挥。指挥部就设在了重灾区,国务院总理坐镇指挥并亲临一线,根据抗震救灾工作需要,国务院抗震救灾总指挥部设立9个工作组,统领各个部门,全面协调,高效救援。

在短时间内,救援工作很快就进入了一种紧张却有条不紊的状态。在这次抗震救灾中,政府发挥的作用突出表现为"两大规模、一高效":动员社会各界积极投入的人力规模空前、调集投入抗震救灾的物资种类和数量规模空前;在调配和使用好、发挥好这些规模空前的人力物力上实现了高效。抗震救灾成效明显,众多的受灾群众得以脱险,人员伤亡和损失得到了最大限度地控制,这些都体现了政府的应急管理能力。

二、社会关注度高　参与积极

"5·12"汶川特大地震牵动全国人民的心,社会各界捐赠总额达569.25亿元,自愿者非常踊跃。

据《中央财大社会学系调查北京民众对汶川特大地震的关注情况》,公众对抗震救灾有极高的参与度,捐款是当前非灾区普通大众最主要、最直接的参与方式。公众不仅对汶川特大地震高度关注,而且对参与抗震救灾有着非常高昂的热情。有99.5%的人都非常明确地表示愿意为这次抗震救灾做些事情。公众不但态度积极,而且行动也非常积极,97.9%的被访者已经至少捐过一次款,其中有99.6%的市区被访者已经至少捐款一次;93.1%的郊区被访者已经至少捐款一次。在各种抗震救灾方式中,城区的460名被访者愿意选择捐款的有96.7%,选择捐物的有20.4%,选择献血的有15.2%,愿意参加志愿者的则占10.4%,有5%的被访者还愿意领养孤儿。

汶川特大地震成为了公众当时谈论的主要话题;公众最想了解的是救援情况、伤亡人数、受灾范围等方面的消息,汶川特大地震深刻地影响了民众的生活,吸引了大众的注意力,成为公众最关注的热门话题。调查结果显示,地震发生之后有91.9%的被访者把四川地震作为最近谈论的主要话题。在调查中,还了解了公众对地震灾区灾情关注的情况。关于灾情的内容,在地震发生的第一周里,民众最想知道的内容,排在前两位的是救援情况(67.3%)、伤亡人数(51.8%);其次是受灾范围、余震发生情况。调查结果显示,当前大众谈论较多占前五位的关于地震的话题分别是救援情况(68.7%)、伤亡人数(51.5%)、受灾范围(22.6%)、灾后重建(18%)、捐赠情况(16.8%)。有不少被访者十分关心灾民的安置情况,尤其是受灾儿童和孩子的情况,随着地震发生时间的延长和抗震救灾的深入,也有不少被访者开始关注灾区的卫生防疫问题。

我国政府通过单位和社区(居委会、村委会、小区)实施最有效最有力的社会动员。在各种捐款方式中,城区调查的结果显示:80.7%是去单位或居委会设立捐赠点,其次是手机捐款和邮局汇款或银行转账(二者都是5.4%),通过网络的为1.7%。在郊区的被访者中则发现有91.9%的被访者都是通过单位或村委会设立的捐赠点来捐款的。

三、民心空前凝聚　体现制度优越性

《中央财大社会学系调查北京民众对汶川特大地震的关注情况》这篇调查报告显示了民众对党和政府有极高的满意度;军队和武警成为民众眼里抗震救灾最重要的力量。党和政府在地震发生之后迅速采取的种种抗震救灾措施和社会动员,赢得了非常高的公众评价,这在大家的调查中也得到了印证。对于政府所采取的抗震救灾行动,民众的满意度高达98.6%,其中非常满意的比例占到63.1%,比较满意32.9%,一般满意2.6%,仅有0.6%的人对某些方面不太满意;调查中没有任何负面的评价。这充分说明了,党和政府在大灾大难面前所具有的高度的凝聚力,是民心所向。

调查显示,在民众看来此次抗震救灾过程中发挥作用的重要性顺序依次是解放军和武警(占

73.4%)、党和政府(64.8%)、医护人员(31.3%)、人民群众(23.4%)、民间组织(16.4%)、新闻媒体(16%)、亲朋好友(8.7%)。

在中国,以人为本的科学发展观已经成为政府执政的主导思想,其执政着力点,是从关注社会弱势群体的生存质量出发,寻求整个社会的公平与和谐。科学发展观已逐渐成为最重要的指导方针,以人为本则是科学发展观的基本价值取向。科学发展、和谐社会以及从对GDP的追求转变到对人的全面发展的追求,显示了党和政府对普通民众生命价值的关怀。

法律法规在应急管理中的保障性作用进一步凸显;

责任政府理念在这次地震应急救援中得到强化;

应急预案的响应效率在这次地震应急救援中得到发挥;

面对灾害的开放态度赢得国际社会宝贵支持和援助;

地震及救援相关信息的高度透明消除了社会恐慌……

四、灾区重建规模巨大科学规划体现以人为本

汶川特大地震发生后仅仅3个月,国务院就开始向社会公开征求《国家汶川地震灾后恢复重建总体规划》。在安置受灾群众生活的同时,灾区基础设施建设和临时板房的恢复建设快速有序展开。根据国务院汶川地震灾后恢复重建计划要求,未来3年,国家将投入一万亿元人民币用于地震灾区重建。即使在全球金融危机的席卷之下,国家财政四万亿元庞大规模"保增长、促发展"计划中,安排用于地震灾区的一万亿元资金得到优先保障。这种灾区庞大重建计划不仅在中国历史罕见,就是世界历史也罕见。

在保证灾区重建恢复所需资金的同时,重建规划体现尊重科学,体现以人为本。根据专家意见,受灾最严重的北川县城采取异地重建,总体规划,一次实施。原址保留作为地震遗址纪念,满足人们祭奠的需要。

灾区重建恢复计划规模大,动手快,规划先行,无不体现政府应急管理的系统性、科学性,体现以人为本。

第二节 对汶川特大地震应急反应的思考

一、地震预测水平制约了应急反应能力

1976年的唐山大地震死亡人数超过24万,华北工业重镇瞬间夷为平地。在那次灾难中,国家地震局承受了巨大压力,地震监测预报学者饱受非议。32年后的2008年5月12日,在世界科技飞速发展的背景下,中国地震局还是没能摆脱遭受非议和指责的尴尬处境。

众所周知,地震预测是一个世界性的科学难题。尽管在"5·12"汶川特大地震后,传言震前异常不被地震部门重视,但是,至今仍然没有看到令人信服的、科学的前兆分析,基本上属于"事后诸葛亮"。在这种地震预测水平制约下,政府的应急反应能力难免未尽发挥,既影响政府形象,也增加维护灾区社会稳定的难度。

二、预警机制的缺乏影响了应急管理水平的发挥

应急管理是现代公共管理的重要组成部分,是政府提供公共服务的重要内容。这次汶川特大地震后,我国政府所采取的一系列应对措施,获得了国际社会的普遍好评,这标志着我国政府应急管理水平得到很大提升,政府应对突发事件和自然灾害风险的能力日益增强。

但是,对政府的应急管理评价其实是一个综合性的体系。应该看到,应急救助是一个过程,首先是突发事件和自然灾害事前的预测、预警,其次是灾害发生时的处置措施和响应能力,第三是恢复和重建工作。由于我国在地震这类突发性自然灾害的预测、预警机制的缺乏,影响了政府应急反应能力和应急

管理水平的进一步发挥。因此,重救援、重处置、轻预防的观念,必须按照科学发展观的要求实现转变。在某种程度上说,汶川特大地震应该是引发我国各级政府应急管理观念、措施等全面改革、迅速提升的契机。

目前我国正处于各项改革的转型时期,利益和权力、风险和处置都具有许多不确定因素,对危机的预测、估计和把握是一个严峻的考验。政府作为公共权力的代理人,在公共危机的预警中承担着不可推卸的责任。

目前,制约我国应急管理机制能力的具体表现为几下几点。

1. 危机监测水平尚待提高

我国现行的政府危机管理体系中对危机风险的认识和把握,基本上沿用的是定性评价,再加上监测技术和统计分析技术的制约,未能实现对危机风险的定量分析预警。因此,危机监测水平,需要在不断总结各种突发性公共安全事件和突发性重、特大自然灾害事件的经验教训中不断提高。

2. 应急预案重处置轻预防

应急预案管理,已经形成了我国公共危机应急处置管理模式的基本雏形。但是,在部分应急预案中,特别是重、特大自然灾害的预案中,由于技术水平的制约,在预防方面显得相对薄弱,还没有形成真正意义上的应急"预案"。随着科学技术水平的不断提高和交叉学科的成果应用,应急预案要实现定性预案向定量预案的转变,全面提升我国应对突发性重、特大自然灾害的能力。

3. 应急预案重协调轻演练

目前我国公共管理中的应急预案特别强调各部门、各行业、各单位的相互协调,这对提高应急处置能力无疑是一个巨大进步。但是,预案处置方案中的一些具体行动普遍缺乏具体演练。应急反应演练是消除社会恐慌,形成危机状态下有序应对的重要前提。国际地震学界一般不大认同采用疏散法,原因就是担心造成社会恐慌。但是,如果在日常社会管理活动中经常有序地组织相关应急演练,这种担忧的负面效应就可以降到最低。

4. 亟需建立信息公开透明的专业渠道

由于灾害信息和相关危机信息的不对称,造成了不必要的谣言和恐慌,对危机处置能力的提高也是一个重要的制约因素。因此,实现危机信息的公开化和透明化,是更好实现应急处置的重要基础,面对类似汶川这样的重、特大自然灾害,建立专业的地震信息发布制度也是政府应急管理水平提升的重要标志。

(1)突发性灾害的专业应急信息公开透明

尽管汶川特大地震在信息公开透明性方面吸取了2003年"非典"的教训,但是仍然缺乏专业渠道。在所有的汶川特大地震信息发布过程中,国务院新闻办承担了较大职责,无疑将相关专业信息的社会影响直接与政府挂钩,如果方式得当,倒也无妨,问题是不能单从正面思考一种方式的社会性影响评估,还需综合考量,否则会影响政府形象。因此,国务院新闻办的权威信息发布作用和地位不能取代灾害相关的专业信息发布。

(2)专业危险性灾害信息的经常性公开透明

由于我国尚未建立专业灾害信息发布制度,一直处于被动讯问地位,因此,许多地震传言不能得到有效破解,反而更增加公众疑虑。经常性的专业危险信息公开透明和专家答疑解惑,不仅是灾害应急的重要基础,也是报平安护稳定的重要手段。

三、地震监测台站的布局和建设还需要不断完善

据有关资料显示,目前我国大陆地区已建成由400多个测震台组成的台网和20个区域遥测台网。除了西藏自治区的西部和北部以外,已能测定3.5级以上的地震,重要地区已可测定2.0级以上地震。直接测量地壳形变的GPS台网包括25个连续观测的基准站,56个2年复测一次的基本站和1000多个不定期复测站。

但是由于观测技术还存在争议,我国的地震前兆观测台网布局和建设非常薄弱,站点稀少,仪器有限,真正具有地震前兆价值和意义的观测站点屈指可数。

从地震监测台网建设的现状来看,我国地震监测台网的数量不少,但密度和布局都与发达国家存在一定的差距。尤其是地震前兆观测还十分薄弱,在满足应急反应需要的速度与效率方面,仍然缺乏最基本的观测前提。

作者通过研究认为,我国目前的地震前兆观测技术基本达到了借助于新的方法判断地震征兆和趋势的要求,只是布局和密度上需要重新规划、重点加强。此外,数据传输速率也是制约震前征兆和趋势判断的一个重要因素。

四、群测群防在应急反应方面的重要作用还没有得到发挥

地震从本质上说,是一种地下能量上传至地表的作用结果,其传导是一个过程,既然是过程就一定具有观测反应上的逐步增强征兆。我国在长期遭受地震灾害的过程中,也摸索出具有中国特色的一些群测群防经验。20世纪70年代初期,周恩来总理就明确指出:"地震是有前兆的,是可预测预防的。"

地壳是由固态、液态、气态物质组成的复杂体系,在它受热、受力形变的过程中不仅有岩石的机械变形和破裂,还有液态、气态等物质的变化、运移,在地壳形变激烈的时候,地壳内有相当多的能量和物质溢出地表,影响低层大气的物理、化学状态。在这一过程中,地壳内的、地表的、低层大气的一系列物理、化学状态都要发生变化,这些变化为人类发明的各种仪器、仪表以及动物、植物、人、岩石、土壤、水等所感知,出现不同的反应,这也就是群测群防的基础。1975年2月4日我国海城发生的7.3级强烈地震,就是通过群测群防实现预测成功的典型例子。

五、前兆观测技术需要不断创新、不断规范、不断探索

20世纪90年代以来,随着高新技术在地球科学中的应用,地震观测技术取得了飞速发展。尤其是电子传感技术、计算机技术和网络技术的应用,使地震观测技术大大提高。但是由于地震前兆观测仪器的特殊性,尤其是布设站点有限,没有市场前景,对于转型为市场经济体制的中国地震科研事业来说,许多科研院所和企业,都会因为没有效益而不愿意投资地震前兆观测仪器的研制,制约了地震前兆观测技术的提高和突破。观测数据传输的效率虽然因网络技术的发展而大大提高,数据处理能力也取得很大提高,但是,传统的台站数据传输观念和方式,使现有数据传输效率远远跟不上灾害应急反应的需要。

六、前兆观测缺乏识别能力以及理论支撑

在某种程度上说,我国现有的地震前兆观测数据还没有完全发挥防震减灾作用。因此,如何应用现代传感技术、计算机技术和网络技术,引入多学科方法和理论,对大量地震活动前兆相关信息和数据进行处理,实现异常前兆提前识别,是摆在科技界和公共管理部门面前的一个重要课题。

七、应急反应的法律基础和保障还需要不断加强和完善

多年来,党和政府在长期的执政治国实践中,积累了许多宝贵的应对突发公共安全事件的经验,成功地处置了一系列突发公共安全事件。如成功应对1997年的亚洲金融危机、1998年的特大长江洪灾、2003年的抗击"非典"疫病灾难、2008年中国南方百年罕见冰雪灾害以及汶川特大地震抗震救灾等,稳妥地处置了一系列事故灾难。2003年抗击"非典"的那场斗争,给国人最深刻的启示就是,要更加注重政府的社会管理和公共服务职能,在全社会的各个方面,建立健全应对突发公共安全事件的应急机制。在成功抗击"非典"之后,党中央和国务院把制定修订预案,建立健全应急的体制、机制和法制(简称"一案三制"),提到了重要议事日程上来,这就印证了恩格斯曾经说过的那句话,"一个聪明的民族,从灾难中学到的东西会比平时多得多"。

2003年10月,中共十六届三中全会通过的《中共中央关于完善社会主义市场经济体制若干问题的决定》明确要求,"建立健全各种预警和应急机制,提高政府应对突发公共事件和风险的能力"。为贯彻

落实胡锦涛总书记、温家宝总理2003年"7·28讲话"和十六届三中全会精神,国务院办公厅于2003年12月成立了国务院办公厅应急预案工作小组,国务院将应急预案的编制工作列为国务院2004年工作重点之一。2003年11月10日,国务委员华建敏根据胡锦涛总书记和温家宝总理的讲话精神指出,要集中力量组织成立预案工作小组,编写国家应急预案。当天起,国家总体应急预案的编制工作正式启动。

2004年1月15日,国务院有关部门和单位建立健全突发公共事件应急预案工作会议召开。同年3月25日,部分省(市)及大城市制定完善应急预案工作座谈会召开。此间还以国办函形式先后印发了《国务院有关部门和单位制定和修订突发公共事件应急预案框架指南》和《省(市、区)人民政府突发公共事件总体应急预案框架指南》。在国务院领导同志的直接领导下,在各地、各部门的共同努力和大力支持下,应急预案的编制工作紧张有序地进行着。

上述针对突发性公共安全事件应急预案的编制工作,大多是研究建立应急预案的重要意义、应急预案的流程、针对某一行业或某种灾害如何建立应急预案,或者对现有的预案进行比较。

就我国抗震救灾的成文立法本身而言,也在这次地震灾害中暴露出一些亟待改进的问题。我国现有应对地震灾害的立法,主要有1995年的《破坏性地震应急条例》、1997年的《防震减灾法》和2007年的《突发事件应对法》。前两项立法属于十多年前制定的滞后性规则,不能反映现在的灾害情况和政府应对能力;2007年的《突发事件应对法》原则上不适用于社会危害性最强的最高等级突发事件,所以它们在应对这次建国以来最严重地震灾害中的作用是非常有限的。改善这种状况的办法,一是要认真贯彻科学发展观,将已经修订的《防震减灾法》,按照严谨科学的概念,对应对地震灾害相关职责进行再修改,确保法律法规具有可行性;二是尽快制定应对具有极端性危害突发事件的紧急状态法,弥补《突发事件应对法》的不足。

仅就地震灾害而言,日本的经验尤其值得关注。日本在自然条件上是一个地震灾害频发的国家,它在这方面的制度体现了经验做法,有很大的参考价值。在出台了《灾害对策基本法》(1961年制定颁布,历经23次修订)之后,日本还相继制定了《大规模地震对策特别措置法》(2008年)等一系列法律法规。除了这些与整体防震救灾工作相关的法律外,日本专门的地震灾后重建立法文件就有几十个。其中值得借鉴的是,对于受灾民众以及受灾地区的援助体系,包括经济和生活方面、住宅的修补或重建、对中小企业以及个体经营者的援助,以及对于受灾地区整体规划的援助等。这些援助制度都规定得非常详细,设定了灾害发生后可能出现的各种情况,并有针对性地提出了援助措施。

八、"以人为本"的科学发展观还需要在防震减灾工作中进一步体现

基于地震难以预测的世界性科学难题,国际地震学界一般不认可采用震前紧急疏散方法,但是根据查核的文献资料来看,地震学界在不主张紧急疏散方法的原因分析上,没有过多的公共管理学分析,唯一的理由就是担心社会恐慌,影响社会稳定。

在技术上还尚未准确捕捉地震前兆的前提下,采用紧急疏散这种方法,的确存在着较大的社会恐慌和社会混乱风险。如果地震能够在预期中发生,这种方法尚可;如果地震不能如预期发生,那么势必影响社会公共管理部门的公信力和权威。但是,在一而再、再而三的巨大地震灾害面前,在人民生命和财产安全受到空前危害面前,在社会稳定和安全发展面前,紧急疏散方法在公共管理方面如果采取更为科学的方式就有了另外的积极意义。

在人民生命安全这个问题上,作者认为,不能把预测地震是否准确发生作为唯一依据,即不能把人民的生命安全当作技术预测准确性的评判标准。

有计划的、有组织的紧急疏散,建立在广泛的科学知识普及基础上以及熟练的应急演练机制方面。久而久之,应急就成为了日常紧急反应的习惯。一旦人们认识到地震灾害的破坏性,对紧急疏散的理解也就有了一个根本前提。这就是贯彻"以人为本"的科学发展观的具体体现。

在地震灾害面前,许多地震监测预报人员过多关注于其技术预测的准确性,忽视万一发生灾害的破坏性。当然,这其中还有"地震预报"概念本身不科学的因素。在类似于汶川特大地震这类突发性重、特

大自然灾害面前,人民的生命安全是第一位的。"以人为本"才是构建社会主义和谐社会的根本出发点,科学发展观才是构建社会主义和谐社会的根本方法。

第三节 地震"监测预报"工作的困惑

地震灾害对人类社会的破坏性毋容置疑,我国是世界上遭受地震灾害比较严重、频率比较高的国家之一。新中国成立后近 60 年,我国大陆地区相继发生了 5 次 7.0 级以上的强震灾害,最高震级达 8.5 级,因震死亡人口总计近 40 万。1966 年邢台地震后,党中央、国务院下决心防治地震灾害,集中了一大批地质科技工作者专门从事地震科学研究。根据李四光先生为代表的一批知名地质学家建议,以地壳应力观测研究为突破口,以群测群防为基础,各行各业广泛参与的地震预测活动,迅速在全国展开。在周恩来总理的直接关心和支持下,国际上第一个专门承担地震研究、抗震救援、防震减灾和地震监测预报的政府职能部门——中国国家地震局诞生了。这特殊年代诞生的特殊机构,承载着国民的期待,也肩负着那个年代特殊的政治使命,开始了漫长而艰苦的"地震预报"探索。

改革开放以后,随着"请进来"、"走出去"科技交流的增加,引进、消化、吸收、创新了一批标志我国地震监测、地震科研和地震救援进入世界先进行列的技术成果和工程成就,同时还相继制定和完善了一批防震减灾法律法规,特别是应急预案管理纳入防震减灾政府行动计划。

的确,我国目前的地震预测水平和研究现状处于十分尴尬的境地,一方面,地震灾害的严峻形势,迫切需要政府在地震灾害的提前反应上有所作为;另一方面,地震预测技术的学术争议和"地震预报"的特殊性,又使"地震预报"难以实现,制约了政府应急反应能力的发挥,同时也使防震减灾效率大打折扣,影响政府形象。

一、职责与履责能力的困惑

"地震预报"不仅是地震工作行政管理部门法定的职责,也是应对地震灾害发布预测预警信息的政府应急管理的重要程序性内容,更是社会公众的期待。无论中国地震局、各地方地震局,还是地震台网等地震监测和地震研究机构,都希望切实依法履责,但是,现实的情况却让地震工作行政主管部门没有能力履行这项职责。这既不是政府和公众期望值太高,也不是地震研究和管理部门失职,关键是履责能力与职责要求还存在现实差距。

二、确定性预报与预测不确定性争议的困惑

关于地震能否"预报"的学术争议,实质上是地震预测不确定性的技术争议,而不是地震能否"预报"的管理学争议。包括中国地震局系统主流权威在内的大多数地震学专家认为,目前的技术水平要想实现"地震预报"是不可能的,也就是说技术上无法保证地震预测的确定性,无从预报。而长期工作在基层一线的地震监测技术研究和观测人员却坚持认为,地震活动有规律可循,地震预测在技术上具有确定性必然条件。两种观点归结起来的焦点,集中在地震预测的技术可靠性问题上,并没有涉及"地震预报"概念的确定性不可能的本质。

三、预测预报依据的逻辑困惑

如果仅从地震预测的技术方法而言,同样存在着预测依据的逻辑困惑。地震学界一般认为,通过长期的地震观测发现,地震前、地震时和地震后,地电、电磁、重力、形变、地下水位、水氡等因素都会发生某些物理和化学变化,这些因素的变化只是地震前兆信息已知的一部分,但并不意味着地震一定会发生,也就是说,这只是地震前的一些前兆现象,并不具有逻辑上的必然性。对于这些前兆现象的了解和认识,基本上受制于技术的不全面和条件的不成熟,因此,"瞎子摸象"似的判断,不能成为预测预报的逻辑依据。如同测震和 GPS 可以称为地震监测,而应力应变、重力、倾斜、地电和地磁等只能称为前兆观测

一样,不确定性本身就不具有逻辑上的必然性。

四、多学科交叉与地震学科分置明晰的困惑

长期以来,我国清晰的学科分置状况,不仅制约了科技创新,而且也制约了地震预测科学的突破。地震学界长期专注于地震科学的研究,在地震专业研究上的学术成就毋容置疑,但是由于学科的清晰分置,也使学科交叉形成了无形壁垒,许多跨学科的理论和方法,被置于专业应用之外。目前,我国地震预测研究就陷入了一个无法突破的怪圈。

五、中国特色与开放学习的困惑

事实上,中国在地震预测科学上曾经领先于世界,但这种领先被不断国际化趋势的浪潮淹没了。诚然,我们的大多数学科和技术普遍落后于世界先进国家,这是一个不争的事实,但是,我们的某些学科和技术领域领先于世界,也是国际公认的客观事实。早在20世纪60年代,李四光先生提出,通过对地壳应力观测和分析,是实现地震预测突破的重要方向。直至20世纪90年代美国的"地球透镜计划"将应力、测震和GPS作为对地观测的三大体系,中国地震部门才开始重新审视对地观测方法,尽管在地壳应力观测上有所跟随行动,但是力度显然不够,相对于几千个测震仪监测站点和耗资庞大的GPS监测系统,只有区区几十个能正常运转的应力应变观测站点,就显得非常薄弱。这种困惑其实与封闭、开放无关,是一种技术全面自卑,而方法违背科学常识和规律的困惑。

六、坚持测震主导与履行预报职责的困惑

由于测震属于地震监测范围,具有绝对的确定性,利用纵波与横波的时间差实现地震提前感应,以及利用电信号比地震波传播速度快的特点,增加测震仪台站密度,按照接力传递的方式,对地震可能波及区域实现提前告知,是坚持测震主导必不可少的理由,国外的地震监测实践也表明,再密的测震网络只是被动应付地震灾害的无奈之举,并不是主动应对地震灾害的优选方案。

七、法定职责与国际惯例不同的困惑

欧美日发达国家一直坚持科学原则,贯穿科学精神,从不把不确定性的预测硬性要求作为确定性预报。我国是遭受地震危害较大的国家,比起其他任何国家面临的灾害形势更为严峻。因此,震前作为就是一种管理需要。法定职责与国际惯例不同的困惑,一直制约着我国各级政府应对地震灾害应急反应能力的提高。必须从正本清源入手,重新界定地震预测、预报和预警概念,按照科学发展观的要求,及时勇敢地纠正概念错误,修改、完善法律,回归科学理性,切实依靠科学技术,实现我国防震减灾事业的进步。

八、预测"百家争鸣"与预报"一言堂"的困惑

由于理论、方法、依据不尽相同,地震预测在某种程度上是接近地震本质规律的观点磨合和技术交流过程,具有鲜明的个性特色。科学探索的本质要求就是要"百家争鸣",而"地震预报"涉及社会公共管理,需要共识,需要比较一致性的意见,进而形成预报"一言堂"。否则,预报就不是法定职责,就不能成为政府应急反应的依据,而是个人观点和意见的论坛。这种困惑同样是概念性错误造成的。

第二章 地壳断裂与地震成因理论的再认识

【摘要】 制约地震预测预报的主要因素是地震前兆观测和地震前兆识别。前兆观测和前兆识别都离不开地震成因理论，基于什么样的理论就会产生什么样的前兆观测方法和技术，基于什么样的理论就会产生什么样的前兆识别方法和技术。作者长期从事材料科学与工程技术的研究和教学工作，受材料断裂力学、流变力学、固体潮汐力学和群子统计力学的启示，对传统地震成因进行了再认识、再探讨，目的是探索更加实用和更加简便的前兆识别方法。需要声明的是，作者有关地壳断裂与地震成因理论的再认识，只是一种根据材料断裂力学、流变力学和群子统计力学基本原理提出的新的假设，符合地震学界有关"地震的孕育、发生是一个力学失稳过程，因而监测地球介质的形变应变和应力，观测其应力应变状态的动态变化，进而研究其与地体构造环境、地震孕育直至发生的关系，无疑是探索地震预测预报的关键"的结论。作者无意否定"板块理论"，但认为"板块理论"存在一定的局限性，需要一些新的思维、新的理论和新的研究方法对其进行修正。

第一节 传统地震成因理论的局限性

地球成为太阳系中一个独立的行星之后，地球表面形成了凹凸不平的地壳地表，地壳一直处于运动中，地震和火山就是地壳运动的最直接表现形式。地震和火山是人类面临的最主要地质灾害威胁，由于地壳的不可入性和地震、火山的突发性，世界各国都没有相对成熟的应对办法，尤其是地震，观测有限，预测更难。因此，地震预测被认为是一个世界性的技术难题。

地震预测离不开地震观测，地震观测离不开地壳构造，人类对地壳构造的认识，主要依靠科学假设，然后从考察和研究中寻找支持假设的证据，证据越多，理论体系的逻辑条件越充分，假设就成为学术上的假说，一旦被引用，假说就是一种研究依据和解释理由。这是自然科学常见的研究方法。

因此，研究地震成因和预测地震方法，都离不开对地壳构造的认识和理解。

地球科学界有关地壳构造的假说和地震成因的理论很多，在学术上占有主流位置的是"板块构造假说"与"板块碰撞理论"。但是，板块理论在本质上仍然属于地表形态学范畴，未能实际切入地球本质构造的物理和化学特性。

1857年，法国地质学家鲍蒙（Elid de Beaumont）提出了"地球冷缩说"；后来丹纳（Dana）、阿尔冈（Argand）提出了"地槽运动理论"；1915年德国地球物理学家魏格纳（Wegener）在《海陆起源》中系统地提出了"大陆漂移学说"；1968年，法国地质学家勒比雄提出六大板块的主张，形成板块理论，解决了魏格纳遗留的大陆漂移动力问题；1960年，美国科学家赫斯首先提出"海底扩张学说"，并于1962年发表论文《大洋盆地的历史》；随后美国科学家迪茨系统阐述和解释了海底扩张机理，为板块构造理论铺平了道路，并以此解释地球上的造山运动、地震和火山等一系列地壳运动现象。

受观测条件和观测方法的制约，在过去相当长的时间内，国际地震学界基本上沿用"板块构造理论"，建立了地震成因的"板块碰撞理论"。在许多地震震例的研究和地质考察中，"板块碰撞理论"似乎能够解释很多过去难以想象的现象和特征，成为地震成因的主流观点，被广泛应用。

随着现代科学技术的飞速发展和人们对地壳构造认识的深入，越来越多的证据和观点，开始对"板块理论"产生质疑。作者姑且搁置争论的依据评价以及置疑的逻辑分歧,仅就"板块碰撞理论"本身的形态学认识局限,提出如下尚未解释的地壳构造与地震成因的相关物理和化学特性问题。

(1)引起大陆漂移和板块移动的原动力是地幔对流的理论假设,缺乏观测依据,因此,这个假设并不能成为地震成因的力学逻辑条件。

(2)板块构造及其运动是引起板块碰撞、摩擦或俯冲的主要假设依据,对于大陆和海洋大板块的运动解释尚可,但是对于板块内部分布的地壳断裂带和地质断层的原因和规律,仍然缺乏令人信服的理由和解释。

(3)有关板块碰撞、俯冲隆起地壳形成阿尔卑斯山脉、青藏高原的喜马拉雅等高山的解释,被学者寻找的印度大陆岩石和喜马拉雅高山岩石组成与结构一样的证据所怀疑,故印度大陆板块从赤道南部远处漂移过来俯冲才有造山运动的假设,没有内在必然联系。

(4)许多学者通过洋底岩石组成与结构的考察,根据年代久远的玄武岩仍然存在于广袤洋底的现实,对"海底扩张理论"提出了异议。"海底扩张理论"是"板块运动理论"的重要支撑。研究发现,大陆与海洋接触的地方,也就是通常所称的大陆架,出现了地壳内部熔岩顶冒冷却后形成的一种挤压力,使整个环洋边缘地震带和大陆断裂带大致呈南北纵向分布,而横向地震带只分布于南半球的海洋区域和极少的北半球陆地区域。

(5)地幔对流运动需要强大的热能,目前被学术界认为的放射性元素的热源能够提供对流能量,但是这种能量远远不足以使板块运动。

(6)物种的相似和差别,曾经是"板块构造理论"的重要生物学依据。但是越来越多的证据显示,海洋是生命之源的生物化学过程,正在演绎着从海洋到不同陆地的动植物繁殖、生存和发展轨迹,进一步质疑不同大陆的物种之间存在的本质差别。

(7)地磁观测曾经是板块在一起的有力证据,但是,国内外许多学者也在地磁观测中同样发现了板块并未曾在一起的反证据。有关板块的证据依然不够充分,"板块理论"依然存在分歧。

(8)在"板块理论"中,从不考虑地球自转及太阳、月球的潮汐作用力对地壳运动的影响,许多学者认为这是板块运动地震成因理论的最大致命缺陷。

尽管基于"板块构造理论"的地震成因理论存在着逻辑缺陷、缺乏充分依据,但是,由于地球的不可入性和观测技术局限,板块运动碰撞造成地震的地震成因理论仍然是地震学界目前沿用的主流学术理论。当然,随着许多学科的交叉研究和技术创新,也出现了越来越多的相反意见和观点。

20世纪中叶,在我国被国人视为骄傲的地质学家李四光先生,提出的"大地构造力学",可以算作是对板块理论发出有力质疑的中国第一人,但是由于其专业基础和政治地位背景,使"大地构造力学"的学术价值受到影响,在改革开放后的中国学术界几乎销声匿迹。我国现行的高校地质地震专业教科书中,普遍采用基于"板块构造理论"和"大陆漂移模式"的地震成因理论。

但是从最近几年开始,国内也有不少学者通过研究进一步认为,这个理论所提供的原始证据是不可靠的,并提出了各种反证据,形成了一定的学术气候。

建筑结构专业出身、长期从事地壳应力应变观测仪器研制工作的地震学者池顺良和河南省地震局研究员骆鸣津等,共著《海陆的起源》(2002年)一书,再次提出了上地幔内波动力理论假设,并与地球自转、潮汐现象联系,他们还提出了重力分异可能引起各种地质活动的观点,解释了中国大陆地壳断裂带引起地震的特征,描述了全球地震释放能量随纬度对称分布的现象。应该说这本专著全面地评论了"板块构造理论"的缺陷,从化学物理角度否定这一理论的核心——"地幔对流"概念,向质疑学术权威迈出了具有胆识和学术意义的重要一步。尽管他们认为,"本书所作的分析显然是初步而粗浅的。更严格而细致的分析我们期待得到数学家、力学家们的帮助","就连我们亲眼见到的水面风成波的形成与发展这一类问题,至今尚未建立严密的数学理论。我们也就不再犹豫于严密性的不足而推迟假设的发表了"。但是,他们的学术勇气和探索精神,仍然值得赞赏,毕竟作者认为他们提出的"内波假设"对人们认识地球本质结构特征与运动机理提供了新的思路。当然这里也客观存在着观测证实"内波动力"的技术难题,瑕不掩瑜,这样的科学假设比盲目地沿袭权威更具有科学探索意义。

作者长期从事材料科学与工程技术的研究与教学工作，从复合材料的结构性能与地壳"大复合材料"结构性能的相似性出发，重点应用流变力学、材料断裂力学和统计力学，尝试探索地震成因的本质特征，为定量认识地震孕育、发展和发生的力学过程，实现地震前兆量化识别，提供系统理论支持和方法应用。

一、宇宙起源的再探讨

目前人类有关宇宙及地球起源的认识，仍然建立在科学的假想基础上，"宇宙爆炸起源"理论在学术界比较盛行，也存在着各种不同的学派和理论。作者摒弃宏观形态分析，从宇宙和地球自然的物理和化学属性入手，对宇宙及地球起源提出了新的认识方法和研究理论。

1. 宇宙形成过程中的对立统一规律

宇宙学本来是研究天体起源和星系结构分布的一门科学。作者提出并运用当代物理学高能态粒子理论，重新研究、认识宇宙起源与地球起源问题。

传统经典的"宇宙大爆炸学说"认为，宇宙先由比基本粒子重量大许多的微小物体，经过一次爆炸而产生大量的电子、夸克、核子等基元物质，然后形成各种星体。尽管这一学说"解释"了宇宙不断膨胀的原因和机理，但是爆炸产生基元物质的过程一直难以想象，也无法求证爆炸过程的逻辑推理是否符合一些科学常理。作者认为，最大的疑问是，比基本粒子重量大许多的微小物体从何而来？它靠什么样的力量使它的内部压力大到无法再忍受的程度，以至于发生大爆炸？那些爆炸时飞溅的"碎块"和"粉尘"又如何重新聚集成各种恒星？既然"过去"通过一次大爆炸产生了宇宙，那么为什么"现在"我们还能从天文观测中发现更遥远的宇宙空间仍然爆炸出新的星体，而且所发出的能量为何比太阳的热核反应还要高？是否意味着宇宙空间存在着比热核反应更高的能量类型？当代天文学家指出，从宇宙射线高能粒子的能量来看完全有这个可能。那么这种高能量又是如何形成的？显然"宇宙大爆炸学说"无法解释。

从观测视界范围内的现象来看，我们眼前的这个宇宙似乎还在扩大，还在膨胀。由于光的速度只有每秒30万km的速度，故对10亿光年的星体而言，我们所看到的是约10亿年前的形象，而不是今天的样子，今天的样子还得过10亿年之后，那时的"人类"也许能看到今天的宇宙面貌。这是科学上非常奇特有趣的课题，有待于进一步研究和重新认识。但不管怎样，宇宙起源、现状和发展，始终遵循对立统一的稳定运动状态，否则，这个宇宙是一个混乱的时空秩序，不可能有规律可循，可事实上宇宙的探索表明，越来越多的证据支持着宇宙不仅有规律可循，而且还客观存在对立统一的稳定运动属性的观点。

其实，科学常理就存在于人类长期劳动实践观察得出的哲学思考，宇宙就是"时间上无始终，空间上无度量"的稳定平衡运动体系。科学家总是不懈地试图解释，而又永远无法解释，甚至连切入点都无法确定。当然，作者也并不支持"宇宙未知"观点，相反支持必要的科学探索，对于人类不断深化宇宙相关科学问题的认识，具有非常重要的科学价值。因此，作者摒弃传统研究方法，尝试从宇宙星际体系的一些规律性研究发现中，寻找与人类生存和活动相关的自然属性，为地震成因的本质探求提供科学依据和理论支撑。

2. 宇宙的不断变化表现为动态演化平衡过程

从我们人类观测到宇宙开始，宇宙空间到处存在质量很小很小的正电子和负电子，以及质量上与这些电子相近的微量子，通过电荷引力和万有引力，形成正电荷的微夸克和负电荷的微夸克组成的对立统一体，并产生聚集向心旋转和自转现象。如同高分子化学中烯类单体围绕着引发中心，引起"爆聚反应"一样释放大量能量。作者通过高分子化学研究发现，凡是自身旋转的物体都有这种向心聚集本能，与所有核子、重子、介子、电子都在自旋，而其中的"微粒子"向里聚集一样，在宇宙中，银河系、大恒星、太阳系、行星、地球及月球，金、土、水、火、木行星及中子星等都如此，不仅具有自转现象，同时也像地球、金星等行星一样按照牛顿力学定律，围绕着具有巨大万有引力的中心公转。自转的向心力和公转的万有引力，形成了一个稳定平衡运动的体系。同样的现象也发生在带有正电荷的原子核和核外带负电荷的微观世界中，其中核自旋和电子公转决定了原子核的稳定。值得注意的，银河系的旋转方向与太阳系水、金、地球、火星等行星的公转方向完全相反,也就是银河系中心总的力矩向量和太阳系中心总的力矩向量正好反平行,以此使正反作用力达到一个平面上的力学平衡,否则就不可能平面运动。

3. 初生态夸克的形成过程具有对立统一特征

天文学家观察发现,宇宙还在不断地产生新的星体,并彼此聚集形成更大的超星团,如同非理想气体在空间上局部聚结一样,遥远的宇宙深处,还存在着尚未进行夸克反应的宇宙内缘"处女地",那里仍然存在万有引力不断地吸引这些星体,离开"形成地",越走越远,使人类感觉宇宙越来越膨胀。实际上这并不是膨胀,因为这种膨胀机制根本无法解释超视界不适合哈勃定律的客观事实。作者认为,现有类星体也许已完成了一级、二级夸克反应,但是三级夸克反应还没有结束,始终处于一种动态的演化平衡过程,只是这些"过去"的信息还要通过更长光年的路程,其信息才能传到地球而已。

二、地球起源的物理化学过程再探讨

地球只不过是太阳系行星家族中的一个成员,按理它也是由不太大的热核反应体,通过一系列核间反应形成了今天元素周期表中所看到的各种元素。地球上的氢、氧等气体也都是地球热核反应和核间反应的产物而已,只是因为这些气体被地球恰当的万有引力留在其上。其中氢气在热核反应中作为最轻的氢原子保留下来,从一开始到现在一直跟着地球在一起。当地球的热核反应进行到一定阶段时形成氧原子核,进一步使氢原子和氧原子合在一起化合成水分子,使地球的表层有了大量的水体,仅是海洋里的水就有 $1.4×10^{19} m^3$ 之多。这就是地球上存在大量水的根本原因,而水是生命产生、发展、遗传、演化的重要基础条件。

地球形成前的热核反应及原子核之间的复合反应,必然使核子之间尚未作用的奇数单核子,以氢核(质子)形式大量地保留下来,至于氘核及高能氚核,则进一步参与各种原子核之间复合反应中,所以在地球上很少有氘和氚原子。而它们又通过原子核之间复合反应形成更大的原子核,特别是能够形成结构较稳定的原子核,如最稳定的铁原子核(^{56}Fe)等,使这些铁原子沉入到高温熔体状的地核里,并有了磁极,通过地磁轴向的多次变动,形成了今天地球的旋转磁矩极;其他原子核也要按照原子核幻数的分布,以一定的比例形成相关的金属或非金属原子,进而通过化学反应形成各种矿产、岩石等,而氧和氢气反应成水,这样许多岩石可与水作用形成含结晶水的各种岩矿,如玄武岩等。

所以,作者认为,在地球形成过程中,存在过热核反应及核间复合反应的过程,据此推断地球也曾是高温高热的火球,但因比太阳体积小得多,比较快地冷却下来,逐渐产生今天我们地球上的气圈、水圈、地壳岩层和地核。

1. 地球结构的对立统一体系特征

当火球状的地球表面温度降到可以使水气冷凝成为水体时,大陆和水体之间就开始了"你争我夺"的竞争过程。描述这种竞争过程就需要多体系统计力学理论。20世纪80年代,作者受《易经》"八卦"启发,从自然数理的对立统一属性中,探索出物质世界具有定量特征的对立统一动态转化平衡规律,创立了"群子统计理论"。原子结构理论的创始人玻尔提出的原子结构模型,类似于这种对立统一体系;伟大的数学家莱夫尼兹提出的二进制原理也具有对立统一特征;当代生物遗传基因密码子结构与64种密码子分类,都体现了对立统一的客观自然属性;中医药中的阴阳原理同样也反映出对立统一属性。这种属性既是自然科学的本质属性,也是哲学社会科学的根本世界观和方法论,自然科学是哲学社会科学的基础和前提,在对立统一本质的认识上,自然科学和社会科学在世界观和方法论上形成了交汇点。

根据作者创立的这种多体系对立统一统计理论,我们把大陆视为阳性(+),而海洋则视为阴性(-)。这两者要构成立体空间时,按照自然界最佳黄金分割三三制原理及莱夫尼兹二进制原理就形成了8种分布状态,即三维立体几何坐标中的8个相畴(图2-1)。

按照这种分布,地球上的大陆和海洋分布可以形成如图2-2所示的对立统一关系。

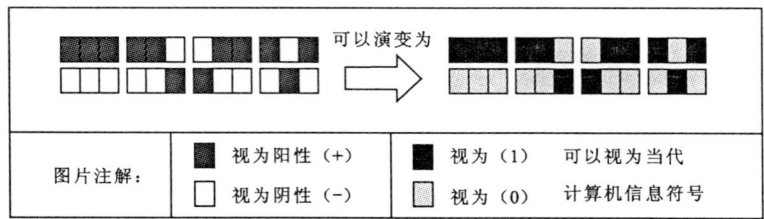

图 2-1 对立统一的数理表达

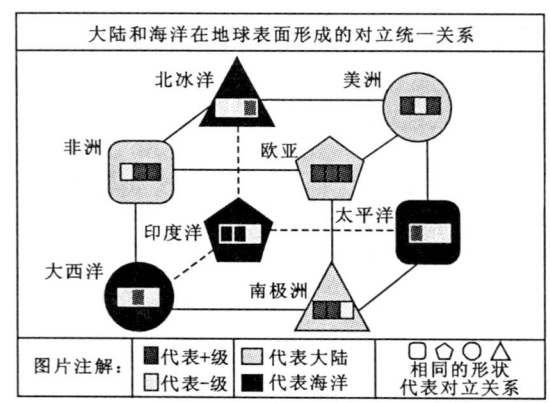

图 2-2 大陆和海洋在地球表面形成的对立统一关系

欧亚大陆属＋＋＋ 北冰洋属－－＋	其中欧亚大陆是在地球表面上最大的陆地，横跨地球的从东至西广阔陆地，所以具有＋＋＋特征；其北部与不太大的北冰洋（－－＋）在一起
美洲大陆属＋－＋ 太平洋属＋－－	美洲大陆中间细，南北美洲被海水几乎分开了，所以与中间有海水多的形象：＋－＋有对应性；而太平洋还与欧亚大陆的东部联在一起，所以具有＋－－特征
非洲大陆属－＋＋ 大西洋属－＋－	非洲大陆不像美洲大陆那样分成两大半，是以很大一块（＋＋）来表现的，但是与大西洋接触，故具有－＋＋的特征；而大西洋通过地中海包围着西欧大陆，故对应于－＋－
南极与大洋洲属＋＋－ 印度洋属－－－	在地球的南半部，南极和澳大利亚合在一起构成大洋洲，与印度洋接触，故对应着＋＋－；而印度洋与南太平洋、南大西洋一起包围着整个大洋洲，所以印度洋可说是地球南部最大的海洋，对应着－－－

正如爱因斯坦所说，世界上的东西都是弯曲的，连光线也是弯曲的。所以这种立方体分布只是为了直观描述陆地和海水之间的对立统一关系。

由图 2-2 中可以看出，太平洋连接欧亚大陆和美洲大陆，并和南面的印度大洋共轭着；大西洋则连接非洲和欧洲大陆，并和南面的印度大洋共轭着；北冰洋作为最北边的冰盖海洋与欧亚北部、美洲北部及北大西洋共轭着；而地球的南面南极洲和大洋洲、南太平洋、印度洋、南大西洋共轭着。

这种分布结构与月球类似，我们知道月球有"月海"和"月陆"，地球也如此，如太平洋和印度洋加在一起可以看作是"地海"，它的背后所有大陆可以看作是"地陆"。如果细看"月陆"，其中也有一些"海"，而"月海"背后大陆之间也有"大西洋"。两个天体相似性，恰好反映一种自然属性，这就是对立统一属性。

从月球与地球相互影响的关系上看，月球的"月海"总是对着地球，所以从地球上看，我们始终看不到月球背后的"月陆",说明月球表面很早就受地球引力的影响,表面固体所受的地球潮汐引力很大。但是地球的自转,基本上不受月球的影响,而主要受太阳的影响。比如每一年7～8月地球自转速度比3～4月快一些,这样地球内部熔体的剪切运动及地壳断裂带就会受到惯性运动的挤压作用,在地壳不规则的地方累积起来,有可能引起各种地质运动现象。尤其太阳中黑子出现的周期(～10年)及其在太阳中的不对称位置,对地壳断裂带运动有很大影响,以至于地球发生了以 $9\pm1, 2\times9\pm1, 3\times9\pm1, 4\times9\pm1, 5\times9\pm1, 6\times9\pm1, 7\times9\pm1, 8\times9\pm1, 9\times9\pm1$ 年为周期的特大地震。这种周期具有明显的迭加性,所以同时出现若干周期的年份时,必然发生大地震。"5·12"汶川特大地震,就是川滇地壳断裂带在2008年形成了若干个周期同时迭加的情况。这种迭加周期规律,可以推测未来大地震的发生年代,也可以推测不同地壳断裂带中远期地震形势。

2. 遗传基因的动力学研究模糊了板块是否存在的佐证

水是生命之源,海洋在生命形成、发展、遗传、演化过程中,扮演着关键角色。作者近10年通过对生物遗传基因的动力学研究发现,生物基因密码子组合遗传的方式,不仅具有对立统一特征,而且还遵循动力学对立统一规则,在生物进化演变的化学物理过程中,含具有激活生命动力的元素络合水分子,承担着关键的遗传属性作用。因此,作为大陆板块之间连接的浩瀚海洋,因其遗传基因上的动力学作用,影响着不同大陆板块基质上的生物演变。不同的板块上物种异同,并不取决于板块之间是否曾经紧邻或者本为一体。

还有许多学者从不同角度,运用不同的学科理论,对"板块理论"持不同看法。美国著名的石油地质学家 Meyerhoff,运用大量的古气候、古地理,特别是运用古生物化石的资料,反驳了各种板块曾在一起的假设。在作者看来,这些反驳是相当客观的,而且科学界既然承认地球上的生命来自于海洋,从这个角度来看,在海洋里具有相同或者接近 DNA 的初生态生物体,可以不受限制地向东西南北游移,所以它们上陆到不同板块上进一步演化时,受物种生存基质的板块差别的影响,不同板块上的物种既有相似的可能,也有完全不同的可能。况且,Meyerhoff 等人通过大量的考察发现,不同大陆上的物种之间存在很大差别。

第二节 从材料科学看地震成因的物理化学特性

一、流变力学特性

从人类的视角和体力来体验地壳表面形态,的确非常壮观,也非常奇特。但是,从量化角度看,即便是高耸入云的喜马拉雅山,再高还不到10km;太平洋中被喻为深不可测的最深海沟阿里亚纳海沟也不过10km多一些。这些地球表面的凸凹与地球的半径(～6371.3km)比,也不过是1/600～1/700。这差不多相当于一锅牛奶煮开放置后,牛奶表面上形成的皱皱巴巴凸凹不平的表皮,也可以看作一碗包米粥的表面先冷却,水分蒸发之后,其表面出现凹凸不平和许多裂缝一样。当地球内部很热,而表皮很凉时,高熔点的熔体先凝固成表皮,形成初生态的地壳,其密度相当高而收缩,使初生态的地壳表面积变得确实不够,以至于地壳表面出现横竖不同的各种裂痕和大大小小的板块,这是自然造物的奇迹。地球起源时,由火热的粘弹熔体组成,那时熔体温度很高,尚未形成海洋,在这种情况下太阳和月球对地表的潮汐作用,主要针对地表的半固熔体,这种拉动作用应对岩石地壳更严重。现在固体潮汐也能使地壳拉动数厘米高,对海水拉动几米高,那么对火热的固熔体表面拉动就相当可观了。而这种拉动必然使地表上所形成的初生态地壳板块不断地向上收缩,使地壳不断地隆凸起来,致使初生态地壳大板块变厚,并且使板块之间间隔越来越大(图2-3)。

根据这种假设和推理,地球上即使曾经存在原始的板块结构,那也是地球由热变冷的一种流变力学现象,并不一定是板块或板块漂移成现在的样子。作者认为,正是由于地球遇冷收缩的流变力学作用,才造成了现在凸凹不平的各种板块形状。现在看来板块与板块之间之所以能产生边缘吻合的一致性,

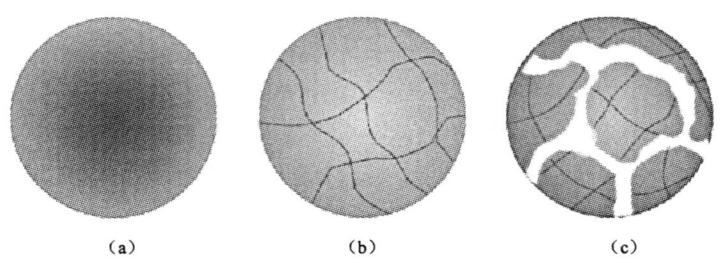

图 2-3 不同温度下地壳表面形态
(a)熔岩表面;(b)冷却初期出现的裂痕;(c)深度冷却板块越来越变厚

就是因为初生态板块之间裂隙形态,经过两边各自的收缩过程,仍然保留边缘原始吻合的整体感(图 2-4)。

正是初生态地壳的许多裂缝才最终演变构成了现代地球外表板块形态,形成了六大板块分布概念(图 2-5)。

在初生态陆地板块收缩的同时,地表上出现很多能够容纳水体的"凹板块",特别是南美洲和非洲初生态板块向各自方向收缩,在它们中间出现"S"形凹区,形成了今天的大西洋,而在大西洋中线上形成了类似两侧边缘轮廓的"Y"型大洋中脊(图 2-6)。

与此同时,地表上还出现了许多海沟,如阿留申海沟、千岛海沟、日本海沟、琉球海沟、菲律宾海沟、阿里亚纳海沟、中美海沟、秘鲁-智利海沟等。同样在陆地板块内也可以出现横竖裂隙,以至使我国的版图上也可以划分许多"小板块"。

如张国民先生将我国范围内划分 5 个板块和 19 个分板块图形(图 2-7)。

从图 2-7 中可以看出,大体上板块越大的地方,能引起的强地震机率越小。相反板块越小,发生强地震的机率越大。图 2-8 是丁国瑜先生绘制的中国及邻区的 8 个板块 18 个分板块划分示意和分布图。

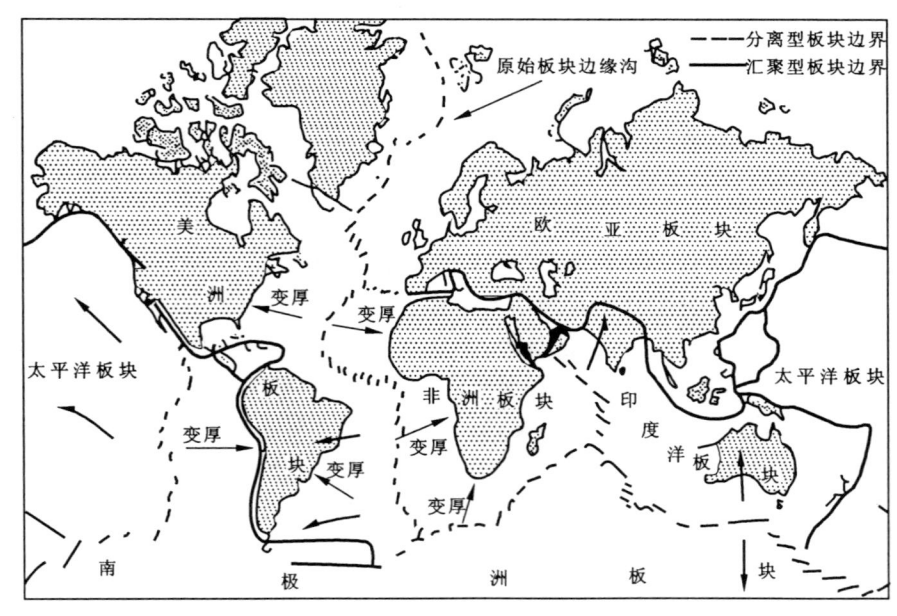

图 2-4 南美洲和非洲初生态板块与现代板块吻合关系

第二章　地壳断裂与地震成因理论的再认识

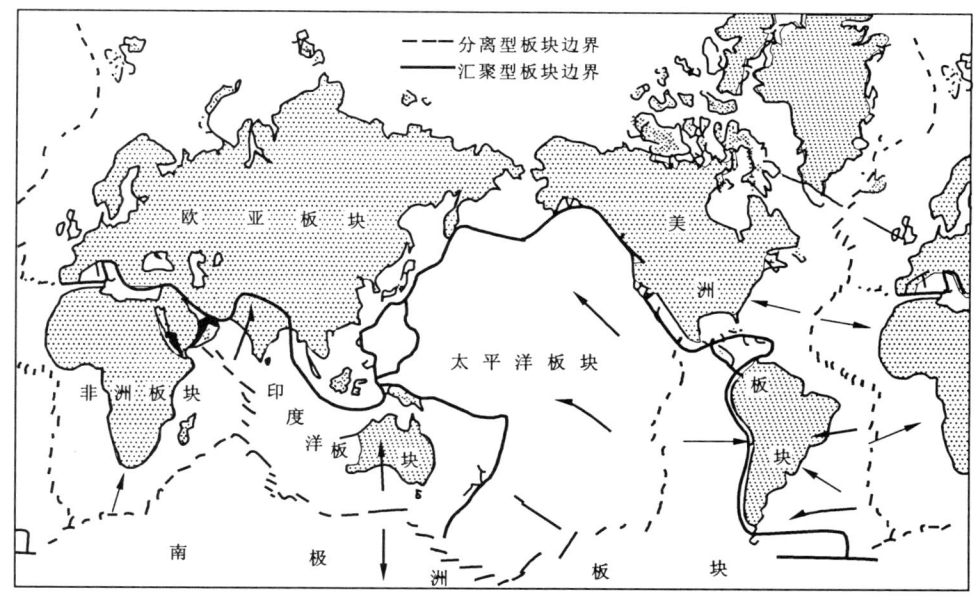

图 2-5　六大板块的划分

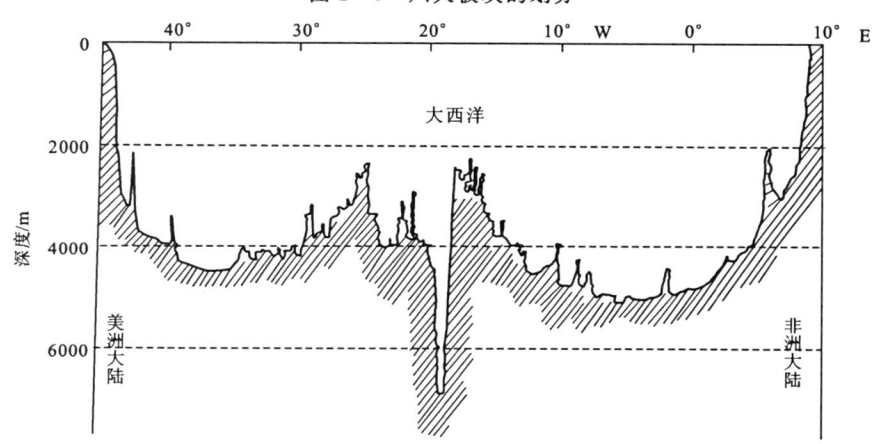

图 2-6　大西洋中脊（沿赤道剖面）

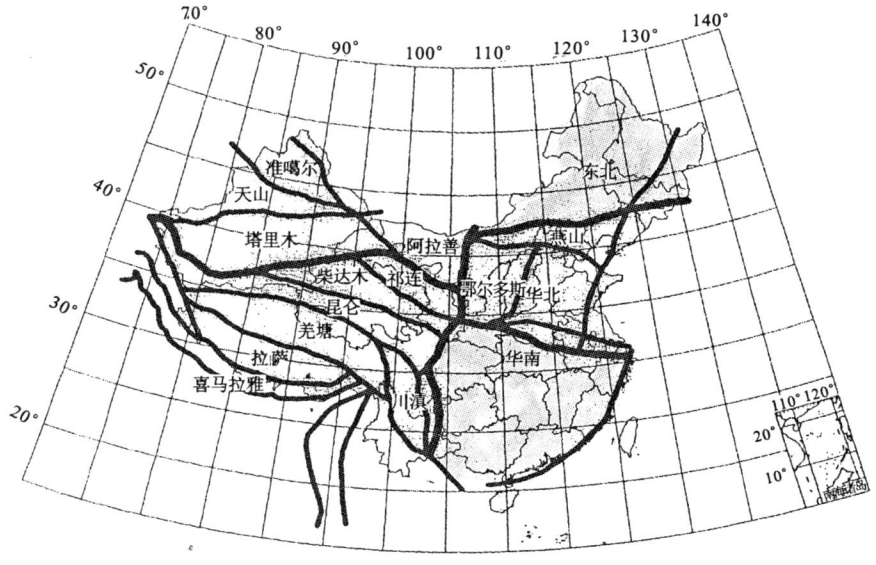

图 2-7　中国大陆活动"板块"分布图

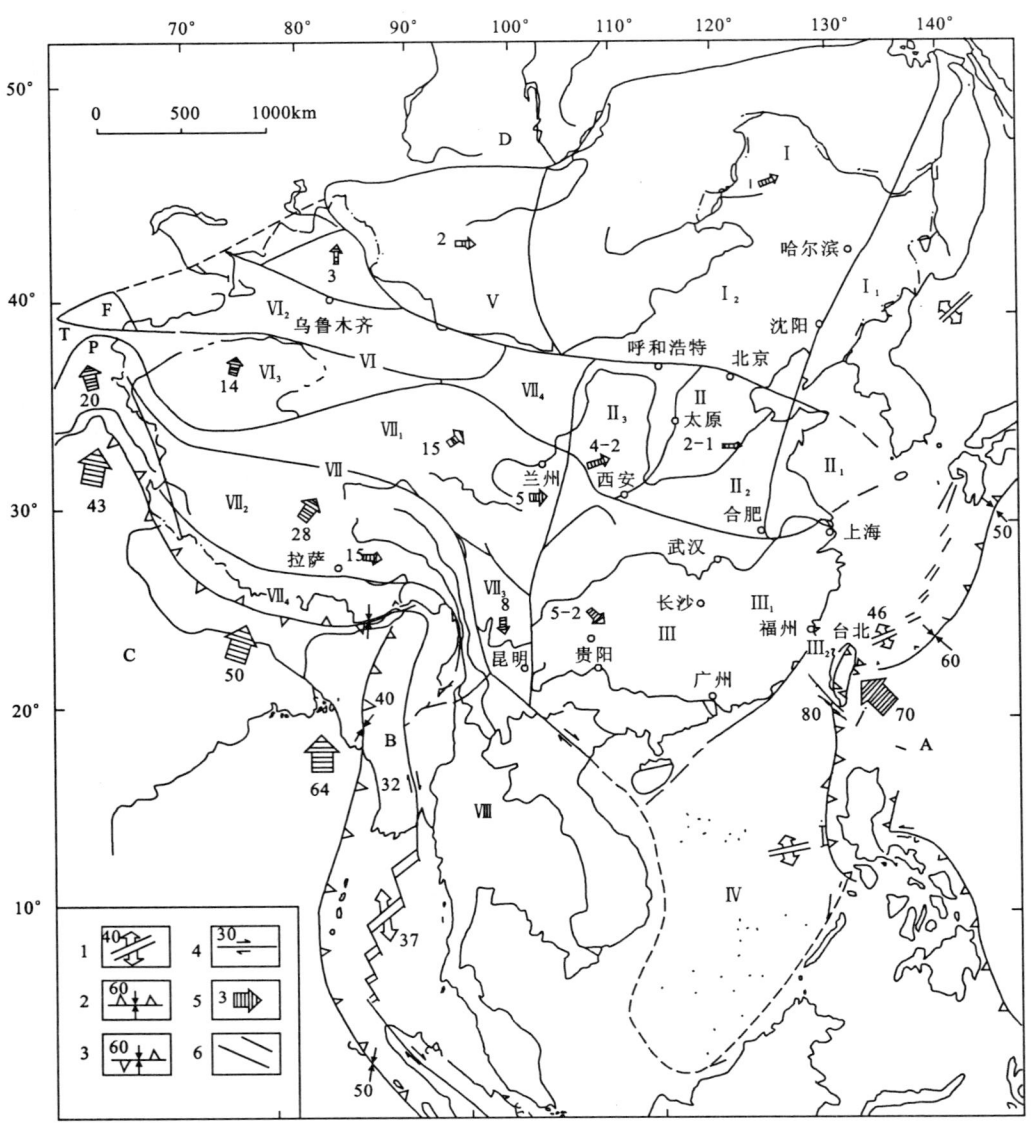

图 2-8 中国及邻区活动板块、亚板块及块体的划分

1. 分离边界、扩张脊；2. 俯冲边界；3. 碰撞边界；4. 走滑转换边界；5. 板块的绝对运动和亚板块、块体相对欧亚板块（西伯利亚）的运动方向和速率(mm/a)；6. 亚板块、块体边界。A. 菲律宾海板块；B. 缅甸板块；C. 印度板块；D. 欧亚板块。I. 黑龙江亚板块；I_1. 长白块体；I_2. 兴安块体；II. 华北亚板块；II_1. 胶东-苏北-南黄海块体；II_2. 河淮块体；II_3. 鄂尔多斯块体；III. 南华亚板块；III_1. 华南-东海块体；III_2. 台湾块体；IV. 南海亚板块；V. 蒙古亚板块；VI. 新疆亚板块；VI_1. 准格尔块体；VI_2. 天山块体；VI_3. 塔里木块体；VI_4. 阿拉善块体；F. 费尔干纳块体；VII. 青藏亚板块；VII_1. 青板块体；VII_2. 西藏块体；VII_3. 川-滇块体；VII_4. 喜马拉雅块体；P. 帕米尔块体；T. 塔吉克块体；VIII. 东南亚亚板块

上述研究是着眼于现实的地壳断裂和地块分布的形态学来归纳的结果。至于为什么出现有的断裂带平行于纬度，有的平行于经度，而有的断裂带取左旋或右旋的扭转型分布问题都没有论及，但这些为作者运用地壳断裂流变动力学理论方法，定量研究块体经向纬向、扭转形态分布与强震机率之间的关系，提供了非常有价值的参考依据。我国根据实地地震强弱次数等因素，进一步划分成6个地震区(图2-9)。

(1) 东北中强地震区

此区强震少，成带不明显，是我国境内唯一的深源地震活动地区。地震分布在东北部邻近日本海的区域，震源深度500~600km。区内的浅源地震从日本海沟往亚板块内部逐渐减弱，主要发生在松辽平原两侧两条北东向的不明显的地震带中。深源地震活动和浅源地震活动在时间上有明显的一致性，均系太平洋板块向欧亚板块俯冲、下插引起脆性破裂的结果。此区应力场为北西西向挤压，与日本列岛的

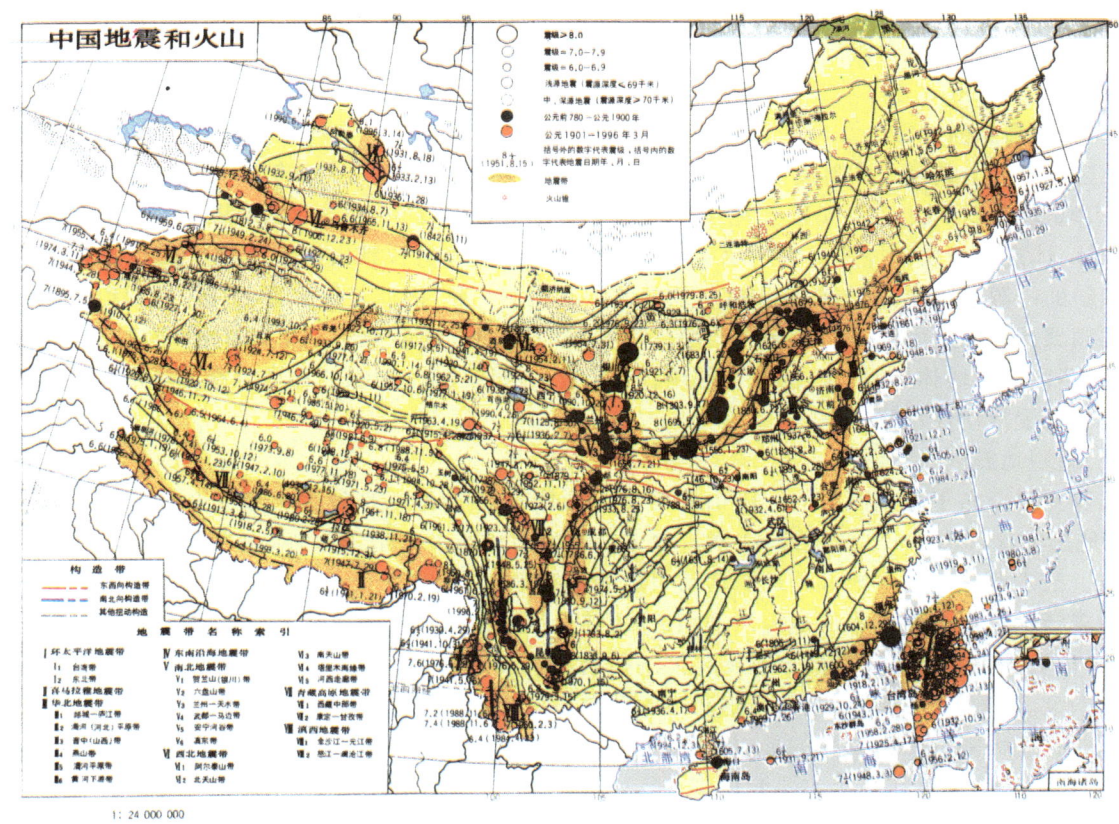

图 2-9　我国地震和火山分布图

应力场一致。

(2) 华北强震区

此区历史地震和现今地震均很活跃。这里已发生大于 8.0 级地震 6 次,7.9～7.0 级地震 12 次,6.9～6.0 级地震 43 次。地震震源较浅,深度以 10～18km 居多。地表断裂与裂缝带的位移以及震源机制都说明走向滑动大于倾向滑动,主压应力方向为北东东-南西西走向。近年发生的一系列强震证明了西太平洋弧后水平挤压应力场的重要。在华北西南缘形成的一系列向北东突出的弧形断裂带,同时表明华北受到青藏高原动力的影响。因而华北受两大板块影响产生的水平挤压应力场所控制。

(3) 东南地震区

此区总体为少震弱震区,但台湾隔海相望的闽南和粤东的东南沿海一带,地震学家认为,由于受菲律宾板块强烈作用,形成一个地震强度、频度比较突出的强震地震带,这里已发生 8.0 级以上地震 1 次,7.9～7.0 级地震 4 次,6.9～6.0 级地震 30 次。地震活动水平比华北强震区稍低。此区还受到青藏高原侧压力的共同作用,由于两种力往往在亚板块边界或附近就已大量消耗,因此,地震活动仅限于菲律宾板块挤压力和青藏高原侧压力的有限部分。两部分应力在传递过程中逐步损耗、减小,当到达陆核部位时趋于极小,这就是地震活动由四周向内部逐步减弱和陆核部分缺乏强震的原因。

台湾地区按地理位置可包括在东南地震区内,特别是西侧地震的活动特点与东南沿海地震的表现相似,但其东侧为一碰撞-转换边界,因太平洋板块仰冲挤压及菲律宾板块的向北推挤,活动断裂以向西逆冲为主,兼具左旋走滑,平均速率 17～28mm/a。因而,地震强度与频度均非常高,20 世纪以来 6 级以上地震已达 30 次,与大陆地震活动的一般特点有显著不同。总之,台湾地区是一仍在变化和极不稳定的年轻块体。

(4) 南海地震区

南海位于亚欧板块的东南边缘,只有零星的地震活动。1900 年以来,南海总共记录到数十次 $M \geq 6$

地震,它们绝大多数发生在马尼拉海沟俯冲带及其边缘,震源机制解释的结果表明,南海区的现代构造应力场仍在菲律宾板块向西运动的控制之下,使整个南海亚板块相对于欧亚板块向北北东方向运动,运动速率估计约3mm/a。

(5)青藏高原强地震区

此区与世界上其他大陆地震区相比,地震活动最为突出。从公元193年2月—1989年6月,高原发生$M \geqslant 6$地震204次,其中$M \geqslant 8$地震11次,7.0～7.9级地震33次。此区地震活动频度高、震级大、密布成片,体现了板块碰撞边界附近地震活动的特点。但在喜马拉雅山南麓至雅鲁藏布江一带有一条向北倾斜的中源地震带,正与现今印度板块向北俯冲机制一致,因此是导致青藏高原内部地壳强烈变动和地震频繁活动的原因。目前认为主要是印度板块自南而北向欧亚板块下的俯冲,同时有塔里木、华北、华南不同刚性块体(亚板块)的联合作用。正因此,在此区西南边缘的喜马拉雅地震带和东南缘的南北地震带地震活动性最强。

(6)新疆地震区

强震主要分布于近东西向的天山山脉的南北两侧。20世纪以来发生大于8.0级地震4次,7.9～7.0级地震9次,6.9～6.0级地震41次。除天山的山前构造带的地震以外,也发育有斜交天山的斜向地震带。天山两侧两大盆地都是地震活动很弱的稳定地块,仅有少量5级以下地震。阿尔泰富蕴地震带的地震活动特点与蒙古本部地震活动相近,而喀什地区的强震密集成丛成束,则是由于靠近帕米尔高原所致,因为那里是一个复杂的岩石圈碰撞的扭结点。震源机制及地震破裂的旋扭性表明,此区受在印度板块向北、西伯利亚地块向南挤压这对近南北向右行为偶的作用下形成的北北东向挤压应力场控制。

基于这些大陆内板块裂缝的形成,在我国大陆地区已形成了许多地震断裂带,它们构成了各种地震的潜在性危险区,现存在8个主要断裂带。

二、地球表层熔体的高粘弹性

地球半径约为6371.3×1km。假设地球的密度平均为$5g/cm^3$,那么地心的压力为$6371.3 \times 1000 \times 100 \times 5g/cm^2 = 31.8 \times 10^8 g/cm^2 = 3.18 \times 10^6 kg/cm^2 = 3.18 \times 10^5 MPa$。可见地球核心地方就不是一般想象的物质状态了,那里的电子轨道有的被压到更靠近原子核,形成逆向激发态;有的电子被挤出来接近自由电子一样东跑西跑。距离地表400km地方的压力为$400 \times 1000 \times 100 \times 5g/cm^2 = 2 \times 10^5 kg/cm^2$,即便是200km地方的压力也有$10^5 kg/cm^2$,可见离地表200km地方的压力也是相当大的,足以把碳元素压制成准金刚石,所以这里的物质也不像我们在地表上所看到的那样了。

有学者认为,从地表向里,每深入100m,地温升高3℃。按此推算,200km地下深处的温度可能高达2000℃。在这样高温高压下,那里的物质就处于高密度的熔融状态了,从火山口喷出来的就是高温熔体。但是这种熔体和地表上常压下的高温熔体不同,因为它们是在超高压下,那里的电子把熔体离子和离子间串联起来,变成类似高分子熔体一样具有高粘弹性的物质。如此高粘度的粘弹熔体进行层流或对流十分困难,流变学特别关注零剪切粘度,在这种体系中零剪切流动活化能E_a太大了,不大可能流动起来。因此,作者赞同"反对板块移动学说中把地幔对流作为动力"的观点,但是,地球的自转以及太阳和月球对地壳的周期性潮汐作用,它们从几十亿年前开始长年累月地作用于火热地球的高粘弹体和今天的地壳上。在这种情况下,作者认为,无法断定这些高粘弹体完全不动,但也不至于整个大陆在漂移,这即是板块理论中合理的一面,需要我们批判理解和认识。

三、地球自转产生向心爬杆效应

地球曾是一个高温的火热球,并不是由太空尘埃聚集而成的堆积物,氢、氧等原子及其那么多水体从何而来,就是很好的证据。根据地球上已被发现的250多个各种稳定同位素原子核结构分析,地球也曾有过由氢、氮、锂等各种原子核之间的成核反应,并按着幻数(2、8、20、28、50、82、126、184)的要求,按严格的比例,形成了今天的各种稳定的原子核,比如空气中的氧$^{16}_{8}O$由$4 \times 4 = 16$核子组成;而铁$^{56}_{26}Fe$原子

核是由 $7×8=56$ 个核子组成为最稳定的原子核,所以在地球的核心中就有大量的铁,这是使地球具有高度地磁的根本原因。其他的原子核数量的分布,也都按严格的比例关系存在,这些都意味着地球也曾是一个不断形成各种元素的高温"火球",还留下来没有参与热核反应的氢,以及没有深度反应的氧等原子核,等这个火球温度下降到化学反应阶段时,形成了水分子,而其他原子也形成了各种岩石和金属矿,但是地球表面仍然是很热,故那个时候地球表面绝不像现在这样生机盎然。这是因为水的沸点为 100℃,而初生态地球的板块及裂缝之间温度应该很高,所以水分早已蒸发,在这种情况下,我们应当先看看没有海水的情形,即先看看这个高粘弹体"火球"的旋转运动,看看这个"火球"表壳的"板块"是如何形成和运动的。

大家都有一种经验,在一杯水中放进一个搅拌器,一旋转就会使水向外甩出去,搅拌中心的水面下降,形成漩涡。在这种情况下,水体的运动常以离心作用为主;当我们把高粘性的麦芽糖或聚乙烯醇水溶液放到同样的杯子里搅拌,就会看到完全相反的现象,即越靠近搅拌杆的地方越呈现向心聚集,甚至发生爬杆现象(流变学称为"巴拉斯效应")。这就是现代物理学与当代流变力学的区别:前者强调旋转体的离心作用;后者强调旋转体向心作用。其实,我们常见的银河系也是充满向心作用的宇宙体系,即中间厚、边缘薄的"飞碟"形态。

可想而知,整个地球在很长一段时间,是带着上述高粘弹体运动的一个自转体,越自旋,高粘弹体越向里集中,以致于地球变成梨形一样(图 2-10)。

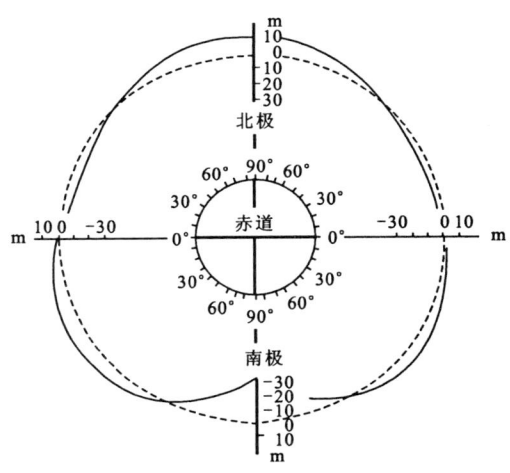

图 2-10 从大地水准面上看地球的梨形状

地壳高熔弹体随着旋转,在不同层面上就必然使剪切速度不同。这样层与层之间的剪切应力 τ_{12}, τ_{21} 相应地产生剪切应变。这样,通过严格的张量数学方法就可以证明,在图 2-11 中立方体上派生出 3 个法向应力:一是迫使地表皮向上移动的应力 σ_{11};二是沿着旋转方向拉动的应力 σ_{22};三是把表皮拉缩至轴心的反向应力 σ_{33}。其中 $\sigma_{11}-\sigma_{22}=N_1=+\phi_1 V^2$,$\sigma_{22}-\sigma_{33}=N_2=-\phi_2 V^2$。可见自旋速度($V$)越快,第一法向应力差($N_1$)越大,越使地壳向北运动;而第二个法向应力差($N_2$)越是负值,越使表皮所连着的下部朝向轴心方向运动。这两种法向应力差都是来源于地球的自转,如果没有自转,那么上述 3 种法向应力是不可能产生的。正因为第一法向应力差(N_1)的存在,使地壳向北运动。从这个意义上看,地球北半部形成大面积陆地是必然的。

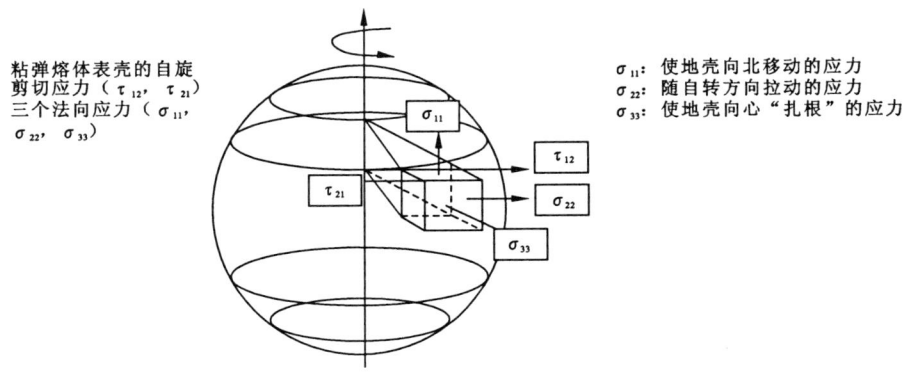

图 2-11 高粘弹体旋转时派生出 $\sigma_{11}, \sigma_{22}, \sigma_{33}$ 法向应力

四、重力位能与释能

1. "山根"的形成及其作用

通过地震层析成像得知，山体底部客观存在插入地幔的"山根"。作者认为，这也是粘弹体自转过程中必然出现的现象。我们知道，正是由于 N_2 的法向应力差，使表壳稳稳地处于地幔上和向心方向上，并且借助地幔熔体和它上层地壳温度的冷却作用，使地壳下面不断地"结晶"，那些高熔点的熔体，使"山根"越来越粗大和变长，增大对山体的抬升力，甚至"推动"山体垂直向上运动，于是，地球上也就出现了许多冲天的山峰和悬崖绝壁，并出现高高低低的重力分异，以至于喜马拉雅山这样的"高个儿"还在不停地长高。不过从流变力学角度看，处在半径为 6371.3km 的球体上的喜马拉雅山，即便再往上长，也只不过相当于足球皮上被嵌入的一个小小的砂粒高度而已，对于宇宙空间的自然造物能力来说，这种现象就不足为奇了。弄清山体抬升的力学基础，对于认识地震的宏观孕震形势和断裂方式，具有重要的参考价值。

据新华社报道，中国地质调查局初步监测和评价认定，汶川地震是印度板块向亚洲板块俯冲，造成青藏高原快速隆升导致的，震源深度为 10～20km，持续时间较长，因此破坏性巨大。尽管作者对此解释持不同看法，但并不妨碍作者换个角度重新探究其根源。

作者尝试从流变力学理论角度观察，地球初生态的粘弹体表壳本来就具有向北运动的力学趋势，不一定是印度大陆向北俯冲挤压抬升造就了今天的青藏高原和喜马拉雅山。这里涉及到太阳对喜马拉雅山脉地区粘弹体和地壳的特殊潮汐作用。印度大陆与喜马拉雅山的接口处正好处在经度 90°线附近。从地球气候学来看，90°经度线在夏至时，季节轨迹与地球的北回归线之间正好形成交汇点，而这个纬度在流变力学看来，极易引起巴拉斯效应，两种合力促使印度大陆大幅度地向北抬挤。与此同时，在地球的另一面的对称点上，也就是西经 90°线与南回归线的交汇点正好处于冬至，太阳对南美洲地壳及其熔体的潮汐作用远不如对印度大陆那么大，且在这个地方地球自旋所产生的向北的第一法向应力差也远比北半部少得多，所以南美洲很难向北运动，故还是保持在赤道南面，随温度的下降收缩成细长的大陆。至于北美大陆，与中国大陆很相似，其西经 90°线时夏至正好在墨西哥湾与北回归线相交，只是那里不像印度那样是大陆板块，看不出向北抬挤的地貌外形。但是，墨西哥受这种影响向北与美国西部陆海挤压，形成了美国西海岸地壳断裂带，活跃程度仍不及印度大陆向北的挤抬运动。

因此，每年夏至前后，太阳对印度大陆地壳和粘弹熔体所造成的潮汐作用非常大，太阳不断地向外拉动整个印度大陆，同中国西藏喜马拉雅及青藏高原的广大区域产生推挤，这种情况已持续了几亿年，特别是由地球自转所引起的拉向北的法向应力不断作用，必然使那里的粘弹体表层和后来冷却而形成的大陆不断向北移动；并且由地球自转所引起的第二法向应力差 N_2，不断形成"山根"，把山峰垂直地再往上抬升。一方面通过法向应力差（N_1）拉动印度大陆向北运动，另一方面通过第二法向应力形成巨大的山脉和"山根"。

从这个意义上看，印度大陆不可能在地幔粘性过大的条件下，长距离漂移向欧亚板块俯冲。特别是地质学者发现印度大陆上的蛇纹岩，同样也存在于南亚及喜马拉雅山的很多地方。因此，印度大陆和欧亚大陆是经漂移作用俯冲连接在一起的观点，缺乏更充分的证据和理由支持。同样，印度板块向北俯冲，引起中国西藏及青藏高原、云贵高原地震的观点，更需要商榷。

2. 青藏高原的重力位能与释能

从流变力学角度看，太阳通过几亿年对印度大陆和西藏喜马拉雅山地区及整个青藏高原的特殊潮汐及向北的法向应力作用，抬升的山体对周围造成挤压应变是必然的。特别是很早通过高粘弹体向北堆积起来的熔体冷却下来时，造成许了多无规律堆积结构的岩体，固体潮汐垂直抬升山体，一旦遇到太阳对潮汐作用变化和熔体温度的下降时，喜马拉雅山及青藏高原仍能依靠下面的"山根"向上不断生长，形成幅度越来越大的高位差，存储重力位能。

同时，喜马拉雅山及青藏高原又因自身的重力向下运动，这种垂直运动使青藏高原既有压应力，也有张应力。而其中的压应力促使它周围无规堆积的岩体裂痕产生巨大的挤压作用,造成释能现象,引发原位地震。这就是为什么作者坚持运用地壳固体潮汐规律及流变力学规律研究地震成因的根本原因。

至于大陆板块内存在各种不同方向的横(东西向)竖(南北向)断裂带及其成因,可以通俗地看作是,类似包米粥干皮表面横竖断裂形成的许许多多裂片一样,正是在这样的条件下,在我国的版土上可以看出不同方向的应力分布场(图2-12)。

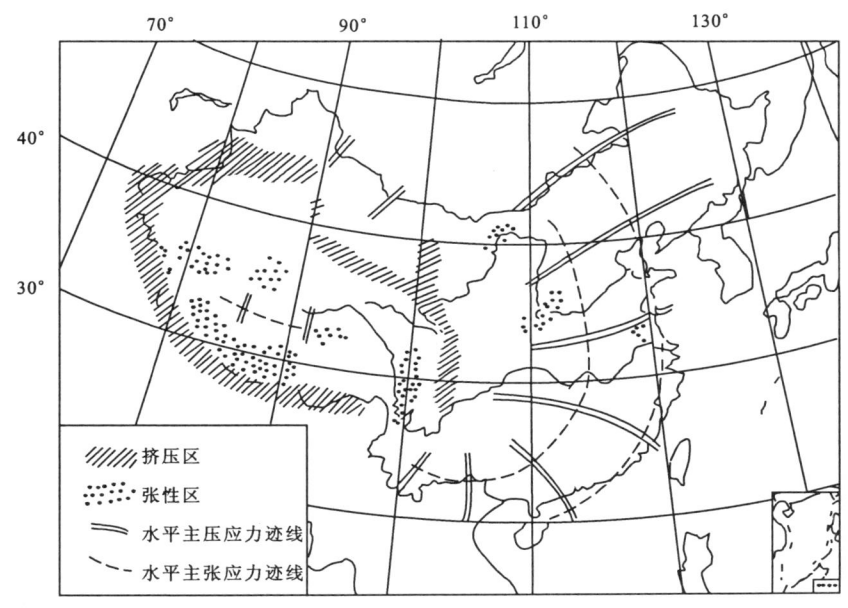

图2-12 我国大陆应力场分布示意图
(据汪素云等,1985)

中国大陆的地震活动起源于青藏高原地壳在远古处于粘弹态条件下,向北隆起而形成巨大高原结构,经冷却以后,存储大量的重力位能,促使大面积的高原向周围释能,形成挤压区和释压区共存的多向应力分布,并以青藏高原为中心形成东部和南部的辐射状应力场分布,致使我国华北、东北早已形成的无规断裂带起压应变作用,从而导致地震。

我国西南普洱至松潘南北方向的地震带,也和上述以青藏高原为中心的辐射应力及其原始地壳结构有关。我国台湾岛属于环太平洋地震带,仅从台湾岛在西太平洋地理位置来看,台湾岛下面有它自身的"山根",挤压抬升台湾岛上下垂直运动。其实,台湾岛陆地边缘与太平洋洋底并不是"铁板一块",是厚薄不同的相界面,它们之间还可以冒出新鲜的熔体,经固化形成新的挤压源,所以,这种增殖结构受到强烈的潮汐应力作用时,在"山根"垂直运动过程中造成应力集中,经常引发大大小小的地震。

类似的陆海不规则结构也延伸到我国福建、浙江、上海、江苏、山东及渤海,形成了我国东南沿海地震带。同样环太平洋地震带的形成,也更多是美洲大陆地壳和海底壳之间多相界面运动所致,而这些多相界面地壳下的新鲜熔体也可以挤冒出来,进一步加剧那里的地震。

近年来也有学者提出贯穿中国大陆的主震轴线,作者认为,这是前面所述若干地震带的连线,并不一定是完整的连续地震带。这条连线的意义在于地震概率判断时增加可能性。

图2-13为我国范围内的强震带分布图。

地震既然是地壳局部应力过于集中所引起的突发性释能现象,如8级地震相当于释放能量4.2×10^{18}J,也相当于10亿 t TNT 炸药爆炸的能量,相当于47600颗长崎原子弹爆炸威力。这是一个能量比的形象量化,尽管看起来很大,但是比起太阳和月球的潮汐作用把地球上1/4海面面积的海水拉高1m所需要的单次能量4.2×10^{22}J还是小得多。固体潮汐能量同样很大,姑且按照海水潮汐单次能量的万分之一计算,集中作用于青藏高原地壳上的某点,也相当于8级地震的能量,再加上喜马拉雅山及青藏

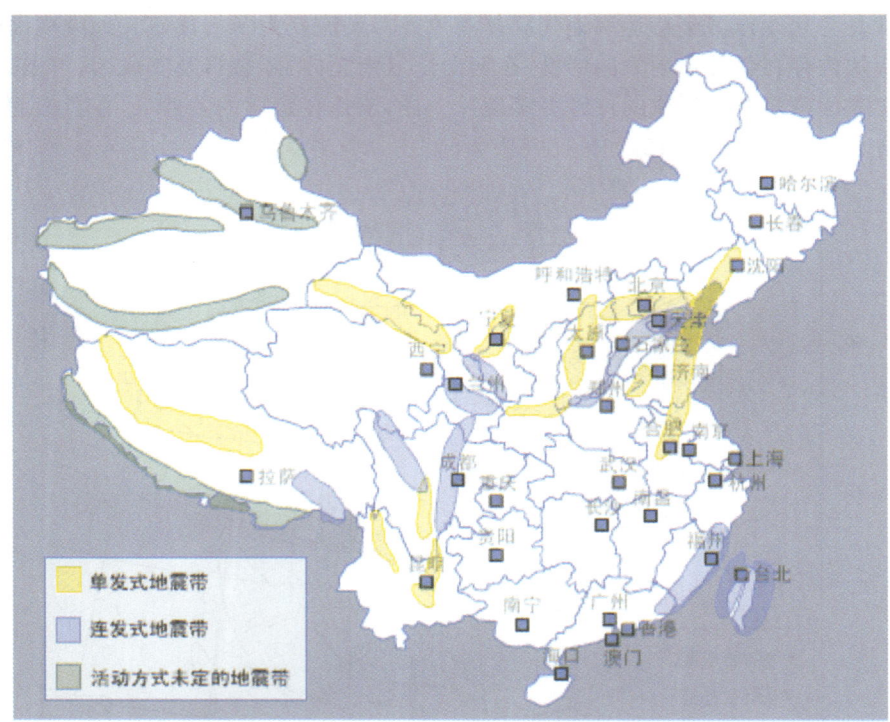

图 2-13 中国国内地震带分布示意图（据北青网）

高原所隆起的重力位能总和，应该比 8 级地震总能量大几万倍，所以在地壳上出现各种释放能量的现象就不足为怪了（图 2-14）。

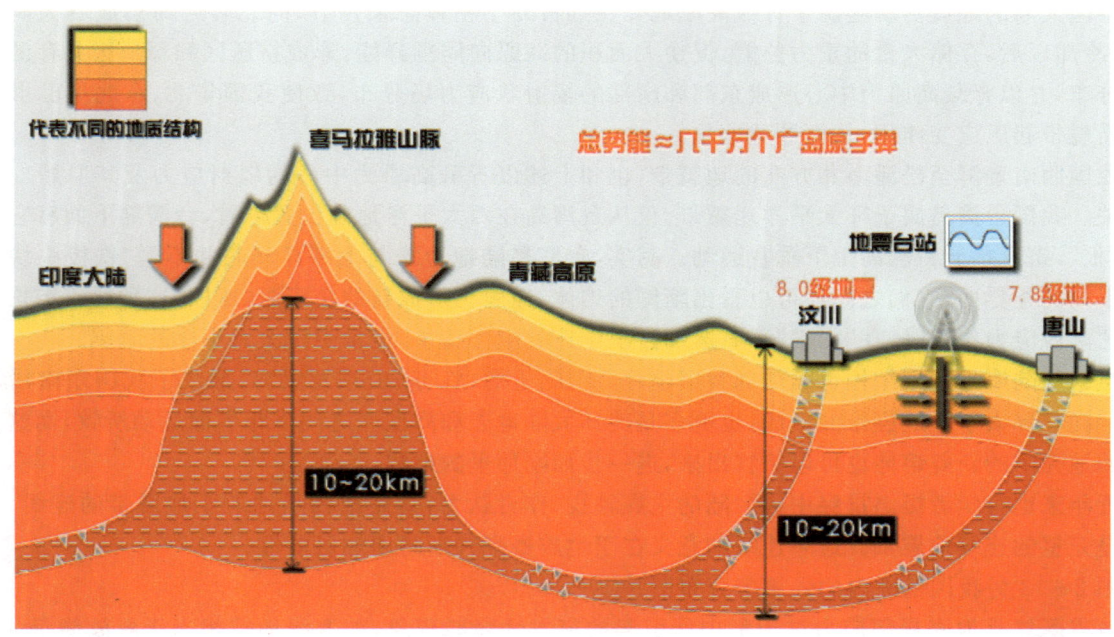

图 2-14 喜马拉雅山及青藏高原的重力位能和释能示意图

第三节 材料断裂力学的启示

作者在研究中发现,应力极限的检测和识别,是研制高强超韧复合材料的重要技术手段。"5·12"汶川特大地震后,作者正是从这个角度尝试做一些工作,看能否在地壳应力应变观测数据中,寻找一些地震前兆的线索。

一、材料断裂过程与应力的关系

复合材料的高强超韧技术检测,一看应力极限,二看结构性能。一个比较具有韧性的或多元合金材料在冲击摆下断裂的瞬间,其若干细微的过程,可用应力和能量变化曲线来反映断裂的全过程(图2-15)。

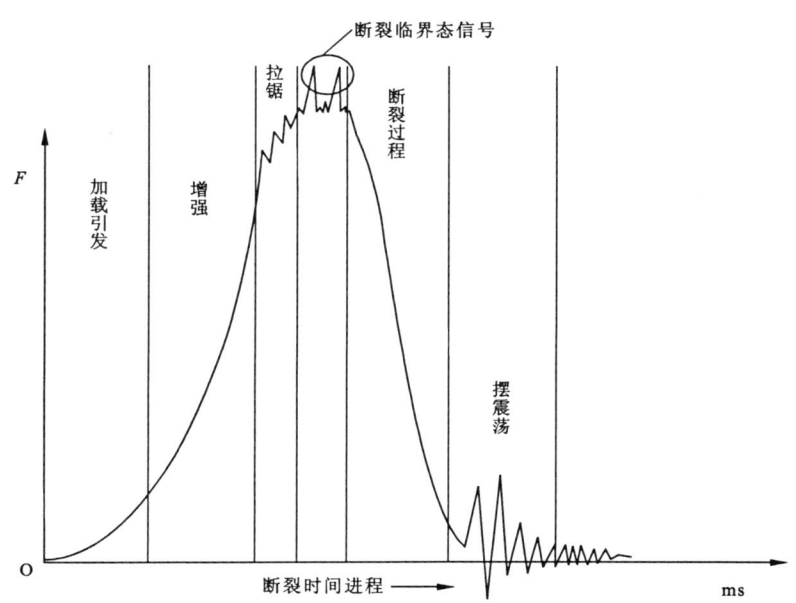

图 2-15 典型材料在高冲击下的若干断裂阶段

从图2-15中可以看出,材料在冲击力作用下,刹那间受应力加载,然后通过应力集中区(皱纹或不均匀相界面、杂质等)开始出现局部应变,甚至局部破裂,但是材料整体尚未断裂,并发现有更强硬的结构阻止材料的进一步破坏,于是需要更大的能量才能使这部分完全断裂。

当材料断裂区出现若干强硬区时,作用力曲线上就会出现若干锯齿型断裂过程,这些过程简称"拉锯"阶段。当"拉锯"过程快结束时,材料进入即将断裂区,还要通过较大形变的方式,才能冲破试图阻止最终断裂的障碍,这时断裂力还需要继续提高,达到临界破碎应力。然后材料的断裂力急剧下降。试验测试结果表明,所有材料在断裂之前都有断裂前兆信号,这就是应力极限,应力极限是材料断裂的必然条件。

二、材料断裂过程的应力极限

以下通过不同材料在不同温度条件下冲击断裂过程的应力极限,反映出断裂前兆。

1. 脆性断裂过程

在0℃和23℃温度条件下纯尼龙的冲击断裂过程。

(1) 0℃冲击断裂过程

从图2-16中可见,在0℃下高速冲击,尼龙断裂时,应力加载过程很短,材料断裂前发出断裂应力信号,然后断裂,但摆锤获得大量的回弹能继续震荡,这与地震震荡现象很类似。

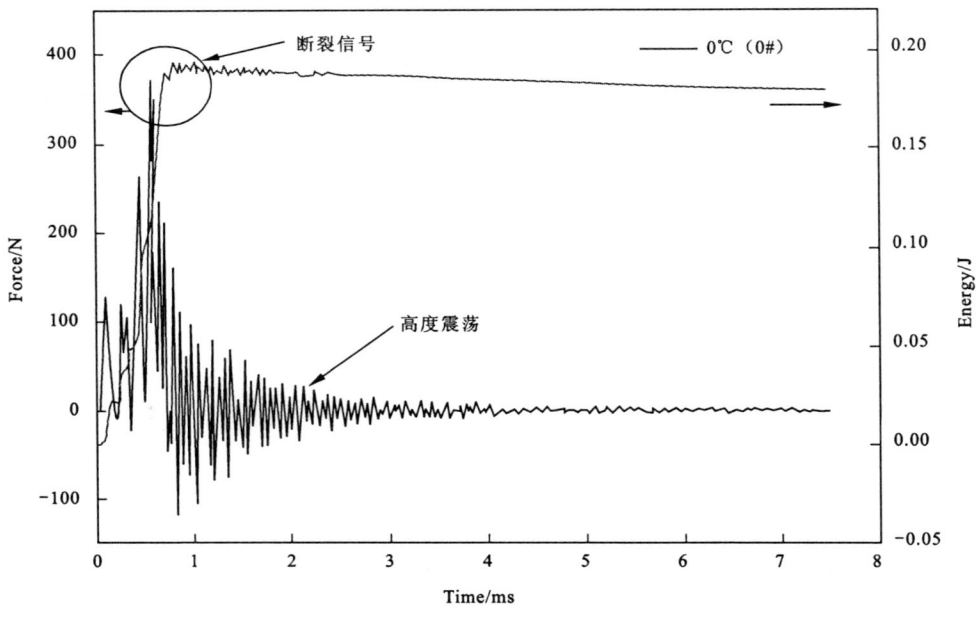

图2-16　0℃下纯尼龙6的冲击断裂过程

(2) 23℃冲击断裂过程

由图2-17可见,在23℃下这种震荡相对变得弱一些,说明材料本身通过较大的应变吸收分散冲击波能量,所以震荡幅度小。

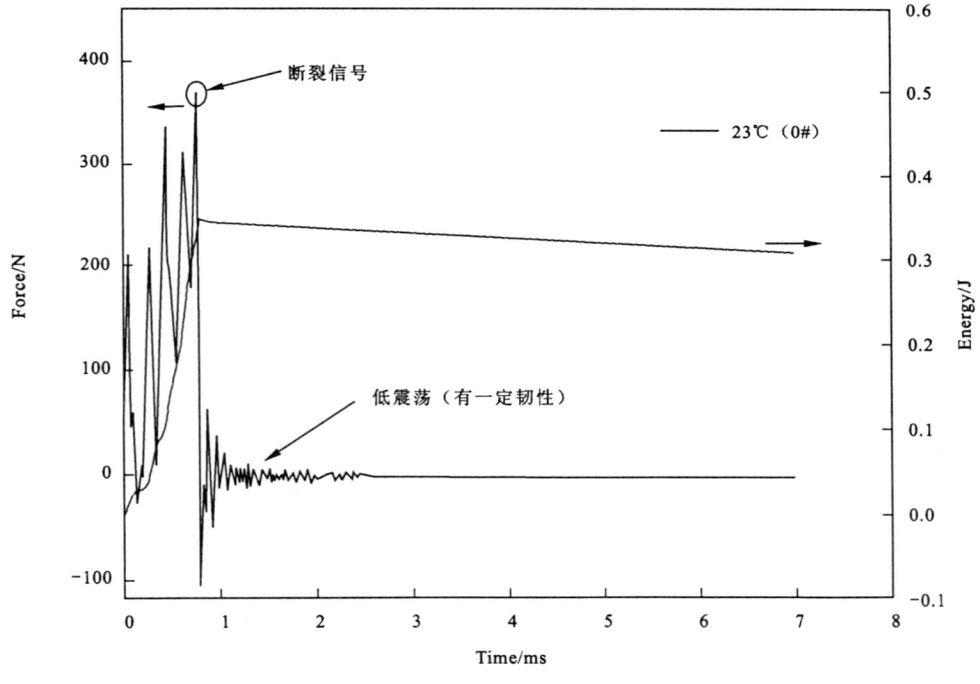

图2-17　23℃下纯尼龙6的冲击断裂过程

2. 用 MBS 增加弹性时冲击断裂过程

(1) 0℃下尼龙 6/MBS 冲击断裂过程

从图 2-18 可以看出,断裂过程多少变长一点,最后断裂前有一个明显的断裂临界力信号。

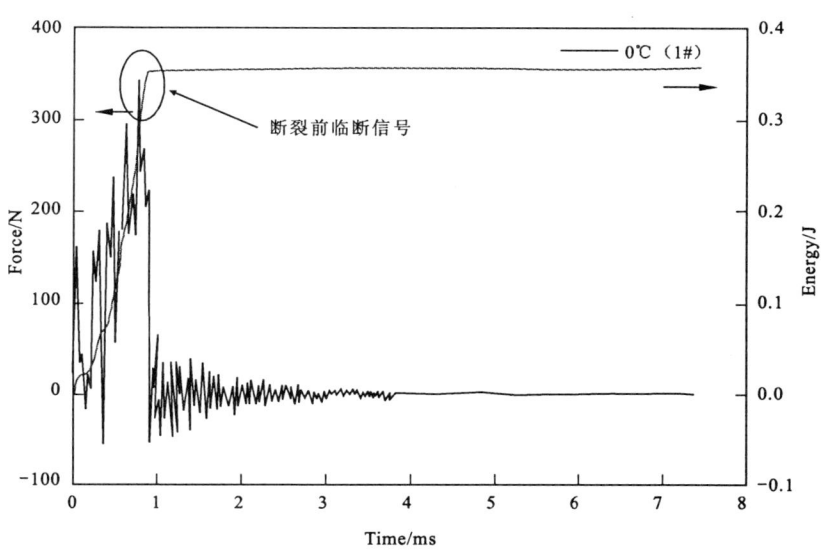

图 2-18　0℃下尼龙 6/MBS 的冲击断裂过程

(2) 23℃下尼龙 6/MBS 冲击断裂过程

从图 2-19 中可见,临断信号明显。

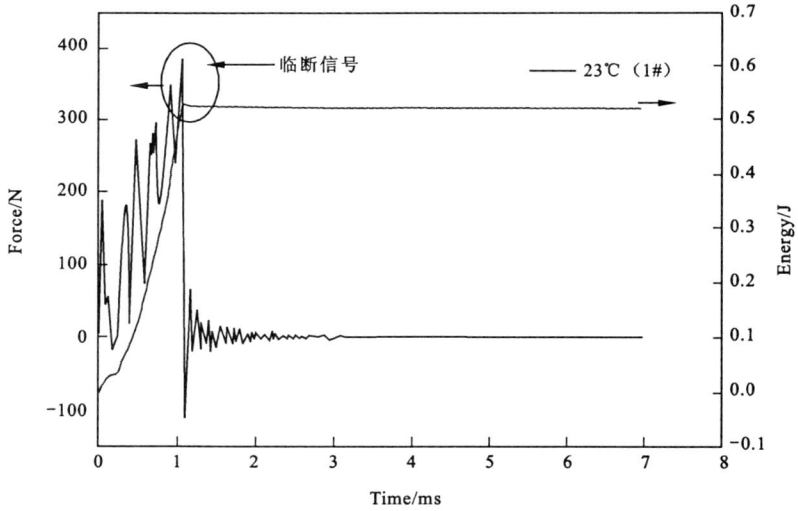

图 2-19　23℃下尼龙 6/MBS 的冲击断裂过程

3. 用 DGEBA 进一步增加韧性时冲击断裂过程

(1) 0℃下冲击断裂过程

从图 2-20 中可见,进一步延长了冲击断裂时间。

(2) 23℃下冲击断裂过程

从图 2-21 中可见,在 23℃下冲击断裂过程已具有加载、增强拉锯、平台及断裂临界状态信号。

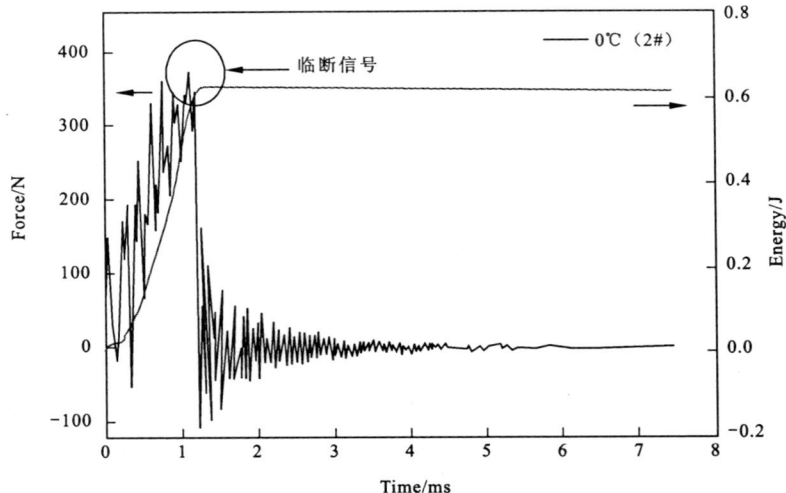

图 2-20　0℃下纯尼龙 6/MBS/DGEBA 的冲击断裂过程

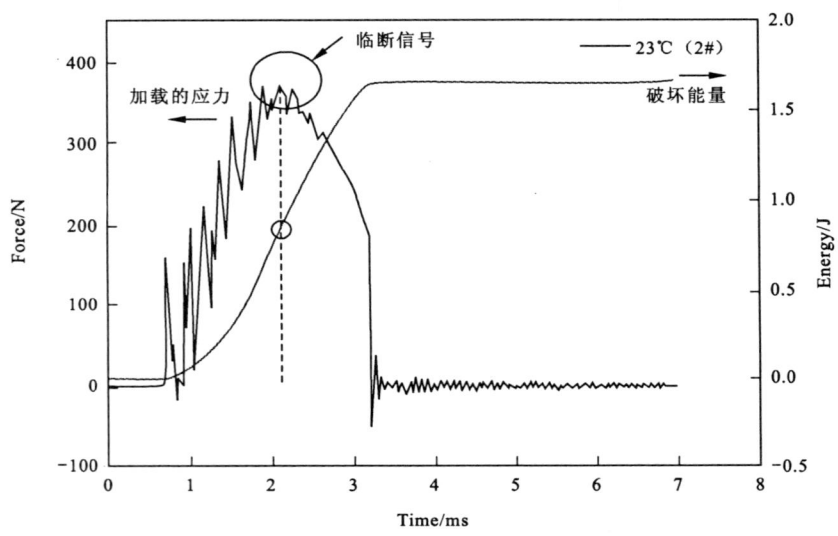

图 2-21　23℃下纯尼龙 6/MBS/DGEBA 的冲击断裂过程

4. 用四元体系高度韧性化时冲击断裂过程

(1) 0℃下冲击断裂过程

由图 2-22 可以看出,尽管 0℃条件下受冲击,但是冲击断裂过程明显加长,此时同样存在断裂的临界信号。

(2) 23℃下冲击断裂过程

由图 2-23 可见,在 23℃条件下,材料完全韧性化了,所以冲击断裂时间大大加长,且没有震荡现象。

这些冲击断裂过程对材料而言,是在几十个毫秒中进行的,但还能分成若干阶段,而地壳作为"特大材料",从孕震起到最后地震的整个过程,作者认为,也非常类似于上述材料的断裂过程,只是更加复杂,需要多重步骤完成断裂。

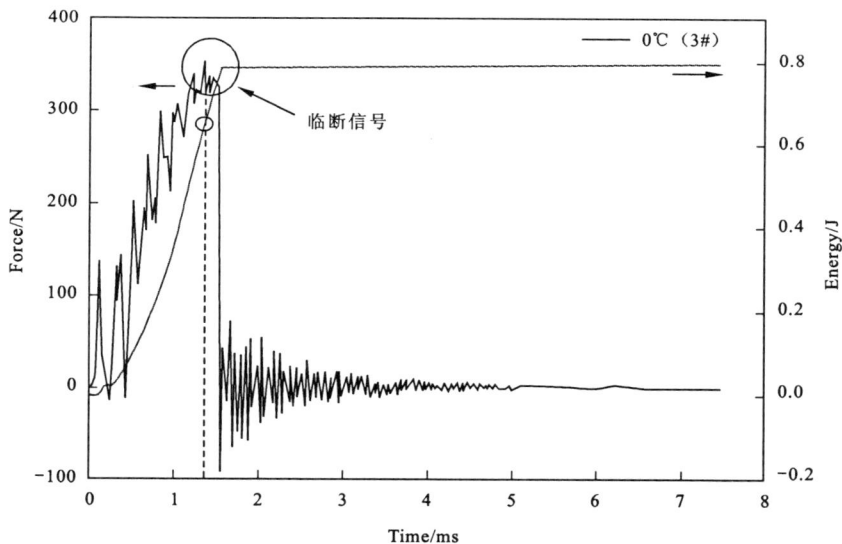

图 2-22 0℃下纯尼龙 6/MBS/DGEBA/POSS 的冲击断裂过程

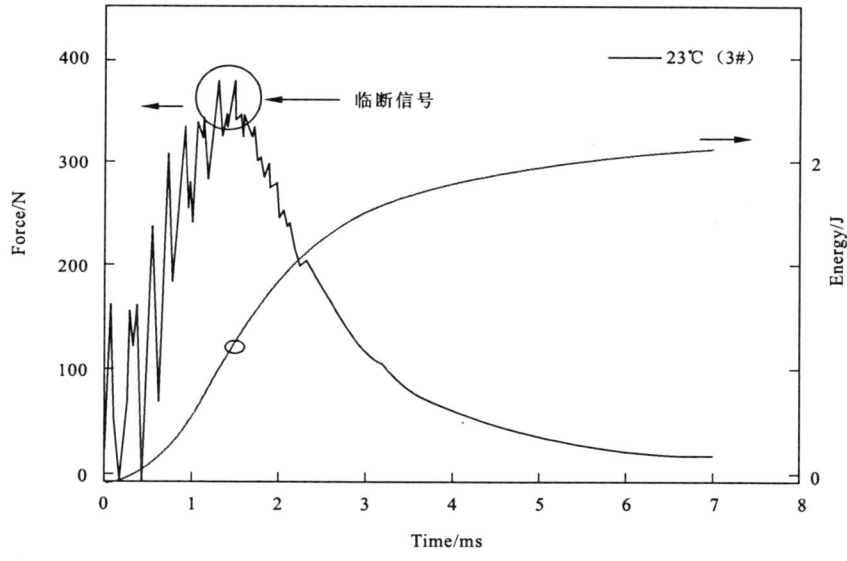

图 2-23 23℃下纯尼龙 6/MBS/DGEBA/POSS 的冲击断裂过程

第四节　地壳断裂的力学特征

本章第二节已经讨论了流变力学在地壳初生态过程中的作用特征,以及印度大陆特殊粘弹体的巴拉斯效应,并结合太阳、月球对地壳的固体潮汐作用,探讨了大地构造的一些新的思路,依此运用重力位能和释能方式造成地壳应力挤压失衡,解释地震成因。作者并不期待这种新的地震成因理论马上被地震学术界接受,但是,受材料断裂力学启发,作者坚信,沿着应力对立统一体系的稳定平衡运动机理,寻找地壳断裂的极限应力应变特征,是获取地震前兆信息的必由之路,也是地壳应力应变极限临界前兆与地震必然性的逻辑科学意义之所在。

一、板块运动不是地震的主导成因

如前所述,作者认为,板块运动不是地震的主导成因。但是如果我们一直纠缠于"板块理论"的争论,无益于解决地壳断裂本身的应力应变前兆识别问题。作者再三强调,任何关于地壳断裂学术理论的创建,需要从3个方面进行评价。

1. 是否有利于科学探索

如同科学假设是为科学研究提供一种思路和探索方法一样,无论假设最终是否能够成为理论体系——假说,只要是能够为探索发挥作用,假设的科学意义就不容否定。尽管如此,假设、假说绝不是事物本质,只是探求事物本质的一种方法而已。因此,作者赞赏一些科学领域里的大胆假设,但反对将假设视为一种科学性的评价标准。

从这个意义上看,"板块理论"是一种地球科学的探索方法,但不是唯一的方法,更不是地球科学的一种标准和规范。不能把方法当模型,这是一个科学概念问题。

因此,作者在本书中,既排斥"板块理论"的唯一性,同时也引用"板块理论"的合理性,毕竟,作者秉承的是一条科学探索务实思路,并不是期待为某种理论体系增添论据。

2. 是否有利于解决现实问题

"板块理论"在地球科学研究过程中占有重要位置,作者对此无任何异议。这一理论究竟在地震科学中发挥了什么样的作用,作为从事材料科学研究的学者无从知晓,有一点是非常清楚的,那就是"板块理论"解释了地壳断裂的动力源问题。但是,在这个问题的背后,"板块理论"却留下了深层次板块动力源难题,即板块运动的动力从何而来;什么条件下,板块可以产生移动、运动;板块运动的前兆如何观测;等等。这些问题如果解释不了,地震预测的确无从进行。

作者并不想围绕地震预测科学引入"板块理论"是否科学进行争论,只是觉得板块运动不能完全解决现实的地震孕震、发展、临震和震荡过程的观测和确定性把握问题。因此,作者认为,理论的目的应该是解决现实的科学问题。

3. 是否有利于定量研究和定量检验

"板块理论"在地震动力源方面提供了一种解释的理由,但是围绕板块运动引发地震的量化特征,却很难用定量的方法进行研究,包括观测方法也很难,毕竟板块运动的变化幅度在半径为6371.3km的球体上是非常细微的,板块整体运动的观测至今没有发现很有说服力的成果,仍然只是停留在理论探索层面。20世纪90年代迅速崛起GPS对地观测,似乎为这种板块运动观测探索了一条崭新的道路,但是遥感学者发现,距离地球600多千米以外的对地观测卫星,既在宏观上无法确证几大板块整体的存在,也在微小尺寸范围难以寻找板块运动的整体性,最有参考价值的仍然只是地震前后地壳断裂移动的位差,无法定量检验板块整体运动的规律和趋势。

因此,从这个意义上看,作者认为,运用GPS对地观测系统发现地壳断裂前兆,是基于板块理论的全新探索,在还没有取得令人信服的定量研究成果之前,地震预测还不能简单地依据GPS对地观测。换句话说,作者赞成和支持GPS对地观测探索,但是反对将GPS作为地震前兆观测依据进行大规模计划实施,毕竟现实的防震减灾工作需要量化前兆观测和量化危险度预警。

二、地壳断裂的力学特征

1. 流变力学特征

作者承认,无论印度大陆板块从何而来,依靠什么动力运动,其向欧亚大陆板块施加某种挤压力是客观存在的。因为地球自转的巴拉斯效应作用造成的剪切应力,也是推动印度大陆向欧亚大陆挤压的重要因素。几亿年来,东经$90°$线在夏至日与北回归线交叉的流变力学作用,都必定使印度大陆向北挤抬出高位重力分异现象和释能势能现象,引发地壳断裂。青藏高原的高位重力哪怕使高度只下降一个厘米,也相当于几十万个长崎原子弹的威力,造成地壳应力失衡是必然的。

2. 固体潮汐失衡特征

地球科学的一个重大发现就是，太阳与月球对地球的规律性潮汐作用，既引起海水的潮涨潮落，同时也引起地壳的起伏运动。其至地震学界在判断地壳应力应变观测仪的灵敏性和可靠性时，往往以能否清晰观测和记录固体潮汐作为一项标准。可见，固体潮汐现象和规律是地壳断裂的一个重要力学特征。作者在肯定这种固体潮汐对于地壳断裂的力学意义的基础上，进一步研究认为，固体潮汐曲线的混乱和规律异常，并不是地壳断裂的唯一力学依据。作者经过对汶川特大地震前后全国40多个钻孔应变观测数据分析发现，固体潮汐的曲线经常会发生混乱，但不一定是地震前兆，也就是说，固体潮汐曲线混乱与地震没有必然联系。尽管如此，固体潮汐仍然是地壳断裂的力学必要条件。根据固体潮汐的时间和空间作用不同的规律，固体潮汐应该是太阳、月球对地球引力与地球自转的向心力和多种应力相互挤压拉张的动态竞争转化过程，如果挤压拉张失衡，再规律的固体潮汐曲线，也能识别出地壳断裂前兆。因此，作者认为，地壳断裂前的固体潮汐表现为挤压拉张失衡特征。

3. 应力加速特征

地壳断裂无论表现为流变力学特征，还是固体潮汐挤压拉张失衡特征，在地壳应力的应变观测数据的处理上，可以直观表现为应力加速特征。由于人类无法直接观测应力，通常运用应变观测来直接反映应力变化，受应变观测没有参照体系所限，应变观测数据并不是绝对值，而是零线漂移的相对值。因此，必须采用加速值的处理方法，对应变变化量进行单位时间内的加速率计算，才能获得比较真实的应力演变量化情况。这样的处理方法，同时启发作者从材料断裂力学考虑地壳断裂的应力极限判断标准，应该满足4个必要条件：一是增量条件，也就是应力要有不断地累积增量；二是加速条件，在应力确定的情况下，应力要在单位时间内有加速地传播增幅；三是挤压应力的连续增量加速时间，必需持续数日，根据对汶川特大地震和其后的攀枝花会理地震到今年的许多小级别地震（如四平伊通地震、忻州原平地震）的量化力学统计发现，持续时间越久，震级越大，相反，震级就越小；四是挤压应力与拉张应力竞争比值的加速动力，必需是挤压应力成倍数增加后的临界量，才能产生地壳错动震荡和挤压断裂，否则只能产生剪切摩擦，不能产生地壳震动，这就是为什么有时地壳应力在传播过程中，看似起伏的能量加载，最终并不表现为地震的根本原因。应力只有达到这4个条件才具有爆发力。我们知道，地震是一种瞬间力学震荡现象，基本上在几秒到几十秒之间，强震的横波波及时间可能持续几分钟，但这对于地下30km以内的浅源地震来说，达到灾害程度的地壳断裂，没有力学的爆发性是不可以想象的。因此，地壳断裂具有应力加速特征。

4. 大地运动加速特征

地壳断裂前，在各种力学条件下，大地会出现加速运动现象，但这种加速运动特征与GPS位移具有本质不同：大地运动加速是指运动过程的加速状态，是一种变化幅度；而GPS位移则是大地运动位移的结果，是一种尺度距离。当撇开地壳构造结构，大地运动位移的确能够以尺度单位量化运动结果，但是考虑到地壳构造结构的因素时，位移尺度似乎很难反映大地运动的力学状态。

从地壳断裂过程的各种特征来看，地壳应力应变观测，是了解和把握孕震、发展的力学过程；测震监测，是确认地震的时间、空间和强度；GPS遥测，是测量震后大地运动的位移结果。目前，地壳断裂的这3个阶段的3种观测内容，都有现成仪器和台站，唯独在应力应变观测与测震监测之间，缺少一个大地运动加速状态的监测方法和仪器，如果这种仪器能够研制出来，那么将大幅度提高地震预测准确性，因为，大地运动的加速状态及其特征，是典型的临震信号，一旦监测得到，地震必发无疑。

第三章 "地壳断裂流变动力学"理论探讨

【摘要】 基于地震成因理论的再认识,作者将在本章就地震前兆识别所涉及的相关理论和方法进行探讨,结合作者对地壳断裂的力学研究,提出并创建跨多学科的"地壳断裂流变动力学"理论体系,并就相关概念、研究方法、研究对象和范围、理论依据等进行了简要论证。

从地震成因理论的再认识中,作者感觉到地震的过程类似于材料断裂的过程,但是又有自身的特点和规律,的确很复杂,涉及到力学前沿领域问题。

(1)涉及流变力学的主要研究内容,即剪切应力和剪切应变关系;
(2)涉及断裂力学的主要研究内容,即断裂极限强度和断裂形变量之间的关系;
(3)涉及到固体潮汐力学的潮汐强度与海陆分布关系;
(4)涉及到地壳高温高压岩石塑性体的流体力学基本原理。

这些都是力学的前沿领域,利用力学最新理论、前沿方法,创建新的学科体系——"地壳断裂流变动力学",具有很高的学术价值和科学探索意义。进而运用"地壳断裂流变动力学"学科的理论和方法,为地震预测提供理论依据和新的方法论。

第一节 "地壳断裂流变动力学"的概念

"地壳断裂流变动力学",顾名思义,是以断裂力学、流变力学,以及与地壳断裂流变相关的固体潮汐力学和岩石塑性流体力学为基础,以动力学加速度、动力学加速累计量为主要特征,以群子多体对立竞争最可几强度统计力学为主要方法,以地壳断裂前兆临界极限为研究对象,探求地壳应变应力、重力、倾斜等作为地壳断裂前兆的充分必然性,实现地震前兆可量化识别,回归科学理性,奠定地震灾害预警技术平台的理论和技术基础,促进政府提升灾害应急管理水平,实现防震减灾目标的最新地震前沿学科体系。它与经典力学之间存在差别,这是因为经典断裂力学和流变力学,并不直接研究断裂应力、剪切应变随时间的加速现象,而突发性地震却与地壳的加速度运动有关;同样,固体潮汐力学主要研究固体潮汐作用强度及其周期律,而地震的必然条件——地壳应力加速变化与固体潮汐作用加速变化有关;流体力学主要研究连续介质流团的流通量与流道形态关系,而地震应力传导的连续介质存在流体动力源对流体加速运动影响的必然联系。这些力学现象与研究对象,尽管与地壳突发性加速运动的动力学之间没有直接关系,但是地壳断裂的应力前兆、重力前兆、倾斜前兆、大地运动加速前兆等都与时间因素有密切关系。所以,从学科角度看,地壳断裂流变动力学是一个跨经典力学和地震预测科学、地震测量科学、地震信息科学的最新前沿系统工程学科,有着自身特定的研究对象、研究方法、研究目的、研究理论,以及特定管理科学目标。

第二节 "地壳断裂流变动力学"的理论基础

正如前述该学科包括四大力学基础:流体力学、固体潮汐力学、断裂力学及第二章中的流变力学。

一、基于流体力学帕斯卡里连通原理的突发性震荡理论

图 3-1 是一个经典的流体力学原理示意图,用小油泵把油注入到大质量(M_0)活塞下面,慢慢把 M_0 抬上去,关闭 A 阀,迅速开 B 阀;此时 M_0 向下移动一点,但是对 m 质量活塞而言,进来的油体,可以将 m 弹出很远,或者在活塞筒封闭条件下,C 盖被顶爆。这就是帕斯卡里连通原理。

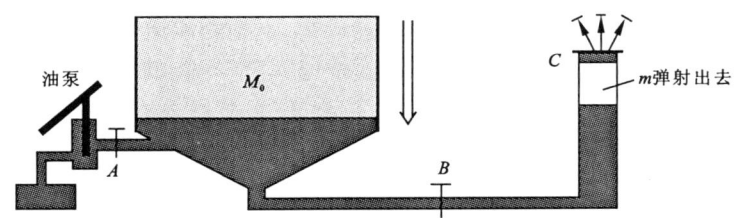

图 3-1 经典的流体力学原理示意图

根据理论研究和文献查阅,地壳内 10～20km 地方存在低波速塑化条件,那里的地压大约是 0.5～1GPa,是超高压,温度为 300～400℃。在这种情况下,地壳以流体临界状态存在,可把岩石和岩石的晶体水解加以塑化,并把它们串联起来,起连通作用。在这种情况下,根据群子统计力学本构方程,当外部出现强大应力时,可大幅度减少介质流动活化能,达到塑性流动状态,地下深水发挥了主要的塑化作用。正是由于这一原因,大水库的渗水有时也激发地震。在这一过程中由于岩石受超高压,有的电子逆向激发,产生地震光,有的电子暴露于地表,出现异常的地电,引起地震前地热空气闷热,出现奇怪云团和雷电、暴雨等现象,加剧重力异化,压应变加速值大幅度增加,等等,最终造成地壳断裂。

根据上述原理可以模拟反演汶川地震的动力来源和塑性流体连通震荡现象的关系(图 3-2)。

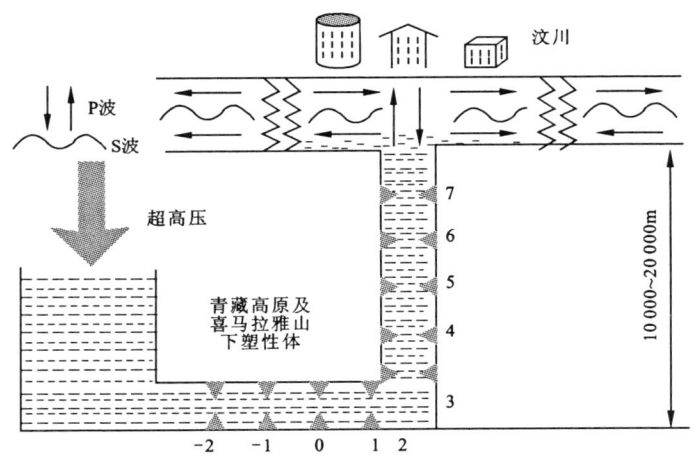

图 3-2 帕斯卡里原理及与汶川地震关系

在所有这些现象中,最能反映地壳断裂前兆的因素是压应变的加速值大幅度增加。

如图 3-2 所示,岩石塑性体在超高压作用下,一路破解岩石,发出地声,进入断裂带缺陷区域(如汶川),当挤压应力达到临界量时,一次又一次地冲顶地壳,使地壳首先产生上下运动,从而产生 P 波,接着产生横向 S 波。

在岩石破碎时,在大量电子中有的向原子核逆向迁移,发出 X 光,可见地震光,有的还发出红外光,引起闷热、产生地电层,气流使其变成奇怪云层……

汶川地震临震前塑性体通过 -2、-1、0 阻挡位置时流体冲击使阻挡岩体破碎,以至发出很强烈的

地声、冒黑水等现象，而高压塑性体到震源附近1、2位置之时进入临震状态。如第一个阻道破碎时把汶川的地壳往上顶一次，又因其重力向下移动一次；第二个阻道破碎之时又重复上述过程。依次多个阻道破碎之时加在一起就会出现上下震荡。至于横向震动是由高压塑性体在接近汶川范围内地壳时自然会向平行方向冲，撞击到邻近的岩体上，引起反弹，这种过程随着上下震动的进行引起多次反弹，从而形成左右平面震荡，而这种过程的长短相当程度上取决于上下震荡的次数和强度。上述过程实际上是物理学中的帕斯卡里连通效应，即左侧的压力越大，连通通道的阻力越大，连通通道所需的应力越大，从而所引起的地震的震级越高。当然，连通通道的应力加速增量，也是影响地壳震荡大小的一个重要因素。一般来说，单位时间内，应力增大，震级越高；应力不变，连通速度增加，震级也会越大。

二、基于断裂流变力学的大陆断裂带成因理论

1. 我国大陆地震带分布规律

在第二章第二节中谈到原始的地球火热表层形成初生态表壳，形成具有横竖断裂界线的地块，如果从流变力学角度看，地壳断裂带的空间分布应该存在最可几的4种理论类型。

(1) 平行于纬度的断裂带

这是由于地球自转所引起的平行纬度的剪切运动。这种不同纬度的剪切运动，受不同纬度的线速度和温度的影响，加剧了不同剪切层之间岩熔相的分离和凝聚作用，容易形成平行于纬度的断裂带，在我国大陆上比较明显的有阴山-天山构造带、秦岭-昆仑构造带、南岭构造带、海南构造带、黑龙江构造带等。

(2) 平行于经度的断裂带

由于地球大陆表层的冷却收缩，首先沿着经度方向引起表层的纵向裂隙，从而为南北方向的断裂过程创造了条件，这使我国一些地区的断裂带具有经向南北构造体系，例如最显著的四川大部和云南中部，称为川滇南北向构造带，还有分布于贵州东部、湖南东部、江西南部以及福建境内。在北方有贺兰山南北向构造带等。在世界范围内也有不少这种南北向构造带，南北美洲西部边缘的科迪勒拉山、落基山和安第斯山、东非和欧洲的莱茵河流域的南北向断裂带、非洲东部的大裂谷等。

(3) 相对集中于北半球的断裂带

从世界范围来看，地壳受巴拉斯效应的影响，多数大陆块分布于赤道北面，最典型的是印度大陆向中国青藏地区的向上挤压作用，从总体上看，在南半球经纬向断裂带相对较少。

(4) 综合作用下的多向断裂分布

地壳上每一个地块同时受到沿纬度的剪切应力(τ)和沿经度的巴拉斯效应的法向应力(σ)作用，必然使一些裂块受到这两个应力的合力的作用，致使一些地方扭转，向左或向右(图3-3)。

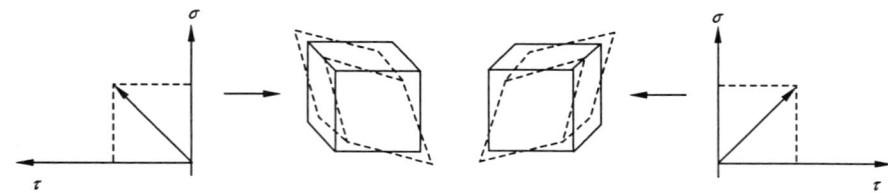

图3-3 法向应力和剪切应力竞争所引起的扭动的断裂带的形成

这样在大陆上的一些断裂块朝向东北或西北方向扭动，从而为形成各种扭动断裂带创造了条件。从扭动的形态来看，有直线扭动和曲线扭动。于是地质学中分出了"多"字型构造，"山"字型构造，"旋钮"型构造，"人"字型构造等。在此不一一举例了。

但有一点必须指出的是，由于第一章里所讲的北半球东经90°夏至和北回归线交汇处，固体潮汐作用非常特别，地壳自转所引起的巴拉斯效应协同使整个印度大陆向北挤，在这种情况下，我国西部原来平行于纬度的许多断裂带就得向左侧方向扭转，所以青藏高原的左侧扭转断裂带远比右侧向东北方向

扭转的断裂带多(图 3-4)。

从图 3-4 中可以看出,以龙门山-小江断裂带为中心线,其左侧就有西北向的玛尼-玉树-鲜水河断裂带、昆仑-玛沁断裂带、南祁连山系断裂带等,但也有像阿尔金-北祁连-海源断裂带先是向西北偏北,后来它越是向西,断裂带就越朝西南方向扭转,这些情况均与北半球东经 90°线北推与地球自转的巴拉斯效应密切相关。正是如此,北半球东经 90°线左右都是大量发生地震的地方,也就是材料学上所讲的地壳缺陷带。至于东部的一些断裂带,在受到地块的剪切应力和巴拉斯效应法向应力间的合力作用,使地块不断地向北偏东方向扭转,以至使郯庐地震带等基本上向着东北方向扭转。

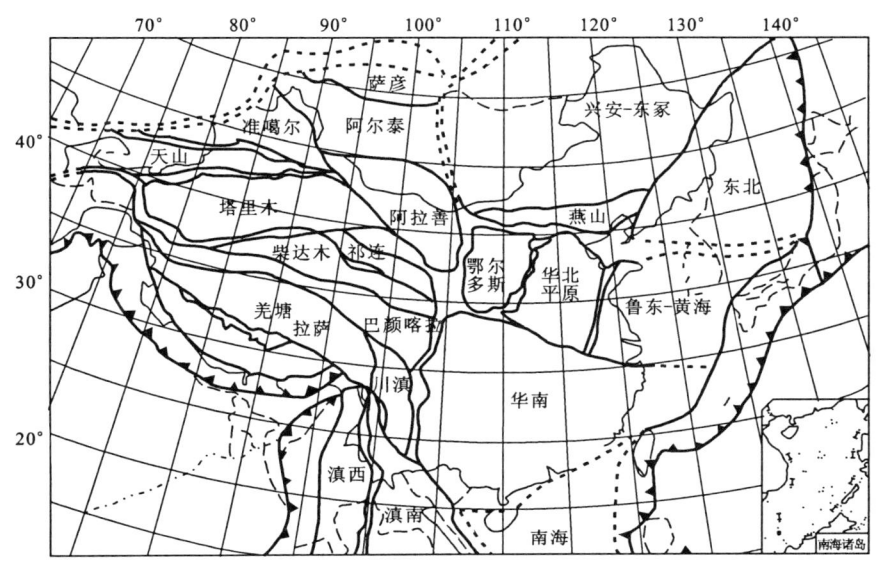

图 3-4　以川滇南北断裂带为中心左右扭转断裂带分布图

2. 地震的时空分布与地壳断裂流变动力学关系

从地壳断裂的构造可以看出,这些构造缺陷继续受到地壳内部应力及固体潮汐应力的作用处于不断运动之中,从而在不同的断裂带上产生不同的时间、不同强度的地震,从地壳断裂流变动力学运动角度分析,存在如下普遍现象。

(1)强震频率与地壳构造缺陷度成正比

绝大多数强震都发生在地壳构造缺陷带上(大断裂带及其相应的地表上),比如四川、云南地区地震活动及分布与那里的断裂带有相当对应的关系(表 3-1)。

表 3-1　四川、云南地区断裂带上的地震频度

裂度	断裂带内地震次数	断裂带外地震次数	对比值(%)
Ⅹ	9	—	100/0
Ⅸ	25	5	80/20
Ⅷ	48	8	83/17
Ⅶ	122	47	61/39

(2)地震源动力与地壳断裂缺陷带存在"连通道"

绝大多数地震是在原断裂带重新活动和继续向纵向或横向及深度发展的结果。从这个意义上讲,地震源动力和断裂缺陷带之间存在某种"连通道",每一次地震借助这一连通道,不断地扩充断裂缺陷(震中)区域(表 3-2)。

表 3-2 中国地震断层的位移量(据邓起东等,1984)

发震时间 (年.月.日)	震级	震中位置	震源深度 (km)	地震断层 走向	断层性质	地震断层 长度(km)	最大位移量(m)	
							水平	垂直
1932.12.25	7.5	甘肃昌马		NWW	逆断层	116		4
1920.12.16	8.5	宁夏海原		NW-NWW	左旋逆断层	230	9	1
1954.02.11	7¼	甘肃山丹		NWW		20	0.2~0.3	
1927.05.23	8	甘肃古浪		NWW	左旋逆断层	70		7.0
1937.01.07	7.5	青海都兰西南		NWW	左旋逆断层	300	8	6
1973.02.06	7.9	四川炉霍	17	NW	右旋逆断层	90	3.6	0.5
1923.03.24	7¼	四川炉霍道孚		NW	左旋断层	80~100		
1981.01.24	6.9	四川道孚	12		左旋断层	44	0.23~0.45	0.06
1955.04.14	7.5	四川康定		NW	左旋断层	20		
1948.05.25	7¼	四川理塘		NW	左旋断层	75		
1733.08.02	7.5	云南东川		NNW	左旋断层	65		
1966.02.05	6.5	云南东川		NNW				
1970.01.05	7.7	云南通海	13	NW	右旋断层	60	2.2	0.45
1931.08.11	8	新疆富蕴	20	340°	右旋断层	180	14.6	3.6
1906.12.23	8	新疆玛纳斯	24	NWW	右旋逆断层		1.8	
1975.02.04	7.3	辽宁海城	12	NWW	左旋正断层	5.5①	0.55	0.20
1976.07.28	7.8	河北唐山	16	NNE	右旋正断层	8	1.53	0
1966.03.22	7.2	河北邢台		NNE	右旋正断层			
1739.01.03	8	宁夏平罗		NNE	右旋正断层	2②	1.45	0.95
1951.10.22	7.0	台湾花莲		NNE	左旋逆断层	>7	2.3	1.2
1951.11.25	7¼	台湾玉里北		NNE	左旋逆断层	40	2.08	1.3
1906.03.17	6¾	台湾嘉义		75°~80°	右旋断层	>13	2.7	1.3
1935.04.21	7	台湾新竹		60°	右旋断层	12	1.5	1
1946.12.05	6¾	台湾台南		NEE	右旋断层	12	2.14	0.76
1951.10.12	7.0	台湾花莲		NNE	右旋逆断层	>7	2.3	1.2

说明:①由东西向地震断层斜列组成,其中小孤山裂缝带长5.5km。
②错动明代长城,推测为1739年宁夏平罗8级地震的地震断层,现存长度2km。

(3)地壳断裂的周期规律

既然强震频率与地壳断裂缺陷度成正比,地震源动力与地壳断裂缺陷带存在"连通道",那么,地震的时间和空间概率,就一定存在着频率与缺陷度、强度与缺陷度、频率强度的天文因素与缺陷度的天文因素的关联性。这种关联由于天文因素也就是固体潮汐作用具有一定的周期性,所以,不同强度的地震与不同程度的地壳断裂缺陷带,不同时间的地震与固体潮汐作用的异常变化,不同空间的地震与地壳缺陷带和固体潮汐双重作用的失衡异常,都存在着与力学加速、力学增量、力学加速增量、力学加速增量的持续累积时间等因素相关的周期规律。

作者提出的$(9\pm2)\times M(M=1,2,3,4,\cdots)$年的周期规律,在回顾性地震周期预测研究中,积累了许多普遍性的要素条件,是动态识别地震前兆异常的重要背景态势。根据不同的地震前兆观测方法,地壳断裂流变动力学相关的应力、应变、重力、倾斜、大地运动加速等方法(表3-3),对于形成地震周期律具有重要的特征性意义。

表 3-3 不同的地震前兆监测法的比较

方法	孕震阶段	短临信号	迫震信号	临震信号
应变法	六个阶段	有	有	有
应力法	五个阶段	有	有	有
重力法	两个阶段	无	无	有
倾斜法	两个阶段	无	无	有
大地运动加速	两个阶段	无	有	有

三、基于固体潮汐规律的应力-应变加速动力学理论

在太阳系天文因素不变的条件下,地壳某一局部地方承受某一方位地应力的挤压或拉张应力时,固体潮汐作用力大小受到影响,以至使正常周期曲线的形状有所改变,也就是固体潮汐作用力随时间的变化出现异常的加速值或减加速值,所以,从这个加速值的变化中,就可以获取地壳内部运动的异常状态,就可能捕捉地震前兆信息。尽管如此,每天上千个加速值也会让人眼花缭乱,这就需要把看似凌乱的加速值点,根据群子统计理论,以正(张)负(压)点阵方式分布于对立体系坐标,定量研究其挤压拉张的失衡程度。

从固体潮汐曲线中获取加速值的方法就是,首先将数字化的固体潮汐作用大小值,采用差分方法求值,作者需要着重指出的是,这个差分值与通常差分值的意义不同,相当于固体潮汐值以每分钟为单位的速度值,然后再从一分钟后的数据中扣除前一分钟的数据,相当于是在前一个速度基础上再增加或减少的数值,从数学上看,相当于对时间的两次微商,因此,这个值就是典型的加速度值。

下面具体研究一般的固体潮汐作用力变化的速度与加速度之间的内涵。

图 3-5 和图 3-6 分别是正常固体潮汐作用和异常地应力作用下(受地壳内应力影响),固体潮汐应变加速量的分布图。

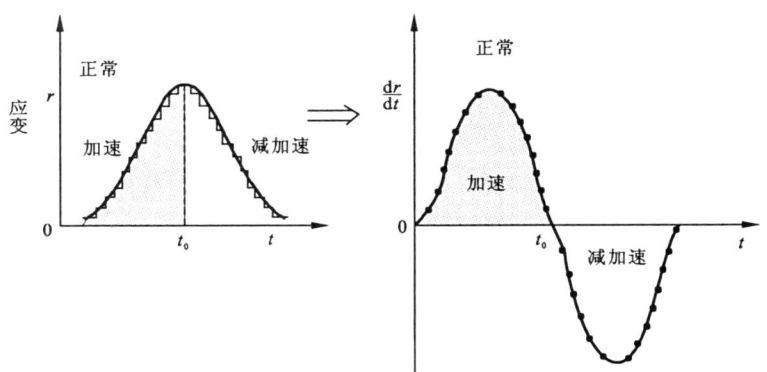

图 3-5 正常固体潮汐应变加速量的分布

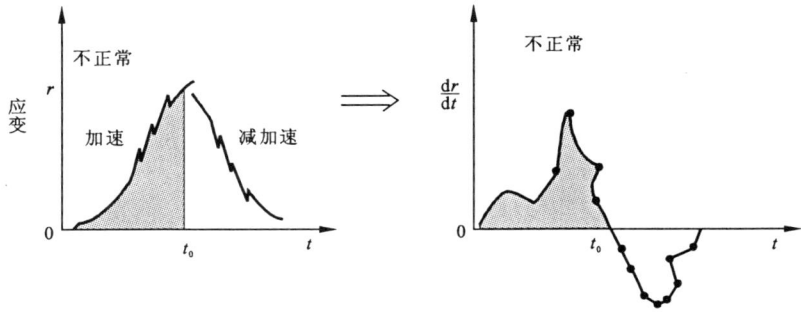

图 3-6 异常的地应力作用下固体潮汐加速量的分布

正常条件下潮汐应变 r 和 $\dfrac{\mathrm{d}r}{\mathrm{d}t}$ 只与太阳、月球的位置有关,有严格的周期性,而地壳内部的任何异常一般从 $r-t$ 曲线上无法表现,但是通过 $\dfrac{\mathrm{d}r}{\mathrm{d}t}$ 大小可以明显地反映不正常的正负加速状态。这就是"地壳断裂流变动力学"所探讨的加速动力学。

以此方法,再看两个(麻城地区和临沂地区)固体潮汐曲线和固体潮汐作用加速值的直观状况(图3-7、图3-8、图3-9、图3-10、图3-11、图3-12)。

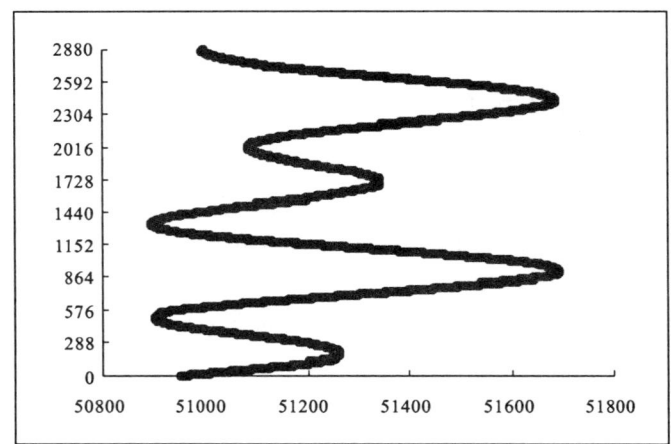

图3-7　2009年4月29日、30日固体潮汐曲线(麻城)

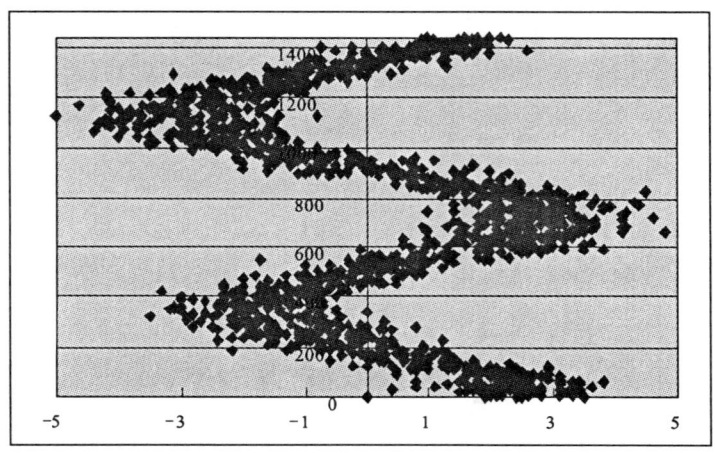

图3-8　2009年4月29日加速值点阵分布(麻城)

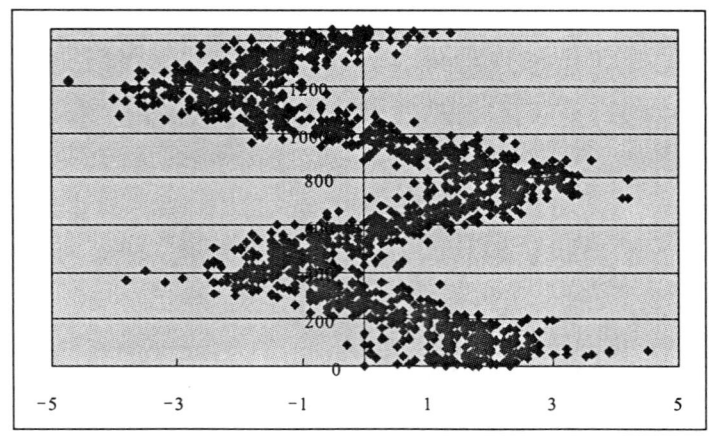

图3-9　2009年4月30日加速值点阵分布(麻城)

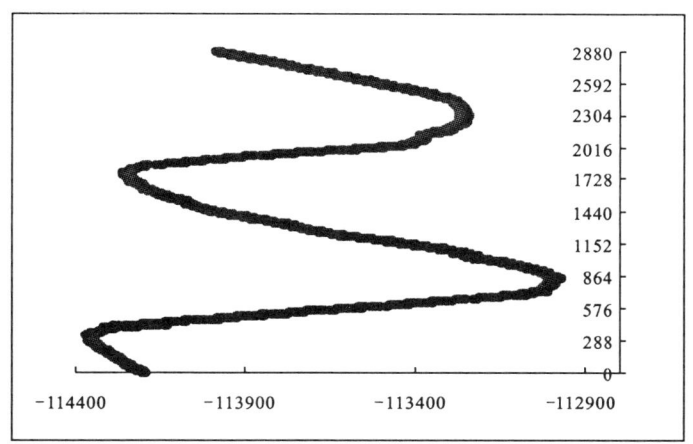

图 3-10　2009 年 4 月 29 日、30 日固体潮汐曲线（临沂）

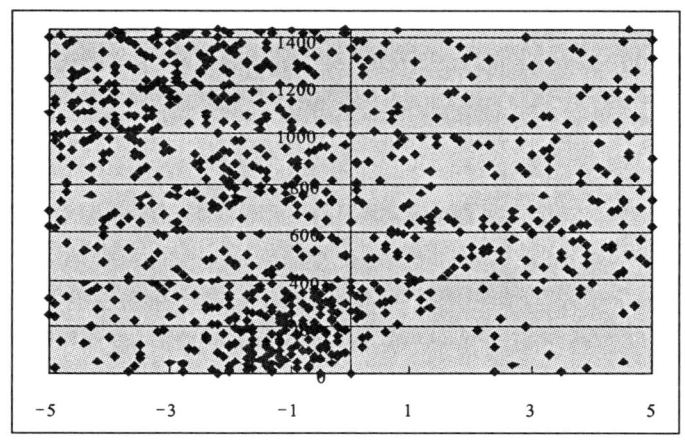

图 3-11　2009 年 4 月 29 日加速度值点阵分布（临沂）

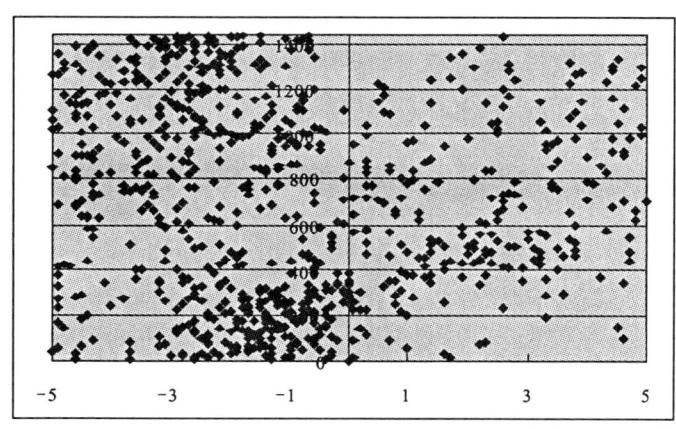

图 3-12　2009 年 4 月 30 日加速度值点阵分布（临沂）

两个应变加速值点阵分布相差很远，前者基本上与固体潮汐曲线相近，只是因为固体潮汐作用有一定的平衡震荡作用，在一定范围内出现带状幅度变化，后者的固体潮汐曲线与前者相差不大，且有明显的周期性，但是通过固体潮汐作用加速值按点阵分布后，固体潮汐作用规律消失，说明临沂的地壳内应力已经完全破坏了固体潮汐作用规律。这种固体潮汐加速度值点阵分布状态，由地壳应力对固体潮汐作用的破坏力与固体潮汐作用力抑制地壳应力之间形成的对立统一竞争强度决定(图3-13A)。

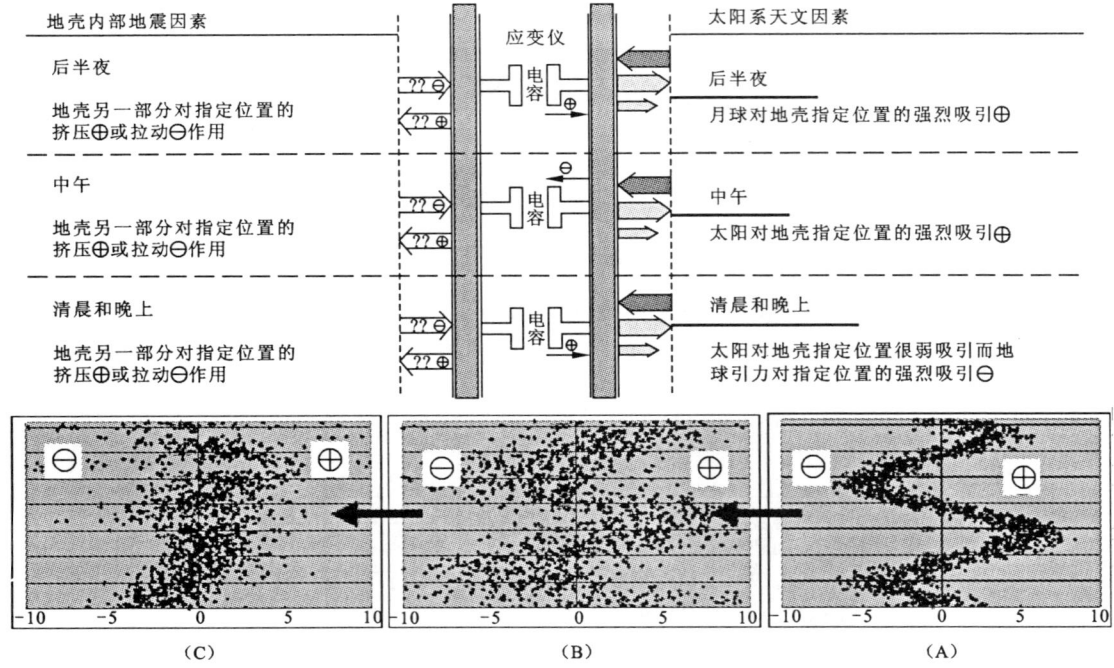

图3-13 应变仪所反映的地壳内部地震因素与太阳系天文因素对固体潮汐作用规律的影响示意图

这样,按照应力应变加速动力学理论,把图3-13A正常的加速应变值周期加以变形(图3-13B),即将失去固有周期性。接着当地壳拉、压应力变化太大,又没有任何规律时,应变加速值分布已不存在任何周期性了,这意味着地壳的内部应力变化,完全克制了太阳、月球对地球的正常潮汐作用(图3-13C)。

下面进一步探讨应变加速值点阵分布内涵。

A型　正常应变加速值点阵分布

正常情况下,每分钟变化的应变加速值点阵表现为带状分布(图3-14),涵盖着明显的地壳应变和固体潮汐作用规律。如白天(图中按北京时间约600m):太阳对地壳A位置作用,使应变加速值为正;凌晨前后(约200m)和傍晚前后(约120m)太阳对地球作用减小,地壳内引力增大,加速值为负。

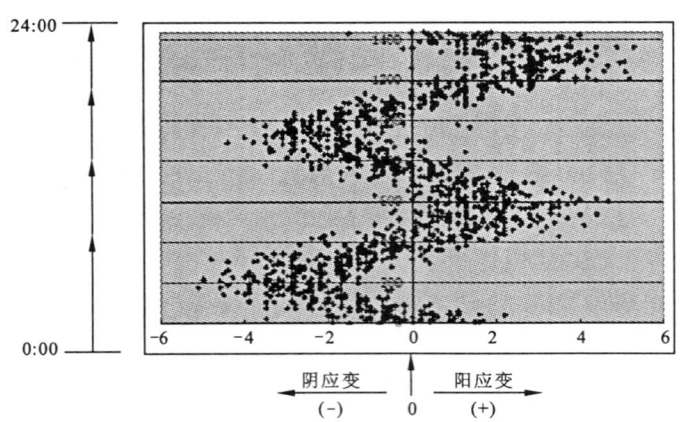

图3-14 正常固体潮汐应变加速量分布形态

注:此图是按北京时间看的离北京不远地方的应变加速值,共1440个点标准型分布

这里加速值点阵分布形状和固体潮汐作用单一波动曲线相似,只是有个带状分布而已。但是由于地壳内应力造成断裂块的运动,常常出现不规则运动,使固体潮汐规律受到破坏。

B 型　固体潮汐作用规律受到破坏的加速值点阵分布

从 B 型(图 3-15)加速值点阵分布中,仍然可以隐隐表现出固体潮汐作用周期的背景,但加速值点阵已经相当散乱了。

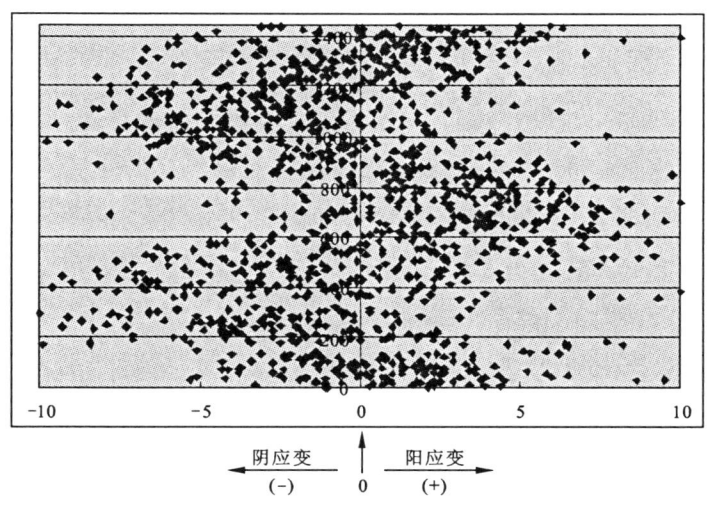

图 3-15　B 型半破坏固体潮汐规律

C 型　彻底破坏固体潮汐作用规律的加速值点阵分布

在 C 型(图 3-16)加速值点阵分布中,固体潮汐作用规律的背景彻底消失,以零为中心线的左侧负应变加速点比右侧正应变加速点多。

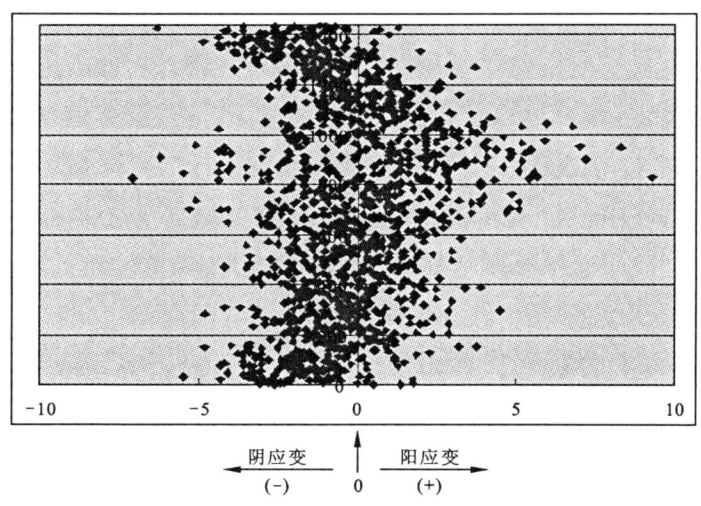

图 3-16　C 型完全被破坏了的固体潮汐作用规律

这种方法可以根据具体加速值分析量化出固体潮汐作用规律被破坏的程度。

按照群子统计力学有关多体对立竞争最可几强度理论方法,作者将固体潮汐应变加速值点阵分布的可能性分为 8 种类型(图 3-17),这是理论极限分布类型,比实际观测的固体潮汐应变加速值点阵分布类型齐全。

固体潮汐应变加速值点阵分布理论极限类型,体现了群子统计理论的多体系对立竞争强度的最可几率,因此,可以采用群子统计理论方法,定量分析固体潮汐作用的受破坏程度。

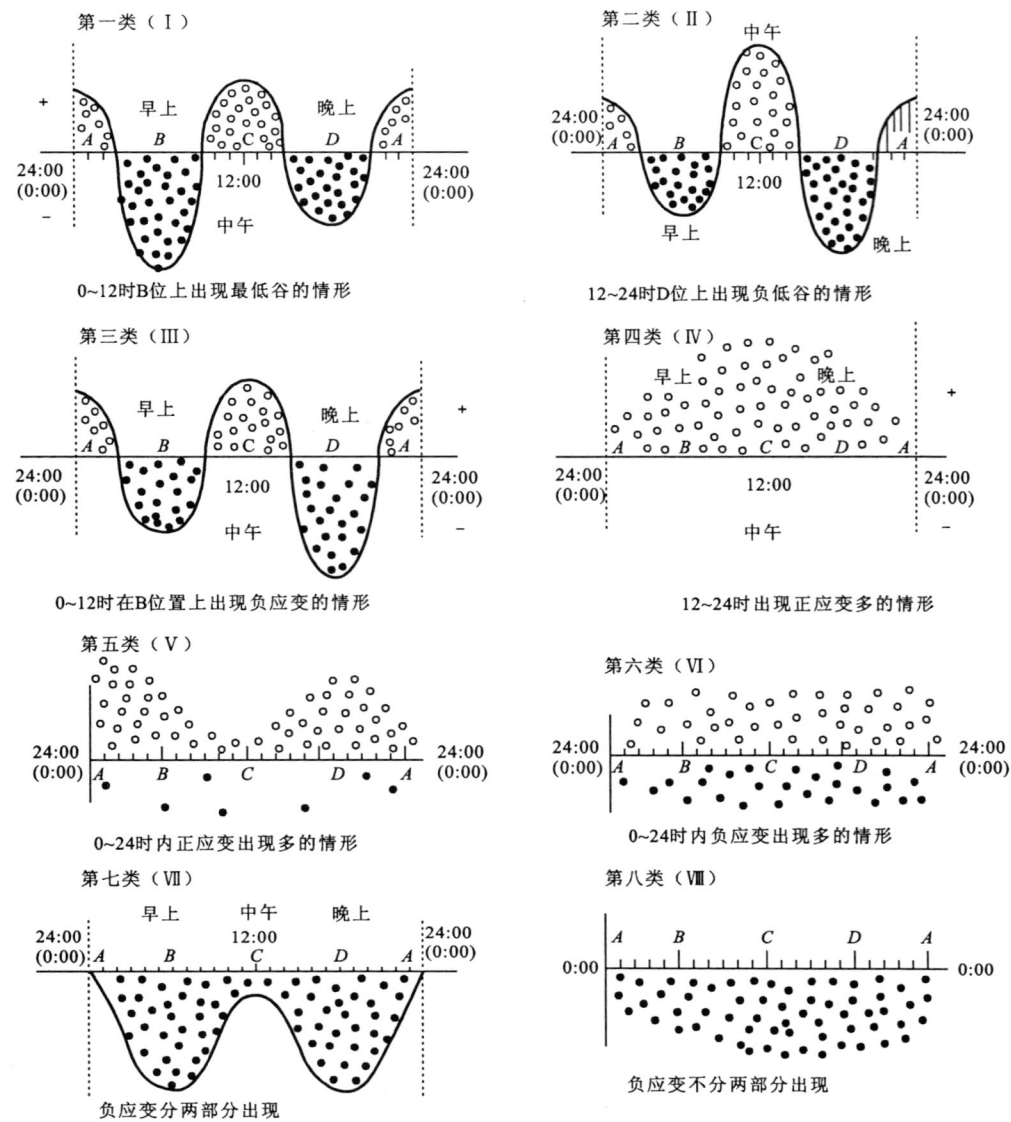

图 3-17　正负应变加速值波形曲线类型

四、基于材料断裂力学的断裂临界识别方法

既然作者将地壳视为"超大复杂复合材料",那么在地壳断裂的应力应变过程中,也一样存在极限临界识别问题,也一样存在本质上与材料断裂相似的机制。

凡是脆性材料受高速冲击断裂时,表现历程如图 3-18 所示。

由图 3-18 可以看出,脆性材料受高速冲击力时常常表现若干断裂机制:应力加载、材料对外应力的反复抗争(拉锯)、断裂前的应力极限信号、完全断裂阶段、摆锤余震。

凡是中等脆性材料受高速冲击断裂时,表现历程如图 3-19 所示。

由图 3-19 可以看出,中等脆性材料受冲击时,由于材料有一定的韧性,故材料抗争的时间较长,且断裂成两块也不容易。

凡是粘弹性固体材料受冲击断裂时,表现历程如图 3-20 所示。

由图 3-20 可以看出,韧性越高的材料,由于存在较高的应变能力,故抑制外力的反复次数就很多,而且材料几乎没有断裂成两块。

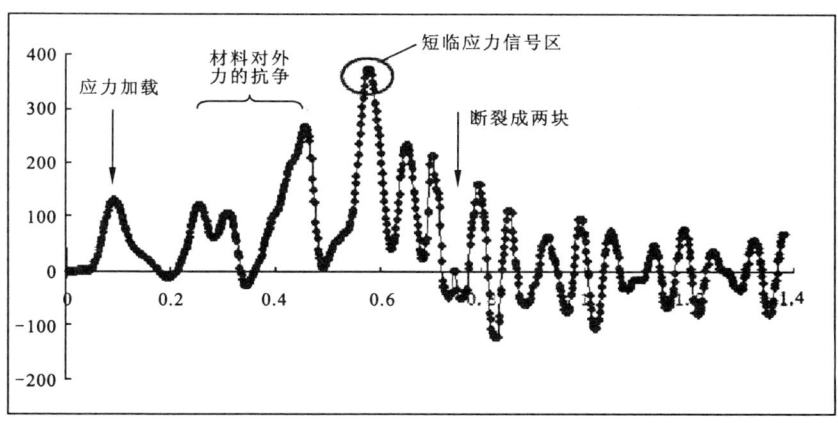

图 3-18 脆性材料断裂过程

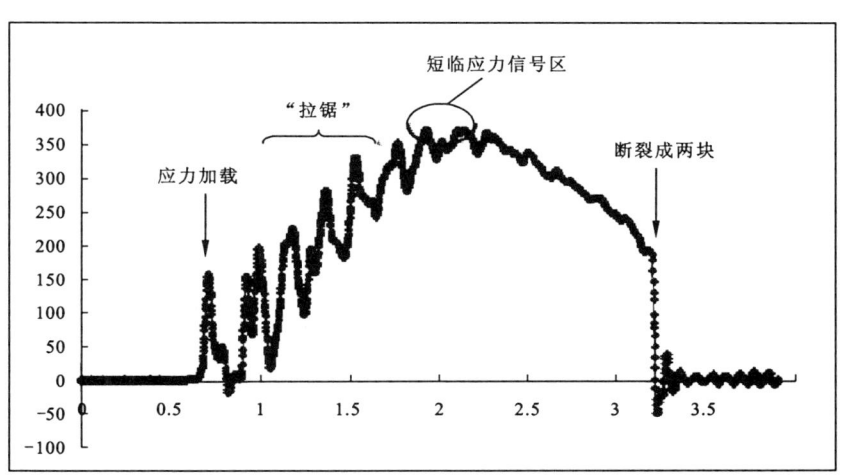

图 3-19 中等脆性材料断裂过程

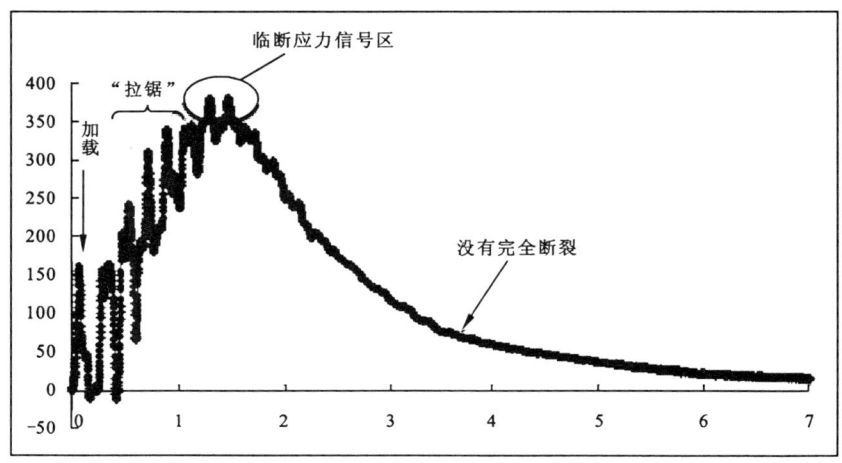

图 3-20 粘弹性固体材料断裂过程

由上述3种材料断裂过程来看,加载的应力再突然,也必然存在着一系列的断裂过程,而地壳作为"超大复杂复合材料",其断裂过程,理论上应该比材料断裂过程更明显。也就是地壳作为"超大复杂复合材料",其断裂过程理应比材料断裂过程更具有一系列明显的前兆异常过程,理应出现明显的断裂信号。这就是作者作为材料科学工作者,研究地震前兆异常识别的重要基础和理论启示。

第三节 地壳断裂活动与地震的关系

一、地震次数与震级关系

地震与地壳断裂带及其断层活动有密切的关系。就地震的真正含义而言,地震实际上是地壳断裂的极端活动形态。地震资料显示,每年在地球上可记录到的地震大约有500万次,其中人们能够感觉到的地震约有5万次,而造成不同程度破坏的地震大概有几百次到1000次。根据统计分析,地震次数和震级形成对数线性关系(图3-21)。

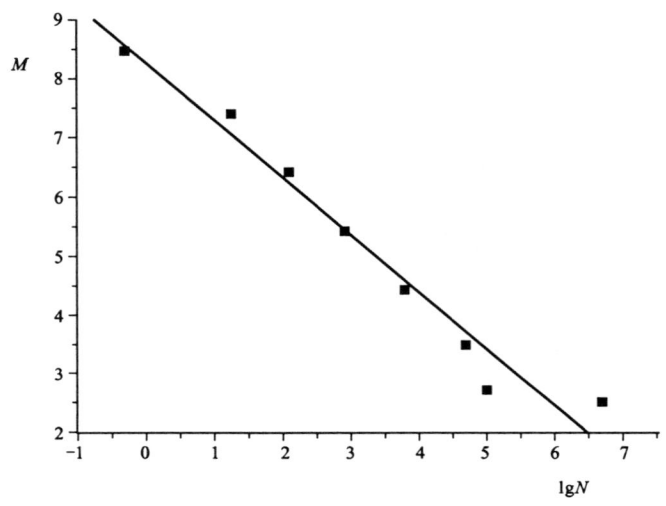

图 3-21 地球上地震次数与震级关系

地震次数与震级关系大体上符合下列微分动力方程,即震级越高,其对应的地震次数越少,地震次数越多,其对应的震级越小。

$$-\frac{dN}{dM}=kN$$

经积分得到: $M=A-B\lg N$

根据这样一个现象,可以反映地震是地壳内部运动的必然,只是随着能量的累积方式及局部地壳地质结构的不同,所呈现的地震强度不同。这与传统观点有所不同,过去地震学界认为,大地震前会有一些小地震为前兆,这对海城地震是适用的,但不具有普遍性。

二、地质结构断裂带的流变历史效应

地震的强度总是与地震动力源的强度和动力源作用持续的时间及震中范围地质结构流变"历史"有密切的关系。也就是与历史上所形成的压性结构、张性结构、扭性结构及其介观结构,如压性兼扭性结构与张性兼扭性结构有关,从而在我国大陆地区相应形成了张性断裂带、压性断裂带、张扭性断裂带、扭压性断裂带及压扭断裂带。地震在相当程度上出现在上述不同的断裂带上,但是一些高强度地震最容易出现在不同断裂带的交汇处,因为这些交汇处就像材料断裂科学中的"应力集中区"一样,能够聚集大

量的挤压应力,达到某一极限值时引起强地震。《地震地质学》(2007)中指出:"在我国大陆地区6级以上强地震中断裂带交汇处发生的次数占52%,例如甘肃天水、甘谷到武都、文安一带,正好处在南北构造带和东西构造带的十字交叉点上。"

另一个从材料断裂力学角度看的特点是,凡是断裂带拐弯曲折处有尖端部位时,构造脆弱,也容易引起应力集中。此类地震在6级以上的强地震中占15%。例如,台湾岛在西太平洋地震带的弯曲处,以及西藏东部由向东转折向南,经过缅甸中部伸向印度尼西亚。作者通过地壳应力应变的加速值及其群子统计参数的研究发现,我国大部分应变台对印度尼西亚苏门答腊高强度地震的前兆及其过程有明显的感应。此外,西藏和新疆西部帕米尔高原地区的若弧型地震带的综合点上也集中了大量的地震;中宁-中卫弧形断裂带,南、西华山弧形最大转折部位,鲜水河南段等部位,也都因为断裂带弯曲处的应力集中,曾经发生过很多次的强地震。

从材料断裂力学的光弹实验中发现,凡是裂口的尖端部位最容易应力集中,断裂带的端部及闭锁段也容易引起应力的集中,比如则木河地壳断裂带在东经102°30′~103°00′及纬度26°30′~27°00′就有密密麻麻的震源分布。

从材料断裂角度看,有时断裂线像一层一层的雁列一样,朝着某方向辐射分布,其集合点也是应力最容易集中的地方,地壳断裂带也有类似雁列的分布,这些断裂带集合处容易引起错动,以至引起大震,如沂沭断裂带、海原-古浪断裂带的群体就属于这种类型。

三、断裂带的活动形式

作者受材料断裂力学启发研究发现,断裂带的活动形式有两种:一是快速错动(简称"粘滞"),这是因为两侧岩块早已粘在一起,在地应力作用下,突然发生粘界面的快速错动,引起相对位移,其经历的时间大约在几秒至十几秒。例如唐山地震时3~5s,形成了8km的裂缝。其他地方也发生过类似的强地震。二是缓慢的蠕动(简称"动滑"),这是因为两块岩盘长时间的平缓滑动,人们无法感觉到,这种滑动常常避免了大地震的发生,表现为一系列小地震或暗震。也就是说,地壳应力每次加速应变累积到一定程度时,在滑动中耗散,从而不会引起强地震。这种现象与那些先有小震后有大震的情形容易产生混淆,引发争论。作者研究发现,通过"地震动力学"方程的斜率大小可以准确分辨地震的断裂形式,如斜率小的断裂活动通过平静期进入活跃期时容易引起强地震。

第四节 地震前兆过程的"地壳断裂流变动力学"划分

受材料断裂临界极限的启示,结合地壳断裂流变的动力学特性,作者在研究分析了汶川特大地震及其后来中低强度地震应力应变前兆量化过程的基础上,提出了一种有别于传统地震前兆阶段划分方法的"地壳断裂流变动力学"划分方法,这种全新的方法在回顾性前兆识别基础上,被赋予了新的地壳断裂物理意义,对于地震前兆前瞻性识别和地震预测具有重要的方法价值和学术意义。

一、短临加速增量过程

根据作者基于固体潮汐规律提出的应力-应变加速动力学理论,地壳断裂前兆客观存在着应力-应变加速动力学现象。既然是加速动力,那么必然存在4个物理含义:一是单位时间内的动力学加速增量;二是动力学持续增量所需的时间;三是加速动力学增量的频率;四是动力学加速增幅与动力学加速减幅之比及其持续时间。在汶川特大地震及其后来的多次中低强度地震的应力应变前兆中,都出现了这4个物理含义的动力学加速现象,且成为地壳断裂前兆的一个必要组合条件,但是并不是充分条件。因此,作者将地震前兆的这个过程称之为"短临加速增量过程"或"短临加速增量阶段",本书中也简称"短临阶段"。

动力学加速增量的4个物理量并不存在特定的量级系数标准,这是因为无论是应力应变观测,还是重力、倾斜等形变观测,所获数据只是一种数量上的变化值,并不是特定的单位物理量,所以,我们在进行特征性识别的过程中,很难用一个参数作为量级衡量标准,以此判断前兆的正常与异常。但是,短临动力学加速增量的4个物理含义却是一个完整的动态评价体系,当日常的形变动力学观测数据同时满足4个物理含义的条件时,应判断为异常。作者这里所说的异常并不是指危险,而是指地壳断裂流变动力学异常,普遍客观存在于地球运动的时时刻刻,这种异常是动力学加速演变为危险的基础,此时,前兆观测人员和预测技术人员应该开始密切关注地壳断裂流变动力学的发展过程和趋势,启动相应的相互验证性前兆观测手段,确认其异常趋势的危险性基础。

根据作者对汶川特大地震及其后来的中低强度地震前兆的识别研究来看,可以大致得出这样的规律:动力学加速过程的4个物理量——加速增量幅度大、加速所需持续时间长、加速增量频率高、加速增幅明显大于加速减幅或加速增幅频次多于加速减幅频次,地震前兆越明显,地震强度也高,相反地震前兆不明显,且地震强度也弱,但是,动力学加速过程的这4个物理量均有同步增加现象,是地震前兆短临判断的关键特征。

二、僵持缓静状态

作者在地震前兆的前瞻性(趋势)识别研究中,短临加速阶段的确定,往往需要实时数据的变化趋势作参照,并且紧随短临加速之后出现一个明显的挤压拉张加速极限的僵持临界特征,这个特征在动力学的加速增量上往往表现为拉张加速持续现象,挤压动力学加速表现为缓静现象。这个过程通过与固体潮汐作用规律比照,剔除固体潮汐作用因素,其物理意义相当于挤压拉张的加速增量竞争处于一种极限临界缓静状态。在材料断裂力学中,需要作用力与反作用力的加速旗鼓相当,才能引起断裂震动,如果是作用力之比加速悬殊,缺乏动力加速增量的爆发性,不可能产生震动,充其量只是一种错动或移动。

一旦地壳应力应变出现僵持缓静过程,地壳断裂前兆才开始由异常状态进入危险状态。这才是地震预测的第一步,短临加速过程或状态只是正常与异常的区别,须引起关注,并不是异常就一定危险,因为,地壳的自组织现象很可能将动力学加速增量耗散,转为正常。僵持缓静状态在这个意义上,是确认动力学加速现象的地壳断裂逻辑条件的重要特征。

根据作者对汶川特大地震及其后来中低强度地震前兆的识别研究来看,也可以大致发现这样的规律:动力学加速僵持缓静状态持续时间越长,地震前兆越明显,地震强度越高。

三、迫震趋势

在地壳断裂流变动力学加速增量进入僵持缓静之后,如果再次出现挤压动力学的加速增量现象,并且加速增幅大于加速减幅,地壳断裂则进入到迫震状态,这是地震前兆中的必要动力学条件累计到这个阶段所表现出的充分性特征。也就是说,地壳动力学加速增量如果在僵持缓静之后出现再次加速增量,地震已不可避免。

四、临震信号

临震信号是震前的一种特征性信号,目前作者根据研究发现,在现有地壳动力学前兆观测中,只有地倾斜能够提供临震信号,但是地倾斜观测的连续性和实时性尚不具备,因此,当前客观条件仍然制约着实现临震信号的准确识别。不过,作者从地壳断裂流变的动力学形变加速特征研究中发现,大地运动的形变加速现象是典型的临震信号,GPS的初衷就是解决这种临震特征的识别,但是存在几个现实的困难:一是GPS不是自有的卫星定位系统,实时性无法把握;二是参照体系的连续性基准站建设非短期所能实现;三是大地位移的结果对于临震判断没有前兆的时间意义;四是GPS对地观测尚处于摸索阶段,许多数据还不能直接反映大地运动与地震的逻辑必然关系。因此,目前条件下,指望GPS实现临震信号识别是不现实的,也存在着技术上诸多不确定性。值得肯定的是,地壳断裂流变动力学加速增量表现为临震特征时,大地形变加速运动是一个最具有临震特性的物理量。

第四章 群子统计理论在"地壳断裂流变动力学"中的应用

【摘要】 在材料断裂极限临界的定量研究方法上,作者创立的"群子统计理论"曾经发挥了重要作用。根据地壳应力学者的观点,地壳断裂实际上是地壳应力与固体潮汐作用力失衡的必然结果,作者进一步认为,地壳断裂是地壳内外多体系稳定运动力学的失衡过程,需要解决多体系对立统一最可几强度的统计问题。本章将就传统经典统计力学的局限性和"群子统计理论"的基本概念、基本公式、群子方程、统计方法作简要介绍,并结合群子统计理论在多学科的应用,探讨应用于地震前兆识别的定量研究分析方法。

前面几个章节探讨了地壳断裂与应力源的冲击力存在密切必然关联,也与重力加速破坏重力平衡、倾斜加速与破坏稳定性的异常相关,还与大地运动加速存在必然关联,这些维持地壳稳定运动的力学加速体系一旦失衡,就会出现地壳断裂流变动力学现象,地震必然发生。而地壳断裂流变动力学现象又具有可量化特征,只是在量化特征的方法上,需要解决多体系对立竞争的最可几强度统计理论,因为冲击力的大小、重力、倾斜、大地运动等,都与力的加速度相关。从材料断裂过程的启示中也可以发现,上述力学条件表现为作用与抑制作用的平衡竞争运动状态。因此,有必要引入作者在材料科学与工程领域创立的"群子统计理论"(国际学术界接受并称之为"第四统计力学"),进行定量研究,才能最终达到地震前兆异常识别,进而实现地震提前预警。

第一节 群子统计理论概述

一、欧美三大统计力学的局限性

1. 统计力学的历史回顾

统计力学是从构成物质的微观粒子的性质和运动规律出发,并且对它们的集体运用统计学的方法,解释物质的宏观表现的一门学科。统计力学适用于研究任何状态下的物质。它能洞察物质内在的性质和规律,在微观粒子的个体运动规律同它们的集体表现之间建立联系,因而它能使人们对物质的若干表观表现有更加深刻的内在和本质的认识。

统计力学缘起研究热现象,热学的微观理论是在18世纪初才发展起来的。真正的研究工作开始于伯努利(Bernoulli,1738)、赫喇帕司(Herapath,1821)和焦耳(Joule,1851)等人,他们采用各自不同的方法为后来成为统计力学前身的气体分子运动论奠定了基础。1860年,麦克斯韦(Maxwell)发表了分子运动的速度的分布规律,计算出了分子运动的速度。1872年,波尔兹曼(Boltzmann)提出了H-定理,讨论了一个物理系统趋向平衡状态的自然趋势,给熵以统计意义。1876年,波尔兹曼又导出了气体输运方程,解释了气体的输运现象。克劳修斯、麦克斯韦、波尔兹曼进一步完善了分子运动论,把统计的概念引入物理学,在微观处理方法和唯象处理方法之间建立起了一座联系的桥梁。1902年,吉布斯(Gibbs)又把麦克斯韦和波尔兹曼创立的统计方法推广成为系统的理论。以经典力学为基础建立的统计学,称为经典统计力学。1900年,普朗克(Plank)建立了量子理论,1926年建立了量子力学。以量子力学为基础建立的统计学,称为量子统计力学。从20世纪70年代开始发展起来的群子统计理论,后来过渡为可概括经典统计力学和量子统计力学并有更普遍意义的群子统计力学,20世纪80年代被简称为"第四统计力学"。因此,从历史的角度看,统计力学经历过两个过渡:一是由经典统计力学向量子统计力学的过渡;二是由量子统计力学向群子统计力学的过渡。

从上述的统计力学的发展过程来看,统计力学在历史上形成了四大统计理论,下面先就欧美创建的三大统计力学即麦克斯韦-波尔兹曼(Maxwell-Boltzmann)统计力学、波色-爱因斯坦(Bose-Einstein)统计力学、费米-狄拉克(Fermi-Dirac)统计力学理论的统计模型和最可几分布理论作一个简要的总结。

(1)Maxwell-Boltzmann 统计力学

这个统计力学先假定所有粒子间没有相互作用,各自很自由,不受相互之间的任何干扰。在这里先考察这样一种模型:如在一片大地上高楼大厦林立,在大厦里有许多办公室,而办公室的数目远大于办公人员的数量。现在让这些办公人员各尽所能顺楼梯上楼,这时我们很容易发现越是高层,爬上去的人少,而低层的人数相对要多。当这种活动的次数很多很多时,可以看出每一层里的人数大体上有个平均数,这样我们就可以提出一种定量公式来描述这种随楼层增高,人数越来越少的情形。Maxwell-Boltzmann统计力学研究的是类似这种体系的统计分布。如针对这种情形可得

$$n(h) = n(o)e^{-kh}$$

其中,$n(o)$——初始零层时人员数;

$n(h)$——在 h 层时的不同层上的人员数。

从公式中可以看出 h 越大,$n(h)$ 迅速地变小,其中 K 是与人群的体质有关的常数。比如工作人员全是老人,那么 K 值就大,这样楼层数增加一点,那里老人爬不上去,故人数很少,但相反地,年轻人因他们的体质好,年龄小,故 K 值小,这样相同楼层里年轻人比老年人多得多,自然他们还可以爬到更高的楼层。

根据这样的情形,Maxwell-Boltzmann 提出了经典的统计力学(简称"第一统计力学"),其方程的推导如下。

现考虑一个晶体体系,它由 N 个原子组成,体系的能量体系各为 E 和 V;设有 $\varepsilon_1, \varepsilon_2, \varepsilon_3, \varepsilon_4 \cdots \varepsilon_j$ 能级,相应的粒子 $n_1, n_2, n_3 \cdots n_j$ 等分布,而每一个能级则有 $\omega_1, \omega_2, \omega_3 \cdots \omega_j$ 状态的简并度,此时排列方式:$N!/(n_1!, n_2!, n_3! \cdots n_j!)$。但是 n_j 粒子有 ω_j 个状态数,故又有 $\omega_j^{n_j}$ 排列组合方式,故总的排列数目为

$$\Omega = N! \prod_j \frac{\omega_j^{n_j}}{n_j!} \tag{4-1}$$

可以推得最可几分布式

$$\frac{n_j}{\omega_j} = \frac{N}{W} e^{-\varepsilon_j/KT} \tag{4-2}$$

这就是经典统计力学的理论公式,但从大量的实验事实表明,在分子、原子、电子、质子、中子等粒子群体中,由于粒子间总是有相互作用,故粒子的运动并不总是遵循经典力学的规律。

(2)Bose-Einstein 统计力学

这是 Bose 和 Einstein 共同提出的第二统计力学,这个统计力学研究的体系通俗地说是这样:现有许多房间,有一群人他们非常和谐,三三两两地住进这些房间中,这样有的房间有两三个人,有的房间里有七八个人,有的房间里甚至有几十个人,不受限制,有的房间宁可空着。所以从一定意义上,人和人之间还有一定的情感和吸引作用。在这种情况下试问 N 个人在 W 个房间里,有多少排列方法呢?这相当于有 N 个粒子和 W 个盒子中有多少个排列方式的问题。Bose-Einstein 统计力学就是研究这种统计方法的理论。其统计理论模型如下。

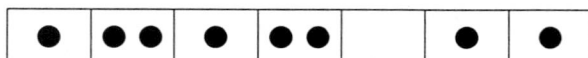

设有 Bose 粒子气体(具有对称性波函数的粒子),有 N 个粒子,总能量为 E,总体积为 V,每个 Bose 粒子相当于可以移动的离域子,它的能量为 $\varepsilon_1, \varepsilon_2, \varepsilon_3, \varepsilon_4 \cdots \varepsilon_j$,而能级的简并度为 $\omega_1, \omega_2, \omega_3 \cdots \omega_j$,而不同能级里相应的 Bose 粒子为 $n_1, n_2, n_3 \cdots n_j$。在这种情况下,Bose-Einstein 统计力学提出的命题是:当 n_j

Bose 粒子进入 ω_j 时,进入的粒子数目不受限制为条件。换句话说:n_j 个粒子可看成是不计姓名的人,而 ω_j 个量子状态可以看成 ω_j 个连在一起的房间,把 n_j 个人分配在 ω_j 个房间中的分布方式。相当于把 n_j 个人与分隔 ω_j 个房间的 (ω_j-1) 隔板排成一列的方式。上述命题也可以看成 n_j 黑色球与 (ω_j-1) 个白色的球排成一列组合问题。

在这种情况下总排列数目为

$$(n_j+\omega_j-1)! \tag{4-3}$$

但因为 n_j 个黑球和白球是各自不可区分的,故它们之间的交换不引起新的排列,所以排列方式为

$$\frac{(n_j+\omega_j-1)}{n_j!(\omega_j-1)!} \tag{4-4}$$

当考虑所有粒子的排列方式时可得

$$\Omega = \prod_j \frac{(n_j+\omega_j-1)!}{n_j!(\omega_j-1)!} \quad N=\sum n_j, E=\sum n_j\omega_j \tag{4-5}$$

通过一系列推导可得 Bose-Einstein 统计力学的最可几分布式

$$\frac{n_j}{\omega_j} = \frac{\frac{N}{W}e^{-\varepsilon_j/KT}}{1-\frac{N}{W}e^{-\varepsilon_j/KT}} \quad 或 \quad \frac{n_j}{\omega_j} = \frac{\frac{N}{W}e^{-\varepsilon_j/KT}}{1-\frac{N}{W}e^{-\varepsilon_j/KT}} \tag{4-6}$$

(3)Fermi-Dirac 统计力学

这个统计力学专门研究粒子间有排斥的体系。好比人与人之间处于敌对关系时,根本不愿意在一间屋里一起住,都是一个人住进一个屋,互相之间还通过许多空屋子,进一步隔开来,这样又有多少排列方式呢?这相当与带电的电子、质子在空间上的分布一样互相排斥。Fermi-Dirac 统计力学就是研究这种"敌对"体系分布的方式。

Fermi-Dirac 统计力学理论的理论模型如下

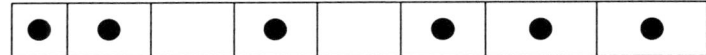

现有 Fermi 粒子气体(具有反对称波函数的粒子)有 N 个粒子,总能量为 E,总体积为 V。每一个 Fermi 粒子,也是独立的离域子,它的能级为 $\varepsilon_1,\varepsilon_2,\varepsilon_3,\cdots\varepsilon_j$,能级的简并度(量子状态数)为 $\omega_1,\omega_2,\omega_3,\cdots\omega_j$,而不同能级里相应的 Fermi 粒子为 $n_1,n_2,n_3,\cdots n_j$。当 ω_j 中最多只能容纳一个粒子的条件下不难得

$$\frac{\omega_j!}{n_j!(\omega_j-1)!} \tag{4-7}$$

这等同于把 n_j 个白球和 (ω_j-n_j) 个黑球排成一列的方式。

对整个体系而言

$$\Omega = \prod_j \frac{\omega_j!}{n_j!(\omega-1)!} \quad N=\sum n_j, E=\sum n_j\omega_j \tag{4-8}$$

通过一系列推导过程可得 Fermi-Dirac 统计力学的最可几分布式

$$\frac{n_j}{\omega_j} = \frac{\frac{N}{\omega}e^{-\varepsilon_j/KT}}{\frac{N}{\omega}e^{-\varepsilon_j/KT}+1} \quad 或 \quad \frac{n_j}{\omega_j} = \frac{\frac{N}{V}e^{-\varepsilon_j/KT}}{\frac{N}{V}e^{-\varepsilon_j/KT}+1} \tag{4-9}$$

这种统计力学无法研究排它性的运动,更无法解决多体间重组的问题。

2. 三种统计力学理论方程的比较

从理论上看这 3 种统计力学,存在着相互联系和过渡的关系。

Bose-Einstein 统计理论:

$$\Omega = \prod_j \frac{\omega_j!}{n_j!(\omega_j-1)!} \quad N=\sum n_j, \quad E=\sum n_j\omega_j \tag{4-10}$$

当 $n_j \ll \omega_j$ 时可得到 Maxwell-Boltzmann 理论结果

$$\Omega = N! \prod_j \frac{\omega_j^{n_j}}{n_j!}, \frac{n_j}{\omega_j} = \frac{N}{V}e^{-\epsilon_j/KT} \qquad (4-11)$$

Fermi-Dirac 统计理论：

当 $n_j \ll \omega_j$ 时同样可得 Maxwell-Boltzmann 理论结果

$$\Omega = N! \prod_j \frac{\omega_j! n_j!}{n_j!}, \frac{n_j}{\omega_j} = \frac{N}{V}e^{-\epsilon_j/KT} \qquad (4-12)$$

由此可见 Maxwell-Boltzmann 经典统计理论是上述两种量子统计力学的某种特例。这3种统计力学在研究许多自然现象中起到了不可磨灭的作用。例如这些理论成功地推得了光子的空腔辐射能量分布的 Planck 公式：

$$u_\nu d\nu_1 = E d\nu_1 d\nu = 8\pi h \nu_1^3 i d\nu_1 / C^3 \exp[(h\nu_1/KT) - 1]$$

又如 Fermi-Dirac 统计力学理论成功地解释了电子气对金属热容所引起的影响,并用这一理论建立了半导体理论。从 Maxwell-Boltzmann 统计理论出发导出热力学函数的表示式：

Gibbs 自由能 G： $G = -RT\left[\ln\frac{Q}{X} + 1 + V\left(\frac{\partial \ln Q}{\partial V}\right)\right]$

其中配分函数： $G = \sum \omega_j e^{-\epsilon_j/KT}$

Helmholtz 自由能 F： $F = KT\ln\Phi$,其中 $\Phi = Q^n/N!$

熵 S： $S = R\left[\ln\frac{Q^N}{N} + 1 + T\left(\frac{\partial \ln Q}{\partial T}\right)_V\right]$

内能 U： $U = RT^2\left(\frac{\partial \ln Q}{\partial T}\right)_V$

热焓 H： $H = U + RT = G + TS = RT^2\left(\frac{\partial \ln Q}{\partial T}\right)_V + RTV\left(\frac{\partial \ln Q}{\partial T}\right)_T$

热容 C_v、C_p： $Cv = \frac{R}{T^2}\left[\frac{\partial^2 \ln Q}{\partial(1/T)^2}\right]_V$, $Cp = \frac{\partial}{\partial T}\left(RT^2\frac{\partial \ln Q}{\partial T_P}\right)_P$

功 δ_ω： $\delta_\omega = \sum \frac{N}{KT^2}\left(\frac{\partial^2 \ln Q}{\partial X_i}\right)_{KT} dx_i$

Xi： 坐标轴

热量 δ_q： $\delta_q = \frac{1}{KT}d\left[\ln\phi - KTN\left(\frac{\partial \ln Q}{\partial KT}\right)_V\right] = \frac{1}{KT}d\left[\ln\phi - \beta\left(\frac{\partial \ln Q}{\partial KT}\right)_V\right]$

这些都是三种统计力学所得到的巨大成果。但是自然界的各种多体的运动不可能全处于上述绝对状态,或者互相排斥或者互相结合。事实上许多多体之间存在着吸引和排斥两方面,必然造成群对群的作用,就会出现"你中有我"、"我中有你"的群对群的关系。总之这种群对群的问题无法运用三种经典统计力学理论定量分析,这样便产生了新的群子统计力学的概念。

二、群子统计理论简介

作者从年轻求学时的副博士研究生阶段开始,一直在思考能否建立一个有吸引也有排斥力的,具有最实际学术应用价值和意义的统计力学理论。20世纪80年代,作者通过一系列的原理引证和逻辑推理,终于正式创建了群子统计理论,后来国际 IUPAC,CA,ABI 等接受并称之为"第四统计力学",发表有关论文超过200篇,著有《第四统计力学——JRG群子统计理论》、《模糊群子论》和《当代中医药生命动力学》等专著。由于涉及到许多新概念和复杂的数学推导,在介绍这个理论时,很难做到简明扼要。

第四统计力学主要用来研究一切矛盾体系的对立统一体问题。为方便理解,通俗地举一个生活现象：如现有许多教室(W个),还有许多女生($-N_1$)和男生($+N_2$),他们可以有意无意地男男女女进入每一间教室,这样有的教室里就会有3男2女,有教室里就会有2男5女,有的教室里有1男但无女,有的教室里无男但有5女…；有的教室可能干脆没有学生。那么在这种情况下,有多少排列方式呢？如把女生用○来表示,男生用●来表示,那么上述情形可用下列分布模型来示意。

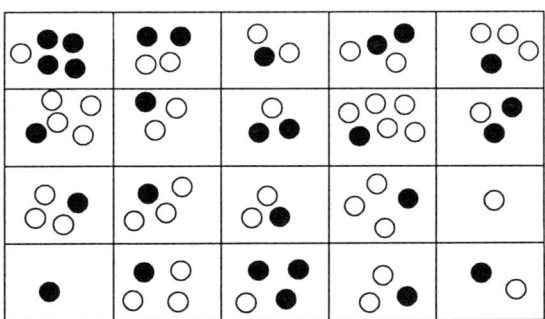

我们可以进一步设问：在所有这些教室里，男女生分别最可能的平均数为多少呢？这个数在统计力学中简称为最可几数。通常用 $\bar{\lambda}(\bigcirc)$ 和 $\bar{\lambda}(\bullet)$ 来表示。这个数首先与女生和男生总数比 N_1/N_2 有关，同时还与男生和女生之间的友情、心里状态有关，比如男生不愿意同女生混在一起，那么许多教室里男生占多数，相反，女生也不愿意同男生在一起，那么许多教室里女生占多数。如果男女生双方都愿意在一起，那么 N 个男生和 N 个女生，就会使有的教室只有 1 男 1 女，有的教室 2 男 3 女等⋯。所以上述 $\bar{\lambda}(\bigcirc)$ 和 $\bar{\lambda}(\bullet)$ 还有这种人为的因素（指实体内在结构与性质）有关，对这样的统计，欧美三大统计力学是无法研究的。

群子统计理论可以通过以下步骤实现统计分析。

第一步：为了脱离上述教室的限制，将上述模型先转化成下列交替模型。

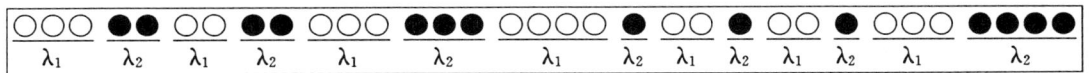

这样做便于每一间教室是以 $\bigcirc\bigcirc\bigcirc\bullet\bullet \mid \bigcirc\bigcirc\bigcirc\bullet\bullet \mid$ 来分开，而且以同性互相拉着的形式来表示女生和男生的比例为 $(\lambda_1 \mid \lambda_2)$。

第二步：回到自然状态。

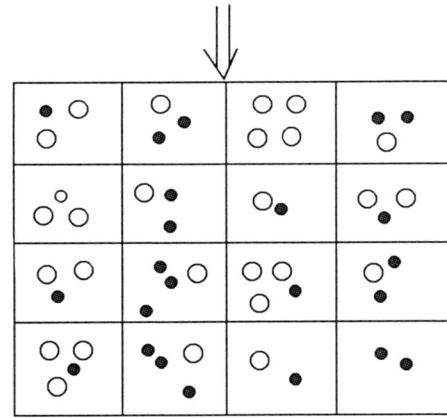

$N_1(\bigcirc) = \Sigma \lambda_1(\bigcirc)$
$N_2(\bullet) = \Sigma \lambda_2(\bullet)$

第一步可以通过相当复杂的推导过程，得到最可几分布，即可得分布的每一个有限空间中进入男生女生的最可能几率 $\lambda_1(\bigcirc)$ 和 $\lambda_2(\bullet)$ 值：

$$\bar{\lambda}(\bigcirc) = 1 + r_1 \frac{N_1(\bigcirc)}{N_2(\bullet)}, \quad \bar{\lambda}(\bullet) = 1 + r_2 \frac{N(\bullet)}{N(\bigcirc)}$$

其中，$r_1 = \dfrac{k_{11}}{k_{12}}$ 是代表女生（$\bigcirc$）想聚集在一起的竞争能力，也就是阴性因素（包括女性、负电子、负离子、低氧化电位高亲电强度离子，地壳应力应变观测中的负应变等）聚集的能力，而 $r_2 = \dfrac{k_{22}}{k_{21}}$ 是代表男性（$\bullet$）聚集在一起的竞争能力，也就是阳性因素（包括男性、正电子、正离子、高氧化电位、低亲电强度离子，地壳应力应变观测中的正应变等）聚集的能力。比如 $r_1 \to 0, r_2 > 0$，那么阴性因素很难聚集，阴性聚集能力差,而阳性因素聚集起来起主导作用;反之 $r_2 \to 0, r_1 > 0$,意味着阳性因素衰退,而阴性因素上升。这两个公式相除时,其实际意义就更明显:

$$\frac{\lambda(\bigcirc)}{\lambda(\bullet)} = \frac{1 + r_1(\bigcirc)\frac{N(\bigcirc)}{N(\bullet)}}{1 + r_2(\bullet)\frac{N(\bullet)}{N(\bigcirc)}}$$

阴阳对于数学而言就是正负,阴阳对于哲学而言就是矛盾,自然现象和社会现象中到处都有矛盾的对立统一体系,在这里,自然科学和哲学社会科学真正实现了本质属性和方法论的交汇。

三、第四统计力学的基本方程式的推导

为了进一步理解上述方程的物理意义,下面介绍方程的由来。前面已提到的第一步是构成群子的重要条件之一,就是对立双方必然有竞争过程,而这种竞争主要通过下列4种群聚过程来实现:

$$A + A \xrightarrow{K_{AA}} A - A \quad \text{过程}(1)$$
$$B + B \xrightarrow{K_{BB}} B - B \quad \text{过程}(2)$$
$$A + B \xrightarrow{K_{AB}} A - B \quad \text{过程}(3)$$
$$B + A \xrightarrow{K_{BA}} B - A \quad \text{过程}(4)$$

从这4种过程来看,如果过程(1)占优势,那么群子内 A 型群子趋多,反之过程(2)占优势,那么群子内 B 型群子趋多,但当过程(3)和(4)占优势时,群子为 A、B 型共存的群子。

现设 N_A 为 A 基子的总数;N_B 为 B 基子的总数。这些基子通过上述的相互竞争作用,使双方基子互相包围和渗透,最终形成由若干个 A、B 基子组成的群子作为运动单元的群集体。

此时,可以写出下列关系式:

$$\sum_i \lambda_i l_i + \sum_j \lambda_j l_j = N_A + N_B = N \tag{4-13}$$

式中,λ_i——第 i 个群子中 A 基子的数目;

λ_j——第 j 个群子中 B 基子的数目;

l_i——具有 λ_i 个 A 基子的群子数目;

l_j——具有 λ_j 个 B 基子的群子数目。

这样含有 A 基子的群子数目为

$$\delta_A = \sum_i l_i$$

含有 B 基子的群子数目为

$$\delta_B = \sum_j l_j$$

此时下列定理和引理成立。

定理1.

$$\bar{\lambda}_A = \frac{1}{1 - P_A}, \quad \bar{\lambda}_B = \frac{1}{1 - P_B} \tag{4-14}$$

定理2.

$$N_A / N_B = \delta_A \bar{\lambda}_A / \bar{\lambda}_B \tag{4-15}$$

引理1.

$$\bar{\lambda}_A = 1 + r_A \frac{N^{\alpha} A^{AA}}{N^{\alpha} B^{BB}} \quad \bar{\lambda}_B = 1 + r_B \frac{N^{\alpha} B^{BB}}{N^{\alpha} A^{AA}} \tag{4-16}$$

引理的推论:

$$\frac{\bar{\lambda}_A}{\bar{\lambda}_B} = \frac{1 + e^{-\epsilon_A/kT} \dfrac{N_A}{N_B}}{1 + e^{-\epsilon_B/kT} \dfrac{N_B}{N_A}} \tag{4-17}$$

其中，$\bar{\lambda}_A$、$\bar{\lambda}_B$——在每一个群子中 A、B 两种基子的最可几分布数目；

P_A——A 基子连着串入某一群子的机率；

P_B——B 基子连着串入某一群子的机率。

$$r_A = \frac{K_{AA}}{K_{AB}} \quad r_B = \frac{K_{BB}}{K_{BA}} \tag{4-18}$$

其中，K_{AA}——A 基子连续进入中的倾向因子；

K_{BB}——B 基子连续进入中的倾向因子；

K_{AB}——A 基子受 B 基子的作用无法进入 $\bar{\lambda}_A$ 中的倾向因子；

K_{BA}——B 基子受 A 基子的作用无法进入 $\bar{\lambda}_B$ 中的倾向因子；

ε_A——$A-A$ 基子作用能和 $A-B$ 基子作用能差或 A 基子群子的状态能；

ε_B——$B-B$ 基子作用能和 $B-A$ 基子作用能差或 B 基子群子的状态能。

四、定理及引理的证明

1. 定理 1 的证明

设在任意分布的条件下 N_A 和 N_B 个基子有下列群聚分布。

对 A 基子而言，有：

$$\lambda_{A1}l_{A1},\lambda_{A2}l_{A2},\lambda_{A3}l_{A3}\cdots\cdots\lambda_{Ai}l_{Ai}$$

对 B 基子而言，有：

$$\lambda_{B1}l_{B1},\lambda_{B2}l_{B2},\lambda_{B3}l_{B3}\cdots\cdots\lambda_{Bi}l_{Bi}$$

方便起见，将 $\lambda_{A1}l_{A1}$ 和 $\lambda_{B1}l_{B1}$ 中的 A 和 B 予以取消，只用 i、j 来分别代表 A 基子和 B 基子。

于是 $N_A = \sum_i \lambda_{Ai}l_{Ai}, N_B = \sum_i \lambda_{Bi}l_{Bi}$

根据机率概念和统计力学的基本假设，可得如下某一群集方式的机率：

$$W_1 = P_A^{\sum_i \lambda_i l_i - \sum_i l_i} P_B^{\sum_j \lambda_j l_j - \sum_j l_j} (1-P_A)^{\sum_i l_i} (1-P_B)^{\sum_j l_j}$$

但是，$\sum_i l_i$ 和 $\sum_j l_j$ 也可以再加以交换，l_i 和 l_j 实际上有相同的数量，因此在这种情况下总的排列方法数如下：

$$W_2 = \frac{(\sum_i l_i)!(\sum_j l_j)!}{(\prod_i l_i!)\cdot(\prod_j l_j!)} \tag{4-19}$$

同时应有下列守恒关系式：

$$\sum_i \lambda_i l_i + \sum_j \lambda_j l_j - N_A - N_B = 0 \tag{4-20}$$

$$\sum_i l_i - \delta_A = 0$$

$$\sum_j l_j - \delta_B = 0$$

有了这些关系式，我们就有可能计算出总机率，但事实上是非常困难的。因为数量级太大了，然而任何客观的群集在一定的条件下处于相对稳定状态就会有最大可能的分布方式，即微观状态的总和达到极值，而最大可能的分布（也称"最可几分布"），在很大程度上决定着体系的各种性质，基于这样的统计方法，求出最可几分布值，其方法简述如下：

设 $\quad \Omega = \ln W + \left[(\sum_i l_i - \delta_A) - (\sum_j l_j - \delta_B)\right]\ln\alpha + \left[\sum_i \lambda_i l_i + \sum_j \lambda_j l_j - N_A - N_B\right]\ln B \tag{4-21}$

根据斯特林公式：$\ln n! = n\ln n - n$ 将（4-21）式展开成下列形式：

$$\Omega = (\sum_i l_i \ln \sum_i l_i) - (\sum_i l_i \ln l_i) + (\sum_j l_j \ln \sum_j l_j) - (\sum_j l_j \ln l_j)$$

$$+\left[\left(\sum_i l_i\right)\ln\frac{1-P_A}{P_A}+\left(\sum_i\lambda_i l_i\right)\ln P_A\right]+\left[\left(\sum_j l_j\right)\ln\frac{1-P_B}{P_B}+\left(\sum_j\lambda_j l_j\right)\ln P_B\right]$$
$$\times\left[\left(\sum_i l_i-\delta_A\right)-\left(\sum_j l_j-\delta_B\right)\right]\ln\alpha+\left[\left(\sum_i\lambda_i l_i-N_A\right)-\left(\sum_j\lambda_j l_j-N_B\right)\right]\ln\beta \quad (4-22)$$

根据最可几分布的物理意义,应满足下列极值条件:

$$\left(\frac{\partial\Omega}{\partial l_i}\right)_j=0,\ i=1,2,3\cdots\cdots \quad (4-23)$$

$$\left(\frac{\partial\Omega}{\partial l_j}\right)_i=0,\ j=1,2,3\cdots\cdots \quad (4-24)$$

由此可得 $\left(\frac{\partial\Omega}{\partial l_i}\right)_j=\ln\sum_i l_i-\ln l_i+\ln\frac{1-P_A}{P_A}P_A^{\lambda_i}\alpha\beta^{\lambda_i}=0$

∴ $$\frac{\sum_i l_i}{l_i}(1-P_A)P_A^{\lambda_i-1}\alpha\beta^{\lambda_i}=1 \quad (4-25)$$

又∵ $\alpha\beta(1-P_A)\delta_A\left[\sum_i(P_A\beta)^{\lambda_i-1}\right]=\sum_i l_i$

∴ $$(1-P_A)\alpha\beta\frac{1}{1-P_A\beta}=1 \quad (4-26)$$

又从 $\left(\frac{\partial\Omega}{\partial l_j}\right)_i=\ln\sum_j l_j-\ln l_j+\ln\frac{1-P_B}{P_B}P_B^{\lambda_j}\alpha\beta^{\lambda_j}=0$

可得 $$\frac{\sum_j l_j}{l_j}(1-P_B)P_B^{\lambda_j-1}\alpha\beta^{\lambda_j}=1 \quad (4-27)$$

∵ $(1-P_B)\frac{\beta}{\alpha}\delta_B\left[\sum(P_AB)^{\lambda_j-1}\right]=\sum_j l_j$

∴ $$(1-P_B)\frac{\beta}{\alpha}\delta_B\left(\frac{1}{1-P_B\beta}\right)=1 \quad (4-28)$$

由(4-26)式和(4-27)式能得
$$\alpha=1,\beta=1$$

此时(4-25)式和(4-27)式变成

$$\bar{l}_i=\left(\sum_i l_i\right)P_A^{\lambda_i-1}(1-P_A)=\delta_A P_A^{\lambda_i-1}(1-P_A) \quad (4-29)$$

$$\bar{l}_j=\left(\sum_j l_j\right)P_A^{\lambda_j-1}(1-P_B)=\delta_A P_A^{\lambda_j-1}(1-P_A) \quad (4-30)$$

式中 $\bar{l}_i$ 处于最可几分布状态时,具有 λ_i 个第一种基子的群子数目;$\bar{l}_j$ 处于最可几分布状态时具有 λ_j 个第二种基子的群子数目。但是应当指出,不管怎样(4-29)式和(4-30)式均满足下列守恒关系:

$$\bar{\delta}_A=\sum_i\bar{l}_i=\delta_A\sum_i P_A^{\lambda_i-1}(1-P_A)=\delta_A$$

∴ $\bar{\delta}_A=\delta_A$

$$\bar{\delta}_B=\sum_j\bar{l}_j=\delta_B=\sum_j P_B^{\lambda_j-1}(1-P_B)=\delta_B$$

∴ $\bar{\delta}_B=\delta_B$

可见群子的最可几分布 $\bar{\delta}$ 与最初定义的 δ 相等。这是可以预料到的。因为在最初定义的 δ 时并没有限制某些分布,而只要求满足拉格朗日不定乘法的规则。但是,对我们来说更为重要的是了解每一个最可几群子的基子数目是多少。为此,在(4-29)式和(4-30)式基础上求出最可几状态下的有关基子加权平均集度及数学期望值。

现设 P_i 为 $\bar{\delta}_A$ 中 l_i 群子所占的最可几分数,P_j 为 $\bar{\delta}_B$ 中 l_j 群子所占的最可几分数,故

$$\bar{\lambda}_{AA}=E(\bar{\lambda}_i)=\sum_i\lambda_i P_i=\sum_i\lambda_i\left(\frac{\bar{l}_i}{\sum_i\lambda_i}\right)=\sum_i\lambda_i P_A^{\lambda_i-1}(1-P_A) \quad (4-31)$$

$$\bar{\lambda}_{BB} = E(\bar{\lambda}_j) = \sum_j \lambda_j P_j = \sum_j \lambda_j \left(\frac{\bar{l}_j}{\sum_j \lambda_j} \right) = \sum_j \lambda_j P_B^{\lambda_j-1}(1-P_B) \tag{4-32}$$

经(4-31)式和(4-32)式级数收敛,整理得

$$\bar{\lambda}_{AA} = \frac{1}{1-P_A} = \bar{\lambda}_A \tag{4-33}$$

$$\bar{\lambda}_{BB} = \frac{1}{1-P_B} = \bar{\lambda}_B \tag{4-34}$$

同样道理可得

$$\bar{\lambda}_{AB} = \frac{1}{P_A}; \quad \bar{\lambda}_{BA} = \frac{1}{P_B} \tag{4-35}$$

式中,$\bar{\lambda}_{AA}$,$\bar{\lambda}_{AB}$,$\bar{\lambda}_{BB}$,$\bar{\lambda}_{BA}$——某一群子中第一种和第二种基子的最可几群集度。至此证得定理1。

2. 定理2的证明

根据基子总数守恒原则有

$$N_A = \sum_i \lambda_i l = \delta_A \sum_i \lambda_i P_A^{\lambda_i-1}(1-P_A) = \delta_A \frac{1}{1-P_A} = \delta_A \bar{\lambda}_{AA}$$

$$N_B = \sum_j \lambda_j l = \delta_B \sum_j \lambda_j P_B^{\lambda_j-1}(1-P_B) = \delta_B \frac{1}{1-P_B} = \delta_B \bar{\lambda}_{BB}$$

因已证明 $\bar{\delta}_A = \delta_A, \bar{\delta}_B = \delta_B$

故 $N_A = \bar{\delta}_A \bar{\lambda}_{AA}, \quad N_B = \bar{\delta}_B \bar{\lambda}_{BB}$

$$\frac{N_A}{N_B} = \frac{\bar{\delta}_A \bar{\lambda}_{AA}}{\bar{\delta}_B \bar{\lambda}_{BB}} \tag{4-36}$$

这一结果说明 λ_{AA} 和 λ_{BB} 具有最可几集度时,能满足基子总数守恒的原则。另一方面使我们感到特别关注的是(4-36)式中,当 $\bar{\delta}_A = \bar{\delta}_B$ 时:

$$\frac{N_A}{N_B} = \frac{\bar{\lambda}_{AA}}{\bar{\lambda}_{BB}} \tag{4-37}$$

即两种基子数目的宏观比值等于群子中两个集度的比值。在这种情况下,第一种基子的群子数目($\bar{\delta}_A$)和第二种基子的群子数目($\bar{\delta}_B$)相同,即群子间具有宇称性。因此把这种分布简称为宇称分布。但是,当 $\bar{\delta}_A \neq \bar{\delta}_B$ 时:

$$\frac{N_A}{N_B} \neq \frac{\bar{\lambda}_{AA}}{\bar{\lambda}_{BB}} \tag{4-38}$$

此时群子中两个集度的比值并不简单地等于宏观浓度的比值。在这种情况下,第二种基子的"半群子"数目第二种基子的"半群子"数目不一致,即群子分布是不对称的,因此简称为非宇称分布,但是不管宇称或非宇称分布都能满足最终守恒比 $N_A/N_B = \bar{\delta}_A \bar{\lambda}_{AA}/\bar{\delta}_B \bar{\lambda}_{BB}$ 的要求,这就说明群子概念具有实体性,而在这样的"群子世界"中存在着宇称和非宇称分布。"群子世界"大部分都处于非宇称分布中,而只有那些极端理想状态则处于宇称分布。

3. 引理1的证明

从(4-33)式、(4-34)式和(4-35)式中可以看到 $\bar{\lambda}_{AA}$、$\bar{\lambda}_{AB}$、$\bar{\lambda}_{BA}$、$\bar{\lambda}_{BB}$ 与机率 P_A、P_B 有关。但是 P_A、P_B 是无法可测的,因此有必要把 P_A 和 P_B 转换成某种可测或可计算的形式。为此,采用"准化学反应方法"。

根据形成群子的竞争条件,可以写出下列4种过渡过程:

$$\begin{aligned} a_A^*[A]^* + a_{AA}[A] &\xrightarrow{K_{AA}} [A-A]^* \\ a_A^*[A]^* + a_{AB}[B] &\xrightarrow{K_{AB}} [A-B]^* \\ a_B^*[B]^* + a_{BB}[B] &\xrightarrow{K_{BB}} [B-B]^* \\ a_B^*[B]^* + a_{BA}[A] &\xrightarrow{K_{BA}} [B-A]^* \end{aligned} \tag{4-39}$$

式中,a——准化学反应的系数,表示作用方法;

[A]或[B]——基子的"浓度";

[B]——形成群子的过渡状态;

K——每一过程的"速度"常数,即过程的倾向因子。

于是可以写出下列动力方程:

$$
\begin{aligned}
V_{AA} &= K_{AA}[A]^{*a_A^*}[A]^{a_{AA}} \\
V_{AB} &= K_{AB}[A]^{*a_A^*}[B]^{a_{AB}} \\
V_{BB} &= K_{BB}[B]^{*a_B^*}[B]^{a_{BB}} \\
V_{BA} &= K_{BA}[B]^{*a_B^*}[A]^{a_{BA}}
\end{aligned}
\tag{4-40}
$$

式中,V_{AA}——A基子串进群子的速度;

V_{AB}——A基子后B基子进入群子的速度;

V_{BB}——B基子串进群子的速度;

V_{BA}——B基子后A基子进入群子的速度。

因此,我们很快地根据 P_A 和 P_B 的定义,将上述速度关系式联系进来,即

$$P_A = \frac{V_{AA}}{V_{AA}+V_{AB}} = \frac{K_{AA}[A]^{*a_A^*}[A]^{a_{AA}}}{K_{AA}[A]^{*a_A^*}[A]^{a_{AA}}+K_{BB}[B]^{*a_A^*}[B]^{a_{BB}}}$$

$$P_B = \frac{V_{AA}}{V_{AA}+V_{AB}} = \frac{K_{BB}[A]^{*a_A^*}[B]^{a_{BB}}}{K_{BB}[B]^{*a_A^*}[B]^{a_{BB}}+K_{BA}[B]^{*a_A^*}[A]^{a_{BA}}}$$

由此可得:

$$P_A = \frac{K_{AA}[A]^{a_{AA}}}{K_{AA}[A]^{a_{AA}}+K_{AB}[A]^{a_{AB}}} \tag{4-41}$$

$$1-P_A = \frac{K_{AB}[B]^{a_{AB}}}{K_{AA}[A]^{a_{AA}}+K_{AB}[B]^{a_{AB}}} \tag{4-42}$$

$$P_B = \frac{K_B[B]^{a_{BB}}}{K_{BB}[B]^{a_{BB}}+K_{BA}[A]^{a_{BA}}} \tag{4-43}$$

$$1-P_B = \frac{K_{BA}[A]^{a_{BA}}}{K_{BB}[B]^{a_{BB}}+K_{BA}[A]^{a_{BA}}} \tag{4-44}$$

$$\bar{\lambda}_{AA} = \frac{1}{1-P_A} = 1 + \frac{K_{AA}}{K_{AB}} \cdot \frac{[A]^{a_{AA}}}{[B]^{a_{AB}}} \tag{4-45}$$

$$\bar{\lambda}_{BB} = \frac{1}{P_A} = 1 + \frac{K_{BB}}{K_{BA}} \cdot \frac{[B]^{a_{BB}}}{[A]^{a_{BA}}} \tag{4-46}$$

$$\bar{\lambda}_{BA} = \frac{1}{1-P_B} = 1 + \frac{K_{BA}}{K_{BB}} \cdot \frac{[A]^{a_{BA}}}{[B]^{a_{BB}}} \tag{4-47}$$

设 $r_A = \frac{K_{AA}}{K_{AB}}, r_B = \frac{K_{BB}}{K_{BA}}$

$[A]=N_A,[B]=N_B$;

∴ $\bar{\lambda}_{AA} = 1 + r_A \frac{N_A^{a_{AA}}}{N_B^{a_{AB}}}, \bar{\lambda}_{AB} = 1 + \frac{1}{r_A} \cdot \frac{N_B^{a_{AB}}}{N_A^{a_{BA}}}$ (4-48)

$\bar{\lambda}_{BB} = 1 + r_B \frac{N_B^{a_{AB}}}{N_A^{a_{BA}}}, \bar{\lambda}_{BA} = 1 + \frac{1}{r_B} \cdot \frac{N_A^{a_{BA}}}{N_B^{a_{BA}}}$ (4-49)

式中,r_A,r_B 简称为群集竞争因子。

当在过程中,不存在多级化学反应时,

$$a_{AA} = a_{AB} = a_{BB} = a_{BA} = 1$$

于是：
$$\bar{\lambda}_{AA} = 1 + r_A \frac{N_A}{N_B}, \bar{\lambda}_{AB} = 1 + \frac{1}{r_A} \cdot \frac{N_B}{N_A} \tag{4-50}$$

$$\bar{\lambda}_{BB} = 1 + r_B \frac{N_B}{N_A}, \bar{\lambda}_{BA} = 1 + \frac{1}{r_B} \cdot \frac{N_A}{N_B} \tag{4-51}$$

这就是我们所要的群子统计过程，称最可几方程。其中 r_A、r_B 是一作用与反作用聚集的竞争因子，自然与负—负，正—正，负—正，正—负之间作用能量有关。

4. 引理的推论

由式(4-48)和式(4-49)可以看出群子的最可几集度 $\bar{\lambda}_{AA}$，$\bar{\lambda}_{BB}$，$\bar{\lambda}_{AB}$，$\bar{\lambda}_{BB}$ 与固有竞争因子(r_A，r_B)，以及两种基子的宏观比值(N_A/N_B)有关系。当我们所考虑的体系为分子、原子等群集体时，根据群子的结构"模糊性"，不考虑结构因素及前置因子将 r_A 和 r_B 以阿累尼乌斯方程的形式写出，即

$$r_A = \frac{K_{AA}}{K_{AB}} = e^{-(\varepsilon_{AA} - \varepsilon_{AB})/kT} \tag{4-52}$$

$$r_B = \frac{K_{BB}}{K_{BA}} = e^{-(\varepsilon_{BB} - \varepsilon_{BA})/kT} \tag{4-53}$$

由此可得：

$$\bar{\lambda}_{AA} = 1 + e^{-(\varepsilon_{AA} - \varepsilon_{AB})/kT} \frac{N_A^{a_{AA}}}{N_B^{a_{AB}}} \tag{4-54}$$

$$\bar{\lambda}_{BB} = 1 + e^{-(\varepsilon_{BB} - \varepsilon_{BA})/kT} \frac{N_B^{a_{BB}}}{N_A^{a_{BA}}} \tag{4-55}$$

当无化学反应时，即 $a_{AA} = a_{AB} = a_{BB} = a_{BA} = 1$ 时

$$\bar{\lambda}_{AA} = 1 + e^{-(\varepsilon_{AA} - \varepsilon_{AB})/kT} \frac{N_A}{N_B} \tag{4-56}$$

$$\bar{\lambda}_{BB} = 1 + e^{-(\varepsilon_{BB} - \varepsilon_{BA})/kT} \frac{N_B}{N_A} \tag{4-57}$$

或

$$\frac{\bar{\lambda}_{AA}}{\bar{\lambda}_{BB}} = \frac{1 + e^{-(\varepsilon_{AA} - \varepsilon_{AB})/kT} \frac{N_A}{N_B}}{1 + e^{-(\varepsilon_{BB} - \varepsilon_{BA})/kT} \frac{N_B}{N_A}} \tag{4-58}$$

当 $\varepsilon_{AA} - \varepsilon_{AB} = 0$ 时，即 $\varepsilon_{BB} - \varepsilon_{BA} = 0$ 时，即 $\varepsilon_{AA} = \varepsilon_{AB}$，$\varepsilon_{BB} = \varepsilon_{BA}$ 时，

$$\frac{\bar{\lambda}_{AA}}{\bar{\lambda}_{BB}} = \frac{N_A}{N_B} \tag{4-59}$$

当 $\varepsilon_{AA} \neq \varepsilon_{AB}$，$\varepsilon_{BB} \neq \varepsilon_{BA}$ 时，

$$\frac{\bar{\lambda}_{AA}}{\bar{\lambda}_{BB}} \neq \frac{N_A}{N_B} \tag{4-60}$$

可见群子的宇称和非宇称性分布取决于能量分布，而能量分布则与基子的结构有关。同样

$$\frac{\bar{\lambda}_{AA}}{\bar{\lambda}_{AB}} = \frac{1 + e^{-(\varepsilon_{AA} - \varepsilon_{AB})/kT} \frac{N_A}{N_B}}{1 + e^{-(\varepsilon_{AA} - \varepsilon_{AB})/kT} \frac{N_B}{N_A}} \tag{4-61}$$

$$\frac{\bar{\lambda}_{BB}}{\bar{\lambda}_{BA}} = \frac{1 + e^{-(\varepsilon_{BB} - \varepsilon_{BA})/kT} \frac{N_B}{N_A}}{1 + e^{-(\varepsilon_{BB} - \varepsilon_{BA})/kT} \frac{N_A}{N_B}} \tag{4-62}$$

这就是 JRG 群子统计力学方程的能量关系式。

即 $\varepsilon_{AA} = \varepsilon_{AB}$，$\varepsilon_{BB} = \varepsilon_{BA}$ 时，

$$\frac{\bar{\lambda}_{AA}}{\bar{\lambda}_{AB}} = \frac{N_A}{N_B}, \frac{\bar{\lambda}_{BB}}{\bar{\lambda}_{BA}} = \frac{N_B}{N_A} \tag{4-63}$$

当 $\varepsilon_{AA} \neq \varepsilon_{AB}$，$\varepsilon_{BB} \neq \varepsilon_{BA}$ 时，

$$\frac{\bar{\lambda}_{AA}}{\lambda_{AB}} \neq \frac{N_A}{N_B}, \frac{\bar{\lambda}_{BB}}{\lambda_{BA}} \neq \frac{N_B}{N_A} \qquad (4-64)$$

5. 群子理论与量子统计理论之间的对比

那么JRG统计方程与欧美统计理论有什么关系呢？在量子统计力学中最基本的统计结果有F-D和B-E统计理论。分别有：

$$\frac{\bar{n}_j}{\bar{w}_j} = \frac{\frac{N}{W}e^{-\varepsilon_j/kT}}{1+\frac{N}{W}e^{-\varepsilon_j/kT}} \qquad (\text{F-D}) \qquad (4-65)$$

$$\frac{\bar{n}_j}{\bar{w}_j} = \frac{\frac{N}{W}e^{-\varepsilon_j/kT}}{1-\frac{N}{W}e^{-\varepsilon_j/kT}} \qquad (\text{B-E}) \qquad (4-66)$$

式中，$\bar{n}_j, \bar{w}_j$——能级为ε_j时粒子数与相应的简并状态数；

N/W——粒子与状态总数之比。

根据群子模型理论，将$\bar{\lambda}_{AA}$用粒子的最可几数目n_j来表示，$\bar{\lambda}_{BB}$则和量子的最可几状态数目$\bar{w}_j$来表示，用N/W表示N_A/N_B，则得：

$$\frac{n_j}{w_j} = \frac{1+[e^{-(\varepsilon_{NN}-\varepsilon_{NW})/kT}]\frac{N}{W}}{1+[e^{-(\varepsilon_{WW}-\varepsilon_{WN})/kT}]\frac{W}{N}} = \frac{1+e^{-\varepsilon_N/kT}\frac{N}{W}}{1+e^{-\varepsilon_W/kT}\frac{W}{N}} \qquad (4-67)$$

(1) 费密-狄拉克(F-D)统计体系

费密-狄拉克统计体系中粒子和粒子之间群集能力非常小(有排斥力)，因此由Fermi-Dirac统计理论得到：

$$\frac{\bar{n}_j}{\bar{w}_j} = \frac{\frac{N}{W}e^{-\varepsilon_j/kT}}{1+\frac{N}{W}e^{-\varepsilon_j/kT}} \qquad (4-68)$$

现由(4-67)式也可以得到这一结果。根据费密子的特点，由于粒子间排斥力很大，所以粒群集所需能量(ε_{NN})非常大，故$e^{-(\varepsilon_{NN}-\varepsilon_{NW})/kT} \cdot \frac{N}{W} \to 0$，即

$$\frac{\bar{n}_j}{\bar{w}_j} = \frac{1}{1+e^{-(\varepsilon_{WW}-\varepsilon_{WN})/kT}\frac{N}{W}} = \frac{\frac{N}{W}e^{-(\varepsilon_{WN}-\varepsilon_{WW})/kT}}{1+\frac{N}{W}e^{-(\varepsilon_{WN}-\varepsilon_{WW})/kT}} \qquad (4-69)$$

令 $\varepsilon_j = \varepsilon_{WN} - \varepsilon_{WW}$

由此可得：

$$\frac{\bar{n}_j}{\bar{w}_j} = \frac{\frac{N}{W}e^{-\varepsilon_j/kT}}{1+\frac{N}{W}e^{-\varepsilon_j/kT}} \qquad (4-70)$$

这一结果与量子统计力学所提结果是一致的。

用同样的方法，由(4-61)式和(4-62)式得到相同结果。

(2) 玻色-爱因斯坦(B-E)统计体系

玻色-爱因斯坦统计体系中，在一个状态中同时可以容纳多个粒子，且$N \ll W$，故$e^{-(\varepsilon_{WW}-\varepsilon_{WN})/kT} \cdot W/N \gg 1$，因此(4-67)式可以简化成下列形式：

$$\frac{\bar{n}_j}{\bar{w}_j} = \frac{1+e^{-(\varepsilon_{NN}-\varepsilon_{NW})/kT}}{e^{-(\varepsilon_{WW}-\varepsilon_{WN})/kT}\frac{W}{N}} \qquad (4-71)$$

或
$$\frac{\bar{n}_j}{\bar{w}_j} = \frac{1}{[1+r_B\frac{W}{N}][1+r_A\frac{N}{W}]} \approx \frac{\frac{1}{r_B}\frac{N}{W}}{1-r_A\frac{N}{W}} \qquad (4-72)$$

玻色子量子体系中粒子和状态之间允许交换,而不改变波函数符号,这就是说 $\frac{K_{NN}}{K_{NW}}=\frac{K_{WN}}{K_{WW}}$,即 $r_A \cdot r_B = 1$,故(4-73)式可以写成为

$$\frac{\bar{n}_j}{\bar{w}_j} = \frac{\frac{1}{r_B}\frac{N}{W}}{1-\frac{1}{r_A}\frac{N}{W}} = \frac{\frac{1}{r_A}\frac{N}{W}}{1-r_A\frac{N}{W}} \qquad (4-73)$$

即
$$\frac{\bar{n}_j}{\bar{w}_j} = \frac{e^{-(\varepsilon_{NN}-\varepsilon_{NW})/kT}\frac{N}{W}}{1-e^{-(\varepsilon_{NN}-\varepsilon_{NW})/kT}\frac{N}{W}} \qquad (4-74)$$

式中,$\varepsilon_j = \varepsilon_{NN} - \varepsilon_{NW}$,由此可得玻色-爱因斯坦量子力学统计结果。用同样方法,由(4-61)式和(4-62)式得到相同结果。

(3) 马克斯威-波尔兹曼(M-B)统计体系

在量子统计力学中已知,当 $N \ll W$,且 $e^{-\varepsilon_j/kT}\frac{N}{W} \ll 1$ 时,由费密子或玻色子体系统计结果可得:

$$\left[\frac{\bar{n}_j}{\bar{w}_j}\right] = \frac{N}{W}e^{-\varepsilon_j/kT} \qquad (4-75)$$

同样道理由(4-72)式和(4-73)式也可得到

$$\left[\frac{\bar{n}_j}{\bar{w}_j}\right]_{sub-cluster} = \frac{N}{W}e^{-\varepsilon_j/kT} \qquad (4-76)$$

或
$$n_j = n_j^0 e^{-\varepsilon_j/kT} \qquad (4-77)$$

上述的结果也可以通过下列方法得到:

当 $\bar{\lambda}_{AA}$(或 $\bar{\lambda}_{BA}$)为最可几粒子数:$\bar{n}_j$

$\bar{\lambda}_{AB}$(或 $\bar{\lambda}_{BB}$)为最可几状态数:$\bar{w}_j$

即
$$\frac{\bar{n}_j}{\bar{w}_j} = \frac{1+e^{-\varepsilon_j/kT}\frac{N}{W}}{1+e^{-\varepsilon_j/kT}\frac{N}{W}} \qquad (4-78)$$

当 ε_j 很大时,即粒子间有排斥力时,使粒子进入群子所需要的活化能(或能级太高)特别大,故 $e^{\varepsilon_j/kT}\frac{N}{W} \to 0$,所以

$$\frac{\bar{n}_j}{\bar{w}_j} = \frac{1}{1+e^{+\varepsilon_j/kT}} = \frac{e^{-\varepsilon_j/kT}\frac{N}{W}}{1+e^{-\varepsilon_j/kT}\frac{N}{W}} \qquad (4-79)$$

这就是 Fermi-Dirac 统计理论结果;同样 $N \gg W$ 时可得 Maxwell-Boltzmann 统计理论方程:

$$\frac{n_j}{w_j} = \frac{N}{W}e^{-\varepsilon_j/kT} \qquad (4-80)$$

当 ε_j 很小时,即粒子间无排斥力,甚至有一定的吸引力时,$e^{-\varepsilon_j/kT} \cdot \frac{N}{W}$ 很小,而且 $e^{+\varepsilon_j/kT} \gg 1$,故

$$\frac{\bar{n}_j}{\bar{w}_j} = \frac{1}{\left(1+e^{-\varepsilon_j/kT}\frac{W}{N}\right)\left(1-e^{-\varepsilon_j/kT}\frac{N}{W}\right)} \approx \frac{e^{-\varepsilon_j/kT}\frac{N}{W}}{1-e^{-\varepsilon_j/kT}\frac{N}{W}} \qquad (4-81)$$

这就是 Bose-Einstein 统计理论结果。

同样 $N \gg W$ 时,可得 Maxwell-Boltzmann 统计理论方程:

$$\frac{\overline{n}_j}{\overline{w}_j} = \frac{N}{W} e^{-\epsilon_j/kT} \tag{4-82}$$

第二节 群子统计理论多学科应用简介

群子统计理论自创建以来,到国际学术界接受并称之为"第四统计力学",广泛应用于化学物理、材料科学、生命科学、中医药学等一系列领域,只要存在对立统一的多体系复合作用领域,都可以运用这个统计理论定量研究。

在物理化学中,凡德华尔非理想气体方程、BET 多层吸附方程、气液平衡方程等,在确定了对立统一的体系之后,能够节省繁琐的数学推导过程,建立新的定量统计方程。

在材料科学中,高强超韧材料的分子设计,就是建立在材料极限强度和伸长率之间的对立统一体系基础上,获得材料设计参数,从工程技术角度,能够研制出高强超韧材料,并实现工业化技术路线。作者运用这种统计理论,完成了国家"七五"、"八五"、"九五"、"十五"计划中的一系列重大材料科研项目:聚氯乙烯、聚甲醛、聚苯醚、聚丙烯、尼龙66、尼龙11、聚氯醚等材料的高强超韧化任务。特别是在研究碳纤维的过程中发现,线状和环状结构之间的对立统一性,运用群子统计理论来解决了高强高模化的问题。

在中医药现代化研究过程中,中医药的阴阳化定量规范、人体脏器的阴阳五行关系的现代科学解释等,都是复杂的对立统一的最可几竞争强度关系,如何量化研究抽象的传统哲学方法,一直是中医药现代化过程中的一个重要难点。如果没有可定量化的研究和解释,中医药的确存在被现代科学边缘化的危险。作者从人体生命相关的催化、激活、动力作用的元素分类入手,在这些动力元素的高氧化电位和高亲电强度之间,定量分析出对立统一的体系关系,运用群子统计理论量化传统阴阳观的化学物理内涵,定量论证"五行学说"与"表里学说"的内在科学本质,为中医药现代化开辟了一条崭新途径。作者著有《当代中医药生命动力学》一书,并撰写和发表了多篇与此相关的学术论文,受到中医药学界的肯定和认可。作为一名非中医药界的科技工作者,作者还获得了"2008全国中医药行业十大最具影响力人物"的荣誉。有关研究的代表性文献可以反映作者在多体对立统一最可几强度统计理论的广泛应用(排名无时间次序)。

(1)金日光,杨红,牟雪雁.中药的阴阳性、有机成分与元素的亲电强度、氧化电势之间的关系[J].世界科学技术——中医药现代化,2003,5(5):24~29.

(2)金日光,牟雪雁.论中药中各种化学元素有利于生命过程的必要条件[J].北京化工大学学报,2003,30(4):41~44.

(3)金日光.模糊群子论[M].哈尔滨:黑龙江科技出版社,1985.

(4)金日光.第四统计力学——JRG 群子统计理论[M].汉城:韩国梅地亚出版社,1999.

(5)金日光.传统中医理论的现代化化学物理解析[C].第二届世界养生大会论文集.北京:北京医院国际养生中心,2002,86~120.

(6)金日光,吕坤.关于生物高分子元素活性中心分布规律的第四统计力学理论标度的研究(Ⅰ)——抗癌中药的生命动力元素按原子序数分布的规律与群子参数间关系[J].北京化工大学学报,2002,6(29):44~49.

(7)金日光,吕坤.关于生物高分子元素活性中心分布规律的第四统计力学理论标度的研究(Ⅱ)——心血管中药的生命动力元素按原子序数分布的规律与群子参数间关系[J].北京化工大学学报,2003,1(30):40~44.

(8)金日光.核素的自旋角动量和群子参数间的关系[J].北京化工大学学报,2000,4(27):26~28.

(9)金日光.形成原子核群子结构的四项原理及其等腰三角形核素周期律[J].北京化工大学学

报,2000,27(1):33~37.

(10)金日光. 原子核幻数与群子结构之间的界定[J]. 北京化工大学学报,2000,28(1):28~32.

(11)励杭泉. 高分子合金非线性行为的群子理论研究[D]. 北京化工大学博士学位论文,1990.

(12)金东吉. DGEBA对尼龙6/核-壳型冲击改性剂共混物相容性的影响及其增韧机理[D]. 北京化工大学博士学位论文,1995.

(13)汪晓东. 多相高分子材料高强超韧化机理与群子标度间相关性参数研究[D]. 北京化工大学博士学位论文,1996.

(14)冯威. 聚苯醚合金的超韧化机理及其亚微相态与群子参数关系的研究[D]. 北京化工大学博士学位论文,1997.

(15)李钟华. 平衡态和非平衡态群子统计理论及其应用[D]. 北京化工大学博士学位论文,1998.

(16)Riguang Jin, Hangquan Li. Comparison of PVC/ABS and PVC/SBS blends. Journal of material science, 1994, 10:181~186.

(17)Riguang Jin, Yadung Chang, Guiping Chang. The correlation of the model parameters of sub-cluster groups of PVC particles sizs distribution with condition parameter of polymerization process and rheological properties. Proceeding IX international congress on rheology, 1984, 1:449~457.

(18)Riguang Jin, Hangquan Li. Study of polymer blends with sub-cluster theory. Proceedings of the China-Japan international conferences on rheology. Beijing: Peking university press. 1991:33~40.

(19)Hangquan Li, Shijie Ding. The fourth statistics-JRG sub-cluster statistics and its applications. Proceedings of 34th IUPAC congress. Beijing:1993:818.

(20)Shijie Ding, Hangquan Li. Relationship between Tg and composition of copolymer from JRG sub-cluster reformation theory. Beijing: Proceedings of 34th IUPAC congress. 1993:578.

(21)Riguang Jin. The status and prospect of the fourth statistics theory-JRG sub-cluster statistics. CA, 1994.

(22)Riguang Jin, Hangquan Li. Essential concepts and equation of sub-cluster theory. Journal of material science, 1994, 10:111~116.

第三节 地壳应力应变的群子类型及其分析

一、地壳应力应变震荡的规律探讨

根据中国地震台网中心介绍,目前我国的地壳应力应变观测仪器分3种:洞体伸缩应变仪、体积式应变仪和钻孔应变仪。前两种布设的数量和观测覆盖范围有限。而钻孔应变仪是"十五计划"中标的地震前兆观测仪器,已在全国布设了40多台套。汶川特大地震后,中国地震局向作者提供的地壳应力应变观测数据,就是这种四分量钻孔应变仪观测到的。据钻孔应变仪研制者池顺良先生介绍,这种观测仪的安装要求非常严格,须在完整的基岩上钻孔不低于40m,而且钻孔内壁不得出现裂痕和破碎;在已布设的钻孔应变仪中,成功观测记录应变数据,并能正常运行的仪器大概只有35台左右;观测数据是以4个方位分量,按照横向挤压传感方式,平均每分钟更新一次,也就是每天可以记录应变量1440组四分量数据。

为方便讨论,作者以"5·12"汶川特大地震前四分量钻孔应变仪观测数据为例。

我们知道,太阳对地球表面的某一局部(如汶川)应变作用可用图4-1的模型来描述。

假设汶川附近的钻孔应变观测仪,每一小时记录一次应变量,那么我们就可以发现应变随时间变化的一般规律:

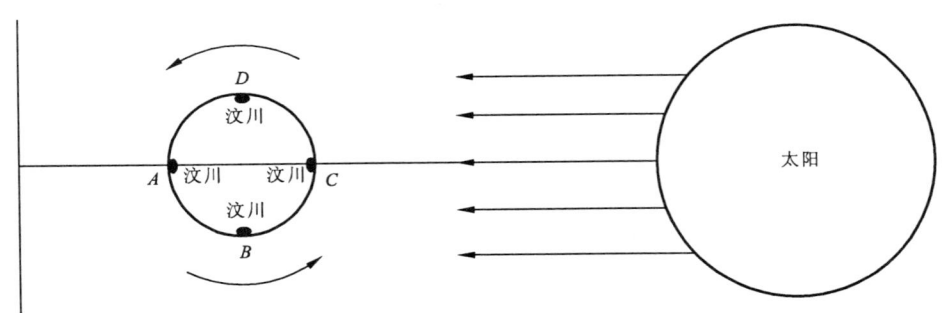

图 4-1 地球表面"汶川"随地球转动的模式

正午前后,太阳垂直作用于汶川(C 位置),观测仪出现负应变;

傍晚左右,汶川转到 D 位置上,太阳对汶川附近地壳的作用减低,应变呈正数;

午夜前后,太阳与汶川在一条线上,A 位置上的地壳再受紧,应变再次变负;

凌晨左右,汶川转动到 B 位置,应变变正,随后再回到 C 位置时,应变又呈负值。

在这种情况下,作者把青海德令哈应变观测站几个月的数据全部放在一天的坐标系上,可以看到应变和时间之间的一般规律(图 4-2)。

从图 4-2 可以看出次日凌晨时正应变常常比晚上高一些,而中午时应变最低,多数点落在负应变上。

同样把四川金河应变观测站几个月的数据放在一天的坐标系统上,那么可得图 4-3。从图 4-3 可以看出,趋势与图 4-2 相同。

由图 4-2 和图 4-3 可以看出,固体潮汐对地壳应变有一个波浪式的作用,并且出现一个相当宽的范围,有最大应变值(N_{max})和最小应变值(N_{min})。

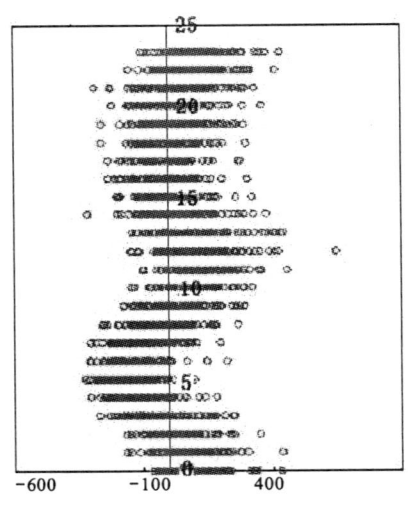

图 4-2 青海德令哈站几个月实测数据

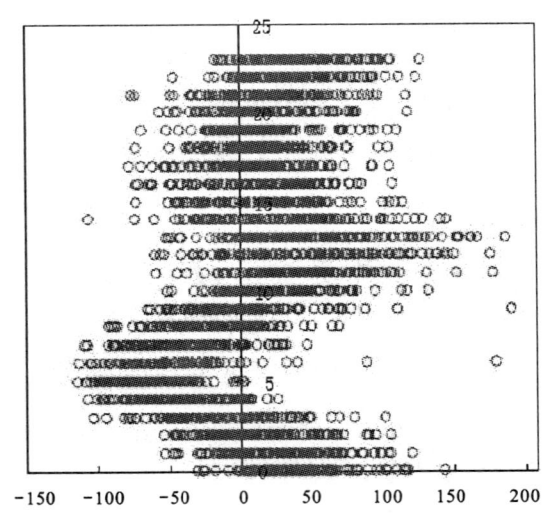

图 4-3 四川金河站几个月实测数据

二、地壳应力应变的群子类型及其分析

为了讨论方便,作者用自然界最佳黄金分割原理,取对应于 0.618 的应变值。至于每一个应变值再取自然对数值,其原因有两方面:一是所有地震的震中面积一般很小,如"5·12"汶川特大地震相当于 5600 个广岛原子弹爆炸的威力,所以地震能量是在很小的地壳空间内随时间自聚而成的,即应变量(N)随时间变化为

$$+\frac{\mathrm{d}N}{\mathrm{d}t}=kN \tag{4-83}$$

积分得 $\ln N = kT$

该式只反映能量聚集过程,而不代表波浪式运动,有关这种运动的轨迹可用群子统计理论中非线性群子理论方程来描述,在此从略。

在用统计力学来研究分析时,将所有的应变量都取对数应变值,而且在计算地震震级 M 时,大体上

$$M \propto \sum_{i} \ln N_l$$

这样做有一个好处,即通过取对数应变值的方法,进一步突出了那些具有高强度的应变量的权重作用。

现根据图 4-2 和图 4-3 的基本形式可得到如图 4-4 所示的模拟曲线。

由图 4-4 可以看出,B 位置上的正应变比 D 位置上正应变值高,这是因为地球自西朝东方向自转,并使 B 位置上太阳对地球的引力松弛,而 C 位置上的负应变往往比 A 位置上的负应变更低。这是因为 C 位置与太阳之间的距离比 A 位置与太阳之间距离要近得多,所以太阳对地球吸引造成更大的地壳向心作用,致使呈现更大的负应变值。从这个意义上看,上述应变波浪式运动是一种比较理想状态的曲线类型。但是因为月亮对地球的作用或地壳内部运动使某一地方(如汶川)的上述曲线规律常常遭到种种干扰,使曲线的形状发生很大变化,其中最明显的现象是,把 D 位置上的正应变加大,以至超过 B 位置上的正应变高度(图 4-5)。

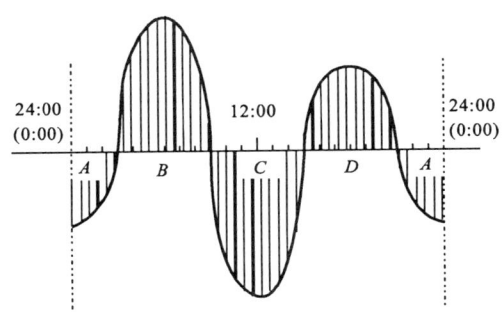

图 4-4 0~12 时 B 位上出现正高峰的情形

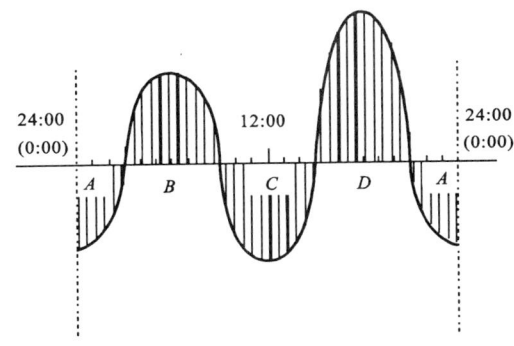

图 4-5 12~24 时在 D 位置上出现正高峰的情形

这种情形一般不太多,但是下面两种情形必须要关注。

在图 4-5 中 B 位置或 D 位置上的正应变峰高有时也出现一些奇怪现象,即从某一天开始全部变为负值,这说明个别地方地壳内部出现某种挤压式运动,使这个地方的应变在 0~12 时之间每一天受某种强大的挤压,使那里的地壳在 0~12 时之间处于负应变状态(图 4-6)。

也可以在 12~24 时范围内正应变 D 峰全部下降到负应力值上(图 4-7)。

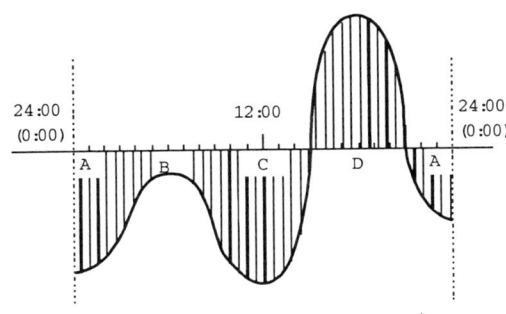

图 4-6 0~12 时在 B 位置上出现负应变的情形

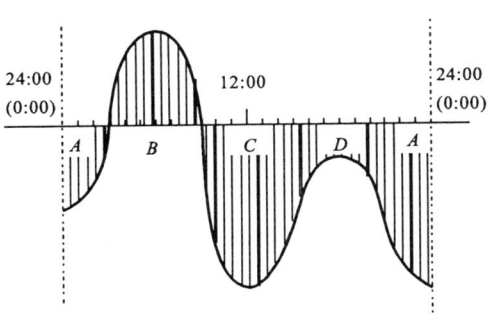

图 4-7 12~24 时在 D 位置上出现负应变的情形

上述两种情形可以说明,地壳内有一种随时间变动的内应力,对地壳某一点予以不可逆转的负应变。出现这种情况时,我们就要开始注意这种新的趋势,但是往往这种情形过后,接着可能出现下列现象:即应变随时间的曲线,不再有类似上述的波浪形式,而是不分昼夜地在正应变和负应变之间来回变化,如某个时间里是正值,而另一个时间里是负值;也有每过2~3小时互相交替地出现正负应变值。在这种情况下,一天可出现两种情形:一是总的负应变值出现的次数多于正应变值出现的次数(图4-8);二是,负应变值出现的机会少于正应变值出现的机会(图4-9),在这种情况下很难描绘出波动曲线。

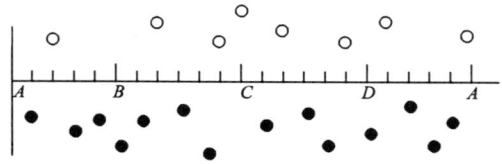
图4-8　0~24时内负应变出现多的类型

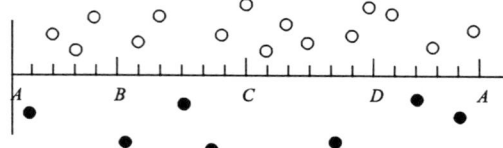
图4-9　0~24时内正应变出现多的类型

如果这种负应变多出现比较多或频繁,意味着某一局部的地壳,已处于太阳和月球以外的更强有力的内部运动所控制,而且留意这一类应变方式的持续性。

表面上看,这种类型表示地壳断裂的可能性不大,但是恰巧这种"休息"状态正好是某一局部地壳应变松弛下来,才可能显示附近其他位置正在受挤压,为地壳断裂正在积聚着能量。

另外,异常最严重的情形,即通过几天时间,逐渐使所有的曲线全部进入负应变区,地壳已在全天受内部强大的挤压作用,但是与固体潮汐作用周期运动配合,出现负应力的波动规律,此时应变数据只能表现为负值(图4-10)。

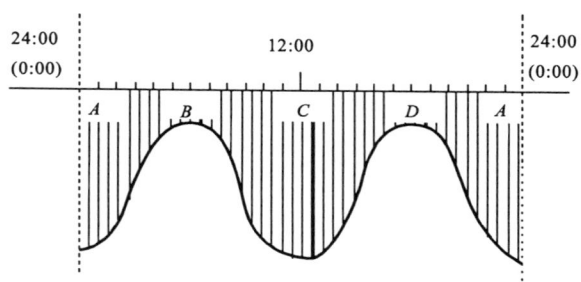
图4-10　0~24时全天地壳处于严重挤压和太阳作用共存的情形

以上地壳应力应变的群子类型,基本上反映了地壳断裂前应变仪观测到的各种波动曲线的规律。按照群子统计理论对地壳应力应变进行规律分类,仍然着眼于地壳断裂需要的挤压和拉张应力竞争过程,以便掌握地壳断裂的应力应变趋势。

第四节　群子统计理论在地壳断裂前兆识别上的应用

一、负、正应变的竞争过程与最可几强度

群子统计理论主要用来研究一切对立统一体系。局部地壳的负应变和正应变,是一个非常典型的对立统一体系,因此,运用群子统计理论研究判断地壳断裂前兆是可行的。

我们运用群子统计理论可以发现针对负应变内部的竞争过程:

(12～24 时) 负应变＋(12～24 时)负应变 K_{11}→在 12～24 时内更加负应变
(12～24 时) 负应变＋(0～12 时)负应变 K_{12}→在 12～24 时内负应变为主
(0～12 时) 负应变＋(0～12 时)负应变 K_{22}→在 0～12 时内更加负应变
(0～12 时) 负应变＋(12～24 时)负应变 K_{21}→在 0～12 时内负应变为主

为此设每一天 12～24 时出现负应变的总强度为 $N_1(\bullet)$，而 0～12 时出现负应力的总强度为 $N_2(\bigcirc)$；再设每一天 12～24 时出现负应变的最可几强度为 $\bar{\lambda}_1(\bullet)$，而同一天 0～12 时出现负应变的最可几强度为 $\bar{\lambda}_2(\bullet)$。在这种情况下，$\bar{\lambda}_1(\bullet)$ 和 $\bar{\lambda}_2(\bullet)$ 随时间变化的规律，通过群子统计理论可得：

$$\frac{y(\bullet)}{1-y(\bullet)}=\frac{\bar{\lambda}_1(\bullet)}{\bar{\lambda}_2(\bullet)}=\frac{1+\dfrac{K_{11}(\bullet)t(\bullet)-\bigcirc}{K_{12}(\bullet)24-t(\bullet)}}{1+\dfrac{K_{22}(\bullet)24-t(\bullet)}{K_{21}(\bullet)t-\bigcirc}}=\frac{1+r_1(\bullet)\dfrac{x(\bullet)}{1-x(\bullet)}}{1+r_2(\bullet)\dfrac{1-x(\bullet)}{x(\bullet)}} \tag{4-84}$$

这一方程简称为负应变的双参数群子统计方程，

其中 $\quad y(\bullet)=\dfrac{N_1(\bullet)}{N_1(\bullet)+N_2(\bullet)},x(\bullet)=\dfrac{t}{24}$

$\quad\quad\quad r_1(\bullet)=\dfrac{K_{11}(\bullet)}{K_{12}(\bullet)},\ r_2(\bullet)=\dfrac{K_{22}(\bullet)}{K_{21}(\bullet)}$

这样可以得到如图 4-11 所示的负应变的归一化群子统计分布曲线。

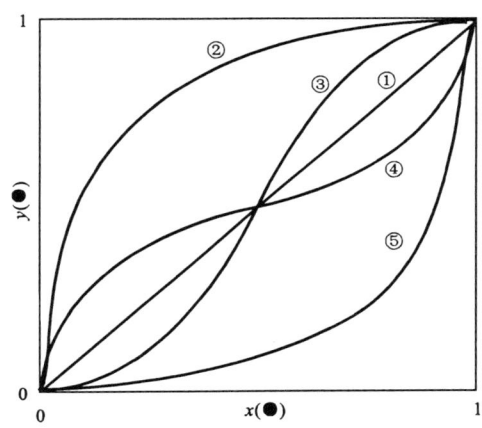

图 4-11 负应变群子统计分布曲线

注：① $r_1(\bullet)=r_2(\bullet)=1;r_1(\bullet)/r_2(\bullet)=1$；最危险的情形

② $r_1(\bullet)>r_2(\bullet);r_1(\bullet)/r_2(\bullet)\gg 1$

③ $r_1(\bullet)>1,r_2(\bullet)\gg 1;r_1(\bullet)\genfrac{}{}{0pt}{}{>1}{<1}$；危险的情形

④ $r_1(\bullet)<1,r_2(\bullet)<1;r_1(\bullet)/r_2(\bullet)\genfrac{}{}{0pt}{}{>1}{<1}$

⑤ $r_1(\bullet)\ll r_2(\bullet);r_1(\bullet)/r_2(\bullet)\ll 1$

图 4-11 中，$r_1(\bullet)$ 和 $r_2(\bullet)$ 决定着群子曲线的形状。

同样的方法，对正应变进行处理，得到

$$\frac{y(\bigcirc)}{1-y(\bigcirc)}=\frac{\bar{\lambda}_1(\bigcirc)}{\bar{\lambda}_2(\bigcirc)}=\frac{1+\dfrac{K_{11}(\bigcirc)}{K_{12}(\bigcirc)}\cdot\dfrac{t(\bigcirc)}{24-t(\bigcirc)}}{1+\dfrac{K_{22}(\bigcirc)}{K_{21}(\bigcirc)}\cdot\dfrac{24-t(\bigcirc)}{t(\bigcirc)}}=\frac{1+r_1(\bigcirc)\dfrac{x(\bigcirc)}{1-x(\bigcirc)}}{1+r_2(\bigcirc)\dfrac{1-x(\bigcirc)}{x(\bigcirc)}} \tag{4-85}$$

这一方程简称正应变的双参数群子统计方程，

其中 $\quad y(\bigcirc)=\dfrac{N_1(\bigcirc)}{N_1(\bigcirc)+N_2(\bigcirc)},x(\bigcirc)=\dfrac{t}{24}$

$$r_1(\bigcirc) = \frac{K_{11}(\bigcirc)}{K_{12}(\bigcirc)}, \quad r_2(\bigcirc) = \frac{K_{22}(\bigcirc)}{K_{21}(\bigcirc)}$$

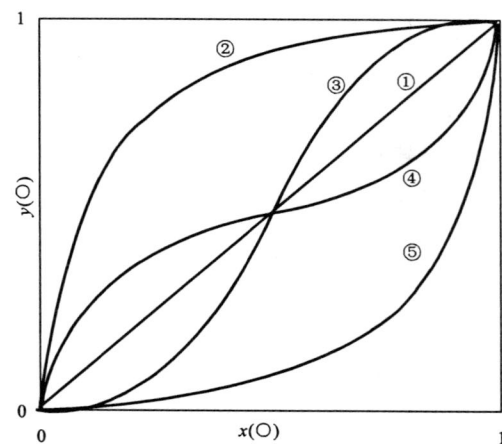

图 4-12 正应变群子统计分布曲线

注：① $r_1(\bigcirc) = r_2(\bigcirc) = 1$；$r_1(\bigcirc)/r_2(\bigcirc) = 1$（正常情形）

② $r_1(\bigcirc) \gg r_2(\bigcirc)$；$r_1(\bigcirc)/r_2(\bigcirc) \gg 1$（最危险情形）

③ $r_1(\bigcirc) > 1, r_2(\bigcirc) > 1$；$r_1(\bigcirc)/r_2(\bigcirc) \begin{matrix}<1\\>1\end{matrix}$

④ $r_1(\bigcirc) < 1, r_2(\bigcirc) < 1$；$r_1(\bigcirc)/r_2(\bigcirc) \begin{matrix}<1\\>1\end{matrix}$

⑤ $r_1(\bigcirc) < r_2(\bigcirc)$；$r_1(\bigcirc)/r_2(\bigcirc) \ll 1$

这样可以得到正应变的归一化群子统计分布曲线（图 4-12）。

二、群子参数统计方程在地壳断裂前兆识别上的应用

1. 双参数群子统计方程的建立

在实际多体体系中，随着研究对象的不同，最可几分布还要与不同种类分布的固有水平有关：

$$\overline{\Lambda}_1 = k_1\left(1 + r_1 \frac{x}{1-x}\right), \quad \overline{\Lambda}_2 = k_2\left(1 + r_2 \frac{1-x}{x}\right)$$

可得

$$\frac{\overline{\Lambda}_1}{\overline{\Lambda}_2} = \frac{k_1\left(1 + r_1 \frac{x}{1-x}\right)}{k_2\left(1 + r_2 \frac{1-x}{x}\right)} = k \frac{1 + r_1 \frac{x}{1-x}}{1 + r_2 \frac{1-x}{x}}, \quad k = \frac{k_1}{k_2} \tag{4-86}$$

2. 群子参数的物理意义

为了更好地理解群子统计理论方程，下面作者将对群子统计理论方程的单一群子参数 k、r_1、r_2 和复合群子参数 r_1/r_2、kr_1、r_2/k、kr_1/r_2、$k^2 r_1/r_2$ 的物理意义分别作出阐述。

(1) 单一群子参数 k 的物理意义

$$\frac{\xi - \xi_{\min}}{\xi_{\max} - \xi} = k \frac{1 + r_1 \frac{x}{1-x}}{1 + r_2 \frac{x}{1-x}} \tag{4-87}$$

当 $r_1 = 1, r_2 = 1$，离子含量的累积数 $x = 0.5$ 时：

$$k = \frac{\xi_{0.5} - \xi_{\min}}{\xi_{\max} - \xi_{0.5}}$$

此时可从图 4-13 中确定 $\xi_{0.5}$ 的值。

由此可以看出，$\xi_{0.5}$ 和 k 值之间有单调增函数关系，k 值反映这个分布曲线的总高度，即 $\xi_{0.5}$ 直接反映应变强度分布的总水平。从这个意义上讲，k 反映不同物种的高强度应变对低强度应变的固有平衡态。另一方面也可以从 $r_1 \to 0, r_2 \to 0$ 时进一步了解 k 值的物理意义，当 $r_1 \to 0, r_2 \to 0$ 时，前式变为 $k = \dfrac{\xi_{0.5} - \xi_{\min}}{\xi_{\max} - \xi_{0.5}}$，由此可以画出下列图形（图 4-14）。

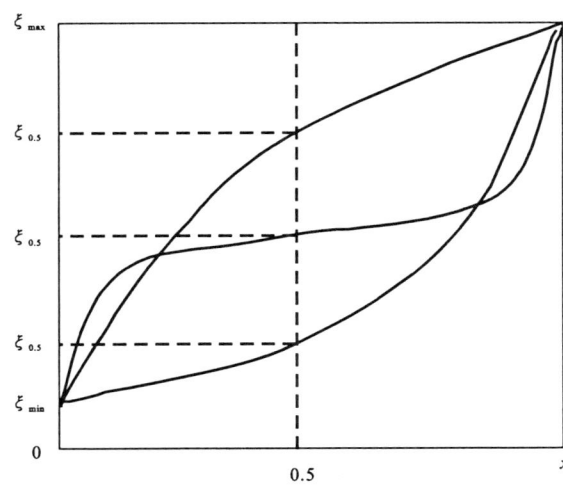
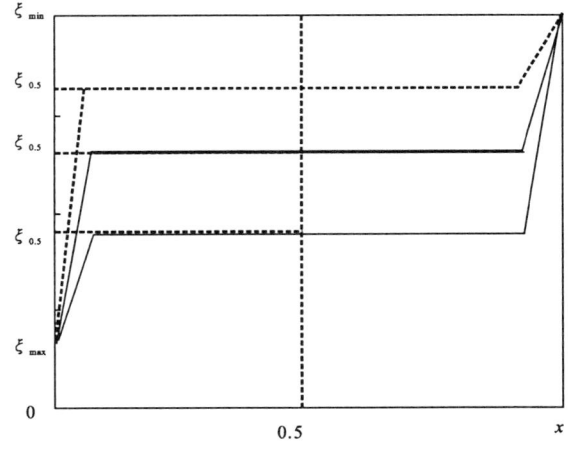

图 4-13　从 $\xi\text{-}x$ 曲线上确定 $\xi_{0.5}$ 的方法　　图 4-14　$\xi\text{-}x$ 曲线上当 $r_1 \to 0, r_2 \to 0$ 时 $\xi_{0.5}$ 的确定方法

由此看出，k 代表高强度应变固有特征分布状况，直接确定了这些多体的对立程度。至于地壳断裂，则是宏观运动，应适用于地球的任何地方，故对地壳断裂而言，k 值只能取 1。

（2）单一群子参数 r_1、r_2 的物理意义

$$r_1 = \frac{k_{11}}{k_{12}},\ r_2 = \frac{k_{22}}{k_{21}}$$

其中，r_1——正应变连续出现的竞争因素，即在地壳断裂前微震过程中强应变强度连续出现的能力；

r_2——负应变连续出现的竞争因素，即在地壳断裂前微震过程中低应变强度连续出现的能力。

对此可以用示意图 4-15 来说明其物理意义。

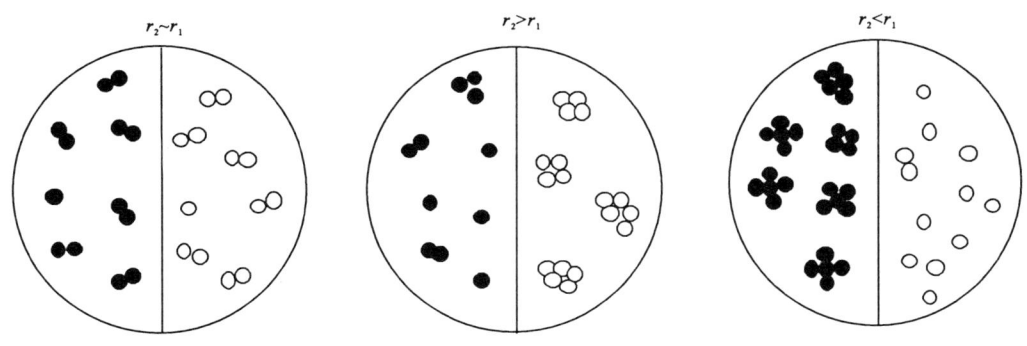

图 4-15　当 $k \neq 1, k = k_0$ 的条件下微观区域

为了讨论带有普遍性，先考虑 $k \neq 1$ 的情形。

而这里的 k 可大可小，当 $k \gg k_0$ 时意味着高应变强度出现的机会特别高，而低应变强度出现的机会特别低，但是 r_1、r_2 相对大小则未确定，可能 $r_1 > r_2$，或 $r_1 < r_2$，或 $r_1 \sim r_2$（图 4-16）。

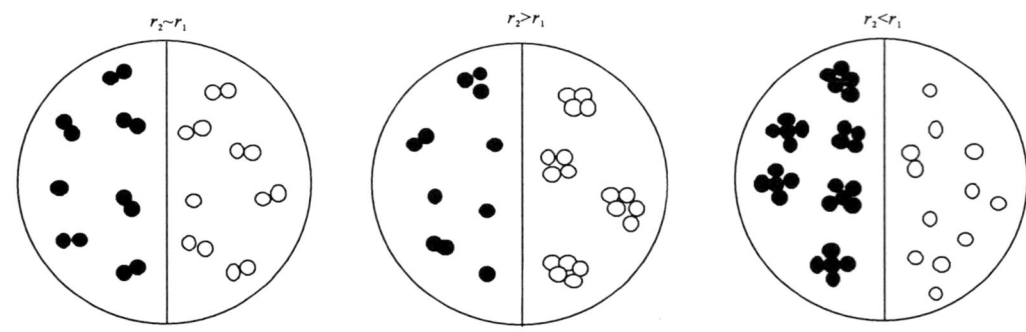

图 4-16 当 $k \neq 1, k \gg k_0$ 的条件下微观区域

在这种情况下偏负应变的多体完全有可能存在 $r_1/r_2 > 1$,高强度应变的负值得以进一步增强;$r_1/r_2 < 1$ 时偏正应变的低强度活动加强。反过来 $k \ll k_0$ 时意味着低应变强度分布占优势,但是同样存在 $r_1 > r_2, r_1 < r_2, r_1 \sim r_2$ 的情形(图 4-17)。

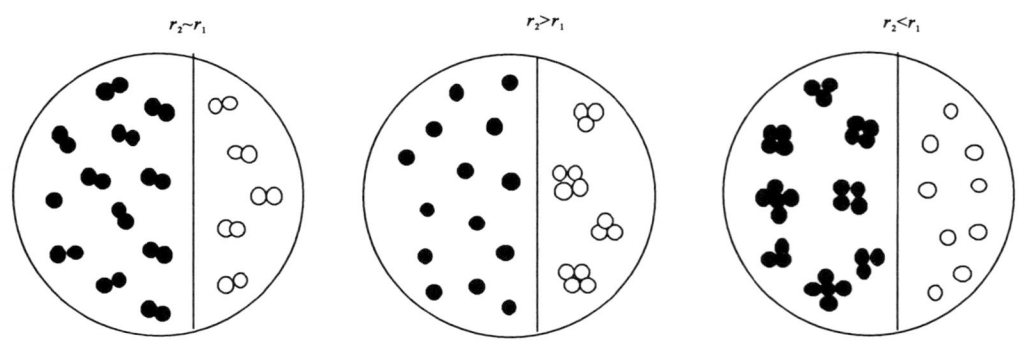

图 4-17 $k \ll k_0$ 的条件下微观区域

因此,$r_1/r_2 < 1$ 时进一步增强了偏正应变居多的低应变活动效应;$r_1/r_2 > 1$ 时偏负应变居多的高应变强度活动有所加强。正是由于上述原因,利用群子参数的组合,即 $k、r_1/r_2$ 决定地壳断裂前微震负应变正应变组合。不管它们是什么样的多体都可以定量地区分成 4 种类型。

第一类:正应变(++);
第二类:以正应变为主兼带负应变(+-);
第三类:以负应变为主兼带正应变(-+);
第四类:负应变(--)。

在此基础上,利用其他群子参数复合进一步细化正负应变,由此还可以把微震应变等数进一步划分成以下 8 种类型:

+++、++-、+-+、-++;---、-+-、--+、+--

(3)复合群子参数 r_1/r_2 的物理意义方程

根据方程:$r_1/r_2 = \dfrac{k_{11}}{k_{12}} \cdot \dfrac{k_{21}}{k_{22}}$

当 $k_{12} = k_{21}$ 时 $r_1/r_2 = k_{11}/k_{22}$,反映高应变强度对低应变强度的竞争聚集能力,其值越大,高应变强度值聚集起来呈现负应变效应的可能性越大,反之 r_1/r_2 值越小,致使负应变体系中偶然出现正应变。低应变强度值连续出现的机会很大。但也有 r_1 和 r_2 越小的情形,即 $(r_1 \to 0, r_2 \to 0$ 及 $r_1 \to 0, r_2 > 0$ 时),此时不随时间的改变而改变,强度效应达到某种固有状态。反之 r_1 和 r_2 越大,正负应变混合均匀程度越差,使它们各自表现个性,即往往表现出正负应变共存的特性($r_1 \geqslant 1, r_2 \geqslant 1$ 的情形)(图 4-18)。

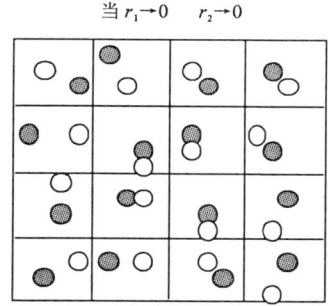

图 4-18 群子集聚示意图

当 $r_1 \geq 1$、$r_2 \geq 1$ 时，成为双分布体系，这是地壳断裂前危险到来的一个极为重要的标志。

(4) 复合群子参数 kr_1 的物理意义

由 $\dfrac{\xi-\xi_{\min}}{\xi_{\max}-\xi}=k\dfrac{1+r_1\dfrac{x}{1-x}}{1+r_2\dfrac{1-x}{x}}$ 可以看出 $k\neq 1$ 和 r_1 对方程有同步效果，但 kr_1 更确切地反映高强度值集体总效应，故对于多体，kr_1 越大该体系负应变强度越强。

(5) 复合群子参数 r_2/k 及 kr_1/r_2 的物理意义

由 r_2 和 k 对方程有相反效应，故 r_2/k 更好地反映低强度值集体的总效应。

(6) 复合群子参数 k^2r_1/r_2 的物理意义

$k^2r_1/r_2 = \dfrac{kr_1}{\dfrac{r_2}{k}}$，实际上是在地壳多体运动中总的负应变活动能力和正应变活动能力之比，故从总体上看 k^2r_1/r_2 可以更确切地反映负应变趋势或正应变趋势的程度，例如当 k 不大，而 k^2r_1/r_2 越小，多体运动表现非常强的正应变趋势。相反地当 k 较大，而 k^2r_1/r_2 很大，多体表现非常强的负应变趋势。介于这两者之间可以有以负应变为主兼带正应变、以正应变为主兼带负应变等过渡状态。

3. 回归 k, r_1, r_2 的方法

回归 k, r_1, r_2 的方法，已知 $k=\dfrac{\xi_{0.5}-\xi_{\min}}{\xi_{\max}-\xi_{0.5}}$

只要在 ξ-x 图上取 $x=0.5$ 处的 ξ 值，就可以计算出 k 的值。至于 r_1, r_2 可从下列方程得到

$$Y = k\dfrac{1+r_1 X}{1+r_2\dfrac{1}{X}}, \dfrac{\xi-\xi_{\min}}{\xi_{\max}-\xi} \quad X=\dfrac{x}{1-x}, \text{其中 } X=\dfrac{t}{24}$$

$$Y\left(1+r_2\dfrac{1}{X}\right)=(1+r_1 X)K$$

$$Y+r_2\dfrac{Y}{X}=k+r_1 kX$$

$$\dfrac{Y-k}{X}+r_2\dfrac{Y}{X^2}=r_1 k$$

其中，$\xi, \xi_{\max}, \xi_{\min}$ 均可以根据实测时间范围来定，如每一天 24 时可作 $\xi_{\max}$，而 $\xi_{\min}=0$，所以用计算机直接算出 X 值，而 Y 是应变随时间变化的累积分。

在具体应用时，考虑到公式的普遍适用性，要求 $k=1$，因此在本书中所用计算公式为

$$\dfrac{Y-1}{X}+r_2\dfrac{Y}{X^2}=r_1$$

三、群子统计方法应用于地震前兆识别的理论探讨

1. 加速值

群子统计理论应用于地震前兆观测识别的数据处理,最关键的概念和方法是加速值的求取及其物理含义。由于地震前兆观测仪器所采集的数据基本上是一种参照性相对值,且零线漂移的幅度和频率都很大,干扰信息的过滤也没有标准,仅从数据本身的大小绘制曲线,并没有明显的物理意义,只能提供一些直观上的变化信息,而且还可能丢掉一些绘制曲线时出现的"毛刺"等关键细微数据,让人很难将其数据所体现的物理含义联系起来。尽管为了数据更接近观测对象本质属性,一些学者普遍采用差分法来力图体现数据的变化情况,但是,按照什么原则进行差分,体现什么物理含义,基本上没有太多令人信服的理论体系支撑。因此,在作者看来,直接将观测方法和技术特定所决定的地震前兆观测数据绘制曲线的方法,并不能科学反映数据信息的真正物理含义。

群子统计理论的核心是多体系稳定和失衡竞争中的最可几强度问题,多体系的复杂性和稳定、失衡态的最可几强度竞争性,构成了一个具有动态调适和加速失衡的数理统计方法,以体现数据信息的物理含义。其中,加速值是一个关键、重要的概念和方法,它体现的是一种单位时间内的变化率,而且根据过去、现在数据的加速状态,判断未来时间远近的数据走势,获得不同时间单位的变化速率,以此强化最可几参数的趋势意义。这种加速概念和意义,既可体现在单位时间段的长短区间,也可以体现在变化量所需时间的多少。因此,根据趋势性强度要求,可以采用不同的加速值处理方法。

2. 加速总值与速率强度量化

为在理论上分析地壳断裂前兆的异常,作者运用加速值概念和方法,可以获得正应变和负应变的群子统计参数,然后根据群子参数的大小来判断地壳断裂前兆不同阶段的量化特征和进程趋势强度。

根据作者对汶川特大地震前我国西南、西北地区布设的若干个钻孔应变观测台站数据加速值的处理和综合分析,结合群子统计方程的要义和钻孔应变观测技术的特性,地壳断裂前兆表现为异常的群子参数应该为:

$\xi_1 : \dfrac{N(\bullet)}{N(\bigcirc)} = \dfrac{N^-}{N^+} > 2$

$\xi_2 : r_1(\bigcirc) = R_1^+ \geqslant 100, r_2(\bullet) = R_2^+ \geqslant 100; r_1(\bullet) = R_1^- \leqslant 1, r_2(\bigcirc) = R_2^- \leqslant 1;$
$R_1^+ \cdot R_2^+ > 104; R_1^- \cdot R_2^- < 1$

$\xi_3 : r_1(\bullet) = R_1^- \geqslant 100, r_2(\bullet) = R_2^- \geqslant 100; R_1^+ \leqslant 1; R_2^+ \leqslant 1$
$R_1^- \cdot R_2^- > 104; R_1^+ \cdot R_2^+ < 1$

为了方便理解,以距离汶川最近的姑咱应变台从 2008 年 1 月 1 日至 5 月 12 日期间的 $R_1^+, R_2^+, R_1^-, R_2^-$,每天压应变加速总值($N^-$)和张应变加速总值($N^+$),显示压应变的次数($n^+$)和张应变的次数($n^-$)的变化为例(表 4-1~表 4-5)。

(1)异常阶段

表格中 R_1^+ 指 $r_1(\bigcirc) = \xi_2$,4 月 20 日之前,R_1^+ 项大于 100 次数和时间有限,从加速值的群子参数上偶尔表现为异常。

(2)持续异常阶段

4 月 20 日之后,R_1^+ 项大于 100 次数和时间明显增加,并保持断断续续地出现若干临界值同时超标的现象。

(3)危险阶段

5 月 6 日开始,连续出现全面超临界值的现象,尤其是 5 月 10 —11 日,超值现象更为严重,已经进入到无法计算的状态。

(4)临震阶段

5 月 12 日 14 点前持续强烈地保持超高值状态,在地壳断裂前 1~2 小时还会出现一个更危险的信

表 4-1 姑咱应变合 2008 年 1 月 1 日至 31 日群子统计参数

姑咱	阳历	第一危险度			第二危险度						第三危险度			
农历		$R_1(\bigcirc)$	$R_2(\bigcirc)$	$R_1(\bigcirc)\cdot R_2(\bigcirc)$	$R_1(\bullet)$	$R_2(\bullet)$	$R_1(\bullet)\cdot R_2(\bullet)$	$N(\bullet)$	$N(\bigcirc)$	$N(\bullet)/N(\bigcirc)$	$n(\bullet)$	$n(\bigcirc)$	$n(\bullet)/n(\bigcirc)$
11.22	1.01	104.2238	174.849	18220.2588	1.6823	3.3469	5.63048987	569.7	610	0.9339344	609	747	0.815261
11.23	1.02	4.0358	5.3842	21.72955436	0.0411	1.2413	1.29231743	610.6	687.2	0.8885332	485	876	0.553653
11.24	1.03	0.2768	2.2395	0.6198936	0.2006	0.8911	0.17875466	1071.2	1099.9	0.9739067	540	827	0.6529625
11.25	1.04	0.8856	0.4723	0.41826888	1.4508	0.3003	0.43567524	999.9	849.4	1.1771839	466	902	0.5166297
11.26	1.05	1.4229	1.9475	2.77109775	0.6565	0.2665	0.17495725	778.6	958.9	0.8119721	391	982	0.398167
11.27	1.06	1.2389	2.244	2.7800916	2.006	0.4299	0.8623794	598	604.1	0.9899023	557	828	0.6727053
11.28	1.07	2.794	2.9339	8.1973166	2.4243	0.447	1.0836621	656.4	762.2	0.8611913	505	858	0.5885781
11.29	1.08	0.8981	1.61	1.445941	2.351	0.337	0.792287	895.8	860.7	1.0407808	556	811	0.6855734
12.1	1.09	0.9933	3.2554	3.23358882	1.0592	1.3855	1.4675216	891.2	1018.2	0.8752701	523	865	0.6046243
12.2	1.10	2.6673	5.4093	14.42822589	1.0193	1.2622	1.28656046	790.1	827.4	0.954919	662	736	0.8994565
12.3	1.11	1.2544	2.7224	3.41497856	1.6593	1.2738	2.11361634	1155	693.5	1.665465	787	616	1.2775974
12.4	1.12	1.3028	1.1013	1343448377	0.6939	1.0869	0.75419991	763.7	512.1	1.4913103	728	657	1.108067
12.5	1.13	1.4732	1.0862	1.60018984	0.4455	0.0269	0.45748395	854.4	755.8	1.1304578	640	758	0.8443272
12.6	1.14	4.3545	1.5986	6.9611037	2.1319	1.4258	3.03966302	1018.9	1028.5	0.990666	551	848	0.649642
12.7	1.15	3.5729	2.6573	9.49426717	0.4093	1.2442	0.50925106	862.8	639	1.3502347	648	729	0.8888889
12.8	1.16	1.68	0.659	1.10712	0.2065	0.7289	0.15051785	710.4	800.8	0.8871129	541	846	0.6394799
12.9	1.17	5.7175	7.2327	41.35296225	0.86	1.5641	1.345126	663.5	907.9	0.7308074	513	868	0.5910138
12.10	1.18	2.0391	1.8273	3.72604743	3.1305	0.9405	2.94423525	636.7	715.9	0.88937	472	904	0.5221239
12.11	1.19	0.2912	1.6617	0.48388704	0.6778	0.491	0.3327998	681.5	698.9	0.9751037	584	791	0.7383059
12.12	1.20	0.4884	4.3456	2.12239104	0.7949	1.7554	1.39536746	1024.4	936.3	1.0940938	622	766	0.8120104
12.13	1.21	0.6797	1.8146	1.23338362	1.6396	1.6164	2.65024944	1150.7	1062.9	1.0826042	571	819	0.697917
12.14	1.22	0.8662	1.8545	1.6063679	1.4162	0.9762	1.38249444	946.4	809.8	1.1686836	688	715	0.9622378
12.15	1.23	0.6189	1.2111	0.74954979	0.8427	0.8726	0.73534002	1257.6	1148	1.0954704	669	725	0.9227586
12.16	1.24	0.5912	1.327	0.7845224	0.6047	0.7131	0.43121157	1112.1	1151	0.9662033	677	727	0.9312242
12.17	1.25	1.2121	1.3812	1.67415252	0.837	1.2381	1.0362897	1073.6	931.2	1.152921	731	680	1.075
12.18	1.26	3.2622	3.8351	12.51086322	1.331	2.0842	2.7740702	1025.9	976.7	1.0503737	668	733	0.9113233
12.19	1.27	1.2495	1.1327	1.41530865	0.2213	1.1318	0.25046734	1300.1	1169.1	1.112052	648	758	0.854813
12.20	1.28	1.4062	0.3142	0.44182804	0.3594	1.2605	0.4530237	715.8	814.5	0.8788214	694	713	0.973352
12.21	1.29						0	0		#DIV/0!			#DIV/0!
12.22	1.30	2.2298	3.3756	7.52691288	0.5228	0.7785	0.4069998	588.3	489.2	1.2025756	738	643	1.1477449
12.23	1.31	5.1229	9.7047	49.71620763	1.2255	2.661	3.2610555	924.9	981.3	0.9425252	657	743	0.884253

由表 4-1 可以看出，姑咱作为距离汶川特大地震中最近的观测台，在 2008 年 1 月 1 日除 1 月 1 日的 R_1^+，R_2^+ 均大于 100 以外，其他时间没什么特殊的参数异常。

表 4-2 姑咱应变台 2008 年 2 月 1 日至 28 日群子统计参数

姑咱	阳历	第一危险度			第二危险度			第三危险度			
农历		$R_1(\bigcirc)$	$R_2(\bigcirc)$	$R_1(\bigcirc) \cdot R_2(\bigcirc)$	$R_1(\bullet)$	$R_2(\bullet)$	$R_1(\bullet) \cdot R_2(\bullet)$	$N(\bullet)$	$N(\bigcirc)$	$N(\bullet)/N(\bigcirc)$	$n(\bullet)$	$n(\bigcirc)$	$n(\bullet)/n(\bigcirc)$

农历	阳历	$R_1(\bigcirc)$	$R_2(\bigcirc)$	$R_1(\bigcirc) \cdot R_2(\bigcirc)$	$R_1(\bullet)$	$R_2(\bullet)$	$R_1(\bullet) \cdot R_2(\bullet)$	$N(\bullet)$	$N(\bigcirc)$	$N(\bullet)/N(\bigcirc)$	$n(\bullet)$	$n(\bigcirc)$	$n(\bullet)/n(\bigcirc)$
12.24	2.01	0.8931	1.475	1.3173225	0.399	0.6182	0.246618	754.1	731.2	1.0313184	515	839	0.613826
12.25	2.02	4.5504	6.9299	31.53381696	1.3305	0.3959	0.52674495	436.3	523.2	0.8339067	515	843	0.6109134
12.26	2.03	1.3026	3.133	4.0810458	1.4306	0.0765	0.1094409	493.1	522.6	0.9435515	498	870	0.5724138
12.27	2.04	2.5972	2.505	6.505986	1.3795	0.5453	0.75224135	656.5	553.9	1.185232	631	741	0.851552
12.28	2.05	0.8146	1.9974	1.62708204	1.0745	0.3779	0.40605355	593.6	608	0.9763158	605	783	0.7726692
12.29	2.06	0.0781	2.9579	0.23101199	0.0868	1.5884	0.13787312	1149.7	1079.1	1.0654249	606	787	0.7700127
12.30	2.07	0.5933	0.7859	0.46627447	0.1266	6.6945	0.784237	866.1	897.5	0.9650139	574	827	0.694075
1.1	2.08	0.6998	1.7325	1.2124035	0.2218	0.8011	0.17788398	906.6	773.5	1.172075	676	719	0.9401947
1.2	2.09	1.6999	1.2035	2.04582965	0.9897	0.8042	0.79591674	1056.3	949.5	1.1124803	588	806	0.7295285
1.3	2.10	3.0526	2.619	7.9947594	0.6345	1.2867	0.81641115	786.5	687.1	1.144666	730	672	1.0863095
1.4	2.11	5.0147	4.312	21.6233864	0.7284	1.1526	0.83955384	856.5	638.1	1.3422661	775	616	1.2581169
1.5	2.12	2.4611	1.9023	4.68175053	0.5333	1.3548	0.72251484	815.3	802.7	1.015697	643	747	0.8607764
1.6	2.13	135.4627	126.463	17130.96525	0.8602	1.6895	1.4533079	929.9	814.2	1.1421027	705	696	1.012931
1.7	2.14	4.5151	7.4358	33.57338058	0.3498	1.147	0.4012206	858.6	655.6	0.8932276	518	839	0.6174017
1.8	2.15	2.326	4.5933	10.6840158	0.4786	1.8557	0.88813802	718.8	841.9	0.8537831	357	1019	0.3503435
1.9	2.16	3.0243	3.5127	10.62345861	2.3964	0.432	1.0352448	866.4	821.3	1.0549129	415	967	0.4291624
1.10	2.17	0.4405	4.3227	1.90414935	0.3057	0.5707	0.17446299	654.3	630.4	1.0379124	491	859	0.5715949
1.11	2.18	1.3046	0.4354	0.56802284	2.1941	0.1518	0.33306438	1248.8	1144.9	1.0907503	371	1011	0.3669634
1.12	2.19	0.5575	2.975	1.6585625	0.7912	0.4043	0.31988216	647	586.6	1.1029662	650	736	0.8831522
1.13	2.20	80.2107	356.46	28591.92216	91.9813	329.0428	30265.7845	1881.9	1958.2	0.9610356	608	769	0.7906372
1.14	2.21	176.1348	206.024	36287.53808	5.8955	3.0098	17.7442759	1010.6	989.7	1.0211175	652	731	0.8919289
1.15	2.22	0.1759	1.5188	0.26715692	0.1843	0.8952	0.16498536	1252.9	1140.7	1.0983607	670	729	0.9190672
1.16	2.23	160.6177	180.096	28926.57318	1.7713	2.6915	4.76745395	921.7	1010.9	0.9117618	666	728	0.9148352
1.17	2.24	1.79	1.8659	3.339961	0.6648	0.7466	0.49633968	952.8	843.3	1.129847	714	689	1.0362845
1.18	2.25	94.7249	363.981	34478.0733	70.6492	319.4808	22571.06294	1893.4	1691.8	1.119163	636	746	0.8525469
1.19	2.26	2.389	0.546	1.304394	1.6316	0.3813	0.62212908	1308.9	1129.6	1.1587288	657	735	0.8938776
1.20	2.27	3.4958	2.4279	8.48745282	2.3243	0.1324	0.30773732	1350.1	1011.5	1.3347504	486	885	0.5491525
1.21	2.28	7.7548	9.3817	72.75320716	0.4509	1.4163	0.63860967	532.9	619.4	0.8603487	555	792	0.7007576
1.22	2.29							0	0	#DIV/0!			#DIV/0!

由表 4-2 可以看出,2008 年 2 月份有几天的群子参数异常,如 13 日、21 日、23 日的 R_1^+ 和 R_2^+ 都大于 100,而 R_1^- 和 R_2^- 几乎都小于 5,显然比 1 月份在异常的次数和时间上要多,这意味着正应变(张弛应变)加速值的双分布过渡到加速值的分布,由正常负应变加速值分布到单一分布,这一结果说明,地壳内部挤压应力明显发挥主导作用。至于 2 月 20 日和 2 月 25 日 R_1^+、R_3^+、R_1^- 和 R_2^- 都很大,与当天某地方发生地震有关。

表 4-3 姑咱应变台 2008 年 3 月 1 日至 31 日群子统计参数

姑咱农历	阳历	第一危险度 $R_1(\bigcirc)$	$R_2(\bigcirc)$	$R_1(\bigcirc) \cdot R_2(\bigcirc)$	第二危险度 $R_1(\bullet)$	$R_2(\bullet)$	$R_1(\bullet) \cdot R_2(\bullet)$	$N(\bullet)$	$N(\bigcirc)$	$N(\bullet)/N(\bigcirc)$	第三危险度 $n(\bullet)$	$n(\bigcirc)$	$n(\bullet)/n(\bigcirc)$
1.23	3.1	22.5138	5.7277	128.9522923	146.1249	22.0009	3214.879312	1234.7	1116.5	1.1058665	485	885	0.5480226
1.24	3.2	61.3021	304.64	18675.084	59.2133	292.4814	17318.78888	875.9	851.8	1.028293	479	873	0.5486827
1.25	3.3	0.2409	4.2081	1.01373129	0.0866	2.0058	0.17370228	609.8	798.3	0.7638732	512	831	0.6161252
1.26	3.4	0.4095	1.995	0.8169525	0.4277	0.4397	0.18805969	704.8	684.2	1.0301082	484	887	0.5456595
1.27	3.5	1.0379	1.3773	1.42949967	1.8397	0.1707	0.31403679	398.7	434.5	0.9176064	505	846	0.5969267
1.28	3.6	0.2236	2.3001	0.51430236	1.0858	0.5462	0.59306396	732.3	509.1	1.4384207	705	684	1.0307018
1.29	3.7	0.8657	2.4156	2.09118492	1.5046	0.5508	0.82873368	579.9	512.9	1.1306298	715	676	1.0576923
2.1	3.8	2.3533	4.0166	9.45226478	0.6808	0.8005	0.5449804	696.5	673.9	1.0335361	710	681	1.0425844
2.2	3.9	1.7406	2.4784	4.31390304	1.1692	1.0557	1.23432444	795.7	629.2	1.2646217	726	672	1.0803571
2.3	3.10	186.4686	210.972	39339.63483	1.7172	1.6621	2.85415812	870	916.5	0.9492635	654	734	0.8910082
2.4	3.11	17.938	17.3439	311.1148782	1.6652	1.0457	1.72582037	765.3	711.2	1.0760686	678	708	0.9576271
2.5	3.12	3.8897	2.6006	10.11555382	0.4402	1.7708	0.77950616	698.4	433	1.612933	757	630	1.2015873
2.6	3.13	165.5678	208.182	34468.20263	0.8117	1.6229	1.31730793	680.5	713.9	0.9532147	706	669	1.0553064
2.7	3.14	2.621	0.579	1.517559	2.1173	0.3938	0.83379274	1123.4	1111.6	1.0106153	557	815	0.683435
2.8	3.15	0.9899	0.8495	0.84092005	0.6354	0.2991	0.19004814	515	489	1.0531697	641	706	0.907932
2.9	3.16						0	0	0	#DIV/0!			#DIV/0!
2.10	3.17	315.9589	314.566	99389.86415	290.5844	304.0854	88362.47351	3360	3115.5	1.0784786	504	879	0.5733788
2.11	3.18	0.5351	2.148	1.1493948	1.3112	1.257	1.6481784	538.4	495.4	0.0867985	605	770	0.7857143
2.12	3.19	0.6087	2.1133	1.28636571	1.6652	0.1767	0.29424084	390	501.5	0.777667	569	787	0.7229987
2.13	3.20	1.6684	2.9506	4.92278104	0.4792	0.5619	0.26926248	684.8	504	1.3587302	754	621	1.2141707
2.14	3.21	256.5524	62.8561	16125.88331	5.1265	1.2254	6.2820131	1568.9	1230.7	1.274803	695	699	0.9942775
2.15	3.22	61.178	55.5602	3399.061916	2.1989	1.2386	2.72355754	663.2	714.8	0.927812	677	708	0.9562147
2.16	3.23	4.117	3.5401	14.5745917	0.9134	0.518	0.4731412	787.1	692	1.1374277	678	712	0.9522472
2.17	3.24	212.3205	158.057	33558.65634	0.676	1.1341	0.7666516	605.6	543.5	1.1142594	726	655	1.1083969
2.18	3.25	1.3731	0.3111	0.42717141	1.231	0.0958	0.1179298	825.6	766.3	1.0773848	620	775	0.8
2.19	3.26	201.1571	132.571	26667.63814	2.9521	0.9998	2.95150958	899.9	1066.7	0.8436299	521	878	0.5933941
2.20	3.27	12.5794	13.4305	168.9476317	0.3363	1.0848	0.36481824	579.3	536.9	1.0789719	704	674	1.0445104
2.21	3.28	3.9155	1.8775	7.35135125	0.3273	0.4643	0.15196539	707.1	633.6	1.1160038	669	713	0.9382889
2.22	3.29	6.6621	8.2317	54.84040857	0.8708	1.3666	1.19003528	728	436.4	1.6681943	746	601	1.2412646
2.23	3.30	1.8493	0.8581	1.58688433	0.7659	0.3318	0.25412562	746.1	784.9	0.950567	562	812	0.6921182
2.24	3.31	4.9567	7.7611	38.46944437	0.2739	0.6276	0.17189964	475.2	440	1.08	611	736	0.830163

由表 4-3 可以看出，在这个月异常现象比 2 月份更严重，说明地壳内挤压应变更加加速作用，挤压应力累积的时间、频率和量都很多。

表 4-4 姑咱应变台 2008 年 4 月 1 日至 30 日群子统计参数

姑咱农历	阳历	第一危险度 $R_1(\bigcirc)$	$R_2(\bigcirc)$	$R_1(\bigcirc) \cdot R_2(\bigcirc)$	第二危险度 $R_1(\bullet)$	$R_2(\bullet)$	$R_1(\bullet) \cdot R_2(\bullet)$	$N(\bullet)$	$N(\bigcirc)$	第三危险度 $N(\bullet)/N(\bigcirc)$	$n(\bullet)$	$n(\bigcirc)$	$n(\bullet)/n(\bigcirc)$
2.25	4.1	1.6402	2.342	3.8413484	0.7516	0.375	0.28185	664.8	622.9	1.067266	484	881	0.5493757
2.26	4.2	0.681	21.5825	14.6976825	1.0264	0.165	0.169356	422.3	482.7	0.8748705	566	782	0.7237852
2.27	4.3	1.6405	2.1995	3.60827975	1.041	0.7152	0.7445232	457	524.9	0.870642	604	773	0.7813713
2.28	4.4	1.5078	1.4659	2.21028402	1.1813	0.2387	0.28197631	704.1	662.8	1.0623114	608	768	0.7916667
2.29	4.5	4.9732	6.051	30.0928332	2.295	0.4866	1.116747	738.3	614.2	1.2020514	675	711	0.9493671
3.1	4.6	1.9325	3.3786	6.5291445	0.6628	0.4368	0.28951104	685.2	704.3	0.9728809	716	681	1.051395
3.2	4.7	210.4811	166.315	35006.24834	1.0346	0.7422	0.76788012	701.5	735.8	0.9533841	709	680	1.0426471
3.3	4.8	262.8837	248.242	65258.72288	0.6598	1.0039	0.66237322	1034.9	640.2	1.61652561	857	539	1.5899814
3.4	4.9	1.4588	3.5626	5.19712088	0.2972	1.8251	0.54241972	912.2	750.8	1.2149707	752	637	1.1805338
3.5	4.10	158.9217	178.447	28359.02114	0.7601	3.3556	2.55059156	842.1	627.9	1.341137	733	643	1.1399689
3.6	4.11	2.5299	0.6511	1.64721789	0.5136	0.4089	0.21001104	1200.3	893.7	1.3430681	663	731	0.9069767
3.4	4.12	3.4337	1.0907	3.74513659	1.0163	0.6711	0.68203893	1037	684.4	1.5151958	712	654	1.088685
3.8	4.13	2.0242	1.8936	3.83302512	0.3552	0.5363	0.19103006	666.1	426.2	1.5628813	679	672	1.0104167
3.9	4.14	1.0704	1.9902	2.13031008	0.3304	0.9587	0.31675448	442.9	269.7	1.642195	773	544	1.4209559
3.10	4.15	3.745	2.513	9.411185	0.9695	0.0994	0.0963683	752.2	523.8	1.4360443	612	761	0.804205
3.11	4.16	9.0572	10.5995	96.0017914	1.2617	0.6828	0.86148876	600.2	464.2	1.2929772	676	673	1.0044577
3.12	4.17	2.7742	3.4073	9.45253166	0.9336	0.2374	0.22163664	428.4	390.6	1.0967742	682	680	1.0029412
3.13	4.18	127.1144	126.947	16136.84258	1.1769	1.2007	1.41310383	700.3	598.1	1.1708744	715	668	1.0703593
3.14	4.19	8.9614	7.4924	67.14239336	0.9924	0.6588	0.65379312	634.6	418	1.5181818	762	614	1.2410423
3.15	4.20	313.9935	178.542	56060.99608	2.6307	1.023	2.6912061	992.7	802.3	1.2373177	761	640	1.1890625
3.16	4.21	4.2502	3.6428	15.48262856	1.1828	1.6335	1.9321038	809.2	403.3	2.0064468	801	595	1.3462185
3.17	4.22	262.0415	214.762	56276.45181	0.7086	1.0251	0.72638586	645.1	429.5	1.501979	833	543	1.53407
3.18	4.23	212.0066	285.737	60578.21467	0.7941	0.7313	0.58072533	588.2	454.3	1.2947392	797	575	1.386087
3.19	4.24	2.445	1.7093	4.1792385	0.8396	1.0924	0.91717904	795.7	695.2	1.1445527	568	807	0.7038414
3.20	4.25	14.6847	16.1566	237.254824	0.4304	1.0155	0.4370712	474.8	655.4	0.7244431	509	851	0.5981199
3.21	4.26	4.0093	3.1651	12.68983543	0.2397	1.9901	0.47702697	497.7	514.8	0.9667832	647	731	0.8850889
3.22	4.27	18.6525	29.9709	559.0322123	0.5398	0.9249	0.49926102	537.1	445.7	1.2050707	690	666	1.036036
3.23	4.28	2.7648	0.5662	1.56542976	1.8019	0.1836	0.33082884	474.8	631.6	0.7517416	486	858	0.5664336
3.24	4.29	2.7248	2.2022	6.00055456	0.256	1.0262	0.2627072	388.2	527.9	0.7353665	570	786	0.7251908
3.25	4.30	8.2128	16.4898	135.4274294	1.0741	1.7584	1.88869744	704.3	957.4	0.7356442	428	960	0.4458333

由表 4-4 可以看出,2008 年 4 月期间,姑咱应变台附近的地壳挤压应力应变已处于异常高值高危状态。

表4-5 姑咱应变合2008年5月1日至12日群子统计参数

姑咱农历	阳历	第一危险度			第二危险度				第三危险度			
		$R_1(\bigcirc)$	$R_2(\bigcirc)$	$R_1(\bigcirc)\cdot R_2(\bigcirc)$	$R_1(\bullet)$	$R_2(\bullet)$	$R_1(\bullet)\cdot R_2(\bullet)$	$N(\bullet)$	$N(\bigcirc)$	$N(\bullet)/N(\bigcirc)$	$n(\bullet)$	$n(\bigcirc)$	$n(\bullet)/n(\bigcirc)$
3.26	5.1	1.7748	2.3294	4.13421912	0.2707	0.5117	0.13851719	446.7	702.2	0.6361435	349	1032	0.3381783
3.27	5.2	1.5219	2.262	3.4425378	2.0757	1.6705	3.46745685	533	611.8	0.8711997	551	818	0.6735941
3.28	5.3	104.1305	43.6961	4550.096741	1.6217	1.0842	1.75824714	770.9	457.9	1.6835554	763	621	1.2286634
3.29	5.4	4.2984	3.7291	16.02916314	1.1943	0.2431	0.29033433	618.4	371	1.6668464	796	607	1.3113674
4.1	5.5	245.7226	187.436	46057.13839	0.8366	0.2974	0.24880484	725.1	499.1	1.4528151	748	648	1.154321
4.2	5.6	216.9963	221.413	48045.71497	1.0519	0.8688	0.91389072	705.3	582.9	1.2099846	709	680	1.0426471
4.3	5.7	123.5707	138.041	17057.823	0.6455	0.8905	0.57481775	848.2	420.4	2.0176023	851	548	1.5529197
4.4	5.8	2.0072	0.415	0.832988	0.6218	0.2974	0.18492332	1002.5	732.2	1.3691614	814	581	1.4010327
4.5	5.9	205.0768	207.442	42541.62358	0.4484	0.5527	0.24783068	719.3	384.6	1.8702548	802	583	1.3756432
4.6	5.10	430.4326	137.578	59218.05624	0.4681	0.7839	0.36694359	609.3	2393.3	0.2545857	802	572	1.4020979
4.7	5.11	4.6669	2.0395	9.51814255	0.3102	0.7496	0.23252592	704	470.9	1.4950096	692	657	1.0532725
4.8	5.12	119.1135	481.056	57300.3115	117.5444	470.1441	55262.80615	11958.2	10980.3	1.0890595	763	592	1.2888514
4.9	5.13	2.0775	0.5055	1.05017625	1.7485	0.3648	0.6378528	1196.4	1400.5	0.8542663	587	787	0.7458704
4.10	5.14	7.3716	4.9688	36.62800608	2.2124	1.7087	3.78032788	621.9	674.3	0.9222898	598	742	0.8059299
4.11	5.15	4.8783	2.8909	14.10267747	0.5391	0.4415	0.23801265	468.7	509.2	0.9204635	594	766	0.7754569
4.12	5.16	33.87	29.558	1001.12946	1.8223	1.0319	1.88043137	533.7	712.9	0.7486323	489	869	0.5627158
4.13	5.17	33.0506	9.4799	105.1756985	0.4932	0.3236	0.15955952	437.4	439	0.9963554	660	675	0.9777778
4.14	5.18	255.7457	203.138	51951.74673	1.2911	1.0890	1.40590595	666.9	516.2	1.2919411	739	616	1.1996753
4.15	5.19	141.9954	69.3227	9843.504516	2.6495	0.0343	0.09087785	456.3	581.3	0.7849647	681	688	0.9898256
4.16	5.20	30.9153	24.9903	772.5826216	1.0854	0.5575	0.6051105	443.4	472.8	0.9378173	694	670	1.0358209
4.17	5.21	11.0946	9.4788	105.1756985	0.9462	1.1324	1.07147688	469.7	337.6	1.3912915	757	602	1.2574751
4.18	5.22	255.7457	203.138	51951.74673	0.8969	1.2333	1.10616288	640.6	449.7	1.4245052	776	602	1.2890365
4.19	5.23	141.9954	69.3227	9843.504516	0.5776	0.2571	0.14850096	667.2	595.6	1.1202149	651	715	0.9104895
4.20	5.24	272.6659	253.383	69088.93101	0.7431	0.7501	0.55739931	621	582.7	1.0657285	661	710	0.9309859
4.21	5.25	133.7842	277.844	37171.12389	1.2911	5.6413	7.28348243	815.9	704.7	1.1577976	722	661	1.0922844
4.22	5.26	3.6825	3.1251	11.50818075	0.3018	0.2247	0.06781446	608.8	484.9	1.2555166	602	746	0.8069705
4.23	5.27	12.9198	9.5825	123.8039835	0.9159	1.2477	1.14276843	843.3	642.4	1.3127335	665	699	0.9513591
4.24	5.28	1.0349	0.6098	0.63108202	0.3015	0.5283	0.15928245	556.9	341.2	1.6321805	717	653	1.0980092
4.25	5.29	1.9763	0.7627	1.50732401	0.2628	1.6677	0.43827156	652.3	171.1	3.8123904	924	426	2.1690141
4.26	5.30	0.2365	2.5306	0.5984869	0.0563	1.4928	0.08404464	586.2	394.4	1.4869253	715	620	1.1532258
4.27	5.31	2.005	0.8986	1.801693	1.5086	4.4707	6.74449802	658.1	471	1.3972399	634	734	0.8637602

从表4-5可以看出,在5月12日地震前,由持续异常转变为危险群子参数值加速升高,最终导致了5月12日的汶川大地震。

号,这是临震前的最后阶段。

因此,群子统计理论旨在量化反映地震前兆不同阶段的危险程度和强度趋势,不仅在应力应变观测数据统计识别上,而且在重力、倾斜以及地电、地磁和电磁波等前兆观测数据的统计识别上,都能科学量化反映地震前兆数据的不同物理含义,为地震预测提供量化依据和理论支撑。

第五章 地壳断裂流变动力学条件与地震的逻辑关系探讨

【摘要】 基于地震成因的再认识,作者提出创建地壳断裂流变动力学的理论框架,并结合群子统计理论的应用,探讨了地壳断裂流变动力学的力学条件与地震的逻辑关系,明确了地壳应力应变作为地震前兆观测主体地位的逻辑学意义。

顾名思义,地震是指地壳的震动,本质上是地壳突发性断裂。如果没有快速上下震动及左右波动,就谈不上是地震。而震荡次数不确定,持续时间也不确定,破坏烈度也跟强度没有直接的比例关系。但是有一点是共通的,那就是地震的突发性背后的力学本质条件必须满足4个要素:一是地壳内部挤压应力加速增加到不受固体潮汐规律作用;二是地壳内部存在断裂缺陷,利于地壳应力集中并在达到极限临界后产生突发性震荡;三是地壳一定区域内存在应力传播的连续介质,如果传播介质不连续,应力加速增量累积无法实现;四是地壳内没有可供应力耗散的结构条件和传播条件。前3个要素具备了,如果在应力集中区附近出现一种亚稳态地质条件,在达到某种应力条件时,这个区域会首先被破坏,并通过多次释能的方式,大幅度地破坏前期应力锐力,以至使强震变成小震、小震变成无震。如果这4个地壳断裂流变动力学要素缺少其中之一,那么地壳断裂流变动力学条件与地震之间不存在必然的逻辑关系。

第一节 地壳应力与地壳断裂的观测方法

一、地壳应力观测

地壳应力是无法观测到,人们通常采用应力导致的应变方式来表达应力大小的相对量。目前,我国比较成熟的地壳应力应变观测技术,并在全国范围布设的应变仪有3种:钻孔应变、体积应变和洞体伸缩应变。其中,四分量钻孔应变仪是国家"十五计划"中标仪器,分别布设于全国40个地震前兆观测台站。

根据四分量钻孔应变仪的研制者池顺良先生介绍,地壳应变观测的最大难度在于提高漂移速率,需要综合考虑导致漂移的多项因素。

(1) 测长基准杆本身长度变化造成漂移,这项变化可达到(10^{-7}/年)量级。

(2) 安装探头处地层温度变化引起漂移,0.01℃温度变化带来10^{-7}应变变化。

(3) 采用膨胀水泥安装探头初期,可造成大幅度应变漂移(10^{-5}/年),在一年稳定期后,漂移速率仍可达到($10^{-6} \sim 10^{-7}$/年)量级。

(4) 地层钻孔后,在地层自身重力作用下,钻孔将产生"孔缩","孔缩"大小与钻孔深度、岩性、探头安装应力等诸多因素有关。

(5) 电子测量电路元件参数变化引起漂移。

(6) 仪器安装地点位于陡坡边等地层不稳定地段,地层移动引起漂移。

可见,钻孔应变仪的安装要求非常严格,尽管如此,全国仍有22%的钻孔应变仪安装失败。

根据中国地震台网建设技术要求,钻孔应变仪需要在完整基岩上钻孔不少于40m深,还必须保证钻孔的完整性,不得出现裂痕和破碎,然后采用石英砂膨胀水泥固化。安装难度之高,难以想象。

应变观测属于震前应力观测,对于地震预测具有重要的特征意义;测震监测属于地壳断裂震荡的脉冲测定;GPS位移遥测属于地壳断裂位移相对量结果。如果把3种观测方法按照时间顺序排列,则为震前应变观测、震时测震监测、震后位移遥测(GPS)。

二、地壳应力观测、地壳断裂监测与地壳断裂位移遥测的方法比较

1. 三种方法所涉及的空间尺寸和频率范围

从测量用途来看,测震仪(地震仪)趋向低频扩大,但监测范围窄;GPS位移遥测的频带超出测震仪范围,不能与测震仪共享;钻孔应变仪则是跨高低频两大区间,不仅可以观测固体潮汐,而且还对临震高频运动有良好的适应性(图5-1)。

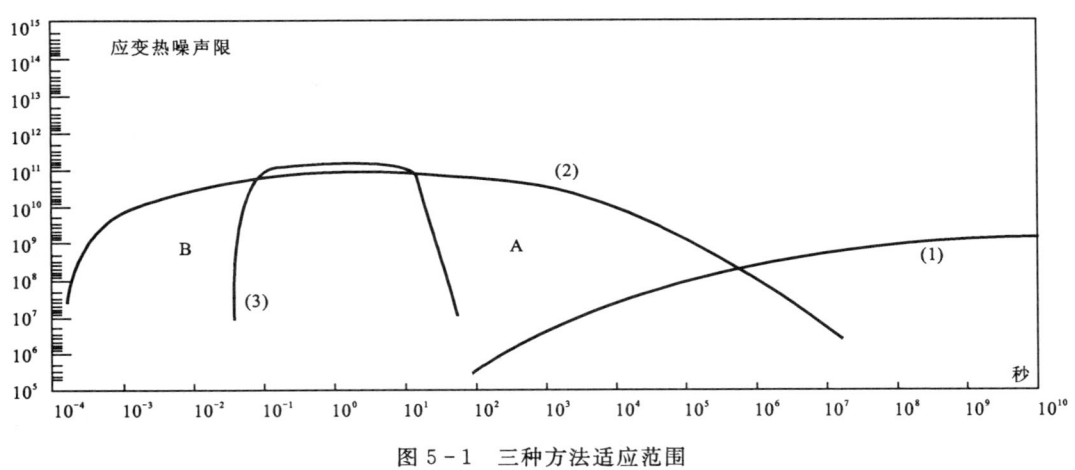

图 5-1 三种方法适应范围

2. 地震监测、GPS遥测与应变观测三种方法的对比

(1)地震监测

国际地震学界基于地震预报的概念属性和社会属性,一般放弃前兆观测依据,理由是前兆观测只能是一种角度和一个侧面的现象观测,也就是间接获取信息,不是前兆发展到地震的全部,因此,从确定性原则出发,国外普遍采用地震测定方法,运用现代通信技术和网络智能技术,在测震同时进行地震速报,是一种地震发生时相关参数反应的速度竞赛。在地震测定过程中,有两个时间差,是人类可以争取的。

1)纵波与横波时间差

地震发生时总是以纵波(P波)断裂震荡为先,然后再是横波(S波)扩散晃动,P波和S波之间自然形成时间差,但是这就要求地震监测网络化、数字化和智能化,以及应急联动体系化,否则,通讯过程时差会淹没波型时差的微弱优势,使依靠测震速报达到应急反应成为泡影。目前,世界上争取波型时差达到应急反应效果的国家只有日本。2008年6月14日日本岩手县发生7.2级地震,日本气象厅提前10秒发出速报预警,让世人惊叹。这项自2007年10月开始启动的紧急地震速报预警系统,可以让高速行驶的火车提早减速,通知核电厂、钢铁厂、银行等要害设施紧急应变,让运转中的电梯及早停下,避免人员受困等。

据报道,2009年3月30日,四川省科技厅组织了中国地震局、四川省地震局、成都理工大学、电子科技大学等方面的专家,对王暾研发的地震报警器进行了鉴定,专家认为这种报警器可以自动识别地震纵波和横波,对地震烈度进行判定和报警,处于国内领先水平。看来,汶川特大地震后,国内在利用波型时差进行应急反应的探索方面,正在迎头追赶世界发达国家的先进水平。但是,从目前的现状来看,我国利用波型时差预警的技术仍然与发达国家存在差距,这种报警器也还只是报警,并没有实现真正地震灾害应急反应意义的预警。

2007年10月,日本推出全球首个"紧急地震速报"系统,沿日本列岛海岸地底安装了1000个感应

器,对地震进行高密度强化监测,使日本这个地震多发国家应对地震灾害不再仓促被动。但是,这样的高密度强化监测,需要国家财力支撑,我国国土面积大,财力还不足以支撑建设和维护这样规模的地震监测网络。因此,我国的地震速报和预警还必须从国情出发,因地制宜,多方努力,在仪器选取和研制思路上,避免走上发达国家高成本豪华仪器的路子。低成本,不一定低水平,我国在仪器研制和发明方面的人才十分丰富,技术储备也很雄厚,只要地震系统保持开放态度,真正鼓励和支持社会组织及个人开展仪器研发,在试验和鉴定上提供便利,作者深信中国人民的智慧是可以在应对地震灾害方面找到更好更经济的办法。

2) 波及速度与通信传输速度时差

利用通信电信号传输速度比地震波快的特点,在地震波尚未波及到的情况下,也可以进行地震速报。这个时差有一个致命弱点:震中地区无法获得时间应急反应,只是波及地区可以争取有限的应急反应。这个时差还有一个致命的社会学弱点:全国大陆地区的地震波及时差围绕哪个城市建设,还是网络智能随机选取,一样会遇到应急联动体系化问题,都涉及到社会公平和政治稳定。在相关技术尚不成熟的条件下,切忌盲目上马。

尽管如此,我国的地震监测速报工作取得了飞速发展。汶川地震发生后约 6 秒钟,强大的地震波迅速波及距离震中最近的成都地震台,四川地震局的台网在 3 分钟后就将地震的测定位置上传至地震局内部的 EQIM 地震速报网上,青海等一批周边的地震台网也在数分钟之后将地震参数上网,4 分钟后,中国地震台网中心初步测定了地震震中位置和强度大小等参数,约 12 分钟确定了速报的地震参数,上报国务院,完成地震速报。

完成这一地震速报的基础是,中国数字地震观测网络工程——一个耗资 27 亿元的大型科学工程,在全国 31 个省市(区)均建立了数字化、大动态的现代化遥测地震台网,而且全部仪器设备 IP 化,1000 多个地震台实时的地震信号通过地震行业的信息网络,汇集到中国地震台网中心,使我国对大地震的速报能力大大提高。而 5 年前,我国的地震速报时间在 30 分钟以上,10 多年前至少需要 1 个多小时。

然而与世界先进的地震速报水平相比,我国仍显相对落后。汶川地震后在北京召开的海峡两岸防震减灾研讨会上,我国台湾地区"中央研究院"赠予中国地震局和中国科学院的地震预警系统可在震后 20 秒内发布地震信息。

从本质上看,地震速报是一场地震发生后以测震手段为主确定相关地震参数的速度竞赛。20 世纪初,由于制成了高倍率的灵敏地震仪,研究如何探测并记录地震波的测震学从描述性学科变成一种数理学科。经过百年发展,测震学已经步入技术成熟阶段,对发生的地震可精确测定出地点、时间和强度。从地震记录中还能获取断层破裂信息、地层应力降、环境剪应力等参数。因而地震速报也成为世界上最主流、应用最广泛的地震监测手段。

日本预警系统的成功之处在于,根据速度较快、早到达的 P 波计算地震参数,对速度较慢、后到达且危害更大的 S 波提出预警,这实际上是一场与地震波的赛跑。但支撑这一预警系统的则是分布于日本群岛上的高密度地震台网。显然,拥有广大国土面积的中国大陆地区,在这场与地震波的速度竞赛上尽管还有很大的提升空间,但在可以预见的将来,其成效难以大幅提高。因此,更为现实的途径是寻找有效的地震前兆观测手段,实现提前预警。

(2) GPS 遥测

GPS 被用于地壳断裂位移遥测时,初衷是作为地震前兆的一种立体观测手段,起步晚,发展快。但是,GPS 数据处理的唯一性尚待规范,GPS 资料解释所需的反演理论与方法有待发展与完善。因此,GPS 遥测很难作为地震前兆依据,大多用于大地运动位移背景判断,需要采取与重力、卫星重力、测震等手段结合互补,才能为地表与深部相结合的地壳运动与动力学研究提供依据。

作为国家重大科学工程的中国地壳运动观测网络项目,自 1997 年启动以来,大规模地应用 GPS 进行对地观测,但结果发现这个观测手段在地震前兆观测上遭遇尴尬,因为没有想到地震会在 GPS 观测位移量较低的龙门山地区首先发生,所以 GPS 不能直接用来提示地震征兆,而只能用于地震后的地壳结构变化测量。

高精度、立体空间的 GPS 技术已成为世界主要国家和地区用来遥测火山地震、构造地震、全球板块运动的重要手段,但是实际结果仍然是难遂人愿。

1991 年,中国地矿部与美国自然科学基金会合作,在我国西南地区进行高精度的 GPS 观测。成都地质矿产研究所最开始的观测,基本上集中在龙门山断裂带上,此后陆续扩大到包括四川、云南在内的青藏高原东部,一直坚持遥测这个地区的地壳运动。他们事先对 1996.2.3. 丽江地震($M=7.0$)、1996.2.28. 宜宾地震($M=5.4$)、2003.6.17. 西昌地震($M=4.8$)、2003.7.11. 西昌地震($M=4.8$)、2003.10.25. 山丹-民乐地震($M=6.1,5.8$)、2005.10.30. 八美(乾宁)地震($M=4.7$)等作了地壳变形异常通报。

该研究所陈智梁等人发现,鲜水河断裂带每年有 8～10mm 的位移,最多的地段有 10～15mm。而龙门山断裂带每年只有两三个毫米,小于 5mm 的位移。在 2004 年他们发现了龙门山断裂带的速率和地壳运动的型式有变化,可惜没有经费支持,研究中断了。2006 年,陈智梁等人通过研究发现,在青藏高原东部,即使地壳运动不大的地方,发生大地震的概率也很高,"小金马尔康一带,原本认为不会发生地震,1989 年发生了 6.6 级地震,2005 年发生了 5.0 级地震"。2006 年 2 月陈智梁在《地质通报》发表论文指出:"在青藏高原强烈活动及其岩石圈-地壳物质向东涡旋运动的背景下,这种长度不大、运动速率也不大,而且没有主剪切面的单一剪切带,可以累积高应变能发生大震,是这种陆内岩石圈-地壳非均一的应变场的特有性质。"令人遗憾的是,研究未能继续。

四川省地震局减灾救助研究所副所长廖华指出,从理论上讲,大的单位时间内变化速率大的,发生地震的可能性更大,容易出问题。因而根据观测结果确定的鲜水河断裂带、安宁河断裂带,被列为"主要危险地带",并设立了连续观测基准站。而在龙门山断裂带只有流动观测,因为那里变化小,可能地震在积聚力量,很平静,被忽略了。

1997 年开始,中国地震局牵头,总参测绘局、中国科学院和国家测绘局启动了国家重大科学工程——中国地壳运动观测网络(CMONOC)工程,它是以 GPS 技术为主,结合精密重力和精密水准构成的大范围、高精度、高时空分辨率的地壳运动观测网络。CMONOC 工程是一个综合性、多用途、连续观测、数据共享、全国统一的观测网络,以地震预测预报为主,1998 年开始运行。

CMONOC 的建立为我国地震监测和地壳运动研究提供了良好的前景,随着时间的推移,越来越显示其卓越的功能。CMONOC 中的基准网经过一年的试运行,绘制了我国大陆地壳运动位移图,表明西部的运动强度优于东部,大陆整体运动呈右旋转动,运动剧烈部位在云南与西藏交界处。

作者认为,GPS 本身的局限性,将制约它在地震前兆观测方面的发展,GPS 必须不断从自己的母学科——现代大地测量学中汲取营养,并借鉴大地形变测量学近 40 年地震前兆观测的经验,进一步和地球物理学交融,才能在地震预测上有所作为。从中长期预报走向短临预测来看,必须加快发展连续 GPS 台网,形成一个庞大的信息资源库,在此基础上针对地震预测进行应用性基础研究。

根据中国国情,作者尽管从理论上乐观看待 GPS 在地震前兆观测上的应用前景,但是如果从效益角度看,作者仍然不推崇目前技术条件下,大规模布设 GPS 台网。毕竟,我国的经济实力和科技水平还十分有限,必须把有限的资金投入到能够解决实际问题的项目上,实现防震减灾目标。

(3)钻孔应变观测

钻孔应变仪是一种严格意义上的地壳应力应变观测仪器,通过观测应力应变情况,记录固体潮汐、地壳断裂的应力前兆现象,主要用于对地震和火山前兆和现象的观测。因此,钻孔应变观测,可以在数秒直到数月的时段范围里弥补测震和 GPS 的不足。事实上,在我国地震短临预测实践中,钻孔应变观测取得了不少经验。

美国已经把钻孔应变与测震和 GPS 相提并论,并在"地球透镜计划"中,担当重要的对地观测任务。日本也将应变观测作为主要的地震前兆观测手段。我国从"十五计划"开始大规模布设了 40 个应变观测台站组成的应变观测网络,但是距离完全观测覆盖我国大陆地区应力场还相差很大,无论是台站密度,还是网络支持,无论是用于研究,还是用于地震预测,都尚未得到真正重视。

2003 年美国自然科学基金会批准了一项空前宏大的科学计划——板块边界观测(PBO)计划。这一计划的基本内容是沿板块边界布设由GPS、钻孔应变和激光应变观测点构成的形变监测台网,用以研究北美大陆西部板块边缘地区的变形。

在国内学者张宝红介绍PBO计划时指出,钻孔应变仪是理想的揭示短期(从数秒到数月)连续形变的仪器,主要用于对地震和火山喷发之时和之前现象的观测;GPS是观测比较长期(从数周到数十年)、大范围连续形变(地震之后的粘弹性松弛、10年左右的应变积累和板块运动及其空间变化)的理想仪器。

台湾地震学者陈致言曾在一篇《井下应变仪建置沿革》的综述性文章中指出,应变仪对于断层之蠕动及周期由数小时到数月的所谓"缓慢或安静"地震,具有灵敏的感测与记录能力,应变仪之精度可达$10^{-9} \sim 10^{-12}$,在地壳变形之观测上恰可弥补地震仪与GPS观测系统的不足。

据中国地震局地壳应力研究所研究员邱泽华介绍,目前我国"十五"期间台网建设采用的YRY-4型钻孔应变仪已经以100次/秒的采样率记录到非常清晰的地震波形,这种应变地震波资料是摆锤式地震仪所不能提供的,而且更重要的是,这种高频率的采样数据仍然显示出良好的自检性能,超过了PBO计划中的同类仪器。

在地壳运动速率相对较小的地区,钻孔应变的分辨率比GPS高至少1~2个量级,可以弥补后者分辨率不够的弱点,对于识别较低速率的地壳运动是至关重要的。

PBO计划的科学家对地震仪、钻孔应变仪和GPS的比较结果显示,钻孔应变观测可以在数秒直到数月的时段范围里弥补测震和GPS的不足,而这恰恰是短临地震预测的时段,这意味着它应成为地震短临预测的主要观测手段和重要依据。

在我国地震短临预测实践中,钻孔应变仪表现了较好的应用前景。如唐山地震前,位于震中区的陡河台、赵各庄台两个钻孔地应力观测点出现了异常,显示出应力应变观测具有实际应用价值。

20世纪80年代末,我国西部布设了9台RZB-1型电容式钻孔应变仪,负责这项研究计划的中国地震局地壳应力研究所研究员欧阳祖熙曾指出,在新疆的钻孔应变观测站的近区和邻区18次强震中,地震前的异常变化有61%被钻孔应变仪观测到了,其响应范围可以达到900km左右。但同时他强调,由于台站密度太小,预测难度很大。现在看来,尽快加大应力应变观测密度是当务之急。

第二节 传统应力应变的临界识别方法探讨

一、光滑曲线法

根据每一天的固体潮汐波动曲线的振幅,绘制成光滑曲线,然后观察曲线的趋向。如:玉树台2007年8月5日至2008年7月31日的应变曲线(图5-2)。

从曲线中找到地震前后曲线的异常变化特征,是光滑曲线方法的要领。但从汶川特大地震前的曲线形态上看,可供判断的异常特征几乎找不到,只能从地震后的曲线上看到汶川特大地震曲线前后陡然错动的痕迹。

光滑曲线检验方法,在应变临界识别中广泛应用。如四分量以组合形式:1+3,2+4体应变和1-3,2-4的差应变,从绘制的曲线凹凸变化中,确定"应变转折"来识别地震前兆。图5-3和图5-4分别是湟源台和小庙台在汶川特大地震前的直接应变曲线。

从图5-3和图5-4中很难直观地看出汶川特大地震的应变异常,同样,其他应变台站数据绘制的曲线也相差无几,采用光滑曲线方法直接判断地壳应力应变前兆异常是相当困难的。如果硬要说可以识别前兆异常,那只能算是"回顾性前兆"了。

二、潮汐应变曲线的细观法

潮汐应变曲线的细观法是一种将每一分钟观测数据详细绘制在时间坐标系上,直接观察固体潮

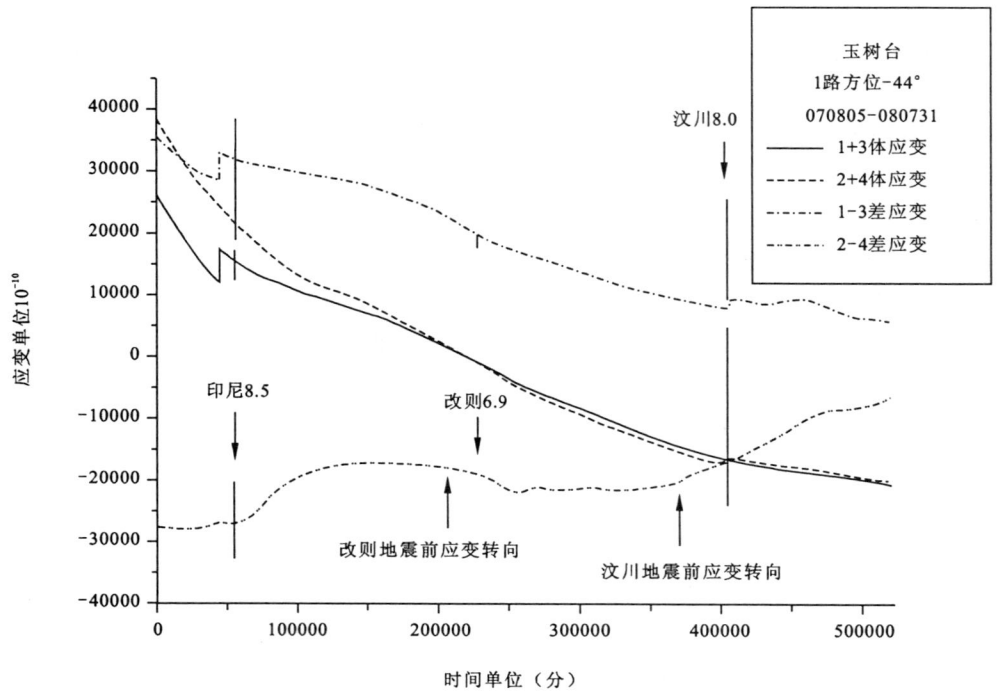

图 5-2　玉树应变观测台的应变曲线

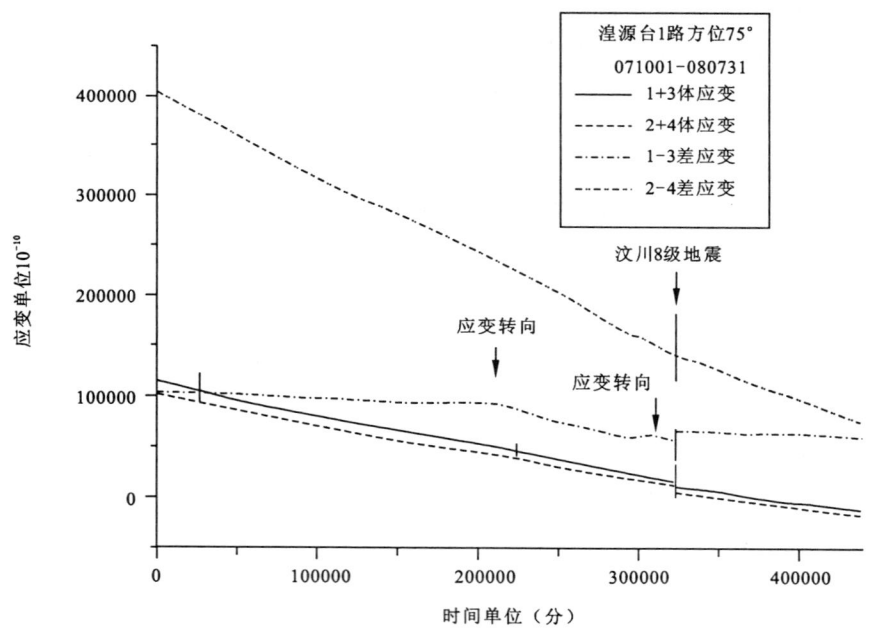

图 5-3　湟源台应变测试台的应变曲线

汐曲线的不规则性，依此识别应力应变前兆异常的方法。图 5-5 和图 5-6 为姑咱应变观测台 2007 年的几组应变数据绘制的固体潮汐曲线图。

图 5-5 中的应变固体潮曲线很光滑，潮汐应变周期也相当好，所以曲线表现为无"压性脉冲"和"畸变"。

但是到了 6 月份，上述曲线出现了较大变化（图 5-6）。

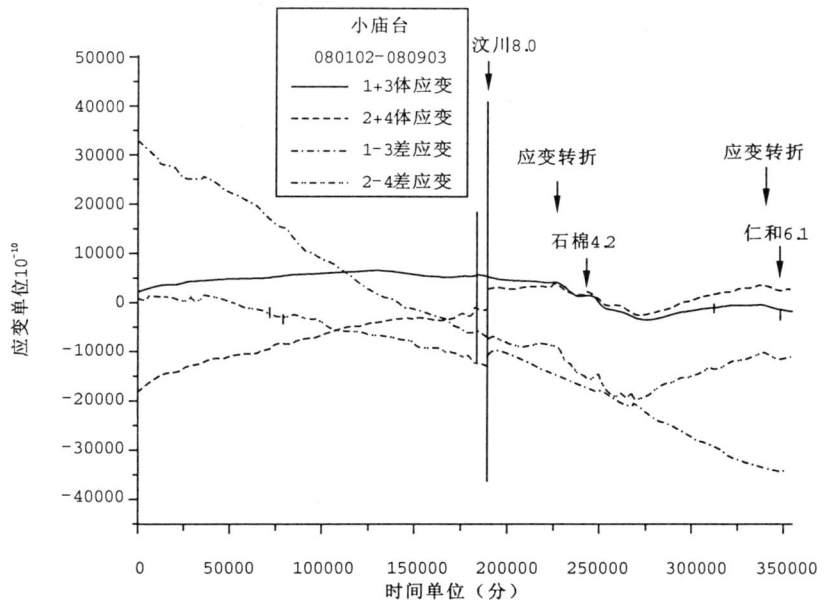

图 5-4 小庙台应变曲线

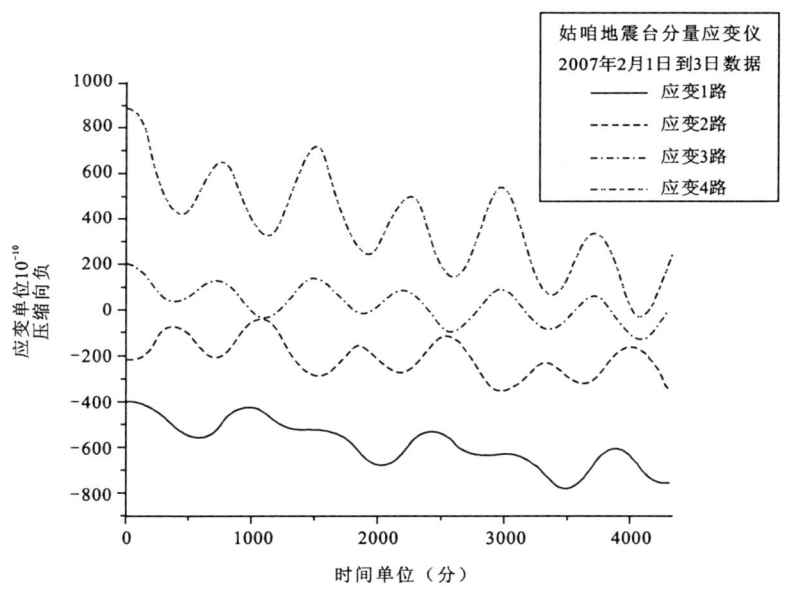

图 5-5 姑咱地震台 2007 年 2 月 1 日—3 日的应变潮汐图

图 5-6 中的应变曲线表明,从 2007 年 4 月中旬到 6 月 22 日—24 日,固体潮出现"畸变"和大量"压性脉冲"。

图 5-5 和图 5-6 之间的差别就在于,后者出现了"压性脉冲"和"潮汐畸变",而前者则没有。但是,出现这种应变异常的原因及严重程度,都无法定量描述。为解决这个问题,传统方法中又引入了固体潮汐"玫瑰图",进一步识别固体潮汐变化情况。如汶川特大地震前玉树应变观测台 2008 年 1 月—5 月的固体潮汐"玫瑰图"(图 5-7)。

从图 5-7 中可以看出,5 个月固体潮汐"玫瑰"图形不重叠,说明地壳应变随时间变化的情况。但是这种方法也难以成为地壳断裂前兆的依据。

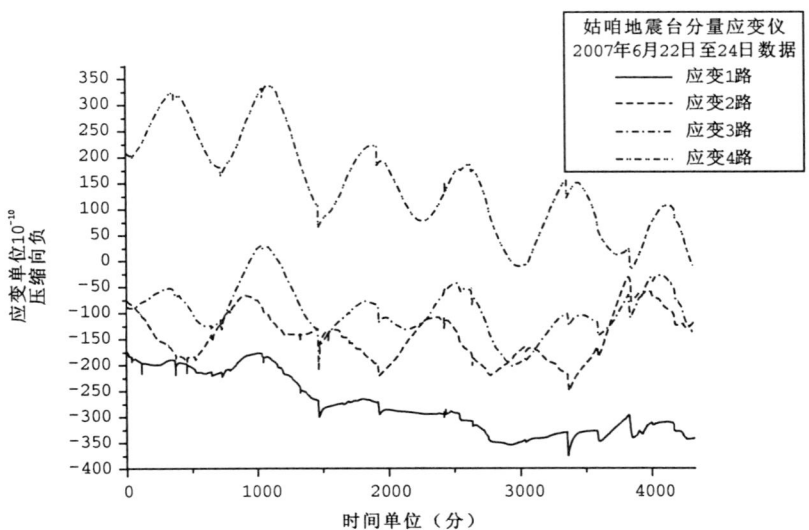

图 5-6 姑咱地震台 2007 年 6 月 22 日—24 日的应变潮汐图

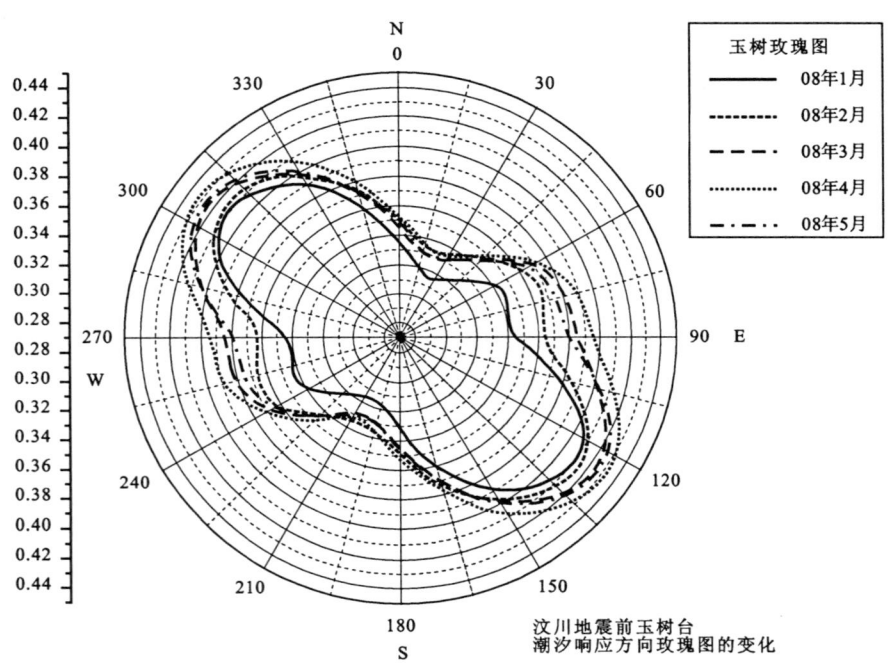

图 5-7 玉树应变观测台固体潮汐"玫瑰图"

据报道,台湾地震学者也采用这种曲线和固体潮汐"玫瑰"图形方法,但是在这样的曲线凹凸变动中发现应变异常是非常困难的。

当这种曲线常常出现多个凹凸转折时,既可以解释为应变异常,也可以与地震没有直接关系,关键是如何量化这种应变异常特征。

三、波动曲线差分直观法

波动曲线差分直观法是将应变数据按照差分方法,直接将应变数据变化情况描述出来。如姑咱应变观测台,距离汶川震中只有 100 多千米,理应从应变异常中看出某种前兆,但实际情况则不然。

现将 2008 年 1 月 1 日—5 月 12 日之间应变观测数据按照差分方法处理(图 5-8)。

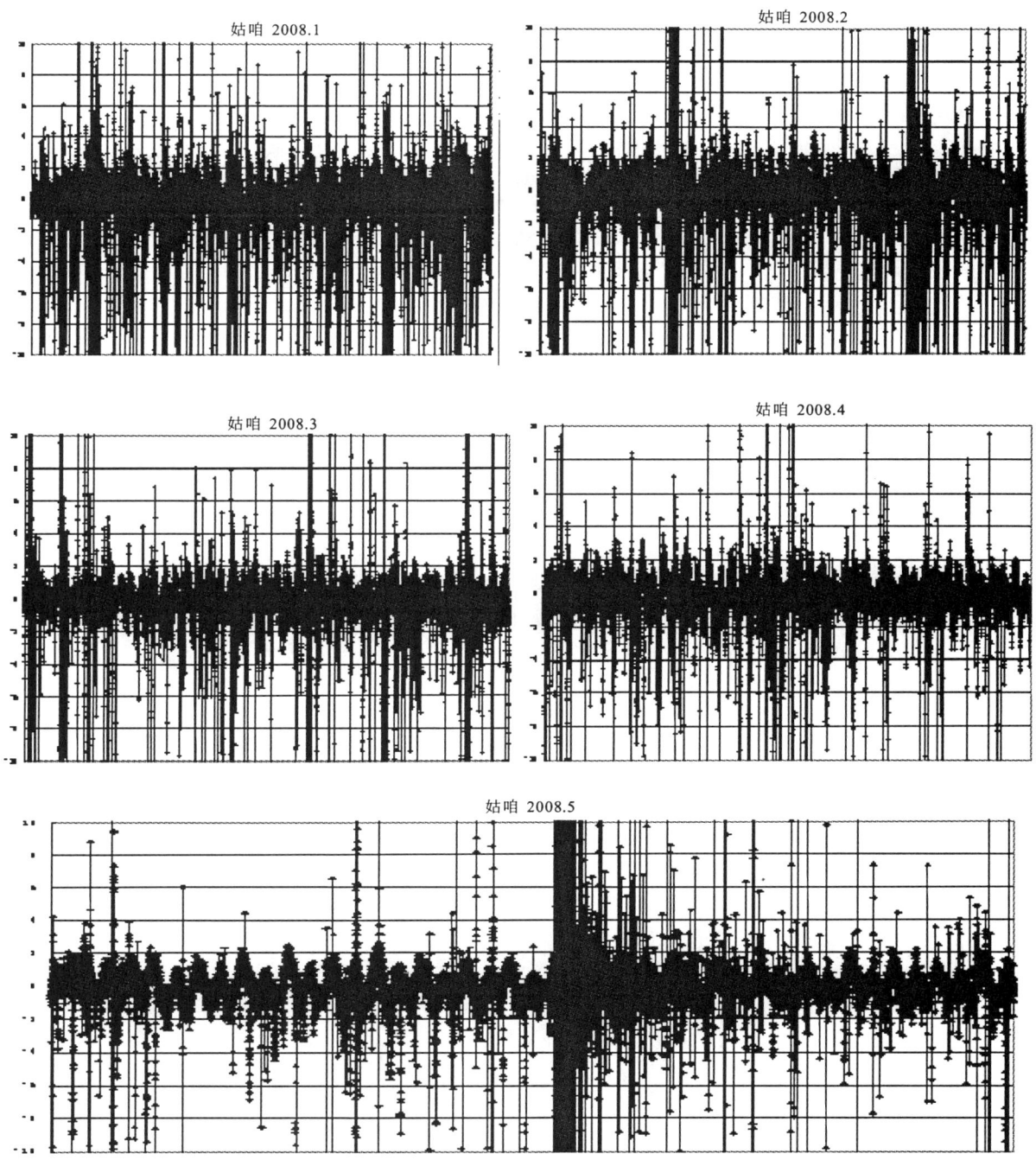

图 5-8 姑咱应变观测台 2008 年 1 月—5 月应变数据运用差分法获得的曲线

西昌应变观测台距汶川 410 多千米,也将汶川特大地震前的应变数据按照差分法,直接反映应变变化情况(图 5-9)。

从图 5-8 和图 5-9 中看不出应变异常的明显特征,这也就是传统应变异常识别方法的局限性,并不是应变仪本身的技术问题,无论是四分量钻孔应变仪,还是国外普遍采用的三分量应变仪或体应变仪,其应变观测方法本身不存在任何问题。由于传统观点一直把地震前兆的识别寄托在观测仪器本身,但是殊不知类似应变仪的仪器,只是采用某些特定的传感技术,对地壳应力进行观测而非监测,因此,观

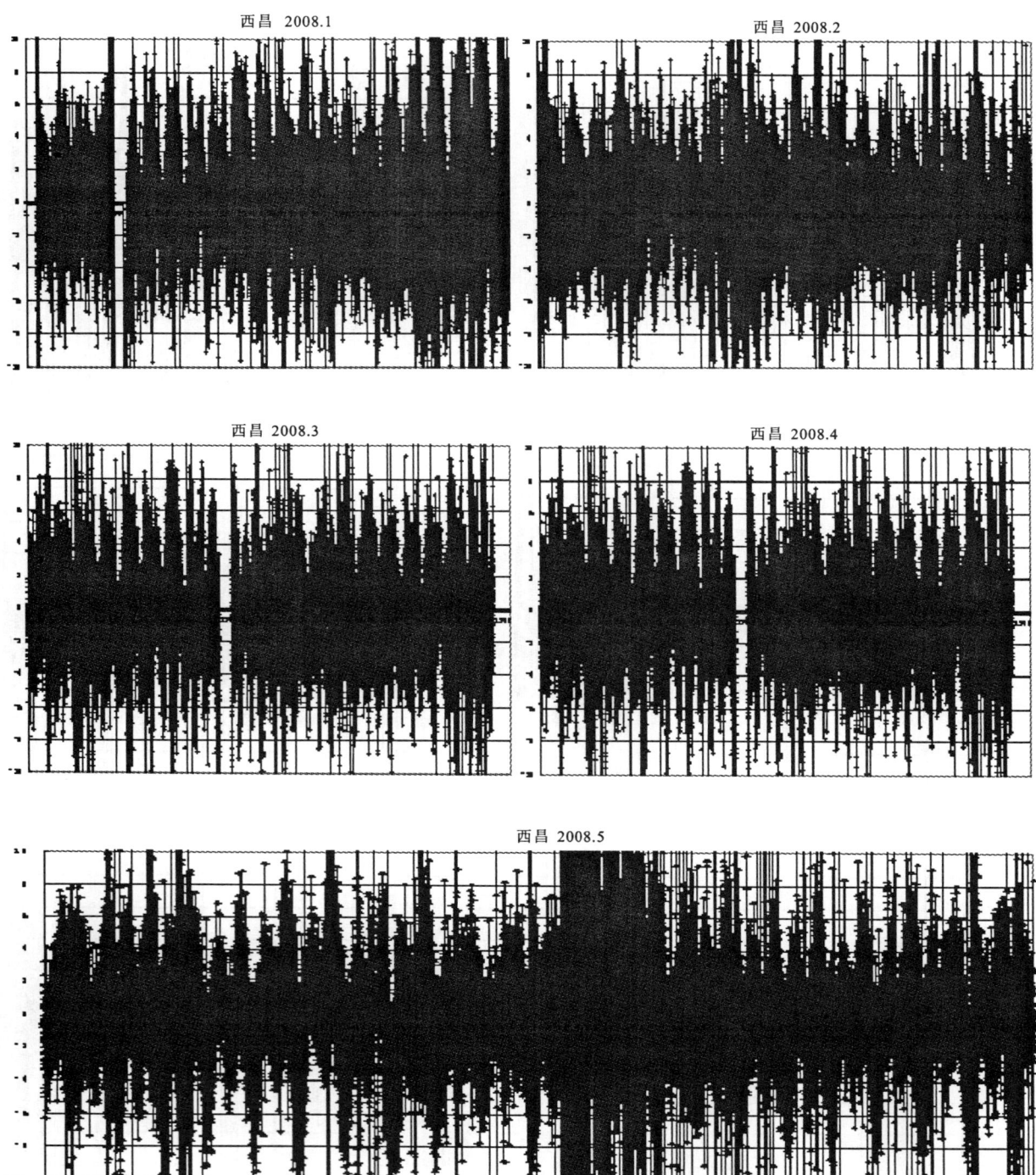

图5-9 西昌应变观测台2008年1月—5月应变数据运用差分法获得的曲线

测数据不可能直接反映应力应变的量化异常情况,还需要采取更加具有特征意义和逻辑学意义的统计力学方法,才能让观测数据变成应变异常的量化特征,才能成为地震预测的依据。作者认为,目前地震学界对应变仪还存在争议的根本原因,不是应变仪技术本身,而是数据处理不当,造成数据无法成为应变临界量化特征和地震预测的逻辑学依据,并不是地壳应力应变没有量化临界特征。

第三节 地壳内应力与固体潮汐作用力之间的竞争关系

一、地壳内应力对固体潮汐作用力的抑制

地球科学发现,太阳、月球对地壳存在引力作用;地球本身因自转巴拉斯效应和地核的强大磁性具有自我引力;月球围绕地球转动和地球围绕太阳公转,形成了地球、月球和太阳因相互作用角度不同造成的不同时间、不同地点的相互引力变化,这种引力变化不仅可以引起海水周期性的潮起潮落,而且还引起地壳发生周期性的固体潮汐变化。通过地壳应力应变仪可以观测到这种固体潮汐变化周期律。

按照四分量钻孔应变仪观测方法,每分钟提供一组四分量数据,那么每天就是1440组四分量数据。为方便研究,我们通常把这些数据按时间绘制成曲线,无论哪一天总可以绘制出形状差不多的、有峰有谷的周期曲线。如果将1440组四分量数据采用加速值处理,有的仍然保留了周期性特征,但有的就完全失去了周期性特征,此时再运用群子多体统计力学进行参数计算,可以得到24小时的加速值固体潮汐曲线(图5-10),如果再进行细致的量化分析,还可以发现,当地壳内部没有发生固体潮汐受到干扰时,无论日升日落、月圆月缺,固体潮汐所显示的拉张应变应力与挤压应变应力大体相抵,反映出地壳内部的稳定和平衡状态。这是地壳断裂流变动力学理论的核心内容之一。

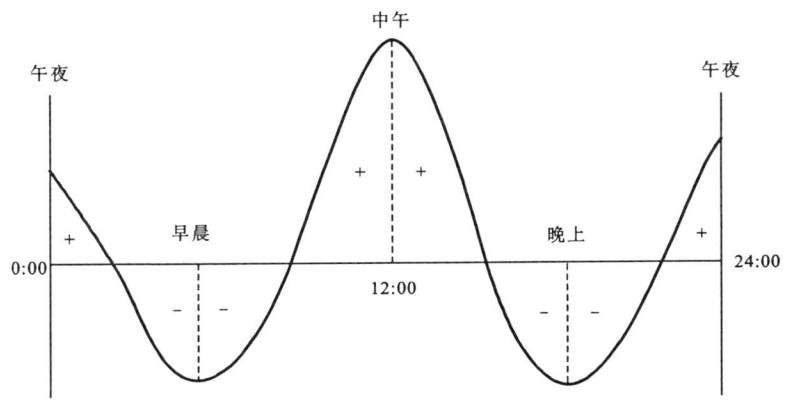

图5-10 太阳、月球对地壳的潮汐应变加速值周期性

图5-10和通常固体潮汐图涵盖完全不同的物理概念。在这个图中,正午前后加速应变值为正值,意味着太阳和月球对地壳施以拉力,使地壳向外凸,重力加速度随之减小,这是一种正常固体潮汐现象。如果在这个时间段,地壳内部应力作用使地壳不仅不能向外凸,而且还向内拉,上述加速值曲线在正午前后的正应变加速值就变成了负值,使上述曲线基本上全部进入零线下面,这是一种异常现象,表明地壳内部已经出现了全面挣脱固体潮汐作用规律的竞争因素了。如果凌晨前后的负应变加速值都变成正应变加速值,那么这时内拉的地壳就变成向外凸,这意味着地壳内正在集中挤压应力,使应力从压性转化为张弛性,这也是一种异常,表明松弛后的地壳更方便下一轮挤压应力进入。同样,如果傍晚前后的挤压应变加速值转化为正应变加速值,也是异常的。如果加速值曲线一旦全部进入零线以上,那么表明情况更为异常。通过上述加速值曲线,至少能定性地判断地壳内应力对正常固体潮汐作用的竞争过程,一旦地壳内应力挣脱固体潮汐作用影响,必然会发生地震。因此,作者反复强调,所有异常信息均来自于应变加速值的变化。

但是当地壳受到类似于青藏高原及喜马拉雅山的向下重力分异时,固体潮汐规律就会受到破坏,破坏程度取决于压应变的大小。采用传统的"梅花图"很难发现这种受破坏的程度,所以,作者就运用群子统计理论,将挤压应力应变和张弛应力应变加速值清晰地分辨出来,并以对立轴线的方式,将1440组分

量数据的加速变化量,按照点阵速率分布于挤压应力应变和拉张应力应变所构成的矛盾对立同一体系中。这样,我们就可以得到正应变和负应变加速值的最可几分布,比如从正应变加速值中可得从午夜至正午之间每一分钟最可能出现的相对加速应变单位个数为

$$\lambda_{12}^+ = 1 + R_{12}^+ \frac{x}{1-x}$$

从正午再到午夜之间每一分钟最可能出现的相对加速正应变单位个数为

$$\lambda_{24}^+ = 1 + R_{24}^+ \frac{1-x}{x} \quad (其中 x = \frac{t}{1440})$$

同样在负应变中可得

$$\lambda_{12}^- = 1 + R_{12}^- \frac{x}{1-x}; \lambda_{24}^- = 1 + R_{24}^- \frac{1-x}{x} \quad (其中 x = \frac{t}{1440})$$

这些方程有下列特征:

$$(\lambda_{12}^+ - 1) = R_{12}^+ \frac{x}{1-x}; (\lambda_{24}^+ - 1) = R_{24}^+ \frac{1-x}{x}$$

$$\therefore \quad (\lambda_{12}^+ - 1)(\lambda_{24}^+ - 1) = R_{12}^+ \cdot R_{24}^+$$

可见 $\lambda_{12}^+ = 1, \lambda_{24}^+ = 1, R_{12}^+ \cdot R_{24}^+ \to 0$,即在整个固体潮汐作用过程(0~24 时)中,两边各自出现 100% 的正应变,而正午前后正应变消失(图 5-11,图 5-12)。

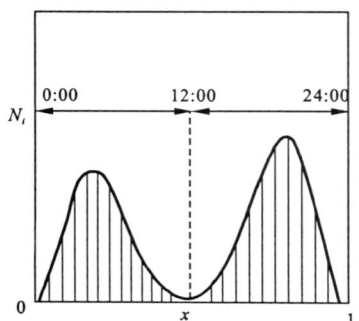
图 5-11 正应变加速值双峰微分曲线

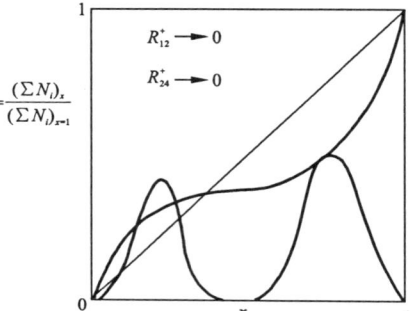
图 5-12 正应变加速值累积积分曲线

如果地壳内部的应力应变破坏了正应变周期规律,那么显然是地壳应力失衡的危险前兆。相反当 $\lambda_{12}^+ \gg 1, \lambda_{24}^+ \gg 1$ 时,$R_{12}^+ \cdot R_{24}^+ \gg 1$,应变都集中正午前后(图 5-13,图 5-14)。

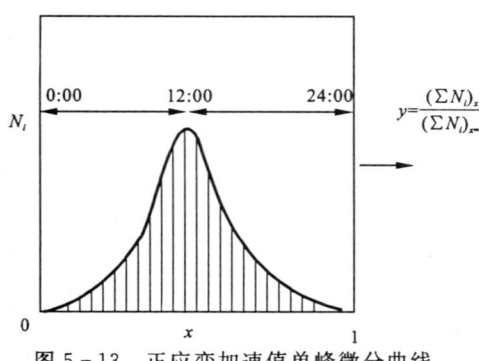
图 5-13 正应变加速值单峰微分曲线

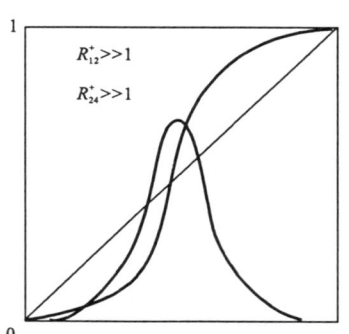
图 5-14 正应变加速值累积积分曲线

如果正应变都集中到正午前后,这也显示破坏了正应变的周期性,也是危险的前兆。同理,对负应变也可以采用这种方法处理。

$$\lambda_{12}^- = 1, \lambda_{24}^- = 1, R_{12}^- \cdot R_{24}^- \to 0$$

$$\lambda_{12}^- \gg 1, \lambda_{24}^- \gg 1, R_{12}^- \cdot R_{24}^- \gg 1$$

这是一种研究地壳断裂应力失衡过程及其前兆的定量方法。

二、四种危险度的定量表现形式

第一类危险度

当某天正应变加速值的 $R_{12}^+ \cdot R_{24}^+ \gg 1$，意味着正应变加速值由双峰→单峰，负应变加速值的 $R_{12}^- \cdot R_{24}^- \to 0$，即意味着负应变更加双谷化（图 5-15），即地壳受挤压，迫使两头正应变也转向负应变。

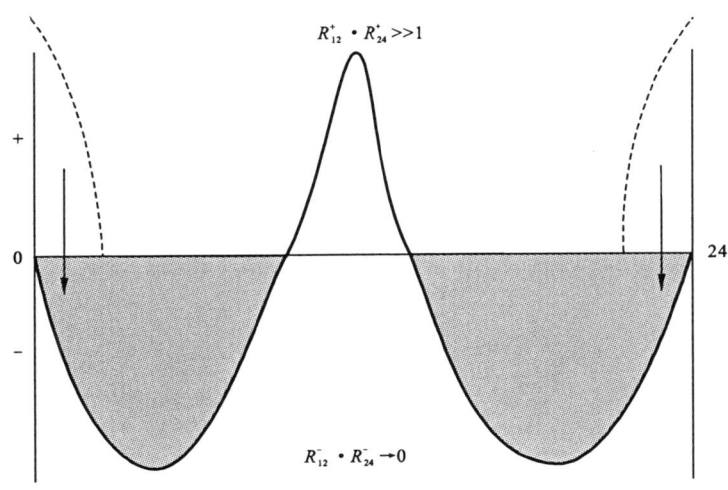

图 5-15　第一类危险前兆（$N^-/N^+ > 1$）

此时 $\xi^{\pm} = \dfrac{R_{12}^+ \cdot R_{24}^+}{R_{12}^- \cdot R_{24}^-} \geqslant 1$，这就意味着地壳处于应力挤压危险状态，其大小程度直接反映地震前兆的不同阶段。

从"5·12"汶川特大地震之前的 5 月 11 日德令哈应变观测台的应变数据中，进行群子统计处理后，反映地壳应变应力破坏固体潮汐的程度（图 5-16）。

正值		负值	
R_1	R_2	R_1	R_2
160.9243	205.6157	0.2363	0.8573

能量 N^+	能量 N^-	能量 $N^-(\bullet)/N^+(\bigcirc)$	n^+（个数）	n^-（个数）	$n^-(\bullet)/n^+(\bigcirc)$ 个数
440.1	−3055.3	−6.942285844	313	1107	−3.536741214

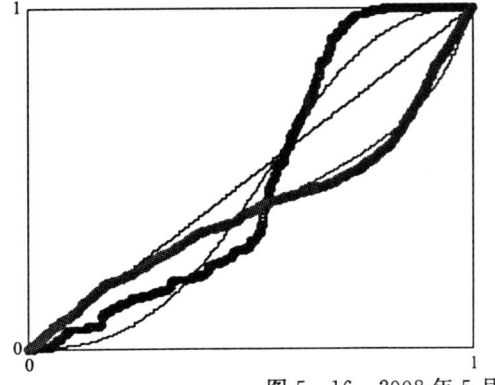
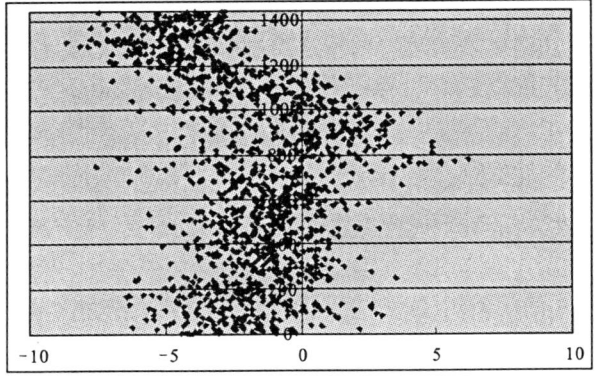

图 5-16　2008 年 5 月 11 日德令哈应变加速值变化情况

从图 5-16 中可以看出，两头正应变几乎消失了，地壳内部挤压应变已经绝对占据优势。

第二类危险度

与第一类危险前兆正好相反，当某天的负应变由双峰变为单峰，即地壳受挤压过分，致使正午前后的正应变都变成负应变，这样 $R_{12}^- \cdot R_{24}^- \geqslant 1$，导致这天正午前后的正应变消失，只是在两头看到少许正应变，表现为微弱的双峰状态，这时 $R_{12}^+ \cdot R_{24}^+ \to 0$；$\xi^{\pm} = \dfrac{R_{12}^- \cdot R_{24}^-}{R_{12}^+ \cdot R_{24}^+} \geqslant 1$，地壳内部猛烈地挤压应变，彻底破坏了固体潮汐的周期律，从这个意义上看，地壳内部的挤压应力进入了更加危险的状态（图 5-17），从 $\xi^{\mp} \geqslant 1$ 可以看到地震的危险性了。

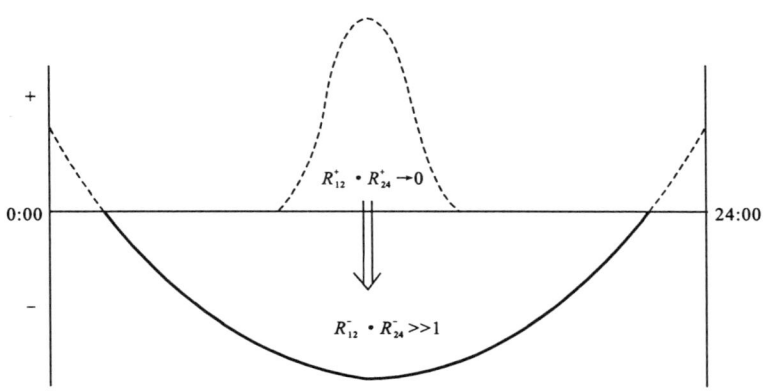

图 5-17　第二类危险前兆（$N^-/N^+ > 1$）

从汶川特大地震发生的 5 月 12 日那天德令哈应变观测台的应变数据，采用群子统计理论分析处理后，看看第二类危险前兆的定量状况（图 5-18）。

正值		负值	
R_1	R_2	R_1	R_2
0.4671	0.714	167.1512	458.9265

能量 N^+	能量 N^-	能量 $N^-(●)/N^+(○)$	n^+（个数）	n^-（个数）	$n^-(●)/n^+(○)$ 个数
33442.8	-37671.1	-1.126433791	357	1074	-3.008403361

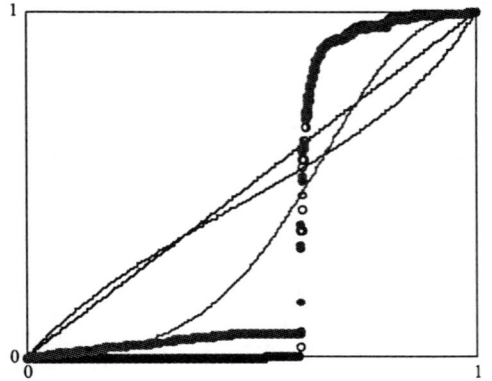 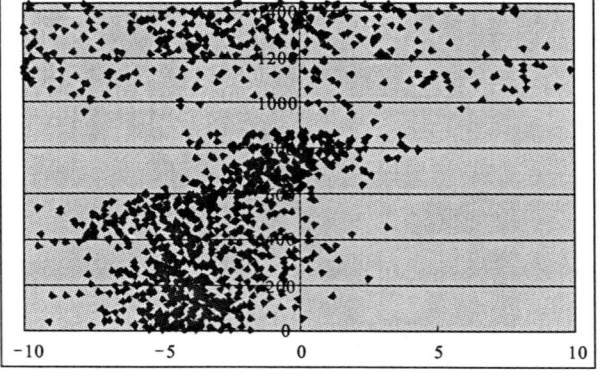

图 5-18　2008 年 5 月 12 日德令哈应变加速值随时间变化的情况

从图 5-18 中可以看出，5 月 12 日零时到 14 时地震前，绝大部分应变加速点都处在挤压应变状态，地壳挤压拉张应力严重失衡。

第三类危险度

如果图 5-19 是某天的负应变和正应变各自变成双峰和双谷的情形,表明地壳应力从根本上破坏了固体潮汐规律,导致短临危险。

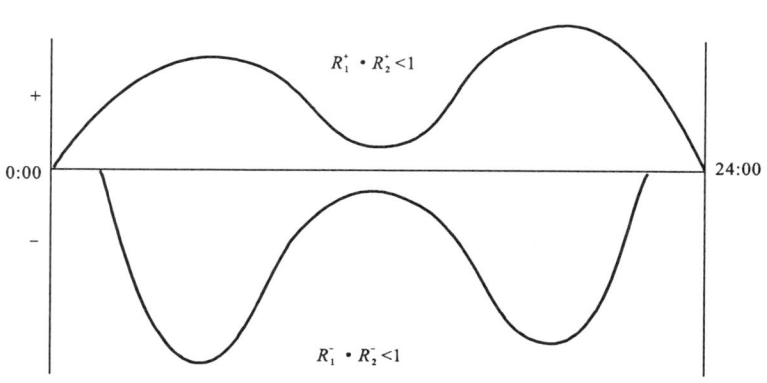

图 5-19　第三类危险前兆($N^-/N^+>1$)

$R_1^- \cdot R_2^-/R_1^+ \cdot R_2^+ \sim 1$,且 $N^-/N^+>1$,这是地震进入短临阶段前的最后的一个信息。这个例证参看德令哈应变观测台 2008 年 5 月 8 日应变数据的群子统计分析结果。

正值		负值	
R_1	R_2	R_1	R_2
8.8975	0.0397	1.2901	0.0286

能量 N^+	能量 N^-	能量 $N^-(●)/N^+(○)$	n^+(个数)	n^-(个数)	$n^-(●)/n^+(○)$ 个数
6161.5	-7609.9	-1.235072628	558	871	-1.5609319

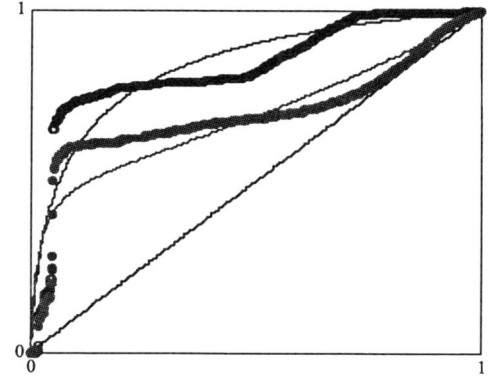 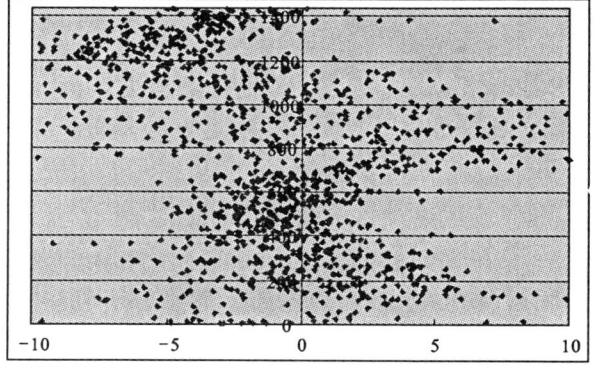

图 5-20　2008 年 5 月 8 日汶川地震前短临阶段应变状态

由图 5-20 中可以看到,正应变和负应变都完全破坏了固体潮汐规律,开始进入地壳应力剧烈的挤压拉张不平衡状态。

第四类危险度

当 R_1^+、R_2^+、R_1^-、R_2^- 都接近 1 时,正应变和负应变的双峰双谷形状基本消失(图 5-21),但总的负应变值(N^-)/正应变值(N^+)≈ 1。

通常这种情况多出现在强度不大的地震前兆中:$R_1^+ \cdot R_2^+/R_1^- \cdot R_2^- = 1$。此时危险度不再由 $R_1^+ \cdot R_2^+/R_1^- \cdot R_2^-$ 来决定,而是由 $N^-/N^+ \geq 2$ 来决定短临状态了。当然 N^-/N^+ 的比值太大,也可以发展

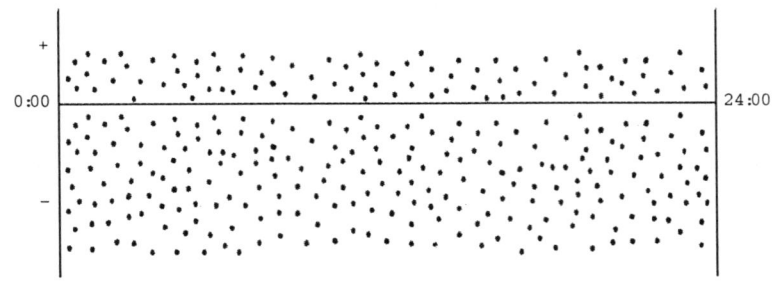

图 5-21 第四类危险前兆

到 6 级以上强度的地震。

汶川特大地震前的 2008 年 1 月 16 日,德令哈应变观测台的应变数据群子统计分析结果就开始显示出第四类危险的前兆定量状况(图 5-22)。

正值		负值	
R_1	R_2	R_1	R_2
0.5538	1.9154	0.8263	1.3006

能量 N^+	能量 N^-	能量 $N^-(\bullet)/N^+(\bigcirc)$	n^+(个数)	n^-(个数)	$n^-(\bullet)/n^+(\bigcirc)$ 个数
2244.7	−2241	0.998351673	716	704	0.983240223

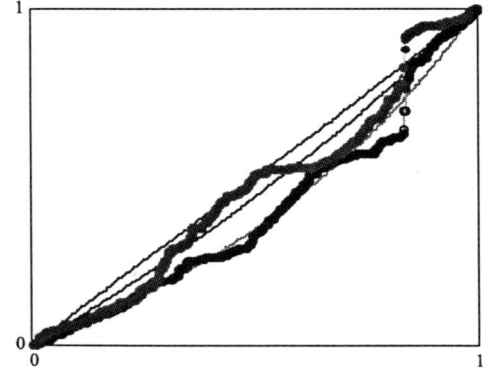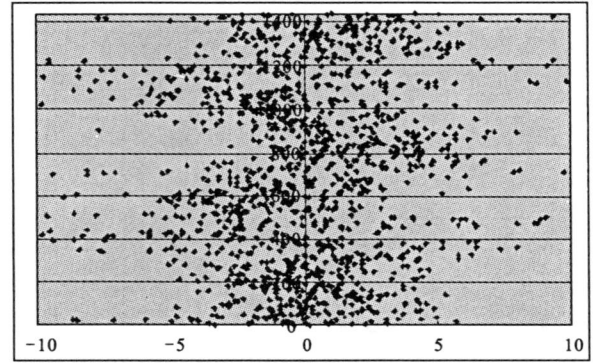

图 5-22 2008 年 1 月 16 日德令哈加速应变值

由图 5-22 可以看出,正应变和负应变都很分散,很难找到周期变动轨迹,表明地壳内部的挤压拉张高度异常,但尚未发展到地震危险前兆。

无论哪种危险前兆,$N^-/N^+ \geqslant 1, n^-/n^+ \geqslant 1$ 始终是一个重要的地壳断裂前兆信号。

采用群子统计理论处理的地壳应力应变数据,可以直观形象地获得正应变和负应变强度因子之比 $R_{12}^+ \cdot R_{24}^+ / R_{12}^- \cdot R_{24}^- = \boxed{\xi^{\pm}}$ 或 $R_{12}^- \cdot R_{24}^- / R_{12}^+ \cdot R_{24}^+ = \boxed{\xi^{\mp}}$。这两者均可作为衡量地震前兆危险程度的特征性指标。如当 $\boxed{\xi^{\pm}}$ 值从若干个单位突然开始变大,且越来越变大,以至达到几十万、上百万个单位时,或 $\boxed{\xi^{\mp}}$ 值从若干个单位突然开始变大,且越来越变大,而其绝对值虽然比 $\boxed{\xi^{\pm}}$ 小得多,但 $\boxed{\xi^{\mp}}$ 变大更意味着地壳应力失衡严重的危险前兆。在此基础上,还可以进一步研究正应变 N^+ 和负应变 N^- 总和对比因子的 N^-/N^+ 在三度空间上的权重,如 $(N^-/N^+)^3$ 突然史无前例地增大,那么地震前兆危险度达到极限,迫震在即。由此通过 $\boxed{\xi^{\pm}} \cdot \left(\dfrac{N^-}{N^+}\right)^3$ 或 $\boxed{\xi^{\mp}} \cdot \left(\dfrac{N^-}{N^+}\right)^3$ 及 $(N^-/N^+)^3$ 值大小,就可以定量判断地震前兆的不同阶段。

$R_1^+ \cdot R_2^+$、$R_1^- \cdot R_2^-$ 及 N^-/N^+ 和 n^-/n^+ 之所以成为定量判断地震前兆危险的重要参数,是因为从群子统计理论中的

$$\bar{\lambda}_1 = 1 + R_1 \frac{T_1}{T_2}, \bar{\lambda}_2 = 1 + R_2 \frac{T_2}{T_1}$$

可得 $(\bar{\lambda}_1 - 1)(\bar{\lambda}_2 - 1) = R_1 R_2$

当 $\bar{\lambda}_1$、$\bar{\lambda}_2$ 很大并集中在一起时,$R_1 \cdot R_2 \gg 1$,几乎都变成负应变加速值,已严重脱离了固体潮汐周期作用;当 $\bar{\lambda}_1$、$\bar{\lambda}_2$ 不太大(1~10)时,$R_1 \cdot R_2 \sim 0$。正午前后,几乎所有正应变和负应变加速值没有了,全部挤到午夜和凌晨,同样也严重脱离固体潮汐周期作用;当 N^-、N^+ 中的 N^- 太大时,表明地壳内部应力对应变观测范围挤压或放松的应变加速总量处于前兆危险状态;当 n^-、n^+ 中的 n^- 太大,表明一天 1440 分钟中每一分钟所表现的负应变加速值和正应变加速值的总次数过多,同样存在前兆危险。

第四节 群子统计理论在应力应变临界识别上的应用

一、基本概念

作者根据地壳断裂流变动力学特性,运用群子统计理论基本原理和多体对立统一体系最可几方程,建立了一种量化地壳应力应变临界特征的识别方法。

先明确几个量化概念。

1. 应力应变

应力:单位面积上所受的力 1 大气压 $\approx$ kg/cm² $\rightarrow$ 0.1MPa,0.000GPa(根据弹性力学理论:拉张应力为正应力$\oplus$;挤压应力为负应力$\ominus$)

应变:$\dfrac{\text{应力下的长}(l) - \text{原长}(l_0)}{\text{原长}(l_0)} \times 100\% = \dfrac{l - l_0}{l_0} \times \dfrac{\Delta l}{l} 100\%$(拉张应变为正$\oplus$;挤压应变为负$\ominus$)

2. 地应变

地应变指地壳某一部分受应力变形,可分为两种。

挤压型地应变:地球向心引力及地壳各部分间挤压应力必然使应变仪外壳引起横向挤压应变(一)。

张弛型地应变:固体潮汐作用力及地壳各部分间的减压应力必然使应变仪外壳产生横向松弛拉张应变(+)。

在这两种应变中,正负符号的区分,是由材料力学对应力方向的一种设定:凡是拉应力所对应的应变定义为正应变;凡是压应力所对应的应变定义为负应变(图 5-23)。应变仪所观测的数据,可以通过

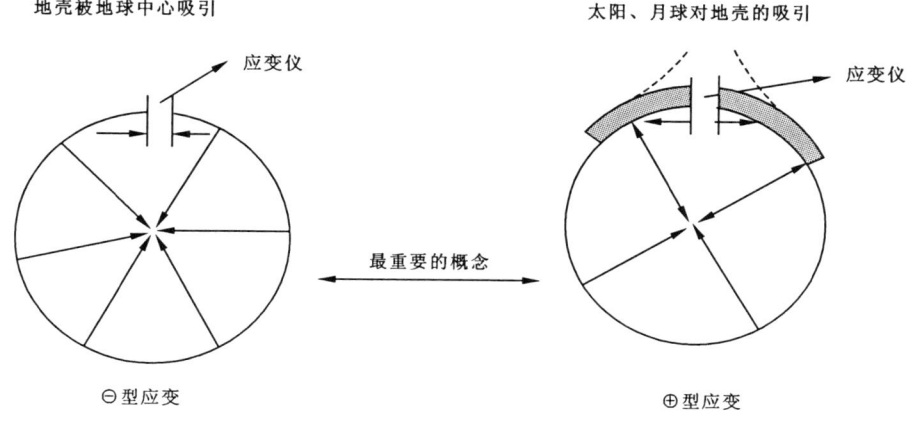

图 5-23 挤压型地应变(负应变)与张弛型地应变(正应变)

正负区别挤压和张弛属性。

两种地应变来自于相应的地应力。其中挤压地应变过大容易引起地震，但是张弛地应变过大也容易诱发挤压应力引起地震。所以，地壳内部最理想的稳定状态是，这两种地应力或应变能的动态协调相持。

3. 固体潮汐正则周期律

太阳和月球几十亿年来，对地球地壳一直产生周期性的拉张作用，使原始状态地壳向外凸，地壳表面也会出现各种裂隙、板块、山脉、高原等，为这些不规整结构的地壳应力运动埋下了祸根。地球科学把这种太阳、月球对地作用称作固体潮汐作用。在固体潮汐作用下，地壳内各部分间会产生挤压或张弛，使观测地壳应力的应变仪出现正应变（＋）和负应变（－）。

当正午时，太阳对地壳某地点吸引力大，故地壳呈松弛状态，应变仪外壳向外拉动，呈现正应变值；当午夜时，尽管太阳与地壳某地点隔离，但月球对地壳某点起拉动作用，使应变仪外壳向外松动，同样也表现为正应变值；当地壳某点处于正午到午夜之间和午夜到正午之间时，固体潮汐作用减弱，地壳内引力占主导因素，使应变仪外壳感受压力，呈现负应变值。

固体潮汐的加速值波动曲线带可用极坐标系统来描述其正则规律。

如图5-24所示，一天24小时，正常情况下，平均起来正应变和负应变在坐标系中所占面积相当接近，除非月亮上弦、下弦时太阳和月球垂直相互吸引，使正应变所占面积有些增加（图5-25）。

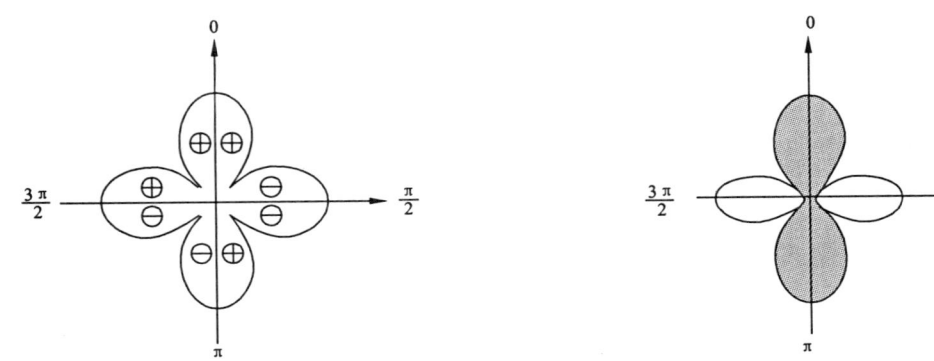

图5-24 正则固体潮汐周期律图"梅花图"　　图5-25 太阳和月球对地壳垂直拉动时应变分布

正是固体潮汐的拉张应力，给地壳中某些挤压应力的冲击作用创造了条件，便于孕震，也便于地震（图5-26）。

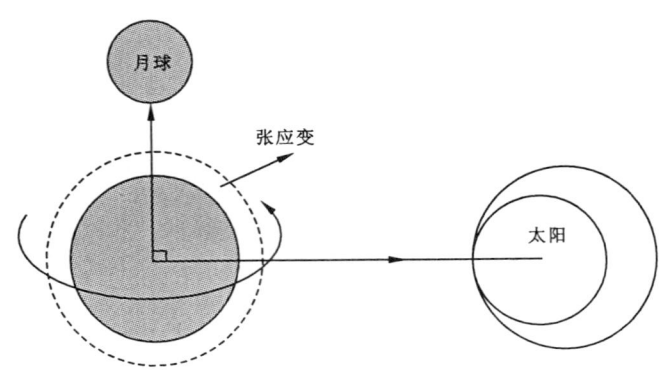

图5-26 太阳和月球以垂直拉动地壳的示意图

值得关注的是下面3个基于地壳断裂流变动力学和群子统计理论应用的专门概念。

4. 应变($\dot{\gamma}$)加速值或应变速率值($\frac{d\dot{\gamma}}{dt}$)

在正常条件下,$\dot{\gamma}$ 和 $\frac{d\dot{\gamma}}{dt}$ 只与太阳、月球的位置有关,有严格的周期性。地壳内部的任何不正常应力传播,均可通过 $\frac{d\dot{\gamma}}{dt}$ 大小来反映不正常的正负应变加速状态(图 5-27)。

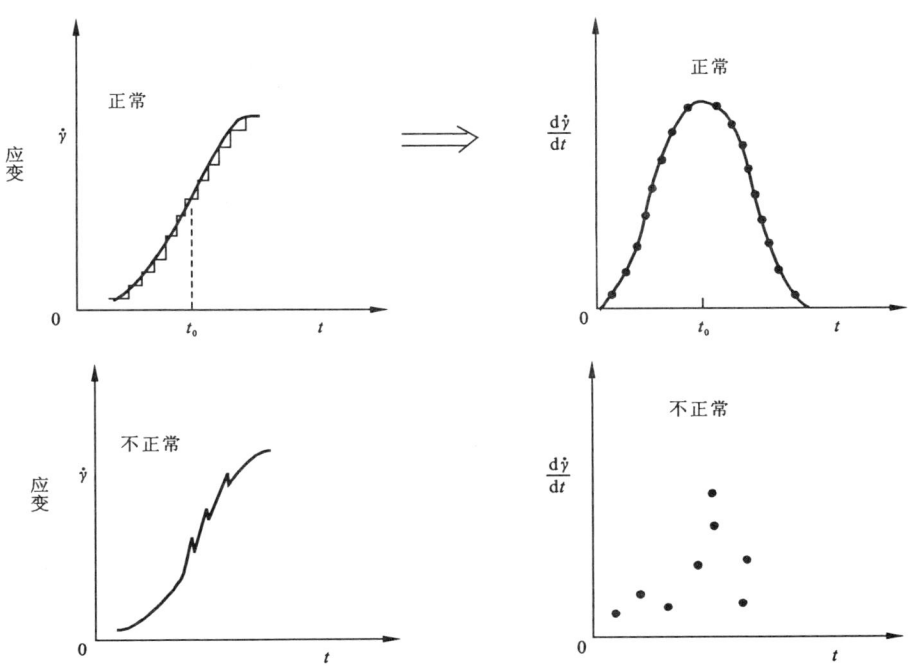

图 5-27 应变正加速和负加速的示意图

图 5-28 是应变加速值点阵周期绘制的正常情况下的固体潮汐正则周期。

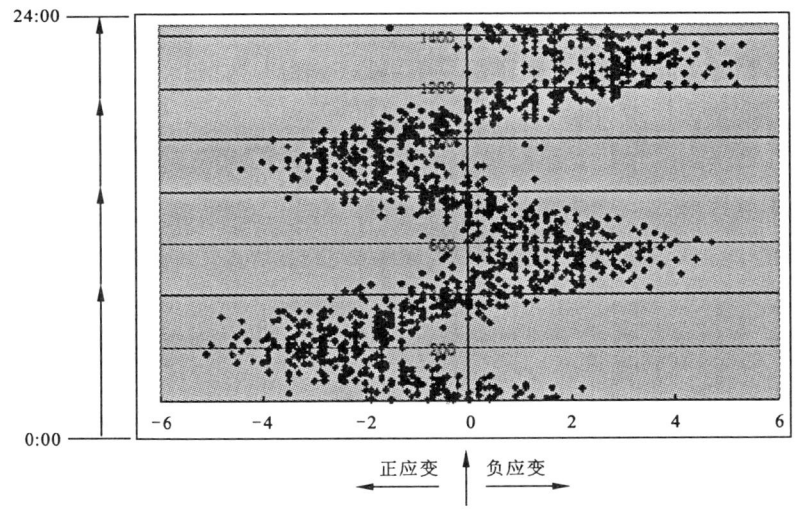

图 5-28 在正常状态下的地壳固体潮汐应变加速分布

注:此图是按北京时间绘制的北京昌平应变台观测数据应变加速值,共 1440 个点标准型分布

5. 类 Bingham 塑性体的连续介质

地壳断裂流变动力学认为,地壳内应力传播介质是一种类似 Bingham 塑性体的连续介质。Bingham 塑性体依据下列方程式流变运动:

$$\sigma = \sigma_0 + \eta \dot{\gamma}$$

其中,$\sigma_0 \neq 0$,故 Bingham 塑性流体在地壳 10~20km 深处,据理论推算,压力约为 10 000 大气压,温度约为 400℃,水无法气化。在高温高压下,水对岩石产生水解、溶解作用等过程,使岩石变成像"雪花膏"一样的半固液介质,虽然不能自行运动,但受到外力时可以产生流变运动,外力越大流速越快,流体冲击力越大,甚至挤压破碎不坚固的岩体,造就成地应力传递的通道。这种传流型介质称地壳类 Bingham 塑性体,维持和推动地壳断裂流变运动。

6. 应变能

应变能或应变功=应变值×应力,且应力=模量×应变,一般来说,应力越大,应变越大,反过来在模量为常数条件下,应变越大,应力越大。

在本书中通用符号有:

N^+(或 $N(\bigcirc)$)= $\sum$(正应变加速值按分、时或天总和);

N^-(或 $N(\bullet)$)= $\sum$(负应变加速值按分、时或天总和);

n^+(或 $n(\bigcirc)$)= 一天 24 小时呈现正应变加速值的总数;

n^-(或 $n(\bullet)$)= 一天 24 小时呈现负应变加速值的总数。

N^-/N^+:正负应变加速值总和相对比值,其值越大挤压应变越大,地壳应力应变异常,地壳断裂的潜在危险性越大。

n^-/n^+:正负应变加速值点数相对比值,其值越大挤压应变也越大,地壳应力应变异常严重,地壳断裂危险性越大。

在正常情况下 $N^-/N^+ \approx n^-/n^+$

在异常情况下 $N^-/N^+ > n^-/n^+$ 或 $N^-/N^+ < n^-/n^+$(危险征兆)

在正常情况下 $N^- + N^+ \equiv 0$;在异常情况下 $N^- + N^+ \ll 0$

$(N^+)+(N^-)$ 指已发生的应变总功,其值越大,地壳已作出的应力震荡功越大;当转入到 $(N^+)+(N^-)$ 变小,其值越小,表面上看相当"平静",但其中潜在的地壳断裂危险性越大。

弄清这些专门概念,不仅有利于量化地壳应力应变临界特征,而且也有利于识别应力应变异常危险状态。

二、群子统计理论在应力应变临界识别上的应用包含三个要点

1. 基于地壳断裂流变动力学的应变增量临界量化

仍然以四分量钻孔应变仪提供的汶川特大地震前后数据为例,将应变增量临界量化方法应用于应变数据分析中。

汶川特大地震当天,地壳处于断裂震荡过程,固体潮汐正则应变周期全部消失,正应变和负应变均交替出现,故使 $R_1^+ \gg 1$、$R_2^+ \gg 1$、$R_1^- \gg 1$、$R_2^- \gg 1$。

请读者注意到凡是 $R_1^+ \cdot R_2^+ > 10^4$,同时 $R_1^- \cdot R_2^- > 10^4$,意味着某地发生地震或者地壳内部隐性消震。

(1)东部地区(2008 年 5 月 12 日)应变观测台数据正负应变增量量化形势

怀柔台 $R_1^+ \cdot R_2^+ = 80130$ $R_1^- \cdot R_2^- = 76994$

通化台 $R_1^+ \cdot R_2^+ = 90833$ $R_1^- \cdot R_2^- = 87491$

顺义台 $R_1^+ \cdot R_2^+ = 81761$ $R_1^- \cdot R_2^- = 86286$

襄樊台 $R_1^+ \cdot R_2^+ = 83675$ $R_1^- \cdot R_2^- = 81073$

平谷台 $R_1^+ \cdot R_2^+ = 53735$ $R_1^- \cdot R_2^- = 58285$

常山台	$R_1^+ \cdot R_2^+ = 110815$	$R_1^- \cdot R_2^- = 109141$
佘山台	$R_1^+ \cdot R_2^+ = 88055$	$R_1^- \cdot R_2^- = 85803$
丽水台	$R_1^+ \cdot R_2^+ = 76696$	$R_1^- \cdot R_2^- = 70914$
江宁台	$R_1^+ \cdot R_2^+ = 80130$	$R_1^- \cdot R_2^- = 76994$
徐州台	$R_1^+ \cdot R_2^+ = 90338$	$R_1^- \cdot R_2^- = 89430$
敦化台	$R_1^+ \cdot R_2^+ = 86242$	$R_1^- \cdot R_2^- = 85293$

为方便理解，下面举例看汶川特大地震当天群子参数及应变加速总量变化的情况。

怀柔台 2008 年 5 月 12 日全天每小时正应力和负应力增量（日报）*

怀柔 时间	$N(●)$	$N(○)$	$\dfrac{N(●)}{N(○)}$	$n(●)$	$n(○)$	$\dfrac{n(●)}{n(○)}$
5.12 日 0 点	−172	26	−6.615385	0	0	#DIV/0!
5.12 日 1 点	−96	91	−1.054945	29	27	1.07407
5.12 日 2 点	−62	107	−0.579439	21	29	0.72414
5.12 日 3 点	−119	170	−0.7	20	37	0.54054
5.12 日 4 点	−56	148	−0.378378	17	36	0.47222
5.12 日 5 点	−45	135	−0.333333	16	37	0.43243
5.12 日 6 点	−102	79	−1.291139	27	30	0.9
5.12 日 7 点	−124	31	−4	37	15	2.46667
5.12 日 8 点	−66	240	−0.275	17	41	0.41463
5.12 日 9 点	−43	270	−0.159259	12	47	0.25532
5.12 日 10 点	−43	291	−0.147766	13	46	0.28261
5.12 日 11 点	−205	234	−0.876068	2	44	0.27273
5.12 日 12 点	−6	283	−0.021201	2	57	0.03509
5.12 日 13 点	−4	263	−0.015209	3	50	0.06
5.12 日 14 点	−48861	47212	−1.034928	15	42	0.35714
5.12 日 15 点	−6066	6117	−0.991663	31	29	1.06897
5.12 日 16 点	−798	1034	−0.77176	26	34	0.76471
5.12 日 17 点	−399	653	−0.611026	29	30	0.96667
5.12 日 18 点	−78	240	−0.325	14	43	0.32558
5.12 日 19 点	−500	503	−0.994036	28	28	1
5.12 日 20 点	−241	130	−1.853846	33	23	1.43478
5.12 日 21 点	−323	114	−2.833333	38	21	1.80952
5.12 日 22 点	−482	6	−80.33333	56	3	18.6667
5.12 日 23 点	−1605	0	#DIV/0!	60	0	#DIV/0!

$R_1(○)$	$R_2(○)$	$R_1(○) \cdot R_2(○)$	$R_1(●)$	$R_2(●)$	$R_1(●) \cdot R_2(●)$	$\dfrac{R_1(○) \cdot R_2(○)}{R_1(●) \cdot R_2(●)}$	$\dfrac{R_1(●) \cdot R_2(●)}{R_1(○) \cdot R_2(○)}$
160.1	500.5	80130.05	155.2	496.1	76994.72	1.04072	0.96087

$N(●)$	$N(○)$	$N(●)/N(○)$	$n(●)$	$n(○)$	$n(●)/n(○)$	$\dfrac{n(●)/n(○)}{N(●)/N(○)}$
−60496	58377	−1.036298542	556	749	0.742323097	−0.7163

由此看出，2008 年 5 月 12 日 14 时，在地震发生的过程中，即使离震中很远的怀柔台，其 $N^- = 48861$，$N^+ = 47212$，比平日大几百倍甚至上千倍。

---

* 该部分的图表与正文衔接紧密，为尊重作者意见，不设图表编号。以下类同

佘山台 2008 年 5 月 12 日全天每小时正应力和负应力增量（日报）

佘山 时间	$N(\bullet)$	$N(\bigcirc)$	$\dfrac{N(\bullet)}{N(\bigcirc)}$	$n(\bullet)$	$n(\bigcirc)$	$\dfrac{n(\bullet)}{n(\bigcirc)}$
5.12 日 0 点	−29.5	87.9	−0.335609	0	0	#DIV/0!
5.12 日 1 点	−24.9	60.8	−0.409539	20	39	0.51282
5.12 日 2 点	−50.5	65.6	−0.769817	28	29	0.96552
5.12 日 3 点	−56.6	53	−1.067925	31	27	1.14815
5.12 日 4 点	−58.3	35.3	−1.651558	33	27	1.22222
5.12 日 5 点	−104.3	25.6	−4.074219	44	16	2.75
5.12 日 6 点	−75.8	32.1	−2.361371	36	23	1.56522
5.12 日 7 点	−80.1	20.7	−3.869565	46	13	3.53846
5.12 日 8 点	−75.4	38.1	−1.979003	33	24	1.375
5.12 日 9 点	−63.5	45.1	−1.407982	32	27	1.18519
5.12 日 10 点	−49.3	51.4	−0.959144	29	29	1
5.12 日 11 点	−62.5	113.1	−0.552608	20	39	0.51282
5.12 日 12 点	−27.8	98.1	−0.283384	17	42	0.40476
5.12 日 13 点	−27	112.8	−0.239362	19	40	0.475
5.12 日 14 点	−27594	25809.5	−1.069153	26	34	0.76471
5.12 日 15 点	−3746	4200.6	−0.891682	27	33	0.81818
5.12 日 16 点	−429.1	414.9	−1.034225	32	28	1.14286
5.12 日 17 点	−655.8	603.4	−1.086841	30	30	1
5.12 日 18 点	−170	92.1	−1.84582	36	23	1.56522
5.12 日 19 点	−369.7	272.5	−1.356697	34	25	1.36
5.12 日 20 点	−244.6	134.8	−1.81454	37	22	1.68182
5.12 日 21 点	−145.6	53.6	−2.716616	39	21	1.85714
5.12 日 22 点	−107.2	57.9	−1.851468	31	28	1.10714
5.12 日 23 点	−136.8	120.1	−1.139051	31	27	1.14815

$R_1(\bigcirc)$	$R_2(\bigcirc)$	$R_1(\bigcirc)\cdot R_2(\bigcirc)$	$R_1(\bullet)$	$R_2(\bullet)$	$R_1(\bullet)\cdot R_2(\bullet)$	$\dfrac{R_1(\bigcirc)\cdot R_2(\bigcirc)}{R_1(\bullet)\cdot R_2(\bullet)}$	$\dfrac{R_1(\bullet)\cdot R_2(\bullet)}{R_1(\bigcirc)\cdot R_2(\bigcirc)}$
176.5	498.9	88055.85	173.2	495.4	85803.28	1.02625	0.97442

$N(\bullet)$	$N(\bigcirc)$	$N(\bullet)/N(\bigcirc)$	$n(\bullet)$	$n(\bigcirc)$	$n(\bullet)/n(\bigcirc)$	$\dfrac{n(\bullet)/n(\bigcirc)}{N(\bullet)/N(\bigcirc)}$
−34384	32599	−1.054762416	711	646	1.100619195	−1.0435

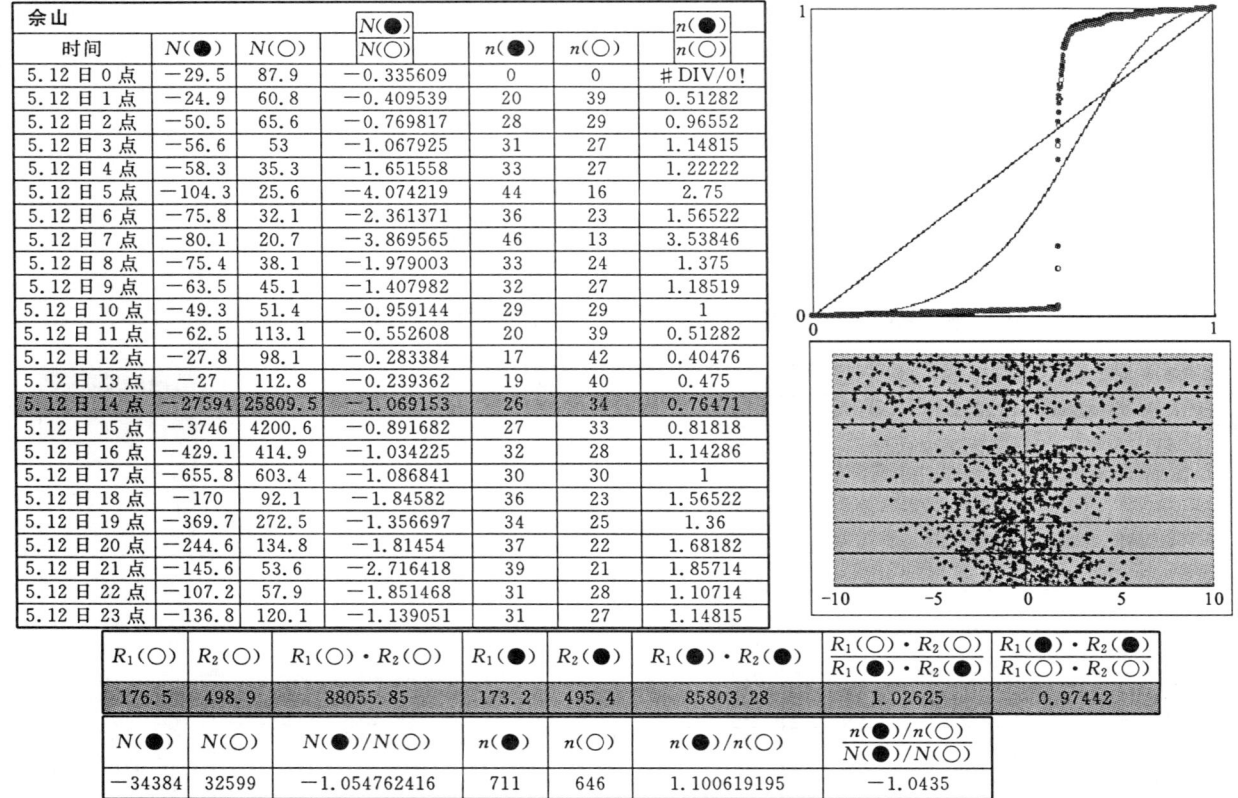

顺义台 2008 年 5 月 12 日全天每小时正应力和负应力增量（日报）

顺义 时间	$N(\bullet)$	$N(\bigcirc)$	$\dfrac{N(\bullet)}{N(\bigcirc)}$	$n(\bullet)$	$n(\bigcirc)$	$\dfrac{n(\bullet)}{n(\bigcirc)}$
5.12 日 0 点	−19.4	72.7	−0.26685	20	39	0.51282
5.12 日 1 点	−11.1	64	−0.173438	15	43	0.34884
5.12 日 2 点	−10.4	73	−0.142466	15	43	0.34884
5.12 日 3 点	−12.3	57.5	−0.213913	17	40	0.425
5.12 日 4 点	−29.7	69	−0.430435	23	37	0.62162
5.12 日 5 点	−17.8	55	−0.323636	19	38	0.5
5.12 日 6 点	−21.7	52.2	−0.415709	20	35	0.57143
5.12 日 7 点	−28.3	46.8	−0.604701	26	34	0.76471
5.12 日 8 点	−18.7	51.5	−0.363107	20	39	0.51282
5.12 日 9 点	−26.4	29.8	−0.885906	32	28	1.14286
5.12 日 10 点	−26	43.3	−0.600462	21	39	0.53846
5.12 日 11 点	−20.4	46.1	−0.442516	23	36	0.63889
5.12 日 12 点	−17.4	52.9	−0.328922	21	36	0.58333
5.12 日 13 点	−26	48.9	−0.531697	26	32	0.8125
5.12 日 14 点	−7357	7212	−1.020036	29	31	0.93548
5.12 日 15 点	−525.5	521.3	−1.008057	26	33	0.78788
5.12 日 16 点	−102.6	102.7	−0.999026	29	31	0.93548
5.12 日 17 点	−66.4	74.4	−0.892473	29	31	0.93548
5.12 日 18 点	−37.8	48.8	−0.77459	26	32	0.8125
5.12 日 19 点	−102.9	102.4	−1.004883	25	32	0.78125
5.12 日 20 点	−52.8	34.2	−1.54386	34	25	1.36
5.12 日 21 点	−47.4	29.1	−1.628866	36	24	1.5
5.12 日 22 点	−47	42.2	−1.113744	34	24	1.41667
5.12 日 23 点	−34.5	49.6	−0.695565	25	33	0.75758

$R_1(\bigcirc)$	$R_2(\bigcirc)$	$R_1(\bigcirc)\cdot R_2(\bigcirc)$	$R_1(\bullet)$	$R_2(\bullet)$	$R_1(\bullet)\cdot R_2(\bullet)$	$\dfrac{R_1(\bigcirc)\cdot R_2(\bigcirc)}{R_1(\bullet)\cdot R_2(\bullet)}$	$\dfrac{R_1(\bullet)\cdot R_2(\bullet)}{R_1(\bigcirc)\cdot R_2(\bigcirc)}$
180.157	453.8339	81761.35392	176.401	489.147	86286.01995	0.94756	1.05534

$N(\bullet)$	$N(\bigcirc)$	$N(\bullet)/N(\bigcirc)$	$n(\bullet)$	$n(\bigcirc)$	$n(\bullet)/n(\bigcirc)$	$\dfrac{n(\bullet)/n(\bigcirc)}{N(\bullet)/N(\bigcirc)}$
−8659	8979.4	−0.964318329	591	815	0.725153374	−0.752

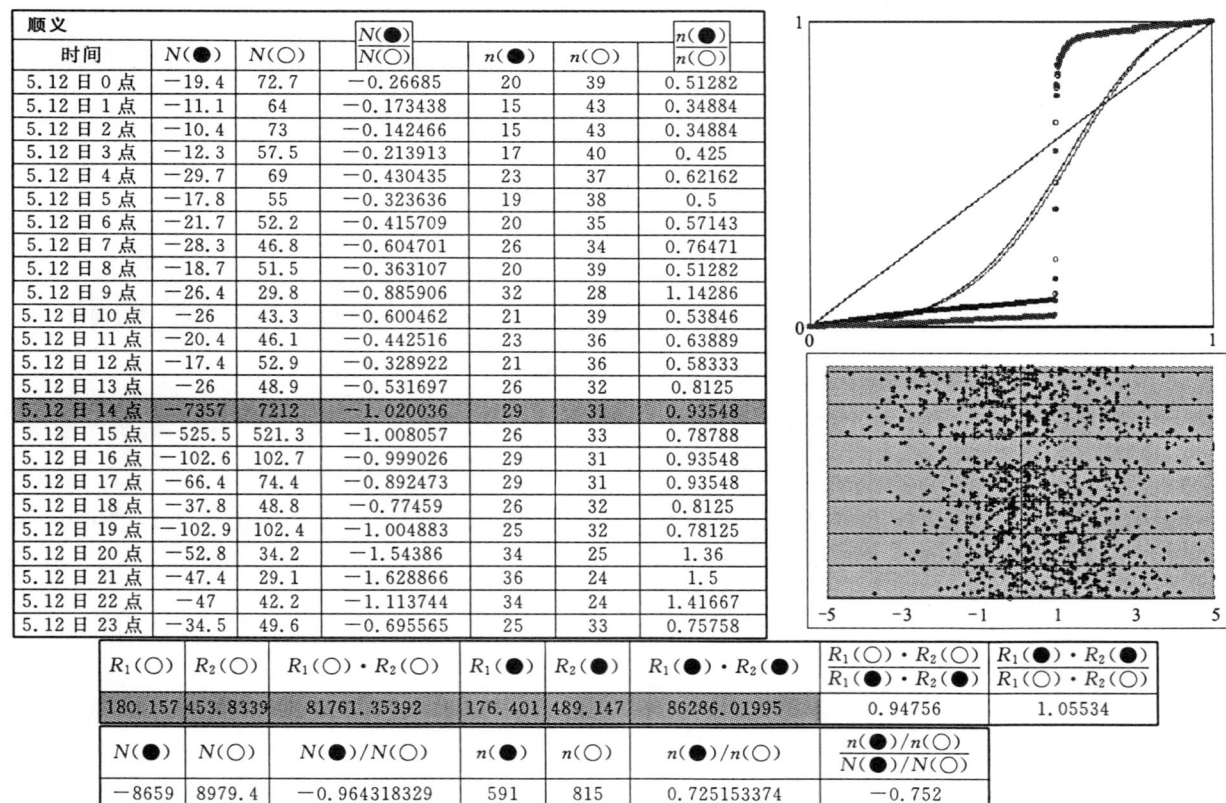

江宁台 2008 年 5 月 12 日全天每小时正应力和负应力增量（日报）

江宁 时间	$N(\bullet)$	$N(\bigcirc)$	$\dfrac{N(\bullet)}{N(\bigcirc)}$	$n(\bullet)$	$n(\bigcirc)$	$\dfrac{n(\bullet)}{n(\bigcirc)}$
5.12 日 0 点	-53.5	67.1	-0.797317	0	0	#DIV/0!
5.12 日 1 点	-40.1	112.9	-0.355182	19	40	0.475
5.12 日 2 点	-112	111	-1.009009	28	32	0.875
5.12 日 3 点	-29.7	109.1	-0.272227	15	45	0.33333
5.12 日 4 点	-78.7	79.9	-0.984981	28	32	0.875
5.12 日 5 点	-82.7	78.2	-1.057545	31	29	1.06897
5.12 日 6 点	-85.4	84.2	-1.014252	28	32	0.875
5.12 日 7 点	-153.7	51.5	-2.984466	42	18	2.33333
5.12 日 8 点	-149.6	45.3	-3.302428	38	21	1.80952
5.12 日 9 点	-182.1	87.4	-2.083524	35	24	1.45833
5.12 日 10 点	-93.9	52.4	-1.791985	36	24	1.5
5.12 日 11 点	-58.5	72.7	-0.804677	29	29	1
5.12 日 12 点	-54.3	87.9	-0.617747	26	33	0.78788
5.12 日 13 点	-53.1	144.4	-0.367729	21	39	0.53846
5.12 日 14 点	-56285	58506	-0.962036	22	38	0.57895
5.12 日 15 点	-5103	4732.3	-1.078397	26	34	0.76471
5.12 日 16 点	-657.2	707.3	-0.929167	29	31	0.93548
5.12 日 17 点	-621.6	610	-1.019016	29	31	0.93548
5.12 日 18 点	-201.8	149.7	-1.348029	35	25	1.4
5.12 日 19 点	-954.3	823.5	-1.158834	40	19	2.10526
5.12 日 20 点	-289.4	125.1	-2.313349	41	19	2.15789
5.12 日 21 点	-219.4	44	-4.986364	48	12	4
5.12 日 22 点	-185.8	69.1	-2.688857	38	22	1.72727
5.12 日 23 点	-198.8	121.6	-1.634868	34	25	1.36

$R_1(\bigcirc)$	$R_2(\bigcirc)$	$R_1(\bigcirc)\cdot R_2(\bigcirc)$	$R_1(\bullet)$	$R_2(\bullet)$	$R_1(\bullet)\cdot R_2(\bullet)$	$\dfrac{R_1(\bigcirc)\cdot R_2(\bigcirc)}{R_1(\bullet)\cdot R_2(\bullet)}$	$\dfrac{R_1(\bullet)\cdot R_2(\bullet)}{R_1(\bigcirc)\cdot R_2(\bigcirc)}$
160.1	500.5	80130.05	155.2	496.1	76994.72	1.04072	0.96087

$N(\bullet)$	$N(\bigcirc)$	$N(\bullet)/N(\bigcirc)$	$n(\bullet)$	$n(\bigcirc)$	$n(\bullet)/n(\bigcirc)$	$\dfrac{n(\bullet)/n(\bigcirc)}{N(\bullet)/N(\bigcirc)}$
-65944	67072.6	-0.983170475	718	654	1.097859327	-1.1167

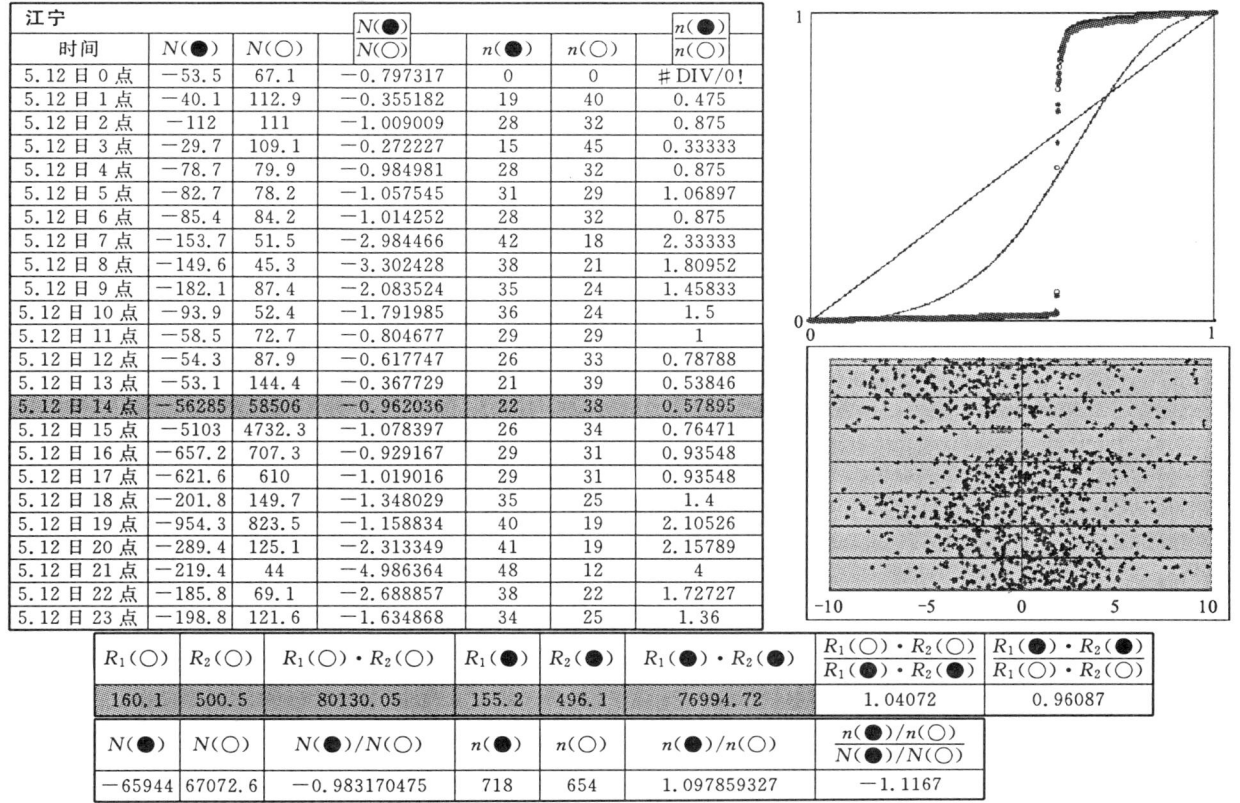

敦化台 2008 年 5 月 12 日全天每小时正应力和负应力增量（日报）

敦化 时间	$N(\bullet)$	$N(\bigcirc)$	$\dfrac{N(\bullet)}{N(\bigcirc)}$	$n(\bullet)$	$n(\bigcirc)$	$\dfrac{n(\bullet)}{n(\bigcirc)}$
5.12 日 0 点	-19.8	74.9	-0.264352	19	40	0.475
5.12 日 1 点	-17.7	72.6	-0.243802	17	42	0.40476
5.12 日 2 点	-18.6	54.8	-0.339416	23	37	0.62162
5.12 日 3 点	-23	55	-0.418182	21	38	0.55263
5.12 日 4 点	-21.9	47	-0.465957	19	39	0.48718
5.12 日 5 点	-37.2	49.2	-0.756098	27	33	0.81818
5.12 日 6 点	-25.2	57.8	-0.435986	21	36	0.58333
5.12 日 7 点	-6.7	97.5	-0.068718	7	52	0.13462
5.12 日 8 点	-2.1	108.7	-0.019319	6	53	0.11321
5.12 日 9 点	-16.7	232.2	-0.071921	9	50	0.18
5.12 日 10 点	-2.1	186.2	-0.011278	2	58	0.03448
5.12 日 11 点	-10.7	149.5	-0.071591	9	51	0.17647
5.12 日 12 点	-10.5	83	-0.126505	12	47	0.25532
5.12 日 13 点	-2.1	196.5	-0.010687	4	55	0.07273
5.12 日 14 点	-14667	15891.1	-0.922976	13	47	0.2766
5.12 日 15 点	-3216	3081.2	-1.043782	31	29	1.06897
5.12 日 16 点	-342.6	379.7	-0.902291	24	36	0.66667
5.12 日 17 点	-209.7	244.4	-0.85802	29	30	0.96667
5.12 日 18 点	-110.8	41.8	-2.650746	46	12	3.83333
5.12 日 19 点	-283.7	193	-1.469948	37	23	1.6087
5.12 日 20 点	-109.3	34.7	-3.149856	41	19	2.15789
5.12 日 21 点	-78.1	15.5	-5.03871	44	15	2.93333
5.12 日 22 点	-40.5	50.6	-0.800395	29	30	0.96667
5.12 日 23 点	-38.5	70.7	-0.544554	25	34	0.73529

$R_1(\bigcirc)$	$R_2(\bigcirc)$	$R_1(\bigcirc)\cdot R_2(\bigcirc)$	$R_1(\bullet)$	$R_2(\bullet)$	$R_1(\bullet)\cdot R_2(\bullet)$	$\dfrac{R_1(\bigcirc)\cdot R_2(\bigcirc)}{R_1(\bullet)\cdot R_2(\bullet)}$	$\dfrac{R_1(\bullet)\cdot R_2(\bullet)}{R_1(\bigcirc)\cdot R_2(\bigcirc)}$
178.581	482.9338	86242.89752	168.164	507.204	85293.65634	1.01113	0.9889

$N(\bullet)$	$N(\bigcirc)$	$N(\bullet)/N(\bigcirc)$	$n(\bullet)$	$n(\bigcirc)$	$n(\bullet)/n(\bigcirc)$	$\dfrac{n(\bullet)/n(\bigcirc)}{N(\bullet)/N(\bigcirc)}$
-19311	21467.6	-0.89952766	515	906	0.568432671	-0.6319

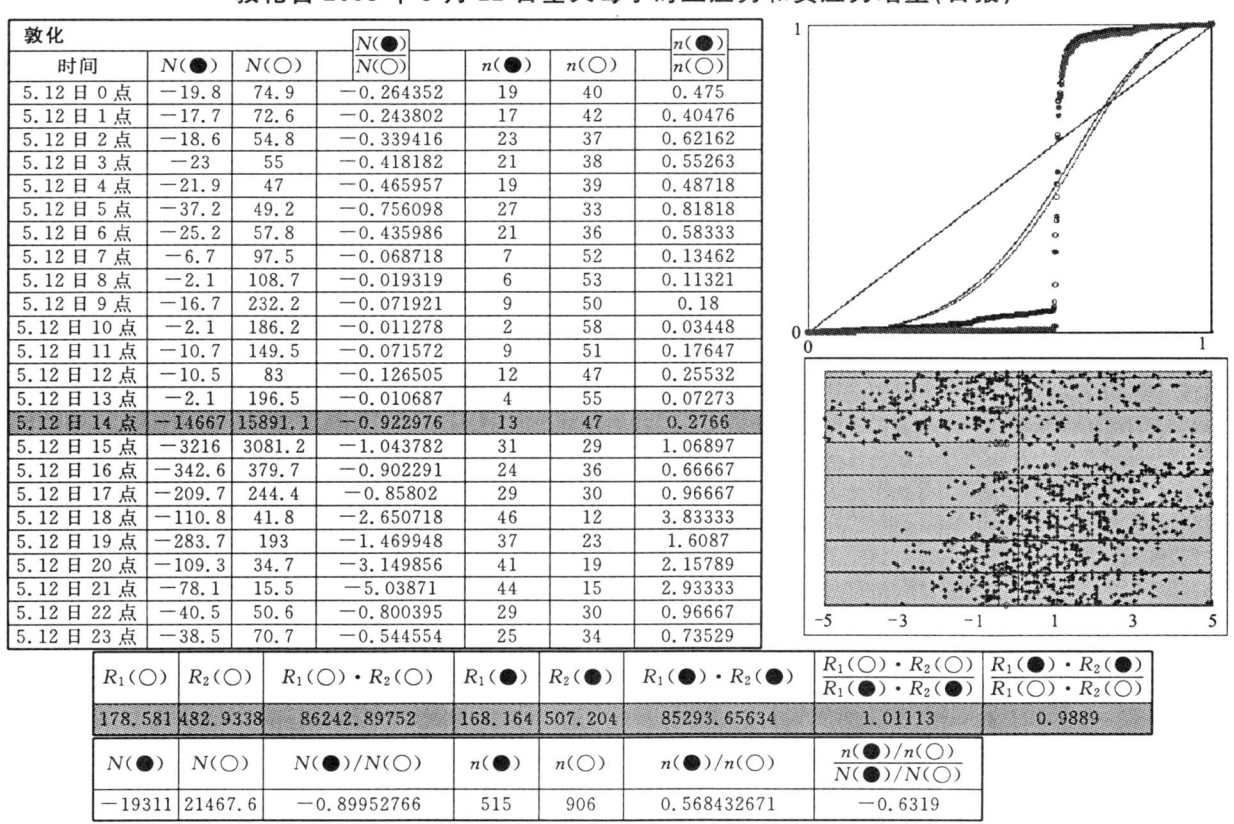

通化台 2008 年 5 月 12 日全天每小时正应力和负应力增量（日报）

通化 时间	N(●)	N(○)	N(●)/N(○)	n(●)	n(○)	n(●)/n(○)
5.12日0点	−52.9	13.9	−3.805755	40	20	2
5.12日1点	−43.3	27.5	−1.574545	36	23	1.56522
5.12日2点	−10.3	68.7	−0.149927	14	46	0.30435
5.12日3点	−7	85.4	−0.081967	10	49	0.20408
5.12日4点	−12.2	58.5	−0.208547	14	46	0.30435
5.12日5点	−11.7	63	−0.185714	18	42	0.42857
5.12日6点	−26	41.6	−0.625	21	36	0.58333
5.12日7点	−23.1	60	−0.385	23	34	0.67647
5.12日8点	−31.4	63.8	−0.492163	27	32	0.84375
5.12日9点	−20	70.1	−0.285307	17	39	0.4359
5.12日10点	−17.3	59.6	−0.290268	20	39	0.51282
5.12日11点	−18.6	7.1	−0.241245	17	41	0.41463
5.12日12点	−4.1	134.8	−0.030415	4	55	0.07273
5.12日13点	−0.6	201.8	−0.002973	3	57	0.05263
5.12日14点	−48449	48181	−1.005552	14	46	0.30435
5.12日15点	−8335	8030.6	−1.037868	31	29	1.06897
5.12日16点	−843.1	833.6	−1.011396	30	30	1
5.12日17点	−667.8	630.3	−1.059495	31	28	1.10714
5.12日18点	−267.8	145.2	−1.844353	40	20	2
5.12日19点	−565.7	389.3	−1.453121	42	18	2.33333
5.12日20点	−311.8	104.2	−2.992322	39	21	1.85714
5.12日21点	−225.6	7.6	−29.68421	52	8	6.5
5.12日22点	−205.7	16.7	−12.31737	52	8	6.5
5.12日23点	−191.5	40.5	−4.728395	42	16	2.625

$R_1(○)$	$R_2(○)$	$R_1(○) \cdot R_2(○)$	$R_1(●)$	$R_2(●)$	$R_1(●) \cdot R_2(●)$	$\frac{R_1(○) \cdot R_2(○)}{R_1(●) \cdot R_2(●)}$	$\frac{R_1(●) \cdot R_2(●)}{R_1(○) \cdot R_2(○)}$
178.695	508.3164	90833.80242	171.654	509.695	87491.13509	1.03821	0.9632

N(●)	N(○)	N(●)/N(○)	n(●)	n(○)	n(●)/n(○)	$\frac{n(●)/n(○)}{N(●)/N(○)}$
−60341	59404.8	−1.015754619	637	783	0.813537676	−0.8009

襄樊台 2008 年 5 月 12 日全天每小时正应力和负应力增量（日报）

襄樊 时间	N(●)	N(○)	N(●)/N(○)	n(●)	n(○)	n(●)/n(○)
5.12日0点	−67	5	−13.4	48	10	4.8
5.12日1点	−39.5	19.5	−2.025641	30	27	1.11111
5.12日2点	−31.6	17.5	−1.805714	34	24	1.41667
5.12日3点	−22.9	23.5	−0.974468	27	29	0.93103
5.12日4点	−24.2	20.6	−1.174757	31	27	1.14815
5.12日5点	−41.5	16.9	−2.455621	40	19	2.10526
5.12日6点	−49.2	17.7	−2.779661	41	19	2.15789
5.12日7点	−54	15.8	−3.417722	39	19	2.05263
5.12日8点	−56.1	13	−4.315385	42	17	2.47059
5.12日9点	−51.1	16	−3.19375	42	17	2.47059
5.12日10点	−21.1	27	−0.781481	28	30	0.93333
5.12日11点	−14.7	48.8	−0.30123	20	38	0.52632
5.12日12点	−11.6	58.5	−0.198291	17	43	0.39535
5.12日13点	−1.8	88.3	0.020385	5	54	0.09259
5.12日14点	−26533	25942	−1.02277	17	43	0.39535
5.12日15点	−4343	4082	−1.063964	32	28	1.14286
5.12日16点	−470.9	612.3	−0.769067	22	37	0.59459
5.12日17点	−789.5	828.4	−0.953042	32	27	1.18519
5.12日18点	−122.1	135.9	−0.898455	32	27	1.18519
5.12日19点	−1119	1042.8	−1.072881	29	30	0.96667
5.12日20点	−298.5	216.1	−1.381305	32	28	1.14286
5.12日21点	−136.4	50	−2.728	41	18	2.27778
5.12日22点	−160.4	53.2	−3.009398	43	17	2.52941
5.12日23点	−314.5	235.2	−1.33716	37	23	1.6087

$R_1(○)$	$R_2(○)$	$R_1(○) \cdot R_2(○)$	$R_1(●)$	$R_2(●)$	$R_1(●) \cdot R_2(●)$	$\frac{R_1(○) \cdot R_2(○)}{R_1(●) \cdot R_2(●)}$	$\frac{R_1(●) \cdot R_2(●)}{R_1(○) \cdot R_2(○)}$
166.368	502.9517	83675.06843	163.645	495.422	81073.39955	1.03209	0.96891

N(●)	N(○)	N(●)/N(○)	n(●)	n(○)	n(●)/n(○)	$\frac{n(●)/n(○)}{N(●)/N(○)}$
−34773	33586	−1.035339129	761	651	1.168970814	−1.1291

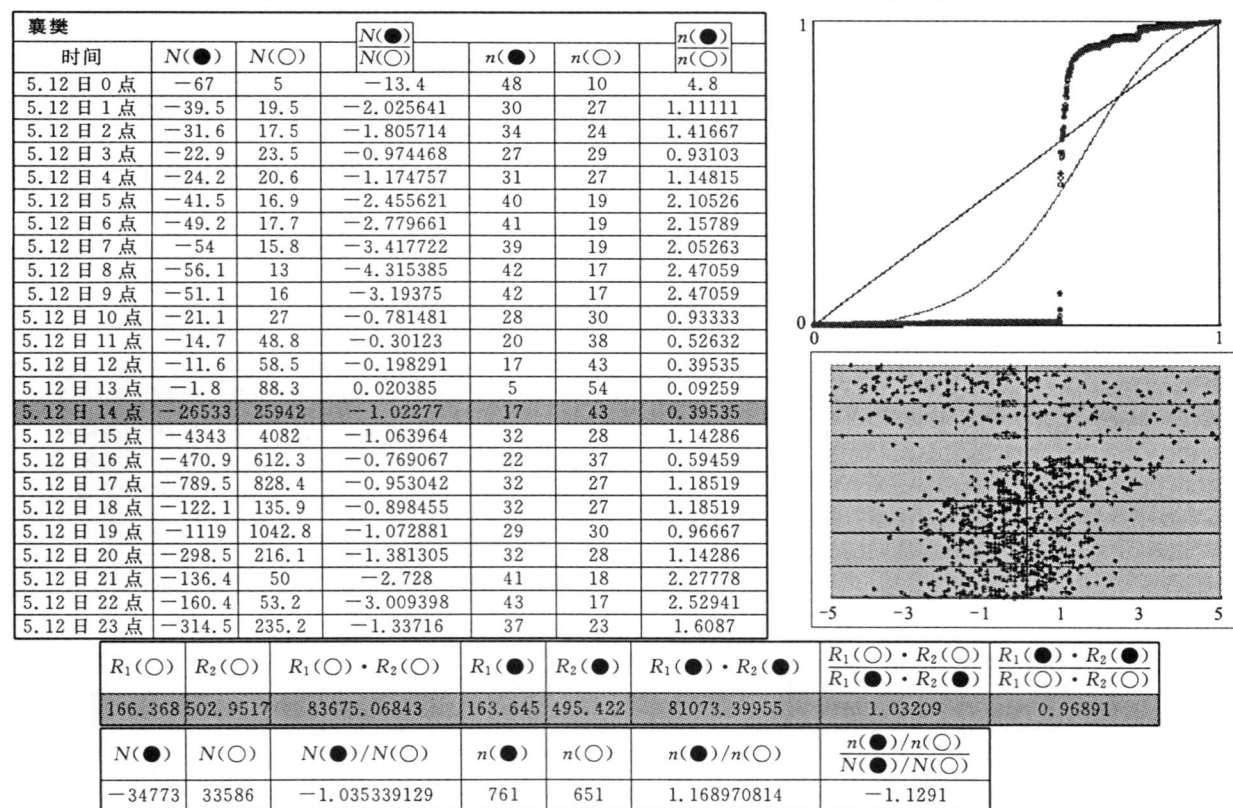

常山台 2008 年 5 月 12 日全天每小时正应力和负应力增量(日报)

常山 时间	N(●)	N(○)	N(●)/N(○)	n(●)	n(○)	n(●)/n(○)
5.12 日 0 点	−55.8	52.7	−1.058824	29	30	0.96667
5.12 日 1 点	−68.1	66.5	−1.02406	33	26	1.26923
5.12 日 2 点	−312.3	20.5	−15.23415	47	12	3.91667
5.12 日 3 点	−75	56.5	−1.327434	31	29	1.06897
5.12 日 4 点	−61.5	51.3	−1.19883	30	29	1.03448
5.12 日 5 点	−61	76.2	−0.800525	30	30	1
5.12 日 6 点	−40.4	82.3	−0.490887	26	34	0.76471
5.12 日 7 点	−24.5	99.8	−0.245491	20	40	0.5
5.12 日 8 点	−14.8	134	−0.110448	12	46	0.26087
5.12 日 9 点	−740.9	1109.4	0.667838	15	44	0.34091
5.12 日 10 点	−79155	79144.1	−1.000131	29	31	0.93548
5.12 日 11 点	−1389	1420.4	−0.978105	32	28	1.14286
5.12 日 12 点	−532	617.5	−0.861538	25	34	0.73529
5.12 日 13 点	−498.1	474.4	−1.049958	32	28	1.14286
5.12 日 14 点	−1165	936.9	−1.243889	39	20	1.95
5.12 日 15 点	−327.5	181.4	−1.805402	40	20	2
5.12 日 16 点	−278	113.9	−2.440737	44	16	2.75
5.12 日 17 点	−217	45.4	−4.779736	45	14	3.21429
5.12 日 18 点	−219.3	71.6	−3.062849	41	19	2.15789
5.12 日 19 点	−180.5	88.4	−2.041855	41	17	2.41176
5.12 日 20 点	−102.8	47.8	−2.150628	39	21	1.85714
5.12 日 21 点	−102.4	127.5	−0.803137	26	34	0.76471
5.12 日 22 点	−50.2	108.3	−0.463527	23	39	0.63889
5.12 日 23 点	−121.3	179.8	−0.674638	22	37	0.59459

$R_1(○)$	$R_2(○)$	$R_1(○)·R_2(○)$	$R_1(●)$	$R_2(●)$	$R_1(●)·R_2(●)$	$\frac{R_1(○)·R_2(○)}{R_1(●)·R_2(●)}$	$\frac{R_1(●)·R_2(●)}{R_1(○)·R_2(○)}$
459.5058	241.1628	110815.7053	453.9322	240.436	109141.5517	1.01534	0.98489

$N(●)$	$N(○)$	$N(●)/N(○)$	$n(●)$	$n(○)$	$n(●)/n(○)$	$\frac{n(●)/n(○)}{N(●)/N(○)}$
−85793	85306.6	−1.005697097	751	675	1.112592593	−1.1063

丽水台 2008 年 5 月 12 日全天每小时正应力和负应力增量(日报)

丽水 时间	N(●)	N(○)	N(●)/N(○)	n(●)	n(○)	n(●)/n(○)
5.12 日 0 点	−146.8	9.5	−15.45263	0	0	#DIV/0!
5.12 日 1 点	−66	74.1	−0.890688	29	31	0.93548
5.12 日 2 点	−35	88.7	−0.394589	18	41	0.43902
5.12 日 3 点	−44.7	97.5	−0.458462	22	38	0.57895
5.12 日 4 点	−42.4	84.7	−0.50059	26	33	0.78788
5.12 日 5 点	−71.4	57.7	−1.237435	28	32	0.875
5.12 日 6 点	−77.8	44.1	−1.764172	32	27	1.18519
5.12 日 7 点	−97.2	72.9	−1.333333	33	27	1.22222
5.12 日 8 点	−85.4	46.1	−1.852495	34	26	1.30769
5.12 日 9 点	−101.4	117.4	−0.863714	25	35	0.71429
5.12 日 10 点	−19.9	98.3	−0.202442	16	44	0.36364
5.12 日 11 点	−59.1	179	−0.330168	16	44	0.36364
5.12 日 12 点	−31	178.7	−0.173475	15	45	0.33333
5.12 日 13 点	−15.5	223.9	−0.069227	10	49	0.20408
5.12 日 14 点	−34973	41024.9	−0.85249	13	47	0.2766
5.12 日 15 点	−6437	6190.1	−1.039886	29	31	0.93548
5.12 日 16 点	−1763	1873.6	−0.940702	30	30	1
5.12 日 17 点	−1358	1466	−0.926262	29	31	0.93548
5.12 日 18 点	−537.5	440.8	−1.219374	30	30	1
5.12 日 19 点	−2046	1954.7	−1.046554	33	27	1.22222
5.12 日 20 点	−616.1	404.6	−1.522739	33	27	1.22222
5.12 日 21 点	−684.3	565.7	−1.209652	38	22	1.72727
5.12 日 22 点	−465	246.6	−1.885645	40	20	2
5.12 日 23 点	−884	789.7	−1.119412	32	28	1.14286

$R_1(○)$	$R_2(○)$	$R_1(○)·R_2(○)$	$R_1(●)$	$R_2(●)$	$R_1(●)·R_2(●)$	$\frac{R_1(○)·R_2(○)}{R_1(●)·R_2(●)}$	$\frac{R_1(●)·R_2(●)}{R_1(○)·R_2(○)}$
160.1	500.5	76696	155.2	496.1	70914	1.04072	0.95087

$N(●)$	$N(○)$	$N(●)/N(○)$	$n(●)$	$n(○)$	$n(●)/n(○)$	$\frac{n(●)/n(○)}{N(●)/N(○)}$
−50657	56329.3	−0.899299299	611	765	0.79869281	−0.8881

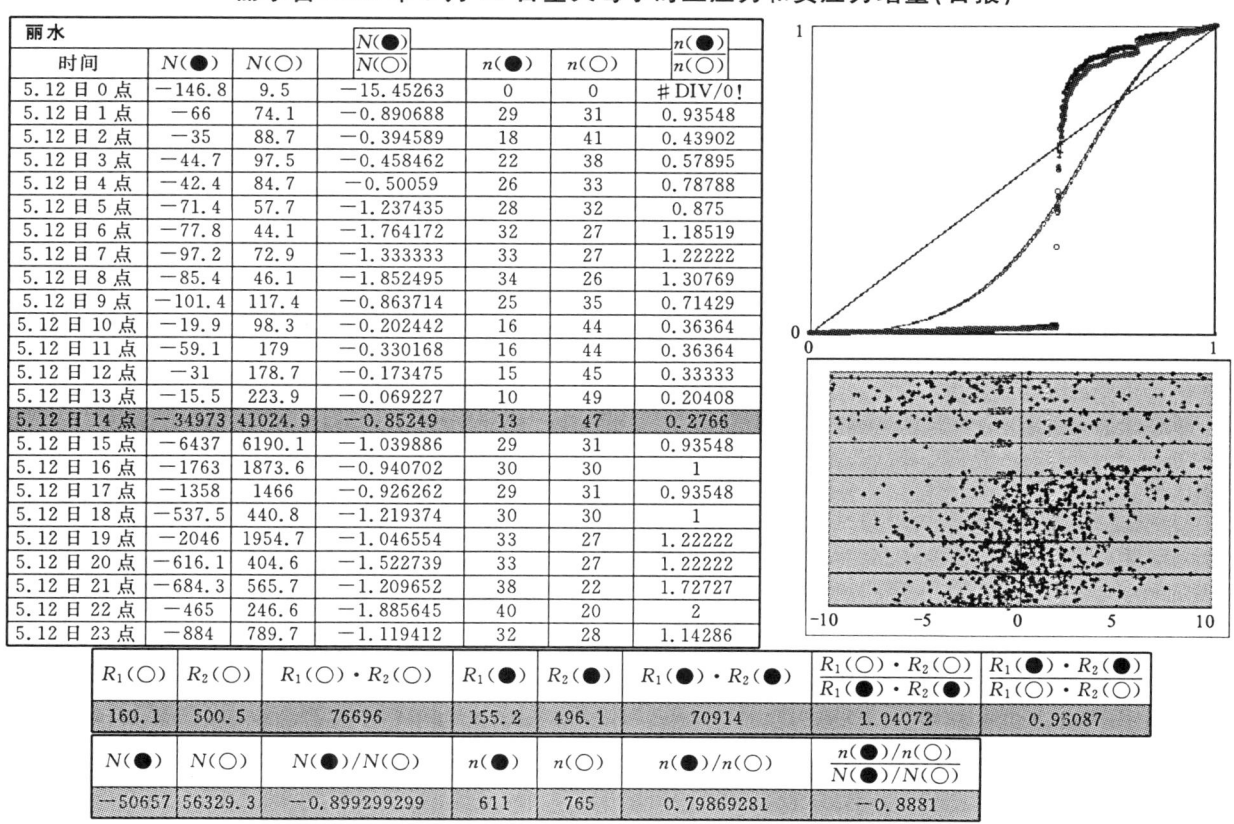

徐州台 2008 年 5 月 12 日全天每小时正应力和负应力增量(日报)

徐州 时间	N(●)	N(○)	N(●)/N(○)	n(●)	n(○)	n(●)/n(○)
5.12日0点	−105	2	−52.5	47	1	47
5.12日1点	−53	6	−8.833333	35	6	5.83333
5.12日2点	−33	23	−1.434783	23	18	1.27778
5.12日3点	−16	39	0.410256	13	30	0.43333
5.12日4点	−6	61	−0.098361	5	38	0.13158
5.12日5点	−11	44	−0.25	9	32	0.28125
5.12日6点	−16	32	−0.5	10	22	0.45455
5.12日7点	−212	0	#VID/0!	60	0	#DIV/0!
5.12日8点	−57	21	−2.714286	33	15	2.2
5.12日9点	−12	57	−0.210526	11	37	0.2973
5.12日10点	−4	87	−0.045977	4	49	0.08163
5.12日11点	−1	92	−0.01087	1	49	0.02041
5.12日12点	−1	113	−0.00885	1	55	0.01818
5.12日13点	0	139	0	0	58	0
5.12日14点	−56303	60757	−0.926692	18	41	0.43902
5.12日15点	−6910	7058	−0.979031	30	30	1
5.12日16点	−927	1170	−0.792308	29	31	0.93548
5.12日17点	−885	1040	−0.850962	27	33	0.81818
5.12日18点	−182	268	−0.679104	23	32	0.71875
5.12日19点	−856	873	−0.980527	31	27	1.14815
5.12日20点	−360	286	−1.258741	30	28	1.07143
5.12日21点	−257	90	−2.855556	37	19	1.94737
5.12日22点	−388	214	−1.813084	42	15	2.8
5.12日23点	−329	132	−2.492424	39	19	2.05263

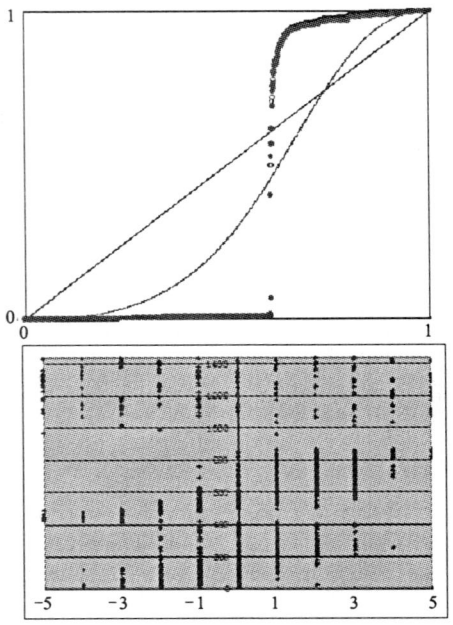

$R_1(○)$	$R_2(○)$	$R_1(○) \cdot R_2(○)$	$R_1(●)$	$R_2(●)$	$R_1(●) \cdot R_2(●)$	$\frac{R_1(○) \cdot R_2(○)}{R_1(●) \cdot R_2(●)}$	$\frac{R_1(●) \cdot R_2(●)}{R_1(○) \cdot R_2(○)}$
178.5	506.1	90338.85	177.9	502.7	89430.33	1.01016	0.98994

$N(●)$	$N(○)$	$N(●)/N(○)$	$n(●)$	$n(○)$	$n(●)/n(○)$	$\frac{n(●)/n(○)}{N(●)/N(○)}$
63948	55007	1.162542949	558	685	0.81459854	0.7007

(2) 西北地区(2008 年 5 月 12 日)正负应变增量量化形势

湟源台　　$R_1^+ \cdot R_2^+ = 87697$　　$R_1^- \cdot R_2^- = 85473$

格尔木台　$R_1^+ \cdot R_2^+ = 76464$　　$R_1^- \cdot R_2^- = 76464$

高台台　　$R_1^+ \cdot R_2^+ = 85974$　　$R_1^- \cdot R_2^- = 82652$

门源台　　$R_1^+ \cdot R_2^+ = 91211$　　$R_1^- \cdot R_2^- = 88672$

银川台　　$R_1^+ \cdot R_2^+ = 78102$　　$R_1^- \cdot R_2^- = 76676$

玉树台　　$R_1^+ \cdot R_2^+ = 80130$　　$R_1^- \cdot R_2^- = 76994$

海原台　　$R_1^+ \cdot R_2^+ = 127777$　　$R_1^- \cdot R_2^- = 128722$

乐都台　　$R_1^+ \cdot R_2^+ = 90462$　　$R_1^- \cdot R_2^- = 87914$

湟源台 2008 年 5 月 12 日全天每小时正应力和负应力增量(日报)

湟源 时间	$N(\bullet)$	$N(\bigcirc)$	$\dfrac{N(\bullet)}{N(\bigcirc)}$	$n(\bullet)$	$n(\bigcirc)$	$\dfrac{n(\bullet)}{n(\bigcirc)}$
5.12 日 0 点	−175	0	#DIV/0!	57	0	#DIV/0!
5.12 日 1 点	−96	2	−48	50	2	25
5.12 日 2 点	−46	36	−1.277778	21	21	1
5.12 日 3 点	−10	68	−0.147059	6	35	0.17143
5.12 日 4 点	−7	99	−0.070707	5	41	0.12195
5.12 日 5 点	−8	93	−0.086022	7	43	0.16279
5.12 日 6 点	−20	70	−0.285714	13	37	0.35135
5.12 日 7 点	−23	35	−0.657143	18	21	0.85714
5.12 日 8 点	−37	17	−2.176471	28	16	1.75
5.12 日 9 点	−63	25	−2.52	31	16	1.9375
5.12 日 10 点	−55	17	−3.235294	29	14	2.07143
5.12 日 11 点	−43	49	−0.877551	23	24	0.95833
5.12 日 12 点	−25	56	−0.446429	16	28	0.57143
5.12 日 13 点	−12	83	−0.144578	7	46	0.15217
5.12 日 14 点	−57642	52797	−1.091767	14	44	0.31818
5.12 日 15 点	−6438	7219	−0.891813	26	34	0.76471
5.12 日 16 点	−1131	1159	−0.975841	27	32	0.84375
5.12 日 17 点	−1107	1200	−0.9225	27	33	0.81818
5.12 日 18 点	−256	299	−0.856187	26	29	0.89655
5.12 日 19 点	−1657	1607	−1.031114	33	26	1.26923
5.12 日 20 点	−450	297	−1.515152	34	22	1.54545
5.12 日 21 点	−261	40	−6.525	46	12	3.83333
5.12 日 22 点	−279	48	−5.8125	45	13	3.46154
5.12 日 23 点	−433	191	−2.267016	39	17	2.29412

$R_1(\bigcirc)$	$R_2(\bigcirc)$	$R_1(\bigcirc)\cdot R_2(\bigcirc)$	$R_1(\bullet)$	$R_2(\bullet)$	$R_1(\bullet)\cdot R_2(\bullet)$	$\dfrac{R_1(\bigcirc)\cdot R_2(\bigcirc)}{R_1(\bullet)\cdot R_2(\bullet)}$	$\dfrac{R_1(\bullet)\cdot R_2(\bullet)}{R_1(\bigcirc)\cdot R_2(\bigcirc)}$
174.55	502.4208	87697.29943	171.233	499.167	85473.9642	1.02601	0.97465

$N(\bullet)$	$N(\bigcirc)$	$N(\bullet)/N(\bigcirc)$	$n(\bullet)$	$n(\bigcirc)$	$n(\bullet)/n(\bigcirc)$	$\dfrac{n(\bullet)/n(\bigcirc)}{N(\bullet)/N(\bigcirc)}$
−70274	65507	−1.072770849	628	606	1.03630363	−0.966

格尔木台 2008 年 5 月 12 日全天每小时正应力和负应力增量(日报)

格尔木 时间	$N(\bullet)$	$N(\bigcirc)$	$\dfrac{N(\bullet)}{N(\bigcirc)}$	$n(\bullet)$	$n(\bigcirc)$	$\dfrac{n(\bullet)}{n(\bigcirc)}$
5.12 日 0 点	−55.5	0.6	−92.5	56	3	18.6667
5.12 日 1 点	−41.6	2.1	−19.80952	55	5	11
5.12 日 2 点	−23.5	2.7	−8.703704	52	7	7.42857
5.12 日 3 点	−17.4	6.8	−2.558824	40	15	2.66667
5.12 日 4 点	−10.1	10.1	−1	33	21	1.57143
5.12 日 5 点	−11.7	15.8	−0.740506	24	28	0.85714
5.12 日 6 点	−18.2	12.2	−1.491803	32	24	1.33333
5.12 日 7 点	−13.9	7.2	−1.930556	34	20	1.7
5.12 日 8 点	−16.4	4	−4.1	37	17	2.17647
5.12 日 9 点	−13.4	4.8	−2.791667	28	19	1.47368
5.12 日 10 点	−13.9	12.4	−1.120968	25	30	0.83333
5.12 日 11 点	−7.6	21.1	−0.36019	13	40	0.325
5.12 日 12 点	−1.5	38.9	−0.03856	4	54	0.07407
5.12 日 13 点	−0.1	63.2	−0.001582	1	58	0.01724
5.12 日 14 点	−7493	7505.4	−0.998308	16	44	0.36364
5.12 日 15 点	−1925	2130.2	−0.903483	26	34	0.76471
5.12 日 16 点	−425.5	461.9	−0.921195	29	31	0.93548
5.12 日 17 点	−619.3	688.2	−0.899884	29	31	0.93548
5.12 日 18 点	−75.2	78.5	−0.957962	30	29	1.03448
5.12 日 19 点	−330	317.7	−1.038716	31	29	1.06897
5.12 日 20 点	−224.2	198.8	−1.127767	31	28	1.10714
5.12 日 21 点	−81.8	30.7	−2.664495	40	18	2.22222
5.12 日 22 点	−114.2	55.2	−2.068841	34	26	1.30769
5.12 日 23 点	−135.9	77.5	−1.753548	32	27	1.18519

$R_1(\bigcirc)$	$R_2(\bigcirc)$	$R_1(\bigcirc)\cdot R_2(\bigcirc)$	$R_1(\bullet)$	$R_2(\bullet)$	$R_1(\bullet)\cdot R_2(\bullet)$	$\dfrac{R_1(\bigcirc)\cdot R_2(\bigcirc)}{R_1(\bullet)\cdot R_2(\bullet)}$	$\dfrac{R_1(\bullet)\cdot R_2(\bullet)}{R_1(\bigcirc)\cdot R_2(\bigcirc)}$
152.263	502.1845	76464.3194	152.263	502.185	76464.3194	1	1

$N(\bullet)$	$N(\bigcirc)$	$N(\bullet)/N(\bigcirc)$	$n(\bullet)$	$n(\bigcirc)$	$n(\bullet)/n(\bigcirc)$	$\dfrac{n(\bullet)/n(\bigcirc)}{N(\bullet)/N(\bigcirc)}$
−11668	11746	−0.993376469	732	638	1.147335423	−1.155

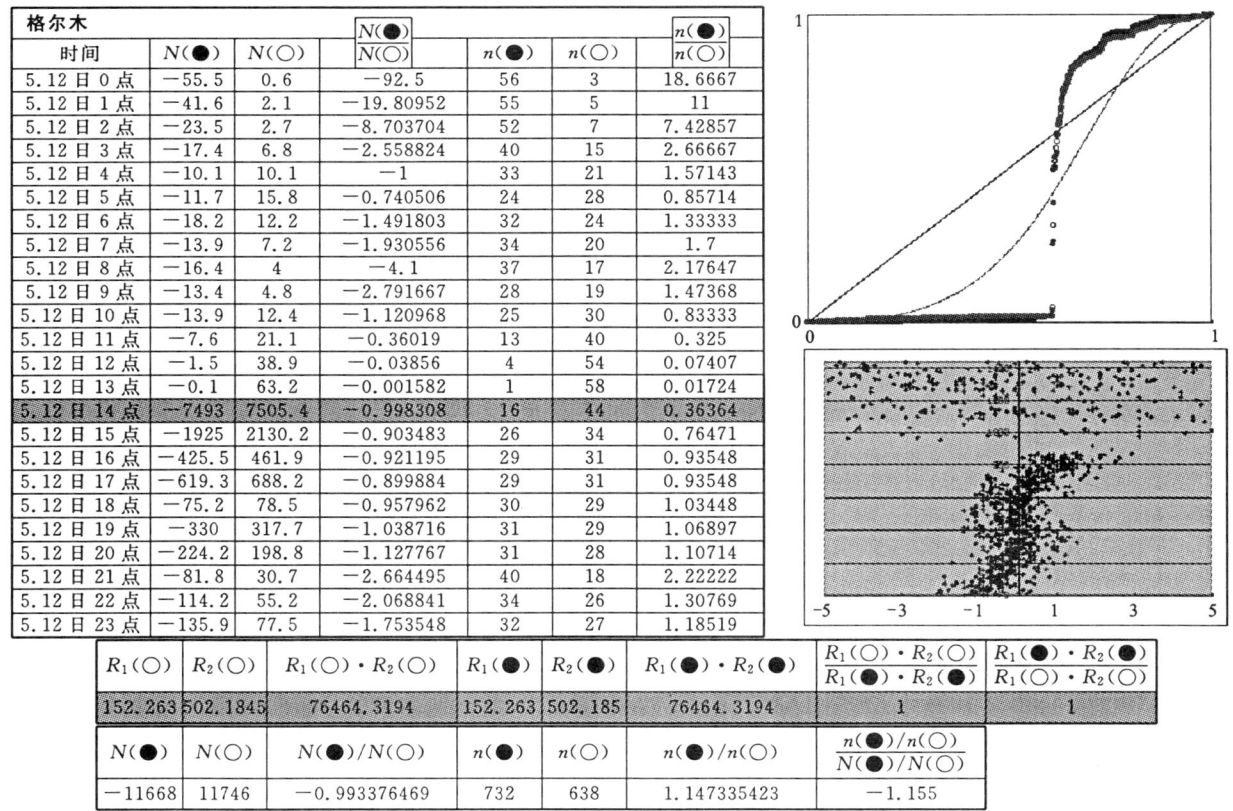

高台台 2008 年 5 月 12 日全天每小时正应力和负应力增量（日报）

高台 时间	$N(●)$	$N(○)$	$\dfrac{N(●)}{N(○)}$	$n(●)$	$n(○)$	$\dfrac{n(●)}{n(○)}$
5.12 日 0 点	−97.1	0.1	−971	59	1	59
5.12 日 1 点	−54.7	3.7	−14.78378	54	6	9
5.12 日 2 点	−35.1	10.1	−3.475248	39	17	2.29412
5.12 日 3 点	−12.6	17.7	−0.711864	28	30	0.93333
5.12 日 4 点	−9.7	24	−0.404167	16	42	0.38095
5.12 日 5 点	−12.8	18.8	−0.680851	24	34	0.70588
5.12 日 6 点	−31.3	9.7	−3.226804	31	23	1.34783
5.12 日 7 点	−31.8	10.1	−3.148515	38	21	1.80952
5.12 日 8 点	−28.2	6.1	−4.622951	39	17	2.29412
5.12 日 9 点	−23	16	−1.4375	32	27	1.18519
5.12 日 10 点	−12	19.5	−0.615385	22	31	0.70968
5.12 日 11 点	−8.3	38.4	−0.216146	16	43	0.37209
5.12 日 12 点	−3.8	62.4	−0.060897	5	55	0.09091
5.12 日 13 点	−3.8	99.2	−0.038306	1	59	0.01695
5.12 日 14 点	−22432	22171.3	−1.011736	17	43	0.39535
5.12 日 15 点	−5620	6270	−0.89638	33	27	1.22222
5.12 日 16 点	−721.4	828.1	−0.871151	28	32	0.875
5.12 日 17 点	−633.7	740.2	−0.85612	32	28	1.14286
5.12 日 18 点	−109.5	172.9	−0.633314	25	34	0.73529
5.12 日 19 点	−643.7	651.6	−0.987876	29	31	0.93548
5.12 日 20 点	−220.9	170.6	−1.294842	33	26	1.26923
5.12 日 21 点	−121.8	20.7	−5.884058	45	13	3.46154
5.12 日 22 点	−167.5	43.3	−3.86836	41	18	2.27778
5.12 日 23 点	−194.4	56.5	−3.440708	40	20	2

$R_1(○)$	$R_2(○)$	$R_1(○) \cdot R_2(○)$	$R_1(●)$	$R_2(●)$	$R_1(●) \cdot R_2(●)$	$\dfrac{R_1(○) \cdot R_2(○)}{R_1(●) \cdot R_2(●)}$	$\dfrac{R_1(●) \cdot R_2(●)}{R_1(○) \cdot R_2(○)}$
168.951	508.8699	85974.18025	165.146	500.485	82652.82956	1.04018	0.96137

$N(●)$	$N(○)$	$N(●)/N(○)$	$n(●)$	$n(○)$	$n(●)/n(○)$	$\dfrac{n(●)/n(○)}{N(●)/N(○)}$
−31229	31461	−0.992622612	727	678	1.072271386	−1.0802

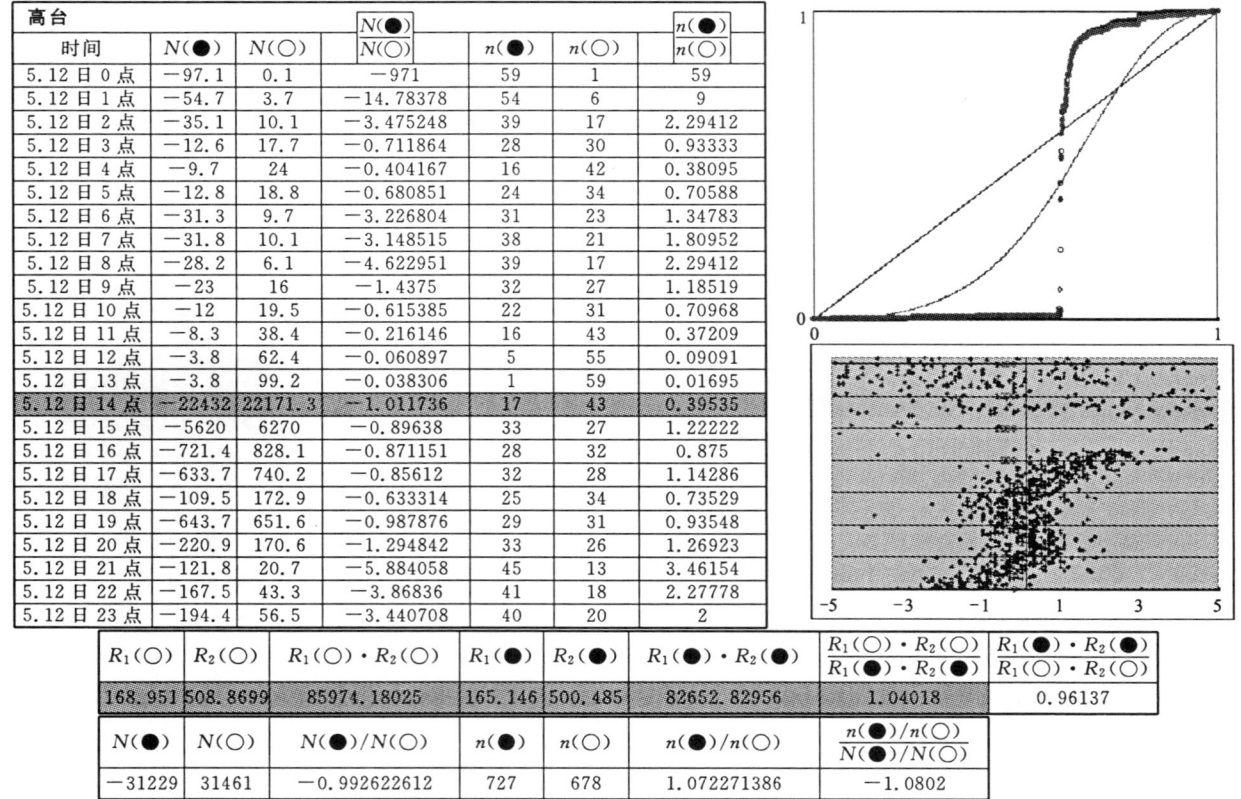

门源台 2008 年 5 月 12 日全天每小时正应力和负应力增量（日报）

门源 时间	$N(●)$	$N(○)$	$\dfrac{N(●)}{N(○)}$	$n(●)$	$n(○)$	$\dfrac{n(●)}{n(○)}$
5.12 日 0 点	−128.9	23.6	−5.461864	43	16	2.6875
5.12 日 1 点	−71.2	37.4	−1.903743	39	20	1.95
5.12 日 2 点	−59.2	53.9	−1.09833	31	29	1.06897
5.12 日 3 点	−47.5	67.9	−0.699558	27	32	0.84375
5.12 日 4 点	−20.6	79.1	−0.26043	19	41	0.46341
5.12 日 5 点	−30.9	73.7	−0.419259	22	37	0.59459
5.12 日 6 点	−42.6	67.4	−0.632047	24	36	0.66667
5.12 日 7 点	−39.7	42	−0.945238	29	28	1.03571
5.12 日 8 点	−56.9	46.7	−1.218415	34	25	1.36
5.12 日 9 点	−59.7	61.7	−0.972313	29	31	0.93548
5.12 日 10 点	−37.1	47.3	−0.784355	24	33	0.72727
5.12 日 11 点	−35.2	48.6	−0.72428	30	30	1
5.12 日 12 点	−42.3	90.6	−0.466887	23	37	0.62162
5.12 日 13 点	−29.7	88.8	−0.334459	21	38	0.55263
5.12 日 14 点	−28344	28439.4	−0.996638	24	36	0.66667
5.12 日 15 点	−4895	4849.5	−1.009382	31	29	1.06897
5.12 日 16 点	−610.1	753.6	−0.809581	32	28	1.14286
5.12 日 17 点	−685	778.5	−0.879897	25	35	0.71429
5.12 日 18 点	−131.1	162.2	−0.808262	28	32	0.875
5.12 日 19 点	−1031	1007.6	−1.022827	29	31	0.93548
5.12 日 20 点	−253.4	135.7	−1.867354	42	18	2.33333
5.12 日 21 点	−205.3	60	−3.421667	45	15	3
5.12 日 22 点	−200.2	32.5	−6.16	45	15	3
5.12 日 23 点	−252	96	−2.625	37	22	1.68182

$R_1(○)$	$R_2(○)$	$R_1(○) \cdot R_2(○)$	$R_1(●)$	$R_2(●)$	$R_1(●) \cdot R_2(●)$	$\dfrac{R_1(○) \cdot R_2(○)}{R_1(●) \cdot R_2(●)}$	$\dfrac{R_1(●) \cdot R_2(●)}{R_1(○) \cdot R_2(○)}$
182.329	500.259	91211.82326	178.041	498.045	88672.64687	1.02864	0.97216

$N(●)$	$N(○)$	$N(●)/N(○)$	$n(●)$	$n(○)$	$n(●)/n(○)$	$\dfrac{n(●)/n(○)}{N(●)/N(○)}$
−37308	37143.4	−1.004431474	733	694	1.056195965	−1.0515

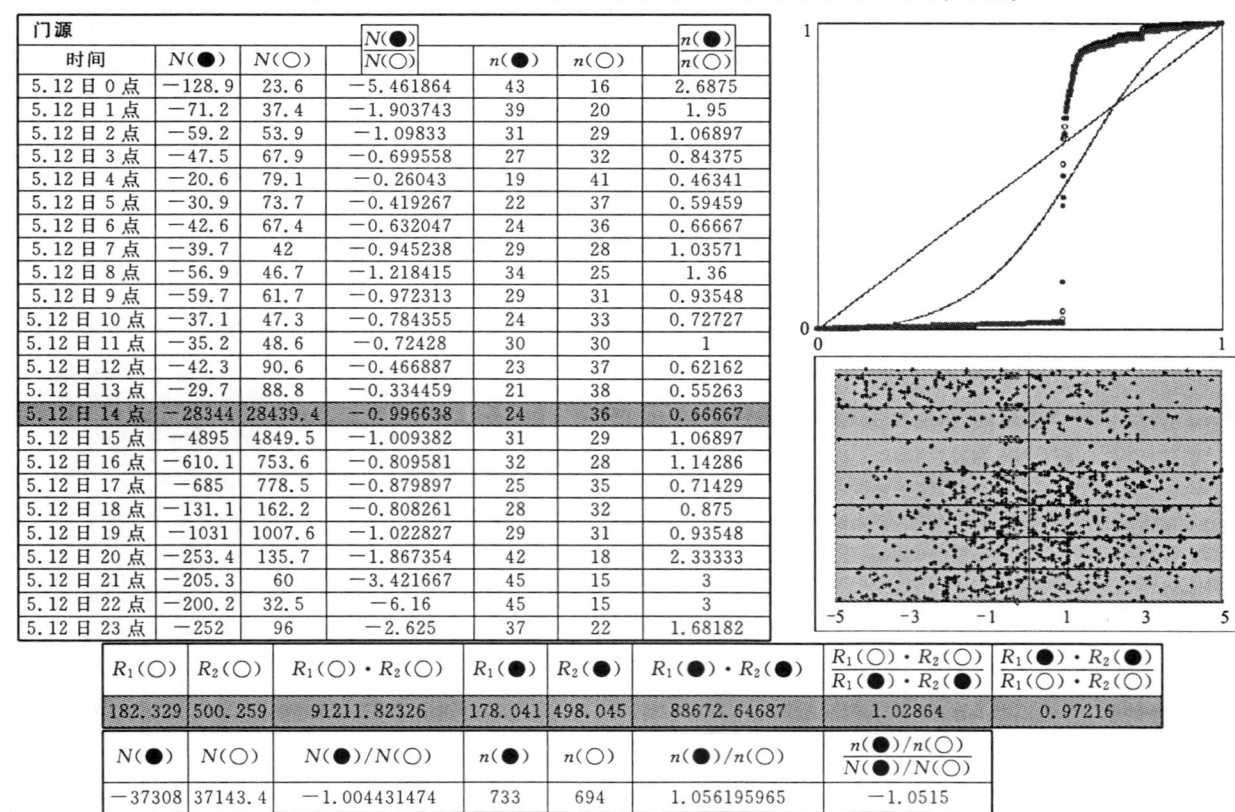

银川台 2008 年 5 月 12 日全天每小时正应力和负应力增量（日报）

银川 时间	$N(\bullet)$	$N(\bigcirc)$	$\dfrac{N(\bullet)}{N(\bigcirc)}$	$n(\bullet)$	$n(\bigcirc)$	$\dfrac{n(\bullet)}{n(\bigcirc)}$
5.12 日 0 点	−91.7	4.3	−21.32558	50	9	5.55556
5.12 日 1 点	−54.7	7.4	−7.391892	48	10	4.8
5.12 日 2 点	−33.1	31.3	−1.057508	27	30	0.9
5.12 日 3 点	−17.6	52	−0.338462	21	37	0.56757
5.12 日 4 点	−15	67.4	−0.222552	18	41	0.43902
5.12 日 5 点	−18.3	70.4	−0.259943	19	40	0.475
5.12 日 6 点	−14.3	45.6	−0.313596	18	42	0.42857
5.12 日 7 点	−27.2	27.1	−1.00369	27	30	0.9
5.12 日 8 点	−50.7	16.4	−3.091463	38	22	1.72727
5.12 日 9 点	−65.6	14.7	−4.462585	45	15	3
5.12 日 10 点	−77.2	12.5	−6.176	43	15	2.86667
5.12 日 11 点	−79	30.8	−2.564935	40	20	2
5.12 日 12 点	−38	26.1	−1.455939	33	26	1.26923
5.12 日 13 点	−303	44.4	−0.682432	17	41	0.41463
5.12 日 14 点	−21313	20319.7	−1.048869	17	43	0.39535
5.12 日 15 点	−2704	2649.7	−1.020644	28	32	0.875
5.12 日 16 点	−483.3	682.8	−0.707821	30	29	1.03448
5.12 日 17 点	−657.4	752.1	−0.874086	27	33	0.81818
5.12 日 18 点	−122.5	198.4	−0.61744	26	34	0.76471
5.12 日 19 点	−1559	1570.4	−0.992741	31	28	1.10714
5.12 日 20 点	−267.9	214.2	−1.2507	34	26	1.30769
5.12 日 21 点	−150.9	54	−2.794444	37	22	1.68182
5.12 日 22 点	−179.2	61.2	−2.928105	37	23	1.6087
5.12 日 23 点	−245.4	118.1	−2.0779	37	22	1.68182

$R_1(\bigcirc)$	$R_2(\bigcirc)$	$R_1(\bigcirc)\cdot R_2(\bigcirc)$	$R_1(\bullet)$	$R_2(\bullet)$	$R_1(\bullet)\cdot R_2(\bullet)$	$\dfrac{R_1(\bigcirc)\cdot R_2(\bigcirc)}{R_1(\bullet)\cdot R_2(\bullet)}$	$\dfrac{R_1(\bullet)\cdot R_2(\bullet)}{R_1(\bigcirc)\cdot R_2(\bigcirc)}$
157.6745	495.3388	78102.29762	56.8410	488.878	76676.16145	1.0186	0.98174

$N(\bullet)$	$N(\bigcirc)$	$N(\bullet)/N(\bigcirc)$	$n(\bullet)$	$n(\bigcirc)$	$n(\bullet)/n(\bigcirc)$	$\dfrac{n(\bullet)/n(\bigcirc)}{N(\bullet)/N(\bigcirc)}$
−28295	27071	−1.045229212	748	670	1.11641791	−1.0681

玉树台 2008 年 5 月 12 日全天每小时正应力和负应力增量（日报）

玉树 时间	$N(\bullet)$	$N(\bigcirc)$	$\dfrac{N(\bullet)}{N(\bigcirc)}$	$n(\bullet)$	$n(\bigcirc)$	$\dfrac{n(\bullet)}{n(\bigcirc)}$
5.12 日 0 点	−66.2	2.3	−28.78261	0	0	#DIV/0!
5.12 日 1 点	−35.4	5	−7.08	43	14	3.07143
5.12 日 2 点	−11.3	24.5	−0.461224	25	33	0.75758
5.12 日 3 点	−7.8	33.9	−0.230088	12	47	0.25532
5.12 日 4 点	−5.5	37.8	−0.145503	11	49	0.22449
5.12 日 5 点	−11.7	33.5	−0.349254	18	41	0.43902
5.12 日 6 点	−17.1	22.1	−0.773756	27	32	0.84375
5.12 日 7 点	−23	11.6	−1.982759	35	22	1.59091
5.12 日 8 点	−32.8	7.7	−4.25974	40	17	2.35294
5.12 日 9 点	−24.2	14	−1.728571	32	22	1.45455
5.12 日 10 点	−16.9	15.6	−1.083333	26	28	0.92857
5.12 日 11 点	−7.2	45.5	−0.158242	12	46	0.26087
5.12 日 12 点	−1.9	54.5	−0.034862	6	49	0.12245
5.12 日 13 点	−12.1	50.8	−0.238189	16	43	0.37209
5.12 日 14 点	−18107	18308.6	−0.988994	20	40	0.5
5.12 日 15 点	−3203	3568.1	−0.897705	29	31	0.93548
5.12 日 16 点	−683.9	689.2	−0.99231	25	35	0.71429
5.12 日 17 点	−1203	1309.8	−0.918537	24	36	0.66667
5.12 日 18 点	−105.7	155.6	−0.679306	25	33	0.75758
5.12 日 19 点	−661	655.7	−1.008083	26	34	0.76471
5.12 日 20 点	−388.6	363.3	−1.069639	28	32	0.875
5.12 日 21 点	−114.7	39.7	−2.889169	37	21	1.7619
5.12 日 22 点	−147.9	35.6	−4.154494	42	17	2.47059
5.12 日 23 点	−280.9	156	−1.800641	35	24	1.45833

$R_1(\bigcirc)$	$R_2(\bigcirc)$	$R_1(\bigcirc)\cdot R_2(\bigcirc)$	$R_1(\bullet)$	$R_2(\bullet)$	$R_1(\bullet)\cdot R_2(\bullet)$	$\dfrac{R_1(\bigcirc)\cdot R_2(\bigcirc)}{R_1(\bullet)\cdot R_2(\bullet)}$	$\dfrac{R_1(\bullet)\cdot R_2(\bullet)}{R_1(\bigcirc)\cdot R_2(\bigcirc)}$
160.1	500.5	80130.65	155.2	496.1	76994.72	1.04072	0.96087

$N(\bullet)$	$N(\bigcirc)$	$N(\bullet)/N(\bigcirc)$	$n(\bullet)$	$n(\bigcirc)$	$n(\bullet)/n(\bigcirc)$	$\dfrac{n(\bullet)/n(\bigcirc)}{N(\bullet)/N(\bigcirc)}$
−25169	25640.4	−0.981618851	594	746	0.796246649	−0.8112

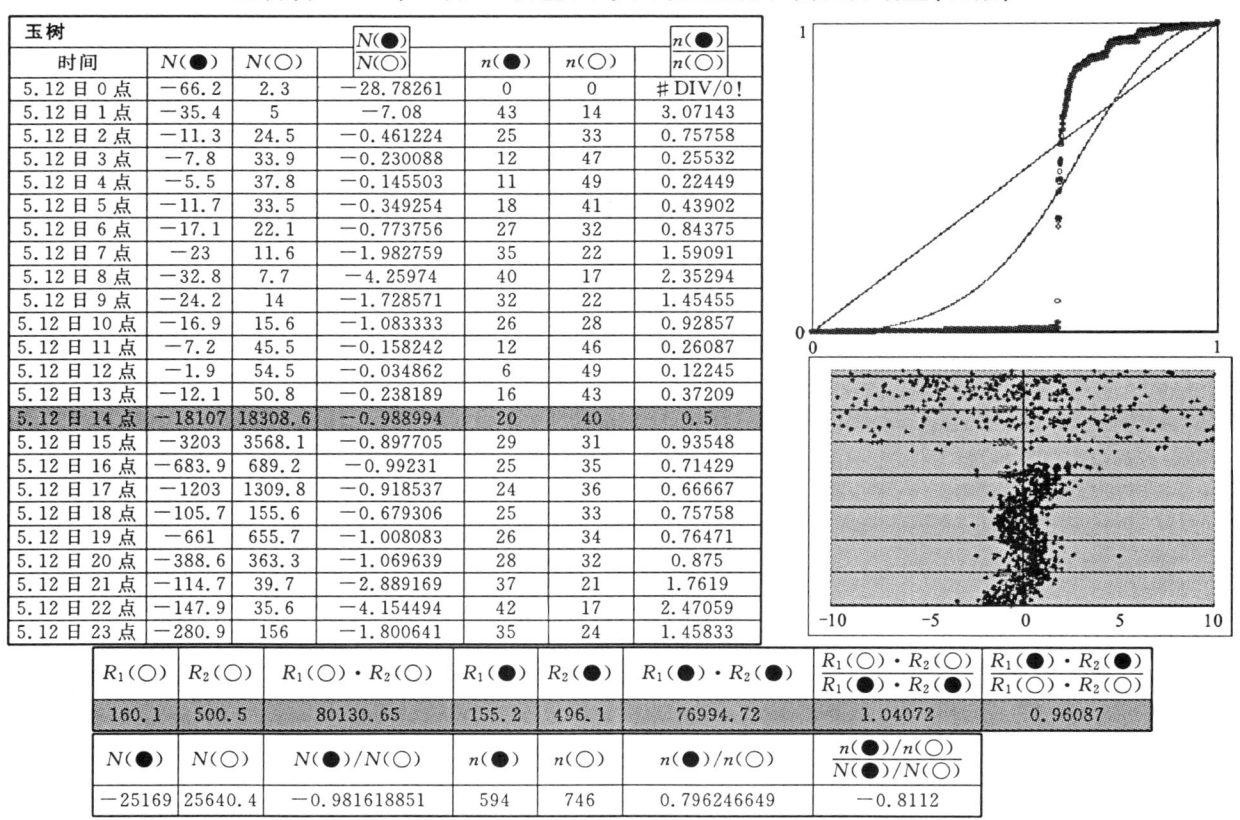

乐都台2008年5月12日全天每小时正应力和负应力增量(日报)

乐都 时间	$N(\bullet)$	$N(\bigcirc)$	$\dfrac{N(\bullet)}{N(\bigcirc)}$	$n(\bullet)$	$n(\bigcirc)$	$\dfrac{n(\bullet)}{n(\bigcirc)}$
5.12日0点	−105	2	−52.5	47	1	47
5.12日1点	−53	6	−8.833333	35	6	5.83333
5.12日2点	−33	23	−1.434783	23	18	1.27778
5.12日3点	−16	39	−0.410256	13	30	0.43333
5.12日4点	−6	61	−0.098361	5	38	0.13158
5.12日5点	−11	44	−0.25	9	32	0.28125
5.12日6点	−16	32	−0.5	10	22	0.45455
5.12日7点	−212	0	#DIV/0!	60	0	#DIV/0!
5.12日8点	−57	21	−2.714286	33	15	2.2
5.12日9点	−12	57	−0.210526	11	37	0.2973
5.12日10点	−4	87	−0.045977	4	49	0.08163
5.12日11点	−1	92	−0.01087	1	49	0.02041
5.12日12点	−1	113	−0.00885	1	55	0.01818
5.12日13点	0	139	0	0	58	0
5.12日14点	−56303	60757	−0.926692	18	41	0.43902
5.12日15点	−6910	7058	−0.979031	30	30	1
5.12日16点	−927	1170	−0.792308	29	31	0.93548
5.12日17点	−885	1040	−0.850962	27	33	0.81818
5.12日18点	−182	268	−0.679104	23	32	0.71875
5.12日19点	−856	873	−0.980527	31	27	1.14815
5.12日20点	−360	286	−1.258741	30	28	1.07143
5.12日21点	−257	90	−2.855556	37	19	1.94737
5.12日22点	−388	214	−1.813084	42	15	2.8
5.12日23点	−329	132	−2.492424	39	19	2.05263

$R_1(\bigcirc)$	$R_2(\bigcirc)$	$R_1(\bigcirc)\cdot R_2(\bigcirc)$	$R_1(\bullet)$	$R_2(\bullet)$	$R_1(\bullet)\cdot R_2(\bullet)$	$\dfrac{R_1(\bigcirc)\cdot R_2(\bigcirc)}{R_1(\bullet)\cdot R_2(\bullet)}$	$\dfrac{R_1(\bullet)\cdot R_2(\bullet)}{R_1(\bigcirc)\cdot R_2(\bigcirc)}$
179.2096	504.7866	90462.60467	75.7143	500.328	87914.73158	1.02898	0.97184

$N(\bullet)$	$N(\bigcirc)$	$N(\bullet)/N(\bigcirc)$	$n(\bullet)$	$n(\bigcirc)$	$n(\bullet)/n(\bigcirc)$	$\dfrac{n(\bullet)/n(\bigcirc)}{N(\bullet)/N(\bigcirc)}$
−67924	72604	−0.935540742	558	685	0.81459854	−0.8707

海原台2008年5月12日全天每小时正应力和负应力增量(日报)

海原 时间	$N(\bullet)$	$N(\bigcirc)$	$\dfrac{N(\bullet)}{N(\bigcirc)}$	$n(\bullet)$	$n(\bigcirc)$	$\dfrac{n(\bullet)}{n(\bigcirc)}$
5.12日0点	−59.2	89.8	−0.659243	24	36	0.66667
5.12日1点	−41.4	92.8	−0.446121	26	34	0.76471
5.12日2点	−45.1	79.7	−0.565872	22	38	0.57895
5.12日3点	−58.6	76.7	−0.764016	26	34	0.76471
5.12日4点	−66.2	65	−1.018462	29	31	0.93548
5.12日5点	−42.9	63.4	−0.676667	23	34	0.67647
5.12日6点	−56.2	69.1	−0.813314	25	35	0.71429
5.12日7点	−63.8	79.3	−0.80454	28	32	0.875
5.12日8点	−55.2	84.3	−0.654804	24	34	0.70588
5.12日9点	−42.8	87.5	−0.489143	25	35	0.71429
5.12日10点	−28.7	91.3	−0.314348	21	38	0.55263
5.12日11点	−96130	92756.3	−1.036376	25	35	0.71429
5.12日12点	−4783	4643.8	−1.029889	27	33	0.81818
5.12日13点	−666.9	846.8	−0.787553	28	32	0.875
5.12日14点	−388.1	469.4	−0.8268	29	31	0.93548
5.12日15点	−130.9	213.7	−0.612541	26	32	0.8125
5.12日16点	−1027	1067.9	−0.961607	29	31	0.93548
5.12日17点	−178.1	187.7	−0.948855	29	31	0.93548
5.12日18点	−123.4	106.5	−1.158685	31	29	1.06897
5.12日19点	−111.7	233.7	−0.477963	32	28	1.14286
5.12日20点	−333.1	213.7	−1.558727	29	30	0.96667
5.12日21点	−119.3	130.1	−0.916987	28	32	0.875
5.12日22点	−82.1	103.5	−0.793237	22	37	0.59459
5.12日23点	−146.2	176.9	−0.826456	27	33	0.81818

$R_1(\bigcirc)$	$R_2(\bigcirc)$	$R_1(\bigcirc)\cdot R_2(\bigcirc)$	$R_1(\bullet)$	$R_2(\bullet)$	$R_1(\bullet)\cdot R_2(\bullet)$	$\dfrac{R_1(\bigcirc)\cdot R_2(\bigcirc)}{R_1(\bullet)\cdot R_2(\bullet)}$	$\dfrac{R_1(\bullet)\cdot R_2(\bullet)}{R_1(\bigcirc)\cdot R_2(\bigcirc)}$
367.3736	347.8146	127777.9017	70.2384	347.674	128722.4136	0.99266	1.00739

$N(\bullet)$	$N(\bigcirc)$	$N(\bullet)/N(\bigcirc)$	$n(\bullet)$	$n(\bigcirc)$	$n(\bullet)/n(\bigcirc)$	$\dfrac{n(\bullet)/n(\bigcirc)}{N(\bullet)/N(\bigcirc)}$
−104780	102028.9	−1.026961969	635	795	0.798742138	−0.7778

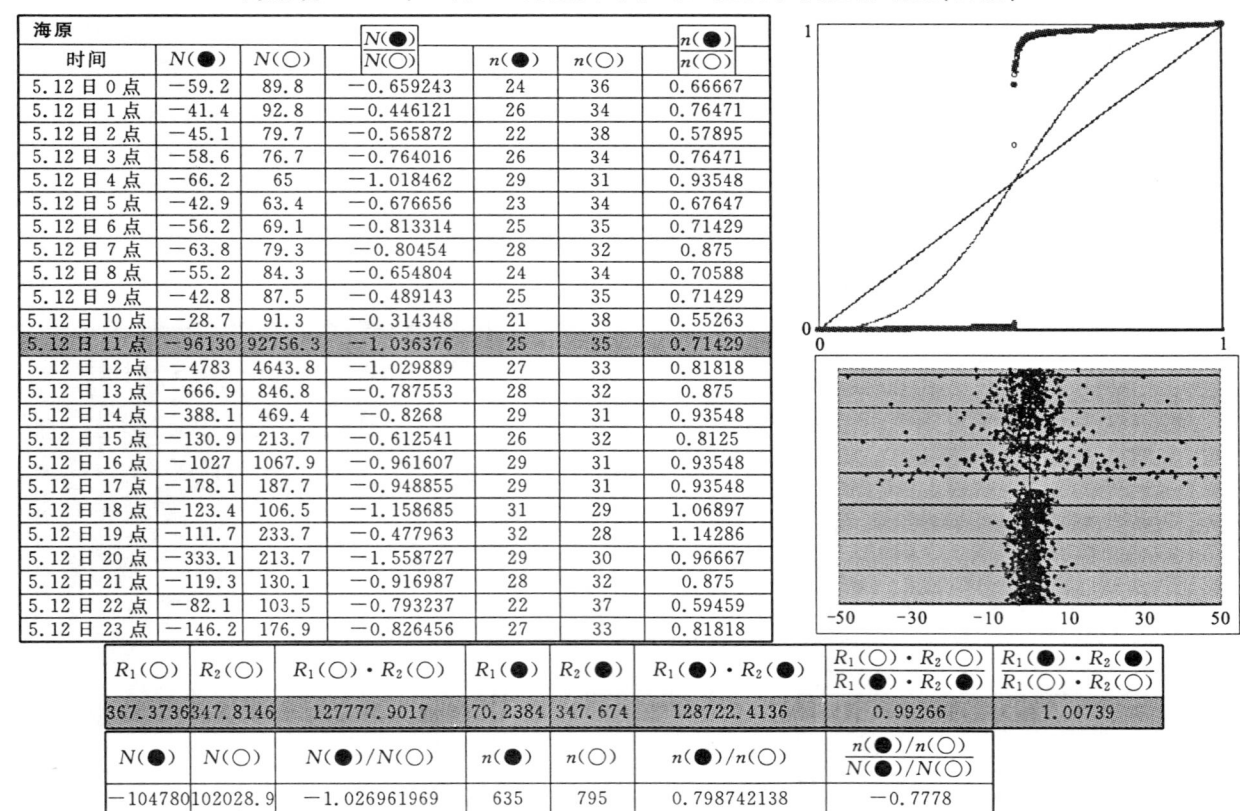

由海原台的数据情况来看,5月12日11时的参数就反映出"地震",是该台受到干扰或仪器故障,还是其他地方的地壳应力应变信息,有待研究。

(3)西南地区(2008年5月12日)正负应变增量量化形势

昭通台　　$R_1^+ \cdot R_2^+ = 80130$　　　$R_1^- \cdot R_2^- = 76994$
西昌台　　$R_1^+ \cdot R_2^+ = 20258$　　　$R_1^- \cdot R_2^- = 87766$
金河台　　$R_1^+ \cdot R_2^+ = 76678$　　　$R_1^- \cdot R_2^- = 70878$
腾冲台　　$R_1^+ \cdot R_2^+ = 82493$　　　$R_1^- \cdot R_2^- = 80378$
攀枝花　　$R_1^+ \cdot R_2^+ = 78100$　　　$R_1^- \cdot R_2^- = 76676$
泸州台　　$R_1^+ \cdot R_2^+ = 81381$　　　$R_1^- \cdot R_2^- = 80581$
贵阳台　　$R_1^+ \cdot R_2^+ = 80130$　　　$R_1^- \cdot R_2^- = 76994$
姑咱台　　$R_1^+ \cdot R_2^+ = 57300$　　　$R_1^- \cdot R_2^- = 55262$

昭通台 2008 年 5 月 12 日全天每小时正应力和负应力增量(日报)

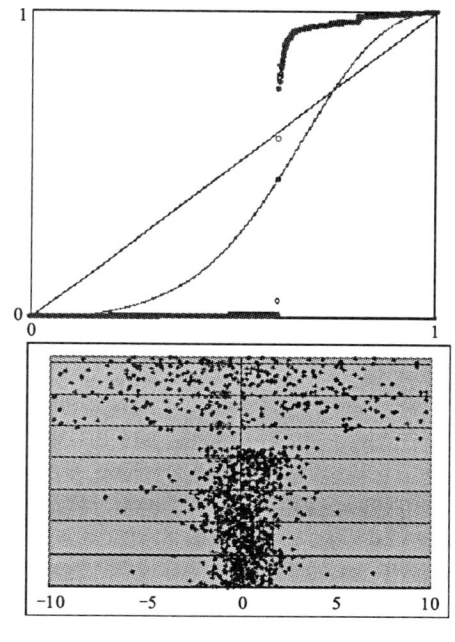

昭通 时间	$N(\bullet)$	$N(\bigcirc)$	$\frac{N(\bullet)}{N(\bigcirc)}$	$n(\bullet)$	$n(\bigcirc)$	$\frac{n(\bullet)}{n(\bigcirc)}$
5.12日0点	−22.7	28.8	−0.788194	0	0	#DIV/0!
5.12日1点	−20.4	35.3	−0.577904	24	30	0.8
5.12日2点	−10.2	38.8	−0.262887	18	40	0.45
5.12日3点	−10.9	50.4	−0.21627	16	42	0.38095
5.12日4点	−8.7	33.6	−0.258929	14	45	0.31111
5.12日5点	−22.2	32.9	−0.674772	26	33	0.78788
5.12日6点	−28.8	26.5	−1.086792	31	29	1.06897
5.12日7点	−35.2	32.3	−1.089783	28	30	0.93333
5.12日8点	−40.1	19.3	−2.07772	33	25	1.32
5.12日9点	−47.3	36.6	−1.29235	31	26	1.19231
5.12日10点	−25.6	34.2	−0.748538	22	38	0.57895
5.12日11点	−33.2	38.4	−0.864583	30	30	1
5.12日12点	−12.9	56.8	−0.227113	18	42	0.42857
5.12日13点	−7.5	64	−0.117188	10	49	0.20408
5.12日14点	−45092	44901.6	−1.004249	22	38	0.57895
5.12日15点	−3294	4017.4	−0.819933	26	34	0.76471
5.12日16点	−452.9	548.7	−0.825406	26	34	0.76471
5.12日17点	−497.9	557.9	−0.892454	29	31	0.93548
5.12日18点	−166.5	222.8	−0.747307	26	33	0.78788
5.12日19点	−1040	1053.6	−0.986997	29	31	0.93548
5.12日20点	−245.8	241.1	−1.019494	28	32	0.875
5.12日21点	−185.7	158.5	−1.171609	30	30	1
5.12日22点	−203.7	145	−1.404828	29	31	0.93548
5.12日23点	−240.6	223.8	−1.075067	33	27	1.22222

$R_1(\bigcirc)$	$R_2(\bigcirc)$	$R_1(\bigcirc) \cdot R_2(\bigcirc)$	$R_1(\bullet)$	$R_2(\bullet)$	$R_1(\bullet) \cdot R_2(\bullet)$	$\frac{R_1(\bigcirc) \cdot R_2(\bigcirc)}{R_1(\bullet) \cdot R_2(\bullet)}$	$\frac{R_1(\bullet) \cdot R_2(\bullet)}{R_1(\bigcirc) \cdot R_2(\bigcirc)}$
160.1	500.5	80130.05	155.2	496.1	76994.72	1.04072	0.96087
$N(\bullet)$	$N(\bigcirc)$	$N(\bullet)/N(\bigcirc)$	$n(\bullet)$	$n(\bigcirc)$	$n(\bullet)/n(\bigcirc)$	$\frac{n(\bullet)/n(\bigcirc)}{N(\bullet)/N(\bigcirc)}$	
−51745	52598.3	−0.983778943	579	780	0.742307692	−0.7545	

西昌台 2008 年 5 月 12 日全天每小时正应力和负应力增量（日报）

西昌 时间	$N(●)$	$N(○)$	$\dfrac{N(●)}{N(○)}$	$n(●)$	$n(○)$	$\dfrac{n(●)}{n(○)}$
5.12 日 0 点	−120.6	51.3	−2.350877	0	0	#DIV/0!
5.12 日 1 点	−87.9	71.2	−1.234551	31	28	1.10714
5.12 日 2 点	−40.9	44.8	−0.912946	28	29	0.96552
5.12 日 3 点	−37.9	47.8	−0.792887	27	32	0.84375
5.12 日 4 点	−24.7	53.1	−0.46516	24	32	0.75
5.12 日 5 点	−32.2	76	−0.423684	19	40	0.475
5.12 日 6 点	−48.3	61.8	−0.781553	31	28	1.10714
5.12 日 7 点	−46	61.6	−0.746753	26	34	0.76471
5.12 日 8 点	−64.9	67.6	−0.960059	27	31	0.87097
5.12 日 9 点	−71.3	59.7	−1.194305	30	29	1.03448
5.12 日 10 点	−80	67.8	−1.179941	34	26	1.30769
5.12 日 11 点	−65	60.1	−1.081531	33	26	1.26923
5.12 日 12 点	−74.3	54.6	−1.360806	30	30	1
5.12 日 13 点	−70.3	69.4	−1.012968	32	28	1.14286
5.12 日 14 点	−86345	87605.7	−0.985604	25	35	0.71429
5.12 日 15 点	−3824	5226.1	−0.73175	27	33	0.81818
5.12 日 16 点	−1207	1506.9	−0.800849	24	36	0.66667
5.12 日 17 点	−763.5	938.4	−0.813619	28	32	0.875
5.12 日 18 点	−215.9	336.5	−0.641605	25	34	0.73529
5.12 日 19 点	−2680	2753.9	−0.97302	31	29	1.06897
5.12 日 20 点	−494.9	481.1	−1.028684	27	33	0.81818
5.12 日 21 点	−402.3	382.8	−1.05094	28	32	0.875
5.12 日 22 点	−268.2	248.7	−1.078408	29	29	1
5.12 日 23 点	−729.9	687	−1.062445	32	28	1.14286

$R_1(○)$	$R_2(○)$	$R_1(○)·R_2(○)$	$R_1(●)$	$R_2(●)$	$R_1(●)·R_2(●)$	$\dfrac{R_1(○)·R_2(○)}{R_1(●)·R_2(●)}$	$\dfrac{R_1(●)·R_2(●)}{R_1(○)·R_2(○)}$
58.5	346.3	20258.55	176.7	496.7	87766.89	0.23082	4.33234

$N(●)$	$N(○)$	$N(●)/N(○)$	$n(●)$	$n(○)$	$n(●)/n(○)$	$\dfrac{n(●)/n(○)}{N(●)/N(○)}$
−97794	101013.9	−0.968125179	648	714	0.907563025	−0.9374

金河台 2008 年 5 月 12 日全天每小时正应力和负应力增量（日报）

金河 时间	$N(●)$	$N(○)$	$\dfrac{N(●)}{N(○)}$	$n(●)$	$n(○)$	$\dfrac{n(●)}{n(○)}$
5.12 日 0 点	−143.7	9.5	−15.12632	0	0	#DIV/0!
5.12 日 1 点	−69.1	71.4	−0.967787	30	30	1
5.12 日 2 点	−35	89.4	−0.391499	18	41	0.43902
5.12 日 3 点	−44.7	99.2	−0.450605	22	38	0.57895
5.12 日 4 点	−39.3	85	−0.462353	25	34	0.73529
5.12 日 5 点	−72.8	57.7	−1.261698	28	32	0.875
5.12 日 6 点	−79.5	40.8	−1.948529	33	26	1.26923
5.12 日 7 点	−96.6	76.2	−1.267742	32	28	1.14286
5.12 日 8 点	−83.2	45.7	−1.820569	35	25	1.4
5.12 日 9 点	−100.1	118.1	−0.847587	24	36	0.66667
5.12 日 10 点	−21.2	96	−0.220833	17	43	0.39535
5.12 日 11 点	−59.1	180	−0.328333	16	44	0.36364
5.12 日 12 点	−31	169.7	−0.182675	15	45	0.33333
5.12 日 13 点	−15.5	227	−0.068282	10	49	0.20408
5.12 日 14 点	−34973	39940.1	−0.875644	13	47	0.2766
5.12 日 15 点	−6437	7198	−0.894276	29	31	0.93548
5.12 日 16 点	−1719	1957.7	−0.878071	29	31	0.93548
5.12 日 17 点	−1355	1466	−0.924284	29	31	0.93548
5.12 日 18 点	−583.9	430.2	−1.357276	31	29	1.06897
5.12 日 19 点	−2038	1965.3	−1.036992	32	28	1.14286
5.12 日 20 点	−620.1	404.6	−1.532623	33	27	1.22222
5.12 日 21 点	−688	562.9	−1.222242	39	21	1.85714
5.12 日 22 点	−449.7	249.4	−1.803128	39	21	1.85714
5.12 日 23 点	−899.3	778	−1.155913	33	27	1.22222

$R_1(○)$	$R_2(○)$	$R_1(○)·R_2(○)$	$R_1(●)$	$R_2(●)$	$R_1(●)·R_2(●)$	$\dfrac{R_1(○)·R_2(○)}{R_1(●)·R_2(●)}$	$\dfrac{R_1(●)·R_2(●)}{R_1(○)·R_2(○)}$
156.2	490.9	76678.58	145.6	486.8	70878.08	1.08184	0.92435

$N(●)$	$N(○)$	$N(●)/N(○)$	$n(●)$	$n(○)$	$n(●)/n(○)$	$\dfrac{n(●)/n(○)}{N(●)/N(○)}$
−50654	56317.9	−0.899431619	612	764	0.80104712	−0.8906

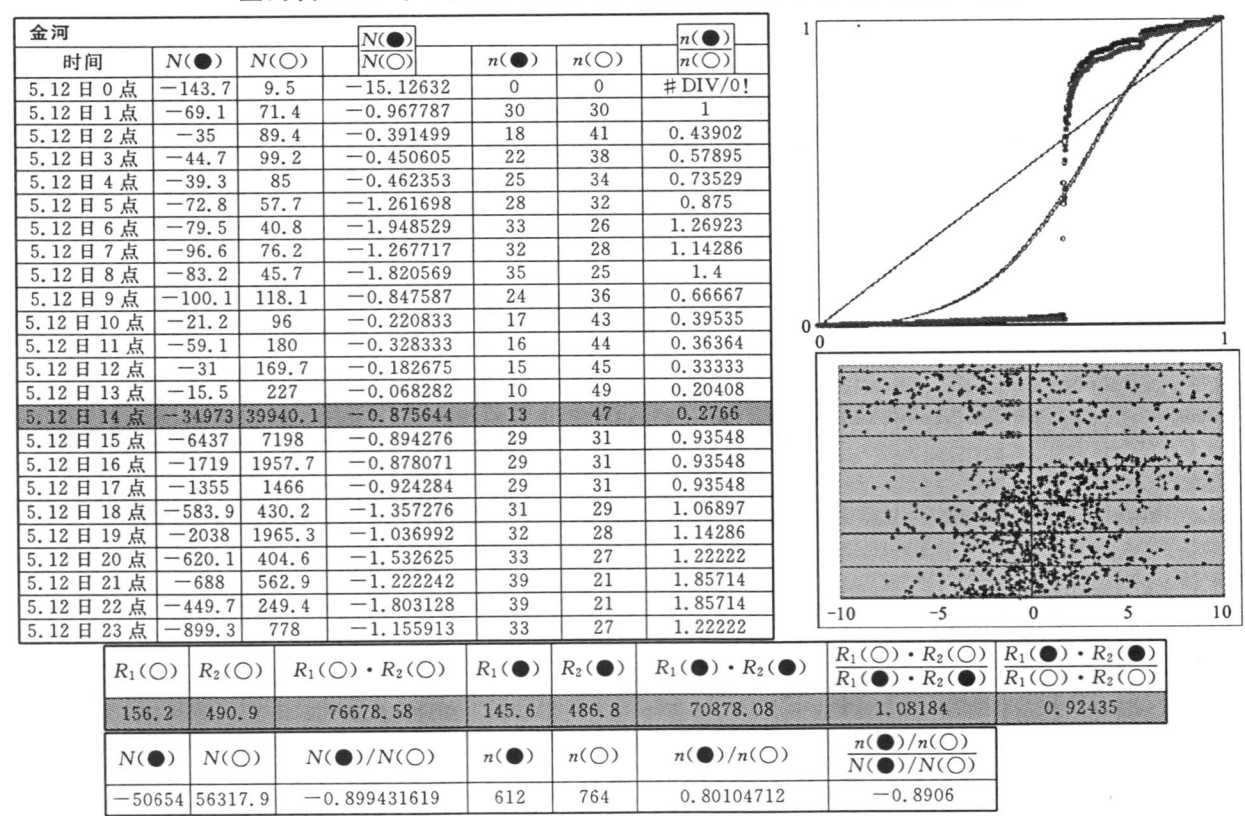

腾冲台2008年5月12日全天每小时正应力和负应力增量(日报)

腾冲 时间	$N(●)$	$N(○)$	$\dfrac{N(●)}{N(○)}$	$n(●)$	$n(○)$	$\dfrac{n(●)}{n(○)}$
5.12日0点	−34.3	5	−6.86	47	10	4.7
5.12日1点	−14.2	15.8	−0.898734	26	30	0.86667
5.12日2点	−12.1	12.8	−0.945312	29	25	1.16
5.12日3点	−4.5	26.9	−0.167286	14	40	0.35
5.12日4点	−4.6	31.3	−0.146965	16	42	0.38095
5.12日5点	−4.9	34.9	−0.140401	13	45	0.28889
5.12日6点	−9.4	22.4	−.419643	24	32	0.75
5.12日7点	−25.2	15.9	−1.584906	33	25	1.32
5.12日8点	−23.8	16.7	−1.42515	38	18	2.11111
5.12日9点	−23.8	26.5	−0.898113	26	32	0.8125
5.12日10点	−21.6	39.6	−0.545455	23	35	0.65714
5.12日11点	−33.3	60	−0.555	22	37	0.59459
5.12日12点	−17.8	70.5	−0.252482	19	39	0.48718
5.12日13点	−37.4	45.4	−0.823789	25	35	0.71429
5.12日14点	−7299	7347	−0.99348	24	35	0.68571
5.12日15点	−1610	1642	−0.980694	31	29	1.06897
5.12日16点	−198.3	267.6	−0.741031	30	30	1
5.12日17点	−153.5	203.5	−0.7543	27	33	0.81818
5.12日18点	−59.1	74	−0.798649	32	28	1.14286
5.12日19点	−230	224.4	−1.024955	28	30	0.93333
5.12日20点	−55	35.7	−1.540616	33	25	1.32
5.12日21点	−72.4	31.4	−2.305732	42	17	2.47059
5.12日22点	−61.9	20	−3.095	43	17	2.52941
5.12日23点	−77.3	43.1	−1.793503	40	19	2.10526

$R_1(○)$	$R_2(○)$	$R_1(○)·R_2(○)$	$R_1(●)$	$R_2(●)$	$R_1(●)·R_2(●)$	$\dfrac{R_1(○)·R_2(○)}{R_1(●)·R_2(●)}$	$\dfrac{R_1(●)·R_2(●)}{R_1(○)·R_2(○)}$
166.776	494.6374	82493.54809	161.894	496.489	80378.82114	1.02631	0.97436

$N(●)$	$N(○)$	$N(●)/N(○)$	$n(●)$	$n(○)$	$n(●)/n(○)$	$\dfrac{n(●)/n(○)}{N(●)/N(○)}$
−10084	10312.4	−0.977832512	685	708	0.967514124	−0.9894

攀枝花台2008年5月12日全天每小时正应力和负应力增量(日报)

攀枝花 时间	$N(●)$	$N(○)$	$\dfrac{N(●)}{N(○)}$	$n(●)$	$n(○)$	$\dfrac{n(●)}{n(○)}$
5.12日0点	−91.7	4.3	−21.32558	50	9	5.55556
5.12日1点	−54.7	7.4	−7.391892	48	10	4.8
5.12日2点	−33.1	31.3	−1.057508	27	30	0.9
5.12日3点	−17.6	52	−0.338462	21	37	0.56757
5.12日4点	−15	67.4	−0.222552	18	41	0.43902
5.12日5点	−18.3	70.4	−0.259943	19	40	0.475
5.12日6点	−14.3	45.6	−0.313596	18	42	0.42857
5.12日7点	−27.2	27.1	−1.00369	27	30	0.9
5.12日8点	−50.7	16.4	−3.091463	38	22	1.72727
5.12日9点	−65.6	14.7	−4.462585	45	15	3
5.12日10点	−77.2	12.5	−6.176	43	15	2.86667
5.12日11点	−79	30.8	−2.564935	40	20	2
5.12日12点	−38	26.1	−1.455939	33	26	1.26923
5.12日13点	−30.3	44.4	−0.682432	17	41	0.41463
5.12日14点	−21313	20319.7	−1.048869	17	43	0.39535
5.12日15点	−2704	2649.7	−1.020644	28	32	0.875
5.12日16点	−483.3	682.8	−0.707821	30	29	1.03448
5.12日17点	−657.4	752.1	−0.874086	27	33	0.81818
5.12日18点	−122.5	198.4	−0.61744	26	34	0.76471
5.12日19点	−1559	1570.4	−0.992741	31	28	1.10714
5.12日20点	−267.5	214.2	−1.2507	34	26	1.30769
5.12日21点	−150.9	54	−2.794444	37	22	1.68182
5.12日22点	−179.2	61.2	−2.928105	37	23	1.6087
5.12日23点	−245.4	118.1	−2.0779	37	22	1.68182

$R_1(○)$	$R_2(○)$	$R_1(○)·R_2(○)$	$R_1(●)$	$R_2(●)$	$R_1(●)·R_2(●)$	$\dfrac{R_1(○)·R_2(○)}{R_1(●)·R_2(●)}$	$\dfrac{R_1(●)·R_2(●)}{R_1(○)·R_2(○)}$
157.68	495.3135	78100.98315	156.841	488.878	76676.16145	1.01858	0.98176

$N(●)$	$N(○)$	$N(●)/N(○)$	$n(●)$	$n(○)$	$n(●)/n(○)$	$\dfrac{n(●)/n(○)}{N(●)/N(○)}$
−28295	27071	−1.045229212	748	670	1.11641791	−1.0681

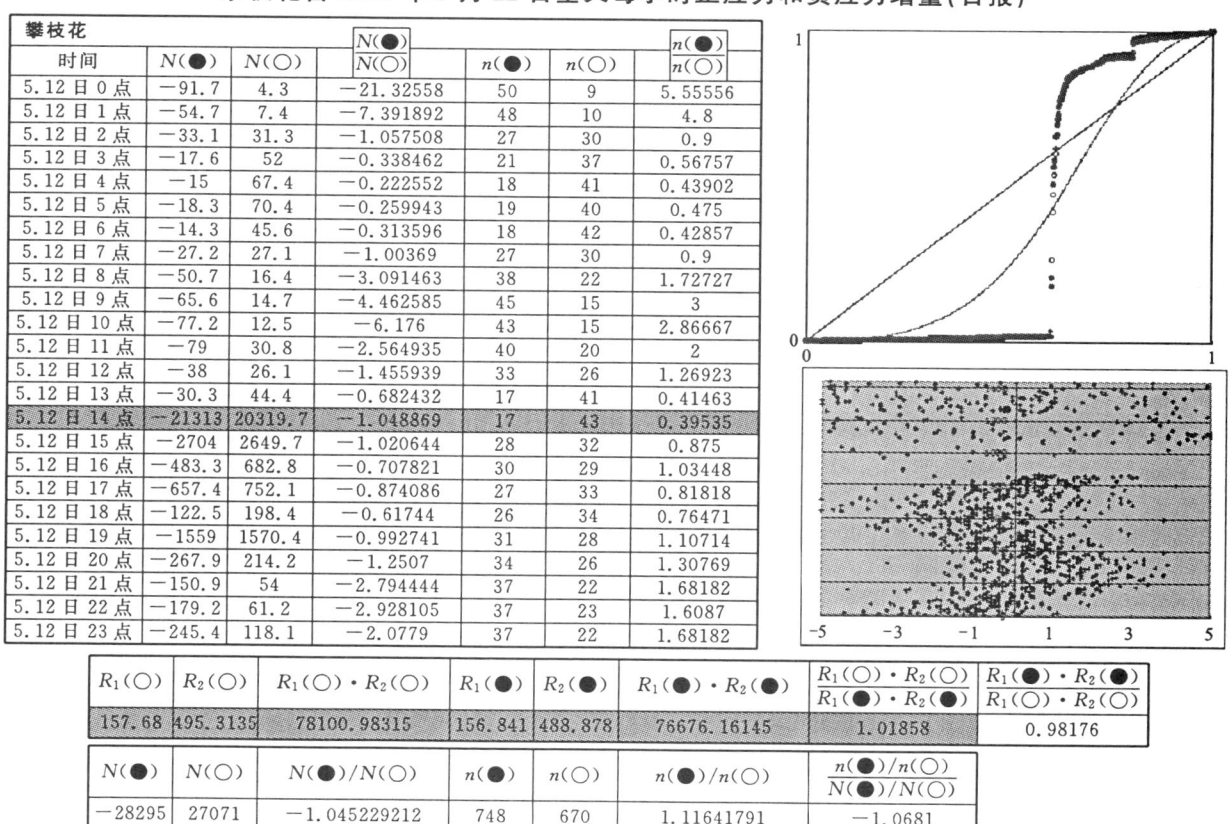

泸州台 2008 年 5 月 12 日全天每小时正应力和负应力增量（日报）

泸州 时间	$N(\bullet)$	$N(\circ)$	$\dfrac{N(\bullet)}{N(\circ)}$	$n(\bullet)$	$n(\circ)$	$\dfrac{n(\bullet)}{n(\circ)}$
5.12 日 0 点	−90	7	−12.85714	20	7	2.85714
5.12 日 1 点	−81	28	−2.892857	17	10	1.7
5.12 日 2 点	−69	28	−2.464286	16	10	1.6
5.12 日 3 点	−74	23	−3.217391	11	5	2.2
5.12 日 4 点	−67	35	−1.914286	13	8	1.625
5.12 日 5 点	−65	23	−2.826087	11	5	2.2
5.12 日 6 点	−100	51	−1.960784	10	5	2
5.12 日 7 点	−294	229	−1.283843	20	18	1.11111
5.12 日 8 点	−300	205	−1.463415	23	18	1.27778
5.12 日 9 点	−278	216	−1.287037	19	21	0.90476
5.12 日 10 点	−280	257	−1.089494	21	20	1.05
5.12 日 11 点	−137	151	−0.907285	12	20	0.6
5.12 日 12 点	−43	55	−0.781818	7	18	0.38889
5.12 日 13 点	−2163	16	−135.1875	23	7	3.28571
5.12 日 14 点	−55322	52942	−1.044955	22	19	1.15789
5.12 日 15 点	−4326	4060	−1.065517	33	25	1.32
5.12 日 16 点	−1443	1402	−1.029244	29	26	1.11538
5.12 日 17 点	−923	837	−1.102748	30	28	1.07143
5.12 日 18 点	−416	317	−1.312303	29	19	1.52632
5.12 日 19 点	−3188	3091	−1.031381	26	18	1.44444
5.12 日 20 点	−397	274	−1.448905	30	20	1.5
5.12 日 21 点	−491	370	−1.327027	23	17	1.35294
5.12 日 22 点	−524	414	−1.2657	24	19	1.26316
5.12 日 23 点	−515	401	−1.284289	25	13	1.92308

$R_1(\circ)$	$R_2(\circ)$	$R_1(\circ) \cdot R_2(\circ)$	$R_1(\bullet)$	$R_2(\bullet)$	$R_1(\bullet) \cdot R_2(\bullet)$	$\dfrac{R_1(\circ) \cdot R_2(\circ)}{R_1(\bullet) \cdot R_2(\bullet)}$	$\dfrac{R_1(\bullet) \cdot R_2(\bullet)}{R_1(\circ) \cdot R_2(\circ)}$
165.661	491.2513	81381.23073	167.276	481.272	80581.04115	1.00993	0.99017

$N(\bullet)$	$N(\circ)$	$N(\bullet)/N(\circ)$	$n(\bullet)$	$n(\circ)$	$n(\bullet)/n(\circ)$	$\dfrac{n(\bullet)/n(\circ)}{N(\bullet)/N(\circ)}$
−71586	65432	−1.09405184	494	376	1.313829787	−1.2009

贵阳台 2008 年 5 月 12 日全天每小时正应力和负应力增量（日报）

贵阳 时间	$N(\bullet)$	$N(\circ)$	$\dfrac{N(\bullet)}{N(\circ)}$	$n(\bullet)$	$n(\circ)$	$\dfrac{n(\bullet)}{n(\circ)}$
5.12 日 0 点	−151.1	6.8	−22.22059	0	0	#DIV/0!
5.12 日 1 点	−62.9	27.5	−2.287273	38	21	1.80952
5.12 日 2 点	−19.1	65.9	−0.289833	22	38	0.57895
5.12 日 3 点	−8.6	99.3	−0.086606	8	51	0.15686
5.12 日 4 点	−5.3	112.8	−0.046986	8	51	0.15686
5.12 日 5 点	−20	99	−0.20202	18	41	0.43902
5.12 日 6 点	−33.4	44.4	−0.752252	27	30	0.9
5.12 日 7 点	−61.5	28.3	−2.173145	37	21	1.7619
5.12 日 8 点	−71.3	23.5	−3.034043	40	19	2.10526
5.12 日 9 点	−94.1	5.9	−15.94915	50	8	6.25
5.12 日 10 点	−110.1	29.3	−3.757679	46	14	3.28571
5.12 日 11 点	−46	35.8	−1.284916	32	27	1.18519
5.12 日 12 点	−25.1	75.4	−0.332891	23	37	0.62162
5.12 日 13 点	−13.3	117.2	−0.113481	12	46	0.26087
5.12 日 14 点	−59923	60535.2	−0.989892	15	45	0.33333
5.12 日 15 点	−10013	10020.4	−0.999271	28	32	0.875
5.12 日 16 点	−1319	1481.5	−0.890584	27	33	0.81818
5.12 日 17 点	−1416	1509.9	−0.937678	27	33	0.81818
5.12 日 18 点	−546.3	568.3	−0.961288	33	27	1.22222
5.12 日 19 点	−1782	1669.1	−1.067342	36	24	1.5
5.12 日 20 点	−580.1	329	−1.763222	39	21	1.85714
5.12 日 21 点	−418.3	110	−3.802727	46	14	3.28571
5.12 日 22 点	−454.2	122.3	−3.713818	48	12	4
5.12 日 23 点	−739.3	400.3	−1.846865	45	15	3

$R_1(\circ)$	$R_2(\circ)$	$R_1(\circ) \cdot R_2(\circ)$	$R_1(\bullet)$	$R_2(\bullet)$	$R_1(\bullet) \cdot R_2(\bullet)$	$\dfrac{R_1(\circ) \cdot R_2(\circ)}{R_1(\bullet) \cdot R_2(\bullet)}$	$\dfrac{R_1(\bullet) \cdot R_2(\bullet)}{R_1(\circ) \cdot R_2(\circ)}$
160.1	500.5	80130.05	155.2	496.1	76994.72	1.04072	0.96087

$N(\bullet)$	$N(\circ)$	$N(\bullet)/N(\circ)$	$n(\bullet)$	$n(\circ)$	$n(\bullet)/n(\circ)$	$\dfrac{n(\bullet)/n(\circ)}{N(\bullet)/N(\circ)}$
−77913	77517.1	−1.00510855	705	660	1.068181818	−1.0628

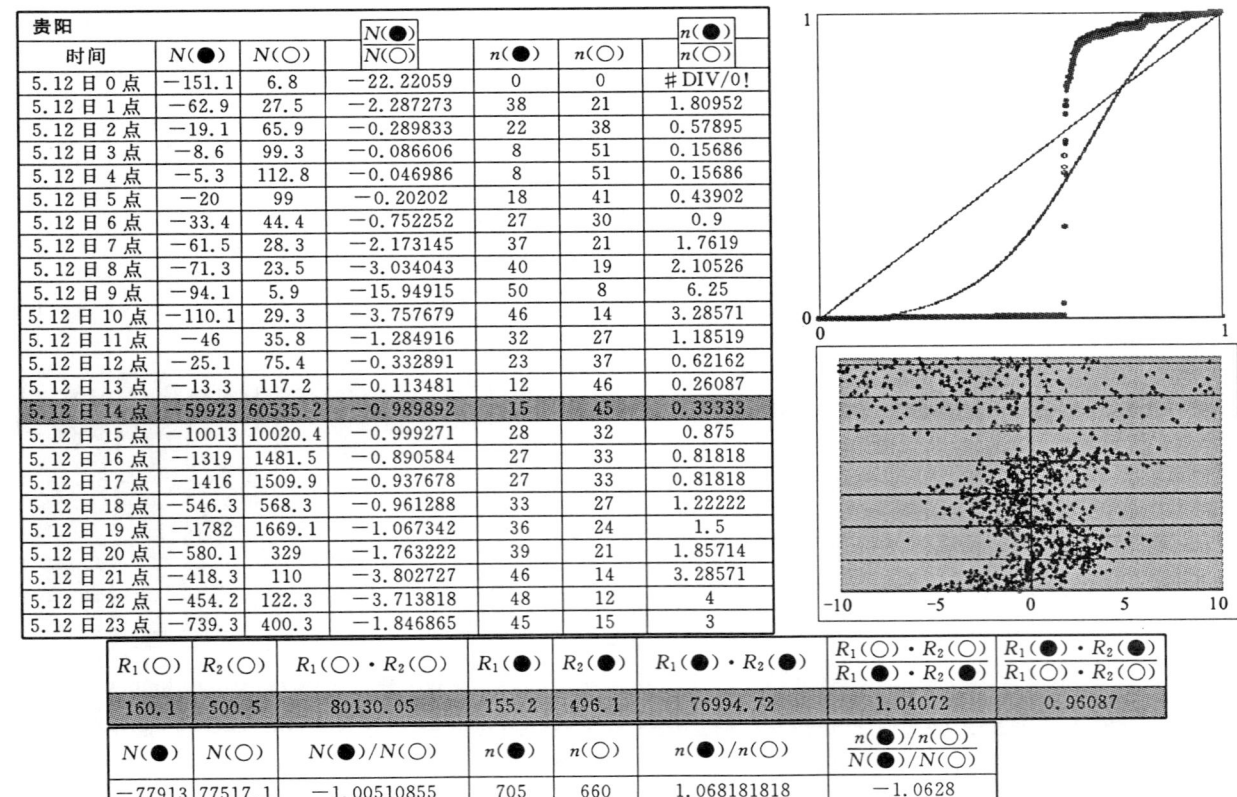

像汶川那样的8级强地震,遍布全国的40个应力应变观测仪,应变数据的统计分布几乎都很接近,正应变和负应变群子参数大小,表现为非常规律性的结果:$R_1^+ = 150 \sim 180$;$R_2^+ = 450 \sim 500$;$R_1^+ = 150 \sim 180$;$R_2^+ = 450 \sim 500$,正应变和负应变几乎同时以相同频率,以同样的应变加速总量来回震荡。应变能量因子 $R_1^+ \cdot R_2^+$ 和 $R_1^- \cdot R_2^-$ 大体上也维持在80 000左右,相当于强度8级。

因此,群子统计方法的应用,可以让应变增量临界特征明确化、定量化。

2. 基于地壳断裂流变动力学的应变加速临界量化

(1)从统计参数看量化应变加速临界状态

从汶川特大地震前的2008年5月12日零点开始,离汶川最近的姑咱台的应变数据,如果按传统的光滑曲线法,难以辨别应变异常的转折,只有到地震后才能回看那些细微的曲线波折,再认定它就是地震前兆,这无疑缺乏足够的说服力。真正科学的前兆识别,应该是量化的临界特征。基于地壳断裂流变动力学的应变加速临界量化方法的目的,就是使应变异常向危险转化作为地震前兆的转折,按照科学的定量原则,以临界方式表现出来。

下面以汶川特大地震前3天的群子参数变化规律看应力应变量化临界状态。

作者先将姑咱应变观测台2008年5月12日0点起的数据,按一定时间间隔处理,观察应变数据的变化情况——单位时间里应变变化就是应变加速值。

姑咱台2008年5月12日从0:00—23点正负应变加速值

姑咱						
时间	$N(\bullet)$	$N(\circ)$	$\dfrac{N(\bullet)}{N(\circ)}$	$n(\bullet)$	$n(\circ)$	$\dfrac{n(\bullet)}{n(\circ)}$
5.12日0点	−6.3	5.1	−1.235294	27	25	1.08
5.12日1点	−3	7.8	−0.384615	19	33	0.57576
5.12日2点	−9.8	9.8	−1	24	30	0.8
5.12日3点	−5.6	20.3	−0.275862	7	47	0.14894
5.12日4点	−4.4	11.9	−0.369748	19	39	0.48718
5.12日5点	−20.5	3.1	−6.612903	37	15	2.46667
5.12日6点	−49.5	0	#DIV/0!	55	0	#DIV/0!
5.12日7点	−22	3.2	−6.875	40	14	2.85714
5.12日8点	−14.3	0.8	−17.875	45	7	6.42857
5.12日9点	−16.7	0.7	−23.85714	50	4	12.5
5.12日10点	−17.8	1.9	−9.368421	48	9	5.33333
5.12日11点	−25.8	6.5	−3.969231	31	21	1.47619
5.12日12点	−43.4	4.3	−10.09302	43	13	3.30769
5.12日13点	0	54.1	0	0	58	0
5.12日14点	−7605	6883.1	−1.104822	17	43	0.39535
5.12日15点	−858.9	964.6	−0.890421	32	28	1.14286
5.12日16点	−267.4	236	−1.133051	30	30	1
5.12日17点	−341.2	353.4	−0.965478	28	31	0.90323
5.12日18点	−95.8	83.6	−1.145933	37	22	1.68182
5.12日19点	−1933	1907.4	−1.013579	29	31	0.93548
5.12日20点	−220.8	186	−1.187097	31	27	1.14815
5.12日21点	−103.8	64	−1.621875	40	19	2.10526
5.12日22点	−110.8	47.6	−2.327731	36	24	1.5
5.12日23点	−182.1	125	−1.4568	38	22	1.72727

$R_1(\circ)$	$R_2(\circ)$	$R_1(\circ) \cdot R_2(\circ)$	$R_1(\bullet)$	$R_2(\bullet)$	$R_1(\bullet) \cdot R_2(\bullet)$	$\dfrac{R_1(\circ) \cdot R_2(\circ)}{R_1(\bullet) \cdot R_2(\bullet)}$	$\dfrac{R_1(\bullet) \cdot R_2(\bullet)}{R_1(\circ) \cdot R_2(\circ)}$
119.112	481.0617	57300.41364	117.542	470.168	55264.27548	1.03684	0.96447

$N(\bullet)$	$N(\circ)$	$N(\bullet)/N(\circ)$	$n(\bullet)$	$n(\circ)$	$n(\bullet)/n(\circ)$	$\dfrac{n(\bullet)/n(\circ)}{N(\bullet)/N(\circ)}$	
−11958	10980.2	−1.089032987	763	592	1.288851351	−1.1835	

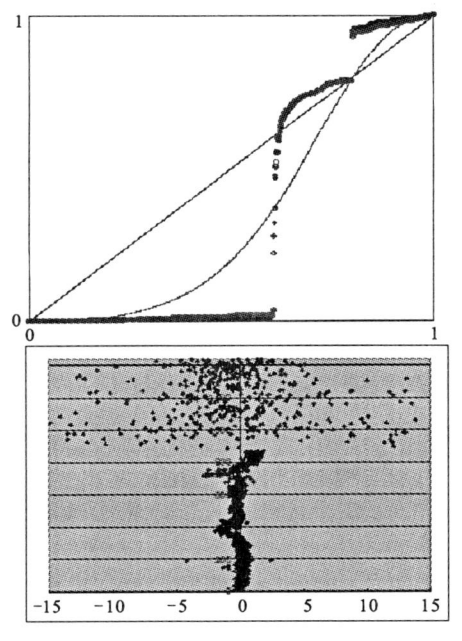

从 2008 年 5 月 12 日 0 点开始,姑咱应变台每分钟的负应变加速点阵幅面并不大,一直延续到正午前后,也就是挤压地应力已达到极限饱和状态,然后 14 点时冲破这种状态发生地震。可见在地震前两小时还有临震前的"避震机会",人们还有可能利用这样的时间来达到减灾的目的,这就是数据实时观察处理的必要和意义。

这一天的量化临界状态主要表现:

$$\frac{R_1^+ \cdot R_2^+}{R_1^- \cdot R_2^-} = 173308 \quad \frac{R_1^- \cdot R_2^-}{R_1^+ \cdot R_2^+} = 5.8E-0.6$$

$$N^-/N^+ = 1.865 \quad n^-/n^+ = 1.375$$

可以看出,N^-(●)及 N^+(○)进程变化是史无前例的,在正常情况下,正午前后的负应变加速值应该接近零。但应变加速值却显示,正午前后的负应变加速值竟达到-43.4,而正应变加速值只有 4.3,说明地壳内部挤压应力完全抑制了正午前后正应变占绝对优势的局面,这就到了应变加速临界状态。为了进一步让应变加速临界明确化,作者再将 5 月 12 日地震前 3 天姑咱台的每一天正负应变,按照加速值方式,量化应变危险临界。

姑咱台 2008 年 5 月 9 日至 11 日姑咱正负应变加速值变化情况

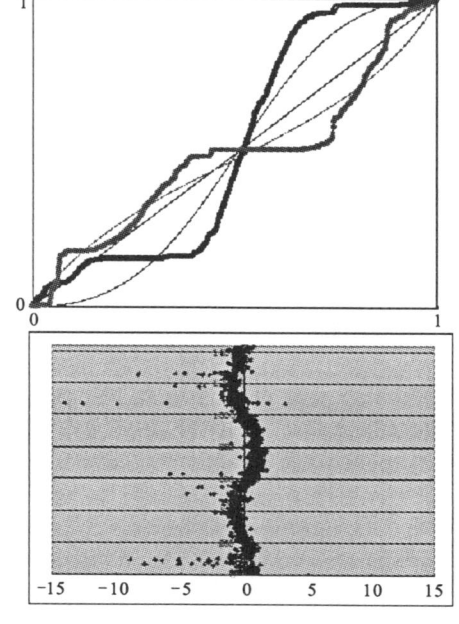

姑咱时间	N(●)	N(○)	N(●)/N(○)	n(●)	n(○)	n(●)/n(○)
5.9 日 0 点	-4.9	25	-0.196	10	45	0.22222
5.9 日 1 点	-120.8	5.4	-22.37037	47	11	4.27273
5.9 日 2 点	-4.1	19.5	-0.210256	12	44	0.27273
5.9 日 3 点	-7.1	9.6	-0.739583	24	29	0.82759
5.9 日 4 点	-21.7	1.3	-16.69231	51	6	8.5
5.9 日 5 点	-32.9	0.2	-164.5	57	1	57
5.9 日 6 点	-55.8	0	#DIV/0!	60	0	#DIV/0!
5.9 日 7 点	-39.5	1.4	-28.21429	54	4	13.5
5.9 日 8 点	-42.2	0.9	-46.88889	55	4	13.75
5.9 日 9 点	-22.7	10.1	-2.247525	31	25	1.24
5.9 日 10 点	-13.4	36.2	-0.370166	8	50	0.16
5.9 日 11 点	0	59.9	0	0	60	0
5.9 日 12 点	-0.3	58.4	-0.005137	1	59	0.1695
5.9 日 13 点	-1.1	46.9	-0.023454	2	58	0.03448
5.9 日 14 点	0	49.3	0	0	59	0
5.9 日 15 点	-0.7	31.2	-0.022436	5	54	0.09259
5.9 日 16 点	-8.6	10.6	-0.811321	30	27	1.11111
5.9 日 17 点	-64.8	9.1	-7.120879	47	11	4.27273
5.9 日 18 点	-45.1	1.3	-34.69231	55	5	11
5.9 日 19 点	-68.8	0	#DIV/0!	60	0	#DIV/0!
5.9 日 20 点	-71.5	0	#DIV/0!	60	0	#DIV/0!
5.9 日 21 点	-52.4	1.9	-27.57895	50	7	7.14286
5.9 日 22 点	-22	2.1	-10.47619	46	9	5.11111
5.9 日 23 点	-17	4.3	-3.953488	37	15	2.46667

R_1(○)	R_2(○)	R_1(○)·R_2(○)	R_1(●)	R_2(●)	R_1(●)·R_2(●)	$\frac{R_1(○)\cdot R_2(○)}{R_1(●)\cdot R_2(●)}$	$\frac{R_1(●)\cdot R_2(●)}{R_1(○)\cdot R_2(○)}$
205.084	207.4493	42544.42852	0.4448	0.5519	0.24548512	173308	5.8E-06

N(●)	N(○)	N(●)/N(○)	n(●)	n(○)	n(●)/n(○)	$\frac{n(●)/n(○)}{N(●)/N(○)}$	
-717.4	384.6	-1.865314613	802	583	1.375643225	-0.7375	

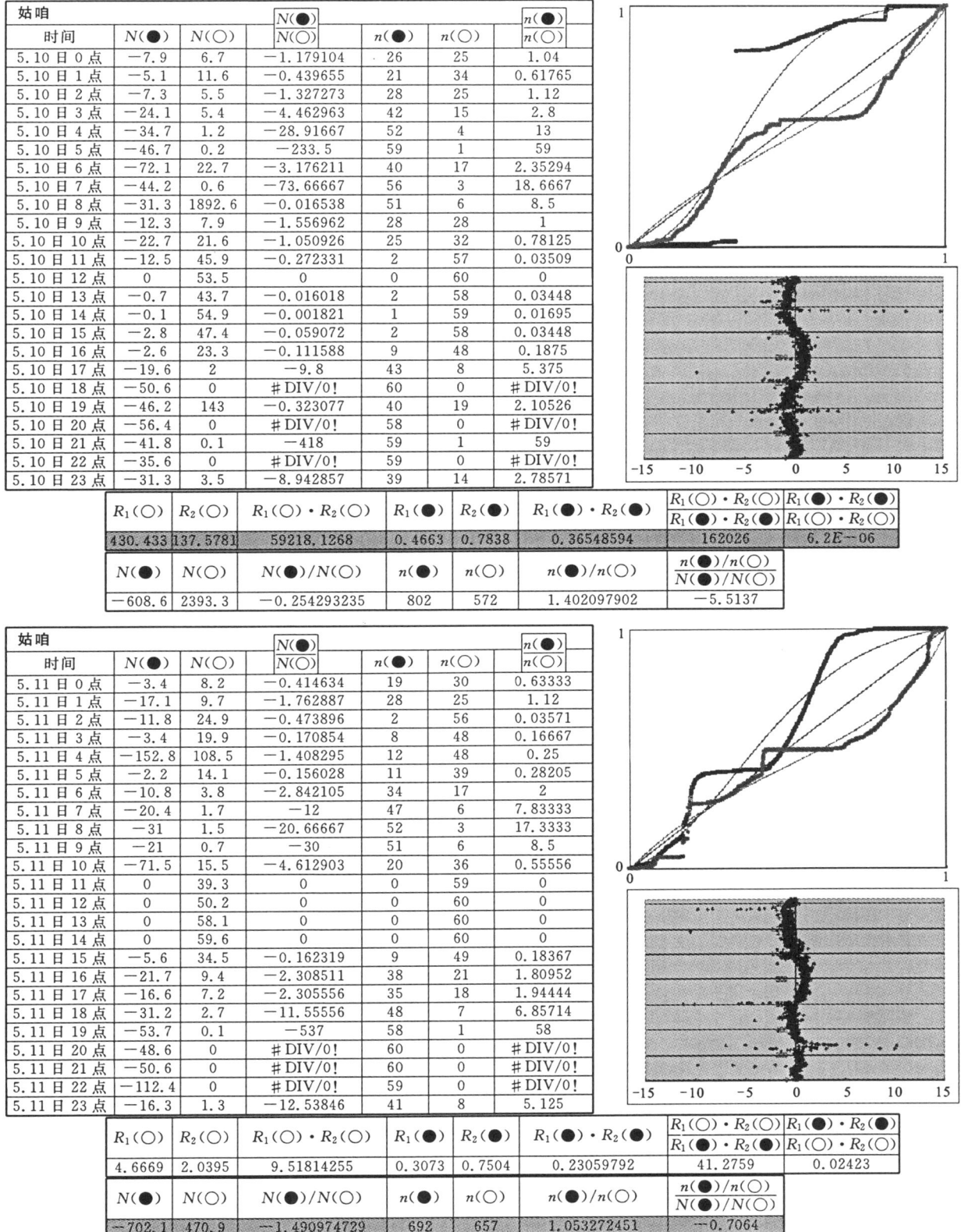

5月11日（阴历4月7日）$R_1^+ \cdot R_2^+ / R_1^- \cdot R_2^- > 10^4$，但 N^-/N^+ 过分地小到0.25，也就是张弛应力过大，为挤压应力的进入创造了条件。

此外，2008年5月9日至11日的应变加速值已经到了临界状态，所有应变加速值的群子参数，与每天正常正负应变加速值都不同，超出常值几倍到几十倍不等。但是，唯有每天正午时的应变加速值，

一直保持 $N^-(●)\approx 0, N^+(○)\gg 1$，说明地壳内部应力还未能完全抑制固体潮汐作用。到了 12 日，情况完全变了，即从 0 时到 12 时全是负应变占绝对优势，趋势显示已经到了临界状态。

下面是具有典型特征意义的贵阳应变观测台数据加速临界的量化情况。

贵阳(2008 年 5 月 5 日至 12 日)

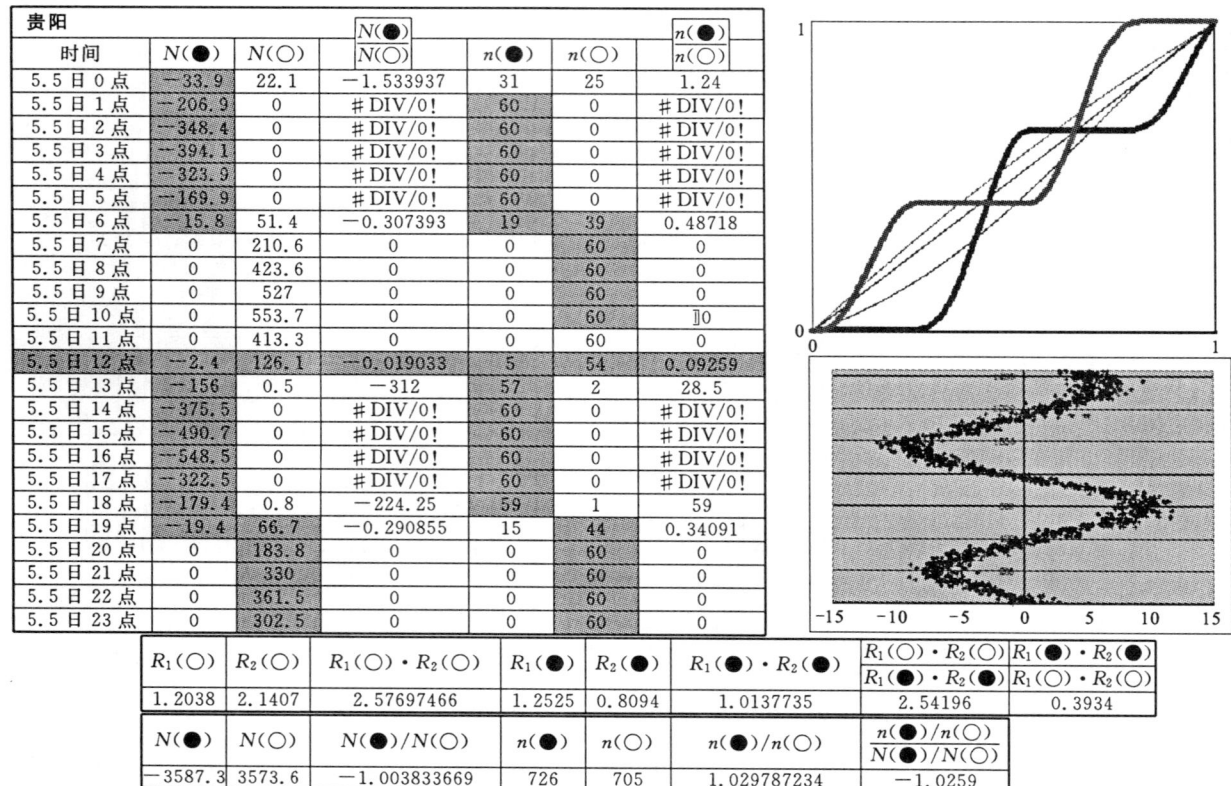

贵阳 时间	$N(●)$	$N(○)$	$\dfrac{N(●)}{N(○)}$	$n(●)$	$n(○)$	$\dfrac{n(●)}{n(○)}$
5.5 日 0 点	−33.9	22.1	−1.533937	31	25	1.24
5.5 日 1 点	−206.9	0	#DIV/0!	60	0	#DIV/0!
5.5 日 2 点	−348.4	0	#DIV/0!	60	0	#DIV/0!
5.5 日 3 点	−394.1	0	#DIV/0!	60	0	#DIV/0!
5.5 日 4 点	−323.9	0	#DIV/0!	60	0	#DIV/0!
5.5 日 5 点	−169.9	0	#DIV/0!	60	0	#DIV/0!
5.5 日 6 点	−15.8	51.4	−0.307393	19	39	0.48718
5.5 日 7 点	0	210.6	0	0	60	0
5.5 日 8 点	0	423.6	0	0	60	0
5.5 日 9 点	0	527	0	0	60	0
5.5 日 10 点	0	553.7	0	0	60	0
5.5 日 11 点	0	413.3	0	0	60	0
5.5 日 12 点	−2.4	126.1	−0.019033	5	54	0.09259
5.5 日 13 点	−156	0.5	−312	57	2	28.5
5.5 日 14 点	−375.5	0	#DIV/0!	60	0	#DIV/0!
5.5 日 15 点	−490.7	0	#DIV/0!	60	0	#DIV/0!
5.5 日 16 点	−548.5	0	#DIV/0!	60	0	#DIV/0!
5.5 日 17 点	−322.5	0	#DIV/0!	60	0	#DIV/0!
5.5 日 18 点	−179.4	0.8	−224.25	59	1	59
5.5 日 19 点	−19.4	66.7	−0.290855	15	44	0.34091
5.5 日 20 点	0	183.8	0	0	60	0
5.5 日 21 点	0	330	0	0	60	0
5.5 日 22 点	0	361.5	0	0	60	0
5.5 日 23 点	0	302.5	0	0	60	0

$R_1(○)$	$R_2(○)$	$R_1(○)\cdot R_2(○)$	$R_1(●)$	$R_2(●)$	$R_1(●)\cdot R_2(●)$	$\dfrac{R_1(○)\cdot R_2(○)}{R_1(●)\cdot R_2(●)}$	$\dfrac{R_1(●)\cdot R_2(●)}{R_1(○)\cdot R_2(○)}$
1.2038	2.1407	2.57697466	1.2525	0.8094	1.0137735	2.54196	0.3934

$N(●)$	$N(○)$	$N(●)/N(○)$	$n(●)$	$n(○)$	$n(●)/n(○)$	$\dfrac{n(●)/n(○)}{N(●)/N(○)}$
−3587.3	3573.6	−1.003833669	726	705	1.029787234	−1.0259

贵阳 时间	$N(●)$	$N(○)$	$\dfrac{N(●)}{N(○)}$	$n(●)$	$n(○)$	$\dfrac{n(●)}{n(○)}$
5.6 日 0 点	−1.3	136.7	−0.00951	3	57	0.05263
5.6 日 1 点	−66.7	18.1	−3.685083	44	14	3.14286
5.6 日 2 点	−242.6	0	#DIV/0!	60	0	#DIV/0!
5.6 日 3 点	−343.7	0	#DIV/0!	60	0	#DIV/0!
5.6 日 4 点	−344.5	0	#DIV/0!	60	0	#DIV/0!
5.6 日 5 点	−291.3	17.6	−16.55114	58	2	29
5.6 日 6 点	−88.5	16.2	−5.462963	41	18	2.27778
5.6 日 7 点	−1.1	148.3	−0.007417	1	59	0.01695
5.6 日 8 点	0	350.2	0	0	60	0
5.6 日 9 点	0	498.6	0	0	60	0
5.6 日 10 点	0	552.2	0	0	60	0
5.6 日 11 点	0	458.5	0	0	60	0
5.6 日 12 点	−10.6	265.8	−0.03988	2	58	0.03448
5.6 日 13 点	−45.7	43.3	−1.055427	29	28	1.03571
5.6 日 14 点	−244.5	0.9	−271.6667	58	2	29
5.6 日 15 点	−434.3	0	#DIV/0!	60	0	#DIV/0!
5.6 日 16 点	−542.4	0	#DIV/0!	60	0	#DIV/0!
5.6 日 17 点	−529.8	0	#DIV/0!	60	0	#DIV/0!
5.6 日 18 点	−417.1	0	#DIV/0!	60	0	#DIV/0!
5.6 日 19 点	−216	0	#DIV/0!	59	0	#DIV/0!
5.6 日 20 点	−36.3	36.1	−1.00554	31	29	1.06897
5.6 日 21 点	0	196.2	0	0	60	0
5.6 日 22 点	0	285.7	0	0	60	0
5.6 日 23 点	0	313.7	0	0	60	0

$R_1(○)$	$R_2(○)$	$R_1(○)\cdot R_2(○)$	$R_1(●)$	$R_2(●)$	$R_1(●)\cdot R_2(●)$	$\dfrac{R_1(○)\cdot R_2(○)}{R_1(●)\cdot R_2(●)}$	$\dfrac{R_1(●)\cdot R_2(●)}{R_1(○)\cdot R_2(○)}$
4.4374	4.4545	19.7663983	1.0544	1.5033	1.58507952	12.4703	0.08019

$N(●)$	$N(○)$	$N(●)/N(○)$	$n(●)$	$n(○)$	$n(●)/n(○)$	$\dfrac{n(●)/n(○)}{N(●)/N(○)}$
−3856.4	3338.1	−1.155267967	746	687	1.08588064	−0.9399

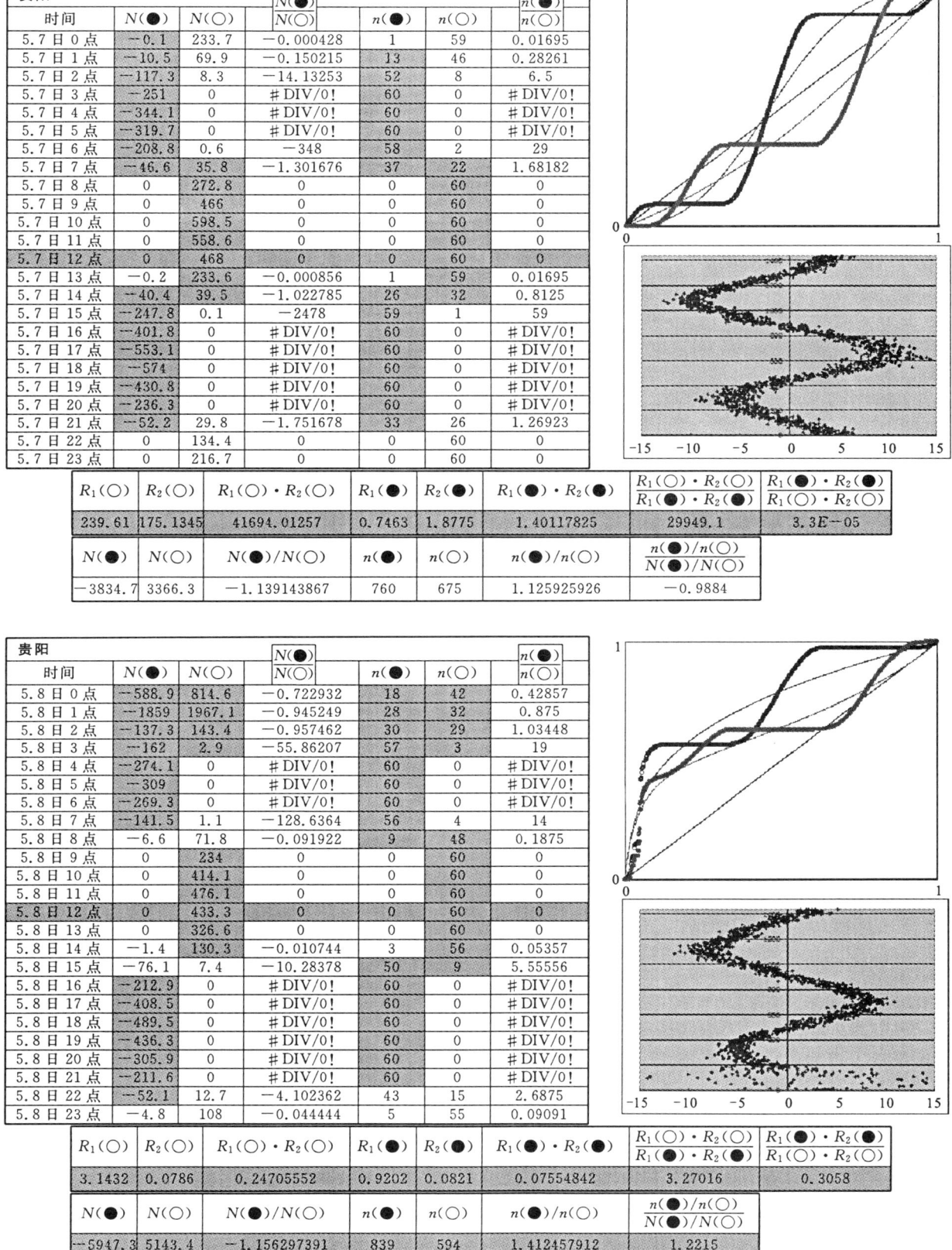

这是典型的第四危险度的表现。

贵阳						
时间	N(●)	N(○)	N(●)/N(○)	n(●)	n(○)	n(●)/n(○)
5.9日0点	0	178.5	0	0	60	0
5.9日1点	−0.6	142.3	−0.004216	2	58	0.03448
5.9日2点	−3.4	66.1	−0.051437	9	50	0.18
5.9日3点	−112	8	−14	49	10	4.9
5.9日4点	−188.9	0.3	−629.6667	59	1	59
5.9日5点	−256.9	0	#DIV/0!	60	0	#DIV/0!
5.9日6点	−271.9	0	#DIV/0!	60	0	#DIV/0!
5.9日7点	−254.8	11.8	−21.59322	56	4	14
5.9日8点	−119.2	2.3	−51.82609	54	4	13.5
5.9日9点	−24	46.6	−0.515021	21	38	0.55263
5.9日10点	−0.3	165.6	−0.001812	1	59	0.01695
5.9日11点	0	291.7	0	0	60	0
5.9日12点	0	350.3	0	0	60	0
5.9日13点	0	302	0	0	60	0
5.9日14点	−3.4	248.2	−0.013699	1	59	0.01695
5.9日15点	−16.6	71.1	−0.233474	16	42	0.38095
5.9日16点	−109.5	5.1	−21.47059	50	9	5.55556
5.9日17点	−283.9	0	#DIV/0!	60	0	#DIV/0!
5.9日18点	374.4	0	#DIV/0!	60	0	#DIV/0!
5.9日19点	−412.7	0	#DIV/0!	60	0	#DIV/0!
5.9日20点	−366.8	0	#DIV/0!	60	0	#DIV/0!
5.9日21点	−266.3	0	#DIV/0!	60	0	#DIV/0!
5.9日22点	−142.3	1.8	−79.05556	57	2	28.5
5.9日23点	−30.8	30.1	−1.023256	34	22	1.54545

R_1(○)	R_2(○)	R_1(○)·R_2(○)	R_1(●)	R_2(●)	R_1(●)·R_2(●)	$\dfrac{R_1(○)·R_2(○)}{R_1(●)·R_2(●)}$	$\dfrac{R_1(●)·R_2(●)}{R_1(○)·R_2(○)}$
188.072	147.6707	27772.78296	0.4172	1.5579	0.64995588	42730.3	2.3E−05

N(●)	N(○)	N(●)/N(○)	n(●)	n(○)	n(●)/n(○)	$\dfrac{n(●)/n(○)}{N(●)/N(○)}$
−3238.7	1921.8	−1.685243001	829	598	1.386287625	−0.8226

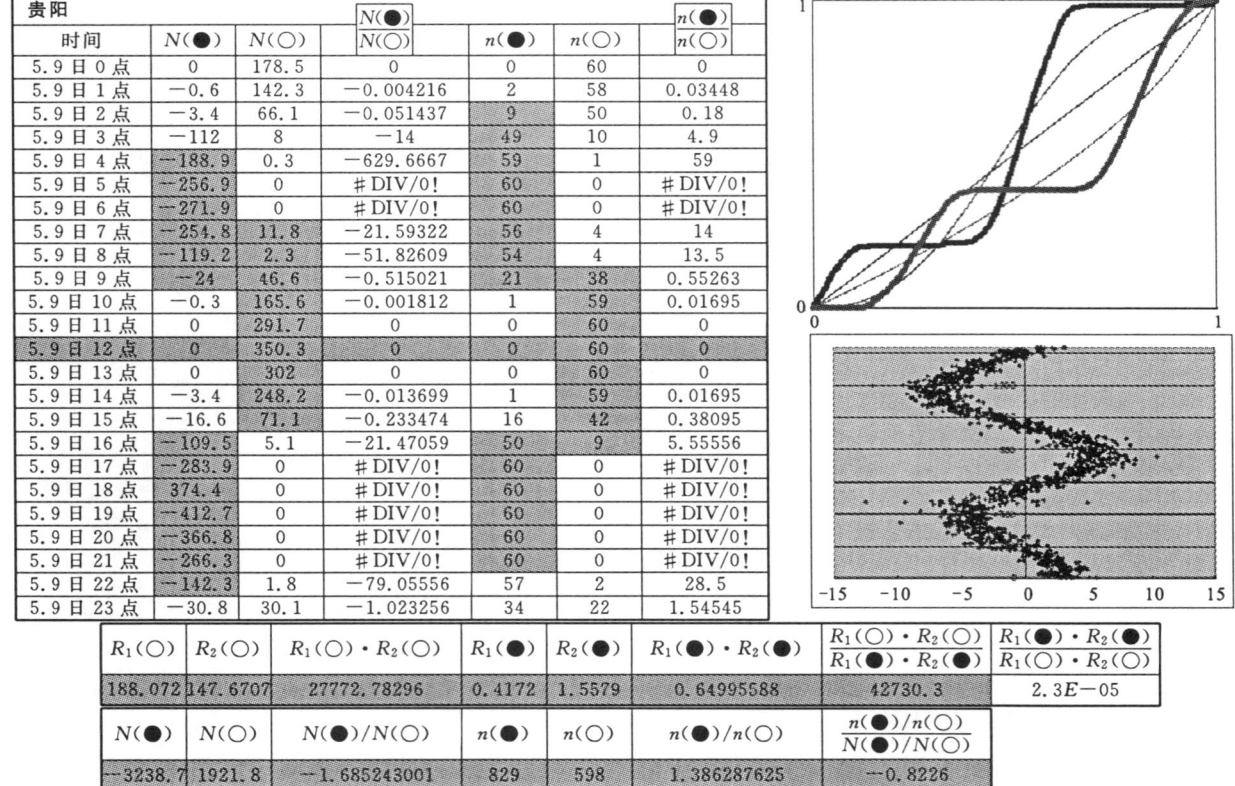

这是典型的第一、第二危险度的表现。

贵阳						
时间	N(●)	N(○)	N(●)/N(○)	n(●)	n(○)	n(●)/n(○)
5.10日0点	−3.2	106.1	−0.03016	3	57	0.05263
5.10日1点	0	169.9	0	0	60	0
5.10日2点	−3.6	142.7	−0.025228	4	56	0.07143
5.10日3点	−12.7	48.7	0.26078	20	40	0.5
5.10日4点	−42.4	29.1	−1.457045	35	23	1.52174
5.10日5点	−155.8	0	#DIV/0!	60	0	#DIV/0!
5.10日6点	−459.9	267.1	−1.721827	41	18	2.27778
5.10日7点	−204.2	3.6	−56.72222	57	3	19
5.10日8点	−131.6	6.4	−20.5625	53	7	7.57143
5.10日9点	−80	19	−4.210526	42	16	2.625
5.10日10点	−14.6	76.7	−0.190352	14	45	0.31111
5.10日11点	0	254.6	0	0	60	0
5.10日12点	0	357.9	0	0	60	0
5.10日13点	0	366.7	0	0	60	0
5.10日14点	0	300.9	0	0	60	0
5.10日15点	−0.8	261.1	−0.003064	1	59	0.01695
5.10日16点	−10.8	110.8	−0.097473	11	49	0.22449
5.10日17点	−96.4	8.6	−11.2093	51	9	5.66667
5.10日18点	−208.9	0	#DIV/0!	60	0	#DIV/0!
5.10日19点	−282.1	0	#DIV/0!	60	0	#DIV/0!
5.10日20点	−358.1	0	#DIV/0!	60	0	#DIV/0!
5.10日21点	−332.1	0	#DIV/0!	60	0	#DIV/0!
5.10日22点	−268.2	0.5	−536.4	59	1	59
5.10日23点	−130.2	5.3	−24.56604	53	5	10.6

R_1(○)	R_2(○)	R_1(○)·R_2(○)	R_1(●)	R_2(●)	R_1(●)·R_2(●)	$\dfrac{R_1(○)·R_2(○)}{R_1(●)·R_2(●)}$	$\dfrac{R_1(●)·R_2(●)}{R_1(○)·R_2(○)}$
15.519	11.5115	178.6469685	0.251	1.4439	0.3624189	492.93	0.00203

N(●)	N(○)	N(●)/N(○)	n(●)	n(○)	n(●)/n(○)	$\dfrac{n(●)/n(○)}{N(●)/N(○)}$
−2795.6	2535.7	−1.102496352	744	688	1.081395349	−0.9809

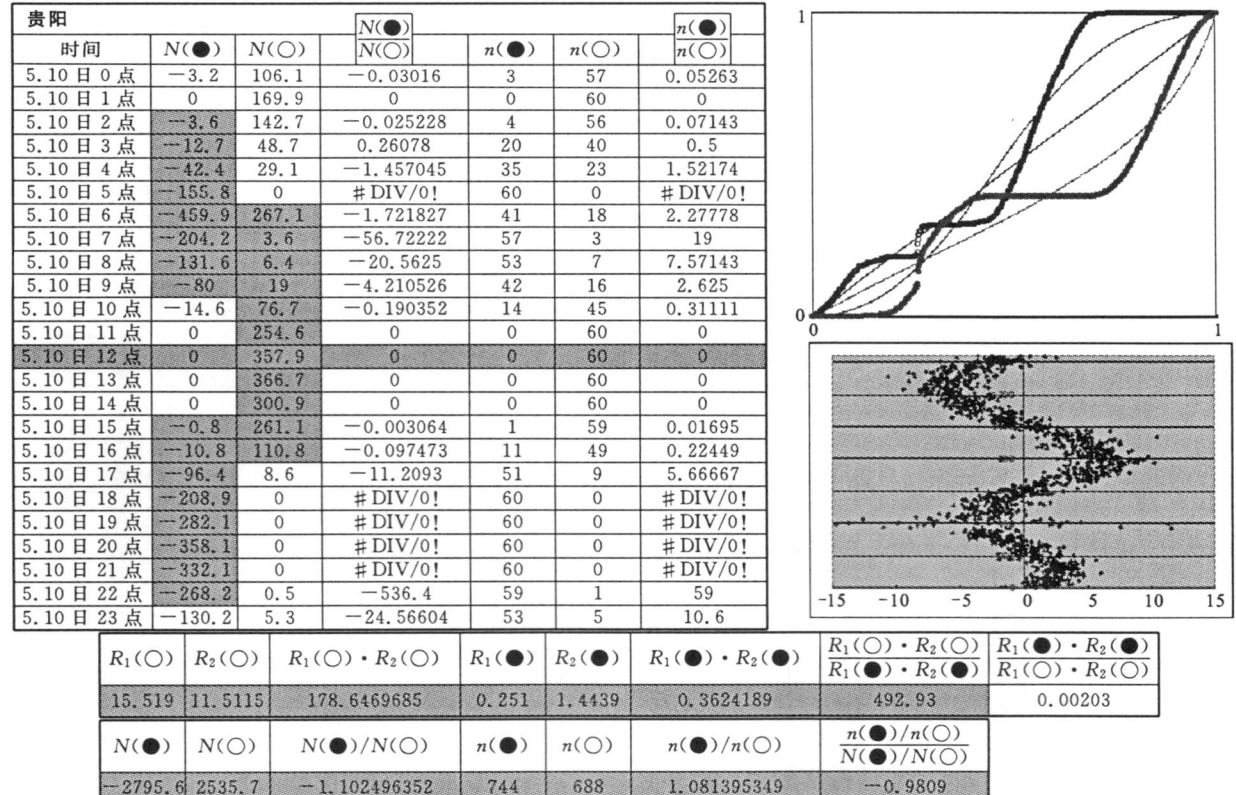

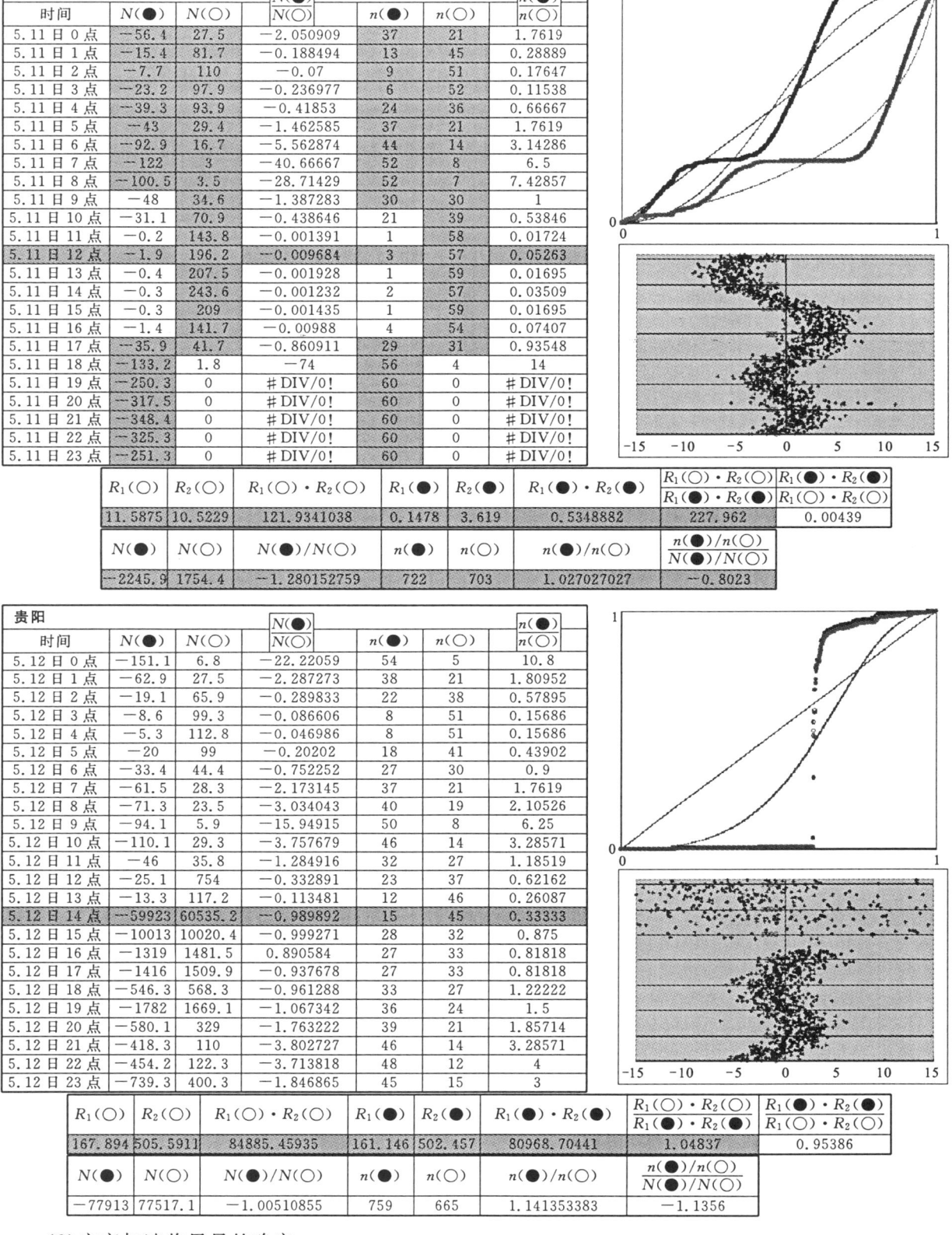

(2) 应变加速临界量的确定

基于地壳断裂流变动力学的应变加速临界量，主要按下列方式体现：$(R_1^+ \cdot R_2^+ / R_1^- \cdot R_2^-)\left(\dfrac{N^-}{N^+}\right)^3 = \xi^\pm + (R_{12}^- \cdot R_{24}^- / R_{12}^+ \cdot R_{24}^+) \cdot \left(\dfrac{N^-}{N^+}\right)^3 = \xi^\mp$ 及 (N^-/N^+) 的大小，可以确定临界量。由于应变观测台站

所处的构造地质和断裂缺陷各不相同,安装环境和条件也存在一定差别,包括仪器本身的参数校准和调试,因此,应变数据之间并不存在直接的对应性,即使是应变加速值也会相差很大。另外还有一个客观原因就是,我国大陆东西跨度非常大,横贯3个时区,太阳和月球对地固体潮汐作用存在先后顺序差异。所以确定应变加速临界量非常困难,但是仍然能从中摸索出规律,按照一些可预见的影响因素,在适当保持应变加速值相对性的同时,既相互比照,又重点比对自身历史数据的应变加速值。根据汶川强震的典型意义,应变加速临界值通常是一种突变值 $\boxed{\xi^{\pm}}+\boxed{\xi^{\mp}}$,与常量之间存在几倍甚至几十倍的差别,史无前例。

汶川特大地震前一周左右,应变加速连续使 R_{12}^{+}、R_{24}^{+} 明显剧增,且有极大的突变值,而 $R_{12}^{-}\cdot R_{24}^{-}$ 在绝大多数情况下很小,故忽略不计。

如:姑咱台5月9日突变为　　$\boxed{\xi^{\pm}}=1122952$(平时个位,偶尔十位)

玉树台5月11日突变为　　$\boxed{\xi^{\pm}}=229164$(平时个位,偶尔十位)

腾冲台5月9日突变为　　$\boxed{\xi^{\pm}}=4870$(平时个位,偶尔十位)

临川台5月9日突变为　　$\boxed{\xi^{\pm}}=36336$(平时个位,偶尔十位)

昭通台5月9日突变为　　$\boxed{\xi^{\pm}}=81$(平时零点几)

攀枝花5月9日突变为　　$\boxed{\xi^{\pm}}=16222$(平时个位,偶尔十位)

西昌台5月7日突变为　　$\boxed{\xi^{\pm}}=2833$(平时零点几)

敦化台5月9日突变为　　$\boxed{\xi^{\pm}}=242$(平时零点几)

金河台5月11日突变为　　$\boxed{\xi^{\pm}}=63860$(平时个位,偶尔十位)

这些应变加速值和群子参数突变值,在 $N^{-}/N^{+}\gg 1$ 的情况下,通常持续观察一周左右的时间,扣除固体潮汐作用部分,从 $\boxed{\xi^{\pm}}$ 和 $\boxed{\xi^{\mp}}$ 值及 N^{-}/N^{+} 值对时间的关系中,有可能把应变加速临界值量化,显然这种方法比直观分辨曲线起伏转折具体且科学。

3. 基于地壳断裂流变动力学的固体潮汐规律失衡与应力耗散理论

(1) 应力耗散理论与地震

当我们运用固体潮汐作用的分布图,定量研究地壳应力应变加速值变化规律时,常常会发现非常奇特的现象,即有的地方原来点阵分布非常乱的状态,逐渐变为非常规则的加速值周期性点阵分布。因为地壳某部位受到压应力或张应力时,一般认为,应力一旦进入遭受超常挤压应力状态,地震不可避免。但是,地壳还可能发生类似于材料断裂的双重可能性情况。

在系统定量比照研究近40个应变台每天固体潮汐作用应变加速值点阵分布图之后,作者发现,地壳内应力既存在积聚现象,也存在耗散过程。地壳应力通过耗散过程,也能形成耗散结构。1977年诺贝尔奖获得者 Prigogine 在20世纪70年代提出了"耗散理论"。为方便理解,我们首先观察下列现象的特点:①天空中的云层通常是不规则分布的,但有时会形成蓝白相间的条纹,似如"天街",这是一种云层的空间结构;②容器装有液体,上下分别与不同温度的热源接触,当下部温度较高、并超过一定阈值时,液体内部就会形成因对流而产生的六角形花纹,这就是著名的贝纳德效应,它是流体的一种空间结构。

根据 Prigogine 的耗散理论,结合地壳运动,可以得到下列观点。

第一,产生耗散结构的系统都包含有大量的系统基元甚至多层次的组分。地壳是非常典型的多相体系,一种岩石中也有不同成分的矿体和不同空间立体结构的层次,也有已经破碎的和尚未破碎的岩层,而这种不同的材料,对外应力的承受力不同,因而破坏原有结构的极限应力值呈现不同的临界量。

第二,产生耗散结构的系统必须是开放系统,必定同外界进行着物质与能量的交换。地壳也是开放系统,同样有质能交换的过程。耗散结构之所以依赖于系统开放,是因为根据热力学第二定律,一个孤立系统的熵要随时间增大直至极大值,此时对应最无序的平衡态,也就是说,孤立系统绝对不会出现耗散结构,而开放系统可以使系统从外界引入足够强的负熵流,来抵消系统本身的熵产生,使系统总熵减少或不变,从而使系统进入或维持相对有序的状态。

第三,产生耗散结构的系统必须处于远离平衡的状态。大家知道,地震是地壳地应力加速增量异常的一种不可逆过程:地震时正应力和负应力同时作用来回震荡,一直到不能再震荡为止,此时震中即已进入了相对平衡的状态。但是在有些情况下,不一定非通过震荡的形式来达到新的平衡,它也可以通过外力的作用,促进新的稳定地质结构的重构,达到另一种平衡态。严格地说,耗散结构与平衡结构有本质的区别:平衡结构是一种内在动态稳定;而耗散结构是一种外在动态演变,它只有在非平衡条件下受外在影响才能形成和维持。因此,地壳的耗散结构是相对的。正因为如此,我们从固体潮汐应变加速值的点阵分布中可以看出,既有从周期性分布过渡到混乱分布,也有从混乱分布又演变为周期性分布。

第四,耗散结构总是通过某种突变过程才能出现,某种临界值的存在,是伴随耗散结构现象的一个显著特征,一般来说,地震需要震前的突发性临震极限应力,而在形成耗散结构时也要某种"强迫力",不过这种力就比地震极限应力相对小得多。

综上所述,所谓耗散结构就是,当包含多基元多组分多层次的开放系统处于远离平衡态时,在起伏应力触发下,从无序突变为有序而形成的一种时间、空间或时间-空间结构。

耗散结构理论对当代地震科学研究产生了深远影响,"地震作为构造板块的一种运动形式,是一种非常丰富和复杂的自然现象","地震孕育过程中,小事件引起的连锁反应很可能导致大系统的失稳而产生大地震"。在这种"自组织理论"中,耗散结构理论被作为地震不确定性的理论依据。作者对此理解则完全相反,正是由于耗散结构是地壳应力加速累积过程中客观存在的两个必然结果之一,那么就意味着地壳应力加速积聚的结构重建,既是地壳断裂的必要条件,也是地壳断裂的充分条件,关键取决于结构重建过程是有序还是无序,状态是平衡还是耗散,与自组织本身无关。平衡与耗散的临界量化标准来源于地壳应力作用不同方位应变的相互参照和印证。

(2)地壳应变加速值点阵分布的有序化(耗散)特征

当应变加速值点阵分布呈现破坏固体潮汐作用规律时,受地壳内部某些传递介质和岩体结构扭转等运动影响,重新构建了一种新的稳定周期性分布(见下面日报中深底色部分数据)。

2009年贵阳台固体潮汐加速值点阵的有序化过程

贵阳时间	$N(\bullet)$	$N(\bigcirc)$	$\dfrac{N(\bullet)}{N(\bigcirc)}$	$n(\bullet)$	$n(\bigcirc)$	$\dfrac{n(\bullet)}{n(\bigcirc)}$
02.17日0点	−63.6	15.3	−4.156863	44	14	3.14286
02.17日1点	−75.4	43.3	−1.741339	33	27	1.22222
02.17日2点	−35.7	52.4	−0.681298	28	32	0.875
02.17日3点	−23.4	55.6	−0.420863	22	35	0.62857
02.17日4点	−30.2	47.4	−0.637131	23	36	0.63889
02.17日5点	−50.8	30.1	−1.687708	32	26	1.23077
02.17日6点	−79.4	9.2	−8.630435	52	7	7.42857
02.17日7点	−90.4	20.6	−4.38835	45	15	3
02.17日8点	−91.5	15.3	−5.980392	47	12	3.91667
02.17日9点	−80.5	19.1	−4.21466	42	17	2.47059
02.17日10点	−66.2	32.3	−2.049536	40	20	2
02.17日11点	−39.1	43.7	−0.894737	32	28	1.14286
02.17日12点	−7	98	−0.071429	11	49	0.22449
02.17日13点	−4.1	154.9	−0.026469	3	56	0.05357
02.17日14点	−5.8	121.6	−0.047697	7	51	0.13725
02.17日15点	−3.9	119.1	−0.032746	6	53	0.11321
02.17日16点	−2.1	158.2	−0.013274	2	58	0.03448
02.17日17点	−11.6	95	−0.122135	15	45	0.33333
02.17日18点	−23.8	66.1	−0.360061	20	39	0.51252
02.17日19点	−45.7	36.7	−1.245232	31	28	1.10714
02.17日20点	−74.2	13.5	5.496296	45	15	3
02.17日21点	−122.3	2.1	−58.2381	53	6	8.83333
02.17日22点	−153.8	0.3	−512.6667	56	2	28
02.17日23点	−147.2	2.3	−64	54	5	10.8

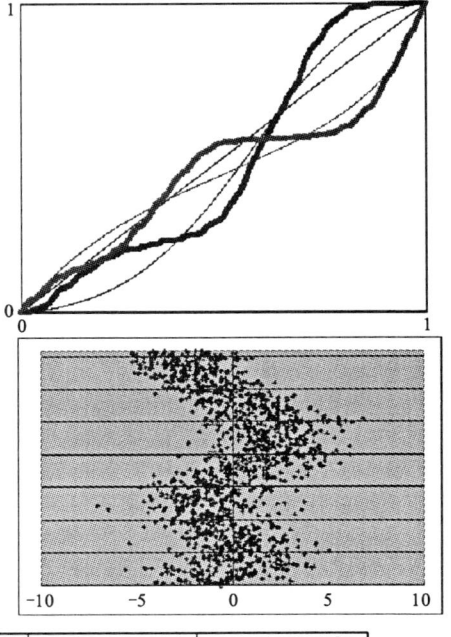

$R_1(\bigcirc)$	$R_2(\bigcirc)$	$R_1(\bigcirc) \cdot R_2(\bigcirc)$	$R_1(\bullet)$	$R_2(\bullet)$	$R_1(\bullet) \cdot R_2(\bullet)$	$\dfrac{R_1(\bigcirc) \cdot R_2(\bigcirc)}{R_1(\bullet) \cdot R_2(\bullet)}$	$\dfrac{R_1(\bullet) \cdot R_2(\bullet)}{R_1(\bigcirc) \cdot R_2(\bigcirc)}$
6.2285	9.7606	60.7938971	0.2749	0.5852	0.16087148	377.904	0.00265
$N(\bullet)$	$N(\bigcirc)$	$N(\bullet)/N(\bigcirc)$	$n(\bullet)$	$n(\bigcirc)$	$n(\bullet)/n(\bigcirc)$	$\dfrac{n(\bullet)/n(\bigcirc)}{N(\bullet)/N(\bigcirc)}$	
−1327.7	1252.1	−1.060378564	743	676	1.099112426	−1.0365	

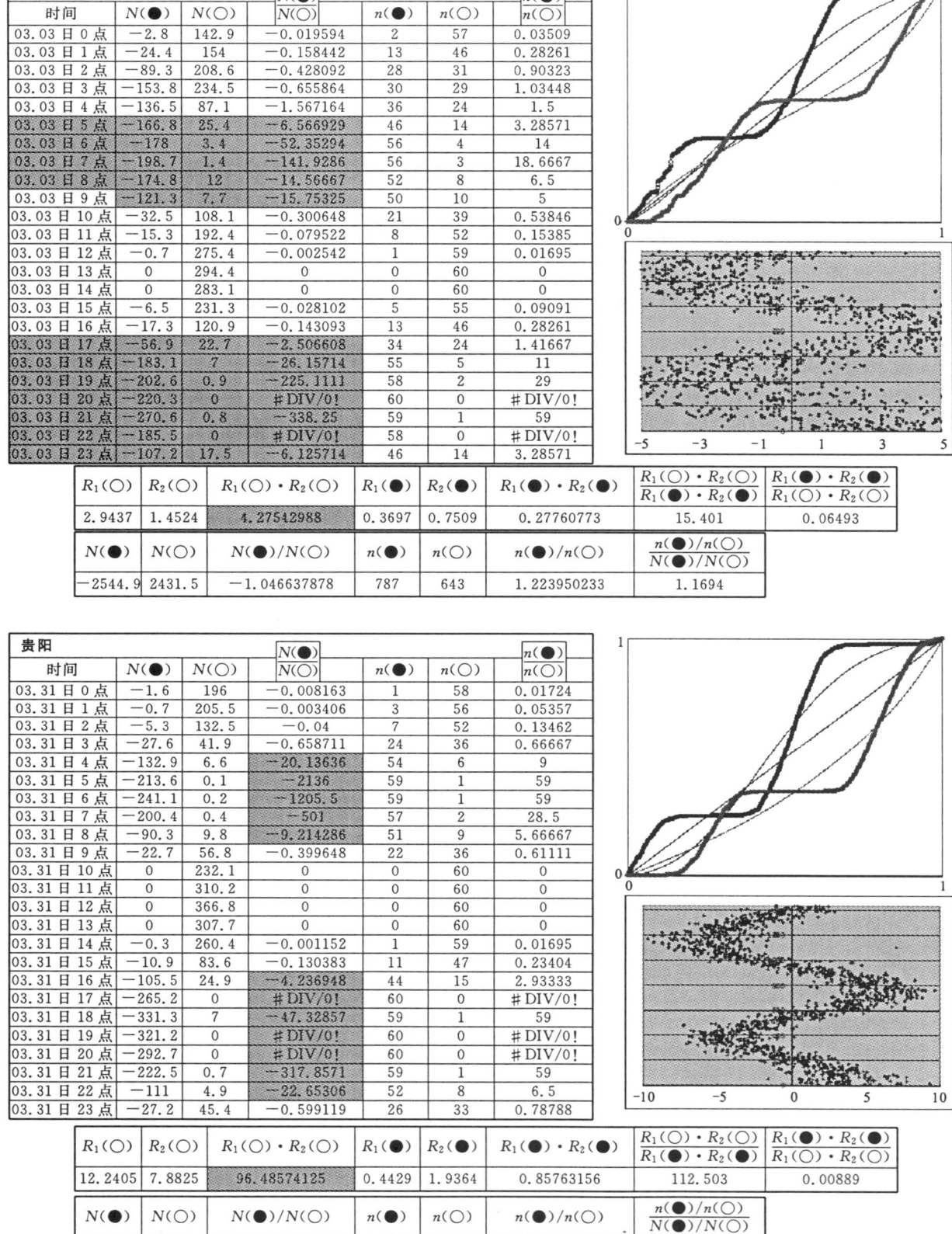

2009年2月份贵阳区域应变观测范围在压应力作用下,破坏了固体潮汐作用规律,但经过地壳内部耗散作用,固体潮汐作用开始又出现有序化特征。

第五章 地壳断裂流变动力学条件与地震的逻辑关系探讨

(3) 地壳应变加速值点阵分布存在无序化和有序化的反复

无序化主要通过正负应变加速点数目 n^-/n^+，越小就是无序化，例如2009年5月3日、4月19日、3月3日、2月11日的 n^-/n^+ 随着孕震的进展越来越小，即张弛应力占优势；也有通过 n^-/n^+ 变得越来越大的方式使挤压应力占优势，造成地壳内部结构的有序化。

高台 时间	$N(\bullet)$	$N(\bigcirc)$	$\dfrac{N(\bullet)}{N(\bigcirc)}$	$n(\bullet)$	$n(\bigcirc)$	$\dfrac{n(\bullet)}{n(\bigcirc)}$
05.03日 0点	−105.9	0.3	−353	58	1	58
05.03日 1点	−83.8	0.6	−139.6667	58	2	29
05.03日 2点	−56.2	5.1	−11.01961	51	9	5.66667
05.03日 3点	−17.8	6	−2.966667	37	19	1.94737
05.03日 4点	−4.8	31.6	−0.151899	11	45	0.24444
05.03日 5点	−6	49.5	−0.121212	10	47	0.21277
05.03日 6点	−5.3	64.2	−0.082555	6	54	0.11111
05.03日 7点	−3.9	42.4	−0.091981	7	50	0.14
05.03日 8点	−11.6	48	−0.241667	16	40	0.4
05.03日 9点	−10	32.5	−0.307692	13	44	0.29545
05.03日 10点	−12.4	19.8	−0.626263	27	30	0.9
05.03日 11点	−21.6	19.8	−1.090909	29	28	1.03571
05.03日 12点	−14.9	33.9	−0.439528	22	35	0.62857
05.03日 13点	−1.6	56.9	−0.02812	3	56	0.05357
05.03日 14点	−0.2	74.4	−0.002688	1	58	0.01724
05.03日 15点	−0.1	109.7	−0.000912	1	59	0.01695
05.03日 16点	0	120.2	0	0	60	0
05.03日 17点	0	116.7	0	0	60	0
05.03日 18点	0	96.1	0	0	60	0
05.03日 19点	−0.2	79.4	−0.002519	1	59	0.01695
05.03日 20点	−5.6	40.4	−0.138614	9	48	0.1875
05.03日 21点	−46.2	4.7	−9.829787	48	11	4.36364
05.03日 22点	−71.2	1.4	−50.85714	55	5	11
05.03日 23点	−130.5	0	#DIV/0!	60	0	#DIV/0!

$R_1(\bigcirc)$	$R_2(\bigcirc)$	$R_1(\bigcirc)\cdot R_2(\bigcirc)$	$R_1(\bullet)$	$R_2(\bullet)$	$R_1(\bullet)\cdot R_2(\bullet)$	$\dfrac{R_1(\bigcirc)\cdot R_2(\bigcirc)}{R_1(\bullet)\cdot R_2(\bullet)}$	$\dfrac{R_1(\bullet)\cdot R_2(\bullet)}{R_1(\bigcirc)\cdot R_2(\bigcirc)}$
4.409	10.5465	46.4995185	0.1253	0.0961	0.01204133	3861.66	0.00026

$N(\bullet)$	$N(\bigcirc)$	$N(\bullet)/N(\bigcirc)$	$n(\bullet)$	$n(\bigcirc)$	$n(\bullet)/n(\bigcirc)$	$\dfrac{n(\bullet)/n(\bigcirc)}{N(\bullet)/N(\bigcirc)}$
−609.8	1053.6	−0.578777525	523	880	0.594318182	−1.0269

高台 时间	$N(\bullet)$	$N(\bigcirc)$	$\dfrac{N(\bullet)}{N(\bigcirc)}$	$n(\bullet)$	$n(\bigcirc)$	$\dfrac{n(\bullet)}{n(\bigcirc)}$
04.19日 0点	−108.1	0	#DIV/0!	59	0	#DIV/0!
04.19日 1点	−126.5	0	#DIV/0!	60	0	#DIV/0!
04.19日 2点	−143.1	0	#DIV/0!	60	0	#DIV/0!
04.19日 3点	−241.5	177.4	−1.36133	42	18	2.33333
04.19日 4点	−119.5	56.2	−2.126335	36	22	1.63636
04.19日 5点	−37.6	9.6	−3.916667	42	16	2.625
04.19日 6点	−37.3	15	−2.486667	28	28	1
04.19日 7点	−8.8	14.7	−0.598639	21	31	0.67742
04.19日 8点	−26.8	21.5	−1.246524	26	31	0.83871
04.19日 9点	−6.7	17.4	−0.385057	17	35	0.48571
04.19日 10点	−17.1	12.2	−1.401639	32	23	1.3913
04.19日 11点	−25	7.6	−3.289474	38	19	2
04.19日 12点	−59.1	56.7	−1.042328	28	31	0.90323
04.19日 13点	−100.8	117.2	−0.860068	24	33	0.72727
04.19日 14点	−9.2	52.7	−0.174573	12	47	0.25532
04.19日 15点	−0.2	68.4	−0.002924	1	57	0.01754
04.19日 16点	0	80.5	0	0	59	0
04.19日 17点	0	77.4	0	0	59	0
04.19日 18点	0	82.7	0	0	60	0
04.19日 19点	−0.2	60.7	−0.003295	1	57	0.01754
04.19日 20点	−3.4	30.8	−0.11039	10	48	0.20833
04.19日 21点	−22.8	7	−3.257143	36	19	1.89474
04.19日 22点	−50.3	0.7	−71.85714	56	3	18.6667
04.19日 23点	−82.1	0	#DIV/0!	60	0	#DIV/0!

$R_1(\bigcirc)$	$R_2(\bigcirc)$	$R_1(\bigcirc)\cdot R_2(\bigcirc)$	$R_1(\bullet)$	$R_2(\bullet)$	$R_1(\bullet)\cdot R_2(\bullet)$	$\dfrac{R_1(\bigcirc)\cdot R_2(\bigcirc)}{R_1(\bullet)\cdot R_2(\bullet)}$	$\dfrac{R_1(\bullet)\cdot R_2(\bullet)}{R_1(\bigcirc)\cdot R_2(\bigcirc)}$
1.7859	2.557	4.5665463	3.2443	0.217	0.7040131	6.48645	0.15417

$N(\bullet)$	$N(\bigcirc)$	$N(\bullet)/N(\bigcirc)$	$n(\bullet)$	$n(\bigcirc)$	$n(\bullet)/n(\bigcirc)$	$\dfrac{n(\bullet)/n(\bigcirc)}{N(\bullet)/N(\bigcirc)}$
−1226.1	966.4	−1.268729305	689	696	0.989942529	−0.7803

高台						
时间	$N(\bullet)$	$N(\circ)$	$\dfrac{N(\bullet)}{N(\circ)}$	$n(\bullet)$	$n(\circ)$	$\dfrac{n(\bullet)}{n(\circ)}$
03.03日0点	−11.4	20.8	−0.548077	20	33	0.60606
03.03日1点	−5.5	23.8	−0.231092	17	38	0.44737
03.03日2点	−7.1	22.2	−0.31982	23	35	0.65714
03.03日3点	−17.3	16	−1.08125	31	27	1.14815
03.03日4点	−34.2	1.5	−22.8	52	7	7.42857
03.03日5点	−58.5	0	#DIV/0!	59	0	#DIV/0!
03.03日6点	−77.4	0	#DIV/0!	60	0	#DIV/0!
03.03日7点	−108.6	0	#DIV/0!	60	0	#DIV/0!
03.03日8点	−73.3	0	#DIV/0!	59	0	#DIV/0!
03.03日9点	−32.3	6.2	−5.209677	47	11	4.27273
03.03日10点	−1.7	42.6	−0.039906	5	53	0.09434
03.03日11点	0	105.5	0	0	60	0
03.03日12点	0	145.3	0	0	60	0
03.03日13点	0	184.3	0	0	60	0
03.03日14点	0	187	0	0	60	0
03.03日15点	0	141.8	0	0	60	0
03.03日16点	0	84.7	0	0	60	0
03.03日17点	−9.7	33.5	−0.289552	13	43	0.30233
03.03日18点	−61.1	10.2	−5.990196	36	20	1.8
03.03日19点	−86.5	8.2	−10.54878	47	11	4.27273
03.03日20点	−85.6	0.7	−122.2857	58	2	29
03.03日21点	−100.8	0	#DIV/0!	59	0	#DIV/0!
03.03日22点	−109.4	1.6	−68.375	55	4	13.75
03.03日23点	−66.8	0.4	−167	56	2	28

$R_1(\circ)$	$R_2(\circ)$	$R_1(\circ)\cdot R_2(\circ)$	$R_1(\bullet)$	$R_2(\bullet)$	$R_1(\bullet)\cdot R_2(\bullet)$	$\dfrac{R_1(\circ)\cdot R_2(\circ)}{R_1(\bullet)\cdot R_2(\bullet)}$	$\overline{\dfrac{R_1(\bullet)\cdot R_2(\bullet)}{R_1(\circ)\cdot R_2(\circ)}}$
0.9892	88.2769	87.32350948	0.7508	6.3276	4.75076208	18.3809	0.0544

$N(\bullet)$	$N(\circ)$	$N(\bullet)/N(\circ)$	$n(\bullet)$	$n(\circ)$	$n(\bullet)/n(\circ)$	$\overline{\dfrac{n(\bullet)/n(\circ)}{N(\bullet)/N(\circ)}}$
−947.2	1036.3	−0.914021036	757	646	1.171826625	−1.2821

高台						
时间	$N(\bullet)$	$N(\circ)$	$\dfrac{N(\bullet)}{N(\circ)}$	$n(\bullet)$	$n(\circ)$	$\dfrac{n(\bullet)}{n(\circ)}$
2.11日0点	0	158.9	0	0	59	0
2.11日1点	−1.3	82.5	−0.015758	6	53	0.11321
2.11日2点	−43.3	103	−4.203883	40	18	2.22222
2.11日3点	−130.7	0	#DIV/0!	60	0	#DIV/0!
2.11日4点	−178	0	#DIV/0!	60	0	#DIV/0!
2.11日5点	−209.6	0	#DIV/0!	60	0	#DIV/0!
2.11日6点	−176.9	0.3	−589.6667	59	1	59
2.11日7点	−104.7	3.9	−26.84615	54	6	9
2.11日8点	−46.1	20.9	−2.205742	34	23	1.47826
2.11日9点	−12.8	50.4	−0.253968	18	37	0.48649
2.11日10点	−1.7	127.9	−0.013292	3	56	0.05357
2.11日11点	0	166.8	0	0	60	0
2.11日12点	−3.3	142.1	−0.023223	2	58	0.03448
2.11日13点	−2.2	121.4	−0.018122	3	57	0.05263
2.11日14点	−21.4	38	−0.563158	25	32	0.78125
2.11日15点	−88.9	1.6	−55.5625	57	3	19
2.11日16点	−147.6	0	#DIV/0!	59	0	#DIV/0!
2.11日17点	−173.3	0	#DIV/0!	60	0	#DIV/0!
2.11日18点	−166.4	0	#DIV/0!	60	0	#DIV/0!
2.11日19点	−101	1.3	−77.69231	55	5	11
2.11日20点	−31.1	27.3	−1.139194	33	26	1.26923
2.11日21点	−4.8	84.2	−0.057007	8	50	0.16
2.11日22点	−32.2	147.2	−0.21875	10	49	0.20408
2.11日23点	−2.7	156.6	−0.017241	2	58	0.03448

$R_1(\circ)$	$R_2(\circ)$	$R_1(\circ)\cdot R_2(\circ)$	$R_1(\bullet)$	$R_2(\bullet)$	$R_1(\bullet)\cdot R_2(\bullet)$	$\dfrac{R_1(\circ)\cdot R_2(\circ)}{R_1(\bullet)\cdot R_2(\bullet)}$	$\dfrac{R_1(\bullet)\cdot R_2(\bullet)}{R_1(\circ)\cdot R_2(\circ)}$
0.625	1.0922	0.682625	1.2845	0.8293	1.06523585	0.64082	1.5605

$N(\bullet)$	$N(\circ)$	$N(\bullet)/N(\circ)$	$n(\bullet)$	$n(\circ)$	$n(\bullet)/n(\circ)$	$\overline{\dfrac{n(\bullet)/n(\circ)}{N(\bullet)/N(\circ)}}$
−1680	1341.6	−1.252236136	768	651	1.179723502	−0.9421

从上述讨论中可以看出，地壳内部耗散结构的变化相当复杂，有时向无序方向发展，有时向有序方向进行，所有这些过程取决于地壳应力应变加速作用的相互比照与印证，进行区域化和体系化临界量化分析。这种复杂性决定了地震前兆识别的基本原则是动态实时追踪，而非固定模型比对。

第六章 汶川特大地震的应力应变前兆识别

【摘要】 汶川特大地震作为典型断裂带上的典型地震,具有许多值得研究和探讨的学术价值和科学意义。尤其是在地震前兆观测中占有重要位置的钻孔应变,能否客观、明确和定量反映地震前兆,是地震实现预测突破的关键。作者基于"地壳断裂流变动力学"理论,运用群子统计方法,对汶川特大地震前5个多月的钻孔应变数据进行了详细分析,并尝试采用回顾性预测研究方法,探讨汶川特大地震前应力应变的临界量化特征,从空间、时间、强度和概率角度,反演应力应变前兆识别过程及其识别方法,为创建地壳应力应变异常的前瞻性识别和预测提供定量依据。

第一节 汶川特大地震应力应变的空间前兆识别

一、钻孔应变观测台站的分布

"十五"数字地震观测网络中,分量钻孔应变仪采用 YRY-4 四分量钻孔应变仪为观测设备。该设备包括四分量应变探头、水位气压辅助观测探头、EP-Ⅲ IP 采集控制机箱、全隔离供电电源、信号输出隔离光纤等部分。仪器系统应变分辨率 5×10^{-11},应变探头频响为 DC-20Hz,数据采样率为每分钟一次。从 2006 年在上海佘山台安装首台仪器开始,到 2007 年在泰安台安装最后一台仪器(表 6-1,图 6-1),仪器安装成功率 88%。汶川特大地震前后,有 38 套仪器正常工作,分布在东到上海、西到格尔木、北到丰满、南到腾冲的广大地区。尽管布设密度不能满足地震预测的需要,但是在汶川特大地震这天,却在空间上表现出应力应变异常的前兆规律。

表 6-1 YRY-4 分量钻孔应变仪测安装情况表(按安装时间顺序)

台站名称	安装时间	孔深(m)	岩性	岩芯情况	环境干扰	其他	安装结果
1 佘山台	2006-03-24	40	安山岩	岩芯完整	未发现干扰源		安装成功
2 麻城台	2006-06-25	40	花岗岩	岩芯完整	未发现干扰源	进户线长招雷	安装成功
3 营口台	2006-07-05	40	花岗岩	岩芯完整	未发现干扰源		安装成功
4 双阳台	2006-07-12	40	花岗岩	岩芯完整	抽水干扰严重	进户线长招雷	安装成功
5 德令哈	2006-08-12	43	花岗岩	有裂隙	未发现干扰源		安装成功
6 湟源台	2006-08-16	43	花岗岩	岩芯完整	未发现干扰源		安装成功
7 门源台	2006-08-19	47	花岗岩	岩芯完整	未发现干扰源		安装成功
8 乐都台	2006-09-16	46	花岗岩	岩芯完整	未发现干扰源		安装成功
9 格尔木	2006-09-21	40	花岗岩	岩芯完整	未发现干扰源	无人台	安装成功
10 临沂台	2006-10-20	40	灰岩	岩芯完整	抽水干扰严重		安装成功
11 姑咱台	2006-10-28	40	花岗岩	岩芯完整	未发现干扰源		安装成功
12 安吉台	2006-11-24	41	泥砂岩	岩芯完整	抽水干扰严重	无人台	安装成功
13 常山台	2006-11-27	36	砾砂岩	岩芯完整	抽水干扰严重	无人台	安装成功
14 丽水台	2006-11-30	40	砂岩	岩芯完整	有抽水干扰	无人台	安装成功
15 岱山台	2006-12-03	33	花岗岩	岩芯完整		无人台	安装失败
16 襄樊台	2006-12-21	37	灰岩	岩芯完整	少量抽水干扰		安装成功

续表 6-1

台站名称	安装时间	孔深(m)	岩性	岩芯情况	环境干扰	其他	安装结果
17 江宁台	2006-12-23	50	安山岩	岩芯完整	未发现干扰源	进户线长招雷	安装成功
18 攀枝花台	2007-04-04	60.5	闪长岩	岩芯完整	未发现干扰源		安装成功
19 小庙台	2007-04-07	40.6	砂岩	岩芯完整	未发现干扰源		安装成功
20 金河台	2007-04-08	45.3	灰岩	多裂隙	发现干扰源	无人台	安装成功
21 徐州台	2007-04-17	50	灰岩	岩芯完整	少量抽水干扰	进户线长招雷	安装成功
22 宜昌台	2007-04-25	40	泥砾岩		遇水膨胀		安装失败
23 敦化台	2007-05-28	57.3	安山岩	较完整	未发现干扰源	进户线长招雷	安装成功
24 丰满台	2007-05-30	38.3	花岗岩	较完整	自用井抽水干扰		安装成功
25 玉树台	2007-06-16	39.5	花岗岩	岩芯完整	未发现干扰源		安装成功
26 高台台	2007-06-19	44	花岗岩	岩芯完整	未发现干扰源		一次安装失败 二次安装
27 洛阳台	2007-07-24	40	灰岩	裂隙发育			安装失败
28 通化台	2007-09-07	42.1	辉岩	较完整	自用井抽水干扰		安装成功
29 银川台	2007-09-12	44	花岗岩	较破碎	抽水干扰严重		安装成功
30 海原台	2007-09-15	36.5	灰岩	较完整	未发现干扰源	无人台	安装成功
31 临夏台	2007-09-18	45	花岗岩	岩芯完整	未发现干扰源	通讯不通丢数	安装成功
32 贵阳台	2007-10-20	39	白云岩	较完整	未发现干扰源		安装成功
33 昭通台	2007-10-23	45	玄武岩	较完整	未发现干扰源		安装成功
34 腾冲台	2007-10-29	45	玄武岩	较完整	未发现干扰源		安装成功
35 永胜台	2007-10-31	41.7	砂岩	岩芯完整	未发现干扰源		安装成功
36 泸州台	2007-11-15	40.6	砂岩	岩芯完整	近距爆破干扰	爆破震坏仪器	安装成功
37 合川台	2007-11-18	41	泥砂岩	岩芯软	未发现干扰源	无人台	安装成功
38 怀柔台	2007-11-27	44.1	灰岩	未取岩芯	未发现干扰源	无人台	安装成功
39 顺义台	2007-11-28	42	灰岩	未取岩芯	未发现干扰源	无人台	安装成功
40 平谷台	2007-11-29	58	灰岩	未取岩芯	未发现干扰源	无人台	安装成功
41 泰安台	2007-12-05	40	花岗岩	旧钻孔			安装失败

图 6-1 国家"十五计划"已完成的 YRY 钻孔应变仪分布图

根据池顺良先生介绍,在已安装的台站中,抽水干扰严重的有5个台(双阳、临沂、安吉、常山、银川),这5个台的数据无法作固体潮汐分析;有抽水干扰,但固体潮汐形态仍能看清的台也有5个(丽水、丰满、通化、徐州、襄樊),这5个台的数据作潮汐分析精度受影响。佘山、麻城、营口、湟源、门源、乐都、格尔木、姑咱、襄樊、江宁、攀枝花、小庙、徐州、敦化、丰满、玉树、高台、通化、临夏、贵阳、昭通、腾冲、永胜23个台的基岩完整,环境干扰小,固体潮汐纪录清晰,M_2波调和分析的精度达到0.001~0.008,为探寻潮汐因子异常提供了基础条件。

二、钻孔应变仪工作状态评价

尽管观测并记录固体潮汐作用周期曲线是评价钻孔应变仪工作状态优劣的一个主要指标,但是,在作者看来,严格意义上的固体潮汐作用周期曲线,在地壳常态运动过程中出现的次数和频率并不是很高,一旦出现周期,就可以成为地壳应力应变的背景。作者从地壳断裂流变动力学特性来看,固体潮汐作用周期总是表现为正负应变加速值对称性点阵分布,并不一定能够形成光滑的周期曲线,只要能从正负加速值点阵变化中,获得挤压张弛应变的量化程度和竞争强度,就可以知道地壳应力的正常、异常和危险状态。固体潮汐作用周期是地壳应力应变的背景,而不是主体。因此,有必要在研究汶川特大地震地壳应力应变前兆识别问题上,截取任意时间的固体潮汐应变加速值点阵正常分布背景,以便为地震前兆识别提供基础参照信息。

(1)东北地区

2009年1月30日通化台固体潮汐应变加速值点阵分布周期

通化 时间	$N(\bullet)$	$N(\bigcirc)$	$\dfrac{N(\bullet)}{N(\bigcirc)}$	$n(\bullet)$	$n(\bigcirc)$	$\dfrac{n(\bullet)}{n(\bigcirc)}$
1.30日0点	−7.4	101.1	−0.073195	8	50	0.16
1.30日1点	−62.1	19.5	−3.184615	40	18	2.22222
1.30日2点	−160.8	0	#DIV/0!	60	0	#DIV/0!
1.30日3点	−262.2	0	#DIV/0!	60	0	#DIV/0!
1.30日4点	−279.9	0	#DIV/0!	60	0	#DIV/0!
1.30日5点	−255.7	0	#DIV/0!	60	0	#DIV/0!
1.30日6点	−157.4	1.1	−143.0909	58	1	58
1.30日7点	−104.3	19.1	5.460733	46	14	3.28571
1.30日8点	−29	57.5	−0.504348	23	36	0.63889
1.30日9点	−1.7	175.2	−0.009703	3	57	0.05263
1.30日10点	−0.4	276.9	−0.001445	1	59	0.01695
1.30日11点	0	278.9	0	0	60	0
1.30日12点	−0.4	221.5	−0.001806	1	57	0.01754
1.30日13点	−7.8	127	−0.061417	9	50	0.18
1.30日14点	−33.6	39.1	−0.859335	30	29	1.03448
1.30日15点	−161.9	1.7	−95.23529	57	3	19
1.30日16点	−228.5	0	#DIV/0!	60	0	#DIV/0!
1.30日17点	−236.3	0	#DIV/0!	59	0	#DIV/0!
1.30日18点	−189.9	6.9	−27.52174	54	6	9
1.30日19点	−102.5	18.8	−5.452128	44	15	2.93333
1.30日20点	−44.3	130.8	−0.338685	13	46	2.28261
1.30日21点	−2.3	163.7	−0.01405	4	53	0.07547
1.30日22点	−6.6	190.5	−0.034646	6	53	0.11321
1.30日23点	−2.4	196.6	0.012208	1	59	0.01695

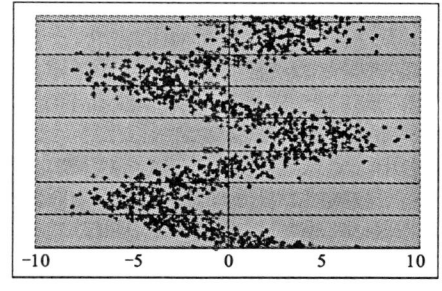

$R_1(\bigcirc)$	$R_2(\bigcirc)$	$R_1(\bigcirc) \cdot R_2(\bigcirc)$	$R_1(\bullet)$	$R_2(\bullet)$	$R_1(\bullet) \cdot R_2(\bullet)$	$\dfrac{R_1(\bigcirc) \cdot R_2(\bigcirc)}{R_1(\bullet) \cdot R_2(\bullet)}$	$\dfrac{R_1(\bullet) \cdot R_2(\bullet)}{R_1(\bigcirc) \cdot R_2(\bigcirc)}$
1.0059	2.4763	2.49091017	1.3892	0.5483	0.76169836	3.27021	0.30579

$N(\bullet)$	$N(\bigcirc)$	$N(\bullet)/N(\bigcirc)$	$n(\bullet)$	$n(\bigcirc)$	$n(\bullet)/n(\bigcirc)$	$\dfrac{n(\bullet)/n(\bigcirc)}{N(\bullet)/N(\bigcirc)}$
−2337.4	2025.8	−1.153815776	757	666	1.136636637	−0.9851

2009年2月27日营口台固体潮汐应变加速值点阵分布周期

营口 时间	$N(●)$	$N(○)$	$\frac{N(●)}{N(○)}$	$n(●)$	$n(○)$	$\frac{n(●)}{n(○)}$
02.27日0点	−5.4	44.3	−0.121896	11	45	0.24444
02.27日1点	−82.1	1.3	−63.15385	54	6	9
02.27日2点	−161.7	0	#DIV/0!	60	0	#DIV/0!
02.27日3点	−209.1	0	#DIV/0!	60	0	#DIV/0!
02.27日4点	−27809	27584.1	−1.008135	59	1	59
02.27日5点	−157.1	0	#DIV/0!	60	2	#DIV/0!
02.27日6点	−102.8	1.3	−79.07692	58	2	29
02.27日7点	−14.5	39.7	−0.365239	16	42	0.38095
02.27日8点	−0.7	115.5	−0.006061	2	58	0.03448
02.27日9点	0	199.7	0	0	60	0
02.27日10点	0	197.3	0	0	60	0
02.27日11点	0	149.4	0	0	60	0
02.27日12点	−6.5	84.2	−0.077197	9	49	0.18367
02.27日13点	−60.2	6.5	−9.261538	48	11	4.36364
02.27日14点	−170.8	0	#DIV/0!	60	0	#DIV/0!
02.27日15点	−235.5	0	#DIV/0!	60	0	#DIV/0!
02.27日16点	−238.5	0	#DIV/0!	60	0	#DIV/0!
02.27日17点	−199.7	0	#DIV/0!	60	0	#DIV/0!
02.27日18点	−110.7	1.2	−92.25	57	2	28.5
02.27日19点	−14.7	33.2	−0.442771	17	39	0.4359
02.27日20点	−0.9	117.1	−0.007686	2	58	0.03448
02.27日21点	0	177.9	0	0	60	0
02.27日22点	0	205.5	0	0	60	0
02.27日23点	0	154.3	0	0	60	0

$R_1(○)$	$R_2(○)$	$R_1(○)·R_2(○)$	$R_1(●)$	$R_2(●)$	$R_1(●)·R_2(●)$	$\frac{R_1(○)·R_2(○)}{R_1(●)·R_2(●)}$	$\frac{R_1(●)·R_2(●)}{R_1(○)·R_2(○)}$
617.193	29.5006	18207.56677	626.123	28.6526	17940.049	1.01491	0.98531

$N(●)$	$N(○)$	$N(●)/N(○)$	$n(●)$	$n(○)$	$n(●)/n(○)$	$\frac{n(●)/n(○)}{N(●)/N(○)}$
−29579	29112.5	−1.016037784	753	673	1.118870728	−1.1012

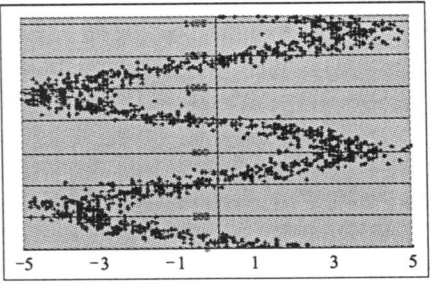

2009年1月30日敦化台固体潮汐应变加速值点阵分布周期

敦化 时间	$N(●)$	$N(○)$	$\frac{N(●)}{N(○)}$	$n(●)$	$n(○)$	$\frac{n(●)}{n(○)}$
1.30日0点	−26	66.8	−0.389222	21	37	0.56757
1.30日1点	−73.4	4.7	−15.61702	49	9	0.44444
1.30日2点	−121.4	3.4	−35.70588	53	6	8.83333
1.30日3点	−105.2	4.8	−21.91667	52	8	6.5
1.30日4点	−82.8	10.7	−7.738318	45	15	3
1.30日5点	−97.4	1	−97.4	56	3	18.6667
1.30日6点	−86.5	6.6	−13.10606	49	10	4.9
1.30日7点	−75.5	8.9	−8.483146	47	12	3.91667
1.30日8点	−12.3	87.6	−0.140411	14	45	0.31111
1.30日9点	0	144.1	0	0	59	0
1.30日10点	−0.4	161.7	−0.002474	2	58	0.03448
1.30日11点	−0.1	180.6	−0.000554	1	59	0.01695
1.30日12点	−4.5	117.8	−0.0382	6	54	0.11111
1.30日13点	−23.4	35.7	−0.655462	29	30	0.96667
1.30日14点	−72.3	14.2	−5.091549	45	14	3.21429
1.30日15点	−105.3	4.8	−21.9375	50	8	6.25
1.30日16点	−92.5	4.6	−20.1087	50	10	5
1.30日17点	−133.5	3.5	−38.14286	53	6	8.83333
1.30日18点	−71.8	12.4	−5.790323	40	19	2.10526
1.30日19点	−43.8	33.6	−1.303571	33	25	1.32
1.30日20点	−21.9	45.3	−0.483444	23	34	0.67647
1.30日21点	−4.2	93.6	−0.044872	7	52	0.13462
1.30日22点	−3.3	113.2	−0.029152	7	51	0.13725
1.30日23点	−8.4	137.1	−0.061269	8	52	0.15385

$R_1(○)$	$R_2(○)$	$R_1(○)·R_2(○)$	$R_1(●)$	$R_2(●)$	$R_1(●)·R_2(●)$	$\frac{R_1(○)·R_2(○)}{R_1(●)·R_2(●)}$	$\frac{R_1(●)·R_2(●)}{R_1(○)·R_2(○)}$
1.0846	2.1431	2.32440626	1.3468	0.5357	0.72148076	3.22172	0.31039

$N(●)$	$N(○)$	$N(●)/N(○)$	$n(●)$	$n(○)$	$n(●)/n(○)$	$\frac{n(●)/n(○)}{N(●)/N(○)}$
−1265.9	1296.7	−0.976247397	740	676	1.094674556	−1.1213

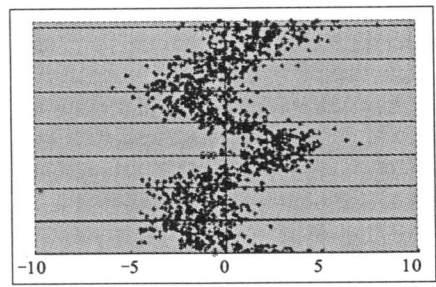

通化台和营口台的应变加速值的固体潮汐周期背景清晰,相比之下,敦化台的差一些,但是还能体现出周期背景的轮廓。

(2)华北地区

2009年3月31日文安台固体潮汐应变加速值点阵分布周期

文安 时间	$N(●)$	$N(○)$	$\dfrac{N(●)}{N(○)}$	$n(●)$	$n(○)$	$\dfrac{n(●)}{n(○)}$
03.31日0点	−104	83.8	−1.24105	31	28	1.10714
03.31日1点	−62.8	83	−0.756627	30	26	1.15385
03.31日2点	−115.3	140.9	0.818311	28	32	0.875
03.31日3点	−170.4	171.6	0.993007	35	25	1.4
03.31日4点	−100	169.7	−0.589275	23	36	0.63889
03.31日5点	−151.5	129.4	−1.170788	33	27	1.22222
03.31日6点	−200.7	170.6	−1.176436	35	25	1.4
03.31日7点	−254.2	382.9	−0.663881	29	30	0.96667
03.31日8点	−334.8	245.9	−1.361529	32	28	1.14286
03.31日9点	−305.4	260.3	−1.173262	32	28	1.14286
03.31日10点	−180.9	249.2	−0.725923	27	30	0.9
03.31日11点	−294.3	243.9	−1.206642	34	25	1.36
03.31日12点	−102.4	272.6	−0.375229	20	40	0.5
03.31日13点	−192	353.2	−0.543601	24	36	0.66667
03.31日14点	−179.6	268.2	−0.66965	30	30	1
03.31日15点	−258.9	263.2	−0.983663	31	29	1.06897
03.31日16点	−219.9	272.3	−0.807565	33	27	1.22222
03.31日17点	−230.1	171.3	−1.343257	37	23	1.6087
03.31日18点	−228.1	118.1	−1.931414	36	24	1.5
03.31日19点	−161.9	119.9	−1.350292	32	28	1.14286
03.31日20点	−181.5	119.6	−1.517559	31	29	1.06897
03.31日21点	−160.2	135.9	−1.178808	31	29	1.06897
03.31日22点	−131.5	145.6	−0.903159	32	27	1.18519
03.31日23点	−126.6	96.9	−1.306502	28	32	0.875

$R_1(○)$	$R_2(○)$	$R_1(○)·R_2(○)$	$R_1(●)$	$R_2(●)$	$R_1(●)·R_2(●)$	$\dfrac{R_1(○)·R_2(○)}{R_1(●)·R_2(●)}$	$\dfrac{R_1(●)·R_2(●)}{R_1(○)·R_2(○)}$
2.8012	2.6402	7.39572824	1.7169	1.9825	3.40375425	2.17281	0.46023

$N(●)$	$N(○)$	$N(●)/N(○)$	$n(●)$	$n(○)$	$n(●)/n(○)$	$\dfrac{n(●)/n(○)}{N(●)/N(○)}$	
−4447	4668.3	−0.952595163	734	694	1.057636888	−1.1103	

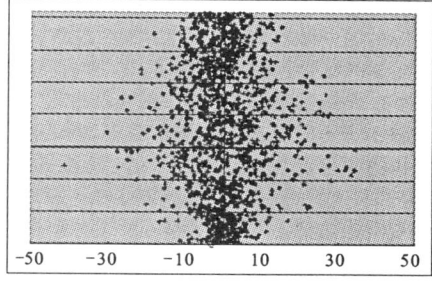

2009年4月4日平谷台固体潮汐应变加速值点阵分布周期

平谷 时间	$N(●)$	$N(○)$	$\dfrac{N(●)}{N(○)}$	$n(●)$	$n(○)$	$\dfrac{n(●)}{n(○)}$
04.4日0点	−21.8	18.1	−1.20442	32	23	1.3913
04.4日1点	−16.1	22.5	−0.715556	25	34	0.73529
04.4日2点	−11.5	21.8	−0.527523	21	33	0.63636
04.4日3点	−12	25.6	−0.46875	22	37	0.59459
04.4日4点	−9.5	23.7	−0.400844	20	36	0.55556
04.4日5点	−16.4	21.2	−0.773585	26	31	0.83871
04.4日6点	−22.5	12.1	−1.859504	30	26	1.15385
04.4日7点	−29.3	10.6	−2.764151	35	22	1.59091
04.4日8点	−29	7.8	−3.717949	40	15	2.66667
04.4日9点	−41.5	8	−5.1875	44	14	3.14286
04.4日10点	−33.2	7.8	−4.25641	42	15	2.8
04.4日11点	−21.9	9.3	−2.354839	40	17	2.35294
04.4日12点	−13.5	20.7	−0.652174	23	35	0.65714
04.4日13点	−20.6	40.6	−0.507389	25	34	0.73529
04.4日14点	−6.8	38.2	−0.17801	15	44	0.34091
04.4日15点	−6.1	45.8	−0.133188	12	46	0.26087
04.4日16点	−5.4	31.9	−0.169279	16	43	0.37209
04.4日17点	−11.4	27.5	−0.414545	19	39	0.48718
04.4日18点	−12	17.5	−0.685714	23	34	0.67647
04.4日19点	−25.3	12.7	−1.992126	35	21	1.66667
04.4日20点	−33	5.2	−6.346154	43	13	3.30769
04.4日21点	−37.7	7.9	−4.772152	40	19	2.10526
04.4日22点	−40.5	12.6	−3.214286	36	22	1.63636
04.4日23点	−28	11	−2.545455	37	20	1.85

$R_1(○)$	$R_2(○)$	$R_1(○)·R_2(○)$	$R_1(●)$	$R_2(●)$	$R_1(●)·R_2(●)$	$\dfrac{R_1(○)·R_2(○)}{R_1(●)·R_2(●)}$	$\dfrac{R_1(●)·R_2(●)}{R_1(○)·R_2(○)}$
1.3993	1.3532	1.89353276	0.6506	1.0057	0.65430842	2.89395	0.34555

$N(●)$	$N(○)$	$N(●)/N(○)$	$n(●)$	$n(○)$	$n(●)/n(○)$	$\dfrac{n(●)/n(○)}{N(●)/N(○)}$	
−505	460.1	−1.097587481	701	673	1.041604755	−0.949	

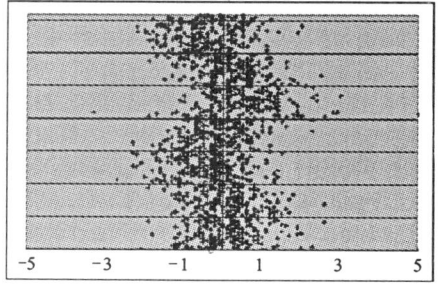

2009年5月24日昌平台固体潮汐应变加速值点阵分布周期

昌平时间	$N(●)$	$N(○)$	$\dfrac{N(●)}{N(○)}$	$n(●)$	$n(○)$	$\dfrac{n(●)}{n(○)}$
5.24日0点	−73.3	30.1	−2.435216	37	19	1.94737
5.24日1点	−99.3	35.6	−2.789326	38	21	1.80952
5.24日2点	−76.7	36.8	−2.084239	36	24	1.5
5.24日3点	−73.9	38.4	−1.924479	37	21	1.7619
5.24日4点	−60.2	42.5	−1.416471	31	28	1.10714
5.24日5点	−47	53.3	−0.881801	29	31	0.93548
5.24日6点	−33	82.7	−0.399033	19	41	0.46341
5.24日7点	−21.3	100	−0.213	10	49	0.20408
5.24日8点	−21.3	110.1	−0.19346	12	47	0.25532
5.24日9点	−23.7	91.1	−0.260154	19	41	0.46341
5.24日10点	−23.8	90.8	−0.262115	15	42	0.35714
5.24日11点	−45.2	83.6	−0.54067	23	36	0.63889
5.24日12点	−63.5	61.8	−1.027508	30	30	1
5.24日13点	−59.3	41.8	−1.41866	35	25	1.4
5.24日14点	−50.9	27.7	−1.837545	36	19	1.89474
5.24日15点	−77.6	37.6	−2.06383	39	19	2.05263
5.24日16点	−75.1	45.1	−1.665188	34	24	1.41667
5.24日17点	−113.1	81.3	−1.391144	33	26	1.26923
5.24日18点	−69.2	32.2	−2.149068	37	22	1.68182
5.24日19点	−73.8	32.9	−2.243161	38	21	1.80952
5.24日20点	−69.2	46.5	−1.488172	31	26	1.19231
5.24日21点	−70.8	73.5	−0.963265	29	31	0.93548
5.24日22点	−58.9	67.2	−0.876488	28	31	0.90323
5.24日23点	−75.1	65.1	−1.15361	31	28	1.10714

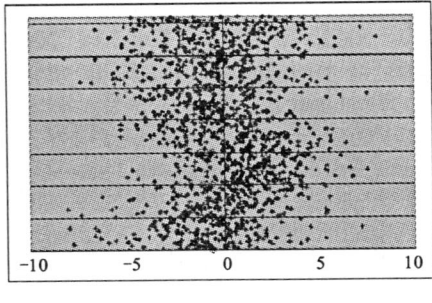

$R_1(○)$	$R_2(○)$	$R_1(○)·R_2(○)$	$R_1(●)$	$R_2(●)$	$R_1(●)·R_2(●)$	$\dfrac{R_1(○)·R_2(○)}{R_1(●)·R_2(●)}$	$\dfrac{R_1(●)·R_2(●)}{R_1(○)·R_2(○)}$
1.5348	1.452	2.2285296	0.5779	0.8165	0.47185535	4.72291	0.21173

$N(●)$	$N(○)$	$N(●)/N(○)$	$n(●)$	$n(○)$	$n(●)/n(○)$	$\dfrac{n(●)/n(○)}{N(●)/N(○)}$
−1455.2	1407.7	−1.033742985	707	702	1.007122507	−0.9742

2009年2月7日顺义台固体潮汐应变加速值点阵分布周期

顺义时间	$N(●)$	$N(○)$	$\dfrac{N(●)}{N(○)}$	$n(●)$	$n(○)$	$\dfrac{n(●)}{n(○)}$
02.27日0点	−35.1	57.5	−0.610435	24	33	0.72727
02.27日1点	−35.1	48.3	−0.726708	29	26	1.11538
02.27日2点	−27.7	52.7	−0.525617	22	37	0.59459
02.27日3点	−33.1	53.7	−0.616387	26	34	0.76471
02.27日4点	−42.8	35	−1.222857	33	26	1.26923
02.27日5点	−37.7	36.4	−1.035714	26	33	0.78788
02.27日6点	−53.5	28.8	−1.857639	34	23	1.47826
02.27日7点	−70.4	36.7	−1.918256	35	22	1.59091
02.27日8点	−55.9	27.4	−2.040146	38	22	1.72727
02.27日9点	−38.3	42.4	−0.903302	28	31	0.90323
02.27日10点	−28.9	54.4	−0.53125	24	33	0.72727
02.27日11点	−38.9	62.4	−0.623592	28	31	0.90323
02.27日12点	−17.2	81.9	−0.210012	18	42	0.42857
02.27日13点	−19.4	86.1	−0.225319	21	37	0.56757
02.27日14点	−24.5	53.1	−0.461394	23	34	0.67647
02.27日15点	−43.7	41.7	−1.047962	31	29	1.06897
02.27日16点	−43.8	33.4	−1.311377	32	26	1.23077
02.27日17点	−65.8	25.4	−2.590551	40	19	2.10526
02.27日18点	−69.1	18.8	−3.675532	41	18	2.27778
02.27日19点	−63.7	19.3	−3.300518	37	18	2.05556
02.27日20点	−55.2	29	−1.903448	33	27	1.22222
02.27日21点	−72.6	28	−2.592857	39	19	2.05263
02.27日22点	−58.4	31.1	−1.877814	34	27	1.41667
02.27日23点	−41.7	49	−0.85102	31	28	1.10714

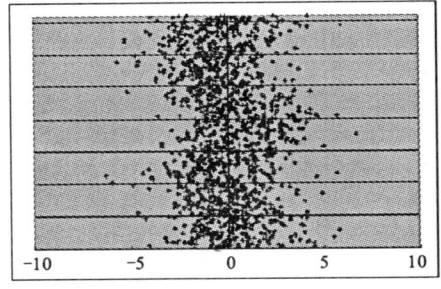

$R_1(○)$	$R_2(○)$	$R_1(○)·R_2(○)$	$R_1(●)$	$R_2(●)$	$R_1(●)·R_2(●)$	$\dfrac{R_1(○)·R_2(○)}{R_1(●)·R_2(●)}$	$\dfrac{R_1(●)·R_2(●)}{R_1(○)·R_2(○)}$
1.6692	1.1527	1.92408684	0.6412	1.1054	0.70878248	2.71464	0.36837

$N(●)$	$N(○)$	$N(●)/N(○)$	$n(●)$	$n(○)$	$n(●)/n(○)$	$\dfrac{n(●)/n(○)}{N(●)/N(○)}$
−1072.5	1032.5	−1.03874092	727	672	1.081845238	−1.0415

昌平台、顺义台、平谷台、文安台固体潮汐应变加速值点阵分布周期背景模糊,尽管可以量化其正负应变的对称性,但是所反映的主应变方向就很难精确了。

(3) 西南地区

2009年1月27日贵阳台固体潮汐应变加速值点阵分布周期

贵阳						
时间	$N(\bullet)$	$N(\circ)$	$\dfrac{N(\bullet)}{N(\circ)}$	$n(\bullet)$	$n(\circ)$	$\dfrac{n(\bullet)}{n(\circ)}$
1.27日0点	−5.6	183.8	−0.030468	5	54	0.09259
1.27日1点	−39.4	41.5	0.949398	34	24	1.41667
1.27日2点	−197.1	0.3	−657	59	1	59
1.27日3点	−399.7	31.2	−12.8109	57	3	19
1.27日4点	−395.3	0	#DIV/0!	60	0	#DIV/0!
1.27日5点	−383.9	14.7	−26.11565	57	3	19
1.27日6点	−257.4	0.4	−643.5	59	1	59
1.27日7点	−103.9	16.1	−6.453416	42	15	2.8
1.27日8点	−25.2	106.7	−0.236176	19	41	0.46341
1.27日9点	−0.5	236.6	−0.002113	1	59	0.01695
1.27日10点	0	302.9	0	0	60	0
1.27日11点	0	343.6	0	0	60	0
1.27日12点	0	251.5	0	0	60	0
1.27日13点	−19.9	90.7	−0.219405	16	43	0.37209
1.27日14点	−121	2.6	−46.53846	53	7	7.57143
1.27日15点	−277.3	0	#DIV/0!	60	0	#DIV/0!
1.27日16点	−356.3	0	#DIV/0!	60	0	#DIV/0!
1.27日17点	−298.6	0	#DIV/0!	60	0	#DIV/0!
1.27日18点	−174.3	1.6	−108.9375	59	1	59
1.27日19点	−46.6	40	−1.165	31	28	1.10714
1.27日20点	−1.8	200	−0.009	3	57	0.05263
1.27日21点	0	367.1	0	0	60	0
1.27日22点	0	439.9	0	0	60	0
1.27日23点	0	401.3	0	0	60	0

$R_1(\circ)$	$R_2(\circ)$	$R_1(\circ) \cdot R_2(\circ)$	$R_1(\bullet)$	$R_2(\bullet)$	$R_1(\bullet) \cdot R_2(\bullet)$	$\dfrac{R_1(\circ) \cdot R_2(\circ)}{R_1(\bullet) \cdot R_2(\bullet)}$	$\dfrac{R_1(\bullet) \cdot R_2(\bullet)}{R_1(\circ) \cdot R_2(\circ)}$
0.2358	1.5633	0.36862614	1.9712	0.6326	1.24698112	0.29561	3.38278
$N(\bullet)$	$N(\circ)$	$N(\bullet)/N(\circ)$	$n(\bullet)$	$n(\circ)$	$n(\bullet)/n(\circ)$	$\dfrac{n(\bullet)/n(\circ)}{N(\bullet)/N(\circ)}$	
−3103.8	3072.5	−1.010187144	735	697	1.054519369	−1.0439	

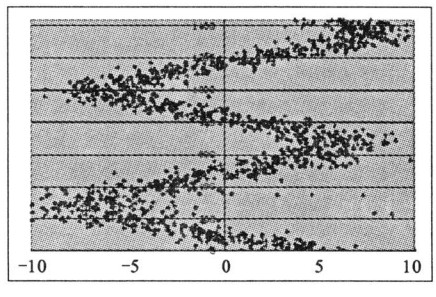

2009年3月11日攀枝花台固体潮汐应变加速值点阵分布周期

攀枝花						
时间	$N(\bullet)$	$N(\circ)$	$\dfrac{N(\bullet)}{N(\circ)}$	$n(\bullet)$	$n(\circ)$	$\dfrac{n(\bullet)}{n(\circ)}$
3.11日0点	−5.1	92.1	−0.055375	8	51	0.15686
3.11日1点	−64.1	23.3	−2.751073	41	18	2.27778
3.11日2点	−159.9	1.8	−88.83333	58	2	29
3.11日3点	−237.5	0	#DIV/0!	60	0	#DIV/0!
3.11日4点	−260.6	0	#DIV/0!	60	0	#DIV/0!
3.11日5点	−219.2	0.6	−365.3333	59	1	59
3.11日6点	−138.2	5.8	−23.82759	55	5	11
3.11日7点	−51.1	46.9	−1.089552	28	31	0.90323
3.11日8点	−8.1	131.7	−0.061503	7	52	0.13462
3.11日9点	−1.1	228.7	−0.00481	2	58	0.03448
3.11日10点	−0.3	276.9	−0.001083	1	59	0.01695
3.11日11点	0	252.9	0	0	60	0
3.11日12点	−2.2	176	−0.0125	4	56	0.07143
3.11日13点	−35.3	84.7	−0.416765	23	37	0.62162
3.11日14点	−92.9	18.8	−4.941489	42	18	2.625
3.11日15点	−179.7	3.7	−48.56757	53	6	8.83333
3.11日16点	−234.6	0.4	−586.5	58	2	29
3.11日17点	−225.5	0.1	−2255	59	1	59
3.11日18点	−167.5	0.4	−418.75	58	1	58
3.11日19点	−71.3	20	−3.565	44	16	2.75
3.11日20点	−10.7	92.1	−0.116178	8	51	0.15686
3.11日21点	−0.1	177.4	−0.000564	1	59	0.01695
3.11日22点	−1.7	231.2	−0.007353	2	58	0.03448
3.11日23点	−1.5	218.5	−0.006865	1	59	0.01695

$R_1(\circ)$	$R_2(\circ)$	$R_1(\circ) \cdot R_2(\circ)$	$R_1(\bullet)$	$R_2(\bullet)$	$R_1(\bullet) \cdot R_2(\bullet)$	$\dfrac{R_1(\circ) \cdot R_2(\circ)}{R_1(\bullet) \cdot R_2(\bullet)}$	$\dfrac{R_1(\bullet) \cdot R_2(\bullet)}{R_1(\circ) \cdot R_2(\circ)}$
0.8086	1.9102	1.54458772	1.3884	0.604	0.8385936	1.84188	0.54292
$N(\bullet)$	$N(\circ)$	$N(\bullet)/N(\circ)$	$n(\bullet)$	$n(\circ)$	$n(\bullet)/n(\circ)$	$\dfrac{n(\bullet)/n(\circ)}{N(\bullet)/N(\circ)}$	
−2168.2	2084	−1.040403071	732	699	1.0472103	−1.0065	

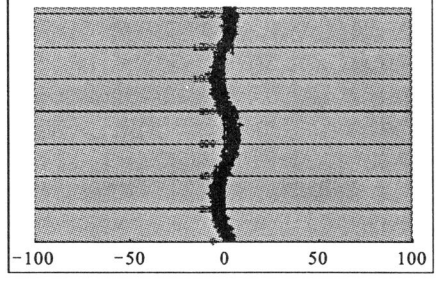

2009年2月10日永胜台固体潮汐应变加速值点阵分布周期

永胜 时间	$N(\bullet)$	$N(\bigcirc)$	$\dfrac{N(\bullet)}{N(\bigcirc)}$	$n(\bullet)$	$n(\bigcirc)$	$\dfrac{n(\bullet)}{n(\bigcirc)}$
2.10日0点	−3	110.7	−0.0271	4	55	0.07273
2.10日1点	−25.2	38.9	−0.647815	24	34	0.70588
2.10日2点	−64.5	2.8	−23.03571	50	6	8.33333
2.10日3点	−139	0.5	−278	58	1	58
2.10日4点	−323.3	0	#DIV/0!	60	0	#DIV/0!
2.10日5点	−210.5	0	#DIV/0!	60	0	#DIV/0!
2.10日6点	−118.9	2.8	−42.46429	58	1	58
2.10日7点	−53	4.8	−11.04167	46	9	5.11111
2.10日8点	−6.9	50.6	−0.136364	14	44	0.31818
2.10日9点	−0.1	124	−0.000806	1	59	0.01695
2.10日10点	0	140.1	0	0	59	0
2.10日11点	0	168.5	0	0	60	0
2.10日12点	−0.3	121.2	−0.002475	1	59	0.01695
2.10日13点	−7.5	64	−0.117188	12	46	0.26087
2.10日14点	−53.6	16.6	−3.228916	39	20	1.95
2.10日15点	−110.9	2.4	−46.20833	56	4	14
2.10日16点	−150.3	0	#DIV/0!	60	0	#DIV/0!
2.10日17点	−148.9	0.3	−496.3333	59	1	59
2.10日18点	−104.9	3.6	−29.13889	55	5	11
2.10日19点	−35.7	15.9	−2.245283	35	23	1.52174
2.10日20点	−2.8	78.2	−0.035806	5	54	0.09259
2.10日21点	0	153.1	0	0	60	0
2.10日22点	0	175.3	0	0	60	0
2.10日23点	0	185	0	0	60	0

$R_1(\bigcirc)$	$R_2(\bigcirc)$	$R_1(\bigcirc)\cdot R_2(\bigcirc)$	$R_1(\bullet)$	$R_2(\bullet)$	$R_1(\bullet)\cdot R_2(\bullet)$	$\dfrac{R_1(\bigcirc)\cdot R_2(\bigcirc)}{R_1(\bullet)\cdot R_2(\bullet)}$	$\dfrac{R_1(\bullet)\cdot R_2(\bullet)}{R_1(\bigcirc)\cdot R_2(\bigcirc)}$
0.3393	1.4069	0.47736117	2.1297	0.6116	1.30252452	0.36649	2.72859

$N(\bullet)$	$N(\bigcirc)$	$N(\bullet)/N(\bigcirc)$	$n(\bullet)$	$n(\bigcirc)$	$n(\bullet)/n(\bigcirc)$	$\dfrac{n(\bullet)/n(\bigcirc)}{N(\bullet)/N(\bigcirc)}$
−1559.3	1459.3	−1.068526006	697	720	0.968055556	−0.906

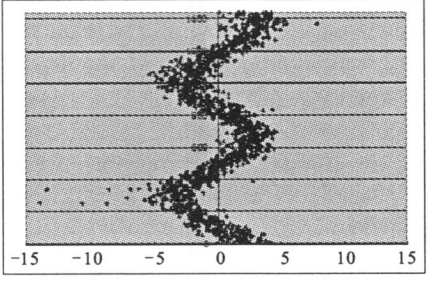

2009年3月26日姑咱台固体潮汐应变加速值点阵分布周期

姑咱 时间	$N(\bullet)$	$N(\bigcirc)$	$\dfrac{N(\bullet)}{N(\bigcirc)}$	$n(\bullet)$	$n(\bigcirc)$	$\dfrac{n(\bullet)}{n(\bigcirc)}$
03.26日0点	−3.5	16.4	−0.213415	13	42	0.30952
03.26日1点	−15.4	1.6	−9.625	47	6	7.83333
03.26日2点	−35.1	0	#DIV/0!	59	0	#DIV/0!
03.26日3点	−42.2	0	#DIV/0!	60	0	#DIV/0!
03.26日4点	−46.3	0	#DIV/0!	60	0	#DIV/0!
03.26日5点	−34.9	1.3	−26.84615	53	6	8.83333
03.26日6点	−17.4	1.6	−10.875	45	11	4.09091
03.26日7点	−2.8	15.4	−0.181818	11	43	0.25581
03.26日8点	−0.1	42.8	−0.002336	1	59	0.01695
03.26日9点	−0.5	69.5	−0.007194	1	59	0.01695
03.26日10点	0	78	0	0	60	0
03.26日11点	0	74.7	0	0	60	0
03.26日12点	0	52.7	0	0	60	0
03.26日13点	−1.6	21.6	−0.074074	10	42	0.2381
03.26日14点	−12.9	6.9	−1.869565	33	21	1.57143
03.26日15点	−37.6	2.1	−17.90476	48	7	6.85714
03.26日16点	−65.6	0.1	−656	59	1	59
03.26日17点	−66.7	0	#DIV/0!	60	0	#DIV/0!
03.26日18点	−47.3	0.5	−94.6	53	4	13.25
03.26日19点	−28.1	2.6	−10.80769	46	12	3.83333
03.26日20点	−10.5	12.4	−0.846774	25	33	0.75758
03.26日21点	−1.9	29.9	−0.063545	7	52	0.13462
03.26日22点	−0.1	48.5	−0.002062	1	58	0.01724
03.26日23点	−2.9	34.9	−0.083095	5	54	0.09259

$R_1(\bigcirc)$	$R_2(\bigcirc)$	$R_1(\bigcirc)\cdot R_2(\bigcirc)$	$R_1(\bullet)$	$R_2(\bullet)$	$R_1(\bullet)\cdot R_2(\bullet)$	$\dfrac{R_1(\bigcirc)\cdot R_2(\bigcirc)}{R_1(\bullet)\cdot R_2(\bullet)}$	$\dfrac{R_1(\bullet)\cdot R_2(\bullet)}{R_1(\bigcirc)\cdot R_2(\bigcirc)}$
5.5038	6.5546	36.07520748	0.8299	0.8409	0.69786291	51.6938	0.01934

$N(\bullet)$	$N(\bigcirc)$	$N(\bullet)/N(\bigcirc)$	$n(\bullet)$	$n(\bigcirc)$	$n(\bullet)/n(\bigcirc)$	$\dfrac{n(\bullet)/n(\bigcirc)}{N(\bullet)/N(\bigcirc)}$
−473.4	513.5	−0.921908471	697	690	1.010144928	−1.0957

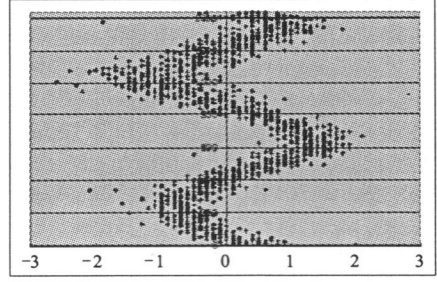

2009 年 5 月 30 日腾冲台固体潮汐应变加速值点阵分布周期

腾冲 时间	$N(\bullet)$	$N(\bigcirc)$	$\dfrac{N(\bullet)}{N(\bigcirc)}$	$n(\bullet)$	$n(\bigcirc)$	$\dfrac{n(\bullet)}{n(\bigcirc)}$
05.30 日 0 点	−12.7	11	−1.154545	28	25	1.12
05.30 日 1 点	−5.4	26.1	−0.206897	14	43	0.32558
05.30 日 2 点	−5	28.5	−0.175439	15	43	0.34884
05.30 日 3 点	−4.4	23	−0.191304	14	40	0.35
05.30 日 4 点	−12.3	15.7	−0.783439	28	30	0.93333
05.30 日 5 点	−8.3	13	−0.638462	24	32	0.75
05.30 日 6 点	−26.2	6.3	−4.15873	41	14	2.92857
05.30 日 7 点	−29.8	6	−4.966667	41	16	2.5625
05.30 日 8 点	−35.8	2.7	−13.25926	51	7	7.28571
05.30 日 9 点	−23.2	13.4	−1.731343	34	24	1.41667
05.30 日 10 点	−12.7	30.4	−0.417763	20	39	0.51282
05.30 日 11 点	−13.9	30	−0.463333	21	38	0.55263
05.30 日 12 点	−8.9	25.1	−0.354582	20	37	0.54054
05.30 日 13 点	−4.8	50.8	−0.094488	5	52	0.09615
05.30 日 14 点	−0.3	64.2	−0.004673	2	57	0.03509
05.30 日 15 点	−0.9	57.3	−0.015707	3	56	0.05357
05.30 日 16 点	−0.8	45.5	−0.017582	3	54	0.05556
05.30 日 17 点	−4	37.4	−0.106952	9	48	0.1875
05.30 日 18 点	−12.5	18.5	−0.675676	21	34	0.61765
05.30 日 19 点	−22.6	6.2	−3.645161	38	18	2.11111
05.30 日 20 点	−33.6	4.1	−8.195122	48	8	5
05.30 日 21 点	−41.8	1.8	−23.22222	51	7	7.28571
05.30 日 22 点	−39.2	2.3	−17.04348	50	7	7.14286
05.30 日 23 点	−30.6	2.8	−10.92857	45	14	3.21429

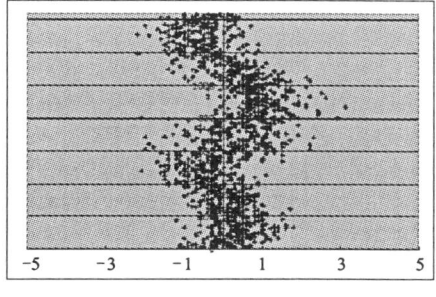

$R_1(\bigcirc)$	$R_2(\bigcirc)$	$R_1(\bigcirc)\cdot R_2(\bigcirc)$	$R_1(\bullet)$	$R_2(\bullet)$	$R_1(\bullet)\cdot R_2(\bullet)$	$\dfrac{R_1(\bigcirc)\cdot R_2(\bigcirc)}{R_1(\bullet)\cdot R_2(\bullet)}$	$\dfrac{R_1(\bullet)\cdot R_2(\bullet)}{R_1(\bigcirc)\cdot R_2(\bigcirc)}$
4.2235	4.9606	20.9510941	0.3185	0.9991	0.31821335	65.8398	0.01519

$N(\bullet)$	$N(\bigcirc)$	$N(\bullet)/N(\bigcirc)$	$n(\bullet)$	$n(\bigcirc)$	$n(\bullet)/n(\bigcirc)$	$\dfrac{n(\bullet)/n(\bigcirc)}{N(\bullet)/N(\bigcirc)}$
−389.7	522.1	−0.746408734	626	743	0.842530283	−1.1288

2009 年 1 月 27 日金河台固体潮汐应变加速值点阵分布周期

金河 时间	$N(\bullet)$	$N(\bigcirc)$	$\dfrac{N(\bullet)}{N(\bigcirc)}$	$n(\bullet)$	$n(\bigcirc)$	$\dfrac{n(\bullet)}{n(\bigcirc)}$
1.27 日 0 点	−6.1	79.8	−0.076441	8	51	0.15686
1.27 日 1 点	−130.1	171.1	−0.760374	24	36	0.66667
1.27 日 2 点	−144.5	122	−1.184426	35	25	1.4
1.27 日 3 点	−60.3	18.6	−3.241935	46	12	3.83333
1.27 日 4 点	−80.1	4.6	−17.41304	50	8	6.25
1.27 日 5 点	−112.9	1.4	−80.64286	56	2	28
1.27 日 6 点	−107.9	6.3	−17.12698	52	8	6.5
1.27 日 7 点	−83.1	7.5	−11.08	50	9	5.55556
1.27 日 8 点	−59.4	12	−4.95	43	17	2.52941
1.27 日 9 点	−31.3	33.5	−0.934328	24	34	0.70588
1.27 日 10 点	−8.9	91.8	−0.09695	13	47	0.2766
1.27 日 11 点	−1	176.2	−0.005675	2	58	0.03448
1.27 日 12 点	0	213.1	0	0	60	0
1.27 日 13 点	−3	183.7	−0.016331	1	59	0.01695
1.27 日 14 点	−5.3	119.6	−0.044314	6	54	0.11111
1.27 日 15 点	−34.2	59.8	−0.571906	27	31	0.87097
1.27 日 16 点	−94.3	16.3	−5.785276	43	16	2.6875
1.27 日 17 点	−83.2	16.9	−4.923077	43	16	2.6875
1.27 日 18 点	−71.7	10.5	−6.828571	46	14	3.28571
1.27 日 19 点	−63.1	48.3	−1.306418	37	20	1.85
1.27 日 20 点	−87.9	135.7	−0.647752	22	38	0.57895
1.27 日 21 点	−2.7	81.1	−0.033292	6	54	0.11111
1.27 日 22 点	0	143	0	0	60	0
1.27 日 23 点	0	145.2	0	0	60	0

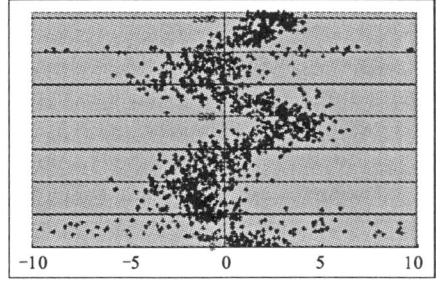

$R_1(\bigcirc)$	$R_2(\bigcirc)$	$R_1(\bigcirc)\cdot R_2(\bigcirc)$	$R_1(\bullet)$	$R_2(\bullet)$	$R_1(\bullet)\cdot R_2(\bullet)$	$\dfrac{R_1(\bigcirc)\cdot R_2(\bigcirc)}{R_1(\bullet)\cdot R_2(\bullet)}$	$\dfrac{R_1(\bullet)\cdot R_2(\bullet)}{R_1(\bigcirc)\cdot R_2(\bigcirc)}$
0.7708	1.3765	1.0610062	1.6231	0.4175	0.67764425	1.56573	0.63868

$N(\bullet)$	$N(\bigcirc)$	$N(\bullet)/N(\bigcirc)$	$n(\bullet)$	$n(\bigcirc)$	$n(\bullet)/n(\bigcirc)$	$\dfrac{n(\bullet)/n(\bigcirc)}{N(\bullet)/N(\bigcirc)}$
−1271	1898	−0.669652266	634	789	0.803548796	−1.1999

2009年3月10日昭通台固体潮汐应变加速值点阵分布周期

昭通 时间	$N(●)$	$N(○)$	$\dfrac{N(●)}{N(○)}$	$n(●)$	$n(○)$	$\dfrac{n(●)}{n(○)}$
03.10日0点	−45.6	43.7	−1.043478	31	26	1.19231
03.10日1点	−58.8	26.4	−2.227273	39	21	1.85714
03.10日2点	−72.7	13.3	−5.466165	43	14	3.07143
03.10日3点	−60.5	6.9	−8.768116	47	11	4.27273
03.10日4点	−60.9	15.1	−4.033113	44	16	2.75
03.10日5点	−57.7	20.4	−2.828431	39	20	1.95
03.10日6点	−35.3	37.3	−0.946381	26	31	0.83871
03.10日7点	−25.3	60.9	−0.415435	18	39	0.46154
03.10日8点	−22.7	84.8	−0.267689	16	43	0.37209
03.10日9点	−10.8	95.6	−0.112971	10	50	0.2
03.10日10点	−12.3	102.2	−0.120352	14	46	0.30435
03.10日11点	−22	82.1	−0.267966	16	41	0.39024
03.10日12点	−27.1	58.4	−0.464041	19	40	0.475
03.10日13点	−63.8	35.8	−1.782123	36	22	1.63636
03.10日14点	−61.7	33.6	−1.83631	36	22	1.63636
03.10日15点	−81.1	18.7	−4.336898	44	14	3.14286
03.10日16点	−63.3	19.8	−3.19697	39	19	2.05263
03.10日17点	−50.6	31.2	−1.621795	30	26	1.15385
03.10日18点	−33.1	59.6	−0.555369	28	31	0.90323
03.10日19点	−18.6	75.5	−0.246358	17	42	0.40476
03.10日20点	−7	90.8	−0.077093	5	54	0.09259
03.10日21点	−10.1	73.7	−0.137042	16	43	0.37209
03.10日22点	−28.8	88.8	−0.324324	19	41	0.46341
03.10日23点	−24.5	55.5	−0.441441	18	41	0.43902

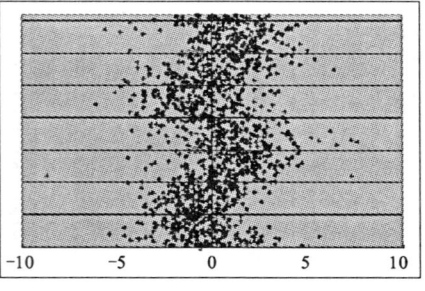

$R_1(○)$	$R_2(○)$	$R_1(○)·R_2(○)$	$R_1(●)$	$R_2(●)$	$R_1(●)·R_2(●)$	$\dfrac{R_1(○)·R_2(○)}{R_1(●)·R_2(●)}$	$\dfrac{R_1(●)·R_2(●)}{R_1(○)·R_2(○)}$
0.8536	1.7719	1.51249384	1.3081	0.6469	0.84620989	1.78737	0.55948

$N(●)$	$N(○)$	$N(●)/N(○)$	$n(●)$	$n(○)$	$n(●)/n(○)$	$\dfrac{n(●)/n(○)}{N(●)/N(○)}$
−954.3	1230.1	−0.775790586	650	753	0.863213811	−1.1127

2009年2月24日小庙台固体潮汐应变加速值点阵分布周期

小庙 时间	$N(●)$	$N(○)$	$\dfrac{N(●)}{N(○)}$	$n(●)$	$n(○)$	$\dfrac{n(●)}{n(○)}$
02.24日0点	−51.8	41.5	−1.248193	29	29	1
02.24日1点	−82.3	51.2	−1.607422	32	27	1.18519
02.24日2点	−134	55.4	−2.418773	38	22	1.72727
02.24日3点	−143.8	28.5	−5.045614	50	10	5
02.24日4点	−139.7	5.5	−25.4	54	5	10.8
02.24日5点	−119.5	7.8	−15.32051	48	10	4.8
02.24日6点	−100.4	15.5	−6.477419	41	16	2.5625
02.24日7点	−75.8	25.6	−2.960937	40	19	2.10526
02.24日8点	−63.1	40.1	−1.573566	33	25	1.32
02.24日9点	−36.1	79.3	−0.455233	23	37	0.62162
02.24日10点	−15.9	98.3	−0.16175	16	44	0.36364
02.24日11点	−7.7	122.3	−0.06296	8	52	0.15385
02.24日12点	−17.1	109	−0.156881	14	45	0.31111
02.24日13点	−40.7	61.6	−0.660714	26	34	0.76471
02.24日14点	−78.1	37.4	−2.088235	34	24	1.41667
02.24日15点	−70.7	20.9	−3.382775	43	16	2.6875
02.24日16点	−95	24.3	−3.909465	37	19	1.94737
02.24日17点	−91.3	23.5	−3.885106	39	20	1.95
02.24日18点	−75.9	38.2	−1.986911	34	26	1.30769
02.24日19点	−36.6	51.7	−0.70793	27	33	0.81818
02.24日20点	−37.4	74.4	−0.502688	26	34	0.76471
02.24日21点	−7.8	81.7	−0.095471	7	51	0.13725
02.24日22点	−18.2	89.7	−0.202899	19	40	0.475
02.24日23点	−31.8	73.4	−0.433243	21	39	0.53846

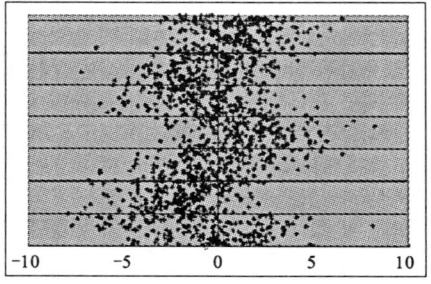

$R_1(○)$	$R_2(○)$	$R_1(○)·R_2(○)$	$R_1(●)$	$R_2(●)$	$R_1(●)·R_2(●)$	$\dfrac{R_1(○)·R_2(○)}{R_1(●)·R_2(●)}$	$\dfrac{R_1(●)·R_2(●)}{R_1(○)·R_2(○)}$
0.8806	1.652	1.4547512	1.8107	0.5054	0.91512778	1.58967	0.62906

$N(●)$	$N(○)$	$N(●)/N(○)$	$n(●)$	$n(○)$	$n(●)/n(○)$	$\dfrac{n(●)/n(○)}{N(●)/N(○)}$
−1570.7	1256.8	−1.249761299	739	677	1.091580502	−0.8734

2009年5月20日泸州台固体潮汐应变加速值点阵分布周期

泸州 时间	$N(●)$	$N(○)$	$\dfrac{N(●)}{N(○)}$	$n(●)$	$n(○)$	$\dfrac{n(●)}{n(○)}$
5.20日0点	−66	44	−1.5	29	18	1.61111
5.20日1点	−61	54	−1.12963	25	25	1
5.20日2点	−79	58	−1.362069	26	24	1.08333
5.20日3点	−63	64	−0.984375	24	26	0.92308
5.20日4点	−45	43	−1.046512	21	23	0.91304
5.20日5点	−50	58	−0.862069	24	27	0.88889
5.20日6点	−51	77	−0.662338	21	28	0.75
5.20日7点	−45	65	−0.692308	22	30	0.73333
5.20日8点	−48	80	−0.6	22	28	0.78571
5.20日9点	−70	118	−0.59322	20	33	0.60606
5.20日10点	−66	82	−0.804878	24	26	0.92308
5.20日11点	−58	65	−0.892308	26	24	1.08333
5.20日12点	−81	63	−1.285714	29	24	1.20833
5.20日13点	−83	53	−1.566038	33	21	1.57143
5.20日14点	−89	52	−1.711538	29	19	1.52632
5.20日15点	−84	58	−1.448276	30	22	1.36364
5.20日16点	−70	83	−0.843373	22	30	0.73333
5.20日17点	−75	66	−1.136364	28	25	1.12
5.20日18点	−91	76	−1.197368	30	25	1.2
5.20日19点	−65	59	−1.101695	27	24	1.125
5.20日20点	−102	84	−1.214286	31	21	1.47619
5.20日21点	−92	54	−1.703704	28	21	1.33333
5.20日22点	−96	35	−2.742857	35	16	2.1875
5.20日23点	−82	25	−3.28	35	16	2.1875

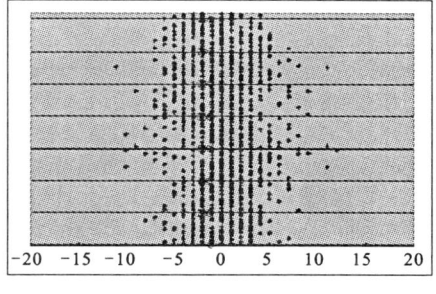

$R_1(○)$	$R_2(○)$	$R_1(○)·R_2(○)$	$R_1(●)$	$R_2(●)$	$R_1(●)·R_2(●)$	$\dfrac{R_1(○)·R_2(○)}{R_1(●)·R_2(●)}$	$\dfrac{R_1(●)·R_2(●)}{R_1(○)·R_2(○)}$
1.5355	1.3843	2.12559265	0.7223	1.2854	0.92844442	2.28941	0.43679

$N(●)$	$N(○)$	$N(●)/N(○)$	$n(●)$	$n(○)$	$n(●)/n(○)$	$\dfrac{n(●)/n(○)}{N(●)/N(○)}$	
−1712	1516	−1.129287599	641	576	1.112847222	−0.9854	

2009年4月20日合川台固体潮汐应变加速值点阵分布周期

合川 时间	$N(●)$	$N(○)$	$\dfrac{N(●)}{N(○)}$	$n(●)$	$n(○)$	$\dfrac{n(●)}{n(○)}$
04.20日0点	−209.1	171.9	−1.216405	29	30	0.96667
04.20日1点	−151.3	140	−1.080714	31	29	1.06897
04.20日2点	−188.8	181.8	−1.038504	30	30	1
04.20日3点	−199	224.8	−0.885231	31	29	1.06897
04.20日4点	−137.6	199.5	−0.689724	29	31	0.93548
04.20日5点	−195.1	260.7	−0.74837	28	31	0.90323
04.20日6点	−235.8	303.4	−0.777192	25	35	0.71429
04.20日7点	−201.8	234.6	−0.860188	26	34	0.76471
04.20日8点	−200.6	211.6	−0.948015	28	32	0.875
04.20日9点	−191.3	198.2	−0.965187	27	32	0.84375
04.20日10点	−219.6	212.4	−1.033898	29	31	0.93548
04.20日11点	−203.4	187.1	−1.087119	30	30	1
04.20日12点	−230.8	203.4	−1.13471	30	30	1
04.20日13点	−196.8	161.5	−1.218558	33	25	1.32
04.20日14点	−215.9	192.3	−1.122725	30	29	1.03448
04.20日15点	−133.9	163.3	−0.819963	31	29	1.06897
04.20日16点	−116.7	163.9	−0.71202	27	33	0.81818
04.20日17点	−157.3	190.5	−0.825722	26	34	0.76471
04.20日18点	−181	194.8	−0.929158	32	28	1.14286
04.20日19点	−179.9	232.3	−0.77443	25	35	0.71429
04.20日20点	−234	233.9	−1.000428	31	29	1.06897
04.20日21点	−211.7	213.2	−0.992964	27	33	0.81818
04.20日22点	−211.8	184.3	−1.149213	30	30	1
04.20日23点	−202.2	158.8	−1.2733	26	34	0.76471

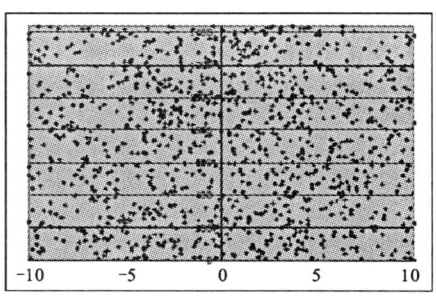

$R_1(○)$	$R_2(○)$	$R_1(○)·R_2(○)$	$R_1(●)$	$R_2(●)$	$R_1(●)·R_2(●)$	$\dfrac{R_1(○)·R_2(○)}{R_1(●)·R_2(●)}$	$\dfrac{R_1(●)·R_2(●)}{R_1(○)·R_2(○)}$
1.1131	1.0074	1.12133694	1.0071	1.0164	1.02361644	1.09547	0.91285

$N(●)$	$N(○)$	$N(●)/N(○)$	$n(●)$	$n(○)$	$n(●)/n(○)$	$\dfrac{n(●)/n(○)}{N(●)/N(○)}$	
−4605.4	4818.2	−0.955834129	691	743	0.930013459	−0.973	

贵阳台、攀枝花台、永胜台、姑咱台的固体潮汐应变加速值点阵分布周期背景较为清晰,而腾冲台、金河台、昭通台、小庙台的周期分布不很明显。合川台基本没有周期性分布,固体潮汐应变加速值点阵散乱。

(4)华东及华中地区

2009年5月31日临沂台固体潮汐应变加速值点阵分布周期

临沂 时间	$N(\bullet)$	$N(\bigcirc)$	$\dfrac{N(\bullet)}{N(\bigcirc)}$	$n(\bullet)$	$n(\bigcirc)$	$\dfrac{n(\bullet)}{n(\bigcirc)}$
05.31日0点	−116.3	61.6	−1.887987	46	13	3.53846
05.31日1点	−99.8	74.2	−1.345013	47	13	3.61538
05.31日2点	−91.5	74.4	−1.229839	47	12	3.91667
05.31日3点	−78.2	67.6	−1.156805	47	12	3.91667
05.31日4点	−62.3	77.6	−0.802835	33	27	1.22222
05.31日5点	−76.7	104.6	−0.73327	31	28	1.10714
05.31日6点	−86.6	207.2	−0.417954	22	38	0.57895
05.31日7点	−53	267.4	−0.198205	19	41	0.46341
05.31日8点	−68.7	277.2	−0.247835	20	40	0.5
05.31日9点	−69.9	216.9	−0.322268	22	35	0.62857
05.31日10点	−82.2	155.4	−0.528958	28	32	0.875
05.31日11点	−129.6	146	−0.887671	32	28	1.14286
05.31日12点	−112.8	151.9	−0.742594	31	29	1.06897
05.31日13点	−106.5	140.4	−0.758547	29	29	1
05.31日14点	−159.8	118.8	−1.345118	36	24	1.5
05.31日15点	−130.2	127.9	−1.017983	39	21	1.85714
05.31日16点	−127.7	124.9	−1.022418	39	21	1.85714
05.31日17点	−89	140.4	−0.633903	31	27	1.14815
05.31日18点	−135	91	−1.483516	41	19	2.15789
05.31日19点	−197.7	90.2	−2.191796	45	15	3
05.31日20点	−191.5	91.3	−2.097481	40	20	2
05.31日21点	−189.8	108.2	−1.754159	43	17	2.52941
05.31日22点	−164.4	116.6	−1.409949	44	15	2.93333
05.31日23点	−143.7	87.5	−1.642286	39	18	2.16667

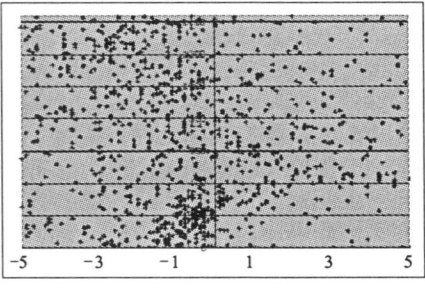

$R_1(\bigcirc)$	$R_2(\bigcirc)$	$R_1(\bigcirc)\cdot R_2(\bigcirc)$	$R_1(\bullet)$	$R_2(\bullet)$	$R_1(\bullet)\cdot R_2(\bullet)$	$\dfrac{R_1(\bigcirc)\cdot R_2(\bigcirc)}{R_1(\bullet)\cdot R_2(\bullet)}$	$\dfrac{R_1(\bullet)\cdot R_2(\bullet)}{R_1(\bigcirc)\cdot R_2(\bigcirc)}$
2.4211	2.0632	4.99521352	0.5662	1.5332	0.86809784	5.75421	0.17379

$N(\bullet)$	$N(\bigcirc)$	$N(\bullet)/N(\bigcirc)$	$n(\bullet)$	$n(\bigcirc)$	$n(\bullet)/n(\bigcirc)$	$\dfrac{n(\bullet)/n(\bigcirc)}{N(\bullet)/N(\bigcirc)}$
−2762.9	3119.2	−0.885771993	851	574	1.482578397	−1.6738

2009年3月27日泰安台固体潮汐应变加速值点阵分布周期

泰安 时间	$N(\bullet)$	$N(\bigcirc)$	$\dfrac{N(\bullet)}{N(\bigcirc)}$	$n(\bullet)$	$n(\bigcirc)$	$\dfrac{n(\bullet)}{n(\bigcirc)}$
03.27日0点	−98.3	3.3	−29.78788	53	6	8.83333
03.27日1点	−220.9	0	#DIV/0!	60	0	#DIV/0!
03.27日2点	−286.4	0	#DIV/0!	60	0	#DIV/0!
03.27日3点	−273.9	20.4	−13.42647	56	3	18.6667
03.27日4点	−184.8	0	#DIV/0!	59	0	#DIV/0!
03.27日5点	−58.2	16.3	−3.570552	41	17	2.41176
03.27日6点	−3	134.9	−0.022239	6	54	0.11111
03.27日7点	0	260.2	0	0	60	0
03.27日8点	0	429.7	0	0	60	0
03.27日9点	0	369	0	0	60	0
03.27日10点	0	271.1	0	0	60	0
03.27日11点	−0.9	129.9	−0.006928	2	57	0.03509
03.27日12点	−57.6	16	−3.6	42	17	2.47059
03.27日13点	−202.5	0	#DIV/0!	60	0	#DIV/0!
03.27日14点	−303.3	0	#DIV/0!	60	0	#DIV/0!
03.27日15点	−317.7	0	#DIV/0!	60	0	#DIV/0!
03.27日16点	−264.9	0	#DIV/0!	60	0	#DIV/0!
03.27日17点	−145.2	0	#DIV/0!	59	0	#DIV/0!
03.27日18点	−17.8	34.5	−0.515942	26	32	0.8125
03.27日19点	0	158.1	0	0	60	0
03.27日20点	0	257.7	0	0	60	0
03.27日21点	0	289.2	0	0	60	0
03.27日22点	0	251.5	0	0	60	0
03.27日23点	−0.2	135.1	−0.00148	1	59	0.01695

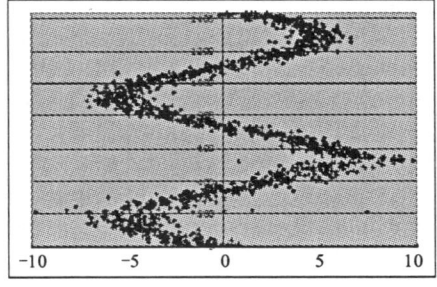

$R_1(\bigcirc)$	$R_2(\bigcirc)$	$R_1(\bigcirc)\cdot R_2(\bigcirc)$	$R_1(\bullet)$	$R_2(\bullet)$	$R_1(\bullet)\cdot R_2(\bullet)$	$\dfrac{R_1(\bigcirc)\cdot R_2(\bigcirc)}{R_1(\bullet)\cdot R_2(\bullet)}$	$\dfrac{R_1(\bullet)\cdot R_2(\bullet)}{R_1(\bigcirc)\cdot R_2(\bigcirc)}$
0.7227	1.4974	1.08217098	1.4762	0.4865	0.7181713	1.50684	0.66364

$N(\bullet)$	$N(\bigcirc)$	$N(\bullet)/N(\bigcirc)$	$n(\bullet)$	$n(\bigcirc)$	$n(\bullet)/n(\bigcirc)$	$\dfrac{n(\bullet)/n(\bigcirc)}{N(\bullet)/N(\bigcirc)}$
−2435.7	2776.9	−0.877129173	705	725	0.972413793	−1.1086

2009年4月9日徐州台固体潮汐应变加速值点阵分布周期

徐州 时间	$N(\bullet)$	$N(\bigcirc)$	$\dfrac{N(\bullet)}{N(\bigcirc)}$	$n(\bullet)$	$n(\bigcirc)$	$\dfrac{n(\bullet)}{n(\bigcirc)}$
04.09 日 0 点	−98	1.5	−65.33333	54	5	10.8
04.09 日 1 点	−178	0	#DIV/0!	60	0	#DIV/0!
04.09 日 2 点	−217.6	0	#DIV/0!	60	0	#DIV/0!
04.09 日 3 点	−210	0	#DIV/0!	60	0	#DIV/0!
04.09 日 4 点	−145.2	0	#DIV/0!	60	0	#DIV/0!
04.09 日 5 点	−58	9.1	−6.373626	45	14	3.21429
04.09 日 6 点	−3.1	87.3	−0.03551	4	55	0.07273
04.09 日 7 点	0	207.5	0	0	60	0
04.09 日 8 点	0	253.9	0	0	60	0
04.09 日 9 点	0	248.6	0	0	60	0
04.09 日 10 点	0	175.4	0	0	60	0
04.09 日 11 点	−6.4	81	−0.079012	7	53	0.13208
04.09 日 12 点	−68.9	10.6	−6.5	41	18	2.27778
04.09 日 13 点	−187	0	#DIV/0!	60	0	#DIV/0!
04.09 日 14 点	−259.3	0	#DIV/0!	60	0	#DIV/0!
04.09 日 15 点	−286.2	0	#DIV/0!	60	0	#DIV/0!
04.09 日 16 点	−247.3	0	#DIV/0!	60	0	#DIV/0!
04.09 日 17 点	−150.4	0.6	−250.6667	59	1	59
04.09 日 18 点	−38.7	14.9	−2.597315	40	20	2
04.09 日 19 点	−1.8	80.5	−0.02236	4	55	0.07273
04.09 日 20 点	0	150.1	0	0	60	0
04.09 日 21 点	0	172.4	0	0	60	0
04.09 日 22 点	0	140.5	0	0	60	0
04.09 日 23 点	1.5	65.4	−0.022936	4	52	0.07692

$R_1(\bigcirc)$	$R_2(\bigcirc)$	$R_1(\bigcirc) \cdot R_2(\bigcirc)$	$R_1(\bullet)$	$R_2(\bullet)$	$R_1(\bullet) \cdot R_2(\bullet)$	$\dfrac{R_1(\bigcirc) \cdot R_2(\bigcirc)}{R_1(\bullet) \cdot R_2(\bullet)}$	$\dfrac{R_1(\bullet) \cdot R_2(\bullet)}{R_1(\bigcirc) \cdot R_2(\bigcirc)}$
1.0971	1.6527	1.81317717	1.4135	0.6583	0.93050705	1.94859	0.51319
$N(\bullet)$	$N(\bigcirc)$	$N(\bullet)/N(\bigcirc)$	$n(\bullet)$	$n(\bigcirc)$	$n(\bullet)/n(\bigcirc)$	$\dfrac{n(\bullet)/n(\bigcirc)}{N(\bullet)/N(\bigcirc)}$	
−2157.4	1699.3	−1.269581592	738	693	1.064935065	−0.8388	

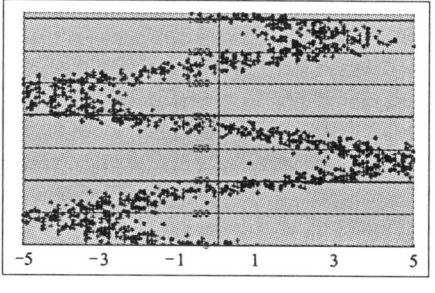

2009年1月29日麻城台固体潮汐应变加速值点阵分布周期

麻城 时间	$N(\bullet)$	$N(\bigcirc)$	$\dfrac{N(\bullet)}{N(\bigcirc)}$	$n(\bullet)$	$n(\bigcirc)$	$\dfrac{n(\bullet)}{n(\bigcirc)}$
1.29 日 0 点	0	124.8	0	0	59	0
1.29 日 1 点	−6.6	27.4	−0.240876	11	46	0.23913
1.29 日 2 点	−78.5	1.6	−49.0625	55	5	11
1.29 日 3 点	−161.7	0	#DIV/0!	60	0	#DIV/0!
1.29 日 4 点	−205.3	0	#DIV/0!	60	0	#DIV/0!
1.29 日 5 点	−208.8	0	#DIV/0!	60	0	#DIV/0!
1.29 日 6 点	−161.4	0	#DIV/0!	60	0	#DIV/0!
1.29 日 7 点	−80.6	0.3	−268.6667	58	2	29
1.29 日 8 点	−6.7	32.1	−0.208723	12	46	0.26087
1.29 日 9 点	0	119.8	0	0	60	0
1.29 日 10 点	0	197.2	0	0	60	0
1.29 日 11 点	0	203.3	0	0	60	0
1.29 日 12 点	0	157.9	0	0	60	0
1.29 日 13 点	0	76.2	0	0	59	0
1.29 日 14 点	−32.4	6.3	−5.142857	39	18	2.16667
1.29 日 15 点	−120.9	0	#DIV/0!	60	0	#DIV/0!
1.29 日 16 点	−177.1	0	#DIV/0!	60	0	#DIV/0!
1.29 日 17 点	−178	0	#DIV/0!	60	0	#DIV/0!
1.29 日 18 点	−136.7	0	#DIV/0!	60	0	#DIV/0!
1.29 日 19 点	−65.6	1.6	−41	55	4	13.75
1.29 日 20 点	−4.2	39.7	−0.105793	10	48	0.20833
1.29 日 21 点	0	124	0	0	60	0
1.29 日 22 点	0	177.5	0	0	60	0
1.29 日 23 点	0	192.3	0	0	60	0

$R_1(\bigcirc)$	$R_2(\bigcirc)$	$R_1(\bigcirc) \cdot R_2(\bigcirc)$	$R_1(\bullet)$	$R_2(\bullet)$	$R_1(\bullet) \cdot R_2(\bullet)$	$\dfrac{R_1(\bigcirc) \cdot R_2(\bigcirc)}{R_1(\bullet) \cdot R_2(\bullet)}$	$\dfrac{R_1(\bullet) \cdot R_2(\bullet)}{R_1(\bigcirc) \cdot R_2(\bigcirc)}$
0.5636	1.533	0.8639988	1.6005	0.7054	1.1289927	0.76528	1.30671
$N(\bullet)$	$N(\bigcirc)$	$N(\bullet)/N(\bigcirc)$	$n(\bullet)$	$n(\bigcirc)$	$n(\bullet)/n(\bigcirc)$	$\dfrac{n(\bullet)/n(\bigcirc)}{N(\bullet)/N(\bigcirc)}$	
−1624.5	1482	−1.096153846	720	707	1.018387553	−0.9291	

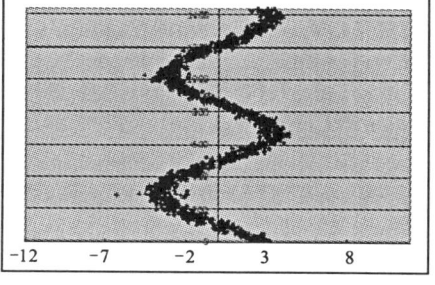

2009年3月26日江宁台固体潮汐应变加速值点阵分布周期

江宁						
时间	N(●)	N(○)	$\dfrac{N(●)}{N(○)}$	n(●)	n(○)	$\dfrac{n(●)}{n(○)}$
03.26日0点	−153.4	5.4	−28.40741	51	7	7.28571
03.26日1点	−169.8	1.5	113.2	58	1	58
03.26日2点	−238.2	0	#DIV/0!	60	0	#DIV/0!
03.26日3点	−198.2	0	#DIV/0!	60	0	#DIV/0!
03.26日4点	−138.1	3.4	−40.61765	57	3	19
03.26日5点	−55.2	17.2	−3.209302	40	18	2.22222
03.26日6点	−11.9	80	−0.14875	12	47	0.25532
03.26日7点	−0.3	211.3	−0.00142	1	59	0.01695
03.26日8点	0	255.8	0	0	60	0
03.26日9点	0	273.6	0	0	60	0
03.26日10点	−0.3	198.8	−0.001509	1	59	0.01695
03.26日11点	−10.7	117.6	−0.090986	10	49	0.20408
03.26日12点	−68.8	14	−4.914286	44	15	2.93333
03.26日13点	−161.7	0	#DIV/0!	60	0	#DIV/0!
03.26日14点	−228.3	0.1	−2283	59	1	59
03.26日15点	−241.6	0	#DIV/0!	60	0	#DIV/0!
03.26日16点	−217.7	0	#DIV/0!	60	0	#DIV/0!
03.26日17点	−128.7	2.1	−61.28571	55	4	13.75
03.26日18点	−16.5	39.7	−0.415617	20	34	0.58824
03.26日19点	−6.8	132.7	−0.051243	6	54	0.11111
03.26日20点	−4.7	207.4	−0.022662	3	57	0.05263
03.26日21点	−1.6	220.7	−0.00725	2	58	0.03448
03.26日22点	−7.4	216.1	−0.034243	7	53	0.13208
03.26日23点	−45.3	57.9	−0.782383	33	26	1.26923
$R_1(○)$	$R_2(○)$	$R_1(○)·R_2(○)$	$R_1(●)$	$R_2(●)$	$R_1(●)·R_2(●)$	$\dfrac{R_1(○)·R_2(○)}{R_1(●)·R_2(●)}$	$\dfrac{R_1(●)·R_2(●)}{R_1(○)·R_2(○)}$
0.6534	1.5838	1.03485492	1.2822	0.4325	0.5545515	1.86611	0.53587
N(●)	N(○)	N(●)/N(○)	n(●)	n(○)	n(●)/n(○)	$\dfrac{n(●)/n(○)}{N(●)/N(○)}$	
−2105.2	2055.3	−1.024278694	759	665	1.141353383	−1.1143	

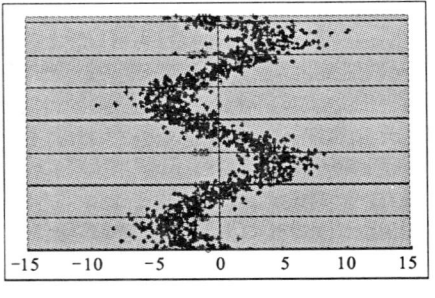

2009年3月26日襄樊台固体潮汐应变加速值点阵分布周期

襄樊						
时间	N(●)	N(○)	$\dfrac{N(●)}{N(○)}$	n(●)	n(○)	$\dfrac{n(●)}{n(○)}$
03.26日0点	−36.2	5.7	−6.350877	41	14	2.92857
03.26日1点	−99.6	0	#DIV/0!	59	0	#DIV/0!
03.26日2点	−112.1	0	#DIV/0!	60	0	#DIV/0!
03.26日3点	−101.7	0.3	−339	59	1	59
03.26日4点	−76.2	2.2	−34.63636	54	6	9
03.26日5点	−35.4	11.9	−2.97479	38	20	1.9
03.26日6点	−9.8	47.1	−0.208068	15	43	0.34884
03.26日7点	0	86.4	0	0	59	0
03.26日8点	−1.3	99.5	−0.013065	2	58	0.03448
03.26日9点	0	143.7	0	0	60	0
03.26日10点	0	133.6	0	0	60	0
03.26日11点	−1.8	60.3	−0.029851	5	54	0.09259
03.26日12点	−22.1	12.6	−1.753968	33	23	1.43478
03.26日13点	−73.8	3.1	−23.80645	54	5	10.8
03.26日14点	−142.9	0	#DIV/0!	60	0	#DIV/0!
03.26日15点	−162.9	0	#DIV/0!	60	0	#DIV/0!
03.26日16点	−142.2	0.6	−237	58	2	29
03.26日17点	−73.4	1.2	−61.16667	57	3	19
03.26日18点	−24.1	18.9	−1.275132	31	27	1.14815
03.26日19点	−2.3	56.9	−0.040422	5	50	0.1
03.26日20点	−1.1	92.5	−0.011892	2	58	0.03448
03.26日21点	−0.7	104.5	−0.006699	2	58	0.03448
03.26日22点	−0.5	84.4	−0.005924	1	59	0.01695
03.26日23点	−8	35.9	−0.222841	15	43	0.34884
$R_1(○)$	$R_2(○)$	$R_1(○)·R_2(○)$	$R_1(●)$	$R_2(●)$	$R_1(●)·R_2(●)$	$\dfrac{R_1(○)·R_2(○)}{R_1(●)·R_2(●)}$	$\dfrac{R_1(●)·R_2(●)}{R_1(○)·R_2(○)}$
0.8771	1.7215	1.50992765	1.3387	0.7036	0.94190932	1.60305	0.62381
N(●)	N(○)	N(●)/N(○)	n(●)	n(○)	n(●)/n(○)	$\dfrac{n(●)/n(○)}{N(●)/N(○)}$	
−1128.1	1001.3	−1.126635374	711	703	1.011379801	−0.8977	

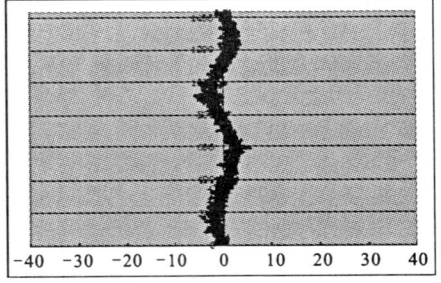

2009年4月10日南京高淳台固体潮汐应变加速值点阵分布周期

南京高淳 时间	$N(●)$	$N(○)$	$\dfrac{N(●)}{N(○)}$	$n(●)$	$n(○)$	$\dfrac{n(●)}{n(○)}$
04.10 日 0 点	−103.7	40.1	−2.586035	40	19	2.10526
04.10 日 1 点	−162.8	12.3	−13.23577	49	10	4.9
04.10 日 2 点	−225.7	1	−225.7	59	1	59
04.10 日 3 点	−219.2	6.5	−33.72308	56	4	14
04.10 日 4 点	−197.1	16.4	−12.01829	52	8	6.5
04.10 日 5 点	−139.5	26	−5.365385	45	14	3.21429
04.10 日 6 点	−53.5	44	−1.215909	35	24	1.45833
04.10 日 7 点	−16.8	97.9	−0.171604	16	43	0.37209
04.10 日 8 点	−14.6	155.5	−0.093891	10	50	0.2
04.10 日 9 点	−11.2	158.8	−0.070529	6	54	0.11111
04.10 日 10 点	−25.4	142.7	−0.177996	11	47	0.23404
04.10 日 11 点	−31.3	105.5	−0.296682	19	41	0.46341
04.10 日 12 点	−101	50.7	−1.99211	36	23	1.56522
04.10 日 13 点	−167.9	23.8	−7.054622	51	9	5.66667
04.10 日 14 点	−241.9	3.9	−62.02564	55	5	11
04.10 日 15 点	−274.2	1.6	−171.375	58	2	29
04.10 日 16 点	−280.1	0.5	−560.2	57	3	19
04.10 日 17 点	−221.3	11.5	−19.24348	56	4	14
04.10 日 18 点	−147.8	10.5	−14.07619	51	8	6.375
04.10 日 19 点	−69.1	37	−1.867568	37	23	1.6087
04.10 日 20 点	−43.9	104	−0.422115	21	38	0.55263
04.10 日 21 点	−9.6	122.9	−0.078112	10	47	0.21277
04.10 日 22 点	−30.6	125.3	−0.244214	16	44	0.36364
04.10 日 23 点	−27.6	86.7	−0.318339	18	40	0.45

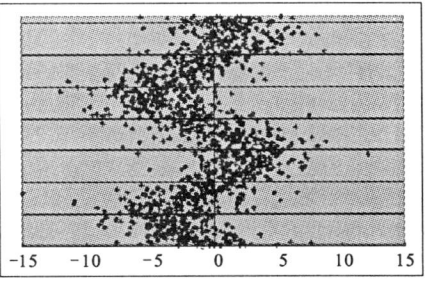

$R_1(○)$	$R_2(○)$	$R_1(○)·R_2(○)$	$R_1(●)$	$R_2(●)$	$R_1(●)·R_2(●)$	$\dfrac{R_1(○)·R_2(○)}{R_1(●)·R_2(●)}$	$\dfrac{R_1(●)·R_2(●)}{R_1(○)·R_2(○)}$
0.9186	1.4904	1.36908144	1.1941	0.8276	0.98823716	1.38538	0.72182

$N(●)$	$N(○)$	$N(●)/N(○)$	$n(●)$	$n(○)$	$n(●)/n(○)$	$\dfrac{n(●)/n(○)}{N(●)/N(○)}$
−2815.8	1385.1	−2.032921811	864	561	1.540106952	−0.7576

2009年1月29日常山台固体潮汐应变加速值点阵分布周期

常山 时间	$N(●)$	$N(○)$	$\dfrac{N(●)}{N(○)}$	$n(●)$	$n(○)$	$\dfrac{n(●)}{n(○)}$
1.29 日 0 点	−20.8	133.2	−0.156156	13	44	0.29545
1.29 日 1 点	−81.2	47.4	−1.71308	34	25	1.36
1.29 日 2 点	−162.1	7.2	−22.51389	52	8	6.5
1.29 日 3 点	−247.3	0.4	−618.25	59	1	59
1.29 日 4 点	−277.9	0	#DIV/0!	60	0	#DIV/0!
1.29 日 5 点	−257.6	1.3	−198.1538	58	2	29
1.29 日 6 点	−157.8	4.2	−37.57143	53	6	8.83333
1.29 日 7 点	−66.6	32.5	−2.049231	34	21	1.61905
1.29 日 8 点	−24.9	91.2	−0.273026	21	38	0.55263
1.29 日 9 点	−4.7	167.2	−0.02811	5	54	0.09259
1.29 日 10 点	0	220	0	0	60	0
1.29 日 11 点	−3.7	214.1	−0.017282	4	56	0.07143
1.29 日 12 点	−8.9	135	−0.065926	8	52	0.15385
1.29 日 13 点	−40.9	65.9	−0.620637	26	34	0.76471
1.29 日 14 点	−123.2	9.2	−13.3913	51	9	5.66667
1.29 日 15 点	−209	0.6	−348.3333	59	1	59
1.29 日 16 点	−223.7	0	#DIV/0!	60	0	#DIV/0!
1.29 日 17 点	−209.5	0.6	−349.1667	59	1	59
1.29 日 18 点	−144.4	1.6	−90.25	55	5	11
1.29 日 19 点	−61.8	28.6	−2.160839	38	21	1.80952
1.29 日 20 点	−8.3	120.3	−0.068994	7	53	0.13208
1.29 日 21 点	−1.5	183.9	−0.008157	5	55	0.09091
1.29 日 22 点	−0.5	230.5	−0.002169	1	59	0.01695
1.29 日 23 点	−2.3	202	−0.011386	1	59	0.01695

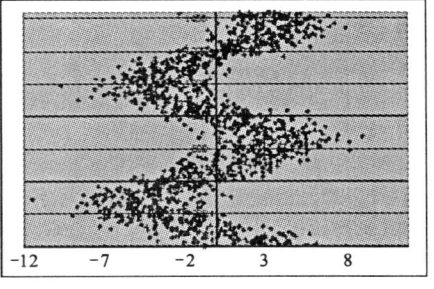

$R_1(○)$	$R_2(○)$	$R_1(○)·R_2(○)$	$R_1(●)$	$R_2(●)$	$R_1(●)·R_2(●)$	$\dfrac{R_1(○)·R_2(○)}{R_1(●)·R_2(●)}$	$\dfrac{R_1(●)·R_2(●)}{R_1(○)·R_2(○)}$
0.4157	1.3719	0.57029883	1.6984	0.6015	1.0215876	0.55825	1.79132

$N(●)$	$N(○)$	$N(●)/N(○)$	$n(●)$	$n(○)$	$n(●)/n(○)$	$\dfrac{n(●)/n(○)}{N(●)/N(○)}$
−2338.6	1896.9	−1.232853603	763	664	1.149096386	−0.9321

2009年3月29日佘山台固体潮汐应变加速值点阵分布周期

佘山时间	N(●)	N(○)	N(●)/N(○)	n(●)	n(○)	n(●)/n(○)
03.29日0点	−96.6	15.3	−6.313725	43	16	2.6875
03.29日1点	−177	2.5	−70.8	54	4	13.5
03.29日2点	−185	7.4	−25	55	5	11
03.29日3点	−203.7	1.6	−127.3125	58	2	29
03.29日4点	−130.3	3.8	−34.28947	54	6	9
03.29日5点	−69.7	32.2	−2.164596	39	20	1.95
03.29日6点	−39.2	78	−0.502564	26	33	0.78788
03.29日7点	−4.9	152.1	−0.032216	7	52	0.13462
03.29日8点	−2.3	214.8	−0.010708	3	57	0.05263
03.29日9点	0	248.4	0	0	60	0
03.29日10点	−16	193	−0.082902	9	51	0.17647
03.29日11点	−15.3	90.9	−0.168317	18	39	0.46154
03.29日12点	−62.6	30.2	−2.072848	33	24	1.375
03.29日13点	−128	10.3	−12.42718	51	9	5.66667
03.29日14点	−200.9	6.1	−32.93443	54	4	13.5
03.29日15点	−226.3	1.5	−150.8667	59	1	59
03.29日16点	−215.9	2.5	−86.36	57	3	19
03.29日17点	−163.1	3.1	−52.6129	57	2	28.5
03.29日18点	−98.7	35.9	−2.749304	42	16	2.625
03.29日19点	−36	81	−0.444444	22	37	0.59459
03.29日20点	−13.9	130.9	−0.106188	13	47	0.2766
03.29日21点	−7.9	170.3	−0.046389	7	53	0.13208
03.29日22点	−16.4	131	−0.125191	14	46	0.30435
03.29日23点	−31.3	83.7	−0.373955	24	35	0.68571

R_1(○)	R_2(○)	R_1(○)·R_2(○)	R_1(●)	R_2(●)	R_1(●)·R_2(●)	$\frac{R_1(○)·R_2(○)}{R_1(●)·R_2(●)}$	$\frac{R_1(●)·R_2(●)}{R_1(○)·R_2(○)}$
1.0418	1.6645	1.7340761	1.1293	0.6022	0.68006446	2.54987	0.39218

N(●)	N(○)	N(●)/N(○)	n(●)	n(○)	n(●)/n(○)	$\frac{n(●)/n(○)}{N(●)/N(○)}$	
−2141	1726.5	−1.240081089	799	622	1.284565916	−1.0359	

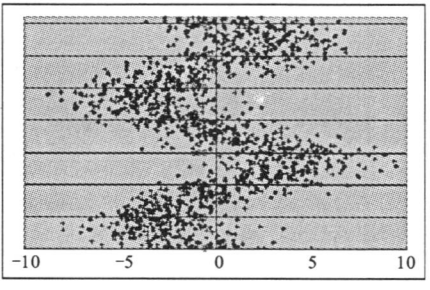

除临沂台外,襄樊台、麻城台、江宁台、南京高淳台、常山台、佘山台、徐州台和泰安台的固体潮汐应变加速值点阵分布周期基本上都比较清晰。

(5)西北地区

2009年2月26日高台台固体潮汐应变加速值点阵分布周期

高台时间	N(●)	N(○)	N(●)/N(○)	n(●)	n(○)	n(●)/n(○)
02.26日0点	0	102.9	0	0	59	0
02.26日1点	−6.3	34.2	−0.184211	12	44	0.27273
02.26日2点	−65.4	2.7	−24.22222	53	5	10.6
02.26日3点	−133.1	0	#DIV/0!	60	0	#DIV/0!
02.26日4点	−167.7	0	#DIV/0!	60	0	#DIV/0!
02.26日5点	−184.7	0	#DIV/0!	60	0	#DIV/0!
02.26日6点	−146.8	0	#DIV/0!	60	0	#DIV/0!
02.26日7点	−69.8	1	−69.8	59	1	59
02.26日8点	−30.5	16.1	−1.89441	25	30	0.83333
02.26日9点	0	87.8	0	0	59	0
02.26日10点	0	147.4	0	0	60	0
02.26日11点	0	149.4	0	0	60	0
02.26日12点	0	120.3	0	0	60	0
02.26日13点	−0.4	67.1	−0.005961	2	57	0.03509
02.26日14点	−41.4	8.4	−4.928571	39	21	1.85714
02.26日15点	−103.1	0	#DIV/0!	60	0	#DIV/0!
02.26日16点	−174.9	0	#DIV/0!	60	0	#DIV/0!
02.26日17点	−168.6	0	#DIV/0!	60	0	#DIV/0!
02.26日18点	−138	0	#DIV/0!	60	0	#DIV/0!
02.26日19点	−67.3	0.5	−134.6	59	1	59
02.26日20点	−12.8	32.4	−0.395062	22	34	0.64706
02.26日21点	−0.9	105.4	−0.008539	1	58	0.01724
02.26日22点	0	147.1	0	0	60	0
02.26日23点	0	162.4	0	0	60	0

R_1(○)	R_2(○)	R_1(○)·R_2(○)	R_1(●)	R_2(●)	R_1(●)·R_2(●)	$\frac{R_1(○)·R_2(○)}{R_1(●)·R_2(●)}$	$\frac{R_1(●)·R_2(●)}{R_1(○)·R_2(○)}$
0.4288	1.3645	0.5850976	1.4445	0.809	1.1686005	0.50068	1.99727

N(●)	N(○)	N(●)/N(○)	n(●)	n(○)	n(●)/n(○)	$\frac{n(●)/n(○)}{N(●)/N(○)}$	
−1511.7	1185.1	−1.275588558	752	669	1.12406577	−0.8812	

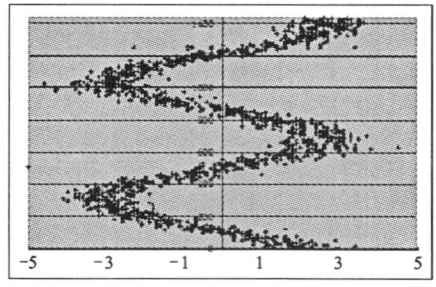

2009年2月11日湟源台固体潮汐应变加速值点阵分布周期

湟源 时间	$N(\bullet)$	$N(\bigcirc)$	$\dfrac{N(\bullet)}{N(\bigcirc)}$	$n(\bullet)$	$n(\bigcirc)$	$\dfrac{n(\bullet)}{n(\bigcirc)}$
2.11日0点	0	314	0	0	59	0
2.11日1点	−3	138	−0.021739	3	53	0.0566
2.11日2点	−85	12	−7.083333	38	9	4.22222
2.11日3点	−245	0	#DIV/0!	60	0	#DIV/0!
2.11日4点	−393	0	#DIV/0!	60	0	#DIV/0!
2.11日5点	−437	0	#DIV/0!	60	0	#DIV/0!
2.11日6点	−371	0	#DIV/0!	60	0	#DIV/0!
2.11日7点	−214	0	#DIV/0!	58	0	#DIV/0!
2.11日8点	−41	31	−1.322581	26	22	1.18182
2.11日9点	−1	187	−0.005348	1	55	0.01818
2.11日10点	0	341	0	0	60	0
2.11日11点	0	371	0	0	59	0
2.11日12点	0	342	0	0	60	0
2.11日13点	0	222	0	0	59	0
2.11日14点	−25	60	−0.416667	15	30	0.5
2.11日15点	−165	4	−41.25	52	4	13
2.11日16点	−321	0	#DIV/0!	60	0	#DIV/0!
2.11日17点	−356	0	#DIV/0!	60	0	#DIV/0!
2.11日18点	−323	0	#DIV/0!	60	0	#DIV/0!
2.11日19点	−173	0	#DIV/0!	56	0	#DIV/0!
2.11日20点	−33	48	−0.6875	22	25	0.88
2.11日21点	0	206	0	0	59	0
2.11日22点	0	365	0	0	60	0
2.11日23点	0	408	0	0	60	0

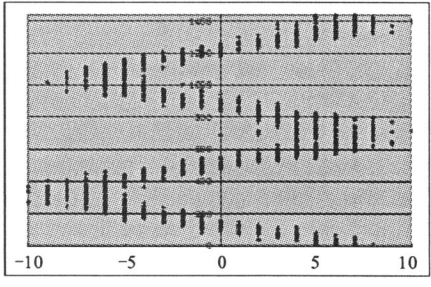

$R_1(\bigcirc)$	$R_2(\bigcirc)$	$R_1(\bigcirc)\cdot R_2(\bigcirc)$	$R_1(\bullet)$	$R_2(\bullet)$	$R_1(\bullet)\cdot R_2(\bullet)$	$\dfrac{R_1(\bigcirc)\cdot R_2(\bigcirc)}{R_1(\bullet)\cdot R_2(\bullet)}$	$\dfrac{R_1(\bullet)\cdot R_2(\bullet)}{R_1(\bigcirc)\cdot R_2(\bigcirc)}$
0.549	1.2481	0.6852069	1.5385	0.7902	1.2157227	0.56362	1.77424

$N(\bullet)$	$N(\bigcirc)$	$N(\bullet)/N(\bigcirc)$	$n(\bullet)$	$n(\bigcirc)$	$n(\bullet)/n(\bigcirc)$	$\dfrac{n(\bullet)/n(\bigcirc)}{N(\bullet)/N(\bigcirc)}$	
−3186	3049	−1.044932765	691	674	1.025222552	−0.9811	

2009年2月28日银川台固体潮汐应变加速值点阵分布周期

银川 时间	$N(\bullet)$	$N(\bigcirc)$	$\dfrac{N(\bullet)}{N(\bigcirc)}$	$n(\bullet)$	$n(\bigcirc)$	$\dfrac{n(\bullet)}{n(\bigcirc)}$
02.28日0点	−15	98	−0.153061	9	40	0.225
02.28日1点	−45	71	0.633803	22	31	0.70968
02.28日2点	−44	70	−0.628571	21	28	0.75
02.28日3点	−67	35	−1.914286	28	18	1.55556
02.28日4点	−129	17	−7.588235	40	12	3.33333
02.28日5点	−139	14	−9.928571	44	5	8.8
02.28日6点	−121	32	−3.78125	38	14	2.71429
02.28日7点	−115	14	−8.214286	46	9	5.11111
02.28日8点	−73	42	−1.738095	30	25	1.2
02.28日9点	−44	51	−0.862745	26	22	1.18182
02.28日10点	−38	103	−0.368932	19	33	0.57576
02.28日11点	−37	90	−0.411111	17	34	0.5
02.28日12点	−18	79	−0.227848	13	35	0.37143
02.28日13点	−21	113	−0.185841	10	40	0.25
02.28日14点	−22	121	−0.181818	10	40	0.25
02.28日15点	−79	22	−3.590909	32	13	2.46154
02.28日16点	−149	31	−4.806452	47	10	4.7
02.28日17点	−153	14	−10.92857	47	7	6.71429
02.28日18点	−136	4	−34	52	4	13
02.28日19点	−147	6	−24.5	50	5	10
02.28日20点	−82	40	−2.05	34	14	2.42857
02.28日21点	−60	56	−1.071429	30	23	1.30435
02.28日22点	−58	57	−1.017544	30	26	1.15385
02.28日23点	−49	86	−0.569767	18	29	0.62069

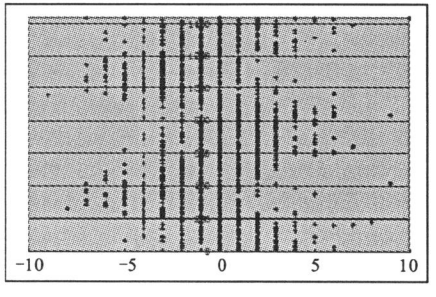

$R_1(\bigcirc)$	$R_2(\bigcirc)$	$R_1(\bigcirc)\cdot R_2(\bigcirc)$	$R_1(\bullet)$	$R_2(\bullet)$	$R_1(\bullet)\cdot R_2(\bullet)$	$\dfrac{R_1(\bigcirc)\cdot R_2(\bigcirc)}{R_1(\bullet)\cdot R_2(\bullet)}$	$\dfrac{R_1(\bullet)\cdot R_2(\bullet)}{R_1(\bigcirc)\cdot R_2(\bigcirc)}$
1.3789	1.1914	1.64282146	0.8179	1.1235	0.91891065	1.78779	0.55935

$N(\bullet)$	$N(\bigcirc)$	$N(\bullet)/N(\bigcirc)$	$n(\bullet)$	$n(\bigcirc)$	$n(\bullet)/n(\bigcirc)$	$\dfrac{n(\bullet)/n(\bigcirc)}{N(\bullet)/N(\bigcirc)}$	
−1841	1266	−1.454186414	713	517	1.379110251	−0.9484	

2009年2月26日格尔木台固体潮汐应变加速值点阵分布周期

格尔木 时间	$N(●)$	$N(○)$	$\dfrac{N(●)}{N(○)}$	$n(●)$	$n(○)$	$\dfrac{n(●)}{n(○)}$
02.26日0点	−3.2	42.2	−0.075829	7	52	0.13462
02.26日1点	−4.3	24.8	−0.173387	13	41	0.31707
02.26日2点	−13.4	7.8	−1.717949	41	15	2.73333
02.26日3点	−33.6	5.1	−6.588235	45	12	3.75
02.26日4点	−47.4	0.9	−52.66667	57	2	28.5
02.26日5点	−56.6	0	#DIV/0!	59	0	#DIV/0!
02.26日6点	−46.9	0.6	−78.16667	56	2	28
02.26日7点	−34.3	3.2	−10.71875	47	11	4.27273
02.26日8点	−15	6.6	−2.272727	33	20	1.65
02.26日9点	−5	21.1	−0.236967	11	45	0.24444
02.26日10点	−1.7	38.7	−0.043928	4	55	0.07273
02.26日11点	0	41.7	0	0	60	0
02.26日12点	−1.1	41	−0.026829	2	57	0.03509
02.26日13点	−1.3	36.3	−0.035813	5	52	0.09615
02.26日14点	−3.5	28.6	−0.122378	14	41	0.34146
02.26日15点	−14.3	13.5	−1.059259	28	31	0.90323
02.26日16点	−34.7	2.4	−14.45833	48	12	4
02.26日17点	−47.3	0.1	−473	59	1	59
02.26日18点	−43	1.4	−30.71429	54	4	13.5
02.26日19点	−35.8	2	−17.9	47	10	4.7
02.26日20点	−27.2	9.4	−2.893617	41	17	2.41176
02.26日21点	−10.9	19.2	−0.567708	23	34	0.67647
02.26日22点	−3.6	38	−0.094737	9	48	0.1875
02.26日23点	−2.1	42.1	−0.049881	6	53	0.11321

$R_1(○)$	$R_2(○)$	$R_1(○)·R_2(○)$	$R_1(●)$	$R_2(●)$	$R_1(●)·R_2(●)$	$\dfrac{R_1(○)·R_2(○)}{R_1(●)·R_2(●)}$	$\dfrac{R_1(●)·R_2(●)}{R_1(○)·R_2(○)}$
0.9695	1.3967	1.35410065	1.03	0.7501	0.772603	1.75265	0.57057

$N(●)$	$N(○)$	$N(●)/N(○)$	$n(●)$	$n(○)$	$n(●)/n(○)$	$\dfrac{n(●)/n(○)}{N(●)/N(○)}$
−486.2	426.7	−1.139442231	709	675	1.05037037	−0.9218

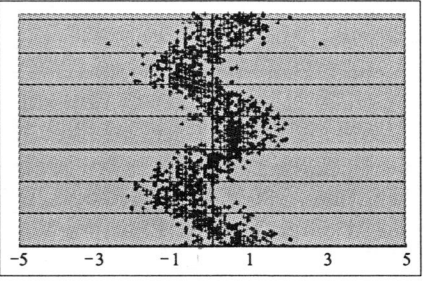

2009年3月11日乐都台固体潮汐应变加速值点阵分布周期

乐都 时间	$N(●)$	$N(○)$	$\dfrac{N(●)}{N(○)}$	$n(●)$	$n(○)$	$\dfrac{n(●)}{n(○)}$
3.11日0点	−5	117	−0.042735	4	47	0.08511
3.11日1点	−36	36	−1	22	22	1
3.11日2点	−125	27	−4.62963	36	16	2.25
3.11日3点	−173	2	−86.5	49	2	24.5
3.11日4点	−205	0	#DIV/0!	59	0	#DIV/0!
3.11日5点	−207	0	#DIV/0!	60	0	#DIV/0!
3.11日6点	−114	3	−38	50	3	16.6667
3.11日7点	−21	28	−0.75	18	21	0.85714
3.11日8点	0	141	0	0	55	0
3.11日9点	−4	154	−0.025974	3	52	0.05769
3.11日10点	−1	224	−0.004464	1	56	0.01786
3.11日11点	0	192	0	0	58	0
3.11日12点	−4	120	−0.033333	4	49	0.08163
3.11日13点	−58	22	−2.636364	31	12	2.58333
3.11日14点	−121	2	−60.5	48	2	24
3.11日15点	−220	0	#DIV/0!	59	0	#DIV/0!
3.11日16点	−294	0	#DIV/0!	60	0	#DIV/0!
3.11日17点	−266	0	#DIV/0!	59	0	#DIV/0!
3.11日18点	−226	0	#DIV/0!	59	0	#DIV/0!
3.11日19点	−88	20	−4.4	37	12	3.08333
3.11日20点	−38	78	−0.487179	17	32	0.53125
3.11日21点	−4	150	−0.026667	3	46	0.06522
3.11日22点	0	268	0	0	60	0
3.11日23点	−3	206	−0.014563	2	58	0.03448

$R_1(○)$	$R_2(○)$	$R_1(○)·R_2(○)$	$R_1(●)$	$R_2(●)$	$R_1(●)·R_2(●)$	$\dfrac{R_1(○)·R_2(○)}{R_1(●)·R_2(●)}$	$\dfrac{R_1(●)·R_2(●)}{R_1(○)·R_2(○)}$
0.3645	1.186	0.432297	1.1205	1.2139	1.36017495	0.31782	3.14639

$N(●)$	$N(○)$	$N(●)/N(○)$	$n(●)$	$n(○)$	$n(●)/n(○)$	$\dfrac{n(●)/n(○)}{N(●)/N(○)}$
−2213	1790	−1.236312849	681	603	1.129353234	−0.9135

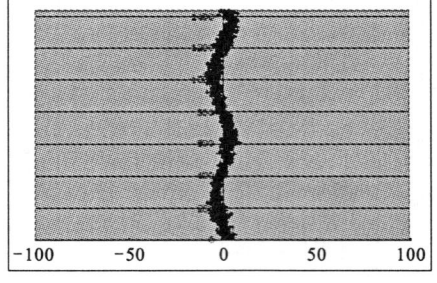

2009年4月9日玉树台固体潮汐应变加速值点阵分布周期

玉树 时间	$N(\bullet)$	$N(\circ)$	$\dfrac{N(\bullet)}{N(\circ)}$	$n(\bullet)$	$n(\circ)$	$\dfrac{n(\bullet)}{n(\circ)}$
04.09日0点	−12.7	17.6	−0.721591	27	29	0.93103
04.09日1点	−54	2.7	−20	53	6	8.83333
04.09日2点	−109.4	0	#DIV/0!	58	0	#DIV/0!
04.09日3点	−127	0	#DIV/0!	60	0	#DIV/0!
04.09日4点	−110.5	0.2	−552.5	59	1	59
04.09日5点	−73.3	0.2	−366.5	58	2	29
04.09日6点	−23.8	7.6	−3.131579	34	21	1.61905
04.09日7点	−4.4	46.9	−0.093817	11	48	0.22917
04.09日8点	0	104.9	0	0	60	0
04.09日9点	0	158.9	0	0	60	0
04.09日10点	0	160.3	0	0	60	0
04.09日11点	0	134.1	0	0	60	0
04.09日12点	0	107.7	0	0	59	0
04.09日13点	−25.8	36.3	−0.710744	24	35	0.68571
04.09日14点	−89.1	11.3	−7.884956	49	11	4.45455
04.09日15点	−157.7	1.1	−143.3636	57	3	19
04.09日16点	−174.7	0	#DIV/0!	60	0	#DIV/0!
04.09日17点	−128.5	0.7	−183.5714	59	1	59
04.09日18点	−74.2	1.3	−57.07692	54	4	13.5
04.09日19点	−26.6	8.1	−3.283951	34	21	1.61905
04.09日20点	−4.2	40.5	−0.103704	11	48	0.22917
04.09日21点	−1	88.5	−0.011299	2	58	0.03448
04.09日22点	0	115.3	0	0	60	0
04.09日23点	0	104.2	0	0	60	0

$R_1(\circ)$	$R_2(\circ)$	$R_1(\circ)\cdot R_2(\circ)$	$R_1(\bullet)$	$R_2(\bullet)$	$R_1(\bullet)\cdot R_2(\bullet)$	$\dfrac{R_1(\circ)\cdot R_2(\circ)}{R_1(\bullet)\cdot R_2(\bullet)}$	$\dfrac{R_1(\bullet)\cdot R_2(\bullet)}{R_1(\circ)\cdot R_2(\circ)}$
1.8135	2.9964	5.4339714	1.1285	0.7707	0.86973495	6.24785	0.16006
$N(\bullet)$	$N(\circ)$	$N(\bullet)/N(\circ)$	$n(\bullet)$	$n(\circ)$	$n(\bullet)/n(\circ)$	$\dfrac{n(\bullet)/n(\circ)}{N(\bullet)/N(\circ)}$	
−1196.9	1148.4	−1.042232672	710	707	1.004243281	−0.9635	

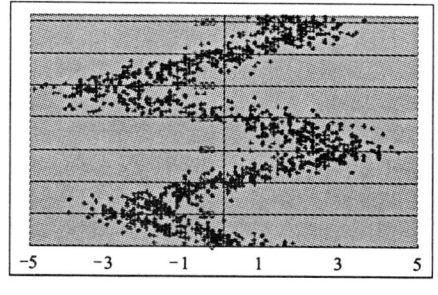

2009年3月28日德令哈台固体潮汐应变加速值点阵分布周期

德令哈 时间	$N(\bullet)$	$N(\circ)$	$\dfrac{N(\bullet)}{N(\circ)}$	$n(\bullet)$	$n(\circ)$	$\dfrac{n(\bullet)}{n(\circ)}$
02.28日0点	−61	125.4	−0.486443	22	37	0.59459
02.28日1点	−71.1	74.2	−0.958221	29	30	0.96667
02.28日2点	−74.9	91.4	−0.819475	29	30	0.96667
02.28日3点	−81.8	72.6	−1.126722	31	29	1.06897
02.28日4点	−81.5	64	−1.273438	32	28	1.14286
02.28日5点	−125.4	53.4	−2.348315	40	20	2
02.28日6点	−86.6	24.2	−3.578512	42	17	2.47059
02.28日7点	−122.9	15.3	−8.03268	49	11	4.45455
02.28日8点	−100.7	17.1	−5.888889	48	12	4
02.28日9点	−55.3	35.6	−1.553371	31	26	1.19231
02.28日10点	−30.3	92.9	−0.326157	15	44	0.34091
02.28日11点	−31.3	90.3	−0.346622	20	37	0.54054
02.28日12点	−19.6	113.3	−0.172992	13	42	0.30952
02.28日13点	−5.4	149.6	−0.036096	6	52	0.11538
02.28日14点	−12.5	135.6	−0.092183	10	50	0.2
02.28日15点	−53.2	76	0.7	21	37	0.56757
02.28日16点	−89.8	26.2	−3.427481	40	20	2
02.28日17点	−107.9	34.6	−3.118497	42	18	2.33333
02.28日18点	−109.8	16.5	−6.654545	47	10	4.7
02.28日19点	−145.6	17.4	−8.367816	48	12	4
02.28日20点	−122.4	24.6	−4.97561	47	12	3.91667
02.28日21点	−87.1	32.6	−2.671779	39	18	2.16667
02.28日22点	−59.9	56.6	−1.058304	32	27	1.18519
02.28日23点	−66.7	69.7	−0.956958	28	31	0.90323

$R_1(\circ)$	$R_2(\circ)$	$R_1(\circ)\cdot R_2(\circ)$	$R_1(\bullet)$	$R_2(\bullet)$	$R_1(\bullet)\cdot R_2(\bullet)$	$\dfrac{R_1(\circ)\cdot R_2(\circ)}{R_1(\bullet)\cdot R_2(\bullet)}$	$\dfrac{R_1(\bullet)\cdot R_2(\bullet)}{R_1(\circ)\cdot R_2(\circ)}$
1.5631	0.9674	1.51214294	0.6395	0.7205	0.46075975	3.28185	0.30471
$N(\bullet)$	$N(\circ)$	$N(\bullet)/N(\circ)$	$n(\bullet)$	$n(\circ)$	$n(\bullet)/n(\circ)$	$\dfrac{n(\bullet)/n(\circ)}{N(\bullet)/N(\circ)}$	
−1802.7	1509.1	−1.194553045	761	650	1.170769231	−0.9801	

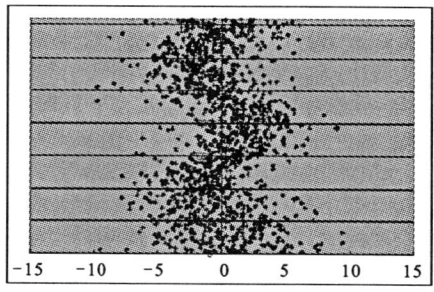

2009年4月8日门源台固体潮汐应变加速值点阵分布周期

门源 时间	$N(\bullet)$	$N(\circ)$	$\dfrac{N(\bullet)}{N(\circ)}$	$n(\bullet)$	$n(\circ)$	$\dfrac{n(\bullet)}{n(\circ)}$
04.08日0点	−74.1	47.8	−1.550209	33	25	1.32
04.08日1点	−113.6	10.3	−11.02913	47	13	3.61538
04.08日2点	−180.1	12.7	−14.1811	49	9	5.44444
04.08日3点	−180.7	6	−30.11667	55	5	11
04.08日4点	−145.4	7.9	−18.40506	51	9	5.66667
04.08日5点	−95.9	26.2	−3.660305	40	19	2.10526
04.08日6点	−51.8	47.3	−1.095137	31	27	1.14815
04.08日7点	−24.9	115.1	−0.216334	16	43	0.37209
04.08日8点	−4.2	195	−0.021538	2	58	0.03448
04.08日9点	0	255.2	0	0	59	0
04.08日10点	−6.8	203.4	−0.033432	7	53	0.13208
04.08日11点	−9.9	151.5	−0.065347	8	51	0.15686
04.08日12点	−35	89.5	−0.391061	24	36	0.66667
04.08日13点	−79.5	19.8	−4.015152	42	16	2.625
04.08日14点	−143.3	8.5	−16.85882	52	8	6.5
04.08日15点	−209.4	2.1	−99.71429	56	3	18.6667
04.08日16点	−226.2	5.9	−38.33898	56	4	14
04.08日17点	−233.9	10.8	−21.65741	56	4	14
04.08日18点	−96.2	20.7	−4.647343	39	21	1.85714
04.08日19点	−49.2	63.2	−0.778481	25	33	0.75758
04.08日20点	−29.2	111.3	−0.262354	19	40	0.475
04.08日21点	−8.9	142.1	−0.062632	11	48	0.22917
04.08日22点	−7.4	182.7	−0.040504	5	54	0.09259
04.08日23点	−15.8	137.8	−0.114659	11	48	0.22917

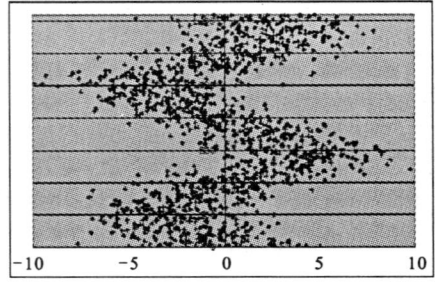

$R_1(\circ)$	$R_2(\circ)$	$R_1(\circ)\cdot R_2(\circ)$	$R_1(\bullet)$	$R_2(\bullet)$	$R_1(\bullet)\cdot R_2(\bullet)$	$\dfrac{R_1(\circ)\cdot R_2(\circ)}{R_1(\bullet)\cdot R_2(\bullet)}$	$\dfrac{R_1(\bullet)\cdot R_2(\bullet)}{R_1(\circ)\cdot R_2(\circ)}$
0.9493	1.6308	1.54811844	1.0768	0.6881	0.74094608	2.08938	0.47861

$N(\bullet)$	$N(\circ)$	$N(\bullet)/N(\circ)$	$n(\bullet)$	$n(\circ)$	$n(\bullet)/n(\circ)$	$\dfrac{n(\bullet)/n(\circ)}{N(\bullet)/N(\circ)}$
−2021.4	1872.8	−1.079346433	735	686	1.071428571	−0.9927

2009年5月11日海原台固体潮汐应变加速值点阵分布周期

海原 时间	$N(\bullet)$	$N(\circ)$	$\dfrac{N(\bullet)}{N(\circ)}$	$n(\bullet)$	$n(\circ)$	$\dfrac{n(\bullet)}{n(\circ)}$
05.11日0点	−29.8	56.2	−0.530249	20	38	0.52632
05.11日1点	−64.8	52.4	−1.236641	34	26	1.30769
05.11日2点	−60.6	45.2	−1.340708	31	29	1.06897
05.11日3点	−63.8	37.1	−1.719677	32	27	1.18519
05.11日4点	−79.2	52.1	−1.520154	34	26	1.30769
05.11日5点	−63.6	34.1	−1.865103	36	23	1.56522
05.11日6点	−55	43.3	−1.270208	31	25	1.24
05.11日7点	−42.2	55.1	−0.76588	30	28	1.07143
05.11日8点	−27.5	57.5	−0.478261	21	39	0.53846
05.11日9点	−29.9	84	−0.355952	20	39	0.51282
05.11日10点	−29.2	87.1	−0.335247	19	41	0.46341
05.11日11点	−23.3	80.8	−0.288366	19	41	0.46341
05.11日12点	−24.8	64.4	−0.385093	20	37	0.54054
05.11日13点	−33.6	55.7	−0.603232	23	36	0.63889
05.11日14点	−39.4	25.5	−1.545098	31	28	1.10714
05.11日15点	−54.2	22.9	−2.366812	36	24	1.5
05.11日16点	−69	24.6	−2.804878	38	20	1.9
05.11日17点	−82.5	34.2	−2.412281	35	24	1.45833
05.11日18点	−84.4	38.9	−2.169666	34	25	1.36
05.11日19点	−68.4	37.6	−1.819149	37	23	1.6087
05.11日20点	−57	36.4	−1.565934	28	29	0.96552
05.11日21点	−59.3	59.1	−1.003384	28	29	0.96552
05.11日22点	−35.3	51.9	−0.680154	25	33	0.75758
05.11日23点	−37.1	57.3	−0.647469	23	36	0.63889

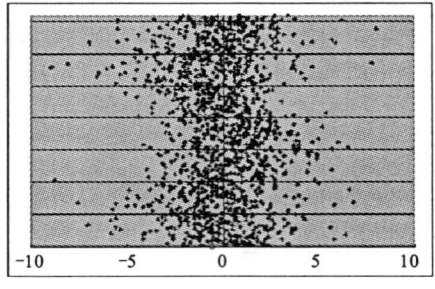

$R_1(\circ)$	$R_2(\circ)$	$R_1(\circ)\cdot R_2(\circ)$	$R_1(\bullet)$	$R_2(\bullet)$	$R_1(\bullet)\cdot R_2(\bullet)$	$\dfrac{R_1(\circ)\cdot R_2(\circ)}{R_1(\bullet)\cdot R_2(\bullet)}$	$\dfrac{R_1(\bullet)\cdot R_2(\bullet)}{R_1(\circ)\cdot R_2(\circ)}$
1.407	1.1076	1.5583932	0.7264	0.7965	0.5785776	2.69349	0.37127

$N(\bullet)$	$N(\circ)$	$N(\bullet)/N(\circ)$	$n(\bullet)$	$n(\circ)$	$n(\bullet)/n(\circ)$	$\dfrac{n(\bullet)/n(\circ)}{N(\bullet)/N(\circ)}$
−1213.9	1193.4	−1.017177811	685	726	0.943526171	−0.9276

高台台、湟源台、银川台、格尔木台、乐都台、玉树台和门源台的固体潮汐应变加速值点阵分布周期背景清晰,德令哈台稍显散乱,但能体现其周期背景轮廓,海原台周期性点阵较为模糊。

综上所述,工作状态较好的20多台四分量钻孔应变仪,能够比较清楚地反映出汶川特大地震的前兆变化过程,较差的近10台钻孔应变仪,或多或少地反映出汶川特大地震的前兆变化情况。

三、汶川特大地震的应力应变的空间力学前兆识别

作者在对钻孔应变仪所观测到的汶川特大地震前的应变数据,运用群子统计方程进行处理后有如下发现。

首先,离震中越近的应变仪应变值变化越明显,所反映的 N^-/N^+ 要比远处的大。在汶川特大地震前,姑咱、昭通、德令哈、玉树等台站具有这个特点。值得注意的是,全国能够正常观测应变的38个台站,并不表现为按距离远近显示应变加速值大小。但是,在应变数据的群子参数分析中,因距离震中位置远近呈现异常的时间提前量却存在先后次序,距离近的台站早在2007年下半年开始出现应变持续异常,地壳挤压应力持续增大;距离远的台站,只到5月12日前几天才出现异常信息。

其次,在距离汶川最近的至少7个台站,其应变分量数据加速值中,呈负应变加速异常增大的主应变方向,都从不同方位指向的直线相交点为汶川震中(图6-2)。

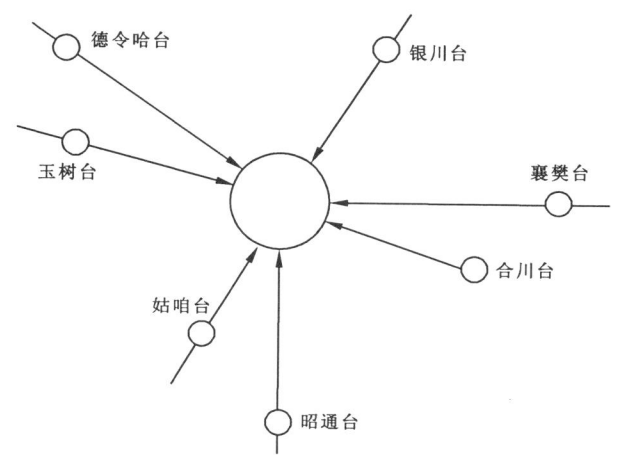

图6-2 距汶川较近的7个应变台站的负应变加速异常增大的主应变方向,均指向汶川

1.应变异常的主应力方向显示空间位置

四分量钻孔应变仪的最大特点之一,就是能分清不同方向上的挤压程度,所以从四分量应变加速值中,同时在姑咱、德令哈、江宁、金河、小庙5个台站显示最大受压方向(最小的应变值),指向龙门山断裂带。

(1)姑咱台主应变方向(图6-3)

1)仪器的方位角从北向东转51°

2)负应变强度顺序:

❷路(-32726)＜❸路(-37962)＜❶路(-82151)＜❹路(-92792)

(2)德令哈台主应变方向(图6-4)

1)仪器方位角从北向东转26°

2)负应变强度顺序:

❸路(116876)＜❷路(47249)＜❶路(37184)＜❹路(-85965)

(3)江宁台主应变方向(图6-5)

1)仪器方位角从北向东转-50°(实际上向西转50°)

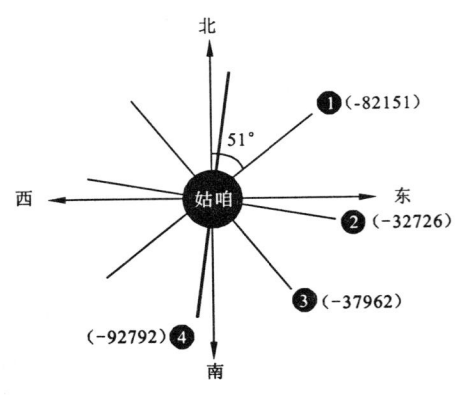

图 6-3 姑咱台主应变方向

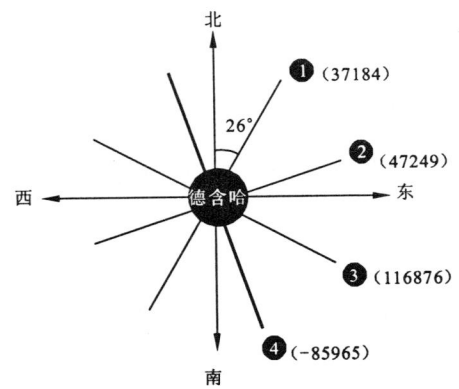

图 6-4 德令哈台主应变方向

2)负应变强度顺序：

❸路(149973)＜❷路(－17256)＜❹路(－36324)＜❶路(－147663)

(4)金河台主应变方向(图 6-6)

1)仪器方位角从北向东转 49°

2)负应变强度顺序：

❶路(351944)＜❸路(279178)＜❷路(28053)＜❹路(－123486)

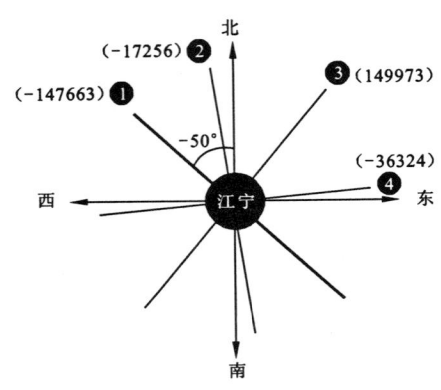

图 6-5 江宁台主应变方向

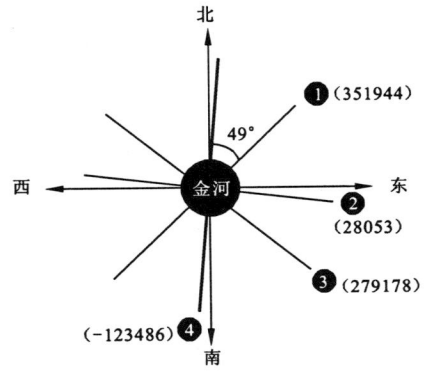

图 6-6 金河台主应变方向

(5)小庙台主应变方向(图 6-7)

1)仪器方位角从北向东转 51°

2)负应变强度顺序：

❸路(285120)＜❹路(85779)＜❷路(75980)＜❶路(67106))

其他台站在 5 月 12 日前一个月的时间,陆续开始显示主应变方位指向交叉,但交叉点并不总是出现在龙门山断裂带,随着临震日期迫近,交叉只有在 5 月 12 日当天中午全部集中在龙门山断裂带。由于应变数据是按 24 小时上传一次数据库,因此,如果是捕捉临震的空间应力应变前兆,必须对现有应变台站的数据传输方式进行技术升级,做到观测数据采集传输同步实时。

下面是震前半年的主应变指向(图 6-8)。

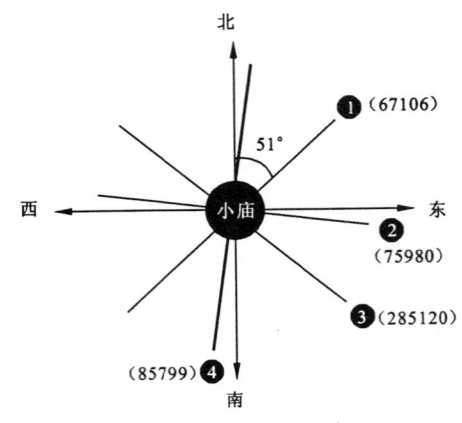

图 6-7 小庙台主应变方向

从德令哈指向东南方向
从江宁指向偏西北方向
从姑咱指向东北方向
从金河指向东北方向
从西昌指向东北方向

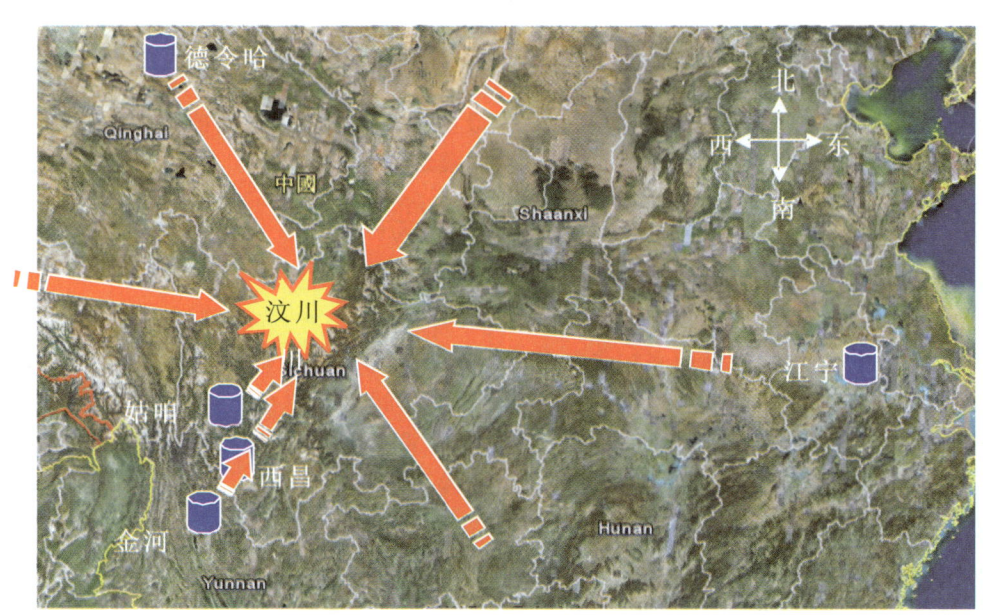

图 6-8 汶川特大地震前半年全国部分应变台站的主应变方向

2. 应变加速值累积时间持续异常的空间指向

安装应变仪时，应变仪圆柱筒受到某种固定方向上的应力，使该方向的应变往往显得很高，很容易被误认为是主应变方向。据查，目前 40 个台站应变仪中约有 1/4 台站会出现这种状况。所以，从严格的角度来讲，按照 10 天一个时间段，将所有台站的四分量应变的实际增量或减量，累积起来确定的主应变方向，基本指向龙门山断裂带。

如：泸州台 10 月 20 日—10 月 30 日

应变增减量：
第一方向 　－7390
第二方向 　－1
第三方向 　－12
第四方向 　－3

可见压倒优势的主应变方向为西北与东南一线上

金河台 10 月 20 日—10 月 30 日

应变增减量：
第一方向 　2788
第二方向 　270
第三方向 　－1310
第四方向 　－1873

可见主应变方向为西南与东北一线上

用此方法，对汶川地震前所有钻孔应变观测台站数据处理后发现，龙门山断裂带是主应力应变空间的异常明显方位。

第二节 汶川特大地震应力应变随时间变化的初步前兆识别

一、应力应变危险度群子参数的确定

受材料断裂力学启示,基于地壳"特大复合材料"受到突发性冲击时存在 1～2 个临断信号的必然性,作者重点研究了汶川特大地震前应变群子统计参数,发现同样具有不同阶段的标志性前兆信号,从而形成 4 种危险度指标的前兆危险表现形式。其中最重要的表达式为最后前兆临界判断的两种指标。

(1) 反映地壳内应力破坏固体潮汐规律的广度(与震级相关)指标

$\dfrac{R_1^+ \cdot R_2^+}{R_1^- \cdot R_2^-}\left(\dfrac{N^-}{N^+}\right)^3$ 或更确切的 $\left(\dfrac{R_1^+ \cdot R_2^+}{R_1^- \cdot R_2^-} + \dfrac{R_1^- \cdot R_2^-}{R_1^+ \cdot R_2^+}\right)\left(\dfrac{N^-}{N^+}\right)^3$。

(2) 反映地壳内应力破坏固体潮汐规律的自变动态应变指标

N^-/N^+ 或 n^-/n^+。

这两种指标的最大用途,就是用来初步发现地壳断裂前的短临和临震信号。作者通过汶川特大地震、攀枝花地震的前兆研究发现,地壳断裂进入短临或临震阶段时,总会出现标志性的短临或临震信号。

作者对全国可正常观测应变数据的台站数据,进行了群子参数危险度指标的统计计算,发现同时出现脱离固体潮汐应变加速值点阵分布"背景"的 4 种危险度:

第一危险度指标:$R_1^+ \cdot R_2^+ \gg 1$,同时 $R_1^- \cdot R_2^- \ll 1$

第二危险度指标:$R_1^- \cdot R_2^- \gg 1$,同时 $R_1^+ \cdot R_2^+ \ll 1$

第三危险度指标:$R_1^+ \cdot R_2^+ / R_1^- \cdot R_2^- > 10^4$ 或 $R_1^- \cdot R_2^- / R_1^+ \cdot R_2^+ > 10^4$

第四危险度指标:$N^-/N^+ \gg 1$ 或 $n^-/n^+ \gg 1$

在此基础上寻找地壳断裂前兆临震的特征指标:

一是 N^-/N^+ 出现"史无前例"值(图 6-9)。

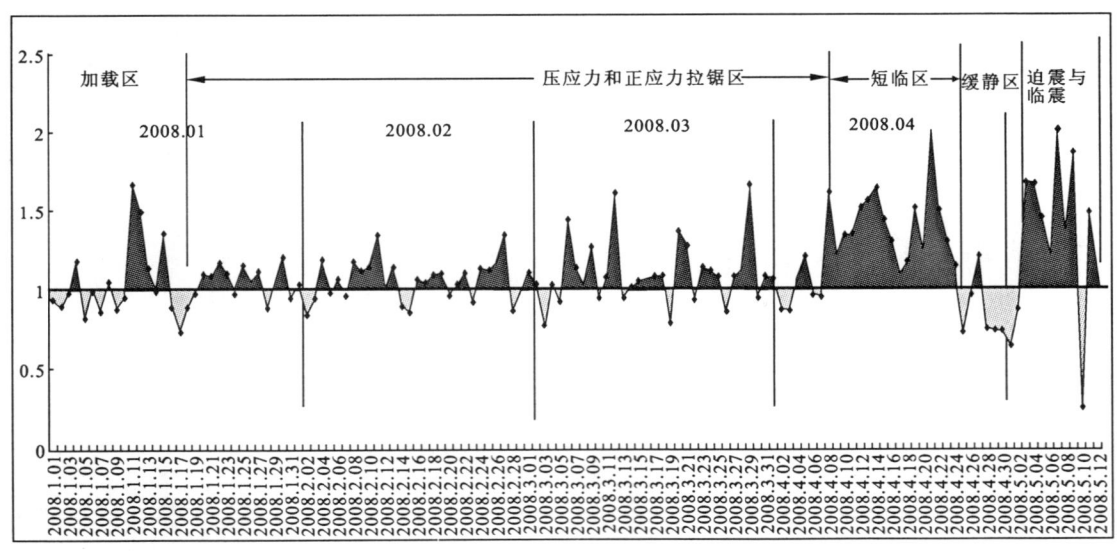

图 6-9 汶川地震前姑咱(应变)台 N^-/N^+ 地震预测判断指数所反映的孕震过程典型模式

由图 6-9 姑咱台应变加速值曲线所反映的孕震过程,比较明显地体现强震至少包括外加压应力的加载过程,然后出现压应力和张应力互相竞争的过程。如果两种竞争持续出现,那么直至新的地壳应力以挤压方式为主导加速增量,才可能进入短临阶段,这个阶段大体上维持一星期左右,然后出现一个极

限僵持的"缓静"阶段,这时张应变成为主导,为新的压应变进入准备了松弛的"应力空间",一旦新的挤压应力形成,就会进入迫震和临震状态。这种现象在强度较低的攀枝花地震中也出现过,具有一定的普遍性。

但是一维$(N^-/N^+)^1$不能反映突发性变化,有必要通过二维$(N^-/N^+)^2$和三维$(N^-/N^+)^3$参数来表示,得到如图6-10的结果。

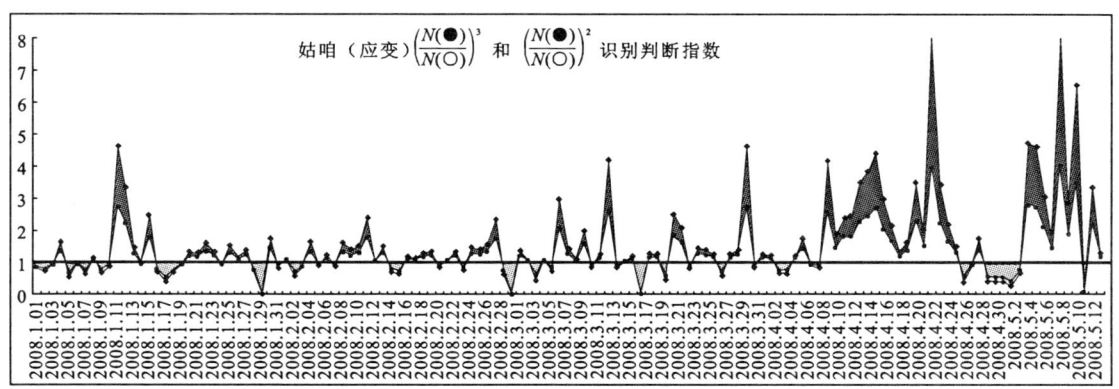

图6-10 $(N^-/N^+)^2$和$(N^-/N^+)^3$与时间关系

图6-10中有两层高度,黑区高度指三维压应变,白区高度指二维压应变。

由此可以看出,在汶川地震孕震的后期,三维(N^-/N^+方次高)压应变的异常大幅度增加,且突出了震前的不同阶段信号。

二是由于考虑到固体潮汐作用的影响,进一步研究$\left(\dfrac{R_1^+ \cdot R_2^+}{R_1^- \cdot R_2^-} + \dfrac{R_1^- \cdot R_2^-}{R_1^+ \cdot R_2^+}\right)$与日期的关系。有关这一部分将在第十三章第六节详细探讨,在此仅举姑咱台的前兆量化识别特征,从中可以看出孕震过程与固体潮汐的明显关系(图6-11)。

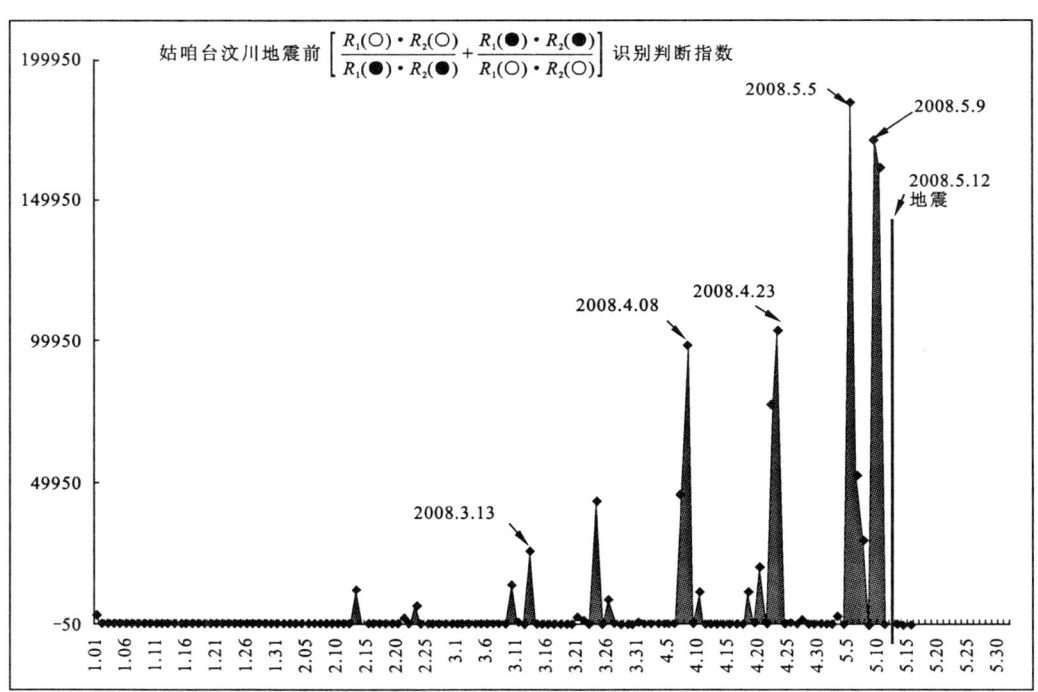

图6-11 姑咱台汶川地震前$\left(\dfrac{R_1^+ \cdot R_2^+}{R_1^- \cdot R_2^-} + \dfrac{R_1^- \cdot R_2^-}{R_1^+ \cdot R_2^+}\right)$识别判断指数

由图6-10可以看出,从2008年4月份开始,姑咱附近区域的压应变加速值异常反复攀高,作者将此情形称之为短临过程,4月25至5月5日出现了一段时间的僵持缓静状态,5月5日开始,挤压应变加速值再次冲高,进入迫震状态,5月9日出现第二个高峰值,进入临震状态,3天后,即5月12日发生地震。尽管能够根据不同状态分辨不同阶段,但是容易与固体潮汐作用强度的上朔与下朔异常现象混淆。

三是按照群子参数 $\ln\left(\dfrac{R_1^+ \cdot R_2^+}{R_1^- \cdot R_2^-} + \dfrac{R_1^- \cdot R_2^-}{R_1^+ \cdot R_2^+}\right)$ 能量的物理意义及 $(N^-/N^+)^3$ 三维的应变能与地震强度(M)之间的关系进行识别,以 $\ln\left(\dfrac{R_1^+ \cdot R_2^+}{R_1^- \cdot R_2^-} + \dfrac{R_1^- \cdot R_2^-}{R_1^+ \cdot R_2^+}\right)\left(\dfrac{N^-}{N^+}\right)^3$ 与日期之间的关系可得下列曲线(图6-12)。

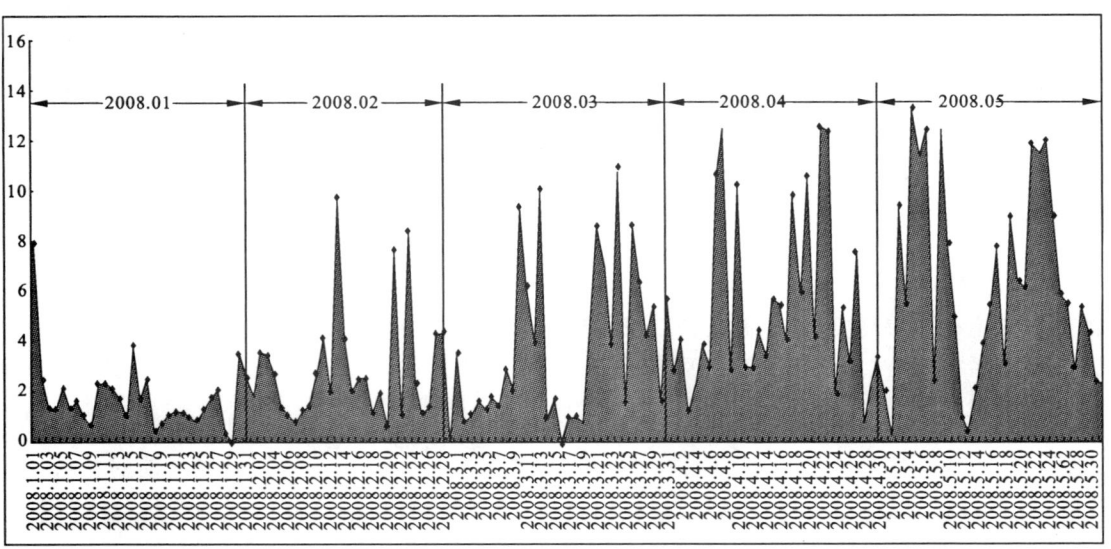

图6-12 姑咱台汶川地震前 $\ln\left(\dfrac{R_1^+ \cdot R_2^+}{R_1^- \cdot R_2^-} + \dfrac{R_1^- \cdot R_2^-}{R_1^+ \cdot R_2^+}\right)\left(\dfrac{N^-}{N^+}\right)^3$ 预测判断指数

由图6-12可以看出,危险判断指数的高峰值逐月增加,5月12日地震前这种高峰值频繁出现,说明姑咱附近区域地壳压应力能量要达到饱和状态,容易产生地震,但是如何把握短临或临震时间还相当困难。

四是根据阿累尼乌斯原理直接用 $\ln\left(\dfrac{R_1^+ \cdot R_2^+}{R_1^- \cdot R_2^-} + \dfrac{R_1^- \cdot R_2^-}{R_1^+ \cdot R_2^+}\right)\left(\dfrac{N^-}{N^+}\right)^3$ 随时间变化的速率参数曲线,判断挤压应力变化,这样可以把许多不确定因素和假象"过滤"掉,可得下列曲线(图6-13)。

由图6-13可以看出,$\ln\left(\dfrac{R_1^+ \cdot R_2^+}{R_1^- \cdot R_2^-} + \dfrac{R_1^- \cdot R_2^-}{R_1^+ \cdot R_2^+}\right)$ 与 $\ln\left(\dfrac{R_1^+ \cdot R_2^+}{R_1^- \cdot R_2^-} + \dfrac{R_1^- \cdot R_2^-}{R_1^+ \cdot R_2^+}\right)\left(\dfrac{N^-}{N^+}\right)^3$ 基本上相差不大,但后者的信号从小到大,显示越来越严重,而 (N^-/N^+) 与时间的关系图就不是很明显。根据这一情况,作者把国内所有应变仪提供的数据信息进行比对。由于速率参数 $\dfrac{R_1^+ \cdot R_2^+}{R_1^- \cdot R_2^-} \gg \dfrac{R_1^- \cdot R_2^-}{R_1^+ \cdot R_2^+}$,故只取前一项。从中可以看出,凡有峰值时,其后几天必然有地震现象。

二、汶川特大地震前兆强度反映在时间上的状态量化特征

从大量的数据统计研究表明,群子参数 $\ln\left(\dfrac{R_1^+ \cdot R_2^+}{R_1^- \cdot R_2^-} + \dfrac{R_1^- \cdot R_2^-}{R_1^+ \cdot R_2^+}\right)\left(\dfrac{N^-}{N^+}\right)^3$ 的超常高值出现之后,可以反映出临震的量化状态。尽管不会表现为"史无前例",但似乎对主应变方向不太集中的地震前兆有所反映,故在2008年5月12日前,部分应变台站观测到的超常高值可能与台站距离相对近的地震有

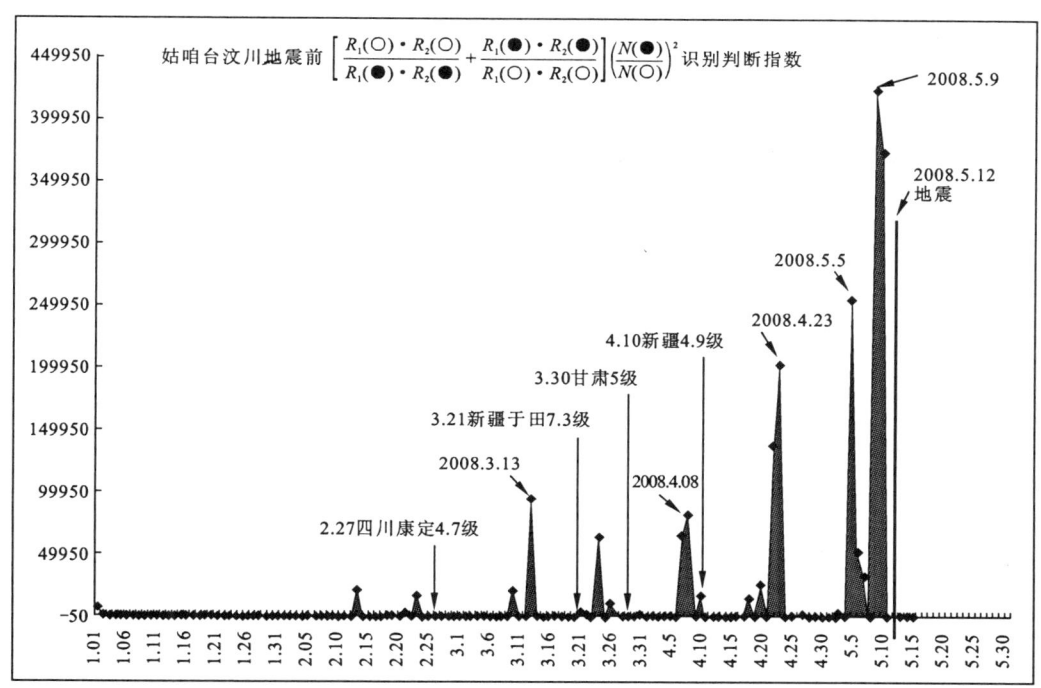

图 6-13　姑咱台汶川地震前 $\ln\left(\dfrac{R_1^+ \cdot R_2^+}{R_1^- \cdot R_2^-} + \dfrac{R_1^- \cdot R_2^-}{R_1^+ \cdot R_2^+}\right)\left(\dfrac{N^-}{N^+}\right)^3$ 识别判断指数

关。

在江宁台(图 6-14)，只有 2008 年 4 月 26 日、28 日及 5 月 9 日的超常高值与前面第一个判断指标结合在一起，并在相对清楚的主应变方向——龙门山断裂带，表现为危险状态，才体现出超常高值的时间意义。

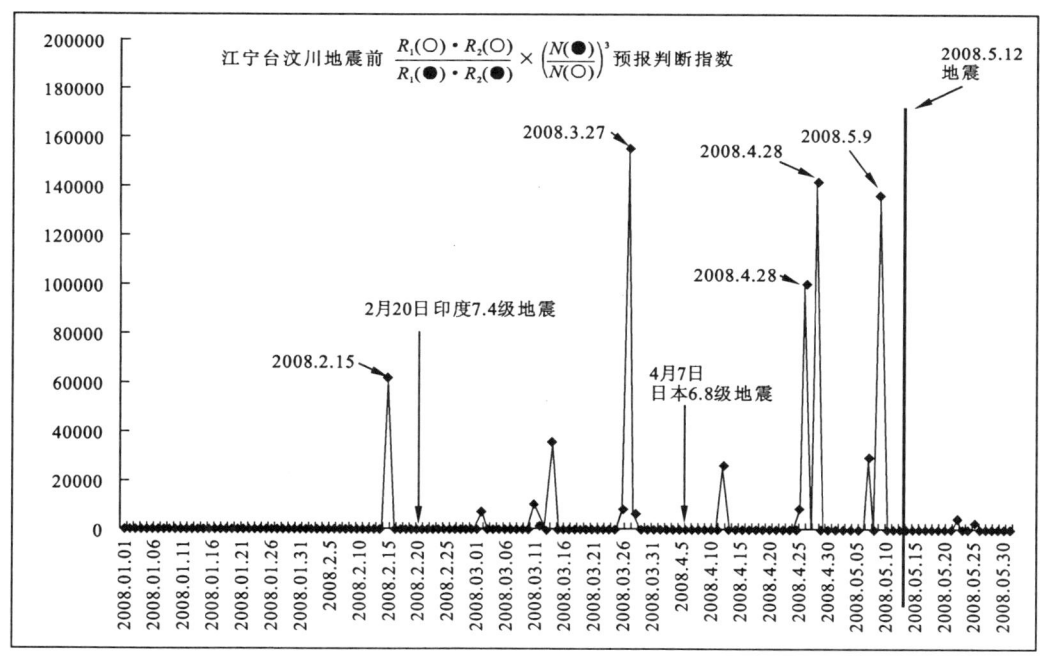

图 6-14　江宁台 2008 年 5 月 12 日地震前群子参数的变化情况

在高台台，由图 6-15 可以看出，前兆强度体现在超常高值上，与震中的距离有关系。高台应变观测台,对我国西北地区孕震反映比较灵敏,3月21日的7.3级地震,3月30日的5级地震,4月20日的5.1级地震,都表现出超常高值的临震危险状态,相比之下,对汶川特大地震前兆的量化不如临震时间那么明显。

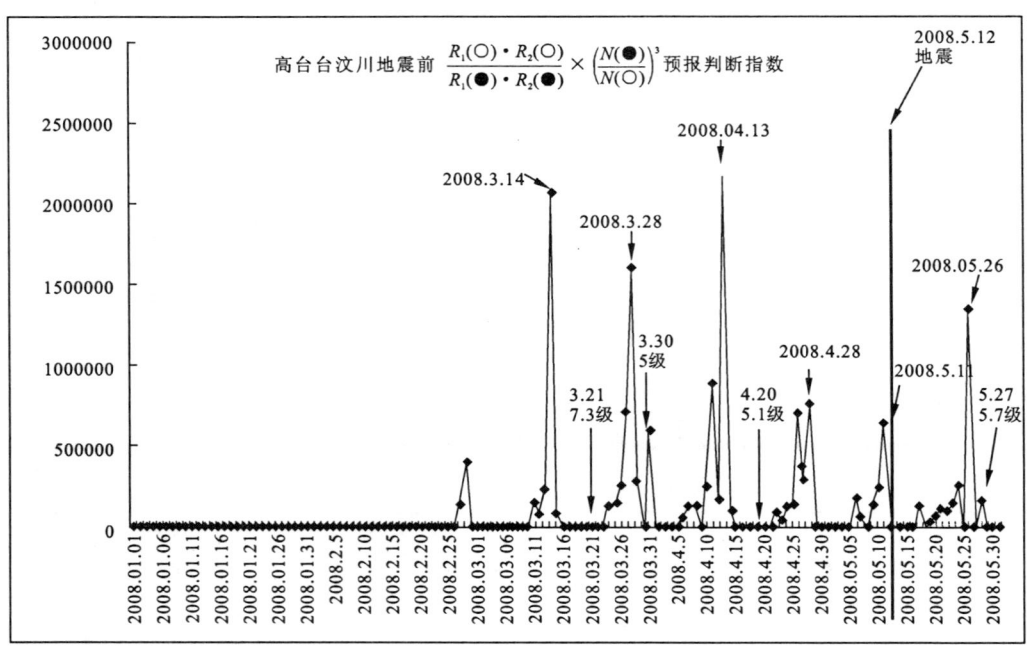

图6-15 高台台2008年5月12日地震前群子参数的变化情况

昭通台2008年5月9日出现一个超常高值,3天后主应变方向上的汶川发生地震。

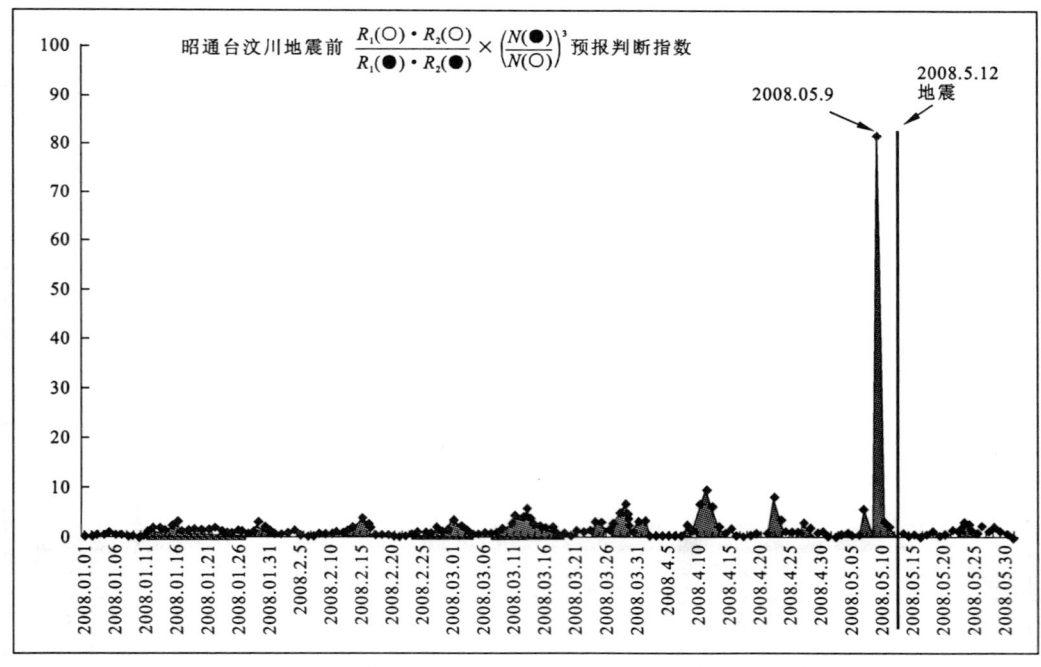

西昌台2008年5月8日出现了一个超常高值,4天后主应变方向上的汶川发生地震。

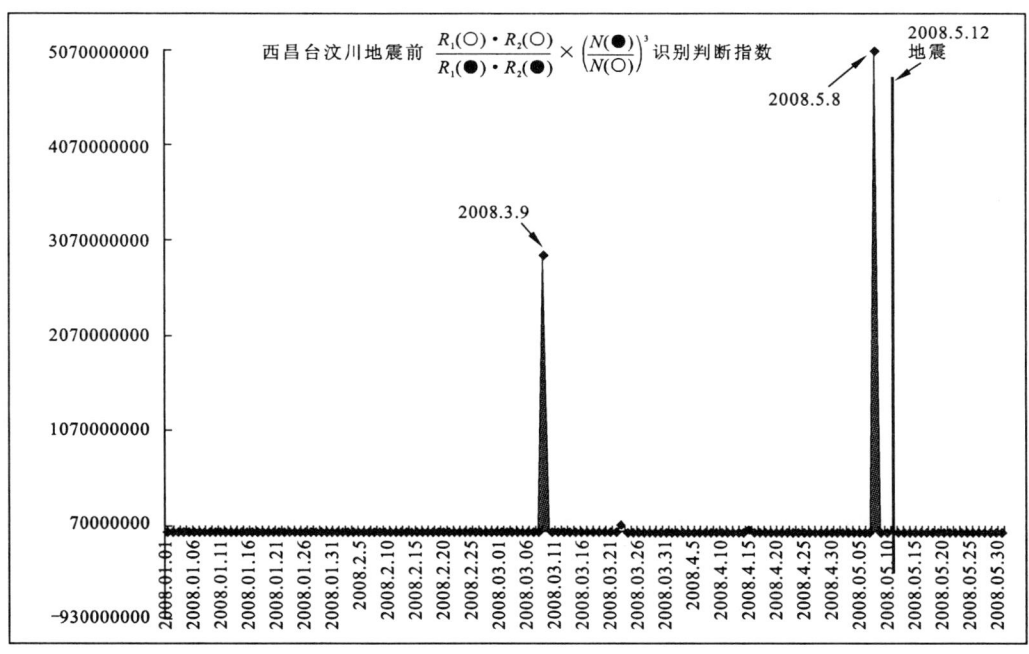

麻城台地处我国中部,距离汶川较远,在2008年4月3日出现高值后4天,日本发生6.8级地震。此后的4月12日出现了一个超常高值,但是8天后新疆发生了5.2级地震,似乎在地震前兆的时间上没有什么直接关联的量化特征。

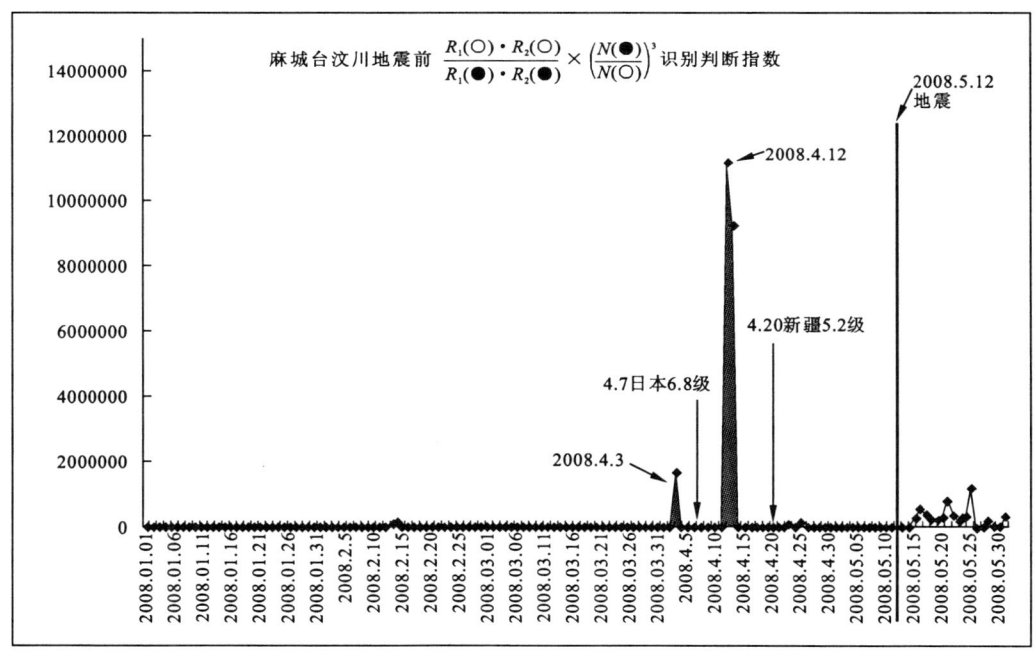

敦化台 2008 年 4 月 23 日出现的超常高值与 7 天后日本发生的 5.8 级地震有关。

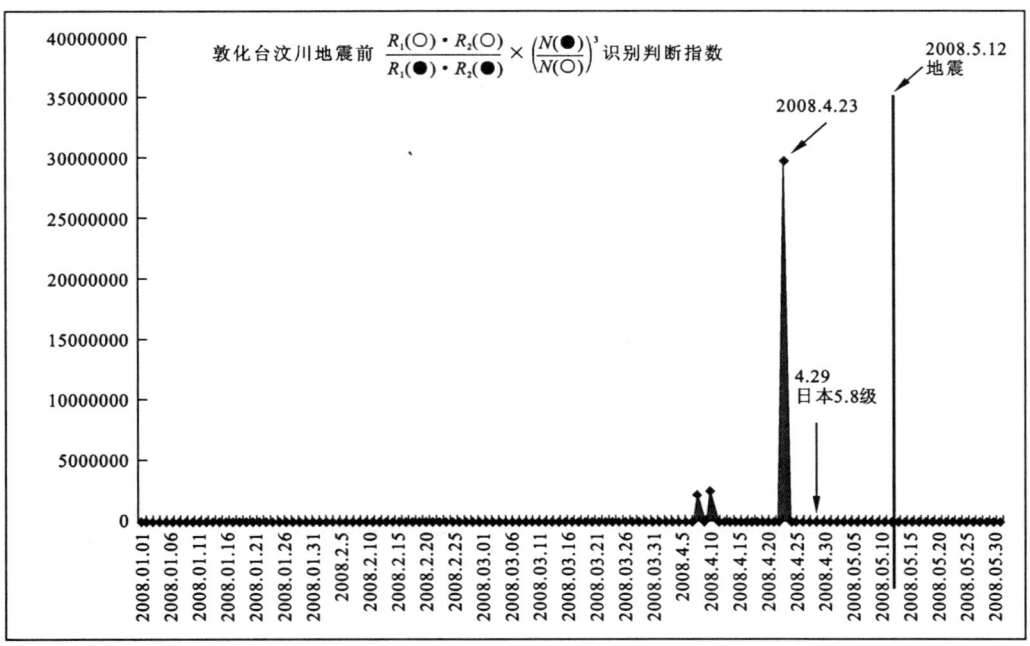

门源台 2008 年 5 月 9 日的超常高值能够在时间上反映汶川特大地震的临震量化状态。

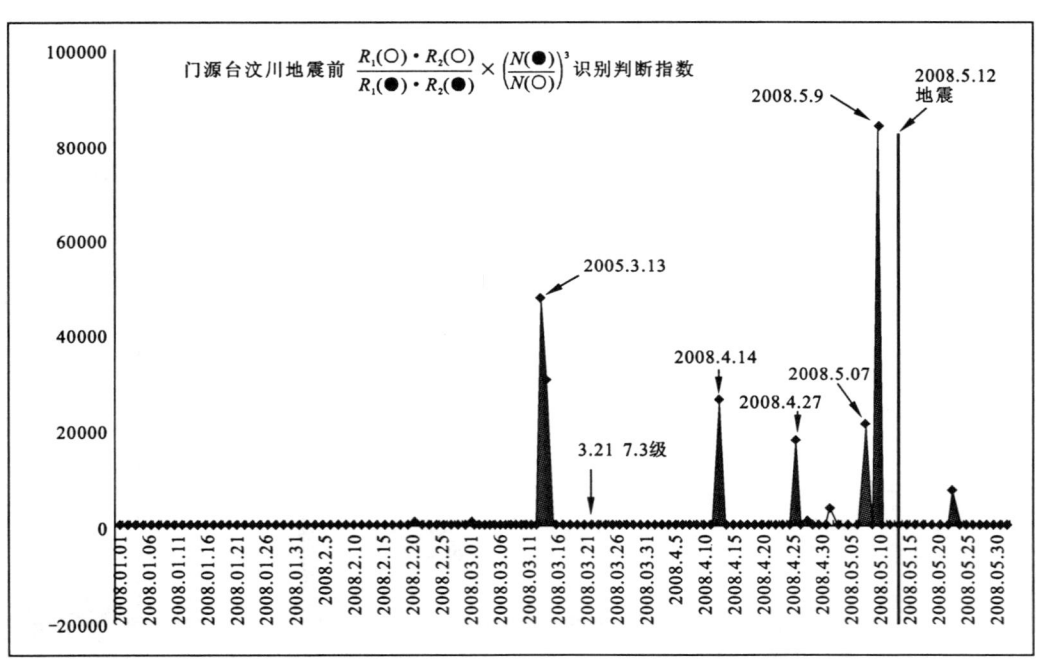

宝鸡台和金河台相对于汶川震中较近,都在超常高值出现的时间上,与汶川特大地震的前兆强度形成关联。

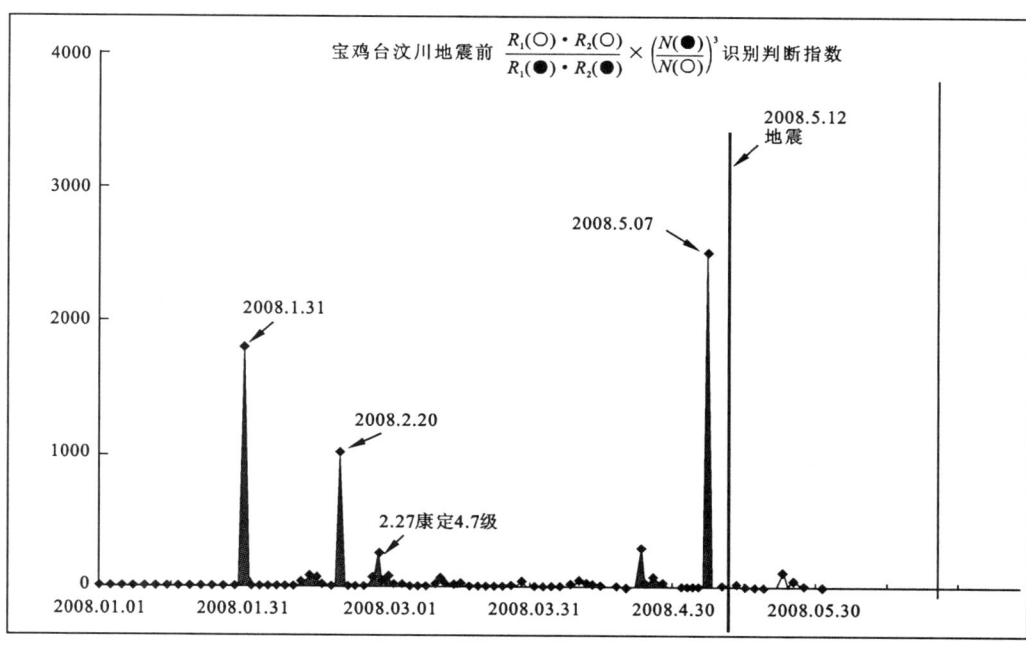

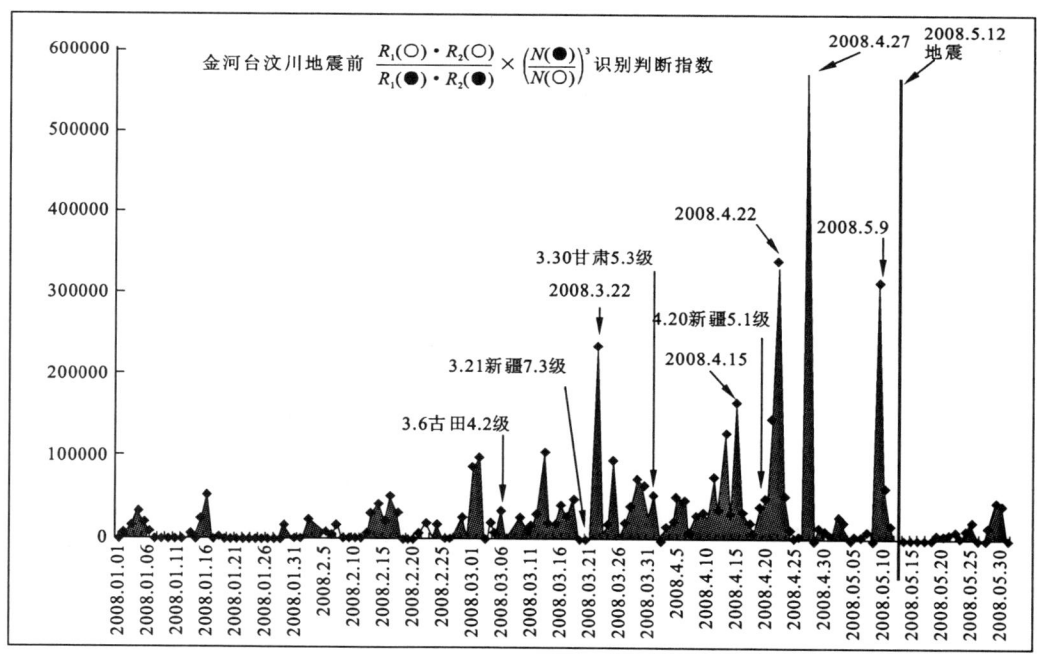

乐都台和贵阳台也能在出现高值的时间上与汶川特大地震前兆强度形成关联。

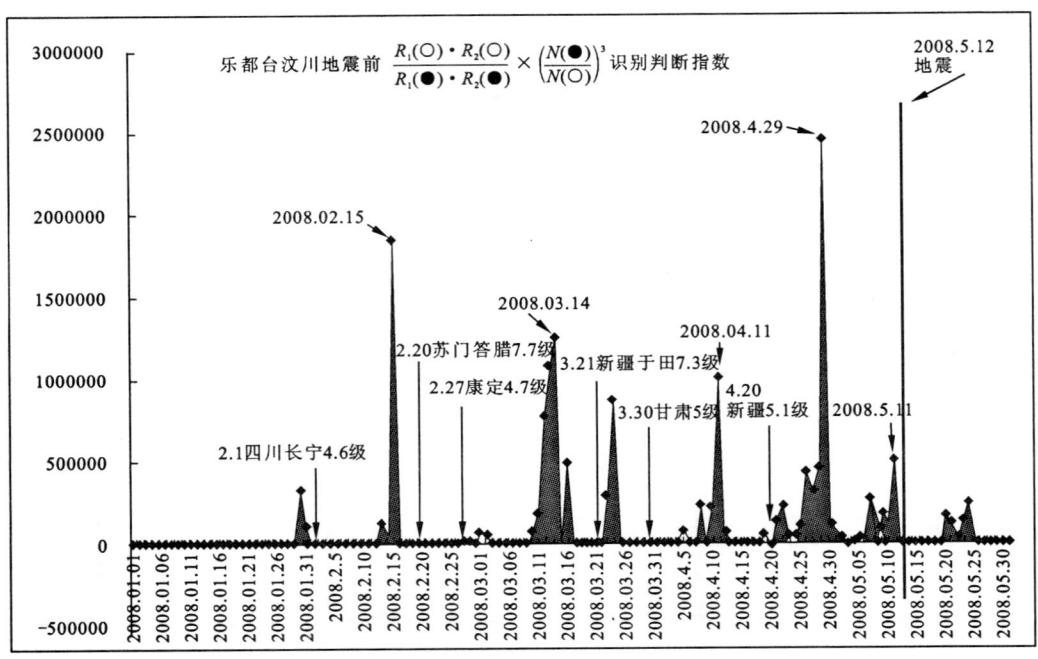

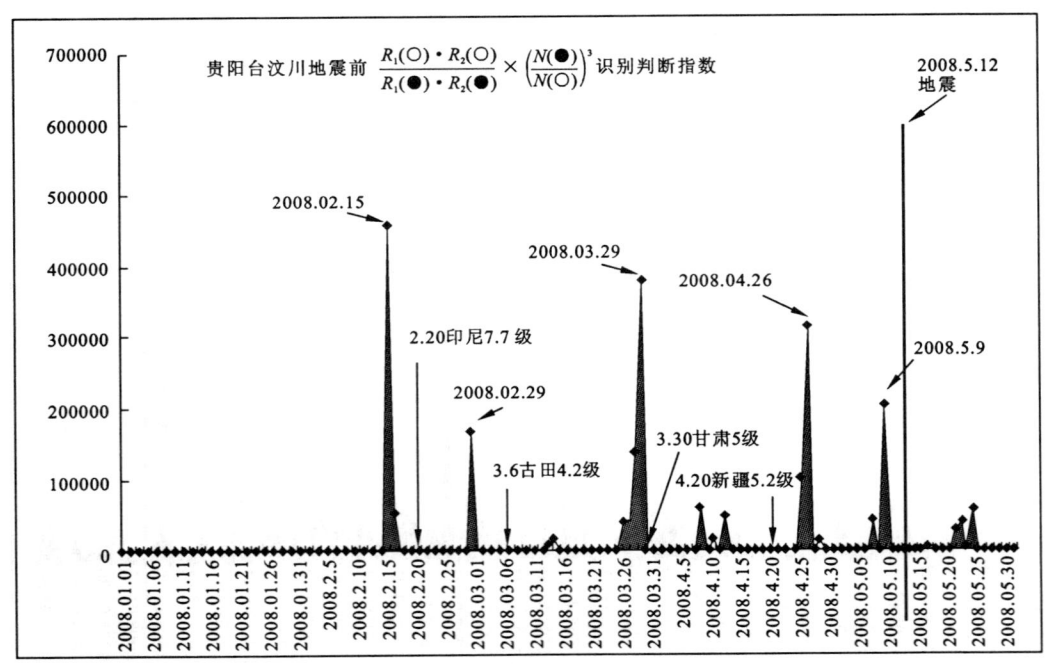

腾冲台 2008 年 2 月 22 日的超常高值,反映了距离相对较近的康定 2 月 27 日 4.7 级地震前兆强度量化信息。

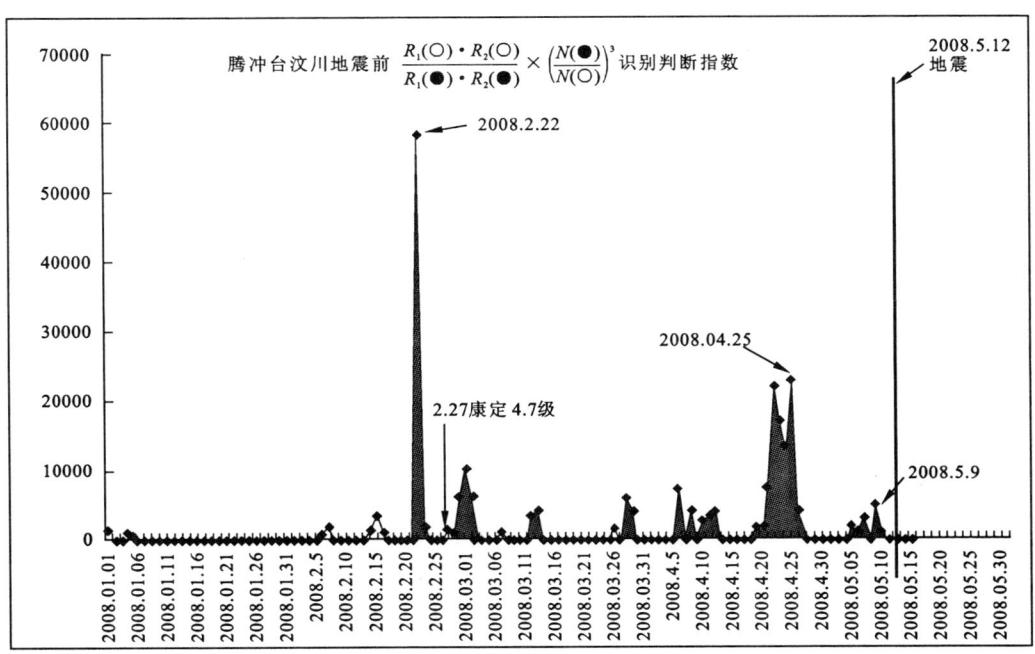

襄樊台地处我国中部,在汶川特大地震前出现的几次高值,与新疆、甘肃等我国西部地区发生的几次强度超过 5.0 级中、高强度道德地震有关。

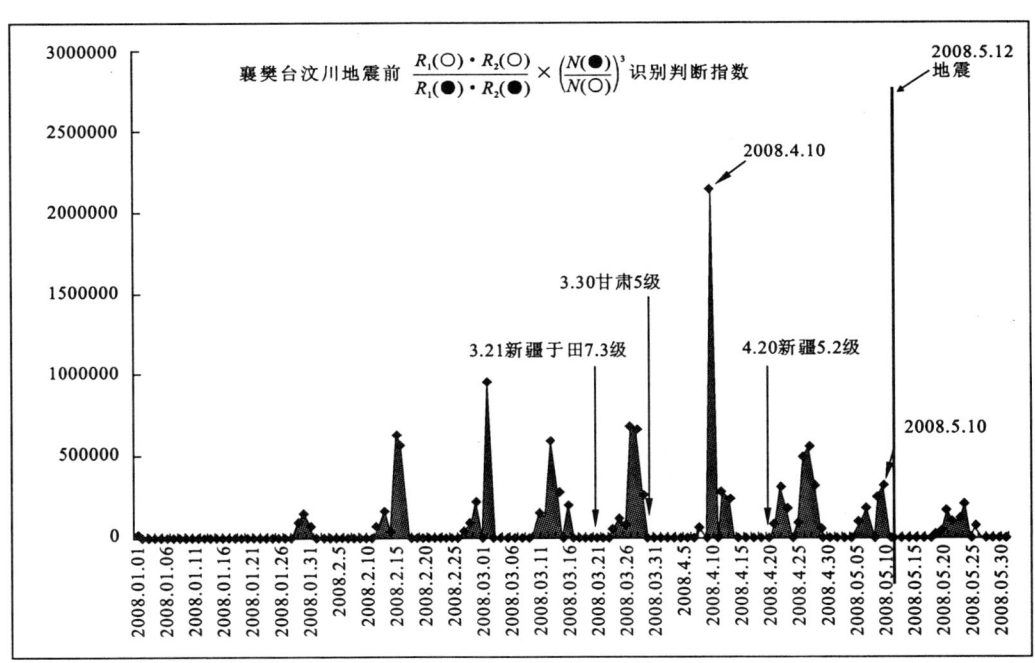

丽水台和湟源台距离汶川较远,基本上没有在时间上反映出汶川特大地震前兆的量化状态,但是从这两个观测台距离相对较近的几次不同方位的地震中,似乎能够找到前兆状态的量化关联。

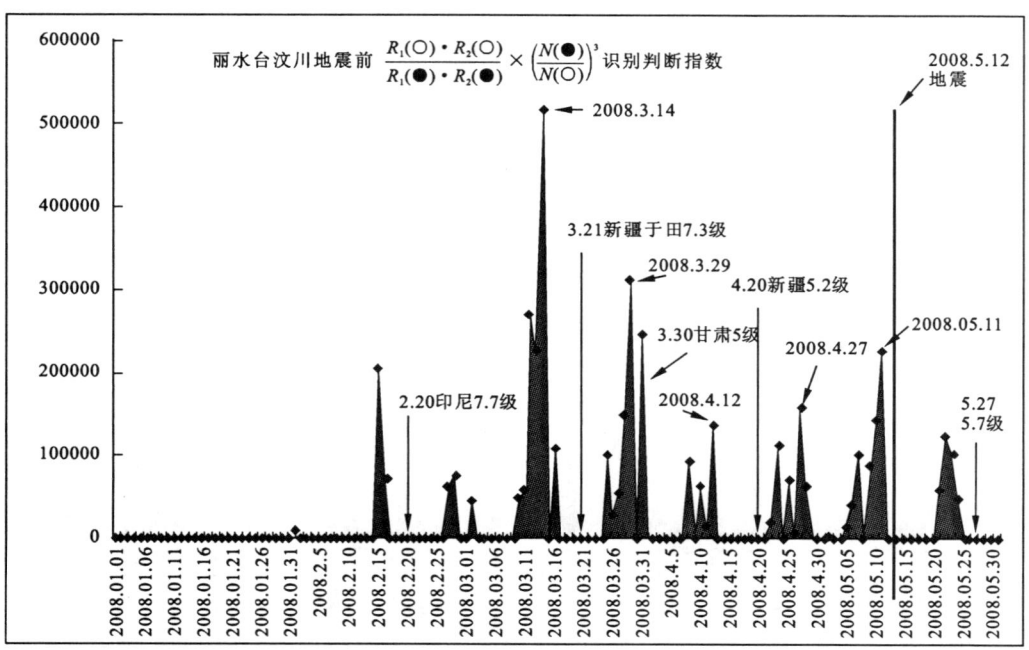

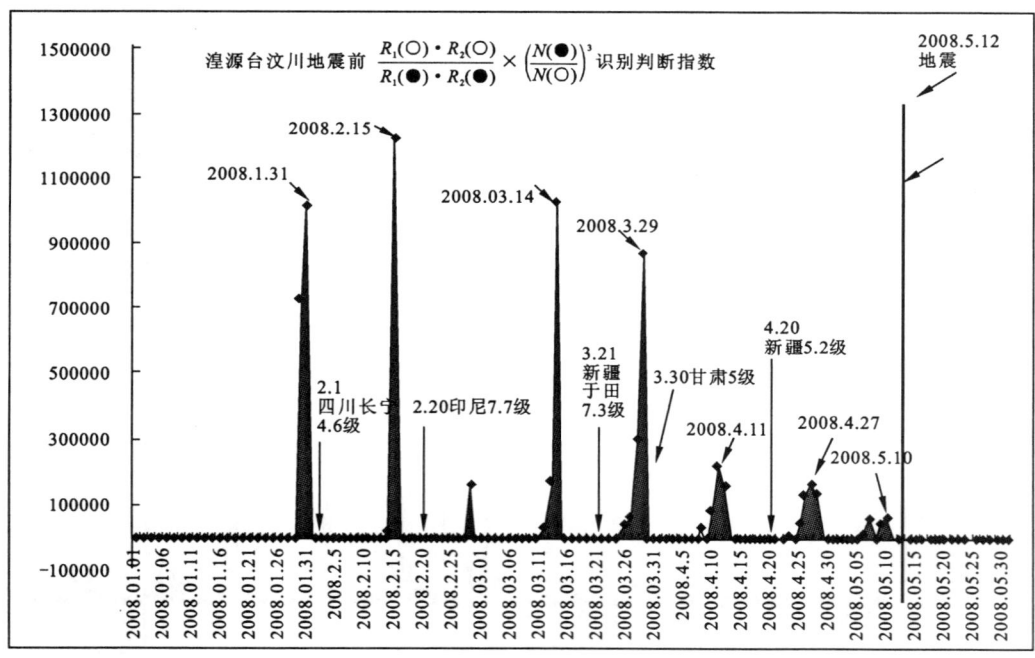

海原台和安吉台的情况类似,与汶川距离较远,没有明显的前兆量化信息,但都可以与距离较近的地震在时间上形成前兆关联。

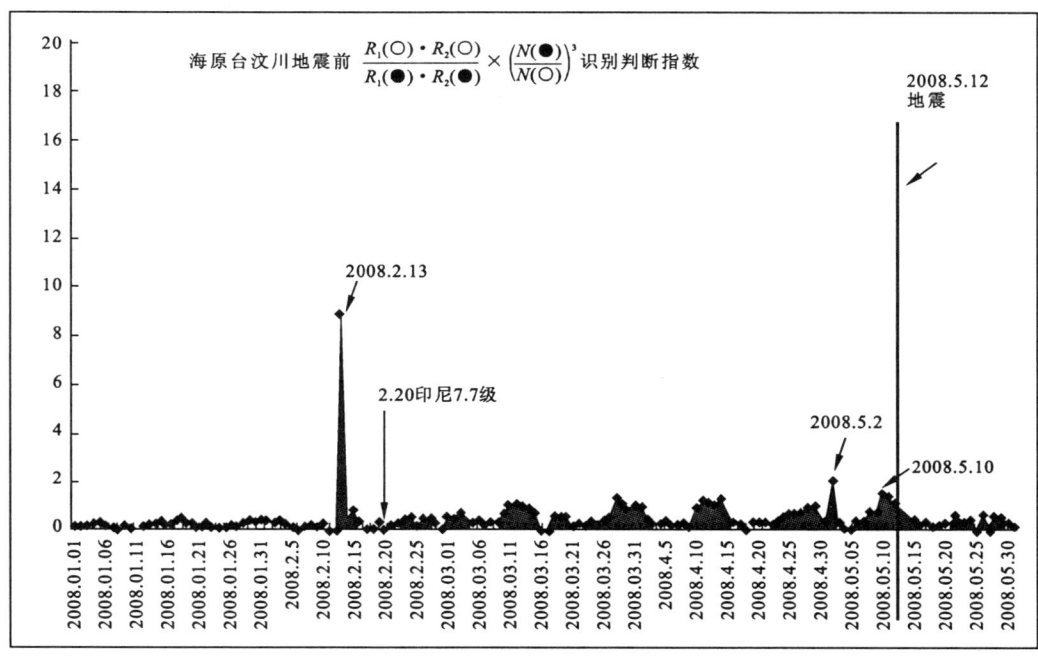

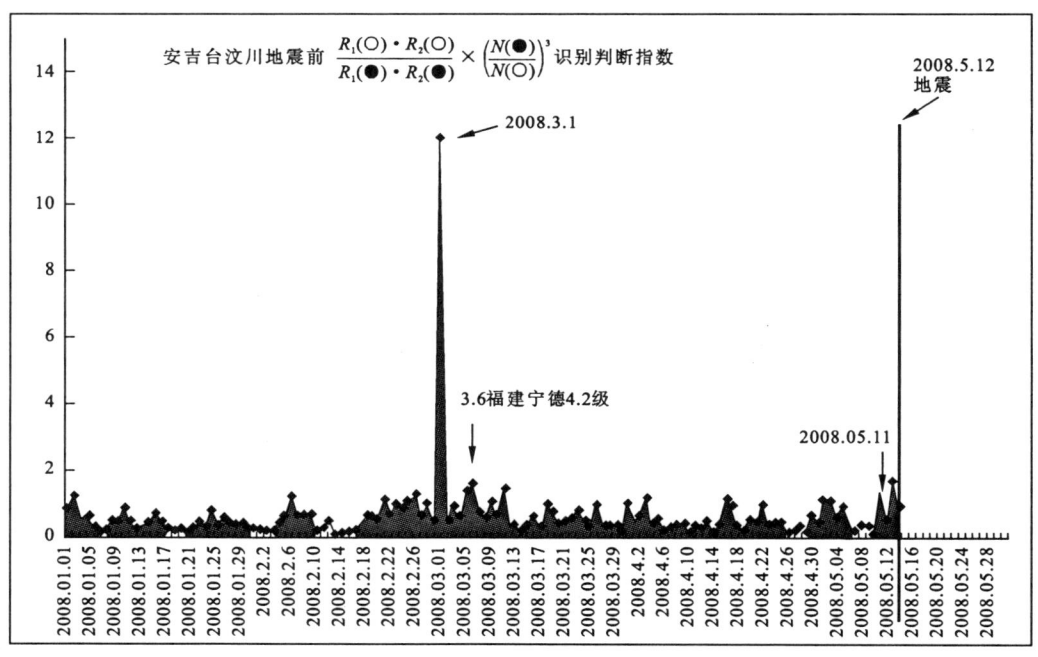

以下各个应变台站,均可看出超常高值与随后所发生的地震有对应的相关关系。

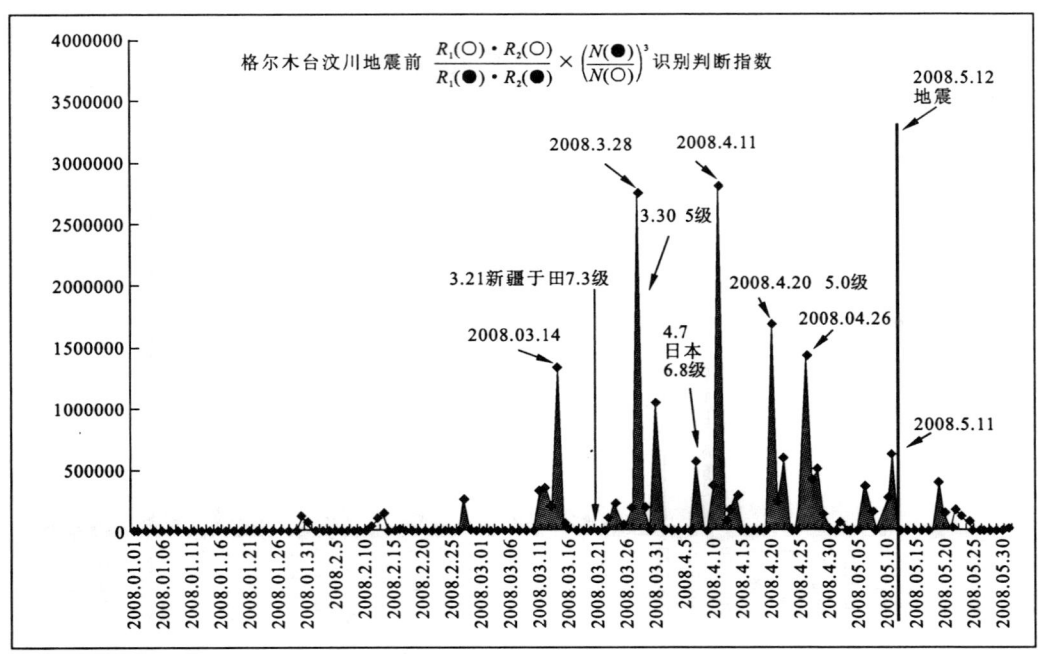

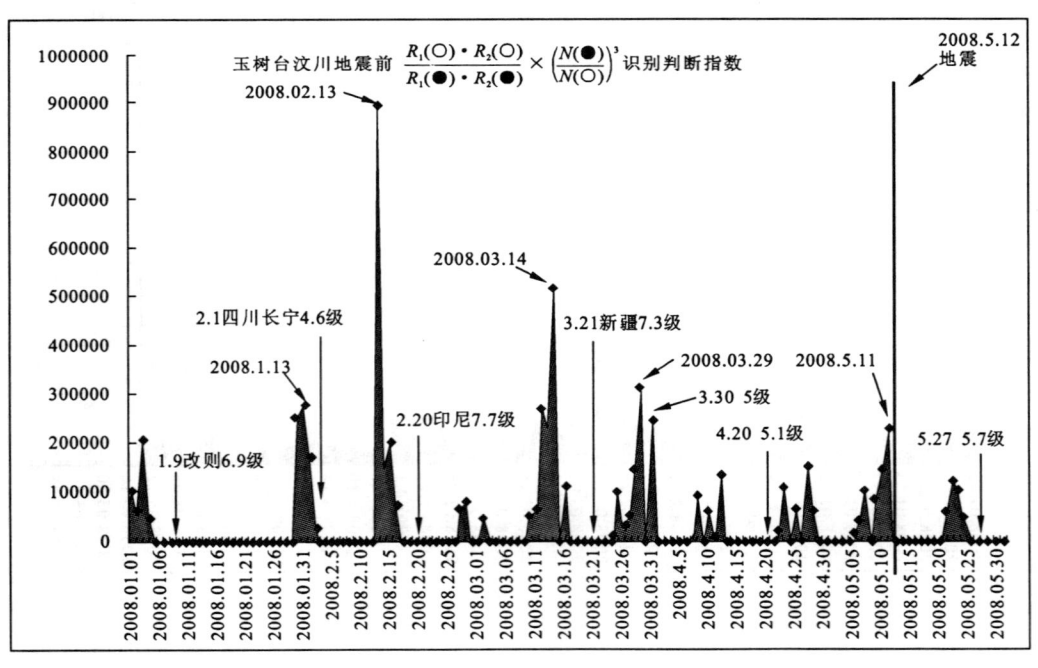

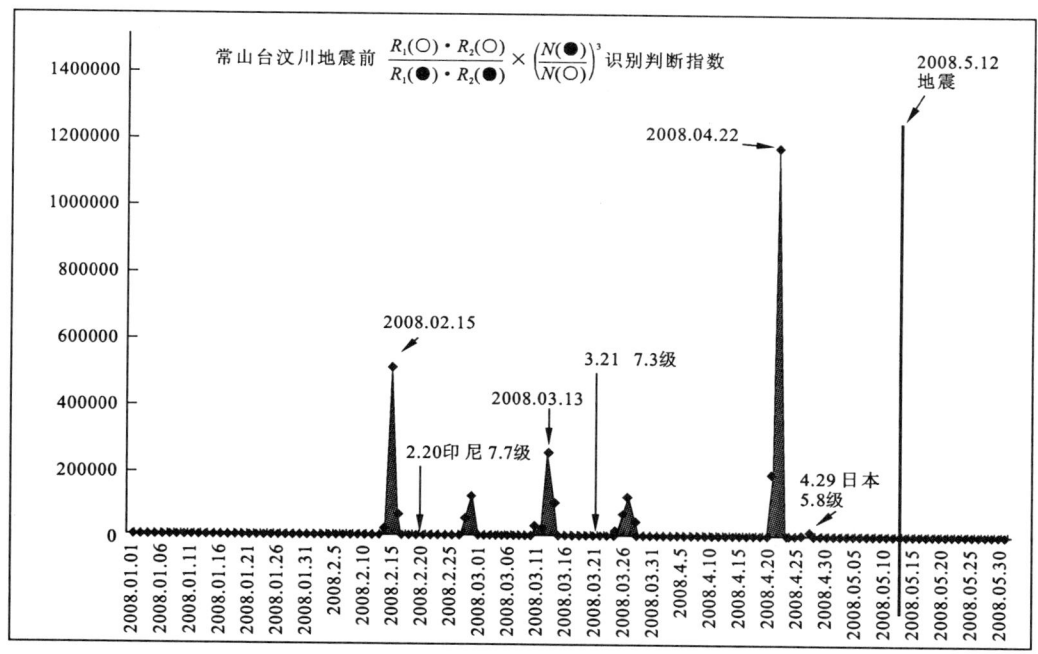

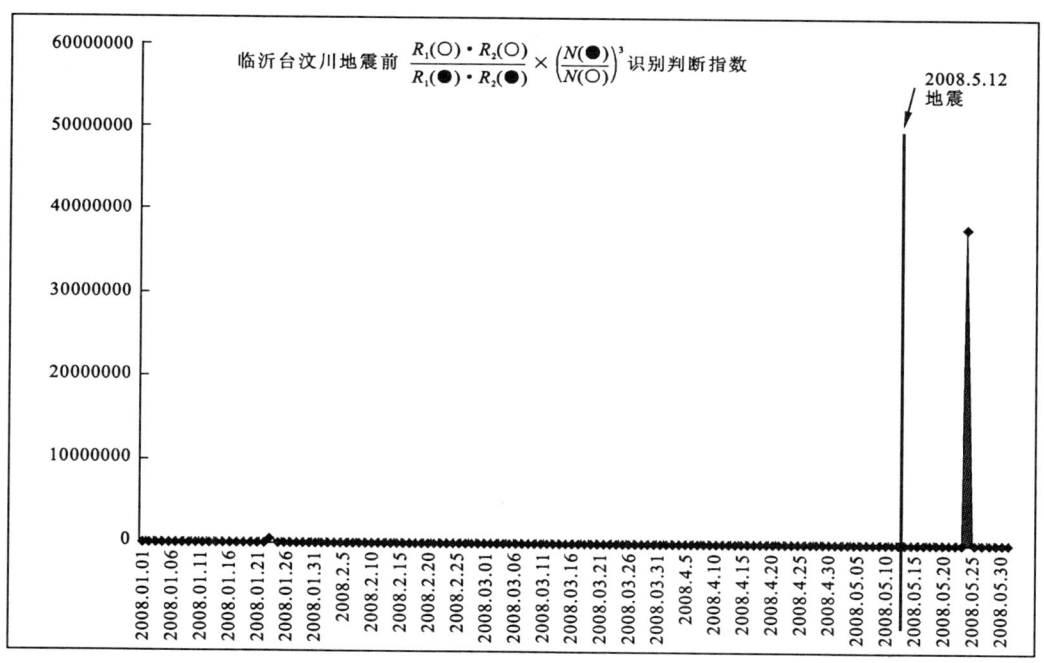

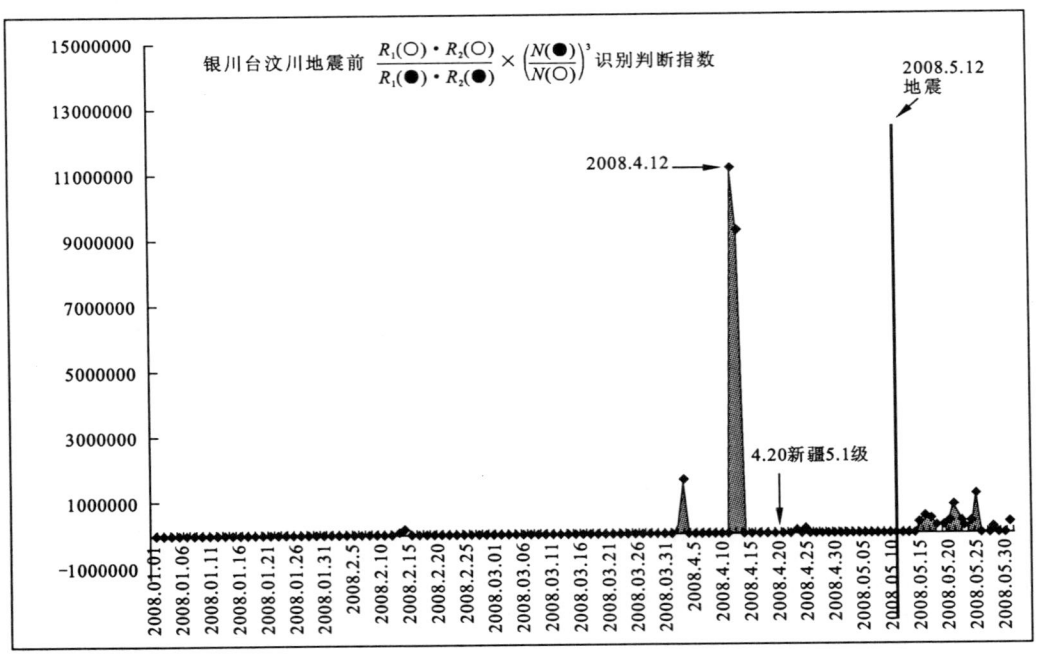

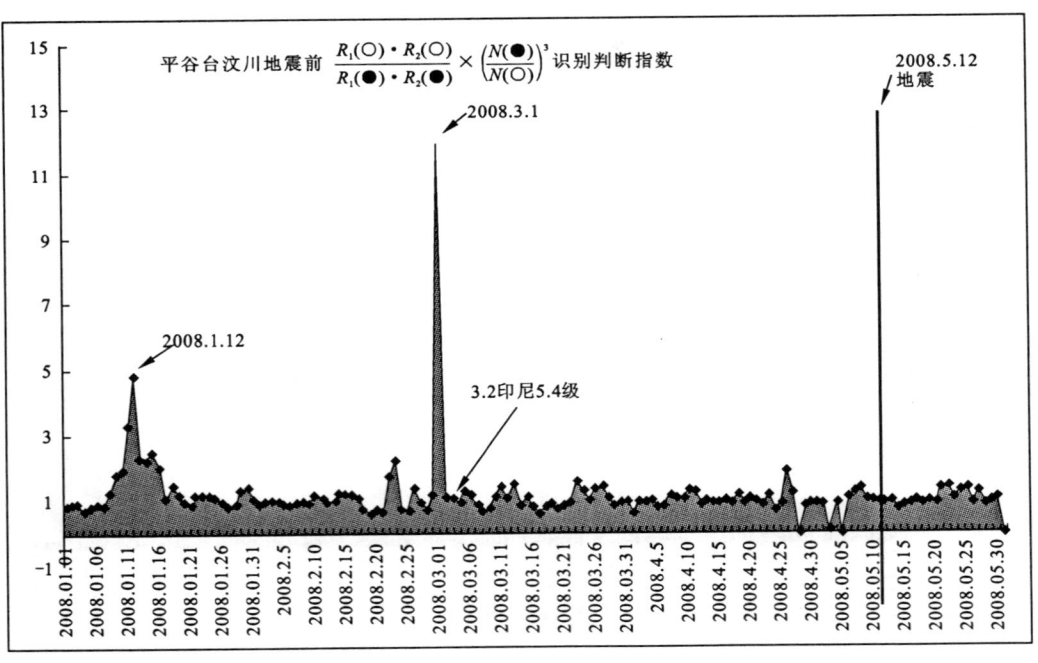

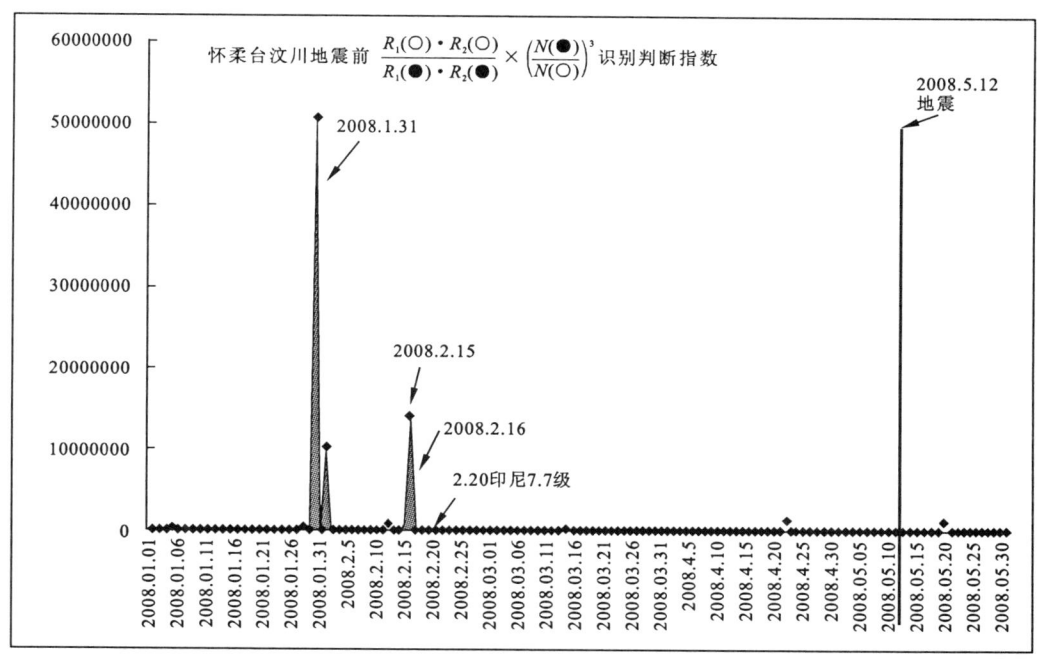

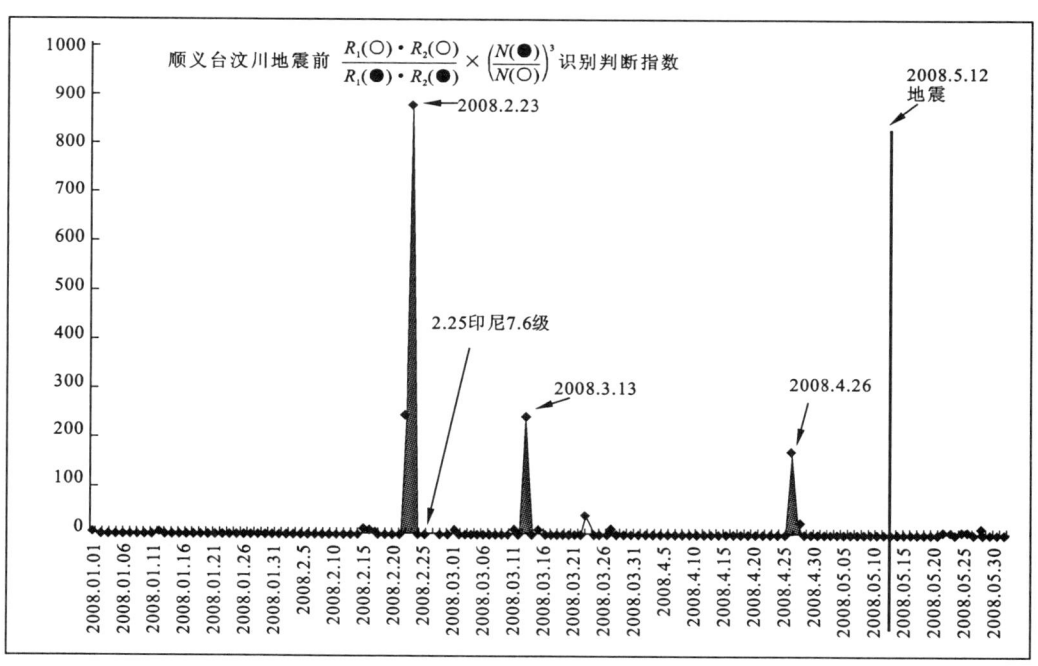

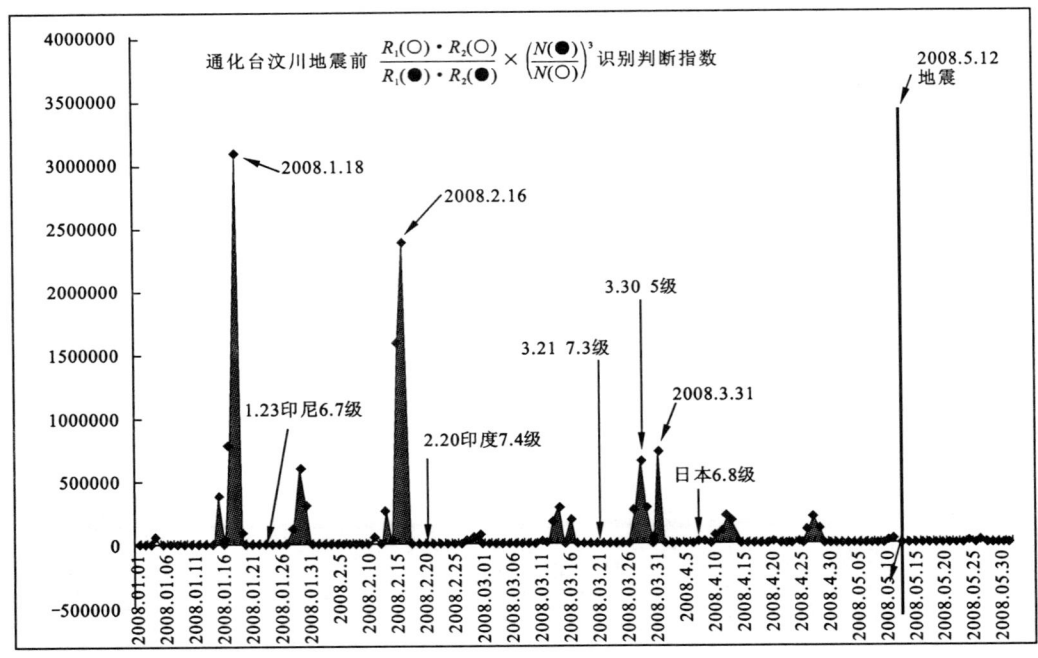

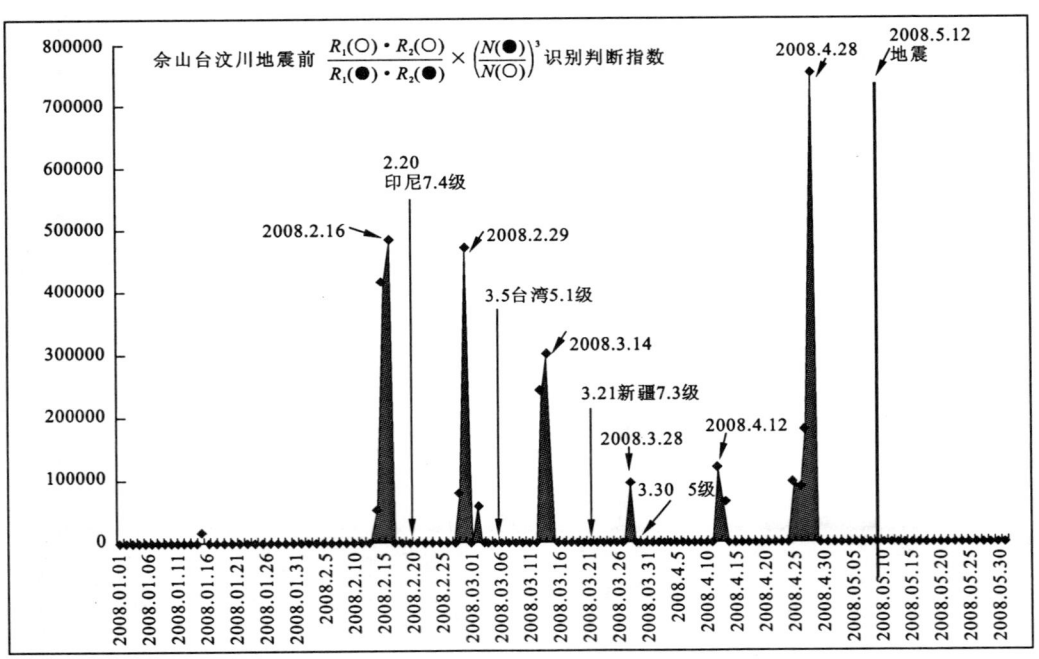

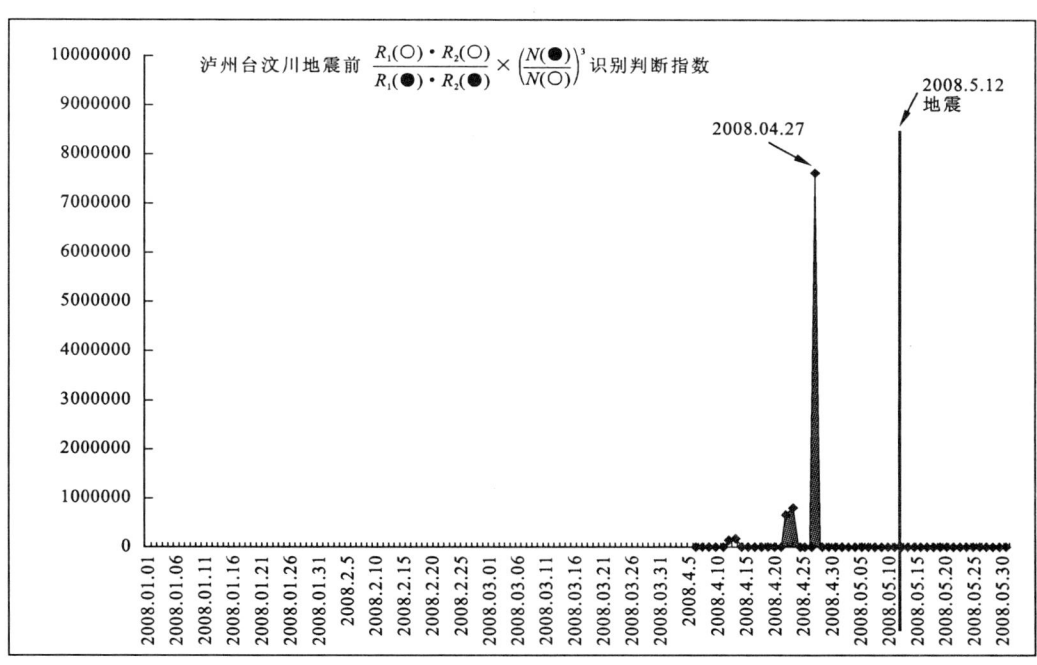

从以上这些钻孔应变台站的分布情况、工作状态和距离汶川特大地震震中位置来看,钻孔应变在临震时间上可以大体反映出地震前兆的量化状态,但是用上述的参数还不能够确认短临时间或者临震时间,因为在这样的图形中,短临和临震的量化特征不突出。有关短临和临震特征的量化曲线图形,将在第十三章里专门进行详细讨论。

就上述的图形而言,观测覆盖范围并不是很大,需要其他观测数据,如重力、地倾斜、地电、电磁和电磁波等多种前兆观测手段及其数据支持,才能在地震前兆的识别上更加确定,更加科学,为后面其他章节里准确把握临震时间提供多体系量化依据。

第三节 汶川特大地震应力应变的强度前兆特征

一、简易直观推算地震强度的参考方法

根据汶川特大地震和近一年来所发生的地震前兆应变数据所反映的群子参数特点,可以概括出简易推算地震强度的方法。

(1) 低于 5 级: $N^-/N^+ \gg 1$, $R_1^+ \cdot R_2^+ \gg 10^4$,但只有 1~2 个台能够达到这个数值;

(2) 6 级左右: $N^-/N^+ \gg 1$, $R_1^+ \cdot R_2^+ > 60000$,有 5~6 个台能够达到这个数值;

(3) 7 级左右: $N^-/N^+ \gg 1$, $R_1^+ \cdot R_2^+ > 70000 \sim 80000$,有 8~10 个台能够达到这个数值;

(4) 8 级左右: $N^-/N^+ \gg 1$, $R_1^+ \cdot R_2^+ > 70000 \sim 80000$,有 15~20 个或更多台能够达到这个数值。

但是对于汶川特大地震而言,由于地震前兆的能级很高,在全国波及的面很大,所以在全国 40 多台应变仪中,相当一大部分应变台的 $R_1^+ \cdot R_2^+$ 几乎都能达到 70000~80000。因此,按照反演方式,运用这个简易方法可以大致推导出地震危险区域的位置,实际上也是一种逆向分析震中定位的参考方法,但是不能作为唯一的固定依据,毕竟钻孔应变仪的技术特性(安装环境、钻孔条件、固化时间、外在干扰等不尽相同,应变观测仪工作后的敏感度也不一样)决定了观测数据之间存在差别。因此,将上述简易推算的方法作为一种固定的强度判断方法还不具备充分条件,还需要更多震例数据支持和论证。本节主要针对汶川特大地震应力应变强度与前兆特征的关系,探讨群子统计参数与强度之间的关系。

作者认为,这种地震前兆群子参数与强度、与台站反映数量之间的定量关系,值得研究和探讨,这对于通过增加钻孔应变观测台站密度,真正形成全国应力应变场具有重要意义。作者发现,应力应变观测是一个复杂的传感过程,与地质构造、应力传导条件、传播介质、连续性等复杂的环境因素都密切相关,需要进一步研究和探讨。

二、地震强度识别的统计力学方法

根据群子统计理论的处理方法,所有应力应变的群子参数 R_{12}^+、R_{24}^+、R_{12}^-、R_{24}^- 全部与能量的自然指数相关:

$$R = R_0 e^{-\frac{E}{RT}}$$

根据定义:$\xi^+ = R_{12}^+ \cdot R_{24}^+$;$\xi^- = R_{12}^- \cdot R_{24}^-$

其中,对震级影响最直接的参数是 ξ^+。因为只有正应变中的大峰消失,两侧小峰转化成很尖的双峰时,地壳的应变才有可能破坏通常的潮汐应变周期规律,且有可能大幅度增加负应变值和频度,从而引发地震。因此震级(M)的大小直接与迫使正应变出现的能量成正比:

$$M \propto A \ln R_{12}^+ \cdot R_{24}^+$$

但是最大正应变能是被当时负应变能所抵消,故要从 $A \ln R_{12}^+ \cdot R_{24}^+$ 扣除每天的负应变总量(N^-)/正应变总量(N^+),这样震级

$$M = A \ln(R_{12}^+ \cdot R_{24}^+)_{\max} - B \left(\frac{N^-}{N^+}\right)_{\max}$$

至于 A、B 则与自然界黄金分割值有关,如:

$B = (0.618)^{3-0} = 0.236$

$A = 1 - 0.236 = 0.764$

严格地说 M 还与 A、B 比例系数有关,即 $B = B_0 0.236$: $A = A_0 0.764$

我们通过大量的实例来定 B_0、A_0 大小。从下面的数据处理中看出,对应变观测台站近距离的强地震而言,B_0、$A_0 \approx 1$。

至于上述的 $R_{12}^+ \cdot R_{24}^+$ 与远距离(L)有一定关系。

$$M = A \ln(R_{12}^+ \cdot R_{24}^+)_{\max} - B \left(\frac{N^-}{N^+}\right)_{\max} + CL$$

三、汶川特大地震的强度力学统计参数特征

据中国地震台网中心对汶川特大地震最初的速报测定震级是里氏 7.8 级。随后,根据国际惯例,地震专家利用包括全球地震台网在内的更多台站资料,对这次地震的参数进行了详细测定,据此对震级进行修订,修订后震级为里氏 8.0 级。这个级别与各钻孔应变仪观测台站的群子参数 $R_{12}^+ \cdot R_{24}^+$,N^-/N^+ 大致相当。

1. 距震中最近的姑咱台

2008 年 5 月 10 日的 $R_{12}^+ \cdot R_{24}^+$ 值最大。

$\ln(R_{12}^+ \cdot R_{24}^+)_{\max} = \ln(5.9214 \times 10^4) = 10.9$

$(N^-/N^+) \approx 1.87$

与震中距离太小,暂忽略不计。

$M = A \times 10.9 - B \times 1.87 = 8.45 - 0.47 = 7.98$

接近修订后的震级。

2. 与汶川较近的腾冲台

2008 年 5 月 9 日的 $R_{12}^+ \cdot R_{24}^+$ 值最大,5 月 9 日 N^-/N^+ 最大。

$\ln(R_{12}^+ \cdot R_{24}^+)_{\max} = \ln(4.807 \times 10^4) = 10.5$

$$(N^-/N^+)_{\max}=0.98$$
$$M=A\times10.5-B\times0.98=8.05-0.16=7.82$$

接近速报震级。

3. 与腾冲距离汶川差不多的玉树台

2008年5月7日的 $R_{12}^+ \cdot R_{24}^+$ 值最大，5月7日 N^-/N^+ 最大。
$$\ln(R_{12}^+ \cdot R_{24}^+)_{\max}=\ln(7.3\times10^4)=11.2$$
$$(N^-/N^+)_{\max}=1.38$$
$$M=A\times11.2-B\times1.38=8.5-0.326=8.17$$

与速报和修订的震级相差幅度不大。

4. 与姑咱稍远的泸州台

2008年5月5日的 $R_{12}^+ \cdot R_{24}^+$ 值最大，5月5日 N^-/N^+ 也最大。
$$\ln(R_{12}^+ \cdot R_{24}^+)_{\max}=\ln(6.9285\times10^4)=11.1$$
$$(N^-/N^+)_{\max}=1.1$$
$$M=A\times11.1-B\times1.1=8.4-0.26=8.1$$

接近修订后的震级。

5. 与腾冲台稍近的攀枝花台

2008年5月7日的 $R_{12}^+ \cdot R_{24}^+$ 值最大，5月7日 N^-/N^+ 最大。
$$\ln(R_{12}^+ \cdot R_{24}^+)_{\max}=\ln(3.44\times10^4)=10.5$$
$$(N^-/N^+)_{\max}=1.05$$
$$M=A\times10.5-B\times1.05=8.03-0.25=7.8$$

与速报震级一致。

6. 与攀枝花台距离相当的西昌台

2008年5月7日的 $R_{12}^+ \cdot R_{24}^+$ 值最大，5月8日 N^-/N^+ 最大。
$$\ln(R_{12}^+ \cdot R_{24}^+)_{\max}=\ln(3.4092\times10^4)=10.4$$
$$(N^-/N^+)_{\max}=1.0$$
$$M=A\times10.4-B\times1.0=8.03-0.24=7.8$$

与速报震级一致，但是5月8日 $(R_{12}^- \cdot R_{24}^-)_{\max}=98115$，出现震级异常
$$M=8.7-0.4=8.3$$

7. 距离汶川非常远的徐州台

5月7日， $(R_{12}^+ \cdot R_{24}^+)_{\max}=59066$，$N^-/N^+=1.34$
$$M=A\times11-B\times1.34=8.4-0.33=8.07$$

8. 与德令哈台距离汶川相当的襄樊台

5月10日， $(R_{12}^+ \cdot R_{24}^+)_{\max}=58369$

5月8日， $(N^-/N^+)_{\max}=1.25$
$$M=A\times10.9-B\times1.25=8.35-0.29=8.06$$

9. 与玉树台距离汶川相当的湟源台

5月10日， $(R_{12}^+ \cdot R_{24}^+)_{\max}=53044$

5月7日， $(N^-/N^+)_{\max}=1.38$
$$M=A\times10.8-B\times1.38=8.25-0.33=7.92$$

10. 与徐州台距离汶川相当的佘山台

4月27日～4月28日

$$(R_{12}^+ \cdot R_{24}^+)_{max} = 50458:52780$$
$$(N^-/N^+)_{max} = 1.5$$
$$M = A \times 10.8 - B \times 1.5 = 8.25 - 0.36 = 7.89$$

11. 与湟源台距离汶川相当的乐都台

5月9日，　$(R_{12}^+ \cdot R_{24}^+)_{max} = 90490$

　　　　　$(N^-/N^+)_{max} = 1.5$

　　　　　$M = A \times 11.35 - B \times 1.5 = 8.5 - 0.36 = 8.14$

12. 与佘山台距离汶川相当的常山台

4月28日，　$(R_{12}^+ \cdot R_{24}^+)_{max} = 10906$

5月9日，　$(N^-/N^+)_{max} = 1.0$

　　　　　$M = A \times 9.3 - B \times 1.4 = 7.15 - 0.24 = 7.0$

13. 与格尔木台距离汶川相当的银川台

5月7日，　$(R_{12}^+ \cdot R_{24}^+)_{max} = 34452$

5月7日，　$(N^-/N^+)_{max} = 1.04$

　　　　　$M = A \times 10.4 - B \times 1.04 = 8 - 0.25 = 7.8$

14. 比江宁台距离汶川稍远的安吉台

5月7日，　$(R_{12}^+ \cdot R_{24}^+)_{max} = 34450$

5月7日，　$(N^-/N^+)_{max} = 1.05$

　　　　　$M = A \times 10.3 - B \times 1.27 = 8 - 0.25 = 7.7$

15. 与徐州台距离汶川相当的临沂台

4月19日，　$(R_{12}^+ \cdot R_{24}^+)_{max} = 27593$

4月19日，　$(N^-/N^+)_{max} = 1.0$

　　　　　$M = A \times 10.2 - B \times 1.0 = 7.9 - 0.1 = 7.8$

16. 门源台

5月9日，　$(R_{12}^+ \cdot R_{24}^+)_{max} = 20206$

5月9日，　$(N^-/N^+)_{max} = 0.98$

　　　　　$M = A \times 10 - B \times 1.4 = 7.6 - 0.24 = 7.4$

从以上震级的群子参数计算中，仍然遵循距离震中越近的应变观测台的数据，越接近实际震级。

当然，无论是时间、空间，还是强度，汶川特大地震的应力应变前兆的群子参数特征，对地质构造不同的观测台站所观测的数据而言，仍然需要考虑不同地质条件的应力应变传播介质对观测数据的影响。

第四节　汶川特大地震概率的动力学探讨

地震科学认为，尽管地震是一种突发性的地壳断裂现象，但是从概率上看，地震又是一种低概率的地壳断裂力学现象。正是由于低概率，所以就要求我们不能忽视地壳应力的发展过程、孕震特征、临震信号、断裂缺陷和断裂强度等。作者认为地震中长期"预报"意义不大，但预测是推崇对地壳应力应变演变全过程进行实时动态化的跟踪观测。当然，必要的地震中长期预测是十分需要的，只是方法要更接近概率，依据要更着重于动力学规律。因此，作者提出一种非传统的"地震动力学概率统计方法"，依此为地震前兆识别和地震预测提供震例动力学概率序列背景。

一、传统 b 值方法研究中期地震预测的局限性

1. 古登堡公式

运用 b 值预测中长期地震的方法,在国内外地震预测研究中占有很重要的位置。

设 N 为某一地区在相当时间里所发生的地震次数;

设 M 为某一地区在相当时间里所发生的地震震级。

当某一地方的地震次数越多,所体现的地震强度相对变强或变弱,即

$$\pm \frac{\mathrm{d}N}{\mathrm{d}M} = kN \int \frac{\mathrm{d}N}{N} = \int k\mathrm{d}M$$

经积分得到 $\lg N = a' \pm bM$

或 $\lg N + bM + a = 0$

这是最初由古登堡提出的一个经验方程式(简称"b 值公式"),从严格的地壳断裂流变动力学角度看,这种概率推算方法不具有逻辑科学性。因为 N 为地震次数,而每一次地震的震级 M 是不同的,如:

$N_1 = 1$(第一次),M_1

$N_2 = 2$(第二次),M_2

$N_3 = 3$(第三次),M_3

$N_4 = 4$(第四次),M_4

$N_l = l$(第 l 次),M_l

在这种情况下 $\lg N_1 + bM_1 + a = 0$

$\lg N_2 + bM_2 + a \neq 0$

$\lg N_l + bM_l + a \neq 0$

此时可以有一个近似:

由 $\lg N_l + bM_l + a = 0$

再乘 $\lg N_l$ 可得

$(\lg N_l)^2 + b(\ln N_l)M_l + a\lg N_l = 0$

故 $\sum (\lg N_l)^2 + b(\sum M_l \lg N_l) + a(\sum \lg N_l) = 0$

或由 $M_l \lg N_l + bM_l M_l + aM_l = 0$

可得 $\sum M_l \lg N_l + b(\sum M_l)^2 + a(\sum M_l) = 0$

刘正荣先生在 2008 年"5·12"地震后写的《地震预报》一书中,利用古登堡公式来验证能否预测汶川特大地震的时间和强度。正如书中所推算出的汶川地震应为 7.9 级,这一结果与实际震级基本相当。至于地震发生的时间,刘正荣先生提出了一种设想:在计算图形中,设纵坐标为地震次数,因地震次数与时间 t 成正比,故令 $\lg N = \lg t$,于是

$\lg t = \lg N = 8.355051067 - 1.057562455 \times 7.1$

$t = 70.20$ 年

由此推算出汶川特大地震应该发生在 2012 年而不是 2008 年,他认为,4 年的误差来自于时间的对数 $\lg t$ 不灵敏。

作者对此提出了一个值得关注的细节,仅 $\lg t = \lg N$ 是不充分的,实际地震并不是每一年只发生一次,所以预测时间误差主要来自于上述古登堡公式,因为在这个公式中不考虑地震的时间序列,这也许是该公式的最大局限性。

作者认为,一个地区一次大地震($M \geqslant 7.0$)发生之后,在相当长的一段时间内会出现多次不同强度的余震,时间持续几个月甚至几年。余震结束后,在震中地区,会出现相当长时间段的平静期(10 年、20 年、几十年不等),有时也偶然发生 1~2 次强度不高的地震。平静期过后,又开始出现高强度地震活跃,有时在震中地区外延更大的范围,地震活跃频率还较高。周而复始,形成了时间长短不定的"活跃—平

静—活跃"周期律。

2."地震动力学概率统计方法"的概念

"地震动力学概率统计方法",是指通过某一地区单位时间内地震序列累计强度增长速率,来推算中长期地震发生概率的统计方法(表6-2)。

表6-2 累计地震年份和累计震级

地震年月日	年份差	震级	累计震级	累计年份
t_1	$\Delta t_1 = 0$	M_1	M_1	Δt_1
t_1	$\Delta t_2 = t_2 - t_1$	M_2	$M_1 + M_2$	$\Delta t_1 + \Delta t_2$
t_1	$\Delta t_2 = t_3 - t_2$	M_3	$M_1 + M_2 + M_3$	$\Delta t_1 + \Delta t_2 + \Delta t_3$
...	...	...	...	...
t_i	$\Delta t_i = t_i - t_{i-1}$	M_i	$M_1 + M_2 + M_3 + \cdots + M_i = \sum_i M_i$	$\Delta t_1 + \Delta t_2 + \Delta t_3 + \cdots + \Delta t_i = \sum_i \Delta t_i$

将表6-2中数据用累计强度和累计年份方法可得图6-16。其中主直线的斜率、截距均由最小二乘法直线回归方程来确定,以避免人为观察误差。

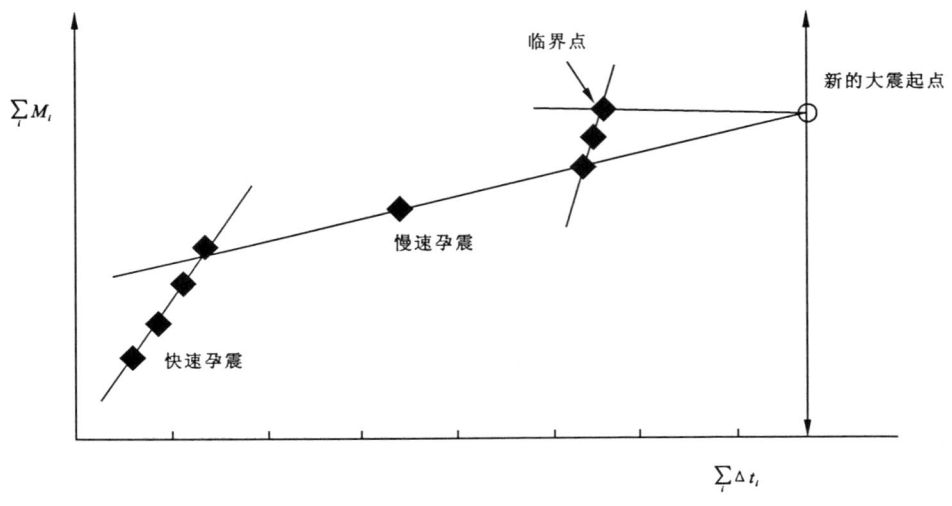

图6-16 累计震级和累计年份关系

作者通过统计研究发现,几乎所有地区发生的地震,都具有下列两种孕震模式的规律:

一是快速的连锁"冲击"的孕震过程:在 $\sum M - \sum t$ 图上直线斜率大;

二是慢速的强震级的孕震过程:在 $\sum M - \sum t$ 图上直线斜率小。

二、两种孕震动力学模式

受材料破坏力学启发,作者认为,地壳在原始生成过程中,紧密型岩石堆和松散型岩石堆同时存在,而它们各自承受外部应力的传导和形变机制肯定不同。

紧密型岩石堆：
挤压作用达到极限临界应力值快；故每一次经过短时间来地震，即在单位时间内引起的地震数多，累计震级增长速度快。

地震大动力源 ⟶ 地壳原始生成

（青藏高原高势能，或板块挤压、摩擦碰撞，太阳，月球潮汐……）

松散型岩石堆：
挤压作用要达到极限应力值很慢，需要很长时间的准备，但一旦达到前面快速临界应力值时，就可以来一次大地震。故在单位时间内引起的地震数就少，总的累计震级增长慢。

任何材料的破坏，都有一个临界应力值，地震也不例外。只是地壳结构很复杂，很难从理论上计算这个临界值，同样在实际观测中无法度量地壳极限临界应力值。不过，作者认为，快速地震的最后一次的累计震级，就相当于极限临界应力值。因此，在慢速孕震过程中，达到这一极限累计震级所需要的时间，也就是下一次地震的时间。用这样的方法可以预测到地震发生的中长期概率，也能用计算机回归的方法，预测到地震发生的时间。

三、运用"地震动力学概率统计方法"探讨汶川特大地震的时间和强度

根据"地震动力学概率统计方法"，作者尝试探讨汶川特大地震的时间和强度概率。为了研究方便，作者仍然沿用刘正荣先生研究所用的有关四川地区的地震数据，看看 2008 年"5·12"汶川特大地震前这个地区地震动力学概率情况。先将刘正荣先生所用数据重新整理一下（表 6-3，图 6-17）。

表 6-3 四川西部震例数据

发生时间（年月日）	震级	发生年（按 365 天）	年份差	累计年份	累计震级	震中地名
1933.8.25	7.5	1933.643	0	0	7.5	叠媛
1948.5.26	7.3	1948.399	14.756	14.756	14.8	理塘
1955.4.14	7.5	1955.295	6.986	21.732	22.3	康定
1973.2.6	7.6	1973.100	17.805	39.537	29.9	炉霍
1974.5.11	7.1	1974.359	1.259	40.796	37.0	大关
1976.8.16	7.2	1976.620	2.261	43.057	44.2	松潘
1976.8.23	7.2	1976.640	0.020	43.077	51.4	松潘
...	...	...	...	...	...	...
2008.5.12	7.9	2008.362	31.722	74.799	59.3	汶川

图 6-17 中 0 点的地方是指某一次大地震（$M \geq 7.5$），图形上出现两个不同的阶段：第一段（A）以非常慢的速度一次一次地震；第二段（B）是非常快速的地震，但是，累计强度达到了某一值（临界值）之后，开始出现"平静期"。我们可以发现，慢速孕震机制（A）在地壳内继续发展，一直到"累计强度"超过临界值时[见直线（1）]，强震的概率非常高。通过这样的孕震动力学模式，我们从图上可以找到未来地震的年份：74.8 年，也就是 2008 年年中（5 月 12 日）的位置；至于地震级别至少大于 7.5～7.6 级。震级也可以用古登堡公式或用新的增长直线[见直线（2）]来预测。

为进一步探讨"地震动力学概率统计方法"，作者对川滇地区 100 多年来地震震例的时空强记录数

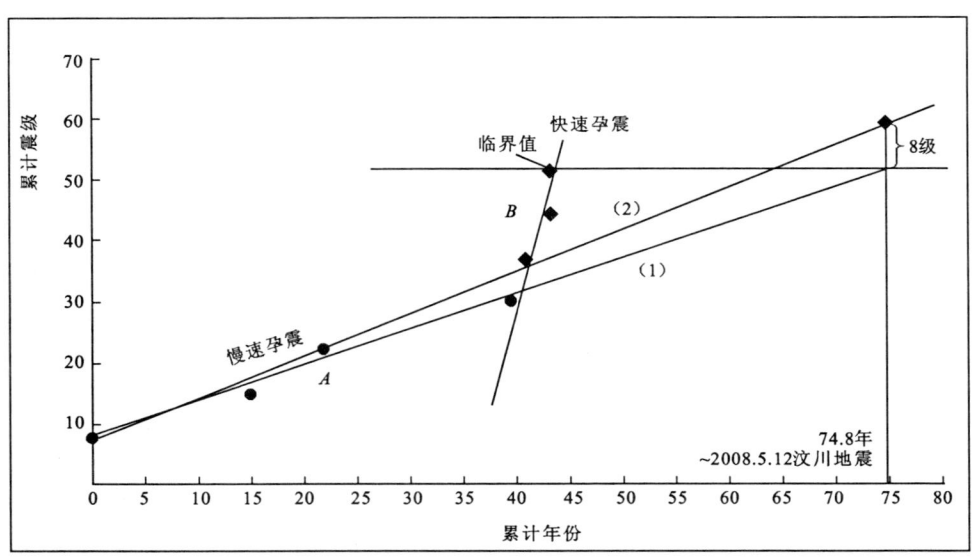

图 6-17 汶川地震预测性回顾示意图

据,进行计算分析,结果见表 6-4 和图 6-18。

表 6-4 川滇地区 100 多年地震序列与 2008 年"5·12"汶川特大地震

发生时间(年月日)	震级	发生年(按365天)	年份差	累计年份	累计震级	震中地名
1879.7.1	8	1879.495	0	0	8	甘肃武都
1909.2.5	6.5	1909.096	29.651	29.651	14.5	弥勒县
1913.12.21	7	1913.965	4.869	34.520	21.5	峨山
1917.7.31	6.7	1917.574	3.609	38.129	28.2	大关
1923.3.24	7.25	1923.230	5.656	41.785	35.4	炉霍
1923.10.20	6.5	1923.794	0.564	42.349	41.9	巴塘
1933.8.25	7.5	1933.644	9.850	52.199	49.4	叠溪
1941.5.16	7	1941.374	7.730	59.929	56.4	云南耿马
1941.12.26	7	1941.975	0.601	60.530	63.4	云南澜沧
1966.2.5	6.5	1966.096	24.121	84.651	69.9	东川市
1970.1.5	7.7	1970.007	13.907	98.558	77.6	峨山曲嫄间
1973.2.6	7.3	1973.097	3.034	101.592	84.9	四川炉霍
1974.5.11	7.1	1974.359	1.262	102.852	92.0	大关
1976.8.16	7.2	1976.619	2.260	105.012	99.2	平武
1976.8.23	7.2	1976.640	0.030	105.042	100.4	平武
1988.11.6	7.2	1988.839	12.199	117.231	113.7	耿马
1988.11.6	7.6	1988.839	0	117.231	121.3	澜沧
1989.4.26	6.7	1989.282	0.443	117.674	128.0	巴塘
2008.5.12	8	2008.362	19.080	136.754	136.0	汶川

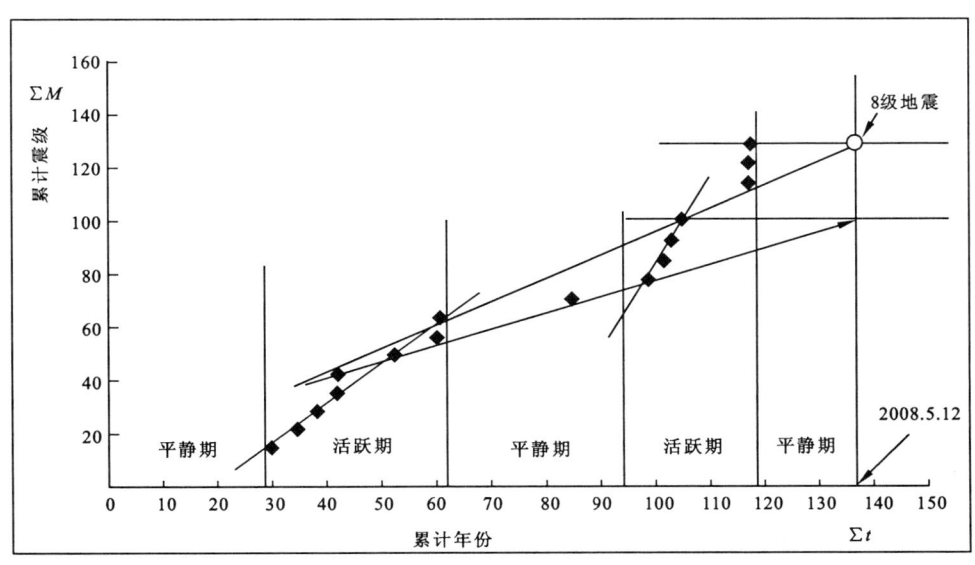

图 6-18　川滇地区 100 多年震史与"5·12"汶川特大地震

第五节　汶川特大地震前兆的典型意义探讨

一、"地震预测模型"的尴尬

地震预测科学是一门发展时间并不长的学问,新中国的地震预测科学研究开始于 1966 年的邢台地震,当时在周恩来总理的直接领导和支持下,一批从事地质勘察和研究的工作者,被紧急召集到邢台地震灾区,开始了新中国漫长而艰巨的地震预测探索,这批热血青年和地质科研工作者,被赋予了一项特殊年代的特殊使命:

希望在你们这一代能解决地震预报问题。

——周恩来在邢台向中国科技大学地震专业同学发出号召。

密切注视,地震是有前兆的,是可以预测的,可以预防的,要解决这个问题,地震工作要以预防为主。

——1970 年云南省通海 7.7 级大地震后周总理作出批示

我们国内总可以创办一个地震地质、地应力专业嘛!地应力是肯定存在的,运动的变化一定会有力的表现。地震预报问题,你们要好好攻!人口这么多的国家,攻不破这点怎么能行啊!要有雄心壮志。

测震,地震台我去邢台看过。地形变搞些什么,归谁管?地倾斜归谁搞?地应力归谁搞?用地磁预报地震何必那么急于否定呢?百花齐放,百家争鸣嘛!提出来研究,看哪一种比重大。地电归谁搞?重力是怎么回事?地下水,邢台地震时变化很显著嘛!冒黑水是什么原因,云南有没有?水化学是什么?氡气是什么,英文怎么说?……你们说有 10 余种方法,才说 9 种,动物为什么没有提到,是不是不重要?地震前动物是否有反应?动物观测不能取消。动物某一种器官比人灵敏,动物要研究。蚂蚁虽小,下雨天就知道要搬家。各种动物有各种反应,有的迟钝,有的不迟钝;不仅动物要研究,植物也要研究。……气象与地震有没有关系?天体的因素都要考虑……。

——1970 年周总理接见全国地震工作会议代表的部分谈话

据中国地震局网站介绍,"中国地震局是管理全国地震工作,经国务院授权承担《中华人民共和国防震减灾法》赋予的行政执法职责的国务院直属事业单位,成立于 1971 年,时称国家地震局,1998 年更名为中国地震局"。

我国的地震预测研究,在相当长的一段历史时期里承载了太多超过地震预测科研能力的政治使命。因此,当国门打开以后,地震科技人员走出去才发现,无论是我们的观测技术及装备,还是预测理论,都远远落后于世界发达国家。于是,理性的科学回归,开始成为中国地震科学界的"主旋律"。特别是进入90年代中后期以后,一大批标志中国地震监测科技水平的基础项目相继建设和落成,地震预测研究也取得了许多成果。

尽管如此,"5·12"汶川特大地震再次引起公众对地震部门的质疑。曾经作为中国地震预测学术成就标志的各种"地震预测模型",由于在汶川特大地震前集体"失算",因此,科技界开始检讨这些"地震预测模型",一时间,"地震预测模型"遭遇前所未有的尴尬。

作者姑且不去评论"地震预测模型"的科学性,仅就地震的实质——地壳断裂而言,"地震预测模型"的概念就是一种不科学的提法。更长远历史的地震状况无从考证,但从最近30多年来的震例来看,没有哪次地震时的地壳断裂形态和过程是与历史震例相似的。按照概率统计学一般原理来看,如果连基本的相似性都缺乏,地震的概率就不可能有模型。

因此,作者在与中国地震局及中国地震台网中心的学术交流中,一向主张建立科学动态的地震前兆跟踪观测体系,严格按照自然规律,对地震的危险度进行实时定量评估,并依此建立地震灾害预警机制。在作者看来,确定性地把握地壳应力应变孕震过程,比概率性的中长期"地震预报",更具有实际意义和防震减灾价值。人类对自然界的了解和认识再深入,仍然还有尚未发现的各种自然现象和规律,人类不可能对自然现象和规律做到确定性预报。从这个意义上讲,作者即使坚信自己提出的地震预测理论和方法科学、可行,但也不尝试建立所谓的"地震预测模型"。

二、历史震例存在典型意义和非典型特征

1. 具有典型意义的历史震例

具有现代观测科学意义的历史震例,开始于1889年英国人米尔恩(J. Milne)和尤因(J. A. Ewing)观测并记录到的一次日本地震。真正可供地震科学研究的震例,应该是从20世纪60年代开始,由美国率先布设在全球120个台站的标准化测震仪器台网。我国大陆地区的地震监测台网规模建设,也是从20世纪60年代后期开始的。因此,从严格意义上的统计学观点来看,目前的历史震例规律研究,尚不具备充分的典型条件,只能是从一个时间段上对震例进行典型特征描述,尽可能地为地震预测科学提供一些带有普遍性的现象。如很多对中国地震预测抱有希望的人士,经常引用1975年7.3级海城地震预报成功的例子,借此认为群测群防获得的宏观环境异常是历史震例的典型特征,但是,从地震监测预报专业人士那里获得的典型性解释并非如此,而是海城地震在震前发生的若干低强度小震群与历史震例观测的模式小震群→大震形成巧合,因此,不具有典型意义。

尽管如此,历史震例仍然具有一些地震研究探索意义的典型本质特征,而非直观特征。如,地震先产生P波震动,然后再产生S波波动,建筑物的损毁也是先由P波破坏结构,然后由S波致使倒塌;临震前,自然环境或多或少地会出现一些动物异常;地震前都会发生地壳形变;地震前会出现地震云;地震前的地下流体或会产生异常;震前、震中都会令断裂地壳产生物理化学变化;等等。正是有了这些看似典型的特征,所以,科学家们才坚信预测地震是有可能的。因此,探求历史震例的典型意义,就是震后科学总结的一项必不可少的重要工作。

2. 历史震例存在必然的非典型特征

地震科学的一项重要任务就是研究历史震例的非典型特征,以期在创建"地震预测模型"过程中反演排除,因此,寻找历史震例的典型性和非典型特征,对地震预测科学来说,都是必要的。作者要表达的观点不仅如此,关键是这些典型性和非典型特征在震前、震中、震后全过程的逻辑学意义。按照材料断裂现象来看,我们必须承认,无论强度大小不同的地震,缺陷程度不一样的地壳断裂,抑或是空间位置不同的地震特征,都不会存在翻版,因此,历史震例存在非典型特征是必然的。如同海城地震存在与历史震例进程方式的巧合一样,这种典型性与非典型性的界定,需要从地壳断裂流变动力学角度去探求其本

质,而不是停留在特征类似的整理和比照。

震例的有限性和地震类型的多样性,是导致震例存在非典型特征的根本原因。典型意义和非典型特征是历史震例的两个必然辩证属性。

三、汶川特大地震的地壳流变动力学典型意义和非典型特征

作者通过对汶川特大地震前的地壳断裂流变动力学研究发现,汶川特大地震的典型意义和非典型特征,能够为地震预测研究提供较高学术价值的参考。

1. 汶川特大地震的地壳断裂流变动力学典型意义

(1)地壳应力应变加速增量持续时间越长地震强度越高

从时间上看,汶川特大地震前约半年开始,距离汶川相对较近的姑咱、金河、攀枝花、西昌等西南片的应变观测台站,地壳应力应变加速增量出现累积持续异常状态,时间越临近地震,应变反应的台站越多,应力应变传播覆盖范围越大。东北、华北和华东地区的应变观测台站,在 2008 年 4 月份开始才陆续有反应,尽管出现异常,但异常幅度不如距离震中近的台站。但是,全国所有钻孔应变观测台站(除受干扰和安装不成功的台站外),在汶川地震当天地震时出现同步大幅异常。

结合攀枝花会理地震、四平伊通地震和忻州原平地震的统计分析,我们发现地壳应力应变加速增量持续时间越长地震强度越高的规律。在攀枝花地震之前,"5·12"汶川特大地震并没有使攀枝花和西昌台站的挤压应变加速增量减缓下来,相反在维持几天的低幅度之后,再次进入应变加速增量持续状况,直到地震发生,挤压应变才明显减缓下来,因此,在那个阶段,作者曾对西昌卫星发射中心的安全产生担忧;四平伊通地震前两个多月开始,吉林通化应变观测台站应变加速增量开始出现频繁累积,并持续异常,但总的幅度不及攀枝花会理地震,按照作者推算地震强度的公式计算,震级强度不会超过里氏 4.5 级,根据专业人士介绍,里氏 5 级以下强度的地震不会产生灾害破坏作用,所以,作者有幸前往吉林长春感受了伊通地震;在忻州原平地震之前一个多月开始,宁夏银川和河北文安应变观测台站出现应变加速增量累积,此后一直持续,由于据应变仪研制者池顺良先生介绍,文安台站的仪器安装尚处于待稳定阶段,干扰多,数据不能保证正常,所以,作者除每天观察这两个台站的应变加速增量异常以外,并没有特别留意。

也许根据这 4 次地震的应变加速增量持续情况,就得出"地壳应力应变加速增量持续时间越长地震强度越高"的结论为时过早,但与陈章立先生总结的经验大体相当:"地震前兆的持续时间(指前兆最早出现的时间与发震时间之间的时间间隔)与地震的大小成正相关的关系,地震越大,前兆持续时间越长"。因此,作者仍然认为这个带有规律性的现象具有典型意义。

(2)地壳应力应变加速值必须出现成倍量增幅才算异常

在汶川特大地震前几个月的应变加速增量分析中,作者发现,应变加速值必须出现成倍量,甚至几十倍、上百倍的增幅。汶川特大地震前两个月的数据分析表明,加速增幅往往超出平常参数的好几倍以上,并剧烈起伏,根据全国 40 多个台站数据的分析情况看,成倍量的加速值增幅在一个台站至少出现了 10 次以上。

(3)地震强度越高短临信号时间提前量越大

作者在这里把地震前兆分为 4 个阶段,与传统的前兆划分方法有所不同。第一阶段,也就是应力应变加速增量异常连续出现在数日的应变观测过程中,是应变异常的起始阶段,作者称之为"短临阶段",连续数日的加速增量异常就是"短临信号";第二阶段,是指应变出现极限临界特征,应变加速值曲线出现突然的平静状态,实际上是挤压应力和拉张应力处于一个饱和极限临界对峙,应变变化很小或无变化,这是一个看似平静,但危机四伏的时期,作者称之为"僵持缓静期";第三阶段,是指"僵持缓静期"结束后,挤压应变再次加速增量,而且频率较短临阶段快,挤压应力破碎急剧,作者称这个阶段为"迫震阶段";第四阶段,是一个理想化的"临震信号",现有地震台网的观测技术还达不到,只是理论上存在一个介于应力应变迫震和地震测震之间的标志性特征,这个特征,通过传统的机械摆锤式测震仪是无法获取的,因为,机械摆锤式测振仪的核心是感应 P 波,没有 P 波产生,就不可能监测到。据中国科学技术协

会常委、我国著名的传感器专家张开逊教授介绍,现代电子压容传感技术,可以在 P 波产生前,监测到大地运动的加速状况。这正是应力应变加速增量达到极限临界后,出现的大地运动加速状况,只要是出现大地运动加速,地壳断裂必震无疑。

汶川特大地震的前兆在前 3 个阶段表现明显。

(4)汶川特大地震前兆异常的阶段性特征

1)从强地震孕震机理所看到的若干阶段

对国内外震例的分析表明,每一次地震都有典型性和非典型特征,几乎看不到模式翻版的地震,但是汶川特大地震的震前孕震过程体现了类似于材料冲击断裂的普遍现象,具有断裂过程的典型意义,主要表现在孕震的若干阶段上,如包括应力加载孕育、增强发展、交互、短临突变、缓静、临震、迫震、地震(包括余震)8 个阶段。通过大量的研究发现,体现上述若干阶段的群子参数为:$\left(\frac{R_1^+ \cdot R_2^+}{R_1^- \cdot R_2^-} \cdot \frac{R_1^- \cdot R_2^-}{R_1^+ \cdot R_2^+}\right)\left(\frac{N^-}{N^+}\right)^3$ 及应变累积比 N^-/N^+ 分数或 $\left(\frac{N^- - N^+}{N^+}\right)^3$(但是并不能够直接体现短临信号和临震信号,有关这一方面的最佳方法见后面其他章节),以区别上述 8 个阶段(图 6-19)。

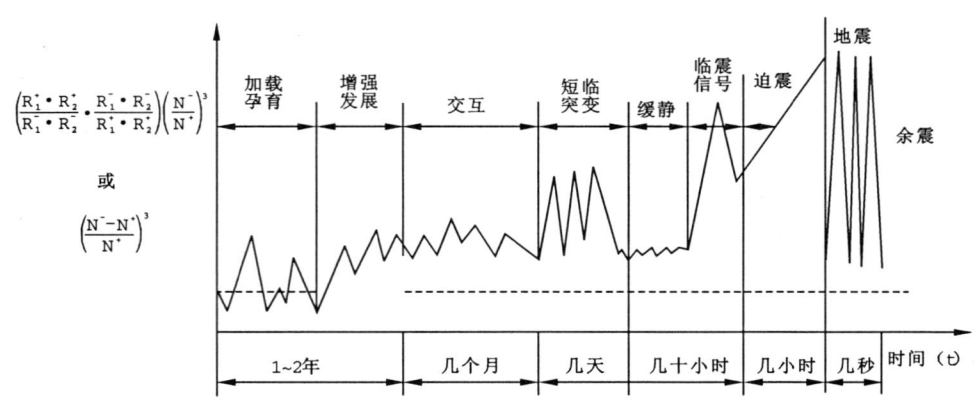

图 6-19 地震应变群子统计模型

由图 6-19 可以看出,每一次强地震的孕震过程相当复杂,从表面上看,统计参数相当离散,但是每一个阶段还是会出现较明显的特征信息。这些特征很难从应变值的波动曲线上直接看到,所以上述模型与目前国内外提出的应变数字直观模型不同。由于我们在计算群子统计参数时,先把所有应变数据归一化、相对化,所以作者对孕震过程的定量分析,不等同于地震孕震模型。下面进一步说明上述 8 个阶段的内涵:

加载:指最初由地震原动力起因传来的压应变力的加载;

增强发展:指压应力及压应变加速值随时间增强;

交互("拉锯"):指群子统计参数及应变加速值累计比 N^-/N^+ 有时很大,有时很小,不断地交错出现,此时在地壳内部通过破碎岩体或断裂带错移的方式释能,但是大地震仍以累积为主,例如每月 30 天中至少 15 天以上均以负应变加速累积量 $N^-/N^+ > 1$ 为主,特别是 $R_1^+ \cdot R_2^+ > 10^4$ 同时 $R_1^- \cdot R_2^- < 1$ 的情形很多。在这一段地壳内部挤压和破坏正处在最可几强度的竞争"拉锯"状态,要看负应变占优势,还是正应变占优势。由此决定了下一步过程。

短临突变:强震前,经历上述竞争拉锯对抗过程之后,就开始 $R_1^+ \cdot R_2^+$ 变得很大、$R_1^- \cdot R_2^-$ 变得很小,而 N^-/N^+ 突然变大,这是大震短期来临的一个重要信号,但还不是决定性的量化特征。因此,从地震的时间和孕震状态上看,仍然处于短临阶段。

缓静:正负应变加速累积量之间通过一系列较量达到相当程度之后,许多应力障碍受到破坏,进入"极限僵持"阶段,表面上看起来似乎不再竞争了,但是极限僵持预示冲击性爆发力达到一个临界状态,处于相对"平静"状态,也容易使人麻痹。

迫震：在地震的前几天或前一天，最突出的是复合参数：$\frac{R_1^+ \cdot R_2^+}{R_1^- \cdot R_2^-}\left(\frac{N^-}{N^+}\right)^3$ 及 $\left(\frac{N^-}{N^+}\right)^3$ 值。从前一次地震以后又一次出现的一个几乎"史无前例"的极大值，这是震前的决定性信号。然而这个状态常常导致两种趋势：一是从此直接进入临震阶段；二是还有相当短的缓冲间隙，然后进入快要地震的临震阶段。

临震：指地震前的几小时、几分钟，这是最后避震的机会，此时 N^-/N^+ 值继续加大，特别是 $(N^-/N^+)_{平常} \ll (N^-/N^+)_{迫震}$；即每一小时，甚至每一分钟的 N^- 值远远地大于平常的 N^- 值，即 $(N^-/N^+)_{迫震(小时)} = X(N^-/N^+)_{平常(小时)}$ 的 X 值至少大到几个，甚至十几个单位，出现地震高危态量化特征。在地震前兆识别中，最关键的是把握临震高危态量化特征，从目前许多定量分析来看，几乎所有地震在震前类似材料断裂前出现临断信号一样，都有临震的量化特征，这是垂直于震中的震源与破坏震中地表途中所加载的最后一次决定性应力量化特征。

地震：这是最后一个阶段，开始出现一个上下颤动的地震波（P波），此时P波速度快，而横向地震的S波速度慢，2008年日本岩手地震时就利用这一特点，及时发出警报使震中附近的一些地方减少了人员的伤亡，但是这一般被认为不属于预测地震的范畴。

2）汶川特大地震对上述孕震过程的典型反应

为了定量分析上述孕震动力学机理，作者专门比照研究了距离汶川特大地震震中最近的姑咱应变台从2008年1月至2008年5月期间孕震过程。主要从两方面来研究。

一是地壳内应变场所涉及的广度危险度判断指数 $\left(\frac{R_1^+ \cdot R_2^+}{R_1^- \cdot R_2^-} \cdot \frac{R_1^- \cdot R_2^-}{R_1^+ \cdot R_2^+}\right)\left(\frac{N^-}{N^+}\right)^3$ 与时间的关系（图6-20）。

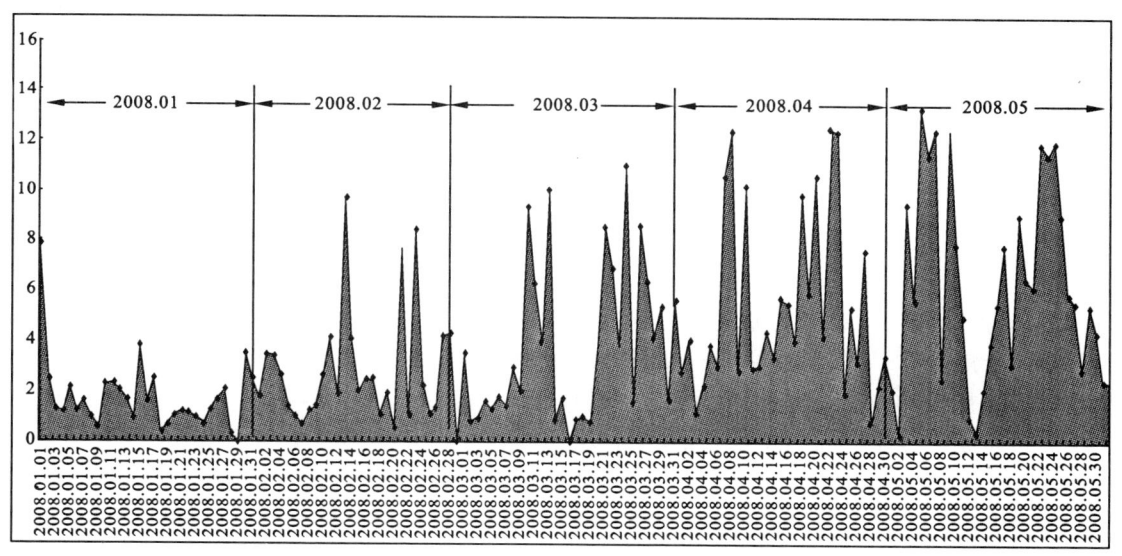

图6-20 姑咱台预测识别判断曲线

由图6-20可以看出，危险判断指数的高峰值逐月增加，到5月12日地震前这种高峰值已经频繁出现。

二是压应变和张应变能量之比 N^-/N^+ 与时间的关系（图6-21）。

由图6-21姑咱台应变加速值曲线所反映的孕震过程，比较明显地体现强地震至少包括外加压应力的加载过程，然后出现压应力和张应力互相竞争的过程。如果两种竞争持续出现，那么直至新的压应力以压倒优势挤压过来，才可能进入短临阶段，这个阶段大体上维持一星期左右，然后出现一个极限僵持的"平静"阶段，这时张应变变得主导，为新的压应变进入准备了松弛的"应力空间"，一旦新的挤压应力形成，就会进入迫震和临震阶段。这种现象在强度较低的攀枝花地震中也出现过，具有一定的普遍

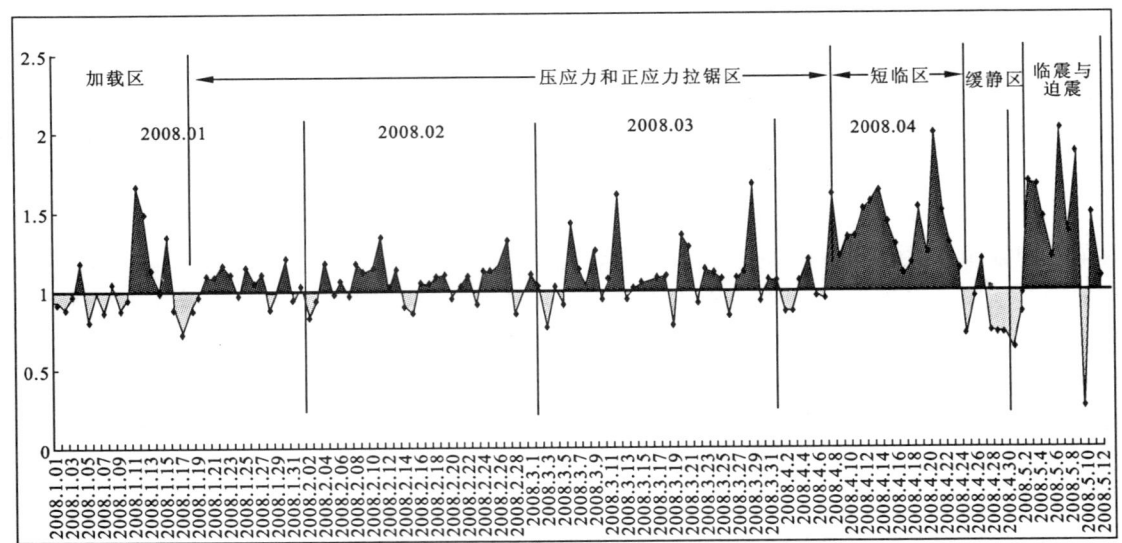

图 6-21 汶川地震前姑咱(应变)台 N^-/N^+ 地震预测识别判断曲线所反映的孕震过程

性。

2. 汶川特大地震的地壳断裂流变动力学非典型特征

(1)不在同一构造地质区域或应力传播介质不连续的地壳应力应变观测台数据之间不存在对应的逻辑关系

根据作者对全国40多个应力应变观测台站在汶川特大地震前的数据处理情况看,同一构造地质区域的应变反应加速增幅相差不大,尤其是同处连续传播介质的应变加速增幅基本上可以实时协同,但是不在同一构造地质区域的应变观测台站,应变加速增幅数据之间缺乏逻辑联系。不在同一构造地质区域的应变观测台站的观测覆盖范围也不尽相同,尤其是台站间存在平原土层和丘陵等复杂构造,或河流穿越,应变加速增量数据无法相互佐证。因此,受地质构造和传播介质不同的影响,地壳应力应变有效观测覆盖范围不能简单以距离为标准。

(2)单一应变观测台站的应变加速增量异常临界,不代表地壳断裂具有必然性

汶川特大地震前,如果仅从单一应变观测台站的数据分析来看,其实很难确定龙门山断裂带会出现地震危险。四分量钻孔应变仪本身要求台站密度越高,观测越可靠。汶川特大地震的非典型特征,仍然存在于单一台站缺乏数据之间的逻辑联系,因此,在没有考察其他地震前兆之前,不能把汶川特大地震的前兆视为典型性的特点。于是作者尝试通过攀枝花地震、四平伊通地震和忻州原平地震前兆,在未知情况下,进行理论验证,发现单一台站的应变加速增量异常临界,尽管确定性地把握地壳断裂的应力演变过程,但是,仍然不具备地震的必然性。比如我们考察了2009年1月—6月之间姑咱、通化、徐州等台站的上述复合参数和孕震时间的关系,从表面上看类似姑咱台2008年1月—5月的情形,似乎也要发生大地震,但是在这一段没有发生地震,所以用上述参数来考察孕震的过程对研究孕震的机理和阶段颇有指导意义,但是在确认地震的短临或临震的到来很不够,还需要更复杂的群子参数才能反映地震的来临。有关这一方面的理论和演示将在后面的章节里作专门探讨,在此从略。

第七章 汶川特大地震的重力前兆识别

【摘要】 在对汶川特大地震的应力应变前兆进行识别研究的同时,作者根据地壳断裂流变动力学的基本理论,运用群子统计方法,对汶川特大地震的重力观测前兆进行了识别探讨,获得了与应力应变近乎一致的地震前兆意义定量规律,对于建立多体系前兆识别系统,实现地震预测突破,具有重要的参考价值和探索意义。

第一节 中国重力场监测与研究现状

地球重力场的分布与地球内部岩石、岩浆、地核结构及其密度有密切的关系,而重力场的时间变化量有两层意义:一是地球内部运动疏密随时间造成的映象;二是太阳、月球对地球重力所引起的吸引力随时间变化而造成的映象。在这里,第一层含义是通过网络化监测重力值的关联性反映整个大地内部结构的尺度变动情况。这就是国内外普遍沿用的研究路线,应该说中国地震局在这方面所取得的成绩是有目共睹的,主要表现在两方面:

一是建立了基本完整的重力监测网点系统(图7-1)。二是从1998年起按照年度时间段绘制完成了全国重力场变化图(图7-2)。

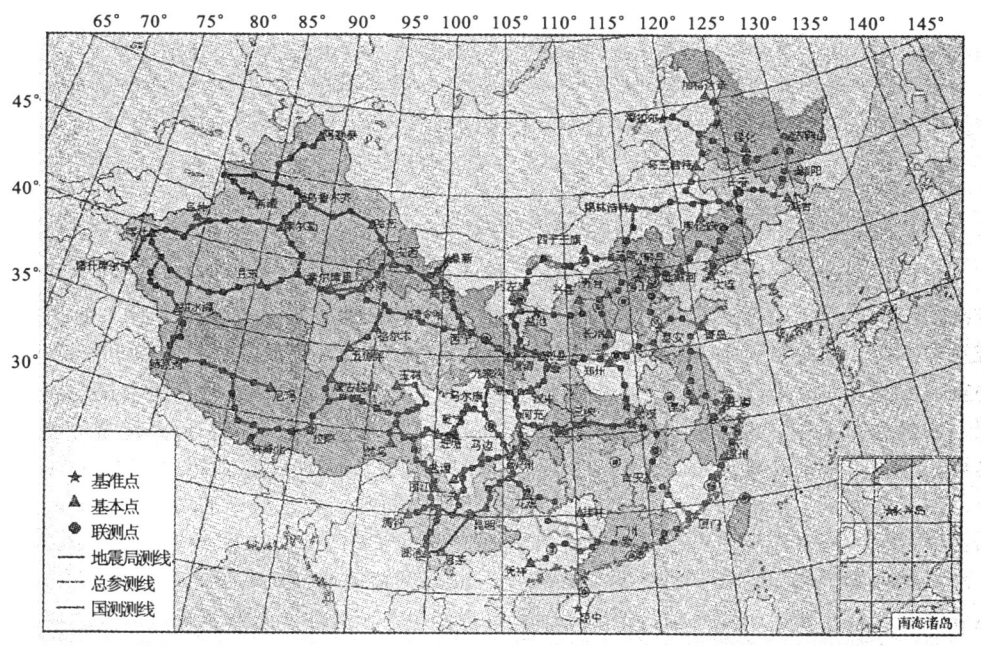

图7-1 重力监测网点分布

由图7-2可以看出中国全境地壳内部重力运动情况,尤其从重力变化运移的前降方向上可以看出,重力变化最大的地方就是地震易发的地方。根据这样的重力场变化规律,地震学者分别研究了西北

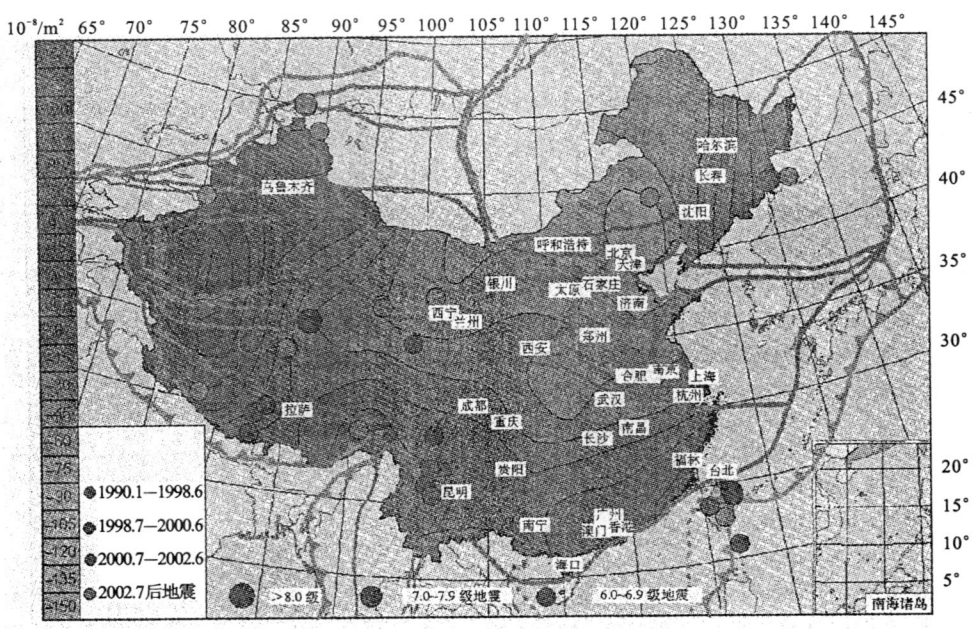

图 7-2 2002—2005 年间全国重力场的变化图

地区、华北地区重力变化与当地地震的关系,对获得强震中期危险性前兆提供了关联依据。但是这些研究仍然处于宏观层面,针对个别地区孕震的详细情况,未能提供明显的特征性前兆。这就是为什么如此多的重力监测网点并没有显示汶川特大地震的短临或临震前兆信息的根本原因。

第二节 汶川特大地震的重力法前兆识别原理

一、重力曲线特征

1. 理想曲线

作为地震前兆观测的一项重要内容,作者认为,重力变化类似于四分量钻孔应变,能够提供与固体潮汐作用相关的周期性规律,见图 7-3。

由图 7-3 可以看出,在正常情况下,正午和午夜前后,重力最小,凌晨左右和傍晚左右,重力加大,一年四季每一天都可以绘制出类似形状的理想波动曲线。

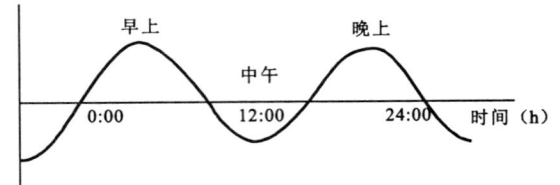

图 7-3 重力值随 0:00~24:00 变化曲线

2. 地震对重力曲线的影响

汶川特大地震在成都重力观测台站曲线中所表现的特征见图 7-4。

在图 7-4 曲线中地震都以毛刺的形式出现,也可以大致判断地震的时间和强度。

3. 重力观测曲线漂移频率高和幅度大影响地震前兆识别

重力观测曲线的漂移频率高、幅度大,漂移状况与观测的持续日期无规律性对应关系。可见曲线的基线位置漂移严重,很难将漂移值与地震前兆联系在一起。

图 7-5 是 2008 年 1 月 1 日至 5 月 12 日之间成都重力观测的部分数据曲线,处于正负平衡态基线的天数为 45,而处于全面负值基线的天数为 87 天,因此,直观判断这种多重基线下的重力变化异常十

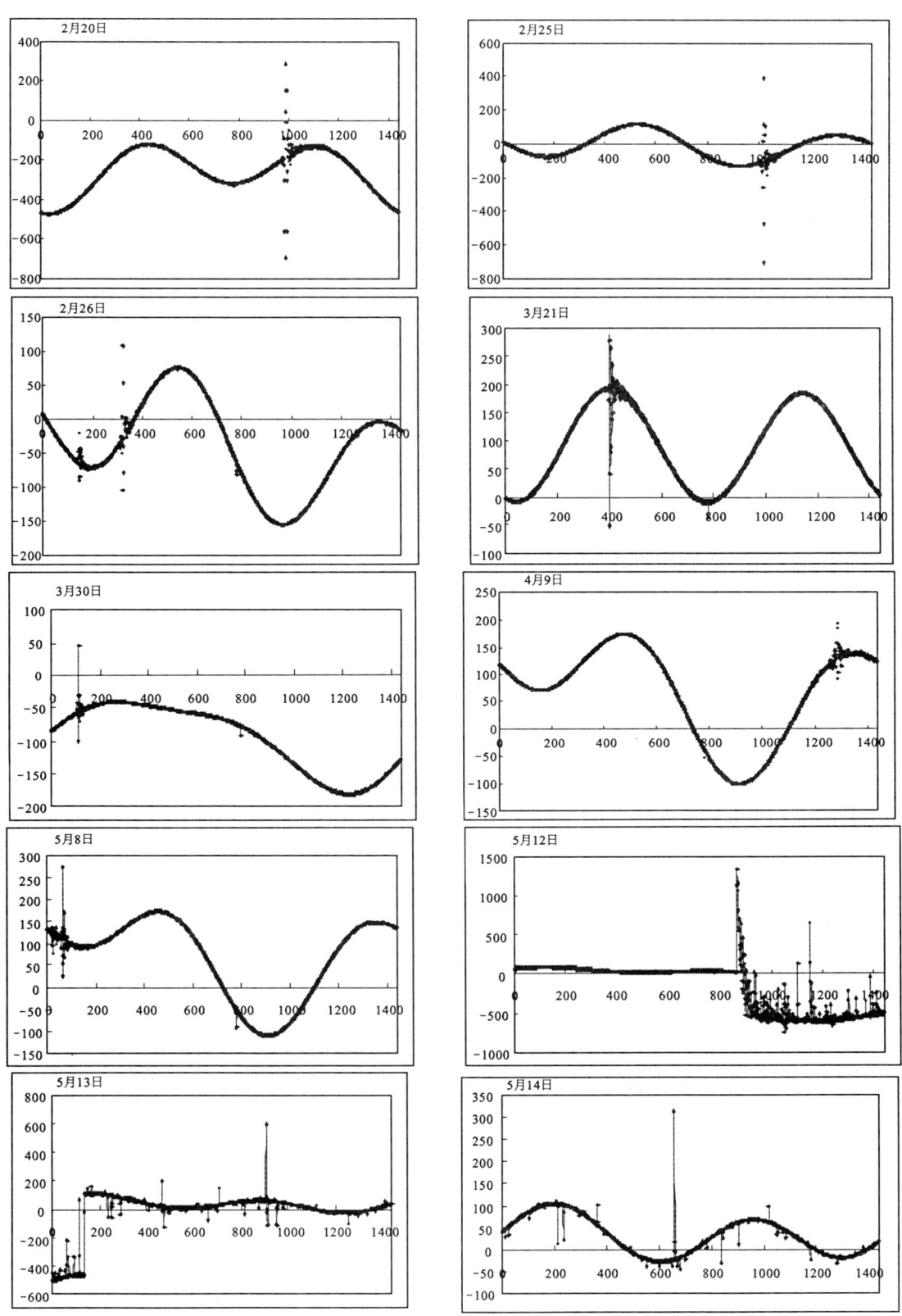

图 7-4 地震在重力曲线上的表现形式(成都重力观测台)

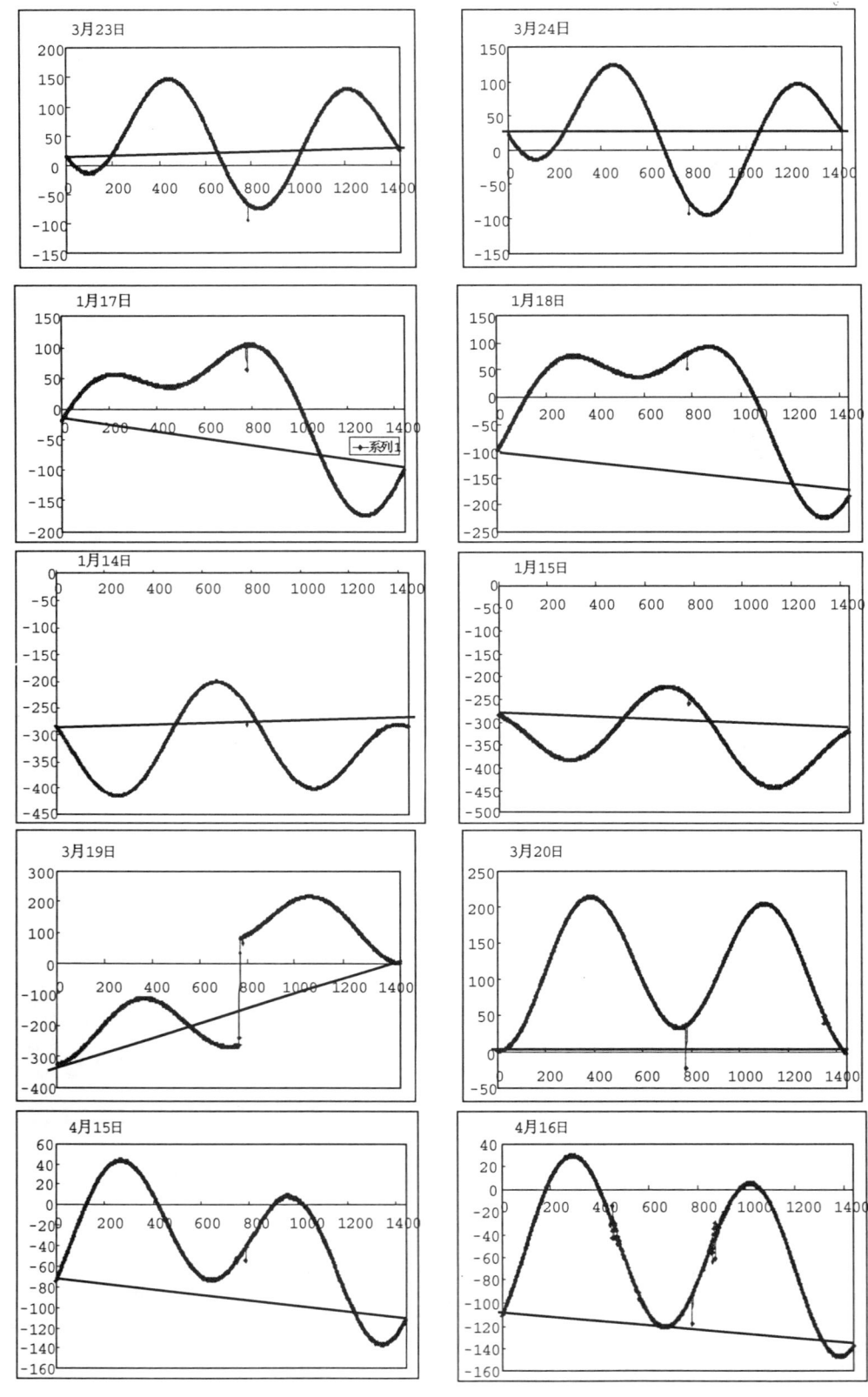

图 7-5 2008年1月1日至5月12日之间成都重力观测台的部分数据曲线

分困难,从中捕捉地震前兆就更困难,所以,这也是重力观测尚不能为地震预测提供依据的根本原因。

二、重力加速值的点阵分布体现地震前兆量化特征

作者尝试运用群子统计理论对重力进行加速率变化研究,以离汶川特大地震震中最近的成都地震台的重力观测数据为例,获得2008年1月至5月重力加速值点阵分布(图7-6～图7-10)。

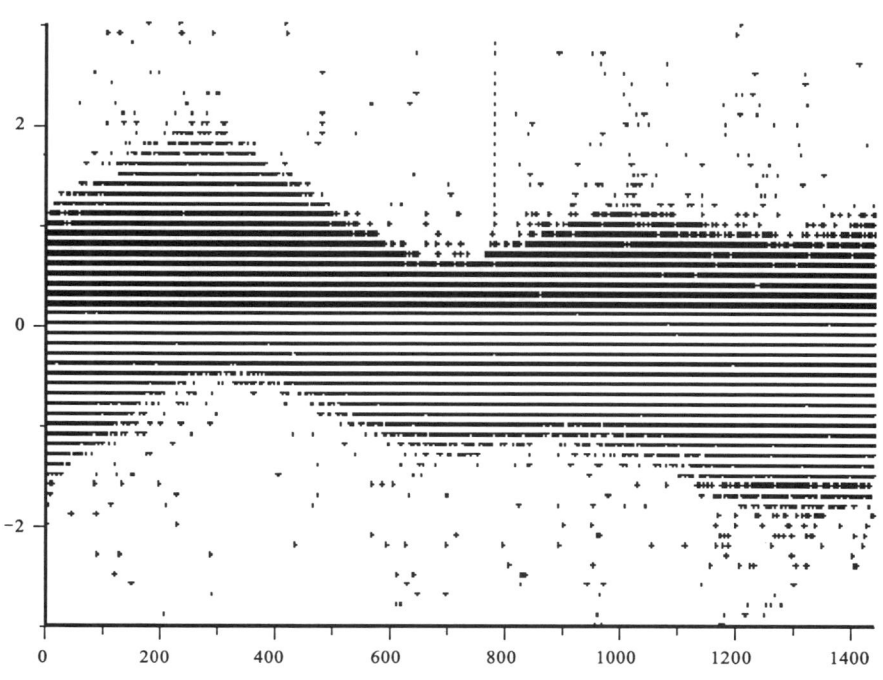

图7-6　2008年1月1日—31日成都地震台重力观测速率变化

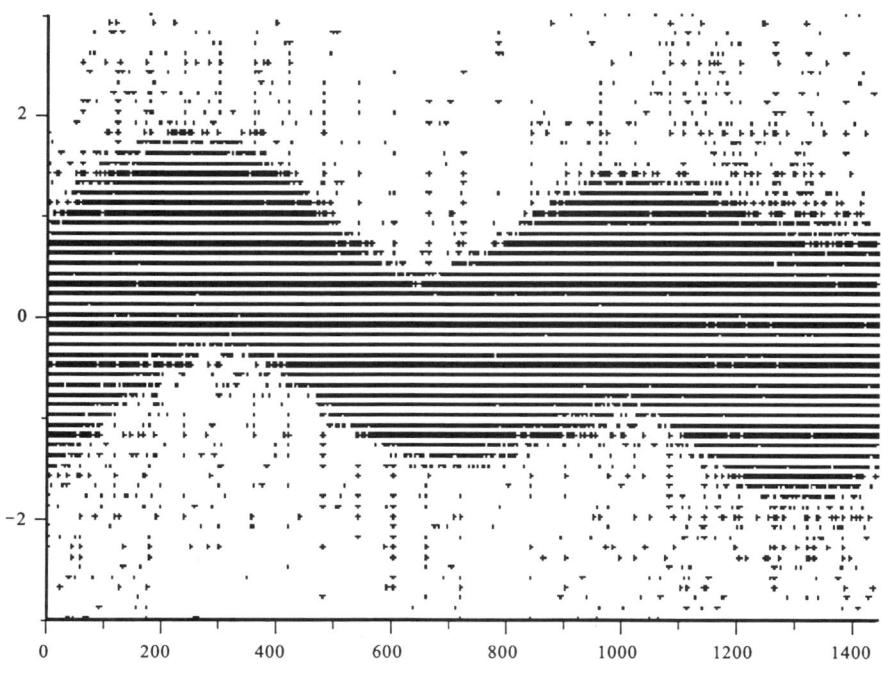

图7-7　2008年2月1日—29日成都地震台重力观测速率变化

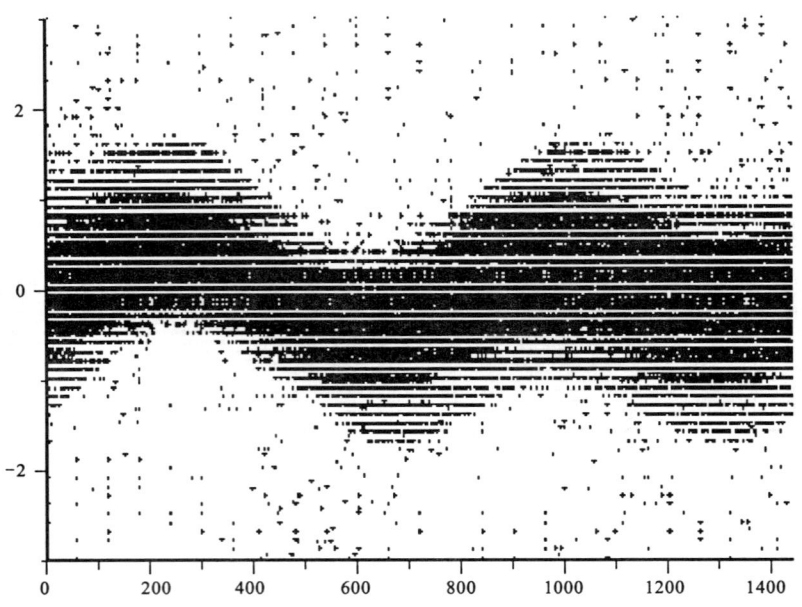

图 7-8　2008 年 3 月 1 日—31 日成都地震台重力观测速率变化

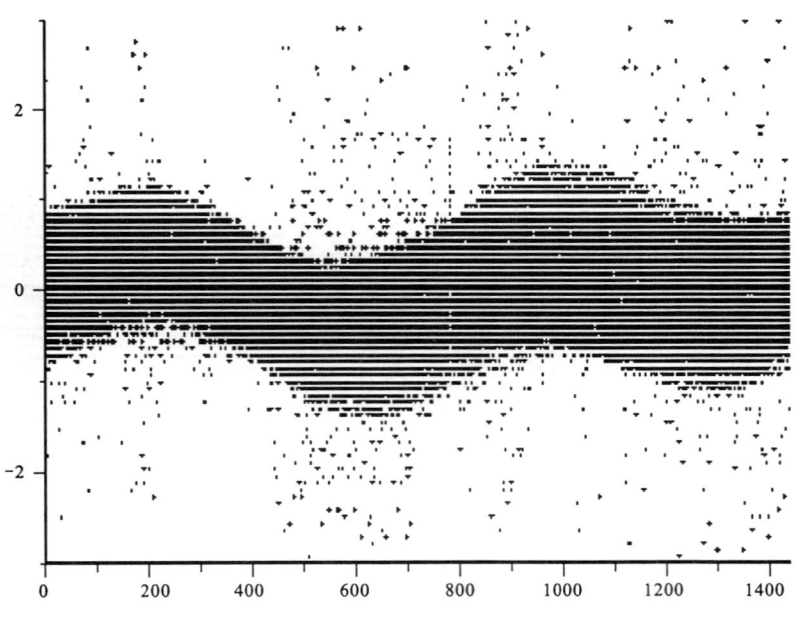

图 7-9　2008 年 4 月 1 日—30 日成都地震台重力观测速率变化

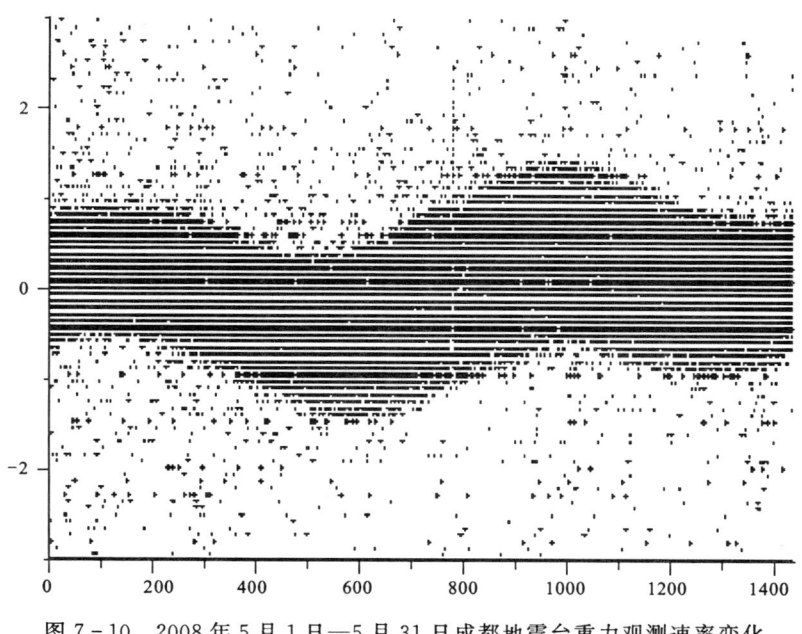

图 7-10 2008年5月1日—5月31日成都地震台重力观测速率变化

由上述5个图可以看出,所有重力加速值以零线为基准上下按照点阵方式分布着,从重力加速值的点阵分布特征中,作者将漂移严重的重力曲线统一到一个对立体系中,方便量化研究。

第三节 重力异常作为地震前兆的临界识别方法

一、以24小时为单位的重力加速值点阵分布特征

根据地壳断裂流变动力学的基本原理,作者认为,研究重力异常的量化特征,必须从重力加速度(g)的变化入手,使质量(mg)发生改变,最具有地震前兆典型意义的是重力加速度值变化了的那一部分,然后把变化的量再放到同样的时间坐标中,从曲线的坡度变化可知重力加速度的变化率,再把这种变化率累积到一小时或一天的单位时间里,这样就可以判断地壳内部运动加速或减加速剧烈的程度。

在重力观测过程中,如同地壳应力应变一样,重力变化与固体潮汐作用也存在着密切的关系。这样,每天的重力加速度对时间变化率呈近似余弦的波动分布带(图7-11),说明重力加速值反映了重力也有一定幅度的震荡。

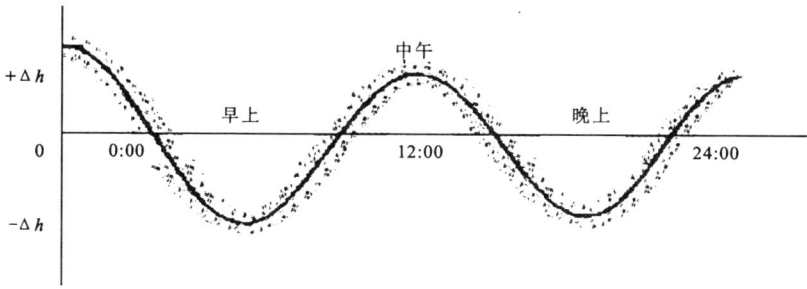

图 7-11 重力加速度值随时间变化的正常周期

在这种情况下,如果我们观测的特定地方——地壳下面某些岩浆、岩石受地震动力源的作用而运动时,必然影响到地壳下面物质的质量和密度大小,这样直接影响到单位时间里的重力加速度的变化率,使原有周期变为下列形式(图7-12)。

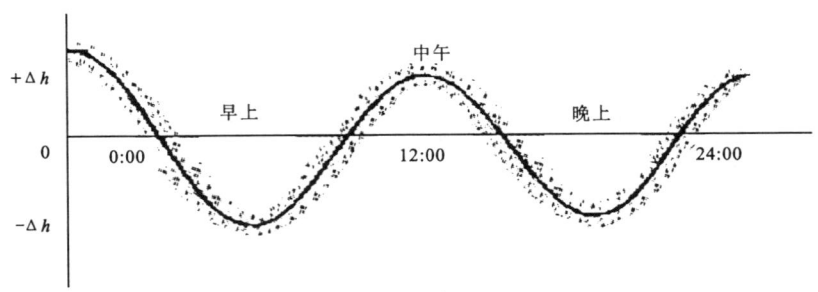

图7-12　高度异常的重力加速值曲线

由图7-12可以看出,当正午前后,地壳某个部分的密度忽然加大,从根本上破坏了固体潮汐作用的正常重力吸引作用,表明地壳内已经出现了不可抗拒的某种因素(如物质的大转移或挤压应力的作用)起着绝对作用。因此上述曲线的形态就可以定性地了解到地壳内部的力学状态。我们可以通过一小时或一天的所有正和负值的累加值($\sum +\Delta h = N^+$、$\sum -\Delta h = N^-$)的比值(N^-/N^+)就可以定量分析在单位时间段里观测位置上重力异常的危险度。

我们从图7-11和图7-12中可以看到重力加速值也有正负,故同样采用群子统计理论计算出参数R_1^+,R_2^+,R_1^-,R_2^-进而可以用来定量分析地壳下重力异常状态的能级大小。

下面以成都地震台2008年1月至5月重力加速度变化为例(表7-1),分别列出了每一天的群子统计参数R_1^+,R_2^+,R_1^-,R_2^-及每一天重力正加速值(N^+)和负加速值(N^-)。

表7-1中群子参数统计包含了一些特别的地震前兆异常量化特征。

(1)2008年1月份,除了少数日子以外,R_1^+(○)、R_2^+(○)及R_1^-(●)、R_2^-(●)值都是小于10,而N^-和N^+多半处在300~400。至于特别大的危险情形在1月份确实不多。

(2)2008年2月份,一些格外大的R_1^+(○)、R_2^+(○)及R_1^-(●)、R_2^-(●)多了起来,说明地壳内部重力的变化,开始抑制固体潮汐的正常吸引力对重力的影响。

(3)2008年3月份,群子参数与2月份差不多,说明地壳内部竞争在持续。

(4)2008年4月份,R_1^-(●)和R_2^-(●)值成对特大数的频率大幅度增加,显著反映地壳内重力变化进一步抑制固体潮汐的正常作用,特别是4月底的几天异常严重,说明地壳断裂进入了短临状态。

(5)2008年5月份在汶川特大地震前的12天中,4种群子危险度统计参数在5月6日半天、5月7日全天都很大;5月8日的N^-和N^+都比平常大2~3倍,这与应力应变的情形完全一致,说明了从这一天开始正式进入了迫震、临震状态。至于5月12日是地震的那一天,地震所释放的加速值达到20000,且4种群子危险度参数也达到了最大值。

由群子参数可以看出,重力变化在震前出现明显特征。

如果进一步从上述一些异常的日报及孕震危险度判断指标来看,重力观测确实是能够反映强地震短临、临震量化特征的一种很好的方法,尤其它的方向性很明确,有助于震前确定震中。

表 7-1　成都地震台 2008 年 1 月—5 月重力加速度变化

成都农历	重力阳历	$R_1(\bigcirc)$	$R_2(\bigcirc)$	$R_1(\bullet)$	$R_2(\bullet)$	$N(\bullet)$	$N(\bigcirc)$	第四危险度 $N(\bullet)/N(\bigcirc)$	$n(\bullet)$	$n(\bigcirc)$	$n(\bullet)/n(\bigcirc)$	预报判断 $\dfrac{R_1(\bigcirc)\cdot R_2(\bigcirc)}{R_1(\bullet)\cdot R_2(\bullet)} \times \left(\dfrac{N(\bullet)}{N(\bigcirc)}\right)$	$\left(\dfrac{R_1(\bigcirc)\cdot R_2(\bigcirc)}{R_1(\bullet)\cdot R_2(\bullet)}\right) \times \left(\dfrac{N(\bullet)}{N(\bigcirc)}\right)^3$
11.23	1.01	1.6906	1.5368	19.4172	60.7594	−291	248.7	−1.170084	649	658	0.9863222	−0.003527847	−727.4337976
11.24	1.02	1.7727	0.3476	1.9261	8.0184	−315.9	259.1	−1.21922	669	647	1.0340031	−0.072309457	−45.42533877
11.25	1.03	2.42	0.1765	3.7216	28.0438	−332.9	258.8	−1.286322	678	637	1.0643642	−0.00871048	−520.0619116
11.26	1.04	1.8719	0.2717	3.6548	27.4159	−447.8	387.6	−1.155315	682	651	1.047619	−0.007827212	−303.8049204
11.27	1.05	0.5909	0.2825	4.4194	88.591	−593.9	575.6	−1.031793	637	711	0.8959212	−0.000468336	−2576.309846
11.28	1.06	4.7334	0.3878	0.5034	7.0031	−488.9	471	−1.038004	700	665	1.0526316	−0.582337641	−2.147928984
11.29	1.07	4.9882	0.5076	0.314	5.8476	−507.7	497.8	−1.019888	698	700	0.9971429	−1.462901143	−0.769305164
12.1	1.08	6.0491	0.7094	0.182	4.3958	−487.4	503.6	−0.967832	674	701	0.9614836	−4.862639188	−0.169015593
12.2	1.09	1.4747	1.0869	0.6747	6.2306	−785.6	811.3	−0.968322	710	685	1.0364964	−0.346188538	−2.381262695
12.3	1.10	5.4029	1.307	0.1982	1.4528	−508.7	539.5	−0.94291	660	720	0.9166667	−20.55909065	−0.03183603
12.4	1.11	4.5956	1.345	0.2639	0.8457	−455.2	504.4	−0.902458	676	711	0.9507736	−20.3559001	−0.026538278
12.5	1.12	3.6195	1.3872	0.5619	0.5047	−419.2	456.6	−0.91809	683	687	0.9941776	−13.70097345	−0.043707984
12.6	1.13	1.839	1.3101	1.0033	0.5738	−422.4	444.5	−0.950281	687	695	0.9884892	−3.591296418	−0.205050868
12.7	1.14	1.0929	1.3551	1.4868	0.9669	−410.5	407.1	−1.008352	670	701	0.9557775	−1.05621866	−0.995218679
12.8	1.15	0.5791	1.2259	2.3078	2.4178	−349.9	313.2	−1.117178	691	685	1.0087591	−0.177401233	−10.95914062
12.9	1.16	6.3796	4.303	1.2167	2.6291	−465.4	766.3	−0.607334	680	679	1.0014728	−1.92245792	−0.026104085
12.10	1.17	0.6455	0.4477	61.5232	276.6554	−379.2	298.8	−1.269076	665	671	0.9910581	−3.47031E−05	−120380.9963
12.11	1.18	1.7784	0.1431	14.7584	109.5201	−418	331.9	−1.259415	679	661	1.0272315	−0.000314516	−12687.35563
12.12	1.19	4.6686	0.1656	1.3588	15.7417	−475.3	401.7	−1.183221	707	645	1.096124	−0.059873931	−45.83087188
12.13	1.20	6.2128	0.2752	0.5106	8.4101	−536.2	491.2	−1.091612	715	664	1.0768072	−0.517915832	−3.267017961
12.14	1.21	6.2043	0.4499	0.2463	4.5851	−587.7	576.4	−1.019604	693	698	0.9928367	−2.619936193	−0.42884256
12.15	1.22	3.8758	0.5283	0.1903	4.0326	−588.1	608.1	−0.967111	677	715	0.9468531	−2.413495887	−0.339008426
12.16	1.23	0.9479	1.2271	11.5865	13.7369	−776.3	816	−0.951348	705	698	1.0100287	−23.00097676	−0.032232225
12.17	1.24	0.8946	1.2117	125.8377	264.8926	−531.4	575	−0.924174	662	724	0.9143646	−8.597267782	−0.072470587
12.18	1.25	3.3027	0.8892	85.1434	264.4372	−482	517.5	−0.931401	689	702	0.9814815	−6.610394553	−0.09876247
12.19	1.26	3.023	1.0417	5.0698	26.2807	−434.4	450.8	−0.96362	674	701	0.9614836	−3.311476313	−0.241776342
12.20	1.27	2.3639	1.1287	1.018	15.7417	−386.9	384.4	−1.006504	685	683	1.0029283	−1.491604047	−0.697009266
12.21	1.28	1.6349	1.1053	1.5326	8.4101	−536.2	491.2	−1.091612	715	664	1.0768072	−0.517915832	−3.267017961
12.21	1.28	1.6349	1.1053	1.5326	1.4905	−386.9	384.4	−1.006504	685	683	1.0029283	−1.491604047	−0.697009266
12.22	1.29	1.2601	1.1244	2.4414	1.4905	−330.1	310.4	−1.063466	665	674	0.9866469	−0.468302378	−3.088990035
12.23	1.30	0.9479	1.2271	11.5865	13.7369	−301.9	263.9	−1.143994	666	640	1.040625	−0.010941394	−204.8659075
12.24	1.31	0.8946	1.2117	125.8377	264.8926	−310	258.6	−1.198763	653	641	1.0187207	−5.602E−05	−52973.18872
12.25	2.1	1.1142	0.4705	85.1434	264.4372	−282.3	222.6	−1.268194	694	602	1.1528239	−4.74905E−05	−87600.76751
12.26	2.2	1.8211	0.1947	5.0698	26.2807	−309.8	245.2	−1.263458	692	635	1.0897638	−0.005367287	−757.8981598
12.26	2.2	3.1854	0.2149	2.4975	16.2902	−369	304.1	−1.213417	702	636	1.1037736	−0.030060646	−106.1845571
12.27	2.3	4.7402	0.2348	0.9452	9.5731	−410.2	351.3	−1.167663	719	630	1.1412698	−0.195826278	−12.9429737

续表 7-1 成都 重力

农历	阳历	$R_1(\bigcirc)$	$R_2(\bigcirc)$	$R_1(\bullet)$	$R_2(\bullet)$	第四危险度 $N(\bullet)$	$N(\bigcirc)$	$N(\bullet)/N(\bigcirc)$	$n(\bullet)$	$n(\bigcirc)$	$n(\bullet)/n(\bigcirc)$	预报判断 $\frac{R_1(\bigcirc)\cdot R_2(\bigcirc)}{R_1(\bullet)\cdot R_2(\bullet)}\times\left(\frac{N(\bullet)}{N(\bigcirc)}\right)$	$\left[\frac{R_1(\bigcirc)\cdot R_2(\bigcirc)}{R_1(\bullet)\cdot R_2(\bullet)}\times\left(\frac{N(\bullet)}{N(\bigcirc)}\right)\right]^3$
12.28	2.4	6.5291	0.3284	0.4568	6.7464	−448.2	400.6	−1.118822	706	659	1.0713202	−0.974408375	−2.012910362
12.29	2.5	149.5211	39.5668	0.2708	3.8797	−527.3	981	−0.537513	713	660	1.080303	−874.4860747	−2.75791E−05
12.30	2.6	4.0135	0.5216	0.2095	3.5064	−541.1	532.2	−1.016723	678	716	0.9469274	−2.99518296	−0.368801455
1.1	2.7	3.1602	0.6068	0.1777	2.4249	−549.6	560.9	−0.979854	687	711	0.9662447	−4.186612171	−0.211399995
1.2	2.8	0.8297	1.117	0.4301	4.1106	−816.1	843.4	−0.967631	708	700	1.0114286	−0.474929281	−1.728342227
1.3	2.9	1.9469	0.8293	0.4764	1.1692	−533.3	567.7	−0.939405	689	714	0.964986	−2.402994736	−0.28598212
1.4	2.10	0.8617	0.7991	0.6524	0.9544	−572.4	602	−0.950831	674	738	0.9132791	−0.950653479	−0.777314127
1.5	2.11	0.9564	1.0026	2.3968	1.6287	−460.1	468.5	−0.98207	681	713	0.9593268	−0.232660303	−3.855969045
1.6	2.12	0.5	1.2889	3.4436	3.2582	−482.9	466.4	−1.035377	669	696	0.9784483	−0.063752142	−19.32400768
1.7	2.13	0.3048	1.2088	58.1923	70.5855	−373.5	324.6	−1.150647	704	690	0.9695652	−0.000136652	−16983.91768
1.8	2.14	0.4795	2.4717	3.3	12.0023	−800.4	723.5	−1.106289	704	650	1.0830769	−0.040514603	−45.24803067
1.9	2.15	0.532	0.3382	80.2049	288.9004	−375.1	288	−1.302431	705	642	1.0981308	−1.71554E−05	−284529.6558
1.10	2.16	1.8551	0.1106	3.9891	27.2311	−389.9	304.4	−1.29363	712	614	1.1596091	−0.004088955	−1146.166254
1.11	2.17	3.9268	0.166	0.9235	8.126	−466.6	391.4	−1.192131	731	621	1.1771337	−0.147165121	−19.5046691
1.12	2.18	4.7082	0.2575	0.3995	4.2183	−540.3	490	−1.102653	719	669	1.0747384	−0.964482945	−1.86354023
1.13	2.19	3.5105	0.3274	0.2766	3.8568	−568	547.4	−1.037632	703	689	1.0203193	−1.20364658	−1.036960634
1.14	2.20	102.2879	448.6056	85.4851	580.3044	−3573.6	3579.5	−0.998352	716	680	1.0529412	−1.050812858	−0.942271505
1.15	2.21	11.2212	5.0292	0.2967	1.5967	−633.1	1050	−0.602952	670	733	0.9140518	−26.11237546	−0.001840144
1.16	2.22	2.1232	0.7494	0.4345	1.3848	−576.1	605.6	−0.951288	682	719	0.9485396	−2.276479715	−0.32554293
1.17	2.23	1.4894	0.7976	0.7738	1.367	−518.5	543.8	−0.953476	693	701	0.9885877	−0.973482004	−0.771843796
1.18	2.24	0.2901	0.4179	0.2041	0.4361	−822.6	831.8	−0.98894	628	762	0.824147	−1.317347574	−0.710098114
1.19	2.25	82.2222	514.1527	86.9675	504.0772	−3000	2992.3	−1.002573	761	619	1.2294023	−0.971796969	−1.045011796
1.20	2.26	19.6627	1.8879	18.2142	1.7099	−1096.8	1071.8	−1.023325	726	644	1.1273292	−1.277269064	−0.899082907
1.21	2.27	1.3503	2.3113	12.1799	16.0096	−687.7	650.5	−1.057187	620	723	0.857538	−73.82318652	−0.018911133
1.22	2.28	0.3102	0.8299	109.4857	154.4679	−307.9	259.4	−1.18697	667	643	1.037325	−2.54561E−05	−109861.9328
1.23	2.29	0.5914	0.7862	128.4516	261.4972	−344.1	287.5	−1.19687	696	620	1.1225806	−2.37328E−05	−123860.4554
1.24	3.01	0.8733	0.1928	5.5114	16.5598	−312.1	245.2	−1.272838	714	590	1.2101695	−0.003804288	−1117.806004
1.25	3.02	1.8005	0.2092	1.8787	7.1539	−394.4	327	−1.206116	728	596	1.2214765	−0.049172463	−62.60556732
1.26	3.03	0.1157	2.2061	0.2746	9.55	−1315.1	1248.6	−1.05326	695	665	1.0451128	−0.113726321	−12.00471053
1.27	3.04	2.9028	0.2327	0.5011	2.7034	−548	492.5	−1.11269	736	628	1.1719745	−0.686913033	−2.762766526
1.28	3.05	2.5846	0.3317	0.3776	2.6455	−602	563.7	−1.067944	706	677	1.042836	−1.045308373	−1.419208845
1.29	3.06	2.2589	0.4222	0.3039	2.2533	−637.3	623.5	−1.022133	690	715	0.965035	−1.487263431	−0.766755437
1.30	3.07	1.8728	0.5582	0.3312	1.8082	−659.8	667.3	−0.988761	682	714	0.9551821	−1.687399822	−0.553769611

续表 7-1

成都	重力					第四危险度						预报判断	
农历	阳历	$R_1(\bigcirc)$	$R_2(\bigcirc)$	$R_1(\bullet)$	$R_2(\bullet)$	$N(\bullet)$	$N(\bigcirc)$	$N(\bullet)/N(\bigcirc)$	$n(\bullet)$	$n(\bigcirc)$	$n(\bullet)/n(\bigcirc)$	$\frac{R_1(\bullet)\cdot R_2(\bigcirc)}{R_1(\bigcirc)\cdot R_2(\bullet)} \times \left(\frac{N(\bullet)}{N(\bigcirc)}\right)^3$	$\frac{R_1(\bullet)\cdot R_2(\bigcirc)}{R_1(\bigcirc)\cdot R_2(\bullet)} \times \left(\frac{N(\bullet)}{N(\bigcirc)}\right)^3$
2.01	3.08	1.5065	0.6695	0.4636	1.5622	−627.6	655	−0.958168	682	717	0.9511855	−1.225080315	−0.631662723
2.02	3.09	1.3009	0.9699	1.5278	2.2646	−616.9	651.7	−0.946601	690	717	0.9623431	−0.309324281	−2.325885244
2.03	3.10	0.9525	1.1088	4.7081	4.2511	−555.3	581.9	−0.954288	682	713	0.9565217	−0.045857371	−16.468817
2.04	3.11	0.745	1.5468	76.5589	62.651	−534.7	537.5	−0.994791	664	732	0.9071038	−0.000236517	−4097.589069
2.05	3.12	0.4211	2.5209	10.4793	12.9966	−524.6	496	−1.057661	688	689	0.9985486	−0.009221863	−151.7962336
2.06	3.13	0.2049	1.9244	205.1877	249.0268	−364.4	309.3	−1.178144	661	663	0.9969834	−1.26193E−05	−211911.9508
2.07	3.14	15.2462	7.3888	152.8092	272.4861	−342.9	636.7	−0.538558	710	628	1.1305732	−0.00042261	−57.73726892
2.08	3.15	0.1555	0.3633	0.9195	2.8563	−510.3	426.2	−1.197325	742	602	1.2325581	−0.036921268	−79.79875784
2.09	3.16	1.3533	0.0995	1.7788	8.3713	−362.2	284.6	−1.272663	731	590	1.2389831	−0.018639651	−227.9520566
2.10	3.17	2.5336	0.1434	0.7462	4.2327	−430.4	368	−1.169565	731	638	1.145768	−0.18402965	−13.90781366
2.11	3.18	95.5756	351.9186	91.822	347.8111	−200810.59	200884	−0.999634	712	669	1.064275	−1.052015315	−0.948470713
2.12	3.19	10.6357	7.3766	0.3635	2.2059	−400.005	731.292	−0.546984	712	690	1.0318841	−16.01237275	−0.001672598
2.13	3.20	1.4964	0.5821	0.3804	2.2507	−476.8044	474.581	−1.004686	684	718	0.9526462	−1.031758368	−0.996789927
2.14	3.21	404.1576	73.7474	364.48	92.0455	−1559.4721	1566.59	−0.995457	609	789	0.7718631	−0.87637331	−1.110316369
2.15	3.22	1.3432	0.7912	0.724	1.7399	−396.5953	409.049	−0.969554	687	706	0.9730878	−0.768918224	−1.080318813
2.16	3.23	1.2672	1.1377	2.0674	2.7477	−391.4807	401.637	−0.974714	688	696	0.9885057	−0.235023151	−3.64882009
2.17	3.24	1.0253	1.2612	5.2792	4.992	−351.4511	355.825	−0.987708	682	707	0.9646393	−0.047280091	−19.63784608
2.18	3.25	0.8975	1.5249	96.088	74.7161	−325.8749	322.687	−1.009878	683	692	0.9869942	−0.000196336	−5402.742091
2.19	3.26	0.7943	1.9764	223.5845	179.515	−297.4097	285.401	−1.042078	662	709	0.9337094	−4.42606E−05	−28932.35397
2.20	3.27	0.5533	1.7769	249.9261	205.8222	−264.6437	241.812	−1.094421	642	694	0.925072	−2.50538E−05	−68585.68146
2.21	3.28	0.3316	1.5986	257.9971	267.0715	−222.9083	191.032	−1.166861	637	672	0.9479167	−1.22228E−05	−206512.1761
2.22	3.29	0.5781	1.0044	181.592	201.0141	−282.2132	239.366	−1.179003	670	641	1.0452418	−2.60694E−05	−103028.6816
2.23	3.30	7.6495	0.1039	2.7516	0.1304	−443.9651	400.006	−1.109896	743	558	1.3315412	−3.028535594	−0.617250249
2.25	4.01	1.421	0.156	1.0548	3.7829	−281.6936	235.585	−1.195721	728	625	1.1648	−0.094975773	−30.77268897
2.26	4.02	493.1193	215.2881	490.1757	218.9291	−100536.59	100497	−1.00039	716	667	1.0734633	−0.99043287	−1.012025698
2.27	4.03	2.0263	0.3165	0.5465	2.0507	−397.4844	396.686	−1.075195	713	691	1.0318379	−0.711291259	−2.172086667
2.28	4.04	1.6785	0.4293	0.4573	1.8025	−434.847	422.467	−1.029303	707	696	1.0158046	−0.953313837	−1.247453535
2.29	4.05	1.4846	0.6982	0.6165	1.7712	−467.7605	470.429	−0.994327	686	715	0.9594406	−0.933203671	−1.035617084
3.01	4.06	1.2601	1.0344	1.1913	2.1144	−464.0537	483.624	−0.959534	686	718	0.9554318	−0.457157814	−1.70724435
3.02	4.07	1.1211	1.6325	4.7617	5.2232	−460.3478	487.035	−0.945206	674	734	0.9182561	−0.062140912	−11.47571919
3.03	4.08	99.1878	201.4378	165.102	131.6143	−410.2353	794.377	−0.516424	672	726	0.9256198	−0.126637404	−0.149787829
3.04	4.09	0.4515	18.0255	0.1814	3.9392	−940.5609	941.895	−0.998583	684	712	0.9606742	−11.34103712	−0.087428545
3.05	4.10	0.4264	2.1015	217.4869	166.2261	−363.3107	344.852	−1.053525	624	749	0.8331108	−2.89851E−05	−47173.09903

续表 7-1

成都

农历	阳历	重力 $R_1(\bigcirc)$	$R_2(\bigcirc)$	$R_1(\bullet)$	$R_2(\bullet)$	第四危险度 $N(\bullet)$	$N(\bigcirc)$	$N(\bullet)/N(\bigcirc)$	$n(\bullet)$	$n(\bigcirc)$	$n(\bullet)/n(\bigcirc)$	预报判断 $\dfrac{R_1(\bigcirc)\cdot R_2(\bigcirc)}{R_1(\bullet)\cdot R_2(\bullet)}\times\left(\dfrac{N(\bullet)}{N(\bigcirc)}\right)^3$	$\dfrac{R_1(\bigcirc)\cdot R_2(\bigcirc)}{R_1(\bullet)\cdot R_2(\bullet)}\times\left(\dfrac{N(\bullet)}{N(\bigcirc)}\right)^3$
3.06	4.11	0.2145	3.0873	221.0638	240.5902	−276.2825	239.811	−1.152086	660	674	0.9792285	−1.90399E−05	−122813.028
3.07	4.12	2.5801	2.2973	281.6795	196.4394	−485.4762	438.329	−1.10756	701	641	1.0936037	−0.000145537	−12683.27241
3.08	4.13	0.0878	0.3267	3.7327	7.9496	−218.9054	170.35	−1.285032	735	579	1.2694301	−0.00205124	−2195.160072
3.09	4.14	0.5983	0.2144	1.5852	3.5909	−264.0507	219.795	−1.201349	756	586	1.2901024	−0.039071831	−76.93978151
3.10	4.15	1.2666	0.2283	0.951	2.263	−300.9678	264.57	−1.137573	744	628	1.1847134	−0.197796514	−10.95615039
3.11	4.16	3.9675	2.2415	3.3006	4.3288	−605.7911	579.475	−1.045414	699	676	1.0340237	−0.7111477	−1.835562983
3.12	4.17	1.5793	0.4039	0.6704	1.5763	−358.3443	345.297	−1.037785	714	667	1.0704648	−0.674663453	−1.851637511
3.13	4.18	1.603	0.7467	0.9136	1.7831	−399.0415	397.337	−1.004291	707	695	1.0172662	−0.744262885	−1.378575629
3.14	4.19	1.681	1.4298	1.3315	2.2752	−434.6978	439.739	−0.988537	687	712	0.9648876	−0.7664863	−1.217575795
3.15	4.20	1.3131	1.374	1.6763	2.2663	−377.6915	385.623	−0.979431	682	706	0.9660057	−0.44620752	−1.978363563
3.16	4.21	1.4425	2.1457	5.9622	2.2663	−377.8408	383.03	−0.986452	685	709	0.9661495	−0.219881864	−4.190517329
3.17	4.22	1.1413	2.2772	211.3521	148.2134	−322.5398	341.295	−0.945048	642	701	0.9158345	−7.00275E−05	−10173.13321
3.18	4.23	0.9658	2.7543	198.5303	145.9856	−316.6835	315.275	−1.004468	656	713	0.9200561	−9.30186E−05	−11041.96823
3.19	4.24	0.6507	0.4372	3.6998	1.0346	−444.8543	435.662	−1.021099	681	686	0.9927114	−0.079125046	−14.3249627
3.20	4.25	0.6745	3.4761	279.0663	216.202	−277.2461	263.013	−1.054115	650	692	0.9393064	−4.55168E−05	−30140.96013
3.21	4.26	0.3692	3.1445	257.1461	222.0305	−242.999	220.093	−1.104075	669	672	0.9955357	−2.73663E−05	−66187.29741
3.22	4.27	0.2059	1.8214	216.4343	195.2154	−226.9134	200.449	−1.132026	683	640	1.0671875	−1.28763E−05	−163435.8145
3.23	4.28	0.1267	1.0881	19.609	23.08	−209.0467	178.505	−1.171097	704	597	1.1792295	−0.000489252	−5272.588625
3.24	4.29	12.3804	3.9199	6.165	2.7519	−372.5025	491.629	−0.75769	737	583	1.2641509	−1.244279574	−0.152065292
3.25	4.30	0.6923	0.3852	1.5053	2.063	−261.9746	225.429	−1.162118	728	619	1.1760905	−0.134774844	−18.27644485
3.26	5.1	1.2497	0.3991	1.057	1.4567	−304.0076	272.651	−1.115008	714	659	1.0834598	−0.449031015	−4.2794855
3.27	5.2	42.1399	24.8523	18.2112	14.15	−595.4857	573.988	−1.037453	729	672	1.084214	−4.53806204	−0.274751619
3.28	5.3	1.7744	0.9689	1.2185	1.5651	−426.1735	413.72	−1.030102	712	679	1.0486009	−0.985380345	−1.212490028
3.29	5.4	1.6366	1.3832	16132	1.8585	−448.0412	455.01	−0.984685	702	703	0.9985775	−0.720890348	−1.264490917
4.01	5.5	1.6082	2.2494	4.0192	3.7593	−454.1943	472.801	−0.960646	679	722	0.9404432	−0.212251137	−3.702795553
4.02	5.6	1.7194	3.7447	160.1526	130.0022	−454.4174	478.287	−0.950093	668	729	0.9163237	−0.000265221	−2773.251935
4.03	5.7	82.1076	164.7671	252.091	179.931	−401.1916	726.4	−0.552301	662	731	0.9056088	−0.050247989	−0.564855869
4.04	5.8	3.0383	0.0294	6.4307	0.0419	−1156.0568	1158.35	−0.998016	631	759	0.831357	−0.329547803	−2.998520335
4.05	5.9	0.527	3.9688	258.2167	194.6536	−349.3013	335.365	−1.041556	686	676	1.0147929	−4.70187E−05	−27153.43168
4.06	5.10	0.3877	0.902	19.7815	8.0445	−402.8977	378.212	−1.065268	739	611	1.2094926	−0.002656569	−550.0890652
4.07	5.11	0.1415	2.473	5.8928	5.2204	−252.5609	221.352	−1.140992	725	610	1.1885246	−0.016896723	−130.5847122
4.08	5.12	53.9111	438.8349	56.6391	442.7793	−19550.6	18992.7	−1.029375	743	595	1.2487395	−1.028954101	−1.156230985

二、从日报表和危险度参数上识别地震前兆

1. 成都重力观测群子统计日报

2008年1月1日全天第一小时重力变化(日报)

成都 时间	$N(●)$	$N(○)$	$\frac{N(●)}{N(○)}$	$n(●)$	$n(○)$	$\frac{n(●)}{n(○)}$
01.1日0点	-0.8	14.8	-0.054054	8	45	0.17778
01.1日1点	-2.8	9.6	-0.291667	17	35	0.48571
01.1日2点	-6	5.8	-1.034483	28	25	1.12
01.1日3点	-8.4	2.9	-2.896552	32	19	1.68421
01.1日4点	-10	2.3	-4.347826	34	15	2.26667
01.1日5点	-8.8	3.3	-2.666667	32	22	1.45455
01.1日6点	-5.2	6.4	-0.8125	22	30	0.73333
01.1日7点	-7.7	14.9	-0.516779	13	39	0.33333
01.1日8点	-0.5	18.5	-0.027027	6	49	0.12245
01.1日9点	0	20.8	0	0	51	0
01.1日10点	-0.2	12	-0.009524	2	56	0.03571
01.1日11点	-1	16.2	-0.061728	8	46	0.17391
01.1日12点	-3	8.2	-0.365854	20	34	0.58824
01.1日13点	-47.2	40.4	-1.168317	30	21	1.42857
01.1日14点	-24.3	4.4	-5.522727	46	8	5.75
01.1日15点	-29.9	0.1	-299	56	1	56
01.1日16点	-35.1	0	#DIV/0!	60	0	#DIV/0!
01.1日17点	-34.8	0	#DIV/0!	60	0	#DIV/0!
01.1日18点	-29.5	0	#DIV/0!	60	0	#DIV/0!
01.1日19点	-19.8	0	#DIV/0!	55	0	#DIV/0!
01.1日20点	-9.2	2.5	-3.68	34	17	2
01.1日21点	-4.1	10.7	-0.383178	20	34	0.58824
01.1日22点	-2.7	20.7	-0.130435	6	51	0.11765
01.1日23点	0	25.2	0	0	60	0

$R_1(○)$	$R_2(○)$	$R_1(○)\cdot R_2(○)$	$R_1(●)$	$R_2(●)$	$R_1(●)\cdot R_2(●)$	$\frac{R_1(○)\cdot R_2(○)}{R_1(●)\cdot R_2(●)}$	$\overline{\frac{R_1(●)\cdot R_2(●)}{R_1(○)\cdot R_2(○)}}$
1.6906	1.5368	2.59811408	19.4172	60.7594	1179.777422	0.0022	454.09

$N(●)$	$N(○)$	$N(●)/N(○)$	$n(●)$	$n(○)$	$n(●)/n(○)$	$\overline{\frac{n(●)/n(○)}{N(●)/N(○)}}$
-291	248.7	-1.170084439	649	658	0.986322188	-0.8429

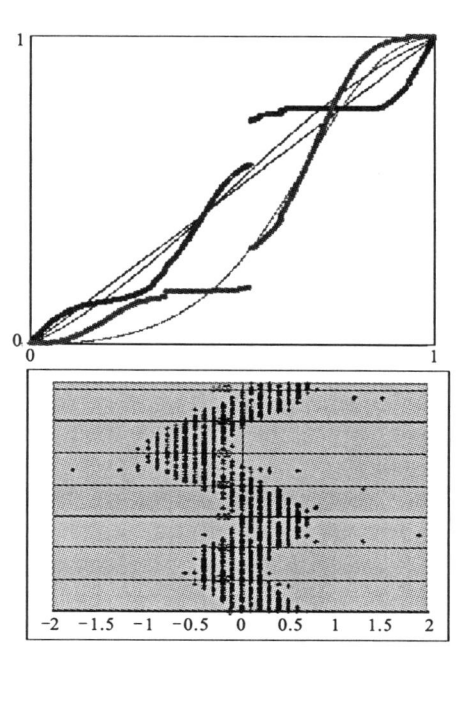

从这个日报中作者发现:

(1) 2008年1月1日全天的 $N^-/N^+>1$(重力情况与应变情形正好相反),说明成都附近地壳内部重力聚集的能力相对弱于固体潮汐作用力的加速能力,重力前兆正常。

(2) 2008年1月1日 $R_1^- \cdot R_2^- = 1179.8$,而 $R_1^+ \cdot R_2^+ = 2.59$。同样说明这一天成都附近地壳内部处于较松弛的状态,但是给强大的地壳重力变化提供了条件,不过 $R_1^- \cdot R_2^-$ 还不到大于 10^4,当前状况不至异常。在其后很长时间里,基本上维持这种状况,尽管如此,还是蕴藏着微小的变化趋势,重力法寻找地震前兆才开始进行。

2008年1月15日全天每一小时重力变化(日报)

成都 时间	$N(\bullet)$	$N(\bigcirc)$	$\dfrac{N(\bullet)}{N(\bigcirc)}$	$n(\bullet)$	$n(\bigcirc)$	$\dfrac{n(\bullet)}{n(\bigcirc)}$
01.15日0点	−18.3	0.6	−30.5	51	4	12.75
01.15日1点	−26	0	#DIV/0!	58	0	#DIV/0!
01.15日2点	−27.4	0.1	−274	59	1	59
01.15日3点	−19.8	0.2	−99	53	2	26.5
01.15日4点	−10.6	4	−2.65	31	23	1.34783
01.15日5点	−2.3	12.3	−0.186992	14	37	0.37838
01.15日6点	−0.1	24.8	−0.004032	1	58	0.01724
01.15日7点	0	34.7	0	0	60	0
01.15日8点	0	35.7	0	0	60	0
01.15日9点	0	31.8	0	0	60	0
01.15日10点	−0.4	19.1	−0.020942	4	49	0.08163
01.15日11点	−5.7	6.8	−0.838235	24	29	0.82759
01.15日12点	−19	0.6	−31.66667	51	4	12.75
01.15日13点	−51.1	15.4	−3.318182	58	2	29
01.15日14点	−45.3	0	#DIV/0!	60	0	#DIV/0!
01.15日15点	−48.1	0	#DIV/0!	60	0	#DIV/0!
01.15日16点	−39.6	0	#DIV/0!	60	0	#DIV/0!
01.15日17点	−24.8	0	#DIV/0!	57	0	#DIV/0!
01.15日18点	−9.2	3.6	−2.555556	34	22	1.54545
01.15日19点	−1.7	14.1	−0.120567	11	43	0.25581
01.15日20点	0	26.2	0	0	60	0
01.15日21点	0	31.9	0	0	60	0
01.15日22点	0	30	0	0	60	0
01.15日23点	−0.5	21.3	−0.023474	5	51	0.09804

$R_1(\bigcirc)$	$R_2(\bigcirc)$	$R_1(\bigcirc)\cdot R_2(\bigcirc)$	$R_1(\bullet)$	$R_2(\bullet)$	$R_1(\bullet)\cdot R_2(\bullet)$	$\dfrac{R_1(\bigcirc)\cdot R_2(\bigcirc)}{R_1(\bullet)\cdot R_2(\bullet)}$	$\dfrac{R_1(\bullet)\cdot R_2(\bullet)}{R_1(\bigcirc)\cdot R_2(\bigcirc)}$
0.5791	1.2259	0.70991869	2.3078	2.4178	5.57979884	0.12723	7.85977

$N(\bullet)$	$N(\bigcirc)$	$N(\bullet)/N(\bigcirc)$	$n(\bullet)$	$n(\bigcirc)$	$n(\bullet)/n(\bigcirc)$	$\dfrac{n(\bullet)/n(\bigcirc)}{N(\bullet)/N(\bigcirc)}$
−349.9	313.2	−1.117177522	691	685	1.008759124	−0.903

2008年1月31日全天每一小时重力变化(日报)

成都 时间	$N(\bullet)$	$N(\bigcirc)$	$\dfrac{N(\bullet)}{N(\bigcirc)}$	$n(\bullet)$	$n(\bigcirc)$	$\dfrac{n(\bullet)}{n(\bigcirc)}$
01.31日0点	−0.8	18.7	−0.042781	7	45	0.15556
01.31日1点	−1.3	15.9	−0.081761	9	43	0.2093
01.31日2点	−3	12.9	−0.232558	16	37	0.43243
01.31日3点	−3.7	9.5	−0.389474	18	36	0.5
01.31日4点	−5.1	8.2	−0.621951	22	28	0.78571
01.31日5点	−4.9	7.6	−0.644737	23	33	0.69697
01.31日6点	−4.7	8.8	−0.534091	21	33	0.63636
01.31日7点	−4.3	10.6	−0.40566	21	35	0.6
01.31日8点	−3	11.1	−0.27027	17	38	0.44737
01.31日9点	−8	16.5	−0.484848	19	34	0.55882
01.31日10点	−4	9.9	−0.40404	20	34	0.58824
01.31日11点	−6.4	6.6	−0.969697	25	29	0.86207
01.31日12点	−9.9	3.2	−3.09375	32	19	1.68421
01.31日13点	−46.1	30.5	−1.511475	46	7	6.57143
01.31日14点	−23.3	0	#DIV/0!	57	0	#DIV/0!
01.31日15点	−29.7	0.2	−148.5	58	1	58
01.31日16点	−32	0	#DIV/0!	60	0	#DIV/0!
01.31日17点	−31.2	0	#DIV/0!	60	0	#DIV/0!
01.31日18点	−26.7	0	#DIV/0!	60	0	#DIV/0!
01.31日19点	−18.4	0.4	−46	46	4	11.5
01.31日20点	−10.6	2.7	−3.925926	31	17	1.82353
01.31日21点	−3.6	8.3	−0.433735	16	31	0.51613
01.31日22点	−1.5	16.8	−0.089286	9	44	0.20455
01.31日23点	−0.1	24.2	−0.004132	1	54	0.01852

$R_1(\bigcirc)$	$R_2(\bigcirc)$	$R_1(\bigcirc)\cdot R_2(\bigcirc)$	$R_1(\bullet)$	$R_2(\bullet)$	$R_1(\bullet)\cdot R_2(\bullet)$	$\dfrac{R_1(\bigcirc)\cdot R_2(\bigcirc)}{R_1(\bullet)\cdot R_2(\bullet)}$	$\dfrac{R_1(\bullet)\cdot R_2(\bullet)}{R_1(\bigcirc)\cdot R_2(\bigcirc)}$
1.1142	0.4705	0.5242311	85.1434	264.437	22515.08229	2.3E−05	42948.8

$N(\bullet)$	$N(\bigcirc)$	$N(\bullet)/N(\bigcirc)$	$n(\bullet)$	$n(\bigcirc)$	$n(\bullet)/n(\bigcirc)$	$\dfrac{n(\bullet)/n(\bigcirc)}{N(\bullet)/N(\bigcirc)}$
−282.3	222.6	1.26819407	694	602	1.15282392	−0.909

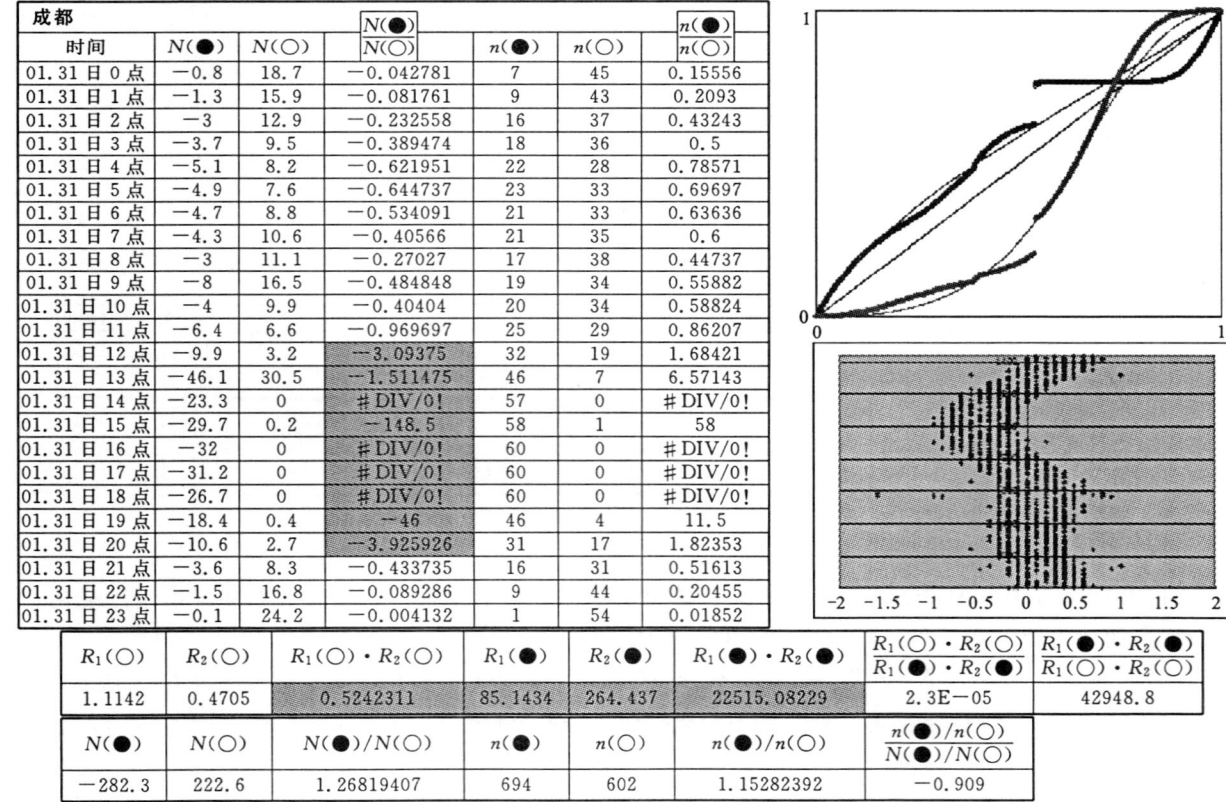

2008年2月1日全天每一小时重力变化(日报)

成都 时间	$N(\bullet)$	$N(\bigcirc)$	$\dfrac{N(\bullet)}{N(\bigcirc)}$	$n(\bullet)$	$n(\bigcirc)$	$\dfrac{n(\bullet)}{n(\bigcirc)}$
02.01日0点	0	28.6	0	0	58	0
02.01日1点	−0.1	29.3	−0.003413	1	59	0.01695
02.01日2点	0	25.5	0	0	53	0
02.01日3点	−1.5	19.9	−0.075377	5	49	0.10204
02.01日4点	−2.4	12.8	−0.1875	14	41	0.34146
02.01日5点	−12.7	15.7	−0.808917	23	34	0.67647
02.01日6点	−8	5.9	−1.355932	28	27	1.03704
02.01日7点	−7.7	4.8	−1.604167	29	24	1.20833
02.01日8点	−7.1	4.5	−1.577778	30	26	1.15385
02.01日9点	−5.9	6.9	0.855072	26	28	0.92857
02.01日10点	−5.1	8.2	−0.621951	22	31	0.70968
02.01日11点	−4.3	8.9	0.483146	22	33	0.66667
02.01日12点	−25.2	6.9	−3.652174	24	31	0.77419
02.01日13点	−8.3	24.4	−0.340164	29	24	1.20833
02.01日14点	−13.8	1.5	−9.2	37	11	3.36364
02.01日15点	−21.9	0.1	−219	53	1	53
02.01日16点	−29.8	0	#DIV/0!	59	0	#DIV/0!
02.01日17点	−37	0	#DIV/0!	60	0	#DIV/0!
02.01日18点	−37.8	0.1	−378	59	1	59
02.01日19点	−34.6	0.2	−173	57	1	57
02.01日20点	−24.6	0.7	−35.14286	54	4	13.5
02.01日21点	−12.6	2.4	−5.25	36	15	2.4
02.01日22点	−8.7	15.4	−0.564935	22	32	0.6875
02.01日23点	−0.7	22.5	−0.31111	2	52	0.03846

$R_1(\bigcirc)$	$R_2(\bigcirc)$	$R_1(\bigcirc)\cdot R_2(\bigcirc)$	$R_1(\bullet)$	$R_2(\bullet)$	$R_1(\bullet)\cdot R_2(\bullet)$	$\dfrac{R_1(\bigcirc)\cdot R_2(\bigcirc)}{R_1(\bullet)\cdot R_2(\bullet)}$	$\dfrac{R_1(\bullet)\cdot R_2(\bullet)}{R_1(\bigcirc)\cdot R_2(\bigcirc)}$
1.8211	0.1947	0.35456817	5.0698	26.2807	133.2378929	0.00266	375.775

$N(\bullet)$	$N(\bigcirc)$	$N(\bullet)/N(\bigcirc)$	$n(\bullet)$	$n(\bigcirc)$	$n(\bullet)/n(\bigcirc)$	$\dfrac{n(\bullet)/n(\bigcirc)}{N(\bullet)/N(\bigcirc)}$
−309.8	245.2	−1.263458401	692	635	1.08976378	−0.8625

2008年2月15日全天每一小时重力变化(日报)

成都 时间	$N(\bullet)$	$N(\bigcirc)$	$\dfrac{N(\bullet)}{N(\bigcirc)}$	$n(\bullet)$	$n(\bigcirc)$	$\dfrac{n(\bullet)}{n(\bigcirc)}$
02.15日0点	−0.2	32.4	−0.006173	1	58	0.01724
02.15日1点	−0.9	25.2	−0.035714	2	55	0.03636
02.15日2点	−1.4	17	−0.082353	10	45	0.22222
02.15日3点	−4	10.9	−0.366972	19	35	0.54286
02.15日4点	−6.7	7.6	−0.881579	26	30	0.86667
02.15日5点	−8	6	−1.333333	28	28	1
02.15日6点	−8	5.8	−1.37931	26	26	1
02.15日7点	−7.3	7.7	−0.948052	27	29	0.93103
02.15日8点	−5.6	8.3	−0.674699	26	34	0.76471
02.15日9点	−4.9	11.3	−0.433628	21	35	0.6
02.15日10点	−3.5	10.5	−0.333333	16	35	0.45714
02.15日11点	−5.1	8.3	−0.614458	21	32	0.65625
02.15日12点	−56.4	6	−9.4	29	23	1.26087
02.15日13点	−14.3	48.5	−0.294845	39	9	4.33333
02.15日14点	−26.6	0.3	−88.66667	57	1	57
02.15日15点	−37.3	0.6	−62.16667	59	1	59
02.15日16点	−45.5	0	#DIV/0!	60	0	#DIV/0!
02.15日17点	−47.9	0.2	−239.5	59	1	59
02.15日18点	−42.2	0	#DIV/0!	59	0	#DIV/0!
02.15日19点	−30.3	0	#DIV/0!	59	0	#DIV/0!
02.15日20点	−14.9	2.9	−5.137931	40	13	3.07692
02.15日21点	−3.4	11.1	−0.306306	18	37	0.48649
02.15日22点	−0.7	27	−0.025926	3	55	0.05455
02.15日23点	0	40.4	0	0	60	0

$R_1(\bigcirc)$	$R_2(\bigcirc)$	$R_1(\bigcirc)\cdot R_2(\bigcirc)$	$R_1(\bullet)$	$R_2(\bullet)$	$R_1(\bullet)\cdot R_2(\bullet)$	$\dfrac{R_1(\bigcirc)\cdot R_2(\bigcirc)}{R_1(\bullet)\cdot R_2(\bullet)}$	$\dfrac{R_1(\bullet)\cdot R_2(\bullet)}{R_1(\bigcirc)\cdot R_2(\bigcirc)}$
0.532	0.3382	0.1799224	80.2049	288.9	23171.22769	7.8E−06	128785

$N(\bullet)$	$N(\bigcirc)$	$N(\bullet)/N(\bigcirc)$	$n(\bullet)$	$n(\bigcirc)$	$n(\bullet)/n(\bigcirc)$	$\dfrac{n(\bullet)/n(\bigcirc)}{N(\bullet)/N(\bigcirc)}$
−375.1	288	−1.302430556	705	642	1.098130841	−0.8431

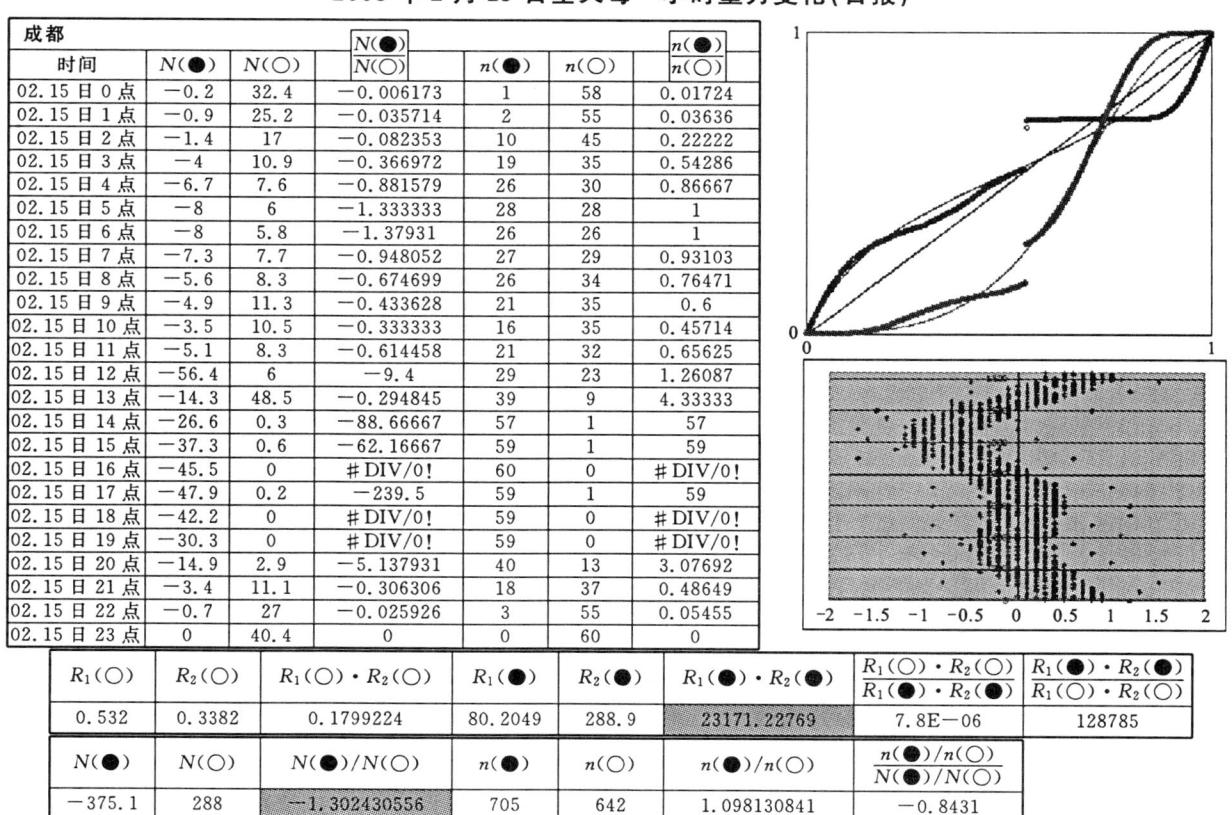

2008 年 2 月 29 日全天每一小时重力变化（日报）

成都 时间	$N(●)$	$N(○)$	$\dfrac{N(●)}{N(○)}$	$n(●)$	$n(○)$	$\dfrac{n(●)}{n(○)}$
02.29 日 0 点	−3.5	15.5	−0.225806	11	41	0.26829
02.29 日 1 点	−4	12.9	−0.310078	19	37	0.51351
02.29 日 2 点	−5.5	11.1	−0.495495	21	36	0.58333
02.29 日 3 点	−5.7	10.8	−0.527778	23	34	0.67647
02.29 日 4 点	−6.1	10.9	−0.559633	22	33	0.66667
02.29 日 5 点	−5.3	11.7	−0.452991	18	33	0.54545
02.29 日 6 点	−5.3	12.7	−0.417323	21	36	0.58333
02.29 日 7 点	−4.9	12.1	−0.404959	18	34	0.52941
02.29 日 8 点	−6.2	10.8	−0.574074	23	33	0.69697
02.29 日 9 点	−8.5	8.7	−0.977011	26	28	0.92857
02.29 日 10 点	−11	5.7	−1.929825	30	22	1.36364
02.29 日 11 点	−18.1	4.6	−3.934783	39	12	3.25
02.29 日 12 点	−65	3.1	−20.96774	52	4	13
02.29 日 13 点	−26.4	43.9	−0.601367	56	3	18.6667
02.29 日 14 点	−29.7	2.1	−14.14286	59	1	59
02.29 日 15 点	−29.7	1.5	−19.8	59	1	59
02.29 日 16 点	−49	24.3	−2.016461	48	11	4.36364
02.29 日 17 点	−22.4	2	−11.2	48	4	12
02.29 日 18 点	−16	3.3	−4.848485	39	11	3.54545
02.29 日 19 点	−9.9	5.9	−1.677966	31	25	1.24
02.29 日 20 点	−6.4	10.4	−0.615385	21	33	0.63636
02.29 日 21 点	−2.9	15.8	−0.183544	9	41	0.21951
02.29 日 22 点	−2.5	21.9	−0.114155	2	51	0.03922
02.29 日 23 点	−0.1	25.8	−0.003876	1	56	0.01786

$R_1(○)$	$R_2(○)$	$R_1(○)·R_2(○)$	$R_1(●)$	$R_2(●)$	$R_1(●)·R_2(●)$	$\dfrac{R_1(○)·R_2(○)}{R_1(●)·R_2(●)}$	$\dfrac{R_1(●)·R_2(●)}{R_1(○)·R_2(○)}$
0.5914	0.7862	0.46495868	128.452	261.497	33589.73374	$1.4E-05$	72242.4

$N(●)$	$N(○)$	$N(●)/N(○)$	$n(●)$	$n(○)$	$n(●)/n(○)$	$\dfrac{n(●)/n(○)}{N(●)/N(○)}$
−344.1	287.5	−1.196869565	696	620	1.122580645	−0.9379

2008 年 3 月 15 日全天每一小时重力变化（日报）

成都 时间	$N(●)$	$N(○)$	$\dfrac{N(●)}{N(○)}$	$n(●)$	$n(○)$	$\dfrac{n(●)}{n(○)}$
03.15 日 0 点	−0.1	33.5	−0.002985	1	59	0.01695
03.15 日 1 点	−0.3	26.1	−0.011494	2	51	0.03922
03.15 日 2 点	−1	16.9	−0.059172	9	45	0.2
03.15 日 3 点	−3.8	10.8	−0.351852	21	36	0.58333
03.15 日 4 点	−6.4	6.3	−1.015873	23	28	0.82143
03.15 日 5 点	−9.4	4.1	−2.292683	29	24	1.20833
03.15 日 6 点	−62.7	50.6	−1.23913	32	24	1.33333
03.15 日 7 点	−46.6	45.9	−1.015251	25	32	0.78125
03.15 日 8 点	−11.3	7.3	−1.547945	31	27	1.14815
03.15 日 9 点	−7.6	6.6	−1.151515	28	28	1
03.15 日 10 点	−6.4	7.5	−0.853333	24	31	0.77419
03.15 日 11 点	−6.6	5.8	−1.137931	26	29	0.89655
03.15 日 12 点	−9.6	4.5	−2.133333	29	26	1.11538
03.15 日 13 点	−40.2	27.6	−1.456522	36	12	3
03.15 日 14 点	−22.9	0	#DIV/0!	56	0	#DIV/0!
03.15 日 15 点	−32.5	0	#DIV/0!	60	0	#DIV/0!
03.15 日 16 点	−39.3	0	#DIV/0!	60	0	#DIV/0!
03.15 日 17 点	−41.5	0	#DIV/0!	60	0	#DIV/0!
03.15 日 18 点	−36.1	0	#DIV/0!	60	0	#DIV/0!
03.15 日 19 点	−24.9	0.1	−249	57	1	57
03.15 日 20 点	−11.6	3.4	−3.411765	32	19	1.68421
03.15 日 21 点	−2.5	13.6	−0.183824	13	42	0.30952
03.15 日 22 点	−10.6	31	−0341935	5	52	0.09615
03.15 日 23 点	−76.4	124.6	−0.613162	23	36	0.63889

$R_1(○)$	$R_2(○)$	$R_1(○)·R_2(○)$	$R_1(●)$	$R_2(●)$	$R_1(●)·R_2(●)$	$\dfrac{R_1(○)·R_2(○)}{R_1(●)·R_2(●)}$	$\dfrac{R_1(●)·R_2(●)}{R_1(○)·R_2(○)}$
0.1555	0.3633	0.05649315	0.9195	2.8563	2.62636785	0.02151	46.49

$N(●)$	$N(○)$	$N(●)/N(○)$	$n(●)$	$n(○)$	$n(●)/n(○)$	$\dfrac{n(●)/n(○)}{N(●)/N(○)}$
−510.3	426.2	−1.197325199	742	602	1.23255814	−1.0294

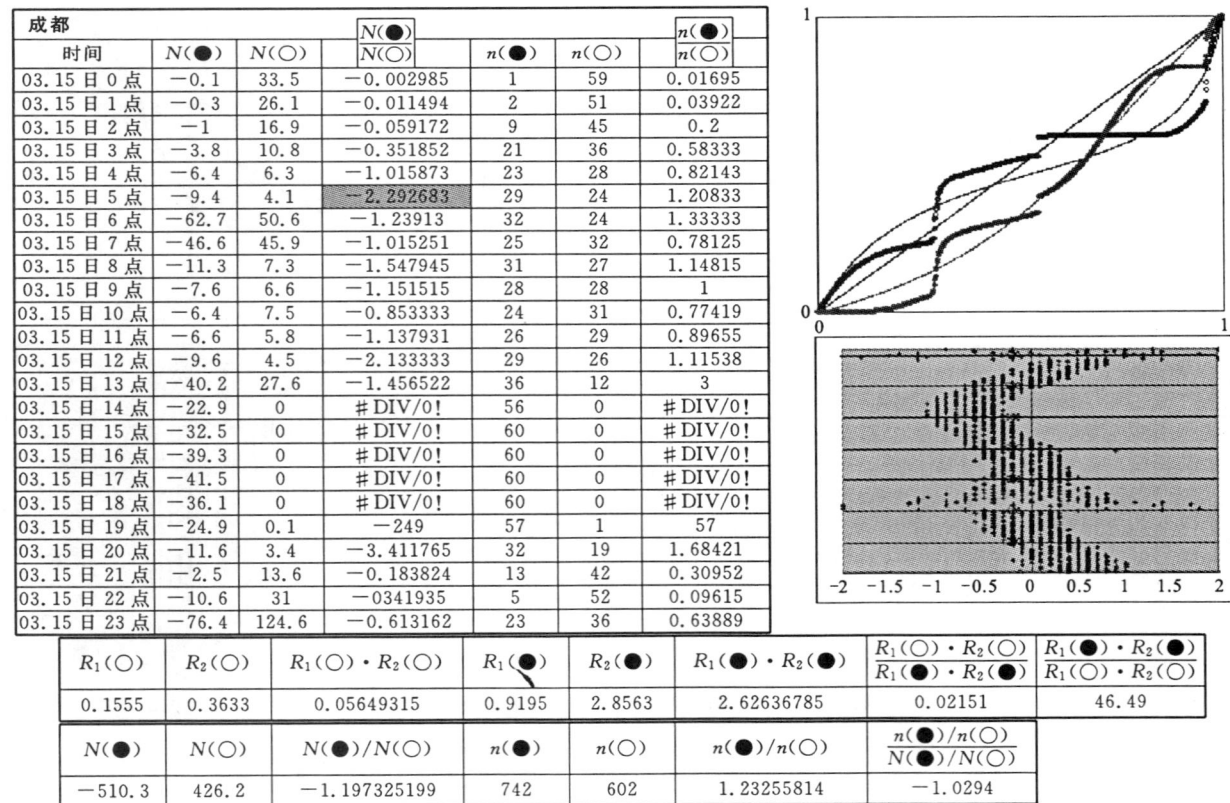

2008年3月31日全天每一小时重力变化(日报)

成都						
时间	$N(\bullet)$	$N(\bigcirc)$	$\dfrac{N(\bullet)}{N(\bigcirc)}$	$n(\bullet)$	$n(\bigcirc)$	$\dfrac{n(\bullet)}{n(\bigcirc)}$
03.31日0点	0	25.5008	0	0	60	0
03.31日1点	0	24.0922	0	0	60	0
03.31日2点	−0.074	18.3842	−0.004031	1	57	0.01754
03.31日3点	−0.741	11.3418	−0.065351	9	45	0.2
03.31日4点	−3.781	4.9671	−0.761209	24	31	0.77419
03.31日5点	−7.709	1.4083	−5.47426	33	15	2.2
03.31日6点	−13.2	2.1498	−6.137827	45	7	6.42857
03.31日7点	−12.23	0.0741	−165.0661	45	1	45
03.31日8点	−11.64	1.1122	−10.46457	45	10	4.5
03.31日9点	−7.043	1.2606	−5.586784	31	13	2.38462
03.31日10点	−5.263	3.7065	−1.419992	28	26	1.07692
03.31日11点	−3.188	5.7824	−0.551311	22	31	0.70968
03.31日12点	−3.41	6.1527	−0.554212	21	33	0.63636
03.31日13点	−44.03	44.7746	−0.983444	23	29	0.7931
03.31日14点	−7.042	1.5567	−4.523865	31	14	2.21429
03.31日15点	−12.53	0.3705	−33.81323	48	4	12
03.31日16点	−19.2	0	#DIV/0!	60	0	#DIV/0!
03.31日17点	−23.57	0	#DIV/0!	60	0	#DIV/0!
03.31日18点	−25.06	0	#DIV/0!	60	0	#DIV/0!
03.31日19点	−22.54	0	#DIV/0!	60	0	#DIV/0!
03.31日20点	−13.12	1.631	−8.044819	48	3	16
03.31日21点	−4.522	3.7064	−1.220025	22	22	1
03.31日22点	−1.853	11.7124	−0.158217	8	44	0.18182
03.31日23点	−1.853	25.4266	−0.072884	2	58	0.03448

$R_1(\bigcirc)$	$R_2(\bigcirc)$	$R_1(\bigcirc)\cdot R_2(\bigcirc)$	$R_1(\bullet)$	$R_2(\bullet)$	$R_1(\bullet)\cdot R_2(\bullet)$	$\dfrac{R_1(\bigcirc)\cdot R_2(\bigcirc)}{R_1(\bullet)\cdot R_2(\bullet)}$	$\dfrac{R_1(\bullet)\cdot R_2(\bullet)}{R_1(\bigcirc)\cdot R_2(\bigcirc)}$
0.7598	0.2071	0.15735458	3.82	10.2773	39.259286	0.00401	249.496
$N(\bullet)$	$N(\bigcirc)$	$N(\bullet)/N(\bigcirc)$	$n(\bullet)$	$n(\bigcirc)$	$n(\bullet)/n(\bigcirc)$	$\dfrac{n(\bullet)/n(\bigcirc)}{N(\bullet)/N(\bigcirc)}$	
−243.59	195.1109	−1.248478686	726	563	1.289520426	−1.0329	

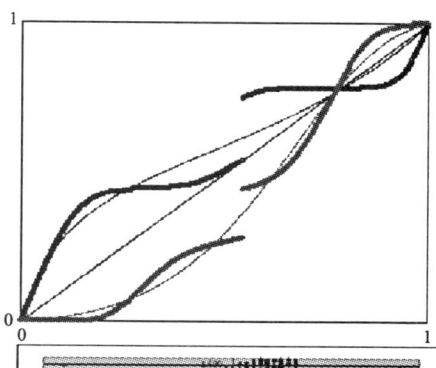

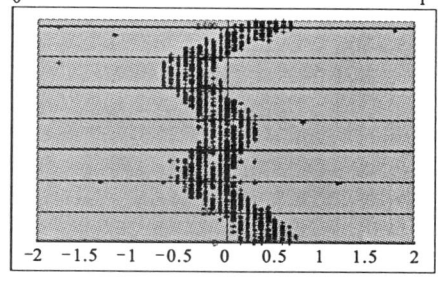

2008年4月1日全天每一小时重力变化(日报)

成都						
时间	$N(\bullet)$	$N(\bigcirc)$	$\dfrac{N(\bullet)}{N(\bigcirc)}$	$n(\bullet)$	$n(\bigcirc)$	$\dfrac{n(\bullet)}{n(\bigcirc)}$
04.01日0点	0	32.6172	0	0	59	0
04.01日1点	0	33.5809	0	0	60	0
04.01日2点	0	29.059	0	0	60	0
04.01日3点	−0.074	19.1255	−0.003874	1	58	0.01724
04.01日4点	−2.002	7.7837	−0.257153	15	38	0.39474
04.01日5点	−8.451	1.112	−7.59973	38	11	3.45455
04.01日6点	−17.35	0	#DIV/0!	58	0	#DIV/0!
04.01日7点	−21.57	0	#DIV/0!	60	0	#DIV/0!
04.01日8点	−19.13	0	#DIV/0!	59	0	#DIV/0!
04.01日9点	−16.68	3.6323	−4.591911	48	9	5.33333
04.01日10点	−6.301	3.336	−1.888849	26	22	1.18182
04.01日11点	−2.075	8.2283	−0.252239	17	38	0.44737
04.01日12点	−0.371	13.2692	−0.027929	4	49	0.08163
04.01日13点	−25.65	39.2147	−0.654063	4	51	0.07843
04.01日14点	−1.112	9.785	−0.113623	11	42	0.2619
04.01日15点	−5.115	3.6323	−1.408171	27	26	1.03846
04.01日16点	−13.2	0.1483	−88.9764	51	2	25.5
04.01日17点	−25.06	0	#DIV/0!	60	0	#DIV/0!
04.01日18点	−32.02	0	#DIV/0!	60	0	#DIV/0!
04.01日19点	−33.58	0	#DIV/0!	60	0	#DIV/0!
04.01日20点	−27.35	0	#DIV/0!	60	0	#DIV/0!
04.01日21点	−20.9	6.0044	−3.481547	43	14	3.07143
04.01日22点	−3.632	5.5598	−0.653333	25	30	0.83333
04.01日23点	−0.074	19.4962	−0.003801	1	56	0.01786

$R_1(\bigcirc)$	$R_2(\bigcirc)$	$R_1(\bigcirc)\cdot R_2(\bigcirc)$	$R_1(\bullet)$	$R_2(\bullet)$	$R_1(\bullet)\cdot R_2(\bullet)$	$\dfrac{R_1(\bigcirc)\cdot R_2(\bigcirc)}{R_1(\bullet)\cdot R_2(\bullet)}$	$\dfrac{R_1(\bullet)\cdot R_2(\bullet)}{R_1(\bigcirc)\cdot R_2(\bigcirc)}$
1.421	0.156	0.221676	1.0548	3.7829	3.99020292	0.05556	18.0002
$N(\bullet)$	$N(\bigcirc)$	$N(\bullet)/N(\bigcirc)$	$n(\bullet)$	$n(\bigcirc)$	$n(\bullet)/n(\bigcirc)$	$\dfrac{n(\bullet)/n(\bigcirc)}{N(\bullet)/N(\bigcirc)}$	
−281.69	235.5848	−1.195720607	728	625	1.1648	−0.9741	

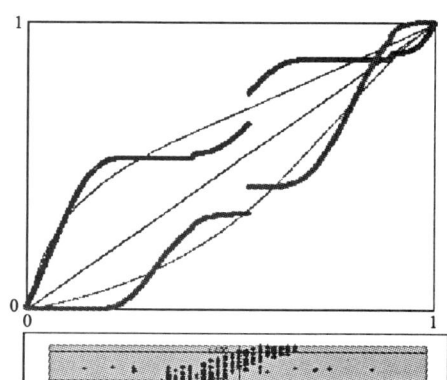

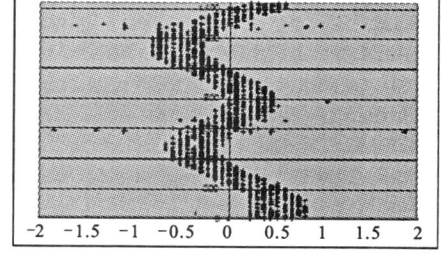

2008年4月15日全天每一小时重力变化(日报)

成都 时间	$N(●)$	$N(○)$	$\dfrac{N(●)}{N(○)}$	$n(●)$	$n(○)$	$\dfrac{n(●)}{n(○)}$
04.15日0点	0	36.3237	0	0	60	0
04.15日1点	0	36.0271	0	0	60	0
04.15日2点	0	28.9849	0	0	60	0
04.15日3点	−0.519	15.6416	−0.033187	6	51	0.11765
04.15日4点	−5.115	4.8927	−1.045455	26	30	0.86667
04.15日5点	−15.05	0.0742	−202.81	53	1	53
04.15日6点	−25.5	0	#DIV/0!	60	0	#DIV/0!
04.15日7点	−28.91	0	#DIV/0!	60	0	#DIV/0!
04.15日8点	−24.98	0	#DIV/0!	60	0	#DIV/0!
04.15日9点	−16.16	0.0742	−217.7951	53	1	53
04.15日10点	−6.153	3.2618	−1.886351	32	22	1.45455
04.15日11点	−1.853	11.9352	−0.155297	13	42	0.30952
04.15日12点	−8.599	28.5399	−0.301294	15	42	0.35714
04.15日13点	−13.57	35.4341	−0.382846	4	55	0.07273
04.15日14点	0	20.6823	0	0	59	0
04.15日15点	−3.41	12.8242	−0.26588	13	41	0.31707
04.15日16点	−10.3	1.8534	−5.55962	37	11	3.36364
04.15日17点	−21.57	0	#DIV/0!	58	0	#DIV/0!
04.15日18点	−32.69	0	#DIV/0!	60	0	#DIV/0!
04.15日19点	−36.99	0	#DIV/0!	60	0	#DIV/0!
04.15日20点	−28.84	0.8895	−32.41877	59	1	59
04.15日21点	−16.61	0.2964	−56.02227	51	3	17
04.15日22点	−4.003	6.5232	−0.613625	22	32	0.6875
04.15日23点	−0.148	20.3116	−0.007296	2	57	0.03509

$R_1(○)$	$R_2(○)$	$R_1(○)·R_2(○)$	$R_1(●)$	$R_2(●)$	$R_1(●)·R_2(●)$	$\dfrac{R_1(○)·R_2(○)}{R_1(●)·R_2(●)}$	$\dfrac{R_1(●)·R_2(●)}{R_1(○)·R_2(○)}$
1.2666	0.2283	0.28916478	0.951	2.263	2.152113	0.13436	7.44251

$N(●)$	$N(○)$	$N(●)/N(○)$	$n(●)$	$n(○)$	$n(●)/n(○)$	$\dfrac{n(●)/n(○)}{N(●)/N(○)}$	
−300.97	264.57	−1.137573421	744	628	1.184713376	−1.0414	

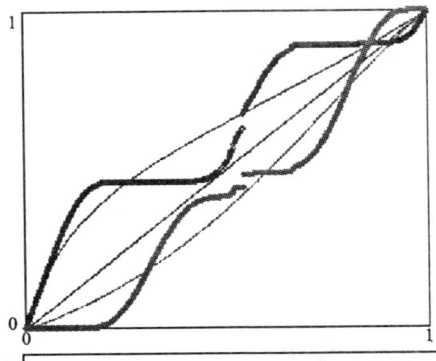

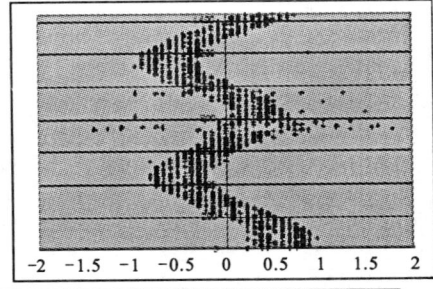

从 2008 年 3 月中旬开始,$R_1^-·R_2^-$ 值开始小于 10,$R_1^+·R_2^+<1$,变化明显,意味着基本维持 $N^-/N^+>1$ 的条件下,成都附近的地壳内部从松弛状态开始进入相对紧密的状态,在这种情况下,作者开始观察 N^-/N^+ 值的变化,初步看出 N^-/N^+ 值比以前小一些了,说明地壳内部挤压作用开始增强,重力异常开始出现。

2008年4月30日全天每一小时重力变化(日报)

成都 时间	$N(●)$	$N(○)$	$\dfrac{N(●)}{N(○)}$	$n(●)$	$n(○)$	$\dfrac{n(●)}{n(○)}$
04.30日0点	0	30.6898	0	0	60	0
04.30日1点	0	26.2421	0	0	60	0
04.30日2点	−0.519	15.8639	−0.032716	5	53	0.09434
04.30日3点	−4.151	5.4113	−0.767117	22	31	0.70968
04.30日4点	−11.86	0.8152	−14.54931	44	6	7.33333
04.30日5点	−21.35	0	#DIV/0!	60	0	#DIV/0!
04.30日6点	−26.46	0	#DIV/0!	60	0	#DIV/0!
04.30日7点	−23.94	0	#DIV/0!	60	0	#DIV/0!
04.30日8点	−15.86	0.0741	−214.0864	56	1	56
04.30日9点	−7.858	2.7428	−2.864846	34	22	1.54545
04.30日10点	−1.334	7.7836	−0.171425	14	36	0.38889
04.30日11点	−0.148	14.7518	−0.01004 6	2	49	0.04082
04.30日12点	−0.074	17.9394	−0.004131	1	55	0.01818
04.30日13点	−28.69	43.2919	−0.662671	3	50	0.06
04.30日14点	−2.076	8.3767	−0.247783	19	35	0.54286
04.30日15点	−6.894	2.0015	−3.444467	32	17	1.88235
04.30日16点	−16.38	0	#DIV/0!	57	0	#DIV/0!
04.30日17点	−24.39	0	#DIV/0!	60	0	#DIV/0!
04.30日18点	−27.43	0	#DIV/0!	60	0	#DIV/0!
04.30日19点	−23.57	0	#DIV/0!	60	0	#DIV/0!
04.30日20点	−13.94	0.2965	−47.00304	50	4	12.5
04.30日21点	−4.67	4.8183	−0.969222	26	28	0.92857
04.30日22点	−0.371	16.2344	−0.022828	3	52	0.05769
04.30日23点	0	28.0953	0	0	60	0

$R_1(○)$	$R_2(○)$	$R_1(○)·R_2(○)$	$R_1(●)$	$R_2(●)$	$R_1(●)·R_2(●)$	$\dfrac{R_1(○)·R_2(○)}{R_1(●)·R_2(●)}$	$\dfrac{R_1(●)·R_2(●)}{R_1(○)·R_2(○)}$
0.6923	0.3852	0.26667396	1.5053	2.063	3.1054339	0.08587	11.6451

$N(●)$	$N(○)$	$N(●)/N(○)$	$n(●)$	$n(○)$	$n(●)/n(○)$	$\dfrac{n(●)/n(○)}{N(●)/N(○)}$	
−261.97	225.4286	−1.16211785	728	619	1.176090468	−1.012	

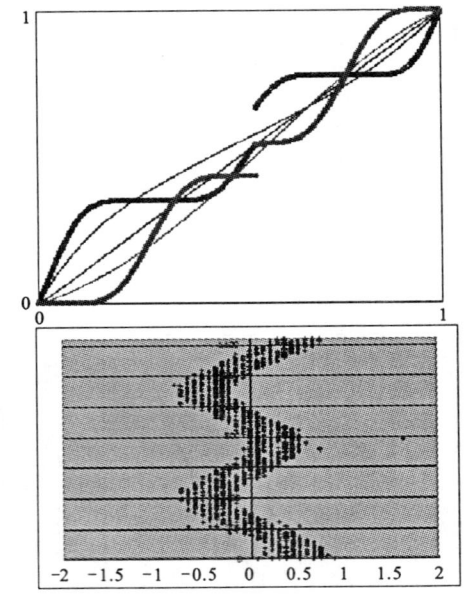

2008年5月1日全天每一小时重力变化(日报)

成都 时间	$N(\bullet)$	$N(\bigcirc)$	$\dfrac{N(\bullet)}{N(\bigcirc)}$	$n(\bullet)$	$n(\bigcirc)$	$\dfrac{n(\bullet)}{n(\bigcirc)}$
05.1日 0点	0	34.4704	0	0	59	0
05.1日 1点	0	34.4705	0	0	60	0
05.1日 2点	0	25.13	0	0	59	0
05.1日 3点	−1.483	12.0091	−0.123456	11	45	0.24444
05.1日 4点	−8.822	0.8897	−9.915252	41	8	5.125
05.1日 5点	−24.24	0.0741	−327.1323	58	1	58
05.1日 6点	−34.99	0	#DIV/0!	60	0	#DIV/0!
05.1日 7点	−36.92	0	#DIV/0!	60	0	#DIV/0!
05.1日 8点	−28.61	0	#DIV/0!	60	0	#DIV/0!
05.1日 9点	−16.23	0.3706	−43.80572	53	4	13.25
05.1日 10点	−3.707	5.8565	−0.632921	21	31	0.67742
05.1日 11点	−0.148	18.0877	−0.008193	2	55	0.03636
05.1日 12点	0	28.6883	0	0	60	0
05.1日 13点	−12.68	43.5885	−0.290818	2	58	0.03448
05.1日 14点	0	24.6853	0	0	60	0
05.1日 15点	−0.816	12.6765	−0.064347	7	46	0.15217
05.1日 16点	−7.265	2.3721	−3.062561	32	17	1.88235
05.1日 17点	−20.02	0	#DIV/0!	58	0	#DIV/0!
05.1日 18点	−30.32	0	#DIV/0!	60	0	#DIV/0!
05.1日 19点	−33.28	0	#DIV/0!	60	0	#DIV/0!
05.1日 20点	−27.35	0	#DIV/0!	60	0	#DIV/0!
05.1日 21点	−14.23	0.2966	−47.98753	50	4	12.5
05.1日 22点	−2.891	7.3387	−0.393925	19	35	0.54286
05.1日 23点	0	21.646	0	0	57	0

$R_1(\bigcirc)$	$R_2(\bigcirc)$	$R_1(\bigcirc)\cdot R_2(\bigcirc)$	$R_1(\bullet)$	$R_2(\bullet)$	$R_1(\bullet)\cdot R_2(\bullet)$	$\dfrac{R_1(\bigcirc)\cdot R_2(\bigcirc)}{R_1(\bullet)\cdot R_2(\bullet)}$	$\dfrac{R_1(\bullet)\cdot R_2(\bullet)}{R_1(\bigcirc)\cdot R_2(\bigcirc)}$
1.2497	0.3991	0.49875527	1.057	1.4567	1.5397319	0.32392	3.08715

$N(\bullet)$	$N(\bigcirc)$	$N(\bullet)/N(\bigcirc)$	$n(\bullet)$	$n(\bigcirc)$	$n(\bullet)/n(\bigcirc)$	$\dfrac{n(\bullet)/n(\bigcirc)}{N(\bullet)/N(\bigcirc)}$	
−304.01	272.6506	−1.115007999	714	659	1.083459788	−0.9717	

2008年5月2日全天每一小时重力变化(日报)

成都 时间	$N(\bullet)$	$N(\bigcirc)$	$\dfrac{N(\bullet)}{N(\bigcirc)}$	$n(\bullet)$	$n(\bigcirc)$	$\dfrac{n(\bullet)}{n(\bigcirc)}$
05.2日 0点	0	34.8411	0	0	60	0
05.2日 1点	0	39.6595	0	0	60	0
05.2日 2点	0	34.767	0	0	60	0
05.2日 3点	0	19.941	0	0	56	0
05.2日 4点	−5.856	4.8924	−1.196979	32	23	1.3913
05.2日 5点	−22.09	0	#DIV/0!	59	0	#DIV/0!
05.2日 6点	−40.03	0	#DIV/0!	60	0	#DIV/0!
05.2日 7点	−48.04	0	#DIV/0!	60	0	#DIV/0!
05.2日 8点	−43.81	0	#DIV/0!	60	0	#DIV/0!
05.2日 9点	−39.66	17.2723	−2.296133	53	7	7.57143
05.2日 10点	−195.5	176.948	−1.104734	32	27	1.18519
05.2日 11点	−17.57	30.171	−0.582311	24	35	0.68571
05.2日 12点	−3.706	37.2132	−0.099602	9	51	0.17647
05.2日 13点	−30.47	73.9077	−0.412237	1	59	0.01695
05.2日 14点	0	43.1437	0	0	60	0
05.2日 15点	0	32.3948	0	0	60	0
05.2日 16点	−0.741	14.3071	−0.051813	7	47	0.14894
05.2日 17点	−8.747	1.853	−4.720507	37	13	2.84615
05.2日 18点	−25.8	0	#DIV/0!	60	0	#DIV/0!
05.2日 19点	−35.88	0	#DIV/0!	60	0	#DIV/0!
05.2日 20点	−37.14	0	#DIV/0!	60	0	#DIV/0!
05.2日 21点	−27.8	0	#DIV/0!	60	0	#DIV/0!
05.2日 22点	−11.42	1.1118	−10.26794	45	11	4.09091
05.2日 23点	−1.26	11.5643	−0.108973	10	43	0.23256

$R_1(\bigcirc)$	$R_2(\bigcirc)$	$R_1(\bigcirc)\cdot R_2(\bigcirc)$	$R_1(\bullet)$	$R_2(\bullet)$	$R_1(\bullet)\cdot R_2(\bullet)$	$\dfrac{R_1(\bigcirc)\cdot R_2(\bigcirc)}{R_1(\bullet)\cdot R_2(\bullet)}$	$\dfrac{R_1(\bullet)\cdot R_2(\bullet)}{R_1(\bigcirc)\cdot R_2(\bigcirc)}$
42.1399	24.8523	1047.273437	18.2112	14.15	257.68848	4.06411	0.24606

$N(\bullet)$	$N(\bigcirc)$	$N(\bullet)/N(\bigcirc)$	$n(\bullet)$	$n(\bigcirc)$	$n(\bullet)/n(\bigcirc)$	$\dfrac{n(\bullet)/n(\bigcirc)}{N(\bullet)/N(\bigcirc)}$	
−595.49	573.9881	−1.037453041	729	672	1.084821429	−1.0457	

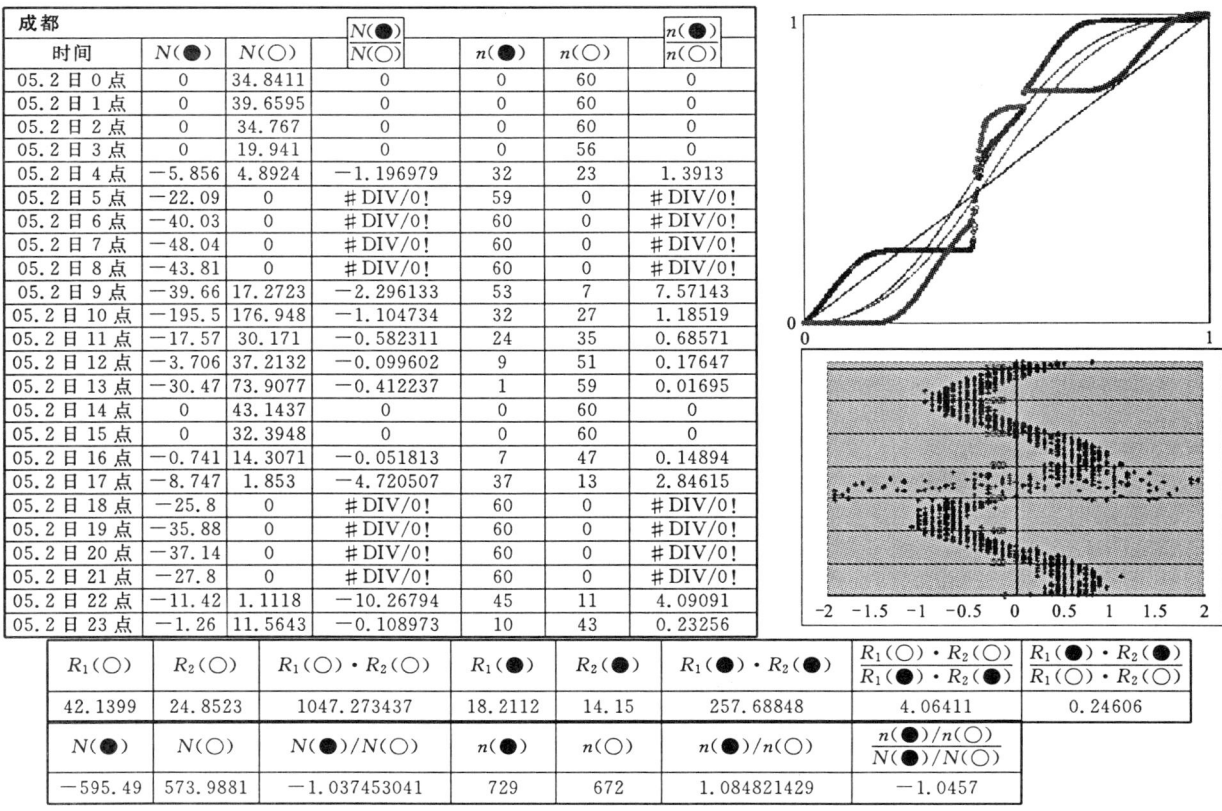

2008年5月2日,重力加速曲线的加速点阵开始散乱,$R_1^+ \cdot R_2^+$ 陡增到1047.2,而 $R_1^- \cdot R_2^- = 257$,说明地壳内压应力加速值超过了固体潮汐作用力的加速作用。

2008年5月3日全天每一小时重力变化(日报)

成都 时间	$N(\bullet)$	$N(\circ)$	$\dfrac{N(\bullet)}{N(\circ)}$	$n(\bullet)$	$n(\circ)$	$\dfrac{n(\bullet)}{n(\circ)}$
05.3日0点	0	28.7624	0	0	60	0
05.3日1点	0	39.7337	0	0	60	0
05.3日2点	0	41.068	0	0	60	0
05.3日3点	0	30.0226	0	0	60	0
05.3日4点	-1.631	11.4902	-0.141938	10	44	0.22727
05.3日5点	-15.64	0.4446	-35.18039	48	4	12
05.3日6点	-39.07	0	#DIV/0!	60	0	#DIV/0!
05.3日7点	-54.56	0	#DIV/0!	60	0	#DIV/0!
05.3日8点	-57.15	0	#DIV/0!	60	0	#DIV/0!
05.3日9点	-48.48	0	#DIV/0!	60	0	#DIV/0!
05.3日10点	-27.65	0	#DIV/0!	59	0	#DIV/0!
05.3日11点	-5.782	5.7822	-1	26	25	1.04
05.3日12点	-1.853	29.8743	-0.062033	1	58	0.01724
05.3日13点	-18.68	66.124	-0.282512	1	59	0.01695
05.3日14点	0	56.6353	0	0	60	0
05.3日15点	0	51.5204	0	0	60	0
05.3日16点	0	35.2858	0	0	60	0
05.3日17点	-1.038	13.4175	-0.077347	7	46	0.15217
05.3日18点	-13.2	0.8896	-14.83262	47	6	7.83333
05.3日19点	-30.91	0	#DIV/0!	60	0	#DIV/0!
05.3日20点	-40.55	0	#DIV/0!	60	0	#DIV/0!
05.3日21点	-37.95	0	#DIV/0!	60	0	#DIV/0!
05.3日22点	-24.76	0	#DIV/0!	60	0	#DIV/0!
05.3日23点	-7.265	2.669	-2.722031	33	17	1.94118

$R_1(\circ)$	$R_2(\circ)$	$R_1(\circ) \cdot R_2(\circ)$	$R_1(\bullet)$	$R_2(\bullet)$	$R_1(\bullet) \cdot R_2(\bullet)$	$\dfrac{R_1(\circ) \cdot R_2(\circ)}{R_1(\bullet) \cdot R_2(\bullet)}$	$\dfrac{R_1(\bullet) \cdot R_2(\bullet)}{R_1(\circ) \cdot R_2(\circ)}$
1.7744	0.9689	1.71921616	1.215	1.5651	1.90707435	0.90149	1.10927

$N(\bullet)$	$N(\circ)$	$N(\bullet)/N(\circ)$	$n(\bullet)$	$n(\circ)$	$n(\bullet)/n(\circ)$	$\dfrac{n(\bullet)/n(\circ)}{N(\bullet)/N(\circ)}$	
-426.17	413.7196	-1.030102272	712	679	1.048600884	-1.018	

2008年5月4日全天每一小时重力变化(日报)

成都 时间	$N(\bullet)$	$N(\circ)$	$\dfrac{N(\bullet)}{N(\circ)}$	$n(\bullet)$	$n(\circ)$	$\dfrac{n(\bullet)}{n(\circ)}$
05.4日0点	-0.371	17.4206	-0.021279	3	53	0.0566
05.4日1点	0	34.0998	0	0	60	0
05.4日2点	0	42.4024	0	0	60	0
05.4日3点	-0.074	37.5097	-0.001975	1	59	0.01695
05.4日4点	-0.222	21.2752	-0.010449	2	54	0.03704
05.4日5点	-7.561	3.9287	-1.924555	32	20	1.6
05.4日6点	-31.65	0	#DIV/0!	60	0	#DIV/0!
05.4日7点	-53.37	0	#DIV/0!	60	0	#DIV/0!
05.4日8点	-63.9	0	#DIV/0!	60	0	#DIV/0!
05.4日9点	-63.68	0	#DIV/0!	60	0	#DIV/0!
05.4日10点	-47.07	0	#DIV/0!	60	0	#DIV/0!
05.4日11点	-19.57	0.2965	-66.00438	53	2	26.5
05.4日12点	-1.334	14.307	-0.093255	8	47	0.17021
05.4日13点	-12.23	53.4478	-0.228849	1	59	0.01695
05.4日14点	0	60.6383	0	0	60	0
05.4日15点	0	65.8274	0	0	60	0
05.4日16点	0	55.9682	0	0	60	0
05.4日17点	0	35.9531	0	0	60	0
05.4日18点	-1.853	11.3418	-0.163396	14	44	0.31818
05.4日19点	-16.38	0.5189	-31.57198	51	4	12.75
05.4日20点	-33.73	0	#DIV/0!	60	0	#DIV/0!
05.4日21点	-40.77	0	#DIV/0!	60	0	#DIV/0!
05.4日22点	-34.77	0	#DIV/0!	60	0	#DIV/0!
05.4日23点	-19.5	0.0741	-263.1066	57	1	57

$R_1(\circ)$	$R_2(\circ)$	$R_1(\circ) \cdot R_2(\circ)$	$R_1(\bullet)$	$R_2(\bullet)$	$R_1(\bullet) \cdot R_2(\bullet)$	$\dfrac{R_1(\circ) \cdot R_2(\circ)}{R_1(\bullet) \cdot R_2(\bullet)}$	$\dfrac{R_1(\bullet) \cdot R_2(\bullet)}{R_1(\circ) \cdot R_2(\circ)}$
1.6366	1.3832	2.26374512	1.6132	1.8585	2.9981322	0.75505	1.32441

$N(\bullet)$	$N(\circ)$	$N(\bullet)/N(\circ)$	$n(\bullet)$	$n(\circ)$	$n(\bullet)/n(\circ)$	$\dfrac{n(\bullet)/n(\circ)}{N(\bullet)/N(\circ)}$	
-448.04	455.0095	-0.984685375	702	703	0.998577525	-1.0141	

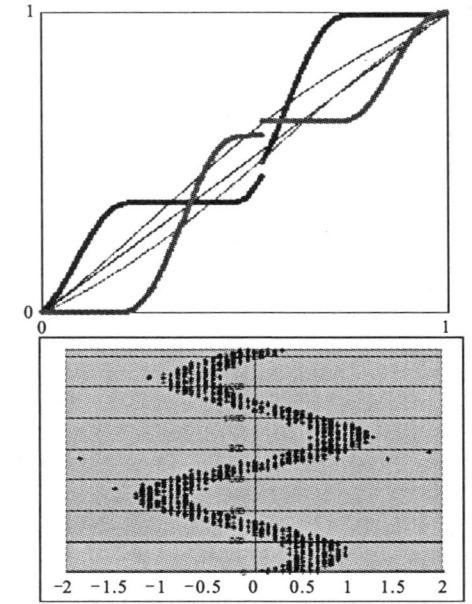

2008年5月5日 $N^-/N^+<1$,清楚表明地壳内部已出现不可抗拒的挤压密度。

2008年5月5日全天每一小时重力变化(日报)

成都 时间	$N(\bullet)$	$N(\circ)$	$\dfrac{N(\bullet)}{N(\circ)}$	$n(\bullet)$	$n(\circ)$	$\dfrac{n(\bullet)}{n(\circ)}$
05.5日0点	−4.077	6.1523	−0.66263	21	29	0.72414
05.5日1点	0	22.6097	0	0	60	0
05.5日2点	0	36.5461	0	0	60	0
05.5日3点	0	39.4371	0	0	60	0
05.5日4点	0	30.0227	0	0	60	0
05.5日5点	−2.001	11.1935	−0.1788	13	43	0.30233
05.5日6点	−18.68	0.7413	−25.20005	53	4	13.25
05.5日7点	−44.63	0	#DIV/0!	60	0	#DIV/0!
05.5日8点	−62.34	0	#DIV/0!	60	0	#DIV/0!
05.5日9点	−71.54	0	#DIV/0!	60	0	#DIV/0!
05.5日10点	−63.01	0	#DIV/0!	60	0	#DIV/0!
05.5日11点	−41.07	0	#DIV/0!	60	0	#DIV/0!
05.5日12点	−11.34	1.9276	−5.884053	42	12	3.5
05.5日13点	−13.71	38.1029	−0.359923	1	56	0.01786
05.5日14点	0	51.6686	0	0	60	0
05.5日15点	0	67.7548	0	0	60	0
05.5日16点	0	69.3115	0	0	60	0
05.5日17点	0	55.8941	0	0	60	0
05.5日18点	0	32.543	0	0	59	0
05.5日19点	−2.743	8.7475	−0.313564	15	37	0.40541
05.5日20点	−18.68	0.1483	−125.9663	54	2	27
05.5日21点	−33.51	0	#DIV/0!	60	0	#DIV/0!
05.5日22点	−37.36	0	#DIV/0!	60	0	#DIV/0!
05.5日23点	−29.5	0	#DIV/0!	60	0	#DIV/0!

$R_1(\circ)$	$R_2(\circ)$	$R_1(\circ)\cdot R_2(\circ)$	$R_1(\bullet)$	$R_2(\bullet)$	$R_1(\bullet)\cdot R_2(\bullet)$	$\dfrac{R_1(\circ)\cdot R_2(\circ)}{R_1(\bullet)\cdot R_2(\bullet)}$	$\dfrac{R_1(\bullet)\cdot R_2(\bullet)}{R_1(\circ)\cdot R_2(\circ)}$
1.6082	2.2494	3.61748508	4.0192	3.7593	15.10937856	0.23942	4.17676

$N(\bullet)$	$N(\circ)$	$N(\bullet)/N(\circ)$	$n(\bullet)$	$n(\circ)$	$n(\bullet)/n(\circ)$	$\dfrac{n(\bullet)/n(\circ)}{N(\bullet)/N(\circ)}$
−454.19	472.801	−0.960645811	679	722	0.940443213	−0.979

2008年5月6日全天每一小时重力变化(日报)

成都 时间	$N(\bullet)$	$N(\circ)$	$\dfrac{N(\bullet)}{N(\circ)}$	$n(\bullet)$	$n(\circ)$	$\dfrac{n(\bullet)}{n(\circ)}$
05.6日0点	−13.05	1.0377	−12.57281	48	8	6
05.6日1点	−1.705	9.7111	−0.175583	12	41	0.29268
05.6日2点	0	25.5008	0	0	60	0
05.6日3点	0	35.8789	0	0	60	0
05.6日4点	0	33.7291	0	0	60	0
05.6日5点	−0.074	20.4599	−0.003622	1	58	0.01724
05.6日6点	−6.153	3.4844	−1.765899	30	20	1.5
05.6日7点	−29.28	0	#DIV/0!	59	0	#DIV/0!
05.6日8点	−51.59	0	#DIV/0!	60	0	#DIV/0!
05.6日9点	−68.79	0	#DIV/0!	60	0	#DIV/0!
05.6日10点	−70.5	0	#DIV/0!	60	0	#DIV/0!
05.6日11点	−57.82	0	#DIV/0!	60	0	#DIV/0!
05.6日12点	−32.54	0	#DIV/0!	60	0	#DIV/0!
05.6日13点	−39.44	39.0664	−1.009489	26	27	0.96296
05.6日14点	0	31.5053	0	0	60	0
05.6日15点	0	56.5612	0	0	60	0
05.6日16点	0	68.8667	0	0	60	0
05.6日17点	0	66.1981	0	0	60	0
05.6日18点	0	51.8169	0	0	60	0
05.6日19点	0	27.8729	0	0	60	0
05.6日20点	−3.484	6.3754	−0.546538	21	33	0.63636
05.6日21点	−18.61	0.2224	−83.66277	51	2	25.5
05.6日22点	−30.54	0	#DIV/0!	60	0	#DIV/0!
05.6日23点	−30.84	0	#DIV/0!	60	0	#DIV/0!

$R_1(\circ)$	$R_2(\circ)$	$R_1(\circ)\cdot R_2(\circ)$	$R_1(\bullet)$	$R_2(\bullet)$	$R_1(\bullet)\cdot R_2(\bullet)$	$\dfrac{R_1(\circ)\cdot R_2(\circ)}{R_1(\bullet)\cdot R_2(\bullet)}$	$\dfrac{R_1(\bullet)\cdot R_2(\bullet)}{R_1(\circ)\cdot R_2(\circ)}$
1.7194	3.7447	6.43863718	160.153	130.002	20820.19034	0.00031	3233.63

$N(\bullet)$	$N(\circ)$	$N(\bullet)/N(\circ)$	$n(\bullet)$	$n(\circ)$	$n(\bullet)/n(\circ)$	$\dfrac{n(\bullet)/n(\circ)}{N(\bullet)/N(\circ)}$
−454.42	478.2872	−0.950093166	668	729	0.916323731	−0.9645

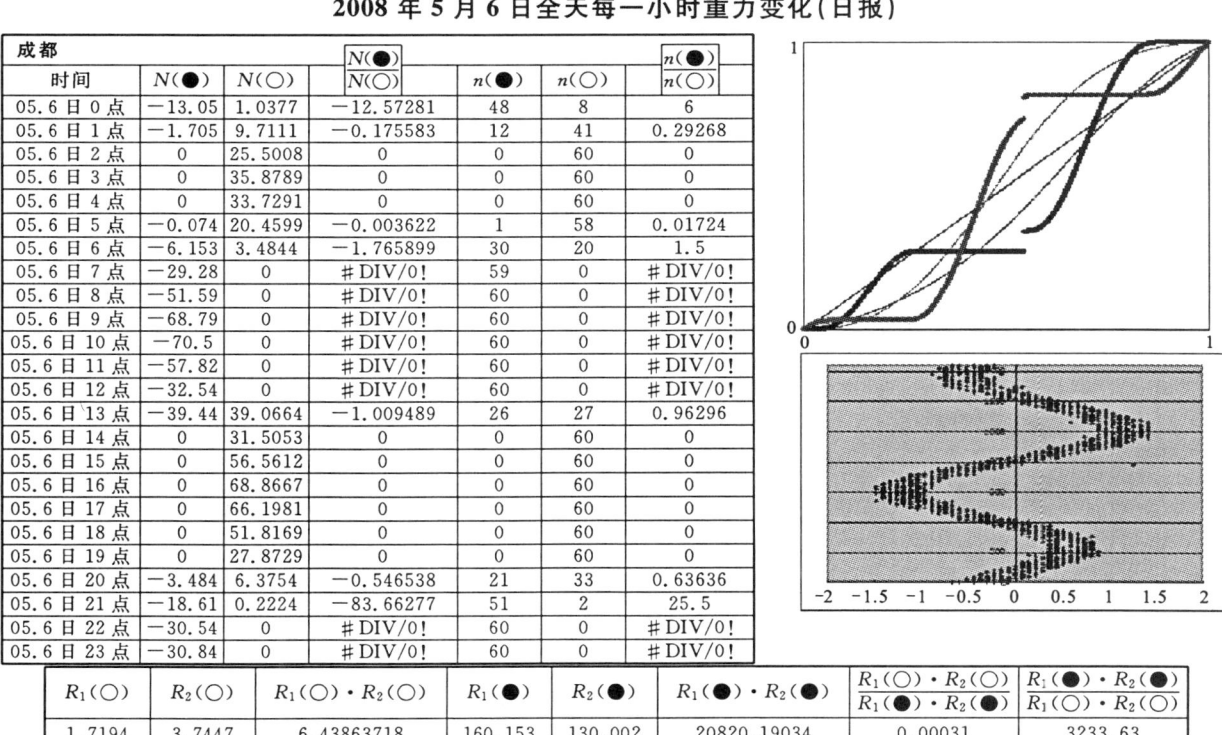

2008 年 5 月 7 日 $R_1^- \cdot R_2^- = 20820$，成都附近已具备接受巨大地震动力的地壳密度环境条件。

2008 年 5 月 7 日全天每一小时重力变化（日报）

成都 时间	$N(\bullet)$	$N(\bigcirc)$	$\dfrac{N(\bullet)}{N(\bigcirc)}$	$n(\bullet)$	$n(\bigcirc)$	$\dfrac{n(\bullet)}{n(\bigcirc)}$
05.7 日 0 点	−22.09	0	#DIV/0!	59	0	#DIV/0!
05.7 日 1 点	−8.154	2.237	−3.666907	36	18	2
05.7 日 2 点	−0.89	13.0471	−0.068199	7	48	0.14583
05.7 日 3 点	0	25.3525	0	0	60	0
05.7 日 4 点	0	30.9863	0	0	60	0
05.7 日 5 点	0	25.8714	0	0	60	0
05.7 日 6 点	−1.112	11.4159	−0.09739	11	45	0.24444
05.7 日 7 点	−13.86	1.2601	−11.00087	46	10	4.6
05.7 日 8 点	−35.06	0	#DIV/0!	60	0	#DIV/0!
05.7 日 9 点	−56.41	0	#DIV/0!	60	0	#DIV/0!
05.7 日 10 点	−67.16	0	#DIV/0!	60	0	#DIV/0!
05.7 日 11 点	−64.79	0	#DIV/0!	60	0	#DIV/0!
05.7 日 12 点	−46.78	308.455	−0.151646	57	3	19
05.7 日 13 点	−36.18	12.0832	−2.993868	55	4	13.75
05.7 日 14 点	−3.558	9.2663	−0.384004	17	37	0.45946
05.7 日 15 点	0	34.4705	0	0	60	0
05.7 日 16 点	0	54.7821	0	0	60	0
05.7 日 17 点	0	63.9741	0	0	60	0
05.7 日 18 点	0	59.823	0	0	60	0
05.7 日 19 点	0	44.5521	0	0	60	0
05.7 日 20 点	−0.074	23.2768	−0.003183	1	57	0.01754
05.7 日 21 点	−4.077	5.3375	−0.763897	21	28	0.75
05.7 日 22 点	−16.01	0.2224	−71.99685	52	1	52
05.7 日 23 点	−24.98	0	#DIV/0!	60	0	#DIV/0!

$R_1(\bigcirc)$	$R_2(\bigcirc)$	$R_1(\bigcirc) \cdot R_2(\bigcirc)$	$R_1(\bullet)$	$R_2(\bullet)$	$R_1(\bullet) \cdot R_2(\bullet)$	$\dfrac{R_1(\bigcirc) \cdot R_2(\bigcirc)}{R_1(\bullet) \cdot R_2(\bullet)}$	$\dfrac{R_1(\bullet) \cdot R_2(\bullet)}{R_1(\bigcirc) \cdot R_2(\bigcirc)}$
82.1076	164.7671	13528.63114	252.091	179.931	45358.98572	0.29826	3.35281

$N(\bullet)$	$N(\bigcirc)$	$N(\bullet)/N(\bigcirc)$	$n(\bullet)$	$n(\bigcirc)$	$n(\bullet)/n(\bigcirc)$	$\dfrac{n(\bullet)/n(\bigcirc)}{N(\bullet)/N(\bigcirc)}$	
−401.19	726.3999	−0.552301287	662	731	0.905608755	−1.6397	

2008 年 5 月 8 日全天每一小时重力变化（日报）

成都 时间	$N(\bullet)$	$N(\bigcirc)$	$\dfrac{N(\bullet)}{N(\bigcirc)}$	$n(\bullet)$	$n(\bigcirc)$	$\dfrac{n(\bullet)}{n(\bigcirc)}$
05.8 日 0 点	−216.4	211.567	−1.022775	38	22	1.72727
05.8 日 1 点	−556.7	523.654	−1.063137	28	32	0.875
05.8 日 2 点	−33.8	31.0604	−1.088309	28	30	0.93333
05.8 日 3 点	−7.709	21.1264	−0.364889	19	38	0.5
05.8 日 4 点	−0.964	23.4251	−0.04114	4	52	0.07692
05.8 日 5 点	−0.074	24.6111	−0.003011	1	58	0.01724
05.8 日 6 点	−0.519	17.7171	−0.029288	5	53	0.09434
05.8 日 7 点	−4.447	6.3748	−0.697650	23	31	0.74194
05.8 日 8 点	−17.42	0.2225	−78.29483	51	3	17
05.8 日 9 点	−38.03	0	#DIV/0!	60	0	#DIV/0!
05.8 日 10 点	−52.63	0	#DIV/0!	60	0	#DIV/0!
05.8 日 11 点	−60.27	0	#DIV/0!	60	0	#DIV/0!
05.8 日 12 点	−55.23	0	#DIV/0!	60	0	#DIV/0!
05.8 日 13 点	−75.39	34.8411	−2.16383	58	2	29
05.8 日 14 点	−17.42	0.4449	−39.15640	52	5	10.4
05.8 日 15 点	−2.076	11.1937	−0.185435	12	42	0.28571
05.8 日 16 点	0	32.6172	0	0	60	0
05.8 日 17 点	0	49.2223	0	0	60	0
05.8 日 18 点	0	55.894	0	0	60	0
05.8 日 19 点	0	51.0756	0	0	60	0
05.8 日 20 点	0	37.2874	0	0	60	0
05.8 日 21 点	−0.074	19.422	−0.003815	1	53	0.01887
05.8 日 22 点	−4.226	6.0046	−0.70371	25	32	0.78125
05.8 日 23 点	−12.68	0.5931	−21.37296	46	6	7.66667

$R_1(\bigcirc)$	$R_2(\bigcirc)$	$R_1(\bigcirc) \cdot R_2(\bigcirc)$	$R_1(\bullet)$	$R_2(\bullet)$	$R_1(\bullet) \cdot R_2(\bullet)$	$\dfrac{R_1(\bigcirc) \cdot R_2(\bigcirc)}{R_1(\bullet) \cdot R_2(\bullet)}$	$\dfrac{R_1(\bullet) \cdot R_2(\bullet)}{R_1(\bigcirc) \cdot R_2(\bigcirc)}$
3.0383	0.0294	0.08932602	6.4307	0.0419	0.26944633	0.33152	3.01644

$N(\bullet)$	$N(\bigcirc)$	$N(\bullet)/N(\bigcirc)$	$n(\bullet)$	$n(\bigcirc)$	$n(\bullet)/n(\bigcirc)$	$\dfrac{n(\bullet)/n(\bigcirc)}{N(\bullet)/N(\bigcirc)}$	
−1156.1	1158.3548	−0.998016152	631	759	0.831357049	−0.833	

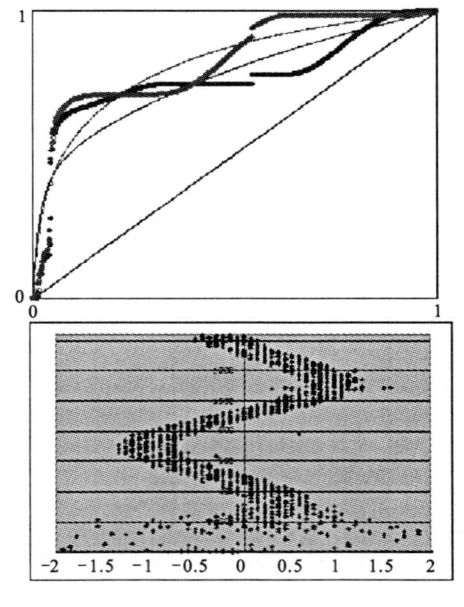

2008年5月8日地震前兆特征非常明显,重力加速和应变加速同步,$R_1^+ \cdot R_2^+$ 和 $R_1^- \cdot R_2^-$ 同时小于1,而 N^- 和 N^+ 比之前突增近1倍,说明地壳应力已经完全抑制太阳和月球对地壳的正常重力加速作用,接下来两三天是极限僵持缓静期。

2008年5月9日全天每一小时重力变化(日报)

成都 时间	$N(●)$	$N(○)$	$\dfrac{N(●)}{N(○)}$	$n(●)$	$n(○)$	$\dfrac{n(●)}{n(○)}$
05.9日0点	−18.75	0	#DIV/0!	57	0	#DIV/0!
05.9日1点	−17.57	0	#DIV/0!	57	0	#DIV/0!
05.9日2点	−11.05	0.9639	−11.45918	44	10	4.4
05.9日3点	−4.745	4.8929	−0.969711	26	28	0.92857
05.9日4点	−1.112	11.6387	−0.095561	11	41	0.26829
05.9日5点	−0.816	17.643	−0.046222	4	51	0.07843
05.9日6点	−0.222	16.531	−0.013454	3	50	0.06
05.9日7点	−14.31	23.9441	−0.597525	19	36	0.52778
05.9日8点	−6.894	3.8547	−1.788492	30	21	1.42857
05.9日9点	−19.35	0.2223	−87.03464	54	3	18
05.9日10点	−34.62	0	#DIV/0!	60	0	#DIV/0!
05.9日11点	−45.66	0	#DIV/0!	60	0	#DIV/0!
05.9日12点	−49.82	0	#DIV/0!	60	0	#DIV/0!
05.9日13点	−73.39	28.4659	−2.578123	58	2	29
05.9日14点	−31.43	0	#DIV/0!	60	0	#DIV/0!
05.9日15点	−13.42	0.8894	−15.08579	46	8	5.75
05.9日16点	−2.075	11.3416	−0.18299	14	42	0.33333
05.9日17点	0	27.947	0	0	60	0
05.9日18点	0	41.5128	0	0	60	0
05.9日19点	0	46.183	0	0	60	0
05.9日20点	0	42.6989	0	0	60	0
05.9日21点	0	31.8759	0	0	60	0
05.9日22点	−0.148	17.4947	−0.008477	1	52	0.01923
05.9日23点	−3.929	7.2651	−0.540832	22	32	0.6875

$R_1(○)$	$R_2(○)$	$R_1(○) \cdot R_2(○)$	$R_1(●)$	$R_2(●)$	$R_1(●) \cdot R_2(●)$	$\dfrac{R_1(○) \cdot R_2(○)}{R_1(●) \cdot R_2(●)}$	$\dfrac{R_1(●) \cdot R_2(●)}{R_1(○) \cdot R_2(○)}$
0.527	3.9688	2.0915576	258.217	194.654	50262.81024	4.2E−05	24031.3

$N(●)$	$N(○)$	$N(●)/N(○)$	$n(●)$	$n(○)$	$n(●)/n(○)$	$\dfrac{n(●)/n(○)}{N(●)/N(○)}$
−349.3	335.3649	−1.041555929	686	676	1.014792899	−0.9743

2008年5月10日全天每一小时重力变化(日报)

成都 时间	$N(●)$	$N(○)$	$\dfrac{N(●)}{N(○)}$	$n(●)$	$n(○)$	$\dfrac{n(●)}{n(○)}$
05.10日0点	−8.97	1.26	−7.11873	36	10	3.6
05.10日1点	−13.64	0.0742	−183.8261	51	1	51
05.10日2点	−13.86	0.0742	−186.8248	50	1	50
05.10日3点	−10.08	1.5571	−6.474921	37	13	2.84615
05.10日4点	−6.005	4.2259	−1.420999	29	28	1.03571
05.10日5点	−4.448	7.8578	−0.566036	20	34	0.58824
05.10日6点	−119.1	130.839	−0.909915	28	30	0.93333
05.10日7点	−9.192	8.9774	−0.484381	27	30	0.9
05.10日8点	−6.227	11.3421	−0.549025	20	26	0.55556
05.10日9点	−8.525	4.0033	−2.129543	34	21	1.61905
05.10日10点	−16.16	0.3706	−43.60577	52	4	13
05.10日11点	−27.13	0	#DIV/0!	60	0	#DIV/0!
05.10日12点	−35.21	0	#DIV/0!	60	0	#DIV/0!
05.10日13点	−50.11	11.4161	−4.389581	58	2	29
05.10日14点	−34.77	0	#DIV/0!	60	0	#DIV/0!
05.10日15点	−25.13	0	#DIV/0!	60	0	#DIV/0!
05.10日16点	−11.42	1.4826	−7.699987	40	11	3.63636
05.10日17点	−2.743	9.4144	−0.29133	15	37	0.40541
05.10日18点	0	22.0907	0	0	59	0
05.10日19点	0	33.3585	0	0	60	0
05.10日20点	0	38.4735	0	0	60	0
05.10日21点	−0.148	36.3978	−0.004072	1	59	0.01695
05.10日22点	0	28.1694	0	0	60	0
05.10日23点	−0.074	16.8276	−0.004409	1	55	0.01818

$R_1(○)$	$R_2(○)$	$R_1(○) \cdot R_2(○)$	$R_1(●)$	$R_2(●)$	$R_1(●) \cdot R_2(●)$	$\dfrac{R_1(○) \cdot R_2(○)}{R_1(●) \cdot R_2(●)}$	$\dfrac{R_1(●) \cdot R_2(●)}{R_1(○) \cdot R_2(○)}$
0.3877	0.902	0.3497054	19.7815	8.0445	159.1322768	0.0022	455.047

$N(●)$	$N(○)$	$N(●)/N(○)$	$n(●)$	$n(○)$	$n(●)/n(○)$	$\dfrac{n(●)/n(○)}{N(●)/N(○)}$
−402.9	378.2124	−1.065268352	739	611	1.209492635	−1.1354

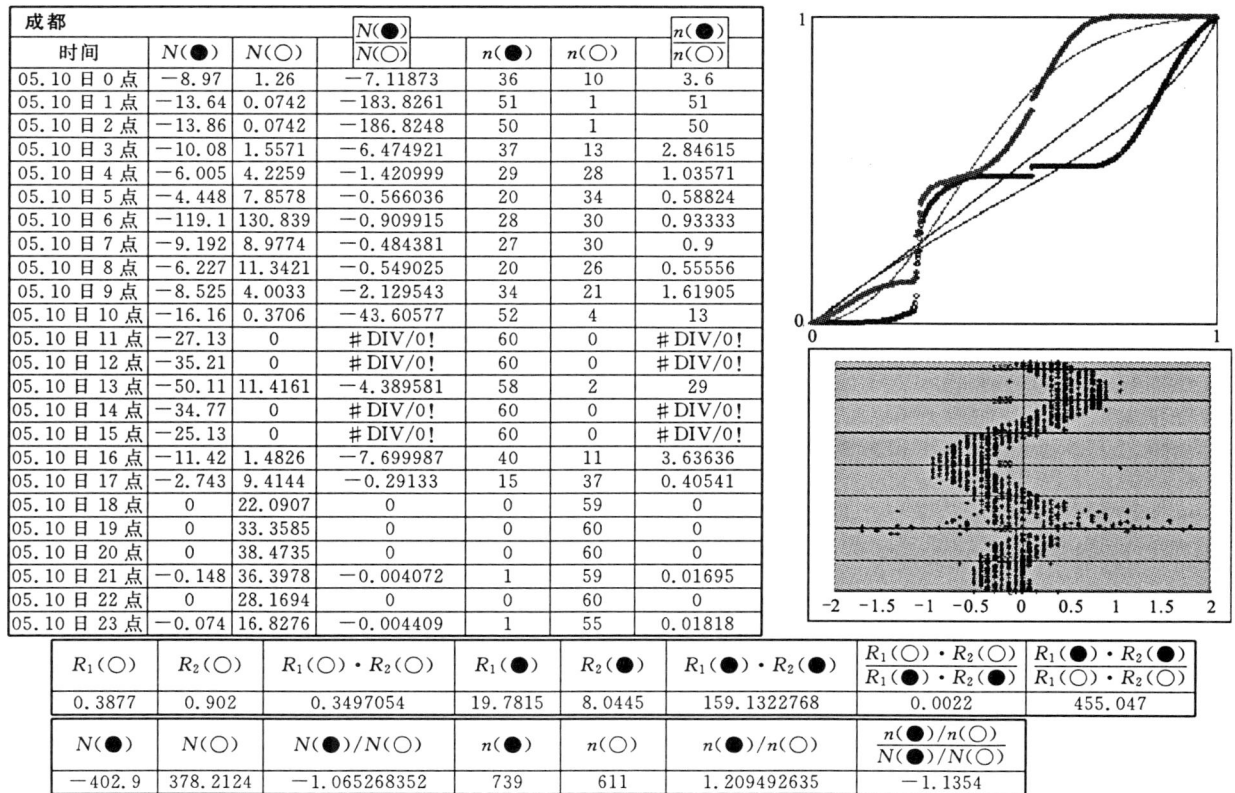

2008年5月11日全天每一小时重力变化(日报)

成都 时间	$N(●)$	$N(○)$	$\dfrac{N(●)}{N(○)}$	$n(●)$	$n(○)$	$\dfrac{n(●)}{n(○)}$
05.11日0点	−2.817	7.7094	−0.365372	18	38	0.47368
05.11日1点	−7.858	2.5945	−3.028638	33	20	1.65
05.11日2点	−11.94	0.5931	−20.12308	41	7	5.85714
05.11日3点	−20.46	6.7459	−3.032939	44	10	4.4
05.11日4点	−15.35	4.8927	−3.136305	42	17	2.47059
05.11日5点	−8.896	2.3721	−3.750095	38	18	2.11111
05.11日6点	−5.041	4.2997	−1.172407	26	28	0.92857
05.11日7点	−3.336	7.0425	−0.473695	21	31	0.67742
05.11日8点	−2.224	7.5611	−0.294111	17	35	0.48571
05.11日9点	−3.335	7.3384	−0.454513	24	32	0.75
05.11日10点	−5.56	4.3741	−1.271141	26	26	1
05.11日11点	−10.01	1.2601	−7.94183	38	11	3.45455
05.11日12点	−17.12	0.0741	−231.0931	55	1	55
05.11日13点	−45.96	21.4977	−2.137931	57	2	28.5
05.11日14点	−28.47	0	#DIV/0!	60	0	#DIV/0!
05.11日15点	−27.43	0	#DIV/0!	60	0	#DIV/0!
05.11日16点	−21.5	0	#DIV/0!	59	0	#DIV/0!
05.11日17点	−11.34	1.0379	−10.92784	41	11	3.72727
05.11日18点	−3.632	6.8198	−0.532596	22	33	0.66667
05.11日19点	−0.296	16.9017	−0.017543	3	51	0.05882
05.11日20点	0	26.835	0	0	60	0
05.11日21点	0	32.9879	0	0	60	0
05.11日22点	0	32.1724	0	0	60	0
05.11日23点	0	26.242	0	0	59	0

$R_1(○)$	$R_2(○)$	$R_1(○)·R_2(○)$	$R_1(●)$	$R_2(●)$	$R_1(●)·R_2(●)$	$\dfrac{R_1(○)·R_2(○)}{R_1(●)·R_2(●)}$	$\dfrac{R_1(●)·R_2(●)}{R_1(○)·R_2(○)}$
0.1415	2.473	0.3499295	5.8928	5.2204	30.76277312	0.01138	87.9113
$N(●)$	$N(○)$	$N(●)/N(○)$	$n(●)$	$n(○)$	$n(●)/n(○)$	$\dfrac{n(●)/n(○)}{N(●)/N(○)}$	
−252.56	221.3521	−1.14099166	725	610	1.18852459	−1.0417	

2008年5月12日全天每一小时重力变化(日报)

成都 时间	$N(●)$	$N(○)$	$\dfrac{N(●)}{N(○)}$	$n(●)$	$n(○)$	$\dfrac{n(●)}{n(○)}$
05.12日0点	−0.297	16.9759	−0.017472	3	51	0.05882
05.12日1点	−2.372	7.4131	−0.320015	16	37	0.43243
05.12日2点	−8.303	2.4463	−3.393942	34	19	1.78947
05.12日3点	−13.49	0.519	−25.99557	49	4	12.25
05.12日4点	−17.05	0.1483	−114.9697	55	1	55
05.12日5点	−16.9	0.2965	−57.00371	53	3	17.6667
05.12日6点	−12.97	0.5188	−25.00501	44	6	7.33333
05.12日7点	−8.525	2.3718	−3.594148	33	19	1.73684
05.12日8点	−4.596	4.8182	−0.953842	24	28	0.85714
05.12日9点	−2.965	8.2282	−0.360346	17	35	0.48571
05.12日10点	−2.669	9.8594	−0.270676	17	35	0.48571
05.12日11点	−2.594	8.3766	−0.309732	20	34	0.58824
05.12日12点	−4.893	5.8563	−0.835442	26	30	0.86667
05.12日13点	−22.24	15.0485	−1.477828	36	17	2.11765
05.12日14点	−3528	3525.85	−1.00568	39	16	2.4375
05.12日15点	−4149	3760.54	−1.103314	34	26	1.30769
05.12日16点	−2082	1868.37	−1.114268	32	27	1.18519
05.12日17点	−2803	2775.87	−1.009908	32	28	1.14286
05.12日18点	−1180	1177.04	−1.002519	35	24	1.45833
05.12日19点	−2063	2060.37	−1.001187	33	27	1.22222
05.12日20点	−1094	1114.47	−0.981708	27	33	0.81818
05.12日21点	−693.9	746.934	−0.929039	27	33	0.81818
05.12日22点	−615.4	610.46	−1.008436	29	30	0.96667
05.12日23点	−1222	1269.92	−0.962524	28	32	0.875

$R_1(○)$	$R_2(○)$	$R_1(○)·R_2(○)$	$R_1(●)$	$R_2(●)$	$R_1(●)·R_2(●)$	$\dfrac{R_1(○)·R_2(○)}{R_1(●)·R_2(●)}$	$\dfrac{R_1(●)·R_2(●)}{R_1(○)·R_2(○)}$
53.9111	438.8349	23658.07218	56.6391	442.779	25078.62105	0.94336	1.06004
$N(●)$	$N(○)$	$N(●)/N(○)$	$n(●)$	$n(○)$	$n(●)/n(○)$	$\dfrac{n(●)/n(○)}{N(●)/N(○)}$	
−19551	18992.698	−1.029374568	743	595	1.248739496	−1.2131	

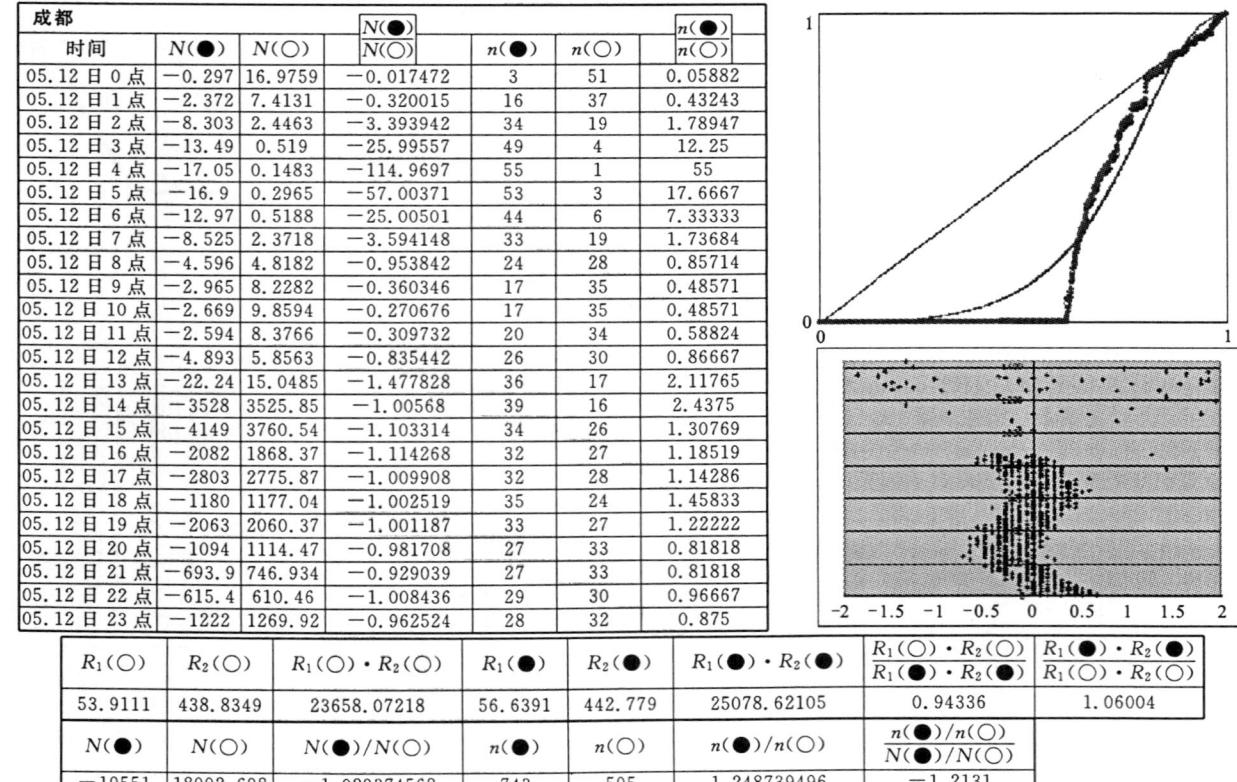

2. 从危险度参数寻找短临和临震信号

为了研究重力法对于地震的前兆意义，下面特意把成都重力观测与姑咱应变观测两种前兆，按照群子统计方法进行量化临界识别（表7-2）。

表7-2 地震前兆的重力法和应变法识别比较

农历	阳历	姑咱应变法预报判断指标		成都重力法预报判断指标	
		$\frac{R_1(\bigcirc)\cdot R_2(\bigcirc)}{R_1(\bullet)\cdot R_2(\bullet)}\times\left(\frac{N(\bullet)}{N(\bigcirc)}\right)^3$	$\frac{R_1(\bullet)\cdot R_2(\bullet)}{R_1(\bigcirc)\cdot R_2(\bigcirc)}\times\left(\frac{N(\bigcirc)}{N(\bullet)}\right)^3$	$\frac{R_1(\bigcirc)\cdot R_2(\bigcirc)}{R_1(\bullet)\cdot R_2(\bullet)}\times\left(\frac{N(\bullet)}{N(\bigcirc)}\right)^3$	$\frac{R_1(\bullet)\cdot R_2(\bullet)}{R_1(\bigcirc)\cdot R_2(\bigcirc)}\times\left(\frac{N(\bigcirc)}{N(\bullet)}\right)^3$
11.23	1.01	−6169.974558	−0.000589205	−0.003527847	−727.4337976
11.24	1.02	−19.44912459	−0.068791824	−0.072309457	−45.42533877
11.25	1.03	−3.536318726	−0.294057215	−0.00871048	−520.0619116
11.26	1.04	−0.124431136	−0.135003093	−0.007827212	−303.8049204
11.27	1.05	−20.30273514	−0.08093097	−0.000468336	−2576.309846
11.28	1.06	−2.934166649	−0.282334086	−0.582337641	−2.147928984
11.29	1.07	−11.91365772	−0.208204192	−1.462901143	−0.769305164
12.01	1.08	−2.081278409	−0.624876359	−4.862639188	−0.169015593
12.02	1.09	−3.169812461	−0.652879427	−0.346188538	−2.381262695
12.03	1.10	−11.93285691	−0.094880937	−20.55909065	−0.034183603
12.04	1.11	−2.99443092	−1.147071927	−20.3559001	−0.026538278
12.05	1.12	−4.612963493	−1.27444038	−13.70097345	−0.043707984
12.06	1.13	−6.960499733	−0.568917284	−3.591296418	−0.205050868
12.07	1.14	−3.359640491	−0.640600804	−1.05621866	−0.995218679
12.08	1.15	−6.877177399	−0.019785691	−0.177401233	−10.95914062
12.09	1.16	−11.58256401	−0.214087509	−1.92245792	−0.026104085
12.10	1.17	−33.64253062	−0.035596012	−3.47031E−05	−120380.9963
12.11	1.18	−1.187652175	−0.741545027	−0.000314516	−12687.35563
12.12	1.19	−0.817568224	−0.3867249	−0.059873931	−45.83087188
12.13	1.20	−2.158084085	−0.932813316	−0.517915832	−3.267017961
12.14	1.21	−0.682970579	−3.153400597	−2.619936193	−0.428844256
12.15	1.22	−1.745101335	−1.292579915	−2.413495887	−0.339008426
12.16	1.23	−1.735424006	−1.670248276	−23.00097676	−0.032232225
12.17	1.24	−2.670071169	−0.806664511	−8.597267782	−0.072470587
12.18	1.25	−2.135891753	−0.818373504	−6.610394553	−0.098762647
12.19	1.26	−7.971154348	−0.391905683	−3.311476313	−0.241776342
12.20	1.27	−7.226338245	−0.226317518	−1.491604047	−0.697009266
12.21	1.28	−1.44785472	−1.522159923	−0.468302378	−3.088990035
12.22	1.29	#DIV/0!	#DIV/0!	−0.010941394	−204.8659075
12.23	1.30	−52.63292205	−0.153890601	−5.602E−05	−52973.18872
12.24	1.31	−25.62115641	−0.110234902	−4.74905E−05	−87600.76751
12.25	2.1	−6.006804228	−0.210602272	−0.005367287	−757.8981598
12.26	2.2	−92.71120173	−0.025869015	−0.030060646	−106.1845571
12.27	2.3	−68.99011387	−0.049613885	−0.195826278	−12.9429737
12.28	2.4	−13.98639612	−0.186979494	−0.974408375	−2.012910362

续表 7-2

农历	阳历	姑咱应变法预报判断指标		成都重力法预报判断指标	
		$\frac{R_1(\bigcirc)\cdot R_2(\bigcirc)}{R_1(\bullet)\cdot R_2(\bullet)}\times\left(\frac{N(\bullet)}{N(\bigcirc)}\right)^3$	$\frac{R_1(\bullet)\cdot R_2(\bullet)}{R_1(\bigcirc)\cdot R_2(\bigcirc)}\times\left(\frac{N(\bullet)}{N(\bigcirc)}\right)^3$	$\frac{R_1(\bigcirc)\cdot R_2(\bigcirc)}{R_1(\bullet)\cdot R_2(\bullet)}\times\left(\frac{N(\bullet)}{N(\bigcirc)}\right)^3$	$\frac{R_1(\bullet)\cdot R_2(\bullet)}{R_1(\bigcirc)\cdot R_2(\bigcirc)}\times\left(\frac{N(\bullet)}{N(\bigcirc)}\right)^3$
12.29	2.5	-6.429873223	-0.40045169	-874.4860747	-2.75791E-05
12.30	2.6	-2.713862173	-0.966669358	-2.99518296	-0.368801455
1.01	2.7	-0.940078702	-2.647066998	-4.186612171	-0.211399995
1.02	2.8	-2.063136628	-1.344644041	-0.474929281	-1.728342227
1.03	2.9	-4.635263876	-0.701569667	-2.402994736	-0.285998212
1.04	2.10	-13.54624187	-0.141262173	-0.950653479	-0.777314127
1.05	2.11	-58.27605949	-0.087849615	-0.232660303	-3.855969045
1.06	2.12	-15.40273293	-0.366838401	-0.063752142	-19.32400768
1.07	2.13	-20677.51238	-0.000148816	-0.000136652	-16983.91768
1.08	2.14	-123.7687593	-0.017676136	-0.040514603	-45.24803067
1.09	2.15	-20.93925987	-0.144694895	-1.71554E-05	-284529.6558
1.10	2.16	-21.78562105	-0.206882712	-0.004088955	-1146.166254
1.11	2.17	-19.97908746	-0.167718223	-0.147165121	-19.5046691
1.12	2.18	-1.975805465	-0.679311493	-0.964482945	-1.86354023
1.13	2.19	-5.361784782	-0.199446185	-1.20364658	-1.036960634
1.14	2.20	-0.958733951	-1.074274512	-1.050812858	-0.942271505
1.15	2.21	-1873.092648	-0.000447879	-26.11237546	-0.001840144
1.16	2.22	-2.786252593	-1.06262113	-2.276479715	-0.32554293
1.17	2.23	-16686.36175	-0.000453253	-0.973482004	-0.771843796
1.18	2.24	-10.14747579	-0.224095546	-1.317347574	-0.710098114
1.19	2.25	-1.812805627	-0.776907451	-0.971796969	-1.045011796
1.20	2.26	-4.892746462	-1.113002476	-1.277269064	-0.899082907
1.21	2.27	-117.0355352	-0.153859152	-0.018911133	-73.82318652
1.22	2.28	-133.1775037	-0.010261186	-2.54561E-05	-109861.9328
1.23	2.29	#DIV/0!	#DIV/0!	-2.37328E-05	-123860.4554
1.24	3.01	-0.105023535	-65.27664803	-0.003804288	-1117.806004
1.25	3.02	-5.854858621	-5.035311248	-0.049172463	-62.60556732
1.26	3.03	-8.395858074	-0.246507662	-0.113726321	-12.00471053
1.27	3.04	-8.227637629	-0.435986433	-0.686913033	-2.762766526
1.28	3.05	-6.345811812	-0.306252843	-1.045308373	-1.419208845
1.29	3.06	-1.362651051	-1.811968684	-1.487263431	-0.766755437
1.30	3.07	-4.282877027	-0.672636927	-1.687399822	-0.553769611
2.01	3.08	-19.7989409	-0.065816073	-1.225080315	-0.631662723
2.02	3.09	-5.257816291	-0.430450588	-0.309324281	-2.325885244
2.03	3.10	-19999.12557	-0.00010527	-0.045857371	-16.4689817
2.04	3.11	-770.0897752	-0.00419139	-0.000236517	-4097.589069
2.05	3.12	-21.94909243	-0.130339587	-0.009221863	-151.7962336
2.06	3.13	-94141.51573	-0.000137505	-1.26193E-05	-211911.9508
2.07	3.14	-4.156458915	-1.254724971	-0.00042261	-57.73726892

续表 7-2

农历	阳历	姑咱应变法预报判断指标		成都重力法预报判断指标	
		$\frac{R_1(\bigcirc)\cdot R_2(\bigcirc)}{R_1(\bullet)\cdot R_2(\bullet)}\times\left(\frac{N(\bullet)}{N(\bigcirc)}\right)^3$	$\frac{R_1(\bullet)\cdot R_2(\bullet)}{R_1(\bigcirc)\cdot R_2(\bigcirc)}\times\left(\frac{N(\bigcirc)}{N(\bullet)}\right)^3$	$\frac{R_1(\bigcirc)\cdot R_2(\bigcirc)}{R_1(\bullet)\cdot R_2(\bullet)}\times\left(\frac{N(\bullet)}{N(\bigcirc)}\right)^3$	$\frac{R_1(\bullet)\cdot R_2(\bullet)}{R_1(\bigcirc)\cdot R_2(\bigcirc)}\times\left(\frac{N(\bigcirc)}{N(\bullet)}\right)^3$
2.08	3.15	−6.478052268	−0.330873724	−0.036921268	−79.79875784
2.09	3.16	#DIV/0!	#DIV/0!	−0.018639651	−227.9520566
2.10	3.17	−1.589116706	−1.256051158	−0.18402965	−13.90781366
2.11	3.18	−1.34580631	−2.767276409	−1.052015315	−0.948470713
2.12	3.19	−9.588593755	−0.50168592	−16.01237275	−0.001672598
2.13	3.20	−25.53518597	−0.076395833	−1.031758368	−0.996789927
2.14	3.21	−2520.455165	−0.000382498	−0.87637331	−1.110316369
2.15	3.22	−2266.33281	−0.001455052	−0.768918224	−1.080318813
2.16	3.23	−58.07708917	−0.061205941	−0.235023151	−3.64882009
2.17	3.24	−65514.00709	−3.41917E−05	−0.047280091	−19.63784608
2.18	3.25	−8.10195042	−0.617493441	−0.000196336	−5402.742091
2.19	3.26	−10375.31641	−0.000127093	−4.42606E−05	−28932.35397
2.20	3.27	−2084.183034	−0.009718175	−2.50538E−05	−68585.68146
2.21	3.28	−114.9103865	−0.049103711	−1.22228E−05	−206512.1761
2.22	3.29	−80.14142987	−0.037737697	−2.60694E−05	−103028.6816
2.23	3.30	−12.72065136	−0.32622385	−3.028535594	−0.617250249
2.24	3.31	−459.6541762	−0.009178027	−0.007799745	−485.5191967
2.25	4.01	−15.19512192	−0.081803686	−0.094975773	−30.77268897
2.26	4.02	−146.317905	−0.019426785	−0.990432887	−1.012025698
2.27	4.03	−5.611195949	−0.238897444	−0.711291259	−2.172086667
2.28	4.04	−10.3146449	−0.167873969	−0.953313837	−1.247453535
2.29	4.05	−30.3991009	−0.041864333	−0.933203671	−1.035617084
3.01	4.06	−27.86608744	−0.05478904	−0.457157814	−1.70724435
3.02	4.07	−65419.84995	−3.14779E−05	−0.062140912	−11.47571919
3.03	4.08	−80703.49392	−8.3142E−06	−0.126637404	−0.149787829
3.04	4.09	−20.62085231	−0.224621806	−11.34103712	−0.087428545
3.05	4.10	−16860.06669	−0.000136383	−2.89851E−05	−47173.09903
3.06	4.11	−15.49706821	−0.251902046	−1.90399E−05	−122813.028
3.07	4.12	−10.87464027	−0.360659939	−0.000145537	−12683.27241
3.08	4.13	−43.56788971	−0.108214789	−0.002051241	−2195.160072
3.09	4.14	−13.20642579	−0.291974674	−0.039071831	−76.93978151
3.10	4.15	−129.707507	−0.013600187	−0.197796514	−10.95615039
3.11	4.16	−206.4161458	−0.016622036	−0.71114771	−1.835562983
3.12	4.17	−74.55020589	−0.040986014	−0.674663453	−1.851637511
3.13	4.18	−14217.28599	−0.000109025	−0.744262885	−1.378575629
3.14	4.19	−128.4130856	−0.012175767	−0.766408863	−1.217575795
3.15	4.20	−25003.24606	−5.76194E−05	−0.44620752	−1.978363563
3.16	4.21	−14.97733661	−0.233241653	−0.219881864	−4.190517329
3.17	4.22	−137255.6791	−2.28671E−05	−7.00275E−05	−10173.13321

续表 7-2

农历	阳历	姑咱应变法预报判断指标		成都重力法预报判断指标	
		$\dfrac{R_1(\bigcirc)\cdot R_2(\bigcirc)}{R_1(\bullet)\cdot R_2(\bullet)}\times\left(\dfrac{N(\bullet)}{N(\bigcirc)}\right)^3$	$\dfrac{R_1(\bullet)\cdot R_2(\bullet)}{R_1(\bigcirc)\cdot R_2(\bigcirc)}\times\left(\dfrac{N(\bullet)}{N(\bigcirc)}\right)^3$	$\dfrac{R_1(\bigcirc)\cdot R_2(\bigcirc)}{R_1(\bullet)\cdot R_2(\bullet)}\times\left(\dfrac{N(\bullet)}{N(\bigcirc)}\right)^3$	$\dfrac{R_1(\bullet)\cdot R_2(\bullet)}{R_1(\bigcirc)\cdot R_2(\bigcirc)}\times\left(\dfrac{N(\bullet)}{N(\bigcirc)}\right)^3$
3.18	4.23	−202994.6947	−1.86549E−05	−9.30186E−05	−11041.96823
3.19	4.24	−5.488428721	−0.264339436	−0.079125046	−14.3249627
3.20	4.25	−593.8755624	−0.002015439	−4.55168E−05	−30140.96013
3.21	4.26	−53.62469869	−0.075777235	−2.73663E−05	−66187.29741
3.22	4.27	−1461.139932	−0.001165396	−1.28763E−05	−163435.8145
3.23	4.28	−17.5976688	−0.785949591	−0.000489252	−5272.588625
3.24	4.29	−38.3621092	−0.073529845	−1.244279574	−0.152065292
3.25	4.30	−83.22087688	−0.016186159	−0.134774844	−18.27646485
3.26	5.1	−54.13605453	−0.060772481	−0.449031015	−4.2794855
3.27	5.2	−1.311040023	−1.330088827	−4.53806204	−0.274751619
3.28	5.3	−2369.427639	−0.000353803	−0.985380345	−1.212490028
3.29	5.4	−107.999304	−0.035432029	−0.720890348	−1.264490917
4.01	5.5	−254939.3667	−7.43979E−06	−0.212251137	−3.702795553
4.02	5.6	−51116.72299	−1.84945E−05	−0.000265221	−2773.251935
4.03	5.7	−32272.90023	−3.66481E−05	−0.050247989	−0.564855869
4.04	5.8	−5.728836836	−0.282339946	−0.329547803	−2.998520335
4.05	5.9	−424913.1842	−1.44206E−05	−4.70187E−05	−27153.43168
4.06	5.10	−373710.7185	−1.43491E−05	−0.002656569	−550.0890652
4.07	5.11	−67.13200039	−0.040065256	−0.016896723	−130.5847122
4.08	5.12	−1.217169085	−1.132146987	−1.028954101	−1.156230985

由表 7-2 可见，无论是重力观测还是应变观测，临震危险度判断指标基本上同步。有意义的是在孕震过程中，地壳内部结构重组过程极灵敏地反映在重力群子参数上，如 $R_1^-\cdot R_2^-$ 值变化特别大，说明地壳内部重力实体构造变化区域非常大，而同一天对应变来说，其 $R_1^+\cdot R_2^+$ 值虽然变大，但是变化幅度不太大；另一个特别有意义的是重力异常所显示的短临信号比应变的短临信号更突出，但是重力异常的临震信号远不如应变的临震信号强。

总之，通过以上的讨论可以得出一个结论：重力法对强地震的前兆识别来说，是非常灵敏的手段，值得推广应用。

第八章 汶川特大地震的地倾斜前兆识别

【摘要】作为地震前兆中形变观测的重要组成部分——地倾斜,一直备受学者关注。但是对地倾斜观测数据缺乏有效的识别方法,仍然是制约其作为地震预测依据的重要原因之一。本章将探讨运用群子统计理论对地倾斜观测数据进行定量识别,与地壳应力应变和重力定量识别相结合,共同构建地震前兆识别体系的技术方法。

地倾斜与 GPS、流动重力、大面积水准、断层形变、重力、硐体形变与钻孔应变等共同构成地壳形变观测。这些形变观测旨在测定地壳表面点位之间相对位置的变化,以及反映地壳岩石物性变化的潮汐振幅因子、相位滞后等,以获取地壳形变的信息,观测量既有几何量,也有物理量。地壳形变具有明确的几何意义和地球物理意义。因此,地倾斜完全可以作为地震前兆的一个重要特征加以量化识别。位错理论研究表明,孕震区在地震前后伴随有重力与形变场的改变,表现在倾斜形变中的变化为潮汐畸变以及序列大小、方向、速率等的改变,从中如何获得震前的一些前兆信息是一项重要的研究方向。国内学者吴翼麟等(地质学报,Vol. 18. No. 4, Nov. 1996)对这个问题进行了探索,他们根据楚雄、永胜、弥渡地震台 FSQ 倾斜仪 1987—1994 年的观测资料,研究提出了"危险类"指标的概念,并与这期间所发生的地震事件对应起来,得到了某些关联性认识,但是他们认为尚未能取得理论上的突破性进展。作者认为,这仍然是一个地震前兆识别问题,地倾斜同样存在多体对立统一的最可几强度竞争问题,同样存在加速、加速增量和加速增量持续时间问题,因此,作者同样采用群子统计理论,依据地壳断裂流变动力学原理,量化出每一天的群子参数,分析在孕震过程中地倾斜的极限临界特征。下面作者就通过 2008 年 1 月 1 日至 5 月 12 日的地倾斜观测数据的群子统计方法,对地倾斜在汶川特大地震中的前兆作用进行量化分析。

第一节 地倾斜观测现状与地倾斜观测原理

一、地倾斜观测现状

我国的地倾斜观测始于 20 世纪的 70 年代,经过几十年的努力,由土法观测到专业科学观测,实现了跨越式发展。现在我国已经建成了覆盖全国主要地震断裂带的地倾斜观测台网(图 8-1),采用的地倾斜观测仪共有 4 种:水管倾斜仪、水平摆倾斜仪、垂直摆倾斜仪和钻孔倾斜仪。作为我国地震前兆台网的重要组成部分,地倾斜一直受观测数据的处理和识别困扰,未能发挥地震前兆判据作用。

二、地倾斜观测原理

地壳倾斜与地壳变形稍有不同。地壳变形基本上是代表地壳在垂直于地表方向的高度变化;而地壳倾斜是指地壳变形过程中在平行于地表的某一方向(例如北方)上的高度变化。地壳变形的测量是间歇性的,地壳倾斜的测量则是连续的,其最常用的方法,就是在可能发生地震的区域内,布设观测仪,作连续的记录。倾斜仪通常采用双轴设计,以便测量南北向与东西向的地壳倾斜。

地倾斜的观测原理与重力法相似,不同的是观测主体倾斜所引起的倾斜度大小,如白天太阳直射时倾斜率小,而太阳斜射时倾斜度就变大。作者发现这种方法如果采用直观方式也很难获得地震前兆的

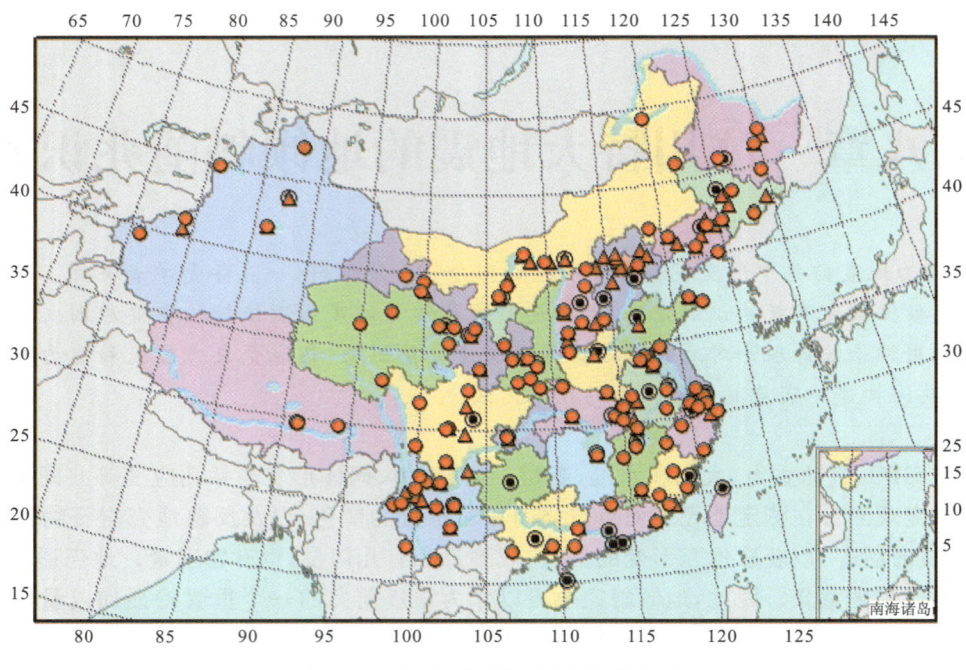

图 8-1 我国地倾斜观测台站分布图

明显规律。倾斜与重力法一样,基线严重漂移,从 2008 年 1 月 1 日至 2008 年 5 月 12 日期间倾斜曲线处于正负平衡态的只有 15 天,其余将近 120 天中曲线有时全部在正值,有时全部在负值,举若干天东西和南北两组数据变化为例(图 8-2)。

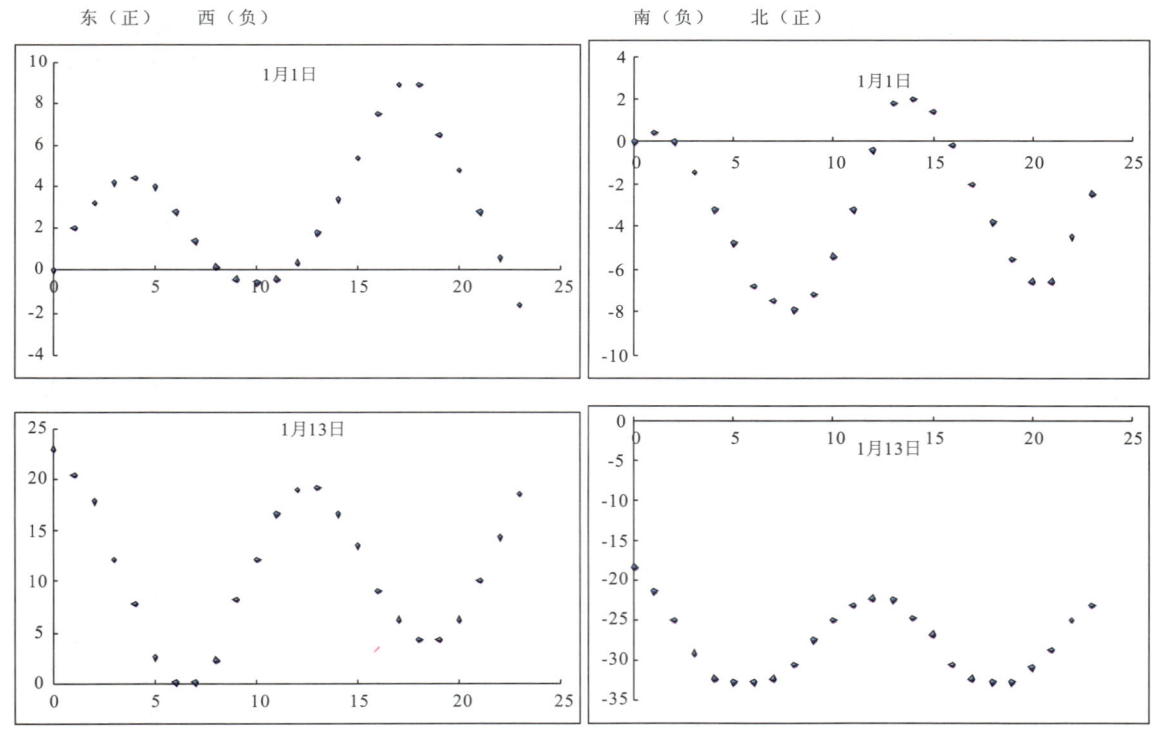

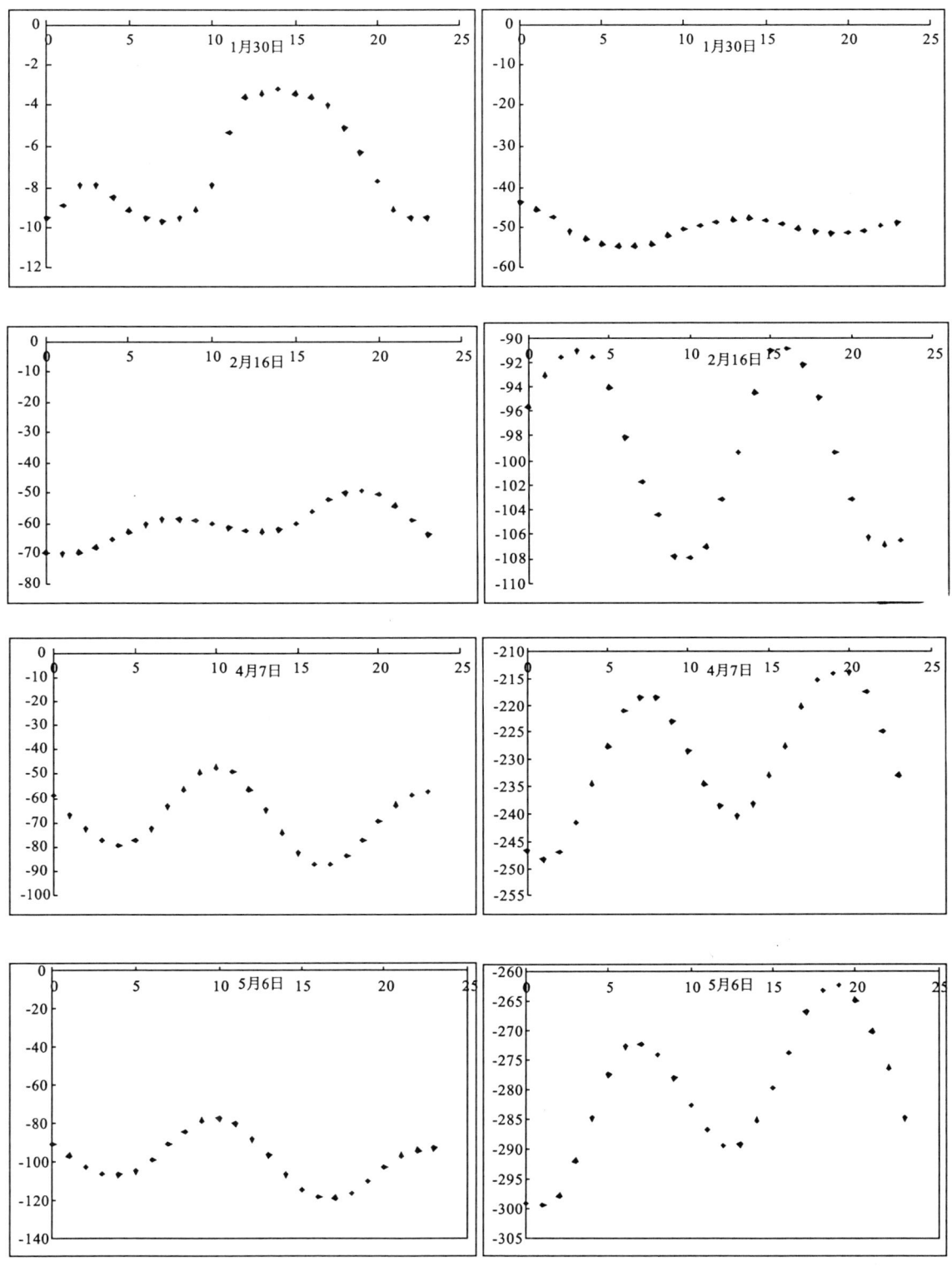

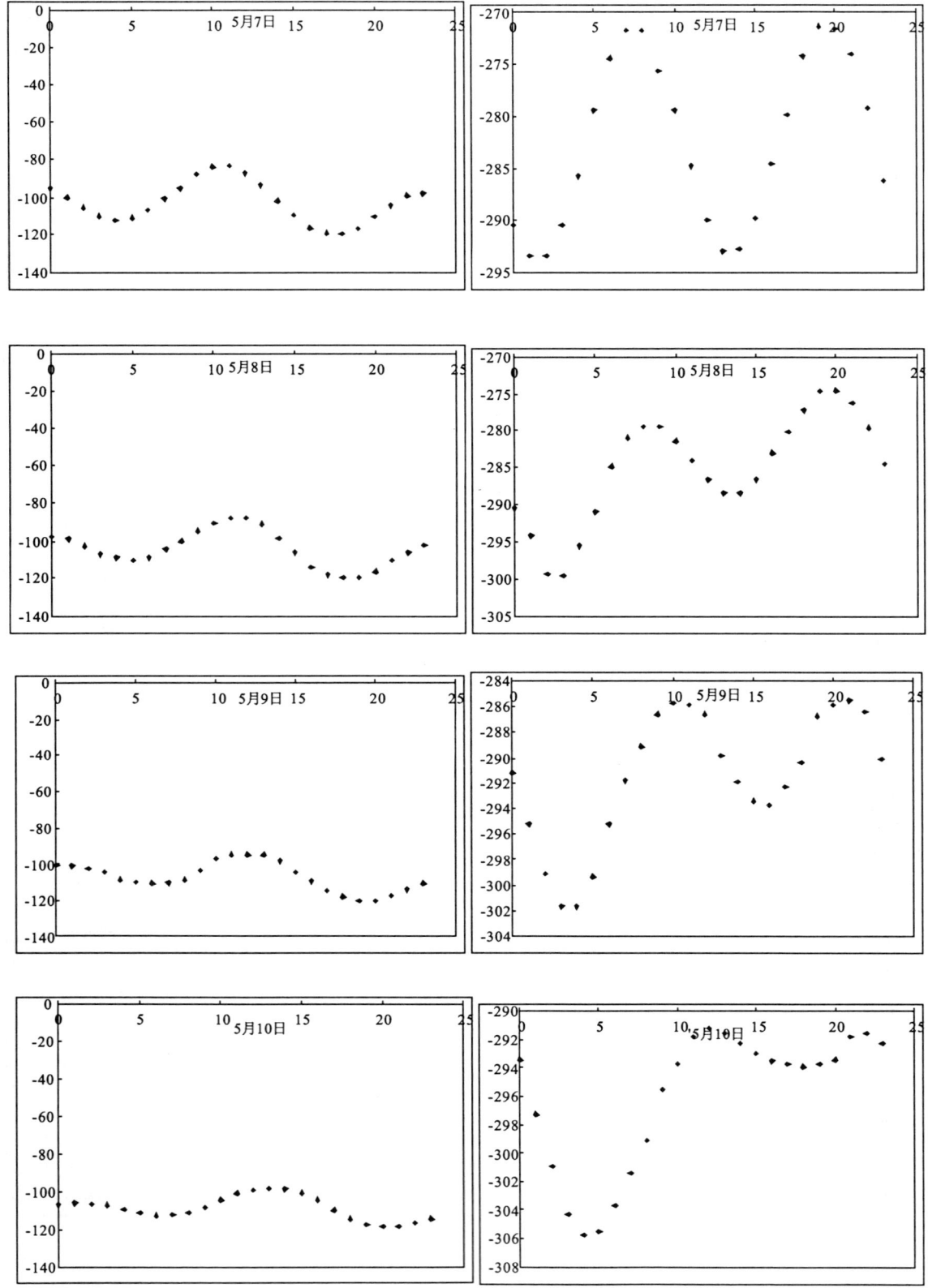

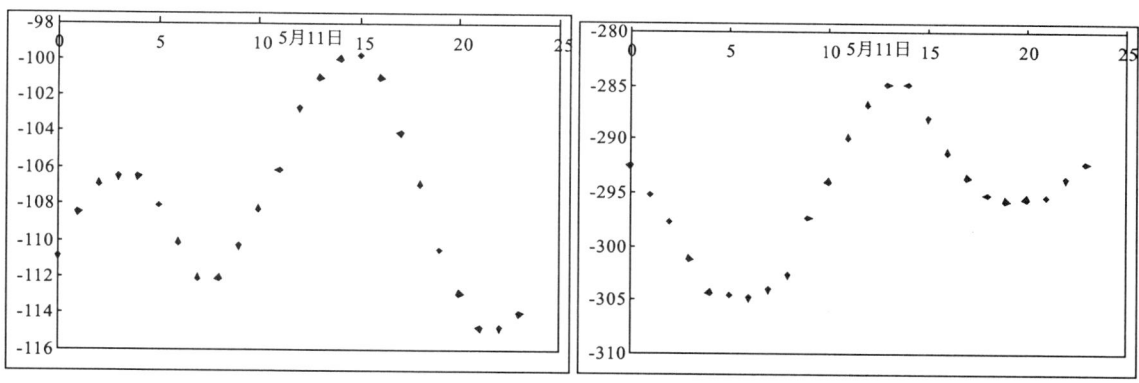

图 8-2 东西和南北倾斜零线情况

图中单位为毫秒；1 度＝3600 秒＝3,600,000 毫秒

由图 8-2 可以看出，无论是东西向或南北向倾斜数据，零线漂移特别严重，很难用来直接判定地震前兆情况。

三、地倾斜变化的加速速率

作者仍然运用群子统计理论研究了成都地震台 2008 年 1 月至 5 月间地倾斜加速速率变化状况。由于监测是分成东西和南北两部分来进行，所以加速速率变化值也分成东西和南北两种（图 8-3～图 8-12）。

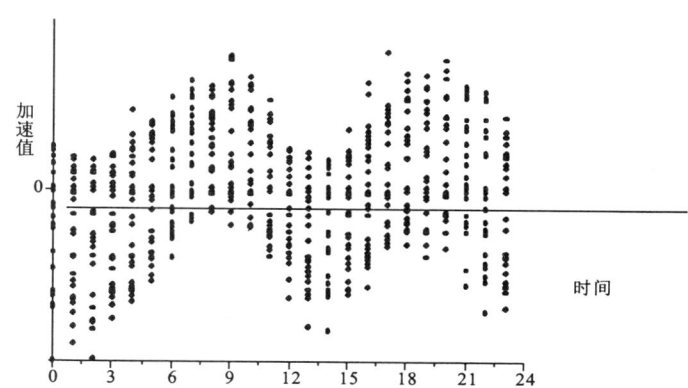

图 8-3 2008 年 1 月 1 日—1 月 31 日汶川地震台倾斜（东西）速率变化

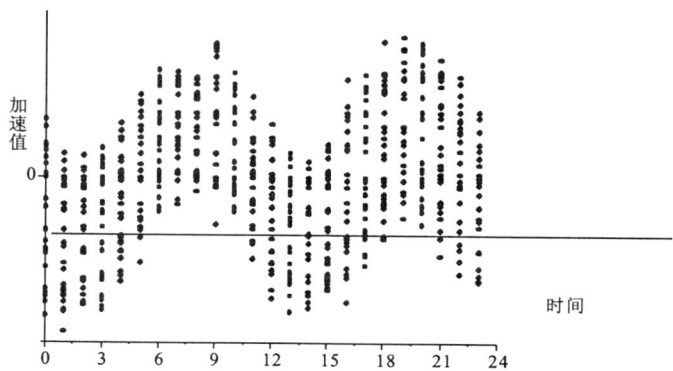

图 8-4 2008 年 2 月 1 日—2 月 29 日汶川地震台倾斜（东西）速率变化

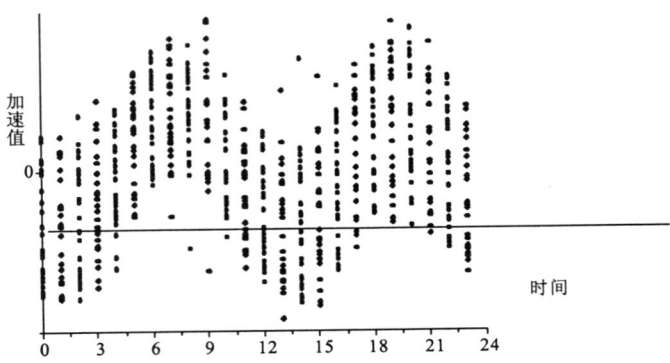

图 8-5　2008 年 3 月 1 日—3 月 31 日汶川地震台倾斜(东西)速率变化

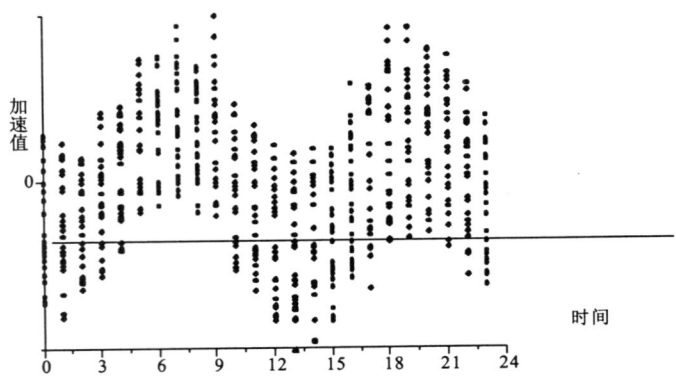

图 8-6　2008 年 4 月 1 日—4 月 30 日汶川地震台倾斜(东西)速率变化

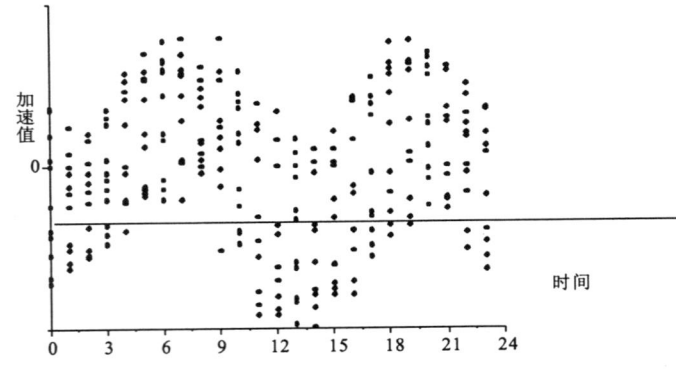

图 8-7　2008 年 5 月 1 日—5 月 11 日汶川地震台倾斜(东西)速率变化

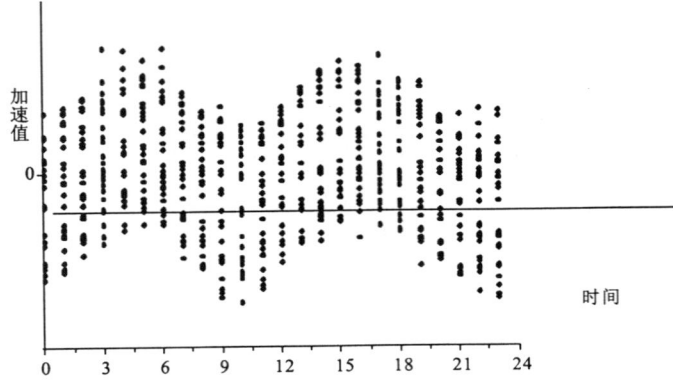

图 8-8　2008 年 1 月 1 日—1 月 31 日汶川地震台倾斜(南北)速率变化

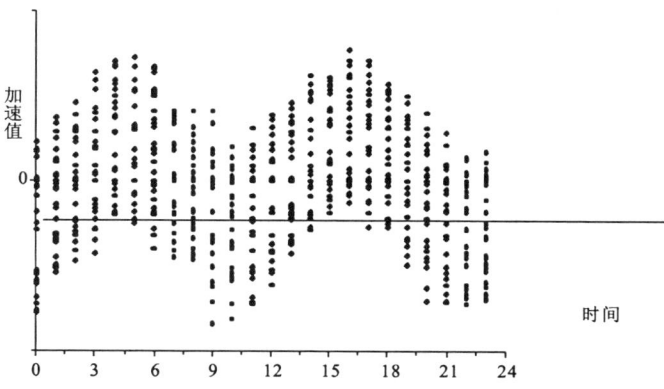

图 8-9　2008 年 2 月 1 日—2 月 29 日汶川地震台倾斜（南北）速率变化

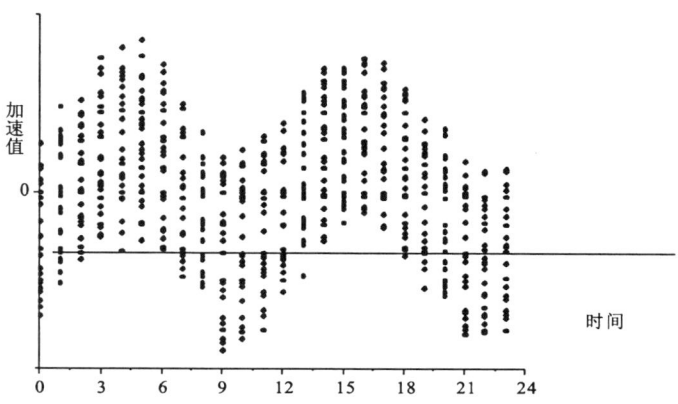

图 8-10　2008 年 3 月 1 日—3 月 31 日汶川地震台倾斜（南北）速率变化

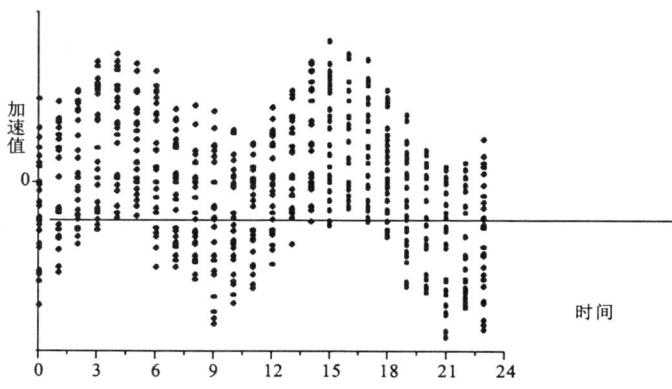

图 8-11　2008 年 4 月 1 日—4 月 30 日汶川地震台倾斜（南北）速率变化

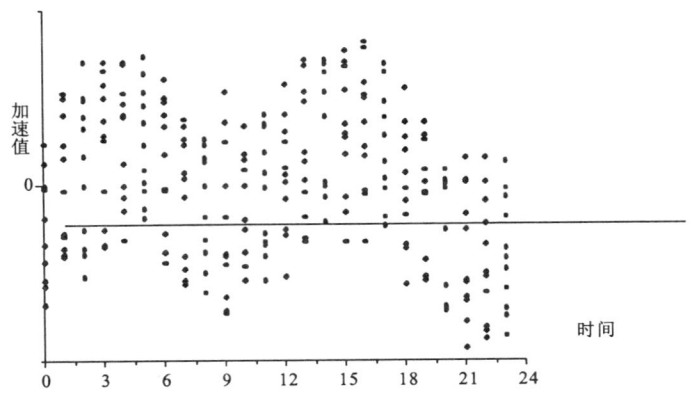

图 8-12 2008年5月1日—5月11日汶川地震台倾斜(南北)速率变化

第二节 东西方向倾斜观测临界识别

有关倾斜的识别方法与应力应变、重力的群子统计方法一样,通过地震破坏地壳内部各种岩体的空间结构和相对坐标系统,观察由此引起地表倾斜运动的加速现象,反演引起倾斜加速运动的岩石结构和相对坐标系统的地壳断裂过程,定量研究倾斜加速运动与地震之间的必然联系,以确立倾斜观测识别对于地震的前兆意义。

运用这种方法,作者详细研究了汶川地震台记录的2008年1月1日至5月12日的所有倾斜数据,因篇幅关系,只列具有典型意义的日报及每月的汇总表。

一、2008年1月—3月汶川地倾斜观测台南北向的加速值日报

2008年1月1日全天每一小时正斜力和负斜力增量(日报)

汶川(NS)

时间	N(●)	N(○)
01.1日0点	0	0
01.1日1点	0	0.4
01.1日2点	−0.4	0
01.1日3点	−1.4	0
01.1日4点	−1.8	0
01.1日5点	−1.6	0
01.1日6点	−2	0
01.1日7点	−0.7	0
01.1日8点	−0.4	0
01.1日9点	0	0.7
01.1日10点	0	1.8
01.1日11点	0	2.2
01.1日12点	0	2.8
01.1日13点	0	2.2
01.1日14点	0	0.2
01.1日15点	−0.6	0
01.1日16点	−1.6	0
01.1日17点	−1.8	0
01.1日18点	−1.8	0
01.1日19点	−1.7	0
01.1日20点	−1.1	0
01.1日21点	0	0
01.1日22点	0	2.1
01.1日23点	0	2

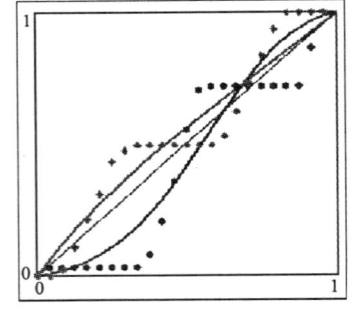 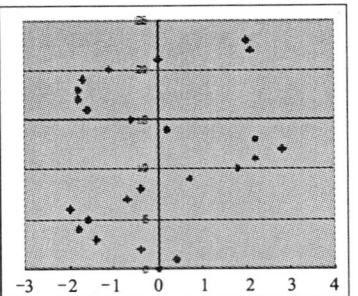

$R_1(○)$	$R_2(○)$	$R_1(○) \cdot R_2(○)$	$R_1(●)$	$R_2(●)$	$R_1(●) \cdot R_2(●)$	$\dfrac{R_1(○) \cdot R_2(○)}{R_1(●) \cdot R_2(●)}$	$\dfrac{R_1(●) \cdot R_2(●)}{R_1(○) \cdot R_2(○)}$
3.9253	6.0095	23.58909035	1.0909	0.6526	0.71192134	33.134405	0.03018

$N(●)$	$N(○)$	$N(●)/N(○)$	$n(●)$	$n(○)$	$n(●)/n(○)$	$\dfrac{n(●)/n(○)}{N(●)/N(○)}$
−16.9	14.4	−1.173611111	13	9	1.444444444	−1.230769

2008年1月10日全天每一小时正斜力和负斜力增量(日报)

汶川(NS)

时间	$N(\bullet)$	$N(\circ)$
01.10日0点	0	0
01.10日1点	−3.2	0
01.10日2点	0	0.2
01.10日3点	0	1.9
01.10日4点	0	4.7
01.10日5点	0	5.5
01.10日6点	0	4.3
01.10日7点	0	1.6
01.10日8点	0	0.2
01.10日9点	−1.1	0
01.10日10点	−5.7	0
01.10日11点	−4.6	0
01.10日12点	−3.4	0
01.10日13点	−1.8	0
01.10日14点	0	0.3
01.10日15点	0	2.5
01.10日16点	0	5.4
01.10日17点	0	5.2
01.10日18点	0	5.4
01.10日19点	0	3.4
01.10日20点	0	0.7
01.10日21点	−1.6	0
01.10日22点	−4	0
01.10日23点	−6	0

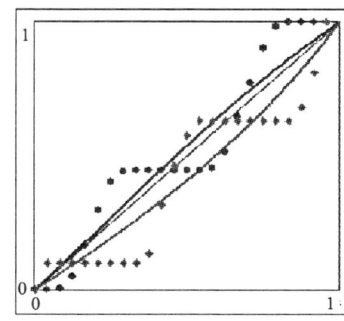
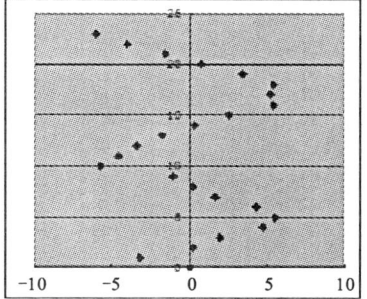

$R_1(\circ)$	$R_2(\circ)$	$R_1(\circ)\cdot R_2(\circ)$	$R_1(\bullet)$	$R_2(\bullet)$	$R_1(\bullet)\cdot R_2(\bullet)$	$\dfrac{R_1(\circ)\cdot R_2(\circ)}{R_1(\bullet)\cdot R_2(\bullet)}$	$\dfrac{R_1(\bullet)\cdot R_2(\bullet)}{R_1(\circ)\cdot R_2(\circ)}$
1.2679	0.9575	1.21401425	0.6344	1.3631	0.86475064	1.4038894	0.712307

$N(\bullet)$	$N(\circ)$	$N(\bullet)/N(\circ)$	$n(\bullet)$	$n(\circ)$	$n(\bullet)/n(\circ)$	$\dfrac{n(\bullet)/n(\circ)}{N(\bullet)/N(\circ)}$
−31.4	41.3	−0.760290557	9	14	0.642857143	−0.845541

2008年1月20日全天每一小时正斜力和负斜力增量(日报)

汶川(NS)

时间	$N(\bullet)$	$N(\circ)$
01.20日0点	0	0.9
01.20日1点	0	3.6
01.20日2点	0	4.4
01.20日3点	0	4.2
01.20日4点	0	3.5
01.20日5点	0	0.8
01.20日6点	−0.8	0
01.20日7点	−3.5	0
01.20日8点	−5.2	0
01.20日9点	−6.8	0
01.20日10点	−5	0
01.20日11点	−1.5	0
01.20日12点	0	0.6
01.20日13点	0	3.9
01.20日14点	0	5.7
01.20日15点	0	6.5
01.20日16点	0	4.1
01.20日17点	0	1.6
01.20日18点	0	0
01.20日19点	−3.8	0
01.20日20点	−5	0
01.20日21点	−5.5	0
01.20日22点	−5.4	0
01.20日23点	−3.6	0

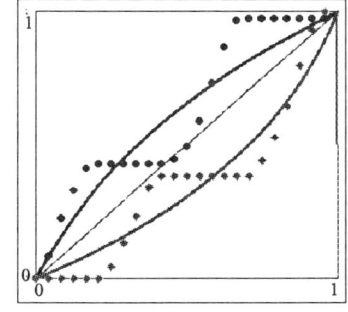
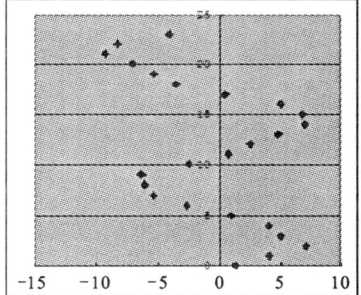

$R_1(\circ)$	$R_2(\circ)$	$R_1(\circ)\cdot R_2(\circ)$	$R_1(\bullet)$	$R_2(\bullet)$	$R_1(\bullet)\cdot R_2(\bullet)$	$\dfrac{R_1(\circ)\cdot R_2(\circ)}{R_1(\bullet)\cdot R_2(\bullet)}$	$\dfrac{R_1(\bullet)\cdot R_2(\bullet)}{R_1(\circ)\cdot R_2(\circ)}$
1.6457	0.5346	0.87979122	0.4956	1.5517	0.76902252	1.1440383	0.874097

$N(\bullet)$	$N(\circ)$	$N(\bullet)/N(\circ)$	$n(\bullet)$	$n(\circ)$	$n(\bullet)/n(\circ)$	$\dfrac{n(\bullet)/n(\circ)}{N(\bullet)/N(\circ)}$
−46.1	39.8	−1.158291457	11	12	0.916666667	−0.791396

2008年1月31日全天每一小时正斜力和负斜力增量(日报)

汶川(NS)

时间	$N(\bullet)$	$N(\bigcirc)$
01.31日0点	0	1.5
01.31日1点	−0.4	0
01.31日2点	−1.8	0
01.31日3点	−1.4	0
01.31日4点	−1.1	0
01.31日5点	−1.1	0
01.31日6点	−1.4	0
01.31日7点	−1.4	0
01.31日8点	−0.4	0
01.31日9点	0	0.2
01.31日10点	0	1.8
01.31日11点	0	2
01.31日12点	0	1.7
01.31日13点	0	1.5
01.31日14点	0	0.9
01.31日15点	0	0.5
01.31日16点	0	0
01.31日17点	−1.4	0
01.31日18点	−1.5	0
01.31日19点	−2.1	0
01.31日20点	−1.4	0
01.31日21点	0	0
01.31日22点	0	0.5
01.31日23点	0	0.9

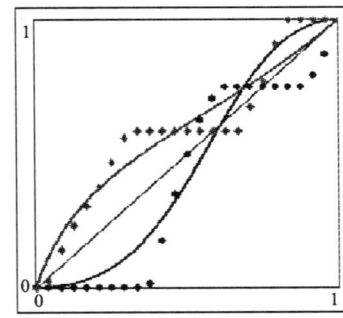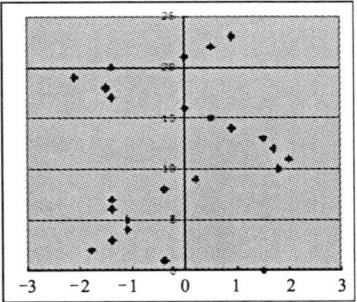

$R_1(\bigcirc)$	$R_2(\bigcirc)$	$R_1(\bigcirc)\cdot R_2(\bigcirc)$	$R_1(\bullet)$	$R_2(\bullet)$	$R_1(\bullet)\cdot R_2(\bullet)$	$\dfrac{R_1(\bigcirc)\cdot R_2(\bigcirc)}{R_1(\bullet)\cdot R_2(\bullet)}$	$\dfrac{R_1(\bullet)\cdot R_2(\bullet)}{R_1(\bigcirc)\cdot R_2(\bigcirc)}$
17.1485	26.5655	455.5584768	1.0488	0.307	0.3219816	1414.8587	0.000707

$N(\bullet)$	$N(\bigcirc)$	$N(\bullet)/N(\bigcirc)$	$n(\bullet)$	$n(\bigcirc)$	$n(\bullet)/n(\bigcirc)$	$\dfrac{n(\bullet)/n(\bigcirc)}{N(\bullet)/N(\bigcirc)}$
−15.4	11.5	−1.339130435	12	10	1.2	−0.896104

2008年2月1日全天每一小时正斜力和负斜力增量(日报)

汶川(NS)

时间	$N(\bullet)$	$N(\bigcirc)$
02.01日0点	−0.3	0
02.01日1点	0	3.2
02.01日2点	0	5
02.01日3点	0	7.2
02.01日4点	0	8.4
02.01日5点	0	7.5
02.01日6点	0	5.2
02.01日7点	0	0.4
02.01日8点	−3.4	0
02.01日9点	−7.3	0
02.01日10点	−9.3	0
02.01日11点	−9.3	0
02.01日12点	−7	0
02.01日13点	−2.8	0
02.01日14点	0	1.8
02.01日15点	0	5.4
02.01日16点	0	7.5
02.01日17点	0	7.5
02.01日18点	0	5.6
02.01日19点	0	1.8
02.01日20点	−2.3	0
02.01日21点	−5.4	0
02.01日22点	−7.1	0
02.01日23点	−7.1	0

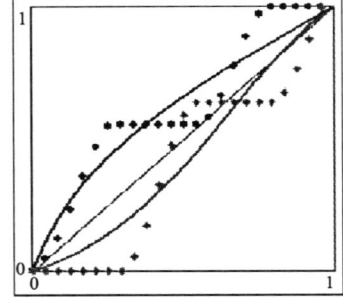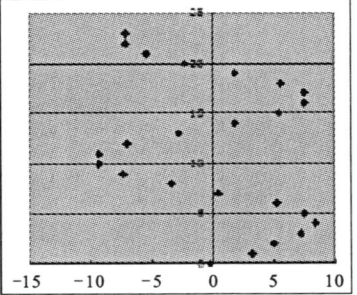

$R_1(\bigcirc)$	$R_2(\bigcirc)$	$R_1(\bigcirc)\cdot R_2(\bigcirc)$	$R_1(\bullet)$	$R_2(\bullet)$	$R_1(\bullet)\cdot R_2(\bullet)$	$\dfrac{R_1(\bigcirc)\cdot R_2(\bigcirc)}{R_1(\bullet)\cdot R_2(\bullet)}$	$\dfrac{R_1(\bullet)\cdot R_2(\bullet)}{R_1(\bigcirc)\cdot R_2(\bigcirc)}$
1.603	0.3381	0.5419743	1.3575	2.5752	3.495834	0.1550343	6.450184

$N(\bullet)$	$N(\bigcirc)$	$N(\bullet)/N(\bigcirc)$	$n(\bullet)$	$n(\bigcirc)$	$n(\bullet)/n(\bigcirc)$	$\dfrac{n(\bullet)/n(\bigcirc)}{N(\bullet)/N(\bigcirc)}$
−61.3	66.5	−0.921804511	11	13	0.846153846	−0.917932

2008年2月10日全天每一小时正斜力和负斜力增量(日报)

汶川(NS)

时间	$N(\bullet)$	$N(\bigcirc)$
02.10日0点	−7.2	0
02.10日1点	−5.4	0
02.10日2点	−2.7	0
02.10日3点	0	0.4
02.10日4点	0	3.8
02.10日5点	0	4.4
02.10日6点	0	6.7
02.10日7点	0	4.1
02.10日8点	0	2.7
02.10日9点	−0.2	0
02.10日10点	−2.9	0
02.10日11点	−4.1	0
02.10日12点	−5.2	0
02.10日13点	−3.7	0
02.10日14点	−2.7	0
02.10日15点	0	0.3
02.10日16点	0	2.9
02.10日17点	0	3.4
02.10日18点	0	5.7
02.10日19点	0	5
02.10日20点	0	4
02.10日21点	0	0.7
02.10日22点	−2.9	0
02.10日23点	−5.3	0

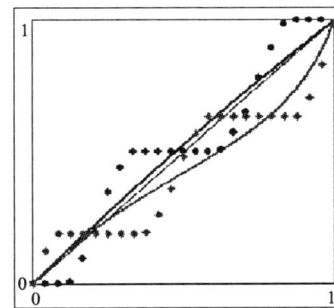
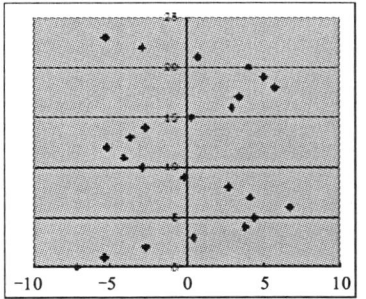

$R_1(\bigcirc)$	$R_2(\bigcirc)$	$R_1(\bigcirc)\cdot R_2(\bigcirc)$	$R_1(\bullet)$	$R_2(\bullet)$	$R_1(\bullet)\cdot R_2(\bullet)$	$\dfrac{R_1(\bigcirc)\cdot R_2(\bigcirc)}{R_1(\bullet)\cdot R_2(\bullet)}$	$\dfrac{R_1(\bullet)\cdot R_2(\bullet)}{R_1(\bigcirc)\cdot R_2(\bigcirc)}$
1.1089	0.8864	0.98292896	0.3107	0.8004	0.24868428	3.9525175	0.253003

$N(\bullet)$	$N(\bigcirc)$	$N(\bullet)/N(\bigcirc)$	$n(\bullet)$	$n(\bigcirc)$	$n(\bullet)/n(\bigcirc)$	$\dfrac{n(\bullet)/n(\bigcirc)}{N(\bullet)/N(\bigcirc)}$
−42.3	44.1	−0.959183673	11	13	0.846153846	−0.88216

2008年2月20日全天每一小时正斜力和负斜力增量(日报)

汶川(NS)

时间	$N(\bullet)$	$N(\bigcirc)$
02.20日0点	−1.8	0
02.20日1点	0	1.8
02.20日2点	0	2.9
02.20日3点	0	6.4
02.20日4点	0	6.8
02.20日5点	0	5.4
02.20日6点	0	1.8
02.20日7点	−1.3	0
02.20日8点	−2.5	0
02.20日9点	−12.3	0
02.20日10点	−5.8	0
02.20日11点	−5.3	0
02.20日12点	−1.8	0
02.20日13点	0	1.8
02.20日14点	0	5.3
02.20日15点	0	6.1
02.20日16点	0	6.8
02.20日17点	0	5.4
02.20日18点	0	3.6
02.20日19点	−0.4	0
02.20日20点	−5	0
02.20日21点	−5.7	0
02.20日22点	−7.2	0
02.20日23点	−6.6	0

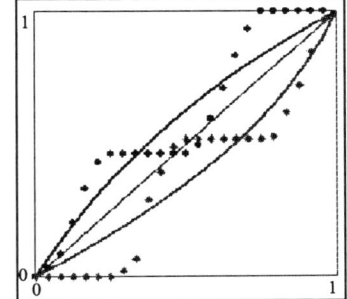
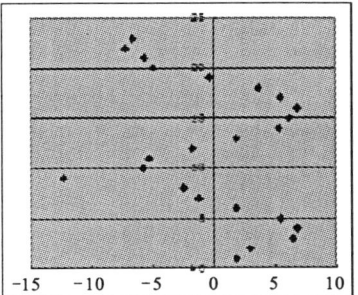

$R_1(\bigcirc)$	$R_2(\bigcirc)$	$R_1(\bigcirc)\cdot R_2(\bigcirc)$	$R_1(\bullet)$	$R_2(\bullet)$	$R_1(\bullet)\cdot R_2(\bullet)$	$\dfrac{R_1(\bigcirc)\cdot R_2(\bigcirc)}{R_1(\bullet)\cdot R_2(\bullet)}$	$\dfrac{R_1(\bullet)\cdot R_2(\bullet)}{R_1(\bigcirc)\cdot R_2(\bigcirc)}$
1.6559	0.5813	0.96257467	0.4291	1.6606	0.71256346	1.3508617	0.740268

$N(\bullet)$	$N(\bigcirc)$	$N(\bullet)/N(\bigcirc)$	$n(\bullet)$	$n(\bigcirc)$	$n(\bullet)/n(\bigcirc)$	$\dfrac{n(\bullet)/n(\bigcirc)}{N(\bullet)/N(\bigcirc)}$
−55.7	54.1	−1.029574861	12	12	1	−0.971275

2008 年 2 月 29 日全天每一小时正斜力和负斜力增量（日报）

汶川(NS)

时间	$N(\bullet)$	$N(\circ)$
02.29 日 0 点	0	0.2
02.29 日 1 点	−0.4	0
02.29 日 2 点	−1.4	0
02.29 日 3 点	−1.6	0
02.29 日 4 点	−0.9	0
02.29 日 5 点	−0.7	0
02.29 日 6 点	−0.2	0
02.29 日 7 点	0	0.2
02.29 日 8 点	0	0.5
02.29 日 9 点	0	1.8
02.29 日 10 点	0	0.9
02.29 日 11 点	0	1.4
02.29 日 12 点	0	1.3
02.29 日 13 点	0	2.3
02.29 日 14 点	0	0.4
02.29 日 15 点	0	0.3
02.29 日 16 点	−0.3	0
02.29 日 17 点	−0.4	0
02.29 日 18 点	−0.9	0
02.29 日 19 点	−1.4	0
02.29 日 20 点	−1.3	0
02.29 日 21 点	−0.7	0
02.29 日 22 点	0	0
02.29 日 23 点	0	0.7

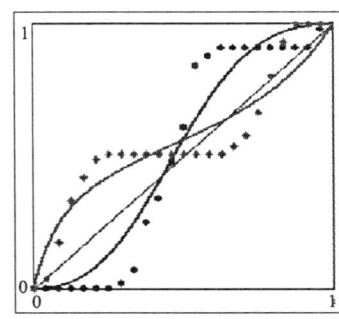
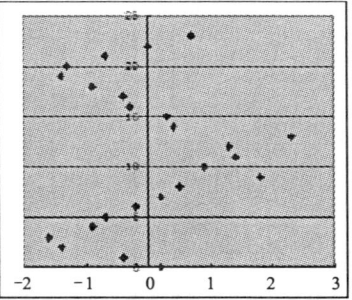

$R_1(\circ)$	$R_2(\circ)$	$R_1(\circ)\cdot R_2(\circ)$	$R_1(\bullet)$	$R_2(\bullet)$	$R_1(\bullet)\cdot R_2(\bullet)$	$\dfrac{R_1(\circ)\cdot R_2(\circ)}{R_1(\bullet)\cdot R_2(\bullet)}$	$\dfrac{R_1(\bullet)\cdot R_2(\bullet)}{R_1(\circ)\cdot R_2(\circ)}$
80.8311	61.5114	4972.034125	0.5589	0.2032	0.11356848	43780.053	2.28E−05

$N(\bullet)$	$N(\circ)$	$N(\bullet)/N(\circ)$	$n(\bullet)$	$n(\circ)$	$n(\bullet)/n(\circ)$	$\dfrac{n(\bullet)/n(\circ)}{N(\bullet)/N(\circ)}$
−10.2	10	−1.02	12	11	1.090909091	−1.069519

2008 年 3 月 1 日全天每一小时正斜力和负斜力增量（日报）

汶川(NS)

时间	$N(\bullet)$	$N(\circ)$
03.01 日 0 点	−47.4	0
03.01 日 1 点	0	2.9
03.01 日 2 点	0	1.6
03.01 日 3 点	0	0.6
03.01 日 4 点	−0.4	0
03.01 日 5 点	−1.8	0
03.01 日 6 点	−3.2	0
03.01 日 7 点	−3.6	0
03.01 日 8 点	−2.7	0
03.01 日 9 点	−2.3	0
03.01 日 10 点	0	0
03.01 日 11 点	0	2.9
03.01 日 12 点	0	3.5
03.01 日 13 点	0	4
03.01 日 14 点	0	3.7
03.01 日 15 点	0	3.4
03.01 日 16 点	0	1.1
03.01 日 17 点	−1.2	0
03.01 日 18 点	−3.6	0
03.01 日 19 点	−3.1	0
03.01 日 20 点	−5.7	0
03.01 日 21 点	−2.5	0
03.01 日 22 点	−0.9	0
03.01 日 23 点	0	0.2

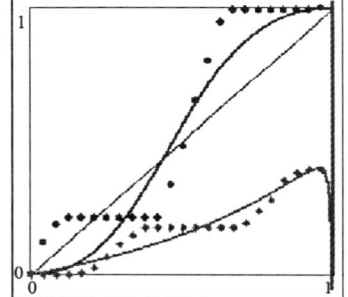
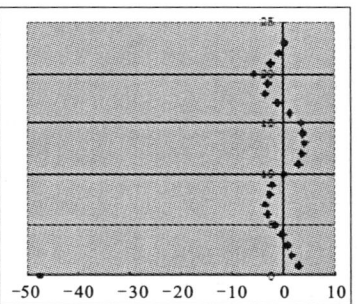

$R_1(\circ)$	$R_2(\circ)$	$R_1(\circ)\cdot R_2(\circ)$	$R_1(\bullet)$	$R_2(\bullet)$	$R_1(\bullet)\cdot R_2(\bullet)$	$\dfrac{R_1(\circ)\cdot R_2(\circ)}{R_1(\bullet)\cdot R_2(\bullet)}$	$\dfrac{R_1(\bullet)\cdot R_2(\bullet)}{R_1(\circ)\cdot R_2(\circ)}$
50.3876	39.0052	1965.378416	−0.0096	4.502	−0.0432192	−45474.66	−2.2E−05

$N(\bullet)$	$N(\circ)$	$N(\bullet)/N(\circ)$	$n(\bullet)$	$n(\circ)$	$n(\bullet)/n(\circ)$	$\dfrac{n(\bullet)/n(\circ)}{N(\bullet)/N(\circ)}$
−78.4	23.9	−3.280334728	13	10	1.3	−0.396301

2008年3月10日全天每一小时正斜力和负斜力增量(日报)

汶川(NS)

时间	$N(\bullet)$	$N(\circ)$
03.10日0点	-7.1	0
03.10日1点	-4.5	0
03.10日2点	-1.6	0
03.10日3点	0	2
03.10日4点	0	4.1
03.10日5点	0	6.6
03.10日6点	0	5.6
03.10日7点	0	5
03.10日8点	0	1
03.10日9点	-1.2	0
03.10日10点	-4.1	0
03.10日11点	-4.7	0
03.10日12点	-5.7	0
03.10日13点	-4.7	0
03.10日14点	-0.1	0
03.10日15点	0	1.9
03.10日16点	0	5
03.10日17点	0	5.4
03.10日18点	0	5.6
03.10日19点	0	4.1
03.10日20点	0	1.2
03.10日21点	-1.6	0
03.10日22点	-3.9	0
03.10日23点	-6.1	0

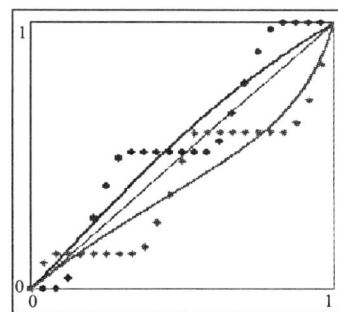 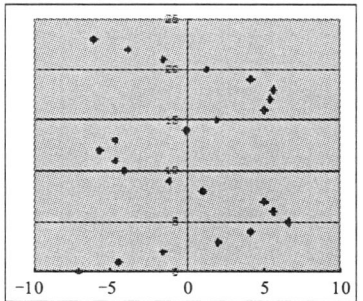

$R_1(\circ)$	$R_2(\circ)$	$R_1(\circ) \cdot R_2(\circ)$	$R_1(\bullet)$	$R_2(\bullet)$	$R_1(\bullet) \cdot R_2(\bullet)$	$\dfrac{R_1(\circ) \cdot R_2(\circ)}{R_1(\bullet) \cdot R_2(\bullet)}$	$\dfrac{R_1(\bullet) \cdot R_2(\bullet)}{R_1(\circ) \cdot R_2(\circ)}$
1.4815	0.8425	1.24816375	0.267	1.0603	0.2831001	4.4089131	0.226813

$N(\bullet)$	$N(\circ)$	$N(\bullet)/N(\circ)$	$n(\bullet)$	$n(\circ)$	$n(\bullet)/n(\circ)$	$\dfrac{n(\bullet)/n(\circ)}{N(\bullet)/N(\circ)}$
-45.3	47.5	-0.953684211	12	12	1	-1.048565

2008年3月20日全天每一小时正斜力和负斜力增量(日报)

汶川(NS)

时间	$N(\bullet)$	$N(\circ)$
03.20日0点	-0.3	0
03.20日1点	0	2.7
03.20日2点	0	4.4
03.20日3点		7.6
03.20日4点	0	5.9
03.20日5点	0	3.9
03.20日6点	0	1.4
03.20日7点	-2.3	0
03.20日8点	-4.5	0
03.20日9点	-8.4	0
03.20日10点	-6.2	0
03.20日11点	-4	0
03.20日12点	-0.2	0
03.20日13点	0	3.4
03.20日14点	0	6.1
03.20日15点	0	6.3
03.20日16点	0	5.4
03.20日17点	0	4.4
03.20日18点	0	0.8
03.20日19点	-3.1	0
03.20日20点	-5.7	0
03.20日21点	-8.1	0
03.20日22点	-8	0
03.20日23点	-5.4	0

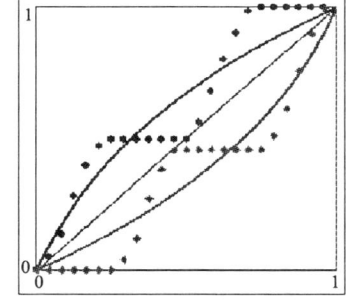 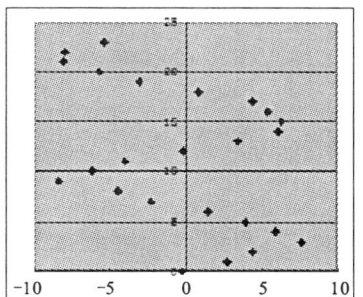

$R_1(\circ)$	$R_2(\circ)$	$R_1(\circ) \cdot R_2(\circ)$	$R_1(\bullet)$	$R_2(\bullet)$	$R_1(\bullet) \cdot R_2(\bullet)$	$\dfrac{R_1(\circ) \cdot R_2(\circ)}{R_1(\bullet) \cdot R_2(\bullet)}$	$\dfrac{R_1(\bullet) \cdot R_2(\bullet)}{R_1(\circ) \cdot R_2(\circ)}$
1.8963	0.421	0.7983423	0.384	1.9338	0.7425792	1.0750938	0.930151

$N(\bullet)$	$N(\circ)$	$N(\bullet)/N(\circ)$	$n(\bullet)$	$n(\circ)$	$n(\bullet)/n(\circ)$	$\dfrac{n(\bullet)/n(\circ)}{N(\bullet)/N(\circ)}$
-56.2	52.3	-1.07456979	12	12	1	-0.930605

2008年3月31日全天每一小时正斜力和负斜力增量倾斜法(日报)

汶川(NS)

时间	N(●)	N(○)
03.31日0点	−0.4	0
03.31日1点	0	0.4
03.31日2点	0	1.4
03.31日3点	0	0.4
03.31日4点	−0.4	0
03.31日5点	−1.8	0
03.31日6点	−3.2	0
03.31日7点	−2.3	0
03.31日8点	−2.9	0
03.31日9点	−0.2	0
03.31日10点	0	1.5
03.31日11点	0	1.9
03.31日12点	0	2
03.31日13点	0	3.8
03.31日14点	0	3
03.31日15点	0	1.4
03.31日16点	−0.3	0
03.31日17点	−1.1	0
03.31日18点	−2.3	0
03.31日19点	−2.7	0
03.31日20点	−3.2	0
03.31日21点	−1.8	0
03.31日22点	−0.7	0
03.31日23点	0	0.1

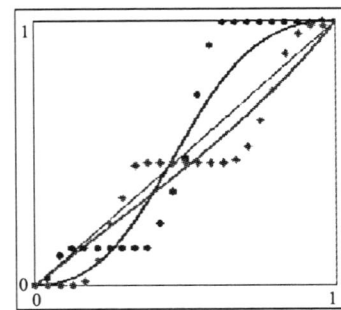 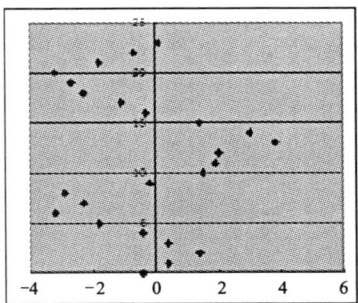

$R_1(\bigcirc)$	$R_2(\bigcirc)$	$R_1(\bigcirc)\cdot R_2(\bigcirc)$	$R_1(\bullet)$	$R_2(\bullet)$	$R_1(\bullet)\cdot R_2(\bullet)$	$\dfrac{R_1(\bigcirc)\cdot R_2(\bigcirc)}{R_1(\bullet)\cdot R_2(\bullet)}$	$\dfrac{R_1(\bullet)\cdot R_2(\bullet)}{R_1(\bigcirc)\cdot R_2(\bigcirc)}$
76.3683	60.1651	4594.706406	0.6769	1.0976	0.74296544	6184.2801	0.000162

$N(\bullet)$	$N(\bigcirc)$	$N(\bullet)/N(\bigcirc)$	$n(\bullet)$	$n(\bigcirc)$	$n(\bullet)/n(\bigcirc)$	$\dfrac{n(\bullet)/n(\bigcirc)}{N(\bullet)/N(\bigcirc)}$
−23.3	15.9	−1.465408805	14	10	1.4	−0.955365

2008年4月1日全天每一小时正斜力和负斜力增量(日报)

汶川(NS)

时间	N(●)	N(○)
04.01日0点	−18.2	0
04.01日1点	−5	0
04.01日2点	−2.2	0
04.01日3点	−1.6	0
04.01日4点	0	0.2
04.01日5点	0	3
04.01日6点	0	4
04.01日7点	0	3.7
04.01日8点	0	3.4
04.01日9点	0	2.2
04.01日10点	0	0.3
04.01日11点	−0.7	0
04.01日12点	−1.8	0
04.01日13点	−2.1	0
04.01日14点	−2.3	0
04.01日15点	−2.5	0
04.01日16点	−0.2	0
04.01日17点	0	1.1
04.01日18点	0	1.2
04.01日19点	0	2.3
04.01日20点	0	1.6
04.01日21点	−0.1	0
04.01日22点	−0.2	0
04.01日23点	−2.2	0

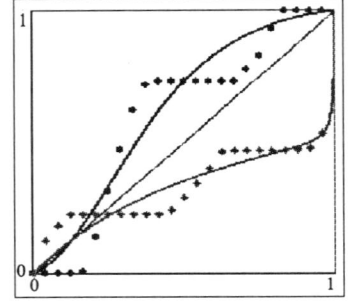 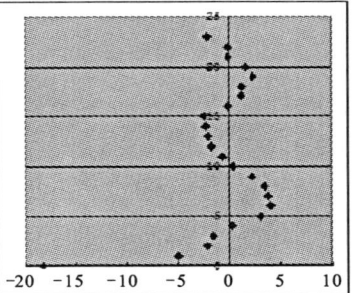

$R_1(\bigcirc)$	$R_2(\bigcirc)$	$R_1(\bigcirc)\cdot R_2(\bigcirc)$	$R_1(\bullet)$	$R_2(\bullet)$	$R_1(\bullet)\cdot R_2(\bullet)$	$\dfrac{R_1(\bigcirc)\cdot R_2(\bigcirc)}{R_1(\bullet)\cdot R_2(\bullet)}$	$\dfrac{R_1(\bullet)\cdot R_2(\bullet)}{R_1(\bigcirc)\cdot R_2(\bigcirc)}$
6.9029	1.9008	13.12103232	0.0074	0.8538	0.00631812	2076.7305	0.000482

$N(\bullet)$	$N(\bigcirc)$	$N(\bullet)/N(\bigcirc)$	$n(\bullet)$	$n(\bigcirc)$	$n(\bullet)/n(\bigcirc)$	$\dfrac{n(\bullet)/n(\bigcirc)}{N(\bullet)/N(\bigcirc)}$
−39.1	23	−1.7	13	11	1.181818182	0.695187

2008年4月10日全天每一小时正斜力和负斜力增量(日报)

汶川(NS)

时间	$N(●)$	$N(○)$
04.10 日 0 点	−3.9	0
04.10 日 1 点	−5	0
04.10 日 2 点	−2.2	0
04.10 日 3 点	−1.6	0
04.10 日 4 点	0	0.2
04.10 日 5 点	0	3
04.10 日 6 点	0	4
04.10 日 7 点	0	3.7
04.10 日 8 点	0	3.4
04.10 日 9 点	0	2.2
04.10 日 10 点	0	0.3
04.10 日 11 点	−0.7	0
04.10 日 12 点	−1.8	0
04.10 日 13 点	−2.1	0
04.10 日 14 点	−2.3	0
04.10 日 15 点	−2.5	0
04.10 日 16 点	−0.2	0
04.10 日 17 点	0	1.1
04.10 日 18 点	0	1.2
04.10 日 19 点	0	2.3
04.10 日 20 点	0	1.6
04.10 日 21 点	−0.1	0
04.10 日 22 点	−0.2	0
04.10 日 23 点	−2.2	0

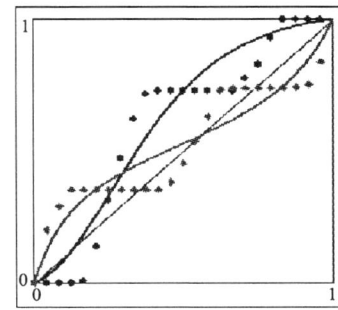
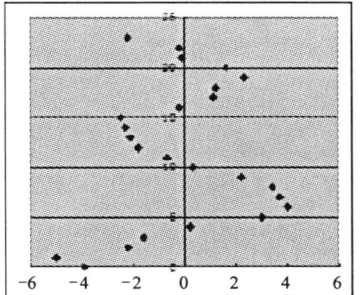

$R_1(○)$	$R_2(○)$	$R_1(○)·R_2(○)$	$R_1(●)$	$R_2(●)$	$R_1(●)·R_2(●)$	$\dfrac{R_1(○)·R_2(○)}{R_1(●)·R_2(●)}$	$\dfrac{R_1(●)·R_2(●)}{R_1(○)·R_2(○)}$
6.9029	1.9008	13.12103232	0.431	0.2689	0.1158959	113.21395	0.008833

$N(●)$	$N(○)$	$N(●)/N(○)$	$n(●)$	$n(○)$	$n(●)/n(○)$	$\dfrac{n(●)/n(○)}{N(●)/N(○)}$
−24.8	23	−1.07826087	13	11	1.181818182	−1.096041

2008年4月20日全天每一小时正斜力和负斜力增量倾斜法(日报)

汶川(NS)

时间	$N(●)$	$N(○)$
04.20 日 0 点	−2.1	0
04.20 日 1 点	0	1.8
04.20 日 2 点	0	1.8
04.20 日 3 点	0	7.1
04.20 日 4 点	0	5.7
04.20 日 5 点	0	6.5
04.20 日 6 点	0	0.7
04.20 日 7 点	−0.7	0
04.20 日 8 点	−3.2	0
04.20 日 9 点	−5.4	0
04.20 日 10 点	−3.9	0
04.20 日 11 点	−4.9	0
04.20 日 12 点	−0.5	0
04.20 日 13 点	0	1.8
04.20 日 14 点	0	3.6
04.20 日 15 点	0	5.5
04.20 日 16 点	0	5.9
04.20 日 17 点	0	5
04.20 日 18 点	0	1.5
04.20 日 19 点	−1.1	0
04.20 日 20 点	−3.6	0
04.20 日 21 点	−7.2	0
04.20 日 22 点	−5.7	0
04.20 日 23 点	−7	0

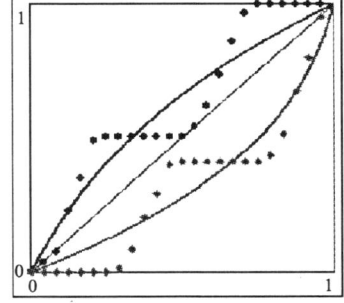
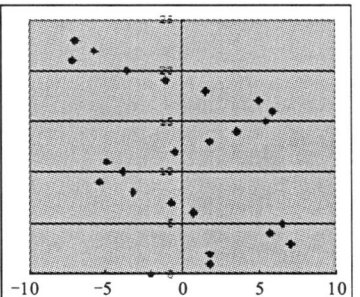

$R_1(○)$	$R_2(○)$	$R_1(○)·R_2(○)$	$R_1(●)$	$R_2(●)$	$R_1(●)·R_2(●)$	$\dfrac{R_1(○)·R_2(○)}{R_1(●)·R_2(●)}$	$\dfrac{R_1(●)·R_2(●)}{R_1(○)·R_2(○)}$
1.829	0.4646	0.8497534	0.2379	2.2534	0.53608386	1.5851128	0.63087

$N(●)$	$N(○)$	$N(●)/N(○)$	$n(●)$	$n(○)$	$n(●)/n(○)$	$\dfrac{n(●)/n(○)}{N(●)/N(○)}$
−45.3	46.9	−0.965884861	12	12	1	−1.03532

2008 年 4 月 26 日全天每一小时正斜力和负斜力增量倾斜法（日报）

汶川（NS）

时间	$N(\bullet)$	$N(\circ)$
04.26 日 0 点	−2.3	0
04.26 日 1 点	−3.3	0
04.26 日 2 点	−2.7	0
04.26 日 3 点	−1.2	0
04.26 日 4 点	−0.2	0
04.26 日 5 点	0	1.1
04.26 日 6 点	0	1.8
04.26 日 7 点	0	2.1
04.26 日 8 点	0	1.1
04.26 日 9 点	0	1.8
04.26 日 10 点	0	0.4
04.26 日 11 点	0	0.1
04.26 日 12 点	−0.1	0
04.26 日 13 点	−0.8	0
04.26 日 14 点	−1.6	0
04.26 日 15 点	−1.1	0
04.26 日 16 点	−0.8	0
04.26 日 17 点	−0.2	0
04.26 日 18 点	0	0.7
04.26 日 19 点	0	1.4
04.26 日 20 点	0	1.1
04.26 日 21 点	0	0.9
04.26 日 22 点	−0.2	0
04.26 日 23 点	−1.2	0

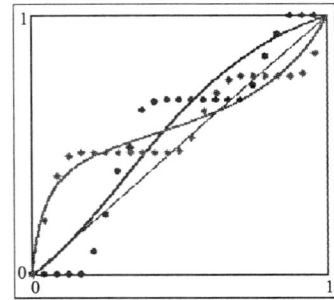 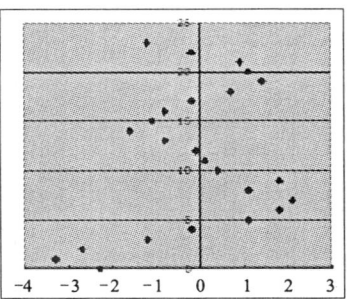

$R_1(\circ)$	$R_2(\circ)$	$R_1(\circ)\cdot R_2(\circ)$	$R_1(\bullet)$	$R_2(\bullet)$	$R_1(\bullet)\cdot R_2(\bullet)$	$\dfrac{R_1(\circ)\cdot R_2(\circ)}{R_1(\bullet)\cdot R_2(\bullet)}$	$R_1(\bullet)\cdot R_2(\bullet)$
2.6046	1.2256	3.19219776	0.4607	0.0879	0.04049553	78.828398	0.012686

$N(\bullet)$	$N(\circ)$	$N(\bullet)/N(\circ)$	$n(\bullet)$	$n(\circ)$	$n(\bullet)/n(\circ)$	$\dfrac{n(\bullet)/n(\circ)}{N(\bullet)/N(\circ)}$
−15.7	12.5	−1.256	13	11	1.181818182	−0.940938

二、2008 年 4 月 27 日起汶川观测台南北方向地倾斜异常状态的加速值

2008 年 4 月 27 日全天每一小时正应力和负应力增量倾斜法（日报）

汶川（NS）

时间	$N(\bullet)$	$N(\circ)$
04.27 日 0 点	−2.2	0
04.27 日 1 点	−1.8	0
04.27 日 2 点	−2.8	0
04.27 日 3 点	−2.2	0
04.27 日 4 点	−1.4	0
04.27 日 5 点	−0.4	0
04.27 日 6 点	0	0
04.27 日 7 点	0	0.4
04.27 日 8 点	0	1.1
04.27 日 9 点	0	4.2
04.27 日 10 点	0	3.1
04.27 日 11 点	0	1.6
04.27 日 12 点	0	0.2
04.27 日 13 点	0	0.2
04.27 日 14 点	−0.4	0
04.27 日 15 点	−0.5	0
04.27 日 16 点	−0.8	0
04.27 日 17 点	−0.3	0
04.27 日 18 点	−0.2	0
04.27 日 19 点	0	0.2
04.27 日 20 点	0	0.2
04.27 日 21 点	0	0
04.27 日 22 点	0	0.3
04.27 日 23 点	0	1.5

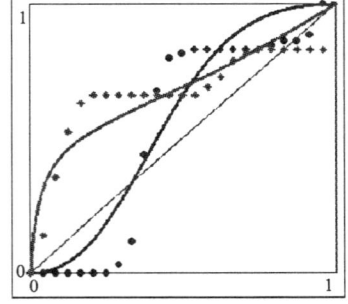 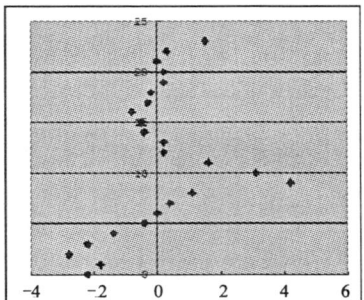

$R_1(\circ)$	$R_2(\circ)$	$R_1(\circ)\cdot R_2(\circ)$	$R_1(\bullet)$	$R_2(\bullet)$	$R_1(\bullet)\cdot R_2(\bullet)$	$\dfrac{R_1(\circ)\cdot R_2(\circ)}{R_1(\bullet)\cdot R_2(\bullet)}$
77.1377	39.4458	3042.758287	1.3735	0.0591	0.08117385	37484.464

$N(\bullet)$	$N(\circ)$	$N(\bullet)/N(\circ)$	$n(\bullet)$	$n(\circ)$	$n(\bullet)/n(\circ)$	$\dfrac{n(\bullet)/n(\circ)}{N(\bullet)/N(\circ)}$
−13	13	−1	11	11	1	−1

2008年4月28日全天每一小时正应力和负应力增量倾斜法(日报)

汶川(NS)

时间	N(●)	N(○)
04.28日0点	-0.2	0
04.28日1点	-1.5	0
04.28日2点	-1.9	0
04.28日3点	-1.5	0
04.28日4点	-2.1	0
04.28日5点	-1.4	0
04.28日6点	-0.4	0
04.28日7点	0	0.2
04.28日8点	0	0.2
04.28日9点	0	3.2
04.28日10点	0	2.9
04.28日11点	0	2.3
04.28日12点	0	2.3
04.28日13点	0	2.9
04.28日14点	0	0.3
04.28日15点	0	0
04.28日16点	-1.4	0
04.28日17点	-1.1	0
04.28日18点	-1.6	0
04.28日19点	-1.4	0
04.28日20点	-1.1	0
04.28日21点	0	0
04.28日22点	0	1.1
04.28日23点	0	1.1

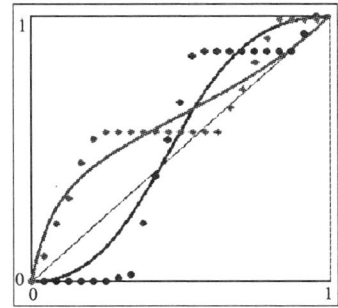
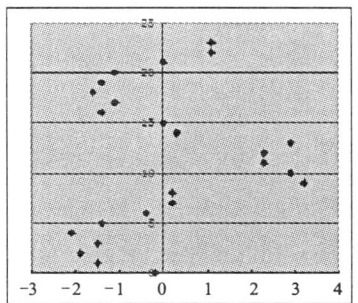

$R_1(○)$	$R_2(○)$	$R_1(○) \cdot R_2(○)$	$R_1(●)$	$R_2(●)$	$R_1(●) \cdot R_2(●)$	$\dfrac{R_1(○) \cdot R_2(○)}{R_1(●) \cdot R_2(●)}$	$\dfrac{R_1(●) \cdot R_2(●)}{R_1(○) \cdot R_2(○)}$
75.5265	57.542	4345.945863	0.947	0.1665	0.1576755	27562.594	3.63E-05

$N(●)$	$N(○)$	$N(●)/N(○)$	$n(●)$	$n(○)$	$n(●)/n(○)$	$\dfrac{n(●)/n(○)}{N(●)/N(○)}$
-15.6	16.5	-0.945454545	12	10	1.2	-1.269231

2008年4月29日全天每一小时正应力和负应力增量倾斜法(日报)

汶川(NS)

时间	N(●)	N(○)
04.29日0点	0	0.9
04.29日1点	0	0.7
04.29日2点	0	0.1
04.29日3点	-0.1	0
04.29日4点	-0.7	0
04.29日5点	-3.8	0
04.29日6点	-2.5	0
04.29日7点	-1.3	0
04.29日8点	-0.5	0
04.29日9点	0	0
04.29日10点	0	2.7
04.29日11点	0	3.9
04.29日12点	0	4.7
04.29日13点	0	3.7
04.29日14点	0	1.8
04.29日15点	0	0.4
04.29日16点	-1.8	0
04.29日17点	-3.8	0
04.29日18点	-2.8	0
04.29日19点	-4.3	0
04.29日20点	-2	0
04.29日21点	-1.6	0
04.29日22点	0	0
04.29日23点	0	1.8

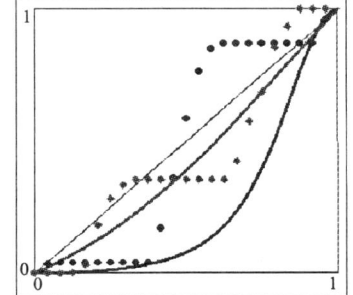
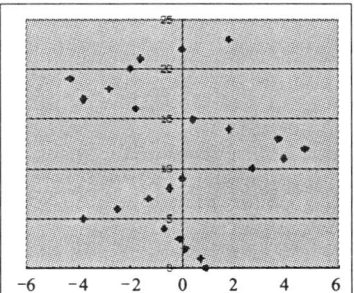

$R_1(○)$	$R_2(○)$	$R_1(○) \cdot R_2(○)$	$R_1(●)$	$R_2(●)$	$R_1(●) \cdot R_2(●)$	$\dfrac{R_1(○) \cdot R_2(○)}{R_1(●) \cdot R_2(●)}$	$\dfrac{R_1(●) \cdot R_2(●)}{R_1(○) \cdot R_2(○)}$
4.7403	65.901	312.3905103	0.8592	1.9222	1.65155424	189.14941	0.005287

$N(●)$	$N(○)$	$N(●)/N(○)$	$n(●)$	$n(○)$	$n(●)/n(○)$	$\dfrac{n(●)/n(○)}{N(●)/N(○)}$
-25.2	20.7	-1.217391304	12	10	1.2	-0.985714

2008年4月30日全天每一小时正应力和负应力增量倾斜法(日报)

汶川(NS)

时间	$N(\bullet)$	$N(\bigcirc)$
04.30日0点	0	1.4
04.30日1点	0	2.2
04.30日2点	0	1.9
04.30日3点	0	0.4
04.30日4点	−1.4	0
04.30日5点	−2.7	0
04.30日6点	−3.4	0
04.30日7点	−3.6	0
04.30日8点	−1.8	0
04.30日9点	−0.2	0
04.30日10点	0	0.4
04.30日11点	0	8.6
04.30日12点	0	5
04.30日13点	0	3.9
04.30日14点	0	3.6
04.30日15点	0	3.2
04.30日16点	0	0
04.30日17点	−3.2	0
04.30日18点	−3.8	0
04.30日19点	−6	0
04.30日20点	−3.6	0
04.30日21点	−4	0
04.30日22点	0	0.2
04.30日23点	0	1.1

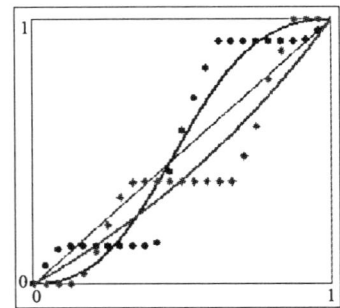 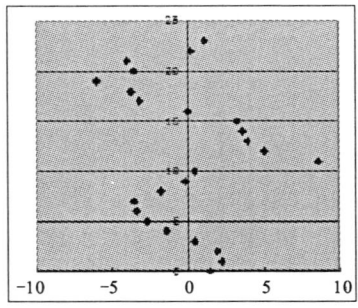

$R_1(\bigcirc)$	$R_2(\bigcirc)$	$R_1(\bigcirc)\cdot R_2(\bigcirc)$	$R_1(\bullet)$	$R_2(\bullet)$	$R_1(\bullet)\cdot R_2(\bullet)$	$\dfrac{R_1(\bigcirc)\cdot R_2(\bigcirc)}{R_1(\bullet)\cdot R_2(\bullet)}$	$\dfrac{R_1(\bullet)\cdot R_2(\bullet)}{R_1(\bigcirc)\cdot R_2(\bigcirc)}$
55.5944	47.4674	2638.921623	0.6568	1.5635	1.0269068	2569.7771	0.000389

$N(\bullet)$	$N(\bigcirc)$	$N(\bullet)/N(\bigcirc)$	$n(\bullet)$	$n(\bigcirc)$	$n(\bullet)/n(\bigcirc)$	$\dfrac{n(\bullet)/n(\bigcirc)}{N(\bullet)/N(\bigcirc)}$
−33.7	31.9	−1.056426332	11	12	0.916666667	−0.867705

2008年5月1日全天每一小时正应力和负应力增量倾斜法(日报)

汶川(NS)

时间	$N(\bullet)$	$N(\bigcirc)$
05.01日0点	0	3.2
05.01日1点	0	2.3
05.01日2点	0	3.3
05.01日3点	0	2.6
05.01日4点	−0.7	0
05.01日5点	−1.9	00
05.01日6点	−3.8	0
05.01日7点	−4.8	0
05.01日8点	−3.8	0
05.01日9点	−1.8	0
05.01日10点	0	1.5
05.01日11点	0	3.5
05.01日12点	0	5.8
05.01日13点	0	6.9
05.01日14点	0	6.5
05.01日15点	0	2.8
05.01日16点	0	1.7
05.01日17点	−1.8	0
05.01日18点	−5.6	0
05.01日19点	−5.2	0
05.01日20点	−5.7	0
05.01日21点	−6.4	0
05.01日22点	−2.2	0
05.01日23点	−0.2	0

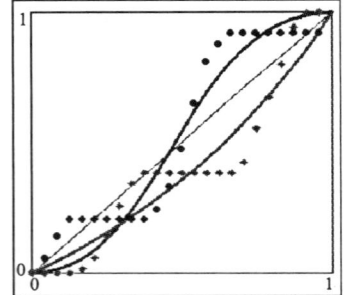 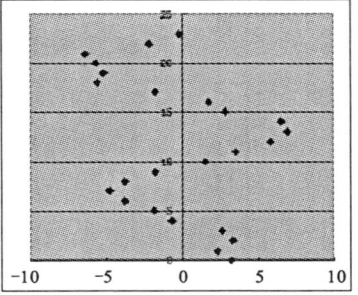

$R_1(\bigcirc)$	$R_2(\bigcirc)$	$R_1(\bigcirc)\cdot R_2(\bigcirc)$	$R_1(\bullet)$	$R_2(\bullet)$	$R_1(\bullet)\cdot R_2(\bullet)$	$\dfrac{R_1(\bigcirc)\cdot R_2(\bigcirc)}{R_1(\bullet)\cdot R_2(\bullet)}$	$\dfrac{R_1(\bullet)\cdot R_2(\bullet)}{R_1(\bigcirc)\cdot R_2(\bigcirc)}$
17.0477	14.414	245.7255478	0.555	1.8124	1.005882	244.28864	0.004094

$N(\bullet)$	$N(\bigcirc)$	$N(\bullet)/N(\bigcirc)$	$n(\bullet)$	$n(\bigcirc)$	$n(\bullet)/n(\bigcirc)$	$\dfrac{n(\bullet)/n(\bigcirc)}{N(\bullet)/N(\bigcirc)}$
−43.9	40.1	−1.094763092	13	11	1.181818182	−1.07952

2008年5月2日全天每一小时正应力和负应力增量倾斜法(日报)

汶川(NS)

时间	$N(●)$	$N(○)$
05.02日0点	0	2.4
05.02日1点	0	5
05.02日2点	0	5
05.02日3点	0	3.7
05.02日4点	0	1.3
05.02日5点	−1.3	0
05.02日6点	−4.4	0
05.02日7点	−5.6	0
05.02日8点	−5	0
05.02日9点	−4.5	0
05.02日10点	0	0
05.02日11点	0	3.4
05.02日12点	0	4.1
05.02日13点	0	7.2
05.02日14点	0	6.5
05.02日15点	0	3.5
05.02日16点	0	2.2
05.02日17点	−0.2	0
05.02日18点	−3.4	0
05.02日19点	−5.4	0
05.02日20点	−7	0
05.02日21点	−5.5	0
05.02日22点	−5	0
05.02日23点	−1.8	0

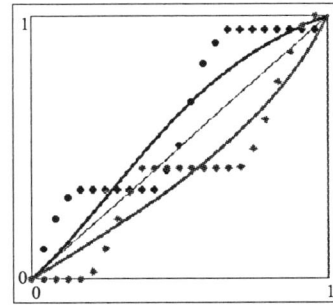
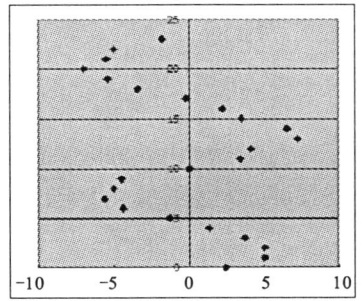

$R_1(○)$	$R_2(○)$	$R_1(○) \cdot R_2(○)$	$R_1(●)$	$R_2(●)$	$R_1(●) \cdot R_2(●)$	$\dfrac{R_1(○) \cdot R_2(○)}{R_1(●) \cdot R_2(●)}$	$\dfrac{R_1(●) \cdot R_2(●)}{R_1(○) \cdot R_2(○)}$
2.3836	1.0061	2.39813996	0.4461	1.4685	0.65509785	3.6607355	0.273169

$N(●)$	$N(○)$	$N(●)/N(○)$	$n(●)$	$n(○)$	$n(●)/n(○)$	$\dfrac{n(●)/n(○)}{N(●)/N(○)}$
−49.1	44.3	−1.108352144	12	11	1.090909091	−0.984262

2008年5月3日全天每一小时正应力和负应力增量倾斜法(日报)

汶川(NS)

时间	$N(●)$	$N(○)$
05.03日0点	0	1.3
05.03日1点	0	4.1
05.03日2点	0	7.1
05.03日3点	0	5
05.03日4点	0	4
05.03日5点	0	0.9
05.03日6点	−2.7	0
05.03日7点	−5.4	0
05.03日8点	−6.1	0
05.03日9点	−6.4	0
05.03日10点	−2.5	0
05.03日11点	0	0.7
05.03日12点	0	2.5
05.03日13点	0	4.8
05.03日14点	0	7
05.03日15点	0	6.8
05.03日16点	0	5
05.03日17点	0	0.4
05.03日18点	−3.6	0
05.03日19点	−5.4	0
05.03日20点	−7.1	0
05.03日21点	−9.3	0
05.03日22点	−8.3	0
05.03日23点	−4.1	0

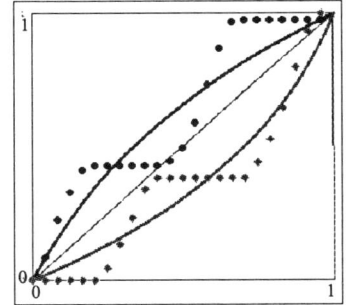
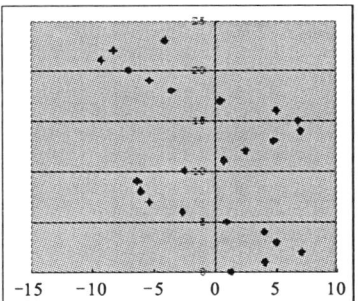

$R_1(○)$	$R_2(○)$	$R_1(○) \cdot R_2(○)$	$R_1(●)$	$R_2(●)$	$R_1(●) \cdot R_2(●)$	$\dfrac{R_1(○) \cdot R_2(○)}{R_1(●) \cdot R_2(●)}$	$\dfrac{R_1(●) \cdot R_2(●)}{R_1(○) \cdot R_2(○)}$
1.7919	0.4706	0.84326814	0.3592	2.1007	0.75457144	1.1175458	0.894818

$N(●)$	$N(○)$	$N(●)/N(○)$	$n(●)$	$n(○)$	$n(●)/n(○)$	$\dfrac{n(●)/n(○)}{N(●)/N(○)}$
−60.9	49.6	−1.227822581	11	13	0.846153846	−0.68915

2008年5月4日全天每一小时正应力和负应力增量倾斜法(日报)

汶川(NS)

时间	$N(●)$	$N(○)$
05.04日0点	−1.9	0
05.04日1点	0	5.3
05.04日2点	0	4.9
05.04日3点	0	6.6
05.04日4点	0	5.3
05.04日5点	0	3.6
05.04日6点	−0.3	0
05.04日7点	−4	0
05.04日8点	−5	0
05.04日9点	−7.1	0
05.04日10点	−5.4	0
05.04日11点	−3.2	0
05.04日12点	0	1
05.04日13点	0	5.4
05.04日14点	0	7.2
05.04日15点	0	7.7
05.04日16点	0	8.2
05.04日17点	0	3.9
05.04日18点	−0.9	0
05.04日19点	−4.2	0
05.04日20点	−6.9	0
05.04日21点	−7.8	0
05.04日22点	−8.1	0
05.04日23点	−5.9	0

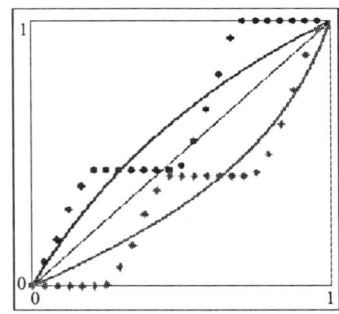 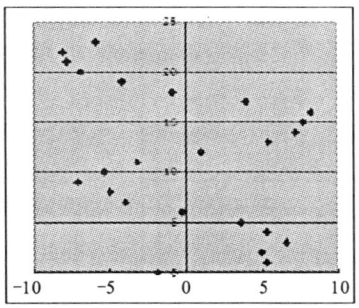

$R_1(○)$	$R_2(○)$	$R_1(○)·R_2(○)$	$R_1(●)$	$R_2(●)$	$R_1(●)·R_2(●)$	$\dfrac{R_1(○)·R_2(○)}{R_1(●)·R_2(●)}$	$\dfrac{R_1(●)·R_2(●)}{R_1(○)·R_2(○)}$
1.8091	0.5459	0.98758769	0.3177	2.0708	0.65789316	1.5011369	0.666162

$N(●)$	$N(○)$	$N(●)/N(○)$	$n(●)$	$n(○)$	$n(●)/n(○)$	$\dfrac{n(●)/n(○)}{N(●)/N(○)}$
−60.7	59.1	−1.027072758	13	11	1.181818182	−1.150666

由2008年4月27日至5月4日的日报可以看出,$R_1^+·R_2^+$ 和 $R_1^-·R_2^-$ 同时小于0,完全双峰双谷化了,且 N^- 和 N^+ 变得很大,这说明倾斜加速量严重异常增大,使地壳倾斜运动完全抑制了太阳和月球对地球的固体潮汐作用规律。

2008年5月5日全天每一小时正应力和负应力增量倾斜法(日报)

汶川(NS)

时间	$N(●)$	$N(○)$
05.05日0点	−3.4	0
05.05日1点	0	1.6
05.05日2点	0	4
05.05日3点	0	7.1
05.05日4点	0	7
05.05日5点	0	5.4
05.05日6点	0	3.4
05.05日7点	−0.7	0
05.05日8点	−3.1	0
05.05日9点	−7.3	0
05.05日10点	−5.4	0
05.05日11点	−3.4	0
05.05日12点	0	0.2
05.05日13点	0	1.4
05.05日14点	0	5.4
05.05日15点	0	7.1
05.05日16点	0	7.9
05.05日17点	0	6.5
05.05日18点	0	0.7
05.05日19点	−0.4	0
05.05日20点	−5.7	0
05.05日21点	−6.6	0
05.05日22点	−8.8	0
05.05日23点	−7.5	0

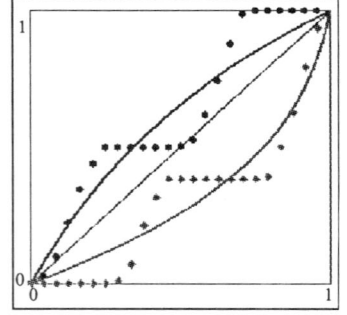 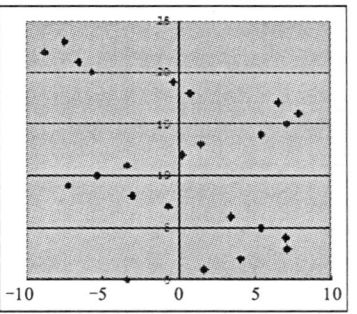

$R_1(○)$	$R_2(○)$	$R_1(○)·R_2(○)$	$R_1(●)$	$R_2(●)$	$R_1(●)·R_2(●)$	$\dfrac{R_1(○)·R_2(○)}{R_1(●)·R_2(●)}$	$\dfrac{R_1(●)·R_2(●)}{R_1(○)·R_2(○)}$
1.8726	0.5223	0.97805898	0.1953	2.4181	0.47225493	2.0710403	0.482849

$N(●)$	$N(○)$	$N(●)/N(○)$	$n(●)$	$n(○)$	$n(●)/n(○)$	$\dfrac{n(●)/n(○)}{N(●)/N(○)}$
−52.3	57.7	−0.906412478	11	13	0.846153846	−0.93352

2008年5月6日全天每一小时正应力和负应力增量倾斜法(日报)

汶川(NS)

时间	$N(●)$	$N(○)$
05.06日0点	−5.4	0
05.06日1点	−0.3	0
05.06日2点	0	1.7
05.06日3点	0	5.8
05.06日4点	0	7.1
05.06日5点	0	7.4
05.06日6点	0	4.8
05.06日7点	0	0.4
05.06日8点	−1.8	0
05.06日9点	−4	0
05.06日10点	−4.6	0
05.06日11点	−4	0
05.06日12点	−2.8	0
05.06日13点	0	0.3
05.06日14点	0	4
05.06日15点	0	5.5
05.06日16点	0	5.9
05.06日17点	0	7
05.06日18点	0	3.6
05.06日19点	0	0.9
05.06日20点	−2.5	0
05.06日21点	−5.4	0
05.06日22点	−6.1	0
05.06日23点	−8.6	0

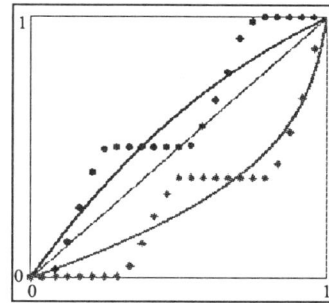 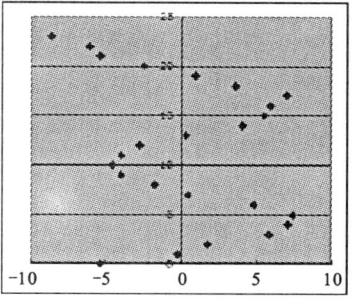

$R_1(○)$	$R_2(○)$	$R_1(○)·R_2(○)$	$R_1(●)$	$R_2(●)$	$R_1(●)·R_2(●)$	$\dfrac{R_1(○)·R_2(○)}{R_1(●)·R_2(●)}$	$\dfrac{R_1(●)·R_2(●)}{R_1(○)·R_2(○)}$
1.7839	0.6325	1.12831675	0.1396	2.5154	0.35114984	3.2132059	0.311216

$N(●)$	$N(○)$	$N(●)/N(○)$	$n(●)$	$n(○)$	$n(●)/n(○)$	$\dfrac{n(●)/n(○)}{N(●)/N(○)}$
−45.5	54.4	−0.836397059	11	13	0.846153846	−1.011665

2008年5月7日全天每一小时正应力和负应力增量倾斜法(日报)

汶川(NS)

时间	$N(●)$	$N(○)$
05.07日0点	−5.7	0
05.07日1点	−2.9	0
05.07日2点	0	0
05.07日3点	0	2.9
05.07日4点	0	4.7
05.07日5点	0	6.4
05.07日6点	0	5
05.07日7点	0	2.7
05.07日8点	0	0
05.07日9点	−3.9	0
05.07日10点	−3.8	0
05.07日11点	−5.4	0
05.07日12点	−5.2	0
05.07日13点	−3	0
05.07日14点	0	0.2
05.07日15点	0	3
05.07日16点	0	5.2
05.07日17点	0	4.8
05.07日18点	0	5.6
05.07日19点	0	2.9
05.07日20点	−0.2	0
05.07日21点	−2.5	0
05.07日22点	−5.2	0
05.07日23点	−7	0

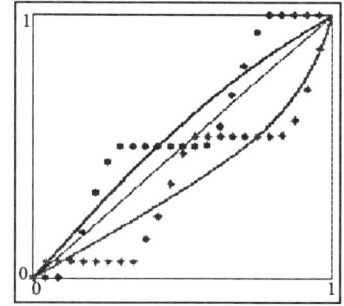 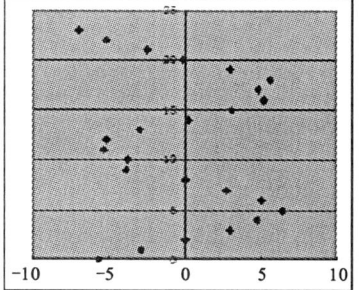

$R_1(○)$	$R_2(○)$	$R_1(○)·R_2(○)$	$R_1(●)$	$R_2(●)$	$R_1(●)·R_2(●)$	$\dfrac{R_1(○)·R_2(○)}{R_1(●)·R_2(●)}$	$\dfrac{R_1(●)·R_2(●)}{R_1(○)·R_2(○)}$
1.5069	0.7647	1.15232643	0.245	1.4637	0.3586065	3.2133451	0.311202

$N(●)$	$N(○)$	$N(●)/N(○)$	$n(●)$	$n(○)$	$n(●)/n(○)$	$\dfrac{n(●)/n(○)}{N(●)/N(○)}$
−44.8	43.4	−1.032258065	11	11	1	−0.96875

2008年5月8日全天每一小时正应力和负应力增量倾斜法(日报)

汶川(NS)

时间	$N(\bullet)$	$N(\circ)$
05.08 日 0 点	−4.3	0
05.08 日 1 点	−3.6	0
05.08 日 2 点	−5.2	0
05.08 日 3 点	−0.3	0
05.08 日 4 点	0	4.1
05.08 日 5 点	0	4.6
05.08 日 6 点	0	6.1
05.08 日 7 点	0	3.8
05.08 日 8 点	0	1.6
05.08 日 9 点	0	0
05.08 日 10 点	−2	0
05.08 日 11 点	−2.7	0
05.08 日 12 点	−2.5	0
05.08 日 13 点	−1.8	0
05.08 日 14 点	0	0
05.08 日 15 点	0	1.8
05.08 日 16 点	0	3.6
05.08 日 17 点	0	2.9
05.08 日 18 点	0	2.8
05.08 日 19 点	0	2.6
05.08 日 20 点	0	0.1
05.08 日 21 点	−1.6	0
05.08 日 22 点	−3.4	0
05.08 日 23 点	−4.8	0

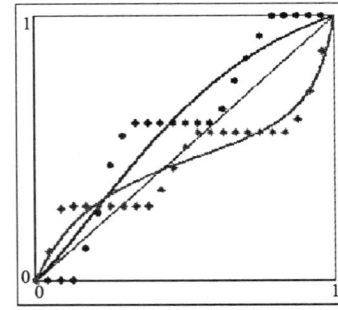
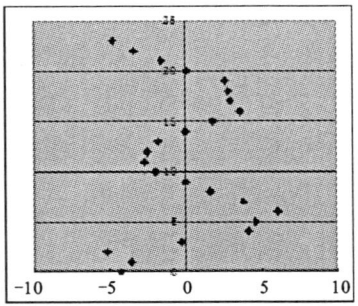

$R_1(\circ)$	$R_2(\circ)$	$R_1(\circ)\cdot R_2(\circ)$	$R_1(\bullet)$	$R_2(\bullet)$	$R_1(\bullet)\cdot R_2(\bullet)$	$\dfrac{R_1(\circ)\cdot R_2(\circ)}{R_1(\bullet)\cdot R_2(\bullet)}$	$\dfrac{R_1(\bullet)\cdot R_2(\bullet)}{R_1(\circ)\cdot R_2(\circ)}$
2.5332	0.873	2.2114836	0.1521	0.391	0.0594711	37.185853	0.026892

$N(\bullet)$	$N(\circ)$	$N(\bullet)/N(\circ)$	$n(\bullet)$	$n(\circ)$	$n(\bullet)/n(\circ)$	$\dfrac{n(\bullet)/n(\circ)}{N(\bullet)/N(\circ)}$
−32.2	34	−0.947058824	11	11	1	−1.055901

由 2008 年 5 月 5 日至 5 月 8 日的日报可以看出，$R_1^- \cdot R_2^- = 0.0594$ 与常值相差太远，意味着地壳已进入临震状态，与应变加速临界、重力加速临界保持同步。

2008年5月9日全天每一小时正应力和负应力增量倾斜法(日报)

汶川(NS)

时间	$N(\bullet)$	$N(\circ)$
05.09 日 0 点	−6.8	0
05.09 日 1 点	−4	0
05.09 日 2 点	−3.9	0
05.09 日 3 点	−2.5	0
05.09 日 4 点	0	0
05.09 日 5 点	0	2.3
05.09 日 6 点	0	4.1
05.09 日 7 点	0	3.4
05.09 日 8 点	0	2.7
05.09 日 9 点	0	2.5
05.09 日 10 点	0	0.9
05.09 日 11 点	−0.1	0
05.09 日 12 点	−0.8	0
05.09 日 13 点	−3.2	0
05.09 日 14 点	−2.1	0
05.09 日 15 点	−1.5	0
05.09 日 16 点	−0.3	0
05.09 日 17 点	0	1.4
05.09 日 18 点	0	2
05.09 日 19 点	0	3.6
05.09 日 20 点	0	0.9
05.09 日 21 点	0	0.3
05.09 日 22 点	−0.9	0
05.09 日 23 点	−3.6	0

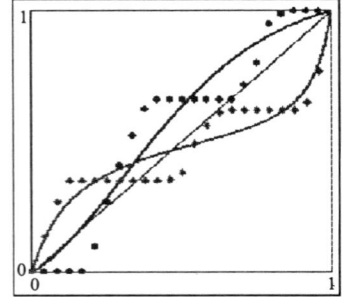
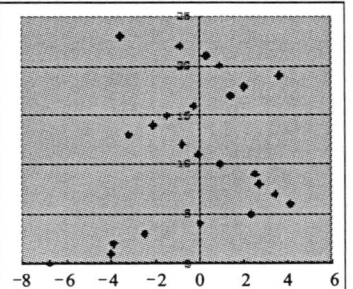

$R_1(\circ)$	$R_2(\circ)$	$R_1(\circ)\cdot R_2(\circ)$	$R_1(\bullet)$	$R_2(\bullet)$	$R_1(\bullet)\cdot R_2(\bullet)$	$\dfrac{R_1(\circ)\cdot R_2(\circ)}{R_1(\bullet)\cdot R_2(\bullet)}$	$\dfrac{R_1(\bullet)\cdot R_2(\bullet)}{R_1(\circ)\cdot R_2(\circ)}$
3.175	1.3951	4.4294425	0.1317	0.2558	0.03368886	131.48093	0.007606

$N(\bullet)$	$N(\circ)$	$N(\bullet)/N(\circ)$	$n(\bullet)$	$n(\circ)$	$n(\bullet)/n(\circ)$	$\dfrac{n(\bullet)/n(\circ)}{N(\bullet)/N(\circ)}$
−29.7	24.1	−1.232365145	12	11	1.090909091	−0.885216

2008 年 5 月 10 日全天每一小时正应力和负应力增量倾斜法(日报)

汶川(NS)

时间	$N(\bullet)$	$N(\circ)$
05.10 日 0 点	-3.4	0
05.10 日 1 点	-3.9	0
05.10 日 2 点	-3.6	0
05.10 日 3 点	-3.4	0
05.10 日 4 点	-1.4	0
05.10 日 5 点	0	0.2
05.10 日 6 点	0	1.8
05.10 日 7 点	0	2.3
05.10 日 8 点	0	2.3
05.10 日 9 点	0	3.6
05.10 日 10 点	0	1.8
05.10 日 11 点	0	1.9
05.10 日 12 点	0	0.6
05.10 日 13 点	-0.4	0
05.10 日 14 点	-0.7	0
05.10 日 15 点	-0.7	0
05.10 日 16 点	-0.5	0
05.10 日 17 点	-0.2	0
05.10 日 18 点	-0.2	0
05.10 日 19 点	0	0.2
05.10 日 20 点	0	0.3
05.10 日 21 点	0	1.6
05.10 日 22 点	0	0.2
05.10 日 23 点	-0.7	0

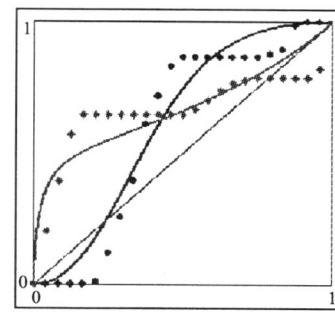
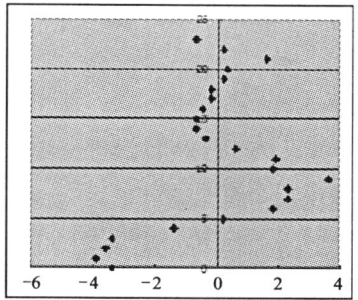

$R_1(\circ)$	$R_2(\circ)$	$R_1(\circ)\cdot R_2(\circ)$	$R_1(\bullet)$	$R_2(\bullet)$	$R_1(\bullet)\cdot R_2(\bullet)$	$\dfrac{R_1(\circ)\cdot R_2(\circ)}{R_1(\bullet)\cdot R_2(\bullet)}$	$\dfrac{R_1(\bullet)\cdot R_2(\bullet)}{R_1(\circ)\cdot R_2(\circ)}$
85.0948	28.2142	2400.881706	1.0082	0.0372	0.03750504	64014.909	1.56E-05

$N(\bullet)$	$N(\circ)$	$N(\bullet)/N(\circ)$	$n(\bullet)$	$n(\circ)$	$n(\bullet)/n(\circ)$	$\dfrac{n(\bullet)/n(\circ)}{N(\bullet)/N(\circ)}$
-19.1	16.8	-1.136904762	12	12	1	-0.879581

2008 年 5 月 9 日至 5 月 10 日继续保持群子参数 $R_1^-\cdot R_2^-\ll 1$ 的异常状态,其中 5 月 10 日变得更严重些,同一天的 $R_1^+\cdot R_2^+=2400$,史无前例。

2008 年 5 月 11 日全天每一小时正应力和负应力增量倾斜法(日报)

汶川(NS)

时间	$N(\bullet)$	$N(\circ)$
05.11 日 0 点	-0.2	0
05.11 日 1 点	-2.7	0
05.11 日 2 点	-2.5	0
05.11 日 3 点	-3.5	0
05.11 日 4 点	-3.1	0
05.11 日 5 点	-0.3	0
05.11 日 6 点	-0.2	0
05.11 日 7 点	0	0.7
05.11 日 8 点	0	1.4
05.11 日 9 点	0	5.4
05.11 日 10 点	0	3.4
05.11 日 11 点	0	4.1
05.11 日 12 点	0	3.1
05.11 日 13 点	0	1.9
05.11 日 14 点	0	0
05.11 日 15 点	-3.2	0
05.11 日 16 点	-3.2	0
05.11 日 17 点	-2.3	0
05.11 日 18 点	-1.7	0
05.11 日 19 点	-0.5	0
05.11 日 20 点	0	0.2
05.11 日 21 点	0	0.2
05.11 日 22 点	0	1.6
05.11 日 23 点	0	1.4

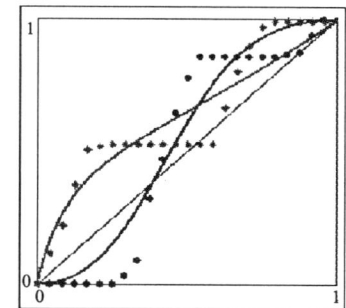
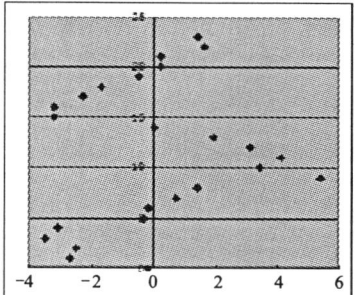

$R_1(\circ)$	$R_2(\circ)$	$R_1(\circ)\cdot R_2(\circ)$	$R_1(\bullet)$	$R_2(\bullet)$	$R_1(\bullet)\cdot R_2(\bullet)$	$\dfrac{R_1(\circ)\cdot R_2(\circ)}{R_1(\bullet)\cdot R_2(\bullet)}$	$\dfrac{R_1(\bullet)\cdot R_2(\bullet)}{R_1(\circ)\cdot R_2(\circ)}$
76.8044	48.7223	3742.087018	1.2104	0.1875	0.22695	16488.597	6.06E-05

$N(\bullet)$	$N(\circ)$	$N(\bullet)/N(\circ)$	$n(\bullet)$	$n(\circ)$	$n(\bullet)/n(\circ)$	$\dfrac{n(\bullet)/n(\circ)}{N(\bullet)/N(\circ)}$
-23.4	23.4	-1	12	11	1.090909091	-1.090909

东西向的加速倾斜是汶川地震主要的前兆特征,平时 $R_1^+, R_2^+, R_1^-, R_2^-$ 值都不大,但是地震前的短临阶段及临震阶段,$R_1^+\cdot R_2^+$ 陡增很大,$R_1^-\cdot R_2^-$ 值小。

短临的前兆信号

4 月 27 日: $R_1^+=77.14$ $R_2^+=39.45$ $R_1^+\cdot R_2^+=3042.76$

$$R_1^- = 1.37 \quad R_2^- = 0.06 \quad R_1^- \cdot R_2^- = 0.08$$

4月28日：$R_1^+ = 75.53 \quad R_2^+ = 57.54 \quad R_1^+ \cdot R_2^+ = 4345.95$

$$R_1^- = 0.94 \quad R_2^- = 0.17 \quad R_1^- \cdot R_2^- = 0.16$$

4月30日：$R_1^+ = 55.59 \quad R_2^+ = 47.47 \quad R_1^+ \cdot R_2^+ = 2638.92$

$$R_1^- = 0.66 \quad R_2^- = 1.56 \quad R_1^- \cdot R_2^- = 1.03$$

5月1日至5月9日为极限僵持缓静期。

临震信号出现在：

5月10日：$R_1^+ = 85.09 \quad R_2^+ = 28.21 \quad R_1^+ \cdot R_2^+ = 2400.88$

$$R_1^- = 1.01 \quad R_2^- = 0.04 \quad R_1^- \cdot R_2^- = 0.04$$

5月11日：$R_1^+ = 76.80 \quad R_2^+ = 48.72 \quad R_1^+ \cdot R_2^+ = 3742.09$

$$R_1^- = 1.21 \quad R_2^- = 0.18 \quad R_1^- \cdot R_2^- = 0.23$$

第三节　汶川特大地震前东西向地倾斜加速量化识别

汶川特大地震前东西向地倾斜加速值一般都不大，主要反映在 $R_1^+ \cdot R_2^+$ 和 $R_1^- \cdot R_2^-$ 和 N^-、N^+ 值上，但仍然在一些关键日子体现出与平常不同的量化特征。

4月25日的 $R_1^- \cdot R_2^- = 131.4$
4月26日的 $R_1^- \cdot R_2^- = 15.5$ 　与南北向地倾斜加速值群子参数同步
4月27日的 $R_1^- \cdot R_2^- = 2211.5$

5月4日—6日，一连三天 $R_1^+ \cdot R_2^+ < 1$；而5月8日 $R_1^- \cdot R_2^- = 16.2$；5月9日 $R_1^- \cdot R_2^- = 11.1$；5月10日 $R_1^- \cdot R_2^- = 34.5$；5月11日 $R_1^- \cdot R_2^- = 5.9$；$R_1^+ \cdot R_2^+ = 2.3$，地倾斜加速进入异常状态，尽管东西向的倾斜加速现象不如南北那么明显，但也是典型异常的量化特征。

2008年1月1日全天每一小时正斜力和负斜力增量倾斜法(日报)

汶川(NS)

时间	N(●)	N(○)
01.01日0点	0	0
01.01日1点	0	2
01.01日2点	0	1.2
01.01日3点	0	1
01.01日4点	0	0.2
01.01日5点	−0.4	0
01.01日6点	−1.2	0
01.01日7点	−1.4	0
01.01日8点	−1.2	0
01.01日9点	−0.6	0
01.01日10点	−0.2	0
01.01日11点	0	0.2
01.01日12点	0	0.8
01.01日13点	0	1.4
01.01日14点	0	1.6
01.01日15点	0	2
01.01日16点	0	2.1
01.01日17点	0	1.4
01.01日18点	0	0
01.01日19点	−2.4	0
01.01日20点	−1.7	0
01.01日21点	−2	0
01.01日22点	−2.2	0
01.01日23点	−2.2	0

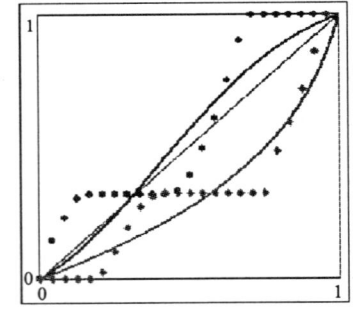 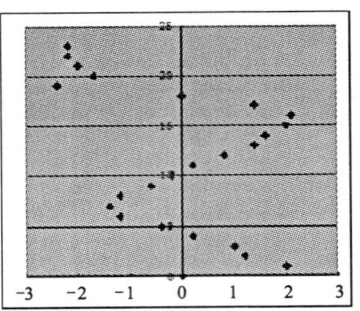

$R_1(○)$	$R_2(○)$	$R_1(○) \cdot R_2(○)$	$R_1(●)$	$R_2(●)$	$R_1(●) \cdot R_2(●)$	$\dfrac{R_1(○) \cdot R_2(○)}{R_1(●) \cdot R_2(●)}$	$\dfrac{R_1(●) \cdot R_2(●)}{R_1(○) \cdot R_2(○)}$
2.2755	1.5318	3.4856109	0.2404	2.3466	0.56412264	6.1788176	0.161843

$N(●)$	$N(○)$	$N(●)/N(○)$	$n(●)$	$n(○)$	$n(●)/n(○)$	$\dfrac{n(●)/n(○)}{N(●)/N(○)}$
−15.5	13.9	−1.115107914	11	11	1	−0.896774

2008年1月11日全天每一小时正斜力和负斜力增量倾斜法（日报）

汶川（EW）

时间	N(●)	N(○)
01.11日 0点	−2	0
01.11日 1点	−6.3	0
01.11日 2点	−7.6	0
01.11日 3点	−5.7	0
01.11日 4点	−5.8	0
01.11日 5点	−3.9	0
01.11日 6点	0	0
01.11日 7点	0	0
01.11日 8点	0	0
01.11日 9点	0	0
01.11日 10点	0	5.9
01.11日 11点	0	4
01.11日 12点	0	0
01.11日 13点	−4	0
01.11日 14点	−5.9	0
01.11日 15点	−5.8	0
01.11日 16点	−3.3	0
01.11日 17点	−0.8	0
01.11日 18点	0	1.9
01.11日 19点	0	2.4
01.11日 20点	0	5.6
01.11日 21点	0	5.9
01.11日 22点	0	5.8
01.11日 23点	0	2.3

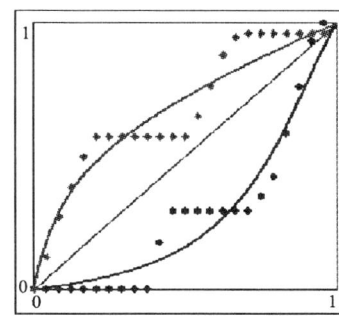 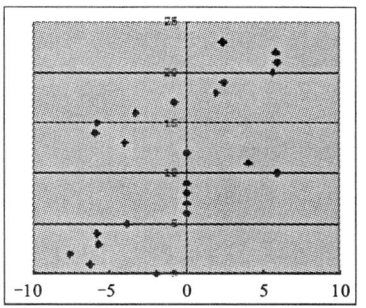

$R_1(○)$	$R_2(○)$	$R_1(○) \cdot R_2(○)$	$R_1(●)$	$R_2(●)$	$R_1(●) \cdot R_2(●)$	$\dfrac{R_1(○) \cdot R_2(○)}{R_1(●) \cdot R_2(●)}$	$\dfrac{R_1(●) \cdot R_2(●)}{R_1(○) \cdot R_2(○)}$
0.5754	7.1903	4.13729862	2.0545	0.1758	0.3611811	11.454915	0.087299

$N(●)$	$N(○)$	$N(●)/N(○)$	$n(●)$	$n(○)$	$n(●)/n(○)$	$\dfrac{n(●)/n(○)}{N(●)/N(○)}$
−51.1	33.8	−1.51183432	11	8	1.375	−0.909491

2008年1月20日全天每一小时正斜力和负斜力增量倾斜法（日报）

汶川（EW）

时间	N(●)	N(○)
01.20日 0点	−6.7	0
01.20日 1点	−6.4	0
01.20日 2点	−3.3	0
01.20日 3点	0	0.2
01.20日 4点	0	4.7
01.20日 5点	0	4
01.20日 6点	0	4.5
01.20日 7点	0	5.4
01.20日 8点	0	4.2
01.20日 9点	0	1.7
01.20日 10点	−2.1	0
01.20日 11点	−3.8	0
01.20日 12点	−4.2	0
01.20日 13点	−4.1	0
01.20日 14点	−2.4	0
01.20日 15点	0	0.2
01.20日 16点	0	6.3
01.20日 17点	0	8.2
01.20日 18点	0	5.9
01.20日 19点	0	4
01.20日 20点	0	3.7
01.20日 21点	0	0.4
01.20日 22点	−2.5	0
01.20日 23点	−5.6	0

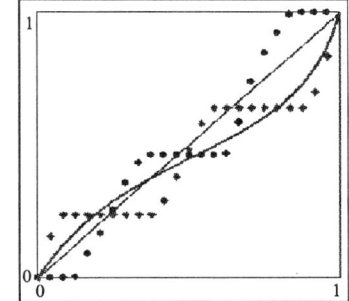 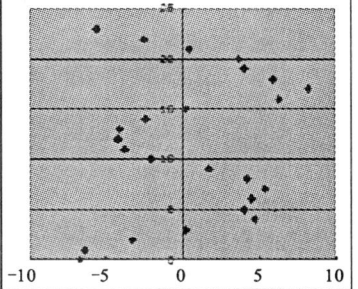

$R_1(○)$	$R_2(○)$	$R_1(○) \cdot R_2(○)$	$R_1(●)$	$R_2(●)$	$R_1(●) \cdot R_2(●)$	$\dfrac{R_1(○) \cdot R_2(○)}{R_1(●) \cdot R_2(●)}$	$\dfrac{R_1(●) \cdot R_2(●)}{R_1(○) \cdot R_2(○)}$
0.2723	#REF!	#REF!	0.2723	0.5777	0.15730771	#REF!	#REF!

$N(●)$	$N(○)$	$N(●)/N(○)$	$n(●)$	$n(○)$	$n(●)/n(○)$	$\dfrac{n(●)/n(○)}{N(●)/N(○)}$
−41.1	53.4	−0.769662921	10	14	0.714285714	−0.92805

2008 年 1 月 31 日全天每一小时正斜力和负斜力增量倾斜法（日报）

汶川（EW）

时间	$N(●)$	$N(○)$
01.31 日 0 点	0	0.4
01.31 日 1 点	0	0.2
01.31 日 2 点	0	0.8
01.31 日 3 点	0	1
01.31 日 4 点	0	0.6
01.31 日 5 点	0	0
01.31 日 6 点	−0.4	0
01.31 日 7 点	−0.4	0
01.31 日 8 点	−0.6	0
01.31 日 9 点	−0.2	0
01.31 日 10 点	0	0.2
01.31 日 11 点	0	0.2
01.31 日 12 点	0	0.2
01.31 日 13 点	0	0.2
01.31 日 14 点	0	0.4
01.31 日 15 点	0	1.4
01.31 日 16 点	0	0.8
01.31 日 17 点	0	0.5
01.31 日 18 点	0	0.2
01.31 日 19 点	−0.2	0
01.31 日 20 点	−1.5	0
01.31 日 21 点	−2	0
01.31 日 22 点	−1.8	0
01.31 日 23 点	−2	0

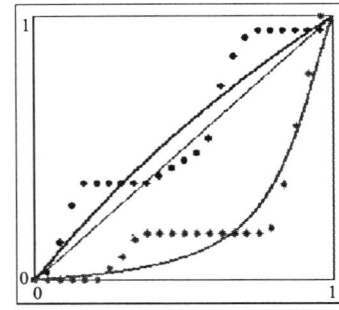
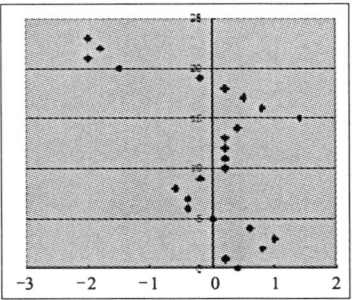

$R_1(○)$	$R_2(○)$	$R_1(○)·R_2(○)$	$R_1(●)$	$R_2(●)$	$R_1(●)·R_2(●)$	$\dfrac{R_1(○)·R_2(○)}{R_1(●)·R_2(●)}$	$\dfrac{R_1(●)·R_2(●)}{R_1(○)·R_2(○)}$
1.3585	0.7164	0.9732294	0.3665	13.2437	4.85381605	0.2005081	4.98733

$N(●)$	$N(○)$	$N(●)/N(○)$	$n(●)$	$n(○)$	$n(●)/n(○)$	$\dfrac{n(●)/n(○)}{N(●)/N(○)}$
−9.1	7.1	−1.281690141	9	14	0.642857143	−0.50157

2008 年 2 月 1 日全天每一小时正斜力和负斜力增量倾斜法（日报）

汶川（EW）

时间	$N(●)$	$N(○)$
02.01 日 0 点	−1.8	0
02.01 日 1 点	−0.2	0
02.01 日 2 点	0	0
02.01 日 3 点	0	0.8
02.01 日 4 点	0	1.2
02.01 日 5 点	0	2
02.01 日 6 点	0	1.6
02.01 日 7 点	0	0.4
02.01 日 8 点	0	0.2
02.01 日 9 点	−0.2	0
02.01 日 10 点	−2	0
02.01 日 11 点	−1.6	0
02.01 日 12 点	−1.2	0
02.01 日 13 点	−0.4	0
02.01 日 14 点	0	0
02.01 日 15 点	0	1.2
02.01 日 16 点	0	2
02.01 日 17 点	0	2.2
02.01 日 18 点	0	1.4
02.01 日 19 点	0	0.4
02.01 日 20 点	−0.2	0
02.01 日 21 点	−2.4	0
02.01 日 22 点	−3.2	0
02.01 日 23 点	−2.6	0

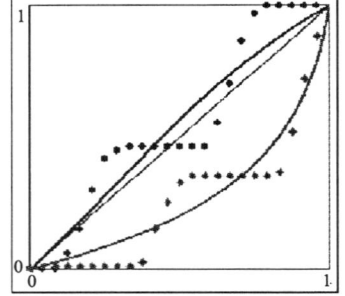
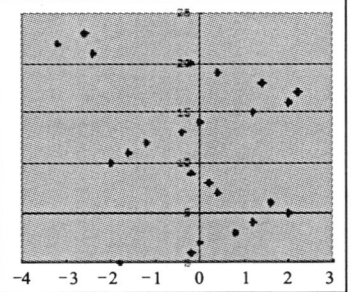

$R_1(○)$	$R_2(○)$	$R_1(○)·R_2(○)$	$R_1(●)$	$R_2(●)$	$R_1(●)·R_2(●)$	$\dfrac{R_1(○)·R_2(○)}{R_1(●)·R_2(●)}$	$\dfrac{R_1(●)·R_2(●)}{R_1(○)·R_2(○)}$
1.5956	1.0037	1.60150372	0.1452	3.5185	0.5108862	3.1347563	0.319004

$N(●)$	$N(○)$	$N(●)/N(○)$	$n(●)$	$n(○)$	$n(●)/n(○)$	$\dfrac{n(●)/n(○)}{N(●)/N(○)}$
−15.8	13.4	−1.179104478	11	11	1	−0.848101

2008年2月10日全天每一小时正斜力和负斜力增量倾斜法(日报)

汶川(EW)

时间	$N(\bullet)$	$N(\circ)$
02.10日0点	−1.3	0
02.10日1点	−4	0
02.10日2点	−6.1	0
02.10日3点	−7.8	0
02.10日4点	−6.3	0
02.10日5点	−3	0
02.10日6点	−0.2	0
02.10日7点	0	3.2
02.10日8点	0	3.9
02.10日9点	0	8
02.10日10点	0	6.3
02.10日11点	0	3.6
02.10日12点	0	0
02.10日13点	−2.8	0
02.10日14点	−6.9	0
02.10日15点	−6.2	0
02.10日16点	−7.5	0
02.10日17点	−2.4	0
02.10日18点	−0.2	0
02.10日19点	0	2.2
02.10日20点	0	5.9
02.10日21点	0	6.2
02.10日22点	0	5.7
02.10日23点	0	3.6

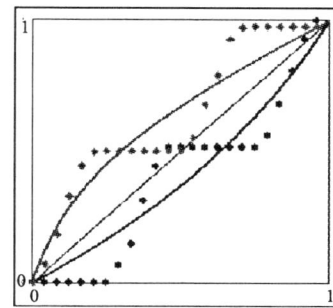 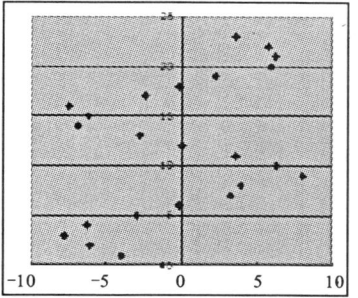

$R_1(\circ)$	$R_2(\circ)$	$R_1(\circ) \cdot R_2(\circ)$	$R_1(\bullet)$	$R_2(\bullet)$	$R_1(\bullet) \cdot R_2(\bullet)$	$\dfrac{R_1(\circ) \cdot R_2(\circ)}{R_1(\bullet) \cdot R_2(\bullet)}$	$\dfrac{R_1(\bullet) \cdot R_2(\bullet)}{R_1(\circ) \cdot R_2(\circ)}$
0.5577	1.6823	0.93821871	1.6575	0.3045	0.50470875	1.8589309	0.537944

$N(\bullet)$	$N(\circ)$	$N(\bullet)/N(\circ)$	$n(\bullet)$	$n(\circ)$	$n(\bullet)/n(\circ)$	$\dfrac{n(\bullet)/n(\circ)}{N(\bullet)/N(\circ)}$
−54.7	48.6	−1.125514403	13	10	1.3	−1.155027

2008年2月20日全天每一小时正斜力和负斜力增量倾斜法(日报)

汶川(EW)

时间	$N(\bullet)$	$N(\circ)$
02.20日0点	−7.2	0
02.20日1点	−9.3	0
02.20日2点	−6.3	0
02.20日3点	−4	0
02.20日4点	−1	0
02.20日5点	0	2.8
02.20日6点	0	5.8
02.20日7点	0	6.1
02.20日8点	0	5.9
02.20日9点	0	9.2
02.20日10点	0	0.6
02.20日11点	−3.8	0
02.20日12点	−5.8	0
02.20日13点	−6.3	0
02.20日14点	−5.9	0
02.20日15点	−3	0
02.20日16点	0	0.2
02.20日17点	0	4.7
02.20日18点	0	8.2
02.20日19点	0	5.9
02.20日20点	0	6.4
02.20日21点	0	3.9
02.20日22点	−0.2	0
02.20日23点	−2.4	0

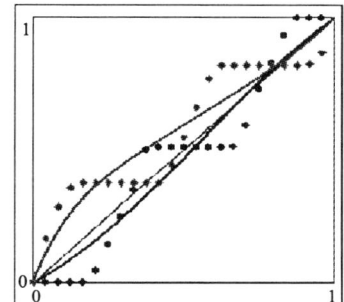 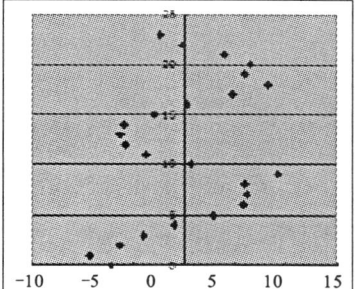

$R_1(\circ)$	$R_2(\circ)$	$R_1(\circ) \cdot R_2(\circ)$	$R_1(\bullet)$	$R_2(\bullet)$	$R_1(\bullet) \cdot R_2(\bullet)$	$\dfrac{R_1(\circ) \cdot R_2(\circ)}{R_1(\bullet) \cdot R_2(\bullet)}$	$\dfrac{R_1(\bullet) \cdot R_2(\bullet)}{R_1(\circ) \cdot R_2(\circ)}$
1.2526	1.579	1.9778554	0.9308	0.3183	0.29627364	6.6757724	0.149795

$N(\bullet)$	$N(\circ)$	$N(\bullet)/N(\circ)$	$n(\bullet)$	$n(\circ)$	$n(\bullet)/n(\circ)$	$\dfrac{n(\bullet)/n(\circ)}{N(\bullet)/N(\circ)}$
−55.2	59.7	−0.924623116	12	12	1	−1.081522

2008年2月29日全天每一小时正斜力和负斜力增量倾斜法（日报）

汶川（EW）

时间	$N(\bullet)$	$N(\circ)$
02.29日0点	0	0
02.29日1点	−0.2	0
02.29日2点	0	0
02.29日3点	0	0
02.29日4点	−0.2	0
02.29日5点	0	0
02.29日6点	−0.2	0
02.29日7点	−0.2	0
02.29日8点	0	0.2
02.29日9点	0	0.8
02.29日10点	0	0.6
02.29日11点	0	0.2
02.29日12点	0	0.2
02.29日13点	−0.2	0
02.29日14点	−0.2	0
02.29日15点	−0.6	0
02.29日16点	−0.6	0
02.29日17点	−0.2	0
02.29日18点	−0.4	0
02.29日19点	−0.8	0
02.29日20点	−0.4	0
02.29日21点	−1.7	0
02.29日22点	−1.4	0
02.29日23点	−0.4	0

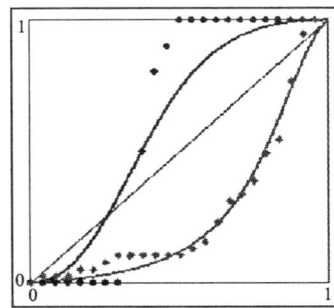 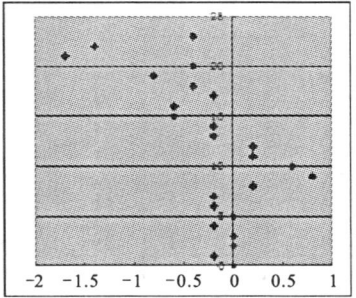

$R_1(\circ)$	$R_2(\circ)$	$R_1(\circ)\cdot R_2(\circ)$	$R_1(\bullet)$	$R_2(\bullet)$	$R_1(\bullet)\cdot R_2(\bullet)$	$\dfrac{R_1(\circ)\cdot R_2(\circ)}{R_1(\bullet)\cdot R_2(\bullet)}$	$\dfrac{R_1(\bullet)\cdot R_2(\bullet)}{R_1(\circ)\cdot R_2(\circ)}$
129.0848	45.7241	5902.286304	1.0379	13.9126	14.43988754	408.74877	0.002446

$N(\bullet)$	$N(\circ)$	$N(\bullet)/N(\circ)$	$n(\bullet)$	$n(\circ)$	$n(\bullet)/n(\circ)$	$\dfrac{n(\bullet)/n(\circ)}{N(\bullet)/N(\circ)}$
−7.7	2	−3.85	15	5	3	−0.779221

2008年3月1日全天每一小时正斜力和负斜力增量倾斜法（日报）

汶川（EW）

时间	$N(\bullet)$	$N(\circ)$
03.01日0点	0	13.6
03.01日1点	0	0.2
03.01日2点	0	1.4
03.01日3点	0	3
03.01日4点	0	2.3
03.01日5点	0	2.4
03.01日6点	0	2.6
03.01日7点	0	1.4
03.01日8点	0	0.6
03.01日9点	−0.6	0
03.01日10点	−1.8	0
03.01日11点	−2.2	0
03.01日12点	−1.4	0
03.01日13点	−0.8	0
03.01日14点	0	1.4
03.01日15点	0	2.4
03.01日16点	0	2.4
03.01日17点	0	3.6
03.01日18点	0	2.9
03.01日19点	0	0.8
03.01日20点	−1.8	0
03.01日21点	−3.9	0
03.01日22点	−4.8	0
03.01日23点	−4.9	0

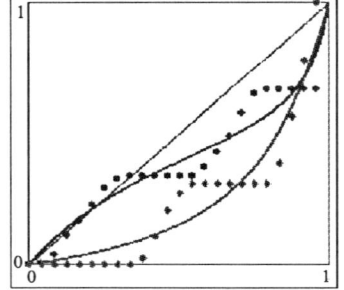 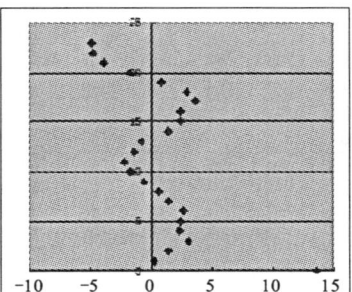

$R_1(\circ)$	$R_2(\circ)$	$R_1(\circ)\cdot R_2(\circ)$	$R_1(\bullet)$	$R_2(\bullet)$	$R_1(\bullet)\cdot R_2(\bullet)$	$\dfrac{R_1(\circ)\cdot R_2(\circ)}{R_1(\bullet)\cdot R_2(\bullet)}$	$\dfrac{R_1(\bullet)\cdot R_2(\bullet)}{R_1(\circ)\cdot R_2(\circ)}$
0.1514	0.7606	0.11515484	0.2487	5.873	1.4606151	0.07884	12.68392

$N(\bullet)$	$N(\circ)$	$N(\bullet)/N(\circ)$	$n(\bullet)$	$n(\circ)$	$n(\bullet)/n(\circ)$	$\dfrac{n(\bullet)/n(\circ)}{N(\bullet)/N(\circ)}$
−22.2	41	−0.541463415	9	15	0.6	−1.108108

2008年3月10日全天每一小时正斜力和负斜力增量倾斜法(日报)

汶川(EW)

时间	N(●)	N(○)
03.10日0点	-1.8	0
03.10日1点	-5.1	0
03.10日2点	-7.2	0
03.10日3点	-6.7	0
03.10日4点	-5.3	0
03.10日5点	-1.4	0
03.10日6点		1.8
03.10日7点	0	5.9
03.10日8点	0	7.9
03.10日9点	0	9.5
03.10日10点	0	4.4
03.10日11点	0	0.4
03.10日12点	-2.4	0
03.10日13点	-4.1	0
03.10日14点	-7.8	0
03.10日15点	-8.1	0
03.10日16点	-5.9	0
03.10日17点	-3.8	0
03.10日18点	0	0
03.10日19点	0	4
03.10日20点	0	7.5
03.10日21点	0	6.3
03.10日22点	0	5.8
03.10日23点	0	3.7

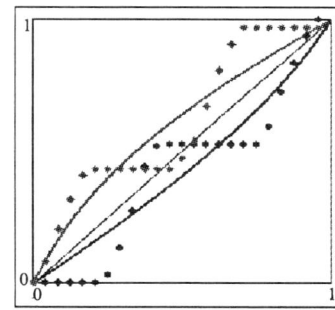
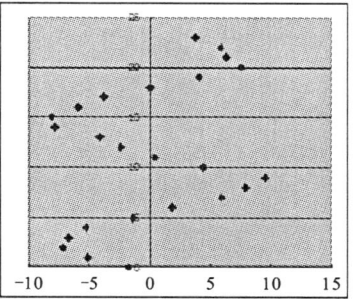

$R_1(○)$	$R_2(○)$	$R_1(○)\cdot R_2(○)$	$R_1(●)$	$R_2(●)$	$R_1(●)\cdot R_2(●)$	$\dfrac{R_1(○)\cdot R_2(○)}{R_1(●)\cdot R_2(●)}$	$\dfrac{R_1(●)\cdot R_2(●)}{R_1(○)\cdot R_2(○)}$
0.5728	1.3096	0.75013888	1.5356	0.4357	0.66906092	1.1211817	0.891916

$N(●)$	$N(○)$	$N(●)/N(○)$	$n(●)$	$n(○)$	$n(●)/n(○)$	$\dfrac{n(●)/n(○)}{N(●)/N(○)}$
-59.6	57.2	-1.041958042	12	11	1.090909091	-1.04698

2008年3月20日全天每一小时正斜力和负斜力增量倾斜法(日报)

汶川(EW)

时间	N(●)	N(○)
03.20日0点	-7.4	0
03.20日1点	-6.5	0
03.20日2点	-5.4	0
03.20日3点	-1.6	0
03.20日4点	0	1.6
03.20日5点	0	6
03.20日6点	0	6.3
03.20日7点	0	6
03.20日8点	0	5.9
03.20日9点	0	2.8
03.20日10点	-1.6	0
03.20日11点	-4.2	0
03.20日12点	-6.3	0
03.20日13点	-7.3	0
03.20日14点	-5.8	0
03.20日15点	-1.4	0
03.20日16点	0	0.4
03.20日17点	0	6.6
03.20日18点	0	4.9
03.20日19点	0	7.5
03.20日20点	0	7.2
03.20日21点	0	4.1
03.20日22点	-0.2	0
03.20日23点	-4.7	0

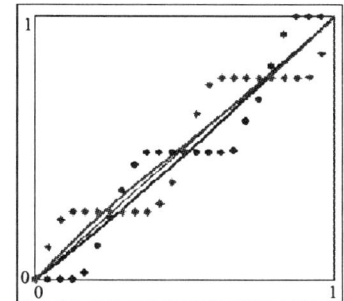
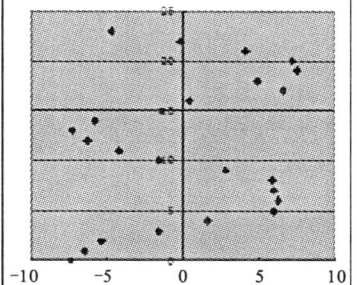

$R_1(○)$	$R_2(○)$	$R_1(○)\cdot R_2(○)$	$R_1(●)$	$R_2(●)$	$R_1(●)\cdot R_2(●)$	$\dfrac{R_1(○)\cdot R_2(○)}{R_1(●)\cdot R_2(●)}$	$\dfrac{R_1(●)\cdot R_2(●)}{R_1(○)\cdot R_2(○)}$
0.9234	1.1597	1.07086698	0.8729	0.8033	0.70120057	1.5271907	0.654797

$N(●)$	$N(○)$	$N(●)/N(○)$	$n(●)$	$n(○)$	$n(●)/n(○)$	$\dfrac{n(●)/n(○)}{N(●)/N(○)}$
-52.4	59.3	-0.883642496	12	12	1	-1.131679

2008年3月31日全天每一小时正斜力和负斜力增量倾斜法（日报）

汶川（EW）

时间	$N(\bullet)$	$N(\circ)$
03.31 日 0 点	−1.6	0
03.31 日 1 点	0	0.2
03.31 日 2 点	0	0.6
03.31 日 3 点	0	3.1
03.31 日 4 点	0	2.2
03.31 日 5 点	0	2.2
03.31 日 6 点	0	1.4
03.31 日 7 点	0	0.2
03.31 日 8 点	−0.2	0
03.31 日 9 点	−0.6	0
03.31 日 10 点	−1.2	0
03.31 日 11 点	−1.8	0
03.31 日 12 点	−0.4	0
03.31 日 13 点	−0.2	0
03.31 日 14 点	0	0.4
03.31 日 15 点	0	1.6
03.31 日 16 点	0	2.2
03.31 日 17 点	0	2.2
03.31 日 18 点	0	0.4
03.31 日 19 点	−0.4	0
03.31 日 20 点	−2	0
03.31 日 21 点	−2.2	0
03.31 日 22 点	−3	0
03.31 日 23 点	−3.1	0

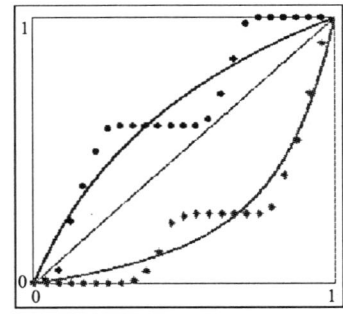
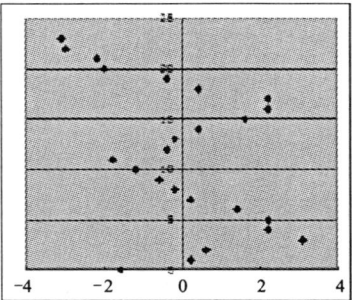

$R_1(\circ)$	$R_2(\circ)$	$R_1(\circ)\cdot R_2(\circ)$	$R_1(\bullet)$	$R_2(\bullet)$	$R_1(\bullet)\cdot R_2(\bullet)$	$\dfrac{R_1(\circ)\cdot R_2(\circ)}{R_1(\bullet)\cdot R_2(\bullet)}$	$\dfrac{R_1(\bullet)\cdot R_2(\bullet)}{R_1(\circ)\cdot R_2(\circ)}$
2.2777	0.3839	0.87440903	0.1964	6.2733	1.23207612	0.7097037	1.409039

$N(\bullet)$	$N(\circ)$	$N(\bullet)/N(\circ)$	$n(\bullet)$	$n(\circ)$	$n(\bullet)/n(\circ)$	$\dfrac{n(\bullet)/n(\circ)}{N(\bullet)/N(\circ)}$
−16.7	16.7	−1	12	12	1	−1

2008年4月1日全天每一小时正斜力和负斜力增量倾斜法（日报）

汶川（EW）

时间	$N(\bullet)$	$N(\circ)$
04.01 日 0 点	0	8.5
04.01 日 1 点	−0.2	0
04.01 日 2 点	−2	0
04.01 日 3 点	−3.6	0
04.01 日 4 点	−4.1	0
04.01 日 5 点	−1.8	0
04.01 日 6 点	−0.4	0
04.01 日 7 点	0	2
04.01 日 8 点	0	3.9
04.01 日 9 点	0	6
04.01 日 10 点	0	4.1
04.01 日 11 点	0	3.4
04.01 日 12 点	0	0.2
04.01 日 13 点	−1.4	
04.01 日 14 点	−3.9	0
04.01 日 15 点	−3.6	0
04.01 日 16 点	−4.8	0
04.01 日 17 点	−4.5	0
04.01 日 18 点	−3.6	0
04.01 日 19 点	−1	0
04.01 日 20 点	0	1
04.01 日 21 点	0	2.6
04.01 日 22 点	0	3.4
04.01 日 23 点	0	3.9

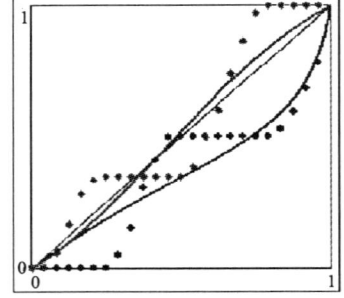
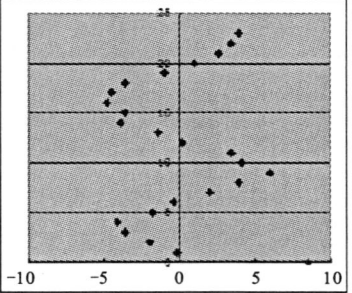

$R_1(\circ)$	$R_2(\circ)$	$R_1(\circ)\cdot R_2(\circ)$	$R_1(\bullet)$	$R_2(\bullet)$	$R_1(\bullet)\cdot R_2(\bullet)$	$\dfrac{R_1(\circ)\cdot R_2(\circ)}{R_1(\bullet)\cdot R_2(\bullet)}$	$\dfrac{R_1(\bullet)\cdot R_2(\bullet)}{R_1(\circ)\cdot R_2(\circ)}$
0.1571	1.2027	0.18894417	1.6327	1.4607	2.38488489	0.0792257	12.62217

$N(\bullet)$	$N(\circ)$	$N(\bullet)/N(\circ)$	$n(\bullet)$	$n(\circ)$	$n(\bullet)/n(\circ)$	$\dfrac{n(\bullet)/n(\circ)}{N(\bullet)/N(\circ)}$
−34.9	39	−0.894871795	13	11	1.181818182	−1.320656

2008年4月10日全天每一小时正斜力和负斜力增量倾斜法(日报)

汶川(EW)

时间	$N(\bullet)$	$N(\circ)$
04.10日0点	−1	0
04.10日1点	−0.2	0
04.10日2点	−2	0
04.10日3点	−3.6	0
04.10日4点	−4.1	0
04.10日5点	−1.8	0
04.10日6点	−0.4	0
04.10日7点	0	2
04.10日8点	0	3.9
04.10日9点	0	6
04.10日10点	0	4.1
04.10日11点	0	3.4
04.10日12点	0	0.2
04.10日13点	−1.4	0
04.10日14点	−3.9	0
04.10日15点	−3.6	0
04.10日16点	−4.8	0
04.10日17点	−4.5	0
04.10日18点	−3.6	0
04.10日19点	−1	0
04.10日20点	0	1
04.10日21点	0	2.6
04.10日22点	0	3.4
04.10日23点	0	3.9

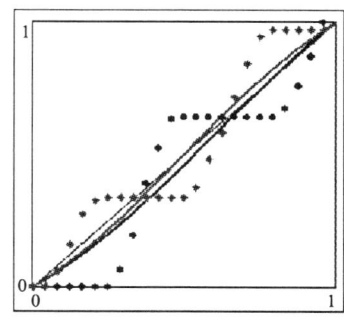
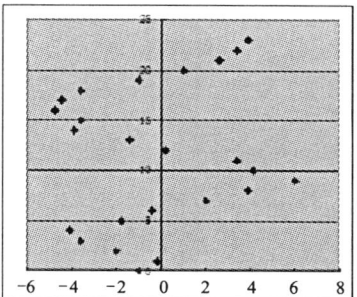

$R_1(\circ)$	$R_2(\circ)$	$R_1(\circ)\cdot R_2(\circ)$	$R_1(\bullet)$	$R_2(\bullet)$	$R_1(\bullet)\cdot R_2(\bullet)$	$\dfrac{R_1(\circ)\cdot R_2(\circ)}{R_1(\bullet)\cdot R_2(\bullet)}$	$\dfrac{R_1(\bullet)\cdot R_2(\bullet)}{R_1(\circ)\cdot R_2(\circ)}$
1.1529	1.5266	1.76001714	1.4467	1.4481	2.09496627	0.8401172	1.19031

$N(\bullet)$	$N(\circ)$	$N(\bullet)/N(\circ)$	$n(\bullet)$	$n(\circ)$	$n(\bullet)/n(\circ)$	$\dfrac{n(\bullet)/n(\circ)}{N(\bullet)/N(\circ)}$
−35.9	30.5	−1.17704918	14	10	1.4	−1.189415

2008年4月20日全天每一小时正斜力和负斜力增量倾斜法(日报)

汶川(EW)

时间	$N(\bullet)$	$N(\circ)$
04.20日0点	−4.1	0
04.20日1点	−5.2	0
04.20日2点	−4.9	0
04.20日3点	−2	0
04.20日4点	0	1.2
04.20日5点	0	3.9
04.20日6点	0	5.2
04.20日7点	0	7.5
04.20日8点	0	6
04.20日9点	0	4.1
04.20日10点	−0.2	0
04.20日11点	−4.3	0
04.20日12点	−7	0
04.20日13点	−7.3	0
04.20日14点	−6	0
04.20日15点	−5.5	0
04.20日16点	−1.4	0
04.20日17点	0	7.1
04.20日18点	0	6.6
04.20日19点	0	6.6
04.20日20点	0	5.5
04.20日21点	0	4
04.20日22点	0	0.8
04.20日23点	−0.8	0

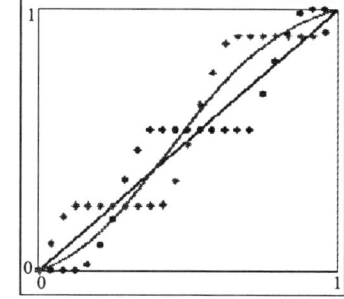
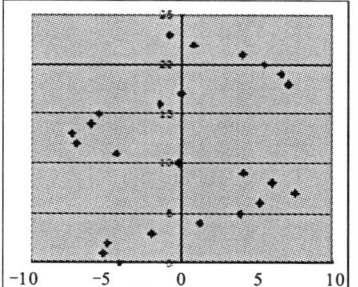

$R_1(\circ)$	$R_2(\circ)$	$R_1(\circ)\cdot R_2(\circ)$	$R_1(\bullet)$	$R_2(\bullet)$	$R_1(\bullet)\cdot R_2(\bullet)$	$\dfrac{R_1(\circ)\cdot R_2(\circ)}{R_1(\bullet)\cdot R_2(\bullet)}$	$\dfrac{R_1(\bullet)\cdot R_2(\bullet)}{R_1(\circ)\cdot R_2(\circ)}$
0.9898	1.0228	1.01236744	3.4029	2.5856	8.79853824	0.1150609	8.691052

$N(\bullet)$	$N(\circ)$	$N(\bullet)/N(\circ)$	$n(\bullet)$	$n(\circ)$	$n(\bullet)/n(\circ)$	$\dfrac{n(\bullet)/n(\circ)}{N(\bullet)/N(\circ)}$
−48.7	51.9	−0.938342967	12	11	1.090909091	−1.162591

2008年4月25日全天每一小时正斜力和负斜力增量倾斜法(日报)

汶川(EW)

时间	N(●)	N(○)
04.25日0点	0	0.8
04.25日1点	−0.4	0
04.25日2点	−1.6	0
04.25日3点	−1.9	0
04.25日4点	−1.8	0
04.25日5点	−0.6	0
04.25日6点	0	0
04.25日7点	0	2
04.25日8点	0	2.3
04.25日9点	0	5.6
04.25日10点	0	4
04.25日11点	0	1
04.25日12点	−0.2	0
04.25日13点	−1.6	0
04.25日14点	−3.8	0
04.25日15点	−5.3	0
04.25日16点	−4	0
04.25日17点	−2.8	0
04.25日18点	−1.6	0
04.25日19点	0	0
04.25日20点	0	1.2
04.25日21点	0	2.8
04.25日22点	0	2
04.25日23点	0	2.4

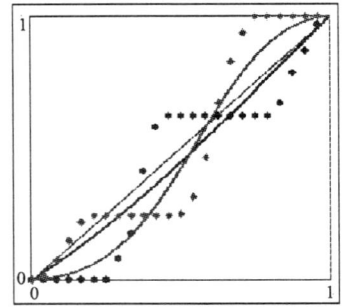 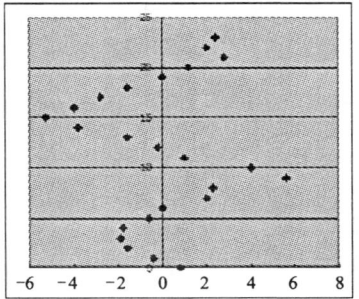

$R_1(○)$	$R_2(○)$	$R_1(○) \cdot R_2(○)$	$R_1(●)$	$R_2(●)$	$R_1(●) \cdot R_2(●)$	$\dfrac{R_1(○) \cdot R_2(○)}{R_1(●) \cdot R_2(●)}$	$\dfrac{R_1(●) \cdot R_2(●)}{R_1(○) \cdot R_2(○)}$
0.896	1.3506	1.2101376	9.6673	13.588	131.3592724	0.0092124	108.549

$N(●)$	$N(○)$	$N(●)/N(○)$	$n(●)$	$n(○)$	$n(●)/n(○)$	$\dfrac{n(●)/n(○)}{N(●)/N(○)}$
−25.6	24.1	−1.062240664	12	10	1.2	−1.129688

2008年4月26日全天每一小时正斜力和负斜力增量倾斜法(日报)

汶川(EW)

时间	N(●)	N(○)
04.26日0点	0	2.3
04.26日1点	0	0.6
04.26日2点	−0.4	0
04.26日3点	−1.4	0
04.26日4点	−1.5	0
04.26日5点	−1.6	0
04.26日6点	−0.4	0
04.26日7点	0	1.6
04.26日8点	0	1.7
04.26日9点	0	3
04.26日10点	0	4
04.26日11点	0	2.8
04.26日12点	−0.4	0
04.26日13点	−0.6	0
04.26日14点	−0.8	0
04.26日15点	−3	0
04.26日16点	−3.2	0
04.26日17点	−2.9	0
04.26日18点	−2.2	0
04.26日19点	−1.2	0
04.26日20点	0	0.4
04.26日21点	0	0.8
04.26日22点	0	2
04.26日23点	0	1.3

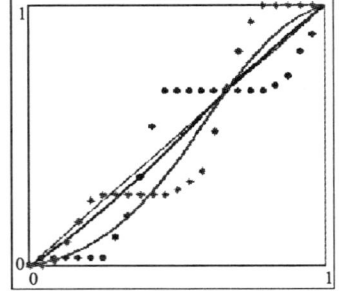 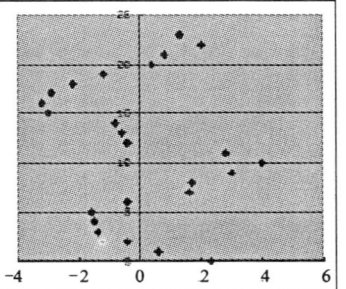

$R_1(○)$	$R_2(○)$	$R_1(○) \cdot R_2(○)$	$R_1(●)$	$R_2(●)$	$R_1(●) \cdot R_2(●)$	$\dfrac{R_1(○) \cdot R_2(○)}{R_1(●) \cdot R_2(●)}$	$\dfrac{R_1(●) \cdot R_2(●)}{R_1(○) \cdot R_2(○)}$
1.1964	1.3858	1.65797112	3.0591	5.0616	15.48394056	0.1070768	9.339089

$N(●)$	$N(○)$	$N(●)/N(○)$	$n(●)$	$n(○)$	$n(●)/n(○)$	$\dfrac{n(●)/n(○)}{N(●)/N(○)}$
−19.6	20.5	−0.956097561	13	11	1.181818182	−1.236085

2008年4月27日全天每一小时正斜力和负斜力增量倾斜法(日报)

汶川(EW)

时间	$N(●)$	$N(○)$
04.27日0点	0	2.8
04.27日1点	0	1.6
04.27日2点	0	0.6
04.27日3点	0	0.4
04.27日4点	−0.4	0
04.27日5点	−0.4	0
04.27日6点	−0.4	0
04.27日7点	0	0
04.27日8点	0	0.2
04.27日9点	0	0.2
04.27日10点	0	2
04.27日11点	0	1.8
04.27日12点	0	0.2
04.27日13点	0	0
04.27日14点	−0.2	0
04.27日15点	−2	0
04.27日16点	−1.8	0
04.27日17点	−3.2	0
04.27日18点	−2.5	0
04.27日19点	−2.2	0
04.27日20点	−2	0
04.27日21点	−0.2	0
04.27日22点	0	2.2
04.27日23点	0	0.4

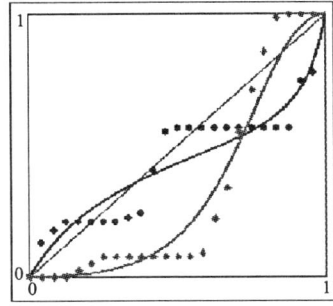
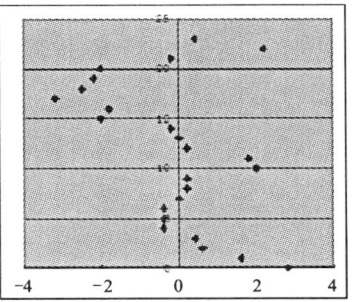

$R_1(○)$	$R_2(○)$	$R_1(○)\cdot R_2(○)$	$R_1(●)$	$R_2(●)$	$R_1(●)\cdot R_2(●)$	$\dfrac{R_1(○)\cdot R_2(○)}{R_1(●)\cdot R_2(●)}$	$\dfrac{R_1(●)\cdot R_2(●)}{R_1(○)\cdot R_2(○)}$
0.1552	0.5261	0.08165072	19.7524	111.9588	2211.455001	3.692E−05	27084.33

$N(●)$	$N(○)$	$N(●)/N(○)$	$n(●)$	$n(○)$	$n(●)/n(○)$	$\dfrac{n(●)/n(○)}{N(●)/N(○)}$
−15.3	12.4	−1.233870968	11	11	1	−0.810458

2008年4月28日全天每一小时正斜力和负斜力增量倾斜法(日报)

汶川(EW)

时间	$N(●)$	$N(○)$
04.28日0点	0	1.4
04.28日1点	0	1.5
04.28日2点	0	1.4
04.28日3点	0	1.4
04.28日4点	0	1.6
04.28日5点	0	0
04.28日6点	−0.6	0
04.28日7点	−0.8	0
04.28日8点	−1.8	0
04.28日9点	−0.2	0
04.28日10点	0	0.4
04.28日11点	0	1.2
04.28日12点	0	0.8
04.28日13点	0	1.2
04.28日14点	0	0.4
04.28日15点	0	0.2
04.28日16点	−0.2	0
04.28日17点	−2.4	0
04.28日18点	−2.6	0
04.28日19点	−1.5	0
04.28日20点	−2.4	0
04.28日21点	−2	0
04.28日22点	−1	0
04.28日23点	−2	0

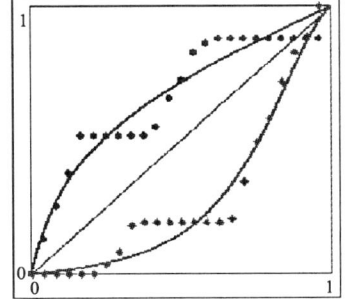
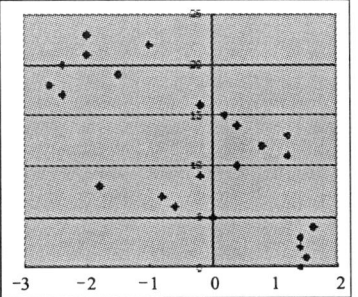

$R_1(○)$	$R_2(○)$	$R_1(○)\cdot R_2(○)$	$R_1(●)$	$R_2(●)$	$R_1(●)\cdot R_2(●)$	$\dfrac{R_1(○)\cdot R_2(○)}{R_1(●)\cdot R_2(●)}$	$\dfrac{R_1(●)\cdot R_2(●)}{R_1(○)\cdot R_2(○)}$
1.9965	0.1984	0.3961056	1.0325	10.2915	10.62597375	0.0372771	26.82611

$N(●)$	$N(○)$	$N(●)/N(○)$	$n(●)$	$n(○)$	$n(●)/n(○)$	$\dfrac{n(●)/n(○)}{N(●)/N(○)}$
−17.5	11.5	−1.52173913	12	11	1.090909091	−0.716883

2008年4月29日全天每一小时正斜力和负斜力增量倾斜法(日报)

汶川(EW)

时间	$N(●)$	$N(○)$
04.29 日 0 点	0	0.4
04.29 日 1 点	0	1.6
04.29 日 2 点	0	2
04.29 日 3 点	0	3.4
04.29 日 4 点	0	1.5
04.29 日 5 点	0	1
04.29 日 6 点	0	0.4
04.29 日 7 点	-0.8	0
04.29 日 8 点	-1.2	0
04.29 日 9 点	-1.1	0
04.29 日 10 点	-1.8	0
04.29 日 11 点	-1.4	0
04.29 日 12 点	0	0
04.29 日 13 点	0	0.4
04.29 日 14 点	0	1.2
04.29 日 15 点	0	1.2
04.29 日 16 点	0	1
04.29 日 17 点	0	0.2
04.29 日 18 点	-1.2	0
04.29 日 19 点	-1.4	0
04.29 日 20 点	-2	0
04.29 日 21 点	-3.4	0
04.29 日 22 点	-2.4	0
04.29 日 23 点	-1.9	0

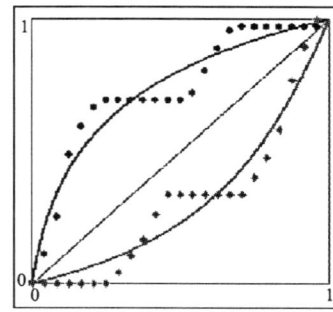
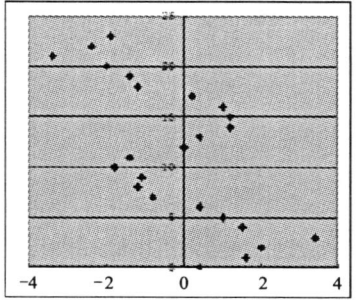

$R_1(○)$	$R_2(○)$	$R_1(○)·R_2(○)$	$R_1(●)$	$R_2(●)$	$R_1(●)·R_2(●)$	$\dfrac{R_1(○)·R_2(○)}{R_1(●)·R_2(●)}$	$\dfrac{R_1(●)·R_2(●)}{R_1(○)·R_2(○)}$
3.7475	0.1446	0.5418885	0.3934	3.6494	1.43567396	0.3774454	2.64939

$N(●)$	$N(○)$	$N(●)/N(○)$	$n(●)$	$n(○)$	$n(●)/n(○)$	$\dfrac{n(●)/n(○)}{N(●)/N(○)}$
-18.6	14.3	-1.300699301	11	12	0.916666667	-0.704749

2008年4月30日全天每一小时正斜力和负斜力增量倾斜法(日报)

汶川(EW)

时间	$N(●)$	$N(○)$
04.30 日 0 点	0	0
04.30 日 1 点	0	0.4
04.30 日 2 点	0	2.3
04.30 日 3 点	0	3.6
04.30 日 4 点	0	4
04.30 日 5 点	0	2
04.30 日 6 点	0	1.5
04.30 日 7 点	0	0.4
04.30 日 8 点	-0.6	0
04.30 日 9 点	-4.1	0
04.30 日 10 点	-3.2	0
04.30 日 11 点	-5.5	0
04.30 日 12 点	-1.2	0
04.30 日 13 点	0	0
04.30 日 14 点	0	2.1
04.30 日 15 点	0	1.8
04.30 日 16 点	0	2.4
04.30 日 17 点	0	2
04.30 日 18 点	0	0.4
04.30 日 19 点	-1.2	0
04.30 日 20 点	-2	0
04.30 日 21 点	-2.2	0
04.30 日 22 点	-4.5	0
04.30 日 23 点	-3.6	0

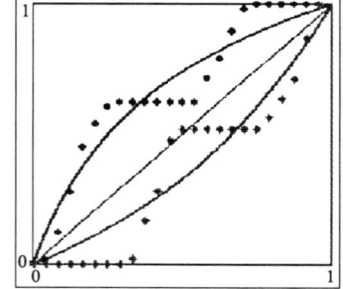
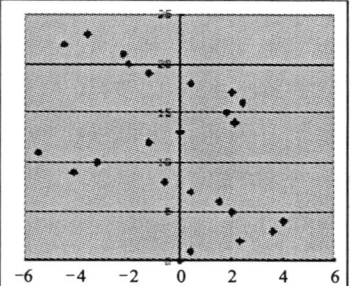

$R_1(○)$	$R_2(○)$	$R_1(○)·R_2(○)$	$R_1(●)$	$R_2(●)$	$R_1(●)·R_2(●)$	$\dfrac{R_1(○)·R_2(○)}{R_1(●)·R_2(●)}$	$\dfrac{R_1(●)·R_2(●)}{R_1(○)·R_2(○)}$
2.7394	0.3138	0.85962372	0.5355	2.1456	1.1489688	0.7481698	1.336595

$N(●)$	$N(○)$	$N(●)/N(○)$	$n(●)$	$n(○)$	$n(●)/n(○)$	$\dfrac{n(●)/n(○)}{N(●)/N(○)}$
-28.1	22.9	-1.227074236	10	12	0.833333333	-0.679122

2008年5月1日全天每一小时正斜力和负斜力增量倾斜法(日报)

汶川(EW)

时间	$N(\bullet)$	$N(\circ)$
05.01 日 0 点	-2.8	0
05.01 日 1 点	0	0
05.01 日 2 点	0	2
05.01 日 3 点	0	3
05.01 日 4 点	0	5.3
05.01 日 5 点	0	5.4
05.01 日 6 点	0	2
05.01 日 7 点	0	0.4
05.01 日 8 点	-0.4	0
05.01 日 9 点	-5.2	0
05.01 日 10 点	-4.1	0
05.01 日 11 点	-5.6	0
05.01 日 12 点	-4.2	0
05.01 日 13 点	-0.7	0
05.01 日 14 点	0	0.2
05.01 日 15 点	0	2.1
05.01 日 16 点	0	4.2
05.01 日 17 点	0	3.8
05.01 日 18 点	0	4.5
05.01 日 19 点	0	0.8
05.01 日 20 点	-0.8	0
05.01 日 21 点	-2.6	0
05.01 日 22 点	-4.1	0
05.01 日 23 点	-5.6	0

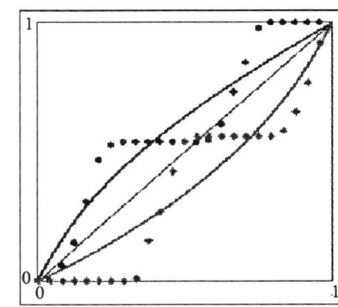
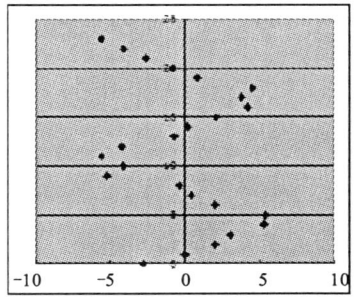

$R_1(\circ)$	$R_2(\circ)$	$R_1(\circ)\cdot R_2(\circ)$	$R_1(\bullet)$	$R_2(\bullet)$	$R_1(\bullet)\cdot R_2(\bullet)$	$\dfrac{R_1(\circ)\cdot R_2(\circ)}{R_1(\bullet)\cdot R_2(\bullet)}$	$\dfrac{R_1(\bullet)\cdot R_2(\bullet)}{R_1(\circ)\cdot R_2(\circ)}$
1.5003	0.4407	0.66118221	0.4363	1.851	0.8075913	0.8187089	1.221435

$N(\bullet)$	$N(\circ)$	$N(\bullet)/N(\circ)$	$n(\bullet)$	$n(\circ)$	$n(\bullet)/n(\circ)$	$\dfrac{n(\bullet)/n(\circ)}{N(\bullet)/N(\circ)}$
-36.1	33.7	-1.071216617	11	12	0.916666667	-0.855725

2008年5月2日全天每一小时正斜力和负斜力增量倾斜法(日报)

汶川(EW)

时间	$N(\bullet)$	$N(\circ)$
05.02 日 0 点	-4.3	0
05.02 日 1 点	-1.6	0
05.02 日 2 点	0	0.2
05.02 日 3 点	0	3.5
05.02 日 4 点	0	5.8
05.02 日 5 点	0	5.9
05.02 日 6 点	0	6
05.02 日 7 点	0	2.8
05.02 日 8 点	0	0.8
05.02 日 9 点	-1.2	0
05.02 日 10 点	-4.8	0
05.02 日 11 点	-9.1	0
05.02 日 12 点	-6.2	0
05.02 日 13 点	-2.7	0
05.02 日 14 点	-0.4	0
05.02 日 15 点	0	1
05.02 日 16 点	0	4.3
05.02 日 17 点	0	3.8
05.02 日 18 点	0	5.7
05.02 日 19 点	0	2.8
05.02 日 20 点	0	1.2
05.02 日 21 点	-2	0
05.02 日 22 点	-5.1	0
05.02 日 23 点	-6.4	0

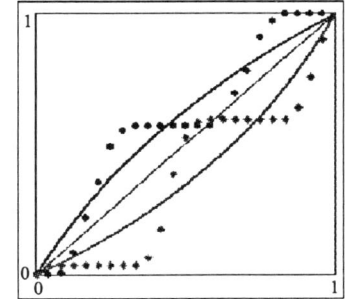
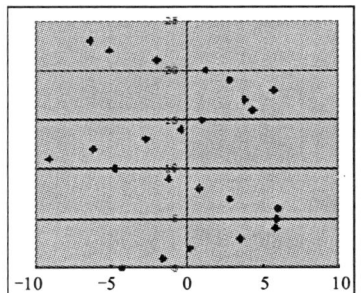

$R_1(\circ)$	$R_2(\circ)$	$R_1(\circ)\cdot R_2(\circ)$	$R_1(\bullet)$	$R_2(\bullet)$	$R_1(\bullet)\cdot R_2(\bullet)$	$\dfrac{R_1(\circ)\cdot R_2(\circ)}{R_1(\bullet)\cdot R_2(\bullet)}$	$\dfrac{R_1(\bullet)\cdot R_2(\bullet)}{R_1(\circ)\cdot R_2(\circ)}$
1.6396	0.5571	0.91342116	0.5004	1.8902	0.94585608	0.9657084	1.035509

$N(\bullet)$	$N(\circ)$	$N(\bullet)/N(\circ)$	$n(\bullet)$	$n(\circ)$	$n(\bullet)/n(\circ)$	$\dfrac{n(\bullet)/n(\circ)}{N(\bullet)/N(\circ)}$
-43.8	43.8	-1	11	13	0.846153846	-0.846154

2008年5月3日全天每一小时正斜力和负斜力增量倾斜法(日报)

汶川(EW)

时间	$N(●)$	$N(○)$
05.03 日 0 点	−5.5	0
05.03 日 1 点	−2.4	0
05.03 日 2 点	−1	0
05.03 日 3 点	0	2.6
05.03 日 4 点	0	4.7
05.03 日 5 点	0	7
05.03 日 6 点	0	6.5
05.03 日 7 点	0	5.8
05.03 日 8 点	0	.4
05.03 日 9 点	−0.2	0
05.03 日 10 点	−2.4	0
05.03 日 11 点	−8.5	0
05.03 日 12 点	−7	0
05.03 日 13 点	−5.9	0
05.03 日 14 点	−4	0
05.03 日 15 点	0	0
05.03 日 16 点	0	4
05.03 日 17 点	0	5.5
05.03 日 18 点	0	6.4
05.03 日 19 点	0	5.9
05.03 日 20 点	0	2.6
05.03 日 21 点	−0.6	0
05.03 日 22 点	−1.6	0
05.03 日 23 点	−4.7	0

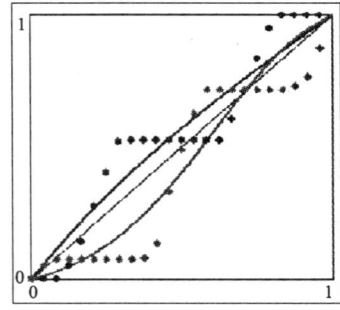
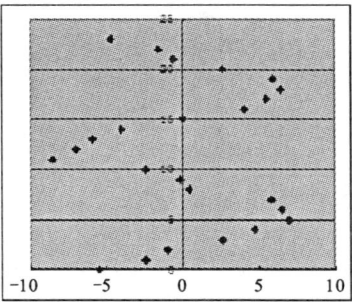

$R_1(○)$	$R_2(○)$	$R_1(○)·R_2(○)$	$R_1(●)$	$R_2(●)$	$R_1(●)·R_2(●)$	$\dfrac{R_1(○)·R_2(○)}{R_1(●)·R_2(●)}$	$\dfrac{R_1(●)·R_2(●)}{R_1(○)·R_2(○)}$
1.2426	0.6952	0.86385552	1.9872	3.423	6.8021856	0.1269968	7.874217

$N(●)$	$N(○)$	$N(●)/N(○)$	$n(●)$	$n(○)$	$n(●)/n(○)$	$\dfrac{n(●)/n(○)}{N(●)/N(○)}$
−43.8	51.4	−0.852140078	12	11	1.090909091	−1.280199

2008年5月4日全天每一小时正斜力和负斜力增量倾斜法(日报)

汶川(EW)

时间	$N(●)$	$N(○)$
05.04 日 0 点	−7.2	0
05.04 日 1 点	−5.9	0
05.04 日 2 点	−2.2	0
05.04 日 3 点	−0.4	0
05.04 日 4 点	0	4.2
05.04 日 5 点	0	5.5
05.04 日 6 点	0	6.6
05.04 日 7 点	0	6.9
05.04 日 8 点	0	3.7
05.04 日 9 点	0	1.1
05.04 日 10 点	−4	0
05.04 日 11 点	−7.7	0
05.04 日 12 点	−8.8	0
05.04 日 13 点	−8.1	0
05.04 日 14 点	−5.9	0
05.04 日 15 点	−3.2	0
05.04 日 16 点	0	1.6
05.04 日 17 点	0	4.3
05.04 日 18 点	0	7.6
05.04 日 19 点	0	6.3
05.04 日 20 点	0	5.6
05.04 日 21 点	0	2.7
05.04 日 22 点	−0.4	0
05.04 日 23 点	−3.9	0

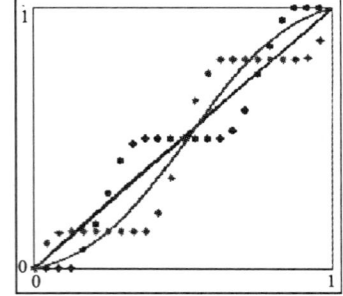
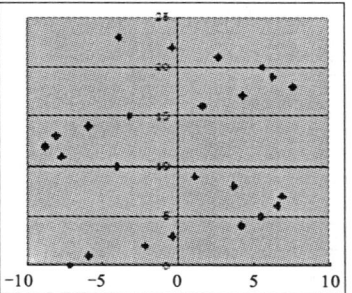

$R_1(○)$	$R_2(○)$	$R_1(○)·R_2(○)$	$R_1(●)$	$R_2(●)$	$R_1(●)·R_2(●)$	$\dfrac{R_1(○)·R_2(○)}{R_1(●)·R_2(●)}$	$\dfrac{R_1(●)·R_2(●)}{R_1(○)·R_2(○)}$
0.9825	0.9403	0.92384475	3.3108	3.7477	12.40788516	0.0744563	13.4307

$N(●)$	$N(○)$	$N(●)/N(○)$	$n(●)$	$n(○)$	$n(●)/n(○)$	$\dfrac{n(●)/n(○)}{N(●)/N(○)}$
−57.7	56.1	−1.028520499	12	12	1	−0.97227

2008年5月5日全天每一小时正斜力和负斜力增量倾斜法(日报)

汶川(EW)

时间	$N(\bullet)$	$N(\bigcirc)$
05.05 日 0 点	−6.8	0
05.05 日 1 点	−5.1	0
05.05 日 2 点	−5.6	0
05.05 日 3 点	−1.4	0
05.05 日 4 点	0	2.6
05.05 日 5 点	0	4.2
05.05 日 6 点	0	7.7
05.05 日 7 点	0	6
05.05 日 8 点	0	4.9
05.05 日 9 点	0	2.8
05.05 日 10 点	−1.4	0
05.05 日 11 点	−4.6	0
05.05 日 12 点	−9.1	0
05.05 日 13 点	−9.7	0
05.05 日 14 点	−7.9	0
05.05 日 15 点	−6	0
05.05 日 16 点	−1.7	0
05.05 日 17 点	0	3.1
05.05 日 18 点	0	6
05.05 日 19 点	0	7.7
05.05 日 20 点	0	6.7
05.05 日 21 点	0	3.6
05.05 日 22 点	0	1.8
05.05 日 23 点	−1.8	0

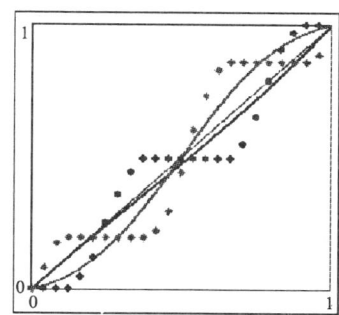
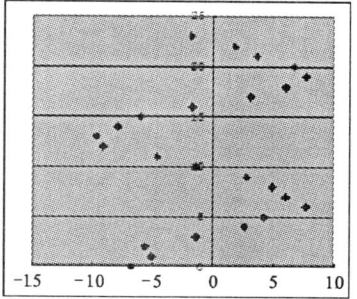

$R_1(\bigcirc)$	$R_2(\bigcirc)$	$R_1(\bigcirc)\cdot R_2(\bigcirc)$	$R_1(\bullet)$	$R_2(\bullet)$	$R_1(\bullet)\cdot R_2(\bullet)$	$\dfrac{R_1(\bigcirc)\cdot R_2(\bigcirc)}{R_1(\bullet)\cdot R_2(\bullet)}$	$\dfrac{R_1(\bullet)\cdot R_2(\bullet)}{R_1(\bigcirc)\cdot R_2(\bigcirc)}$
0.8028	1.0041	0.80609148	3.8999	3.9399	15.36521601	0.0524621	19.06138

$N(\bullet)$	$N(\bigcirc)$	$N(\bullet)/N(\bigcirc)$	$n(\bullet)$	$n(\bigcirc)$	$n(\bullet)/n(\bigcirc)$	$\dfrac{n(\bullet)/n(\bigcirc)}{N(\bullet)/N(\bigcirc)}$
−61.1	57.1	−1.070052539	12	12	1	−0.934534

2008年5月6日全天每一小时正斜力和负斜力增量倾斜法(日报)

汶川(EW)

时间	$N(\bullet)$	$N(\bigcirc)$
05.06 日 0 点	−4	0
05.06 日 1 点	−6.3	0
05.06 日 2 点	−5.5	0
05.06 日 3 点	−3.6	0
05.06 日 4 点	−0.4	0
05.06 日 5 点	0	2
05.06 日 6 点	0	5.9
05.06 日 7 点	0	7.9
05.06 日 8 点	0	6.2
05.06 日 9 点	0	5.9
05.06 日 10 点	0	1.4
05.06 日 11 点	−3.1	0
05.06 日 12 点	−8	0
05.06 日 13 点	−8.3	0
05.06 日 14 点	−9.9	0
05.06 日 15 点	−7.9	0
05.06 日 16 点	−4	0
05.06 日 17 点	−0.4	0
05.06 日 18 点	0	2.6
05.06 日 19 点	0	6.5
05.06 日 20 点	0	7
05.06 日 21 点	0	5.9
05.06 日 22 点	0	2.6
05.06 日 23 点	0	1.2

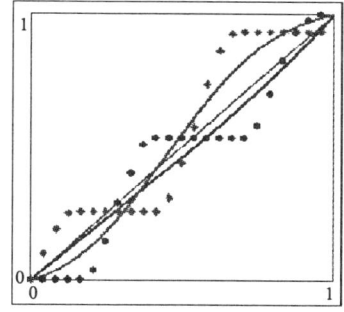
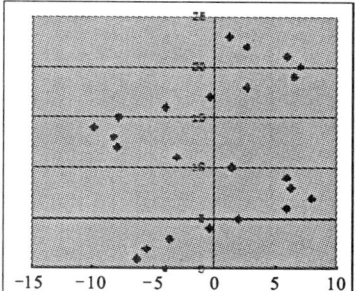

$R_1(\bigcirc)$	$R_2(\bigcirc)$	$R_1(\bigcirc)\cdot R_2(\bigcirc)$	$R_1(\bullet)$	$R_2(\bullet)$	$R_1(\bullet)\cdot R_2(\bullet)$	$\dfrac{R_1(\bigcirc)\cdot R_2(\bigcirc)}{R_1(\bullet)\cdot R_2(\bullet)}$	$\dfrac{R_1(\bullet)\cdot R_2(\bullet)}{R_1(\bigcirc)\cdot R_2(\bigcirc)}$
0.7595	1.083	0.8225385	4.179	3.3065	13.8178635	0.0595272	16.79905

$N(\bullet)$	$N(\bigcirc)$	$N(\bullet)/N(\bigcirc)$	$n(\bullet)$	$n(\bigcirc)$	$n(\bullet)/n(\bigcirc)$	$\dfrac{n(\bullet)/n(\bigcirc)}{N(\bullet)/N(\bigcirc)}$
−61.4	55.1	−1.114337568	12	12	1	−0.897394

2008年5月7日全天每一小时正斜力和负斜力增量倾斜法(日报)

汶川(EW)

时间	$N(\bullet)$	$N(\circ)$
05.07日0点	−2.4	
05.07日1点	−4.8	0
05.07日2点	−5.1	0
05.07日3点	−4.8	0
05.07日4点	−2	0
05.07日5点	0	1.2
05.07日6点	0	4.4
05.07日7点	0	5.7
05.07日8点	0	5.4
05.07日9点	0	7.9
05.07日10点	0	3.6
05.07日11点	0	0.4
05.07日12点	−3.6	0
05.07日13点	−6.3	0
05.07日14点	−8.7	0
05.07日15点	−7.2	0
05.07日16点	−7.1	0
05.07日17点	−2.8	0
05.07日18点	−0.4	0
05.07日19点	0	2.8
05.07日20点	0	6.1
05.07日21点	0	6.2
05.07日22点	0	5.1
05.07日23点	0	1.2

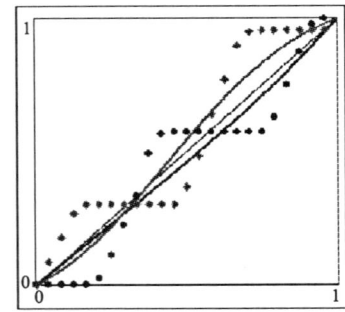
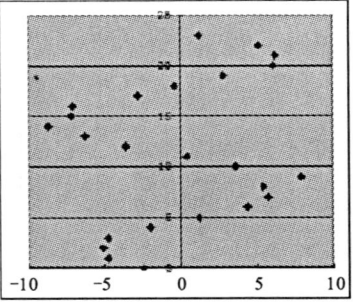

$R_1(\circ)$	$R_2(\circ)$	$R_1(\circ)\cdot R_2(\circ)$	$R_1(\bullet)$	$R_2(\bullet)$	$R_1(\bullet)\cdot R_2(\bullet)$	$\dfrac{R_1(\circ)\cdot R_2(\circ)}{R_1(\bullet)\cdot R_2(\bullet)}$	$\dfrac{R_1(\bullet)\cdot R_2(\bullet)}{R_1(\circ)\cdot R_2(\circ)}$
0.7671	1.0803	0.82869813	2.2761	1.758	4.0013838	0.2071029	4.828518

$N(\bullet)$	$N(\circ)$	$N(\bullet)/N(\circ)$	$n(\bullet)$	$n(\circ)$	$n(\bullet)/n(\circ)$	$\dfrac{n(\bullet)/n(\circ)}{N(\bullet)/N(\circ)}$
−55.2	50	−1.104	12	12	1	−0.905797

2008年5月8日全天每一小时正斜力和负斜力增量倾斜法(日报)

汶川(EW)

时间	$N(\bullet)$	$N(\circ)$
05.08日0点	0	0.4
05.08日1点	−1.2	0
05.08日2点	−3.7	0
05.08日3点	−4.2	0
05.08日4点	−2.2	0
05.08日5点	−1.4	0
05.08日6点	0	1.6
05.08日7点	0	4.4
05.08日8点	0	4.3
05.08日9点	0	5.4
05.08日10点	0	4.5
05.08日11点	0	2.6
05.08日12点	0	0
05.08日13点	−3.3	0
05.08日14点	−7.6	0
05.08日15点	−7.5	0
05.08日16点	−7.9	0
05.08日17点	−4	0
05.08日18点	−1.6	0
05.08日19点	0	0.2
05.08日20点	0	3
05.08日21点	0	5.9
05.08日22点	0	4.4
05.08日23点	0	3.6

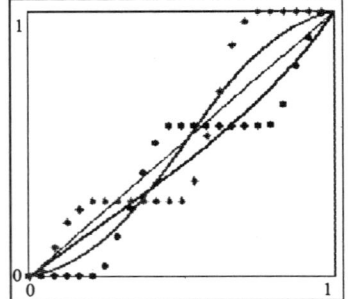
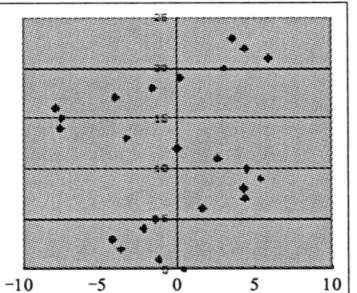

$R_1(\circ)$	$R_2(\circ)$	$R_1(\circ)\cdot R_2(\circ)$	$R_1(\bullet)$	$R_2(\bullet)$	$R_1(\bullet)\cdot R_2(\bullet)$	$\dfrac{R_1(\circ)\cdot R_2(\circ)}{R_1(\bullet)\cdot R_2(\bullet)}$	$\dfrac{R_1(\bullet)\cdot R_2(\bullet)}{R_1(\circ)\cdot R_2(\circ)}$
0.5739	1.2024	0.69005736	3.8763	4.188	16.2339444	0.0425071	23.5255

$N(\bullet)$	$N(\circ)$	$N(\bullet)/N(\circ)$	$n(\bullet)$	$n(\circ)$	$n(\bullet)/n(\circ)$	$\dfrac{n(\bullet)/n(\circ)}{N(\bullet)/N(\circ)}$
−44.6	40.3	−1.106699752	11	12	0.916666667	−0.828288

2008年5月9日全天每一小时正斜力和负斜力增量倾斜法(日报)

汶川(EW)

时间	$N(●)$	$N(○)$
05.09日0点	0	1.9
05.09日1点	−0.4	0
05.09日2点	−1.5	0
05.09日3点	−2	0
05.09日4点	−4	0
05.09日5点	−1.2	0
05.09日6点	−0.8	0
05.09日7点		0.4
05.09日8点	0	1.6
05.09日9点	0	5.4
05.09日10点	0	5.9
05.09日11点	0	2.6
05.09日12点	0	0
05.09日13点	0	0
05.09日14点	−3.6	0
05.09日15点	−6.1	0
05.09日16点	−5.2	0
05.09日17点	−4.9	0
05.09日18点	−3.6	0
05.09日19点	−2	0
05.09日20点	−0.2	0
05.09日21点	0	3
05.09日22点	0	3.2
05.09日23点	0	3.5

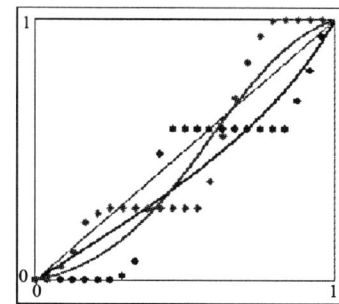 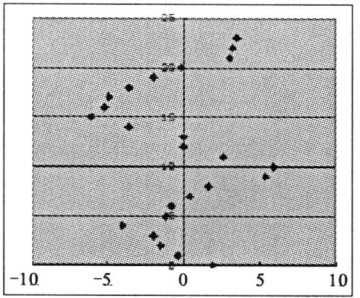

$R_1(○)$	$R_2(○)$	$R_1(○)·R_2(○)$	$R_1(●)$	$R_2(●)$	$R_1(●)·R_2(●)$	$\dfrac{R_1(○)·R_2(○)}{R_1(●)·R_2(●)}$	$\dfrac{R_1(●)·R_2(●)}{R_1(○)·R_2(○)}$
0.4874	1.3886	0.67680364	2.6602	4.1823	11.12575446	0.0608322	16.43867

$N(●)$	$N(○)$	$N(●)/N(○)$	$n(●)$	$n(○)$	$n(●)/n(○)$	$\dfrac{n(●)/n(○)}{N(●)/N(○)}$
−35.5	27.5	−1.290909091	13	9	1.444444444	−1.118936

2008年5月10日全天每一小时正斜力和负斜力增量倾斜法(日报)

汶川(EW)

时间	$N(●)$	$N(○)$
05.10日0点	0	3.6
05.10日1点	0	0.8
05.10日2点	−0.4	0
05.10日3点	−0.8	0
05.10日4点	−2	0
05.10日5点	−1.8	0
05.10日6点	−1.4	0
05.10日7点	0	0.2
05.10日8点	0	1.4
05.10日9点	0	2.4
05.10日10点	0	4
05.10日11点	0	3.9
05.10日12点	0	1.6
05.10日13点	0	0.8
05.10日14点	−0.4	0
05.10日15点	−2	0
05.10日16点	−3.9	0
05.10日17点	−5.6	0
05.10日18点	−4.3	0
05.10日19点	−3.2	0
05.10日20点	−0.8	0
05.10日21点	0	0
05.10日22点	0	2
05.10日23点	0	2

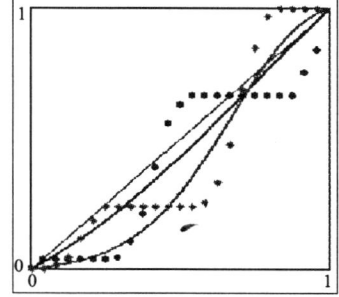 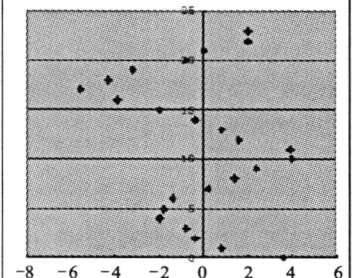

$R_1(○)$	$R_2(○)$	$R_1(○)·R_2(○)$	$R_1(●)$	$R_2(●)$	$R_1(●)·R_2(●)$	$\dfrac{R_1(○)·R_2(○)}{R_1(●)·R_2(●)}$	$\dfrac{R_1(●)·R_2(●)}{R_1(○)·R_2(○)}$
0.9493	1.5803	1.50017879	3.4904	9.873	34.4607192	0.043533	22.97107

$N(●)$	$N(○)$	$N(●)/N(○)$	$n(●)$	$n(○)$	$n(●)/n(○)$	$\dfrac{n(●)/n(○)}{N(●)/N(○)}$
−26.6	22.7	−1.171806167	12	11	1.090909091	−0.930964

2008年5月11日全天每一小时正斜力和负斜力增量倾斜法(日报)

汶川(EW)

时间	N(●)	N(○)
05.11日0点	0	3.5
05.11日1点	0	2.4
05.11日2点	0	1.6
05.11日3点	0	0.4
05.11日4点	0	0
05.11日5点	−1.6	0
05.11日6点	−2	0
05.11日7点	−2	0
05.11日8点	0	0
05.11日9点	0	1.8
05.11日10点	0	2
05.11日11点	0	2.2
05.11日12点	0	3.4
05.11日13点	0	1.7
05.11日14点	0	1
05.11日15点	0	0.2
05.11日16点	−1.2	0
05.11日17点	−3.1	0
05.11日18点	−2.8	0
05.11日19点	−3.6	0
05.11日20点	−2.4	0
05.11日21点	−1.9	0
05.11日22点	0	0
05.11日23点	0	0.8

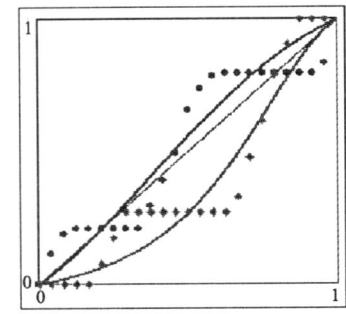 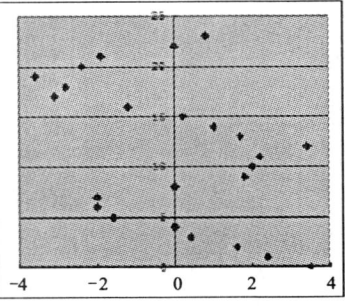

$R_1(○)$	$R_2(○)$	$R_1(○) \cdot R_2(○)$	$R_1(●)$	$R_2(●)$	$R_1(●) \cdot R_2(●)$	$\dfrac{R_1(○) \cdot R_2(○)}{R_1(●) \cdot R_2(●)}$	$\dfrac{R_1(●) \cdot R_2(●)}{R_1(○) \cdot R_2(○)}$
1.8332	1.2485	2.2887502	1.1839	4.9605	5.87273595	0.3897247	2.565914

$N(●)$	$N(○)$	$N(●)/N(○)$	$n(●)$	$n(○)$	$n(●)/n(○)$	$\dfrac{n(●)/n(○)}{N(●)/N(○)}$
−20.6	21	−0.980952381	9	12	0.75	−0.764563

第四节 汶川特大地震前兆的重力和地倾斜识别对比

重力法和倾斜法是地震前兆形变观测的两个重要手段,对于准确把握孕震形势,提供临震信号,具有重要的特征性意义。

农历	阳历	成都重力识别判断		汶川NS识别判断	
		$\dfrac{R_1(○) \cdot R_2(○)}{R_1(●) \cdot R_2(●)} \times \left(\dfrac{N(●)}{N(○)}\right)^3$	$\dfrac{R_1(●) \cdot R_2(●)}{R_1(○) \cdot R_2(○)} \times \left(\dfrac{N(●)}{N(○)}\right)^3$	$\dfrac{R_1(○) \cdot R_2(○)}{R_1(●) \cdot R_2(●)} \times \left(\dfrac{N(●)}{N(○)}\right)^3$	$\dfrac{R_1(●) \cdot R_2(●)}{R_1(○) \cdot R_2(○)} \times \left(\dfrac{N(●)}{N(○)}\right)^3$
11.23	1.01	−0.003527847	−727.4337976	−53.56138766	−0.048785803
11.24	1.02	−0.072309457	−45.42533877	#DIV/0!	#DIV/0!
11.25	1.03	−0.00871048	−520.0619116	−25.74392282	−0.032666457
11.26	1.04	−0.007827212	−303.8049204	−4.171041258	−0.702729303
11.27	1.05	−0.000468336	−2576.309846	−3.319796128	−0.211518712
11.28	1.06	−0.582337641	−2.147928984	−5.183408171	−0.436887266
11.29	1.07	−1.462901143	−0.769305164	−1.380803879	−0.586135889
12.1	1.08	−4.862639188	−0.169015593	#DIV/0!	#DIV/0!
12.2	1.09	−0.346188538	−2.381262695	−6.134475665	−0.198732933
12.3	1.10	−20.55909065	−0.034183603	−0.616980846	−0.31304437
12.4	1.11	−20.3559001	−0.026538278	#DIV/0!	#DIV/0!
12.5	1.12	−13.70097345	−0.043707984	−4.421390878	−0.812900262
12.6	1.13	−3.591296418	−0.205050868	−3.806826506	−0.376556248

第八章 汶川特大地震的地倾斜前兆识别

农历	阳历	成都重力识别判断		汶川 NS 识别判断	
		$\dfrac{R_1(\bigcirc)\cdot R_2(\bigcirc)}{R_1(\bullet)\cdot R_2(\bullet)}\times\left(\dfrac{N(\bullet)}{N(\bigcirc)}\right)^3$	$\dfrac{R_1(\bullet)\cdot R_2(\bullet)}{R_1(\bigcirc)\cdot R_2(\bigcirc)}\times\left(\dfrac{N(\bullet)}{N(\bigcirc)}\right)^3$	$\dfrac{R_1(\bigcirc)\cdot R_2(\bigcirc)}{R_1(\bullet)\cdot R_2(\bullet)}\times\left(\dfrac{N(\bullet)}{N(\bigcirc)}\right)^3$	$\dfrac{R_1(\bullet)\cdot R_2(\bullet)}{R_1(\bigcirc)\cdot R_2(\bigcirc)}\times\left(\dfrac{N(\bullet)}{N(\bigcirc)}\right)^3$
12.7	1.14	−1.05621866	−0.995218679	−7.052286719	−0.300480306
12.8	1.15	−0.177401233	−10.95914062	−7.803439065	−0.580811611
12.9	1.16	−1.92245792	−0.026104085	−20.42805722	−0.141964663
12.10	1.17	−3.47031E−05	−120380.9963	−32.16965685	−0.01718991
12.11	1.18	−0.000314516	−12687.35563	−75.89490361	−0.02658204
12.12	1.19	−0.059873931	−45.83087188	−2.595639471	−0.608037494
12.13	1.20	−0.517915832	−3.267017961	−1.777845946	−1.358354088
12.14	1.21	−2.619936193	−0.428844256	−0.593469211	−1.92984294
12.15	1.22	−2.413495887	−0.339008426	−1.338619062	−1.123177467
12.16	1.23	−23.00097676	−0.032232225	−2.138663777	−0.782954172
12.17	1.24	−8.597267782	−0.072470587	−2.299067427	−0.197248621
12.18	1.25	−6.610394553	−0.098762647	−2.219353799	−0.450581606
12.19	1.26	−3.311476313	−0.241776342	−4.037557279	−0.335191002
12.20	1.27	−1.491604047	−0.697009266	−10.45125547	−0.039881873
12.21	1.28	−0.468302378	−3.088990035	−10.7560516	−0.171225758
12.22	1.29	−0.010941394	−204.8659075	−57.79415047	−0.05402284
12.23	1.30	−5.602E−05	−52973.18872	−529.6904289	−0.034589307
12.24	1.31	−4.74905E−05	−87600.76751	−3397.674098	−0.001697288
12.25	2.1	−0.005367287	−757.8981598	−0.12143514	−5.052293786
12.26	2.2	−0.030060646	−106.1845571	−2984.034806	−0.000979986
12.27	2.3	−0.195826278	−12.9429737	−3.261022019	−0.567128918
12.28	2.4	−0.974408375	−2.012910362	#DIV/0!	#DIV/0!
12.29	2.5	−874.4860747	−2.75791E−05	−6.876628632	−0.888307327
12.30	2.6	−2.99518296	−0.368801455	#DIV/0!	#DIV/0!
1.1	2.7	−4.186612171	−0.211399995	−0.874166314	−0.871615802
1.2	2.8	−0.474929281	−1.728342227	−2.243125648	−0.560370827
1.3	2.9	−2.402994736	−0.285998212	−1.988408353	−0.617161951
1.4	2.10	−0.950653479	−0.777314127	−3.488021324	−0.223270598
1.5	2.11	−0.232660303	−3.855969045	−5.635907719	−0.621221018
1.6	2.12	−0.063752142	−19.32400768	−23.93388725	−0.0529567
1.7	2.13	−0.000136652	−16983.91768	−79.6604372	−0.045099733
1.8	2.14	−0.040514603	−45.24803067	−176.6890269	−0.017021603
1.9	2.15	−1.71554E−05	−284529.6558	−10981.93224	−0.000187917
1.10	2.16	−0.004088955	−1146.166254	−1609.029229	−0.004367059
1.11	2.17	−0.147165121	−19.5046691	−0.267472091	−26.27087346
1.12	2.18	−0.964482945	−1.86354023	−6.79613295	−2.614530957
1.13	2.19	−1.20364658	−1.036960634	−1.359712485	−0.735449597
1.14	2.20	−1.050812858	−0.942271505	−1.474295946	−0.807909861
1.15	2.21	−26.11237546	−0.001840144	−1.548146614	−0.300295831
1.16	2.22	−2.276479715	−0.32554293	−4.200816454	−0.201435168

农历	阳历	成都重力识别判断		汶川 NS 识别判断	
		$\frac{R_1(\bigcirc)\cdot R_2(\bigcirc)}{R_1(\bullet)\cdot R_2(\bullet)}\times\left(\frac{N(\bullet)}{N(\bigcirc)}\right)^3$	$\frac{R_1(\bullet)\cdot R_2(\bullet)}{R_1(\bigcirc)\cdot R_2(\bigcirc)}\times\left(\frac{N(\bigcirc)}{N(\bullet)}\right)^3$	$\frac{R_1(\bigcirc)\cdot R_2(\bigcirc)}{R_1(\bullet)\cdot R_2(\bullet)}\times\left(\frac{N(\bullet)}{N(\bigcirc)}\right)^3$	$\frac{R_1(\bullet)\cdot R_2(\bullet)}{R_1(\bigcirc)\cdot R_2(\bigcirc)}\times\left(\frac{N(\bigcirc)}{N(\bullet)}\right)^3$
1.17	2.23	−0.973482004	−0.771843796	−1.324784084	−0.470511557
1.18	2.24	−1.317347574	−0.710098114	−6.846726354	−0.176351969
1.19	2.25	−0.971796969	−1.045011796	−6.590890008	−0.313173114
1.20	2.26	−1.277269064	−0.899082907	−47.15072377	−0.16254871
1.21	2.27	−0.018911133	−73.82318652	−339.5803345	−0.008980573
1.22	2.28	−2.54561E−05	−109861.9328	−4.763022202	−0.233921112
1.23	2.29	−2.37328E−05	−123860.4554	−46459.74296	−2.42395E−05
1.24	3.01	−0.003804288	−1117.806004	−154097352.3	−8.08563E−06
1.25	3.02	−0.049172463	−62.60556732	−5.64898E−05	−116.8809209
1.26	3.03	−0.113726321	−12.00471053	−179.2996181	−0.016543614
1.27	3.04	−0.686913033	−2.762766526	−1165.733191	−0.00171346
1.28	3.05	−1.045308373	−1.419208845	−2.117968716	−0.707446005
1.29	3.06	−1.487263431	−0.766755437	−2.043790028	−1.126478337
1.30	3.07	−1.687399822	−0.553769611	−1.893787534	−0.739598215
2.01	3.08	−1.225080315	−0.631662723	−1.633703077	−0.529040771
2.02	3.09	−0.309324281	−2.325885244	−2.31950935	−0.271060717
2.03	3.10	−0.045857371	−16.4689817	−3.824241585	−0.196735274
2.04	3.11	−0.000236517	−4097.589069	−2.462735984	−0.208142132
2.05	3.12	−0.009221863	−151.7962336	−21.20441764	−0.167207475
2.06	3.13	−1.26193E−05	−211911.9508	−28.71163133	−0.068924126
2.07	3.14	−0.00042261	−57.73726892	−36669.25111	−0.00011341
2.08	3.15	−0.036921268	−79.79875784	−32849.38224	−0.000357394
2.09	3.16	−0.018639651	−227.9520566	−4548.132302	−0.001047007
2.10	3.17	−0.18402965	−13.90781366	−8.60119994	−0.227992034
2.11	3.18	−1.052015315	−0.948470713	−2.277727955	−1.104889989
2.12	3.19	−16.01237275	−0.001672598	−1.073122843	−0.954045895
2.13	3.20	−1.031758368	−0.996789927	−1.333982833	−1.154137413
2.14	3.21	−0.87637331	−1.110316369	−2.079497832	−1.02044526
2.15	3.22	−0.768918224	−1.080318813	−2.770753594	−0.298761005
2.16	3.23	−0.235023151	−3.64882009	−2.600295706	−0.351048061
2.17	3.24	−0.047280091	−19.63784608	−4.902424549	−0.135121422
2.18	3.25	−0.000196336	−5402.742091	−7.782594249	−0.149764694
2.19	3.26	−4.42606E−05	−28932.35397	−20.54986938	−0.014879167
2.20	3.27	−2.50538E−05	−68585.68146	−35.0041069	−0.015927464
2.21	3.28	−1.2228E−05	−206512.1761	−216793.5159	−7.62228E−05
2.22	3.29	−2.60694E−05	−103028.6816	−148.5532769	−20.08086995
2.23	3.30	−3.028535594	−0.617250249	−29854.06495	−0.000101977
2.24	3.31	−0.007799745	−485.5191967	−19461.01752	−0.000508847
2.25	4.01	−0.094975773	−30.77268897	−10202.9768	−0.002365738
2.26	4.02	−0.990432887	−1.012025698	−0.000294575	−3870.770469

农历	阳历	成都重力识别判断		汶川 NS 识别判断	
		$\dfrac{R_1(\bigcirc)\cdot R_2(\bigcirc)}{R_1(\bullet)\cdot R_2(\bullet)}\times\left(\dfrac{N(\bullet)}{N(\bigcirc)}\right)^3$	$\dfrac{R_1(\bullet)\cdot R_2(\bullet)}{R_1(\bigcirc)\cdot R_2(\bigcirc)}\times\left(\dfrac{N(\bullet)}{N(\bigcirc)}\right)^3$	$\dfrac{R_1(\bigcirc)\cdot R_2(\bigcirc)}{R_1(\bullet)\cdot R_2(\bullet)}\times\left(\dfrac{N(\bullet)}{N(\bigcirc)}\right)^3$	$\dfrac{R_1(\bullet)\cdot R_2(\bullet)}{R_1(\bigcirc)\cdot R_2(\bigcirc)}\times\left(\dfrac{N(\bullet)}{N(\bigcirc)}\right)^3$
2.27	4.03	−0.711291259	−2.172086667	−1.492301883	−0.91044841
2.28	4.04	−0.953313837	−1.1247453535	−1.978005599	−0.946892288
2.29	4.05	−0.933203671	−1.035617084	−1.365709554	−0.842851792
3.01	4.06	−0.457157814	−1.70724435	−1.485270031	−0.387058105
3.02	4.07	−0.062140912	−11.47571919	−1.982792968	−0.183851168
3.03	4.08	−0.126637404	−0.149787829	−3.133881245	−0.332848419
3.04	4.09	−11.34103712	−0.087428545	−12.70597373	−0.097427822
3.05	4.10	−2.89851E−05	−47173.09903	−141.929106	−0.011073161
3.06	4.11	−1.90399E−05	−122813.028	−61347.85402	−8.33291E−05
3.07	4.12	−0.000145537	−12683.27241	−253.9481426	−2.762008982
3.08	4.13	−0.002051241	−2195.160072	−103.2905174	−0.01821732
3.09	4.14	−0.039071831	−76.93978151	−266.0855879	−0.0313105
3.10	4.15	−0.197796514	−10.95615039	−11.38350082	−0.217957482
3.11	4.16	−0.71114771	−1.835562983	−2.008623394	−0.979327812
2.12	4.17	−0.674663453	−1.851637511	−2.061717326	−0954107883
3.13	4.18	−0.744262885	−1.378575629	−1.0992895	−0.809634331
3.14	4.19	−0.766408863	−1.217575795	−1.673032254	−0.749971629
3.15	4.20	−0.44620752	−1.978363563	−1.42835532	−0.568480928
3.16	4.21	−0.219881864	−4.190517329	−6.034913973	−0.758154419
3.17	4.22	−7.00275E−05	−10173.13321	−4.32990009	−0.207738733
3.18	4.23	−9.30186E−05	−11041.96823	−11.43322451	−0.057002213
3.19	4.24	−0.079125046	−14.3249627	−6.74813627	−0.045247949
3.20	4.25	−4.55168E−05	−30140.96013	−135.1928525	−0.001625001
3.21	4.26	−2.73663E−05	−66187.29741	−156.1894226	−0.025135424
3.22	4.27	−1.28763E−05	−163435.8145	−37484.46435	−2.66777E−05
3.23	4.28	−0.00489252	−5272.588625	−23293.892	−3.06621E−05
3.24	4.29	−1.244279574	−0.152065292	−341.2680078	−0.009538621
3.25	4.30	−0.134774844	−18.27646485	−3029.794099	−0.000458799
3.26	5.1	−0.449031015	−4.2794855	−320.5263353	−0.005371025
3.27	5.2	−4.5386204	−0.274751619	−0.000418214	−4432.699871
3.28	5.3	−0.985380345	−1.212490028	−2.068579314	−1.656309602
3.29	5.4	−0.720890348	−1.264490917	−1.626387124	−0.721744252
4.01	5.5	−0.212251137	−3.702795553	−1.542290458	−0.359574663
4.02	5.6	−0.000265221	−2773.251935	−1.880078796	−0.182095381
4.03	5.7	−0.050247989	−0.564855869	−3.534453068	−0.342300464
4.04	5.8	−0.329547803	−2.998520335	−31.5870171	−0.022842999
4.05	5.9	−4.70187E−05	−27153.43168	−246.0826378	−0.014234934
4.06	5.10	−0.002656569	−550.0890652	−94070.48563	−0.014234934
4.07	5.11	−0.016896723	−130.5847122	−16488.59669	−2.29557E−05
4.08	5.12	0	#DIV/0!		−6.0648E−05

第九章 "砂层应力"观测及其临界识别

【摘要】 "砂层应力"观测作为一种非主流的地壳应力观测方法,孙威先生进行了艰难的探索。作者在本章就孙威先生所提供的砂层应力仪观测数据与孙威先生所提出的地震应力物理模型进行量化分析和理论评价,并根据砂层应力仪的观测特点,采信了传感技术专家的意见,对砂层应力仪观测数据的"物理震动意义"和观测仪改进提出了中肯建议。

1976年的唐山大地震,死亡24万人的巨大损失,震惊国内外。许多热血青年,不分职业、专业,不分学历、经历,发奋投身到地震前兆观测科研行列。其中有两个代表人物是我国地震前兆观测历史应该铭记的,他们用青春和热血鼓舞着一个时代;他们以务实的成效,激励着我国地震科技界实现地震可预测的自信心。一个是原河南省鹤壁市科学技术委员会副主任、鹤壁市七届政协副主席、鹤壁市地震局高级工程师池顺良教授,早年毕业于同济大学土木工程专业,1966年邢台地震后,池顺良教授开始涉足地壳应力应变观测仪研制,唐山大地震更激发他全身投入到地震前兆应力应变观测仪器的研制工作,目前他研制的四分量钻孔应变仪是我国数字地震网络"十五计划"的主力仪器,已在全国布设了40多台(套)。

与此同时,原在内蒙包头钢铁研究院工作的孙威研究员,在唐山大地震的激发下,也开始了地震前兆观测仪器的研制工作。池顺良和孙威在共同投身的事业中也有一些交流。但是,孙威却离开了包头钢铁研究院的工作岗位,毅然独自走上一条与地震科技界普遍认同的方法完全不同的技术道路,被某些地震学者称为"非主流学派"。据孙威介绍,他研制的是一种放置在砂层里观测应力的仪器,这与传统的地壳应力应变观测必须钻孔至一定深度完整基岩上的既成规范背道而驰。他选择在松散的砂粒堆里安装观测仪器,以此获得地震前兆的重要信息。

第一节 砂层应力物理模型的提出

孙威在2007年7月《中国工程科学》第9卷第7期发表了题为《破坏性地震是可以预测的》的论文,该杂志的编辑部为他的论文写了一段"编后记"。

破坏性地震是严重威胁人类安全的、恐怖的自然灾害。 2004年印度尼西亚地震引发的海啸造成38万人死亡,1976年的唐山地震死亡24万人,整个唐山市瞬间成为一片废墟,80多年前的海源地震死亡20万人,还有东京大地震、旧金山大地震、墨西哥大地震,等等,都是造成数十万人伤亡的、震惊世界的天灾。

地震灾害惹不起,是否可以躲得起,预知袭来预防之? 从两千年前张衡的"地震对策"到今日日本的"地震对策方案",均反映了人们对地震灾害的严重关切及所能采取的防震减灾措施;但对其预测预报,仍是不得其门而入,特别是震前预报更是世界级的难题,考验着人类的智慧和良知。

孙威先生自1975年以来,潜心地震预测预报的探索和研究,顶着各种困难和压力,孜孜以求,积数十年的心血,终于研制成功能够监测到地震前兆的高灵度仪器,提出了"颗粒介质地震学"理论及能用来指导地震预测的"孕震物理模型",总结出实用的、准确的分析预报方法。他依据自己的研究成果,自1999年至2006年先后就辽宁岫岩5.6级地震、内蒙古5.9级地震、印度洋8.7级地震、河北文安5.1级地震、美国加州5.0级地震等进行了地震前兆的重复和再现性试验,实际预报准确率达75%以上。假如获得官方支持能建立所需要的监测台网,有更多经过严格培训的专业监测人员,即在正常情况下,地震预报成功率可能会有进一步的明显提高;须知,目前75%的预报成功率只是在个别宽容、友好单位如辽宁省地震局、中国科学院物理研究所、北京电业中学等单位和美国加州有关地震专家的热心支持,以及少而又少的业余检测人员的鼎力相助下取得的。

2007年3月23日,孙威以特快专递致函北京市有关主管部门,指出"地铁10号线顶部存在空洞,建议及早勘察、充填和加固,否则将可能酿成很大的事故"。令人非常遗憾的是,孙威先生的预报被不幸而言中了——3月28日凌晨3时许北京地铁10号线即发生塌陷,致6人死亡。呜呼,这次塌陷及人员伤亡原本是可以预防和避免的呀!

"心绪万端书两纸,预封重读意迟迟"。迟迟者,顾虑也,言犹未尽也。

"没有亘古不变的教条,长存的是永无止境的探索与创新"。诚哉,宋健院士的金玉良言!前人亦或今日的有关权威称"地震不能预报",似乎过于悲观和武断。作者的浅见以为,宇宙是有其客观存在的自身规律的,这种规律是可以被认识的,只是时间早晚而已。实际上,宇宙的许多规律已逐渐为人类所认知。地震乃是宇宙中的一种自然现象,地震的发生必有其发生的自身机制,也应该是可以被认识的,从而有可能被预测和预报的。

"1976年7月28日那个悲痛的凌晨,当我在地震仪前看到那一片限幅的S波,便泪如雨注……,从此我没有再退缩一步。"就是这样,孙威心怀"为唐山的悲剧不再重演"的凌云壮志,远离名利,倾其个人所有,克服重重困难,义无反顾地踏上了探索地震预测预报的崎岖之路。"君子务本,本立而道生"。正是基于"为唐山的悲剧不再重演"之本,孙威三十多年如一日,独辟蹊径地探索,终于拨开了"地震不可预报"的重重迷雾,开启了地震是可以预测预报的一线曙光。

1995年阪神大地震后,日本政府制定了一个以大城市为减灾对象的《地震对策方案》,该方案主要有3个方面的内容,其中之一就是通过各种手段在东京都附近开展大规模探测活动并绘制地震数据图表。当然,惜乎日本目前尚未出现孙威这样的地震预报学者。

不为主流学派所认同的文章在《中国工程科学》上发表意欲何为?无他,因为这是一篇值得公诸于众的,有水平、有深度、有学术价值的论文,应该予以发表;即便文中有不完善、不妥甚或谬误之处,有关学者、专家尚可就此开展争鸣和深入讨论,正如中国工程院院长、《中国工程科学》主任编委徐匡迪院士所言:"如《中国工程科学》可成一争鸣的论坛亦非坏事。"有道是海纳百川,有容乃大。地震可预测预报的一家之言,不会引发"海啸",它只是百川中的一股涓涓清流,善加疏导入海则善莫大焉。

凡此种种,就是本刊发表孙威先生学术论文的初衷。

既然《中国工程科学》以一种争鸣的态度对待地震预测科学的探索,作者也尝试就孙威提出的砂层应力物理模型进行理论上的分析和介绍,以表达作者对地震预测科学探索的支持。

孙威先生所用的仪器形状见图9-1。

  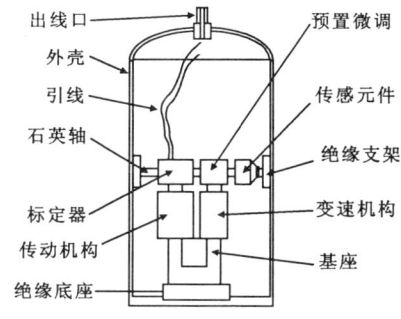

(a) 微位移传感元件外观　　(b) 应力传感器外观　　(c) 应力传感器原理示意图

图9-1　砂层应力传感器

据孙威先生介绍,砂层应力仪观测范围是$5 \leqslant M_s \leqslant 9$,有效观测距离与震级之间存在对应比例关系(图9-2)。

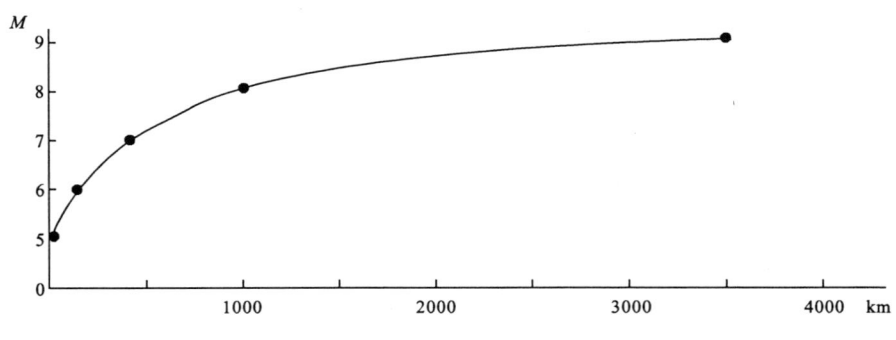

图9-2 应力感应距离与震级对应比例关系

从图9-2可以看出,这个仪器在震级为5～8级时,观测距离很远,灵敏度高,特别是100～200km是最佳的敏感距离。不过,这种仪器没有严格的方向性,也不能记录固体潮汐,只记录地壳内部压应力和张应力的相对变化量。

孙威先生在长期的观测实践中发现,强度在5级以上的地震,从孕育到发生是一个完整的、具有阶段性特征的连续过程,每一阶段都有其固有的特征信息,地震是这个过程的结果。只要这个过程连续、完整,各阶段的特征信息充分、明确,就构成具有确定性的地震前兆。

一、单一震源作用下的孕震物理模型

图9-3是通过对长期观测中得到的多个震例(图9-4)进行分析的总结,得到了单一震源作用下的孕震物理模型。其中ξ为用毫伏(mV)记录的微应变,t是以天为单位的时间,异常面积$S=\xi\times t$,孕震过程的异常面积S与该地震发生时,波及监测台站的地震烈度I相关,即与震级M和震中距相关。孕震物理模型分为加载、相持、卸载、短临和临震5个阶段。加载和相持阶段的持续时间较长,一般在1个月到数月之间,趋势也比较一致;卸载和短临阶段的持续时间较短,一般在数天到数十天,且短临阶段的趋势各异(a,b,c,d)。导致短临阶段趋势各异的因素很多,如监测台站与震中的相对位置、震中距及地质条件等,然而,无论这些因素多么复杂,相同阶段的特征信息基本相同。室内岩石破坏试验的结果与实际观测总结得到的模型类似,岩石破坏试验的结果反映的正是弹性物体在力的作用下,首先发生弹性变形,继而发生弹塑性变形,然后产生失稳,最终发生断裂即岩体破裂,发生地震的力学机制。

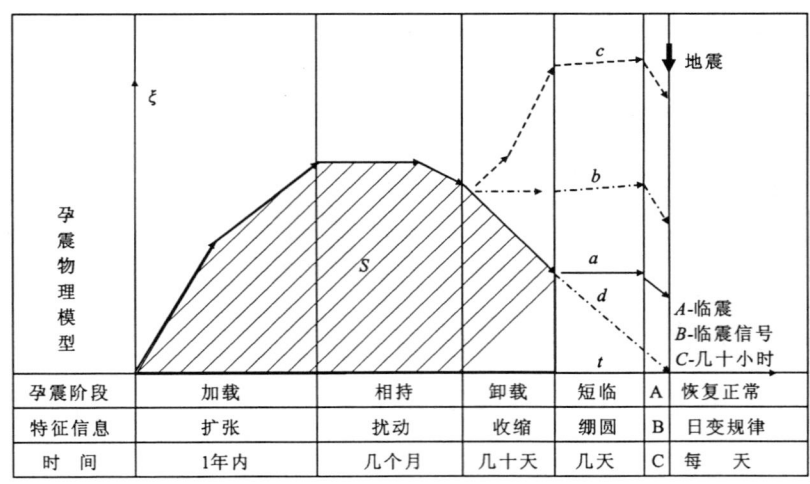

图9-3 单一震源作用下的孕震物理模型

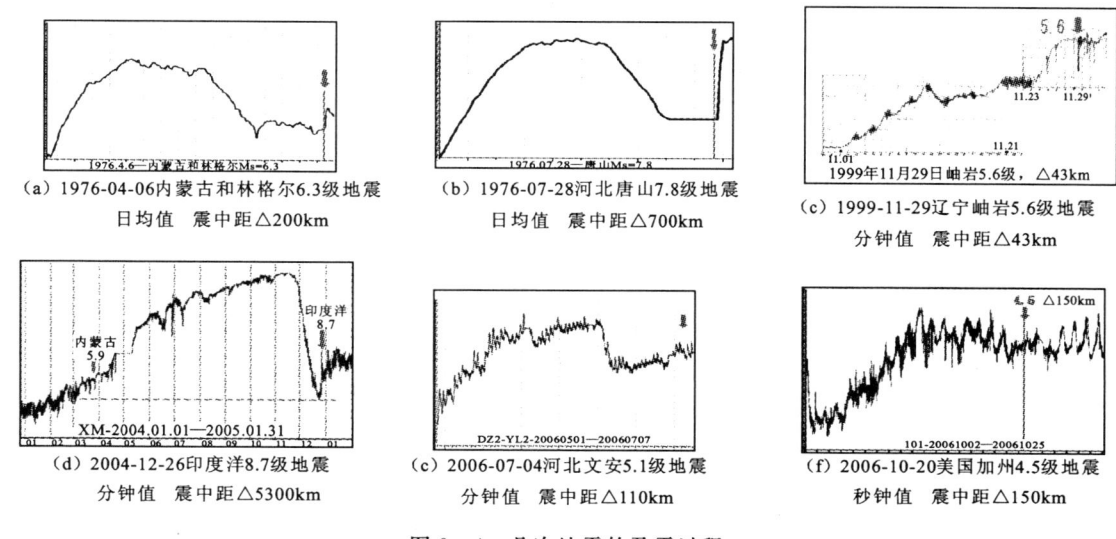

(a) 1976-04-06内蒙古和林格尔6.3级地震
日均值 震中距△200km

(b) 1976-07-28河北唐山7.8级地震
日均值 震中距△700km

(c) 1999-11-29辽宁岫岩5.6级地震
分钟值 震中距△43km

(d) 2004-12-26印度洋8.7级地震
分钟值 震中距△5300km

(e) 2006-07-04河北文安5.1级地震
分钟值 震中距△110km

(f) 2006-10-20美国加州4.5级地震
秒钟值 震中距△150km

图 9-4 几次地震的孕震过程

当地壳内部某种应力作用于应力仪时,开始使仪器所记录的毫伏(mV)数加大,即出现加载的过程。这种加载必然使地壳内部一些岩石受到破坏,应变量加大,应力本身也消耗,致使应力朝着下降方向发展($-\Delta\xi$);当地壳第一轮的应力源继续施加应力,出现追加的$+\Delta\xi$动力,使$+\Delta\xi+(-\Delta\xi)\approx0$,从而在模型中出现一个相持阶段。在相持阶段中,地壳内部岩石继续受到破坏,并为下一轮大应力的到来做准备。这使应力下降到一个很低的水平,进入类似"平静"的阶段(孙威先生称"绷圆")。此时,第一轮的应力能量到此基本上耗尽了,与震中位置接近,只待第二轮大应力加载。第二轮应力在破碎垂直于震中的地壳岩石的同时,也会在仪器观测曲线上出现一个临震加载的应力信号,即临震信号。如果应力进一步加载,最终破碎震中表层岩石进入地震阶段。

二、多震源作用下孕震物理模型

由于地壳断裂复杂,地震孕育过程可能出现多处应力集中,同时或先后发生地震;或者在不同发震构造上,同时或先后发生地震。单一震源作用下的孕震物理模型在自然界中比较少见,所见到的是许多单一震源作用下的孕震物理模型的叠置,即多震源作用下孕震物理模型。任何一台仪器在同一时间里记录到的是在不同地区、不同地质条件下、孕育着不同发展阶段的多个大小不同地震前兆信息的总合(图 9-5、图 9-6)。

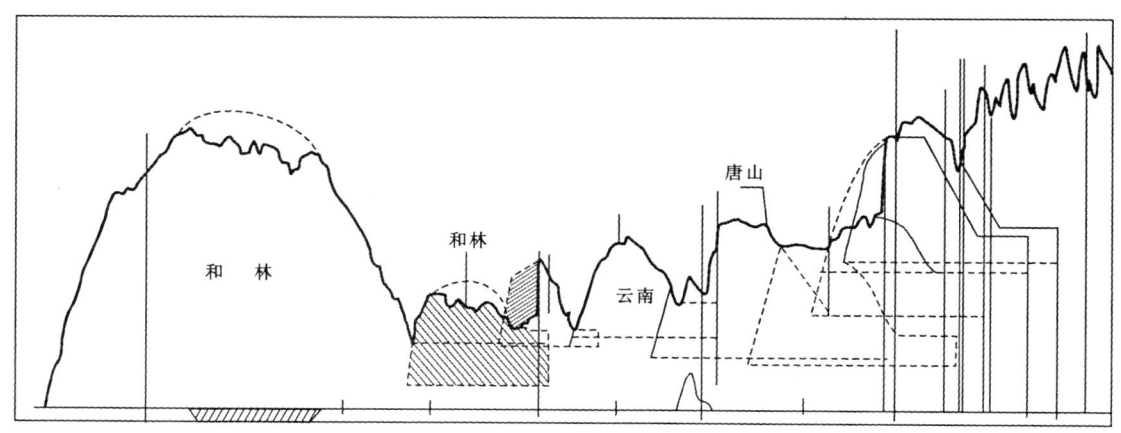

图 9-5 1975—1976 年包头市记录的多震源作用下孕震物理模型

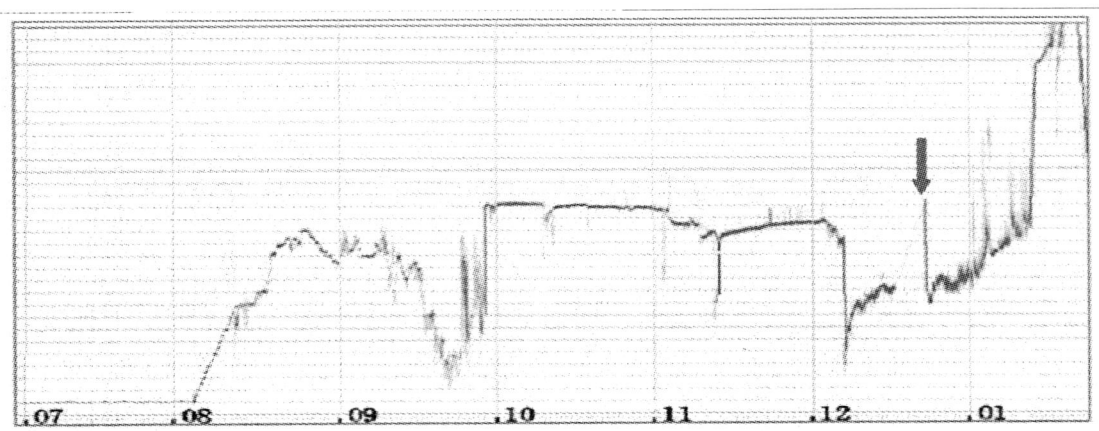

图9-6 2003年美国旧金山台记录的多震源作用下孕震物理模型

据孙威先生介绍,"用孕震物理模型表示的地震前兆,一切都是相对的,由于地壳处于自组织临界状态及其对应力作用的线性和非线性响应,使得绝对尺度失去意义"。他认为孕震物理模型(地震前兆)的连续性和阶段性及其各阶段的特征信息,是地震前兆具有确定性的判据。

第二节 砂层应力观测的地震前兆

一、正常的日变规律

识别地震前兆,首先要区别正常和异常,从砂层应力曲线上看,仪器发出的电位(mV)是常态下随时间不变的数值,用圆形极坐标来表示,基本上是一个封闭的偏心圆,那么固体潮汐因素几乎没有了。作者认为,固体潮应变曲线是接近余弦的波动曲线,在极坐标系中必须是不同形状的封闭曲线(图9-7)。

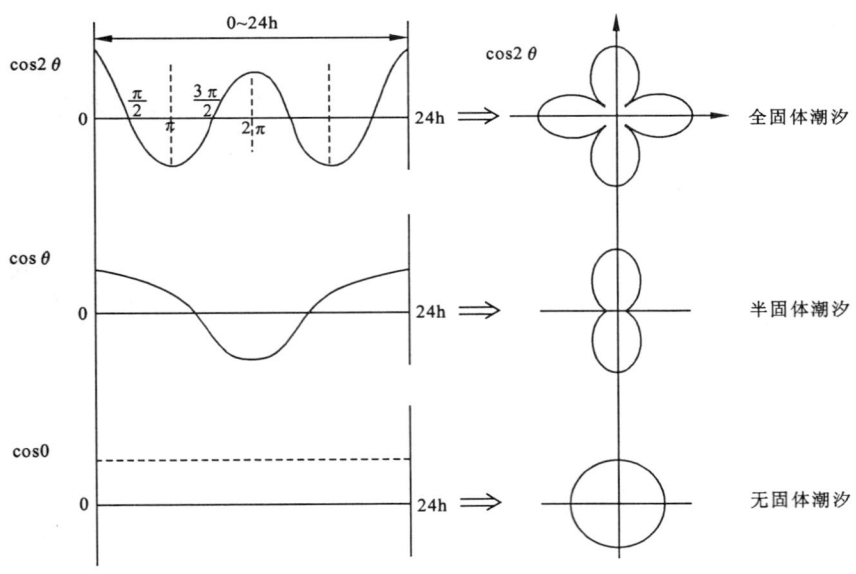

图9-7 不同的"固体潮"在极坐标中的表现

从图9-7中可以看出,应力仪中的应力信号与应变仪中的应变信号有所不同,即在正常情况下,外界应力对应力仪的作用程度,基本上不随时间而变化。从这个意义上看,应力仪比应变仪有更大的优越性。正是这种近圆形的封闭型正常曲线,为异常现象的研究提供了极为有力的标准,即实时结果均可同这样的曲线相对照,很容易判断异常程度。

二、地震的5个阶段

根据这个异常程度及变化趋势,孙威先生提出了具有破坏性地震的5个阶段。

第一,加载阶段:随时间应力加载增长。

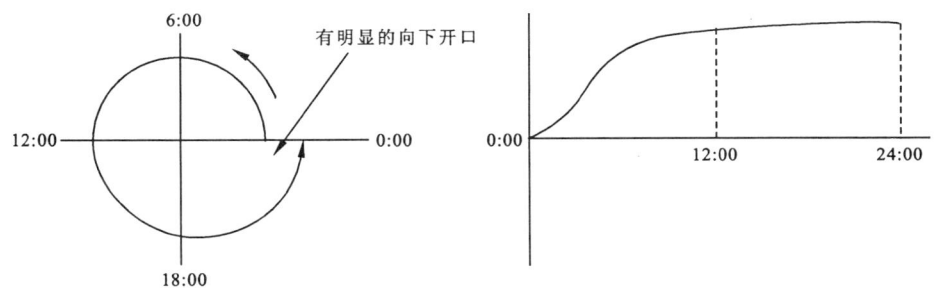

第二,相持(扰动)阶段:大幅度的应力无规波动,是孕育破坏性地震的前兆特征,也有断层滑动的较规整的锯齿波。

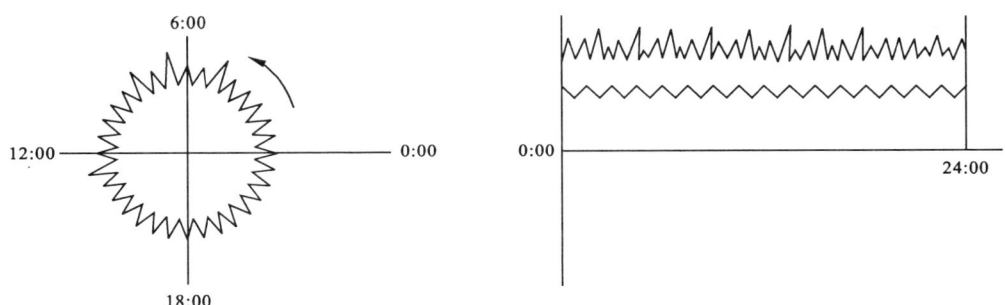

孙威先生认为,在这一阶段可能有"小地震"或低频地震混在一起。

第三,卸载阶段:这一阶段还持续一段时间,就进入短临阶段。

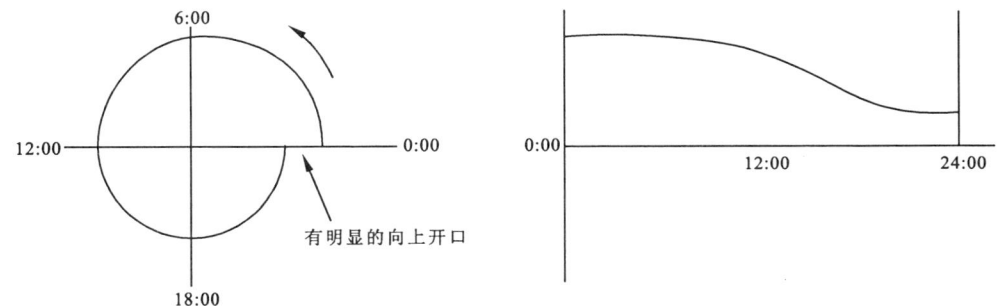

第四,短临阶段:由卸载连续过渡到短临,日变圆图呈现大部分或者全部绷紧的状态。

孙威先生认为,这是即将发生地震的重要标志。

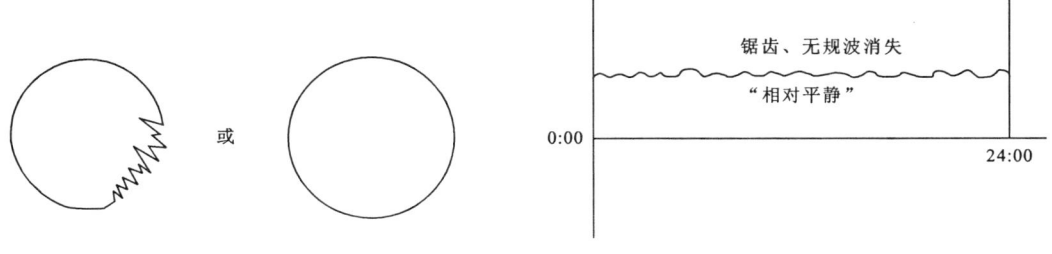

第五,临震阶段:"平静"之后,突然出现几个或几组大的脉冲,其幅度是平常的3倍,但是,都很短时间完成脉冲,这是非常重要的临震信号,根据过往观测,大约72小时(3天)以内发生地震。

孙威先生认为,"临震信号是不可或缺的、确定性的。在前述各阶段连续完整、特征信息明确的情况下,临震信号是地震前兆确定性的充分和必要条件。如果有两个临震信号,那么后一个就是具有决定意义的临震信号。"

第三节 砂层应力方法对汶川特大地震前兆的解析

一、砂层应力变化全过程(2007年11月1日至2008年5月12日)

2007年11月1日至2008年5月12日电位信号(mV)与日期关系(图9-8)

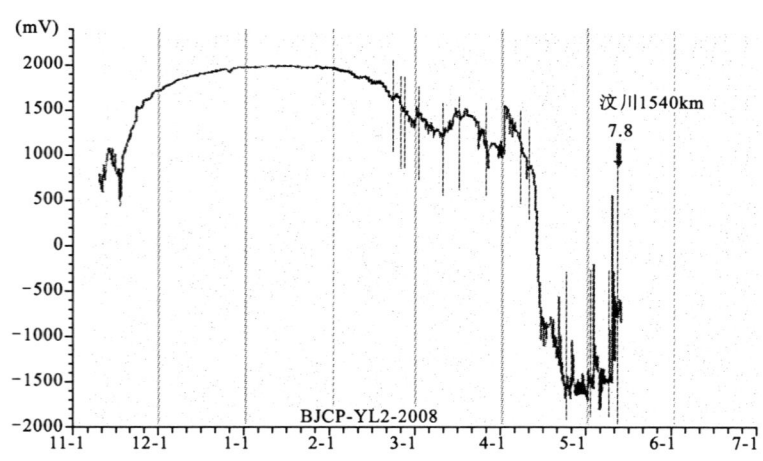

图9-8 2007年11月至2008年5月昌平地应力电位变化曲线

二、短临过程(2008年4月11日至5月12日)

电位信号由+1500mV迅速下降到-1000mV,其中有两天卸载近2000mV(图9-9)。

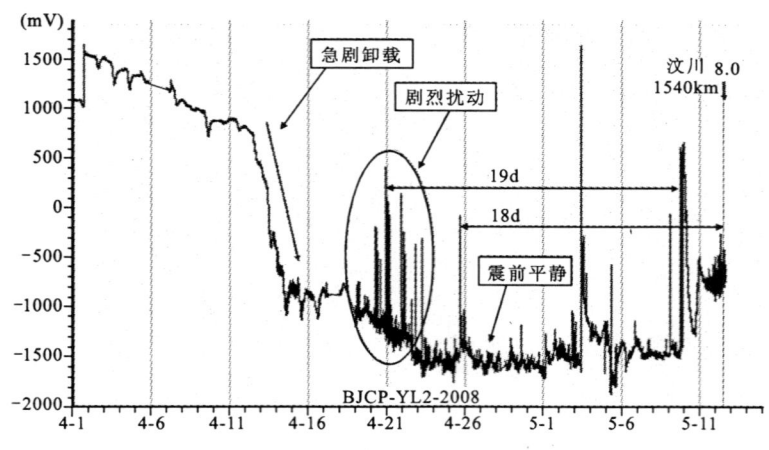

图9-9 4月11日至5月12日地应力电位变化曲线

从图9-9可以看出,2008年4月11日至5月12日之间,差不多一个月时间内发生了一系列剧烈变化,其中5月3日出现幅值达3000mV的挤压脉冲,且脉冲线粗。这是典型的短临信号。

三、临震及地震特征

5月10日左右出现一组信号幅值高而粗大的临震信号。然后在地震前40小时出现密集的挤压拉张交替振荡,一直持续到5月12日地震及后几天(图9-10)。

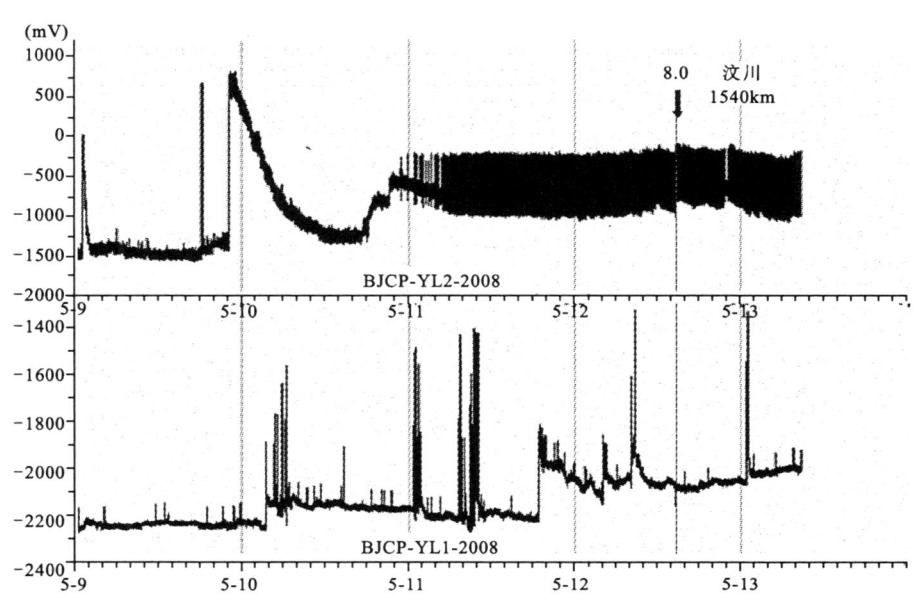

图9-10 临震信号之后挤压拉张交替振荡(40小时)

四、余震

由图9-11可以看出,每一次余震之前都会出现突变值,但主要以挤压拉张应力连续震荡为主。

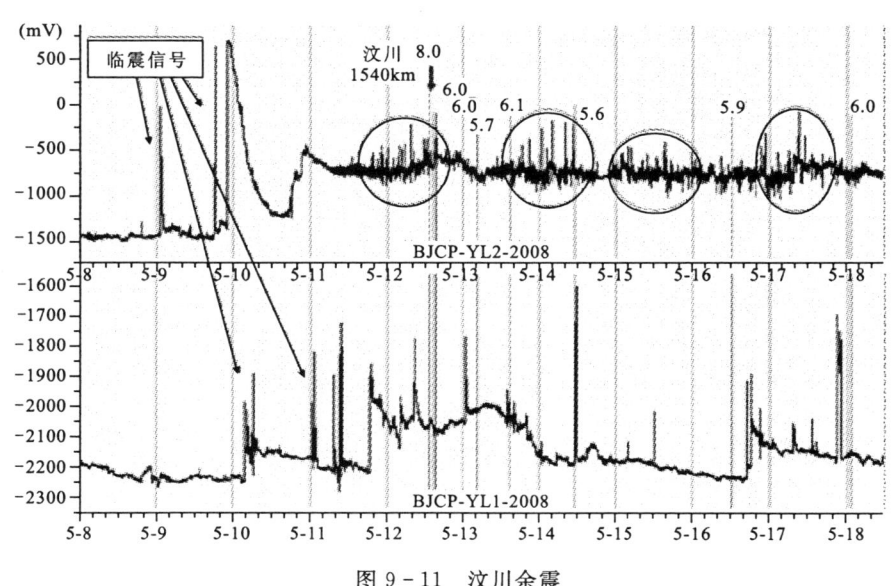

图9-11 汶川余震

砂层应力仪比较明显地显示"5·12"汶川特大地震前兆情况,与钻孔应变相互验证应用是一个有效途径。

第四节 群子统计理论对砂层应力仪观测数据的定量解析

一、西集砂层应力分析

尽管砂层应力仪对发生在有效观测范围内的地震全过程都有比较直观明显的曲线特征,但是仍然局限于曲线形式的定性判断,尤其是有关"5·12"汶川特大地震前的应力加载信息,与其他地方的新的加载混合在一起,所以震前很难直观地看出哪个短临或临震信号是反映汶川特大地震的。这也是砂层应力仪研制者孙威先生感到困惑的地方。在征得孙威先生同意后,作者尝试运用群子统计理论,定量研究北京西集台2008年1月1日至2008年5月12日前所观测到的所有数据,计算出每一天的群子统计参数,按月得到如下结果(表9-1~表9-5)。

表9-1 2008年1月份西集应力仪数据的危险度参数

西集		第一危险度	第一危险度	预测判断	
农历	阳历	$R_1(\bigcirc) \cdot R_2(\bigcirc)$	$R_1(\bullet) \cdot R_2(\bullet)$	$\frac{R_1(\bigcirc) \cdot R_2(\bigcirc)}{R_1(\bullet) \cdot R_2(\bullet)} \times \left(\frac{N(\bullet)}{N(\bigcirc)}\right)^3$	$\frac{R_1(\bullet) \cdot R_2(\bullet)}{R_1(\bigcirc) \cdot R_2(\bigcirc)} \times \left(\frac{N(\bullet)}{N(\bigcirc)}\right)^3$
11.23	1.1	3.45224836	1.96685866	−1.857526827	−0.602944496
11.24	1.2	6.13740244	3.7272778	−1.445993075	−0.533310992
11.25	1.3	2.51483544	1.60032068	−1.615668338	−0.654255083
11.26	1.4	2.44794441	1.35588699	−1.871728397	−0.574231106
11.27	1.5	3.23122331	1.32299426	−2.150578697	−0.3605266
11.28	1.6	1.65785425	1.05565208	−1.691985633	−0.686033925
11.29	1.7	4.48502824	2.85292368	−1.464142227	−0.592424772
12.01	1.8	3.62568352	2.90504914	−1.195696085	−0.767623017
12.02	1.9	1.73713686	2.07502408	−0.965706199	−1.377917544
12.03	1.10	2.1482689	0.93257166	−2.219477586	−0.418251886
12.04	1.11	5.2320534	4.29702255	−1.121642558	−0.756563542
12.05	1.12	8.6358317	4.71877812	−2.218384616	−0.662350119
12.06	1.13	2.2471076	1.44856152	−1.532204341	−0.636711714
12.07	1.14	2.1803342	1.30271988	−1.542582736	−0.55068648
12.08	1.15	1.28616244	1.61181993	−0.720936092	−1.132239144
12.09	1.16	1.94484334	2.82480756	−0.815124839	−1.719620498
12.10	1.17	2.20545439	1.28225547	−1.780093113	−0.601721707
12.11	1.18	2.112885	5.17780422	−0.373708718	−2.244257886
12.12	1.19	1.4790955	2.8521022	−0.549683171	−2.043855446
12.13	1.20	2.26960738	2.45769158	−0.957011783	−1.122200811
12.14	1.21	1.58733424	1.6048658	−0.921218826	−0.941680289
12.15	1.22	1.54111664	1.63635039	−0.915414753	−1.03204705
12.16	1.23	2.23499404	3.26729283	−0.69187974	−1.47861121
12.17	1.24	3.47653306	5.91922496	−0.64906487	−1.88159031
12.18	1.25	1.88583552	3.36218322	−0.51614187	−1.640605719
12.19	1.26	2.05411362	2.9664117	−0.704390978	−1.469020008
12.20	1.27	1.05598328	1.30713008	−0.928454998	−1.422605202
12.21	1.28	0.89041992	1.30724199	−0.574998509	−1.239335707
12.22	1.29	0.8098995	0.81164765	−0.983741098	−0.987992448
12.23	1.30	1.1385427	1.73485314	−0.688359266	−1.598239831
12.24	1.31	0	0	#DIV/0!	#DIV/0!

1月份的群子参数无异常显示。

表 9-2　2008 年 2 月份西集应力仪数据的危险度参数

西集		第一危险度	第一危险度	预测判断	
农历	阳历	$R_1(\bigcirc) \cdot R_2(\bigcirc)$	$R_1(\bullet) \cdot R_2(\bullet)$	$\dfrac{R_1(\bigcirc) \cdot R_2(\bigcirc)}{R_1(\bullet) \cdot R_2(\bullet)} \times \left(\dfrac{N(\bullet)}{N(\bigcirc)}\right)^3$	$\dfrac{R_1(\bullet) \cdot R_2(\bullet)}{R_1(\bigcirc) \cdot R_2(\bigcirc)} \times \left(\dfrac{N(\bullet)}{N(\bigcirc)}\right)^3$
12.25	2.1	1.00379334	1.40536539	−0.742255882	−1.454934814
12.26	2.2	0	0	#DIV/0!	#DIV/0!
12.27	2.3	2.4916228	3.57635942	−0.63529257	−1.308854891
12.28	2.4	1.03604768	1.55895228	−0.714052026	−1.616724478
12.29	2.5	4.01065422	3.282624	−1.011007215	−0.677276636
12.30	2.6	6.83636868	7.93918048	−0.872631007	−1.1768769
01.01	2.7	4.5580158	13.6073606	−0.341448768	−3.043138263
01.02	2.8	0	0	#DIV/0!	#DIV/0!
01.03	2.9	0	0	#DIV/0!	#DIV/0!
01.04	2.10	0	0	#DIV/0!	#DIV/0!
01.05	2.11	0	0	#DIV/0!	#DIV/0!
01.06	2.12	1.64166844	1.58896618	−1.15299494	−1.080154329
01.07	2.13	1.80478675	2.92505502	−0.629117917	−1.652526167
01.08	2.14	2.57604678	4.46347335	−0.569671399	−1.710262674
01.09	2.15	4.45153831	7.47368202	−0.565610927	−1.594288058
01.10	2.16	14.20733295	54.18927229	−0.257578356	−3.747234643
01.11	2.17	4.52069626	5.2944726	−0.838866307	−1.150608306
01.12	2.18	2.34251843	2.09123226	−1.125449848	−0.896942605
01.13	2.19	2.73502242	3.0520879	−0.846301341	−1.053894946
01.14	2.20	1.13693514	3.1488072	−0.385232531	−2.9549063
01.15	2.21	1.04253195	1.22265605	−0.791673947	−1.088870441
01.16	2.22	5.52876338	13.65869697	−0.368566627	−2.249461378
01.17	2.23	0	0	#DIV/0!	#DIV/0!
01.18	2.24	4.41972255	1.75973415	−3.131455274	−0.496421203
01.19	2.25	2.65114377	6.04180485	−0.405800739	−2.107558607
01.20	2.26	4.91843758	28.49948883	−0.200412138	−6.72889628
01.21	2.27	15.05991183	274.6654792	−0.06172121	−20.53041512
01.22	2.28	8.62268367	43.63563829	−0.191426478	−4.902298664
01.23	2.29	1.49578865	10.78606425	−0.128288398	−6.670723234

2 月份的群子参数基本无异常,只有 2 月 27 日这一天的群子参数轻微异常。

表 9-3　2008 年 3 月份西集应力仪数据的危险度判据

西集		第一危险度	第一危险度	预测判断	
农历	阳历	$R_1(\bigcirc) \cdot R_2(\bigcirc)$	$R_1(\bullet) \cdot R_2(\bullet)$	$\dfrac{R_1(\bigcirc) \cdot R_2(\bigcirc)}{R_1(\bullet) \cdot R_2(\bullet)} \times \left(\dfrac{N(\bullet)}{N(\bigcirc)}\right)^3$	$\dfrac{R_1(\bullet) \cdot R_2(\bullet)}{R_1(\bigcirc) \cdot R_2(\bigcirc)} \times \left(\dfrac{N(\bullet)}{N(\bigcirc)}\right)^3$
01.24	3.1	2.36645752	4.68159328	−0.442593594	−1.732188138
01.25	3.2	5.60230314	29.68457927	−0.174747395	−4.906132761
01.26	3.3	5.98811733	24.1130758	−0.269010487	−4.36208205
01.27	3.4	4.18704001	15.68088194	−0.261498892	−3.667723617
01.28	3.5	2.80571775	32.5956828	−0.076526283	−10.32863249
01.29	3.6	3.5602138	23.6222769	−0.174416628	−7.678550411
01.30	3.7	1.7859086	12.3047914	−0.16233997	−7.70647041
02.01	3.8	7.46082652	22.04857095	−0.284578817	−2.485361574
02.02	3.9	3.53909086	84.1015994	−0.042930219	−24.24310219
02.03	3.10	4.82590623	11.33111211	−0.424552796	−2.340555911
02.04	3.11	9.24844358	721.1960958	−0.013968821	−84.94331333
02.05	3.12	4.10523904	7.5414163	−0.457019295	−1.542280848
02.06	3.13	5.51176506	15.9361026	−0.413556065	−3.457142127
02.07	3.14	24.4136386	6258.7999	−0.00431589	−283.6530678
02.08	3.15	7.992301	62.23230357	−0.130416527	−7.907163572
02.09	3.16	126.5649479	9871.088772	−0.013960354	−84.9179811
02.10	3.17	5.4612335	7.24142314	−0.706309627	−1.241828107
02.11	3.18	5.366394	9.59357946	−0.476595817	−1.52316331
02.12	3.19	1.28914275	1.69403658	−1.054912105	−1.821628543
02.13	3.20	1.4110713	3.43391335	−0.404128983	−2.393319861
02.14	3.21	1.44226446	2.35068532	−0.508251404	−1.350136796
02.15	3.22	1.86988919	2.22978726	−0.900631325	−1.280684537
02.16	3.23	1.66662797	3.71195952	−0.461365239	−2.288621644
02.17	3.24	3.99007	11.16058268	−0.335778056	−2.627029923
02.18	3.25	4.57688538	12.57191616	−0.374781448	−2.827749698
02.19	3.26	5.9838505	69.68399484	−0.082274199	−11.15753535
02.20	3.27	17.26962696	85.6681088	−0.192465057	−4.736137902
02.21	3.28	5.61691425	5.87595546	−0.831736678	−0.910221849
02.22	3.29	1.93716948	1.41956724	−1.603912088	−0.86130558
02.23	3.30	2.72198688	5.21684124	−0.525100452	−1.928792808
02.24	3.31	0	0	#DIV/0!	#DIV/0!

在 3 月份中，3 月 11 日、14 日、16 日的群子参数相当异常，但没有持续性。

表 9-4 2008 年 4 月份西集应力仪数据的危险度判据

西集		第一危险度	第一危险度	预测判断	
农历	阳历	$R_1(\bigcirc) \cdot R_2(\bigcirc)$	$R_1(\bullet) \cdot R_2(\bullet)$	$\dfrac{R_1(\bigcirc) \cdot R_2(\bigcirc)}{R_1(\bullet) \cdot R_2(\bullet)} \times \left(\dfrac{N(\bullet)}{N(\bigcirc)}\right)^3$	$\dfrac{R_1(\bullet) \cdot R_2(\bullet)}{R_1(\bigcirc) \cdot R_2(\bigcirc)} \times \left(\dfrac{N(\bullet)}{N(\bigcirc)}\right)^3$
02.25	4.01	2253.194137	2774.450252	−0.813923294	−1.234070972
02.26	4.02	3.10918635	10.6385883	−0.256153173	−2.998984631
02.27	4.03	2.25831929	6.00775483	−0.426090025	−3.015470484
02.28	4.04	3.12746822	12.70414542	−0.247336904	−4.081257741
02.29	4.05	6.40016352	21.07518231	−0.310172054	−3.363281405
3.01	4.06	29.9379843	27.25991424	−0.674016214	−0.558822909
3.02	4.07	3.22580208	6.513378	−0.642094894	−2.617799297
3.03	4.08	5.59075959	6.45286642	−0.912795582	−1.216010274
3.04	4.09	3.9041016	4.623138	−0.850688333	−1.192894314
3.05	4.10	2.90837241	5.2599806	−0.459670979	−1.503541219
3.06	4.11	3.12417373	6.90851488	−0.468396783	−2.290408496
3.07	4.12	6.52555808	17.115813	−0.390422623	−2.685930195
3.08	4.13	11.49178107	26.33117512	−0.460774192	−2.419100671
3.09	4.14	10.55445885	36.11800448	−0.295814347	−3.464134823
3.10	4.15	4.24714752	16.00919505	−0.258696563	−3.675656841
3.11	4.16	16.81883166	299.6870372	−0.055934989	−17.75938117
3.12	4.17	3.6928505	78.89615706	−0.046651066	−21.29363561
3.13	4.18	2.75916095	19.57484001	−0.135705035	−6.830277265
3.14	4.19	2.30691746	13.34668635	−0.145629541	−4.874524719
3.15	4.20	3.45236336	5.16962313	−0.564994221	−1.266860443
3.16	4.21	3.1794224	9.1337904	−0.415667351	−3.430453498
3.17	4.22	5.5015812	11.2016526	−0.424161816	−1.758412305
3.18	4.23	11.82636042	100.8373444	−0.130919636	−9.517992742
3.19	4.24	227.6398219	16.25800182	−9.697057016	−0.049462699
3.20	4.25	2.59868094	6.74776221	−0.367784453	−2.479744778
3.21	4.26	10.49870932	66.5379351	−0.173481941	−6.968207697
3.22	4.27	9175.890832	34955.96833	−1.427459235	−20.71619131
3.23	4.28	13.53560593	64.97087336	−0.175305561	−4.03903575
3.24	4.29	2.0618572	12.41117514	−0.169973269	−6.158703119
3.25	4.30	3.9121746	23.41541488	−0.156732144	−5.614684153

4 月 17 日、27 日的群子参数有些异常，与钻孔应变仪数据的群子参数所反映的异常一致。

表 9-5 2008 年 5 份西集应力仪数据的危险度判据

西集		第一危险度	第一危险度	预测判断	
农历	阳历	$R_1(\bigcirc) \cdot R_2(\bigcirc)$	$R_1(\bullet) \cdot R_2(\bullet)$	$\dfrac{R_1(\bigcirc) \cdot R_2(\bigcirc)}{R_1(\bullet) \cdot R_2(\bullet)} \times \left(\dfrac{N(\bullet)}{N(\bigcirc)}\right)^3$	$\dfrac{R_1(\bullet) \cdot R_2(\bullet)}{R_1(\bigcirc) \cdot R_2(\bigcirc)} \times \left(\dfrac{N(\bullet)}{N(\bigcirc)}\right)^3$
3.26	5.1	10.59097908	7860.749492	−0.001474672	−812.3651296
3.27	5.2	3.18615079	14.2847535	−0.197703835	−3.97400073
3.28	5.3	76661.0009	40432.46337	−0.936523506	−0.260513429
3.29	5.4	11.92324833	1201.94934	−0.012296798	−124.9612046
4.01	5.5	69.65881434	32224.1927	−0.002862022	−612.4701948
4.02	5.6	2.9079854	40.36443686	−0.075094591	−14.46845
4.03	5.7	3.296038	4.55854674	−0.491452189	−0.940047239
4.04	5.8	6.73248915	20811.69202	−0.000397464	−3798.05279
4.05	5.9	49.4882912	111.2274153	−0.385045672	−1.94505112
4.06	5.10	48.03038298	39863.88366	−0.001437475	−990.2104804
4.07	5.11	1.59714455	2.51141715	−0.554745571	−1.371649367
4.08	5.12	413.9949055	28940.5632	−0.023056608	−112.672876
4.09	5.13	5.04271052	20.94083376	−0.25340266	−4.369895294
4.10	5.14	10.75281416	29.8492911	−0.299309484	−2.306451049
4.11	5.15	6.33204468	48.3942303	−0.15294987	−8.934049293
4.12	5.16	6.23010397	47.75114667	−0.121572779	−7.141893444
4.13	5.17	9.42323375	32.59537944	−0.225835159	−2.702114263
4.14	5.18	9.04626478	93.80248128	−0.089543449	−9.627729542
4.15	5.19	10326.994	55786.26866	−0.37558558	−10.96012957
4.16	5.20	3.8172079	54.42895878	−0.051854686	−10.54281124
4.17	5.21	67.91142456	33949.04015	−0.002200447	−549.8954669
4.18	5.22	20.10550516	33745.41883	−0.000459441	−1294.284578
4.19	5.23	50.12037954	36513.83729	−0.001515533	−804.3624024
4.20	5.24	4394.328416	21076.91977	−0.271637535	−6.249122574
4.21	5.25	76.84057154	49173.35524	−0.001600622	−655.4919975
4.22	5.26	0.41270096	2.93429136	−0.074320145	−3.757007476
4.23	5.27	11.2011339	42157.81059	−0.000301428	−4269.877214
4.24	5.28	5.04395265	27785.94971	−0.000232161	−7045.260885
4.25	5.29	503.4836628	0.01324175	−56717.47465	−3.92317E−05
4.26	5.30	2.83312484	28.23872138	−0.094006176	−9.339314868
4.27	5.31	0	0	#DIV/0!	#DIV/0!

由5月份开始,应力异常变化大且频繁,尤其5月8日群子复合参数达—3798个单位,这是从观测数据处理以来没有出现过的,正常值一般维持在1左右,说明地壳应力加速现象已经严重失衡,可作为临震的判断依据。在此之后,5月10日群子参数再次达到—990;而5月11日却表现得异常"平静",实际上是一种应力极限僵持,表面上从观测数据的加速值上体现为"缓静状态",第二天就发生了汶川特大地震。

因此,这些定量分析让我们更加清晰地掌握了地壳应力应变的演变情况。遗憾的是,砂层应力仪观测没有方位,也就是震前只知道有地震危险,也必然爆发地震,但是,地震在哪里?也许在中国大陆,也许在东南亚,也许在东北亚,甚至也有可能发生在大洋彼岸的美国西海岸。缺乏方向性是砂层应力的致命缺陷。

从以上各月份的砂层应力数据的群子参数:$\left(\dfrac{R_1^+ \cdot R_2^+}{R_1^- \cdot R_2^-}+\dfrac{R_1^- \cdot R_2^-}{R_1^+ \cdot R_2^+}\right)\left(\dfrac{N^-}{N^+}\right)^3$ 来看,随着时间的变化而增加,异常的极大值越来越多,到了4月下旬至5月上旬更加密集。详见作者对4月28日至5月12日期间应力及其群子统计参数变化的日报。

2008年4月28日全天每一小时正应力和负应力增量(日报)

西集 时间	$N(\bullet)$	$N(\circ)$	$\dfrac{N(\bullet)}{N(\circ)}$	$n(\bullet)$	$n(\circ)$	$\dfrac{n(\bullet)}{n(\circ)}$
04.28日0点	−25.16	27.84	−0.903736	26	33	0.78788
04.28日1点	−38.99	22.23	−1.753936	29	31	0.93548
04.28日2点	−51.11	22.87	−2.234805	36	24	1.5
04.28日3点	−77.45	36.86	−2.101194	44	16	2.75
04.28日4点	−83.61	27.05	−3.090943	42	17	2.47059
04.28日5点	−93.11	40.05	−2.324844	42	18	2.33333
04.28日6点	−82.84	40.58	−2.0414	39	21	1.85714
04.28日7点	−68.44	55.85	−1.225425	37	23	1.6087
04.28日8点	−73.82	60.49	−1.220367	34	26	1.30769
04.28日9点	−60.32	68.58	−0.879557	29	31	0.93548
04.28日10点	−34.9	62.97	−0.554232	19	41	0.46341
04.28日11点	−28.22	71.94	−0.392271	21	39	0.53846
04.28日12点	−37.25	65.32	−0.570269	19	41	0.46341
04.28日13点	−21.08	69.19	−0.304668	19	40	0.475
04.28日14点	−22.93	43.34	−0.529072	25	34	0.73529
04.28日15点	−25.43	49.58	−0.512908	23	37	0.62162
04.28日16点	−35.53	43.81	−0.811002	21	39	0.53846
04.28日17点	−21.82	33.51	−0.651149	23	37	0.62162
04.28日18点	−3.95	2.66	−1.484962	6	5	1.2
04.28日19点	0	0	#DIV/0!	0	0	#DIV/0!
04.28日20点	0	0	#DIV/0!	0	0	#DIV/0!
04.28日21点	0	0	#DIV/0!	0	0	#DIV/0!
04.28日22点	0	0	#DIV/0!	0	0	#DIV/0!
04.28日23点	0	0	#DIV/0!	0	0	#DIV/0!

$R_1(\circ)$	$R_2(\circ)$	$R_1(\circ)\cdot R_2(\circ)$	$R_1(\bullet)$	$R_2(\bullet)$	$R_1(\bullet)\cdot R_2(\bullet)$	$\dfrac{R_1(\circ)\cdot R_2(\circ)}{R_1(\bullet)\cdot R_2(\bullet)}$	$\dfrac{R_1(\bullet)\cdot R_2(\bullet)}{R_1(\circ)\cdot R_2(\circ)}$
38.5673	19.5703	754.7736312	19.7608	3.2877	64.96758216	11.6177	0.08608

$N(\bullet)$	$N(\circ)$	$N(\bullet)/N(\circ)$	$n(\bullet)$	$n(\circ)$	$n(\bullet)/n(\circ)$	$\dfrac{n(\bullet)/n(\circ)}{N(\bullet)/N(\circ)}$
−885.96	844.72	−1.048820911	534	553	0.965641953	−0.9207

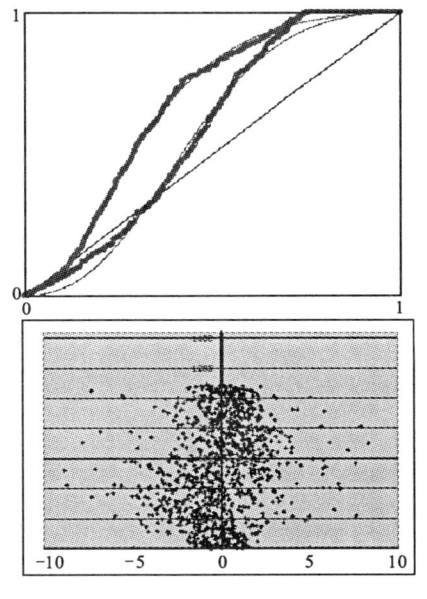

2008 年 4 月 29 日全天每一小时正应力和负应力增量(日报)

西集 时间	$N(\bullet)$	$N(\bigcirc)$	$\dfrac{N(\bullet)}{N(\bigcirc)}$	$n(\bullet)$	$n(\bigcirc)$	$\dfrac{n(\bullet)}{n(\bigcirc)}$
04.29 日 0 点	−23.15	34.44	−0.672184	22	37	0.59459
04.29 日 1 点	−23.11	29.08	−0.794704	26	34	0.76471
04.29 日 2 点	−24.06	22.53	−1.067909	28	32	0.875
04.29 日 3 点	−20.58	23.04	−0.893229	26	33	0.78788
04.29 日 4 点	−36.45	34.68	−1.051038	27	33	0.81818
04.29 日 5 点	−19.28	33.77	−0.570921	27	33	0.81818
04.29 日 6 点	−32.85	35.73	−0.919395	27	33	0.81818
04.29 日 7 点	−54.57	76.79	−0.710639	32	28	1.14286
04.29 日 8 点	−94.59	50.82	−1.861275	43	16	2.6875
04.29 日 9 点	−88.2	35.51	−2.483807	36	24	1.5
04.29 日 10 点	−90.03	27.77	−3.241988	40	20	2
04.29 日 11 点	−73.74	24.47	−3.013486	40	20	2
04.29 日 12 点	−89.94	53.65	−1.676421	40	20	2
04.29 日 13 点	−66.46	57.2	−1.161888	32	28	1.14286
04.29 日 14 点	−88.34	60.16	−1.468418	36	24	1.5
04.29 日 15 点	−79	113.15	−0.698188	28	32	0.875
04.29 日 16 点	−44.02	75.63	−0.582044	28	32	0.875
04.29 日 17 点	−22.37	78.45	−0.28515	19	41	0.46341
04.29 日 18 点	−39.59	52.04	−0.760761	24	34	0.70588
04.29 日 19 点	−23.99	34.53	−0.694758	26	34	0.76471
04.29 日 20 点	−23.24	42.52	−0.546566	26	34	0.76471
04.29 日 21 点	−19.43	44.94	−0.432354	20	40	0.5
04.29 日 22 点	−77.18	102.96	−0.749611	35	25	1.4
04.29 日 23 点	−39.34	40.81	−0.963979	32	28	1.14286

$R_1(\bigcirc)$	$R_2(\bigcirc)$	$R_1(\bigcirc)\cdot R_2(\bigcirc)$	$R_1(\bullet)$	$R_2(\bullet)$	$R_1(\bullet)\cdot R_2(\bullet)$	$\dfrac{R_1(\bigcirc)\cdot R_2(\bigcirc)}{R_1(\bullet)\cdot R_2(\bullet)}$	$\dfrac{R_1(\bullet)\cdot R_2(\bullet)}{R_1(\bigcirc)\cdot R_2(\bigcirc)}$
0.9746	2.1363	2.08203798	3.3331	3.7514	12.50379134	0.16651	6.00555

$N(\bullet)$	$N(\bigcirc)$	$N(\bullet)/N(\bigcirc)$	$n(\bullet)$	$n(\bigcirc)$	$n(\bullet)/n(\bigcirc)$	$\dfrac{n(\bullet)/n(\bigcirc)}{N(\bullet)/N(\bigcirc)}$
−1193.5	1184.67	−1.007461994	720	715	1.006993007	−0.9995

2008 年 4 月 30 日全天每一小时正应力和负应力增量(日报)

西集 时间	$N(\bullet)$	$N(\bigcirc)$	$\dfrac{N(\bullet)}{N(\bigcirc)}$	$n(\bullet)$	$n(\bigcirc)$	$\dfrac{n(\bullet)}{n(\bigcirc)}$
04.30 日 0 点	−39.68	44.56	−0.890485	30	28	1.07143
04.30 日 1 点	−32.76	43.05	−0.760976	26	34	0.76471
04.30 日 2 点	−46.13	42.6	−1.082864	27	33	0.81818
04.30 日 3 点	−24.04	33.84	−0.710402	32	28	1.14286
04.30 日 4 点	−30.36	37.69	−0.805519	27	33	0.81818
04.30 日 5 点	−21.31	39.17	−0.544039	28	31	0.90323
04.30 日 6 点	−48.05	60.62	−0.792643	27	32	0.84375
04.30 日 7 点	−79.17	74.94	−1.056445	35	25	1.4
04.30 日 8 点	−110.4	68.58	−1.61009	32	28	1.14286
04.30 日 9 点	−99.55	51.12	−1.947379	36	24	1.5
04.30 日 10 点	−117.3	40.65	−2.886347	39	21	1.85714
04.30 日 11 点	−110.2	72.12	−1.528286	38	22	1.72727
04.30 日 12 点	−89.85	79.76	−1.126505	35	25	1.4
04.30 日 13 点	−92.13	98.1	−0.939144	32	28	1.14286
04.30 日 14 点	−86.22	77.45	−1.113234	32	28	1.14286
04.30 日 15 点	−74.08	110.33	−0.67144	28	32	0.875
04.30 日 16 点	−80.55	91.2	−0.883224	24	35	0.68571
04.30 日 17 点	−63.58	96.12	−0.661465	24	36	0.66667
04.30 日 18 点	−58.12	109.73	−0.530484	22	37	0.59459
04.30 日 19 点	−34.23	39.7	−0.862217	27	32	0.84375
04.30 日 20 点	−34.22	51.04	−0.670455	28	32	0.875
04.30 日 21 点	−23.65	35.34	−0.669213	23	37	0.62162
04.30 日 22 点	−26.76	51.79	−0.516702	28	32	0.875
04.30 日 23 点	−29.98	39.12	−0.76636	25	35	0.71429

$R_1(\bigcirc)$	$R_2(\bigcirc)$	$R_1(\bigcirc)\cdot R_2(\bigcirc)$	$R_1(\bullet)$	$R_2(\bullet)$	$R_1(\bullet)\cdot R_2(\bullet)$	$\dfrac{R_1(\bigcirc)\cdot R_2(\bigcirc)}{R_1(\bullet)\cdot R_2(\bullet)}$	$\dfrac{R_1(\bullet)\cdot R_2(\bullet)}{R_1(\bigcirc)\cdot R_2(\bigcirc)}$
1.614	2.4239	3.9121746	4.9978	4.801	23.9944378	0.16305	6.13327

$N(\bullet)$	$N(\bigcirc)$	$N(\bullet)/N(\bigcirc)$	$n(\bullet)$	$n(\bigcirc)$	$n(\bullet)/n(\bigcirc)$	$\dfrac{n(\bullet)/n(\bigcirc)}{N(\bullet)/N(\bigcirc)}$
−1452.5	1488.62	−0.975722481	705	728	0.968406593	−0.9925

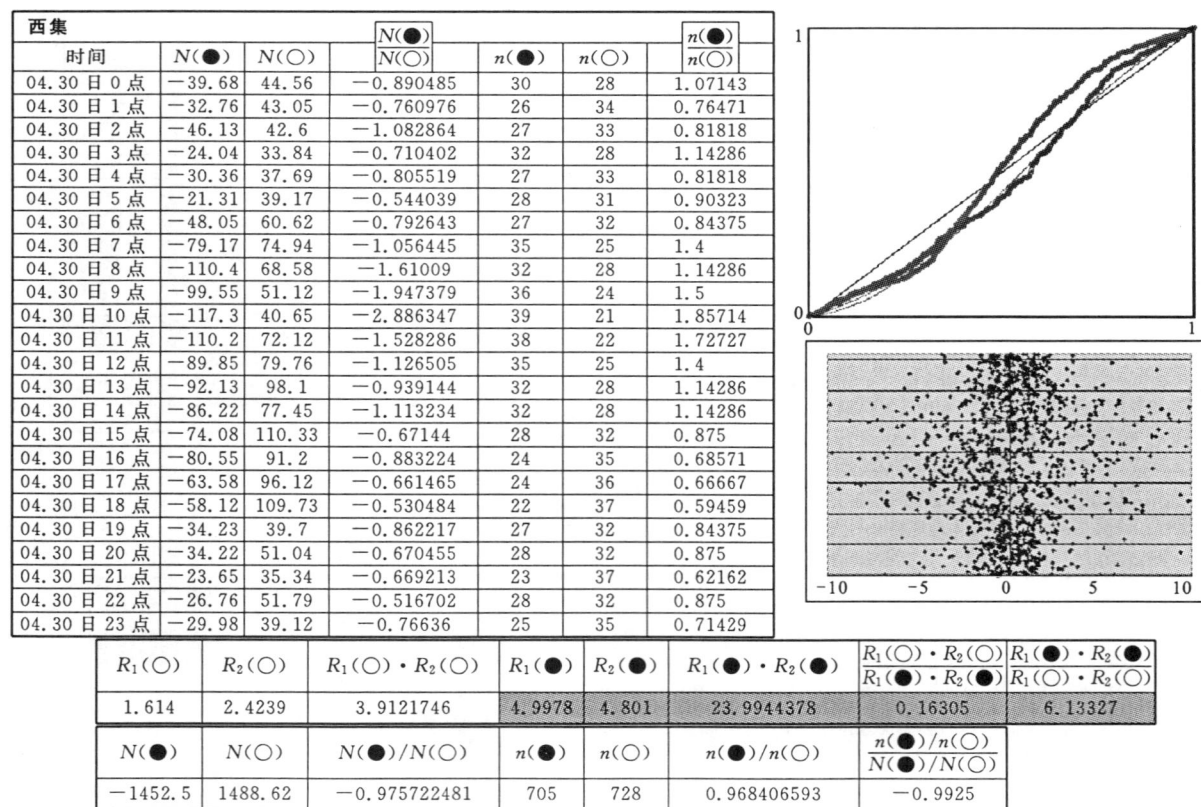

2008年5月1日全天每一小时正应力和负应力增量(日报)

西集时间	$N(\bullet)$	$N(\circ)$	$\dfrac{N(\bullet)}{N(\circ)}$	$n(\bullet)$	$n(\circ)$	$\dfrac{n(\bullet)}{n(\circ)}$
05.1日0点	−20.61	34.49	−0.597565	27	32	0.84375
05.1日1点	−19.69	24.19	−0.813973	24	36	0.66667
05.1日2点	−12.63	27.58	−0.457941	24	35	0.68571
05.1日3点	−25.25	22.5	−1.122222	32	27	1.18519
05.1日4点	−30.4	29.86	−1.018084	22	38	0.57895
05.1日5点	−21.93	29.1	−0.753608	22	38	0.57895
05.1日6点	−24.49	34.82	−0.703331	23	37	0.62162
05.1日7点	−45.93	42.95	−1.069383	29	31	0.93548
05.1日8点	−62.03	37.97	−1.633658	33	27	1.22222
05.1日9点	−148.6	64.06	−2.319856	34	26	1.30769
05.1日10点	−124.2	39.66	−3.132123	39	21	1.85714
05.1日11点	−132.2	69.15	−1.91222	37	23	1.6087
05.1日12点	−100.6	96.88	−1.038604	36	24	1.5
05.1日13点	−89.63	81.3	−1.10246	33	27	1.22222
05.1日14点	−91.32	102.73	−0.888932	31	29	1.06897
05.1日15点	−52.79	78.4	−0.673342	28	32	0.875
05.1日16点	−92.74	111.25	−0.833618	31	29	1.06897
05.1日17点	−27.8	67.59	−0.411303	24	36	0.66667
05.1日18点	−33.47	44.65	−0.749608	24	35	0.68571
05.1日19点	−22.78	30.73	−0.741295	24	35	0.68571
05.1日20点	−19.85	54.82	−0.362094	25	35	0.71429
05.1日21点	−21.93	39.6	−0.553788	24	35	0.68571
05.1日22点	−20.35	38.85	−0.52381	21	39	0.53846
05.1日23点	−27.17	29.74	−0.913584	28	32	0.875

$R_1(\circ)$	$R_2(\circ)$	$R_1(\circ)\cdot R_2(\circ)$	$R_1(\bullet)$	$R_2(\bullet)$	$R_1(\bullet)\cdot R_2(\bullet)$	$\dfrac{R_1(\circ)\cdot R_2(\circ)}{R_1(\bullet)\cdot R_2(\bullet)}$	$\dfrac{R_1(\bullet)\cdot R_2(\bullet)}{R_1(\circ)\cdot R_2(\circ)}$
2.5036	4.2302	10.59072872	90.7773	91.5751	8312.940325	0.00127	784.926

$N(\bullet)$	$N(\circ)$	$N(\bullet)/N(\circ)$	$n(\bullet)$	$n(\circ)$	$n(\bullet)/n(\circ)$	$\dfrac{n(\bullet)/n(\circ)}{N(\bullet)/N(\circ)}$
−1268.5	1232.87	−1.028875713	675	759	0.889328063	−0.8644

2008年5月2日全天每一小时正应力和负应力增量(日报)

西集时间	$N(\bullet)$	$N(\circ)$	$\dfrac{N(\bullet)}{N(\circ)}$	$n(\bullet)$	$n(\circ)$	$\dfrac{n(\bullet)}{n(\circ)}$
05.2日0点	−14.03	22.01	−0.637438	27	32	0.84375
05.2日1点	−13.93	28.4	−0.490493	28	32	0.875
05.2日2点	−31.26	20.62	−1.516004	33	27	1.22222
05.2日3点	−62.3	54.34	−1.146485	26	34	0.76471
05.2日4点	−86.56	105.95	−0.816989	29	31	0.93548
05.2日5点	−104.9	106.48	−0.984974	33	25	1.32
05.2日6点	−67.77	74.46	−0.910153	24	36	0.66667
05.2日7点	−31.82	56.63	−0.561893	28	31	0.90323
05.2日8点	−60.41	64.11	−0.942287	28	32	0.875
05.2日9点	−81.15	53.87	−1.506404	36	24	1.5
05.2日10点	−101.4	56.55	−1.793457	36	23	1.56522
05.2日11点	−96.37	32.66	−2.950704	41	19	2.15789
05.2日12点	−67.96	68.29	−0.995168	32	28	1.14286
05.2日13点	−71.69	61.23	−1.170831	36	24	1.5
05.2日14点	−114.5	98.71	−1.160065	34	26	1.30769
05.2日15点	−51.4	79.1	−0.64981	27	33	0.81818
05.2日16点	−55.42	72.18	−0.767803	27	33	0.81818
05.2日17点	−23.22	58.91	−0.394161	19	41	0.46341
05.2日18点	−24.23	45.05	−0.537847	20	39	0.51282
05.2日19点	−29.86	42.93	−0.695551	23	37	0.62162
05.2日20点	−32.16	44.33	−0.725468	28	32	0.875
05.2日21点	−27.98	33.03	−0.847109	22	37	0.59459
05.2日22点	−17.88	38.04	−0.470032	21	39	0.53846
05.2日23点	−16.01	18.12	−0.883554	30	30	1

$R_1(\circ)$	$R_2(\circ)$	$R_1(\circ)\cdot R_2(\circ)$	$R_1(\bullet)$	$R_2(\bullet)$	$R_1(\bullet)\cdot R_2(\bullet)$	$\dfrac{R_1(\circ)\cdot R_2(\circ)}{R_1(\bullet)\cdot R_2(\bullet)}$	$\dfrac{R_1(\bullet)\cdot R_2(\bullet)}{R_1(\circ)\cdot R_2(\circ)}$
1.9881	1.608	3.1968648	4.7505	3.007	14.2847535	0.2238	4.46836

$N(\bullet)$	$N(\circ)$	$N(\bullet)/N(\circ)$	$n(\bullet)$	$n(\circ)$	$n(\bullet)/n(\circ)$	$\dfrac{n(\bullet)/n(\circ)}{N(\bullet)/N(\circ)}$
−1284.2	1336	−0.961242515	688	745	0.923489933	−0.9607

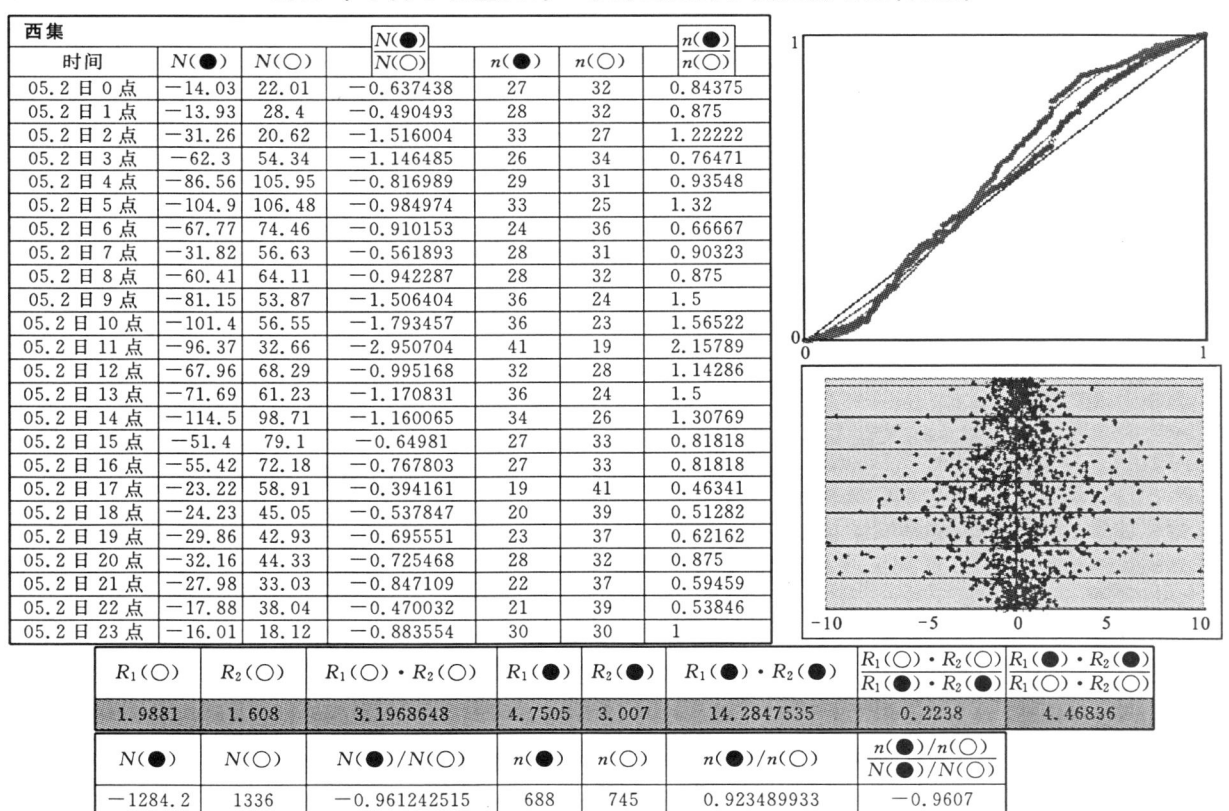

2008年5月3日全天每一小时正应力和负应力增量(日报)

西集 时间	$N(●)$	$N(○)$	$\frac{N(●)}{N(○)}$	$n(●)$	$n(○)$	$\frac{n(●)}{n(○)}$
05.3日0点	−14.72	22.14	−0.66486	26	33	0.78788
05.3日1点	−17.77	21.01	−0.845788	26	34	0.76471
05.3日2点	−15.06	15.23	−0.988838	34	26	1.30769
05.3日3点	−12.61	18.35	−0.687193	26	34	0.76471
05.3日4点	−19.41	19.38	−1.001548	26	33	0.78788
05.3日5点	−38.83	23.62	−1.643946	27	33	0.81818
05.3日6点	−20.36	25.8	−0.789147	29	31	0.93548
05.3日7点	−37.26	32.78	−1.136669	37	23	1.6087
05.3日8点	−67.28	25.43	−2.645694	37	23	1.6087
05.3日9点	−228.7	390.01	−0.586498	35	25	1.4
05.3日10点	−260	276.36	−0.940766	35	25	1.4
05.3日11点	−191.1	569.85	−0.335387	40	20	2
05.3日12点	−80.87	38.59	−2.095621	33	27	1.22222
05.3日13点	−47.74	28.08	−1.700142	31	28	1.10714
05.3日14点	−61.79	66.49	−0.929313	38	21	1.80952
05.3日15点	−63.11	34.5	−1.829275	39	21	1.85714
05.3日16点	−38.76	26.09	−1.485627	29	31	0.93548
05.3日17点	−40.5	31.28	−1.294757	31	29	1.06897
05.3日18点	−15.86	27.36	−0.579678	25	33	0.75758
05.3日19点	−32.65	23.07	−1.415258	29	31	0.93548
05.3日20点	−18.36	16.39	−1.120195	31	28	1.10714
05.3日21点	−13.31	8.72	−1.526376	33	27	1.22222
05.3日22点	−25.71	8.52	−3.017606	41	18	2.27778
05.3日23点	−30.82	10.99	−2.804368	38	22	1.72727

$R_1(○)$	$R_2(○)$	$R_1(○)·R_2(○)$	$R_1(●)$	$R_2(●)$	$R_1(●)·R_2(●)$	$\frac{R_1(○)·R_2(○)}{R_1(●)·R_2(●)}$	$\frac{R_1(●)·R_2(●)}{R_1(○)·R_2(○)}$
328.045	234.362	76881.32916	222.113	182.034	40432.02282	1.9015	0.5259

$N(●)$	$N(○)$	$N(●)/N(○)$	$n(●)$	$n(○)$	$n(●)/n(○)$	$\frac{n(●)/n(○)}{N(●)/N(○)}$
−1392.6	1760.04	−0.791249063	776	656	1.182926829	−1.495

2008年5月4日全天每一小时正应力和负应力增量(日报)

西集 时间	$N(●)$	$N(○)$	$\frac{N(●)}{N(○)}$	$n(●)$	$n(○)$	$\frac{n(●)}{n(○)}$
05.4日0点	−23.97	23.5	−1.02	28	31	0.90323
05.4日1点	−36.11	19.12	−1.888598	42	18	2.33333
05.4日2点	−26.89	21.75	−1.236322	30	30	1
05.4日3点	−5.5	17.77	−0.30951	24	36	0.66667
05.4日4点	−19.47	13.29	−1.465011	35	24	1.45833
05.4日5点	−6.69	18.07	−0.370227	24	35	0.68571
05.4日6点	−13.8	20.46	−0.674487	24	36	0.66667
05.4日7点	−32.43	11.38	−2.849736	34	26	1.30769
05.4日8点	−74.77	14.85	−5.035017	43	16	2.6875
05.4日9点	−76.14	27.34	−2.784931	42	18	2.33333
05.4日10点	−87.68	30.36	−2.888011	46	14	3.28571
05.4日11点	−104.4	22.02	−4.742961	45	15	3
05.4日12点	−95.79	84.29	−1.136434	32	28	1.14286
05.4日13点	−74.03	74.84	−0.989177	30	30	1
05.4日14点	−35.71	77.99	−0.457879	20	40	0.5
05.4日15点	−34.65	33.95	−1.020619	26	34	0.76471
05.4日16点	−18.66	60.38	−0.309043	20	40	0.5
05.4日17点	−21.35	43.63	−0.489342	24	36	0.66667
05.4日18点	−32.03	81.32	−0.393876	22	37	0.59459
05.4日19点	−8.71	35.51	−0.245283	19	41	0.46341
05.4日20点	−7.52	27.88	−0.269727	18	41	0.43902
05.4日21点	−18	24.66	−0.729927	27	33	0.81818
05.4日22点	−23.08	25.2	−0.915873	18	42	0.42857
05.4日23点	−10.78	16.02	−0.672909	25	35	0.71429

$R_1(○)$	$R_2(○)$	$R_1(○)·R_2(○)$	$R_1(●)$	$R_2(●)$	$R_1(●)·R_2(●)$	$\frac{R_1(○)·R_2(○)}{R_1(●)·R_2(●)}$	$\frac{R_1(●)·R_2(●)}{R_1(○)·R_2(○)}$
2.365	5.0739	11.9997735	38.9251	30.8595	1201.209123	0.00999	100.103

$N(●)$	$N(○)$	$N(●)/N(○)$	$n(●)$	$n(○)$	$n(●)/n(○)$	$\frac{n(●)/n(○)}{N(●)/N(○)}$
−888.2	825.58	−1.075849706	698	736	0.948369565	−0.8815

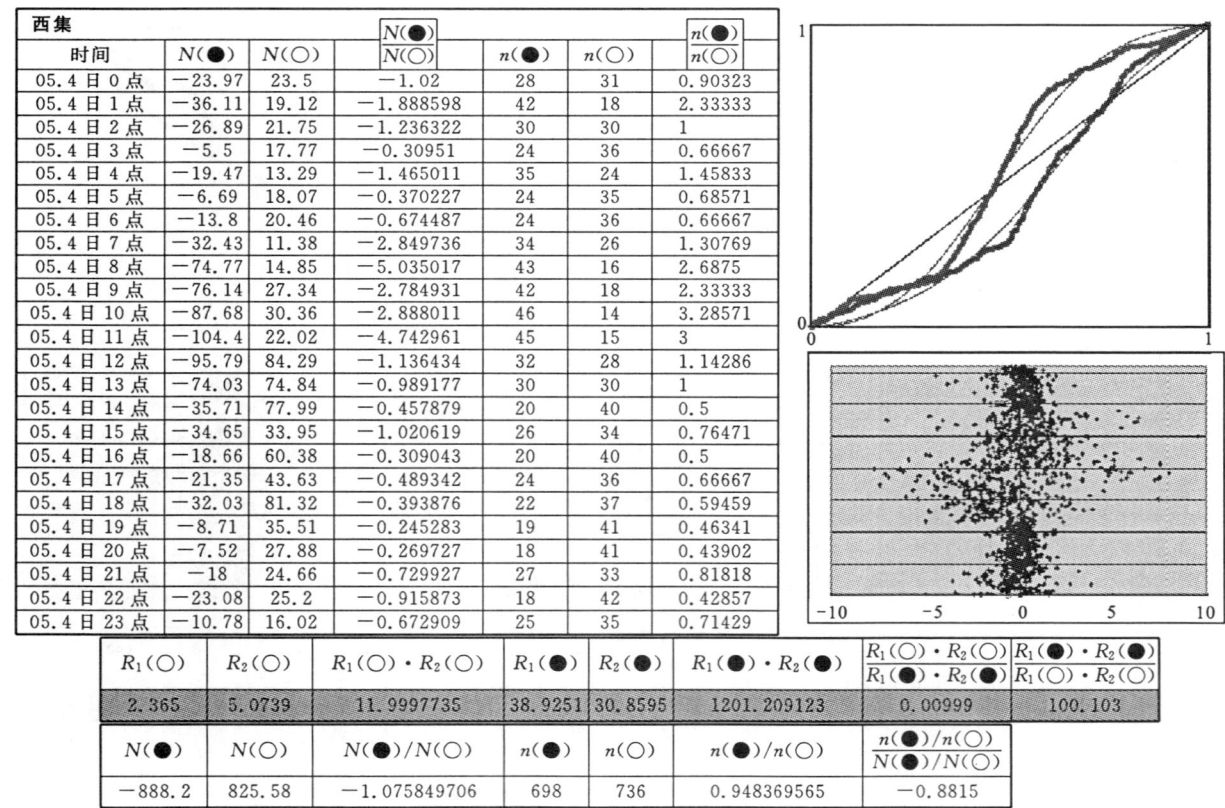

2008年5月5日全天每一小时正应力和负应力增量(日报)

西集 时间	$N(\bullet)$	$N(\circ)$	$\frac{N(\bullet)}{N(\circ)}$	$n(\bullet)$	$n(\circ)$	$\frac{n(\bullet)}{n(\circ)}$
05.5日0点	−13.1	12.72	−1.029874	31	28	1.10714
05.5日1点	−13.48	13.03	−1.034536	27	32	0.84375
05.5日2点	−9.58	11.41	−0.839614	29	29	1
05.5日3点	−9.67	12.16	−0.79523	23	37	0.62162
05.5日4点	−10.96	14.41	−0.760583	26	34	0.76471
05.5日5点	−16.12	10.8	−1.49593	35	24	1.45833
05.5日6点	−18.61	15.01	−1.23984	33	25	1.32
05.5日7点	−120.6	72.5	−1.662897	35	25	1.4
05.5日8点	−129.5	77.75	−1.666109	35	25	1.4
05.5日9点	−97.48	29.98	−3.251501	40	20	2
05.5日10点	−103.4	22.67	−4.562417	41	18	2.27778
05.5日11点	−118.9	81.72	−1.454968	36	24	1.5
05.5日12点	−112.7	78.51	−1.435613	31	29	1.06897
05.5日13点	−69.94	71.39	−0.979689	29	31	0.93548
05.5日14点	−68.89	98.87	−0.696774	25	35	0.71429
05.5日15点	−42.82	76.12	−0.562533	24	36	0.66667
05.5日16点	−43.4	75.84	−0.572257	23	37	0.62162
05.5日17点	−34.92	54.54	−0.640264	21	39	0.53846
05.5日18点	−33.2	76.95	−0.431449	18	41	0.43902
05.5日19点	−20.09	45.58	−0.440763	18	42	0.42857
05.5日20点	−16.6	28.26	−0.587403	22	38	0.57895
05.5日21点	−12.78	17.07	−0.748682	29	31	0.93548
05.5日22点	−12.17	25.6	−0.475391	21	39	0.53846
05.5日23点	−15.91	17.09	−0.930954	27	32	0.84375

$R_1(\circ)$	$R_2(\circ)$	$R_1(\circ)\cdot R_2(\circ)$	$R_1(\bullet)$	$R_2(\bullet)$	$R_1(\bullet)\cdot R_2(\bullet)$	$\frac{R_1(\circ)\cdot R_2(\circ)}{R_1(\bullet)\cdot R_2(\bullet)}$	$\frac{R_1(\bullet)\cdot R_2(\bullet)}{R_1(\circ)\cdot R_2(\circ)}$
6.2277	11.2956	70.34560812	197.745	162.956	32223.74356	0.00218	458.078

$N(\bullet)$	$N(\circ)$	$N(\bullet)/N(\circ)$	$n(\bullet)$	$n(\circ)$	$n(\bullet)/n(\circ)$	$\frac{n(\bullet)/n(\circ)}{N(\bullet)/N(\circ)}$
−1144.9	1039.98	−1.100848093	679	751	0.90412783	−0.8213

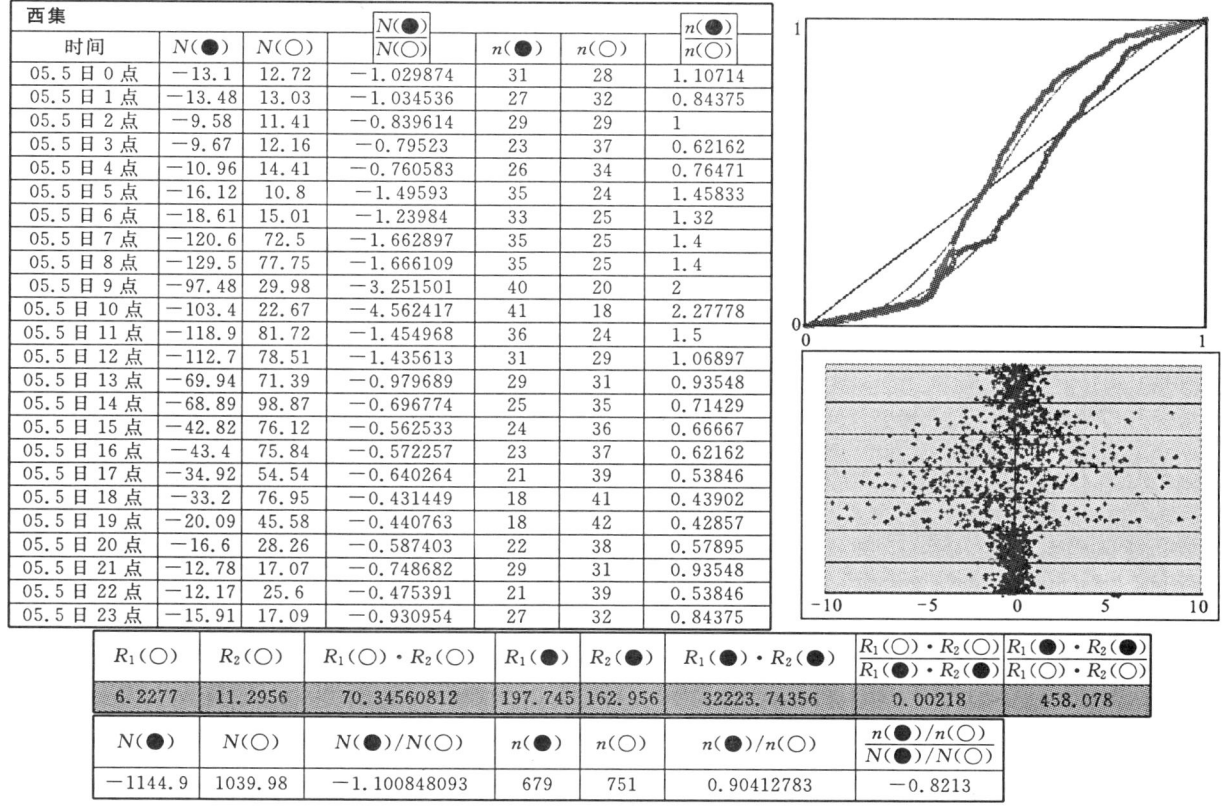

2008年5月6日全天每一小时正应力和负应力增量(日报)

西集 时间	$N(\bullet)$	$N(\circ)$	$\frac{N(\bullet)}{N(\circ)}$	$n(\bullet)$	$n(\circ)$	$\frac{n(\bullet)}{n(\circ)}$
05.6日0点	−15.42	16.77	−0.919499	22	36	0.61111
05.6日1点	−18.26	16.61	−1.099338	26	32	0.8125
05.6日2点	−12.06	17.59	−0.685617	23	37	0.62162
05.6日3点	−11.79	19.48	−0.605236	24	35	0.68571
05.6日4点	−18.19	27.14	−0.670228	24	36	0.66667
05.6日5点	−180.1	56.91	−3.164822	21	39	0.53846
05.6日6点	−27.57	97.5	−0.282769	13	47	0.2766
05.6日7点	−57.62	85.69	−0.672424	26	34	0.76471
05.6日8点	−123.7	43.16	−2.865385	41	19	2.15789
05.6日9点	−99.88	26.55	−3.761959	46	14	3.28571
05.6日10点	−93.42	27.97	−3.340007	41	19	2.15789
05.6日11点	−129	81.54	−1.582291	37	23	1.6087
05.6日12点	−73.34	42.47	−1.726866	39	21	1.85714
05.6日13点	−44.75	69.91	−0.640109	32	28	1.14286
05.6日14点	−58.61	60.78	−0.964297	28	32	0.875
05.6日15点	−28.06	45.59	−0.615486	27	33	0.81818
05.6日16点	−33.97	61.71	−0.550478	21	38	0.55263
05.6日17点	−44.63	78.1	−0.571447	20	40	0.5
05.6日18点	−29.62	64.12	−0.461694	21	38	0.55263
05.6日19点	−77.82	143.63	−0.541809	22	38	0.57895
05.6日20点	−34.89	55.63	−0.62718	30	30	1
05.6日21点	−17.33	44.29	−0.391285	24	36	0.66667
05.6日22点	−17.43	36.12	−0.482558	24	36	0.66667
05.6日23点	−12.36	21.1	−0.585782	18	42	0.42857

$R_1(\circ)$	$R_2(\circ)$	$R_1(\circ)\cdot R_2(\circ)$	$R_1(\bullet)$	$R_2(\bullet)$	$R_1(\bullet)\cdot R_2(\bullet)$	$\frac{R_1(\circ)\cdot R_2(\circ)}{R_1(\bullet)\cdot R_2(\bullet)}$	$\frac{R_1(\bullet)\cdot R_2(\bullet)}{R_1(\circ)\cdot R_2(\circ)}$
1.2578	2.3223	2.92098894	7.6178	5.2987	40.36443686	0.07237	13.8188

$N(\bullet)$	$N(\circ)$	$N(\bullet)/N(\circ)$	$n(\bullet)$	$n(\circ)$	$n(\bullet)/n(\circ)$	$\frac{n(\bullet)/n(\circ)}{N(\bullet)/N(\circ)}$
−1259.8	1240.36	−1.015688994	650	783	0.830140485	−0.8173

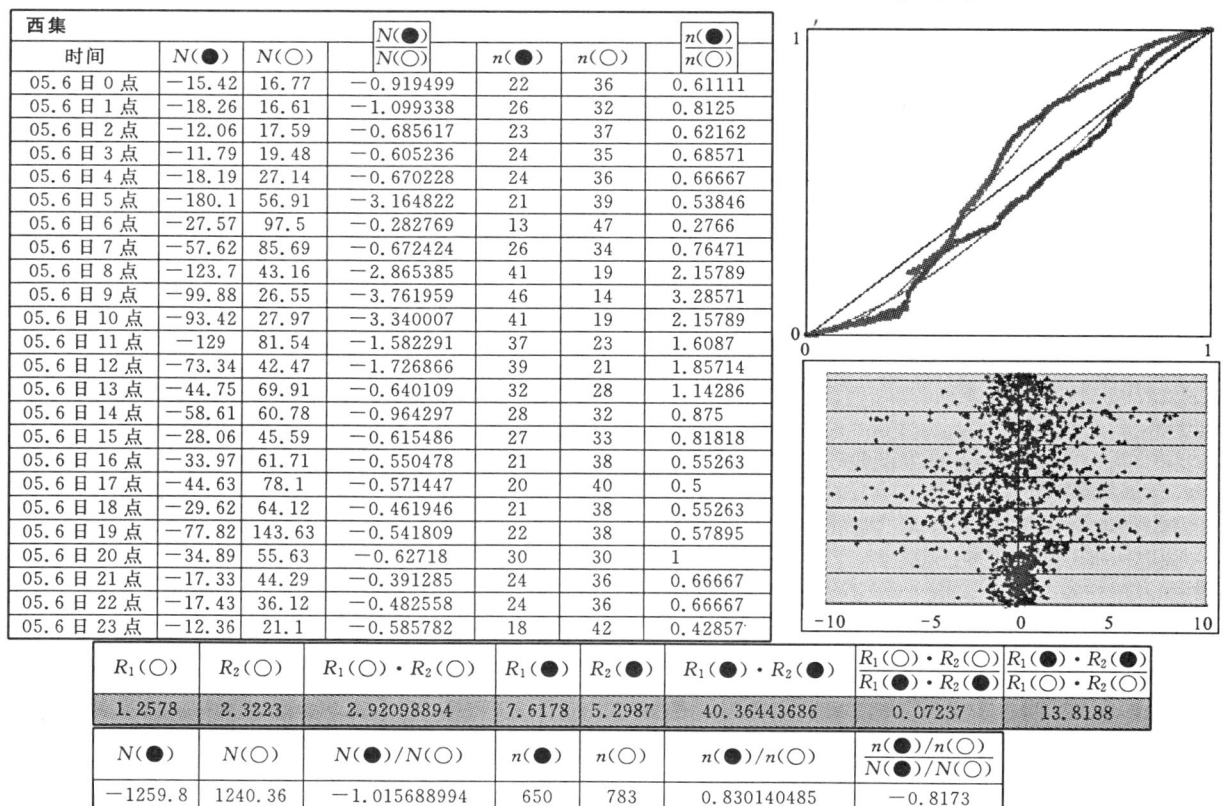

2008年5月7日全天每一小时正应力和负应力增量(日报)

西集 时间	$N(\bullet)$	$N(\bigcirc)$	$\dfrac{N(\bullet)}{N(\bigcirc)}$	$n(\bullet)$	$n(\bigcirc)$	$\dfrac{n(\bullet)}{n(\bigcirc)}$
05.7日0点	−15.23	20.43	−0.745472	26	33	0.78788
05.7日1点	−15.82	21.34	−0.741331	26	34	0.76471
05.7日2点	−14.39	25.88	−0.556028	22	37	0.59459
05.7日3点	−10.86	14.75	−0.736271	24	36	0.66667
05.7日4点	−11.11	13.4	−0.829104	24	36	0.66667
05.7日5点	−21.13	26.39	−0.800682	24	36	0.66667
05.7日6点	−21.95	24.38	−0.900328	24	35	0.68571
05.7日7点	−34.96	34.04	−1.027027	26	34	0.76471
05.7日8点	−49.27	40.43	−1.21865	26	34	0.76471
05.7日9点	−29.6	32.39	−0.913862	29	31	0.93548
05.7日10点	−43.99	25.19	−1.746328	38	22	1.72727
05.7日11点	−20.5	40.23	−0.50957	23	37	0.62162
05.7日12点	−6.47	21.07	−0.307072	22	37	0.59459
05.7日13点	−17.67	27.43	−0.644185	28	32	0.875
05.7日14点	−26.96	18.51	−1.45651	32	28	1.14286
05.7日15点	−23.61	26.28	−0.898402	25	35	0.71429
05.7日16点	−20.86	36.2	−0.576243	29	31	0.93548
05.7日17点	−23.7	22.73	−1.042675	27	32	0.84375
05.7日18点	−29.24	20.04	−1.459082	27	32	0.84375
05.7日19点	−12.86	25.03	−0.513783	28	32	0.875
05.7日20点	−12.79	12.82	−0.99766	28	32	0.875
05.7日21点	−7.16	11.28	−0.634752	28	32	0.875
05.7日22点	−11.18	12.54	−0.891547	29	31	0.93548
05.7日23点	−18.21	12.93	−1.408353	35	25	1.4

$R_1(\bigcirc)$	$R_2(\bigcirc)$	$R_1(\bigcirc)\cdot R_2(\bigcirc)$	$R_1(\bullet)$	$R_2(\bullet)$	$R_1(\bullet)\cdot R_2(\bullet)$	$\dfrac{R_1(\bigcirc)\cdot R_2(\bigcirc)}{R_1(\bullet)\cdot R_2(\bullet)}$	$\dfrac{R_1(\bullet)\cdot R_2(\bullet)}{R_1(\bigcirc)\cdot R_2(\bigcirc)}$
2.114	1.5783	3.3365262	2.3573	1.9338	4.55854674	0.73193	1.36626

$N(\bullet)$	$N(\bigcirc)$	$N(\bullet)/N(\bigcirc)$	$n(\bullet)$	$n(\bigcirc)$	$n(\bullet)/n(\bigcirc)$	$\dfrac{n(\bullet)/n(\bigcirc)}{N(\bullet)/N(\bigcirc)}$
−499.52	565.71	−0.882996588	650	784	0.829081633	−0.9389

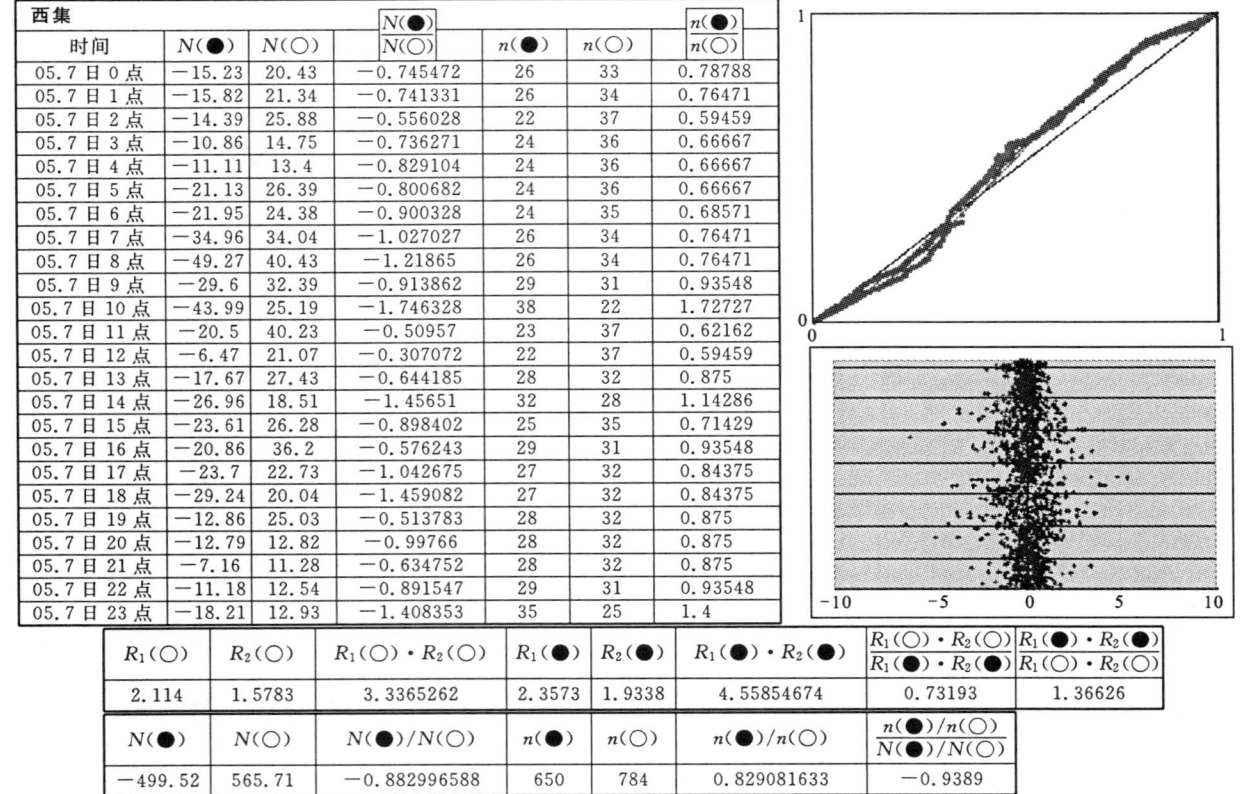

2008年5月8日全天每一小时正应力和负应力增量(日报)

西集 时间	$N(\bullet)$	$N(\bigcirc)$	$\dfrac{N(\bullet)}{N(\bigcirc)}$	$n(\bullet)$	$n(\bigcirc)$	$\dfrac{n(\bullet)}{n(\bigcirc)}$
05.8日0点	−19.99	13.84	−1.444364	31	28	1.10714
05.8日1点	−19.55	16.78	−1.165077	30	30	1
05.8日2点	−10.3	22.16	−0.464801	21	39	0.53846
05.8日3点	−17.41	17.73	−0.981951	26	33	0.78788
05.8日4点	−11.68	13.6	−0.858824	28	32	0.875
05.8日5点	−14.87	14.75	−1.008136	24	36	0.66667
05.8日6点	−23.38	18	−1.298889	26	33	0.78788
05.8日7点	−40.83	24.32	−1.678865	37	23	1.6087
05.8日8点	−59.75	25.43	−2.349587	37	23	1.6087
05.8日9点	−131	47.6	−2.752521	44	16	2.75
05.8日10点	−99.9	18.17	−5.498074	45	15	3
05.8日11点	−83.23	50.46	−1.649425	34	26	1.30769
05.8日12点	−94.97	43.84	−2.166286	40	20	2
05.8日13点	−35.75	38.5	−0.928571	31	29	1.06897
05.8日14点	−61.27	54.94	−1.115217	32	28	1.14286
05.8日15点	−44.56	57.41	−0.776171	25	35	0.71429
05.8日16点	−30.57	68.24	−0.447978	23	37	0.62162
05.8日17点	−33.59	68.95	−0.487165	20	40	0.5
05.8日18点	−17.34	50.1	−0.346108	18	40	0.45
05.8日19点	−22.77	65.57	−0.347262	20	40	0.5
05.8日20点	−10.4	43.71	−0.237932	21	39	0.53846
05.8日21点	−11.59	29.69	−0.390367	18	42	0.42857
05.8日22点	−15.35	30.28	−0.506935	15	45	0.33333
05.8日23点	−9.48	22.45	−0.422272	20	40	0.5

$R_1(\bigcirc)$	$R_2(\bigcirc)$	$R_1(\bigcirc)\cdot R_2(\bigcirc)$	$R_1(\bullet)$	$R_2(\bullet)$	$R_1(\bullet)\cdot R_2(\bullet)$	$\dfrac{R_1(\bigcirc)\cdot R_2(\bigcirc)}{R_1(\bullet)\cdot R_2(\bullet)}$	$\dfrac{R_1(\bullet)\cdot R_2(\bullet)}{R_1(\bigcirc)\cdot R_2(\bigcirc)}$
1.5938	4.2054	6.70256652	159.191	130.73	20811.04396	0.00032	3104.94

$N(\bullet)$	$N(\bigcirc)$	$N(\bullet)/N(\bigcirc)$	$n(\bullet)$	$n(\bigcirc)$	$n(\bullet)/n(\bigcirc)$	$\dfrac{n(\bullet)/n(\bigcirc)}{N(\bullet)/N(\bigcirc)}$
−919.55	856.52	−1.073588474	666	769	0.866059818	−0.8067

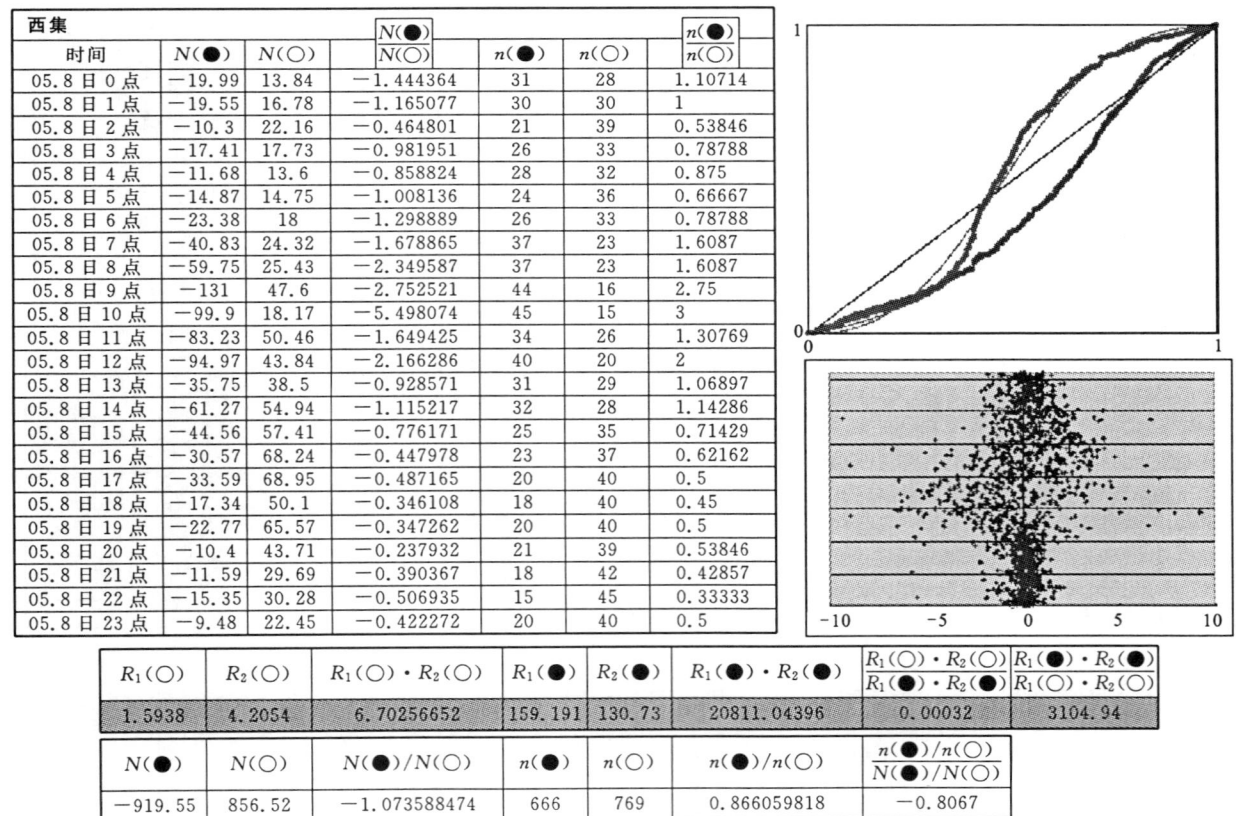

2008年5月9日全天每一小时正应力和负应力增量（日报）

西集 时间	$N(\bullet)$	$N(\circ)$	$\dfrac{N(\bullet)}{N(\circ)}$	$n(\bullet)$	$n(\circ)$	$\dfrac{n(\bullet)}{n(\circ)}$
05.9 日 0 点	−12.58	19.54	−0.643808	19	39	0.48718
05.9 日 1 点	−14.43	17.24	−0.837007	27	33	0.81818
05.9 日 2 点	−9.36	14.87	−0.629455	24	34	0.70588
05.9 日 3 点	−11.66	16.69	−0.698622	23	37	0.62162
05.9 日 4 点	−14.37	19.23	−0.74727	24	36	0.66667
05.9 日 5 点	−29.33	22.41	−1.308791	27	32	0.84375
05.9 日 6 点	−18.38	24.85	−0.739638	27	32	0.84375
05.9 日 7 点	−44.83	38.25	−1.172026	27	33	0.81818
05.9 日 8 点	−44.56	32.53	−1.369812	32	27	1.18519
05.9 日 9 点	−45.94	39.39	−1.166286	30	29	1.03448
05.9 日 10 点	−64.61	52.6	−1.228327	34	26	1.30769
05.9 日 11 点	−55	50.11	−1.097585	33	27	1.22222
05.9 日 12 点	−72.78	74.38	−0.978489	24	36	0.66667
05.9 日 13 点	−48.02	47.65	−1.007765	28	32	0.875
05.9 日 14 点	−95.1	90.21	−1.054207	34	26	1.30769
05.9 日 15 点	−40.42	71.51	−0.565236	21	39	0.53846
05.9 日 16 点	−31.7	57	−0.55614	25	35	0.71429
05.9 日 17 点	−17.36	32.75	−0.530076	20	40	0.5
05.9 日 18 点	−33.73	29.29	−1.151588	24	35	0.68571
05.9 日 19 点	−19.33	18.27	−1.058019	23	36	0.63889
05.9 日 20 点	−13.41	19.4	−0.691237	24	36	0.66667
05.9 日 21 点	−18.65	12.23	−1.524939	34	26	1.30769
05.9 日 22 点	−18.47	17.89	−1.03242	31	29	1.06897
05.9 日 23 点	−12.71	7.99	−1.590738	29	30	0.96667

$R_1(\circ)$	$R_2(\circ)$	$R_1(\circ)\cdot R_2(\circ)$	$R_1(\bullet)$	$R_2(\bullet)$	$R_1(\bullet)\cdot R_2(\bullet)$	$\dfrac{R_1(\circ)\cdot R_2(\circ)}{R_1(\bullet)\cdot R_2(\bullet)}$	$\dfrac{R_1(\bullet)\cdot R_2(\bullet)}{R_1(\circ)\cdot R_2(\circ)}$
6.3287	7.8748	49.83724676	10.1331	11.1616	113.101609	0.44064	2.26942

$N(\bullet)$	$N(\circ)$	$N(\bullet)/N(\circ)$	$n(\bullet)$	$n(\circ)$	$n(\bullet)/n(\circ)$	$\dfrac{n(\bullet)/n(\circ)}{N(\bullet)/N(\circ)}$
−786.73	826.28	−0.95213487	644	785	0.820382166	−0.8616

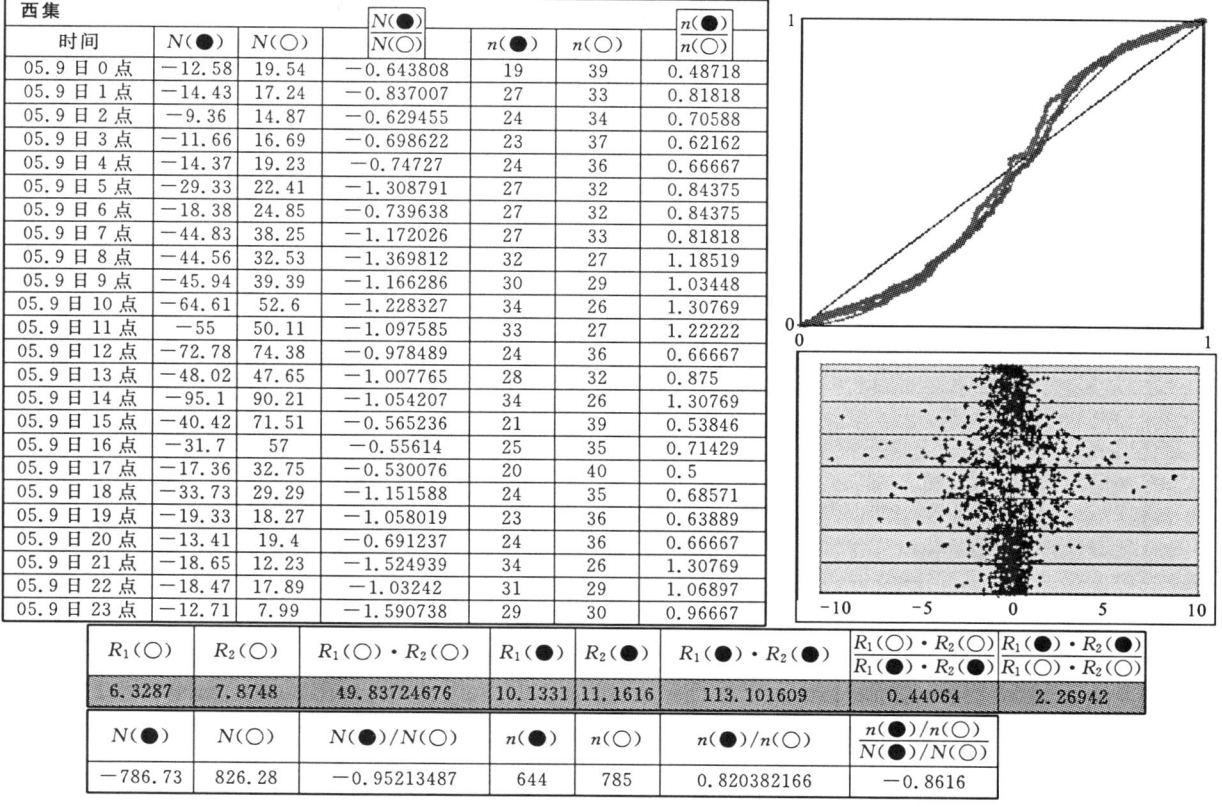

2008年5月10日全天每一小时正应力和负应力增量（日报）

西集 时间	$N(\bullet)$	$N(\circ)$	$\dfrac{N(\bullet)}{N(\circ)}$	$n(\bullet)$	$n(\circ)$	$\dfrac{n(\bullet)}{n(\circ)}$
05.10 日 0 点	−19.52	16.42	−1.188794	35	24	1.45833
05.10 日 1 点	−30.29	7.34	−4.126703	46	12	3.83333
05.10 日 2 点	−13.82	23.54	−0.587086	24	36	0.66667
05.10 日 3 点	−14.27	25.8	−0.553101	31	29	1.06897
05.10 日 4 点	−10.24	25.71	−0.398289	16	44	0.36364
05.10 日 5 点	−10.06	16.3	−0.617178	23	37	0.62162
05.10 日 6 点	−23.4	23.41	−0.999573	30	29	1.03448
05.10 日 7 点	−27.09	23.97	−1.130163	32	28	1.14286
05.10 日 8 点	−50.77	45.58	−1.113866	28	32	0.875
05.10 日 9 点	−124	66.31	−1.86925	32	26	1.23077
05.10 日 10 点	−185.5	96.8	−1.920455	32	28	1.14286
05.10 日 11 点	−151.9	88.84	−1.710041	28	32	0.875
05.10 日 12 点	−107.8	87.36	−1.234432	34	26	1.30769
05.10 日 13 点	−103.3	92.51	−1.116852	32	28	1.14286
05.10 日 14 点	−84.78	78.22	−1.083866	31	29	1.06897
05.10 日 15 点	−62.36	51.22	−1.217493	33	27	1.22222
05.10 日 16 点	−34.12	74.45	−0.458294	20	40	0.5
05.10 日 17 点	−28.13	49.68	−0.566224	19	41	0.46341
05.10 日 18 点	−21.91	68.6	−0.319388	21	37	0.56757
05.10 日 19 点	−30.87	71.33	−0.432777	22	38	0.57895
05.10 日 20 点	−14.93	35.71	−0.41809	19	41	0.46341
05.10 日 21 点	−14.81	20.66	−0.716844	25	35	0.71429
05.10 日 22 点	−21.71	18.62	−1.165951	32	28	1.14286
05.10 日 23 点	−11.51	20.98	−0.548618	23	37	0.62162

$R_1(\circ)$	$R_2(\circ)$	$R_1(\circ)\cdot R_2(\circ)$	$R_1(\bullet)$	$R_2(\bullet)$	$R_1(\bullet)\cdot R_2(\bullet)$	$\dfrac{R_1(\circ)\cdot R_2(\circ)}{R_1(\bullet)\cdot R_2(\bullet)}$	$\dfrac{R_1(\bullet)\cdot R_2(\bullet)}{R_1(\circ)\cdot R_2(\circ)}$
5.4591	8.8066	48.07611006	203.13	196.505	39916.05866	0.0012	830.268

$N(\bullet)$	$N(\circ)$	$N(\bullet)/N(\circ)$	$n(\bullet)$	$n(\circ)$	$n(\bullet)/n(\circ)$	$\dfrac{n(\bullet)/n(\circ)}{N(\bullet)/N(\circ)}$
−1197.5	1129.36	−1.060352766	668	764	0.87434555	−0.8246

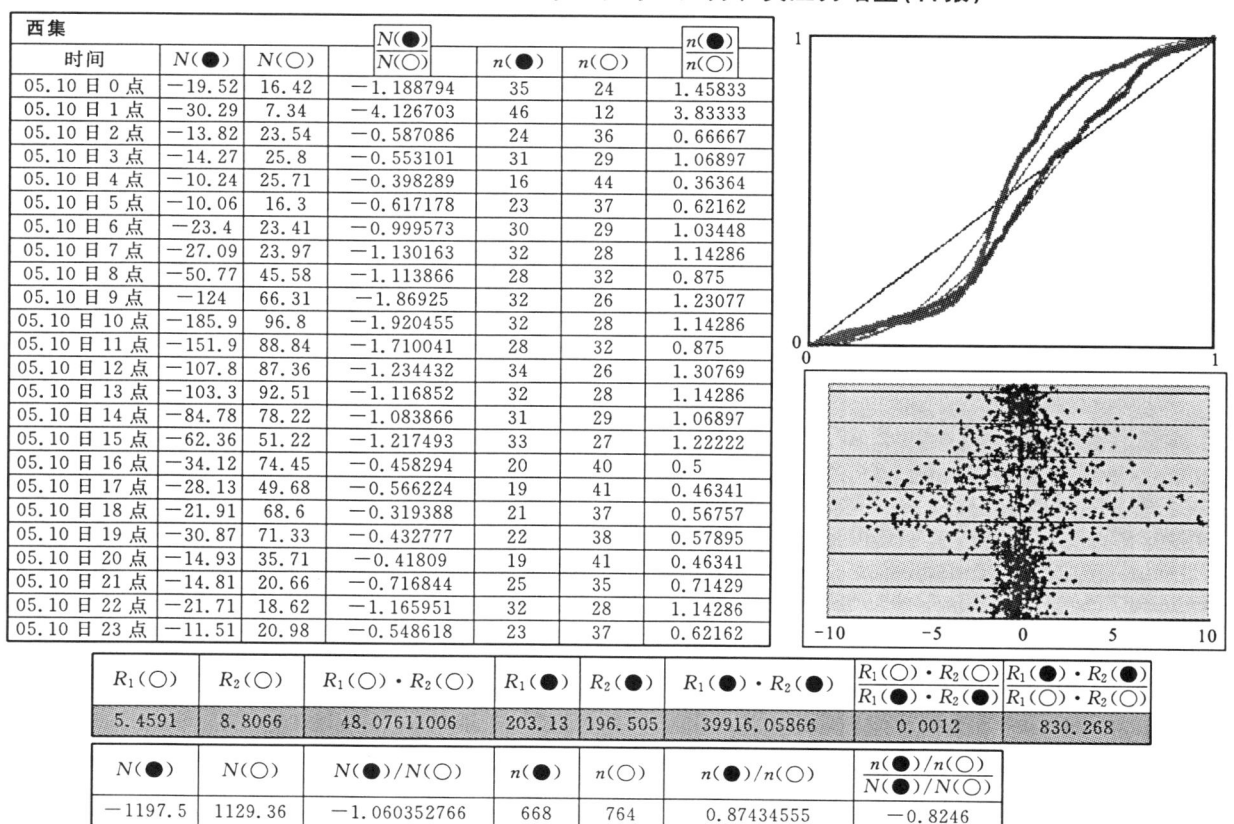

2008年5月11日全天每一小时正应力和负应力增量(日报)

西集 时间	$N(●)$	$N(○)$	$\frac{N(●)}{N(○)}$	$n(●)$	$n(○)$	$\frac{n(●)}{n(○)}$
05.11日0点	-21.7	27.7	-0.783394	27	32	0.84375
05.11日1点	-32.17	36.37	-0.88452	28	31	0.90323
05.11日2点	-25.19	27.75	-0.907748	25	35	0.71429
05.11日3点	-51.33	92.63	-0.55414	24	36	0.66667
05.11日4点	-131.1	152.31	-0.860613	39	20	1.95
05.11日5点	-65.21	44.36	-1.470018	38	22	1.72727
05.11日6点	-60.72	31.21	-1.94553	34	26	1.30769
05.11日7点	-47.12	38.44	-1.225806	30	30	1
05.11日8点	-22.78	36.2	-0.629282	25	35	0.71429
05.11日9点	-48.23	59.48	-0.810861	33	27	1.22222
05.11日10点	-48.23	34.66	-1.391518	33	27	1.22222
05.11日11点	-46.71	41.89	-1.115063	33	27	1.22222
05.11日12点	-52.41	30.15	-1.738308	35	25	1.4
05.11日13点	-41.38	60.91	-0.679363	27	33	0.81818
05.11日14点	-46.26	25.06	-1.84597	33	27	1.22222
05.11日15点	-41.95	51.72	-0.811098	30	30	1
05.11日16点	-38.98	48.55	-0.802884	25	35	0.71429
05.11日17点	-21.72	43.36	-0.500923	23	37	0.62162
05.11日18点	-15.31	26.1	-0.58659	24	35	0.68571
05.11日19点	-16.15	15.91	-1.015085	24	35	0.68571
05.11日20点	-24.69	28.06	-0.8799	24	36	0.66667
05.11日21点	-25.68	16.88	-1.521327	37	22	1.68182
05.11日22点	-19.31	23.64	-0.816836	28	31	0.90323
05.11日23点	-34.47	30.27	-1.138751	33	27	1.22222

$R_1(○)$	$R_2(○)$	$R_1(○)\cdot R_2(○)$	$R_1(●)$	$R_2(●)$	$R_1(●)\cdot R_2(●)$	$\frac{R_1(○)\cdot R_2(○)}{R_1(●)\cdot R_2(●)}$	$\frac{R_1(●)\cdot R_2(●)}{R_1(○)\cdot R_2(○)}$
1.9788	0.8156	1.61390928	2.4075	1.0451	2.51607825	0.64144	1.559

$N(●)$	$N(○)$	$N(●)/N(○)$	$n(●)$	$n(○)$	$n(●)/n(○)$	$\frac{n(●)/n(○)}{N(●)/N(○)}$
-978.78	1023.61	-0.956204023	712	721	0.987517337	-1.0327

2008年5月12日全天每一小时正应力和负应力增量(日报)

西集 时间	$N(●)$	$N(○)$	$\frac{N(●)}{N(○)}$	$n(●)$	$n(○)$	$\frac{n(●)}{n(○)}$
05.12日0点	-51.15	28.07	-1.82223	33	25	1.32
05.12日1点	-34.97	33.19	-1.053631	31	29	1.06897
05.12日2点	-33.85	38.42	-0.881052	29	31	0.93548
05.12日3点	-26.12	21.03	-1.242035	31	29	1.06897
05.12日4点	-34.21	25.39	-1.347381	31	29	1.06897
05.12日5点	-47.08	48.84	-0.963964	28	32	0.875
05.12日6点	-24.62	36.09	-0.682183	27	33	0.81818
05.12日7点	-31.54	40.46	-0.779535	26	34	0.76471
05.12日8点	-34.65	35.07	-0.988024	33	27	1.22222
05.12日9点	-33.64	41.25	-0.815515	21	39	0.53846
05.12日10点	-56.3	40.94	-1.375183	35	25	1.4
05.12日11点	-61.54	54.69	-1.125251	34	26	1.30769
05.12日12点	-83.72	67.95	-1.232082	31	29	1.06897
05.12日13点	-51.89	61.03	-0.850238	26	34	0.76471
05.12日14点	-941	564.07	-1.668179	23	37	0.62162
05.12日15点	-46.21	112.9	-0.4093	16	44	0.36364
05.12日16点	-120.9	93.64	-1.291008	29	31	0.93548
05.12日17点	-52.53	78.61	-0.668236	28	32	0.875
05.12日18点	-53.25	54.84	-0.971007	27	33	0.78788
05.12日19点	-54.87	72.36	-0.758292	23	36	0.63889
05.12日20点	-28.14	42.03	-0.669522	31	29	1.06897
05.12日21点	-46.64	51.8	-0.900386	26	34	0.76471
05.12日22点	-25.88	25.08	-1.031898	31	29	1.06897
05.12日23点	-40.96	43.27	-0.946614	26	34	0.76471

$R_1(○)$	$R_2(○)$	$R_1(○)\cdot R_2(○)$	$R_1(●)$	$R_2(●)$	$R_1(●)\cdot R_2(●)$	$\frac{R_1(○)\cdot R_2(○)}{R_1(●)\cdot R_2(●)}$	$\frac{R_1(●)\cdot R_2(●)}{R_1(○)\cdot R_2(○)}$
13.9447	30.4191	424.1852238	120.353	240.455	28939.58883	0.01466	68.2239

$N(●)$	$N(○)$	$N(●)/N(○)$	$n(●)$	$n(○)$	$n(●)/n(○)$	$\frac{n(●)/n(○)}{N(●)/N(○)}$
-2015.6	1711.02	-1.178022466	675	761	0.886990802	-0.7529

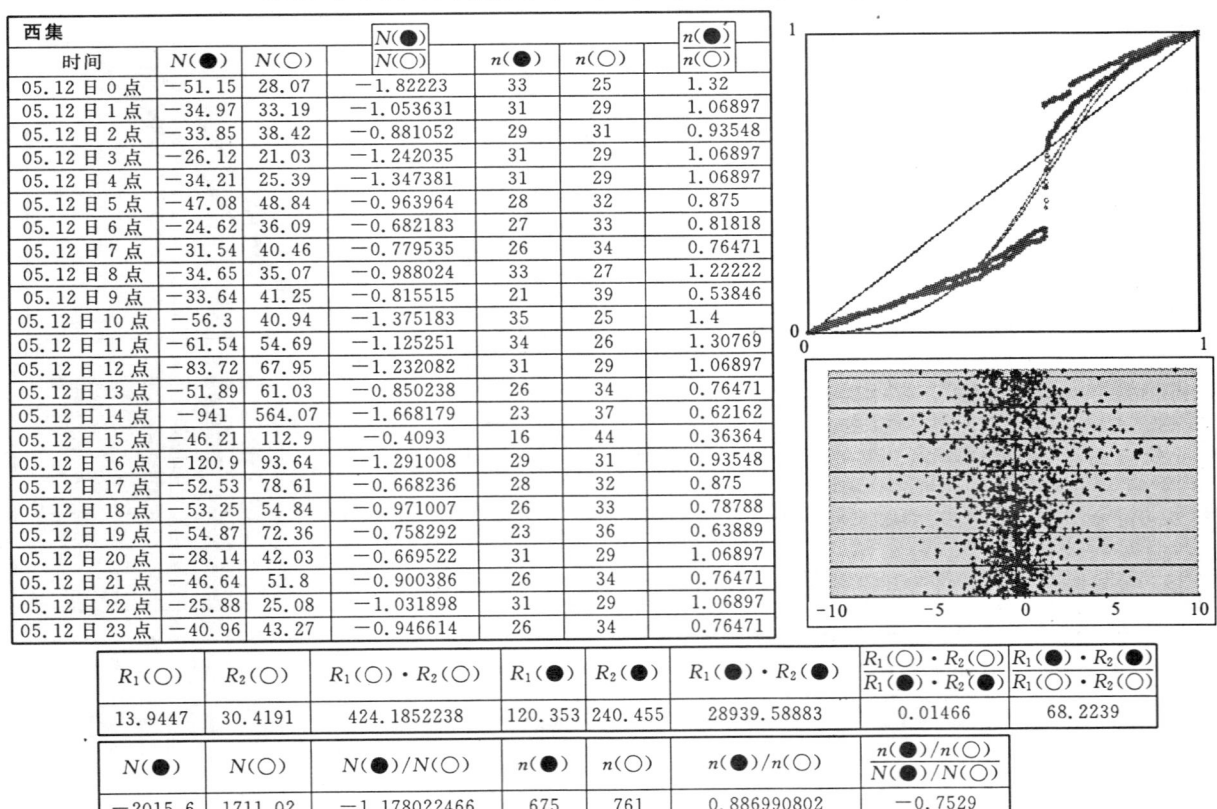

二、昌平砂层应力分析

为进一步量化砂层应力仪的临震量化特征,下面就北京昌平观测点的数据再作群子参数统计,以确认地震前兆的危险度。

表 9－6 2008 年 1 月份昌平应力仪数据的危险度判据

昌平应力		第一危险度	第二危险度	预测判断	
农历	阳历	$R_1(\bigcirc) \cdot R_2(\bigcirc)$	$R_1(\bullet) \cdot R_2(\bullet)$	$\dfrac{R_1(\bigcirc) \cdot R_2(\bigcirc)}{R_1(\bullet) \cdot R_2(\bullet)} \times \left(\dfrac{N(\bullet)}{N(\bigcirc)}\right)^3$	$\dfrac{R_1(\bullet) \cdot R_2(\bullet)}{R_1(\bigcirc) \cdot R_2(\bigcirc)} \times \left(\dfrac{N(\bullet)}{N(\bigcirc)}\right)^3$
11.23	1.01	1.4260765	1.45152456	−0.991682292	−1.027390839
11.24	1.02	0.803298	0.81971149	−0.984750718	−1.025403936
11.25	1.03	0.83397902	0.82293939	−1.013888325	−0.987223698
11.26	1.04	1.12470312	1.1276965	−0.997527628	−1.002844503
11.27	1.05	1.43309613	1.45927104	−0.970464741	−1.00623876
11.28	1.06	1.02930798	1.04935323	−0.987075399	−1.025895337
11.29	1.07	1.17661104	1.18125427	−0.987299463	−0.995107148
12.01	1.08	0.87939702	0.91126945	−0.963960178	−1.035101018
12.02	1.09	1.2905856	1.28221872	−1.003866744	−0.990892779
12.03	1.10	0.63531304	0.64259273	−1.007396546	−1.030615179
12.04	1.11	0.78385056	0.82364646	−0.950414836	−1.04936925
12.05	1.12	0.62033532	0.62652276	−0.9858336	−1.005597772
12.06	1.13	1.83303855	1.87637439	−0.974077379	−1.020679175
12.07	1.14	0.63599796	0.63505392	−1.006052041	−1.003067602
12.08	1.15	1.03934608	1.0928177	−0.951535887	−1.051962476
12.09	1.16	0.70190763	0.7219764	−0.96573239	−1.02174583
12.10	1.17	0.7476066	0.7692517	−0.98710232	−1.045087969
12.11	1.18	0.76673856	0.80465455	−0.950988008	−1.047368175
12.12	1.19	0.89964325	0.92281952	−0.979719722	−1.030848264
12.13	1.20	1.34579508	1.3838622	−0.979729418	−1.035938491
12.14	1.21	1.5601848	1.61009716	−0.961471151	−1.023972611
12.15	1.22	1.9922175	2.03685902	−0.977071109	−1.021350043
12.16	1.23	0.77774178	0.82987055	−0.932042679	−1.061171667
12.17	1.24	1.06824558	1.13129796	−0.960024734	−1.076698781
12.18	1.25	0.61537802	0.61528088	−0.98338807	−0.983077631
12.19	1.26	0.88346144	0.92013424	−0.950824106	−1.031400577
12.20	1.27	1.70034221	1.76280174	−0.983336642	−1.056906312
12.21	1.28	1.22086902	1.29262016	−0.942936512	−1.057027182
12.22	1.29	0.79912854	0.831682	−0.952361549	−1.031533115
12.23	1.30	0.6088908	0.62896041	−0.968837631	−1.033757787
12.24	1.31	0.70604168	0.74111517	−0.958244994	−1.055813682

1 月份无异常反应,报平安。

表 9-7 2008 年 2 月份昌平应力仪数据的危险度判据

昌平应力		第一危险度	第二危险度	预测判断	
农历	阳历	$R_1(\bigcirc) \cdot R_2(\bigcirc)$	$R_1(\bullet) \cdot R_2(\bullet)$	$\dfrac{R_1(\bigcirc) \cdot R_2(\bigcirc)}{R_1(\bullet) \cdot R_2(\bullet)} \times \left(\dfrac{N(\bullet)}{N(\bigcirc)}\right)^3$	$\dfrac{R_1(\bullet) \cdot R_2(\bullet)}{R_1(\bigcirc) \cdot R_2(\bigcirc)} \times \left(\dfrac{N(\bullet)}{N(\bigcirc)}\right)^3$
12.25	2.01	1.0807433	1.1206196	−0.985684668	−1.059764399
12.26	2.02	1.1206196	0.80308544	−1.383162331	−0.710362831
12.27	2.03	0.60118801	0.62751843	−0.974491214	−1.061720683
12.28	2.04	0.93961321	0.98694018	−0.968508473	−1.068530337
12.29	2.05	0.75850644	0.79659111	−0.944503212	−1.04173152
12.30	2.06	1.22772549	1.29151704	−0.969025838	−1.072341449
1.1	2.07	1.47664656	1.5536364	−0.977747936	−1.082362077
1.2	2.08	1.0188416	1.11311856	−0.926800986	−1.106256912
1.3	2.09	0.9482685	0.98718224	−0.963630317	−1.044341349
1.4	2.10	0.99089536	1.04073408	−0.939787959	−1.036701768
1.5	2.11	0.52717257	0.55325408	−0.974774148	−1.073612709
1.6	2.12	0.71364013	0.80433353	−0.901420266	−1.145093995
1.7	2.13	0.72202732	0.81043557	−0.901475829	−1.135752792
1.8	2.14	1.19905016	1.30112038	−0.924401482	−1.088481092
1.9	2.15	0.7914798	0.83301869	−0.961145396	−1.064679545
1.10	2.16	0.93155124	1.01150952	−0.922822039	−1.08803887
1.11	2.17	1.04818923	1.12867452	−0.958302285	−1.111119014
1.12	2.18	1.19184324	1.38384	−0.901159911	−1.214885498
1.13	2.19	0.69602348	0.78526284	−0.943207335	−1.200575513
1.14	2.20	0.69602348	0.78526284	−0.943207335	−1.200575513
1.15	2.21	1.07076624	1.2299586	−0.886787943	−1.170068875
1.16	2.22	1.51931592	1.76494917	−0.849746291	−1.146720311
1.17	2.23	1.8415674	2.09348382	−0.875285412	−1.131132995
1.18	2.24	0.88878903	0.96204692	−1.044884604	−1.224231263
1.19	2.25	1.12226114	1.19752908	−0.968760456	−1.103063946
1.20	2.26	1.0822032	1.31792463	−0.869414862	−1.289408656
1.21	2.27	0.62945337	0.77999256	−0.844249034	−1.296356253
1.22	2.28	1.00307922	1.21700369	−0.888452814	−1.307819144
1.23	2.29	0.76097559	0.90807165	−0.858760537	−1.222843449

2月份群子参数经 $\left(\dfrac{R_1^+ \cdot R_2^+}{R_1^- \cdot R_2^-} + \dfrac{R_1^- \cdot R_2^-}{R_1^+ \cdot R_2^+}\right)\left(\dfrac{N^-}{N^+}\right)^3$ 三维方程处理后大体上保持 2 左右，无异常，可以报平安。

表9-8　2008年3月份昌平应力仪数据的危险度判据

昌平应力		第一危险度	第二危险度	预测判断	
农历	阳历	$R_1(\bigcirc) \cdot R_2(\bigcirc)$	$R_1(\bullet) \cdot R_2(\bullet)$	$\frac{R_1(\bigcirc) \cdot R_2(\bigcirc)}{R_1(\bullet) \cdot R_2(\bullet)} \times \left(\frac{N(\bullet)}{N(\bigcirc)}\right)^3$	$\frac{R_1(\bullet) \cdot R_2(\bullet)}{R_1(\bigcirc) \cdot R_2(\bigcirc)} \times \left(\frac{N(\bullet)}{N(\bigcirc)}\right)^3$
1.24	3.01	1.16013576	1.28281918	-0.814854484	-0.996307322
1.25	3.02	0.50020578	0.5249928	-0.949823915	-1.046290744
1.26	3.03	0.77777109	1.01274133	-0.849621011	-1.440518099
1.27	3.04	0.89846658	1.28329002	-0.772692202	-1.576348756
1.28	3.05	0.81235387	1.1419408	-0.738074199	-1.458467301
1.29	3.06	0.6639654	0.80214403	-0.82773838	-1.208111191
1.30	3.07	0.96176068	1.32340572	-0.791259178	-1.498203268
2.01	3.08	1.0196864	1.02925156	-0.951644209	-0.969581729
2.02	3.09	0.7545745	0.97901309	-0.843620809	-1.42010361
2.03	3.10	1.09888428	1.79365747	-0.623307632	-1.660647837
2.04	3.11	0.85436253	1.1179245	-0.680146819	-1.16451003
2.05	3.12	1.43652888	1.45910049	-0.966702807	-0.99732031
2.06	3.13	0.82309772	1.15509285	-0.685352918	-1.3497249
2.07	3.14	1.239642	0.93838412	-1.114756495	-0.63877623
2.08	3.15	1.00413936	1.3492864	-0.71201962	-1.28561895
2.09	3.16	1.15523968	1.545951	-0.835345987	-1.495938173
2.10	3.17	1.26922068	1.33644871	-0.928762268	-1.029757293
2.11	3.18	1.51155693	1.34699346	-0.979642239	-0.777946012
2.12	3.19	0.85218142	1.01156776	-0.917586981	-1.292924246
2.13	3.20	0.81851175	0.83187064	-1.005406155	-1.038492337
2.14	3.21	0.66797247	0.77383846	-0.875008923	-1.174345737
2.15	3.22	0.74132592	0.81822819	-0.995393882	-1.212622082
2.16	3.23	0.66530464	1.66994112	-0.455276518	-2.868378538
2.17	3.24	0.77851072	0.9969206	-0.752577466	-1.234079552
2.18	3.25	0.86989	1.43775898	-0.731822714	-1.999168434
2.19	3.26	1.03605975	2.3525335	-0.465633759	-2.400747515
2.20	3.27	0	0	#DIV/0!	#DIV/0!
2.21	3.28	0.5777354	0.5932812	-0.971104873	-1.024069303
2.22	3.29	0.62883379	0.64984122	-1.030971644	-1.101005507
2.23	3.30	1.0953569	1.08022765	-0.957457884	-0.931191412
2.24	3.31	2.3242725	1.77302952	-4.957274196	-2.884700876

进入3月份之后，群子参数经 $\left(\frac{R_1^+ \cdot R_2^+}{R_1^- \cdot R_2^-} + \frac{R_1^- \cdot R_2^-}{R_2^+ \cdot R_2^+}\right)\left(\frac{N^-}{N^+}\right)^3$ 三维方程处理，个别值超过2，表现出地壳应力的异常变化，而且异常出现的频率开始增大，尤其是呈现出继续增大的趋势。

表 9-9　2008 年 4 月份昌平应力仪数据的危险度判据

昌平应力		第一危险度	第二危险度	预测判断	
农历	阳历	$R_1(\bigcirc) \cdot R_2(\bigcirc)$	$R_1(\bullet) \cdot R_2(\bullet)$	$\dfrac{R_1(\bigcirc) \cdot R_2(\bigcirc)}{R_1(\bullet) \cdot R_2(\bullet)} \times \left(\dfrac{N(\bullet)}{N(\bigcirc)}\right)^3$	$\dfrac{R_1(\bullet) \cdot R_2(\bullet)}{R_1(\bigcirc) \cdot R_2(\bigcirc)} \times \left(\dfrac{N(\bullet)}{N(\bigcirc)}\right)^3$
2.25	4.01	1.60660304	0.8519836	−1.150164013	−0.323448451
2.26	4.02	0.74890359	0.88298988	−0.871846275	−1.211991415
2.27	4.03	0.50152737	0.79465004	−0.736780704	−1.849697821
2.28	4.04	0.7090578	1.03195644	−0.734193477	−1.55514173
2.29	4.05	0.99080896	1.18977012	−0.890874229	−1.284584452
3.1	4.06	0	0	#DIV/0!	#DIV/0!
3.2	4.07	1.0549095	1.26354228	−1.008005893	−1.44614627
3.3	4.08	1.4082825	1.48112526	−1.028463627	−1.137608816
3.4	4.09	2.49857528	4.09790626	−0.684753282	−1.841930688
3.5	4.10	4.09790626	1.36813887	−2.944020478	−0.328153583
3.6	4.11	0.73316763	0.73316763	−1.083202928	−1.083202928
3.7	4.12	1.29903456	1.84665006	−1.09367843	−2.210128093
3.8	4.13	0.768342	0.8964126	−1.960999225	−2.669218825
3.9	4.14	1.1853366	1.7711155	−0.717587808	−1.602084541
3.10	4.15	1.4240347	1.759535	−0.882834084	−1.347825808
3.11	4.16	0	0	#DIV/0!	#DIV/0!
3.12	4.17	0	0	#DIV/0!	#DIV/0!
3.13	4.18	0	0	#DIV/0!	#DIV/0!
3.14	4.19	0.6336432	0.50538438	−1.489767821	−0.947703888
3.15	4.20	0.68537151	0.63345294	−1.138710688	−0.972724858
3.16	4.21	0.35572428	0.41807286	−0.833329513	−1.151048692
3.17	4.22	0.45195	0.4907071	−1.003068676	−1.182482088
3.18	4.23	1.78859461	1.671504	−1.100554111	−0.961174865
3.19	4.24	0.5964371	0.70155904	−0.825431428	−1.142036938
3.20	4.25	2.17726992	1.9528035	−1.027535925	−0.826588881
3.21	4.26	0.71517928	0.70428052	−1.192843717	−1.156764767
3.22	4.27	1.3483008	1.1346368	−1.231303313	−0.871977329
3.23	4.28	0.7808063	0.7890125	−0.998649784	−1.019751522
3.24	4.29	1.2945789	1.3597731	−0.939833696	−1.036876076
3.25	4.30	0.51711178	0.5453899	−0.972811475	−1.082116463

进入 2008 年 4 月份之后，群子参数经 $\left(\dfrac{R_1^+ \cdot R_2^+}{R_1^- \cdot R_2^-} + \dfrac{R_1^- \cdot R_2^-}{R_1^+ \cdot R_2^+}\right)\left(\dfrac{N^-}{N^+}\right)^3$ 三维方程处理后大于 2 的次数比 3 月份多。

表 9-10 2008 年 5 月份昌平应力仪数据的危险度判据

昌平应力		第一危险度	第二危险度	预测判断	
农历	阳历	$R_1(\bigcirc)\cdot R_2(\bigcirc)$	$R_1(\bullet)\cdot R_2(\bullet)$	$\dfrac{R_1(\bigcirc)\cdot R_2(\bigcirc)}{R_1(\bullet)\cdot R_2(\bullet)}\times\left(\dfrac{N(\bullet)}{N(\bigcirc)}\right)^3$	$\dfrac{R_1(\bullet)\cdot R_2(\bullet)}{R_1(\bigcirc)\cdot R_2(\bigcirc)}\times\left(\dfrac{N(\bullet)}{N(\bigcirc)}\right)^3$
3.26	5.01	0.63078049	0.70104432	−0.803635364	−0.992643916
3.27	5.02	0.88643688	0.9514088	−0.910415733	−1.048765638
3.28	5.03	43564.46786	28736.92527	−1.498686052	−0.652118372
3.29	5.04	0.37930251	0.34751265	−1.11523071	−0.936126465
4.1	5.05	7.6261984	10.36404726	−0.733376291	−1.354470143
4.2	5.06	1.0334856	0.72619826	−1.457306855	−0.719536048
4.3	5.07	2.33897004	1.88319461	−1.3145688	−0.852166402
4.4	5.08	1.03853558	1.0850831	−0.942322878	−1.028686344
4.5	5.09	0.31494853	0.37687236	−0.434520819	−0.622185653
4.6	5.10	0.68293836	0.44593374	−2.539594527	−1.082784509
4.7	5.11	2.4012625	2.26906486	−1.080917021	−0.965176855
4.8	5.12	1.63797558	1.54401024	−1.048549123	−0.931696124
4.9	5.13	1.19614088	1.14289714	−1.061041253	−0.968683483
4.10	5.14	1.6549113	1.74682532	−0.944276046	−1.052079327
4.11	5.15	0.90233592	0.91942938	−0.977581901	−1.014970489
4.12	5.16	0.92816945	0.88617219	−1.065212247	−0.970996904
4.13	5.17	1.22591382	1.16828253	−1.047288589	−0.9511352
4.14	5.18	3.21113562	1.20631728	−1.201636303	−0.169581644
4.15	5.19	0.7590804	0.77783088	−0.914362991	−0.960093315
4.16	5.20	0.72968049	0.75617899	−0.971219882	−1.043040828
4.17	5.21	0.72342774	0.71566617	−1.005666424	−0.984202834
4.18	5.22	0.8640328	0.88588693	−0.951058669	−0.999777684
4.19	5.23	0.74944824	0.77672812	−0.953682171	−1.024373729
4.20	5.24	0.80290796	0.8150973	−0.993806821	−1.02421081
4.21	5.25	2.3506707	2.27395146	−1.016630784	−0.95135378
4.22	5.26	1.15617711	1.12303994	−1.026628792	−0.968623742
4.23	5.27	3.77977418	3.7653465	−1.00383818	−0.996189356
4.24	5.28	0.73823808	0.72866799	−1.009172374	−0.983177316
4.25	5.29	0.8404448	0.8442754	−1.010832917	−1.020068314
4.26	5.30	0.893648	0.91261816	−0.969405059	−1.010998519
4.27	5.31	4.0957056	4.07154376	−1.00080537	−0.989032076

从 2008 年 5 月 1 日开始，群子参数经 $\left(\dfrac{R_1^+\cdot R_2^+}{R^-\cdot R_2^-}+\dfrac{R_1^-\cdot R_2^-}{R_1^+\cdot R_2^+}\right)\left(\dfrac{N^-}{N^+}\right)^3$ 三维方程处理后多次出现大于 2 的情形，其中特别值得关注的是，$R_1^+\cdot R_2^+$ 和 $R_1^-\cdot R_2^-$ 的绝对值有的超过 10^1、10^3，甚至 10^4，说明地壳内部运动已经进入了高度异常状态，已进入了临震阶段。

为了进一步了解临震过程，详见 5 月 1 日至 11 日的群子砂层应力数据加速值的统计参数日报。

2008年5月1日全天每一小时正应力和负应力量(日报)

昌平应力 时间	N(●)	N(○)	N(●)/N(○)	n(●)	n(○)	n(●)/n(○)
05.01日0点	−118.1	78.5	−1.504204	35	24	1.45833
05.01日1点	−212.1	272.49	−0.778304	35	25	1.4
05.01日2点	−150.7	99.91	−1.507857	36	24	1.5
05.01日3点	−287.6	706.81	−0.406828	24	36	0.66667
05.01日4点	−376.8	206.19	−1.827635	35	25	1.4
05.01日5点	−196.7	225.76	−0.871324	32	28	1.14286
05.01日6点	−252.6	135.9	−1.85872	36	24	1.5
05.01日7点	−209.4	240.55	−0.87063	33	27	1.22222
05.01日8点	−178.1	260.99	−0.682325	34	26	1.30769
05.01日9点	−281.9	154.58	−1.823716	42	18	2.33333
05.01日10点	−138.8	163.37	−0.849728	31	29	1.06897
05.01日11点	−206.4	204.48	−1.009243	32	28	1.14286
05.01日12点	−151.7	160.43	−0.945771	31	29	1.06897
05.01日13点	−143.4	153.16	−0.936341	26	34	0.76471
05.01日14点	−193	196.84	−0.98039	32	28	1.14286
05.01日15点	−191.8	188.45	−1.017989	30	30	1
05.01日16点	−281.6	485.93	−0.579487	26	34	0.76471
05.01日17点	−261.5	227.2	−1.151012	35	25	1.4
05.01日18点	−381.2	324.01	−1.176414	35	25	1.4
05.01日19点	−306.8	256.06	−1.198	31	29	1.06897
05.01日20点	−234.1	197.49	−1.185478	31	29	1.06897
05.01日21点	−253.2	217.15	−1.165876	31	29	1.06897
05.01日22点	−326.5	333.03	−0.980422	35	25	1.4
05.01日23点	−273.1	332.99	−0.820265	31	29	1.06897

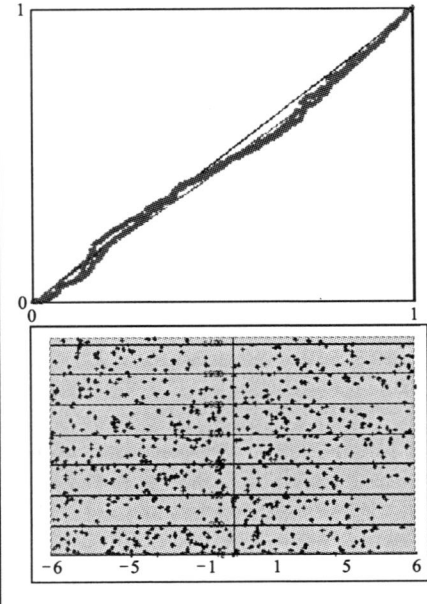

$R_1(○)$	$R_2(○)$	$R_1(○) \cdot R_2(○)$	$R_1(●)$	$R_2(●)$	$R_1(●) \cdot R_2(●)$	$\dfrac{R_1(○) \cdot R_2(○)}{R_1(●) \cdot R_2(●)}$	$\dfrac{R_1(●) \cdot R_2(●)}{R_1(○) \cdot R_2(○)}$
0.7093	0.8893	0.63078049	0.6928	1.0119	0.70104432	0.89977	1.11139

$N(●)$	$N(○)$	$N(●)/N(○)$	$n(●)$	$n(○)$	$n(●)/n(○)$	$\dfrac{n(●)/n(○)}{N(●)/N(○)}$
−5607.1	5822.27	−0.963035036	779	660	1.18030303	−1.2256

2008年5月2日全天每一小时正应力和负应力量(日报)

昌平应力 时间	N(●)	N(○)	N(●)/N(○)	n(●)	n(○)	n(●)/n(○)
05.02日0点	−785.3	624.86	−1.256794	38	22	1.72727
05.02日1点	−365.8	351.27	−1.041478	37	23	1.6087
05.02日2点	−207.5	198.17	−1.047283	34	26	1.30769
05.02日3点	−389.4	396.76	−0.981475	31	29	1.06897
05.02日4点	−210.4	256.37	−0.820689	32	28	1.14286
05.02日5点	−227.1	185.77	−1.222264	34	26	1.30769
05.02日6点	−174.2	183.45	−0.949578	30	30	1
05.02日7点	−209.6	178.98	−1.171081	30	30	1
05.02日8点	−185.9	156.09	−1.190659	31	29	1.06897
05.02日9点	−505.1	1828.87	−0.27616	31	29	1.06897
05.02日10点	−6988	6762.52	−1.033388	31	29	1.06897
05.02日11点	−660.7	279.4	−2.364674	37	23	1.6087
05.02日12点	−161	125.18	−1.285908	30	30	1
05.02日13点	−906.7	871	−1.04093	33	27	1.22222
05.02日14点	−194.4	107.89	−1.801372	32	28	1.14286
05.02日15点	−146.7	105.89	−1.385494	36	24	1.5
05.02日16点	−572.3	534.97	−1.069854	30	30	1
05.02日17点	−152.7	136.24	−1.120743	29	31	0.93548
05.02日18点	−233.4	226.75	−1.029416	28	32	0.875
05.02日19点	−150.4	130.77	−1.150417	36	24	1.5
05.02日20点	−158.6	137.37	−1.154692	29	31	0.93548
05.02日21点	−140.3	112.16	−1.25107	34	26	1.30769
05.02日22点	−214.1	107.86	−1.985259	36	24	1.5
05.02日23点	−274.1	269.89	−1.015636	35	25	1.4

$R_1(○)$	$R_2(○)$	$R_1(○) \cdot R_2(○)$	$R_1(●)$	$R_2(●)$	$R_1(●) \cdot R_2(●)$	$\dfrac{R_1(○) \cdot R_2(○)}{R_1(●) \cdot R_2(●)}$	$\dfrac{R_1(●) \cdot R_2(●)}{R_1(○) \cdot R_2(○)}$
0.6636	1.3358	0.88643688	0.7132	1.334	0.9514088	0.93171	1.0733

$N(●)$	$N(○)$	$N(●)/N(○)$	$n(●)$	$n(○)$	$n(●)/n(○)$	$\dfrac{n(●)/n(○)}{N(●)/N(○)}$
−14214	14268.48	−0.996183896	784	656	1.195121951	−1.1997

2008年5月3日全天每一小时正应力和负应力量(日报)

昌平应力 时间	$N(●)$	$N(○)$	$\dfrac{N(●)}{N(○)}$	$n(●)$	$n(○)$	$\dfrac{n(●)}{n(○)}$
05.03 日 0 点	−785.3	624.86	−1.256794	38	22	1.72727
05.03 日 1 点	−365.8	351.27	−1.041478	37	23	1.6087
05.03 日 2 点	−207.5	198.17	−1.047283	34	26	1.30769
05.03 日 3 点	−389.4	396.76	−0.981475	31	29	1.06897
05.03 日 4 点	−210.4	256.37	−0.820689	32	28	1.14286
05.03 日 5 点	−227.1	185.77	−1.222264	34	26	1.30769
05.03 日 6 点	−174.2	183.45	−0.949578	30	30	1
05.03 日 7 点	−209.6	178.98	−1.171081	30	30	1
05.03 日 8 点	−185.9	156.09	−1.190659	31	29	1.06897
05.03 日 9 点	−505.1	1828.87	−0.27616	31	29	1.06897
05.03 日 10 点	−6988	6762.52	−1.033388	31	29	1.06897
05.03 日 11 点	−660.7	279.4	−2.364674	37	23	1.6087
05.03 日 12 点	−161	125.18	−1.285908	30	30	1
05.03 日 13 点	−906.7	871	−1.04093	33	27	1.22222
05.03 日 14 点	−194.4	107.89	−1.801372	32	28	1.14286
05.03 日 15 点	−146.7	105.89	−1.385494	36	24	1.5
05.03 日 16 点	−572.3	534.97	−1.069854	30	30	1
05.03 日 17 点	−152.7	136.24	−1.120743	29	31	0.93548
05.03 日 18 点	−233.4	226.75	−1.029416	28	32	0.875
05.03 日 19 点	−150.4	130.77	−1.150417	36	24	1.5
05.03 日 20 点	−158.6	137.37	−1.154692	29	31	0.93548
05.03 日 21 点	−140.3	112.16	−1.25107	34	26	1.30769
05.03 日 22 点	−214.1	107.86	−1.985259	36	24	1.5
05.03 日 23 点	−274.1	269.89	−1.015636	35	25	1.4

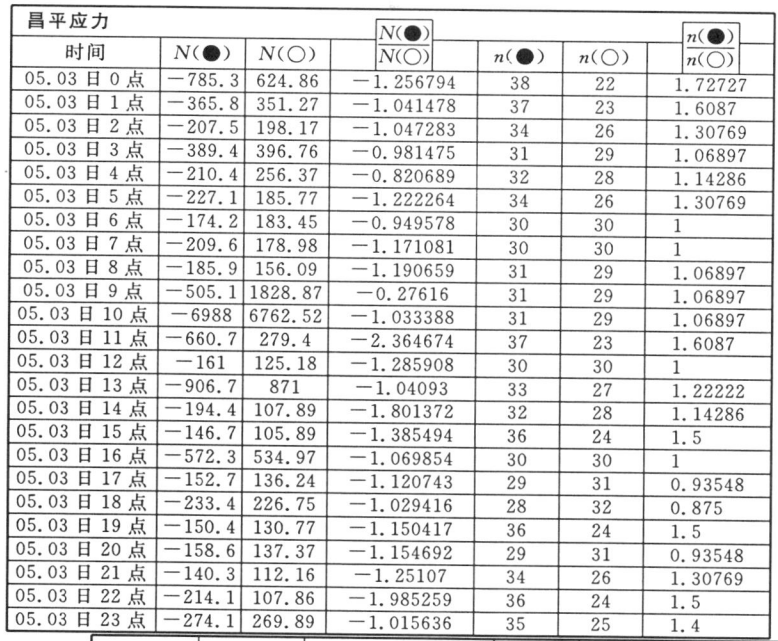
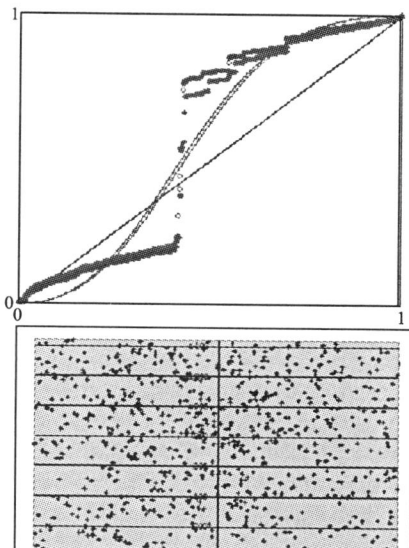

$R_1(○)$	$R_2(○)$	$R_1(○)·R_2(○)$	$R_1(●)$	$R_2(●)$	$R_1(●)·R_2(●)$	$\dfrac{R_1(○)·R_2(○)}{R_1(●)·R_2(●)}$	$\dfrac{R_1(●)·R_2(●)}{R_1(○)·R_2(○)}$
287.375	151.5946	43564.46786	224.013	128.282	28736.92527	1.51598	0.65964

$N(●)$	$N(○)$	$N(●)/N(○)$	$n(●)$	$n(○)$	$n(●)/n(○)$	$\dfrac{n(●)/n(○)}{N(●)/N(○)}$	
−14214	14268.48	−0.996183896	784	656	1.195121951	−1.1997	

2008年5月4日全天每一小时正应力和负应力量(日报)

昌平应力 时间	$N(●)$	$N(○)$	$\dfrac{N(●)}{N(○)}$	$n(●)$	$n(○)$	$\dfrac{n(●)}{n(○)}$
05.04 日 0 点	−194.3	222.11	−0.874792	30	30	1
05.04 日 1 点	−165.3	212.58	−0.777731	31	29	1.06897
05.04 日 2 点	−223.9	259.93	−0.861309	37	23	1.6087
05.04 日 3 点	−224.9	155.01	−1.450939	35	25	1.4
05.04 日 4 点	−192	191.9	−1.000677	35	25	1.4
05.04 日 5 点	−149.2	152.69	−0.977143	37	23	1.6087
05.04 日 6 点	−166.4	239.28	−0.695294	29	31	0.93548
05.04 日 7 点	−173.6	124.65	−1.3927	31	29	1.06897
05.04 日 8 点	−219.7	154.22	−1.424653	33	27	1.22222
05.04 日 9 点	−180.6	195.84	−0.922232	35	25	1.4
05.04 日 10 点	−154.7	91.5	−1.690383	34	26	1.30769
05.04 日 11 点	−128.8	169.05	−0.761727	31	29	1.06897
05.04 日 12 点	−171.5	118.79	−1.443387	36	24	1.5
05.04 日 13 点	−113.1	163.36	−0.692458	27	33	0.81818
05.04 日 14 点	−169.8	150.57	−1.127715	37	23	1.6087
05.04 日 15 点	−135.1	131.3	−1.029018	29	31	0.93548
05.04 日 16 点	−165.2	228.37	−0.723169	33	27	1.22222
05.04 日 17 点	−145.1	145.57	−0.996428	30	30	1
05.04 日 18 点	−156.3	225.18	−0.6942	28	32	0.875
05.04 日 19 点	−197.7	206.99	−0.955167	32	28	1.14286
05.04 日 20 点	−185.4	168.22	−1.10195	33	27	1.22222
05.04 日 21 点	−242.4	220.56	−1.098839	31	29	1.06897
05.04 日 22 点	−629.9	698.09	−0.902376	37	23	1.6087
05.04 日 23 点	−270.2	95.21	−2.837937	45	15	3

$R_1(○)$	$R_2(○)$	$R_1(○)·R_2(○)$	$R_1(●)$	$R_2(●)$	$R_1(●)·R_2(●)$	$\dfrac{R_1(○)·R_2(○)}{R_1(●)·R_2(●)}$	$\dfrac{R_1(●)·R_2(●)}{R_1(○)·R_2(○)}$
0.4881	0.7771	0.37930251	0.4395	0.7907	0.34751265	1.09148	0.91619

$N(●)$	$N(○)$	$N(●)/N(○)$	$n(●)$	$n(○)$	$n(●)/n(○)$	$\dfrac{n(●)/n(○)}{N(●)/N(○)}$	
−4755	4720.97	−1.00720191	796	644	1.236024845	−1.2272	

2008年5月5日全天每一小时正应力和负应力量(日报)

昌平应力 时间	$N(\bullet)$	$N(\bigcirc)$	$\dfrac{N(\bullet)}{N(\bigcirc)}$	$n(\bullet)$	$n(\bigcirc)$	$\dfrac{n(\bullet)}{n(\bigcirc)}$
05.05 日 0 点	−196.9	195.07	−1.009535	35	25	1.4
05.05 日 1 点	−391	428.09	−0.913289	36	24	1.5
05.05 日 2 点	−194.5	158.77	−1.22498	33	27	1.22222
05.05 日 3 点	−295	185.02	−1.594314	37	22	1.68182
05.05 日 4 点	−804.8	551.61	−1.459074	33	27	1.22222
05.05 日 5 点	−553.6	470.31	−1.177053	34	26	1.30769
05.05 日 6 点	−343.3	327.95	−1.046897	35	25	1.4
05.05 日 7 点	−2012	1944.37	−1.034782	36	24	1.5
05.05 日 8 点	−344.4	535.99	−0.642568	30	30	1
05.05 日 9 点	−255.2	168.72	−1.512802	35	25	1.4
05.05 日 10 点	−301.7	321.4	−0.938612	32	28	1.14286
05.05 日 11 点	−230.5	246.97	−0.933312	29	31	0.93548
05.05 日 12 点	−365.1	318.46	−1.146392	32	28	1.14286
05.05 日 13 点	−265.2	341.65	−0.776321	29	31	0.93548
05.05 日 14 点	−638.1	615.94	−1.036042	31	29	1.06897
05.05 日 15 点	−255.7	207.07	−1.234896	34	26	1.30769
05.05 日 16 点	−402.6	660.42	−0.609536	27	33	0.81818
05.05 日 17 点	−163.9	178.26	−0.919275	30	30	1
05.05 日 18 点	−121.1	143.3	−0.850314	29	31	0.93548
05.05 日 19 点	−182.9	236.22	−0.774448	28	32	0.875
05.05 日 20 点	−127.8	171.72	−0.743944	29	31	0.93548
05.05 日 21 点	−167.7	172.82	−0.970432	33	27	1.22222
05.05 日 22 点	−114.2	126.48	−0.903147	29	31	0.93548
05.05 日 23 点	−79.52	110.73	−0.718143	29	31	0.93548

$R_1(\bigcirc)$	$R_2(\bigcirc)$	$R_1(\bigcirc)\cdot R_2(\bigcirc)$	$R_1(\bullet)$	$R_2(\bullet)$	$R_1(\bullet)\cdot R_2(\bullet)$	$\dfrac{R_1(\bigcirc)\cdot R_2(\bigcirc)}{R_1(\bullet)\cdot R_2(\bullet)}$	$\dfrac{R_1(\bullet)\cdot R_2(\bullet)}{R_1(\bigcirc)\cdot R_2(\bigcirc)}$
4.1696	1.829	7.6261984	5.5622	1.8633	10.36404726	0.73583	1.35901

$N(\bullet)$	$N(\bigcirc)$	$N(\bullet)/N(\bigcirc)$	$n(\bullet)$	$n(\bigcirc)$	$n(\bullet)/n(\bigcirc)$	$\dfrac{n(\bullet)/n(\bigcirc)}{N(\bullet)/N(\bigcirc)}$
−8807.5	8817.34	−0.998886285	765	674	1.135014837	−1.1363

2008年5月6日全天每一小时正应力和负应力量(日报)

昌平应力 时间	$N(\bullet)$	$N(\bigcirc)$	$\dfrac{N(\bullet)}{N(\bigcirc)}$	$n(\bullet)$	$n(\bigcirc)$	$\dfrac{n(\bullet)}{n(\bigcirc)}$
05.06 日 0 点	−184.98	210.38	−0.879266	33	27	1.22222
05.06 日 1 点	−250.82	168.54	−1.488193	37	23	1.6087
05.06 日 2 点	−274.43	298.42	−0.91961	26	34	0.76471
05.06 日 3 点	−181.14	168.5	−1.075015	35	25	1.4
05.06 日 4 点	−116.75	77.51	−1.506257	35	25	1.4
05.06 日 5 点	−140.13	95.49	−1.467484	35	25	1.4
05.06 日 6 点	−112.45	95.23	−1.180825	31	29	1.06897
05.06 日 7 点	−222.91	269.8	−0.826205	28	32	0.875
05.06 日 8 点	−299.34	289.45	−1.034168	34	26	1.30769
05.06 日 9 点	−201.94	178.83	−1.129229	33	27	1.22222
05.06 日 10 点	−130.72	144.51	−0.904574	29	31	0.93548
05.06 日 11 点	−116.23	125.26	−0.92791	35	25	1.4
05.06 日 12 点	−164.39	162.58	−1.011133	38	22	1.72727
05.06 日 13 点	−168.81	152.51	−1.106878	31	29	1.06897
05.06 日 14 点	−218.81	321.52	−0.680549	28	32	0.875
05.06 日 15 点	−382.11	292.03	−1.308461	39	21	1.85714
05.06 日 16 点	−567.43	689.19	−0.823329	35	25	1.4
05.06 日 17 点	−359.53	257.18	−1.39797	40	20	2
05.06 日 18 点	−196.76	181.89	−1.081753	35	25	1.4
05.06 日 19 点	−174.43	181.86	−0.959144	32	28	1.14286
05.06 日 20 点	−135.16	166.13	−0.81358	34	26	1.30769
05.06 日 21 点	−104.65	90.03	−1.16239	31	29	1.06897
05.06 日 22 点	−107.5	98.95	−1.086407	27	33	0.81818
05.06 日 23 点	−102.52	106.04	−0.966805	29	31	0.93548

$R_1(\bigcirc)$	$R_2(\bigcirc)$	$R_1(\bigcirc)\cdot R_2(\bigcirc)$	$R_1(\bullet)$	$R_2(\bullet)$	$R_1(\bullet)\cdot R_2(\bullet)$	$\dfrac{R_1(\bigcirc)\cdot R_2(\bigcirc)}{R_1(\bullet)\cdot R_2(\bullet)}$	$\dfrac{R_1(\bullet)\cdot R_2(\bullet)}{R_1(\bigcirc)\cdot R_2(\bigcirc)}$
0.7588	1.362	1.0334856	0.7178	1.0117	0.72619826	1.42315	0.70267

$N(\bullet)$	$N(\bigcirc)$	$N(\bullet)/N(\bigcirc)$	$n(\bullet)$	$n(\bigcirc)$	$n(\bullet)/n(\bigcirc)$	$\dfrac{n(\bullet)/n(\bigcirc)}{N(\bullet)/N(\bigcirc)}$
−4913.9	4821.83	−1.019102706	790	650	1.215384615	−1.1926

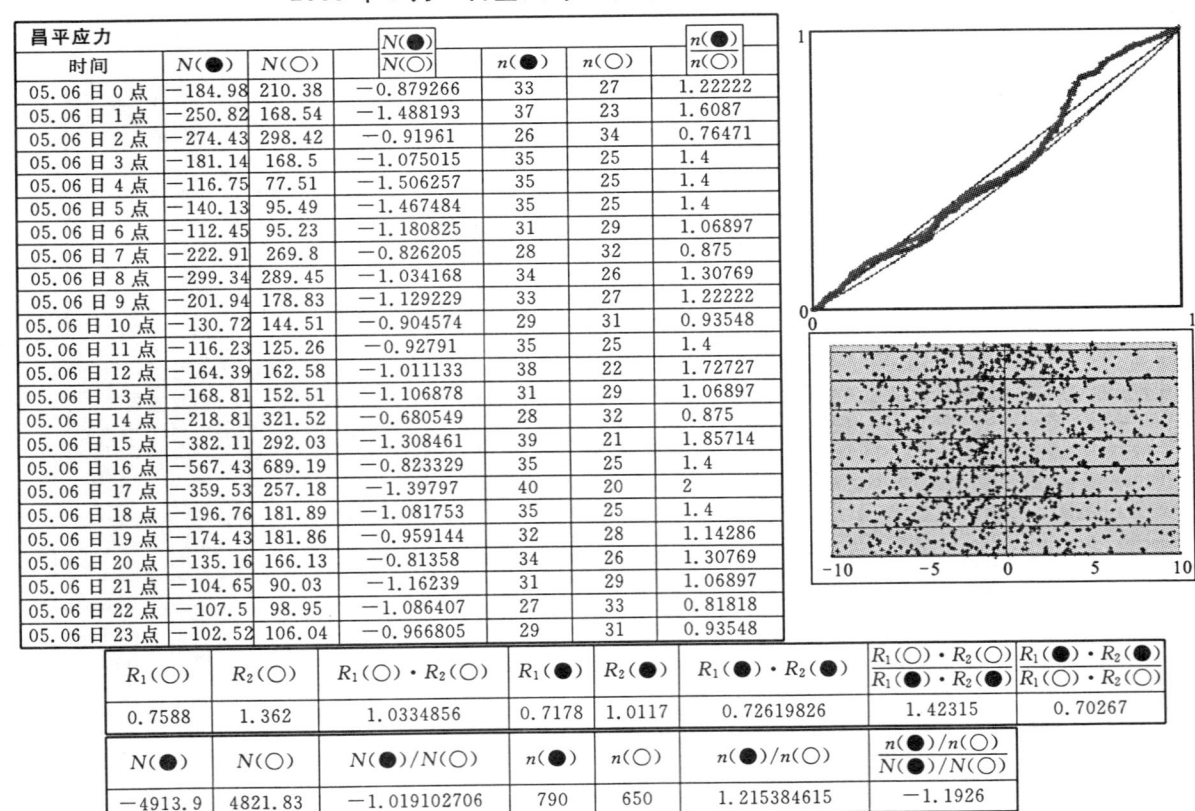

2008年5月7日全天每一小时正应力和负应力量(日报)

昌平应力 时间	$N(●)$	$N(○)$	$\dfrac{N(●)}{N(○)}$	$n(●)$	$n(○)$	$\dfrac{n(●)}{n(○)}$
05.07日0点	-184.98	210.38	-0.879266	33	27	1.22222
05.07日1点	-250.82	168.54	-1.488193	37	23	1.6087
05.07日2点	-274.43	298.42	-0.91961	26	34	0.76471
05.07日3点	-181.14	168.5	-1.075015	35	25	1.4
05.07日4点	-116.75	77.51	-1.506257	35	25	1.4
05.07日5点	-140.13	95.49	-1.467484	35	25	1.4
05.07日6点	-112.45	95.23	-1.180825	31	29	1.06897
05.07日7点	-222.91	269.8	-0.826205	28	32	0.875
05.07日8点	-299.34	289.45	-1.034168	34	26	1.30769
05.07日9点	-201.94	178.83	-1.129229	33	27	1.22222
05.07日10点	-130.72	144.51	-0.904574	29	31	0.93548
05.07日11点	-116.23	125.26	-0.92791	35	25	1.4
05.07日12点	-164.39	162.58	-1.011133	38	22	1.72727
05.07日13点	-168.81	152.51	-1.106678	31	29	1.06897
05.07日14点	-218.81	321.52	-0.680549	28	32	0.875
05.07日15点	-382.11	292.03	-1.308464	39	21	1.85714
05.07日16点	-567.43	689.19	-0.823329	35	25	1.4
05.07日17点	-359.53	257.18	-1.39797	40	20	2
05.07日18点	-196.76	181.89	-1.081753	35	25	1.4
05.07日19点	-174.43	181.86	-0.959144	32	28	1.14286
05.07日20点	-135.16	166.13	-0.81358	34	26	1.30769
05.07日21点	-104.65	90.03	-1.16239	31	29	1.06897
05.07日22点	-107.5	98.95	-1.086407	27	33	0.81818
05.07日23点	-102.52	106.04	-0.966805	29	31	0.93548

$R_1(○)$	$R_2(○)$	$R_1(○)\cdot R_2(○)$	$R_1(●)$	$R_2(●)$	$R_1(●)\cdot R_2(●)$	$\dfrac{R_1(○)\cdot R_2(○)}{R_1(●)\cdot R_2(●)}$	$\dfrac{R_1(●)\cdot R_2(●)}{R_1(○)\cdot R_2(○)}$
1.4058	1.6638	2.33897004	1.3261	1.4201	1.88319461	1.24202	0.80514

$N(●)$	$N(○)$	$N(●)/N(○)$	$n(●)$	$n(○)$	$n(●)/n(○)$	$\dfrac{n(●)/n(○)}{N(●)/N(○)}$
-4913.9	4821.83	-1.019102706	790	650	1.215384615	-1.1926

2008年5月8日全天每一小时正应力和负应力量(日报)

昌平应力 时间	$N(●)$	$N(○)$	$\dfrac{N(●)}{N(○)}$	$n(●)$	$n(○)$	$\dfrac{n(●)}{n(○)}$
05.08日0点	-116.5	118.61	-0.982211	35	25	1.4
05.08日1点	-120.04	100.72	-1.191819	27	33	0.81818
05.08日2点	-210.2	225.56	-0.931903	31	29	1.06897
05.08日3点	-262.18	243.46	-1.076891	33	27	1.22222
05.08日4点	-185.13	168.79	-1.096897	34	26	1.30769
05.08日5点	-178.19	189.57	-0.939969	29	31	0.93548
05.08日6点	-134.68	159.99	-0.841803	30	30	1
05.08日7点	-170.06	155.79	-1.091598	34	26	1.30769
05.08日8点	-225.54	247.38	-0.911715	28	32	0.875
05.08日9点	-191.65	159.83	-1.199087	29	31	0.93548
05.08日10点	-111.12	140.47	-0.791059	24	36	0.66667
05.08日11点	-152.96	131.97	-1.159051	31	29	1.06897
05.08日12点	-159.01	131.34	-1.210675	34	26	1.30769
05.08日13点	-90.66	108.42	-0.836193	29	31	0.93548
05.08日14点	-112.25	119.82	-0.936822	31	29	1.06897
05.08日15点	-104.83	150.55	-0.696314	30	30	1
05.08日16点	-173.08	153.44	-1.127998	30	30	1
05.08日17点	-101.17	93.66	-1.080184	30	30	1
05.08日18点	-87.86	76.53	-1.148047	31	29	1.06897
05.08日19点	-350.72	361.79	-0.969402	28	32	0.875
05.08日20点	-95.76	77.21	-1.240254	35	25	1.4
05.08日21点	-79.43	86.33	-0.920074	30	30	1
05.08日22点	-115.81	113.78	-1.017841	31	29	1.06897
05.08日23点	-101.29	133.99	-0.755952	32	28	1.14286

$R_1(○)$	$R_2(○)$	$R_1(○)\cdot R_2(○)$	$R_1(●)$	$R_2(●)$	$R_1(●)\cdot R_2(●)$	$\dfrac{R_1(○)\cdot R_2(○)}{R_1(●)\cdot R_2(●)}$	$\dfrac{R_1(●)\cdot R_2(●)}{R_1(○)\cdot R_2(○)}$
1.2286	0.8453	1.03853558	1.3045	0.8318	1.0850831	0.9571	1.04482

$N(●)$	$N(○)$	$N(●)/N(○)$	$n(●)$	$n(○)$	$n(●)/n(○)$	$\dfrac{n(●)/n(○)}{N(●)/N(○)}$
-3630.1	3649	-0.99482598	736	704	1.045454545	-1.0509

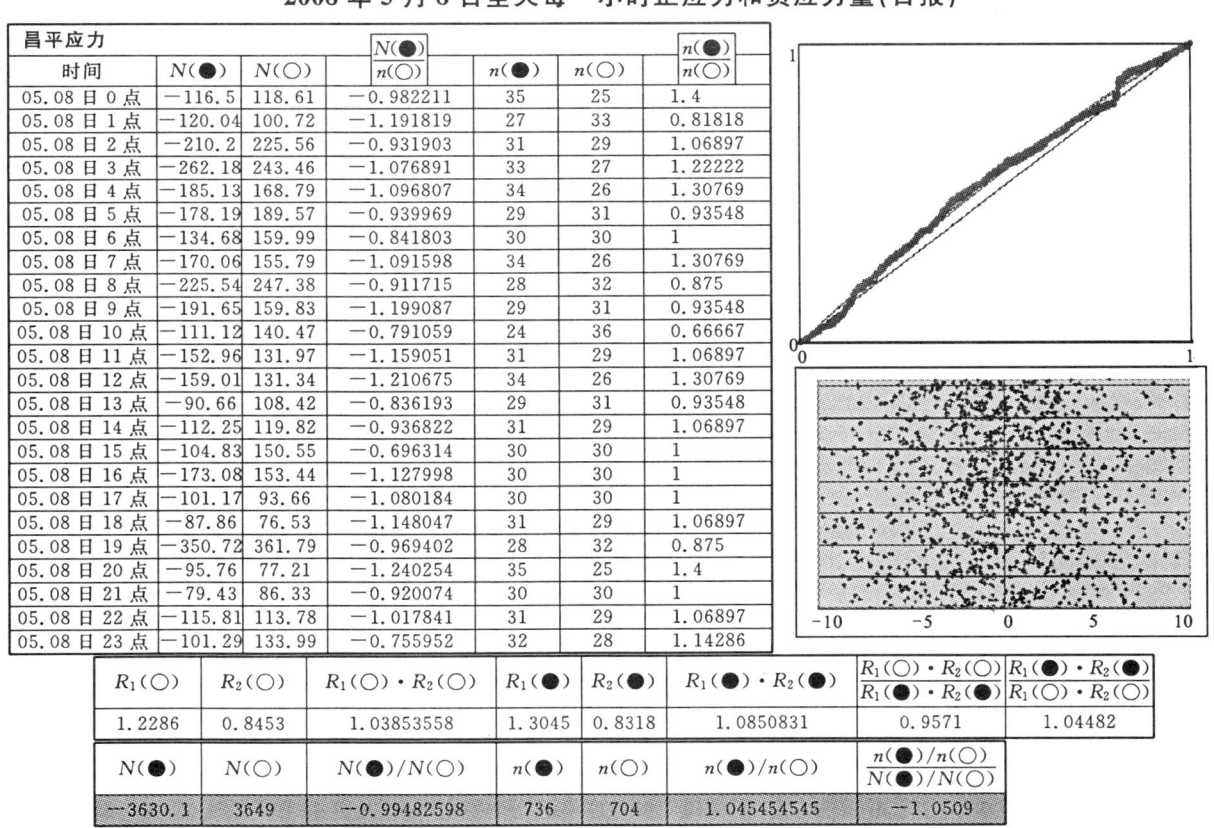

2008年5月9日全天每一小时正应力和负应力量(日报)

昌平应力 时间	$N(●)$	$N(○)$	$\dfrac{N(●)}{N(○)}$	$n(●)$	$n(○)$	$\dfrac{n(●)}{n(○)}$
05.09日0点	-131.81	142.52	-0.924853	35	25	1.4
05.09日1点	-1211.5	1425.68	-0.849791	54	6	9
05.09日2点	-236.19	64.13	-3.682988	39	21	1.85714
05.09日3点	-159.65	184.56	-0.86503	29	31	0.93548
05.09日4点	-182.45	230.55	-0.791368	32	28	1.14286
05.09日5点	-241.52	200.35	-1.20549	33	27	1.22222
05.09日6点	-166.15	156.03	-1.064859	35	25	1.4
05.09日7点	-167.1	131.12	-1.274405	31	29	1.06897
05.09日8点	-141.3	103.85	-1.360616	32	28	1.14286
05.09日9点	-186.06	164.88	-1.128457	38	22	1.72727
05.09日10点	-247.86	234.3	-1.057875	29	31	0.93548
05.09日11点	-121.96	127.66	-0.95535	34	26	1.30769
05.09日12点	-151.09	133.45	-1.132184	28	32	0.875
05.09日13点	-132.3	155.04	-0.853328	31	29	1.06897
05.09日14点	-107.17	114.73	-0.934106	25	35	0.71429
05.09日15点	-175.25	192.82	-0.908879	34	26	1.30769
05.09日16点	-177.89	157.31	-1.130824	35	25	1.4
05.09日17点	-240.61	246.51	-0.976066	36	24	1.5
05.09日18点	-2227.4	2270.64	-0.980939	36	24	1.5
05.09日19点	-227.55	252.79	-0.900154	34	26	1.30769
05.09日20点	-151.19	210.74	-0.717424	30	30	1
05.09日21点	-218.3	238.71	-0.914499	32	28	1.14286
05.09日22点	-252.19	2196.26	-0.114827	33	27	1.22222
05.09日23点	-405.39	191.13	-2.121017	34	26	1.30769

$R_1(○)$	$R_2(○)$	$R_1(○)·R_2(○)$	$R_1(●)$	$R_2(●)$	$R_1(●)·R_2(●)$	$\dfrac{R_1(○)·R_2(○)}{R_1(●)·R_2(●)}$	$\dfrac{R_1(●)·R_2(●)}{R_1(○)·R_2(○)}$
0.2521	1.2493	0.31494853	0.4639	0.8124	0.37687236	0.83569	1.19662

$N(●)$	$N(○)$	$N(●)/N(○)$	$n(●)$	$n(○)$	$n(●)/n(○)$	$\dfrac{n(●)/n(○)}{N(●)/N(○)}$
-7659.9	9525.76	-0.804121666	809	631	1.282091918	-1.5944

2008年5月10日全天每一小时正应力和负应力量(日报)

昌平应力 时间	$N(●)$	$N(○)$	$\dfrac{N(●)}{N(○)}$	$n(●)$	$n(○)$	$\dfrac{n(●)}{n(○)}$
05.10日0点	-476.51	275.56	-1.729242	36	24	1.5
05.10日1点	-395.5	122.57	-3.226728	41	19	2.15789
05.10日2点	-441.93	224.81	-1.965793	39	21	1.85714
05.10日3点	-390.62	185.61	-2.10452	38	22	1.72727
05.10日4点	-447.05	214.46	-2.084538	40	20	2
05.10日5点	-321.84	198.31	-1.622914	35	25	1.4
05.10日6点	-229.67	127.41	-1.802606	37	23	1.6087
05.10日7点	-355.87	283.64	-1.254654	32	28	1.14286
05.10日8点	-202.26	164.61	-1.228722	32	28	1.14286
05.10日9点	-137.37	122.36	-1.122671	34	26	1.30769
05.10日10点	-202.08	148.58	-1.360075	30	30	1
05.10日11点	-225.29	137.69	-1.636212	36	24	1.5
05.10日12点	-151.16	159.02	-0.950572	32	28	1.14286
05.10日13点	-163.91	137.38	-1.193114	33	27	1.22222
05.10日14点	-134.39	153.42	-0.875961	33	27	1.22222
05.10日15点	-276.16	252.58	-1.092763	26	34	0.76471
05.10日16点	-173.68	180.8	-0.960619	33	27	1.22222
05.10日17点	-202.92	381.6	-0.531761	31	29	1.06897
05.10日18点	-378.92	612.2	-0.618948	22	38	0.57895
05.10日19点	-211.09	248.63	-0.849013	34	26	1.30769
05.10日20点	-222.54	192.12	-1.158339	32	28	1.14286
05.10日21点	-287.48	559.46	-0.513853	26	34	0.76471
05.10日22点	-172.71	199.24	-0.866844	30	30	1
05.10日23点	-250.72	168.54	-1.487599	34	26	1.30769

$R_1(○)$	$R_2(○)$	$R_1(○)·R_2(○)$	$R_1(●)$	$R_2(●)$	$R_1(●)·R_2(●)$	$\dfrac{R_1(○)·R_2(○)}{R_1(●)·R_2(●)}$	$\dfrac{R_1(●)·R_2(●)}{R_1(○)·R_2(○)}$
0.5694	1.1994	0.68293836	1.0402	0.4287	0.44593374	0.53148	0.65296

$N(●)$	$N(○)$	$N(●)/N(○)$	$n(●)$	$n(○)$	$n(●)/n(○)$	$\dfrac{n(●)/n(○)}{N(●)/N(○)}$
-6451.5	5450.6	-1.183634829	796	644	1.236024845	-1.0443

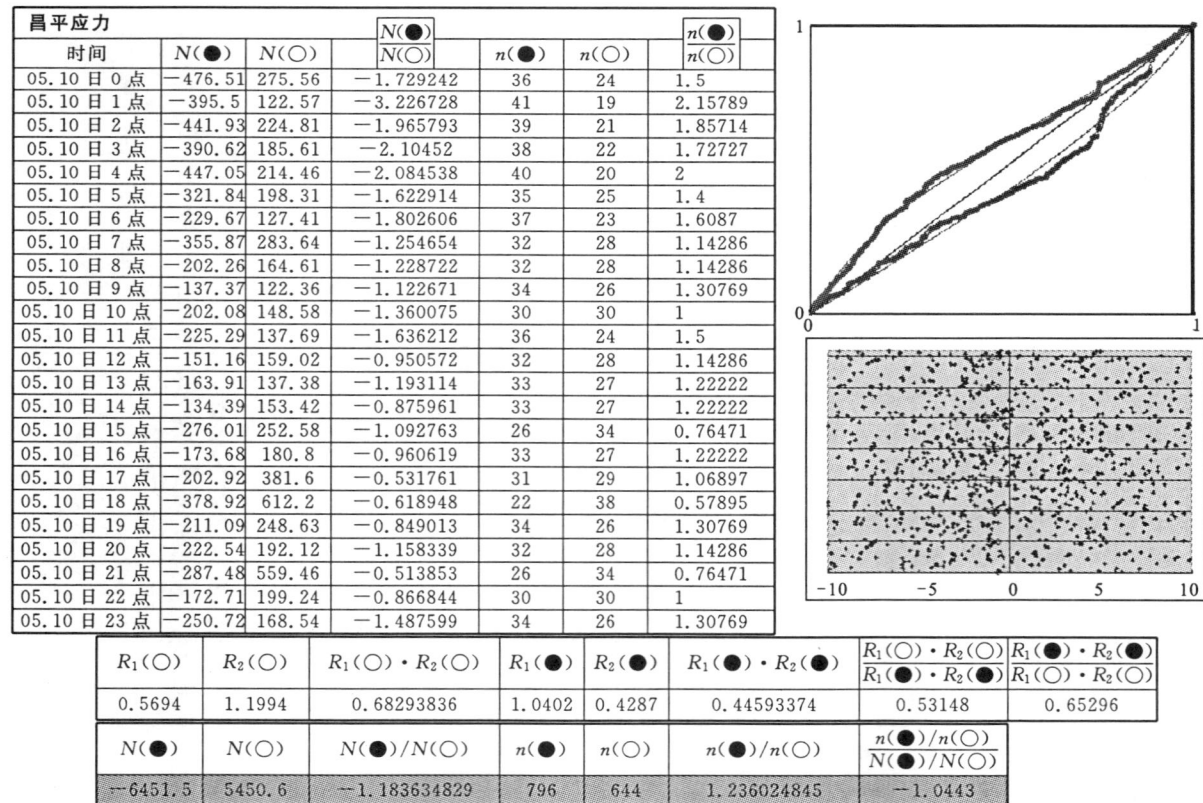

2008年5月11日全天每一小时正应力和负应力量(日报)

昌平应力时间	N(●)	N(○)	N(●)/N(○)	n(●)	n(○)	n(●)/n(○)
05.11日0点	−211.29	185.22	−1.140752	31	29	1.06897
05.11日1点	−341.33	306.3	−1.114365	28	32	0.875
05.11日2点	−239.73	239.8	−0.999708	33	27	1.22222
05.11日3点	−204.92	183.67	−1.115697	28	32	0.875
05.11日4点	−301.34	268.3	−1.123146	32	28	1.14286
05.11日5点	−297.4	275.21	−1.080629	33	27	1.22222
05.11日6点	−336.81	323.89	−1.03989	24	36	0.66667
05.11日7点	−563.45	576.54	−0.977296	31	29	1.06897
05.11日8点	−802.63	811.9	−0.988582	31	29	1.06897
05.11日9点	−898.26	905.53	−0.991972	34	26	1.30769
05.11日10点	−1218.1	1179.29	−1.032918	33	27	1.22222
05.11日11点	−880.74	909.8	−0.968059	27	33	0.81818
05.11日12点	−965.46	985.64	−0.979526	29	31	0.93548
05.11日13点	−995.66	918.84	−1.083605	32	28	1.14286
05.11日14点	−701.27	751.67	−0.932949	30	30	1
05.11日15点	−1041.4	1018.01	−1.022986	30	30	1
05.11日16点	−764.4	793.12	−0.963789	33	27	1.22222
05.11日17点	−689.62	712.68	−0.967643	33	27	1.22222
05.11日18点	−886.78	909.99	−0.974494	28	32	0.875
05.11日19点	−1351.8	1262.45	−1.070807	33	27	1.22222
05.11日20点	−840.09	884.01	−0.950317	30	30	1
05.11日21点	−1104.2	1103.92	−1.000236	29	31	0.93548
05.11日22点	−1822	1819.91	−1.001143	32	28	1.14286
05.11日23点	−912.25	916.01	−0.995895	29	31	0.93548

$R_1(○)$	$R_2(○)$	$R_1(○) \cdot R_2(○)$	$R_1(●)$	$R_2(●)$	$R_1(●) \cdot R_2(●)$	$\dfrac{R_1(○) \cdot R_2(○)}{R_1(●) \cdot R_2(●)}$	$\dfrac{R_1(●) \cdot R_2(●)}{R_1(○) \cdot R_2(○)}$
0.8125	2.9554	2.4012625	0.8023	2.8282	2.26906486	1.05826	0.94495

N(●)	N(○)	N(●)/N(○)	n(●)	n(○)	n(●)/n(○)	$\dfrac{n(●)/n(○)}{N(●)/N(○)}$
−18371	18241.7	−1.007085962	733	707	1.036775106	−1.0295

由上述日报中可以看出,砂层应力仪对地壳应力变化的过程反应很明显,但是最大的弱点就是没有方向性,需要与带有明确方向的四分量钻孔应变仪配合观测,才能够提供更加清晰的地震前兆信息。不过,对于砂层应力仪的评价,最近获得了一个比较坏的消息,放置应力仪的砂层,如果因时间长久出现板结,应力总是处于上限值,仪器无法观测到有效信息。另据专门从事传感技术研究专家的意见,根据放置在砂层观测的特性,"砂层应力仪"实际上观测的不是地壳应力,而是震动,因大地在运动时能够引起砂粒的震动,按道理可以改进,作为比较明确的震动观测仪器,因为大地震前的地表绝对不是静止的,一定存在人体和测震仪无法感应的震动信息。看来,科学的地震前兆观测前路漫漫。

三、对旧金山砂层应力反映汶川地震前后异常的解析

孙威先生和他留美的儿子在美国西海岸旧金山共同安装的砂层应力仪,共有两台仪器,一台东西向,一台南北向。从这两台仪器的电位记录来看,2008年3月开始,两台仪器记录的数据基本上不随时间改变,也不与方向产生关联。从2008年4月开始,东西向的仪器记录出来的电位就开始出现异常,一直持续到2008年5月12日汶川特大地震前,震后又基本上回到原来的正常状态。于是,孙威先生认为,砂层应力仪可以跨大洋观测到汶川特大地震的前兆。基于东西向的仪器数据异常,为了进一步验证这种应力观测能力,他将数据提供给作者,希望能够从另外一个角度证实砂层应力仪的远程地震前兆观测性能。

作者同样采用群子统计理论对2008年4月至5月数据进行处理,从中也能发现一些汶川特大地震前兆异常的特征,并与国内应变、应力、重力、倾斜观测数据一样,基本上反映了短临、临震信息的同步性。当然,汶川特大地震较为特殊,强度大,烈度也大,前兆信息自然传播很远,仅此判断砂层应力仪可以实现地震前兆的远程观测恐怕还欠缺充分性。

1. 群子统计参数解析

旧金山		第一危险度	第二危险度	第四危险度			
农历	阳历	$R_1(\bigcirc) \cdot R_2(\bigcirc)$	$R_1(\bullet) \cdot R_2(\bullet)$	$N(\bullet)$	$N(\bigcirc)$	$n(\bullet)$	$n(\bigcirc)$
02.25	4.01	0.13888296	0.27047748	−12785.53	12806.3	716	720
02.26	4.02	0.19011516	17.78406672	−4881.93	4880.12	730	692
02.27	4.03	0.03011724	4.01117682	−6844.46	6840.72	686	714
02.28	4.04	256.0252802	226.8324098	−3477.07	5930.53	705	659
02.29	4.05	50410.04211	51279.32859	−277.11	281.51	669	717
3.01	4.06	13151.40741	12430.80024	−353.87	353.98	742	676
3.02	4.07	0.59836812	1.24749898	−19291.1	19294.3	631	794
3.03	4.08	51595.94277	52876.79629	−388.35	389.99	715	693
3.04	4.09	1000.456517	39.8508546	−17189.3	14716	646	780
3.05	4.10	3.40065447	13682.237	−11332.67	11268	637	658
3.06	4.11	1592.134372	0.60007425	−9956.51	9956.85	506	516
3.07	4.12	1.7811563	89150.08719	−3399.74	3407.98	566	575
3.08	4.13	0.59858253	1.023539	−215.12	218.91	468	558
3.09	4.14	0.665963	0.87106666	−361.4	379.65	706	725
3.10	4.15	73719.713	14713.81387	−868.87	3336.44	681	737
3.11	4.16	59278.21986	13996.50223	−20688.66	18221.5	647	767
3.12	4.17	0.1974123	17769.12943	−20688.66	18221.5	647	767
3.13	4.18	0.000104079	90030.8032	−5867.23	5769.37	583	669
3.14	4.19	1.03025799	0.9594875	−23808.4	23750.9	715	722
3.15	4.20	0.37622889	893.6803725	−8044.66	8119.27	635	769
3.16	4.21	102.899999	8818.335375	−16490.93	16490.1	587	815
3.17	4.22	0.20082282	0.2193083	−77.87	76.43	695	675
3.18	4.23	55.42787729	92.9159551	−3057.87	2921.67	769	664
3.19	4.24	2.09033271	1.08930048	−17467.06	16307.5	708	731
3.20	4.25	0.32421792	8.62643144	−9674.7	8545.72	669	757
3.21	4.26	0.20474025	90421.54327	−6697.04	9120.52	515	533
3.22	4.27	61271.58301	62221.85871	−4137.94	1643.03	710	701
3.23	4.28	17582.66951	34533.97565	−56062.02	57730.1	697	737
3.24	4.29	6.9616532	11.44149174	−10900.77	10964.9	704	736
3.25	4.30	11.24963747	188.448876	−4611.08	4631.81	701	723

旧金山		第一危险度	第二危险度	第四危险度			
农历	阳历	$R_1(\bigcirc) \cdot R_2(\bigcirc)$	$R_1(\bullet) \cdot R_2(\bullet)$	$N(\bullet)$	$N(\bigcirc)$	$n(\bullet)$	$n(\bigcirc)$
3.26	5.1	56734.04604	47852.31935	−6313.19	6327.03	716	685
3.27	5.2	0.71426994	0.63586678	−52	52.37	691	665
3.28	5.3	35839.1194	38107.90048	−28560.46	28561.1	675	716
3.29	5.4	17815.80058	44237.97444	−2858.44	2864.05	720	667
4.01	5.5	18287.67128	19745.00532	−15495.83	15303.2	696	717
4.02	5.6	1.96782048	2.88198096	−8104.16	8298.45	758	663
4.03	5.7	96.198849	45.77190228	−1549.72	1537.25	752	667
4.04	5.8	154.4015242	3068.856991	−8896.33	8903.68	745	684
4.05	5.9	0.61896551	0.7228898	−2940.2	2850.42	718	717
4.06	5.10	4.20700945	7.61148458	−4247.48	4279.94	720	717
4.07	5.11	3.91865467	6.4364074	−5620.66	5666.35	717	719
4.08	5.12	3.8820705	2.30670979	−9138.28	8128.33	742	695
4.09	5.13						
4.10	5.14						
4.11	5.15						
4.12	5.16						
4.13	5.17						
4.14	5.18						
4.15	5.19						
4.16	5.20						
4.17	5.21						
4.18	5.22						
4.19	5.23						
4.20	5.24	0.84663702	0.9405585	−2060.72	2088.91	728	709
4.21	5.25	0.4869816	0.527714	−2350.3	2330.13	752	687
4.22	5.26	4.22138326	4.57397488	−36139.04	35814.4	759	681
4.23	5.27	0.49078863	1.32409787	−2877.52	3091.73	710	728
4.24	5.28	0.64097854	0.87843414	−6876.6	6779.35	738	701
4.25	5.29	1.58403322	2.5460955	−27775.97	28344.8	713	727
4.26	5.30	2.13125958	2.10707784	−20374.68	20254	722	718
4.27	5.31	4.22138326	4.57397488	−36139.04	35814.4	759	681

2008年4月中旬起$R_1^+ \cdot R_2^+$、$R_1^- \cdot R_2^-$多次出现大于10^4,尤其是4月27日群子参数$R_1^+ \cdot R_2^+ = 61271$与$R_1^- \cdot R_2^- = 62221$几乎一致;4月28日同时出现$R_1^+ \cdot R_2^+ = 17582$、$R_1^- \cdot R_2^- = 34533$;这与应变法、重力法、倾斜法所提供的短临信息基本一致,特别是进入5月初以后,这种异常进一步加剧,说明进入迫震和临震阶段。

2. 群子统计日报

2008年4月26日全天每一小时正应力和负应力增量(日报)

旧金山 时间	$N(\bullet)$	$N(\bigcirc)$	$\dfrac{N(\bullet)}{N(\bigcirc)}$	$n(\bullet)$	$n(\bigcirc)$	$\dfrac{n(\bullet)}{n(\bigcirc)}$
04.26 日 0 点	−69.75	144.18	−0.48377	26	34	0.76471
04.26 日 1 点	−6.62	2360.53	−0.002804	33	27	1.22222
04.26 日 2 点	−1.5	1.26	−1.190476	28	29	0.96552
04.26 日 3 点	−6.7	6.04	−1.109272	36	19	1.89474
04.26 日 4 点	−2.66	2.6	−1.023077	29	30	0.96667
04.26 日 5 点	−35.6	27.75	−1.282883	22	38	0.57895
04.26 日 6 点	−290.9	175.68	−1.655795	28	32	0.875
04.26 日 7 点	−171.9	165.76	−1.037102	30	30	1
04.26 日 8 点	−294.5	376.18	−0.782764	35	25	1.4
04.26 日 9 点	−399.9	371.83	−1.075545	28	32	0.875
04.26 日 10 点	−282.2	200.11	−1.410224	33	27	1.22222
04.26 日 11 点	−239.4	689.27	−0.827497	29	31	0.93548
04.26 日 12 点	−237.6	272.81	−0.870899	34	26	1.30769
04.26 日 13 点	−119.3	181.49	−0.657447	30	30	1
04.26 日 14 点	−4492	1983.34	−2.264997	25	21	1.19048
04.26 日 15 点	0	0	#DIV/0!	0	0	#DIV/0!
04.26 日 16 点	0	0	#DIV/0!	0	0	#DIV/0!
04.26 日 17 点	0	0	#DIV/0!	0	0	#DIV/0!
04.26 日 18 点	0	0	#DIV/0!	0	0	#DIV/0!
04.26 日 19 点	0	0	#DIV/0!	0	0	#DIV/0!
04.26 日 20 点	0	0	#DIV/0!	0	0	#DIV/0!
04.26 日 21 点	−18.68	38.64	−0.483437	16	38	0.42105
04.26 日 22 点	−23.04	2517.07	−0.009153	22	36	0.61111
04.26 日 23 点	−4.57	5.98	−0.764214	31	28	1.10714

$R_1(\bigcirc)$	$R_2(\bigcirc)$	$R_1(\bigcirc)\cdot R_2(\bigcirc)$	$R_1(\bullet)$	$R_2(\bullet)$	$R_1(\bullet)\cdot R_2(\bullet)$	$\dfrac{R_1(\bigcirc)\cdot R_2(\bigcirc)}{R_1(\bullet)\cdot R_2(\bullet)}$	$\dfrac{R_1(\bullet)\cdot R_2(\bullet)}{R_1(\bigcirc)\cdot R_2(\bigcirc)}$
0.4485	0.4565	0.20474025	253.529	356.652	90421.54327	2.3E−06	441640
$N(\bullet)$	$N(\bigcirc)$	$N(\bullet)/N(\bigcirc)$	$n(\bullet)$	$n(\bigcirc)$	$n(\bullet)/n(\bigcirc)$	$\dfrac{n(\bullet)/n(\bigcirc)}{N(\bullet)/N(\bigcirc)}$	
−6697	9120.52	−0.734282694	515	533	0.966228893	−1.3159	

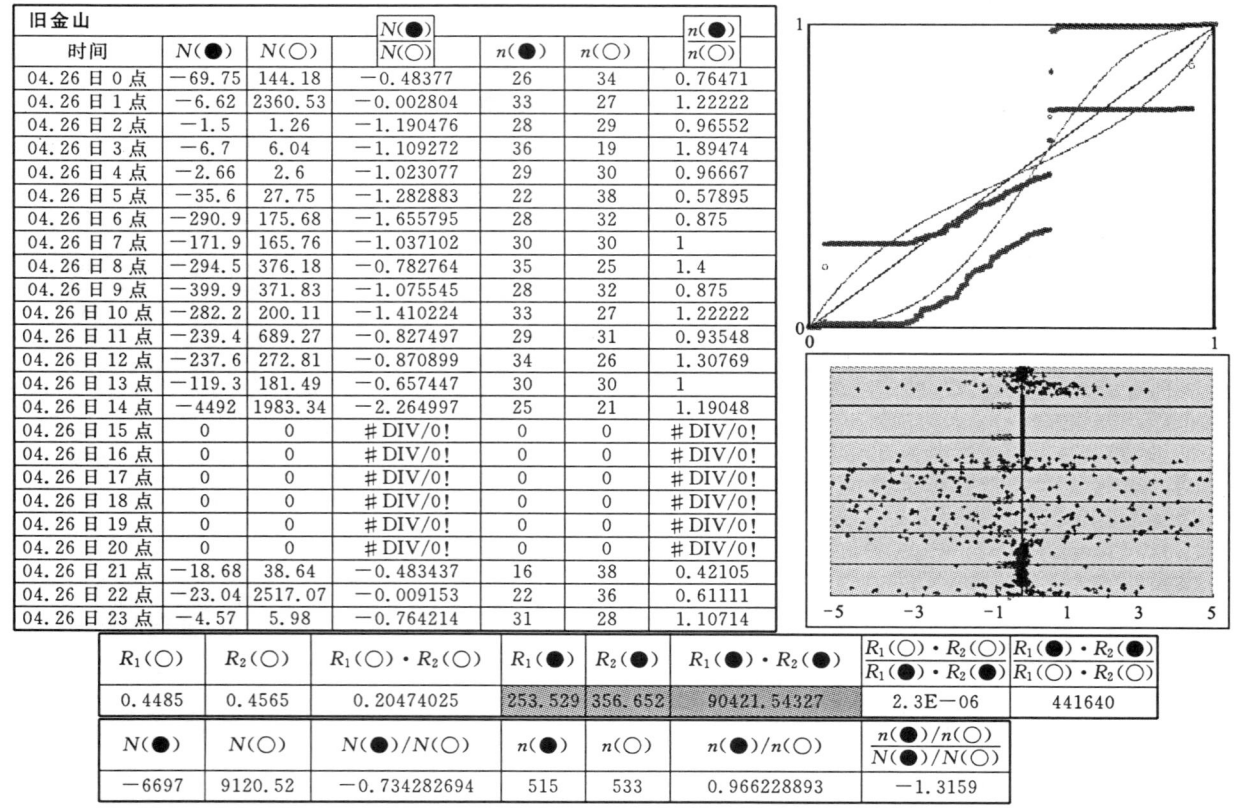

2008年4月27日全天每一小时正应力和负应力增量(日报)

旧金山 时间	$N(\bullet)$	$N(\bigcirc)$	$\dfrac{N(\bullet)}{N(\bigcirc)}$	$n(\bullet)$	$n(\bigcirc)$	$\dfrac{n(\bullet)}{n(\bigcirc)}$
04.27 日 0 点	−2.69	2.38	−1.130252	28	27	1.03704
04.27 日 1 点	−2.24	1.61	−1.391304	27	29	0.93103
04.27 日 2 点	−1.85	1.84	−1.005435	33	24	1.375
04.27 日 3 点	−4.05	4.74	−0.85443	30	28	1.07143
04.27 日 4 点	−1.93	2.55	−0.756863	27	33	0.81818
04.27 日 5 点	−2.55	1.57	−1.624204	32	24	1.33333
04.27 日 6 点	−84.92	85.01	−0.998941	29	31	0.93548
04.27 日 7 点	−557.7	372.88	−1.495763	37	23	1.6087
04.27 日 8 点	−202.5	285.9	−0.70822	31	29	1.06897
04.27 日 9 点	−119.9	104.38	−1.148879	32	27	1.18519
04.27 日 10 点	−116.3	85.85	−1.354805	33	27	1.22222
04.27 日 11 点	−138.9	296.77	−0.468107	33	27	1.22222
04.27 日 12 点	−19.33	4.95	−3.905051	29	27	1.07407
04.27 日 13 点	−10.94	25.65	−0.426511	18	40	0.45
04.27 日 14 点	−261.8	257.48	−1.016584	28	31	0.90323
04.27 日 15 点	−2543	34.48	−73.74072	35	25	1.4
04.27 日 16 点	−6.94	9.08	−0.764317	25	35	0.71429
04.27 日 17 点	−13.41	10.36	−1.294402	26	34	0.76471
04.27 日 18 点	−7.73	6.46	−1.196594	34	26	1.30769
04.27 日 19 点	−7.69	9.03	−0.851606	32	27	1.18519
04.27 日 20 点	−7.94	15.19	−0.522712	24	35	0.68571
04.27 日 21 点	−8.12	8	−1.015	29	31	0.93548
04.27 日 22 点	−10.45	9.68	−1.079545	32	27	1.18519
04.27 日 23 点	−5.46	7.19	−0.759388	26	34	0.76471

$R_1(\bigcirc)$	$R_2(\bigcirc)$	$R_1(\bigcirc)\cdot R_2(\bigcirc)$	$R_1(\bullet)$	$R_2(\bullet)$	$R_1(\bullet)\cdot R_2(\bullet)$	$\dfrac{R_1(\bigcirc)\cdot R_2(\bigcirc)}{R_1(\bullet)\cdot R_2(\bullet)}$	$\dfrac{R_1(\bullet)\cdot R_2(\bullet)}{R_1(\bigcirc)\cdot R_2(\bigcirc)}$
335.46	182.6495	61271.58301	188.02	330.932	62221.85871	0.98473	1.01551
$N(\bullet)$	$N(\bigcirc)$	$N(\bullet)/N(\bigcirc)$	$n(\bullet)$	$n(\bigcirc)$	$n(\bullet)/n(\bigcirc)$	$\dfrac{n(\bullet)/n(\bigcirc)}{N(\bullet)/N(\bigcirc)}$	
−4137.9	1643.03	−2.518481099	710	701	1.012838802	−0.4022	

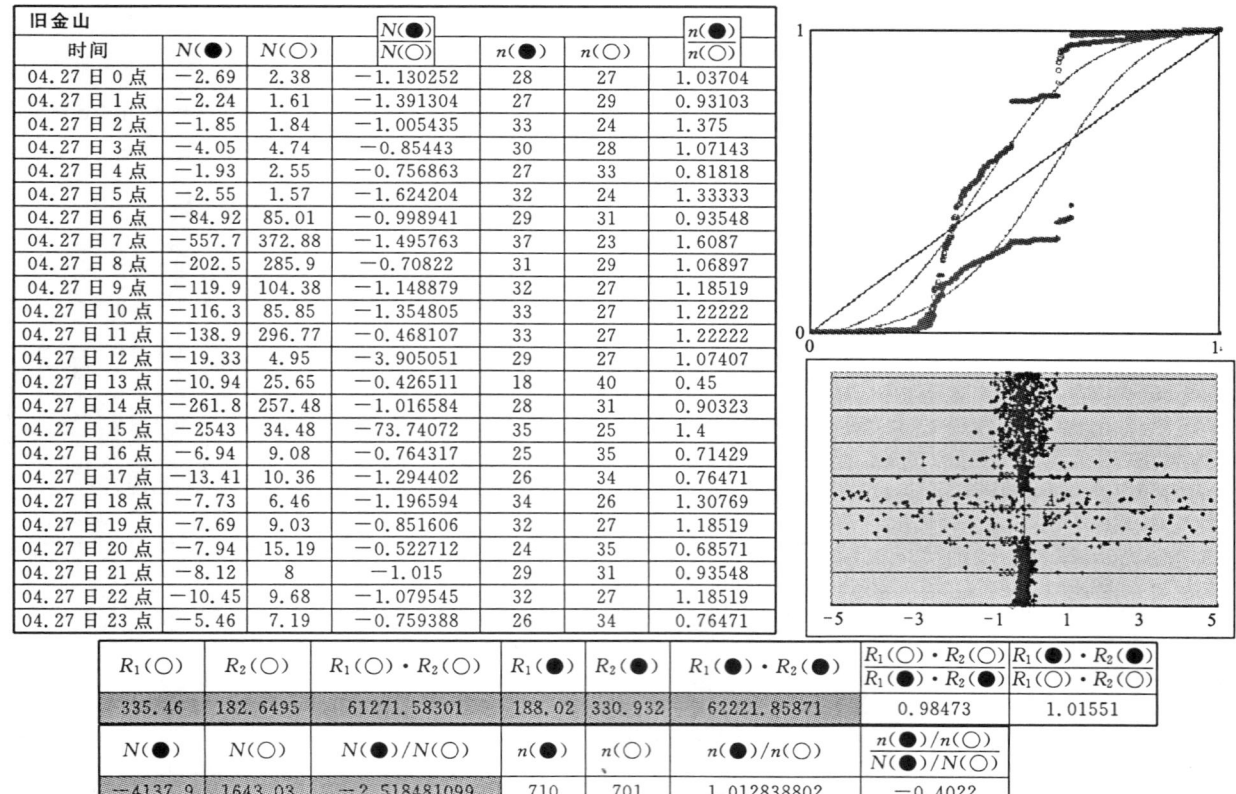

2008 年 4 月 28 日全天每一小时正应力和负应力增量（日报）

旧金山 时间	$N(\bullet)$	$N(\circ)$	$\dfrac{N(\bullet)}{N(\circ)}$	$n(\bullet)$	$n(\circ)$	$\dfrac{n(\bullet)}{n(\circ)}$
04.28 日 0 点	−7.79	12.39	−0.628733	28	32	0.875
04.28 日 1 点	−4893	4966.87	−0.985218	22	38	0.57895
04.28 日 2 点	−2482	2505.37	−0.990684	45	15	3
04.28 日 3 点	−308.1	2687.13	−0.114654	35	25	1.4
04.28 日 4 点	−656.1	60.71	−10.80646	26	34	0.76471
04.28 日 5 点	−2418	2978.59	−0.811914	28	31	0.90323
04.28 日 6 点	−501.4	384.48	−1.304021	36	24	1.5
04.28 日 7 点	−710.4	706.43	−1.005676	34	26	1.30769
04.28 日 8 点	−13202	10249.7	−1.288067	30	30	1
04.28 日 9 点	−8080	9285.28	−0.870243	30	30	1
04.28 日 10 点	−10683	10209.2	−1.04643	37	23	1.6087
04.28 日 11 点	−6056	7354.37	−0.823436	19	41	0.46341
04.28 日 12 点	−108.6	125.96	−0.862337	28	31	0.90323
04.28 日 13 点	−98.49	211.36	−0.465982	27	33	0.81818
04.28 日 14 点	−99.48	256.15	−0.388366	34	26	1.30769
04.28 日 15 点	−386.4	341.96	−1.129986	38	22	1.72727
04.28 日 16 点	−2746	304.34	−9.022935	21	38	0.55263
04.28 日 17 点	−7.48	11.63	−0.643164	26	32	0.8125
04.28 日 18 点	−8.53	9.63	−0.885774	28	32	0.875
04.28 日 19 点	−10.05	9.79	−1.026558	32	28	1.14286
04.28 日 20 点	−1898	1952.32	−0.971936	14	45	0.31111
04.28 日 21 点	−235.3	2634.86	−0.089303	19	41	0.46341
04.28 日 22 点	−209.4	215.91	−0.969941	32	28	1.14286
04.28 日 23 点	−255.3	255.68	−0.998514	28	32	0.875

$R_1(\circ)$	$R_2(\circ)$	$R_1(\circ)\cdot R_2(\circ)$	$R_1(\bullet)$	$R_2(\bullet)$	$R_1(\bullet)\cdot R_2(\bullet)$	$\dfrac{R_1(\circ)\cdot R_2(\circ)}{R_1(\bullet)\cdot R_2(\bullet)}$	$\dfrac{R_1(\bullet)\cdot R_2(\bullet)}{R_1(\circ)\cdot R_2(\circ)}$
222.266	79.1065	17582.66951	306.315	112.74	34533.97565	0.50914	1.96409

$N(\bullet)$	$N(\circ)$	$N(\bullet)/N(\circ)$	$n(\bullet)$	$n(\circ)$	$n(\bullet)/n(\circ)$	$\dfrac{n(\bullet)/n(\circ)}{N(\bullet)/N(\circ)}$
−56062	57730.08	−0.971105878	697	737	0.945725916	−0.9739

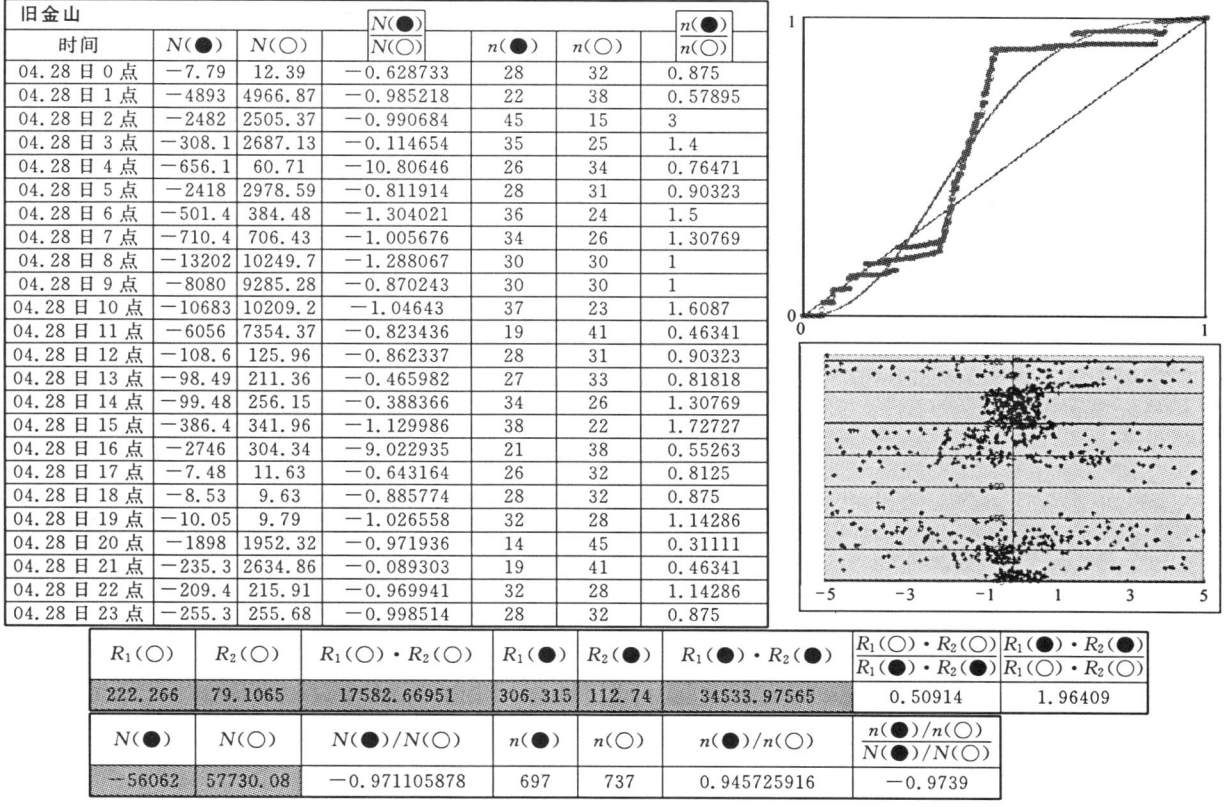

2008 年 4 月 29 日全天每一小时正应力和负应力增量（日报）

旧金山 时间	$N(\bullet)$	$N(\circ)$	$\dfrac{N(\bullet)}{N(\circ)}$	$n(\bullet)$	$n(\circ)$	$\dfrac{n(\bullet)}{n(\circ)}$
04.29 日 0 点	−127.5	108.44	−1.175489	32	28	1.14286
04.29 日 1 点	−40.92	93.28	−0.438679	31	29	1.06897
04.29 日 2 点	−241.5	140.07	−1.724424	35	25	1.4
04.29 日 3 点	−543.2	352.1	−1.542772	31	29	1.06897
04.29 日 4 点	−899.1	771.94	−1.164689	31	29	1.06897
04.29 日 5 点	−380.7	698.81	−0.54474	30	30	1
04.29 日 6 点	−1279	765.9	−1.669826	40	20	2
04.29 日 7 点	−1282	1297.09	−0.988497	28	32	0.875
04.29 日 8 点	−882.6	936.55	−0.942374	25	35	0.71429
04.29 日 9 点	−1481	1338.98	−1.106394	29	31	0.93548
04.29 日 10 点	−200.5	112.11	−1.788219	33	27	1.22222
04.29 日 11 点	−208.7	186.41	−1.11979	32	28	1.14286
04.29 日 12 点	−151.7	191.83	−0.790909	32	28	1.14286
04.29 日 13 点	−205.9	604.03	−0.340894	18	42	0.42857
04.29 日 14 点	−159.9	273.78	−0.584082	25	35	0.71429
04.29 日 15 点	−257.4	482.66	−0.533274	25	35	0.71429
04.29 日 16 点	−449.8	494.3	−0.909873	28	32	0.875
04.29 日 17 点	−1092	277.71	−3.932628	37	23	1.6087
04.29 日 18 点	−239.4	316.2	−0.757116	26	34	0.76471
04.29 日 19 点	−211.9	481.05	−0.440557	22	38	0.57895
04.29 日 20 点	−312	395.35	−0.789199	29	31	0.93548
04.29 日 21 点	−121.9	505.43	−0.24122	27	33	0.81818
04.29 日 22 点	−46.72	40.36	−1.157582	30	30	1
04.29 日 23 点	−84.71	100.54	−0.84255	28	32	0.875

$R_1(\circ)$	$R_2(\circ)$	$R_1(\circ)\cdot R_2(\circ)$	$R_1(\bullet)$	$R_2(\bullet)$	$R_1(\bullet)\cdot R_2(\bullet)$	$\dfrac{R_1(\circ)\cdot R_2(\circ)}{R_1(\bullet)\cdot R_2(\bullet)}$	$\dfrac{R_1(\bullet)\cdot R_2(\bullet)}{R_1(\circ)\cdot R_2(\circ)}$
3.5036	1.987	6.9616532	5.3046	2.1569	11.44149174	0.60846	1.6435

$N(\bullet)$	$N(\circ)$	$N(\bullet)/N(\circ)$	$n(\bullet)$	$n(\circ)$	$n(\bullet)/n(\circ)$	$\dfrac{n(\bullet)/n(\circ)}{N(\bullet)/N(\circ)}$
−10901	10964.92	−0.994149524	704	736	0.956521739	−0.9622

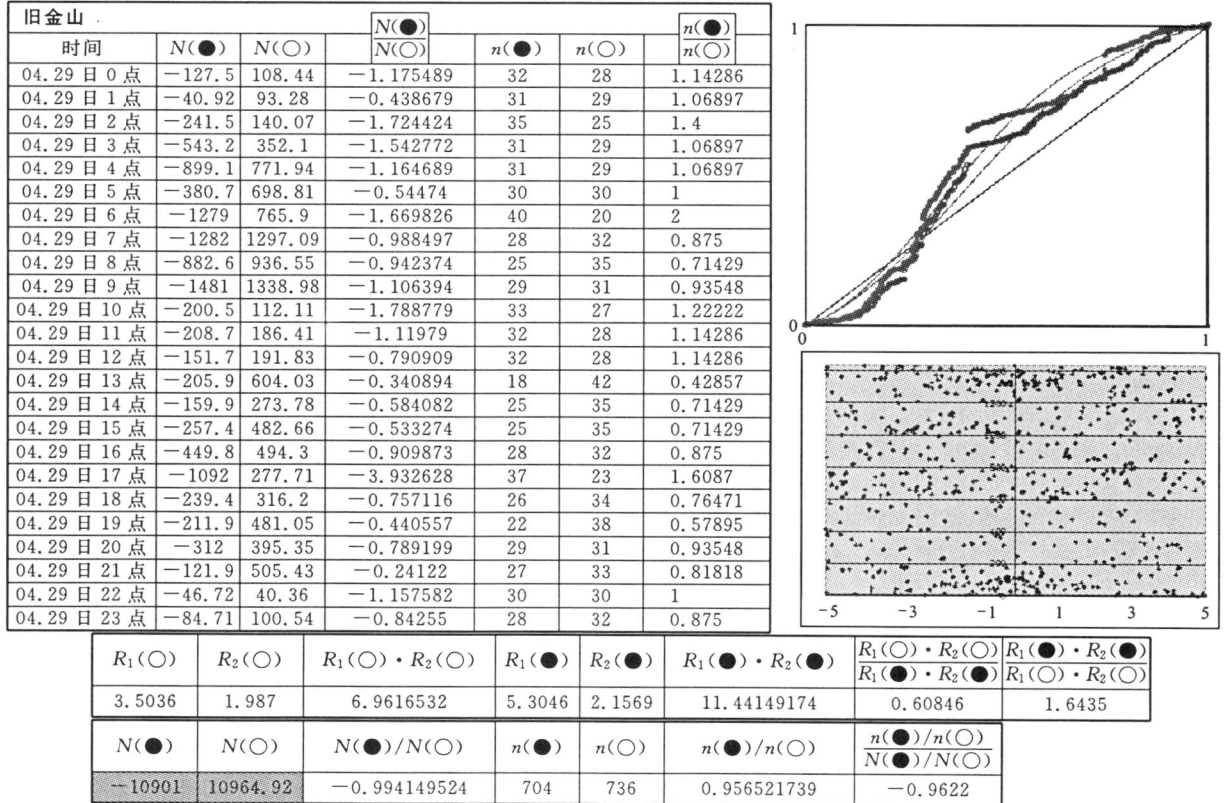

2008年4月30日全天每一小时正应力和负应力增量(日报)

旧金山 时间	$N(\bullet)$	$N(\bigcirc)$	$\dfrac{N(\bullet)}{N(\bigcirc)}$	$n(\bullet)$	$n(\bigcirc)$	$\dfrac{n(\bullet)}{n(\bigcirc)}$
04.30日0点	−220	190.68	−1.153975	33	27	1.22222
04.30日1点	−240.1	240.05	−1.000083	36	24	1.5
04.30日2点	−95.58	90.93	−1.051138	28	31	0.90323
04.30日3点	−425.8	153.48	−2.774368	38	22	1.72727
04.30日4点	−1115	306.84	−3.632186	33	27	1.22222
04.30日5点	−178.1	275.88	−0.645426	25	35	0.71429
04.30日6点	−1571	171.86	−9.138368	37	23	1.6087
04.30日7点	−25.28	13.26	−1.906486	27	33	0.81818
04.30日8点	−1.73	7.59	−0.227931	18	42	0.42857
04.30日9点	−4.73	6.76	−0.699704	22	38	0.57895
04.30日10点	−4.38	3.89	−1.125964	29	30	0.96667
04.30日11点	−3.65	1.84	−1.983696	34	19	1.78947
04.30日12点	−3.59	2.64	−1.359848	35	24	1.45833
04.30日13点	−3.06	3.3	−0.927273	28	31	0.90323
04.30日14点	−44.44	1726.27	−0.025743	30	28	1.07143
04.30日15点	−285.3	909.83	−0.313564	22	38	0.57895
04.30日16点	−132.9	264.46	−0.502344	24	35	0.68571
04.30日17点	−34.8	36.03	−0.965862	28	32	0.875
04.30日18点	−22.92	21.87	−1.048011	31	29	1.06897
04.30日19点	−28.49	26.33	−1.082036	31	29	1.06897
04.30日20点	−39.89	38.18	−1.044788	30	30	1
04.30日21点	−43.46	48.81	−0.890391	30	30	1
04.30日22点	−31.36	27.82	−1.127247	28	31	0.90323
04.30日23点	−56.58	63.21	−0.895112	24	35	0.68571

$R_1(\bigcirc)$	$R_2(\bigcirc)$	$R_1(\bigcirc)\cdot R_2(\bigcirc)$	$R_1(\bullet)$	$R_2(\bullet)$	$R_1(\bullet)\cdot R_2(\bullet)$	$\dfrac{R_1(\bigcirc)\cdot R_2(\bigcirc)}{R_1(\bullet)\cdot R_2(\bullet)}$	$\dfrac{R_1(\bullet)\cdot R_2(\bullet)}{R_1(\bigcirc)\cdot R_2(\bigcirc)}$
2.9387	3.8281	11.24963747	43.4775	4.3344	188.448876	0.0597	16.7516

$N(\bullet)$	$N(\bigcirc)$	$N(\bullet)/N(\bigcirc)$	$n(\bullet)$	$n(\bigcirc)$	$n(\bullet)/n(\bigcirc)$	$\dfrac{n(\bullet)/n(\bigcirc)}{N(\bullet)/N(\bigcirc)}$	
−4611.1	4631.81	−0.995524428	701	723	0.969571231	−0.9739	

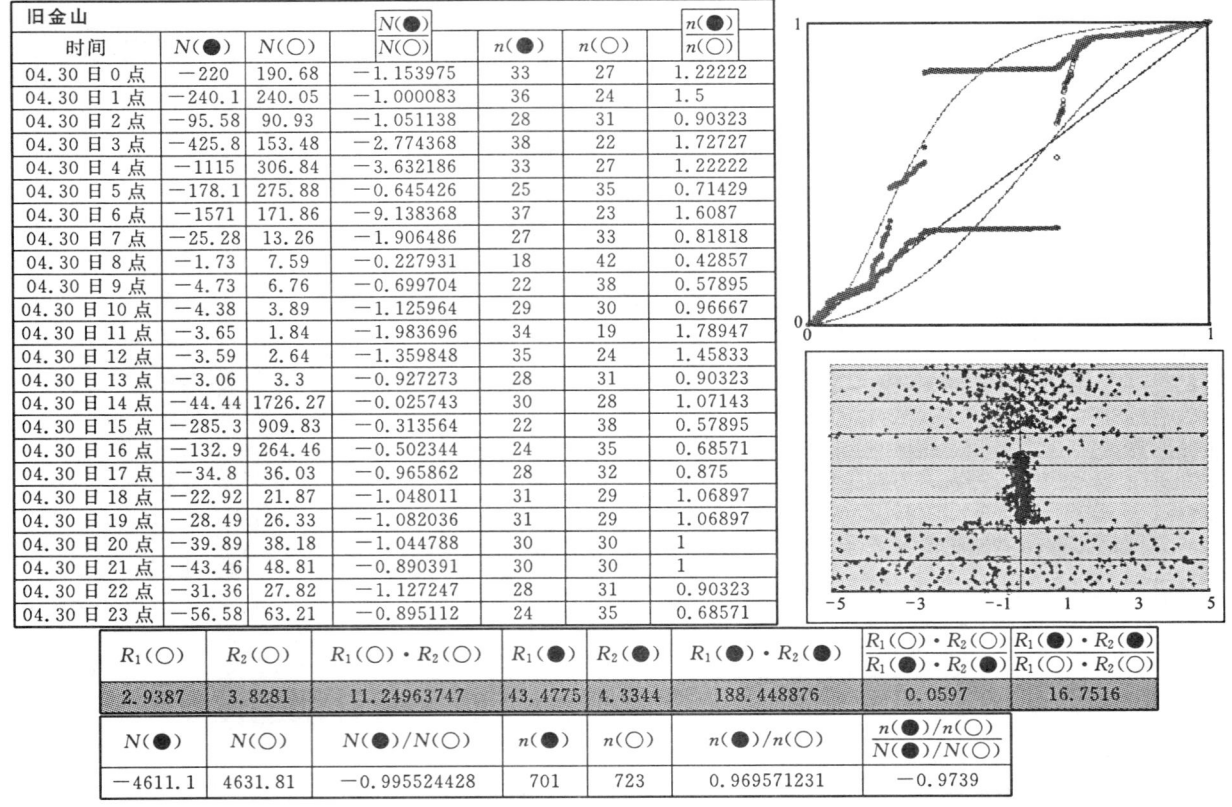

2008年5月3日全天每一小时正应力和负应力增量(日报)

旧金山 时间	$N(\bullet)$	$N(\bigcirc)$	$\dfrac{N(\bullet)}{N(\bigcirc)}$	$n(\bullet)$	$n(\bigcirc)$	$\dfrac{n(\bullet)}{n(\bigcirc)}$
05.3日0点	−1.99	2.83	−0.70318	25	34	0.73529
05.3日1点	−2.49	2.43	−1.024691	29	31	0.93548
05.3日2点	−2.06	3.01	−0.684385	26	32	0.8125
05.3日3点	−3.85	2.66	−1.447368	30	25	1.2
05.3日4点	−2.98	3	−0.993333	22	34	0.64706
05.3日5点	−1.82	1.97	−0.923858	30	27	1.11111
05.3日6点	−3.08	3.06	−1.006536	26	30	0.86667
05.3日7点	−8.08	10.33	−0.782188	36	21	1.71429
05.3日8点	−2.41	1.72	−1.401163	31	25	1.24
05.3日9点	−2.11	1.9	−1.110526	28	29	0.96552
05.3日10点	−2.03	1.97	−1.030457	25	29	0.86207
05.3日11点	−4.48	3.12	−1.435846	30	27	1.11111
05.3日12点	−2.58	2.98	−0.865772	23	33	0.69697
05.3日13点	−86.6	50.38	−1.718936	31	27	1.14815
05.3日14点	−4979	2615.41	−1.90361	33	27	1.22222
05.3日15点	−3025	4965.36	−0.60917	33	27	1.22222
05.3日16点	−1256	1274.66	−0.985251	30	30	1
05.3日17点	−5763	5678.98	−1.014753	29	31	0.93548
05.3日18点	−8150	8033.16	−1.014582	33	27	1.22222
05.3日19点	−5138	5735.16	−0.89583	24	36	0.66667
05.3日20点	−72.04	82.86	−0.869418	25	35	0.71429
05.3日21点	−23.37	56.26	−0.415393	21	37	0.56757
05.3日22点	−6.63	6.56	−1.010671	25	33	0.75758
05.3日23点	−21.74	21.35	−1.018267	30	29	1.03448

$R_1(\bigcirc)$	$R_2(\bigcirc)$	$R_1(\bigcirc)\cdot R_2(\bigcirc)$	$R_1(\bullet)$	$R_2(\bullet)$	$R_1(\bullet)\cdot R_2(\bullet)$	$\dfrac{R_1(\bigcirc)\cdot R_2(\bigcirc)}{R_1(\bullet)\cdot R_2(\bullet)}$	$\dfrac{R_1(\bullet)\cdot R_2(\bullet)}{R_1(\bigcirc)\cdot R_2(\bigcirc)}$
64.8458	552.6822	35839.1194	68.9852	552.407	38107.90048	0.94046	1.0633

$N(\bullet)$	$N(\bigcirc)$	$N(\bullet)/N(\bigcirc)$	$n(\bullet)$	$n(\bigcirc)$	$n(\bullet)/n(\bigcirc)$	$\dfrac{n(\bullet)/n(\bigcirc)}{N(\bullet)/N(\bigcirc)}$	
−28560	28561.12	−0.999976892	675	716	0.94273743	−0.9428	

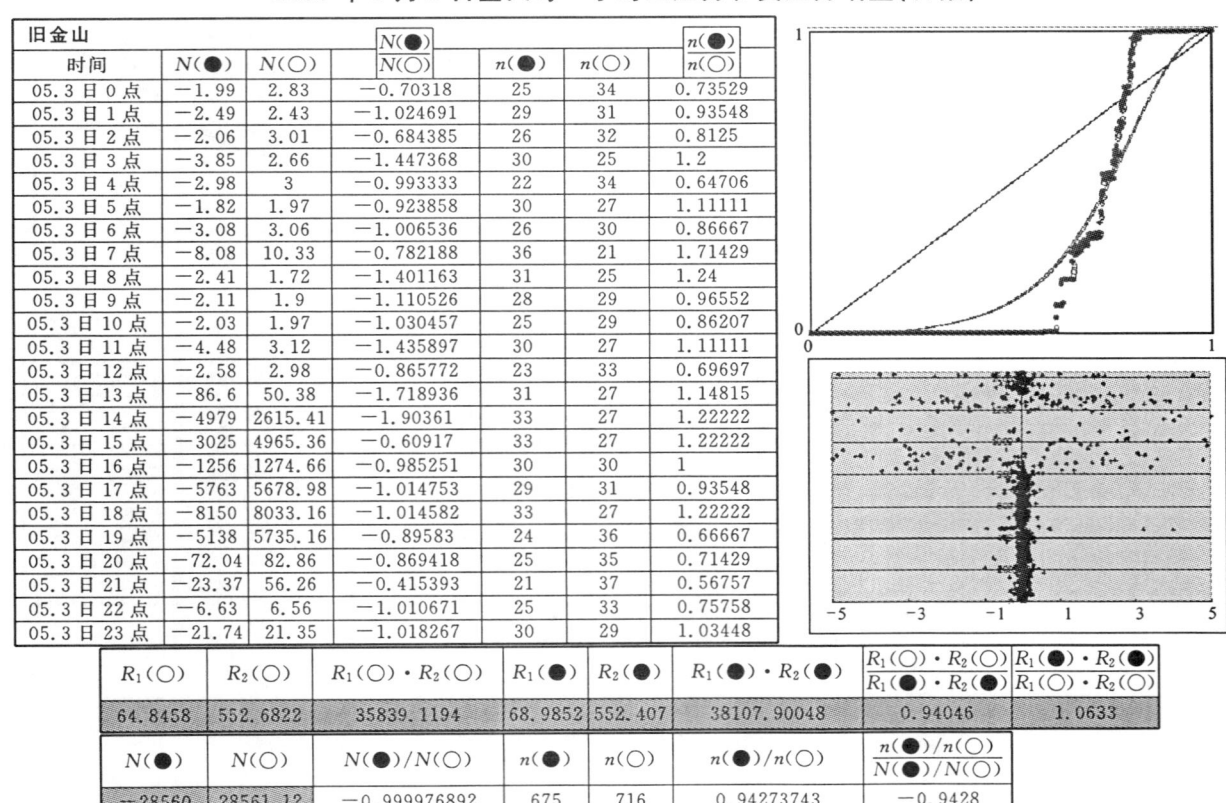

2008年5月4日全天每一小时正应力和负应力增量(日报)

旧金山 时间	$N(\bullet)$	$N(\bigcirc)$	$\dfrac{N(\bullet)}{N(\bigcirc)}$	$n(\bullet)$	$n(\bigcirc)$	$\dfrac{n(\bullet)}{n(\bigcirc)}$
05.4 日 0 点	−1.16	1.61	−0.720497	27	28	0.96429
05.4 日 1 点	−1.85	1.94	−0.953608	23	32	0.71875
05.4 日 2 点	−1.55	1.58	−0.981013	32	26	1.23077
05.4 日 3 点	−2.35	1.83	−1.284153	33	25	1.32
05.4 日 4 点	−2.46	2.46	−1	30	26	1.15385
05.4 日 5 点	−5.35	5.12	−1.044922	31	24	1.29167
05.4 日 6 点	−1.84	2.2	−0.836364	37	19	1.94737
05.4 日 7 点	−2.45	2.34	−1.047009	30	29	1.03448
05.4 日 8 点	−1.77	2.44	0.72541	28	31	0.90323
05.4 日 9 点	−3.18	3.66	−0.868852	28	28	1
05.4 日 10 点	−2.45	3.19	−0.768025	30	30	1
05.4 日 11 点	−8.9	9.19	−0.968444	25	34	0.73529
05.4 日 12 点	−5.38	6.08	−0.884868	29	31	0.93548
05.4 日 13 点	−26.31	24.75	−1.06303	36	21	1.71429
05.4 日 14 点	−18.12	19.04	−0.951681	28	25	1.12
05.4 日 15 点	−2.49	1.64	−1.518293	30	24	1.25
05.4 日 16 点	−94.97	40.86	−2.324278	40	19	2.10526
05.4 日 17 点	−2439	44.74	−54.50514	34	25	1.36
05.4 日 18 点	−42.61	57.42	−0.742076	20	40	0.5
05.4 日 19 点	−75.47	2508.08	−0.030091	24	36	0.66667
05.4 日 20 点	−54.91	45.29	−1.212409	38	22	1.72727
05.4 日 21 点	−39.55	45.7	−0.865427	32	28	1.14286
05.4 日 22 点	−21.19	27.38	−0.773923	29	31	0.93548
05.4 日 23 点	−3.57	5.51	−0.647913	26	33	0.78788

$R_1(\bigcirc)$	$R_2(\bigcirc)$	$R_1(\bigcirc)\cdot R_2(\bigcirc)$	$R_1(\bullet)$	$R_2(\bullet)$	$R_1(\bullet)\cdot R_2(\bullet)$	$\dfrac{R_1(\bigcirc)\cdot R_2(\bigcirc)}{R_1(\bullet)\cdot R_2(\bullet)}$	$\dfrac{R_1(\bullet)\cdot R_2(\bullet)}{R_1(\bigcirc)\cdot R_2(\bigcirc)}$
28.1608	632.6454	17815.80058	75.6387	584.859	44237.97444	0.40273	2.48308
$N(\bullet)$	$N(\bigcirc)$	$N(\bullet)/N(\bigcirc)$	$n(\bullet)$	$n(\bigcirc)$	$n(\bullet)/n(\bigcirc)$	$\dfrac{n(\bullet)/n(\bigcirc)}{N(\bullet)/N(\bigcirc)}$	
−2858.4	2864.05	−0.998041235	720	667	1.07946027	−1.0816	

2008年5月5日全天每一小时正应力和负应力增量(日报)

旧金山 时间	$N(\bullet)$	$N(\bigcirc)$	$\dfrac{N(\bullet)}{N(\bigcirc)}$	$n(\bullet)$	$n(\bigcirc)$	$\dfrac{n(\bullet)}{n(\bigcirc)}$
05.5 日 0 点	−9.43	7.25	−1.30069	29	28	1.03571
05.5 日 1 点	−5.06	2.02	−2.50495	25	30	0.83333
05.5 日 2 点	−1.45	1.95	−0.74359	28	28	1
05.5 日 3 点	−2.38	2.72	−0.875	32	27	1.18519
05.5 日 4 点	−2.29	2.55	−0.898039	27	31	0.87097
05.5 日 5 点	−1.79	1.74	−1.028736	28	27	1.03704
05.5 日 6 点	−17.14	17.56	−0.976082	31	26	1.19231
05.5 日 7 点	−30.73	8.87	−3.464487	39	21	1.85714
05.5 日 8 点	−2836	2666.69	−1.063543	30	30	1
05.5 日 9 点	−249.2	260.11	−0.958172	31	29	1.06897
05.5 日 10 点	−108.6	279.81	−0.388085	31	28	1.10714
05.5 日 11 点	−54.93	41	−1.339756	32	27	1.18519
05.5 日 12 点	−1454	1460.6	−0.995406	34	26	1.30769
05.5 日 13 点	−67.8	81.62	−0.830679	24	34	0.70588
05.5 日 14 点	−2521	128.79	−19.57217	33	27	1.22222
05.5 日 15 点	−249.7	203.1	−1.229247	10	50	0.2
05.5 日 16 点	−989.5	2962.87	−0.333977	28	32	0.875
05.5 日 17 点	−4185	4347.65	−0.962676	35	25	1.4
05.5 日 18 点	−1995	2056.76	−0.969885	25	35	0.71429
05.5 日 19 点	−95.48	185.19	−0.515579	25	35	0.71429
05.5 日 20 点	−92.29	82.56	−1.117854	30	30	1
05.5 日 21 点	−198.1	162.4	−1.220012	28	32	0.875
05.5 日 22 点	−170.9	220.52	−0.774896	28	32	0.875
05.5 日 23 点	−158.1	118.82	−1.330668	33	27	1.22222

$R_1(\bigcirc)$	$R_2(\bigcirc)$	$R_1(\bigcirc)\cdot R_2(\bigcirc)$	$R_1(\bullet)$	$R_2(\bullet)$	$R_1(\bullet)\cdot R_2(\bullet)$	$\dfrac{R_1(\bigcirc)\cdot R_2(\bigcirc)}{R_1(\bullet)\cdot R_2(\bullet)}$	$\dfrac{R_1(\bullet)\cdot R_2(\bullet)}{R_1(\bigcirc)\cdot R_2(\bigcirc)}$
70.0607	261.0261	18287.67128	78.3731	251.936	19745.00532	0.92619	1.07969
$N(\bullet)$	$N(\bigcirc)$	$N(\bullet)/N(\bigcirc)$	$n(\bullet)$	$n(\bigcirc)$	$n(\bullet)/n(\bigcirc)$	$\dfrac{n(\bullet)/n(\bigcirc)}{N(\bullet)/N(\bigcirc)}$	
−15496	15303.15	−1.012590872	696	717	0.970711297	−0.9586	

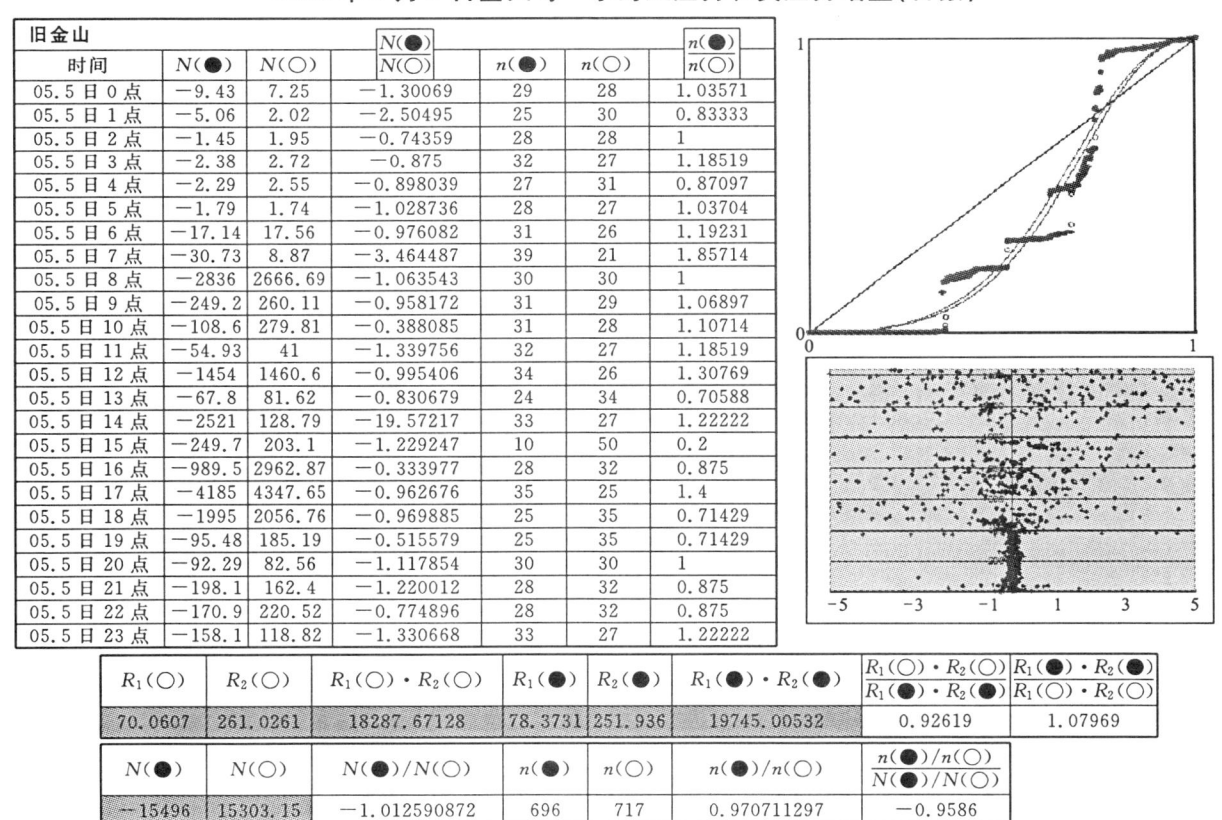

2008年5月6日全天每一小时正应力和负应力增量(日报)

旧金山 时间	N(●)	N(○)	N(●)/N(○)	n(●)	n(○)	n(●)/n(○)
05.6日0点	−123.8	176.29	−0.702479	28	32	0.875
05.6日1点	−134.2	250.24	−0.536405	40	20	2
05.6日2点	−47.13	86.22	−0.546625	28	31	0.90323
05.6日3点	−42.75	15.35	−2.785016	38	22	1.72727
05.6日4点	−33.09	44.48	−0.74393	30	30	1
05.6日5点	−7.7	5.86	−1.313993	37	23	1.6087
05.6日6点	−6.45	4.81	−1.340956	34	25	1.36
05.6日7点	−5.1	6.88	−0.741279	28	31	0.90323
05.6日8点	−11.23	13.5	−0.831852	34	25	1.36
05.6日9点	−8.69	3.09	−2.812298	32	24	1.33333
05.6日10点	−2.41	2.06	−1.169903	29	31	0.93548
05.6日11点	−1.59	1.56	−1.019231	27	28	0.96429
05.6日12点	−2.1	2.1	−1	31	26	1.19231
05.6日13点	−9.32	3.61	−2.581717	43	16	2.6875
05.6日14点	−10.06	13.04	−0.771472	26	33	0.78788
05.6日15点	−167.1	137.6	−1.214317	40	20	2
05.6日16点	−3029	3052.76	−0.992276	18	42	0.42857
05.6日17点	−161.4	131.97	−1.223157	31	28	1.10714
05.6日18点	−458.8	288.31	−1.591377	34	26	1.30769
05.6日19点	−320.4	356.27	−0.899318	28	32	0.875
05.6日20点	−153.3	167.62	−0.914807	30	30	1
05.6日21点	−435.4	419.8	−1.037232	32	28	1.14286
05.6日22点	−390.9	512.88	−0.762186	27	33	0.81818
05.6日23点	−2542	2602.15	−0.976842	33	27	1.22222

$R_1(○)$	$R_2(○)$	$R_1(○)\cdot R_2(○)$	$R_1(●)$	$R_2(●)$	$R_1(●)\cdot R_2(●)$	$\frac{R_1(○)\cdot R_2(○)}{R_1(●)\cdot R_2(●)}$	$\frac{R_1(●)\cdot R_2(●)}{R_1(○)\cdot R_2(○)}$
0.2528	7.7841	1.96782048	0.3372	8.5468	2.88198096	0.6828	1.46455

N(●)	N(○)	N(●)/N(○)	n(●)	n(○)	n(●)/n(○)	$\frac{n(●)/n(○)}{N(●)/N(○)}$
−8104.2	8298.45	−0.976587194	758	663	1.143288084	−1.1707

2008年5月7日全天每一小时正应力和负应力增量(日报)

旧金山 时间	N(●)	N(○)	N(●)/N(○)	n(●)	n(○)	n(●)/n(○)
05.7日0点	−3.75	3.87	−0.968992	29	29	1
05.7日1点	−3.62	2.21	−1.638009	35	22	1.59091
05.7日2点	−3.98	2.98	−1.33557	33	27	1.22222
05.7日3点	−4.83	4.41	−1.095238	23	32	0.71875
05.7日4点	−2.34	1.58	−1.481013	33	27	1.22222
05.7日5点	−11.07	6.7	−1.652239	32	26	1.23077
05.7日6点	−1.99	2.31	−0.861472	27	33	0.81818
05.7日7点	−137.5	110.13	−1.248706	36	23	1.56522
05.7日8点	−256.5	235.61	−1.088536	27	33	0.81818
05.7日9点	−143.9	117.3	−1.226854	29	31	0.93548
05.7日10点	−96.18	131.73	−0.73013	33	27	1.22222
05.7日11点	−193.8	214.8	−0.902281	31	29	1.06897
05.7日12点	−64.87	57.64	−1.125434	33	27	1.22222
05.7日13点	−71.58	56.06	−1.276846	32	28	1.14286
05.7日14点	−147.1	206.62	−0.711838	29	30	0.96667
05.7日15点	−12.52	8.52	−1.469484	31	28	1.10714
05.7日16点	−2.42	2.6	−0.930769	28	29	0.96552
05.7日17点	−3.14	3.84	−0.817708	22	36	0.61111
05.7日18点	−19.36	7.81	−2.478873	37	22	1.68182
05.7日19点	−98.11	102.9	−0.95345	32	28	1.14286
05.7日20点	−104.9	83.47	−1.25614	38	22	1.72727
05.7日21点	−68.17	66.22	−1.029447	36	24	1.5
05.7日22点	−52.33	55.7	−0.939497	32	28	1.14286
05.7日23点	−45.82	52.24	−0.877106	34	26	1.30769

$R_1(○)$	$R_2(○)$	$R_1(○)\cdot R_2(○)$	$R_1(●)$	$R_2(●)$	$R_1(●)\cdot R_2(●)$	$\frac{R_1(○)\cdot R_2(○)}{R_1(●)\cdot R_2(●)}$	$\frac{R_1(●)\cdot R_2(●)}{R_1(○)\cdot R_2(○)}$
8.6675	11.0988	96.198849	6.2196	7.3593	45.77190228	2.1017	0.47581

N(●)	N(○)	N(●)/N(○)	n(●)	n(○)	n(●)/n(○)	$\frac{n(●)/n(○)}{N(●)/N(○)}$
−1549.7	1537.25	−1.008111888	752	667	1.127436282	−1.1184

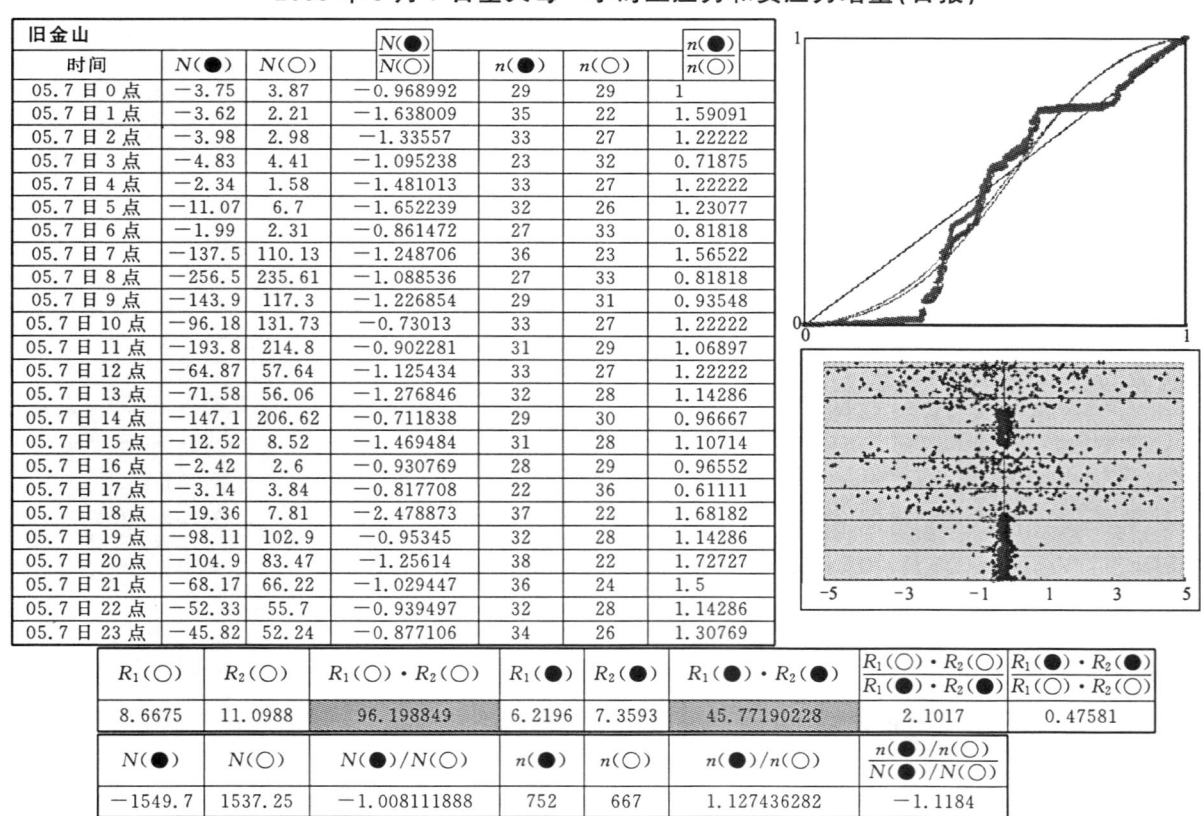

2008年5月8日全天每一小时正应力和负应力增量（日报）

旧金山 时间	$N(\bullet)$	$N(\bigcirc)$	$\dfrac{N(\bullet)}{N(\bigcirc)}$	$n(\bullet)$	$n(\bigcirc)$	$\dfrac{n(\bullet)}{n(\bigcirc)}$
05.8日0点	−50.99	63.17	−0.807187	30	29	1.03448
05.8日1点	−50.03	56.99	−0.877873	29	31	0.93548
05.8日2点	−3.26	2.84	−1.147887	35	25	1.4
05.8日3点	−2.1	2.2	−0.954545	34	26	1.30769
05.8日4点	−36.71	29.75	−1.23395	27	31	0.87097
05.8日5点	−54.19	36.71	−1.476165	34	26	1.30769
05.8日6点	−230.8	196.73	−1.173232	35	25	1.4
05.8日7点	−309.4	351.76	−0.879691	30	30	1
05.8日8点	−67.43	28.21	−2.390287	36	24	1.5
05.8日9点	−168.2	144.63	−1.163106	29	31	0.93548
05.8日10点	−144.3	129.57	−1.113992	34	26	1.30769
05.8日11点	−239.8	328.64	−0.729704	27	33	0.81818
05.8日12点	−10.33	19.4	−0.532474	30	30	1
05.8日13点	−5.84	6.74	−0.866469	25	33	0.75758
05.8日14点	−2.69	4.06	−0.662562	27	27	1
05.8日15点	−177.3	142.15	−1.246922	35	25	1.4
05.8日16点	−1604	1574.15	−1.01916	32	28	1.14286
05.8日17点	−503.2	492.89	−1.020958	33	27	1.22222
05.8日18点	−2454	2397.27	−1.023698	38	22	1.72727
05.8日19点	−179.5	254.47	−0.70523	35	25	1.4
05.8日20点	−2309	57.83	−39.93325	29	31	0.93548
05.8日21点	−110.2	2393.08	−0.046045	24	36	0.66667
05.8日22点	−118.9	111.66	−1.065108	30	30	1
05.8日23点	−63.36	78.78	−0.804265	27	33	0.81818

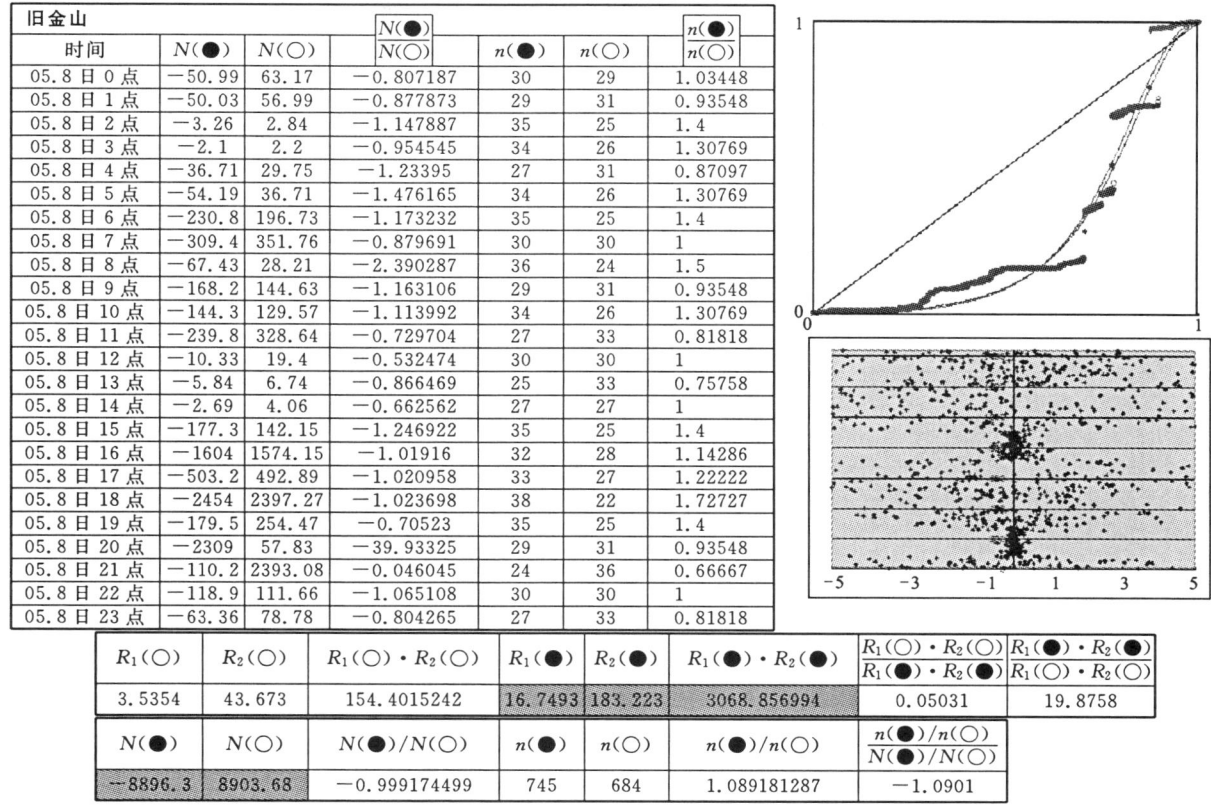

$R_1(\bigcirc)$	$R_2(\bigcirc)$	$R_1(\bigcirc)\cdot R_2(\bigcirc)$	$R_1(\bullet)$	$R_2(\bullet)$	$R_1(\bullet)\cdot R_2(\bullet)$	$\dfrac{R_1(\bigcirc)\cdot R_2(\bigcirc)}{R_1(\bullet)\cdot R_2(\bullet)}$	$\dfrac{R_1(\bullet)\cdot R_2(\bullet)}{R_1(\bigcirc)\cdot R_2(\bigcirc)}$
3.5354	43.673	154.4015242	16.7493	183.223	3068.856994	0.05031	19.8758

$N(\bullet)$	$N(\bigcirc)$	$N(\bullet)/N(\bigcirc)$	$n(\bullet)$	$n(\bigcirc)$	$n(\bullet)/n(\bigcirc)$	$\dfrac{n(\bullet)/n(\bigcirc)}{N(\bullet)/N(\bigcirc)}$
−8896.3	8903.68	−0.999174499	745	684	1.089181287	−1.0901

2008年5月9日全天每一小时正应力和负应力增量（日报）

旧金山 时间	$N(\bullet)$	$N(\bigcirc)$	$\dfrac{N(\bullet)}{N(\bigcirc)}$	$n(\bullet)$	$n(\bigcirc)$	$\dfrac{n(\bullet)}{n(\bigcirc)}$
05.9日0点	−32.98	36.56	−0.902079	28	32	0.875
05.9日1点	−19.41	27.28	−0.71151	26	34	0.76471
05.9日2点	−7.44	9.29	−0.800861	28	32	0.875
05.9日3点	−133.8	100.99	−1.325181	31	29	1.06897
05.9日4点	−247.7	234.95	−1.054267	34	26	1.30769
05.9日5点	−373.6	398.29	−0.93791	27	33	0.81818
05.9日6点	−92.29	95.53	−0.966084	32	28	1.14286
05.9日7点	−39.4	43.8	−0.899543	26	34	0.76471
05.9日8点	−32.92	38.66	−0.851526	30	30	1
05.9日9点	−18.35	19.29	−0.95127	29	30	0.96667
05.9日10点	−31.9	31.11	−1.025394	25	35	0.71429
05.9日11点	−34.88	29.97	−1.16383	33	26	1.26923
05.9日12点	−17.68	33.63	−0.525721	22	37	0.59459
05.9日13点	−9.4	3.1	−3.032258	28	30	0.93333
05.9日14点	−12.78	11.47	−1.114211	34	26	1.30769
05.9日15点	−138.1	89.92	−1.535254	31	29	1.06897
05.9日16点	−223.4	225.25	−0.991964	35	25	1.4
05.9日17点	−280.3	272.11	−1.029988	35	25	1.4
05.9日18点	−245	165.37	−1.481768	31	29	1.06897
05.9日19点	−449.3	460.95	−0.974639	29	31	0.93548
05.9日20点	−129.4	178.84	−0.723328	29	31	0.93548
05.9日21点	−85.66	71.53	−1.197539	36	24	1.5
05.9日22点	−145.1	125.16	−1.158996	33	27	1.22222
05.9日23点	−139.5	147.37	−0.946868	26	34	0.76471

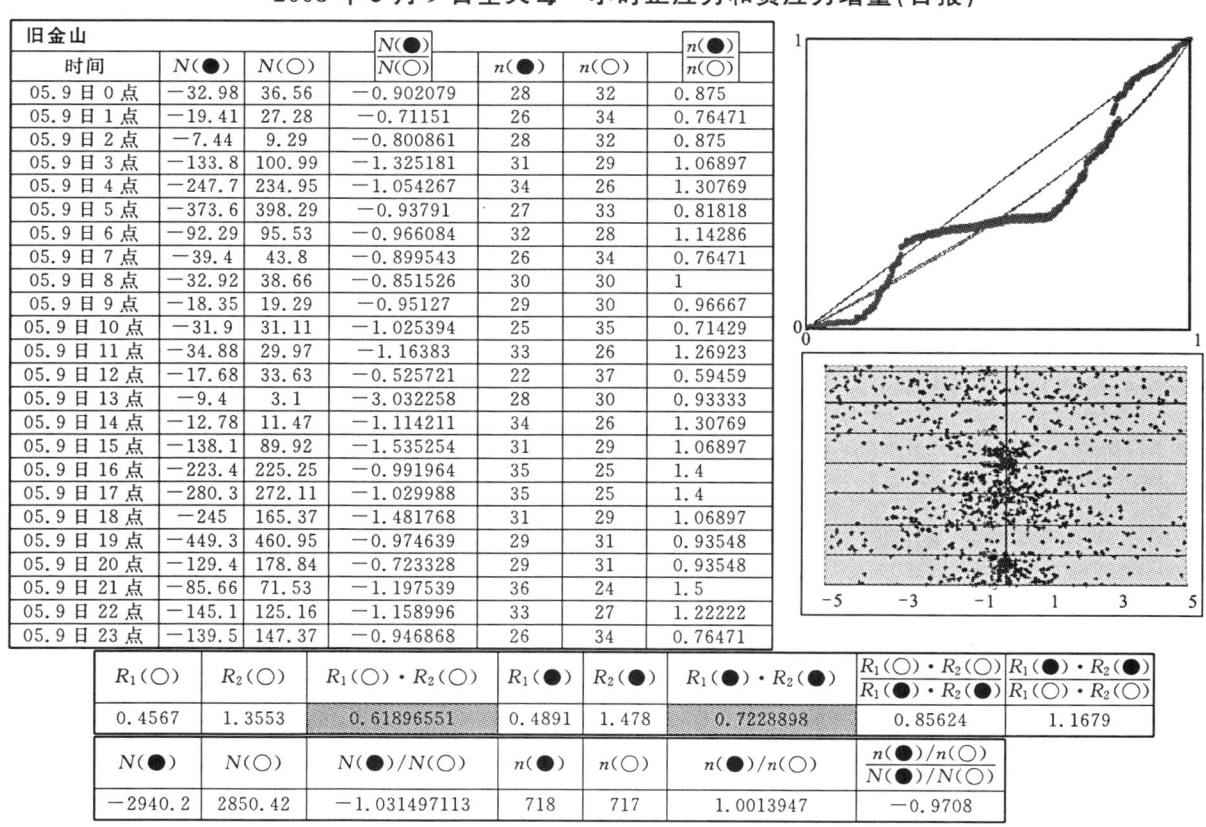

$R_1(\bigcirc)$	$R_2(\bigcirc)$	$R_1(\bigcirc)\cdot R_2(\bigcirc)$	$R_1(\bullet)$	$R_2(\bullet)$	$R_1(\bullet)\cdot R_2(\bullet)$	$\dfrac{R_1(\bigcirc)\cdot R_2(\bigcirc)}{R_1(\bullet)\cdot R_2(\bullet)}$	$\dfrac{R_1(\bullet)\cdot R_2(\bullet)}{R_1(\bigcirc)\cdot R_2(\bigcirc)}$
0.4567	1.3553	0.61896551	0.4891	1.478	0.7228898	0.85624	1.1679

$N(\bullet)$	$N(\bigcirc)$	$N(\bullet)/N(\bigcirc)$	$n(\bullet)$	$n(\bigcirc)$	$n(\bullet)/n(\bigcirc)$	$\dfrac{n(\bullet)/n(\bigcirc)}{N(\bullet)/N(\bigcirc)}$
−2940.2	2850.42	−1.031497113	718	717	1.0013947	−0.9708

2008年5月10日全天每一小时正应力和负应力增量(日报)

旧金山 时间	$N(\bullet)$	$N(\circ)$	$\dfrac{N(\bullet)}{N(\circ)}$	$n(\bullet)$	$n(\circ)$	$\dfrac{n(\bullet)}{n(\circ)}$
05.10日0点	−90.28	133.73	−0.675092	29	31	0.93548
05.10日1点	−106.6	76.91	−1.385516	30	30	1
05.10日2点	−240.3	259.54	−0.925907	29	31	0.93548
05.10日3点	−106.1	145.03	−0.731849	28	32	0.875
05.10日4点	−67.66	84.45	−0.801184	25	35	0.71429
05.10日5点	−46.97	36.55	−1.285089	33	27	1.22222
05.10日6点	−160.1	116.46	−1.374893	35	25	1.4
05.10日7点	−126.6	151.11	−0.8378	28	32	0.875
05.10日8点	−115.7	137.28	−0.843022	26	34	0.76471
05.10日9点	−66.44	66.21	−1.003474	28	32	0.875
05.10日10点	−13.61	13.24	−1.027946	33	26	1.26923
05.10日11点	−18.6	17.15	−1.084548	33	27	1.22222
05.10日12点	−10.39	14.54	−0.71458	31	28	1.10714
05.10日13点	−547.1	389.21	−1.405694	32	27	1.18519
05.10日14点	−376.3	413.69	−0.90957	25	35	0.71429
05.10日15点	−599.6	477.93	−1.255184	34	26	1.30769
05.10日16点	−280.3	317.89	−0.881594	31	29	1.06897
05.10日17点	−211.9	278.01	−0.762203	27	33	0.81818
05.10日18点	−355.4	434.14	−0.81863	31	29	1.06897
05.10日19点	−169.4	139.11	−1.218029	34	26	1.30769
05.10日20点	−238.2	251.44	−0.947463	27	33	0.81818
05.10日21点	−118.6	124.98	−0.948712	31	29	1.06897
05.10日22点	−77.11	91.25	−0.845041	28	32	0.875
05.10日23点	−103.9	110.09	−0.943682	32	28	1.14286

$R_1(\circ)$	$R_2(\circ)$	$R_1(\circ) \cdot R_2(\circ)$	$R_1(\bullet)$	$R_2(\bullet)$	$R_1(\bullet) \cdot R_2(\bullet)$	$\dfrac{R_1(\circ) \cdot R_2(\circ)}{R_1(\bullet) \cdot R_2(\bullet)}$	$\dfrac{R_1(\bullet) \cdot R_2(\bullet)}{R_1(\circ) \cdot R_2(\circ)}$
1.3235	3.1787	4.20700945	1.7983	4.2326	7.61148458	0.55272	1.80924

$N(\bullet)$	$N(\circ)$	$N(\bullet)/N(\circ)$	$n(\bullet)$	$n(\circ)$	$n(\bullet)/n(\circ)$	$\dfrac{n(\bullet)/n(\circ)}{N(\bullet)/N(\circ)}$
−4247.5	4279.94	−0.992415782	720	717	1.0041841	−1.0119

2008年5月11日全天每一小时正应力和负应力增量(日报)

旧金山 时间	$N(\bullet)$	$N(\circ)$	$\dfrac{N(\bullet)}{N(\circ)}$	$n(\bullet)$	$n(\circ)$	$\dfrac{n(\bullet)}{n(\circ)}$
05.11日0点	−124.5	105.78	−1.176593	32	28	1.14286
05.11日1点	−111.4	107.38	−1.037437	34	26	1.30769
05.11日2点	−98.47	116.28	−0.846835	26	34	0.76471
05.11日3点	−95.56	96.61	−0.989132	31	29	1.06897
05.11日4点	−171.4	179.34	−0.955894	29	31	0.93548
05.11日5点	−117.7	129.94	−0.905694	24	36	0.66667
05.11日6点	−113.5	133.64	−0.849371	26	34	0.76471
05.11日7点	−172.4	195.93	−0.880008	26	34	0.76471
05.11日8点	−22.66	20.65	−1.097337	33	27	1.22222
05.11日9点	−33.57	27.24	−1.232379	34	25	1.36
05.11日10点	−10.49	16.28	−0.644349	26	33	0.78788
05.11日11点	−19.98	16.85	−1.185757	33	25	1.32
05.11日12点	−15.99	19.43	−0.822954	28	32	0.875
05.11日13点	−45.8	44.97	−1.018457	32	28	1.14286
05.11日14点	−107.6	74.09	−1.452018	30	30	1
05.11日15点	−217.5	166.35	−1.307424	34	26	1.30769
05.11日16点	−206.7	185.92	−1.111822	32	28	1.14286
05.11日17点	−296.7	290.83	−1.020218	28	32	0.875
05.11日18点	−231	225.06	−1.026171	32	28	1.14286
05.11日19点	−1841	1708.82	−1.077533	27	33	0.81818
05.11日20点	−853.5	919.88	−0.927838	34	26	1.30769
05.11日21点	−429.3	478.83	−0.896539	29	31	0.93548
05.11日22点	−195.7	288.49	−0.678394	27	33	0.81818
05.11日23点	−87.99	117.76	−0.747198	30	30	1

$R_1(\circ)$	$R_2(\circ)$	$R_1(\circ) \cdot R_2(\circ)$	$R_1(\bullet)$	$R_2(\bullet)$	$R_1(\bullet) \cdot R_2(\bullet)$	$\dfrac{R_1(\circ) \cdot R_2(\circ)}{R_1(\bullet) \cdot R_2(\bullet)}$	$\dfrac{R_1(\bullet) \cdot R_2(\bullet)}{R_1(\circ) \cdot R_2(\circ)}$
0.5773	6.7879	3.91865467	0.782	8.2307	6.4364074	0.60883	1.6425

$N(\bullet)$	$N(\circ)$	$N(\bullet)/N(\circ)$	$n(\bullet)$	$n(\circ)$	$n(\bullet)/n(\circ)$	$\dfrac{n(\bullet)/n(\circ)}{N(\bullet)/N(\circ)}$
−5620.7	5666.35	−0.991936608	717	719	0.997218359	−1.0053

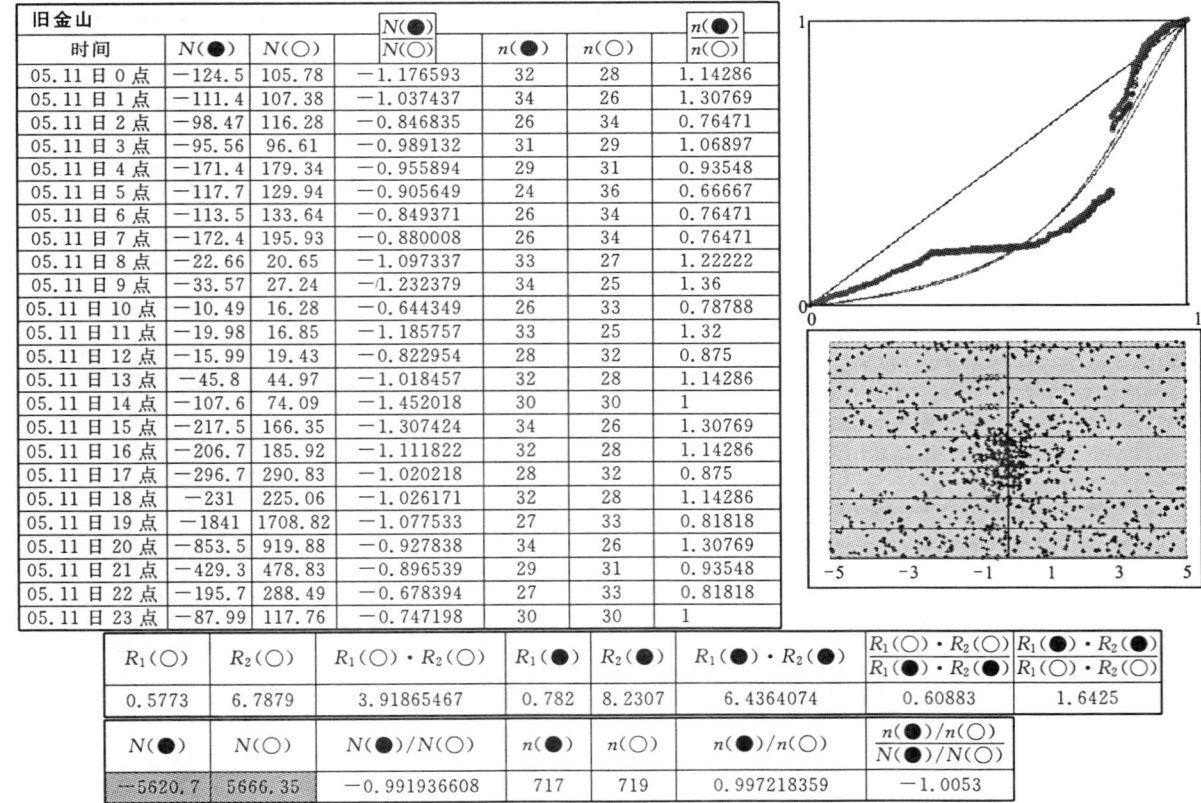

2008年5月12日全天每一小时正应力和负应力增量(日报)

旧金山

时间	$N(\bullet)$	$N(\bigcirc)$	$\dfrac{N(\bullet)}{N(\bigcirc)}$	$n(\bullet)$	$n(\bigcirc)$	$\dfrac{n(\bullet)}{n(\bigcirc)}$
05.12日 0点	−60.28	67.2	−0.897024	33	27	1.22222
05.12日 1点	−259	240.29	−1.077864	27	33	0.81818
05.12日 2点	−43.04	65.64	−0.655698	35	24	1.45833
05.12日 3点	−35.47	40.78	−0.869789	23	36	0.63889
05.12日 4点	−52.43	42.93	−1.22129	29	31	0.93548
05.12日 5点	−44.09	44.39	−0.993242	33	27	1.22222
05.12日 6点	−37.87	42.64	−0.888133	30	30	1
05.12日 7点	−51.77	27.32	−1.894949	36	24	1.5
05.12日 8点	−33.77	42.15	−0.801186	27	32	0.84375
05.12日 9点	−40.08	47.65	−0.841133	29	31	0.93548
05.12日 10点	−34.63	33.31	−1.039628	34	26	1.30769
05.12日 11点	−28.43	18.89	−1.505029	37	23	1.6087
05.12日 12点	−49.91	50.06	−0.997004	28	32	0.875
05.12日 13点	−59.06	65.04	−0.908057	28	32	0.875
05.12日 14点	−54.33	53.96	−1.006857	30	30	1
05.12日 15点	−3520	3479.76	−1.011458	36	24	1.5
05.12日 16点	−212	197.27	−1.074416	32	28	1.14286
05.12日 17点	−179.7	184.39	−0.974294	27	33	0.81818
05.12日 18点	−205.3	163.27	−1.257181	34	26	1.30769
05.12日 19点	−162.7	148.35	−1.096528	31	29	1.06897
05.12日 20点	−165.3	164.78	−1.002913	24	36	0.66667
05.12日 21点	−875.5	485.72	−1.802479	38	22	1.72727
05.12日 22点	−571.1	511.22	−1.11721	33	27	1.22222
05.12日 23点	−2363	1911.32	−1.23635	28	32	0.875

$R_1(\bigcirc)$	$R_2(\bigcirc)$	$R_1(\bigcirc)\cdot R_2(\bigcirc)$	$R_1(\bullet)$	$R_2(\bullet)$	$R_1(\bullet)\cdot R_2(\bullet)$	$\dfrac{R_1(\bigcirc)\cdot R_2(\bigcirc)}{R_1(\bullet)\cdot R_2(\bullet)}$	$\dfrac{R_1(\bullet)\cdot R_2(\bullet)}{R_1(\bigcirc)\cdot R_2(\bigcirc)}$
0.5795	6.699	3.8820705	0.3703	6.2293	2.30670979	1.68295	0.5942

$N(\bullet)$	$N(\bigcirc)$	$N(\bullet)/N(\bigcirc)$	$n(\bullet)$	$n(\bigcirc)$	$n(\bullet)/n(\bigcirc)$	$\dfrac{n(\bullet)/n(\bigcirc)}{N(\bullet)/N(\bigcirc)}$
−9138.3	8128.33	−1.124250615	742	695	1.067625899	−0.9496

旧金山按中国北京时间2008年5月12日15时左右显示了汶川特大地震的应力信息,$N^-=3520$、$N^+=3479$。如何实现地震前兆的科学观测,还需要在实践中不断总结和完善。

第十章 地震前兆观测与地震前兆识别

【摘要】 本章从文献角度对我国地震前兆观测与地震前兆识别的现状作了简要介绍,并提出了有关前兆观测的技术评价和识别方法的评价意见,以及探讨地震前兆观测和地震前兆识别对于地震预测的重要意义。

第一节 地震前兆与地震前兆观测的现状

一、地震前兆

作者对地震学界有关地震前兆的定义和分类没有异议,下面是作者从互联网《百度百科》上摘录的地震前兆的相关概念及分类。

1. 地震前兆的概念

地壳岩体在地应力作用下,在应力应变逐渐积累、加强的过程中,会引起震源及附近物质发生物理、化学、生物、气象等一系列异常变化。我们称这些与地震孕育、发生有关联的异常变化现象为地震前兆(也称地震异常)。它包括地震微观异常和地震宏观异常两大类。

2. 地震的宏观前兆异常

人的感官能直接觉察到的地震异常现象称为地震的宏观异常。地震宏观异常的表现形式多样且复杂,异常的种类多达几百种,异常的现象多达几千种,大体可分为:地下水异常、生物异常、地声异常、地光异常、电磁异常、气象异常等。

(1)地下水异常

地下水包括井水、泉水等。主要异常有发浑、冒泡、翻花、升温、变色、变味、突升、突降、井孔变形、泉源突然枯竭或涌出等。在长期的地震前兆观测实践中,人们总结了震前井水变化的谚语,十分形象:

井水是个宝,地震有前兆。

无雨泉水浑,天干井水冒。

水位升降大,翻花冒气泡。

有的变颜色,有的变味道。

1966年3月8日、22日河北邢台先后发生6.8级、7.2级地震。据中国地震局原局长陈章立研究员在《地震预报的实践与思考》(2007年)中介绍:"邢台地震后,中国科学院和地质部的水文地质科技人员对震区的地下水进行了广泛的调查研究,取得了震前一两天,甚至十八天的极为丰富的地下水异常变化资料","1966年3月8日地震前,有50多个县、市出现地下水位的异常升降,并在空间上呈现一定的规律性,如发现震中区及其外围是水位上升区,上升区外围则被下降区所包围。3月22日7.2级地震前出现地下水位升降的范围更大,其空间分布情况与烈度分布相类似"。图10-1是陈章立先生引用张肇诚所作的1966年邢台地震前地下水位异常升降分布图。

邢台两次强震前,震中区及近邻区域地下水位以上升占绝对的优势,外围区域升降掺杂,以降为主。震例报告还对一些突出的异常情况作了描述。据描述震中区井孔水位的上升最早在震前18天出现,最

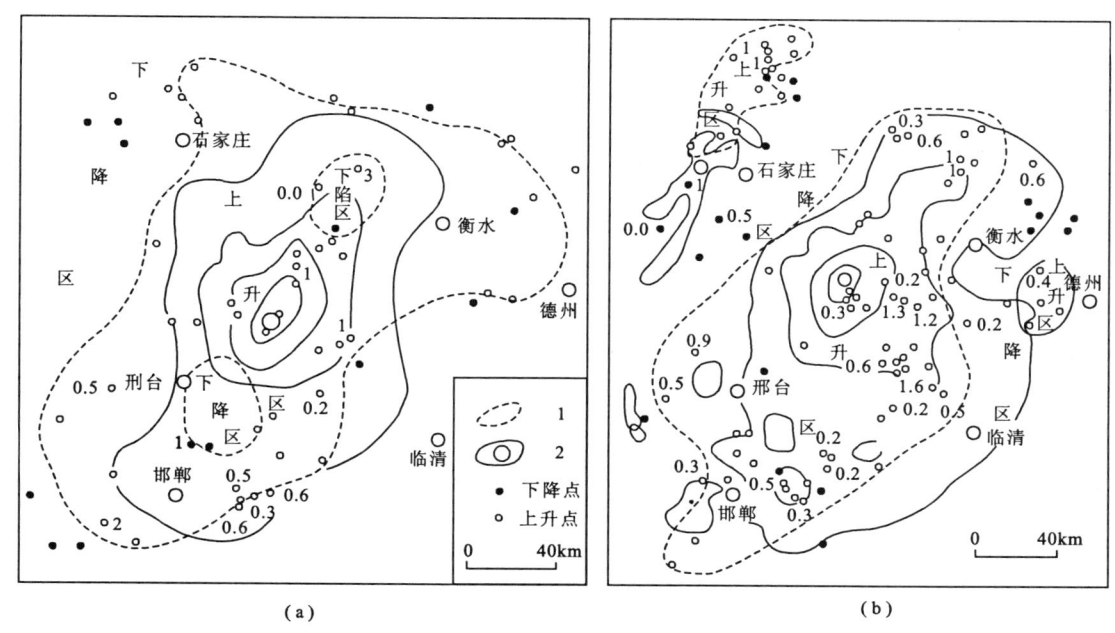

图 10-1 1966 年河北邢台地震前地下水位异常升降分布图(张肇诚,1986)
(a)3 月 8 日 6.8 级地震前;(b)3 月 22 日 7.2 地震前
1.水位升降分界线;2.震中及等震线

晚在震前几小时出现,多数在震前一两天出现,上升最大的幅度超过 2m。这是我国官方首次正式调查确认的地震前兆现象。

1975 年 2 月 4 日辽宁海城发生 7.3 级地震,在中国地震观测史上具有标志性意义。地震部门在震前作了较成功的短临预报,"实现了人类历史上对破坏性地震作出成功的富有减灾实效的预报预防的零的突破","使人们有理由对地震预报水平的继续提升寄予更大的希望"。地震短临预报发挥了防震减灾作用。

具有典型意义的地下水前兆,成为海城地震成功实现短临预报一项重要依据。由表 10-1 中看出,震中区及近邻区域,地下水位以异常上升式居绝对的优势,而外围区域则升降掺杂。另外,由朱凤鸣等(1982)所给出的统计表可以看出,临震前地水位的升降变化,以海城 7.3 级地震震中区上升的幅度最大。平均上升的幅度约为 1.4m,其中海城八里公社八里屯的井孔上升 5m,耿庄公社大黄屯的井孔上升 3.5m。

表 10-1　1975 年 2 月 4 日辽宁海城 7.3 级地震前 10 天地下水位异常升降空间分布的统计

地区(市、县)		异常井孔总数目	上升井孔数目	下降井孔数目	上升井孔百分比(%)
震中区及近邻区域	海城	30	28	2	93
	岫岩	10	10	0	100
	盘山	2	2	0	100
	台安	2	2	0	100
	大洼	5	5	0	100
	营口	4	2	2	50
总计		53	49	4	92
外围区域		27	11	16	41

1969 年 7 月 26 日广东阳江 6.4 级地震,位于震中区的"溪头区滑桥村一水井,震前 2~3 天其水位

比平常上升约 47mm,……大沟区华垌村水井 7 月 26 日震前水位上升 20~30mm"。

1970 年 12 月 3 日宁夏西井 5.1 级地震,"震中区 10 口水井水位在震前 3~5 天发生变化,多为上升,幅度一般为 30~60cm"。

1971 年 6 月 28 日宁夏吴忠 5.1 级地震,"震中区有两口水井分别于主震前当天突然上升 40cm 和 60cm"。

1974 年 5 月 22 日江苏溧阳 5.5 级地震,"震中区附近有 10 多口水井出现异常,有的上升幅度达 1.5m 左右……,异常点最远距震中 90km,大多在极震区附近"。

1982 年 7 月 3 日云南剑川 5.4 级地震,"调查震中区(Ⅵ、Ⅶ度区)11 个水井点,8 个点水位表现为上升,3 个水井点表现为下降"。

1983 年 11 月 7 日山东菏泽 6.0 级地震,"临震前,震中区 38 口井的水位上升,异常井的优势分布方向与 NW 向发震断层走向一致"。

表 10-2 为 1976 年 7 月 28 日河北唐山 7.8 级地震前地下水位变化情况。

表 10-2 1976 年 7 月 28 日河北唐山 7.8 级地震地下水位临震异常井孔的分布

区域	井名	开始时间	异常形态
震中区	唐山市人民公园	7 月 27 日	回升
	唐山市郑庄子	7 月 27 日	回升
	唐山市水泥厂	7 月 27 日	回升
	唐山市电厂	7 月 27 日	回升
	丰南县岭子上	7 月 28 日 01 时	回升—自流
	丰南县柳树瞿	7 月 28 日	急剧回升
	天津汉沽双桥	7 月 21 日	转缓上升
	天津宁河表口	7 月 20 日	转缓上升
外围区域	天津上古林	7 月 20 日	转缓上升
	天津白塘口	7 月 20 日	转缓上升
	天津军粮城	7 月 21 日	转缓上升
	天津咸水沽	7 月 20 日	转缓上升
	滦南县气象站	7 月 26 日	转缓上升
	乐亭新开口	7 月 24 日	急剧下降
	柏各庄农垦区	7 月 25 日	急剧下降
	北京温泉	7 月 23 日	明显下降
	北京良乡	7 月 23 日	明显下降
	北京呼家楼	7 月 24 日	明显下降

地下水位作为地震前兆典型意义的探索,表明我国在改革开放前的地震前兆观测还停留在环境的现象观测,尽管如此,地下水位仍然是中国特色群测群防的基础前兆观测内容。正如陈章立先生所说,"在大震的临震阶段,震中区及近邻区域地下水位异常上升的物理机制是明确的,是由地震孕育的可能物理过程得到的必然的、合理的推理。这对于判定大地震,尤其是没有丰富的直接前震活动的大震的可能发生时间和地域来说,有重要的意义"。

(2)生物异常

许多动物的某些器官感觉特别灵敏,它能比人类提前知道一些灾害事件的发生,例如海洋中水母能预报风暴,老鼠能事先躲避矿井崩塌或有害气体,等等。至于在视觉、听觉、触觉、振动觉、平衡觉器官中,哪些起了主要作用,哪些又起了辅助判断作用,对不同的动物可能有所不同。伴随地震而产生的物理、化学变化（振动、电、磁、气象、水氡含量异常等），往往能使一些动物的某种感觉器官受到刺激而发生异常反应。如一个地区的重力发生变异，某些动物可能通过它的平衡器官感觉到；一种振动异常，某些动物的听觉器官也许能够察觉出来。地震前地下岩层早已在逐日缓慢活动，呈现出蠕动状态，而断层面之间又具有强大的摩擦力，于是有人认为在摩擦的断层面上会产生一种每秒钟仅几次至十多次、低于人的听觉所能感觉到的低频声波。每秒20次以上的声波人才能感觉到，而动物则不然。那些感觉十分灵敏的动物，在感触到这种声波时，便会惊恐万状，以致出现冬蛇出洞，鱼跃水面，猪牛跳圈，狗哭狼吼等异常现象。动物异常的种类很多，有大牲畜、家禽、穴居动物、冬眠动物、鱼类等。

图10-2为1975年2月4日辽宁海城7.3级地震前动物习性行为异常的空间分布情况。

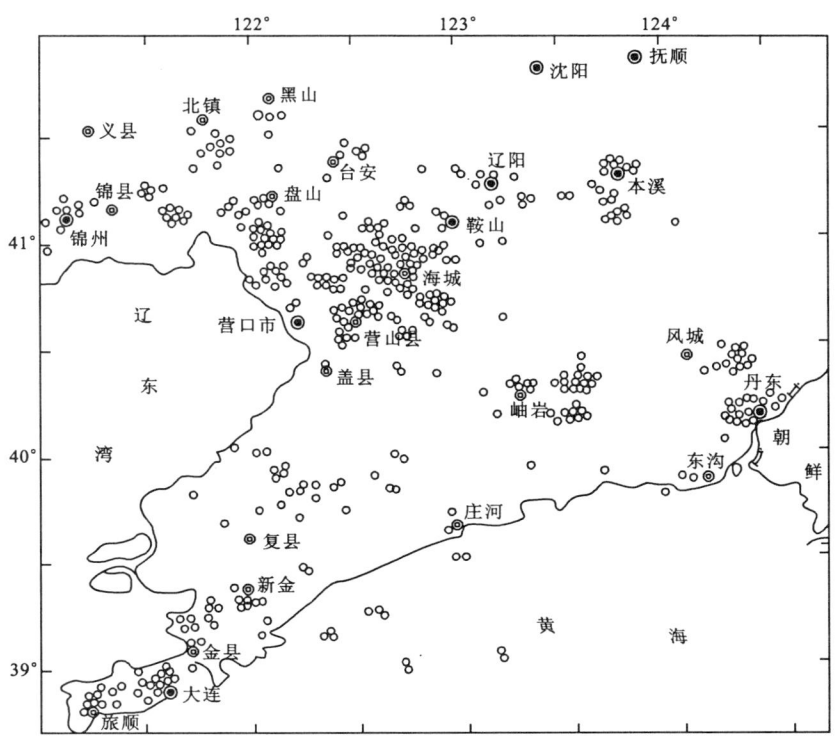

图10-2　1975年2月4日海城7.3级地震前动物习性行为异常空间分布

震前动物习性行为的异常数量急剧增加，作为一种地震前兆现象，对1976年8月16日四川松潘7.2级地震短临预报发挥了重要作用。同样，汶川特大地震前，都江堰有市民向当地地震部门报告，发现了大批蟾蜍聚集和迁徙现象，担心有地震危险。但是当地有关部门专门辟谣，并以近年环境改善导致动物回迁为由，否定了地震的可能性。作者姑且不去评价这种辟谣的解释是否科学，仅就地震前的地声、地磁、地电等物理变化都有可能导致动物行为异常或聚集迁徙现象而言，还不能够证实动物行为异常与地震之间存在某种必然的逻辑关系，引起动物异常的原因除了震前的物理因素外，还客观存在着其他诸如环境学和动物学因素。因此，根据动物习性行为异常的现象来判断是否地震，需要更加细致和系统地研究探索，切不可简单推论。

从长期繁殖生活在地壳断裂带的动物习性上看，它们很可能对地震前兆的一些微弱物理现象习以为常，并不能直接说明与地震的必然关系。否则，有关部门不会对这样的现象视而不见。动物异常仍然属于地震前兆的非典型特征。作者认为，动物异常需要建立一套科学观察体系，而不是把偶然性的一些异常现象都作为地震前兆看待。陈章立先生把地震前动物异常现象按照空间分布和动物种群异常结合研究，是一种科学的前兆探索，值得引起群测群防工作的重视。

★下面是一些地震前动物反应异常表现总结。

牛、马、驴、骡　惊慌不安、不进厩、不进食、乱闹乱叫、打群架、挣断缰绳逃跑、蹬地、刨地、行走中突然惊跑。

  猪 不进圈、不吃食、乱叫乱闹、拱圈、越圈外逃。
  羊 不进圈、不吃食、乱叫乱闹、越圈逃跑、闹圈。
  狗 狂吠不休、哭泣、嗅地扒地、乱跑乱闹、叼着狗崽搬家、警犬不听指令。
  猫 惊慌不安、叼着猫崽搬家上树。
  兔 不吃草、在窝内乱闹乱叫、惊逃出窝。
  鸭、鹅 白天不下水、晚上不进窝、不吃食、紧跟主人、惊叫、高飞。
  鸡 不进鸡舍、撞鸡舍、在鸡舍内闹、上树。
  鸽 不进巢、栖于屋外、突然惊起倾巢而飞。
  鼠 白天成群出洞，像醉酒似的发呆、不怕人、惊恐乱窜、叼着小鼠搬家。
  蛇 冬眠蛇出洞在雪地里冻僵、冻死，数量增加，集聚一团。
  鱼 成群漂浮、狂游、跳跃，发出叫声、呆滞、死亡。
  蟾蜍（癞蛤蟆） 成群出洞，甚至跑到大街小巷

动物反常的情形，人们也总结了几句顺口溜：

震前动物有预兆，群测群防很重要。

牛羊骡马不进厩，猪不吃食狗乱咬。

鸭不下水岸上闹，鸡飞上树高声叫。

冰天雪地蛇出洞，大鼠叼着小鼠跑。

兔子竖耳蹦又撞，鱼跃水面惶惶跳。

蜜蜂群迁闹轰轰，鸽子惊飞不回巢。

家家户户都观察，发现异常快报告。

除此之外，有些植物在震前也有异常反应，如不适季节地发芽、开花、结果或大面积枯萎与异常繁茂等。

有关地震前兆的谚语，是做好群测群防工作的重要经验。

响声一报告，地震就来到。

大震声发沉，小震声发尖。

响得长，在远程；响得短，离不远。

先听响，后地动，听到响声快行动。

上下颠一颠，来回晃半天。

离得近，上下蹦；离得远，左右摆。

上下颠，在眼前；晃来晃去在天边。

房子东西摆，地震东西来；要是南北摆，它就南北来。

喷沙冒水沿条道，地下正是故河道。

冒水喷沙哪最多？涝洼碱地不用说。

豆腐一挤，出水出渣；地震一闹，喷水喷沙。

洼地重，平地轻；沙地重，土地轻。

砖包土坯墙，抗震最不强。

酥在颠劲上，倒在晃劲上。

女儿墙，房檐围，地震一来最倒霉。

地基牢一点，离河远一点；墙壁好一点，连结紧一点；房子矮一点，房顶轻一点；布局合理点，样子简单点。要想再好点，互相多学点。

地震闹，雨常到，不是霪来就是暴。

阴历十五搭初一，家里做活多注意。

井水是个宝，前兆来得早。

地下水，有前兆：不是涨，就是落；甜变苦，苦变甜；又发浑，又翻沙。见到了，要报告。为什么？闹预报。

(3)气象异常

人们常形容地震预报科技人员是"上管天,下管地,中间管空气",这的确有道理。地震之前,气象也常常出现反常。主要有震前闷热,人焦灼烦躁,久旱不雨或霪雨绵绵,黄雾四塞,日光晦暗,怪风狂起,六月冰雹,等等。如:浮云在天空呈极长的射线状,射线中心指向的位置就是中心地震的位置,这样的射线云层很容易被人们观察到。

地震云也被认为是典型的前兆。

(4)地声异常

地声异常是指地震前来自地下的声音。其声有如炮响雷鸣,也有如重车行驶、大风鼓荡等多种多样。当地震发生时,有纵波从震源辐射,沿地面传播,使空气振动发声,由于纵波速度较大但势弱,人们只闻其声,而不觉地动,需横波到后才有动的感觉。所以,震中区往往有"每震之先,地内声响,似地气鼓荡,如鼎内沸水膨胀"的记载。如果在震中区,3级地震往往可听到地声。地声是地下岩石的结构、构造及其所含的液体、气体运动变化的结果,有相当大部分地声是临震征兆。掌握地声知识就有可能对地震起到较好的预测预防效果。

(5)地光异常

地光异常是指地震前来自地下的光亮,其颜色多种多样,可见到日常生活中罕见的混合色,如银蓝色、白紫色等,但以红色与白色为主;其形态也各异,有带状、球状、柱状、弥漫状等。一般地光出现的范围较大,多在震前几小时到几分钟内出现,持续几秒钟。我国海城、龙陵、唐山、松潘等地震时及地震前后都出现了丰富多彩的发光现象。地光多伴随地震、山崩、滑坡、塌陷或喷沙冒水、喷气等自然现象同时出现,常沿断裂带或一个区域作有规律的迁移,且与其他宏观微观异常同步,其成因总是与地壳运动密切相关,受地质条件及地表和大气状态控制,能对人或动、植物造成不同程度的危害。

目前我国地震观测人员所掌握的地光异常报告,都在震前几秒钟至1分钟。如海城地震,澜沧、耿马地震等都搜集到了类似的报告。

(6)地气异常

地气异常指地震前来自地下的雾气,又称地气雾或地雾。这种雾气,具有白、黑、黄等多种颜色,有时无色,常在震前几天至几分钟内出现,常伴随怪味,有时伴有声响或带有高温。

(7)地动异常

地动异常是指地震前地面出现的晃动。地震时地面剧烈振动,是众所周知的现象。但地震尚未发生之前,有时感到地面也晃动,这种晃动与地震时不同,摆动得十分缓慢,地震仪常记录不到,但很多人可以感觉得到。最为显著的地动异常出现于1975年2月4日海城7.3级地震之前,从1974年12月下旬到1975年1月末,在丹东、宽甸、凤城、沈阳、岫岩等地出现过17次地动。

(8)地鼓异常

地鼓异常是指地震前地面上出现鼓包。1973年2月6日四川炉霍7.9级地震前约半年,甘孜县拖坝区一草坪上出现一地鼓,形状如倒扣的铁锅,高20cm左右,四周断续出现裂缝,鼓起几天后消失,反复多次,直到发生地震。与地鼓类似的异常还有地裂缝、地陷等。

(9)电磁异常

电磁异常是指地震前家用电器如收音机、电视机、日光灯等出现的异常。最为常见的电磁异常是收音机失灵,在北方地区日光灯在震前自明也较为常见。1976年7月28日唐山7.8级地震前几天,唐山及其邻区很多收音机失灵,声音忽大忽小,时有时无,调频不准,有时连续出现噪音。同样是唐山地震前,市内有人见到关闭的荧光灯夜间先发红后亮起来,北京有人睡前关闭了日光灯,但灯仍亮着不息。电磁异常还包括一些电机设备工作不正常,如微波站异常、无线电厂受干扰、电子闹钟失灵等。

地震宏观异常在地震预测尤其是短临预报中具有重要的作用,1975年辽宁海城7.3级地震和1976年松潘、平武7.2级地震前,地震工作者和广大群众曾观察到大量的宏观异常现象,为这两次地震的成功预报提供了重要资料。不过地震学者提醒公众也应当注意,上面所列举的多种宏观现象可能由多种原因造成,不一定都是地震的预兆。例如:井水和泉水的涨落可能和降雨的多少有关,也可能受附近抽水、排水和施工的影响,井水的变色变味可能因污染引起,动物的异常表现可能与天气变化、疾病、发情、外界刺激等因素有关,还要注意不要把电焊弧光、闪电等误认为地光,不要把雷声误认为地声,不要把燃放烟花爆竹和信号弹当成地下冒火球。

3. 地震的微观前兆异常

人的感官无法觉察,只有用专门的仪器才能测量到的地震异常称为地震的微观异常,主要包括以下几类。

(1)地震活动异常:大小地震之间有一定的关系。大地震虽然不多,中小地震却不少,研究中小地震活动的特点。有可能帮助人们预测未来大震的发生。

(2)地壳形变异常:大地震发生前,震中附近地区的地壳可能发生微小的形变。某些断层两侧的岩层可能出现微小的位移,借助于精密的仪器,可以测出这种十分微弱的变化。分析这些资料,可以帮助人们预测未来大震的发生,包括地壳应力应变观测。

(3)地球物理变化:在地震孕育过程中,震源区及其周围岩石的物理性质可能出现一些变化,利用精密仪器测定不同地区重力、地电和地磁的变化,也可以帮助人们预测地震。

(4)地下流体的变化:地下水(井水、泉水、地下岩层中所含的水)、石油和天然气、地下岩层中还可能产生和贮存一些其他气体,这些都是地下流体。用仪器测定地下流体的化学成份和某些物理量,如水氡,研究它们的变化,可以帮助人们预测地震。

作者认为,从观测方法看,地震前兆分为直观观察前兆、仪器观测前兆;从人类认知方法和技术看,地震前兆分为观测前兆、监测前兆和遥测前兆;从地震灾害的应急反应属性看,地震前兆分为确定性前兆和不确定性前兆;从预测科学逻辑看,地震前兆分为必要条件前兆、充分条件前兆和充要条件前兆……不同的着眼点,不同的目的要求,不同学科角度,地震前兆有很多划分方法。

二、地震前兆观测

1. 直观观察

宏观前兆就属于直观环境异常观察,并不是通过仪器进行的科学观测,因此,前兆科学价值有限。

陈章立先生在《地震预测的实践与思考》(2007年)一书中,对我国各级地震部门和地震观测台站工作人员在长期的地震宏观前兆观测中积累的经验,进行了系统总结,其中不乏具有统计学意义的研究方法。

2. 仪器观测

我国从20世纪90年代开始,大力发展地震前兆观测技术,建立前兆观测台网,各种观测技术的应用提高了我国大陆地区的地震前兆观测水平,也加快了地震前兆科学探索的进程。

目前除大地形变位移、地壳应力应变观测等技术较为成熟外,地电、电磁和重力、倾斜都还处于探索阶段,尤其是重力和倾斜的观测技术较为复杂,仪器研制较为困难,所以,还没有真正在地震预测中发挥作用。

我国现行的地震前兆观测仪器的研制,还没有形成产学研相互衔接,许多地震系统以外的学者或工程师,对前兆仪器研究非常具体,但是缺乏统一的技术评价和检验规范。仪器生产和销售也远未实现产业化。

第二节 地震前兆观测与地震前兆识别现状

一、我国地震前兆观测现状

经过中国地震界几代人的努力,我国已初步建成了国家级地震前兆观测网络体系,尽管密度和分布仍然与发达国家存在较大差距,但是前兆观测网络化的意义不仅体现在对地观测技术上,而且还体现在我国防震减灾的预警体系化上。

据国家地震前兆台网中心官方网站介绍,中国地震前兆台网,是我国规模最大的直接服务于我国防震减灾事业的地震监测台网,涉及到形变、流体、电磁等多个学科,十多个观测手段,几十个观测项目,几十种观测仪器,其观测的物理量和仪器测量原理各不相同,观测手段之间的数据处理要求和重点各不一样,因此地震前兆台网的运行管理工作有其复杂性和特殊性,它要求台站观测人员、系统维护人员和数据处理人员应具有较扎实的基础知识及宽广的知识面。我国地震前兆台网的特点是规模大、覆盖面广、观测项目和仪器种类繁多。

我国的地震前兆观测和分析预报起始于20世纪60年代,经过30多年的不懈努力,几经调整、优化和改造,在我国大陆地区建立了分别由各省(市、区)地震局和中国地震局直属事业单位具体管理的400多个地震前兆监测台站。基本形成了现在的由基本台网、区域台网、地方台网共同构成的中国大陆地震监测系统。这些地震前兆观测台网在地震预报中发挥了重要作用。

中国地震局(1998年3月更名为中国地震局,之前为国家地震局,以下统一称为中国地震局)于1971年成立后,立即组织制定和实施了全国地震监测台网的建设方案。经过几年的努力,在我国大陆地区建立了分别由各省(区、市)地震局和中国地震局直属事业单位具体管理的400多个地震监测台站,其观测项目包括地震、地形变、应力应变、地下水位、地下水化学组分含量、地下水温、地磁、重力、地电阻率、大地电场等10多种学科方法,每年还开展了线路总长度达数万千米的地形变、地磁、重力等流动观测。与此同时,各地(市)、县地震工作机构和一些企业也建立了少量的地震监测台站和近万个以观测地下水动态和动物行为习性异常为主的群众业余监测哨,从而形成了遍布除台湾省外的全国各省(区、市)、多种学科方法相结合、固定台站观测与流动观测相结合、专群结合的地震监测台网。在这一阶段的后期,从1976年8月开始,还着手建设了北京、上海、沈阳、兰州、成都、昆明区域地震传输台网(简称768台网)。此后,经过不断的扩充和改造,至"九五"计划实施前,我国大陆地区由中国地震局和省(区、市)地震局管理的国家基本地震观测台网的台站86个,省级区域地震观测台网的台站302个,区域遥测台网25个(含354个子台),共计742个台(点),此外,还有180个强震观测台。地震前兆观测台网有地形变观测台站159个,273个观测台项;电磁观测台站148个,281个观测台项;地下流体观测台站102个,175个观测台项;即共有前兆观测台项729个。此外,流动重力测点1600个,总长9万km,流动地磁测点140个,总长6万km。

在我国"九五"计划期间,为加强地震监测预报和地震科学研究工作,在国家和地方政府支持下中国地震局进行了全面的监测台网改造与建设,对野外观测台站进行了大规模数字化、遥测化、自动化的改造。国家重大科学工程中国地壳运动监测(GPS)网络建设了25个连续观测基准站,56个定期复测基本站和1000个不定期复测的GPS观测站。前兆观测台网新增了305个观测台项。在"九五"计划实施前,我国的地震前兆观测台网均为模拟观测,其中不少为人工读数,数据采样率一般为日采样,至多为小时采样。经"九五"计划改造后的地震前兆台站采用了数字化观测技术,数据采样率达到了分钟值采样,部分测项达到秒采样。"九五"期间我国地震前兆观测技术系统实现了从模拟到数字化的质的飞跃,使得观测精度大幅度提高,观测信息量成数量级增加,数据处理计算机化,数据传输与共享网络化。这些台网遍及全国,可以实时或准实时收集数字化的地震或其他地球物理、地球化学观测数据,并通过计算机管理,从而为全面的地震数据服务奠定了物质基础。

"十五"中国数字地震观测网络项目建设的中国地震前兆台网包括国家重力台网、国家地磁台网、地壳形变台网、地电台网和地下流体台网5个专业台网及相应的学科台网中心(国家重力台网中心、国家地磁台网中心、地壳形变台网中心、地电台网中心和流体台网中心),两个地震前兆台阵(四川西昌台阵和甘肃天祝台阵)及1个地震前兆台阵数据处理系统,在全国各省、自治区、直辖市的防震减灾中心设立的31个地震前兆台网部,以及国家地震前兆台网中心。

国家地震前兆台网中心是全国地震前兆观测系统的枢纽和核心,是全国规模最大、内容最全、资料最完整、最具权威性的前兆台网中心。

根据上海市地震局的一项资料显示,衡量一个区域地震前兆台网对地震异常的检测能力可从以下

3方面考察:其一是测项的密度,以每平方km的测项为单位,密度高为佳;其二是形成观测网的仪器种类,比较齐全为好;其三是仪器的技术水平。据我国"七五"攻关的研究成果,震前观测到异常的台站和项目的比例,随着震级的大小和距离未来震中的远近而不同,但总的来说很低。例如6~6.9级地震的中期异常,距离100km之内有15%的台站和9%的测项能记录到,100~200km之间分别为8%和6%;而对于5.0~5.9级地震,100km之内能记录到中期异常的台站和测项分别为3%和1%,100~200km的距离,此两项数据都降为1%。由此可见,一个地震前兆台网所含观测种类的多寡和观测台项密度的高低,是评价其检测中强以上地震能力的重要指标。观测仪器的水平也是一个衡量地震前兆观测能力的重要指标。

自20世纪70年代以来,我国地震前兆观测从无到有,由点状专业观测和零星非专业观测开始起步,改革开放以后,随着社会经济的飞速发展,我国地震前兆观测也迎来了历史上最好的机遇,先后淘汰了许多非专业的前兆观测站点和观测仪器,在引进消化吸收世界先进地震前兆观测技术的基础上,自主研发了一批具有国际先进水平的前兆观测仪器,四分量钻孔应变仪和砂层应力仪就是在这样的背景下研制成功的,但是前者走上了专业化、数字化、规范化的技术道路,而后者始终处于"非主流"行列。以一斑窥全貌,两种仪器的不同发展道路,反映了我国地震前兆观测技术的发展坎坷和探索艰难。从20世纪90年代末开始,伴随计算机技术和网络技术的发展,我国地震前兆观测逐步形成数字台网,基本覆盖我国主要地震断裂带。

尽管我国的地震前兆观测与世界发达国家相比,仍然存在着密度和技术水平的差距,但是我国地震前兆观测种类非常齐全,基本涵盖了所有已知地震前兆的观测,这是发达国家所不能具备的,当然这与我国地震工作主管部门将地震预测作为一项职责和任务是密不可分的。

如同世界其他国家一样,我国的地震前兆观测仍然停留在仪器的直接反应层面,缺乏地震前兆识别技术和前兆识别技术所需的理论支持。因此,有关汶川特大地震前兆的争议,实际上并不是地震前兆是否客观存在的争论,而是地震前兆如何识别的争论。

在中国地震局和中国地震台网中心有关负责人的数次公开谈话中,作者从来没有发现他们试图否定地震前兆的客观存在,而是他们一直强调没有收到过地震前兆异常的报告。从地震前兆识别角度看,目前就是震后研究也没有发现比较系统的观点和理论体系,只是停留在曲线形式上的外观回顾研究,没有本质上的量化规律探讨,何况震前需要提供明确的前兆识别报告。在某种意义上说,中国地震局和中国地震台网中心坦承了他们在地震前无法作为的症结和困惑。因此,地震前兆识别是实现地震预测突破的关键。

二、我国地震前兆识别现状

对于大量的地震前兆观测数据,国内外都较普遍地沿用直观形式识别,即通过观测地震前兆信息曲线与震例前兆曲线进行形式比对,以及通过观测地震前兆信息的数字化数据与震例前兆数据进行某种近似值的比较研究,从中获得一些类比异常,进而识别并推测出地震发生的"时空强"概率。这种方法非常直观,但是由于是形式上的识别,没有触及地震前兆的本质特征,因此,再多的前兆观测数据也不能为地震预测提供判据支持。

地震前兆识别是地震前兆观测价值最重要的体现方式,没有理论依据和系统理论支持的地震前兆识别不能称之为地震前兆本质识别,最多也只能算是地震前兆的形式识别。这种状况如果继续下去,将会影响我国的地震预测工作和防震减灾工作。

1. *形式识别*

(1)模拟曲线外观识别

模拟曲线外观识别,基本上采用模拟曲线形状的外观相似性原理,比照震例前兆异常的曲线外观出现的频率与概率,如挤压应变脉冲的转折曲线出现锯齿形顿挫状和砂层应力的加载与卸载趋势曲线等。外观识别是一种模拟的定性识别,缺乏从本质上定量分析其成因,更缺乏相关的理论支持。

(2)数字相近比对识别

与模拟曲线外观识别相比，数字相近比对识别稍显进步，但是，仍然只是一种形式识别，未触及本质特征。这种识别方法主要是通过将观测变化转化为数字，然后采取与震例数字化信息相近的约数进行比对，在数字的相对性研究中，体现出的当前状态和未来趋势。

这两种方法在我国地震前兆识别中运用较为普遍，所以前兆识别很难获得专家学者的一致或近似认同，地震预测也就无从谈起。

2. 属性识别

(1) 曲线属性解析

曲线属性解析，是一种纯粹的曲线定性解析方法，将地震前兆按照一定的属性进行解析，如挤压应变转折曲线解析、固体潮汐作用规律解析、重力变化动态曲线解析。倾斜变化曲线解析等，都是按照一定的曲线属性进行解析，解析方法主要采用一些计算机软件进行智能化曲线生成。曲线的属性解析仍然局限于形式识别，只不过比形式识别更进一步地进行属性上的定性分析。在属性曲线的智能化生成过程中，往往会丢掉一些看似影响曲线光滑的零星"毛刺"。

(2) 数字属性归类

数字属性归类，是一种接近地震前兆本质的解析方法，将地震前兆观测信息进行数字转化，以数字量化的相近约数进行属性归类，然后在归类过程中进行特征分析。如挤压应变曲线与固体潮汐作用应变的数字属性差别等就属于这种方法。采用这种方法可以很准确地进行属性分类，为本质识别奠定数字化归类基础，是本质识别的前提。

这两种方法是目前我国地震前兆识别研究中比较具有探索价值的方法之一，其局限性仍然是属性解析和归类，并不等同于量化过程特征和量化临界特征。

3. 本质识别

(1) 曲线本质定量识别

根据观测信息的数字化属性归类，需要采取曲线本质定量识别方法，定量分析异常特征。曲线本质定量识别需要特定的统计分析方法和理论，如运用群子统计理论进行应力应变加速值曲线的异常识别，就是这种本质定量识别，在理论上对应变曲线进行群子分类和固体潮汐作用加速曲线的定量比对，使得曲线所表现的物理含义更具有量化特征。当然，这种识别方法的理论依据是对立统一的多体竞争最可几强度定量统计，目的是让挤压和拉张应力应变形成一种量化竞争的状态，在曲线分布状态中寻找固体潮汐作用规律的加速值点阵轨迹，在散乱的点阵分布中定量分析异常程度，进而把握地震前兆的危险程度。

(2) 数字临界量化识别

在曲线本质定量识别的基础上，借鉴材料断裂力学所体现的断裂临界量化特征方法，进行地震前兆的应力应变临界量化识别，从地壳断裂的理论极限分析中获取4种地震前兆危险度参数，定量识别地震前兆的危险程度和临界特征。数字临界量化识别，同样需要特定的地震成因理论支持和特定的多体对立统一最可几强度统计方法。作者创建并倡导这种地震前兆识别方法。

因此，地震前兆识别的理论依据和理论方法需要系统化、定量化、明显化。

第三节 地震前兆识别的理论依据和理论支持

一、地震前兆识别与地震成因理论密切相关

什么样的地震成因理论决定了什么样的地震前兆识别方法，由于"板块理论"在地震成因上定性假设和判断，直接导致地震前兆识别沿用形式识别方法，"板块理论"的实质就是一种形式假设。

因此，作者基于地壳断裂流变动力学创建的地震新成因理论，既是地震成因本质量化的探讨，也是

地震断裂极限的临界特征量化过程。地壳断裂流变动力学是地震前兆识别的重要理论依据。

二、地震前兆识别技术的理论支持

地震前兆识别仅有新的地震成因理论依据是不够的，还需要特定的多体对立统一最可几强度统计分析方法，因此，群子统计力学就成为了地震前兆识别的一种理论支持，无论是统计的过程量化，还是地壳断裂极限临界量化，都需要与地壳断裂流变动力学相匹配的量化统计分析方法，共同构成地震前兆的前瞻性定量分析理论体系。

第四节　汶川特大地震前兆回顾性识别研究的误区

一、回顾性识别与前瞻性识别的本质区别

在汶川特大地震的研究中，许多专家和学者都进行了广泛探索。无论是地球物理学的探讨，还是地震动力概率学的研究；无论是地震科学再认识，还是天文历法与潮汐规律探讨；无论是宏观前兆异常研究，还是地震周期预测；无论是地震前兆观测数据研究，还是震前震后比较研究，基本上都体现为回顾性特征比对和描述。许多新闻和公开论文都已报道，作者无意评价这些回顾性识别的科学性和探索性，所以在此不便列举。

在作者看来，地震前兆的回顾性识别与前瞻性识别具有本质区别。

1. 以地震发生后角度看待地震发生前的征兆

许多专家、学者在震前对征兆异常的典型性和必然性判断没有把握，即便是知道异常的表观现象，但是没有确定性根源依据，于是，在震后对前兆进行回顾性识别研究中，往往以回顾方式进行特征比对，从特征比对中寻找本质根源，但是由于地震个例的差异性，这种回顾性识别往往确实是前瞻性识别的重要基础和必要环节，但没有在差异性中寻找普遍性的过程，就不可能进行趋势性识别。

2. 以地震未发生的前兆趋势量化特征看待异常征兆

作者目前进行的汶川特大地震前兆的典型性研究，尽管尚需实践上的验证，但是从理论上看，在量化地震前兆临界特征上的方法及其理论依据，本质上属于在个性中寻找普遍性的过程，是前瞻性前兆识别的基础。根据现象探求本质，根据本质量化特征推导形成前瞻性方法。因此，这种以地震发生的特征探讨到以地震未发生的前兆趋势量化特征看待异常征兆，是一种本质规律研究，是地震预测实现突破的理论基础和方法支持。

二、汶川特大地震前兆回顾性识别研究的误区

曲线形式识别、数字近似识别、曲线属性解析和数字属性归类都是典型的回顾性地震前兆识别，但是，容易造成个性研究类推普遍性的误区。本书对于各种地震前兆识别方法都有具体过程分析，在此不再赘述。总之汶川特大地震前兆的回顾性识别研究，切忌为回顾而回顾，切忌将个例类推趋势，否则，只会导致前瞻性前兆识别走向不确定性，并不能为地震前兆识别的科学探索提供确定性依据和方法。如果对这样的误区缺乏足够认识，汶川特大地震前兆识别研究就显得毫无学术价值和科学探索意义。

必要的回顾性地震前兆识别，是一个探求本质原因的过程，因此，在方法上要与前兆识别形成一贯的延续性，也就是说，研究方法一定要共用一个平台。下面作者将继续沿用应力应变加速增量方法，探讨地震前兆识别基础上的趋势量化特征。

第五节 地震前兆前瞻性识别(趋势识别)探讨

一、地震前兆回顾性识别是前瞻性识别的基础

尽管回顾性地震前兆识别与前瞻性识别本质不同,但并不等于作者否定回顾性识别的作用和意义,尤其是对地震前兆采取的量化特征方法,更是进一步探讨前瞻性识别的重要基础。回顾性识别是在个性中寻找共性的过程,而前瞻性识别则是在共性基础上进一步明确前兆趋势的物理意义。

1. 回顾性识别的必要性

作者采用回顾性识别方法的一个重要意义就在于将应力应变的波动曲线,按照挤压和拉张性质重新以加速值点阵方式,确认前兆异常的物理意义,便于从地壳内应力失衡角度理解引起地震的必然条件;便于地壳内应力失衡过程在固体潮汐作用规律背景下体现出量化特征;便于从应力应变的加速度上明确前兆的异常最可几强度。因此,作者在前几章的回顾性地震前兆识别过程中,从地壳断裂流变动力学出发,通过压应变加速值(N^-)和张应变加速值(N^+)之间每一天竞争比(N^-/N^+)来量化2008年1月1日至5月12日间孕震的不同阶段,较为清晰地划分了汶川特大地震前兆异常的"应力应变加载"、"挤压应力和形变之间抗争拉锯"、"短临"、"僵持缓静"、"迫震临震"5个阶段的特征(图10-3),为进一步探讨挤压应力应变加速增量异常的物理意义奠定了量化基础和阶段特征。

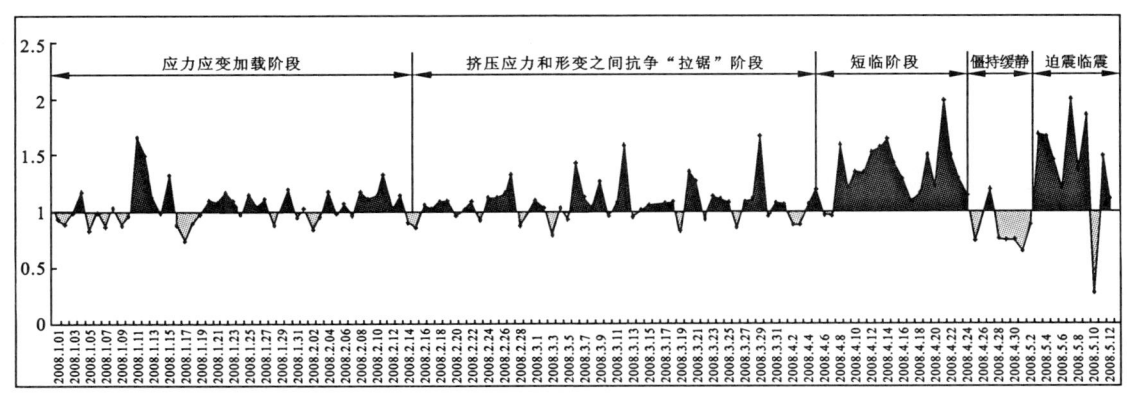

图10-3 2008年姑咱(应变)台N(●)/N(○)预测判断指数

2. 前瞻性识别是目的

前瞻性识别又称趋势识别,是在回顾性识别的基础上进一步明确应力应变异常趋势的量化方法,对于地震预测具有重要的科学探索意义。

从图10-3中可以看出,短临、僵持缓静和迫震临震曲线的峰谷密集,确定了孕震的量化阶段。如果假设汶川特大地震没有发生,这种阶段划分既无依据,也无意义,但是具有应力应变异常分析研究功用,而且为趋势识别提供异常辨认方法和量化特征。趋势识别的一个重要特征就是应力应变前兆异常的标志性"信号",以某种量化的特征作为地震前兆的一个标志。

作者在此需要说明的是,在挤压应力加速持续增量过程中,应变在固体潮汐作用背景下,会出现强弱波动,应变加速增强的幅度在加速弱化的幅度波动后,挤压应力的加速持续增量就失去了其物理意义,而导致应力应变异常趋势不明。因此,回顾性识别可以明确应力应变前兆异常的过程,但尚不能提供趋势性标识。为了明确挤压应力应变异常趋势,作者提出了应力应变异常趋势识别的方法,并就其依据探讨如下。

以固体潮汐作用为背景。

如果出现应变能加速弱化的幅度小于增强幅度,无论有无固体潮汐作用辅助,表明挤压应变能仍然

朝着急剧加速增长的方向发展,异常的趋势就非常明确。

如果出现应变能加速弱化的幅度等于增强幅度,没有固体潮汐作用辅助,表明挤压应变能的加速增量仍然处于危险的趋势中;如果出现的加速弱化的幅度等于增强幅度,即使有固体潮汐作用辅助,也没有实际的物理意义,不会导致异常继续。

如果出现应变能加速弱化的幅度大于增强幅度,出现在固体潮汐作用辅助背景下,异常危险性不能解除,但尚需时日继续观察;如果出现应变能加速弱化的幅度大于增强幅度,又没有固体潮汐作用辅助,基本可以判断趋势并不危险。

为此,作者可以从正负应变竞争比(N^-/N^+)中以挤压应变为主计算出挤压应变能级趋势的可持续再加速速率,以便反映应变异常趋势的最可几强度。将图10-3转化成下列挤压应变能总趋势形态图(图10-4)。

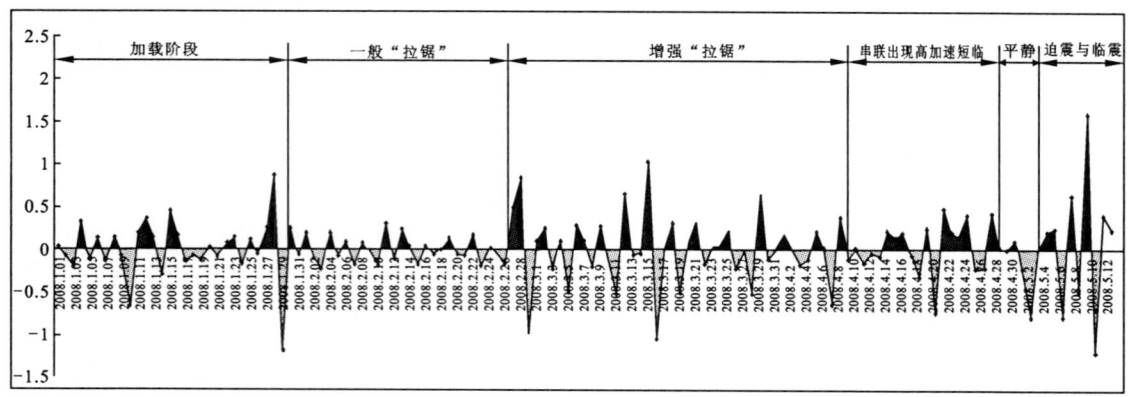

图10-4　2008年姑咱(应变)台N(●)/N(○)预测判断指数(趋势识别)

由图10-4可以看出,汶川特大地震的应力应变前兆异常呈现下列特点。

(1)在2008年1月间,有一次比一次明显的挤压应变能加载的过程;

(2)在2008年2月间,挤压应力和应变之间存在"拉锯"反复较量过程;

(3)在2008年2月底至3月间出现"拉锯"进一步增强的过程;

(4)进入2008年4月初,开始出现双持续现象,即压应变加速值持续的时间和正应变加速值持续的次数明显增加,挤压应变能出现加速增强的趋势;

(5)进入2008年4月底至5月初出现应变能僵持的缓静状态;

(6)从5月4日起开始出现应变能异常的加速竞争强度,体现不可逆的趋势,因为此时固体潮汐作用正处于由弱趋强的过程,但是挤压应变能的加速增量幅度仍然持续攀高,而且并不受应变加速减弱幅度影响,相反每加速减弱一次,加速增强的幅度更大一次,每次克服加速减弱的加速应变能增强,都是一次挤压应变趋势的强化,最终导致趋势不可逆转,引起地震。

从这里可以看出,经二次加速率的处理,也就是相当于数学上面二阶微分的处理,从而使挤压应变能加速增量的潜在力和突发力之间比例更加明显,更好地反映了地壳内部挤压应力异常的可持续性和未来地震发生的可能性,但应该强调上述的趋势识别并不能够直接提示短临或者临震的信号,有关这一方面的理论和演示将在以后的章节里加以讨论。

二、2009年姑咱应变台的趋势识别探讨

1. 前兆识别的过程

为了便于比较,作者先按前兆识别方式将2009年姑咱台的应变数据以加速值竞争比(N^-/N^+)与时间关系绘制应力应变过程图(图10-5)。

仅就挤压应力应变的加速增量过程来看,姑咱台2009年所观测到的应变能情况确实比去年更为异

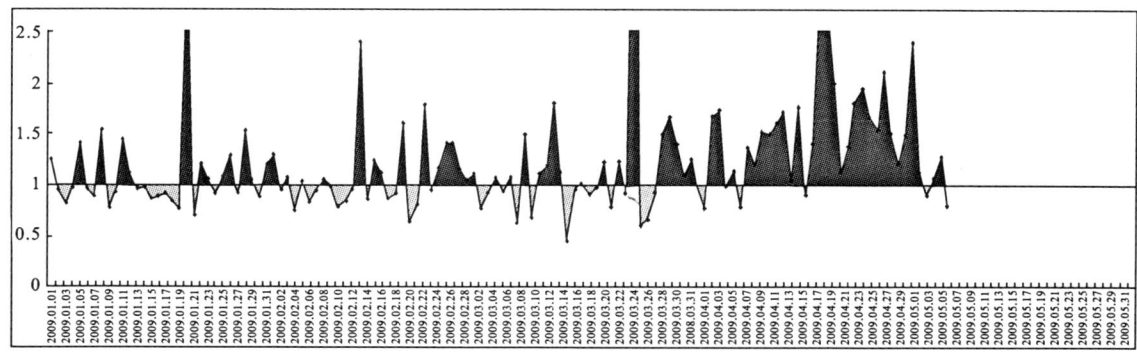

图 10-5　2009 年姑咱（应变）台 N(●)/ N(○)识别过程

常,原因很简单,强震并没有使挤压应变能马上松弛下来,而是累积太多,释能的爆发力在瞬间难以缓解,需要多次长时间的释放才能慢慢松弛下来,因此,2009 年姑咱台的应变能形势仍不容乐观。

2. 趋势识别的标志

尽管如此,作者通过挤压应变的二次加速速率变化看应变能异常趋势,总体不会出现较强地震,间歇性的 3、4、5 级汶川余震还会持续一段时间(图 10-6)。

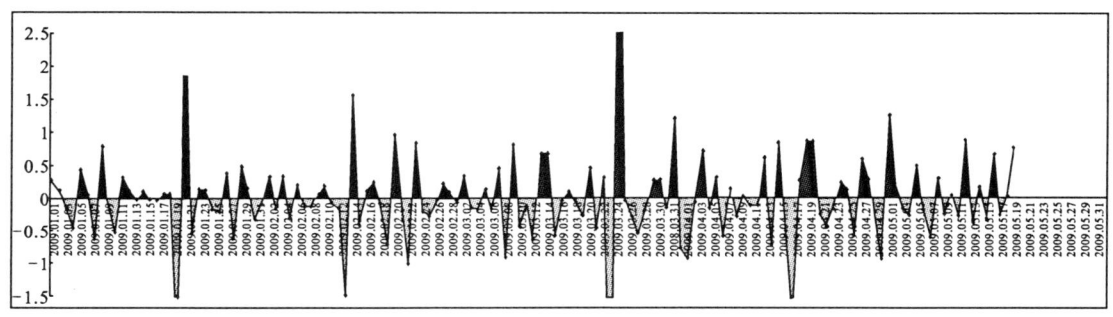

图 10-6　2009 年姑咱(应变)台 N(●)/ N(○)识别判断指数(趋势识别)

由图 10-6 可以看出,没有出现强震应有的挤压应变能前兆连续性加速增量现象,而都分成单一的峰谷,而每一个峰谷都对应着 2009 年 1 月 1 日至 5 月 20 日的大大小小汶川余震。下面是震级大于 4 级的前瞻性趋势识别标志。

2009 年 1 月 1 日—1 月 31 日

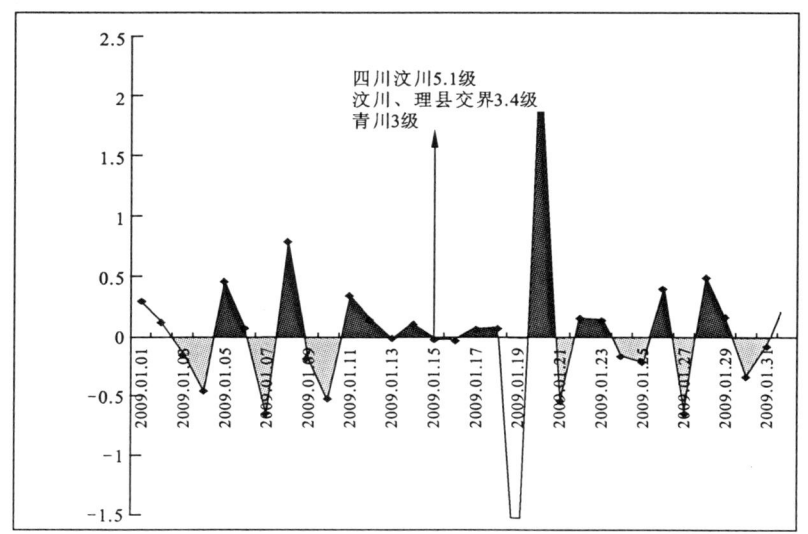

2009年2月1日—2月28日

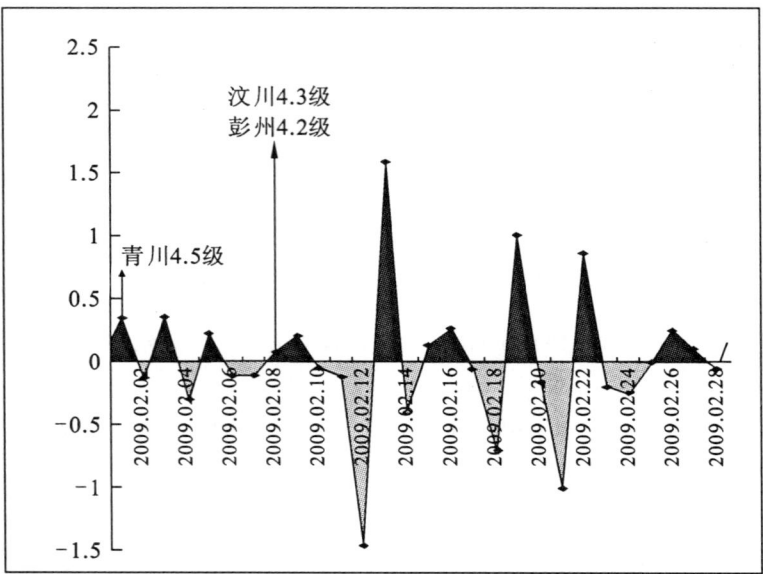

2009年3月1日—3月31日

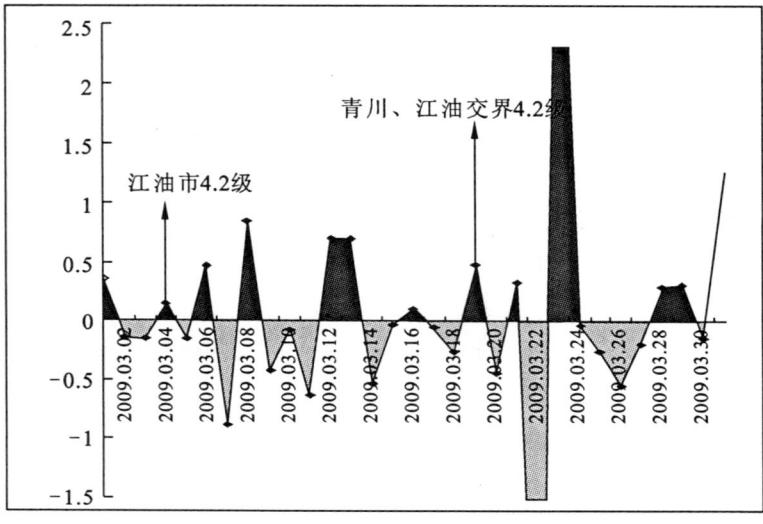

2009年4月1日—4月30日

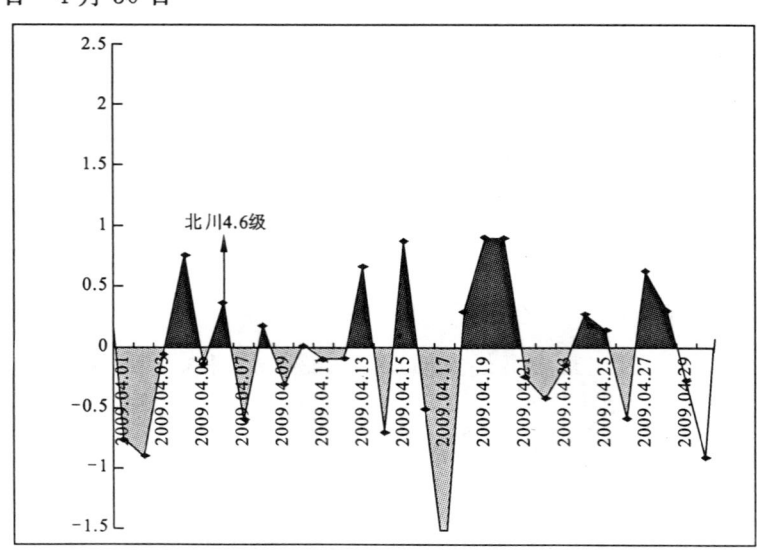

2009年5月1日—5月21日

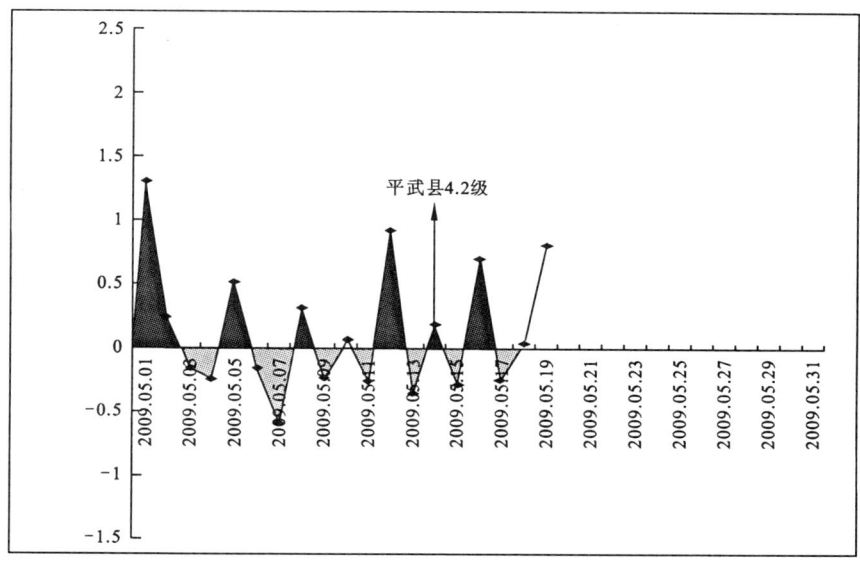

由上可以看出,凡是强度较高的地震,都会出现前兆的应变能级趋势加速增强与克服应变能加速减弱的过程;都会出现挤压应变能趋势加速增强的固体潮汐作用背景弱化过程。在固体潮汐作用辅助下,挤压应变能的持续加速减弱极限,就是挤压应力突破的临界,这就是清晰的应力应变异常趋势的临震信号。

三、徐州应变观测的应力应变前兆趋势

由图10-7可以看出,自从进入2009年4月份以来,徐州应变台所观测的应力应变过程显示异常,经二次加速速率变化趋势分析后,从图形上看,似乎要出现应变能加速增强与应变能加速减弱竞争的交错不可逆现象,由于这种趋势性识别的办法只告诉地壳内部挤压应力和张弛应力之间的抗争过程,使我们的预测工作不能掉以轻心。但是上述趋势识别并不能直接体现临震的到来,因此趋势性的研究对孕震过程及孕震机理有指导意义,而对预警尚需要通过更高层次的参数才能有所体现。

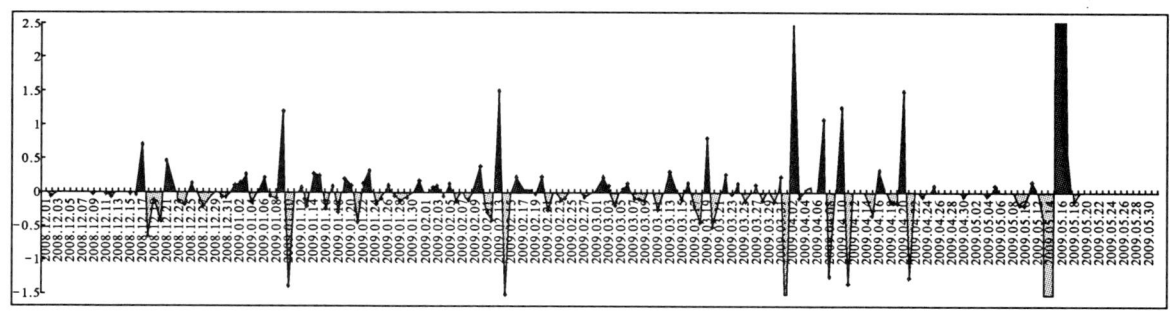

图10-7　2009年1月至5月徐州(应变)台N(●)/N(○)地震预测判断指数所反映的孕震总趋势

四、双重加速值方法能有效消除四分量应变仪正负固有值不平衡

分量钻孔应变仪在安装时,由于钻孔与测试仪外管之间的填料与固化不均匀性,造成正负应变值不均衡的现象。这对正确判断压应变严重程度很有影响,有时表现虚假"危险",有时表现虚假"平安"。要彻底解决这个问题,只有对每一天的加速值再次进行相对时间的"微商",进行应变能的量化,这样就可以得到有不受安装影响的平衡线。例如金河台的N^+、N^-的平衡线不在1位置,而是在0.5~1之间(图10-8)。

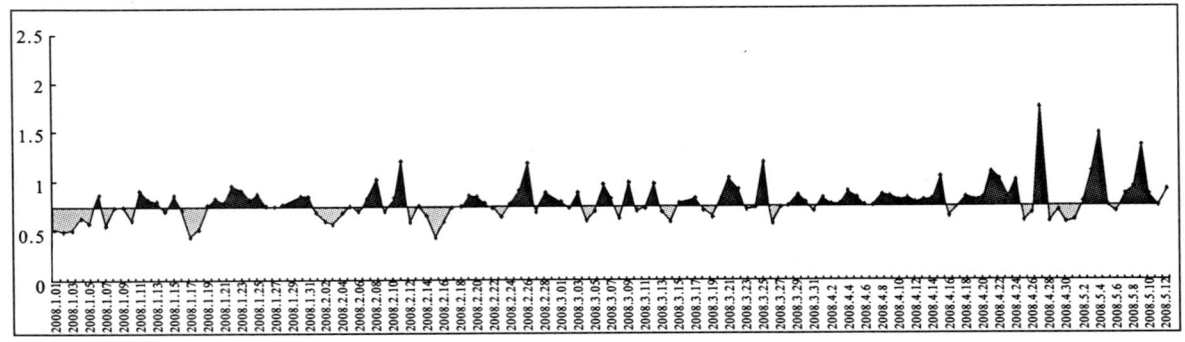

图10-8　2008年金河(应变)台 N(●)/ N(○)地震预测判断指数所反映的孕震总趋势

由图10-8可以看出，$N^-/N^+=1$ 的位置上挤压应变几乎没有了，这样很容易出现识别误导，但是，采用二次加速值处理之后，出现了较强的挤压应变能加速现象，明确了趋势，避免了误判（图10-9）。

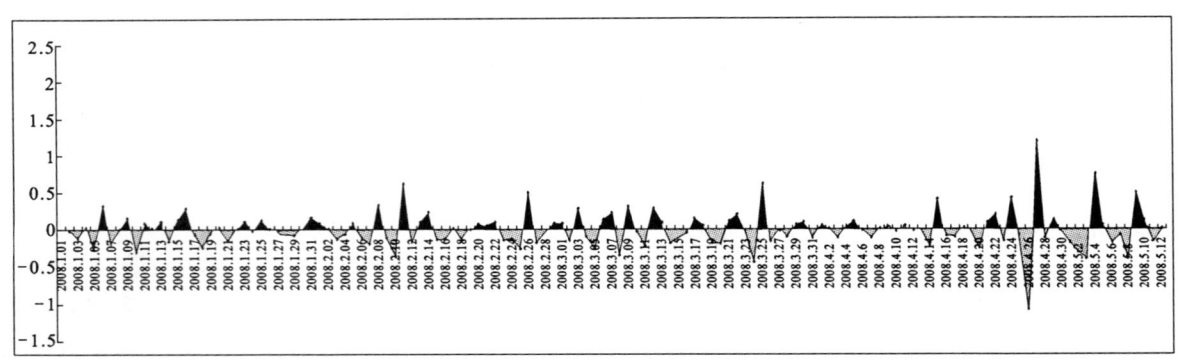

图10-9　2008年金河(应变)台 N(●)/ N(○)识别判断指数(二次判据)所反映的孕震总趋势

由图10-9可以看出，金河台也比较清楚地反映了2008年5月12日汶川地震前的短临信号（4月27日）、迫震信号（5月4日）、临震信号（5月10日），但与震中距离较远，故挤压应变能信号的强度不像姑咱台那么明显。

我们从压应变再加速形成挤压应变能优先持续性分析中，可以获得孕震的前瞻性总趋势与可能要发生强地震之间的必然联系，是本节的核心内容。

第十一章　地震预测方法与地震预测理论探讨

【摘要】作者根据应力耗散理论探讨了地壳"自组织"现象,提出地震预测理论体系的构建轮廓,并结合地壳应力应变、重力和地倾斜等形变前兆体系的相互关系和内在必然,确立了地震前兆识别和地震预测方法。

第一节　地壳"自组织"现象的不确定性与确定性

一、地壳内部"自组织"的不确定性

地壳内部的运动具有"自组织"特征,即大的相互作用系统会自然而然地朝着一种自组织临界态演进,其结果,小事件冲击会引起连锁反应而可能导致一场大灾难,所以一些地震学者认为,地壳内部有太多的这种不确定性,预测地震很难。显然,不确定性是地壳内部运动"自组织"现象的重要特性。在研究地壳应力应变加速异常的过程中,作者发现,地壳应力的异常很可能因为耗散过程而形成耗散结构,导致地震并不是一个必然结果。也正是由于地壳的这种耗散结构,导致了地壳内部运动的"自组织"不确定现象,进而被一些地震学家引用,才成为地震不可预测的重要依据。严格地说,"自组织"不是一个理论,而是一种现象,是一种由耗散过程形成耗散结构的现象。

二、"自组织现象"的确定性

透明过冷的水,不出现水晶,一旦加入非常小的固体杂质,整个液态水瞬间会变成晶状水体,在这一过程中,水分子的动能以结晶热的形式耗散出来,同时每个水分子都以很规整的排列方式进入到冰的晶体中,是有序的确定性过程。

尽管地壳不像晶体那样是一个规整的结构,地震也不可能造就出规整的地质结构,但是,地壳应力加速聚积→破碎耗散→再加速聚积是一个动态的确定性过程,类似于"液晶"一样的亚稳定状态。因此,当地壳内应力达到某种临界状态之时,一个微小的小震就可以引发大地震,大地震再触发这种"自组织现象"循环出现,这也就是地震具有一定周期律的根本原因。

三、"自组织现象"与"耗散理论"

"自组织现象"的不确定性经常被认为是"耗散理论"的一个必然现象,但是其确定性的特质却经常被忽视,"耗散理论"为这种确定性特质奠定了动态过程基础。

(1)根据耗散理论可知,地壳内部结构处于非线性状态,是一个"活的结构",是不具有对称形态的结构,是不断同外界进行传质、传能的开放体系,这就是地壳孕震过程是由地壳内强大的动力源从不同时间、不同空间加速作用的体系,正是这种"活的结构",一旦外界停止向系统供给应力能,那么孕震过程与地震就不存在必然关系。耗散是一个过程,也是一个动态的开放过程,只有掌握了这个动态性过程,并通过一定密度的观测台网,定量认识体系范围特征,才能在不确定性逻辑关系中找到必然性规律。

(2)耗散过程是一个突变过程,应力能在临界状态下突变的时间非常短暂,也就是最终导致地震,具有逻辑必然意义的临震信号,并不会出现在提前量很大的震前时间里。根据2008年"5·12"汶川特大

地震和2009年几次中低强度地震的孕震过程来看,类似于材料冲击断裂过程:有明显的信号,如断裂之前总是有预断、迫断及临断信号,地震前也有短临、迫震及临震信号,其中临震信号一般出现在震前两三天,有的几小时、几分钟,甚至几十秒钟内,因此,动态实时追踪观测是一个重要的基础性保证。

(3)耗散过程有快有慢,其中慢过程容易造成压应力的累积,引起地震的可能性高。因此,地震强度的累计和时间的累计之间常常表现出两种机制:一是快速动力学机制;二是慢速动力学机制,而后一种机制导致大地震的概率高。

(4)地壳结构的任何突变和震荡都需要外应力的加速作用,因此,在各种物理、化学的前兆观测中,选择与力学因素有关的应力、应变、重力、倾斜等观测方法所获得的地震前兆信息,通过加速、加速增量和加速增量时间的动态变化,定量识别前兆信息的异常危险度,是地震预测方法的核心。

四、"自组织现象"的加速特性是地震必然逻辑过程的本质属性

其实,无论"自组织现象"如何不确定,无论耗散过程和耗散结构重建如何导致地震逻辑的不充分,地壳结构的任何突变和震荡都需要体系间不断地传质、传能,都需要不断的力学的加速作用。因此,地壳结构的突发性震荡一定表现为大地运动的加速度,作者深信专门通过监测大地运动的速率方法超前预测地震的必然到来,是更好地把握临震信号的重要手段。

第二节 地震预测理论与地震预测方法

曾经担任过中国地震局局长的陈章立研究员,在他所著的《地震预报的实践与思考》(2007年)一书中,对我国地震预报实践的经验和教训作了系统总结。作者认为,陈章立先生的这本专著能够基本反应我国地震预报的实际水平和大致全貌,因此,作为一个材料科学工作者,一个地震预报的局外人士,作者仅就地震预测的两个关键问题:一是地震预测理论、一是地震预测方法,谈谈个人认识和理解,为作者在本章后面所探讨的中国大陆地区2009年地壳断裂相关的应力应变基本形势和趋势,做一个铺垫,做一个引言,以方便读者理解。

一、预测努力与预测实践的差距

汶川特大地震后,一直为媒体和公众引用的1975年辽宁海城地震的成功预报,是支撑公众和社会各界对地震预报仍然抱有乐观信心的重要例证,其意义在地震预测科学上的地位和价值是标志性的,它将地震预测探索与地震确定预报的界限正式删除,为我国的防震减灾工作加载上了一个沉重的符号,也将一个具有探索意义的科学问题,演变成了科学人文和社会管理问题。作者认为,有必要对海城地震预报的典型意义和非典型特征,在理论上予以客观分析,还原其科学探索的本质,回归久违的科学理性。

1975年2月4日,辽宁海城发生7.3级强地震。震区致灾面积约为$760km^2$。这是我国东北人口稠密、工业发达地区,首次遭受震级强度高,人员伤亡小的一次地震。由于地震部门对这次地震作出了临震预报,当地政府及时采取了防震措施,灾害损失大大减轻,除房屋建筑和其他工程结构遭受到不同程度的破坏和损失外,地震时大多数人都撤离了房屋,人员伤亡大幅度减少,伤亡人员总数为29 579人,占总人口的0.32%,其中死亡2 041人,占总人口的0.02%。伤亡人员多为老、弱、病、残、儿童。灾害损失总计约8.1亿元人民币。地面喷沙孔大的直径达2.5m。震裂带长约5.5km,裂缝带宽处达40m。受波及的营口市破坏面积占全市总面积的53.1%。震后,及时展开了救灾工作。解放军出动了3.5万余人,1 173部汽车,12架飞机参加救灾。派进灾区的医疗队达到101个,人员3 480人。震后两天供水修复;2月7日灾区全部恢复供电。灾民群众在"三防"简易房度过了春节。交通和工农业生产一个月后基本上得到恢复。海城地震预报的成功取得了巨大的社会效益和经济效益。据推测,如无预报,人员伤亡将达到15万人左右,经济损失将超过50亿元人民币。尽管作者对于将推测作为衡量预报效果的标准不大赞同,但是有准备地应对地震灾害仍然是人类文明进步的重要标志。

根据陈章立先生《地震预报的实践与思考》(2007年)和中国地震局监测预报专业人士介绍,地震学界普遍认可海城预报所取得的宝贵经验。

(1)掌握了海城震源区周围发生的6个小震群的前兆意义;
(2)观测到海城震源区地下流体化学组成的异常;
(3)地下水位出现异常的空间分布围绕震源区;
(4)群测群防在动物行为异常数量及其分布的观测上发挥了重要作用。

采用类似方法,成功地预测了1976年8月16日四川松潘7.2级地震,但是,在后来许多次地震的预测中,上述方法没有取得成功。对此,陈章立先生坦言:"近几十年来人们所进行的地震预报努力显然获得了有限的成功,但所遭受的挫折多于成功,未能作出预报的中强以上地震是多数,这表明地震预报至今是当代自然科学领域里一个难度很大的科学问题"。他还认为,"这一切来自于地球内部的不见性。这决定着迄今为止,人们所进行的地震预报努力所遭受的挫折远多于成功。但有限的成功表明地震预报的希望与困难同在,希望已经不再是一种臆想,而是有科学根据的,而一次又一次的挫折,促使人们深入思考地震预测的困难性、复杂性问题,探索地震预报的新思路、新方法"。他也详细分析了失败的原因。但是,作者从预测科学属性看,地震预测失败大于成功的主要原因是:预测理论缺失;典型模型误导;统计学概率绝对化;前兆识别与预测逻辑混淆等。

二、地震预测理论缺失

作者认为,无论是海城地震还是松潘地震预测成功,或其他预测失败,原因不在上述总结的4点典型地震前兆本身,而是在于数理统计的概率被类似地震前兆强化到了绝对,预测模型的典型性判据中忽视了非典型特征的研究和考证,这两个人为误区直接导致地震前兆识别与地震预测逻辑的混淆,更深层次的原因则是预测理论的缺失。"当事者迷,旁观者清",也许作者没有预测预报成功与失败的心理负担和心理责任,所以能更坦然地进行相关研究和思考。

作者认为,地震预测理论的缺失表现在如下几个方面。

(1)地震成因理论探讨被权威经典理论淹没,未能形成地震预测探讨的学术争鸣氛围,使地震预测陷入只有一种理论依据的线性误区。而权威经典理论在地震预测方面又不足以支撑预测逻辑体系的充分必要性,所以,预测失败在预测理论依据上是必然的,相反成功是偶然的。地震预测理论的基础是地震成因认识和规律把握。

(2)基于经典地震成因理论建立的预测模型,其典型性误导了地震差异性的非典型特征。几乎所有地球科学学者都承认,没有哪两次地震在现象和方式上是一样的。当然,作者并不否定将地震本质上的自然共性作为典型性判据,相反,作者强调并推崇的正是,本质共性与现象、方式差异性相结合的综合考量预测逻辑体系。其中,最具有理论价值和学术意义的逻辑特征就是,地壳应力应变是地壳断裂(地震发生)的本质必然条件,重力、倾斜等前兆是地壳断裂的必要条件。无论是材料科学研究对象的复合材料,还是地震科学研究对象的地壳"超大复杂复合材料",其本质普遍性存在于导致断裂的根本原因,都是在结构缺陷区域遭受应力不平衡作用所致。物质世界的动态对立统一稳定属性,不仅是一种自然哲学概括,更是物质世界的自然科学本质世界观和方法论。离开地壳应力应变异常的任何其他前兆现象和微观变化,都不具有预测逻辑的充分必要性。因此,作者认为,预测理论的缺失和只相信经典预测模型,是地震预测失败的根本原因。

(3)没有理论支撑体系的地震前兆现象和断裂方式研究,在统计学上误入了概率绝对化的典型推理过程。如,地下水位、地下流体、动物异常、气象怪相、大地位移尺度……甚至地壳应力应变数据异常。在没有理论依据的应力应变数据判断上,尽管其属性上是地震发生的本质必然条件,但是由于数据处理方法和预测逻辑差异,仍然能够导致其本质必然属性的异化,让预测失败成为必然。无论是宏观前兆异常还是微观前兆异常,本质和现象的量化分析是根本,没有量化依据的逻辑是概率逻辑,存在不确定性误差;量化依据的逻辑是必然推理逻辑,存在确定性误差。对于类似地震这样的自然现象预测,确定性误差才是减灾学意义之所在,要想没有预测误差实现免灾是不可能的,那样就不是预测科学,也不是逻辑科学,那是数学等式,而对于自然现象的发展与趋势根本不存在数学等式,除非"人定胜天";不确定性误差,正是地震学界对地震预测较为悲观的根本原因,地震预测科学长期沿用的定性预测必须向定量预测转型,否则,我们还会在这种逻辑困惑中继续迷失方向。

(4)依据地壳应力应变的观测异常定量评价地震危险度,必须从8个方面做动力学统计分析考量,以满足预测逻辑的充分必要性。

一是应力应变的增量持续时间和频率,如 $N^-/N^+ \gg 1$ 在一个月内出现的次数;

二是应力应变增量的加速度;

三是应力应变加速增量总和 N^- 和 N^+ 的幅度;

四是应力应变持续加速异常破坏固体潮汐作用的程度 $\dfrac{R_1^+ \cdot R_2^+}{R_1^- \cdot R_2^-} \gg 10^4$ 与固体潮汐作用时间之间的相互关系;

五是应力传播介质的连续性与应力加速冲击传播通道的变化是否异常增强或缓和;

六是应力应变加速值异常区域因构造地质不同造成的异常判断标准变化;

七是应力应变加速值异常与重力、倾斜前兆观测数据的关联度;

八是应力应变加速值异常与大地运动加速速率的必然关系。

这8个方面的统计学要素缺一不可,否则预测逻辑条件就只有必要性,而没有充分性。当然,作者提出的这8个方面的统计学要素和预测逻辑条件的充分必要性,是基于地壳断裂流变动力学而建立的新的地震成因理论,以弥补地震预测理论的缺位。因此,前兆观测异常与预测逻辑尽管密切相关,但是,如果前兆观测异常不能满足预测逻辑的充分必要性,那么预测也不会成功。

三、地震预测理论及其框架概要

有关地震预测理论的基础和框架在前几章中已有详尽讨论,在此不再赘述,只是为系统化起见,对地震预测理论框架作概要式描述。

1. 建立地震预测理论体系

(1)以断裂力学、流变力学、固体潮汐力学和岩石塑性流体力学为基础;
(2)以动力学加速度、动力学加速量为主要特征;
(3)以群子多体对立竞争最可几强度统计力学为主要方法;
(4)以地壳断裂前兆临界极限为研究对象。

本体系将探求地壳应变应力、重力、倾斜等作为地壳断裂前兆的充分必然性,实现地震前兆可量化识别,回归科学理性,奠定地震灾害预警技术平台的理论和技术基础,促进政府提升灾害应急管理水平,是实现防震减灾目标的最新地震前沿学科体系。

2. 地震预测理论的框架及其系统

(1)地震预测理论基础是地壳断裂流变动力学;
(2)巴拉斯效应、重力分异释能规律、帕斯卡里连通突发性震荡原理、粘体弹性力学和固体潮汐规律,是地震预测理论的重要组成部分;
(3)地震预测理论研究对象是地壳应力应变与固体潮汐作用规律的关系;
(4)地震预测理论研究方法是群子统计理论及群子统计方法;
(5)材料断裂力学是地震前兆识别的参照体系;
(6)概念学和逻辑学是地震预测科学评价体系。

地震预测理论的创建,是作者有关地震预测研究的最大收获,也是今后展开深入研究和从事地震预测工作的重要基础,并期待在这个基础上创建预测工程体系(图11-1)。

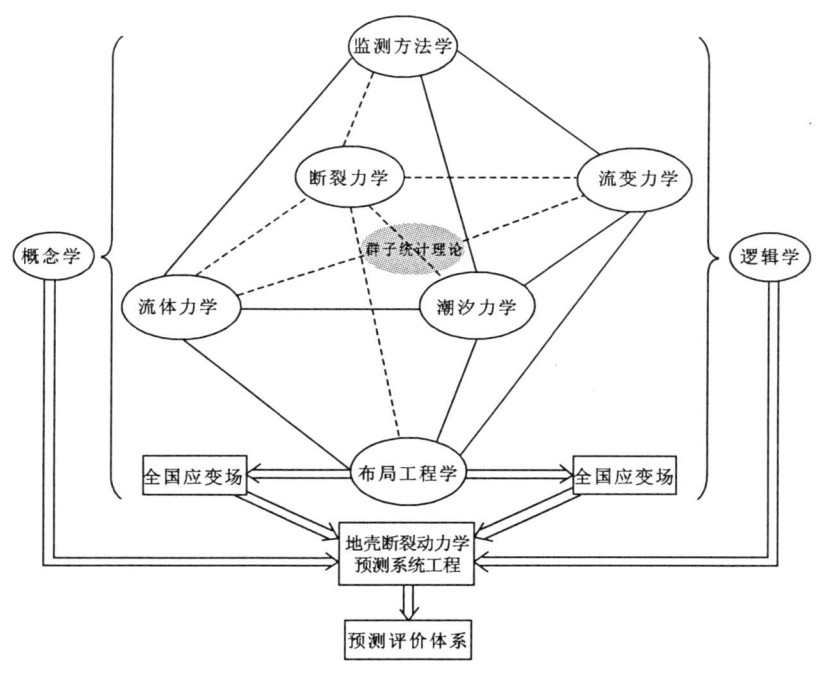

图 11-1　地壳断裂流变动力学预测地震的系统工程

第三节　基于地壳断裂流变动力学的震例研究与分析

一、汶川特大地震再研究

1. 强度、成因、类型再认识

强度是地震释放能量的大小,其中强度等于或大于 8 级的地震为特大地震。在 2008 年 5 月 12 日四川汶川发生地震后,中国地震台网中心利用国家地震台网资料的实时监测数据,速报震级为里氏 7.8 级。随后,根据国际惯例,中国地震局组织有关专家参考了全球地震台网资料在内的更多台站资料,对这次地震的参数进行了详细测定,并发现震源主震多向破裂过程,最后修订震级为里氏 8.0 级。这与美国利用全球地震台网最终修订的参数一致。

地震强度是地震能量的一个标度,它通过分布在不同地点的地震监测台站所记录到的地震波的振幅和周期来综合测定。但是,速报震级的精确度一般不高。随着更多台站数据的参与,精度会越来越准确。目前全球的地震强度测定遵循动态监测、量化指标和综合评定的原则。

汶川特大地震位于南北地震带中间的龙门山断裂带上,属于构造地震。构造地震的正常序列应有前震、主震和余震,因为地下的岩石层受到巨大的作用力发生破裂,在主破裂前已经有一些小的破裂发生了,这就是前震,强度一般比较小。然后发生主破裂,这就是主震。之后还要发生一系列的余震,这就是破裂的调整过程。但是此次汶川特大地震居然没有监测到前震,实属罕见。是因为龙门山断裂带运动位移空间尺度不明显,还是应力加速积聚与固体潮汐作用极限僵持过于持久和"平静",或是台站监测观测重点疏忽,值得总结和反思。从理论上看,汶川特大地震没有前兆的结论显然没有科学依据。

作者倾向于认为,地震前兆识别方法不当是造成汶川特大地震前兆分析遗漏和误差的主要原因,正因为如此,作者才从地震前兆识别入手,尝试创立新的地震预测理论,提出新的预测方法,恢复人们对地震预测的信心。实事求是地说,作者既没有把地震预测简单化的奢望,也没有把地震预测神秘化的无奈,作者关注和努力更多的是态度上的积极,力求理论上的创新,方法上的科学,逻辑和概念上的严谨,措施上的可行。人们对地震孕育发生的机理、规律和前兆特征不能定量化研究,是制约汶川特大地震前兆识别的关键之所在。

汶川特大地震震中位于龙门山断裂带,属于青藏高原与四川盆地的断裂隆起连接带,是南北地震带的一个组成部分。所谓南北地震带,是一条纵贯中国大陆西部,大致沿南北方向分布的地震密集带,一直备受地震地质学界关注。历史上高强度的大地震在这一地震带频发,7级以上的地震非常多。1921年宁夏海原的8.6级大地震就发生在这一地震带上,地震直接和间接导致的死亡人数达24万之巨。有专家认为,这一地震带之所以频发大地震,是因为它处于两大构造域之间,即处于太平洋构造域与青藏构造域之间。也有专家通过汶川和唐山地震对比的方法,总结了汶川特大地震的几点特征。

(1)从震级上看,汶川地震强度高于唐山地震。唐山地震强度是里氏7.6级,汶川地震是8.0级。

(2)从地缘机制断层错动上看,唐山地震是拉张性的,是上盘往下掉。汶川地震是上盘往上升,比唐山地震影响面大,破坏性大。

(3)唐山地震的震荡持续时间是12.9秒,汶川地震是22.2秒,震荡时间越长,人们感受强震的时间越长,也就是说汶川地震建筑物的震荡摆幅持续时间比唐山地震要长,毁坏性大。

(4)从地震张量的指数上看,唐山地震是2.7级,汶川地震是9.4级,差别很大。

(5)汶川地震波及的范围,造成的受灾面积比唐山地震大,这主要是由于断裂方式的原因。汶川地震是挤压断裂为主,错动方向是由北向东,也就是说汶川的东北方向受影响比较大,西部和西南部情况相对没那么严重。汶川地震震感波及面积大,几乎整个东南亚和整个东亚地区都有震感,但是在国内东北地区就几乎感觉不到。

(6)由于汶川地震震荡时间比唐山地震长,尽管唐山地震死亡高达24万,但是实际上灾害造成的多重损失和影响不如汶川地震大。

(7)汶川地震引起的地质灾害、次生灾害比唐山地震严重得多。唐山地震发生在平原地区,汶川地震发生在山区,次生灾害、地质灾害的种类都不太一样,汶川地震引起的破坏性比较大的崩塌、泥石流、滑坡和堰塞湖等,比唐山地震的次生地质灾害要严重得多。

(8)由于四川水源丰富,地震造成的堰塞湖等地质灾害,跟唐山地震造成的灾害相比广泛而复杂。

尽管汶川地震比唐山地震的震级高0.4标度,但能量差3倍之多,地震波及能量越大,地震影响范围更广,破坏性更大。另外,汶川地震的位置也非常特殊。唐山地震发生在中国东部,因为东部地区延迟线比较薄,东部地震波衰减厉害,而四川的延迟线厚,地震波衰减慢。从这个角度看,汶川地震造成的影响要比唐山地震大。

也有观点认为汶川地震属于逆冲、右旋、挤压型断层地震。发震构造是龙门山构造带中央断裂带,在挤压应力作用下,由南西向北东逆冲运动,致使余震向北东方向扩张,挤压型逆冲断层地震在主震之后,应力传播和释放过程比较缓慢,可能导致余震强度较大,持续时间较长。

还有观点认为,汶川地震属于浅源地震,不属于深板块边界的效应,发生在地壳脆——韧性转换带,震源深度为10～20km,因此破坏性巨大。

地震专家比较普遍的观点认为,我国地处欧亚地震带和环太平洋地震带之间,形成了我国地震活动具有"强、广、浅、长"的四大特征,地震灾害多发而且严重。地震强度大,历史上我国曾发生过一系列7～8级强震;分布范围广,我国有26个省、自治区发生过5级以上地震,有12个省、市发生7级以上地震,且多发生在人口稠密的地区和城市;震源浅,所以造成的破坏和损失就比较严重;地震伴随活动持续时间长,像汶川特大地震这样的强震,在震后1年多的时间里竟然出现了数百次余震、地质滑坡、泥石流等地震伴随活动。

更有专家从全球两大地震带的活动来看汶川特大地震的成因。如,从环太平洋地震带(分布在太平洋周围,像一个巨大的花环,把大陆与海洋分隔开来)来看,汶川地震似乎与这个环形地震带没有直接关系;从地中海-喜马拉雅地震带来看,从地中海向东,一支经中亚至喜马拉雅山,然后向南经我国横断山脉,过缅甸,呈弧形转向东南,至印度尼西亚;另一支从中亚向东北延伸,至堪察加的地震带,分布比较零散。经典的板块碰撞致震理论认为,地震灾害绝大部分来自板块内大陆地震。根据 20 世纪以来的地震灾害统计,大陆地震所造成的地震灾害占全球地震灾害的 85%。全球每年要发生 500 万次地震,绝大多数是人们感觉不到的小地震,大地震相对较少,其中 6 级以上强震每年发生 10～200 次;7 级以上大地震平均每年 18 次,达到 8 级或 8 级以上的巨大地震平均每年 1～2 次。

根据上述情况,板块理论界认为我国正处于世界两大地震带之间,处在欧亚板块的东南隅,东南部印度板块向北推挤,东部地区(台湾以东地区)受"菲律宾板块"影响向北西方向俯冲,而我国正处在几大"板块"的交接部位,严重受"太平洋板块"、"印度板块"和"菲律宾板块"的挤压,使我国成为地震比较多的国家。至于为什么我国作为板内大陆,有那么多地震断裂且为地震最多的国家,还不能完全解释其原因。根据 20 世纪有仪器记录资料的统计,我国地震占全球大陆地震的 33%,平均每年发生 30 次 5 级以上地震;1900 年以来,我国死于地震的人数达 55 万之多,占全球地震死亡人数的 53%;1949 年以来,100 多次破坏性地震袭击了我国 22 个省(自治区、直辖市),其中涉及东部地区 14 个省份,造成 27 万余人丧生,占全国各类灾害死亡人数的 54%,地震致灾面积达 30 多万平方千米,房屋倒塌达 700 万间。20 世纪以来,我国共发生 6 级以上地震近 800 次,遍布除贵州、浙江两省和香港特别行政区以外所有的省、自治区、直辖市,不仅地震频次高、范围广,而且地震强度极大。

2. **地震时间再研究**

作者从固体潮汐作用规律角度,再次研究了汶川特大地震发生的时间。2008 年 5 月 12 日 14 时 28 分,阴历四月初八,是二十四节气立夏后的第七天,距离夏至差 40 天,按天干地支计算,这一天为壬子,处于强潮汐作用时期。有专家研究认为,从春分(3 月 20 日—22 日)到夏至(6 月 21 日—22 日),从秋分(9 月 22 日—24 日)到冬至(12 月 21 日—23 日),太阳潮高潮区由赤道移到南北回归线,潮汐南北震荡逐渐加强,月球赤纬角最大值与之叠加,易发生强震;从冬至到春分,从夏至到秋分,太阳潮高潮区由南北回归线移到赤道,月球赤纬角最小值与之叠加,形成赤道潮汐高潮叠加区,易发生强震。"月球赤纬角最大值年与最小值年间隔 9.3 年,一个周期变化为 18.6 年;在每月内,月球赤纬角最大值日与最小值日间隔为 6.8 天,一个周期变化为 13.6 天。地球自转确实存在 13.6 天和 18.6 年周期"。李国庆(2008 年)发现月球赤纬角变化周期 13.6 天、27.3 天与地球自转速度变化有明显的对应关系。地球自转速度变化是地震的激发原因之一。这个研究结论,与作者有关地壳断裂流变动力学重点关注的地球自转的巴拉斯效应不谋而合。

汶川地震之后,杨学祥在博客上发表和杨冬红联合署名的论文《四川汶川地震与潮汐关系的 NCEP 数据证据》,其中介绍了汶川地震前地温增温过程与强潮汐时间的对应关系。

马未宇利用美国国家环境数据中心(NCEP)数据,获取 2008 年 5 月 12 日发生在我国四川汶川县 $M_s 8.0$ 级地震过程中的增温异常图像。结果表明,震前增温非常明显,最高增温达到 9℃以上。

分析 NCEP 图像,马未宇得到其时空变化的总体规律。

起始增温:2008 年 5 月 5 日,在汶川西南出现异常增温,位置是三板块运动形成的破碎带,较容易出现热异常。

加强增温:2008 年 5 月 6 日,运动加剧,热异常沿"Y"字型断裂右侧断裂继续发展,最高增温达到 7℃以上。

高峰增温:2008 年 5 月 7 日—8 日最高增温达到 9℃以上。

增温衰减:5 月 9 日—10 日温度降低,进入临震状态。

发震:北京时间 2008 年 5 月 12 日凌晨 2:00 再次增温,14:28 发震。

发震后增温衰退,但仍然存在异常,表明其后仍有余震。

NCEP 图像显示的 2008 年 5 月 5 日—8 日增温过程与强潮汐时间一一对应,增温衰减与 9 日—10 日潮汐变弱一一对应,发震时间与上弦月相以及日、地、月在同一平面时间对应。

以上几位学者从 3 个方面证实了地壳断裂流变动力学有关固体潮汐在地震过程中的作用。一是,地球自转流变作用及其速率变化是激发地震的原因之一;二是,固体潮汐作用与地震之间存在必然联系;三是,发震时间前的固体潮汐规律、地球自转速率变化和地壳断裂升温作为地震前兆客观存在。通过相关规律的群子统计分析,可以把握导致地壳断裂的必然因素的竞争因子,把握竞争因子的最可几强度,结合地壳应力应变观测数据的群子统计危险度,量化地壳断裂临界特征,这是实现地震时间精确预测的关键。

另外,据《中国科学 D 辑:地球科学》报道,中国地震局地球物理所退休研究员钱复业和赵玉林撰文指出,设在四川省攀枝花市盐边县红格镇的一个观测台站,从 2008 年 4 月 30 日起,就记录到汶川地震的短临前兆。尤其是在 5 月 12 日凌晨,这个台站更是记录到了超过平时观测标准偏差 10 倍的"讯号"。这对从事地震科技工作 40 多年的夫妇,在对数据进行分析计算后,赶在汶川地震震前十几小时得出了这样的结论——"5 月 12 至 13 日,在以红格台为中心的 600km 至 800km 的环带范围内,将发生 7.9 至 8.4 级的地震"。遗憾的是,他们没有向地震监测预报部门报告这一预测结论,并为此感到自责。当然,这两位资深的地震专家也坦率承认,由于观测台站只有一个,无法定位,同时考虑到现代经济建设造成的一些对观测数据可靠性的干扰,震前作出准确判断是不可能的。但是他们的论文清楚地表明,"地震是有前兆的,地震可以预测、预报,在可预见的将来实现地震的短临预报是可行的"。当然,这里也涉及到前兆量化识别问题,如果仍然停留在直观曲线的转折点和简单类比数值的倍数,再好的前兆观测也会将现象和本质剥离,失去了其科学的意义。

二、攀枝花地震、四平地震、忻州地震与汶川地震的比较研究

尽管攀枝花会理地震、四平伊通地震和忻州原平地震,无论从地震强度、发震时间、构造条件、震中位置来看,还是从地震灾害影响范围和影响力来看,都无法与汶川特大地震相提并论。但正是这些巨大的差异性中存在的一些本质普遍性,才是作者比较研究具有典型意义和非典型特征的价值所在。

1.进一步验证应力应变异常是地震预测本质必然条件的逻辑学意义

2008 年 8 月 30 日 16 时 30 分,四川省攀枝花市仁和区与四川省凉山彝族自治州会理县交界处发生里氏 6.1 级地震,震源深度为 10km。震中位于北纬 26.2°,东经 101.9°。截至 2008 年 9 月 3 日 8 时,四川攀枝花 6.1 级地震已造成 38 人死亡,982 人受伤,是继 2008 年"5·12"汶川特大地震后,我国西南地区再次遭受的比较严重的地震灾害。

汶川地震后 10 天左右,作者在国务院办公厅的帮助下,得到了中国地震局地壳应力研究所研究员邱泽华的大力支持,获得有关汶川地震前地壳应力应变的原始观测数据。其后不久,四分量钻孔应变仪的研制者池顺良教授每 24 小时向作者提供一次全国近 40 多个应变观测台站的观测数据。因此,作者有幸见证了攀枝花会理地震前后地壳应力应变的全过程。

(1)汶川地震后,与攀枝花距离最近的几个应变观测台,应力应变数据的群子参数,只保持了一个多月的正常情形就开始进入到新的异常阶段。

(2)进入到 7 月下旬,应力应变数据的群子参数再次冲高,而且频率加大。但是,当时受汶川地震后多次高强度余震的影响,作者有一个疑虑,可能是汶川余震。值得怀疑的是,四分量的主应变方向却没有指向龙门山,而是指向攀枝花一带。在没有确切判断意见之前,作者只是将当时的应力应变异常区域做了群子参数的危险度分析,而且推算地震强度可能在 6 级左右。地震发生后,作者感觉攀枝花会理地震的临震信号出现得比汶川地震要仓促,离地震时间也就是几个小时,由于数据传输原因,作者一般最快也要在 24 小时后获得观测数据,所以震前作者没有向有关部门提供预测意见,而是提请关注。

(3)攀枝花会理地震后,据地震专业人士介绍,由于震中位置与汶川地震不在同一地震带上,所以不是汶川余震,而是单独的一次地震。同时也听闻震前应变观测台站工作人员发现了应变异常,并向当地政府和地震部门报告了相关地震警告,也听闻当地政府正着手准备防震避震演习时,地震就发生了。这些非正式渠道的消息说明两个问题:一是地震有前兆,而且允许一定范围值的预测是可行的;二是从地震预报"时空强三要素"来看,仍然缺乏准确的时间预测,看来,地震预报对精确度的要求比天气预报还严格,这就使地震预报难以进行,也许这也就是地震专家所强调的地震预报很难的根本原因。

2009 年 3 月 20 日 14 时 48 分 52 秒,吉林省四平市伊通满族自治县与公主岭市交界处发生 4.3 级地震,长春有明显震感,当时作者就在长春,第一次真切感受到地震波的晃动,既兴奋也惊恐,原因是

作者关于这次地震的预测与地震"时空强"竟如此接近,也促使作者重新思考地震预测预报的另一个社会管理问题和道德问题:即使地震预测百分百准确,在地震预报上也不可为,预测本身客观存在一定范围的误差,不承认误差的预测是不科学的,甚至是反科学的。四平伊通地震再次验证,地壳应力应变异常是地震发生的本质必然条件,由此形成的地震预测逻辑具有充分必要性。

据国家地震台网测定,北京时间2009年3月28日19时11分,在山西省忻州市原平市(北纬38.9°,东经112.9°)发生4.2级地震,震源深度约5km。四平伊通地震后,作者再次将目光集中到自2008年12月开始的应力应变异常区域——华北,因为银川和文安应变观测台站的数据,从2月中旬以来出现了几次群子参数异常情况,而且四分量方位指向在银川和文安之间。由于文安应变观测台长期受人为活动干扰,故数据时常不能保证可靠性。尤其是在四平伊通地震后,银川台数据的群子参数间歇性地继续呈现异常,但距离地震还有差距,因此,在应变台站没有密度保证的情况下,作者仅就应力应变异常作了危险度定量分析,初步确定震中位置处于银川与文安之间,这是作者第一次研究发现的两个观测数据的方位判断形成一线,没有其他台站数据支持,以前的分量方位多是多个台站数据支持,并呈现多方向延长线交叉。看来,应力应变异常不仅是震前明显特征,而且从分量上可以初步分析出应力的主应变方位,对确定震中位置十分有利。

2.进一步强化地壳断裂临界的量化特征

攀枝花会理地震、四平伊通地震和忻州原平地震,这3次地震在应力应变异常临界上再次出现可以量化的特征,进一步强化了作者受材料断裂力学启发寻找的断裂临界的定量特性。攀枝花会理地震震前群子参数异常量级出现"史无前例"后,进入一段相对"平静"的"极限僵持阶段","平静"结束后,应变群子参数开始再次进入异常加速增量,表明地震迫在眉睫,攀枝花会理地震前"平静期"结束后,应变再次进入异常加速增量时约2~3个小时发生地震;四平伊通地震前4个小时,应力应变进入相对"平静"的"极限僵持阶段",但是,应变再次进入加速增量的时间却离地震时间不到1个小时;忻州原平地震前3个小时左右,应力应变进入相对"平静"的"极限僵持阶段",再次进入应变异常增量的时间距离地震时间相当接近。上述现象的规律性可以说明地震与材料断裂存在相似的临界量化特征,但是,确定哪个阶段为最终临界量,必须结合构造地质的不同应力传播特性、有效观测距离和较为确切的地壳结构缺陷区,才能做到进一步精确。

3.进一步明确固体潮汐规律作为应力应变异常量化背景的必要性和科学性

在汶川特大地震后的3次地震前后,作者通过对地壳应力应变数据的群子统计分析,进一步明确了固体潮汐规律作为应力应变异常量化背景的必要性和科学性。作者还通过文献查阅发现,国内外有关固体潮汐异常引起应力应变异常、应力应变异常破坏固体潮汐规律的研究成果非常多,成就也很高。这些研究在作者看来,体现了两个客观:一是固体潮汐变化与地震之间存在必然联系;二是固体潮汐不是衡量应力应变异常导致地震的唯一条件,却是不可缺少的背景条件,也就是固体潮汐作用异常并不一定导致地震,关键看挤压拉张竞争因子的最可几强度能否破坏维持地壳稳定所需的应力平衡,而不是曲线上的光滑标准,只有当应力应变异常完全破坏了固体潮汐规律,摆脱固体潮汐作用后,地震必然会发生,从这个意义上看,固体潮汐规律异常客观存在着地震危险的必要条件,但不是充分条件。因此,进一步明确固体潮汐规律作为应力应变异常量化背景的科学性,还必须借助多体对立统一力学统计理论和方法,量化其异常的本质特征。

4.进一步说明应力应变速率异常与重力、倾斜速率异常的必然联系

通过对汶川特大地震之后的3次地震前后的应力应变异常分析,作者发现,能够引起地震的应力应变速率,与重力和倾斜变化速率存在着必然联系,如果要进一步量化说明应力应变异常是地震的本质必然性,还必须从重力加速速率和倾斜变化速率两个微观可量化观测项目中得到佐证,也就是应力应变速率异常必然导致重力加速异常和倾斜变化速率异常,只是时间先后次序不同而已,但是,三者之间的必然联系是客观存在的。这点从地壳断裂流变动力学角度可以找到证据。地壳应力加速变化必然导致地壳密度的变化,这种变化直接导致重力加速度和倾斜速率变化。因此,从这个角度看,尽管重力与倾斜

在地震前兆中的量化特征没有应力应变那样明显,但是作为应力应变异常的佐证,还是具有逻辑学上的必要意义。在作者看来,几乎所有的地震前兆微观观测对象之间,都存在本质的必然连续,需要以定量化的方式将其逻辑关系明确和定位,以便为地震预测提供更为精确的保障和更加充分的必要条件。

5. 进一步巩固应力应变观测的前兆核心地位

从地震预测逻辑上看,地壳应力应变作为地震前兆观测的核心地位进一步巩固,同时也为保证其科学的量化精确度,不仅不能排斥重力、倾斜、地电、电磁、地下流体等前兆观测,而且还需要进一步规范其相互匹配的布设方案,保证仪器观测覆盖有效范围,增加仪器布设密度。综合观测,重点突出,特征量化,危险警示,网络实时,智能协调,是地震前兆观测的重要原则。

6. 地壳构造缺陷与断裂缺陷成为地震空间预测的典型依据

在攀枝花会理地震、四平伊通地震和忻州原平地震的研究分析中,作者发现其他学科的启发和努力,不能替代地震专业预测行为和法定预报职责。姑且不论《防震减灾法》(2009)鼓励引导公众参与地震预测研究、预测活动,规定地震预报需要按照法定程序由专业部门授权进行,仅就技术上的要求,作者认为,地震专业的预测研究和预测工作还必须勇敢地担负起责任,运用多年的专业观测经验和专业知识,结合新学科、新理论提供的依据和方法,将地震预测预报工作做到科学化、实效化,杜绝震前不作为。

汶川特大地震与其后的3次地震,从一个侧面反映出地震专业研究对于预测科学的重要作用。如,作者在这3次地震的预测研究中,都忽视了一个类似材料科学的致命细节和重要环节,那就是结构缺陷区域的认定和断裂概率分析。攀枝花会理地震与汶川特大地震不在同一地震带,因此,不可能是汶川的余震,这种情况类似于材料断裂一样,不在同一结构缺陷区的断裂是完全不同的两次断裂过程;四平伊通地震更验证了这个基本规律,白城不在地震带上,也就是它不具备断裂缺陷的结构条件,即使应力的主应变方向在这里交汇,地震的概率也相当低,因此,作者有关四平伊通这次地震的预测误差是必然的;忻州原平地震预测的模糊性,证明作者对银川与文安之间的断裂缺陷结构特点与历史断裂规律,缺乏足够的了解和认识,因此也就无从谈起预测的确定性。但是作者仍然有信心将预测研究进行下去的理由,正是这些预测实践与预测理论分析和定量分析之间的差距,是事后可以通过科学量化标准研究发现的,并不是迄今为止作者感觉十分困惑或发震机制不明造成的。这种不确定性误差的基础正是促进确定性过程的量化认识和把握。

7. 现有应力应变观测的有效距离没有确定性根据。

尽管作者有关攀枝花、四平和忻州地震的预测研究分析出现了含糊和误差,但是,震中位置与预测研究相差200~300km,证明应力应变仪观测的有效距离和范围,因地质构造条件不同,台站密度也应该疏密不同,就像震中位置伊通处于通化与白城之间的中间位置一样,进一步说明应力应变观测有效距离从理论上看也没有那么远,除了构造地质不一样外,河流、土层、山体、丘陵对应力传播的影响也不一样。这一点在忻州地震中表现得比较明显,如震前一天银川台的数据群子参数在临震信号上并不明显。因此,应力应变观测的有效距离究竟远到什么程度还能有效,这都要在观测实践中不断摸索、不断总结、不断调整,才能使应力应变的观测更具有可靠性。当然台站密度和数据的实时化,也是保证应力应变观测可靠性和时效性的有效措施。另外,其他诸如重力、倾斜、地电、电磁、地下流体等观测方法和手段,也可以保证应力应变观测的可靠性。

8. 临震信号与临震时间确认仍然存在非典型性问题

汶川特大地震前,从临震信号的出现时间来看,"平静"结束之后的3天才发生地震,所以临震信号出现得较早。但在汶川特大地震之后的3次地震的比较研究中,临震信号与临震时间的确存在非典型特征。如,攀枝花的临震信号,如果定位在应力应变由相对"平静"的"极限僵持阶段"再次转入异常加速增量阶段,那么它出现在震前2~3个小时;四平地震出现在震前1个小时;而忻州地震则的临震信号与发震时间相当接近,提前量也就是几十分钟。对于目前应力应变数据24小时上传更新一次的网络条件,这种提前量的应急反应意义不大。如果临震信号定位在应力应变加速持续异常增量"史无前例"后转入相对"平静"的"极限僵持阶段",那么,应急反应的时间准备就非常充裕,但是,这里有一个问题,比较包括汶川特大地震的几次震例研究后发现,相对"平静"的"极限僵持阶段"持续的时间,同样存在长短不一的非典型性,可以将地震预测时间精确到24小时数据更新频段,但目前还是做不到精确到小时。

因此,有必要对地震前兆阶段重新划分和定位。作者倾向于将应力应变异常加速增量持续拉锯阶段定位为短临阶段;将相对"平静"的"极限僵持阶段"定位为缓静阶段;将应力应变再次转入异常加速增量阶段定位为迫震阶段。有关划分和定位已在前面章节详述过,在此从略。

第十二章 中国大陆地区 2009 年孕震形势的地壳断裂流变动力学分析

【摘要】 根据地壳断裂流变动力学的基本原理和方法,作者尝试探讨中国大陆地区 2009 年孕震形势,鉴于重力和地倾斜观测数据的缺乏,作者在本章仅从"地震动力学统计方法"和应力应变前兆两个方面进行探讨,并参照中国历法所反映的固体潮汐规律探讨孕震时间规律,以及结合"砂层应力"观测探讨孕震形势。由于各种前兆观测台站的密度和数据实时性尚不能满足地震预测的需要,因此,作者的分析只是参考性的理论方法探索,并不是地震预测意见。

第一节 运用"地震动力学统计方法"探讨 2009 年中国大陆地区孕震形势

一、汶川特大地震回顾性预测研究的启示

在第四章第四节中,作者运用"地震动力学统计方法",详细探讨了汶川特大地震回顾性预测的一些有关古登堡公式的科学意义和局限性,并结合动力学统计特点,提出了近期出现明显地震前兆时间的计算方法。在此,结合华北地区、大华北地区和大东部地区,以及东亚地区的地震历史,探讨 2009 年中国东中部地区孕震形势。

1. 华北地区 2009 年发生地震的理论预测

我国华北地区自唐山地震后,出现了 10 次 5 级以上,6.4 级以下地震(表 12-1),灾害损失都很有限,因此影响也不大,也许正是因为影响不大,所以容易被忽视。从累计时间和累计震级角度看,作者希望不要遗漏任何微小地震,这样才能通过"地震动力学统计方法",更加确切地预测未来本地区的地震形势。由于孕震过程中总是存在着较快的孕震和较慢的孕震过程相互竞争着,当快的或者慢的孕震水平达到某种累计震级之后,达到临界值,会出现暂时的相对"平静"期,但地壳内慢速地震机制继续增殖到上述临界值,一旦超过时,就会出现大地震的各种量化前兆,至于能否进入大地震阶段,还要看极限信号僵持阶段前后特大压应变出现的频率大小(图 12-1)。

表 12-1 华北地区 1976 年以来 5.0 级以上地震统计

发生时间(年月日)	震级	发生年(按 365 天)	年份差	累计年份	累计震级	震中地名
1976.7.28	7.8	1976.570	0	0	7.8	河北唐山
1978.5.18	5.9	1978.597	2.027	2.027	13.7	辽宁海城
1979.7.9	6.0	1979.317	0.920	3.047	19.70	江苏溧阳
1979.8.25	6.0	1979.645	1.048	4.123	25.4	内蒙五原
1981.11.9	5.8	1981.845	2.20	6.323	31.2	河北隆尧
1989.10.19	5.9	1989.794	7.949	14.272	37.1	山西大同
1991.3.26	5.8	1991.235	1.441	15.713	42.9	山西大同
1996.5.3	6.4	1996.419	5.184	20.897	49.3	内蒙包头
1998.1.10	6.2	1998.027	1.6082	22.505	55.5	河北张北
1999.11.1	5.6	1999.825	1.800	24.305	61.1	山西大同
1999.11.29	5.4	1999.900	0.075	24.375	66.5	辽宁岫岩
?	?	?	?	?	?	?

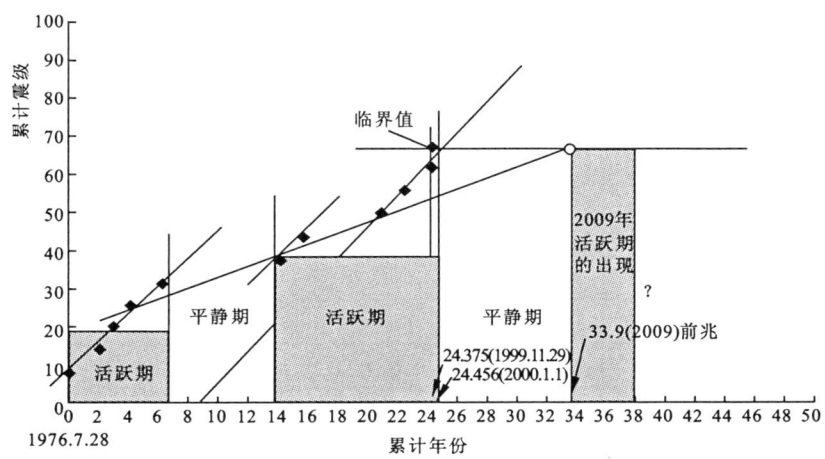

图 12-1 华北地区预测 2009 年发生大地震前兆的模拟示意图

这里有一个不确定因素,作者必须声明,否则一旦作为预测准确性的标准,就非常不利于学术上的探讨。这个不确定性的因素就是,有关本区的震例目录资料并没有涵盖所有发生的地震,而且地震目录收录的震例最远也只是到唐山大地震,在统计学上客观存在不确定性因素是必然的,作者的这种探讨仅是一种地震概率的背景参考,不具有预测确定性。科学的地震预测,还必须从实际的地壳应力应变、重力、倾斜等形变观测和地电、地磁以及水氡等物理化学观测数据中,寻找加速异常的量化特征,结合地壳断裂流变动力学理论,作出地震动态危险度分析,为地震预测提供科学的定量依据。

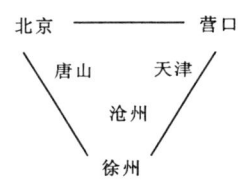

在此,作者对华北地区的地震形势,参照华北地区地震带的分布特点,根据三角勾股定理,可以探讨大震的日期或者用几何尺度推测发震日期,约为一个平均周期值 33.90 年。按照这个思路和方法,作者得出了一个华北地区发生地震的大致时间范围,即从 2009 年开始出现地震活跃期。这种方法最大的问题是,由于前兆观测台的数量太少,所以震中位置只能是区间,而没有确定的地址,可能区域围绕北京、营口及徐州组成的三角区顶点附近。

目前,截至 2009 年 5 月 1 日,徐州、通化和北京相关应变观测台站的应变数据表明,时有地震前兆的相对异常,支持了这种探索的可能性。但是北京地区的应力应变形势从 2009 年 5 月前兆异常转趋稳定的迹象,使地震发生的条件处于不断地调整中,前兆异常也表现为动态演变过程,还需要继续跟踪观测和细致的计算工作,不能只用 N^-/N^+-时间关系一锤定音,还需要从重力、倾斜、大地运动加速度等方面综合考量,尤其还要用下列关系来进一步确认孕震的趋势和地震的来临:

$$\left(\frac{R_1^+ \cdot R_2^+}{R_1^- \cdot R_2^-} + \frac{R_1^- \cdot R_2^-}{R_1^+ \cdot R_2^+}\right)\text{-时间关系}$$

$$\left(\frac{R_1^+ \cdot R_2^+}{R_1^- \cdot R_2^-} + \frac{R_1^- \cdot R_2^-}{R_1^+ \cdot R_2^+}\right)\left(\frac{N^-}{N^+}\right)^3\text{-时间关系}$$

$$\left[\left(\frac{N^- - N^+}{N^+}\right) + \left(\frac{n^- - n^+}{n^+}\right)\right]^3\text{-时间关系}$$

$$\left(\frac{R_1^+ \cdot R_2^+}{R_1^- \cdot R_2^-} + \frac{R_1^- \cdot R_2^-}{R_1^+ \cdot R_2^+}\right)\left(\frac{N^- - N^+}{N^+} + \frac{n^- - n^+}{n^+}\right)^3\text{-时间关系}$$

不过,通过 N^-/N^+—时间关系,与北京相关联的通化和徐州范围应变形势持续异常似乎总在提醒作者,我国东部地区的孕震形势在汶川特大地震后更趋复杂、更趋紧张,不可掉以轻心。

2. 大华北地区地震累计强度与累计时间关系

这里大华北是指包括东北南部(海城、辽阳)、内蒙、河北、山东、安徽和江苏北部的广大地区。作者通过这个大地区地震累计震级和累计时间关系的研究及探讨,从 1974 年至 2004 年间这个地区地震活跃期和平静期的分布特点中(表 12-2),探讨这个地区的未来大震可能性和时间概率(图 12-2)。

表 12-2 大华北地区震级与时间关系

发生时间(年月日)	震级	发生年(按 365 天)	年份差	累计年份	累计震级	震中地名
1974.12.22	4.8	1974.966	0	0	4.8	辽阳
1975.2.4	7.3	1975.093	0.132	0.132	12.1	海城
1975.6.24	4.4	1975.477	0.384	0.516	16.5	和林格尔
1976.7.28	7.8	1976.570	1.093	1.609	24.3	唐山
1976.9.23	6.2	1976.722	0.152	1.761	30.5	巴音木仁
1979.7.9	6.0	1979.520	2.798	4.559	36.5	溧阳
1979.7.31	4.4	1979.579	0.059	4.618	40.9	乌拉特前旗
1979.8.25	6	1979.726	0.147	4.765	46.9	五原
1981.8.13	5.8	1981.584	1.858	6.623	52.7	丰镇
1989.10.19	6.1	1989.793	8.209	14.832	58.7	大同
1995.4.12	3	1995.362	5.569	20.401	61.7	包头
1996.5.3	6.4	1996.339	0.977	21.378	68.1	包头
1996.11.9	6.1	1996.842	0.503	21.881	74.2	长江口东海城
1997.10.21	5.0	1997.797	0.955	22.836	79.2	抗锦后旗
1998.1.10	6.2	1998.030	0.333	23.169	85.4	张北
1998.5.26	2.6	1998.400	0.370	23.539	88.0	西乌旗
1999.1.29	5.2	1999.071	0.671	24.210	93.2	锡林浩特
2002.10.20	5.0	2002.797	3.726	27.936	98.2	西乌旗
2002.11.30	2.6	2002.905	0.108	28.044	100.8	翁牛特旗
2003.3.21	2.5	2003.222	0.317	28.361	103.3	西乌旗
2003.8.16	5.9	2003.648	0.426	28.787	109.2	巴林左旗
2004.3.24	5.9	2004.230	0.582	29.369	115.1	车乌旗

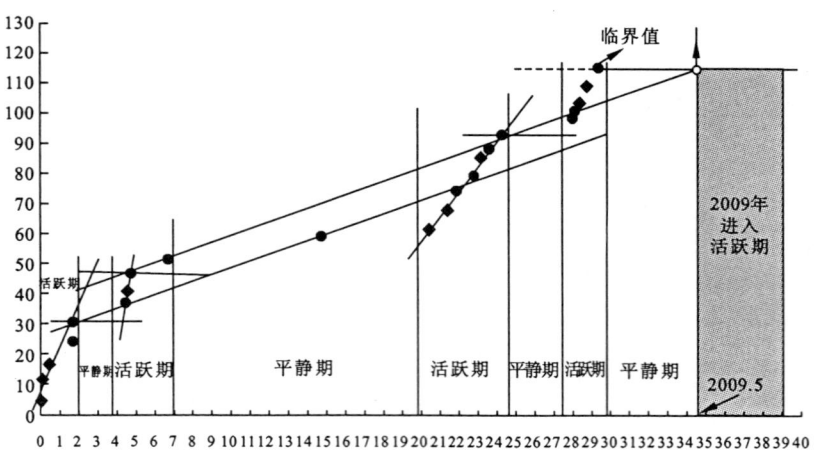

图 12-2 大华北地区 2009 年出现地震前兆的示意图

3. 大东部地区地震形势探讨(表12-3,图12-3)

表12-3 中国东部震级与时间关系

发生时间(年月日)	震级	发生年(按365天)	年份差	累计年份	累计震级	震中地名
1917.7.31	7.5	1917.580	0	0	7.5	珲春
1918.1.3	7.6	1918.082	0.502	0.502	15.1	日本海
1918.4.10	7.1	1918.357	0.275	0.777	22.2	珲春
1931.2.20	7.4	1931.137	12.780	13.557	29.6	日本海
1932.11.13	7.0	1932.856	1.719	15.076	36.6	日本海
1940.7.10	7.3	1940.521	7.665	22.941	43.9	东宁
1946.1.11	7.1	1946.032	5.511	28.452	51.0	宁安
1957.1.3	7.0	1957.010	1.097	29.549	58.0	东宁
1966.3.8	6.8	1966.186	9.176	38.725	64.8	邢台
1966.3.22	7.2	1966.224	0.036	38.761	72.0	邢台
1973.9.29	7.6	1973.736	7.512	46.273	79.6	珲春
1974.12.22	4.8	1974.965	1.229	47.502	84.2	辽阳
1975.2.4	7.3	1975.093	0.128	47.630	91.5	海城
1975.6.29	7.4	1975.436	0.343	47.973	98.9	日本海西部
1976.7.28	7.8	1976.671	1.235	49.208	106.7	唐山
1979.7.9	6	1979.519	2.848	52.056	112.7	溧阳
1994.7.22	7.0	1994.554	15.035	67.081	119.7	中朝边界
1998.1.10	6.2	1998.027	3.473	70.554	125.9	张北
1999.3.11	5.6	1999.195	1.168	71.722	131.5	张北
1999.4.8	7.0	1999.268	0.073	71.795	138.5	珲春
2002.6.29	7.2	2002.494	3.226	75.021	145.7	珲春

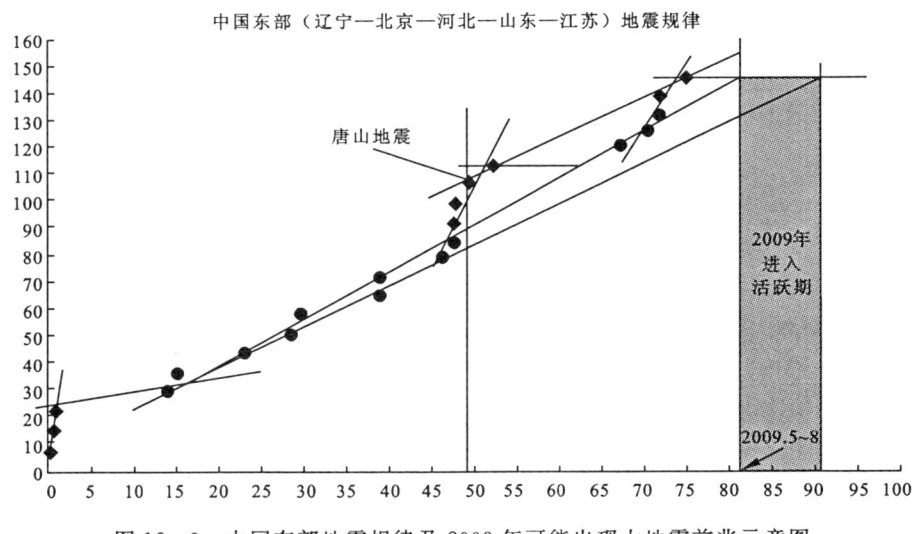

图12-3 中国东部地震规律及2009年可能出现大地震前兆示意图

4. 东亚地区大地震形势的探讨

根据刘正荣先生在《地震预测》(2008年)中提供的有关东亚地区地震目录资料(表12-4),探讨这个地区的趋势背景(图12-4)。

由表 12-4 和图 12-4 可以看出,东亚地区地壳运动确实存在两类运动方式:一是快速,二是慢速。它们之间既竞争,又相辅相成,前者使地壳内部通过地震加以"塑化",提供一个短暂相对的"平静时"间段,但是慢速机制则需要通过 100 年来孕震的方式造就新的大地震。希望这种探讨有助于形成地震预测的趋势背景。

表 12-4 部分东亚地区大地震目录

发生时间(年月日)	震级	发生年(按 365 天)	年份差	累计年份	累计震级	震中地名
1897.6.22	8.7	1897.470	0	0	8.7	印度
1901.8.9	8.2	1901.682	4.212	4.212	16.9	日本以东
1905.7.9	8.3	1905.517	3.835	8.047	25.2	蒙古
1905.7.25	8.3	1905.560	0.047	8.094	33.5	蒙古
1920.6.5	8	1920.424	14.864	22.958	41.5	中国台湾以东
1924.8.17	8	1924.623	3.806	26.764	49.5	菲律宾
1950.8.15	8.6	1950.617	25.800	52.564	58.1	西藏墨脱
1952.9.4	8.3	1952.108	1.293	53.857	66.4	日本以东
1957.12.4	8.3	1957.915	5.803	59.660	74.7	蒙古
1976.8.17	8	1976.620	19.705	79.365	82.7	菲律宾
1995.1.16	6.9	1995.030	18.410	87.775	99.5	日本神户
1998.4.8	7.5	1998.240	13.210	90.985	107.0	中国台湾
2000.10.6	6.7	2000.756	2.516	93.501	113.7	日本西部
2002.3.5	7.5	2002.178	1.422	94.923	121.2	菲律宾
2002.11.2	7.4	2002.829	0.651	95.574	128.6	印尼
2003.9.25	8.3	2003.725	0.896	96.470	136.9	日本北海道
2007.9.12	7.9	2007.690	3.965	104.35	144.8	印尼
2008.5.12	8.0	2008.362	0.672	111.07	152.8	中国汶川

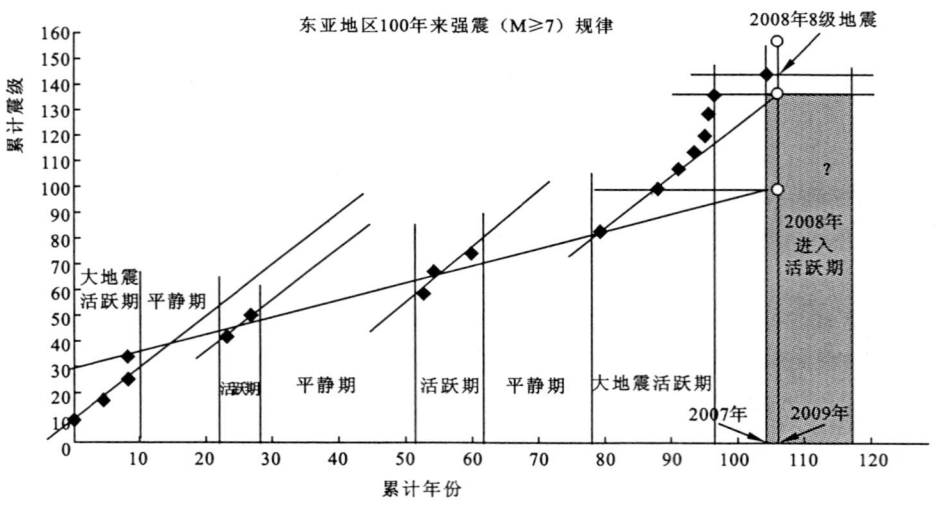

图 12-4 东亚地区未来地震趋势背景示意图

二、我国四周的地震触角区与大陆地震关系的探讨

1. 研究现状

"十五"期间,以中国地震局为主导的课题组,系统研究了我国周围4个地震动力触角与大陆地震之间关系,得出了基本关系结论(图12-5a,图12-5b)。

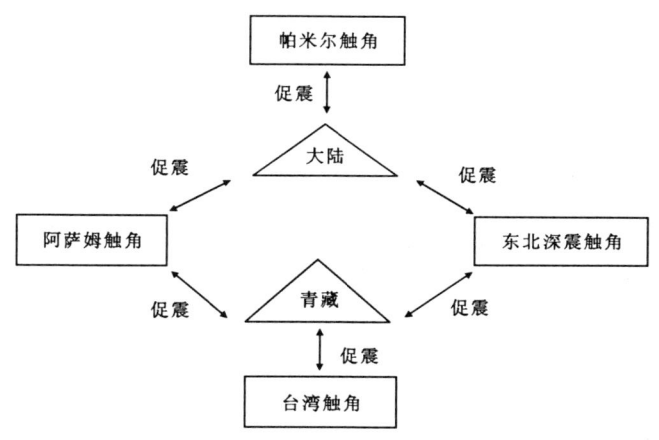

图12-5a 我国周围4个地震动力触角与大陆地震之间的关系一

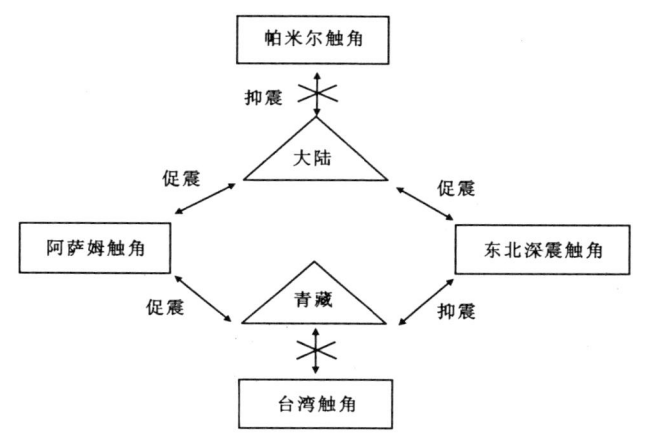

图12-5b 我国周围4个地震动力触角与大陆地震之间的关系二

注:图中✱指相关性不大

这些研究成果,对我国大陆地区,特别是青藏高原地区的中期地震预测具有很高的参考价值。如果在这个基础上进一步研究探讨它们之间的动力学相互关系,那么对强震的中期预测就具有更大的应用价值。

有关中国大陆周围"四触角"地震动力源的研究,主要依据是4个触角地区各自存在地震的动力根源,即触角分别与欧洲板块东南部相邻,受太平洋板块、菲律宾板块和印度板块的推挤、碰撞、摩擦动力环境有关,从而导致大陆内部强烈的构造运动与地震。

2. 从地壳断裂流变动力学角度探讨4个触角区的震源动力

第一"触角"——阿萨姆地区强震与青藏块体7级以上地震关系的探讨

作者认为,青藏地区地震有它自身的动力源,其理由有两条周期律。

(1)阿萨姆地区地震周期律

由表12-5和图12-6可以看出,地壳内部地震的动力来自于两方面:一是快速孕震类型;二是慢

速孕震类型。这两者既有竞争也有衔接的过程,当快速孕震过程达到一定程度时,会出现一个相对"平静期",但正是在这个期间慢速孕震机制占主导地位,当达到前者的临界点时,就会出现使慢速累计直线与临界点横线相交的时间,引起新的强震。阿萨姆地区地震活跃期尚未结束,大体上持续到2012年。

表 12-5 阿萨姆地区地震目录

发生时间(年月日)	震级	发生年(按365天)	年份差	累计年份	累计震级	震中地名
1912.5.23	8	1912.392	0	0	8	缅甸
1923.6.22	7.3	1923.472	11.100	11.100	15.3	滇西南与缅甸交界
1931.1.27	7.5	1931.074	7.602	18.702	22.8	克饮带
1932.8.14	7.0	1932.614	1.440	19.142	29.8	缅甸
1938.8.16	7.1	1938.620	6.002	25.144	36.9	缅甸
1946.9.12	7.5	1946.691	8.071	33.215	44.4	缅甸
1946.9.12	7.8	1946.691	0	33.215	52.2	缅甸
1950.2.2	7.0	1950.876	4.185	37.400	59.2	滇缅交界
1954.3.21	7.4	1954.222	3.346	40.746	66.6	缅甸
1956.7.16	7.0	1956.537	2.315	43.051	73.6	缅甸
1975.7.8	7.0	1975.515	18.978	62.029	80.6	缅甸
1988.8.6	7.2	1988.675	13.160	75.189	87.8	缅甸
1991.1.5	7.6	1991.014	2.339	77.528	95.4	曼德勒
1995.7.12	7.3	1995.524	4.510	82.038	102.7	孟连滇缅
2000.6.8	7.0	2000.433	4.909	86.947	109.7	可钦邦

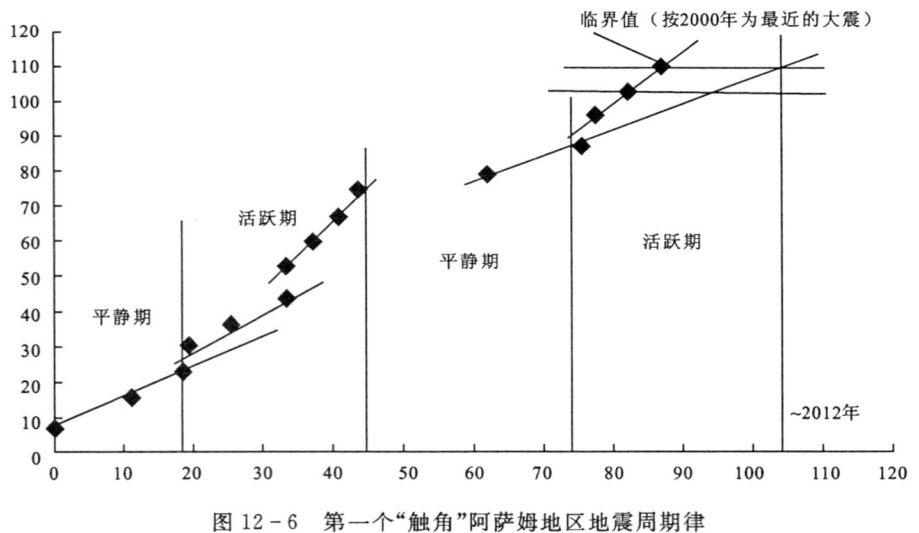

图 12-6 第一个"触角"阿萨姆地区地震周期律

(2)青藏块体的地震周期律

青藏块体的7级以上地震同样具有类似的情形,我们不妨探讨一下中国地震局监测预报司提供的有关数据(表12-6),见《强地震中期预报》(2008年)一书第5页之表1.1.1。

由图12-6和图12-7可以看出,阿萨姆地区(第一触角区)和青藏地区之间平静和活跃期随年代的分布相当接近,从地震的数量及级别上看,青藏地区的孕震速度比阿萨姆地区大得多,可见青藏地区地震动力具有很高的自发性,看起来并不像是受阿萨姆地区板块挤压运动的动力。

表 12-6 青藏高原地震目录

发生时间(年月日)	震级	发生年(按365天)	年份差	累计年份	累计震级	震中地名
1913.12.21	7.25	1913.960	0	0	7.25	峨山
1915.12.3	7.25	1915.910	1.950	1.950	14.5	桑日
1924.7.3	7.3	1924.501	8.511	10.461	21.8	民丰
1925.3.16	7.0	1925.207	0.706	11.167	28.8	大理
1932.12.25	7.6	1932.971	7.764	18.931	36.4	昌马
1932.12.25	7.0	1932.971	0	18.931	43.4	申扎
1933.8.25	7.0	1933.644	0.773	19.902	50.4	叠溪
1934.12.15	7.0	1934.945	1.301	21.203	57.4	申扎
1941.5.16	7.0	1941.372	6.427	27.630	64.4	耿马
1941.12.26	7.0	1941.975	0.703	28.333	71.4	孟海
1947.3.17	7.7	1947.211	5.236	33.569	79.1	达日
1947.7.29	7.7	1947.572	0.361	33.930	86.8	郎县
1948.5.23	7.25	1948.392	0.820	34.750	94.1	理塘
1950.2.2	7.0	1950.088	1.696	36.446	101.1	孟海
1950.8.15	8.6	1950.615	0.527	36.973	109.7	察隅
1951.11.15	8.0	1951.861	1.246	38.219	117.7	当雄
1952.8.18	7.5	1952.624	0.763	38.972	125.2	那曲
1954.2.11	7.25	1954.122	1.498	40.360	132.5	山丹
1954.7.31	7.0	1954.578	0.456	40.816	139.5	民勤
1955.4.14	7.5	1955.287	0.709	41.525	149.0	康定
1976.5.29	7.3	1976.408	21.121	62.646	156.3	龙陵
1976.8.16	7.2	1976.620	0.212	62.858	163.5	松潘
1988.11.6	7.2	1988.837	12.217	75.075	170.7	澜沧
1990.4.20	7.0	1990.274	1.437	76.512	177.7	共和
1995.7.12	7.3	1995.526	5.252	81.764	185.0	孟连
1996.2.3	7.0	1996.090	0.564	82.328	192.0	丽江
1996.11.19	7.1	1996.874	0.784	83.112	199.1	喀喇昆仑
1997.11.8	7.5	1997.842	0.968	84.080	206.6	玛尼
2001.11.14	8.1	2001.860	4.018	88.098	214.7	昆仑山口西

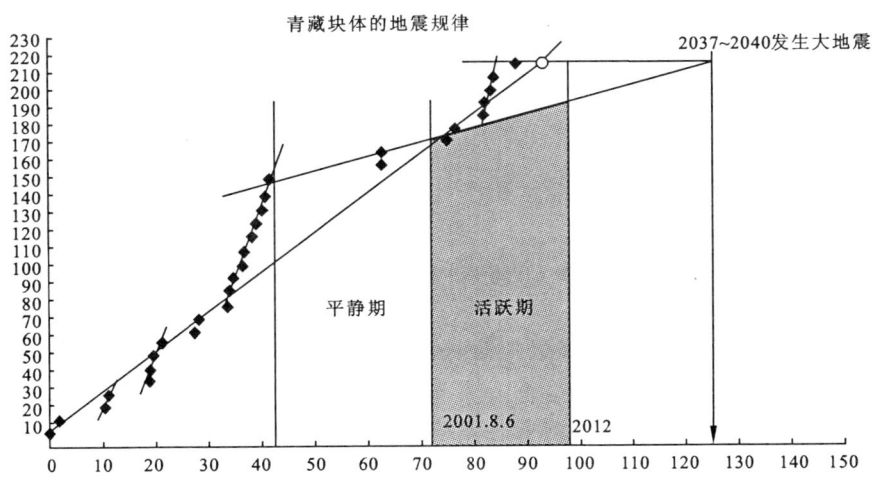

图 12-7 青藏地区 7 级以上地震周期律

第二"触角"——帕米尔地区和天山地震带7级以上地震关系的探讨

作为印度板块与欧亚板块动力源的一个触角,作者尝试探讨这个触角是怎样作用的,具体数据(表12-7)来自于《中期预报》(2008年)第6页的表1.1.2。

(1)帕米尔地区强地震周期律

从表12-7和图12-8中可以看出,帕米尔地区的强震频率没有青藏高原高,以慢速孕震为主,而且年份差有扩大的趋势。

表12-7 帕米尔地区地震目录

发生时间(年月日)	震级	发生年(按365天)	年份差	累计年份	累计震级	震中地名
1911.7.4	7.5	1911.534	0	0	7.5	
1917.4.21	7.0	1917.386	5.852	5.852	14.5	
1921.11.15	7.8	1921.864	4.478	10.330	22.3	
1922.1.26	7.5	1922.921	1.057	11.387	29.8	
1924.10.13	7.3	1924.776	1.855	12.242	37.1	
1929.2.11	7.0	1929.112	4.336	16.578	44.1	
1937.11.14	7.1	1937.860	8.748	25.326	51.2	帕米尔地区
1943.2.28	7.0	1943.158	5.298	30.624	58.2	
1949.3.4	7.5	1949.175	6.017	36.641	65.7	
1965.3.14	7.0	1965.202	16.027	52.668	73.2	
1974.7.30	7.0	1974.575	9.373	62.041	80.2	
1985.7.29	7.1	1985.573	10.998	73.039	87.2	
2002.3.3		2002.172	16.599	89.638	94.2	

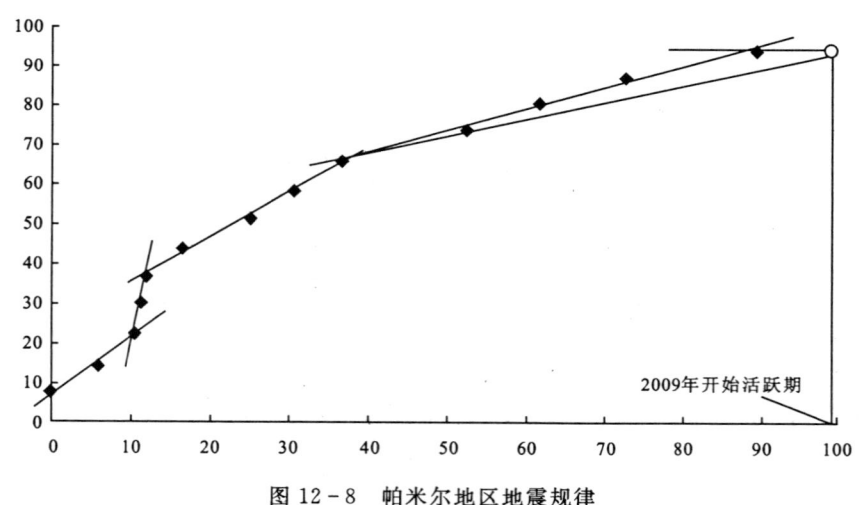

图12-8 帕米尔地区地震规律

(2)天山地震带地震周期律

由表12-8和图12-9可以看出,70多年来大地震次数比同一个时期帕米尔地区强地震少,看起来这一地区的地震以慢速孕震为主导,但是与帕米尔地震活动基本上保持同步或紧随发生。从这个意义上看,帕米尔地震在时间上先于天山地震,故对天山地震具有明显的预先提示作用。

表 12-8 天山地震带强震目录

发生时间(年月日)	震级	发生年(按365天)	年份差	累计年份	累计震级	震中地名
1914.8.5	7.5	1914.599	0	0	7.5	
1931.8.11	8.0	1931.688	17.089	17.089	15.5	
1944.3.10	7.2	1944.193	12.505	29.594	22.7	
1944.9.28	7.0	1944.817	0.624	30.218	29.7	
1949.2.24	7.2	1949.148	4.331	34.549	36.9	天山地区
1974.7.5	7.1	1974.507	25.359	59.908	44.0	
1974.8.11	7.3	1974.606	0.099	60.007	51.3	
1985.8.23	7.4	1985.638	11.632	71.639	58.7	
2003.9.27	7.9	2003.731	18.093	89.732	66.6	

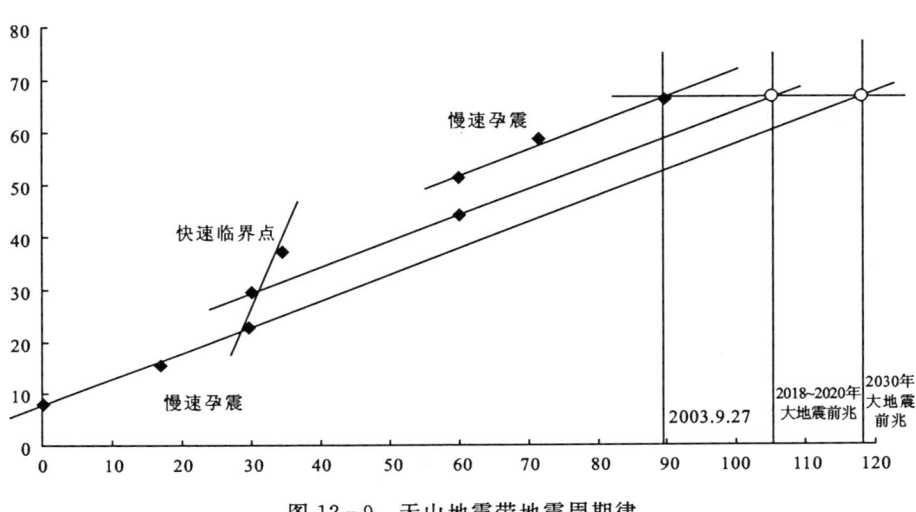

图 12-9 天山地震带地震周期律

(3) 大陆地区地震周期律

具体分析参考图 12-10 和表 12-9。

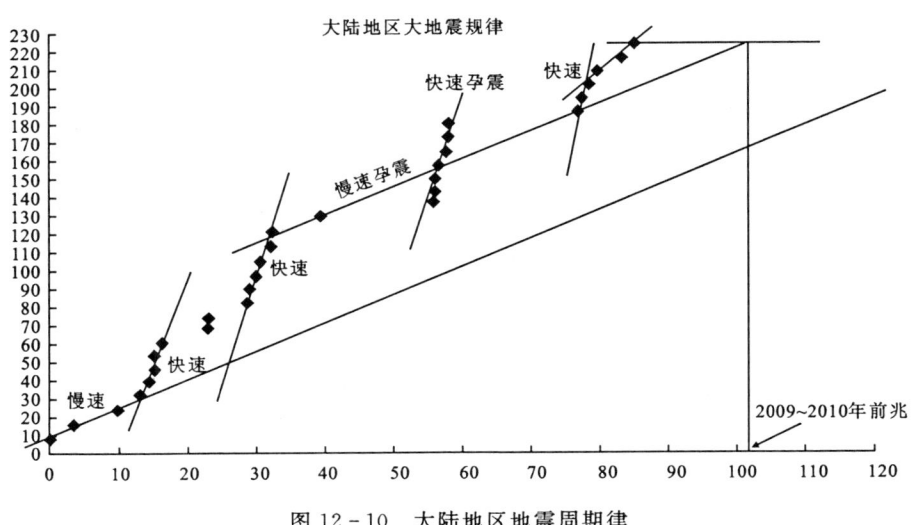

图 12-10 大陆地区地震周期律

表 12-9 大陆地区强震目录

发生时间(年月日)	震级	发生年(按 365 天)	年份差	累计年份	累计震级	震中地名
1917.7.30	7.0	1917.526	0	0	7.0	大关
1920.12.16	8.5	1920.950	3.424	3.424	15.5	汤原
1927.5.23	8.0	1927.474	6.524	9.948	23.5	古浪
1931.8.11	8.0	1931.607	4.133	13.081	31.5	富蕴
1932.12.25	7.6	1932.946	1.339	14.420	39.1	昌马
1933.8.25	7.0	1933.644	0.698	15.118	46.1	申扎
1933.8.25	7.5	1933.644	0	15.118	53.6	叠溪
1934.12.15	7.0	1934.946	1.302	16.420	60.6	申扎
1941.5.16	7.0	1941.456	6.510	22.930	67.6	耿马
1941.12.26	7.0	1941.645	0.189	23.119	74.6	孟海
1947.3.17	7.7	1947.211	5.546	28.665	82.3	达日
1947.7.29	7.7	1947.574	0.363	29.028	90.0	郎县
1948.5.23	7.25	1948.474	0.900	29.928	97.3	理塘
1949.2.24	7.2	1949.148	0.674	30.602	104.5	库集
1950.8.15	8.6	1950.616	1.468	32.070	113.1	察隅
1951.1.18	8.0	1951.049	0.433	32.503	121.1	当雄
1957.12.4	8.3	1957.916	6.867	39.370	129.4	蒙古
1974.5.11	7.1	1974.441	16.525	55.895	136.5	大关
1974.7.5	7.1	1974.508	0.067	55.962	143.6	巴里坤
1974.8.11	7.3	1974.604	0.096	56.058	150.9	乌恰
1975.2.4	7.3	1975.093	0.489	56.547	158.2	海城
1976.5.29	7.3	1976.408	1.315	57.862	165.5	龙陵
1976.7.28	7.8	1976.571	0.163	58.025	173.3	唐山
1976.8.16	7.2	1976.621	0.050	58.075	180.5	松潘
1995.7.12	7.0	1995.527	18.906	76.981	187.5	孟连
1996.2.3	7.0	1996.091	0.564	77.545	194.5	丽江
1996.11.19	7.1	1996.874	0.783	78.328	201.6	喀喇昆仑
1997.11.8	7.5	1997.844	0.972	79.300	209.1	玛尼
2001.11.14	8.1	2001.860	4.016	83.316	217.2	昆仑山口西
2003.9.26	7.9	2003.673	1.893	85.209	225.1	中俄蒙交界

第三触角——东北深震-东部地震与大陆地区 7 级以上地震间关系的探讨

(1)中国东部(吉林—辽宁—北京—河北—山东—江苏)地震周期律

在表 12-10 和图 12-11 中,根据年份差可以判断中国东部地区的强震频率,同时判断孕震速度的快慢,也可以判断中国东部地区的孕震形势的缓急。如在 1917 年 7 月至 1918 年 4 月不到 9 个月的时间里,我国的珲春及临近的日本海发生了三次 7.1 级以上的强震,密度之大,震级之高,都表明该地区孕震形势的"快"和"强"。而 1931 年 2 月 20 日发生在日本海及我国珲春这个范围的 7.4 级强震,距离上次这个地区发生强震的时间是 12 年多,21 个月之后的 1932 年 11 月 13 日,还是在这个区域,又发生了 7.0 级强震,强震孕震的速度开始放慢。

表 12-10 中国东部强震目录

发生时间(年月日)	震级	发生年(按365天)	年份差	累计年份	累计震级	震中地名
1917.7.31	7.5	1917.580	0	0	7.5	珲春
1918.1.3	7.6	1918.082	0.502	0.502	15.1	日本海
1918.4.10	7.1	1918.357	0.275	0.777	22.2	珲春
1931.2.20	7.4	1931.137	12.780	13.557	29.6	日本海
1932.11.13	7.0	1932.856	1.719	15.076	36.6	日本海
1940.7.10	7.3	1940.521	7.665	22.941	43.9	东宁
1946.1.11	7.1	1946.032	5.511	28.452	51.0	宁安
1957.1.3	7.0	1957.010	1.097	29.549	58.0	东宁
1966.3.8	6.8	1966.186	9.176	38.725	64.8	邢台
1966.3.22	7.2	1966.224	0.036	38.761	72.0	邢台
1973.9.29	7.6	1973.736	7.512	46.273	79.6	珲春
1974.12.22	4.8	1974.965	1.229	47.502	84.2	辽阳
1975.2.4	7.3	1975.093	0.128	47.630	91.5	海城
1975.6.29	7.4	1975.436	0.343	47.973	98.9	日本海西部
1976.7.28	7.8	1976.671	1.235	49.208	106.7	唐山
1979.7.9	6	1979.519	2.848	52.056	112.7	溧阳
1994.7.22	7.0	1994.554	15.035	67.081	119.7	中朝边界
1998.1.10	6.2	1998.027	3.473	70.554	125.9	张北
1999.3.11	5.6	1999.195	1.168	71.722	131.5	张北
1999.4.8	7.0	1999.268	0.073	71.795	138.5	珲春
2002.6.29	7.2	2002.494	3.226	75.021	145.7	珲春

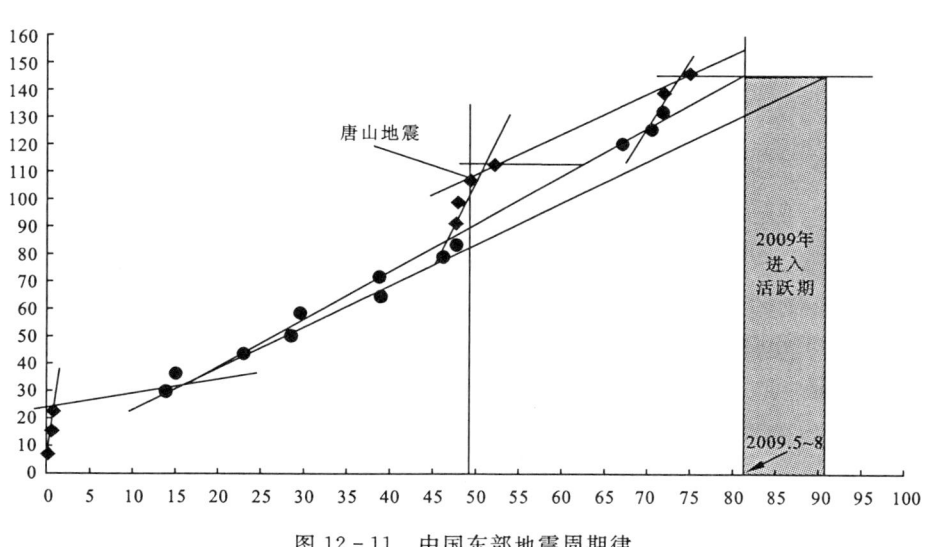

图 12-11 中国东部地震周期律

(2)中国东部(纬度 35°～45°,经度 110°～125°)范围内震级 $M \geqslant 6$ 的地震周期律具体分析参见表 12-11 和图 12-12。

表 12-11　中国东部(纬度 35°～45°,经度 110°～125°)范围内震级 M≥6 的地震目录

发生时间(年月日)	震级	发生年(按365天)	年份差	累计年份	累计震级	震中地名
1910.1.8	6	1910.022	0	0	6	
1921.12.11	6.5	1921.935	11.913	11.913	12.5	
1922.9.29	6.5	1922.737	0.802	12.175	19.0	
1929.1.14	6	1929.038	60299	19.014	25.0	
1932.8.22	6.3	1932.636	3.598	22.612	31.3	
1937.8.11	6.8	1937.605	4.969	27.581	38.1	
1937.8.14	7	1937.614	0.009	27.590	45.1	
1940.11.9	6	1940.847	3.233	30.823	51.1	
1942.7.9	6	1942.519	1.672	32.495	57.1	
1944.12.19	6.8	1944.955	2.436	34.931	73.9	
1945.9.23	6.3	1945.721	0.766	35.697	80.2	
1948.5.25	6	1948.481	2.760	38.457	86.2	
1966.3.8	6.8	1966.186	17.705	56.162	93.0	资料不详
1966.3.22	7.2	1966.224	0.048	56.210	100.2	
1967.3.27	6.3	1967.238	1.014	57.224	106.5	
1969.7.18	7.4	1969.768	2.530	59.754	113.9	
1975.2.4	7.3	1975.093	5.325	65.079	121.2	
1976.4.6	6.2	1976.213	1.120	66.199	127.4	
1976.7.28	7.8	1976.570	0.357	66.556	135.2	
1976.7.28	7.10	1976.570	0	66.556	142.3	
1976.11.13	6.9	1976.861	0.291	67.347	149.2	
1978.5.18	5.9	1978.379	1.518	68.865	155.1	
1983.3.11	5.9	1983.194	4.815	73.680	161.0	
1989.10.19	6.1	1989.792	6.598	80.278	167.1	
1998.1.10	6.2	1998.027	8.235	88.513	173.3	
2004.3.24	5.9	2004.231	6.204	94.717	179.2	

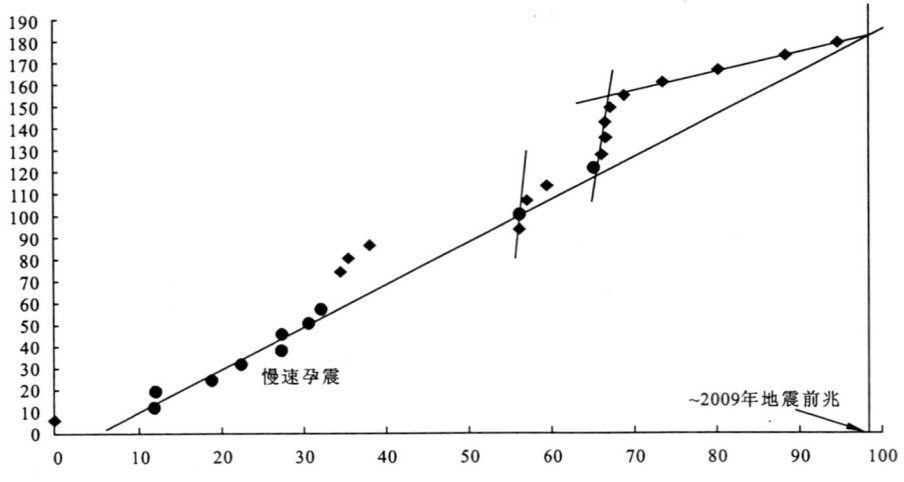

图 12-12　中国东部(纬度 35°～45°,经度 110°～125°)范围内震级 M≥6 的地震周期律

(3) 大陆地区 7 级以上地震周期律

《中期预报》(2008 年)一书中,在讨论东北深震第三个触角地区时,将同期大陆内发生的地震作了比较,认为东北深震对大陆地震有促震作用,因而东北深震对大陆地区同样具有一定的预先提示作用。在这里作者探讨东北深震周期律与大陆地震周期律的共同点和差异(表 12-12,图 12-13)。

表 12-12 中国大陆地区 7 级以上地震目录

发生时间(年月日)	震级	发生年(按 365 天)	年份差	累计年份	累计震级	震中地名
1931.8.11	8.0	1931.606	0	0	8.0	富蕴
1932.12.25	7.6	1932.973	1.367	1.367	15.6	昌马
1932.12.25	7.0	1932.973	0	1.367	22.6	申扎
1933.8.25	7.5	1933.643	0.670	1.437	30.1	叠溪
1934.12.15	7.0	1934.945	1.302	2.739	37.1	申扎
1941.5.16	7.0	1941.374	6.429	9.168	44.1	耿马
1941.12.26	7.0	1941.976	0.602	9.770	51.1	孟海
1947.3.17	7.7	1947.211	5.235	15.005	58.8	达旦
1947.7.29	7.7	1947.572	0.361	15.366	66.5	郎县
1948.5.26	7.25	1948.399	0.827	16.193	73.8	理塘
1949.2.04	7.2	1949.148	0.749	16.942	81.0	库申
1950.8.15	8.6	1950.616	1.468	18.410	89.6	察隅
1951.1.18	8.0	1951.049	0.433	18.843	97.6	当雄
1957.12.4	8.3	1957.917	6.307	25.140	105.9	蒙古
1974.5.11	7.1	1974.359	16.442	31.582	113.0	大关
1974.7.5	7.1	1974.508	0.149	31.731	120.1	巴里昆
1974.8.11	7.3	1974.605	0.097	31.828	127.4	乌恰
1976.7.28	7.8	1976.570	1.965	33.793	135.2	唐古
1995.7.12	7.0	1995.527	18.957	52.750	142.2	孟连
1996.2.3	7.0	1996.091	0.564	53.314	149.2	丽江
1996.11.19	7.1	1996.872	0.781	54.095	156.3	喀喇昆仑
1997.11.8	7.5	1997.845	0.973	54.968	163.8	玛尼
2001.11.14	8.1	2001.861	4.016	58.984	171.4	昆仑山口西
2003.9.26	7.9	2003.730	1.8691	60.843	178.8	中俄蒙交界
2008.5.12	8	2008.357	4.529	65.575	186.8	汶川

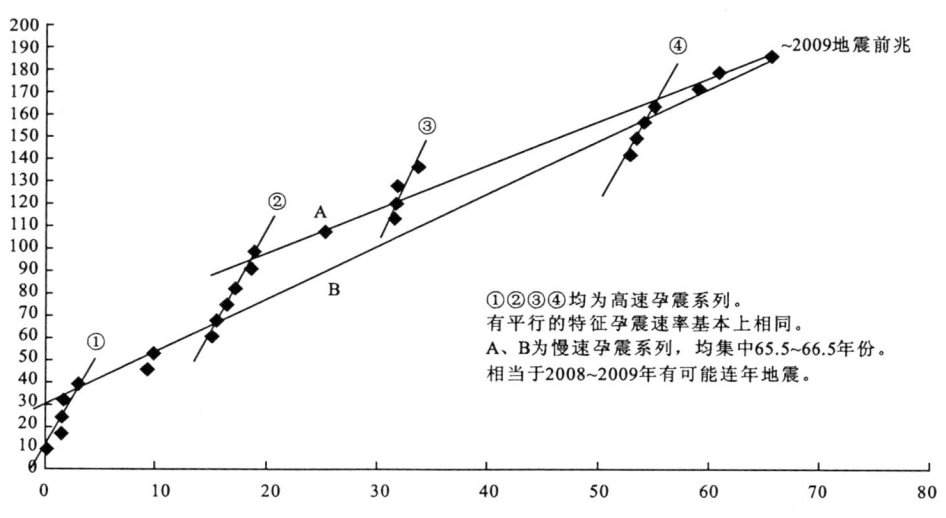

图 12-13 大陆地区 7 级以上地震周期律

第四触角——台湾地区强震与大陆地区 7 级以上地震关系的探讨

(1)台湾地区地震周期律

具体分析参见表 12-13 和图 12-14。

表 12-13 台湾地区强震目录

发生时间(年月日)	震级	发生年(按 365 天)	年份差	累计年份	累计震级
1910.4.12	7.8	1910.362	0	0	7.8
1915.1.5	7.1	1915.013	4.651	4.651	14.9
1920.6.5	8.0	1920.424	5.411	10.062	22.9
1922.9.11	7.5	1922.686	2.062	12.124	30.4
1947.9.26	7.4	1947.728	25.042	37.166	37.8
1951.11.24	7.5	1951.886	4.058	41.224	45.3
1957.2.23	7.1	1957.640	5.254	46.478	52.4
1959.4.26	7.5	1959.400	2.260	48.738	59.9
1963.2.13	7.0	1963.118	3.718	52.456	66.9
1966.3.12	7.8	1966.197	3.079	55.535	74.7
1972.1.25	8.0	1972.068	5.871	61.406	82.7
1972.1.25	7.5	1972.068	0	61.406	90.2
1986.11.15	7.5	1986.861	14.793	76.199	97.7
1994.5.24	7.0	1994.394	7.533	83.732	104.7
1999.9.21	7.6	1999.714	5.320	89.052	121.3
2001.12.18	7.5	2001.951	2.237	91.289	128.8
2002.3.31	7.5	2002.249	0.298	91.587	136.3

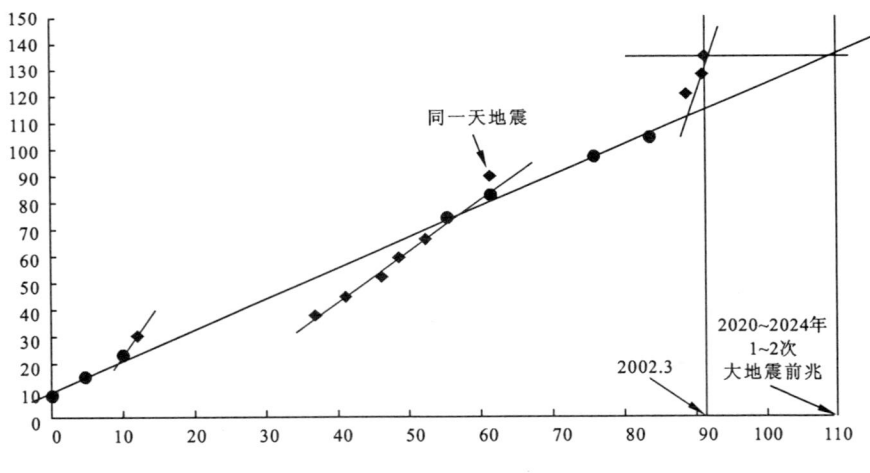

图 12-14 台湾地区地震周期律

(2)与台湾地震相关的大陆地区 7 级以上地震动力学统计周期律

具体分析参见表 12-14 和图 12-15。

表 12-14 与台湾地震相关的大陆地区 7 级以上地震目录

发生时间(年月日)	震级	发生年(按365天)	年份差	累计年份	累计震级	震中地名
1913.12.21	7.25	1913.965	0	0	7.25	峨山
1915.12.3	7.25	1915.912	1.947	1.947	14.5	桑日
1916.8.28	7.5	1916.653	0.738	2.685	22.0	普兰
1917.7.31	7.0	1917.574	0.921	3.606	29.0	大关
1920.12.16	8.5	1920.950	3.376	6.982	37.5	海原
1923.3.14	7.25	1923.230	2.280	9.262	44.8	炉霍
1924.7.3	7.25	1924.502	1.272	10.434	52.1	民丰
1924.7.12	7.25	1924.526	0.024	10.458	59.3	民丰
1925.3.16	7.0	1925.208	0.702	11.160	66.3	大理
1948.5.26	7.25	1948.395	3.187	34.347	73.6	理塘
1949.2.24	7.2	1949.148	0.753	35.100	80.8	轮台
1951.11.15	8.0	1951.864	2.716	37.816	88.8	当雄
1952.8.18	7.5	1952.626	0.762	38.578	96.3	那曲
1954.2.11	7.25	1954.125	1.491	40.069	103.6	小丹
1954.7.31	7.0	1954.579	0.454	40.523	110.6	民助
1957.12.4	8.3	1957.917	3.338	43.861	118.9	蒙古
1963.4.19	7.0	1963.390	5.473	49.334	125.9	阿拉克湖
1966.3.22	7.2	1966.214	2.824	52.158	133.1	宁普
1969.7.18	7.4	1969.546	3.332	55.490	140.5	渤海
1973.2.6	7.6	1973.097	3.551	59.041	148.1	炉霍
1973.7.14	7.3	1973.532	0.435	59.476	155.4	申扎
1974.5.11	7.1	1974.359	0.827	60.303	162.5	大关
1974.7.5	7.1	1974.508	0.149	60.452	169.6	巴里坤
1974.8.11	7.3	1974.605	0.097	60.549	176.9	乌恰
1975.2.4	7.3	1975.093	0.488	61.037	184.2	海城
1988.11.6	7.6	1988.838	13.745	74.782	191.8	澜沧
1995.7.12	7.3	1995.527	6.689	81.471	199.1	孟连
1996.2.3	7.0	1996.091	0.564	82.035	206.1	丽江
1996.11.19	7.1	1996.872	0.781	82.816	213.2	喀喇昆仑
1997.11.8	7.5	1997.845	0.973	83.789	220.7	玛尼
2001.11.14	8.1	2001.861	4.016	87.805	228.8	昆仑山口西
2003.9.26	7.9	2003.730	1.869	89.674	236.7	中俄蒙交界

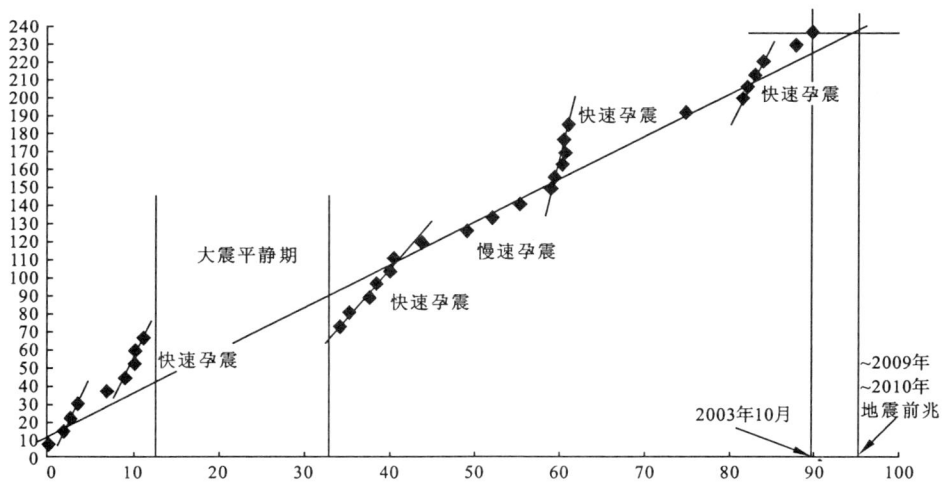

图 12-15 与台湾地震相关的大陆地区 7 级以上地震动力学统计周期律

(3)中国西南片地震动力学统计周期律

具体分析参见表12-15和图12-16。

表12-15 中国西南片地震目录

发生时间(年月日)	震级	发生年(按365天)	年份差	累计年份	累计震级	震中地名
1975.1.5	6.2	1975.014	0	0	6.2	康定
1976.5.23	7.4	1976.409	1.395	1.395	13.6	龙陵
1976.8.16	7.2	1976.619	0.210	1.605	20.8	松潘
1976.11.7	6.7	1976.843	0.224	1.829	27.5	盐源
1979.3.15	6.8	1979.206	2.363	4.192	34.3	普洱
1981.1.24	6.9	1981.066	5.860	10.052	41.2	道孚
1982.6.16	6.0	1982.455	1.389	11.441	47.2	甘孜
1985.4.18	6.3	1985.379	2.924	14.365	53.5	禄劝
1988.11.6	7.6	1988.839	3.460	17.825	61.1	澜沧
1989.9.22	6.6	1989.717	0.878	18.703	67.7	小全县
1993.1.27	6.3	1993.074	3.357	22.060	74.0	普洱
1995.7.12	7.3	1995.526	2.452	24.512	81.3	孟连
1995.10.24	6.5	1995.806	0.280	24.792	87.8	武定
1996.2.3	7.0	1996.091	0.285	25.077	94.8	丽江
1998.11.19	6.2	1998.875	2.784	27.861	101.0	宁蒗
2008.5.12	8	2008.362	9.487	37.346	109.0	汶川

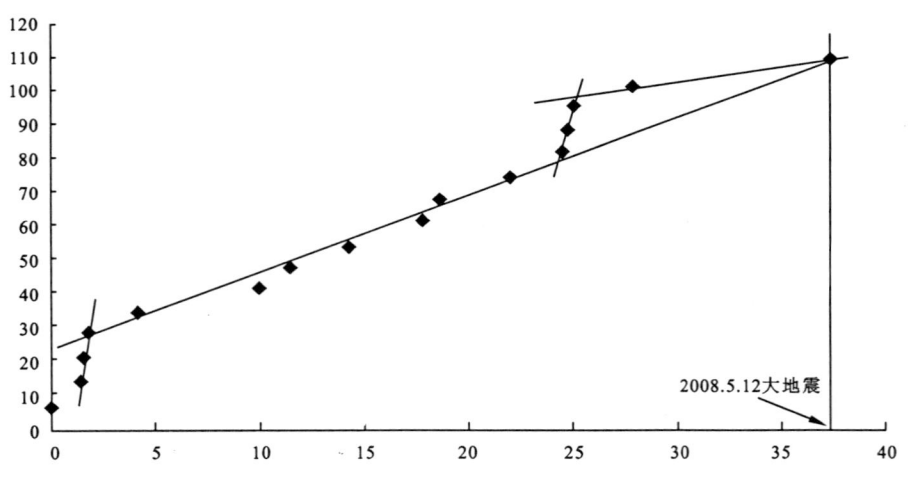

图12-16 中国西南片地震动力学统计周期律

(4)华北片地震动力学统计周期律

具体分析参见表12-16和图12-17。

表 12-16 华北片地震目录

发生时间(年月日)	震级	发生年(按365天)	年份差	累计年份	累计震级	震中地名
1975.2.4	7.3	1975.093	0	0	7.3	海城
1976.4.6	6.3	1976.263	1.170	1.170	13.6	内蒙古和格尔木
1976.7.28	7.8	1976.570	0.307	1.477	21.4	唐山
1976.9.23	6.2	1976.722	0.150	1.627	27.6	巴音木仁
1979.7.9	6.0	1979.317	2.595	4.222	33.6	溧阳
1979.8.25	6.0	1979.645	0.328	4.550	39.6	五原
1989.10.19	6.1	1989.794	10.149	14.699	45.7	大同
1996.5.3	6.4	1996.419	6.615	21.314	52.1	包头
1996.11.9	6.1	1996.842	0.423	21.737	58.2	长江口东海域
1998.1.10	6.2	1998.027	1.165	22.902	64.4	张北

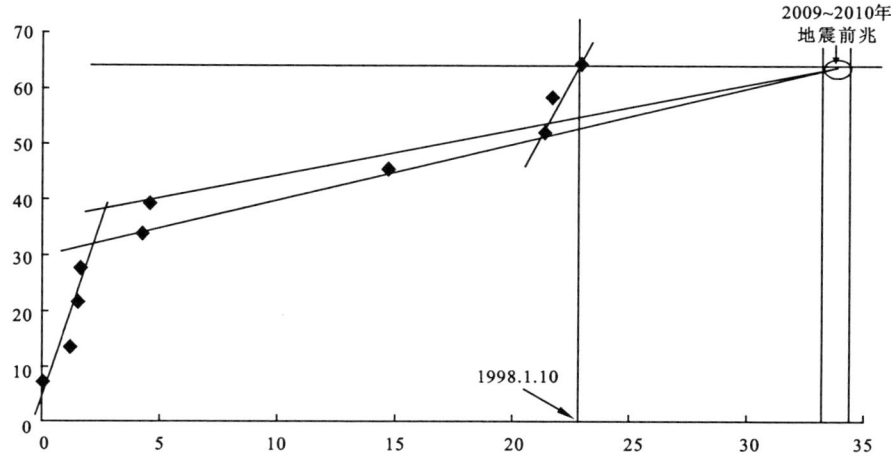

图 12-17 华北片地震动力学统计周期律

(5)西北片地震动力学统计周期律

具体分析参见表 12-17 和图 12-18。

表 12-17 西北片地震目录

发生时间(年月日)	震级	发生年(按365天)	年份差	累计年份	累计震级	震中地名
1977.1.19	6.3	1977.052	0	0	6.3	格尔木
1977.12.19	6.0	1977.956	0.904	0.904	12.3	伽师
1979.3.29	6.0	1979.244	1.288	1.992	18.3	库车
1983.2.13	6.8	1983.178	3.934	5.926	25.1	乌恰
1987.1.24	6.4	1987.066	3.888	9.814	31.5	乌恰
1988.11.5	6.8	1988.836	1.770	11.584	38.3	唐古拉山
1990.1.14	6.6	1990.038	1.202	12.786	44.9	茫崖
1990.4.26	7.0	1990.318	0.280	13.066	51.9	共和
1990.10.20	6.2	1990.796	0.478	13.544	52.1	景泰
1991.2.25	6.5	1991.151	0.355	13.899	58.6	柯梓
1993.10.2	6.6	1993.745	2.594	16.493	65.2	祁连县
1993.12.1	6.2	1993.906	0.161	16.654	71.4	疏阳
1994.6.3	6.5	1994.419	0.513	17.167	77.9	唐古拉山
1996.3.13	6.1	1996.200	1.781	18.948	84.0	阿勒泰
1996.3.19	6.9	1996.206	0.006	18.954	90.9	阿图什
1996.11.19	7.1	1996.874	0.668	19.622	98.0	和田
1998.5.29	6.2	1998.410	1.586	21.208	104.2	皮山县
2001.11.14	8.1	2001.862	3.452	24.060	112.3	昆仑山口西

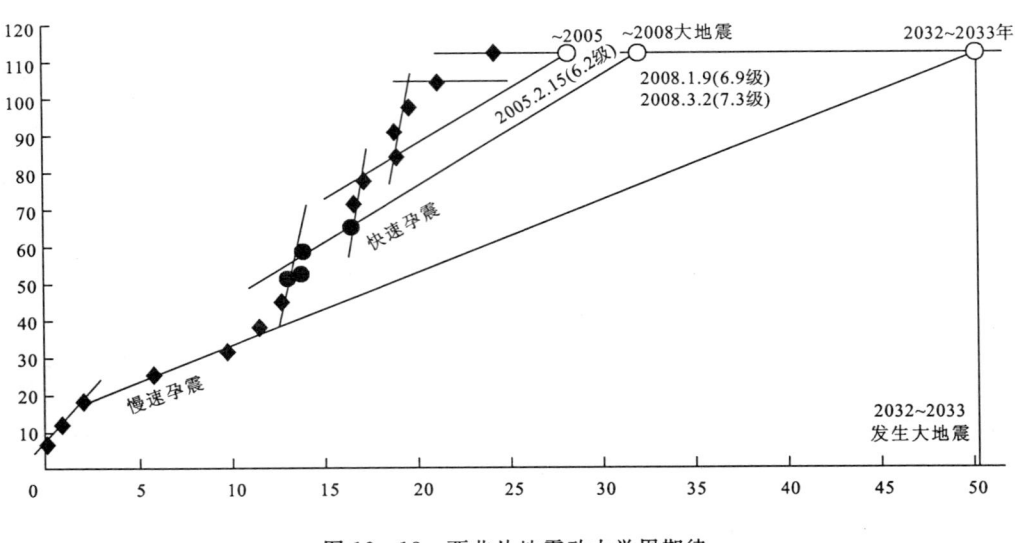

图 12-18 西北片地震动力学周期律

(6)东北片地震动力学统计周期律

东北片 2009 年上半年四平、珲春、黑龙江等地先后发生地震,震级不高。具体分析参见表 12-18 和图 12-19。

表 12-18 东北片地震目录

发生时间(年月日)	震级	发生年(按365天)	年份差	累计年份	累计震级	震中地名
1905.8.25	6.8	1905.643	0	0	6.8	图们西
1917.7.31	7.5	1917.539	11.936	11.936	14.3	珲春东南
1918.4.10	7.2	1918.274	0.695	12.631	21.5	珲春北
1931.6.6	6.8	1931.427	13.153	25.784	28.3	图们江中游
1940.7.10	7.3	1940.521	9.094	34.878	35.6	东宁
1945.8.21	7.0	1945.634	5.113	39.991	42.6	朝鲜清津
1946.1.11	7.2	1946.030	0.396	40.387	49.8	安南
1949.4.5	6.8	1949.261	3.231	43.618	56.6	朝鲜东海口
1950.5.17	6.8	1950.377	1.116	44.724	63.4	朝鲜东海
1957.1.3	7.0	1957.009	6.732	45.456	70.4	东宁西
1960.10.8	6.8	1960.762	3.753	48.209	77.2	朝鲜东海
1973.9.29	7.7	1973.737	12.975	61.184	84.9	珲春东海中
1977.3.9	6.8	1977.189	3.452	64.636	91.7	朝鲜东海
1999.4.8	6.8	1999.268	22.089	86.725	98.5	珲春—汪青
2002.6.29	7.1	2002.490	3.222	89.947	105.6	汪青

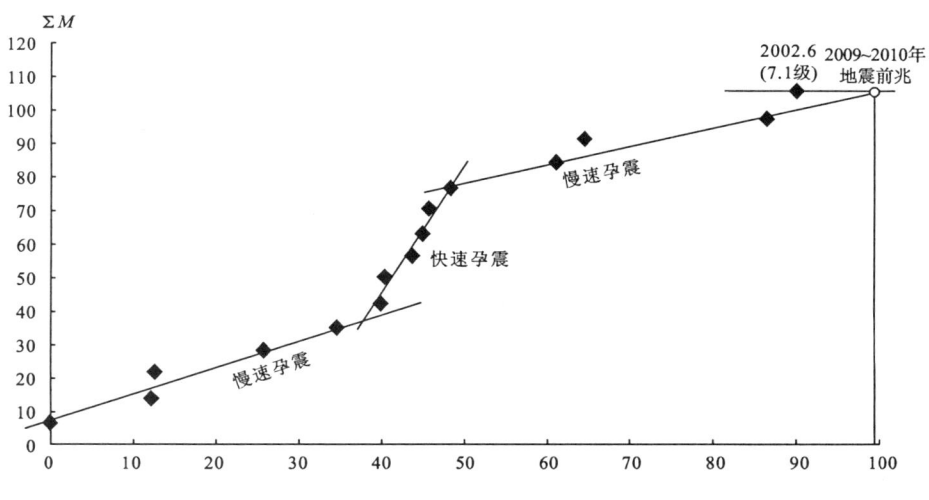

图 12-19 东北片(1900年以来)地震动力学周期律

第二节 汶川特大地震后首都圈孕震形势研究分析

一、汶川特大地震标志我国大陆地区进入地震活跃期

"5·12"汶川特大地震的强度和烈度,是近一个世纪以来,我国大陆地区遭受的最大的一次地震,截至 2009 年 3 月 4 日,汶川特大地震引起的 4 级以上余震 297 次(表 12-19,图 12-20),其中,6 级以上余震 6 次,5 级以上、6 级以下余震 32 次,余震频率和次数都是创记录的。

与此同时,从"5·12"汶川特大地震之后,发生在我国其他地区的地震,也是值得关注的,2008 年 8 月 30 日四川攀枝花、会里交界处发生 6.1 级地震;2008 年 10 月 6 日西藏当雄发生 6.6 级地震;2008 年 11 月 10 日青海海西发生 6.3 级地震,这些都是具有破坏性的强震。进入 2009 年,我国大陆地区又接连发生 4 级以上地震 10 多次,其中属于西南断裂带的有 7 次。而且地震活跃区域有东移的趋势,如 2009 年 3 月 20 日发生在吉林四平的 4.3 级地震和 3 月 2 日发生在山西忻州的 4.2 级地震。

此外,2009 年以来,环西太平洋地震断裂带也处于活跃状态,先后多次发生超过 6 级的强震。许多地震专家分析,我国大陆地区再次爆发强震的可能性极高。"5·12"汶川特大地震标志我国大陆地区进入地震活跃期,已经成为中外地震学者的共识。

表 12-19 汶川特大地震以后 4 级以上余震目录(截止到 2009 年 5 月 3 日 12 时)

序号	发震时刻	纬度	经度	震级	参考地名
297	2009－04－06 00:47	31.9	104.2	4.6	绵阳北川交界处
296	2009－03－19 13:43	32.3	105.0	4.2	广元青川、绵阳平武、绵阳江油交界
295	2009－03－12 16:25	32.4	105.0	4.7	广元青川
294	2009－03－04 00:21	31.9	104.8	4.2	绵阳江油
293	2009－02－08 23:17	31.4	103.8	4.2	成都彭州、德阳什邡交界处
292	2009－02－08 05:21	30.9	103.2	4.3	阿坝汶川
291	2009－02－01 01:36	32.5	105.3	4.5	广元青川
290	2009－01－15 02:23	31.3	103.3	5.1	阿坝汶川
289	2009－01－07 13:22	32.1	104.4	4.2	绵阳平武、北川交界

续表 12-19

序号	发震时刻	纬度	经度	震级	参考地名
288	2009-01-02 19:00	31.9	104.2	4.7	绵阳北川
287	2008-12-29 14:18	32.3	105.0	4.9	广元青川、绵阳江油交界处
286	2008-12-23 08:33	31.3	103.2	4.2	阿坝理县、汶川交界
285	2008-12-10 02:53	32.6	105.4	5.0	广元青川
284	2008-12-07 11:02	31.7	104.4	4.2	绵阳安县、北川交界
283	2008-12-07 04:26	31.2	103.5	4.0	阿坝汶川
282	2008-12-04 21:57	31.4	103.4	4.1	阿坝汶川
281	2008-11-23 18:19	31.2	103.5	4.7	阿坝汶川县
280	2008-11-19 07:07	31.7	104.2	4.1	绵阳安县、北川、阿坝茂县交界处
279	2008-11-16 06:59	32.2	104.7	5.1	绵阳平武
278	2008-11-14 14:33	32.8	105.4	4.3	甘肃陇南文县、四川广元青川交界处
277	2008-11-14 11:27	32.0	103.0	4.6	阿坝黑水、茂县交界
276	2008-11-06 23:01	31.0	103.5	4.0	汶川、都江堰交界处
275	2008-11-04 20:43	32.1	104.5	4.5	绵阳平武、北川交界
274	2008-10-31 10:06	31.8	104.4	4.3	绵阳市北川
273	2008-10-25 01:50	31.4	103.9	4.1	成都彭州、德阳什邡交界
272	2008-10-24 05:56	32.5	105.2	4.0	广元青川
271	2008-10-21 15:25	31.7	104.1	4.1	阿坝茂县、绵阳安县、北川交界
270	2008-10-16 17:46	31.2	103.7	4.1	都江堰、彭州交界
269	2008-10-16 10:08	31.3	103.5	4.1	阿坝汶川、都江堰交界
268	2008-10-05 02:28	30.9	103.2	4.0	阿坝汶川
267	2008-10-04 23:55	31.5	103.9	4.0	德阳什邡、绵竹交界
266	2008-10-04 20:11	31.8	104.1	4.5	茂县、北川交界
265	2008-09-20 00:29	31.3	103.5	4.1	汶川、都江堰交界
264	2008-09-12 01:38	32.9	105.6	5.5	甘陇南武都、陕汉中宁强交界
263	2008-09-11 18:30	31.3	103.7	4.3	都江堰、汶川、彭州交界
262	2008-09-11 10:53	32.4	105.2	4.4	广元青川
261	2008-08-18 10:22	31.3	103.4	4.0	阿坝汶川
260	2008-08-15 01:06	31.0	103.2	4.9	阿坝汶川
259	2008-08-13 16:45	32.5	105.4	4.0	广元青川
258	2008-08-13 05:03	31.9	104.2	4.9	绵阳北川
257	2008-08-10 12:38	32.4	105.1	4.0	广元青川
256	2008-08-10 00:31	32.5	105.2	4.2	广元青川
255	2008-08-10 00:12	32.4	105.1	4.0	广元青川
254	2008-08-09 20:10	32.7	105.4	4.3	广元青川、甘肃陇南文县交界
253	2008-08-08 21:12	31.5	103.9	4.3	德阳什邡、绵竹交界
252	2008-08-07 16:15	32.1	104.7	5.0	绵阳平武、北川交界
251	2008-08-06 12:47	32.8	105.5	4.3	四川广元青川、陕西汉中宁强交界
250	2008-08-06 11:42	32.7	105.4	4.4	广元青川
249	2008-08-06 07:55	32.8	105.5	4.5	广元青川
248	2008-08-05 17:49	32.8	105.5	6.1	广元青川

续表 12-19

序号	发震时刻	纬度	经度	震级	参考地名
247	2008-08-02 21:35	32.6	105.4	4.1	广元青川
246	2008-08-02 21:25	32.7	105.6	4.2	陕西汉中宁强、四川广元青川交界
245	2008-08-02 02:12	32.5	105.2	4.9	广元青川
244	2008-08-01 16:32	32.1	104.7	6.1	绵阳平武、北川交界
243	2008-07-29 07:52	31.3	103.8	4.1	成都彭州、德阳什邡交界
242	2008-07-25 21:39	32.8	105.5	4.2	四川广元青川、陕西汉中宁强交界
241	2008-07-25 04:54	30.8	103.3	4.4	成都崇州
240	2008-07-24 15:09	32.8	105.5	6.0	四川广元青川、陕西汉中宁强交界
239	2008-07-24 13:30	32.8	105.5	4.9	四川广元青川、陕西汉中宁强交界
238	2008-07-24 03:54	32.8	105.6	5.6	陕西汉中宁强、四川广元青川交界
237	2008-07-18 09:26	32.4	105.2	4.1	四川青川县
236	2008-07-18 00:40	31.7	104.1	4.6	四川绵竹
235	2008-07-15 17:26	31.6	104.0	5.0	四川绵竹
234	2008-07-15 03:56	31.6	104.0	4.2	四川绵竹
233	2008-07-10 07:19	32.2	104.9	4.0	四川平武与江油交界
232	2008-07-08 20:12	31.4	103.9	4.3	四川什邡县
231	2008-07-06 17:37	31.2	103.6	4.0	四川都江堰市
230	2008-07-06 02:50	31.6	104.1	4.0	四川绵竹
229	2008-07-05 15:00	31.6	104.1	4.5	四川绵竹
228	2008-07-05 06:10	31.8	104.1	4.1	四川茂县、北川交界
227	2008-07-03 12:08	31.2	103.5	4.0	四川汶川县
226	2008-07-02 03:57	31.4	103.9	4.1	四川彭州
225	2008-06-29 07:55	32.1	104.6	4.1	四川平武县
224	2008-06-28 05:42	32.3	104.9	4.6	四川平武县
223	2008-06-28 02:20	31.5	103.2	4.6	四川理县
222	2008-06-27 08:55	31.1	103.4	4.1	四川汶川县
221	2008-06-23 05:38	32.4	105.1	4.1	四川青川县
220	2008-06-22 18:37	32.2	104.5	4.2	四川平武县
219	2008-06-20 04:27	31.2	103.5	4.7	四川汶川县
218	2008-06-19 18:25	32.8	105.5	4.4	四川青川、陕西宁强县
217	2008-06-19 12:48	31.8	104.1	4.2	四川北川县
216	2008-06-19 10:55	31.2	103.5	4.3	四川汶川县
215	2008-06-18 06:43	31.3	103.4	4.0	四川汶川县
214	2008-06-17 21:40	32.3	104.9	4.0	四川平武县
213	2008-06-17 21:32	31.9	104.3	4.0	四川北川县
212	2008-06-17 13:51	32.8	105.6	4.5	陕西宁强县
211	2008-06-17 13:14	31.7	104.1	4.1	四川安县
210	2008-06-16 12:31	31.3	103.7	4.1	四川都江堰、彭州交界
209	2008-06-15 08:11	31.3	103.6	4.5	四川都江堰市
208	2008-06-11 06:23	30.9	103.4	5.0	四川汶川县

续表 12-19

序号	发震时刻	纬度	经度	震级	参考地名
207	2008-06-11 00:27	32.8	105.8	4.3	陕西宁强县
206	2008-06-09 15:28	31.4	103.8	5.0	四川彭州
205	2008-06-08 18:51	31.9	104.4	4.8	四川北川县
204	2008-06-08 06:14	32.5	105.1	4.7	四川青川县
203	2008-06-07 18:42	32.4	105.6	4.6	四川广元市
202	2008-06-07 15:32	32.5	105.2	4.0	四川青川县
201	2008-06-07 14:28	32.5	105.4	4.3	四川青川县
200	2008-06-07 08:48	31.2	103.4	4.6	四川汶川县
199	2008-06-06 22:38	31.1	103.3	4.0	四川汶川县
198	2008-06-06 19:03	31.3	103.8	4.0	四川彭州
197	2008-06-05 14:02	32.7	105.5	4.3	四川青川县
196	2008-06-05 12:41	32.3	105.0	5.0	四川青川县
195	2008-06-05 05:21	31.2	103.4	4.2	四川汶川县
194	2008-06-05 01:26	32.3	105.1	4.0	四川青川县
193	2008-06-03 11:09	32.0	104.5	4.3	四川北川县
192	2008-06-01 11:23	31.6	104.0	4.5	四川绵竹
191	2008-05-31 15:34	32.6	105.4	4.0	四川青川县
190	2008-05-31 14:22	32.4	105.0	4.0	四川青川县
189	2008-05-29 15:10	31.4	103.7	4.5	四川 彭州
188	2008-05-29 12:48	32.6	105.5	4.6	四川青川县
187	2008-05-28 01:35	32.7	105.4	4.7	四川青川县
186	2008-05-28 00:46	32.2	104.6	4.2	四川平武县
185	2008-05-27 21:59	32.5	105.2	4.7	四川青川县
184	2008-05-27 16:37	32.8	105.6	5.7	陕西宁强县
183	2008-05-27 16:03	32.7	105.6	5.4	四川青川县
182	2008-05-26 08:39	30.8	103.3	4.3	四川汶川县
181	2008-05-25 17:34	33.0	104.9	4.7	甘肃文县
180	2008-05-25 16:21	32.6	105.4	6.4	四川青川县
179	2008-05-25 12:27	32.0	104.6	4.2	四川北川县
178	2008-05-24 11:00	31.1	103.4	4.0	四川汶川县
177	2008-05-24 01:53	32.5	105.2	4.1	四川青川县
176	2008-05-24 00:10	32.2	105.0	4.0	四川江油市
175	2008-05-23 11:12	31.2	103.2	4.2	四川汶川县
174	2008-05-23 09:23	31.2	103.5	4.2	四川汶川县
173	2008-05-23 08:05	31.2	103.6	4.7	四川都江堰市
172	2008-05-23 01:37	31.3	103.6	4.6	四川都江堰市
171	2008-05-22 23:00	31.9	104.3	4.3	四川北川县
170	2008-05-22 19:22	32.6	105.4	4.0	四川青川县
169	2008-05-22 15:18	31.2	103.6	4.7	四川都江堰市
168	2008-05-22 04:36	32.2	104.8	4.6	四川平武县
167	2008-05-21 23:29	32.4	105.1	4.3	四川青川县

续表 12-19

序号	发震时刻	纬度	经度	震级	参考地名
166	2008-05-21 21:59	31.4	103.9	4.5	四川彭州
165	2008-05-21 17:33	32.3	105.2	4.5	四川青川县
164	2008-05-21 16:40	31.4	103.3	4.1	四川理县
163	2008-05-21 00:38	30.9	103.3	4.0	四川汶川县
162	2008-05-20 14:54	31.8	104.2	4.0	四川北川县
161	2008-05-20 12:17	30.8	103.3	4.3	四川崇庆县
160	2008-05-20 11:42	32.6	105.4	4.0	四川青川县
159	2008-05-20 08:57	31.7	104.0	4.1	四川绵竹
158	2008-05-20 01:52	32.3	104.9	5.0	四川平武县
157	2008-05-19 14:06	32.5	105.3	5.4	四川青川县
156	2008-05-19 12:08	32.1	105.0	4.8	四川江油市
155	2008-05-18 20:37	31.3	103.2	4.2	四川理县
154	2008-05-18 17:25	31.2	103.1	4.0	四川汶川县
153	2008-05-18 11:51	31.0	103.4	4.2	四川汶川县
152	2008-05-18 09:04	31.1	103.5	4.2	四川汶川县
151	2008-05-18 08:45	31.8	104.0	4.2	四川茂县
150	2008-05-18 04:26	31.2	103.5	4.1	四川汶川县
149	2008-05-18 01:08	32.1	105.0	6.0	四川江油市
148	2008-05-17 21:32	32.2	104.7	4.7	四川平武县
147	2008-05-17 15:38	32.0	104.4	4.1	四川北川县
146	2008-05-17 08:38	32.0	104.0	4.0	四川北川县
145	2008-05-17 08:28	31.6	104.0	4.1	四川绵竹
144	2008-05-17 07:23	31.3	103.8	4.2	四川彭州
143	2008-05-17 06:33	32.2	105.1	4.2	四川江油市
142	2008-05-17 04:29	31.4	103.3	4.5	四川汶川县
141	2008-05-17 04:16	31.3	103.5	5.0	四川汶川县
140	2008-05-17 04:15	32.2	104.4	4.8	四川平武县
139	2008-05-17 04:00	32.6	105.4	4.1	四川青川县
138	2008-05-17 03:59	31.0	103.5	4.3	四川汶川县
137	2008-05-17 01:22	31.2	103.6	4.5	四川都江堰市
136	2008-05-17 00:14	31.2	103.5	5.1	四川汶川县
135	2008-05-16 21:21	31.9	104.2	4.0	四川北川县
134	2008-05-16 18:51	31.4	103.6	4.2	四川汶川县
133	2008-05-16 18:20	32.5	105.1	4.0	四川青川县
132	2008-05-16 18:17	31.3	103.5	4.3	四川汶川县
131	2008-05-16 14:34	32.4	105.2	4.3	四川青川县
130	2008-05-16 13:25	31.4	103.2	5.9	四川理县
129	2008-05-16 11:34	31.4	104.1	4.9	四川绵竹
128	2008-05-16 11:10	32.5	105.1	4.0	四川青川县
127	2008-05-16 06:34	31.9	104.4	4.2	四川北川县
126	2008-05-16 06:10	31.4	103.9	4.6	四川彭州

续表 12-19

序号	发震时刻	纬度	经度	震级	参考地名
125	2008-05-16 05:55	32.3	104.7	4.5	四川平武县
124	2008-05-15 21:04	32.6	105.6	4.4	四川广元市
123	2008-05-15 20:10	31.4	103.8	4.2	四川彭州
122	2008-05-15 13:27	32.0	104.3	4.6	四川北川县
121	2008-05-15 12:27	31.3	103.7	4.1	四川彭州
120	2008-05-15 08:50	31.3	103.4	4.0	四川汶川县
119	2008-05-15 08:09	31.8	104.4	4.3	四川北川县
118	2008-05-15 06:10	31.2	103.6	4.6	四川都江堰市
117	2008-05-15 05:01	31.6	104.2	5.0	四川安县
116	2008-05-15 03:59	31.1	103.5	4.2	四川汶川县
115	2008-05-15 01:33	31.4	103.5	4.6	四川汶川县
114	2008-05-15 01:17	31.5	103.8	4.8	四川茂县
113	2008-05-14 21:29	32.3	105.1	4.5	四川江油市
112	2008-05-14 18:30	32.4	105.2	4.9	四川青川县
111	2008-05-14 18:18	32.4	105.1	4.8	四川青川县
110	2008-05-14 18:11	32.2	104.5	4.2	四川平武县
109	2008-05-14 18:00	32.2	104.7	4.7	四川平武县
108	2008-05-14 17:57	32.3	104.8	4.2	四川平武县
107	2008-05-14 17:51	32.4	104.2	4.8	四川平武县
106	2008-05-14 17:26	31.4	104.0	5.1	四川什邡县
105	2008-05-14 14:33	31.4	103.9	4.1	四川彭州
104	2008-05-14 13:54	31.9	104.2	4.9	四川北川县
103	2008-05-14 10:54	31.3	103.4	5.6	四川汶川县
102	2008-05-14 09:56	31.1	103.5	4.1	四川汶川县
101	2008-05-14 09:09	31.4	103.8	4.8	四川什邡县
100	2008-05-14 08:08	31.1	103.4	4.0	四川汶川县
99	2008-05-14 06:03	31.3	103.6	4.2	四川都江堰市
98	2008-05-14 03:51	31.0	103.3	4.2	四川汶川县
97	2008-05-14 03:30	31.1	103.3	4.1	四川汶川县
96	2008-05-14 00:23	31.7	104.3	4.0	四川安县
95	2008-05-13 23:54	32.1	104.9	4.5	四川江油市
94	2008-05-13 23:10	32.6	105.5	4.1	四川青川县
93	2008-05-13 21:31	32.4	105.1	4.5	四川青川县
92	2008-05-13 21:13	32.5	105.5	4.4	四川青川县
91	2008-05-13 20:51	32.3	105.0	4.6	四川青川县
90	2008-05-13 18:36	31.3	103.6	4.1	四川都江堰市
89	2008-05-13 18:16	31.8	104.3	4.0	四川安县
88	2008-05-13 17:41	32.1	104.4	4.1	四川平武县
87	2008-05-13 16:20	31.4	103.9	4.8	四川彭州
86	2008-05-13 16:11	32.5	105.2	4.1	四川青川县
85	2008-05-13 15:53	32.3	105.0	4.8	四川青川县

续表 12-19

序号	发震时刻	纬度	经度	震级	参考地名
84	2008-05-13 15:51	32.5	105.3	4.4	四川青川县
83	2008-05-13 15:19	32.3	105.0	4.8	四川青川县
82	2008-05-13 15:07	30.9	103.4	6.1	四川汶川县
81	2008-05-13 14:38	31.4	103.8	4.3	四川彭州
80	2008-05-13 13:37	31.0	103.5	4.6	四川汶川县
79	2008-05-13 13:36	32.4	105.2	4.4	四川青川县
78	2008-05-13 13:25	32.6	105.2	4.2	四川青川县
77	2008-05-13 12:50	31.3	103.4	4.1	四川汶川县
76	2008-05-13 12:45	31.0	103.3	4.1	四川汶川县
75	2008-05-13 11:48	31.2	103.7	4.5	四川都江堰市
74	2008-05-13 11:00	31.2	103.5	4.7	四川汶川县
73	2008-05-13 10:59	31.0	103.3	4.3	四川汶川县
72	2008-05-13 10:33	31.3	103.6	4.2	四川汶川县
71	2008-05-13 10:15	31.6	103.9	4.5	四川绵竹
70	2008-05-13 09:07	31.4	103.7	4.0	四川彭州
69	2008-05-13 08:54	32.6	105.2	4.3	四川青川县
68	2008-05-13 08:22	31.3	104.0	4.2	四川什邡县
67	2008-05-13 07:54	31.3	103.6	5.1	四川汶川县
66	2008-05-13 07:46	31.2	103.4	5.3	四川汶川县
65	2008-05-13 07:38	31.9	104.5	4.0	四川北川县
64	2008-05-13 06:47	31.3	103.4	4.5	四川汶川县
63	2008-05-13 06:24	32.2	105.0	4.0	四川江油市
62	2008-05-13 06:19	31.9	104.2	4.1	四川北川县
61	2008-05-13 05:51	32.5	105.3	4.6	四川青川县
60	2008-05-13 05:08	31.3	103.2	4.5	四川汶川县
59	2008-05-13 04:51	32.4	105.2	4.7	四川青川县
58	2008-05-13 04:45	31.7	104.5	5.2	四川安县
57	2008-05-13 04:08	31.4	104.0	5.7	四川什邡县
56	2008-05-13 03:53	31.3	103.6	4.3	四川都江堰市
55	2008-05-13 02:55	31.9	105.1	4.4	四川江油市
54	2008-05-13 02:46	32.4	105.0	4.4	四川青川县
53	2008-05-13 01:54	31.3	103.4	5.0	四川汶川县
52	2008-05-13 01:29	31.3	103.4	4.6	四川汶川县
51	2008-05-13 01:01	30.9	103.4	4.0	四川汶川县
50	2008-05-13 00:34	32.5	105.0	4.2	四川青川县
49	2008-05-13 00:28	31.2	103.8	4.4	四川彭州
48	2008-05-12 23:28	31.0	103.5	5.0	四川都江堰市
47	2008-05-12 23:16	30.9	103.2	4.1	四川汶川县
46	2008-05-12 23:05	31.3	103.5	5.2	四川汶川县
45	2008-05-12 23:05	31.3	103.6	5.0	四川都江堰市
44	2008-05-12 22:55	32.4	105.0	4.2	四川青川县

续表 12-19

序号	发震时刻	纬度	经度	震级	参考地名
43	2008-05-12 22:46	32.7	105.5	5.1	四川青川县
42	2008-05-12 22:37	32.2	104.5	4.3	四川平武县
41	2008-05-12 22:26	31.3	103.9	4.0	四川什邡县
40	2008-05-12 22:15	32.2	104.9	4.4	四川平武县
39	2008-05-12 22:09	31.9	104.7	4.5	四川北川县
38	2008-05-12 22:06	32.5	105.1	4.0	四川青川县
37	2008-05-12 21:55	32.0	104.3	4.2	四川北川县
36	2008-05-12 21:40	31.0	103.5	5.1	四川汶川县
35	2008-05-12 21:36	32.9	105.5	4.0	四川青川
34	2008-05-12 21:32	31.2	103.9	4.3	四川彭州
33	2008-05-12 21:07	31.0	103.4	4.3	四川汶川县
32	2008-05-12 21:02	31.1	103.5	4.6	四川汶川县
31	2008-05-12 20:54	31.3	103.4	4.3	四川理县
30	2008-05-12 20:33	31.4	104.1	4.2	四川绵竹
29	2008-05-12 20:29	31.4	103.9	4.1	四川什邡县
28	2008-05-12 20:23	32.7	105.3	4.5	甘肃文县
27	2008-05-12 20:15	32.0	104.4	4.9	四川北川县
26	2008-05-12 20:11	31.4	103.8	4.5	四川彭州
25	2008-05-12 20:06	32.2	105.5	4.1	四川剑阁县
24	2008-05-12 20:04	32.6	105.2	4.2	四川青川县
23	2008-05-12 19:52	32.6	105.4	4.7	四川青川县
22	2008-05-12 19:45	32.4	105.0	4.0	四川青川县
21	2008-05-12 19:41	32.4	105.1	4.6	四川青川县
20	2008-05-12 19:33	32.6	105.4	4.5	四川青川县
19	2008-05-12 19:10	31.4	103.6	6.0	四川汶川县
18	2008-05-12 18:23	31.0	103.3	4.9	四川汶川县
17	2008-05-12 18:02	32.2	105.1	4.8	四川江油市
16	2008-05-12 17:54	31.0	103.2	4.3	四川汶川县
15	2008-05-12 17:42	31.4	104.0	5.2	四川什邡县
14	2008-05-12 17:30	32.4	104.9	4.1	四川青川县
13	2008-05-12 17:23	32.3	104.8	5.1	四川平武县
12	2008-05-12 17:07	31.3	103.8	5.0	四川彭州
11	2008-05-12 17:01	32.2	104.7	4.1	四川平武县
10	2008-05-12 16:50	32.6	105.2	4.5	四川青川县
9	2008-05-12 16:47	32.2	105.4	4.8	四川剑阁县
8	2008-05-12 16:36	31.0	103.2	4.3	四川汶川县
7	2008-05-12 16:35	31.4	103.5	4.6	四川汶川县
6	2008-05-12 16:26	31.5	103.8	4.3	四川什邡县
5	2008-05-12 16:21	31.3	104.1	5.2	四川绵竹
4	2008-05-12 16:10	31.2	103.4	4.8	四川汶川县
3	2008-05-12 15:40	31.0	103.6	4.7	四川都江堰市
2	2008-05-12 15:34	31.0	103.5	5.0	四川汶川县
1	2008-05-12 14:43	31.0	103.5	6.0	四川汶川县

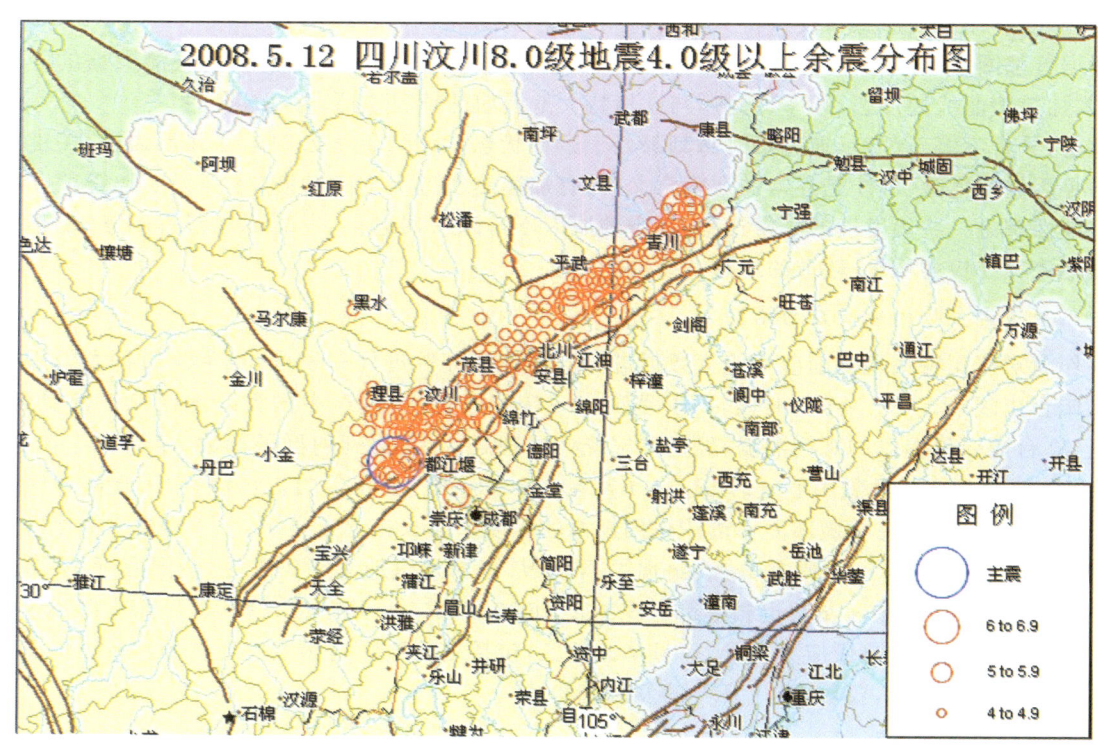

图 12-20　2008.5.12 四川汶川 8.0 级地震 4.0 级以上余震分布图

二、首都圈孕震形势研究

1. 北京 3 个应变台站数据的相似性

北京昌平、顺义和平谷分别布设了四分量钻孔应变仪,这 3 台仪器相对于其他台站,在 2008 年汶川特大地震前后,反应并不是很灵敏,也就是从 2008 年 1 月 1 日—5 月 12 日之间,每一天的压应变(N^-)和张应变(N^+)加速值的比值 N^-/N^+ 都保持在 1 以内,而全国其他 30 多台四分量应变仪的加速值比常常大于 1,也就是挤压应力占绝对优势。但是一般来说,N^-/N^+ 值突变起来很难,即无论仪器布设地点与汶川震中远或近,很少超过 2,这就是说挤压应力超过拉张应力 1 倍是很困难的事情。但是从 2009 年 1 月 1 日开始,北京昌平、顺义和平谷 3 个应变观测台站数据的群子参数 N^-/N^+ 开始出现较大幅度突变,尤其是昌平台和顺义台的 N^-/N^+ 都达到 2.7,平谷台也达到 2.3,说明这些观测台站附近区域(地震学界称为"首都圈")地壳已经被压应力严重挤压。而且压应变和张应变之间出现剧烈的交互(拉锯)状态,类似于 2008 年 5 月 12 日前姑咱四分量钻孔应变仪所表现出的交互状态。

2009 年初,根据作者比照汶川特大地震前压应变与张应变加速值比值曲线,采用类似几何方式分析,这种异常状态如果持续至 4 月初,将进入危险阶段。但是在四平伊通地震和忻州原平地震之后,这种异常状态持续并没有导致出现危险的情况,而且还出现了挤压应力慢慢释缓的现象。不过,这个结论的准确性,还有赖于密度更加大的应变仪观测台站的密集数据支持和应变仪的抗干扰稳定运行。从现在仅有的三、四台应变仪观测数据就得出孕震形势异常,是不严谨的,也是不科学的。但是,"3 个相似性"值得关注。

(1) 应变加速幅度相似

昌平、顺义、平谷 3 个应变观测台站的应变加速幅度出现惊人的相似性(几乎同步)。

(2) 钻孔应变与"砂层应力"加速曲线相似

基于两种思路、两种工艺的四分量钻孔应变仪与砂层应力仪的数据加速曲线形态和走势相似。

(3)应变加速曲线形态与汶川特大地震前兆相似

根据首都圈附近这两种应力应变仪、4个观测台站(包括"砂层应力"观测台)观测数据的群子参数分析,其加速值曲线的形态、频率、趋势,与汶川特大地震前的情况比照,存在相似性。

但是,异常不等于危险,地壳每时每刻都处于运动状态,因此,偶然出现异常并不为怪,关键是异常的趋势是否进入危险,这才是异常的逻辑意义,只有加速曲线进入危险状态,才能说明地震前兆的真正开始。前面都是一些偶发性的异常过程,其中的原因不排除仪器老化、安装不规范等因素;也不排除北京区域地壳存在应力积聚-耗散的通道和条件。

2. 压应变占主导的地壳应力活动

在作者对汶川特大地震前应力应变数据进行群子统计分析过程中发现,当距汶川特大地震中心最近的姑咱台出现 $N^-/N^+ \gg 1$ 的时候,不仅是汶川一带的地壳受挤压,中国大陆地区几乎都受到挤压。全国近40台应变仪提供的观测数据,经过群子统计处理之后,所得到的群子参数 $R_1^+ \cdot R_2^+$ 本来不大,即小于10,而汶川变成孕震中心之后,$R_1^+ \cdot R_2^+ \gg 10000$,而 $R_1^- \cdot R_2^- < 1$,也就是中国大陆地区的地壳内部压应力,可以达到完全破坏固体潮汐作用规律的程度。那么在北京昌平、平谷和顺义3个应变观测台的数据中,从2009年1月22日开始,出现了 N^-/N^+ 经常远远地大于1之后,全国有近20多个台的四分量钻孔应变仪的 $R_1^+ \cdot R_2^+$ 也相继都表现为 $\gg 10000$,而 $R_1^- \cdot R_2^- < 1$。所以,目前首都圈区域的应变观测数据表明地壳被挤压应力主导,而且华北地区,包括东北地区也相继呈现被异常挤压情况。至于压应力挤压的能量大小,要看 $R_1^+ \cdot R_2^+$ 的发展趋势。

3. 孕震形势复杂

2009年初,作者将四分量钻孔应变仪数据与砂层应变仪数据进行了比较研究,发现了一些较为明显的应力异常现象,但是,并不能确认就是首都圈区域地壳应力异常形势。这是"砂层应力仪"最大的弱点,需要与四分量钻孔应变仪配合研究。尽管可以为首都圈应力异常提供观测依据,但是由于首都圈南部缺乏应力应变观测台站,所以,孕震形势只能被认定为紧迫,但是离短临阶段的量化特征还存在差距。

有鉴于此,作者决定将首都圈孕震形势按照每周一次简报的方式,向中国地震局监测预报司报送有关定量分析情况。

三、应力应变加速状态出现反复

自2009年2月9日作者向中国地震局提供有关首都圈应力应变异常报告以来,首都圈区域(京、津、冀、晋)地应变数据加速增量异常情况发生了转折,符合作者在报告中的判断意见,如果挤压应变加速异常的持续时间如果能够保持到4月份,那么就可以判断首都圈区域进入地震前兆的短临阶段,但是,这种挤压加速异常持续时间在四平伊通地震和忻州原平地震之后,转趋低加速徘徊,庆幸没有进入地震前兆短临阶段。

这种应力应变低加速徘徊局面可能说明两种截然不同的趋势。

(1)四平和忻州两次4级多地震,在断裂缺陷区释缓了部分挤压能量,在通化与徐州同期挤压应变加速增量持续高频率异常的情况下,挤压应力出现向通化、徐州一线转移,进入低加速徘徊阶段,而不是相对"平静"的"极限僵持阶段",主要是因为低速徘徊与"相对平静"具有本质上的不同,即低加速徘徊仍然以挤压加速为主,但是加速幅度维持在低位水平;而"相对平静"是指尽管挤压应变增量很高,但是没有加速现象发生,处于高度紧绷的"极限僵持"状态。

(2)尽管应力应变维持在低位加速徘徊,但是经过2009年1月1日到3月下旬近3个月的应力应变加速增量,使挤压应力传播通道中的障碍进一步清除破碎,并使应力应变耗散为低加速状态,这种情况不仅不安全,而且还为下一轮挤压应力的加速积聚运动扫除了阻滞,提供了空间。与此同时,首都圈所处的地球北部中纬度地区,位于春分前后,属于固体潮汐作用逐步增强的过度时期,维持着地壳内挤压应力与拉张应力的交错平衡,一旦固体潮汐进入到强作用阶段的夏至至秋分时期,这种高对抗的交错暂时平衡,很可能被新一轮的挤压应力加速积聚所打破,一旦形成新的应力挤压积聚条件,孕震形势将趋向明朗（图12-21）。

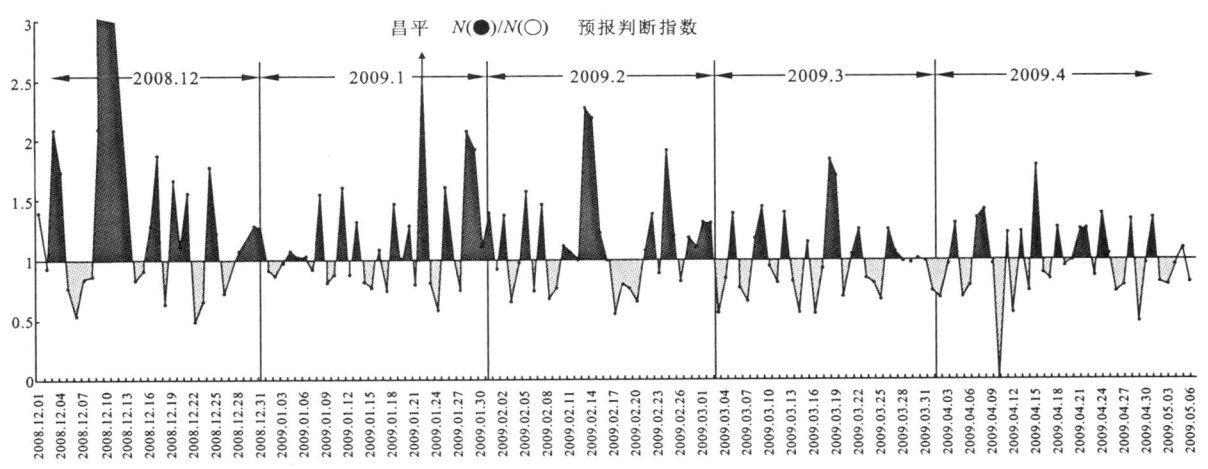

图 12-21 北京昌平台 N^-/N^+ 随时间变动

还有一个不能忽视的因素是，即使通化台与徐州台所反映的应力应变加速异常能够转化为地震前兆的短临状态，也不会改变首都圈孕震的异常形势。

当然，上述分析建立在只有北京3个应变台站的数据分析基础上，参照了泰安、文安、营口、通化、临沂和徐州台站的数据，而北京3个台站相距不过50km，且同步变化，所以只能算作一个有效观测数据。更精确的首都圈孕震形势研究分析，还需要加紧布设应力应变仪器，尽快建立首都圈地震前兆密集台站网络，特别是在应力应变观测与测震监测之间，探讨布设大地运动加速速率监测仪，更加精确地提供临震信号，以弥补目前全球地震观测监测体系中缺乏大地运动加速速率监测的空白，为地震预测提供可靠、科学、确切的迫震预警信号。

据悉，中国科学技术协会常委、我国著名传感器专家张开逊教授，已经研制出新型多功能大地运动三维加速度监测仪，而且成本低，安装简单，只需在地表正负零以下固定于坚硬水泥板上即可，无论测震监测台站，还是城市建筑地下室底层都可以安装，对人为活动干扰能够有效屏蔽，弥补测震仪、应力应变仪和GPS观测的不足。地震前大地客观存在的运动加速现象。如果说GPS遥测的是大地运动的位移结果，那么这种仪器监测的却是大地运动加速的过程，因此能够使地震前兆在一定提前量的情况下被及时捕捉。

四、西集"砂层应力仪"对首都圈孕震形势的解析

作者从研究角度对比了2008年1月1日至5月12日和2009年1月1日至5月12日同期中国大陆地区砂层应力观测识别，结合运用群子统计力学计算了西集台的数据，发现2009年3月至5月间应力震荡幅度已经下降到非常低的水平，说明地壳已经进入到压应力和张应力之间的僵持状态，两种应力互不相让，地壳震荡幅度降到最低（图12-22）。但是也不排除安放仪器的砂堆在经历长久地下渗水侵蚀和大地运动后造成板结，也会使应力震荡幅度降到最低位。

类似的情况在2008年也出现过，如果"砂层应力仪"能够反映应力的震动情况，那么可能的地震强度至少大于6级。于是作者再次将钻孔应变的群子参数进行比照验证，发现徐州台、临沂台多次出现 $N^-/N^+\gg 2$，地壳挤压应力应变处于越来越紧致状态，随时准备进入地震前兆阶段，但是2008年3月—5月间的应变和应力数据表明，压应变加速状态出现反复，短期内不会进入地震危险阶段。

尽管如此，2009年各方面的地壳活动条件仍然偏向异常，不可掉以轻心。特别是在我国东部地区，断裂带、平原土层、丘陵、河流横贯、湖泊散布等复杂地质构造区域，应力传递介质多样、连续性较差，钻孔安装应变仪器困难，观测有效覆盖有限，制约了地壳应力应变信息的客观反映。但是，只要我们不放过任何一个细小的异常变化，地震前兆危险态还是可以量化识别的。

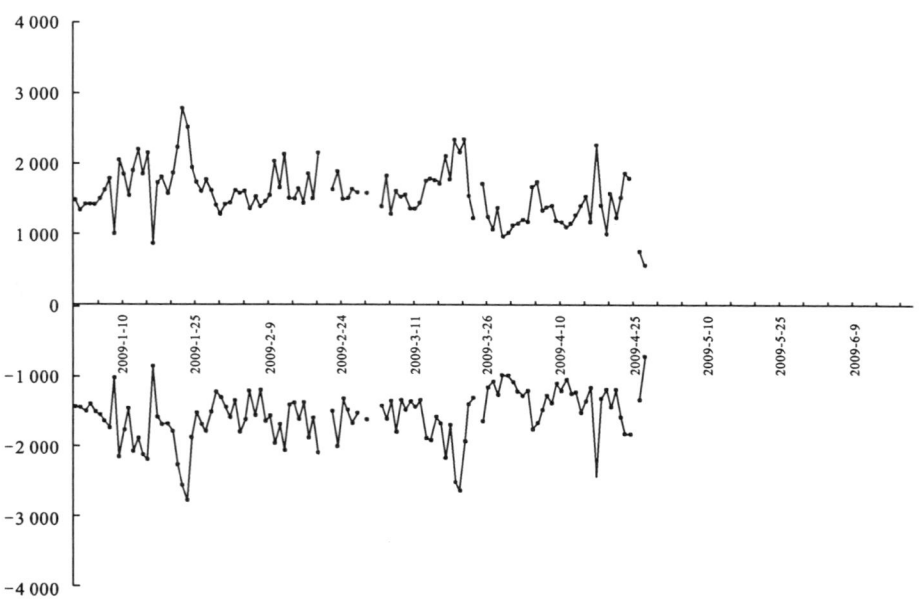

图 12-22 "砂层应力"观测到的应力曲线随时间变化图

此外,2009年西北德令哈、格尔木、乐都、高台等应变台也不时出现异常性,西南姑咱台和腾冲台也反映出异常,应变加速值已达到了不亚于2008年汶川的水平,今后这个地区仍有两种应力应变趋势可能:一是耗散导致松弛,进入稳定态;二是直接进入更快更容易挤压的"僵持缓静阶段"。2009年西南和西北地区孕震形势依然严峻。

第三节 通化、徐州和襄樊台应变数据参数异常态的量化特点

一、通化、徐州从2009年初开始构成了相互呼应的应变加速异常带

通过 N^-/N^+ 和时间关系来考察2009年通化、徐州等应变观测台的数据的分析,我们也发现那里的孕震过程类似首都昌平台的情形,那里的孕震状况并不乐观,后来发生的吉林四平、安徽肥东的地震都反映了这一些孕震的情况,有关情况见下面的分析。

1. 通化观测台站应变加速出现挤压异常

四平伊通地震后,在通化观测台站分量主应变指向西南方位,出现了营口、徐州分量主应变指向的交叉点,群子参数显示2009年4月9日之前的应力应变加速异常,高于四平伊通地震前兆的强度。

(1)地壳挤压应力呈现剧烈挤压"拉锯"持续状态,应变加速值的群子参数比常值高几倍甚至几十倍。

(2)这种压应变持续加速异常,并没有因伊通地震和原平地震有所释缓,相反出现了继续攀高的趋势。

(3)分量主应变方位指向通化站的西面,结合伊通和原平地震在分量应变仪上反应的有效距离等综合因素来看,又有徐州、营口分量主应变指向和应变加速数据支持,强度高于伊通地震的异常。

(4)进入2009年5月以后,通化台的主应变方向有时转向北偏东方向,与营口、徐州方向正好相反,是分量校准原因还是干扰,仍然无法确定应力源方向。

(5)从截至2009年4月9日通化台的应变加速值曲线来看(图12-23),进入地震前兆短临状态的特征还不是很明显,需要不间断观测和连续数据支持,以便确定地震危险度的"时空强"三要素。

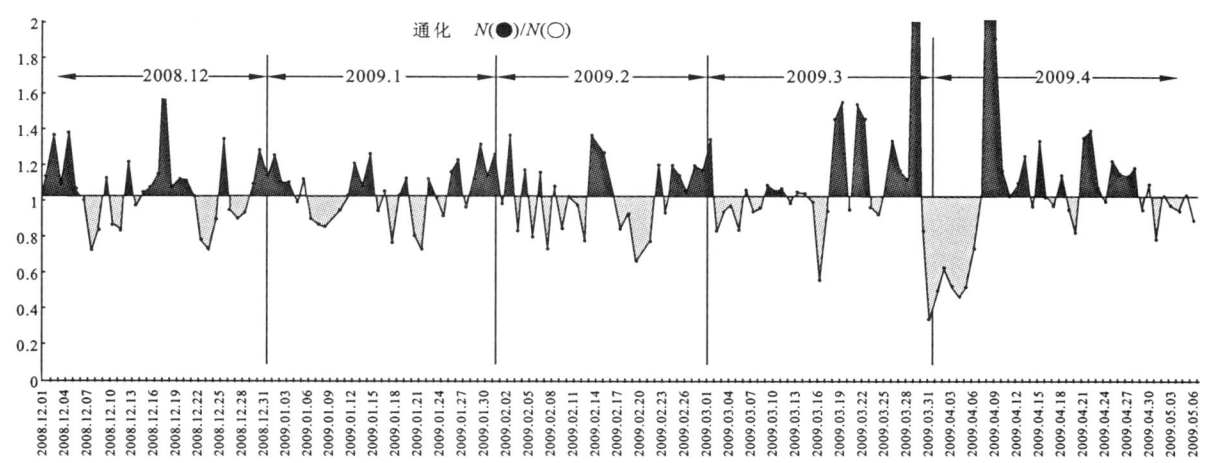

图 12-23　通化台应变加速曲线

2. 徐州、临沂和麻城、襄樊应变数据参数处于异常状态

(1) 从 2009 年初开始，徐州应变观测台一直扮演着与北京 3 个应变台、营口台、通化台的呼应角色，但是，进入到 3 月份后，这种呼应配角角色开始向主角角色转移，也就是当徐州台应变加速增量出现高值时，临沂、泰安、麻城、襄樊、营口和通化台出现紧随加速增高情况，在此之前，徐州台尽管自身应变加速异常，但却总是出现紧随北京和营口的情况，慢半拍。

(2) 2009 年 4 月 6 日 22 点 22 分发生在安徽肥东的 3.5 级地震，并没有使徐州台所观测的应变加速异常减缓，仍然继续维持在高加速、高频率的"拉锯"状态（图 12-24）。所以，作者认为，尽管麻城台和襄樊台在肥东地震后，出现应变恢复常值状态，维持不到半个月，又紧随徐州台加速异常起来，但有时主应变方向却是与徐州相反的方向，原因不明。

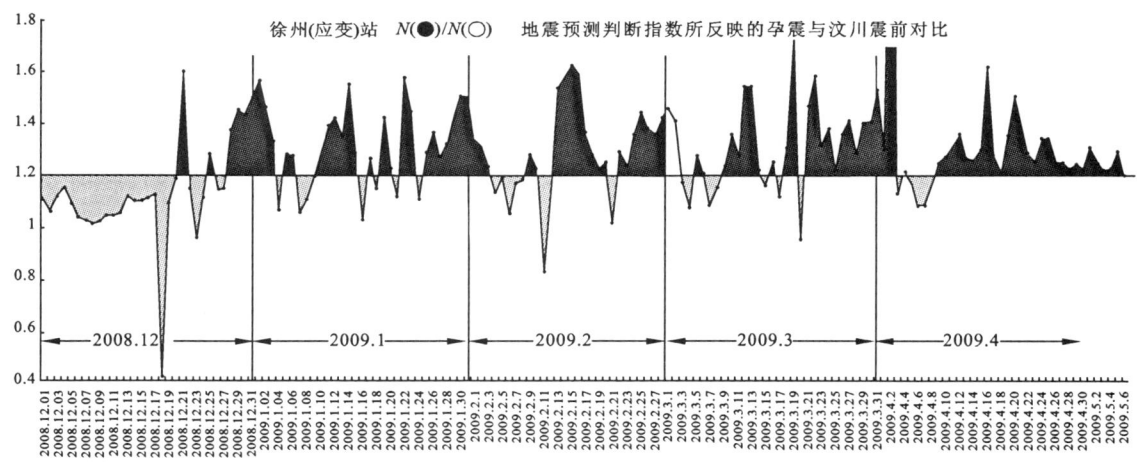

图 12-24　汶川特大地震前后徐州应变群子参数曲线的比较

(3) 临沂台与徐州台一直保持着同步，也许是两个台站相距很近的原因，其实是反映这个区域附近的应力应变异常加速过程，肥东地震后与徐州台一样，没有出现挤压应变释缓现象，继续维持在高位加速值的"拉锯"状态。

(4) 与此同时，江宁台却在 4 月 2 日应变数据突变加速起伏异常，不过幅度不大，群子参数出现了几次万级单位，当时被归为跟进徐州台异常待考察数据。但是，江宁台在肥东地震后，应变回复到常值，没有出现加速异常情况，这点与麻城台几乎同步，因此，作者倾向于肥东地震释缓了江宁和麻城连线的挤压能量的观点，但没有释缓徐州和临沂附近的挤压应力的解释，随后，麻城又与徐州跟进，江宁在麻城之后几天,跟进徐州,因此,徐州——临沂附近挤压应力占主导位置,左右着华东地区的孕震形势。

二、2009年4月16日开始,通化、徐州挤压应力加速积聚被拉张应力松弛耗散

1. 挤压应力耗散现象的分析探讨

在材料力学中有一个学科研究方向叫做材料力学"内耗",是指外界的应力通过材料的拉张运动,把外界的应力不断地转化成热能,以至大量地消耗外部动力。从地应变加速值的统计力学处理过程中发现地壳运动也有这种应力内耗的过程。从数据分析中可以看出有两种内耗方式。

(1)震荡释能

通过地震震荡的方式释能,这种情况在群子参数中表现为 $R_1^+ \cdot R_2^+$ 和 $R_1^- \cdot R_2^-$ 同时变大到大于 10^4,所以每天只要日报能反映这种状态,说明某个地方出现了地震前兆危险,比如2008年5月12日汶川特大地震那一天几乎全国近40台四分量应变仪的数据所反映的 $R_1^+ \cdot R_2^+$,$R_1^- \cdot R_2^-$ 全是大于 10^4。

(2)耗散释能

在一些地质构造复杂区域,应力传播介质多样或时断时续,反映在钻孔应变仪数据计算中,也许会出现 $R_1^+ \cdot R_2^+$,$R_1^- \cdot R_2^-$ 同时大于 10^4 的情况,但不致震,这时需要我们参照临近其他应变台站的数据,或其他前兆观测数据,综合分析其应变加速状态的相互关联,才能比较清楚地把握地震前兆异常与危险态的量化特征。从材料断裂力学来看,地壳结构缺陷带中的断层产生剪切运动时,断层间不规则界面会出现互相挤压破碎的摩擦过程,使应力耗散,没有形成震动波幅。这就是某些挤压应力看起来加速应变异常,但是始终形成不了危险状态的一个重要原因。如,从2009年4月16日开始,本应该进入地震前兆短临状态的通化台、徐州台的数据统计分析表明:尽管通化、徐州挤压应力加速异常持续出现高位群子参数值,但是,由于通化附近的营口、徐州附近的泰安和临沂,反复出现挤压加速攀高又加速减低的剧烈频繁过程,使应变加速没有获得实际增强,表明在通化、徐州区域的挤压应力应变,被周边的松弛应变耗散了,其自身的挤压应力加速不足以支撑突发性震荡,通俗地说,加速行进的汽车突然遇到了沙漠松软地形,燃油接近耗尽,汽车冲击力失去动力源,尽管转速表维持高位运行,但是使不上劲,汽车的冲击力大打折扣,这样会出现两种情况:一是运转速度维持不久就会下降,直至加不上速;二是借助综合惯性作用和持续加速作用,冲出松软区,再次进入硬地,重新获得动力,这个冲击力可想而知,比在松软地的冲击力肯定还要巨大。

比喻或许不胜推敲,但是,作者力图形象地说明应力耗散的真正物理意义,当挤压应力进入地震前兆的短临状态,一定需要足够的速度、足够的增量、足够的加速增量时间和地壳断裂结构缺陷与挤压应力实现汇合,才能产生突发性震荡和断裂错动。

2. 固体潮汐作用的影响

有关营口、临沂和泰安挤压应变加速值突然卸载的原因,与进入春分后,固体潮汐作用的拉张应变增强反应有关。处在中纬度的中国东部地区在春分后,太阳开始由赤道转到北回归线,与这个地区的作用角度越来越接近直角,固体潮汐的拉张作用增强,同时,月球赤纬度也与固体潮汐作用在这个时期转趋重叠,拉张松弛作用增大,当然,这种固体潮汐作用增强趋势也有两个结果。

(1)与汶川特大地震前情况类似,强拉张松弛作用的背景同时也是挤压应力突破的最好条件,使挤压应力拥有了加速的通道条件和增量的松弛空间,一旦遇到地壳断裂结构缺陷区和挤压应力加速作用,突发性震荡和断裂错动势不可挡。

(2)与汶川特大地震前情况截然相反,在相对松软和断裂缺陷程度低于西南断裂带的中国东部地区,挤压应力始终无法使上劲,即使能够在一定条件下致震,但是强度不会太高。

3. 挤压应变成主导

通化台、徐州台的应变数据加速增量状况一天不改善,地震前兆异常就不能排除,好在作者分析的这个阶段都还处于地震前兆中短临阶段前期的"拉锯"状态,也就是异常状态,挤压应力始终处于突破固体潮汐拉张作用和地壳应力传播通道阻滞作用的竞争状态,只要满足了短临条件,地震前兆进入危险态

的可能性仍然很高。而且这个地区是中国经济发展相对快速、财富相对集中、人口密度很大的区域，尤其是徐州和临沂两个市的人口超过2000万，一旦地震，后果不堪设想。在尚存致震因素不确定性的情况下，相应增加其他前兆观测的关注重点、关注度，捕捉地震前兆信号是必要的。

三、值得关注的襄樊应变台数据最新情况

襄樊应变观测台位于我国中部地区的湖北省襄樊市，是这个地区唯一的应变观测台，对于西观重庆，北看河南，东察安徽，南应贵州，都具有重要的参考价值。从2009年2月以来，这个台所提供的数据，经处理后发现，与同期周边地区的应变异常数据都存在呼应关系。2009年5月开始，应变数据异常似乎已经由配角转化成了主角，开始独立表达某种异常，应力主应变方向随时间变化尚无确定性方向可循，迫切需要其他前兆观测数据支持，如重力和倾斜等。为清楚了解和认识这个台站所反映的应力-应变场动态过程，作者不妨将2009年1月至5月7日的应变加速值曲线与2008年1月至5月12日的应变加速值曲线作个比照（图12-25，图12-26）。

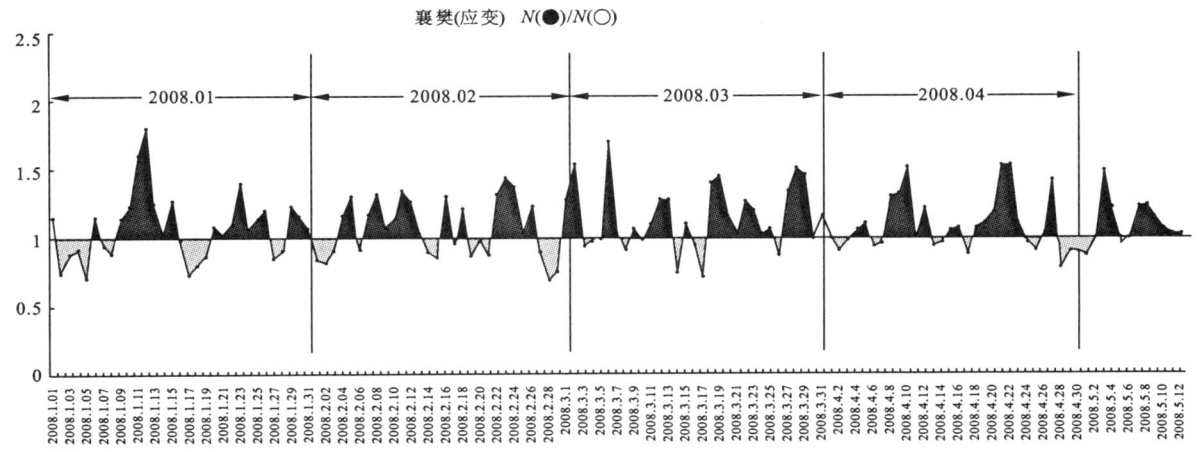

图12-25　汶川特大地震前襄樊台应变数据的群子参数曲线

2008年1月至5月襄樊台应变加速值的群子参数 N^-/N^+ 最高不到2，多数在0.7～1.5，应力应变比较缓和，没有像汶川附近几个台那样发生突变。

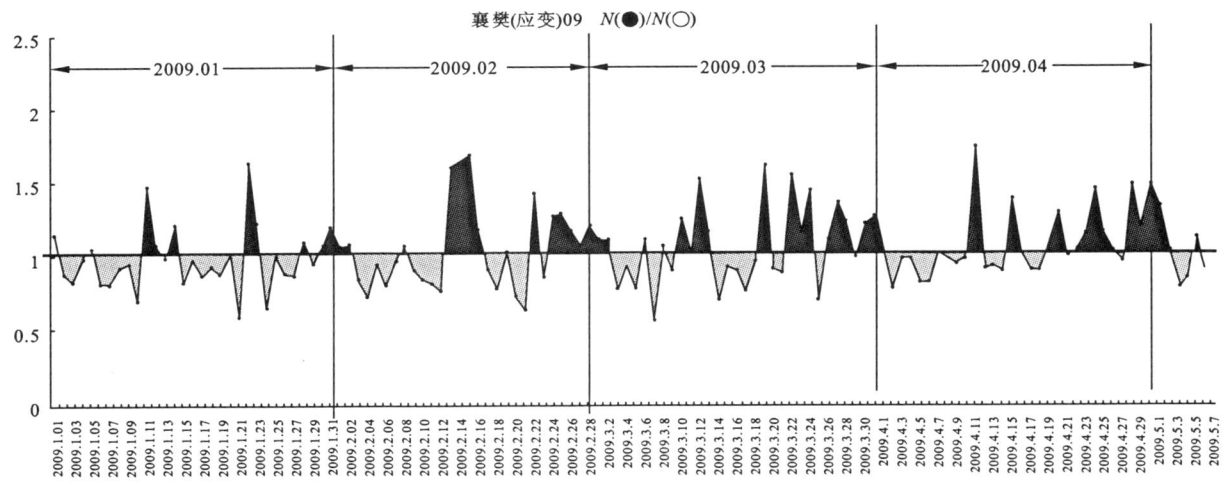

图12-26　2009年1月至5月7日襄樊应变加速值曲线

2009年1月至3月应变加速值的群子参数，表明地壳挤压拉张应变也基本处于稳定的平衡状态，

尤其 N^-/N^+ 在 0.5～1.5 范围内交替出现,是压应变和张应变加速值处于较均衡的状态。进入 4 月以后压应变逐渐占优势,如果这种状态持续下去,特别是出现 $N^-/N^+ \gg 2$ 的情形,那么地震前兆就是一种异常状态。当然,由于这个地区的应变观测台站太疏,无法准确反映这个地区的地壳应力应变形势,所以需要地震部门启动其他前兆观测手段密切关注。最近这个地区和重庆地区出现的地震传言,可能是某种巧合,也可能是某种关联。总之,需要更多各类前兆数据从量化特征上进一步确认这个地区的地震形势,做到有震防震,无震报平安。这是地震预测科学中定量分析的双重属性决定的。

以上所有分析都是基于 N^-/N^+ —时间关系的分析,这些地方的孕震发展到何种状态还要通过 $\left(\dfrac{R_1^+ \cdot R_2^+}{R_1^- \cdot R_2^-} + \dfrac{R_1^- \cdot R_2^-}{R_1^+ \cdot R_2^+}\right)$—时间关系、$\left(\dfrac{R_1^+ \cdot R_2^+}{R_1^- \cdot R_2^-} + \dfrac{R_1^- \cdot R_2^-}{R_1^+ \cdot R_2^+}\right)\left(\dfrac{N^-}{N^+}\right)^3$—时间关系、$\left[\left(\dfrac{N^- - N^+}{N^+}\right) + \left(\dfrac{n^- - n^+}{n^+}\right)\right]^3$—时间关系、$\left(\dfrac{R_1^+ \cdot R_2^+}{R_1^- \cdot R_2^-} + \dfrac{R_1^- \cdot R_2^-}{R_1^+ \cdot R_2^+}\right)\left[\left(\dfrac{N^- - N^+}{N^+}\right) + \left(\dfrac{n^- - n^+}{n^+}\right)\right]^3$—时间关系来加以确认。

第四节　中国历法对地震预测的参考价值

一、中国历法

传统以月球观测为周期的阴历(农历)和以太阳对应农时节气为特征的阳历(公历)两部分共同组成了中国历法。其中阴历反映了中国人对月球的周期性认识和潮汐规律认识,阳历反映了太阳对农作的影响。中国历法对于地球科学的意义体现在下面 3 个方面。

(1)以中原为观测点的空间概念,有关中国历法起源考证比较多,但是比较一致的观点是起源于中原地区,因此,无论阴晴圆缺都是以中原为参照观测点的。在研究潮汐作用时需要考虑东西差距和季节差别,季节差别体现太阳作用于北回归线与南回归线之间的位置差别,东西差距体现时差差别。

(2)以潮汐作用周期为参照的时间概念,阴历主要参照月球围绕地球转动的周期与潮汐作用力大小。

(3)以太阳和月球作用于东经 73°40′至东经 135°2′,北纬 3°52′至北纬 53°33′范围的特性,确定农时节气的渐进式强度。在阴历和阳历中,都能找到月球、太阳和地球的空间角度,同时也能反映潮汐作用强度。

作者认为,中国历法与地震之间的某种关联,主要基于太阳和月球对地壳的潮汐作用。

一个有趣的现象是,二十四节气中只有两个节气与月相相关,一个是春分,一个是秋分。根据天象关系,春分位于黄经 0°,昼夜平分,"玄鸟至,雷乃发声,始电",按照公历日期应为 3 月 20 日—21 日;秋分位于黄经 180°,昼夜也平分,"雷始收声,蛰虫培户,水始涸",按照公历日期应为 9 月 22 日—24 日。月相不仅表现为阴历潮汐强度,也表现为昼夜潮汐作用时间。

二十四节气按照与农业生产活动的关系来看,应属农历,但是,所有的节气划分均可以对应阳历,即根据太阳在黄道上的位置,把一年划分为 24 个等份段落,每个段各占黄经 15°。太阳通过每段落所需的时间相当:上半年在 6 日、21 日前后,下半年在 8 日、23 日前后,并有两句口诀:"上半年来六、廿一,下半年来八、廿三"。

二十四节气与农历闰月计算有着密切的关系。在农历中,以立春为二十四个节气的头一个节气。二十四个节气的名称,是随着斗纲所指的地方并结合当时的自然气候与景观命名而来的。所谓斗纲,就是北斗七星中的魁、衡、杓 3 颗星随着天体的运行,斗纲指向不同的方向和位置,其所指的位置就是所代表的月份。如正月为寅,黄昏时杓指寅,半夜衡指寅,白天魁指寅;二月为卯,黄昏时杓指卯,半夜衡指卯,白天魁指卯,其余的月份类推。可见,中国历法不仅反映了地球与月球的位置关系,而且也反映了地球与太阳在一年时间里的位置变化特点。虽然太阳和月球对地球的潮汐作用主要以月球为主,但是不能忽视太阳的因素,如夏至日太阳位于北回归线时,东经 90°与之交汇处的特殊北向流变作用力就是典型的太阳潮汐作用力。因此,运用中国历法对震例进行与固体潮汐作用相关的概率分析和研究,有助于从时间和空间上把握地震的概率因素。

二、中国历法与地震时间的概率关联性

有些学者和民间人士认为,中国历法与地震日期存在一定的必然联系。作者认为,这与中国历法的依据有很大关系。无论阳历还是农历都反映了太阳和月球对地球的潮汐作用。对此,作者进一步研究了近40年来国内外发生的地震公历日期与中国历法日期的对应关系,以此分析地震的时间和空间概率(表12-20)。

表 12-20 按阴历累计的地震次数

阴历	1	2	3	4	5	6	7	8	9	10	11	12	13	14	15	16	17	18	19	20	21	22	23	24	25	26	27	28	29	30
	正	正	正	正	正	正	正	正	正	正	正	正	正	正	正	正	正	正	正	正	正	正	正	正	正	正	正	正	正	正
	下	正	正	正	正	正	正	正	正	正	正	正	正	正	正	正	正	正	正	正	正	正	正	正	正	正	正	正	正	一
	正	正	正	正	正	正	正	正		正	正	正	下	正	正	正	正		正	一	正	正		正	正	正	正	正	正	
		丁	丁	一	正	一	正	一			下	丁		下					下	丁	一		正			正	下		一	正
					一		正					下									正					正	丁		一	
地震次数	8	17	17	16	21	16	28	16	14	14	18	17	14	18	14	14	18	17	16	14	26	11	14	15	22	18	15	16	21	6
	167										160										164									

根据表12-20中的数据看,中国历法的初七和二十一发生地震的机率很高,说明太阳和月球互相垂直地拉动地壳表面时,最容易诱发地震;其次是初五、二十五和二十九。综合分析,中国农历每月上旬发生地震的机率相对高,下旬至月底的机率也较高,而中旬相对少。具体情况见表12-21。

表 12-21 40 年来国内外地震与中国阴历关系

阴历日期	阳历日期	地震位置及损失情况(中英文)	
1969.8.21	1969.10.02	圣罗莎·加利福尼亚州,震级5.7	Santa Rosa, California – M 5.7
1986.10.11	1969.11.20	南部西弗吉尼亚州,震级4.5	Southern West Virginia – M 4.5
1969.11.17	1969.12.25	瓜德罗普岛,背风群岛,震级7.2	Guadeloupe, Leeward Islands – M 7.2
1969.11.27	1970.01.04	中国云南省,震级7.5,死亡1.0万人	Yunnan Province, China – M 7.5 Fatalities 10,000
1970.2.21	1970.03.28	葛蒂兹,土耳其,震级6.9,死亡1 086人	Gediz, Turkey – M 6.9 Fatalities 1,086
1970.4.27	1970.05.31	钦博特,秘鲁,震级7.9,死亡6.6万人	Chimbote, Peru – M 7.9 Fatalities 66,000
1970.5.21	1970.06.24	南夏洛特女王群岛,British Colombia,加拿大,震级7.0	South of Queen Charlotte Islands, British Colombia, Canada – M 7.0
1970.6.29	1970.07.31	哥伦比亚,震级8.0,死亡1人	Colombia – M 8.0 Fatalities 1
1971.1.14	1971.02.09	圣费尔南多,加利福尼亚州,震级6.6,死亡65人	San Fernando, California – M 6.6 Fatalities 65
1971.4.18	1971.05.12	土耳其西部地区,震级6.3	Western Turkey – M 6.3
1971.4.28	1971.05.22	土耳其东部地区,震级6.9,死亡1 000人	Eastern Turkey – M 6.9 Fatalities 1,000
1971.5.17(闰五月)	1971.07.09	瓦尔帕莱索地区,智利,震级7.5,死亡90人	Valparaiso region, Chile – M 7.5 Fatalities 90
1971.12.10	1972.01.25	台湾地区,震级7.5,死亡1人	Taiwan region – M 7.5 Fatalities 1
1971.12.10	1972.01.25	台湾地区,震级7.0	Taiwan region – M 7.0
1972.2.27	1972.04.10	伊朗南部,震级7.1,死亡5 054人	Southern Iran – M 7.1 Fatalities 5,054

续表 12-21

阴历日期	阳历日期	地震位置及损失情况（中英文）	
1972.3.11	1972.04.24	台湾地区，震级7.2，死亡4人	Taiwan region - M 7.2 Fatalities 4
1972.6.20	1972.07.30	锡特卡，阿拉斯加，7.6级	Sitka, Alaska - M 7.6
1972.11.18	1972.12.23	尼加拉瓜，震级6.2，死亡5 000人	Nicaragua - M 6.2 Fatalities 5,000
1973.3.24	1973.04.26	夏威夷岛，夏威夷，震级6.2	Island of Hawaii, Hawaii - M 6.2
1974.4.19	1974.05.10	中国，震级6.8，死亡2万人	China - M 6.8 Fatalities 20,000
1974.5.24	1974.07.13	巴拿马-哥伦比亚边境地区，震级7.3，死亡11人	Panama-Colombia border region - M 7.3 Fatalities 11
1974.8.18	1974.10.03	近中部沿海的秘鲁，震级8.1	Near the Coast of Central Peru - M 8.1
1974.8.23	1974.10.08	背风群岛，震级7.5	Leeward Islands - M 7.5
1974.11.15	1974.12.28	巴基斯坦北部，震级6.2，死亡5 300人	Northern Pakistan - M 6.2 Fatalities 5,300
1974.12.22	1975.02.02	阿拉斯加近群岛，震级7.6级	Near Islands, Alaska - M 7.6
1974.12.24	1975.02.04	中国海城，震级7.0，死亡2 000人	Haicheng, China - M 7.0 Fatalities 2,000
1975.1.20	1975.03.02	爱达荷东区，震级6.2	Eastern Idaho - M 6.2
1975.5.21	1975.06.30	黄石国家公园，怀俄明州，震级6.1	Yellowstone National Park, Wyoming - M 6.1
1975.6.1	1975.07.09	西部明尼苏达州，震级4.6	Western Minnesota - M 4.6
1975.6.24	1975.08.01	Oroville，加利福尼亚州，震级5.8	Oroville, California - M 5.8
1975.8.1	1975.09.06	土耳其，震级6.7，死亡2 000人	Turkey - M 6.7 Fatalities 2,000
1975.10.27	1975.11.29	Kalapana，夏威夷，震级7.2，死亡2人	Kalapana, Hawaii - M 7.2 Fatalities 2
1976.1.5	1976.02.04	危地马拉，震级7.5，死亡2.3万人	Guatemala - M 7.5 Fatalities 23,000
1976.2.11	1976.03.11	纽波特，罗得岛，震级3.5	Newport, Rhode Island - M 3.5
1976.4.8	1976.05.06	东北意大利，震级6.5，死亡1 000人	Northeastern Italy - M 6.5 Fatalities 1,000
1976.5.28	1976.06.25	巴布亚新几内亚，印尼，震级7.1，死亡5 000人	Papua, Indonesia - M 7.1 Fatalities 5,000
1976.7.1	1976.07.27	中国唐山，震级7.5，死亡25.5万人	Tangshan, China - M 7.5 Fatalities 255,000
1976.7.21	1976.08.16	棉兰老岛，菲律宾，震级7.9，死亡8 000人	Mindanao, Philippines - M 7.9 Fatalities 8,000
1976.10.4	1976.11.24	土耳其-伊朗边境地区，震级7.3，死亡5 000人	Turkey-Iran border region - M 7.3 Fatalities 5,000
1977.1.15	1977.03.04	罗马尼亚，震级7.2，死亡1 500人	Romania - M 7.2 Fatalities 1,500
1977.10.13	1977.11.23	圣胡安，阿根廷，震级7.4	San Juan, Argentina - M 7.4
1978.5.15	1978.06.20	希腊，震级6.6，死亡50人	Greece - M 6.6 Fatalities 50
1978.8.14	1978.09.16	伊朗，震级7.8，死亡1.5万人	Iran - M 7.8 Fatalities 15,000
1979.2.2	1979.02.28	圣埃利亚斯，阿拉斯加，震级7.5	Mt. St. Elias, Alaska - M 7.5
1979.6.14（闰六月）	1979.08.06	考尤特湖，加利福尼亚州，震级5.7	Coyote Lake, California - M 5.7
1979.8.25	1979.10.15	帝国山谷，墨西哥-加州边界，震级6.4	Imperial Valley, Mexico - California Border - M 6.4
1979.11.8	1979.12.26	卡莱尔，英格兰北部，震级4.5	Carlisle, Northern England - M 4.5
1979.12.7	1980.01.24	利弗莫尔谷，加利福尼亚州，震级5.8	Livermore Valley, California - M 5.8
1979.12.10	1980.01.27	利弗莫尔，加利福尼亚州，震级5.8	Livermore, California - M 5.8
1980.4.5	1980.05.18	圣海伦火山，华盛顿，震级5.0	Mount St. Helens, Washington - M 5.0
1980.4.12	1980.05.25	庞大的湖泊，加利福尼亚州，震级6.2	Mammoth Lakes, California - M 6.2
1980.4.14	1980.05.27	庞大的湖泊，加利福尼亚州，震级6.0	Mammoth Lakes, California - M 6.0
1980.6.16	1980.07.27	Maysville，肯塔基州，震级5.2	Maysville, Kentucky - M 5.2
1980.9.2	1980.10.10	ELAsnam(前身为奥尔良维尔)，阿尔及利亚，震级7.7，死亡5 000人	El Asnam (formerly Orleansville), Algeria - M 7.7 Fatalities 5,000
1980.10.1	1980.11.08	洪堡县，加利福尼亚州，震级7.2	Humboldt County, California - M 7.2

续表 12-21

阴历日期	阳历日期	地震位置及损失情况（中英文）	
1980.10.16	1980.11.23	意大利南部,震级6.5,死亡3 000人	Southern Italy - M 6.5 Fatalities 3,000
1981.1.20	1981.02.24	希腊,震级6.8,死亡16人	Greece - M 6.8 Fatalities 16
1981.5.10	1981.06.11	伊朗南部,震级6.9,死亡3 000人	Southern Iran - M 6.9 Fatalities 3,000
1981.6.27	1981.07.28	伊朗南部,震级7.3,死亡1 500人	Southern Iran - M 7.3 Fatalities 1,500
1982.10.29	1982.12.13	也门,震级6.0,死亡2 800人	Yemen - M 6.0 Fatalities 2,800
1983.3.20	1983.05.02	Coalinga,加利福尼亚州,震级6.4	Coalinga, California - M 6.4
1983.9.2	1983.10.07	蓝湖山区,纽约,震级5.3	Blue Mountain Lake, New York - M 5.3
1983.9.23	1983.10.28	爱达荷,震级6.9,死亡2人	Borah Peak, Idaho - M 6.9 Fatalities 2
1983.9.25	1983.10.30	土耳其,震级6.9,死亡1 342人	Turkey - M 6.9 Fatalities 1,342
1983.10.12	1983.11.16	Kaoiki,夏威夷,震级6.7	Kaoiki, Hawaii - M 6.7
1984.3.24	1984.04.24	摩根山,加利福尼亚州,震级6.2	Morgan Hill, California - M 6.2
1984.10.1（闰十月）	1984.11.23	轮谷,加利福尼亚州,震级5.8	Round Valley, California - M 5.8
1984.12.6	1985.01.26	Mendoza,阿根廷,震级6.0	Mendoza, Argentina - M 6.0
1985.1.12	1985.03.03	瓦尔帕莱索近海,智利,震级7.8,死亡177人	Offshore Valparaiso, Chile - M 7.8 Fatalities 177
1985.8.5	1985.09.19	Michoacan,墨西哥,震级8.0,死亡9 500人	Michoacan, Mexico - M 8.0 Fatalities 9,500
1985.12.14	1985.12.23	纳汉尼地区,西北地区,加拿大,震级6.8	Nahanni region, Northwest Territories, Canada - M 6.8
1985.12.22	1986.01.31	东北俄亥俄州,震级5.0	Northeast Ohio - M 5.0
1986.3.29	1986.05.07	Andreanof群岛,阿拉斯加,震级7.9	Andreanof Islands, Alaska - M 7.9
1986.6.2	1986.07.08	北棕榈泉,加利福尼亚州,震级6.1	North Palm Springs, California - M 6.1
1986.6.15	1986.07.21	Chalfant谷,加利福尼亚州,震级6.2	Chalfant Valley, California - M 6.2
1986.8.10	1986.09.13	希腊,震级5.7,死亡20人	Greece - M 5.7 Fatalities 20
1986.9.7	1986.10.10	萨尔瓦多,震级5.5,死亡1 000人	El Salvador - M 5.5 Fatalities 1,000
1987.2.7	1987.03.06	哥伦比亚-厄瓜多尔,震级7.0,死亡1 000人	Colombia-Ecuador - M 7.0 Fatalities 1,000
1987.5.15	1987.06.10	Olney,伊利诺州,震级5.1	Near Olney, Illinois - M 5.1
1987.8.9	1987.10.01	Whittier收窄,加利福尼亚州,震级5.9,死亡8人	Whittier Narrows, California - M 5.9 Fatalities 8
1987.8.12	1987.10.04	Whittier收窄,加利福尼亚州,震级5.6,死亡1人	Whittier Narrows, California - M 5.6 Fatalities 1
1987.10.4	1987.11.24	迷信的山丘,加利福尼亚州,震级6.5,死亡2人	Superstition Hills, California - M 6.5 Fatalities 2
1987.10.4	1987.11.24	迷信的山丘,加利福尼亚州,震级6.7	Superstition Hills, California - M 6.7
1987.10.10	1987.11.30	阿拉斯加湾,震级7.8	Gulf of Alaska - M 7.8
1987.12.4	1988.01.22	坦南特溪,澳大利亚,震级6.6	Tennant Creek, Australia - M 6.6
1987.12.4	1988.01.22	坦南特溪,澳大利亚,震级6.6	Tennant Creek, Australia - M 6.6
1988.7.9	1988.08.20	尼泊尔-印度边境地区,震级6.8,死亡1 000人	Nepal-India border region - M 6.8 Fatalities 1,000
1988.10.17	1988.11.25	萨古恩河,魁北克,加拿大,震级5.9	Saguenay, Quebec, Canada - M 5.9
1988.10.29	1988.12.07	斯皮塔克,亚美尼亚,震级6.8,死亡2.5万人	Spitak, Armenia - M 6.8 Fatalities 25,000
1989.7.7	1989.08.08	圣克鲁斯县,加利福尼亚州,震级5.4,死亡1人	Santa Cruz County, California - M 5.4 Fatalities 1
1989.9.19	1989.10.18	洛马普列塔,加利福尼亚州,震级6.9,死亡63人	Loma Prieta, California - M 6.9 Fatalities 63
1989.11.28	1989.12.25	昂加瓦,魁北克,加拿大,震级6.0	Ungava, Quebec, Canada - M 6.0
1989.11.30	1989.12.27	纽卡斯尔,澳大利亚,震级5.5,死亡13人	Newcastle, Australia - M 5.5 Fatalities 13
1989.12.17	1990.01.13	马里兰,震级2.5	Maryland - M 2.5
1990.5.28	1990.06.20	西部伊朗,震级7.4,死亡5万人	Western Iran - M 7.4 Fatalities 50,000

续表 12-21

阴历日期	阳历日期	地震位置及损失情况(中英文)	
1990.5.24（闰五月）	1990.07.16	吕宋,菲律宾群岛,震级7.7,死亡1 621人	Luzon, Philippine Islands - M 7.7 Fatalities 1,621
1991.3.8	1991.04.22	哥斯达黎加,震级7.6,死亡47人	Costa Rica - M 7.6 Fatalities 47
1991.5.17	1991.06.28	塞拉利昂拉马德雷,加利福尼亚州,震级5.6,死亡2人	Sierra Madre, California - M 5.6 Fatalities 2
1991.7.8	1991.08.17	蜜露,加利福尼亚州,震级7.0	Honeydew, California - M 7.0
1991.9.12	1991.10.19	印度北部,震级6.8,死亡2 000人	Northern India - M 6.8 Fatalities 2,000
1992.3.21	1992.04.23	约书亚树,震级6.2	Joshua Tree - M 6.2
1992.3.23	1992.04.25	门多西诺角,加利福尼亚州,震级7.2	Cape Mendocino, California - M 7.2
1992.5.28	1992.06.28	兰德斯,加利福尼亚州,震级7.3,死亡3人	Landers, California - M 7.3 Fatalities 3
1992.5.29	1992.06.29	小头骨山区,内华达州,震级5.7	Little Skull Mountain, Nevada - M 5.7
1992.8.6	1992.09.02	尼加拉瓜,震级7.6,死亡116人	Nicaragua - M 7.6 Fatalities 116
1992.9.17	1992.10.12	埃及,震级5.8,死亡552人	Egypt - M 5.8 Fatalities 552
1992.11.19	1992.12.12	弗洛雷斯地区,印尼,震级7.8,死亡2 500人	Flores Region, Indonesia - M 7.8 Fatalities 2,500
1993.6.21	1993.08.08	马里亚纳群岛,震级7.8	South of the Mariana Islands - M 7.8
1993.8.6	1993.09.21	克拉马斯福尔斯,俄勒冈州,震级6.0,死亡2人	Klamath Falls, Oregon - M 6.0 Fatalities 2
1993.8.14	1993.09.29	Latur- Killari,印度,震级6.2,死亡9 748人	Latur-Killari, India - M 6.2 Fatalities 9,748
1993.12.6	1994.01.17	Northridge,加利福尼亚州,震级6.7,死亡60人	Northridge, California - M 6.7 Fatalities 60
1994.5.1	1994.06.09	玻利维亚,震级8.2,死亡5人	Bolivia - M 8.2 Fatalities 5
1994.7.26	1994.09.01	门多西诺角,加利福尼亚州,震级7.0	Cape Mendocino, California - M 7.0
1994.12.16	1995.01.16	日本神户,震级6.9,死亡5 502人	Kobe, Japan - M 6.9 Fatalities 5,502
1995.1.4	1995.02.03	怀俄明州,震级5.3,死亡1人	Wyoming - M 5.3 Fatalities 1
1995.4.14	1995.05.13	希腊,震级6.6	Greece - M 6.6
1995.4.28	1995.05.27	萨哈林岛,震级7.1,死亡1 989人	Sakhalin Island - M 7.1 Fatalities 1,989
1995.5.18	1995.06.15	希腊,震级6.5,死亡26人	Greece - M 6.5 Fatalities 26
1996.4.25	1996.06.10	Andreanof群岛,阿拉斯加,震级7.9	Andreanof Islands, Alaska - M 7.9
1997.4.4	1997.05.10	伊朗北部,震级7.3,死亡1 567人	Northern Iran - M 7.3 Fatalities 1,567
1997.4.15	1997.05.21	贾巴尔普尔,印度,震级5.8,死亡38人	Jabalpur, India - M 5.8 Fatalities 38
1997.6.5	1997.07.09	近海岸的委内瑞拉,震级7.0	Near Coast of Venezuela - M 7.0
1997.8.25	1997.09.26	中环意大利,,震级6.4,死亡11人	Central Italy - M 6.4 Fatalities 11
1997.9.13	1997.10.14	斐济群岛以南,震级7.8	South of Fiji Islands - M 7.8
1997.11.6	1997.12.05	近东海岸的堪察加半岛,震级7.8	Near East Coast of Kamchatka - M 7.8
1997.12.6	1998.01.04	忠诚度离岛地区,震级7.5	Loyalty Islands Region - M 7.5
1998.1.3	1998.01.30	智利北部的近海岸,震级7.1	Near Coast of Northern Chile - M 7.1
1998.2.6	1998.02.04	阿富汗-塔吉克斯坦边境地区,震级5.9,死亡2 323人	Afghanistan-Tajikistan Border Region - M 5.9 Fatalities 2,323
1998.2.16	1998.03.14	伊朗北部,震级6.6	Northern Iran - M 6.6
1998.2.27	1998.03.25	Balleny离岛地区,震级8.1	Balleny Islands Region - M 8.1
1998.4.8	1998.05.03	东南亚,台湾,震级7.5	Southeast of Taiwan - M 7.5
1998.5.5	1998.05.30	阿富汗-塔吉克斯坦边境地区,震级6.6,死亡4 000人	Afghanistan-Tajikistan Border Region - M 6.6 Fatalities 4,000
1998.5.24（闰五月）	1998.07.17	近新几内亚北海岸,巴布亚新几内亚,震级7.0,死亡2 183人	Near North Coast of New Guinea, Papua New Guinea - M 7.0 Fatalities 2,183

续表 12-21

阴历日期	阳历日期	地震位置及损失情况（中英文）	
1998.6.13	1998.08.04	厄瓜多尔近海岸,震级7.2	Near Coast of Ecuador - M 7.2
1998.8.5	1998.09.25	宾夕法尼亚州,震级5.2	Pennsylvania - M 5.2
1998.12.9	1999.01.25	哥伦比亚,震级6.1,死亡1 185人	Colombia - M 6.1 Fatalities 1,185
1998.12.21	1999.02.06	圣克鲁斯群岛,震级7.3	Santa Cruz Islands - M 7.3
1999.3.25	1999.05.10	新英国地区,巴布亚新几内亚,震级7.1	New Britain region, Papua New Guinea - M 7.1
1999.4.2	1999.05.16	新英国地区,巴布亚新几内亚,震级7.1	New Britain region, Papua New Guinea - M 7.1
1999.5.2	1999.06.15	墨西哥中部,震级7.0	Central Mexico - M 7.0
1999.5.28	1999.07.11	洪都拉斯,震级6.7	Honduras - M 6.7
1999.7.7	1999.08.17	伊兹米特,土耳其,震级7.6,死亡17 118人	Izmit, Turkey - M 7.6 Fatalities 17,118
1999.7.10	1999.08.20	哥斯达黎加,震级6.9	Costa Rica - M 6.9,
1999.7.28	1999.09.07	希腊,震级6.0,死亡143人	Greece - M 6.0 Fatalities 143
1999.8.11	1999.09.20	台湾,震级7.6,死亡2 400人	Taiwan - M 7.6 Fatalities 2,400
1999.8.21	1999.09.30	墨西哥瓦哈卡,震级7.5	Oaxaca, Mexico - M 7.5
1999.9.8	1999.10.16	克托矿,加利福尼亚州,震级7.1	Hector Mine, California - M 7.1
1999.10.5	1999.11.12	迪兹杰,土耳其,震级7.2,死亡894人	Duzce, Turkey - M 7.2 Fatalities 894
2000.5.3	2000.06.04	南部Sumatera,印尼,震级7.9,死亡103人	Southern Sumatera, Indonesia - M 7.9 Fatalities 103
2000.5.17	2000.06.18	南印度洋,震级7.9	South Indian Ocean - M 7.9
2000.9.6	2000.09.03	纳帕,加利福尼亚州,震级5.0	Napa, California - M 5.0
2000.9.9	2000.10.06	西部本州,日本,震级6.7	Western Honshu, Japan - M 6.7
2000.10.21	2000.11.16	新爱尔兰地区,巴布亚新几内亚,震级8.0,死亡2人	New Ireland region, Papua New Guinea - M 8.0 Fatalities 2
2000.10.21	2000.11.16	新爱尔兰地区,巴布亚新几内亚,震级7.8	New Ireland region, Papua New Guinea - M 7.8
2000.10.22	2000.11.17	新英国地区,巴布亚新几内亚,震级7.6	New Britain region, Papua New Guinea - M 7.6
2000.12.7	2001.01.01	棉兰老岛,菲律宾,震级7.5	Mindanao, Philippines - M 7.5
2000.12.19	2001.01.13	萨尔瓦多,震级7.7,死亡852人	El Salvador - M 7.7 Fatalities 852
2001.1.3	2001.01.26	印度古吉拉特邦,震级7.6,死亡20 023人	Gujarat, India - M 7.6 Fatalities 20,023
2001.1.21	2001.02.13	萨尔瓦多,震级6.6,死亡315人	El Salvador - M 6.6 Fatalities 315
2001.2.6	2001.02.28	Nisqually,华盛顿,震级6.8	Nisqually, Washington - M 6.8
2001.5.3	2001.06.23	秘鲁海岸附近,震级8.4,死亡138人	Near the Coast of Peru - M 8.4 Fatalities 138
2001.5.17	2001.07.07	秘鲁海岸附近,震级7.6,死亡1人	Near the Coast of Peru - M 7.6 Fatalities 1
2001.11.19	2002.01.02	瓦努阿图群岛,震级7.2	Vanuatu Islands - M 7.2
2001.12.22	2002.02.03	土耳其,震级6.5,死亡44人	Turkey - M 6.5 Fatalities 44
2001.12.25	2002.02.06	近Knik,阿拉斯加,震级5.3	Near Knik, Alaska - M 5.3
2002.1.11	2002.02.22	近墨西卡里,墨西哥,震级5.7	Near Mexicali, Mexico - M 5.7
2002.1.20	2002.03.03	兴都库什山脉地区,阿富汗,震级7.4,死亡166人	Hindu Kush region, Afghanistan - M 7.4 Fatalities 166
2002.1.22	2002.03.05	棉兰老岛,菲律宾,震级7.5,死亡15人	Mindanao, Philippines - M 7.5 Fatalities 15
2002.2.3	2002.03.16	近海峡群岛湾泳滩,加利福尼亚州,震级4.6	Near Channel Islands Beach, California - M 4.6
2002.2.12	2002.03.25	兴都库什山脉地区,阿富汗,震级6.1,死亡1 000人	Hindu Kush region, Afghanistan - M 6.1 Fatalities 1,000
2002.2.18	2002.03.31	台湾地区,震级7.1,死亡5人	Taiwan region - M 7.1 Fatalities 5
2002.3.8	2002.04.20	凹紫貂叉子,纽约,震级5.1	Au Sable Forks, New York - M 5.1

续表 12-21

阴历日期	阳历日期	地震位置及损失情况（中英文）	
2002.3.14	2002.04.26	马里亚纳群岛,震级 7.1	Mariana Islands - M 7.1
2002.4.3	2002.05.14	Gilroy,加利福尼亚州,震级 4.9	Gilroy, California - M 4.9
2002.4.4	2002.05.15	台湾,震级 6.2,死亡 1 人	Taiwan - M 6.2 Fatalities 1
2002.4.13	2002.05.24	普拉茨堡余震,震级 3.6	Plattsburgh Aftershock - M 3.6
2002.5.6	2002.06.16	Kitsap 半岛,华盛顿,震级 3.7	Kitsap Peninsula, Washington - M 3.7
2002.5.7	2002.06.17	加利福尼亚州,震级 5.3	Bayview, California - M 5.3
2002.5.8	2002.06.18	智利-阿根廷边境地区,震级 6.6	Chile-Argentina Border Region - M 6.6
2002.5.8	2002.06.18	达姆施塔特,印第安纳,震级 4.6	Darmstadt, Indiana - M 4.6
2002.5.12	2002.06.22	西部伊朗,震级 6.5,死亡 261 人	Western Iran - M 6.5 Fatalities 261
2002.5.18	2002.06.28	Priamurye-中国东北边境地区,震级 7.3	Priamurye-Northeastern China border region - M 7.3
2002.5.19	2002.06.29	近遮光罩火山,俄勒冈州,震级 4.5	Near Mt. Hood Volcano, Oregon - M 4.5
2002.7.11	2002.08.19	斐济群岛,震级 7.7	Fiji Islands - M 7.7
2002.7.26	2002.09.03	约尔巴琳达,加利福尼亚州,震级 4.8	Yorba Linda, California - M 4.8
2002.7.29	2002.09.06	意大利南部,震级 6.0,死亡 2 人	Southern Italy - M 6.0 Fatalities 2
2002.8.2	2002.09.08	新几内亚,巴布亚新几内亚,震级 7.6,死亡 4 人	New Guinea, Papua New Guinea - M 7.6 Fatalities 4
2002.8.15	2002.09.21	周五港,华盛顿,震级 4.1	Friday Harbor, Washington - M 4.1
2002.8.16	2002.09.22	英国,震级 5.0	United Kingdom - M 5.0
2002.9.5	2002.10.10	伊里安查亚,印尼,震级 7.6,死亡 8 人	Irian Jaya, Indonesia - M 7.6 Fatalities 8
2002.9.7	2002.10.12	秘鲁-巴西边境地区,震级 6.9	Peru-Brazil border region - M 6.9
2002.9.17	2002.10.22	高寒的东北,怀俄明州,震级 4.2	Alpine Northeast, Wyoming - M 4.2
2002.9.18	2002.10.23	Denali,阿拉斯加,震级 6.7	Denali, Alaska - M 6.7
2002.9.19	2002.10.24	坦噶尼喀湖地区,震级 6.2	Lake Tanganyika region - M 6.2
2002.9.26	2002.10.31	意大利南部,震级 5.9,死亡 29 人	Southern Italy - M 5.9 Fatalities 29
2002.9.27	2002.11.01	意大利南部,震级 5.8	Southern Italy - M 5.8
2002.9.28	2002.11.02	Sumatera 北部,印尼,震级 7.4,死亡 3 人	Northern Sumatera, Indonesia - M 7.4 Fatalities 3
2002.9.29	2002.11.03	Denali,阿拉斯加,震级 7.9	Denali, Alaska - M 7.9
2002.10.7	2002.11.11	Seabrook 岛,南卡罗来纳州,震级 4.4	Seabrook Island, South Carolina - M 4.4
2002.10.13	2002.11.17	千岛群岛,俄罗斯,震级 7.3	Kuril Islands, Russia - M 7.3
2002.10.16	2002.11.20	西北克什米尔,震级 6.3,死亡 19 人	Northwestern Kashmir - M 6.3 Fatalities 19
2002.10.20	2002.11.24	群附近的圣拉蒙,加利福尼亚州,震级 3.9	Swarm near San Ramon, California - M 3.9
2002.11.7	2002.12.10	墨西卡利,下加利福尼亚州,墨西哥,震级 4.8	Mexicali, Baja California, Mexico - M 4.8
2002.11.21	2002.12.24	太平洋,加利福尼亚州,震级 3.6	Pacifica, California - M 3.6
2002.11.22	2002.12.25	吉尔吉斯斯坦-新疆边境地区,震级 5.7	Kyrgyzstan-Xinjiang border region - M 5.7
2002.11.22	2002.12.25	劳勃瑞福,纽约,震级 3.3	Redford, New York - M 3.3
2002.12.8	2003.01.10	新爱尔兰,巴布亚新几内亚区域,震级 6.7	New Ireland, Papua New Guinea region - M 6.7
2002.12.14	2003.01.16	布兰科断裂带-俄勒冈州离岸,震级 6.3	Blanco Fracture Zone - Offshore Oregon, - M 6.3
2002.12.18	2003.01.20	所罗门群岛,震级 7.3	Solomon Islands - M 7.3
2002.12.20	2003.01.22	科利马离岸,墨西哥,震级 7.6,死亡 29 人	Offshore Colima, Mexico - M 7.6 Fatalities 29
2002.12.23	2003.01.25	基恩,加利福尼亚州,震级 4.7	Keene, California - M 4.7
2002.12.25	2003.01.27	土耳其,震级 6.1	Turkey - M 6.1

续表 12-21

阴历日期	阳历日期	地震位置及损失情况（中英文）	
2003.1.2	2003.02.02	都柏林,钙,群,震级 4.1	Dublin, CA, Swarm - M 4.1
2003.1.19	2003.02.19	乌尼马克岛地区,阿拉斯加,震级 6.6	Unimak Island Region, Alaska - M 6.6
2003.1.22	2003.02.22	大熊市,加利福尼亚州,震级 5.2	Big Bear City, California - M 5.2
2003.1.24	2003.02.24	新疆南部,中国,震级 6.3,死亡 261 人	Southern Xinjiang, China - M 6.3 Fatalities 261
2003.2.9	2003.03.11	新爱尔兰地区,巴布亚新几内亚,震级 6.8	New Ireland Region, Papua New Guinea - M 6.8
2003.2.9	2003.03.11	Twentynine 棕榈基地,加利福尼亚州,震级 4.6	Twentynine Palms Base, California - M 4.6
2003.2.15	2003.03.17	大鼠群岛,阿留申群岛,阿拉斯加,震级 7.1	Rat Islands, Aleutian Islands, Alaska - M 7.1
2003.3.28	2003.04.29	阿拉巴马州,震级 4.6	Alabama - M 4.6
2003.3.29	2003.04.30	Blytheville,阿肯色,震级 4.0	Blytheville, Arkansas - M 4.0
2003.4.1	2003.05.01	土耳其东部,震级 6.4,死亡 177 人	Eastern Turkey - M 6.4 Fatalities 177
2003.4.4	2003.05.04	Kermadec 群岛,新西兰,震级 6.7	Kermadec Islands, New Zealand - M 6.7
2003.4.5	2003.05.05	弗吉尼亚州,震级 3.9	Virginia - M 3.9
2003.4.21	2003.05.21	阿尔及利亚北部,震级 6.8,死亡 2 266 人	Northern Algeria - M 6.8 Fatalities 2,266
2003.4.25	2003.05.24	Brawley,加利福尼亚州,震级 4.0	Brawley, California - M 4.0,
2003.4.25	2003.05.25	圣罗莎,加利福尼亚州,震级 4.2	Santa Rosa, California - M 4.2
2003.4.25	2003.05.25	南达科他州,震级 4.0	South Dakota - M 4.0
2003.4.26	2003.05.26	近本州的东海岸,日本,震级 7.0	Near the East Coast of Honshu, Japan - M 7.0
2003.4.26	2003.05.26	Seven Trees,加利福尼亚州,震级 3.8	Seven Trees, California - M 3.8
2003.4.26	2003.05.26	Halmahera,印尼,震级 7.0,死亡 1 人	Halmahera, Indonesia - M 7.0 Fatalities 1
2003.4.26	2003.05.26	缪尔湾泳滩,加利福尼亚州,震级 3.4	Muir Beach, California - M 3.4
2003.4.27	2003.05.27	北部的阿尔及利亚,震级 5.8,死亡 9 人	Northern Algeria - M 5.8 Fatalities 9
2003.4.30	2003.05.30	港口果园,华盛顿,震级 3.7	Port Orchard, Washington - M 3.7
2003.5.7	2003.06.06	肯塔基州西部,震级 4.0	Western Kentucky - M 4.0
2003.5.8	2003.06.07	新英国地区,巴布亚新几内亚,震级 6.6	New Britain region, Papua New Guinea - M 6.6
2003.5.21	2003.06.20	香石竹,华盛顿,震级 3.6	Carnation, Washington - M 3.6
2003.5.21	2003.06.20	亚马逊,巴西,震级 7.1	Amazonas, Brazil - M 7.1
2003.5.21	2003.06.20	智利中部的海岸附近,震级 6.8	Near the Coast of Central Chile - M 6.8
2003.5.24	2003.06.23	大鼠群岛,阿留申群岛,震级 6.9	Rat Islands, Aleutian Islands - M 6.9
2003.6.16	2003.07.15	嘉士伯岭,震级 7.6	Carlsberg Ridge - M 7.6
2003.6.22	2003.07.21	中国云南,震级 6.0,死亡 16 人	Yunnan, China - M 6.0 Fatalities 16
2003.6.23	2003.07.22	近马萨诸塞州的海岸,震级 3.6	Near the coast of Massachusetts - M 3.6
2003.6.28	2003.07.27	Primor'ye,俄罗斯,震级 6.8	Primor'ye, Russia - M 6.8
2003.7.7	2003.08.04	斯海,震级 7.6	Scotia Sea - M 7.6
2003.7.17	2003.08.14	希腊,震级 6.3	Greece - M 6.3
2003.7.18	2003.08.15	洪堡山,加利福尼亚州,震级 5.3	Humboldt Hill, California - M 5.3
2003.7.24	2003.08.21	伊朗东南部地区,震级 5.9	Southeastern Iran - M 5.9
2003.7.24	2003.08.21	怀俄明州,震级 4.5	Wyoming - M 4.5
2003.7.24	2003.08.21	新西兰南岛,震级 7.2	South Island of New Zealand - M 7.2
2003.7.29	2003.08.26	新泽西州,震级 3.8	New Jersey - M 3.8
2003.7.30	2003.08.27	佛得角,加利福尼亚州,震级 3.9	Val Verde, California - M 3.9
2003.7.30	2003.08.27	火山,夏威夷,震级 4.7	Volcano, Hawaii - M 4.7

续表 12-21

阴历日期	阳历日期	地震位置及损失情况（中英文）	
2003.8.9	2003.09.05	近山前，加利福尼亚州，震级4.0	Near Piedmont, California - M 4.0
2003.8.15	2003.09.11	近墨西卡里，下加利福尼亚州，墨西哥，震级3.7	Near Mexicali, baja California, Mexico - M 3.7
2003.8.17	2003.09.13	西米谷附近，加利福尼亚州，震级3.4	Near Simi Valley, California - M 3.4
2003.8.25	2003.09.21	缅甸，震级6.6	Myanmar - M 6.6
2003.8.26	2003.09.22	多米尼加共和国地区，震级6.4，死亡3人	Dominican Republic region - M 6.4 Fatalities 3
2003.8.26	2003.09.22	Rathdrum，爱达荷，震级3.3	Rathdrum, Idaho - M 3.3
2003.8.29	2003.09.25	日本北海道地区，震级8.3	Hokkaido, Japan Region - M 8.3
2003.9.2	2003.09.27	西伯利亚西南，俄罗斯，震级7.3，死亡3人	Southwestern Siberia, Russia - M 7.3 Fatalities 3
2003.9.6	2003.10.01	西伯利亚西南，俄罗斯，震级6.7	Southwestern Siberia, Russia - M 6.7
2003.9.12	2003.10.07	近皇湾泳滩，加利福尼亚州，震级3.6	Near Imperial Beach, California - M 3.6
2003.9.13	2003.10.08	日本北海道地区，震级6.7	Hokkaido, Japan Region - M 6.7
2003.9.24	2003.10.19	Orinda附近，加利福尼亚州，震级3.5	Near Orinda, California - M 3.5
2003.10.7	2003.10.31	小康东海岸的本州，日本，震级7.0	Off the East Coast of Honshu, Japan - M 7.0
2003.10.13	2003.11.06	瓦努阿图群岛，震级6.6	Vanuatu Islands - M 6.6
2003.11.14	2003.11.17	大鼠群岛，阿留申群岛，阿拉斯加，震级7.8	Rat Islands, Aleutian Islands, Alaska - M 7.8
2003.10.25	2003.11.18	Samar，菲律宾，震级6.5，死亡1人	Samar, Philippines - M 6.5 Fatalities 1
2003.11.12	2003.12.05	Komandorskiye ostrova，俄罗斯地区，震级6.7	Komandorskiye Ostrova, Russia Region - M 6.7
2003.11.16	2003.12.09	弗吉尼亚州，震级4.5	Virginia - M 4.5
2003.11.17	2003.12.10	台湾，震级6.8	Taiwan - M 6.8
2003.11.29	2003.12.22	圣西蒙，加利福尼亚州，震级6.6，死亡2人	San Simeon, California - M 6.6 Fatalities 2
2003.12.4	2003.12.26	伊朗东南部地区，震级6.6，死亡3.1万人	Southeastern Iran - M 6.6 Fatalities 31,000
2003.12.5	2003.12.27	忠诚岛屿的东南部，震级7.3	Southeast of the Loyalty Islands - M 7.3
2003.12.16	2004.01.07	怀俄明州，震级5.0	Wyoming - M 5.0
2004.1.25	2004.02.05	伊里安查亚，印尼，震级7.0，死亡37人	Irian Jaya, Indonesia - M 7.0 Fatalities 37
2004.1.17	2004.02.07	伊里安查亚，印尼，震级7.3	Irian Jaya, Indonesia - M 7.3
2004.1.21	2004.02.11	死海地区，震级5.3	Dead Sea Region - M 5.3
2004.2.5	2004.02.24	直布罗陀海峡，震级6.4，死亡631人	Strait of Gibraltar - M 6.4 Fatalities 631
2004.2.16（闰二月）	2004.04.05	兴都库什山脉地区，阿富汗，震级6.6，死亡3人	Hindu Kush region, Afghanistan - M 6.6 Fatalities 3
2004.2.18（闰二月）	2004.04.07	怀俄明州，震级4.0	Wyoming - M 4.0
2004.3.15	2004.05.03	生物的生物，智利，震级6.6	Bio-Bio, Chile - M 6.6
2004.4.10	2004.05.28	伊朗北部，震级6.3，死亡35人	Northern Iran - M 6.3 Fatalities 35
2004.4.11	2004.05.29	小康东海岸的本州，日本，震级6.5	Off the East Coast of Honshu, Japan - M 6.5
2004.4.12	2004.05.30	松树山俱乐部，加利福尼亚州，震级3.0	Pine Mountain Club, California - M 3.0
2004.4.23	2004.06.10	堪察加半岛，俄罗斯，震级6.9	Kamchatka Peninsula, Russia - M 6.9
2004.4.28	2004.06.15	加利福尼亚州离岸，墨西哥，震级5.1	Offshore Baja California, Mexico - M 5.1
2004.5.11	2004.06.28	伊利诺州，震级4.2	Illinois - M 4.2
2004.5.11	2004.06.28	阿拉斯加东南部，震级6.8	Southeastern Alaska - M 6.8
2004.5.14	2004.07.01	土耳其东部，震级5.1，死亡18人	Eastern Turkey - M 5.1 Fatalities 18
2004.5.25	2004.07.12	俄勒冈州离岸，震级4.9	Offshore Oregon - M 4.9
2004.6.9	2004.07.25	苏门答腊南部，印尼，震级7.3	Southern Sumatra, Indonesia - M 7.3
2004.7.4	2004.08.19	阿拉巴马州，震级3.6	Alabama - M 3.6
2004.7.9	2004.08.24	希腊，震级4.3	Greece - M 4.3
2004.7.14	2004.08.29	怀俄明州，震级3.8	Wyoming - M 3.8

续表 12 – 21

阴历日期	阳历日期	地震位置及损失情况（中英文）	
2004.7.21	2004.09.05	近西部本州南岸,日本,震级7.2	Near the South Coast of Western Honshu, Japan - M 7.2
2004.7.21	2004.09.05	近本州南岸,日本,震级7.4	Near the South Coast of Honshu, Japan - M 7.4
2004.7.22	2004.09.06	近本州南岸,日本,震级6.6	Near the South Coast of Honshu, Japan - M 6.6
2004.8.4	2004.09.17	东肯塔基州,震级3.7	Eastern Kentucky - M 3.7
2004.8.15	2004.09.28	加州中部,震级6.0	Central California - M 6.0
2004.8.25	2004.10.08	所罗门群岛,震级6.8	Solomon Islands - M 6.8
2004.8.25	2004.10.08	菲律宾,震级6.5	Mindoro, Philippines - M 6.5
2004.8.26	2004.10.09	尼加拉瓜的海岸附近,震级7.0	Near the Coast of Nicaragua - M 7.0
2004.9.2	2004.10.15	台湾地区,震级6.7	Taiwan Region - M 6.7
2004.9.10	2004.10.23	靠近本州的西海岸,日本,震级6.6,死亡40人	Near the West Coast of Honshu, Japan - M 6.6 Fatalities 40
2004.9.14	2004.10.27	罗马尼亚,震级5.9	Romania - M 5.9
2004.9.20	2004.11.02	温哥华岛,加拿大地区,震级6.7	Vancouver Island, Canada Region - M 6.7
2004.9.26	2004.11.08	台湾地区,震级6.3	Taiwan Region - M 6.3
2004.9.27	2004.11.09	所罗门群岛,震级6.9	Solomon Islands - M 6.9
2004.9.29	2004.11.11	所罗门群岛,震级6.7	Solomon Islands - M 6.7
2004.9.29	2004.11.11	Kepulauan 亚罗士打,印尼,震级7.5,死亡34人	Kepulauan Alor, Indonesia - M 7.5 Fatalities 34
2004.10.4	2004.11.15	靠近哥伦比亚的西海岸,震级7.2	Near the West Coast of Colombia - M 7.2
2004.10.9	2004.11.20	哥斯达黎加,震级6.4,死亡8人	Costa Rica - M 6.4 Fatalities 8
2004.10.10	2004.11.21	背风群岛,震级6.3,死亡1人	Leeward Islands - M 6.3 Fatalities 1
2004.10.11	2004.11.22	小康西海岸的南港岛,新西兰,震级7.1	Off West Coast of South Island, NZ - M 7.1
2004.10.15	2004.11.26	巴布亚新几内亚,印尼,震级7.1,死亡32人	Papua, Indonesia - M 7.1 Fatalities 32
2004.10.17	2004.11.28	日本北海道地区,震级7.0	Hokkaido, Japan Region - M 7.0
2004.10.25	2004.12.06	日本北海道地区,震级6.8	Hokkaido, Japan Region - M 6.8
2004.11.3	2004.12.14	开曼群岛地区,震级6.8	Cayman Islands Region - M 6.8
2004.11.12	2004.12.23	北麦格理岛,震级8.1	North of Macquarie Island - M 8.1
2004.11.15	2004.12.26	苏门答腊-安达曼群岛,震级9.1,死亡227 898人	Sumatra-Andaman Islands - M 9.1 Fatalities 227,898
2004.11.21	2005.01.01	小康的西海岸,北苏门答腊,震级6.7	Off the West Coast of Northern Sumatra - M 6.7
2004.12.7	2005.01.16	国密克罗尼西亚,震级6.6	State of Yap, Fed. States of Micronesia - M 6.6
2004.12.7	2005.01.16	国密克罗尼西亚,震级6.6	State of Yap, Fed. States of Micronesia - M 6.6
2004.12.30	2005.02.08	瓦努阿图,震级6.7	Vanuatu - M 6.7
2005.1.2	2005.02.10	阿肯色州,震级4.1	Arkansas - M 4.1
2005.1.11	2005.02.19	苏拉威西岛,印尼,震级6.5	Sulawesi, Indonesia - M 6.5
2005.1.14	2005.02.22	伊朗中部,震级6.4,死亡612人	Central Iran - M 6.4 Fatalities 612
2005.1.18	2005.02.26	锡默卢,印尼,震级6.8	Simeulue, Indonesia - M 6.8
2005.1.22	2005.03.02	班海,震级7.1	Banda Sea - M 7.1
2005.1.26	2005.03.06	圣劳伦斯谷条例,魁北克,加拿大,震级4.9	St. Lawrence Valley Reg., Quebec, Canada - M 4.9
2005.2.11	2005.03.20	日本九州,震级6.6,死亡1人	Kyushu, Japan - M 6.6 Fatalities 1
2005.2.19	2005.03.28	北苏门答腊,印尼,震级8.6,死亡1 313人	Northern Sumatra, Indonesia - M 8.6 Fatalities 1 313
2005.3.2	2005.04.10	Kepulauanm entawai 地区,印尼,震级6.7	Kepulauan Mentawai Region, Indonesia - M 6.7

续表 12 – 21

阴历日期	阳历日期	地震位置及损失情况（中英文）	
2005.3.3	2005.04.11	东南的忠诚岛屿,震级6.7	Southeast of the Loyalty Islands - M 6.7
2005.3.23	2005.05.01	阿肯色州,震级4.2	Arkansas - M 4.2
2005.3.28	2005.05.06	加州中部,震级4.1	Central California - M 4.1
2005.4.7	2005.05.14	尼亚斯地区,印尼,震级6.7	Nias region, Indonesia - M 6.7
2005.4.12	2005.05.19	尼亚斯地区,印尼,震级6.9	Nias region, Indonesia - M 6.9
2005.5.6	2005.06.12	加州南部,震级5.2	Southern California - M 5.2
2005.5.7	2005.06.13	塔拉巴卡,智利,震级7.8,死亡11人	Tarapaca, Chile - M 7.8 Fatalities 11
2005.5.8	2005.06.14	大鼠群岛,阿留申群岛,阿拉斯加,震级6.8	Rat Islands, Aleutian Islands, Alaska - M 6.8
2005.5.9	2005.06.15	北加州的沿海海面,震级7.2	Off the Coast of Northern California - M 7.2
2005.5.10	2005.06.16	更大的洛杉矶地区,加利福尼亚州,震级4.9	Greater Los Angeles Area, California - M 4.9
2005.5.11	2005.06.17	北加州的沿海海面,震级6.6	Off the Coast of Northern California - M 6.6
2005.5.26	2005.07.02	尼加拉瓜的海岸附近,震级6.6	Near the Coast of Nicaragua - M 6.6
2005.5.29	2005.07.05	尼亚斯地区,印尼,震级6.7	Nias Region, Indonesia - M 6.7
2005.6.10	2005.07.15	夏威夷地区,夏威夷,震级5.3	Hawaii region, Hawaii - M 5.3
2005.6.12	2005.07.17	夏威夷地区,夏威夷,震级5.1	Hawaii region, Hawaii - M 5.1
2005.6.18	2005.07.23	本州南海岸附近,日本,震级5.9	Near the South Coast of Honshu, Japan - M 5.9
2005.6.19	2005.07.24	尼科巴群岛,印度地区,震级7.2	Nicobar Islands, India Region - M 7.2
2005.6.21	2005.07.26	蒙大拿西部,震级5.6	Western Montana - M 5.6
2005.7.6	2005.08.10	新墨西哥,震级5.0	New Mexico - M 5.0
2005.7.12	2005.08.16	本州的东海岸附近,日本,震级7.2	Near the East Coast of Honshu, Japan - M 7.2
2005.7.29	2005.09.02	Brawley地震带群,加州南部	Brawley Seismic Zone Swarm, Southern California - Aug 31-Sep 2
2005.8.6	2005.09.09	新爱尔兰地区,巴布亚新几内亚,震级7.6	New Ireland Region, Papua New Guinea - M 7.6
2005.8.19	2005.09.22	加州中部,震级4.7	Central California - M 4.7
2005.8.23	2005.09.26	秘鲁北部,震级7.5,死亡5人	Northern Peru - M 7.5 Fatalities 5
2005.8.26	2005.09.29	新英国地区,巴布亚新几内亚,震级6.6	New Britain region, Papua New Guinea - M 6.6
2005.9.8	2005.10.08	巴基斯坦,震级7.6,死亡8.6万人	Pakistan - M 7.6 Fatalities 86,000
2005.9.17	2005.10.19	本州的东海岸附近,日本,震级6.3	Near the East Coast of Honshu, Japan - M 6.3
2005.9.29	2005.10.31	蒙大拿西部,震级4.5	Western Montana - M 4.5
2005.10.13	2005.11.14	小康东海岸的本州,日本,震级7.0	Off the East Coast of Honshu, Japan - M 7.0
2005.10.16	2005.11.17	波托西,玻利维亚,震级6.9	Potosi, Bolivia - M 6.9
2005.10.18	2005.11.19	锡默卢,印尼,震级6.5	Simeulue, Indonesia - M 6.5
2005.10.26	2005.11.27	伊朗南部,震级6.0,死亡13人	Southern Iran - M 6.0 Fatalities 13
2005.11.2	2005.12.02	本州的东海岸附近,日本,震级6.5	Near the East Coast of Honshu, Japan - M 6.5
2005.11.5	2005.12.05	坦噶尼喀湖地区,刚果-坦桑尼亚,震级6.8,死亡6人	Lake Tanganyika Region, Congo-Tanzania - M 6.8 Fatalities 6
2005.11.11	2005.12.11	新英国地区,巴布亚新几内亚,震级6.6	New Britain region, Papua New Guinea - M 6.6
2005.11.12	2005.12.12	兴都库什山脉地区,阿富汗,震级6.5,死亡5人	Hindu Kush Region, Afghanistan - M 6.5 Fatalities 5
2005.11.19	2005.12.19	新墨西哥,震级4.1	New Mexico - M 4.1
2005.12.3	2006.01.02	伊利诺州,震级3.6	Illinois - M 3.6
2005.12.3	2006.01.02	南桑威奇群岛东部,震级7.4	East of South Sandwich Islands - M 7.4

续表 12-21

阴历日期	阳历日期	地震位置及损失情况（中英文）	
2005.12.5	2006.01.04	加利福尼亚湾,震级 6.6	Gulf of California - M 6.6
2005.12.9	2006.01.08	希腊南部,震级 6.7	Southern Greece - M 6.7
2005.12.28	2006.01.27	班海,震级 7.6	Banda Sea - M 7.6
2006.1.13	2006.02.10	科罗拉多,震级 3.8	Colorado - M 3.8
2006.1.25	2006.02.22	莫桑比克,震级 7.0,死亡 4 人	Mozambique - M 7.0 Fatalities 4
2006.1.29	2006.02.26	斐济群岛以南,震级 6.4	South of the Fiji Islands - M 6.4
2006.2.15	2006.03.14	印尼,震级 6.7,死亡 4 人	Seram, Indonesia - M 6.7 Fatalities 4
2006.2.23	2006.03.22	蒙大拿西部,震级 4.2	Western Montana - M 4.2
2006.3.3	2006.03.31	伊朗西部,震级 6.1,死亡 70 人	Western Iran - M 6.1 Fatalities 70
2006.3.23	2006.04.20	Koryakia,俄罗斯,震级 7.6	Koryakia, Russia - M 7.6
2006.4.6	2006.05.03	汤加,震级 8.0	Tonga - M 8.0
2006.4.19	2006.05.16	Kermadec 离岛地区,震级 7.4	Kermadec Islands region - M 7.4
2006.4.19	2006.05.16	尼亚斯地区,印尼,震级 6.8	Nias Region, Indonesia - M 6.8
2006.4.29	2006.05.26	印尼,爪哇,震级 6.3,死亡 5 749 人	Java, Indonesia - M 6.3 Fatalities 5,749
2006.5.16	2006.06.11	日本九州,震级 6.3	Kyushu, Japan - M 6.3
2006.6.22	2006.07.17	印尼,爪哇以南,震级 7.7,死亡 730 人	South of Java, Indonesia - M 7.7 Fatalities 730
2006.7.3	2006.07.27	阿拉斯加南部,震级 4.8	Southern Alaska - M 4.8
2006 07 27	2006.08.11	Michoacan,墨西哥,震级 5.9	Michoacan, Mexico - M 5.9
2006.7.27	2006.08.20	斯海,震级 7.0	Scotia Sea - M 7.0
2006.7.9 (闰七月)	2006.09.01	布干维尔地区,巴布亚新几内亚,震级 6.8	Bougainville region, Papua New Guinea - M 6.8
2006.7.18 (闰七月)	2006.09.10	墨西哥海湾,震级 5.8	Gulf of Mexico - M 5.8
2006.8.7	2006.09.28	萨摩亚群岛地区,震级 6.9	Samoa Islands Region - M 6.9
2006.8.11	2006.10.02	缅因州,震级 3.8	Maine - M 3.8
2006.8.24	2006.10.15	夏威夷地区,夏威夷,震级 6.7	Hawaii region, Hawaii - M 6.7
2006.8.26	2006.10.17	新英国地区,巴布亚新几内亚,震级 6.7	New Britain region, Papua New Guinea - M 6.7
2006.8.29	2006.10.20	秘鲁中部沿海附近,震级 6.7	Near the Coast of Central Peru - M 6.7
2006.8.29	2006.10.20	加州北部,震级 4.5	Northern California - M 4.5
2006.9.23	2006.11.13	圣地亚哥-德尔埃斯特罗,阿根廷,震级 6.8	Santiago del Estero, Argentina - M 6.8
2006.9.25	2006.11.15	千岛群岛,震级 8.3	Kuril Islands - M 8.3
2006.11.7	2006.12.26	台湾地区,震级 7.1,死亡 2 人	Taiwan Region - M 7.1 Fatalities 2
2006.11.7	2006.12.26	台湾地区,震级 6.9	Taiwan Region - M 6.9
2006.11.25	2007.01.13	千岛群岛以东,震级 8.1	East of the Kuril Islands - M 8.1
2006.12.3	2007.01.21	Molucca,震级 7.5,死亡 4 人	Molucca Sea - M 7.5 Fatalities 4
2006.12.12	2007.01.30	麦格理岛以西,震级 6.9	West of Macquarie Island - M 6.9
2006.12.13	2007.01.31	Kermadec 群岛,新西兰,震级 6.5	Kermadec Islands, New Zealand - M 6.5
2007.1.17	2007.03.06	苏门答腊南部,印尼,震级 6.4,死亡 67 人	Southern Sumatra, Indonesia - M 6.4 Fatalities 67
2007.2.7	2007.03.25	瓦努阿图,震级 7.1	Vanuatu - M 7.1
2007.2.7	2007.03.25	靠近本州的西海岸,日本,震级 6.7,死亡 1 人	Near the West Coast of Honshu, Japan - M 6.7 Fatalities 1
2007.2.14	2007.04.01	所罗门群岛,震级 8.1 人,死亡 54 人	Solomon Islands - M 8.1 Fatalities 54

续表 12 – 21

阴历日期	阳历日期	地震位置及损失情况(中英文)	
2007.4.23	2007.05.08	蒙大拿西部,震级 4.5	Western Montana - M 4.5
2007.4.24	2007.05.09	北加州离岸,震级 5.2	Offshore Northern California - M 5.2
2007.4.28	2007.06.13	危地马拉离岸,震级 6.7	Offshore Guatemala - M 6.7
2007.5.14	2007.06.28	布干维尔地区,巴布亚新几内亚,震级 6.7	Bougainville region, Papua New Guinea - M 6.7
2007.5.18	2007.07.02	加州中部,震级 4.3	Central California - M 4.3
2007.6.3	2007.07.16	靠近本州的西海岸,日本,震级 6.6,死亡 9 人	Near the West Coast of Honshu, Japan - M 6.6 Fatalities 9
2007.6.3	2007.07.16	日本海,震级 6.8	Sea of Japan - M 6.8
2007.6.4	2007.07.17	坦桑尼亚,震级 5.9	Tanzania - M 5.9
2007.6.7	2007.07.20	旧金山湾区,加州,震级 4.2	San Francisco Bay area, California - M 4.2
2007.6.13	2007.07.26	Molucca 海,震级 6.9	Molucca Sea - M 6.9
2007.6.19	2007.08.01	瓦努阿图,震级 7.2	Vanuatu - M 7.2
2007.6.20	2007.08.02	Andreanof 群岛,阿留申群岛,阿拉斯加,震级 6.7	Andreanof Islands, Aleutian Islands, Alaska - M 6.7
2007.7.26	2007.08.08	印尼,爪哇,震级 7.5	Java, Indonesia - M 7.5
2007.6.27	2007.08.09	更大的洛杉矶地区,加利福尼亚州,震级 4.4	Greater Los Angeles area, California - M 4.4
2007.7.2	2007.08.14	夏威夷岛,夏威夷,震级 5.4	Island of Hawaii, Hawaii - M 5.4
2007.7.3	2007.08.15	Andreanof 群岛,阿留申群岛,阿拉斯加,震级 6.5	Andreanof Islands, Aleutian Islands, Alaska - M 6.5
2007.7.3	2007.08.15	秘鲁中部沿海附近,震级 8.0,死亡 514 人	Near the Coast of Central Peru - M 8.0 Fatalities 514
2007.7.4	2007.08.16	所罗门群岛,震级 6.5	Solomon Islands - M 6.5
2007.7.8	2007.08.20	菲律宾群岛地区,震级 6.4	Philippine Islands region - M 6.4
2007.7.21	2007.09.02	圣克鲁斯群岛,震级 7.2	Santa Cruz Islands - M 7.2
2007.7.25	2007.09.06	台湾地区,震级 6.2	Taiwan Region - M 6.2
2007.9.6	2007.09.10	靠近哥伦比亚的西海岸,震级 6.8	Near the west coast of Colombia - M 6.8
2007.8.2	2007.09.12	苏门答腊南部,印尼,震级 8.5,死亡 25 人	Southern Sumatra, Indonesia - M 8.5 Fatalities 25
2007.8.2	2007.09.12	Kepulauanm entawai 地区,印尼,震级 7.9	Kepulauan Mentawai region, Indonesia - M 7.9
2007.8.10	2007.09.20	苏门答腊南部,印尼,震级 6.7	Southern Sumatra, Indonesia - M 6.7
2007.8.16	2007.09.26	新爱尔兰地区,巴布亚新几内亚,震级 6.8	New Ireland Region, Papua New Guinea - M 6.8
2007.8.18	2007.09.28	东南亚的忠诚岛屿,震级 6.5	Southeast of Loyalty Islands - M 6.5
2007.8.18	2007.09.28	马里亚纳群岛地区,震级 7.5	Mariana Islands region - M 7.5
2007.8.20	2007.09.30	马里亚纳群岛以南,震级 6.9	South of the Mariana Islands - M 6.9
2007.8.20	2007.09.30	奥克兰群岛,新西兰地区,震级 7.4	Auckland Islands, New Zealand region - M 7.4
2007.8.20	2007.09.30	奥克兰群岛,新西兰地区,震级 6.6	Auckland Islands, New Zealand region - M 6.6
2007.9.5	2007.10.15	新西兰南岛,震级 6.8	South Island of New Zealand - M 6.8
2007.9.14	2007.10.24	苏门答腊南部,印尼,震级 6.8	Southern Sumatra, Indonesia - M 6.8
2007.9.21	2007.10.31	旧金山湾区,加州,震级 5.6	San Francisco Bay Area, California - M 5.6
2007.9.21	2007.10.31	异教的地区,北马里亚纳群岛,震级 7.2	Pagan Region, Northern Mariana Islands - M 7.2
2007.10.1	2007.11.10	麦格理岛以北,震级 6.6	North of Macquarie Island - M 6.6
2007.10.5	2007.11.14	安托法加斯塔,智利,震级 7.7,死亡 2 人	Antofagasta, Chile - M 7.7 Fatalities 2
2007.10.7	2007.11.16	秘鲁-厄瓜多尔边境地区,震级 6.8	Peru-Ecuador border region - M 6.8

续表 12-21

阴历日期	阳历日期	地震位置及损失情况（中英文）	
2007.10.13	2007.11.22	新几内亚地区东部,巴布亚新几内亚,震级6.8	Eastern New Guinea region, Papua New Guinea - M 6.8
2007.10.16	2007.11.25	Sumbawa 地区,印尼,震级6.5,死亡3人	Sumbawa Region, Indonesia - M 6.5 Fatalities 3
2007.10.18	2007.11.27	所罗门群岛,震级6.6	Solomon Islands - M 6.6
2007.10.20	2007.11.29	马提尼克岛地区,风群岛,震级7.4,死亡1人	Martinique Region, Windward Islands - M 7.4 Fatalities 1
2007.10.30	2007.12.09	斐济群岛以南,震级7.8	South of the Fiji Islands - M 7.8
2007.11.7	2007.12.16	安托法加斯塔,智利,震级6.7	Antofagasta, Chile - M 6.7
2007.11.10	2007.12.19	Andreanof 群岛,阿留申群岛,阿拉斯加,震级7.1	Andreanof Islands, Aleutian Islands, Alaska - M 7.1
2007.11.11	2007.12.20	小康东海岸的北港岛,新西兰,震级6.6,死亡1人	Off East Coast of the North Island, New Zealand - M 6.6 Fatalities 1
2007.11.17	2007.12.26	福克斯群岛,阿留申群岛,阿拉斯加,震级6.4	Fox Islands, Aleutian Islands, Alaska - M 6.4
2007.11.27	2008.01.05	夏洛特女王离岛地区,震级6.6	Queen Charlotte Islands region - M 6.6
2007.12.27	2008.02.03	拉丁美洲和加勒比基伍地区,刚果,震级5.9,死亡44人	Lac Kivu region, Dem. Rep. of the Congo - M 5.9 Fatalities 44
2007.12.28	2008.02.04	塔拉巴卡,智利,震级6.3	Tarapaca, Chile - M 6.3
2008.1.2	2008.02.08	北部中大西洋海脊,震级6.9	Northern Mid-Atlantic ridge - M 6.9
2008.1.4	2008.02.10	桑威奇群岛南部地区,震级6.6	South Sandwich Islands region - M 6.6
2008.1.6	2008.02.12	墨西哥瓦哈卡,震级6.4	Oaxaca, Mexico - M 6.4
2008.1.8	2008.02.14	南部希腊,震级6.9	Southern Greece - M 6.9
2008.1.14	2008.02.20	锡默卢,印尼,震级7.4,死亡3人	Simeulue, Indonesia - M 7.4 Fatalities 3
2008.1.15	2008.02.21	内华达州,震级6.0	Nevada - M 6.0
2008.1.17	2008.02.23	南桑威奇群岛地区,震级6.7	South Sandwich Islands region - M 6.7
2008.1.19	2008.02.25	Kepulauanm entawai 地区,印尼,震级7.0	Kepulauan Mentawai region, Indonesia - M 7.0
2008.1.21	2008.02.27	英格兰,英国,震级4.8	England, United Kingdom - M 4.8
2008.1.26	2008.03.03	菲律宾群岛地区,震级6.9	Philippine Islands region - M 6.9
2008.2.5	2008.03.12	瓦努阿图,震级6.4	Vanuatu - M 6.4
2008.2.13	2008.03.20	从新疆到西藏边境地区,震级7.2	Xinjiang-Xizang border region - M 7.2
2008.3.4	2008.04.09	忠诚的岛屿,震级7.3	Loyalty Islands - M 7.3
2008.3.7	2008.04.12	麦格理岛屿地区,震级7.1	Macquarie Island region - M 7.1
2008.3.11	2008.04.16	Andreanof 群岛,阿留申群岛,阿拉斯加,震级6.6	Andreanof Islands, Aleutian Islands, Alaska - M 6.6
2008.3.13	2008.04.18	伊利诺州,震级5.2	Illinois - M 5.2
2008.3.21	2008.04.26	内华达州,震级5.0	Nevada - M 5.0
2008.3.25	2008.04.30	加州北部,震级5.4	Northern California - M 5.4
2008.3.27	2008.05.02	Andreanof 群岛,阿留申群岛,阿拉斯加,震级6.6	Andreanof Islands, Aleutian Islands, Alaska - M 6.6
2008.4.7	2008.05.07	本州的东海岸附近,日本,震级6.8	Near the East Coast of Honshu, Japan - M 6.8
2008.4.5	2008.05.09	关岛地区,震级6.7	Guam region - M 6.7
2008.4.8	2008.05.12	四川东部,中国,震级7.9,死亡6.9万人	Eastern Sichuan, China - M 7.9 Fatalities 69,000
2008.5.5	2008.06.08	希腊,震级6.3,死亡2人	Greece - M 6.3 Fatalities 2

第十三章　地震前兆识别与地震预测方法的反演与应用

【摘要】 本章从地震的本质特征出发,通过探讨地壳应力应变失衡的量化过程和前兆特征,运用三维参数、群子复合参数等系列地壳断裂流变动力学方法,反演 2008 年 1 月 1 日至 5 月 12 日汶川特大地震期间的应变观测数据的量化过程和前兆特征,寻找 2009 年上半年全国应变数据参数与孕震状态的内在关联,揭示地壳断裂流变动力学量化参数的物理意义,为防震减灾提供预警时机分析方法,以此体现地震前兆识别与地震预测方法量化体系的科学价值和实践意义,为地震预测开辟一条科学的体系量化途径。

第一节　地震前兆识别的依据、方法和目的

一、地震前兆识别的依据

地壳应力研究学者认为,从根本上讲,地震的孕育、发生是一个力学失稳过程,因而监测地球介质的形变应变和应力,观测其应力应变状态的动态变化,进而研究其与地质构造环境、地震孕育直至发生的关系,无疑是探索地震预测预报的关键。

如何从形变观测资料中获取地震前兆异常,一直都是广大学者努力探索的重要问题。在以往的研究中,地震前兆识别大多采用数学统计方法及人工智能方法,虽然取得了一定成效,但是由于导致地震的应变过程的复杂性关系,效果不佳。作者认为,地震前兆识别实质上是太阳、月球对地吸引力,及地球内外运行的"多体"力学相互竞争作用的最可几强度统计问题。借鉴材料断裂的应力极限临界值的力学统计方法,作者提出,从应变观测数据中,定量分析导致地壳应力失衡的应变加速临界的最可几强度参数,识别地震发生的必然条件——应力极限的量化状态和量化特征,对地震危险度进行量化评价,以此为政府的社会管理提供应急反应依据。

因此,地震前兆识别的依据重要的是地壳应力稳定体系失衡过程的量化状态和特征。当然,作为地震前兆观测可靠性的验证措施,重力、地倾斜、地电、地磁和电磁波都是前兆体系中必要的观测条件,其数据加速值的内在关联性,可以有效保证地壳应力失衡的应变必要条件具备充分性和必然性。

二、地震前兆识别的方法应用

地震前兆识别,是为了对地震可能发生的时间、地点和强度提供预测的量化依据,并对地震前兆的状态和趋势进行危险性警示。其中的重点和难点不在于地壳应力失衡的趋势,而在于确定地震前兆危险性警示的时间、地点和强度。由于地壳断裂流变动力学所界定的特征性地震前兆是地壳的应力应变,所以,有关地震前兆识别的方法应用,作者始终围绕地壳应力应变观测数据的统计分析。

1. 应变数据的背景信息

(1) 历史震例的"时空强"信息

首先运用"地震动力学统计方法",对某地区历史震例进行概率分析,从而大致了解该地区地震发生的动力学概率背景;然后运用中国历法细化历史震例的时间和强度关系,以此掌握固体潮汐作用与震例

发生条件的相互关联,提供该地区固体潮汐作用规律背景。

(2)地壳断裂带及地质构造信息

地壳断裂带(也称地震带)及地质构造信息是作者受材料断裂力学启发,着重强调的地震重要基础信息,它可以提供地壳构造缺陷的大致方位,为确定地震危险区域提供结构与强度关系的背景信息。

(3)应变观测全过程的数据信息

比照历史震例前后应变观测数据的回顾性识别判断,选取应变观测全过程的应变数据是把握地壳应力应变过程特征和趋势的重要信息。作者提出的应变数据统计参数计算方法,已由武汉大学计算机学院李雪飞博士完成了智能化软件的程序编制和测试,能够由计算机自动完成处理,形成应变加速增量日报(图表、曲线、参数),因此,应变数据量不会给识别带来压力和负担,相反,越是没有人为截取或遗漏的全过程数据,越能反映应变加速状态和趋势的量化特征。与此同时,计算机软件还能自动分析主应变方向,并结合电子地理信息,以及地震带分布,确定地震危险方位和可能区域,还能提供固体潮汐应变加速点阵分布背景。

尽管作者建立的统计分析数理模型已经实现智能化,但是,作者仍要在地震前兆识别,特别是地壳应力应变识别的方法应用上,着重反演汶川特大地震前兆的应变数据变化,以便进一步阐述地壳断裂流变动力学前兆识别参数及其方法应用的物理含义。

2. 应变数据的处理步骤

第一步:从应变观测数据中计算出 8 个参数: $R_1^+, R_2^+, R_1^-, R_2^-, N^-, N^+, n^-, n^+$;

第二步:以 8 个参数为主要指标,制作应变 N^-/N^+ 日报图,量化应变加速竞争状态,直观描述常态、异常态、危险态的量化特征,并根据 $\left(\dfrac{R_1^+ \cdot R_2^+}{R_1^- \cdot R_2^-} + \dfrac{R_1^- \cdot R_2^-}{R_1^+ \cdot R_2^+}\right)$ 复合参数的物理意义用两种方式(阴历、阳历)来制作图表,一是直接 $\left(\dfrac{R_1^+ \cdot R_2^+}{R_1^- \cdot R_2^-} + \dfrac{R_1^- \cdot R_2^-}{R_1^+ \cdot R_2^+}\right)$ 复合参数与时间关系,用来反映地壳的压应变加速量变化速率和固体潮汐引力变化速率之间的抗争程度与孕震时间关系;二是对 $\left(\dfrac{R_1^+ \cdot R_2^+}{R_1^- \cdot R_2^-} + \dfrac{R_1^- \cdot R_2^-}{R_1^+ \cdot R_2^+}\right)$ 取对数与时间关系,用来反映孕震的每一步能量的变化与时间的关系。两种方法中,前者对强地震孕震过程很明显,而后者对弱地震比较直观,所以在地震预测的过程中,最好采用上述两种方法,本书重点放在强度高且具有破坏性的地震前兆识别上,对第二种方法没有进行专门的探讨。

第三步:以 $\left(\dfrac{N^- - N^+}{N^+} + \dfrac{n^- - n^+}{n^+}\right)^3$ 参数为危险态的量化特征,并以 $\left(\dfrac{R_1^+ \cdot R_2^+}{R_1^- \cdot R_2^-} + \dfrac{R_1^- \cdot R_2^-}{R_1^+ \cdot R_2^+}\right) \cdot \left(\dfrac{N^- - N^+}{N^+} + \dfrac{n^- - n^+}{n^+}\right)^3$ 参数与时间的对应关系,确认应变加速的危险程度。

如果在 $\left(\dfrac{R_1^+ \cdot R_2^+}{R_1^- \cdot R_2^-} + \dfrac{R_1^- \cdot R_2^-}{R_1^+ \cdot R_2^+}\right)$ 和 $\left(\dfrac{N^- - N^+}{N^+} + \dfrac{n^- - n^+}{n^+}\right)^3$ 中突然出现一个极大值,尤其是 $\left(\dfrac{N^- - N^+}{N^+} + \dfrac{n^- - n^+}{n^+}\right)^3$,意味着地震的危险程度相当高,迫近地震时间。与此同时,参照邻近应变台和全国各台主应变方向,并通过重力、地倾斜观测数据的加速值所反映的地震前兆状态,进一步验证地壳应力应变危险状态的量化特征,分析确定地震危险区域位置。再通过 $R_1^+ \cdot R_2^+$, N^-/N^+ 和所涉及的应变台数目,大体预测地震强度。

三、自然界最佳黄金分割原理的启示

作者受材料断裂力学的启示,基于地壳这种"特大复合材料"受到突发性挤压冲击时,存在 1~2 个临断信号的必然性,研究识别地震前兆中类似标志性前兆信号的客观存在和量化特征。识别并量化以地壳应力应变为地震特征前兆的短临或临震信号,是一个世界地震科学难题,也是震前能否作为的关键,地震灾害的预警应该以此为标识。

我国著名数学家华罗庚先生提出了自然界最佳黄金分割方程：$(1-x)(1+x)=x$，其中 x 为最佳分割分数，解出这个方程：$x=0.618$。当自然界向着有序的方向发展时，一维空间几率为$(0.618)^{3-1}=0.382$；二维空间几率为$(0.618)^{3-2}=0.618$；三维立体空间机率为$(0.618)^{3-3}=1$。与此相反，类似地震这样破坏性方向的几率顺序就倒过来了：三维空间破碎的几率为$(0.618)^3=0.23$；二维空间破碎的几率为$(0.618)^2=0.382$；一维空间破碎的几率为$(0.618)^1=0.618$。

在自然界最佳黄金分割原理启发下，地壳应力挤压应变加速值 N^- 和张弛应变的加速值 N^+ 的每天变化率为$(N^--N^+)/N^+$，当每天 1440 分钟属于负应变加速值的次数为 n^-，属于正应变加速值的次数为 n^+ 时，每天的变化率为$(n^--n^+)/n^+$。由于 N^-,N^+,n^-,n^+ 在正常情况下 $N^-/N^+=1$，$n^-/n^+=1$，故$(N^--N^+)/N^+=0$，$(n^--n^+)/n^+=0$。但是，当地壳内部挤压应力主导时，$N^-/N^+>1$，$n^-/n^+>1$；相反，当地壳内部张弛应力主导时，$N^-/N^+<1$，$n^-/n^+<1$。这两种情形随着地壳内部的应力变化，每天都不同，且常常表现为有时 $N^-/N^+>n^-/n^+$；有时 $N^-/N^+<n^-/n^+$，这样出现某种状态的几率为 $\left(\dfrac{N^-/N^+}{N^+}+\dfrac{n^-/n^+}{n^+}\right)$。

这个几率如同 0.618 一样与空间维数存在如下对应关系：

一维空间破坏度为 $\left(\dfrac{N^-/N^+}{N^+}+\dfrac{n^-/n^+}{n^+}\right)^1$；

二维空间破坏度为 $\left(\dfrac{N^-/N^+}{N^+}+\dfrac{n^-/n^+}{n^+}\right)^2$；

三维空间破坏度为 $\left(\dfrac{N^-/N^+}{N^+}+\dfrac{n^-/n^+}{n^+}\right)^3$。

由于地震与地壳的三维空间破坏都有关系，故地震破坏性几率取三维空间破坏度。

四、地震前兆识别的目的

地震前兆识别的直接目的就是量化地震危险度特征，并以此为参照，从时间、空间和强度三要素中，评价地震前兆的危险状态，及时发出震前灾害警告。因此，地震前兆中所有与地壳力学体系相关的测量项，其数据的统计分析都是地震灾害预警的必要和充分条件。

地震前兆不是一个单独的特征测量项，而是一个体系，是一组相互关联的前兆物理测量体系。地震前兆识别也是一个复杂的数理统计体系。只有科学定量地震前兆识别，才能在不同的历史震例中寻找普遍性的前兆量化特征，实现地震前兆识别的目的。

1. *自然界黄金分割稳定态极限的物理含义*

依据自然界黄金分割原理，确定地壳稳定态极限，从空间三维的 3 个层次上，采用渐进式描述自然界稳定体系极限的破坏几率，量化失衡的应变临界特征，使地震前兆识别具有反演和正推一致的逻辑学意义。

2. *寻找不同震例前兆的普遍量化特征*

众多形态各异的历史震例，其前兆交织着典型的必然性和非典型的偶然性。通过地震前兆识别，在复杂的前兆现象和数据中，体现出普遍量化的特征，这个特征就是导致地壳力学体系失衡的极限。

3. *地震预测依据的量化方法*

地震前兆识别的意义就在于为地震预测提供可以量化的逻辑依据。无论具有特征前兆意义的地壳应力应变观测数据如何变化，数据加速值的物理含义，仍然围绕地壳应力稳定体系的极限表达，在一维空间破坏度、二维空间破坏度和三维空间破坏度的几率中，形成能够准确地反映地壳应力应变趋势的量化方法，这才是科学的地震预测依据。

4. *地壳应力传感区域特征和关联特征*

从地震前兆危险状态的量化识别中，通过地震前兆引起的地壳应力应变观测数据变化，反映地壳应力应变具有区域性特征和关联性特征。以此作为参照,分析地壳应力传感区域,集中反映地震前兆的量化特点,确定地震危险区域和关联区域,以利于震中方位的推导和动态校准。

第二节 空间三维参数与地震前兆状态

按照空间维数与地震前兆的关系,反演2008年1月1日至5月12日姑咱应变台的数据变化情况。为此,对$\left(\frac{N^--N^+}{N^+}\right)+\left(\frac{n^--n^+}{n^+}\right)$取不同次方来显示一维、二维、三维的变化率。

一、一维参数所反映的汶川特大地震前兆状态

由图13-1可以看出,地壳内部运动非常剧烈,尤其是2008年4月份以后,紫色的面积越来越大,即挤压应变成为主导。但是,短临或临震状态却很难确定。如果依据自然界最佳黄金分割原理,从纵坐标$(0.618)^1$处引出一根高值危险界线,凡第一个超过这个高值就可以作为短临状态的开始,第二个超过的高值就可以作为临震状态的标识。如,从4月20日开始,就可以判断地震前兆进入危险状态,5月10日进入危险状态。

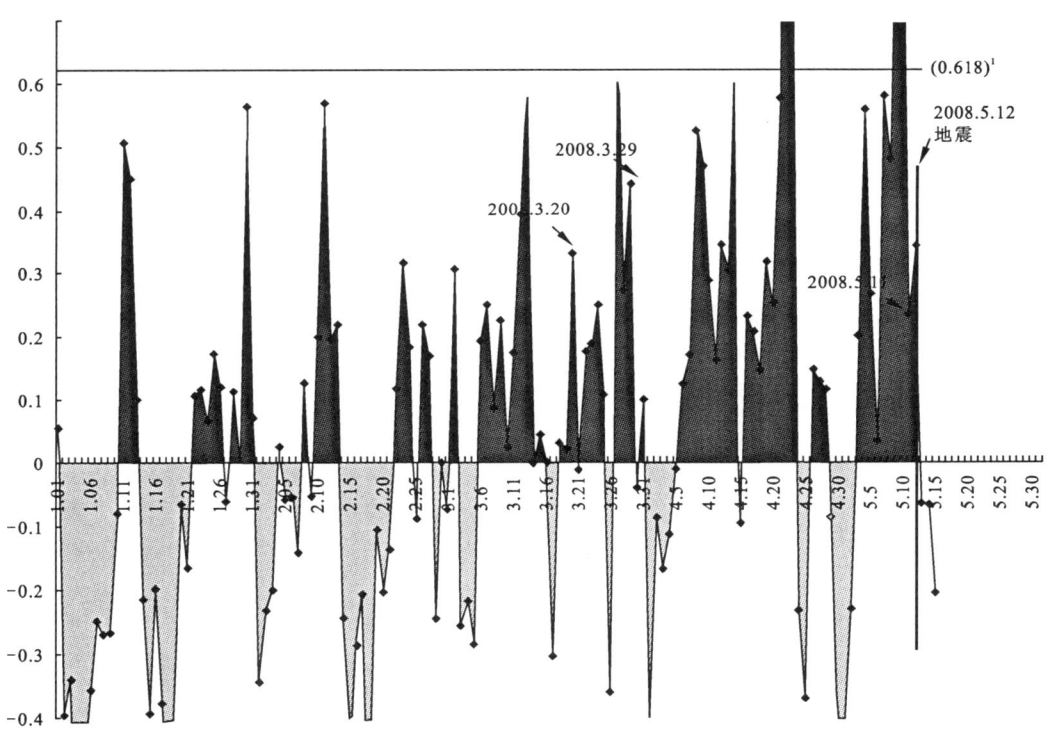

图13-1 姑咱台在汶川地震前$\left(\frac{N^-/N^+}{N^+}+\frac{n^-/n^+}{n^+}\right)^1$的量化特征

二、二维参数所反映的汶川特大地震前兆状态

由图13-2可以看出,负值消失,相当于地壳内部在孕震过程中正应力和负应力所共同体现的破坏总功。在2008年1月出现明显的加载过程,尽管加载过程存在反复竞争较量,但总的趋势是,地壳内的挤压应力对断裂带所作的功越来越大,一直持续到5月12日地震才释缓下来。二维的特征比一维的特征简单、明显,已露出了短临、临震状态的雏形。如果再依据自然界最佳黄金分割原理,从纵坐标$(0.618)^2=0.382$处引出一根高值危险界线,就基本上可以确定短临状态和临震状态的时间标识了。但是,比对汶川特大地震的时间,按照二维所反映的地震前兆状态,仍然显得不够明确。

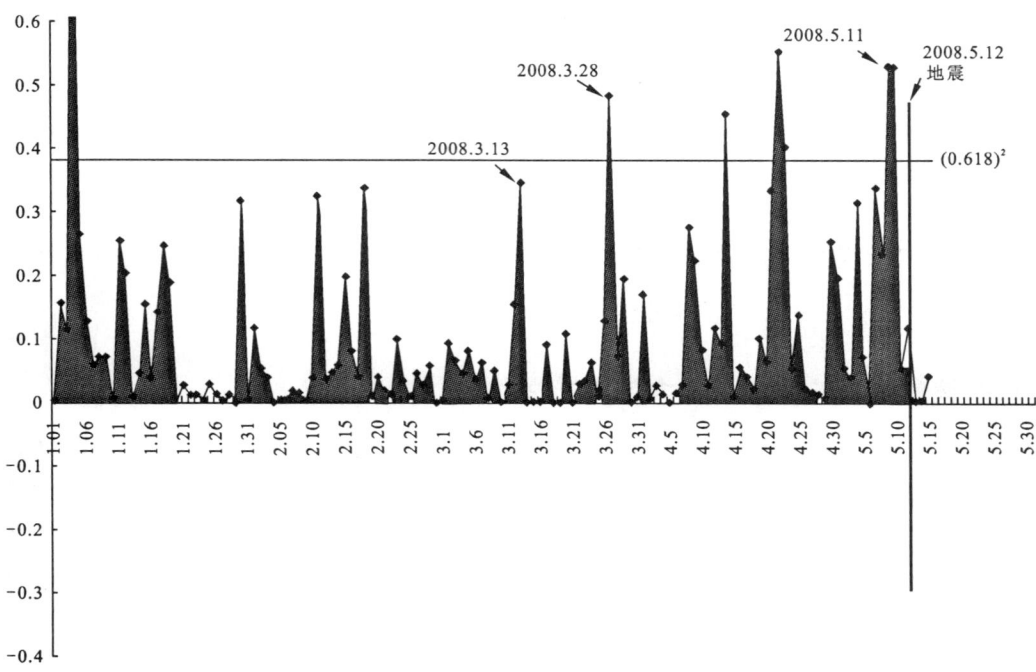

图 13-2 姑咱台在汶川地震前 $\left(\dfrac{N^-/N^+}{N^+}+\dfrac{n^-/n^+}{n^+}\right)^2$ 的量化特征

三、三维参数所反映的汶川特大地震前兆状态

由图 13-3 可以看出，三维参数比一维、二维参数所反映的地震前兆状态更加明显，特别是在 $(0.618)^3$ 横线上，2008 年 3 月 27 日开始到 5 月 12 日汶川特大地震出现了 4 个超危险界线高值，无论幅度还是向上的攀升趋势，都明显地高过一维参数和二维参数，三维几率所反映的地震前兆状态更接近前兆本质，而且从量化上容易判断。

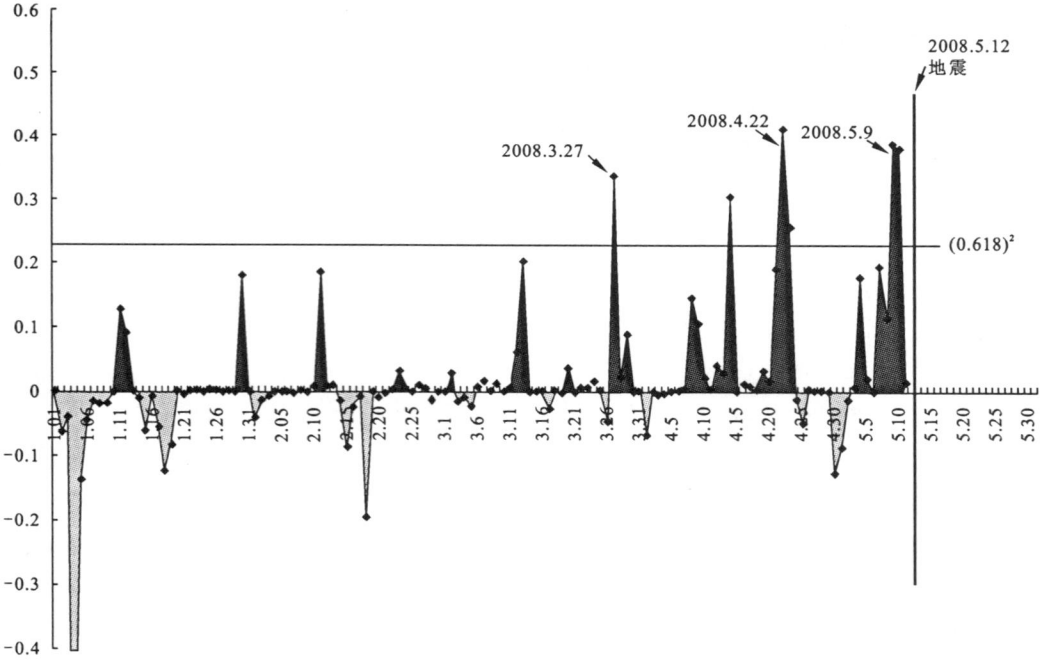

图 13-3 姑咱台在汶川地震前 $\left[\left(\dfrac{N^--N^+}{N^+}\right)+\left(\dfrac{n^--n^+}{n^+}\right)\right]^3$ 的量化特征

设 $\eta = \left[\left(\dfrac{N^- - N^+}{N^+}\right) + \left(\dfrac{n^- - n^+}{n^+}\right)\right]^3$，其中 $N^- - N^+ = 2$，$n^- - n^+$ 时压应力占主导，此时 $\eta = 1$，其黄金分割值 $(0.618)^3 = 0.23$。因此，当 $\eta > 0.23$，地壳应力体系完全失衡，达到极限，引发地震。

在这种情况下，距离汶川最近的姑咱应变观测台，2008年3月27日、4月22日、5月9日和5月10日，应变数据加速值都出现过高值超黄金分割稳定态界线的情况。根据黄金分割原理的物理含义，这种超危险界线高值每出现一次，就意味着地壳稳定体系被打破，挤压应力成主导，进入失衡状态，再通过几天的挤压应力加速积聚至极限时，就会引发一次地震。但是，无论是一维参数、二维参数，还是三维参数，都至少出现了两次超高值情况，表明挤压应力经过了多次极限攀升，达到了这个区域挤压的饱和极限，势必造成这个地质构造区域最大极限强度的地震。这种极限情况出现在5月12日下午14时28分的龙门山断裂带，震中位置经中国地震台网中心测定位于汶川县的映秀镇。

第三节　三维参数量化地震前兆危险状态的反演应用

汶川特大地震是典型断裂带上发生的典型强震，前兆过程清晰，地壳应力应变观测数据完整、连续，台网分布范围广，从出现挤压应力反复加速积聚开始，地壳应力应变经历了异常、危险、临震到地震的过程状态都可以量化，并以力学体系失衡的极限方式，引发强度达到8级的罕见地震。从地震前兆的过程来看，汶川特大地震具有必然性；通过反演震前特征，汶川特大地震可以预见，地壳应力应变加速增量达到极限饱和，达到极限饱和的频次相对较密，加速冲击极限的持续时间相对较长。但是，从汶川特大地震发生的地点来看，汶川特大地震又具有很大的特殊性，尽管地壳应力应变加速竞争积聚的增量和时间都超出历史可考震例，但是发生在活跃的龙门山地震断裂带，居然引起强度至8级的剧烈震动，就实属超常。反演震前的应变过程，震中位置和强度的量化特征，都不至于此，也就是说如果强度8级，那么地点就不应在龙门山断裂带；如果震中位于龙门山地震带，那么强度就不会到历史震例的极限，毕竟活跃断裂带的挤压应力饱和度不是太高，且多次断裂震动，松弛了原本紧致的青藏高原边际地质结构。这种结构条件容易发生地震，但是强度不会太高。也许正是这个原因，当汶川特大地震的这种超常应力挤压饱和极限，产生里氏8级强度时，地震造成的地表和地质岩层裂隙长度、滑坡体积、破坏范围、震动释能，都十分巨大，持续的时间也基本达到历史可考震例的极限。因此，运用 $\left[\left(\dfrac{N^- - N^+}{N^+}\right) + \left(\dfrac{n^- - n^+}{n^+}\right)\right]^3$ 三维参数反演汶川特大地震前兆，在全国所有应力应变观测台站的量化特征，有利于将汶川特大地震前兆的典型性和非典型性统一起来，寻找地震前兆的普遍量化特征，为地震前兆识别提供震例依据。

一、清晰反映汶川特大地震前兆的应变台站

贵阳应变观测台数据从2008年1月1日开始，应变三维参数高值超稳定态进入危险态界线冲击极限的次数是6次，其中1月13日首次冲击极限的那次，在1月14日、16日西藏发生4.7级和6.9级地震后，应变三维参数被突然拉低至负值，接近 $-(0.168)^3$，表明1月13日冲击极限的物理含义已经终结。在此之后的3月21日、26日、31日，三维参数3次达到或超过稳定态进入危险态界线，好在并没有出现冲击极限的情况。尽管4月10日三维参数试图冲击超稳定态极限，但是4月21日的三维参数被突然拉低至负值极限，开始诱发三维参数加速冲击极限。也就是说，从贵阳应变台的数据分析角度来看，清晰反映汶川特大地震前兆危险态的量化特征出现在4月26日，三维参数冲击危险极限的高值超过此台之前（2008年度）的任何一次，尽管4月30日被拉低至负值，但是接近零线的负值相对前面的高值极限来看，已经没有多少实际的物理意义，并且从5月1日开始，三维参数逐步攀高，在5月5日冲击超稳定态进入危险态高值极限后进入缓静状态。在4月22日到5月5日这个区间，回顾识别时比较容易，反演时的量化递进特征依然非常明显，4月24日、26日两次冲击超危险态极限高值，且呈现递进趋势，4月30日的拉低负值幅度徘徊在零线附近，显然不够。此后三维参数再次转向冲击极限，此时地壳

应力挤压已经接近饱和,否则不会出现三维参数在 5 月 6 日至 8 日进入僵持缓静状态。5 月 9 日,三维参数在前面 3 次冲击超稳定态进入危险态的极限高值基础上,以"史无前例"的幅度冲击最大饱和极限。回顾地震时间可以大致确定贵阳台反映的应变数据,具有汶川特大地震区域应力传感特征。毕竟贵阳台是我国西南断裂带集中区距离汶川震中较远的一个应变观测台。

与贵阳台三维参数冲击危险态极限高值类似或同步反映的还有金河台、丽水台、佘山台、门源台、玉树台、西昌台和姑咱台,其中,距离汶川最近的姑咱台的三维参数是最典型的。这与固体潮汐作用背景提供的应变台工作状态相符(图 13-4~图 13-10)。

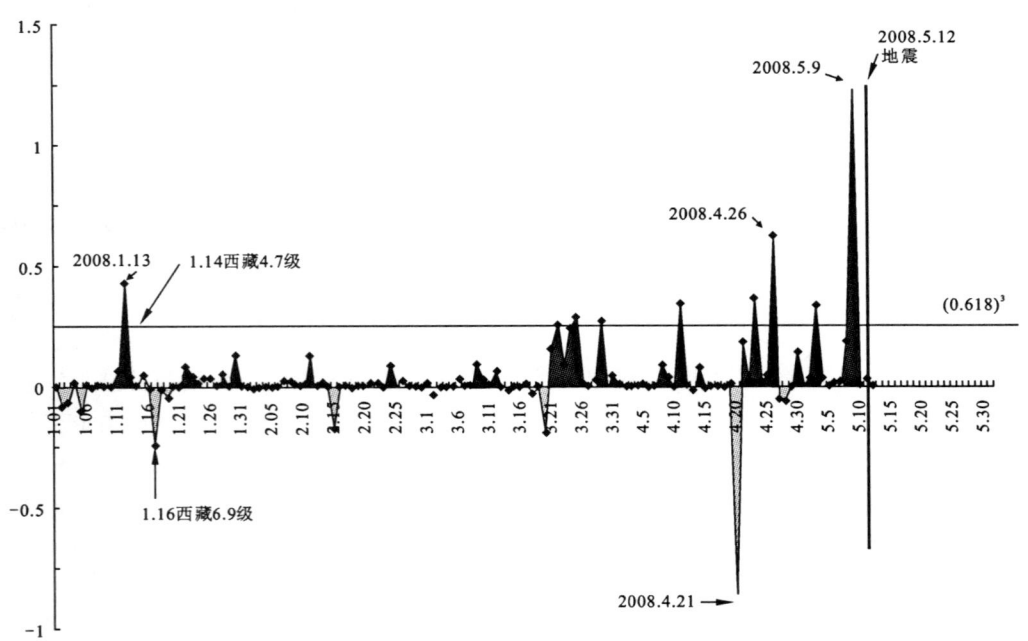

图 13-4　贵阳台在汶川地震前 $\left[\left(\dfrac{N^- - N^+}{N^+}\right) + \left(\dfrac{n^- - n^+}{n^+}\right)\right]^3$ 的极限量化特征

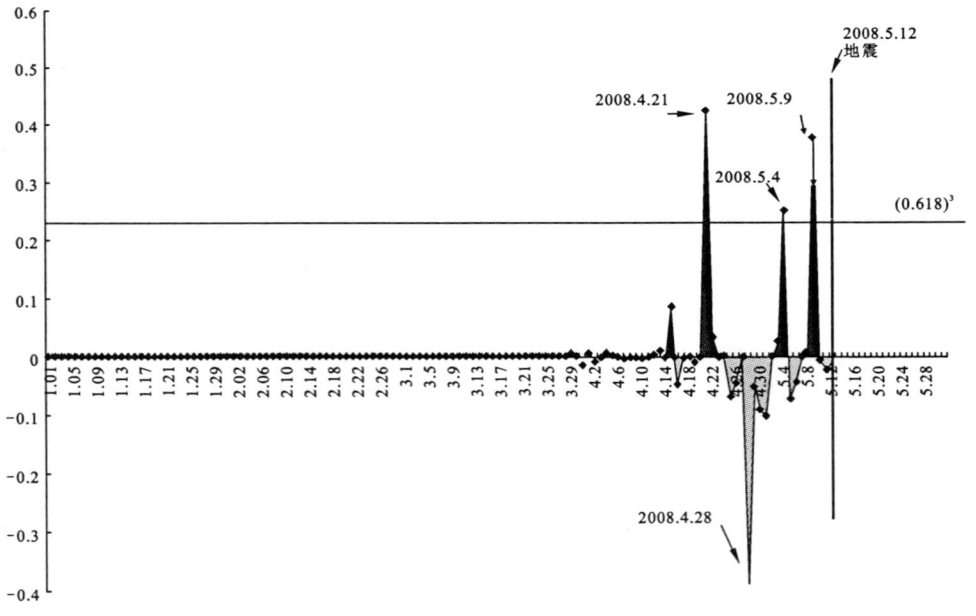

图 13-5　金河台在汶川地震前 $\left[\left(\dfrac{N^- - N^+}{N^+}\right) + \left(\dfrac{n^- - n^+}{n^+}\right)\right]^3$ 的极限量化特征

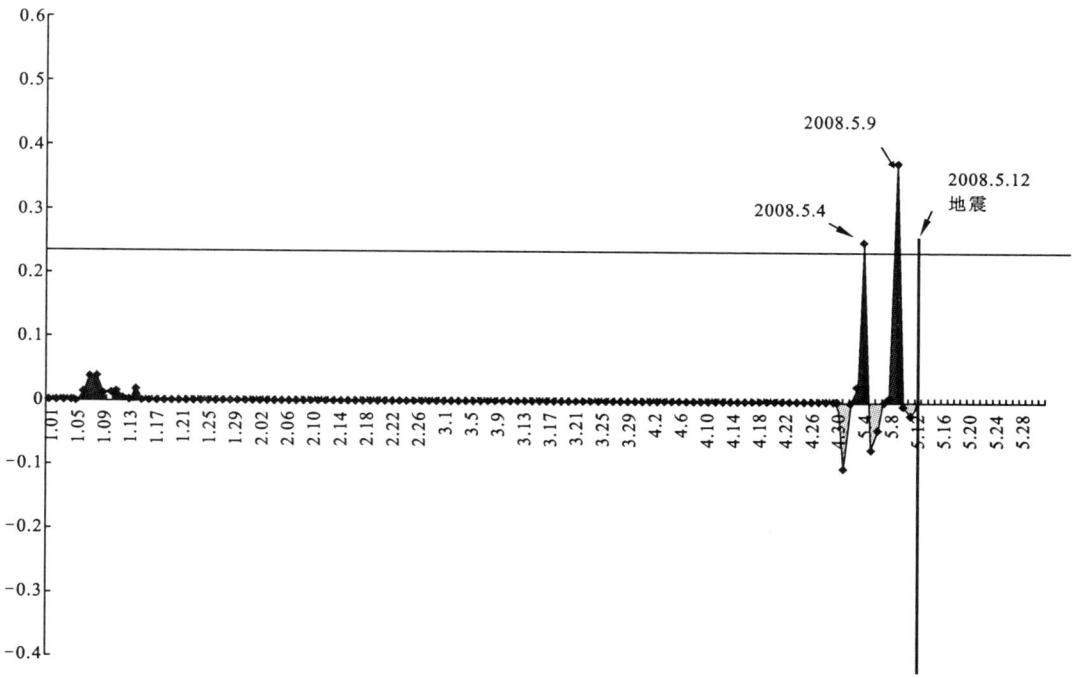

图 13-6　丽水台在汶川地震前 $\left[\left(\dfrac{N^{-}-N^{+}}{N^{+}}\right)+\left(\dfrac{n^{-}-n^{+}}{n^{+}}\right)\right]^{3}$ 的极限量化特征

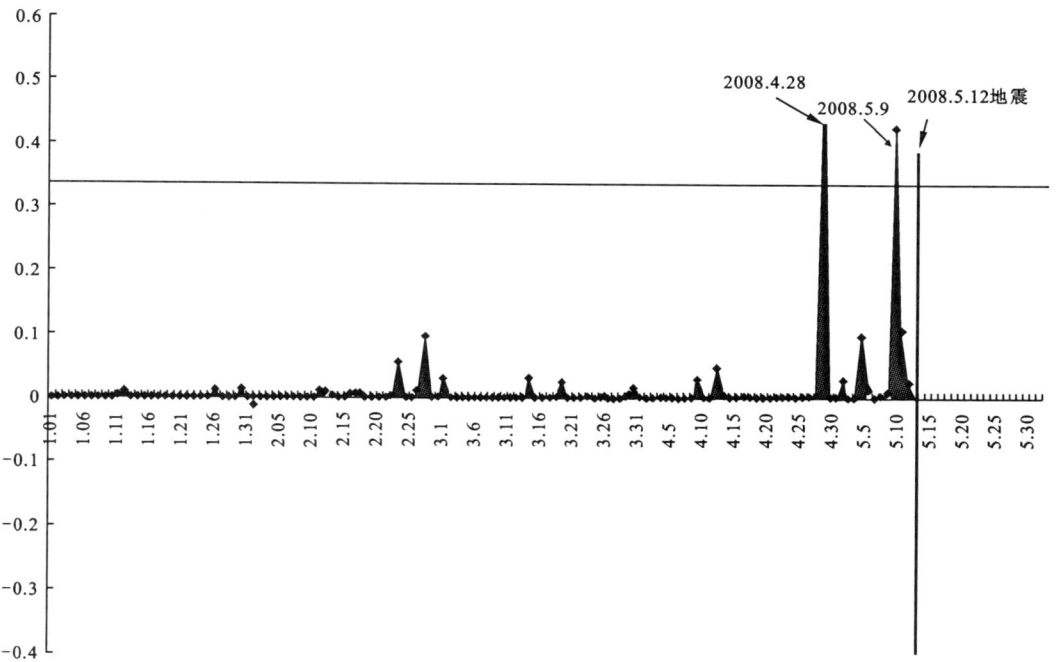

图 13-7　佘山台在汶川地震前 $\left[\left(\dfrac{N^{-}-N^{+}}{N^{+}}\right)+\left(\dfrac{n^{-}-n^{+}}{n^{+}}\right)\right]^{3}$ 的极限量化特征

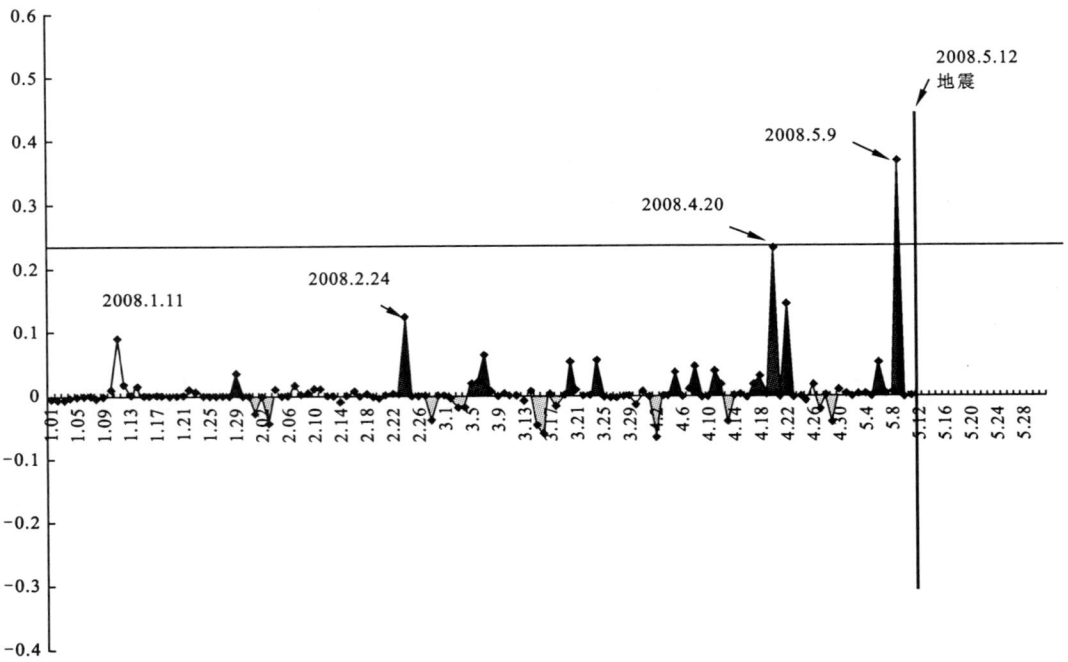

图 13-8 门源台在汶川地震前 $\left[\left(\dfrac{N^- - N^+}{N^+}\right) + \left(\dfrac{n^- - n^+}{n^+}\right)\right]^3$ 的极限量化特征

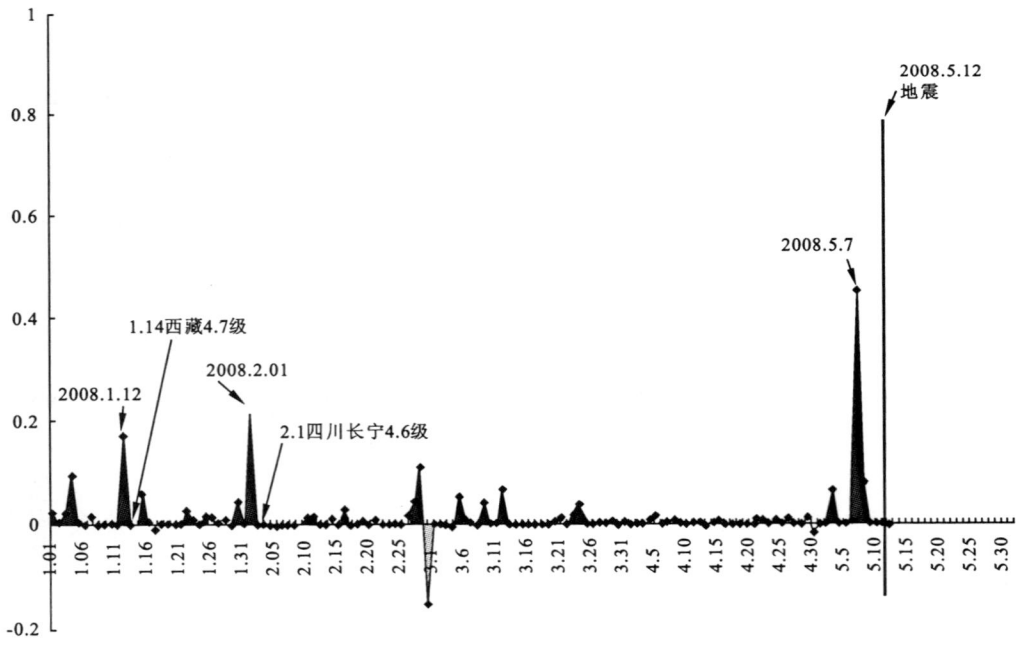

图 13-9 玉树台在汶川地震前 $\left[\left(\dfrac{N^- - N^+}{N^+}\right) + \left(\dfrac{n^- - n^+}{n^+}\right)\right]^3$ 的极限量化特征

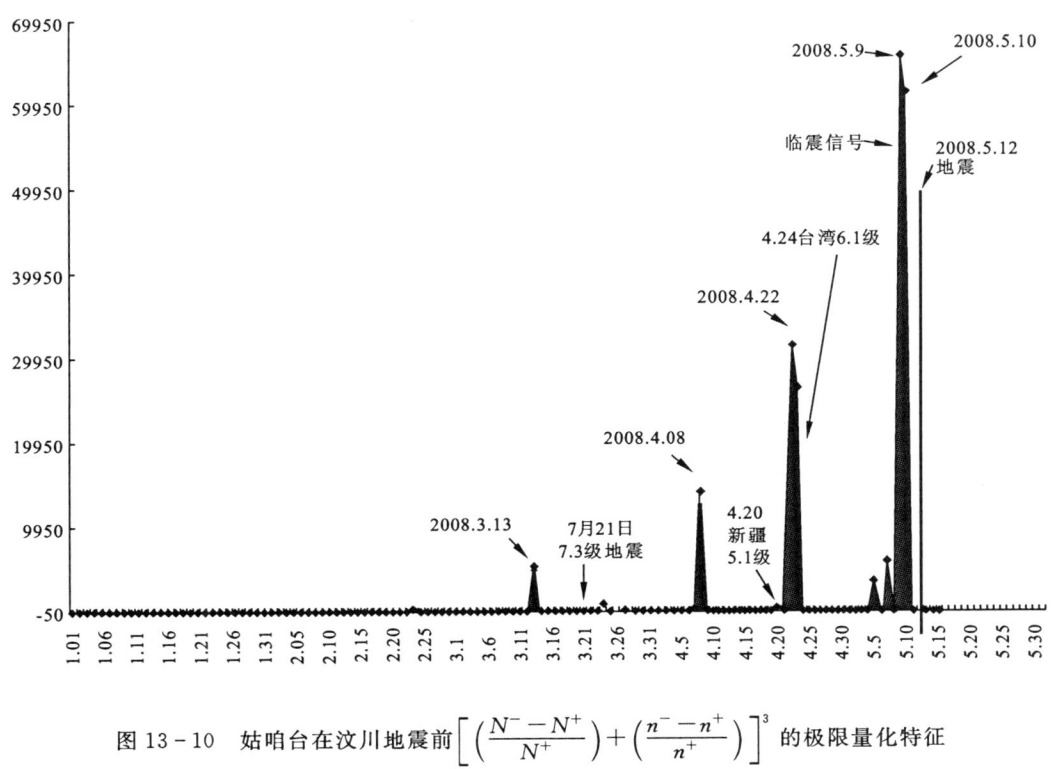

图 13-10　姑咱台在汶川地震前 $\left[\left(\dfrac{N^- - N^+}{N^+}\right) + \left(\dfrac{n^- - n^+}{n^+}\right)\right]^3$ 的极限量化特征

二、汶川特大地震前兆与远程关联现象普遍性的探讨

在三维参数随时间起伏的曲线形态中，清晰反映汶川特大地震前兆危险态量化特征的贵阳、玉树和姑咱应变台，似乎存在与临近地区地震前兆的某种关联，这种关联只体现在回顾性的地震前兆识别过程中，是否体现出应变趋势的某种内在必然关联，在我国大陆地区应变观测台的分布尚且稀疏的条件下，不能简单地依据曲线对应关系确定地震前兆的关联特征。但是，这并不妨碍我们通过三维参数与地震前兆的量化关系，探讨地震前兆远程关联现象的统计学意义。如果应变台布设的数量和密度足够验证这种关联，我们是否可以反演出应变台对地震前兆感应的有效覆盖范围，进而为应变台站的布设提供科学的密度依据呢？作者认为，这种探讨非常必要，而且对于形成地震前兆识别体系的影响因子具有重要参考价值和量化依据。

作者再三强调，地震前兆观测、识别与地震预测，都是一个严谨的数理逻辑体系，任何期待单台地震前兆观测仪器或直观的观测数据、曲线就能实现地震前兆识别，以至实现地震预测的想法，是一种反科学的空想。地震前兆观测是一个种类多、数据连续、网络化、实时化的大地测量体系，布设的站点密度要符合传感技术要求，并相互关联、验证；地震前兆识别也必须符合数理逻辑体系，多参数、多分体，反复比照，震例回顾研究与趋势研究相结合，只有科学的观测和识别体系，才能突破前兆危险态特征的量化难题，实现地震灾害预警。

尽管从四分量钻孔应变数据分析中能够找到对远程地震前兆的量化对应关系，但是仍然缺乏多体系前兆参照和更多应变台站反应的数据支持，无法从应变观测的有效覆盖范围上简单确定钻孔应变观测可以发现远程地震前兆特征，只是应变数据加速值中的对应关系值得研究和探讨，对于从更大空间范围佐证应变数据的可靠性和同步性，可以开阔视野，增强数据相互印证体系的严谨性。

下面就是几个应变数据加速值反映的地震前兆远程关联现象，从中可以发现一些有趣的前兆量化特征对应关系。

常山台在 2008 年 4 月 23 日出现了一次三维参数超高极限的罕见高值（图 13-11），由于在此之前没有任何三维参数增量现象出现,所以,偶发的冲击极限高值,反映的可能只是应变状态的某种因素突变,缺乏过程支持和量的累积,与汶川地震前兆没有直接关联。从常山台的固体潮汐作用背景来看,常山台工作状态正常。

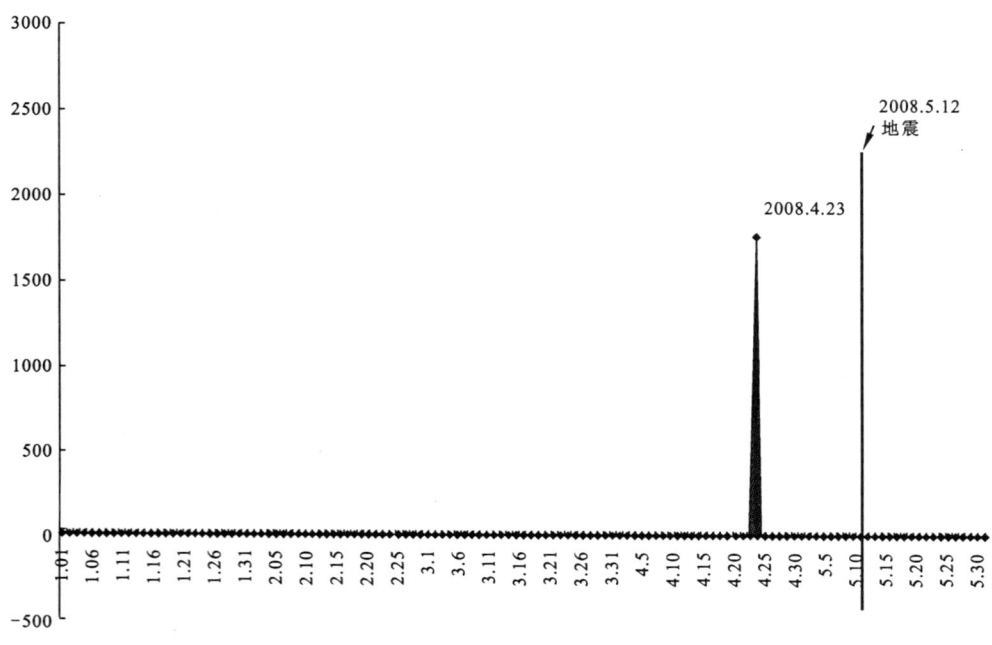

图 13-11　常山台在汶川地震前 $\left[\left(\dfrac{N^- - N^+}{N^+}\right)+\left(\dfrac{n^- - n^+}{n^+}\right)\right]^3$ 的极限量化特征

敦化台在 2008 年 4 月下旬出现了三次三维参数冲击危险态极限的高值(图 13-12),但是第一次与第二、三次没有时间上的连续累积递进关系,尽管 4 月 26 日、27 日似乎是连续的,但是两天之间的总体时间仍然属于单次偶发,而且这两天正是固体潮汐作用最低时间,非常有利于应变参数的冲高,所以与汶川特大地震前兆没有直接关联,也不具有前兆危险态的量化条件。从敦化台固体潮汐作用背景来看,虽然能够反映固体潮汐作用周期脉络,但是应变加速点阵稍显模糊,应力传感状态并不是很好,再加上距离汶川震中过于遥远,在这种条件下,不可能反映汶川特大地震前兆的量化特征。

平谷台的三维参数与地震前兆的量化关系,没有太多的直接关联证据(图 13-13),所以,仍然不反映汶川特大地震前兆的量化特征。在 2008 年 1 月 12 日出现的危险态极限高值后,1 月 14 日、16 日,西藏发生了 4.7 级、6.9 级地震。是应力传感介质连续性正好,还是偶然性的曲线对应,需要更多数据支持才能确认,但是,仅就三维曲线和平谷台固体潮汐作用背景模糊来看,平谷台与汶川特大地震前兆量化特征之间没有关联性。

华中地区的麻城台与平谷台的情况近似(图 13-14),2008 年 1 月 12 日存在一个与西藏地震前兆对应的高值,但是没有超稳定态进入危险态。4 月 20 日出现了一次超稳定态进入危险态的三维参数高值,但是在时间上与汶川特大地震前兆的关联缺乏说服力。尤其是反演汶川前兆时,这种高值需要其他站点或其他前兆观测项数据的参照,才能确定其量化意义,还有主应变方向是否能够支持数据的关联性,也是一个重要因素。另外,麻城应变台的固体潮汐背景十分清晰,表明工作状态正常,且数据可靠。

临沂台的三维参数情况变化有很多值得关注和研究的地方(图 13-15),超稳定态进入危险态的高值出现了明显的冲击极限现象,但是只有 4 月 20 日和 5 月 3 日的两次冲击极限高值,能够产生与汶川特大地震的时间关联。是距离远造成的反应迟滞,还是应力传播介质的转接出现复杂过程,在没有其他数据的支持下,这种与清晰反映汶川地震前兆量化特征的台站没有同步的现象尚待深入探讨。

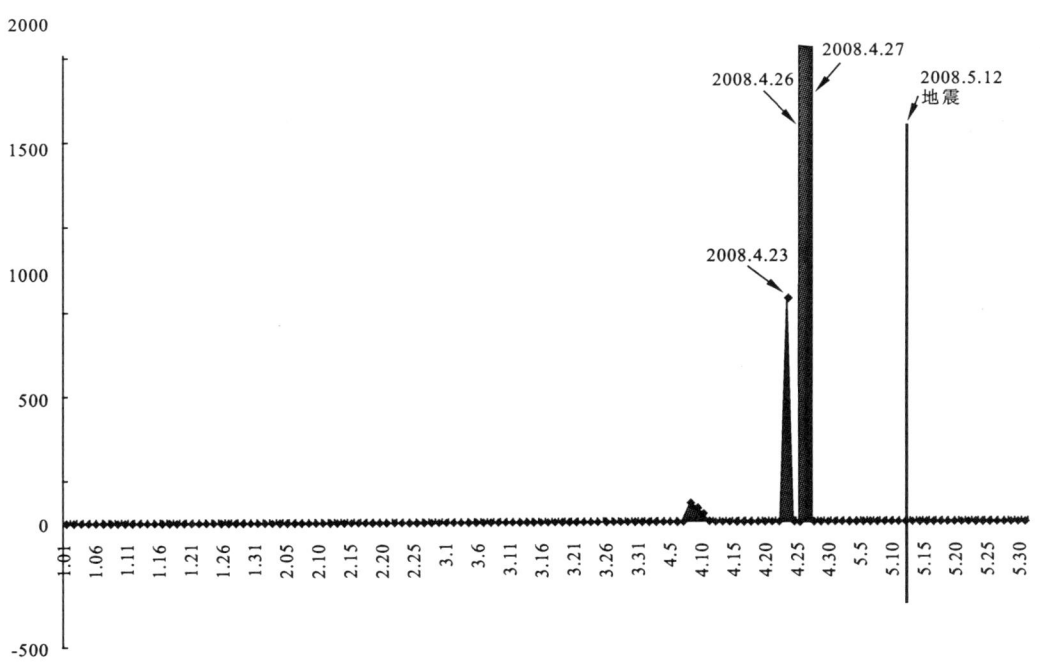

图 13-12　敦化台在汶川地震前 $\left[\left(\dfrac{N^- - N^+}{N^+}\right) + \left(\dfrac{n^- - n^+}{n^+}\right)\right]^3$ 的极限量化特征

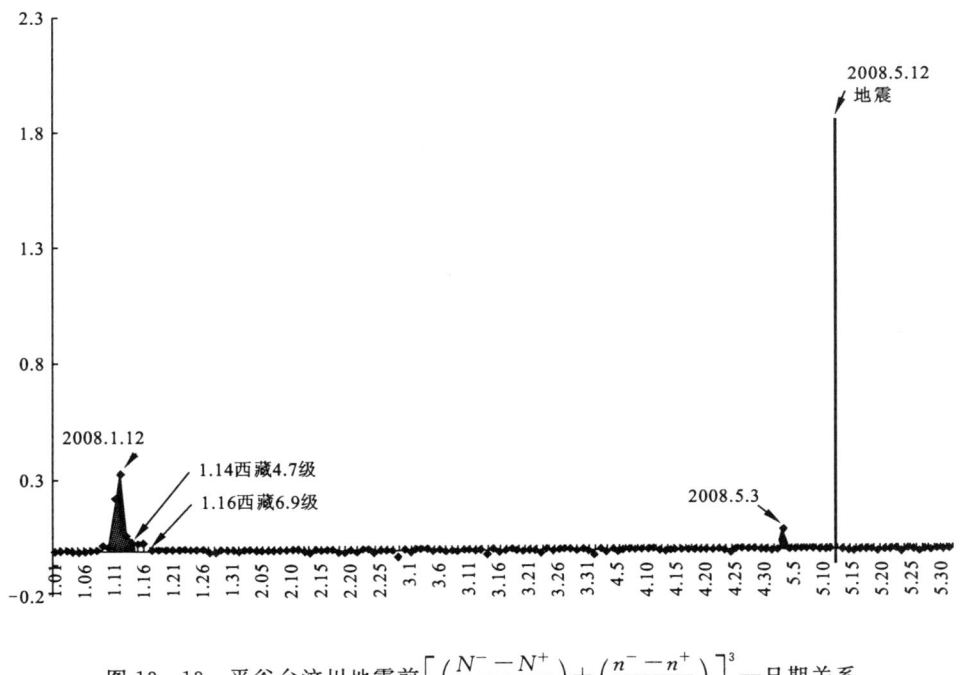

图 13-13　平谷台汶川地震前 $\left[\left(\dfrac{N^- - N^+}{N^+}\right) + \left(\dfrac{n^- - n^+}{n^+}\right)\right]^3$ —日期关系

　　临沂台的固体潮汐作用应变加速值点阵比较散乱,背景模糊。

　　乐都台的三维参数,在固体潮汐作用背景条件下,显得异常奇特(图 13-16)。乐都台的固体潮汐背景清晰,但是作用规律的周期摆幅却很小,而乐都台的三维参数冲击超高极限值的幅度却很大,看来

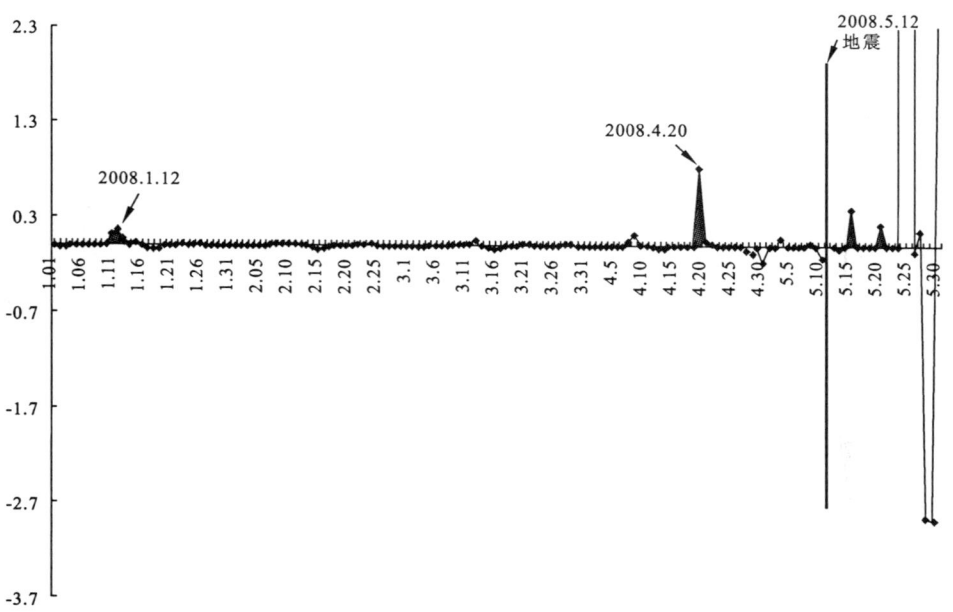

图 13-14　麻城台在汶川地震前 $\left[\left(\dfrac{N^- - N^+}{N^+}\right) + \left(\dfrac{n^- - n^+}{n^+}\right)\right]^3$ 的极限量化特征

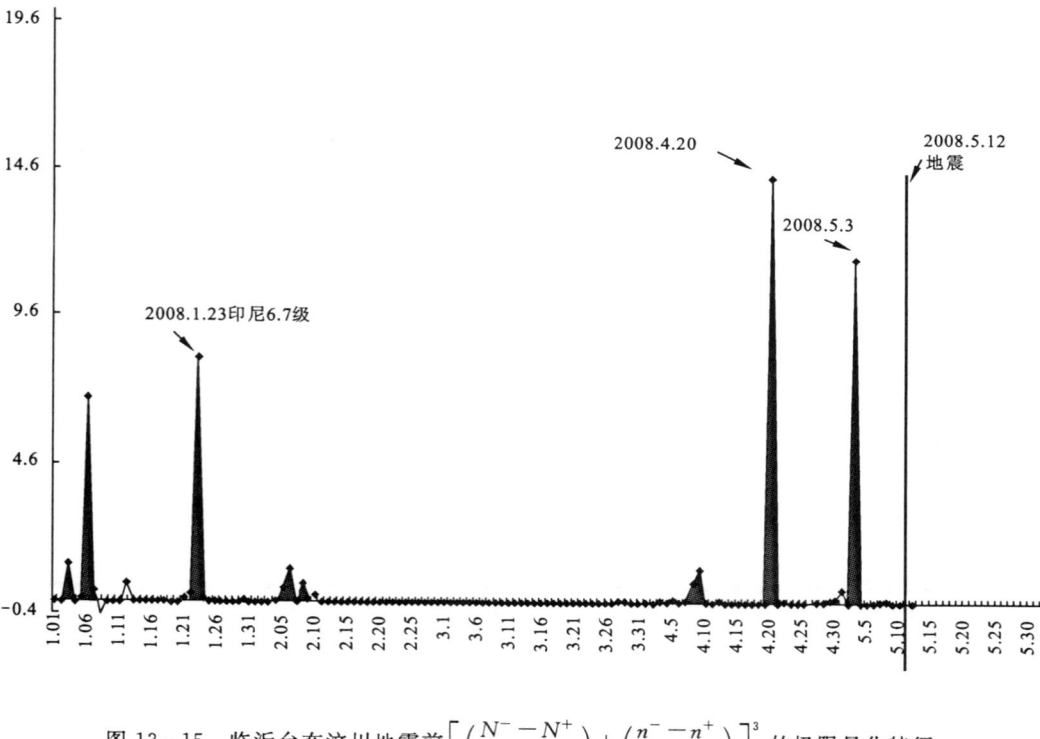

图 13-15　临沂台在汶川地震前 $\left[\left(\dfrac{N^- - N^+}{N^+}\right) + \left(\dfrac{n^- - n^+}{n^+}\right)\right]^3$ 的极限量化特征

乐都台的三维参数与地震前兆的关系,在应力传感的关联性上,配合主应变方向分析,能够反映地震前兆的量化特征。

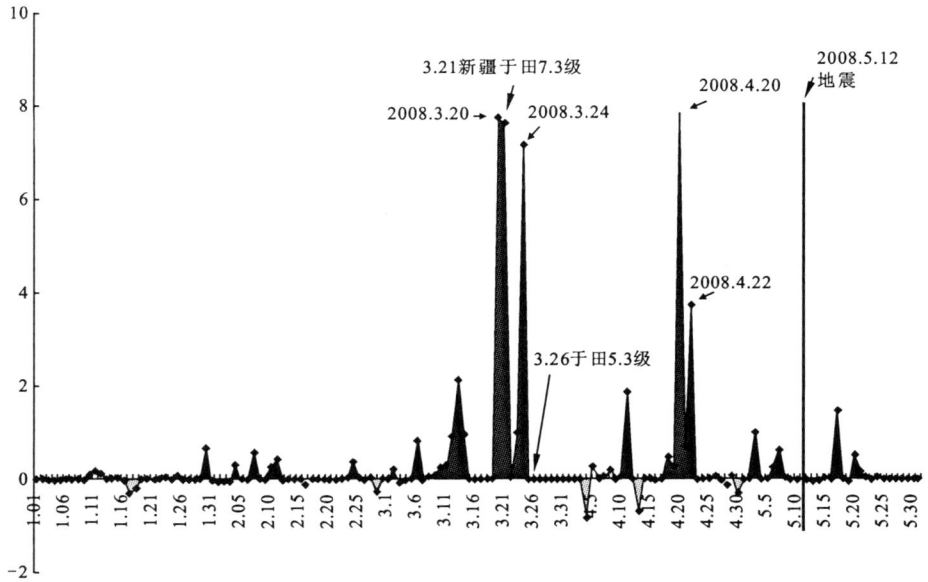

图 13-16　乐都台在汶川地震前 $\left[\left(\dfrac{N^{-}-N^{+}}{N^{+}}\right)+\left(\dfrac{n^{-}-n^{+}}{n^{+}}\right)\right]^{3}$ 的极限量化特征

湟源台的三维参数情况与乐都台近似，但是湟源台的固体潮汐背景周期幅度较大（图 13-17），如果配合主应变方向的分析，湟源台能够反映汶川地震前兆量化特征的关联性。

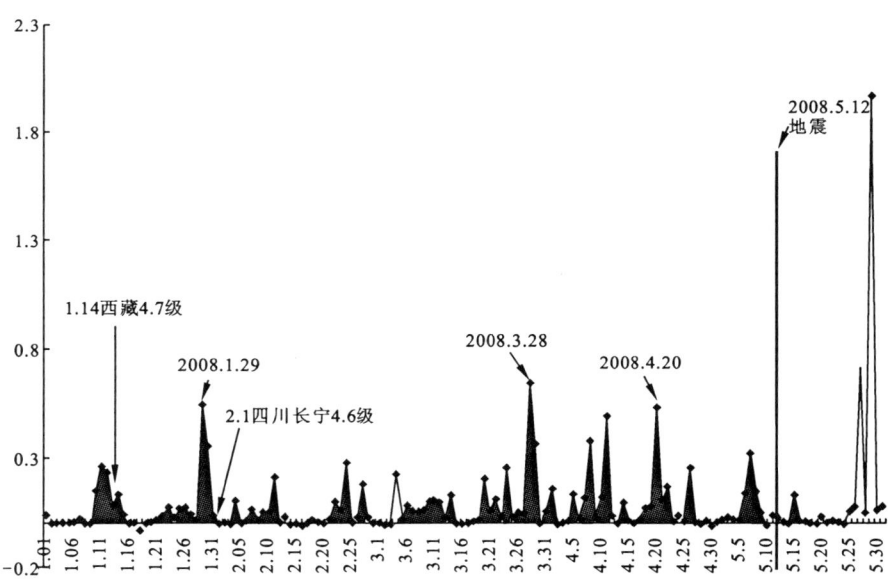

图 13-17　湟源台在汶川地震前 $\left[\left(\dfrac{N^{-}-N^{+}}{N^{+}}\right)+\left(\dfrac{n^{-}-n^{+}}{n^{+}}\right)\right]^{3}$ 的极限量化特征

襄樊台对三维参数的反应比较灵敏，与先后发生在西藏、河南、甘肃的 3 次地震前兆有比较清晰的对应关系（图 13-18），而且从 2008 年 4 月 10 日开始的三维参数冲击极限高值也具有汶川地震前兆的逻辑数理意义，参照固体潮汐作用背景，结合主应变方向，襄樊台反映的地震前兆量化特征具有距离远近和观测覆盖的关联性。

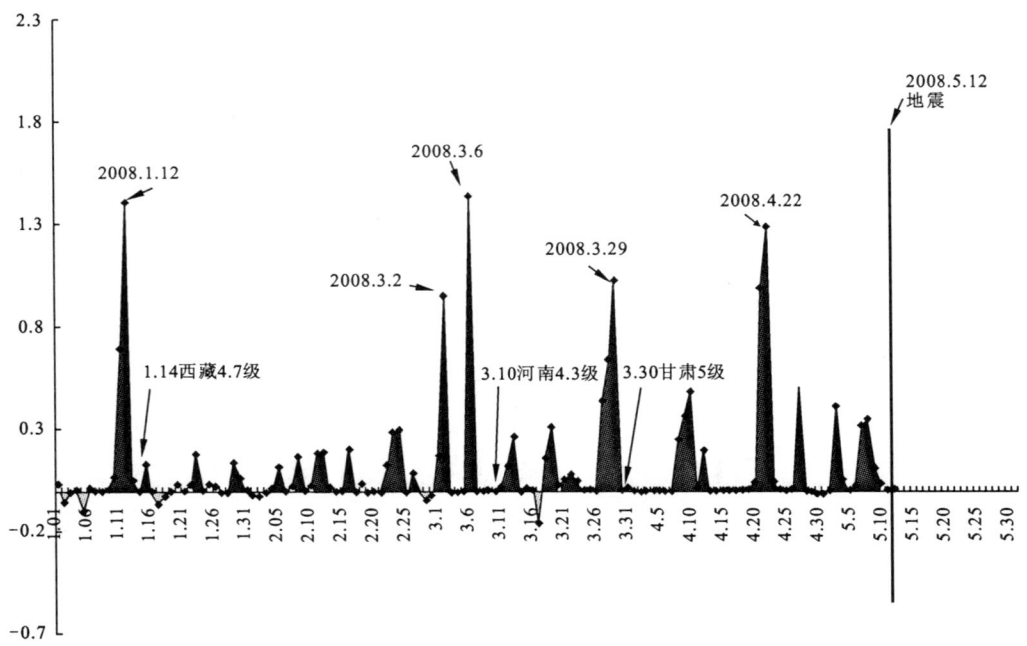

图 13-18 襄樊台在汶川地震前 $\left[\left(\dfrac{N^- - N^+}{N^+}\right) + \left(\dfrac{n^- - n^+}{n^+}\right)\right]^3$ 的极限量化特征

通过三维参数量化地震前兆危险状态的反演,能够比较直观和清晰地了解三维参数在地震前兆识别和地震预测过程中的作用,也为地震灾害预警确定危险态极限临界提供定量依据,同时也提供分析地震危险度几率的体系特征。

第四节 复合群子参数与地震灾害预警时机

根据 $\left(\dfrac{N^- - N^+}{N^+} + \dfrac{n^- - n^+}{n^+}\right)^3$ 的物理意义,我们知道它是最能够反映地壳内部三维空间挤压应变加速量的变化率,而 $\left(\dfrac{R_1^+ \cdot R_2^+}{R_1^- \cdot R_2^-} + \dfrac{R_1^- \cdot R_2^-}{R_1^+ \cdot R_2^+}\right)$ 复合参数主要反映太阳耀斑、磁暴及对地球的固体潮汐作用异常的程度,使之成为诱发地震的重要因素。当 $\left(\dfrac{N^- - N^+}{N^+} + \dfrac{n^- - n^+}{n^+}\right)^3$ 因素和 $\left(\dfrac{R_1^+ \cdot R_2^+}{R_1^- \cdot R_2^-} + \dfrac{R_1^- \cdot R_2^-}{R_1^+ \cdot R_2^+}\right)$ 因素发生共振的时候,最容易引起地震,所以 $\xi = \left(\dfrac{R_1^+ \cdot R_2^+}{R_1^- \cdot R_2^-} + \dfrac{R_1^- \cdot R_2^-}{R_1^+ \cdot R_2^+}\right)\left(\dfrac{N^- - N^+}{N^+} + \dfrac{n^- - n^+}{n^+}\right)^3$ 是量化地震前兆危险态特征的最重要的前兆指标,因此,在确定地震灾害预警的时机时,需要通过复合群子参数 $\xi = \left(\dfrac{R_1^+ \cdot R_2^+}{R_1^- \cdot R_2^-} + \dfrac{R_1^- \cdot R_2^-}{R_1^+ \cdot R_2^+}\right)\left(\dfrac{N^- - N^+}{N^+} + \dfrac{n^- - n^+}{n^+}\right)^3$ 来确定地震前兆危险状态的短临或高危态临震的时间。

下面让我们观察距离汶川震中最近的姑咱应变观测台的数据变化情况,我们可以发现,上述的复合群子参数与时间的关系,比较清晰地反映了孕震过程危险态的时间概念。同时我们还能从其他应变台的数据统计参数曲线对应关系中,发现一些远程前兆的关联性。

一、姑咱台所反映的孕震状态进入临震高危态的时间概念

经过多次利用复合群子参数反演,还是距离汶川特大地震震中位置最近的姑咱台,能够较为清晰地提供孕震形势进入临震高危态的时间提示(图 13-19),也就是地震灾害危险几率的预警时机。其他台站尽管可以找到对应的时间关联点,但是其过程并没有姑咱台具有数理参数的逻辑必然性。因此,临震

高危态的量化特征不会出现在太多的应变台站,反演姑咱台的启示,就在于应力传感的距离还是有限的,地壳应力应变观测台站的密集布设迫在眉睫。观测台站密度越大,临震高危态的量化参数就越明显,越准确。

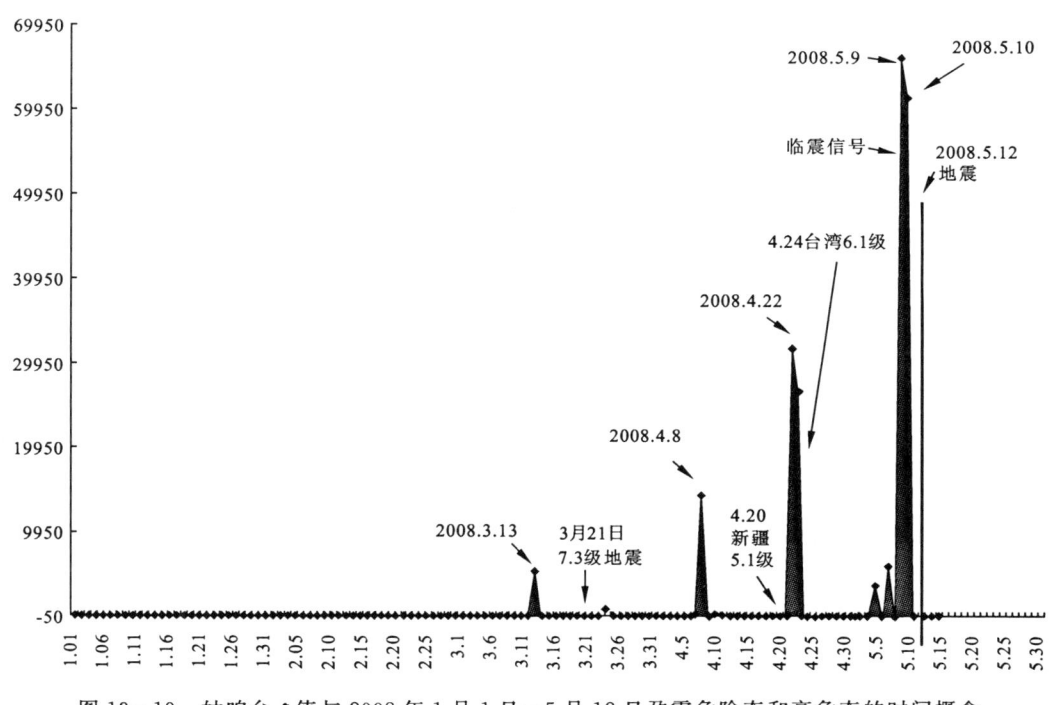

图 13-19 姑咱台 ξ 值与 2008 年 1 月 1 日—5 月 12 日孕震危险态和高危态的时间概念

二、复合群子参数提供孕震状态进入短临危险态的台站(图 13-20～图 13-25)

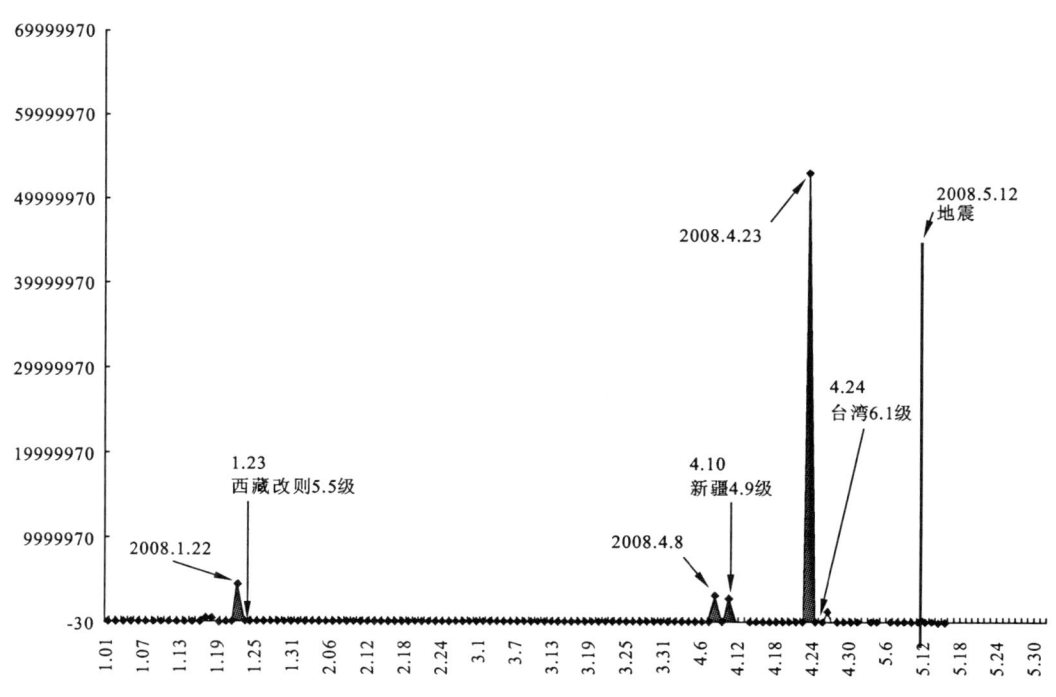

图 13-20 泸州台 ξ 值与 2008 年 1 月 1 日—5 月 12 日孕震危险态的时间概念

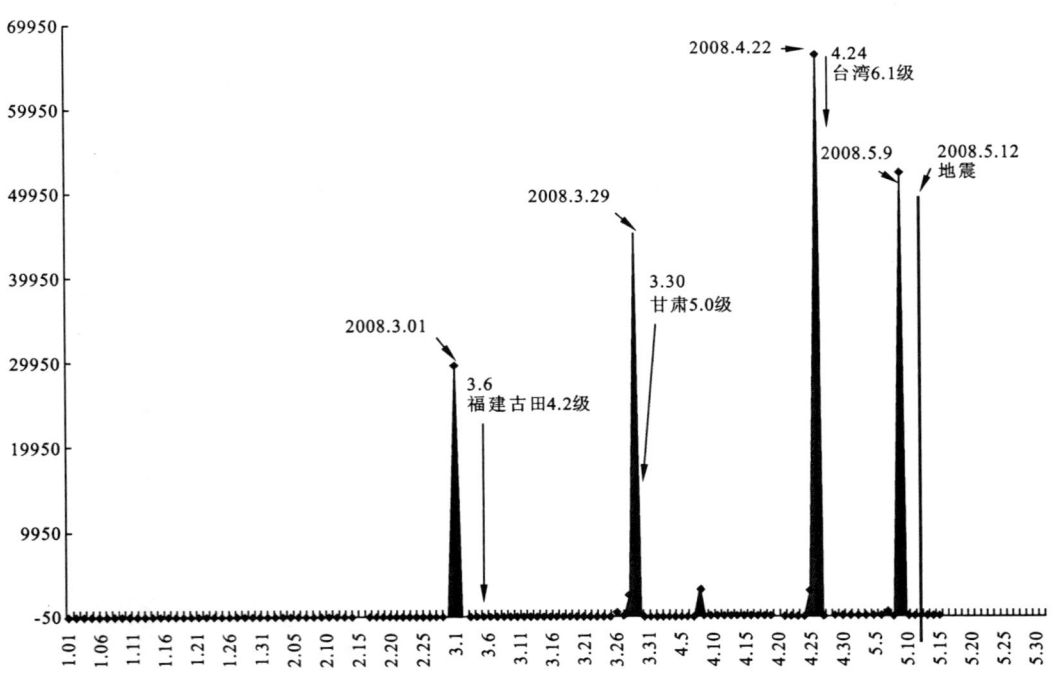

图 13-21　贵阳台 ξ 值与 2008 年 1 月 1 日—5 月 12 日孕震危险态的时间概念

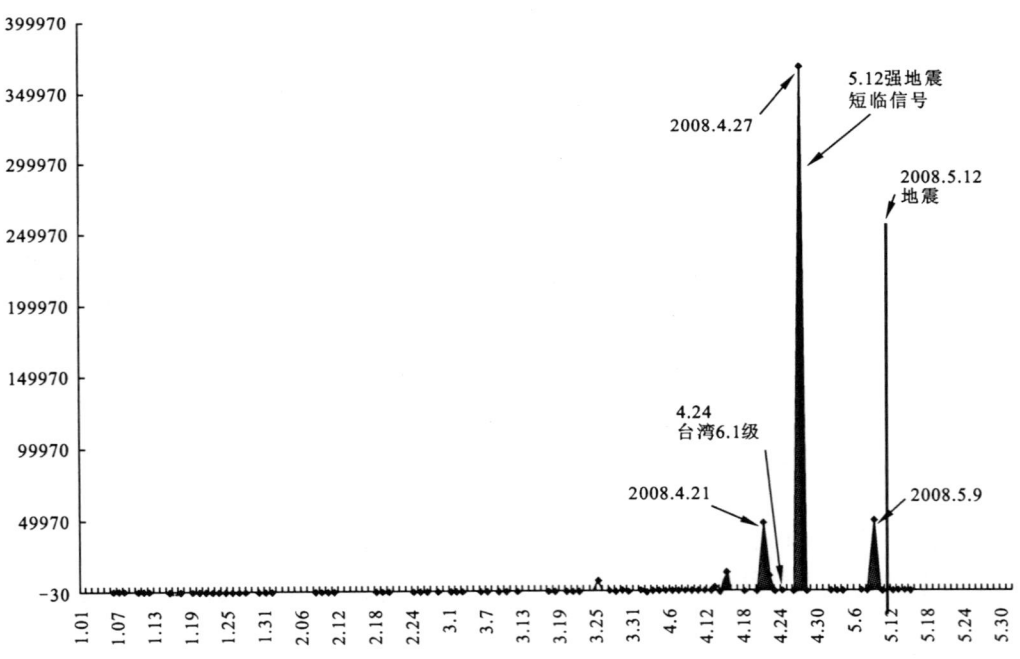

图 13-22　金河台 ξ 值与 2008 年 1 月 1 日—5 月 12 日孕震危险态的时间概念

第十三章 地震前兆识别与地震预测方法的反演与应用

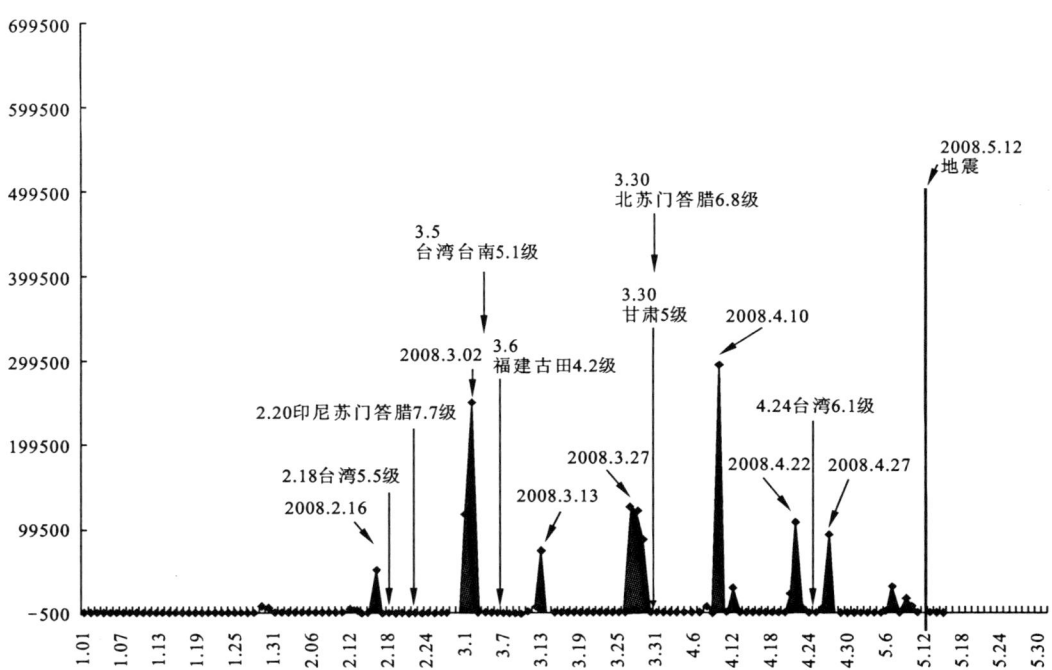

图 13-23 襄樊台 ξ 值与 2008 年 1 月 1 日—5 月 12 日孕震危险态的时间概念

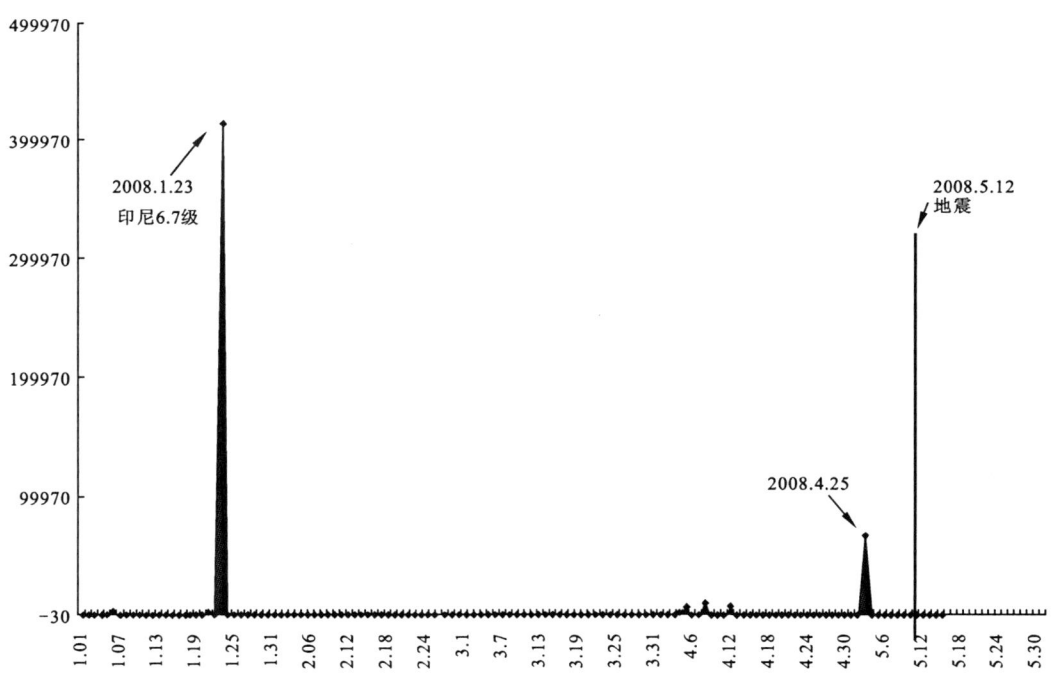

图 13-24 临沂台 ξ 值与 2008 年 1 月 1 日—5 月 12 日孕震危险态的时间概念

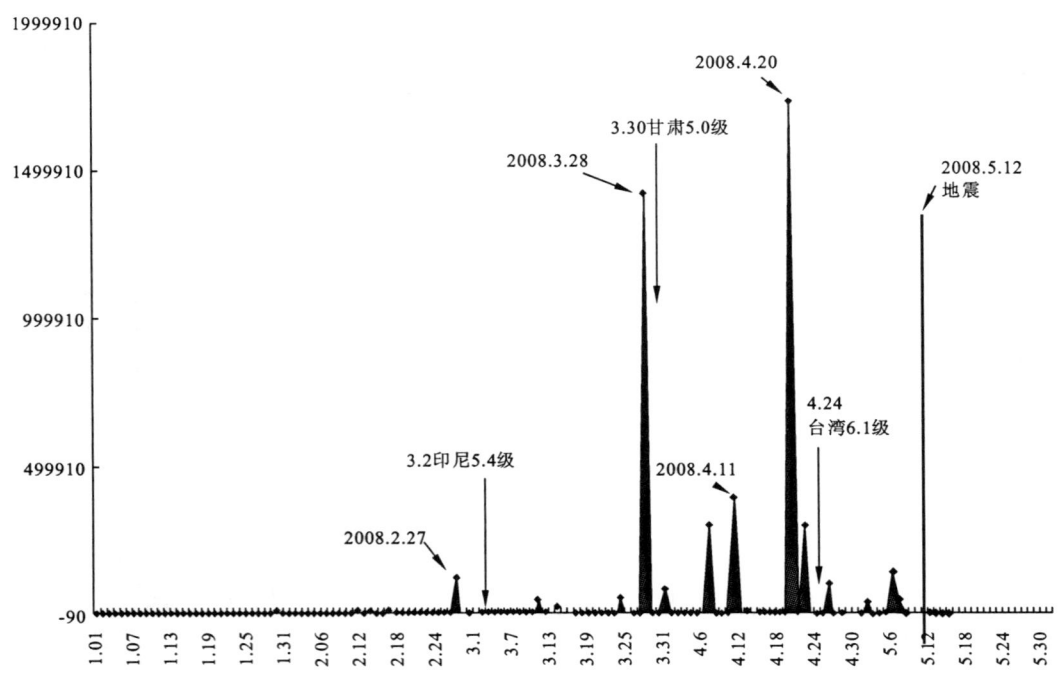

图 13-25　格尔木台 ξ 值与 2008 年 1 月 1 日—5 月 12 日孕震危险态的时间概念

　　根据主应变方向的分析，上述台站 2008 年 4 月 20 日以后，开始陆续出现孕震危险态的复合群子参数高值，对龙门山断裂带的孕震形势进入危险短临状态具有提示作用，在时间概念上，需要做好随时密切关注应变台站或其他前兆观测项的数据变化。

第五节　三维参数和复合参数反映地震灾害预警时机的比较

　　2009 年上半年全国各应变台三维参数、复合参数与时间的递进关系，在地震前兆状态的量化特征上，由短临危险态上升到临震高危态的过程，可以通过两种参数曲线的比对"去伪存真"，并可以通过两种参数反映的地震前兆状态进程，提示地震灾害预警的时机，还可以通过两种参数反映的地震前兆状态的量化强弱，结合主应变方向和其他观测项的数据分析，参照地震断裂带分布和地质构造特点，对应固体潮汐作用背景，确定地震危险区域（图 13-26～图 13-73）。

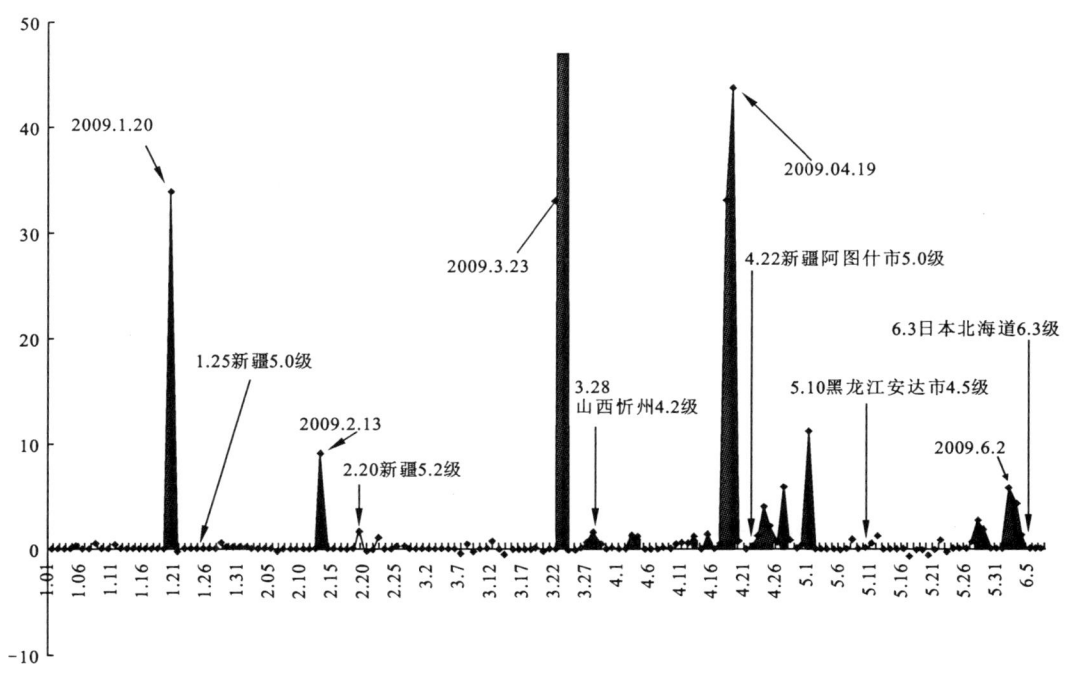

图 13-26　姑咱台 2009 年 1 月至 6 月初的三维参数曲线

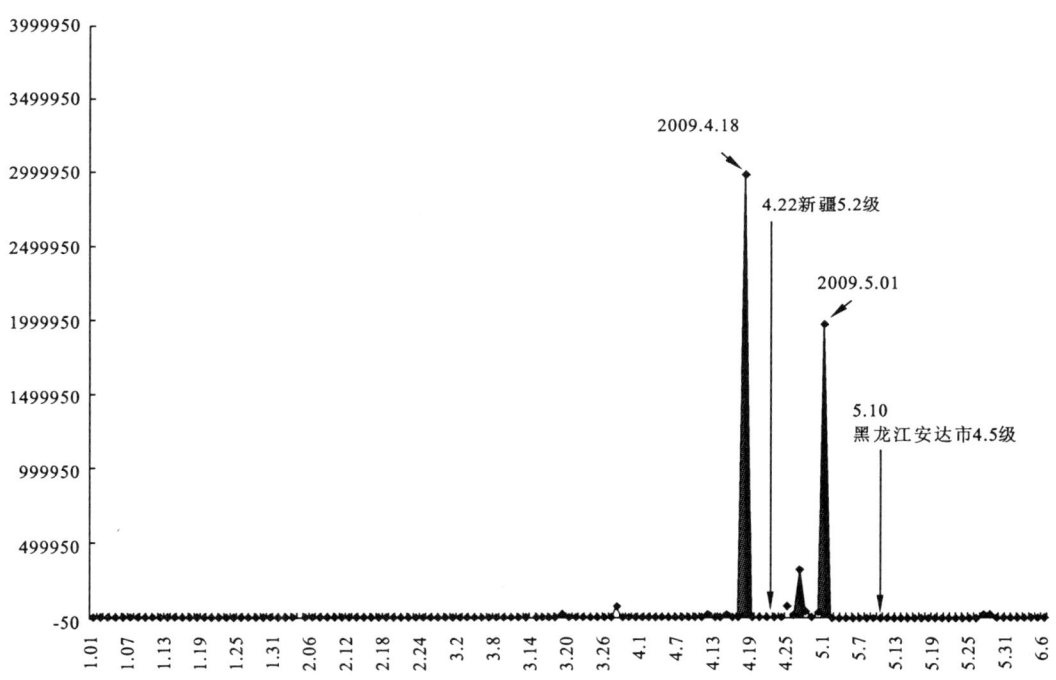

图 13-27　姑咱台 2009 年 1 月至 6 月初的复合群子参数曲线

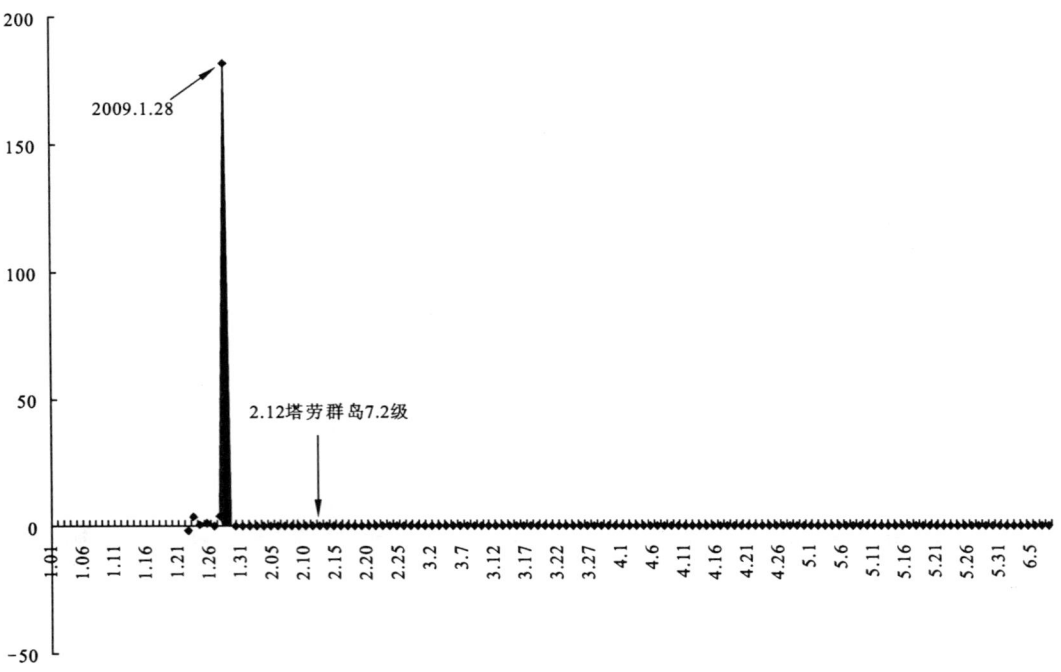

图 13-28　腾冲台 2009 年 1 月至 6 月初的三维参数曲线

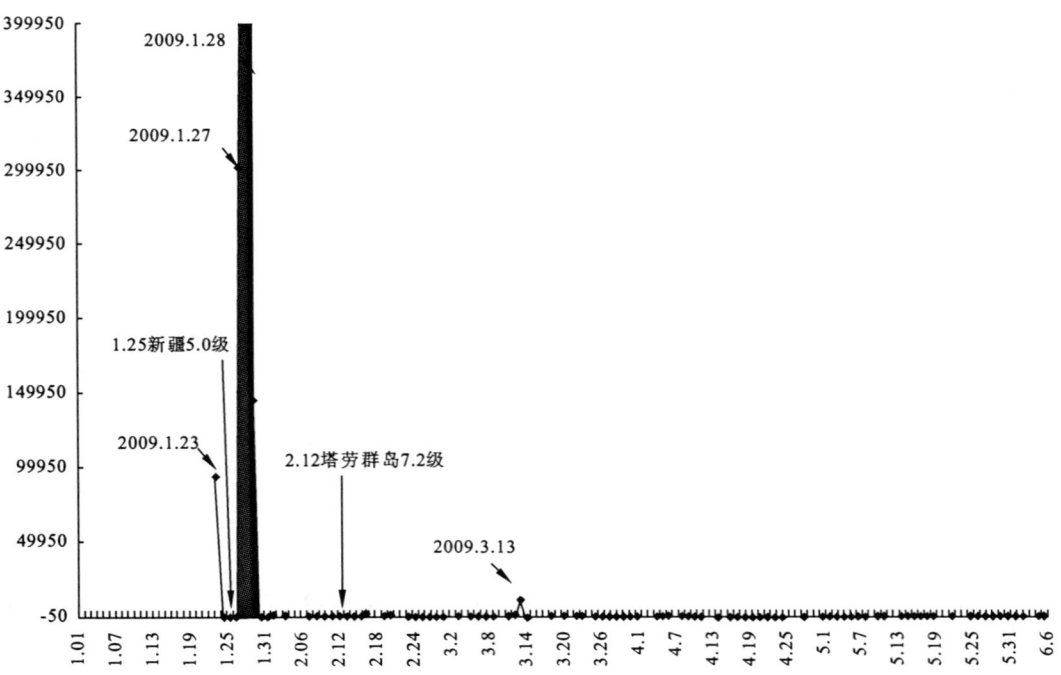

图 13-29　腾冲台 2009 年 1 月至 6 月初的复合群子参数曲线

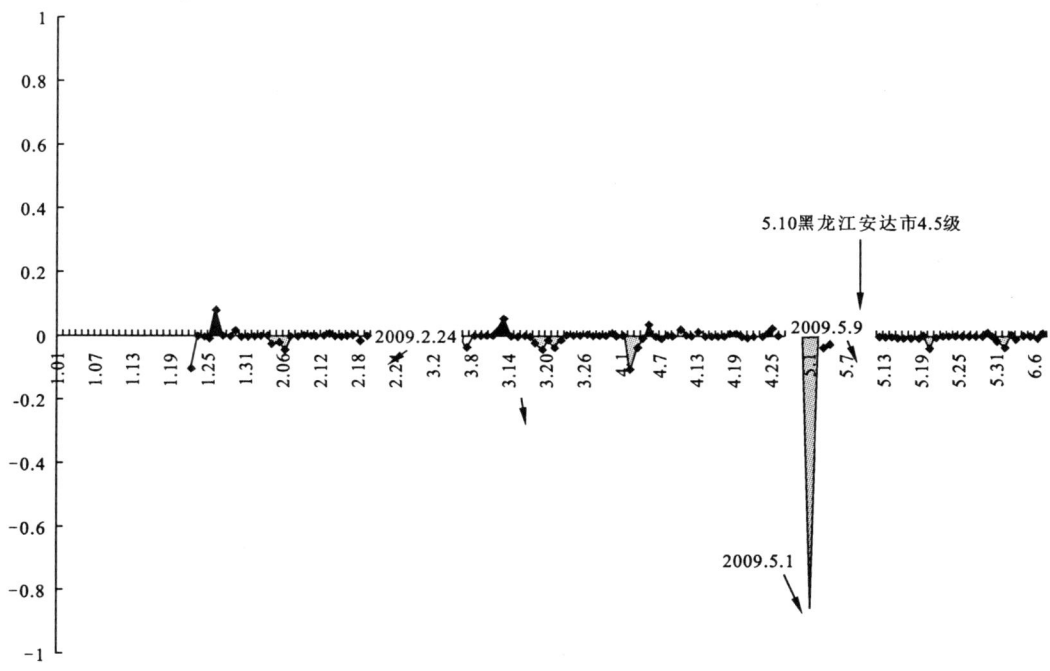

图 13-30　攀枝花台 2009 年 1 月至 6 月初的三维参数曲线

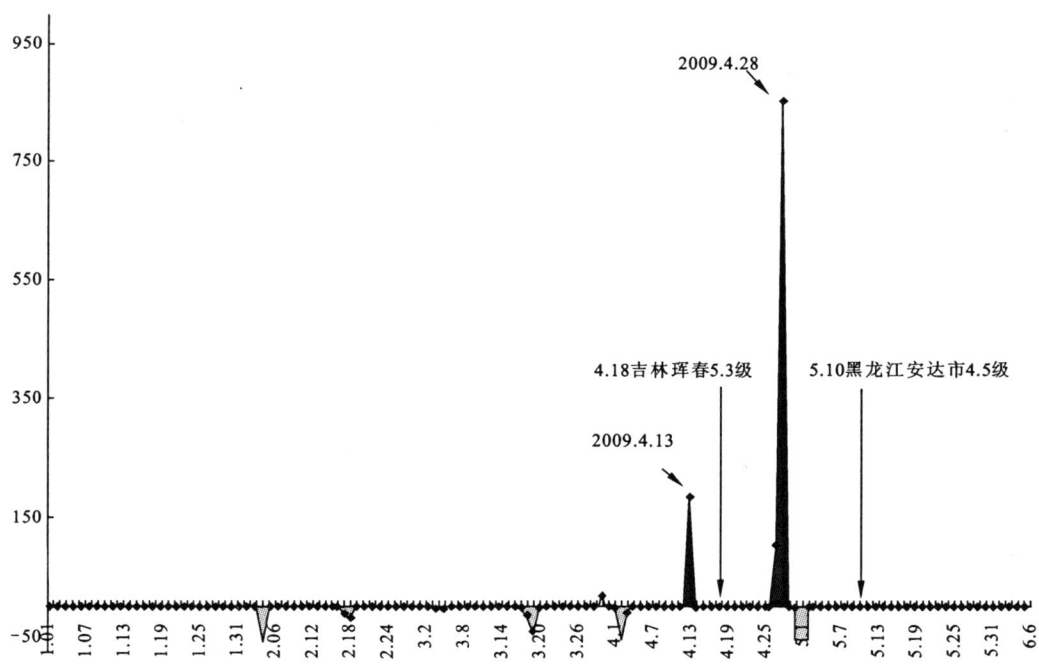

图 13-31　攀枝花台 2009 年 1 月至 6 月的复合群子参数曲线

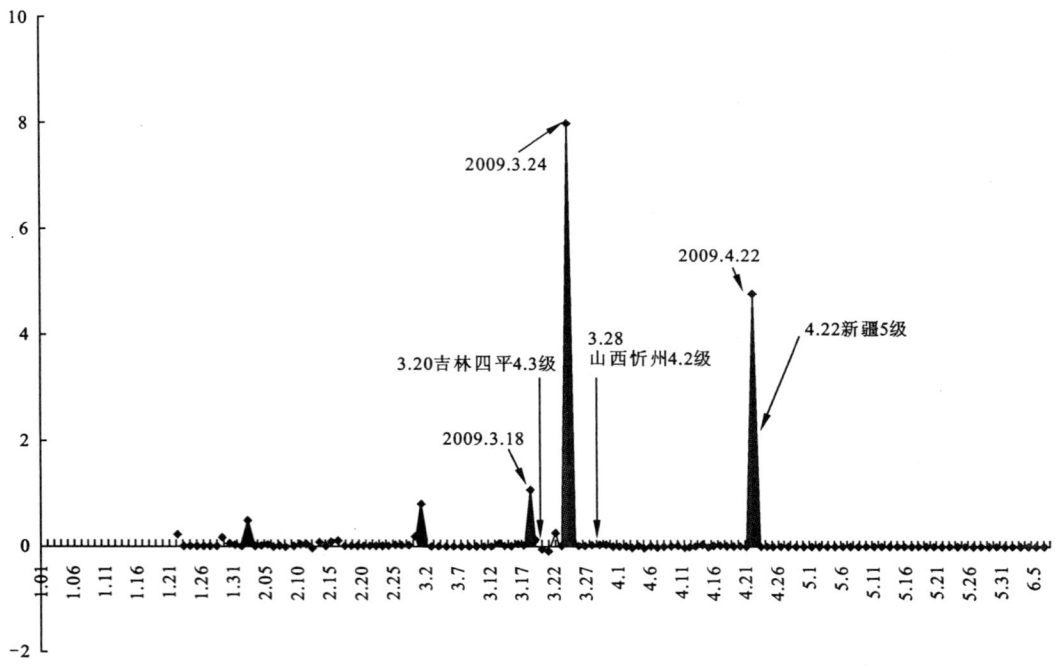

图 13-32 营口台 2009 年 1 月至 6 月初的三维参数曲线

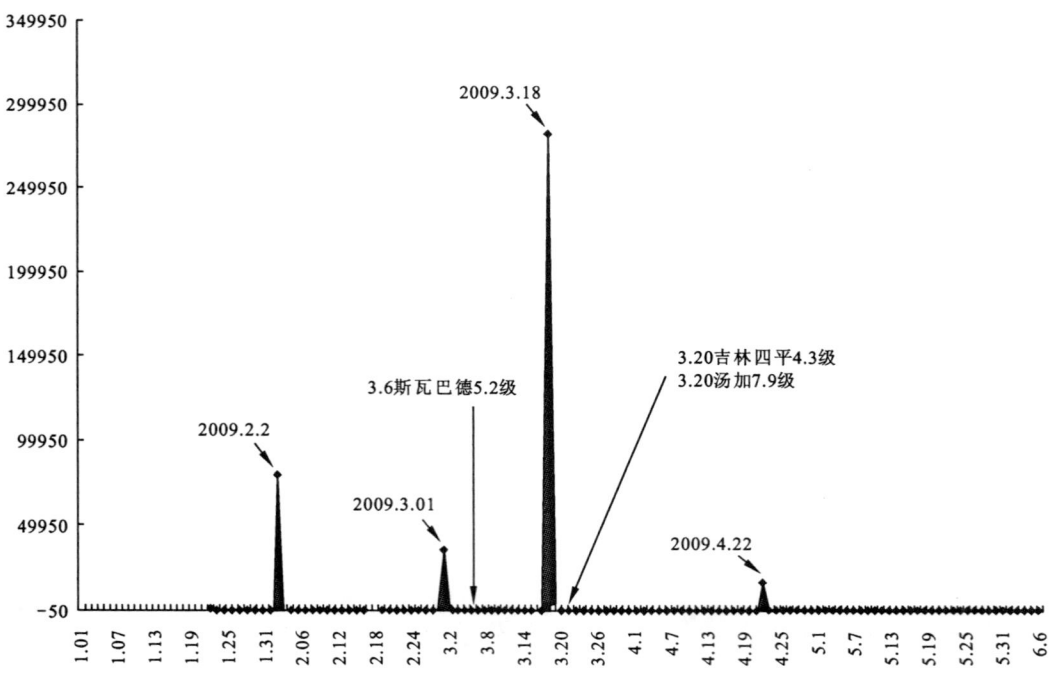

图 13-33 营口台 2009 年 1 月至 6 月初的复合群子参数曲线

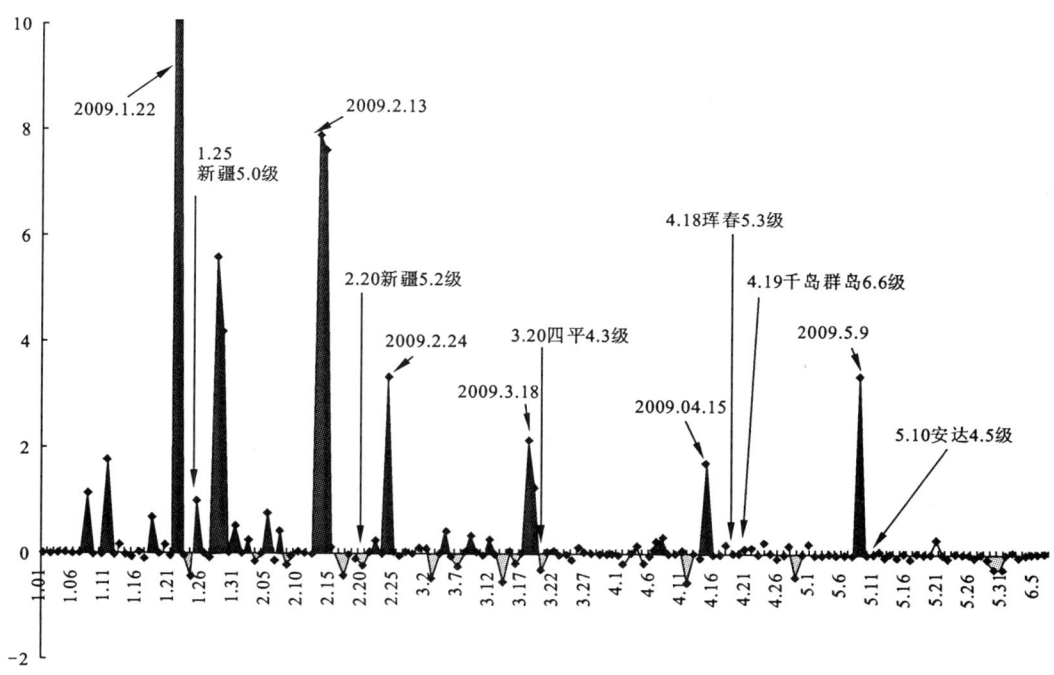

图 13-34　昌平台 2009 年 1 月至 6 月初的三维参数曲线

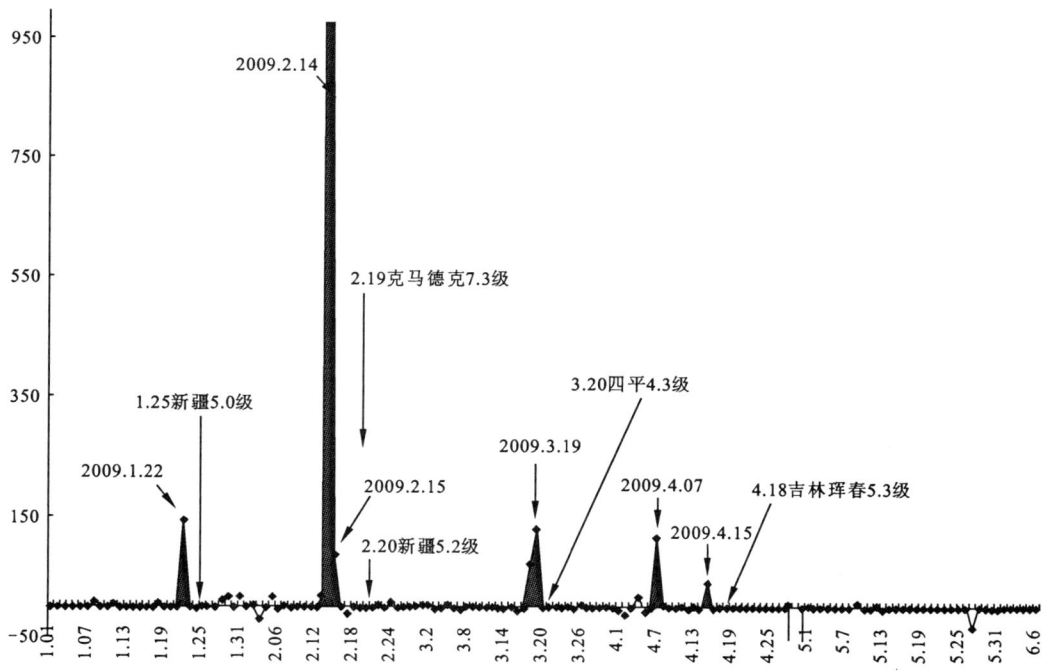

图 13-35　昌平台 2009 年 1 月至 6 月初的复合群子参数曲线

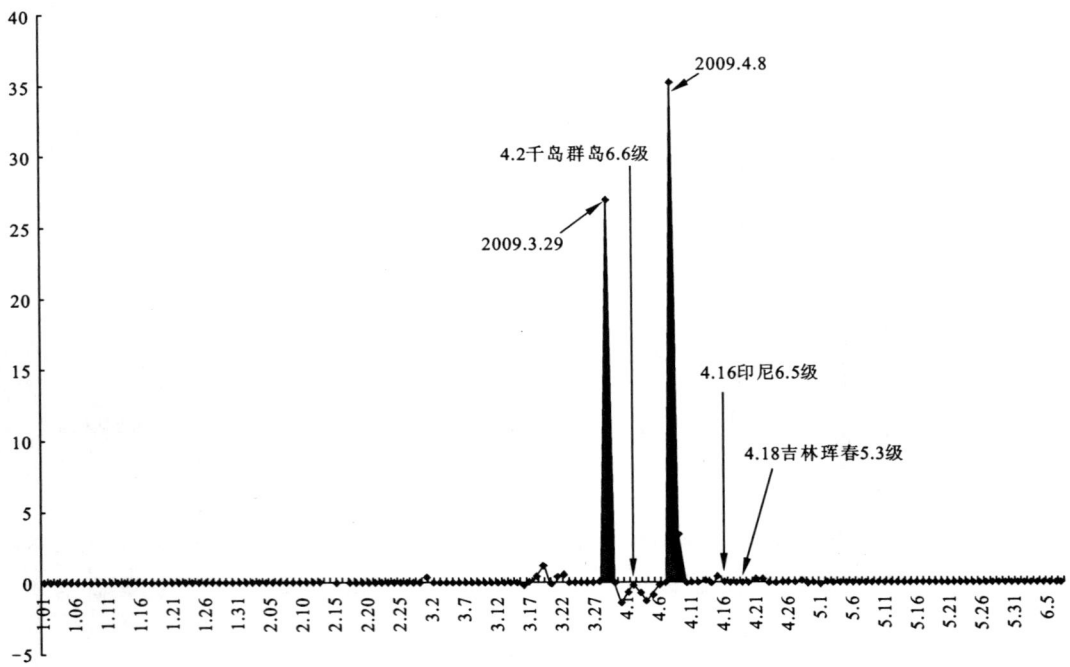

图 13-36　通化台 2009 年 1 月至 6 月初的三维参数曲线

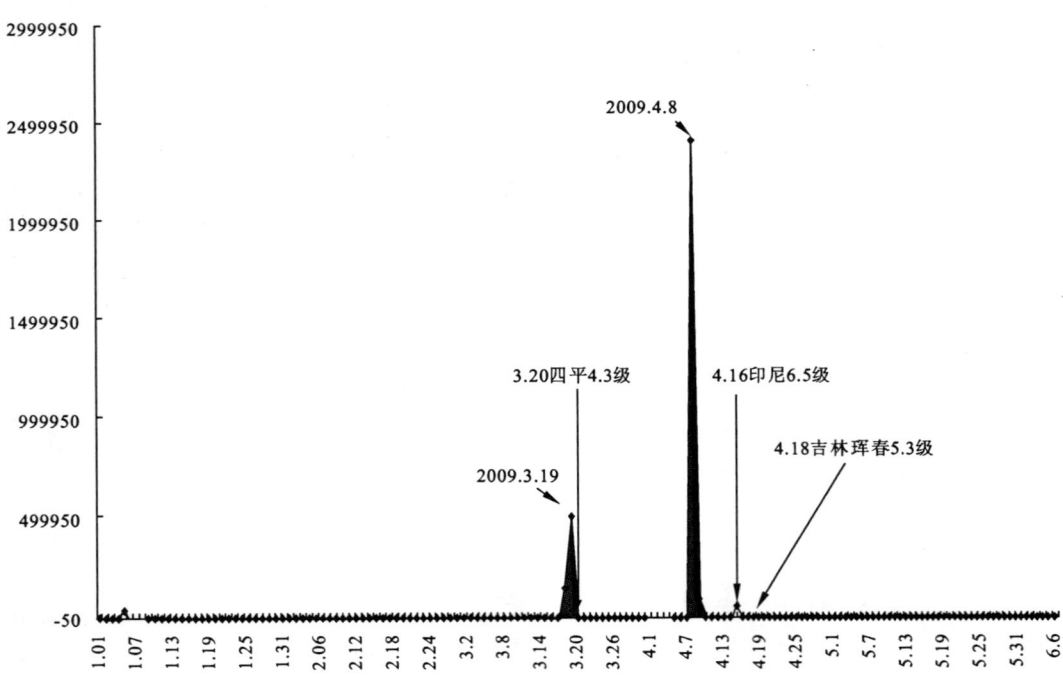

图 13-37　通化台 2009 年 1 月至 6 月初的复合群子参数曲线

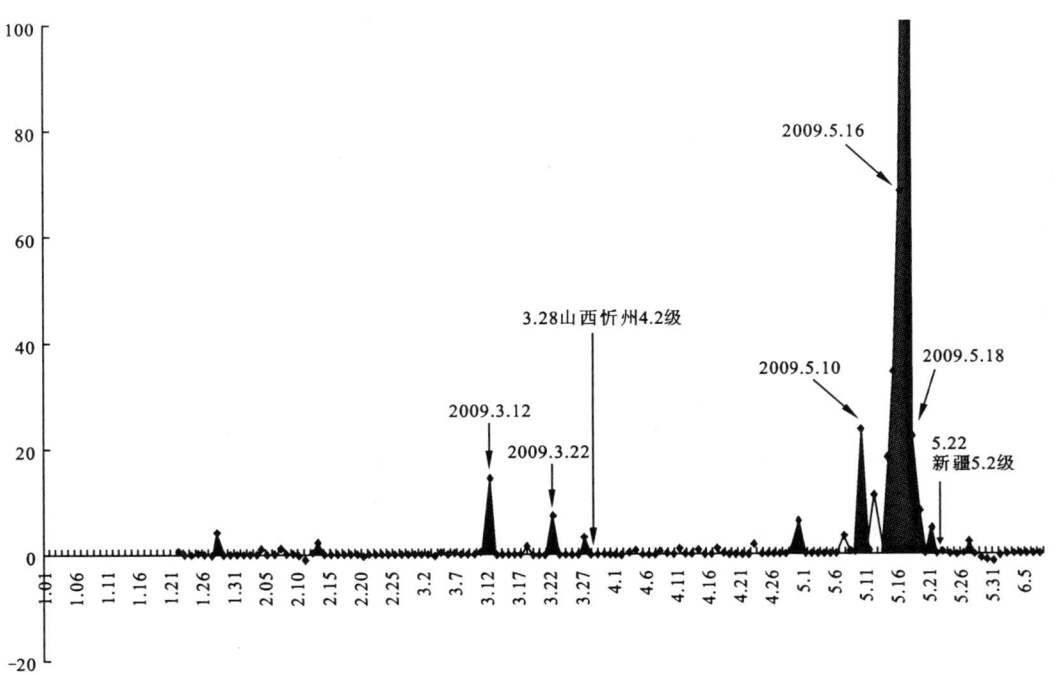

图 13-38 德令哈台 2009 年 1 月至 6 月初的三维参数曲线

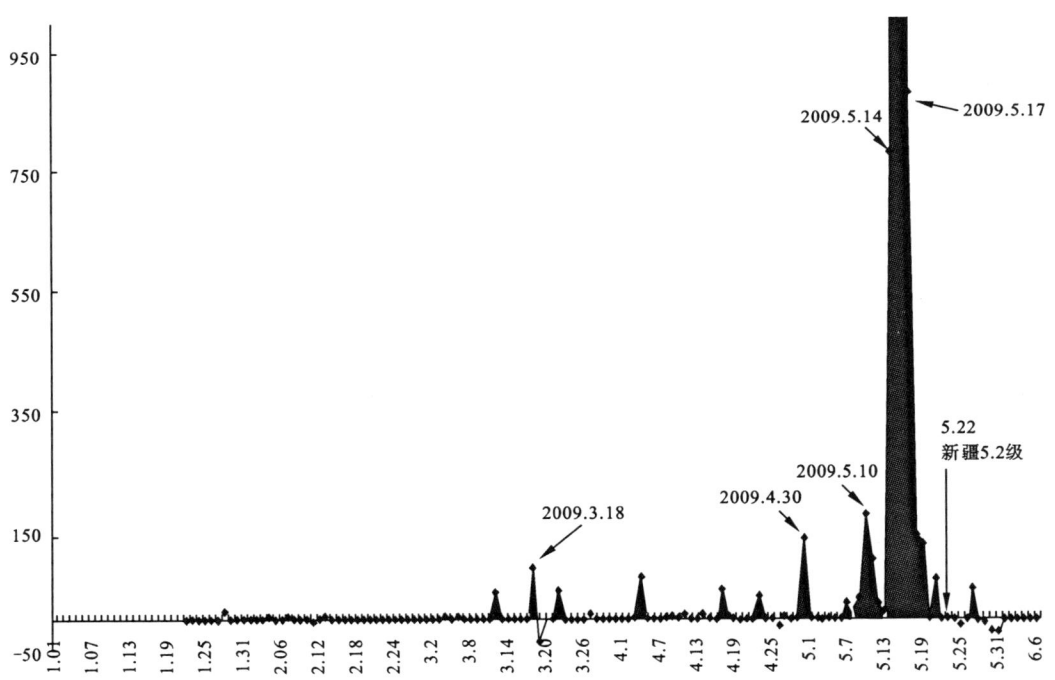

图 13-39 德令哈台 2009 年 1 月至 6 月初的复合群子参数曲线

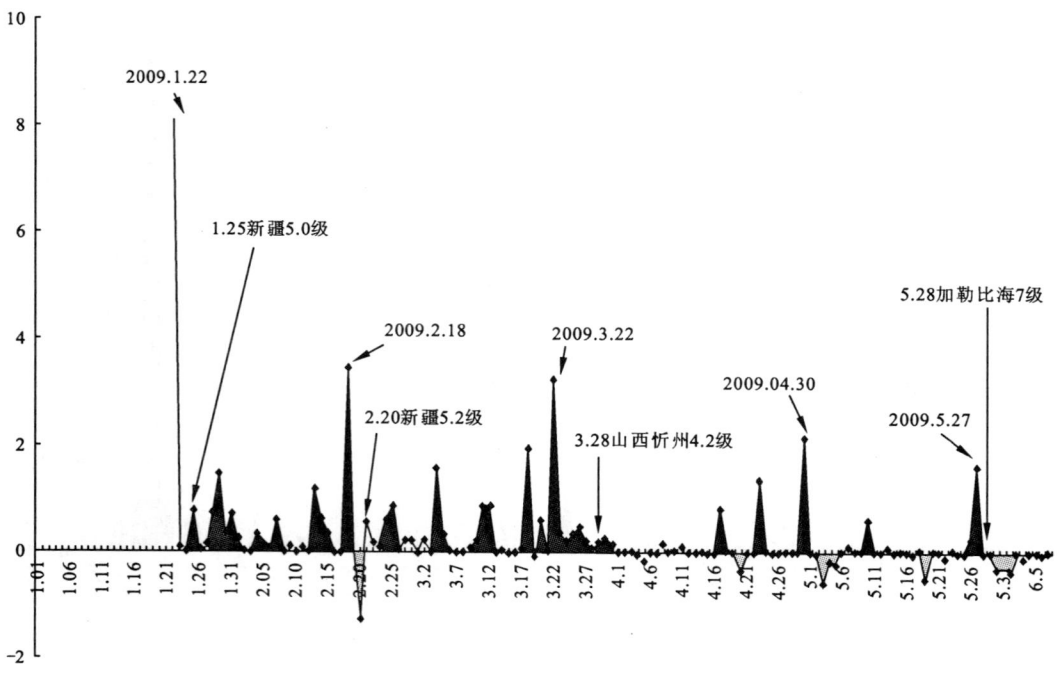

图 13-40　高台台 2009 年 1 月至 6 月初的三维参数曲线

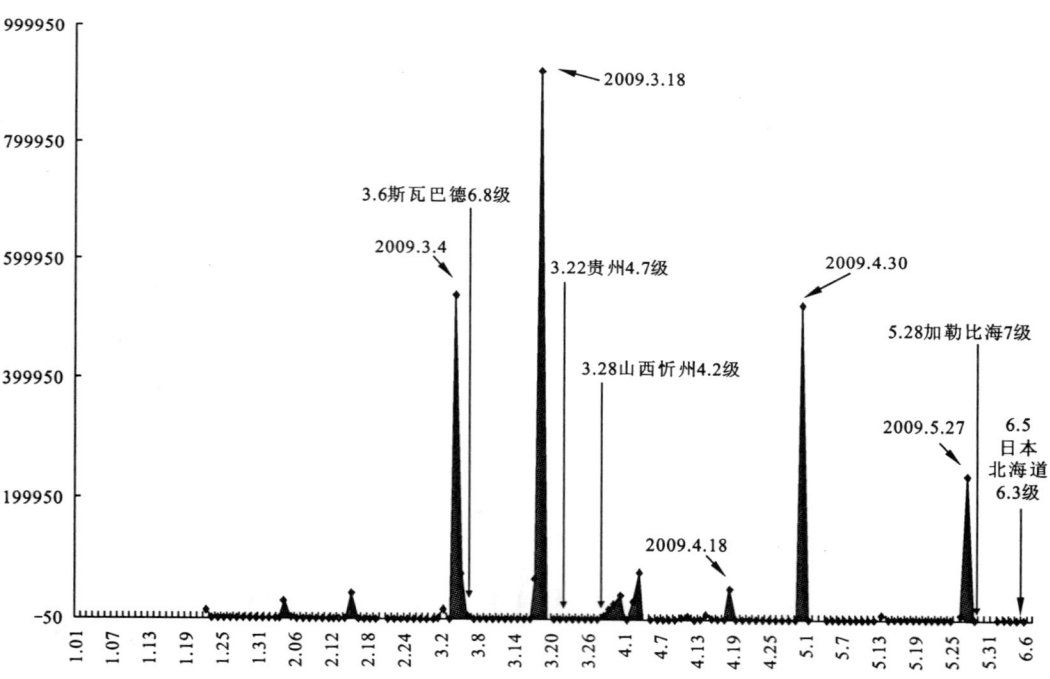

图 13-41　高台台 2009 年 1 月至 6 月初的复合群子参数曲线

第十三章　地震前兆识别与地震预测方法的反演与应用

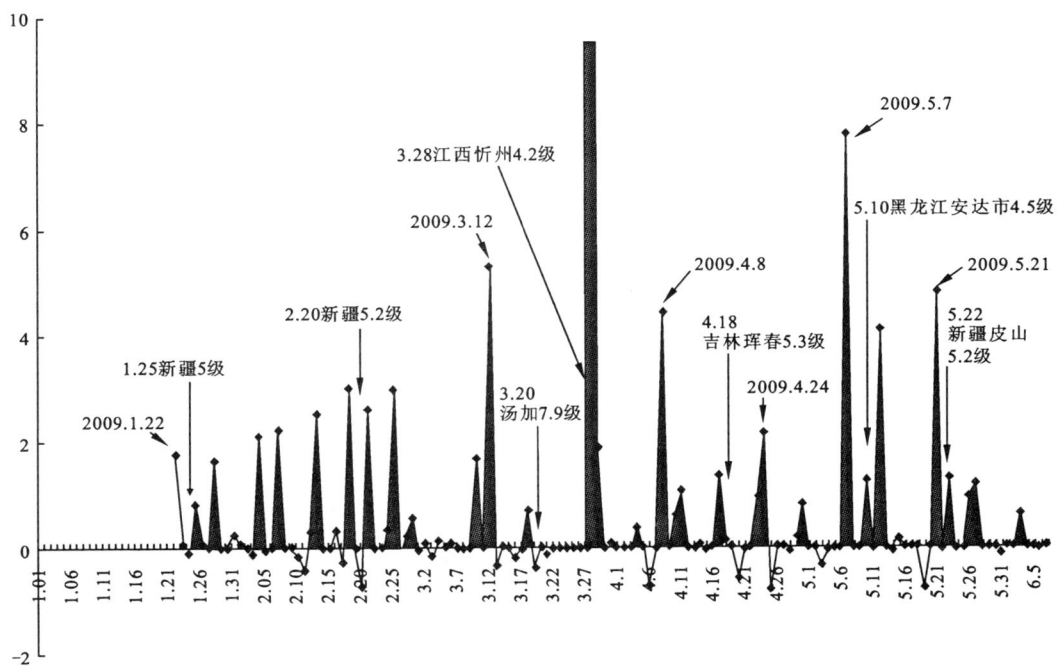

图 13-42　格尔木台 2009 年 1 月至 6 月初的三维参数曲线

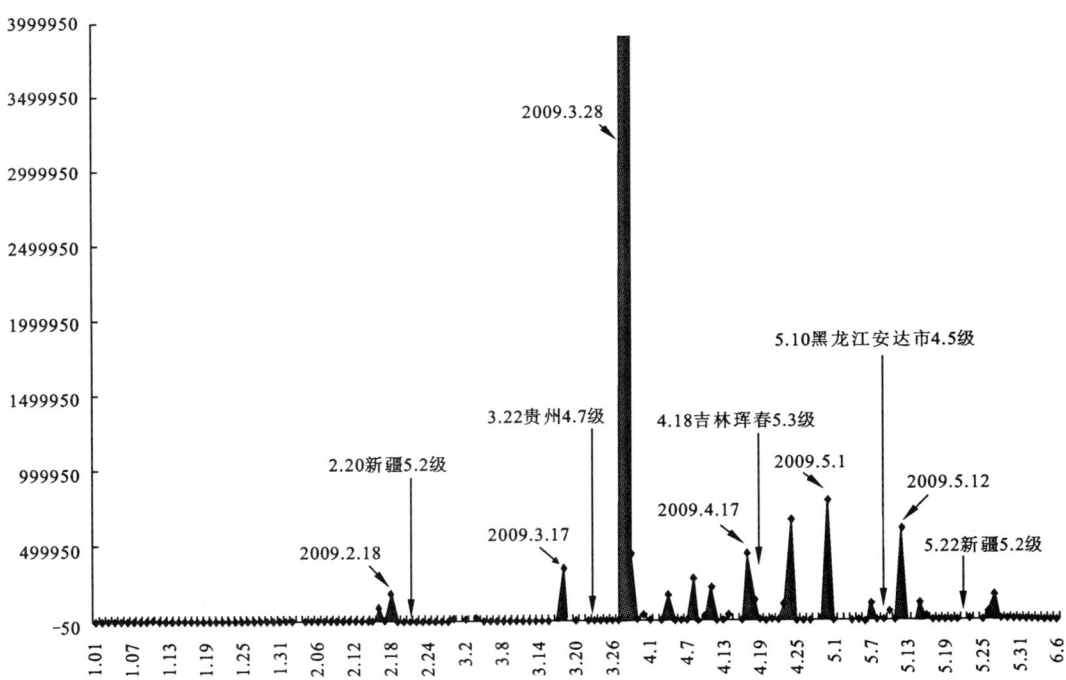

图 13-43　格尔木台 2009 年 1 月至 6 月初的复合群子参数曲线

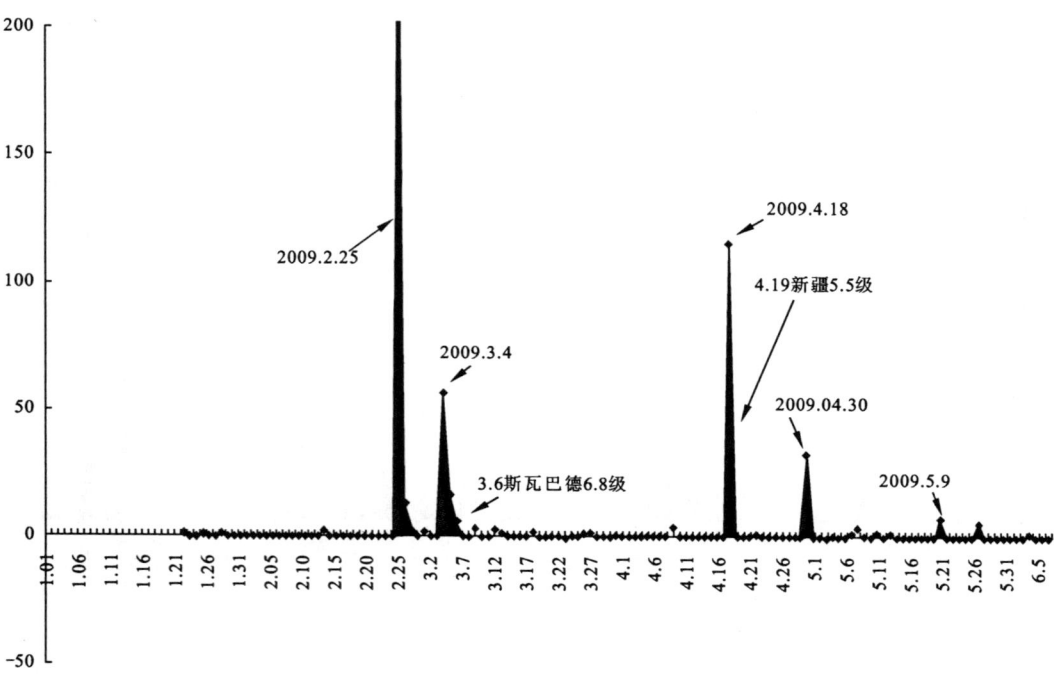

图 13-44　乐都台 2009 年 1 月至 6 月初的三维参数曲线

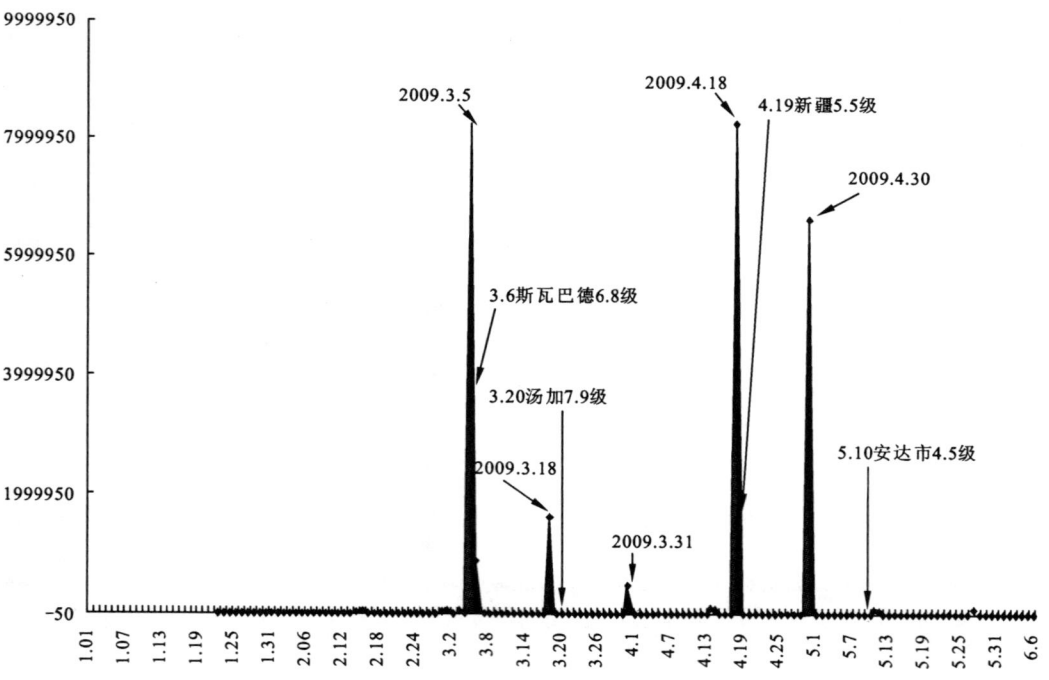

图 13-45　乐都台 2009 年 1 月至 6 月初的复合群子参数曲线

第十三章 地震前兆识别与地震预测方法的反演与应用

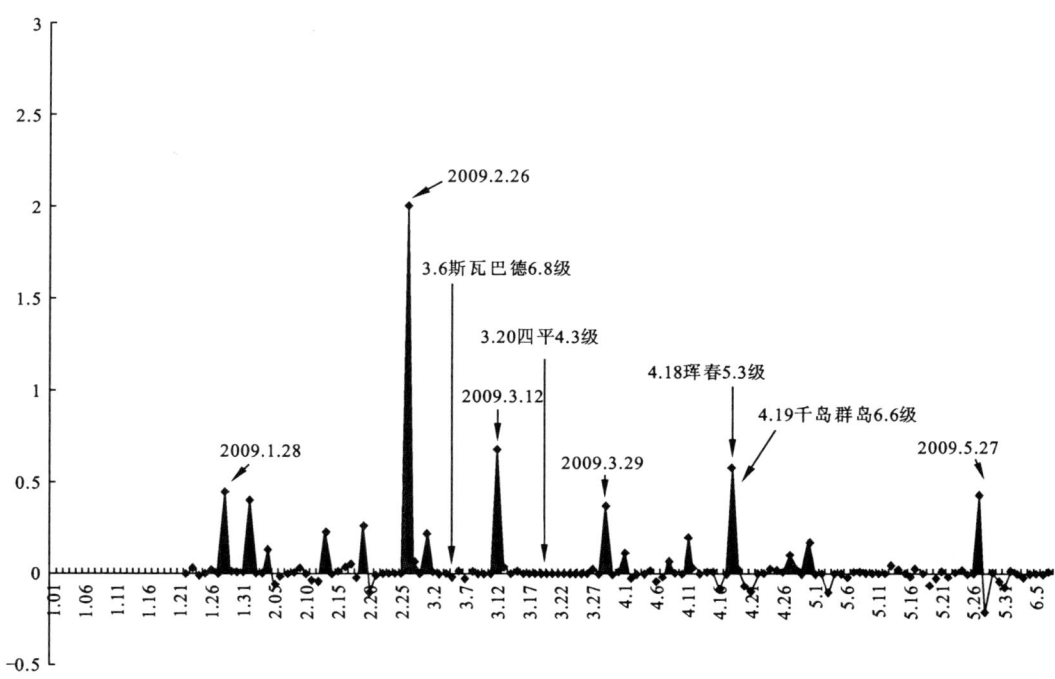

图 13-46 玉树台 2009 年 1 月至 6 月初的三维参数曲线

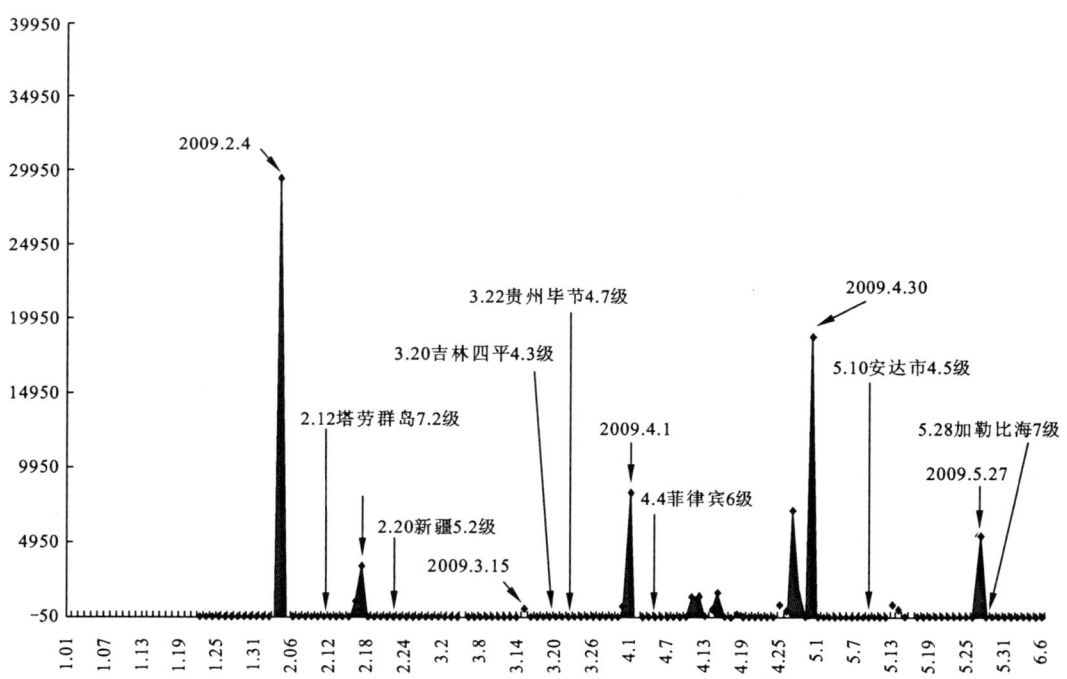

图 13-47 玉树台 2009 年 1 月至 6 月初的复合群子参数曲线

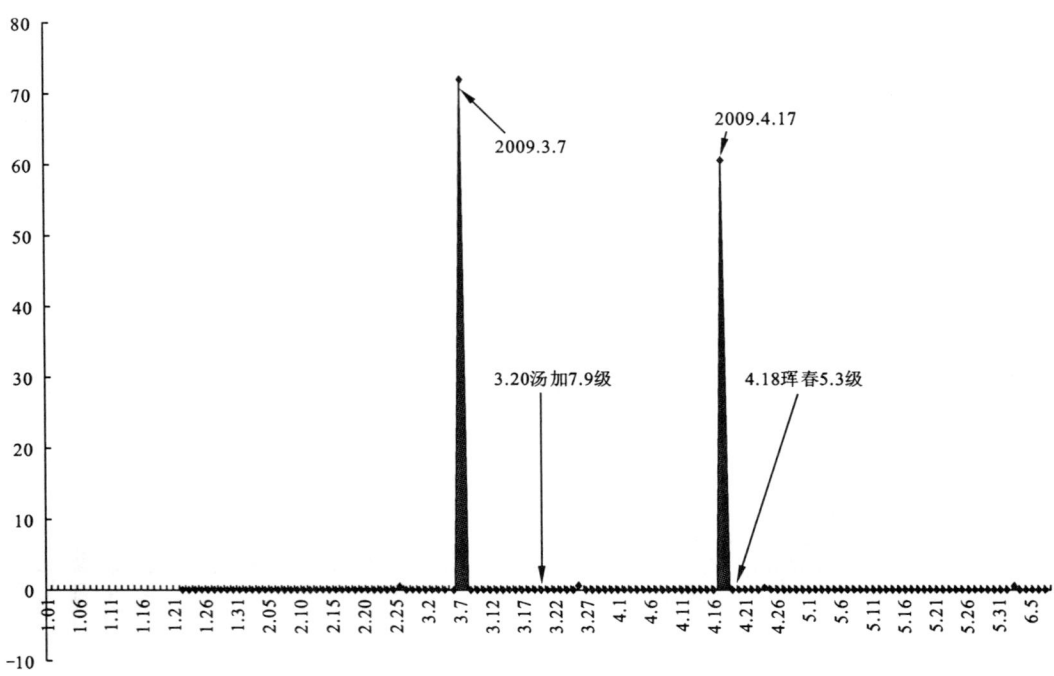

图 13-48 常山台 2009 年 1 月至 6 月初的三维参数曲线

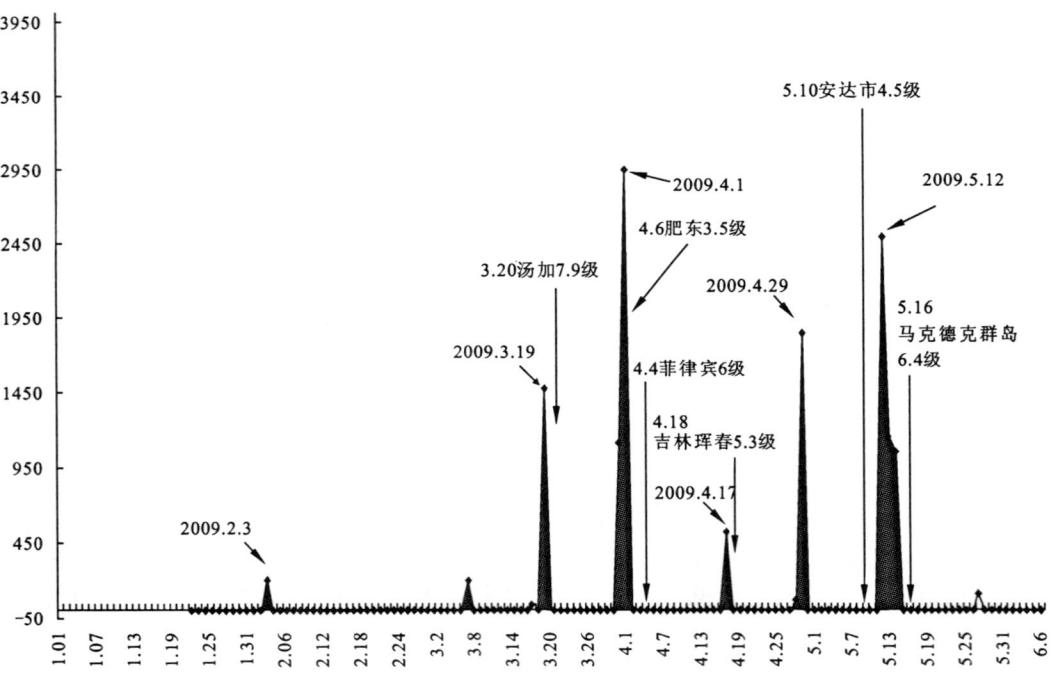

图 13-49 常山台 2009 年 1 月至 6 月初的复合群子参数曲线

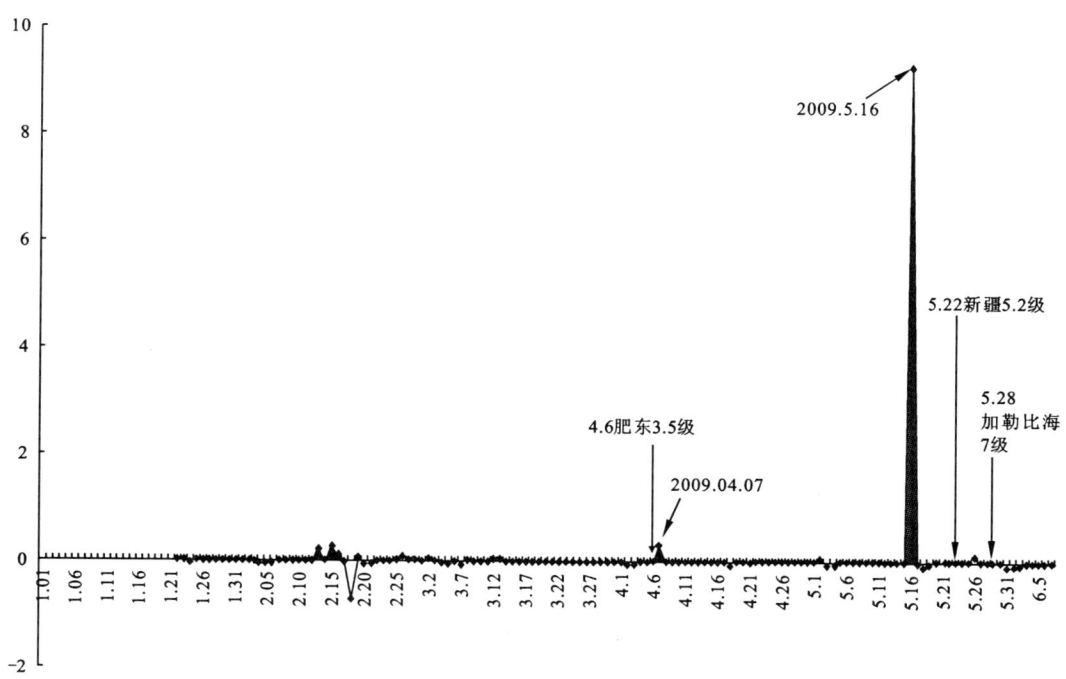

图 13-50　麻城台 2009 年 1 月至 6 月初的三维参数曲线

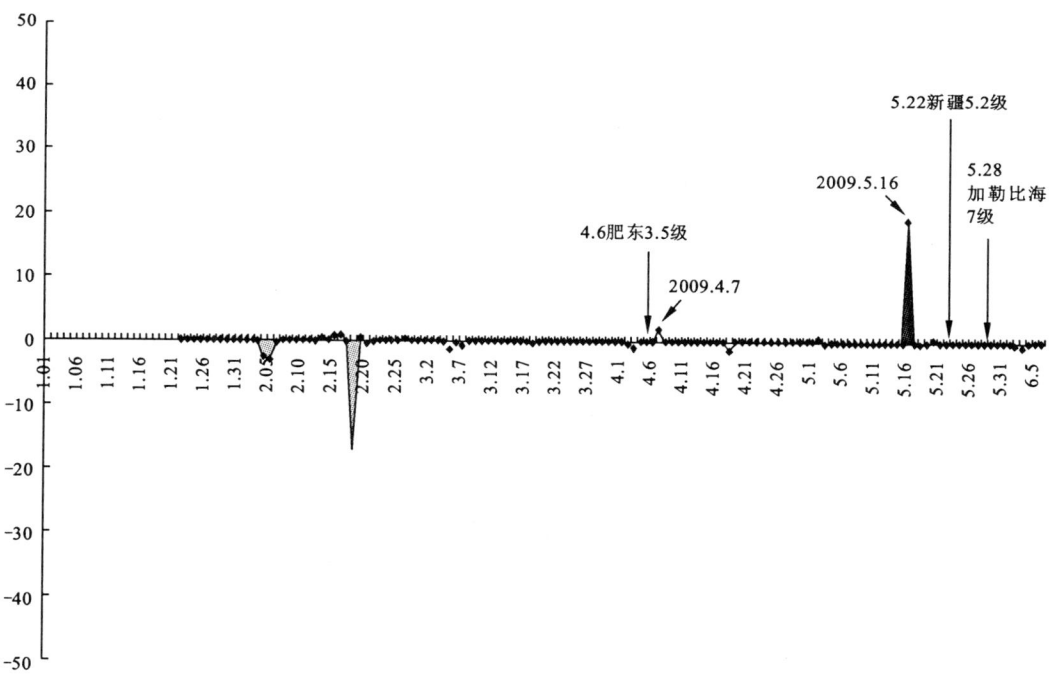

图 13-51　麻城台 2009 年 1 月至 6 月初的复合群子参数曲线

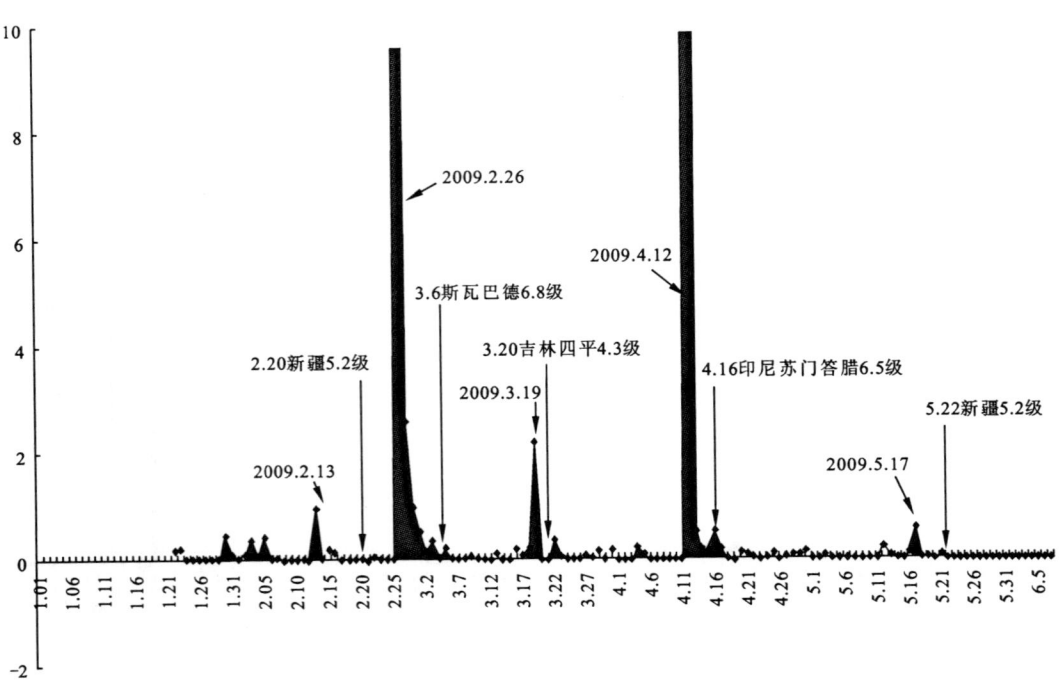

图 13-52　佘山台 2009 年 1 月至 6 月初的三维参数曲线

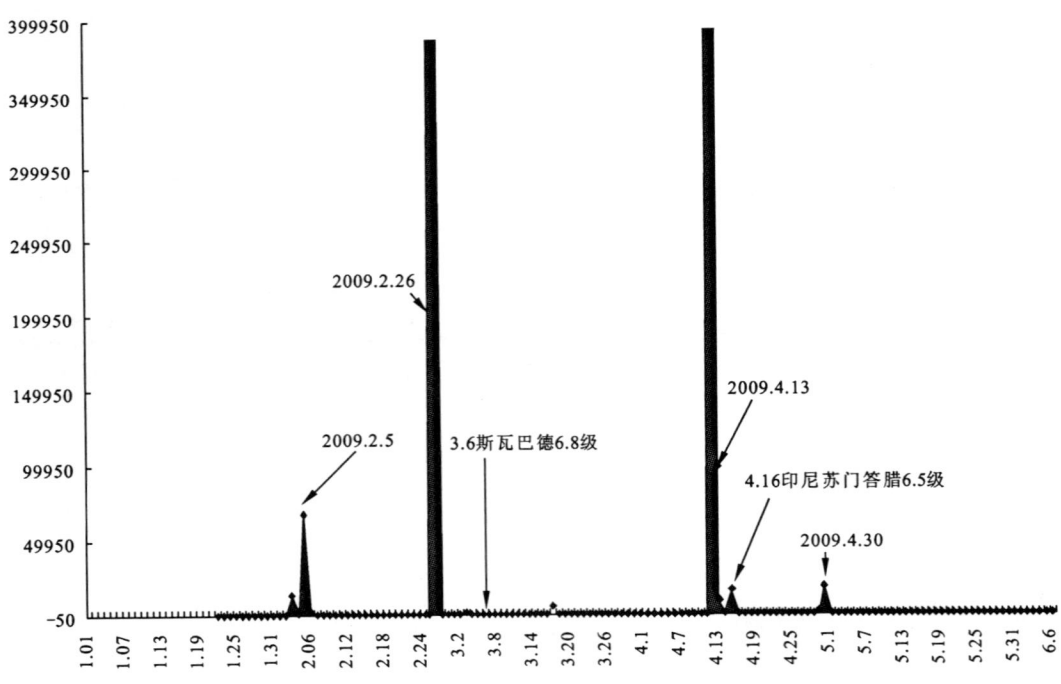

图 13-53　佘山台 2009 年 1 月至 6 月初的复合群子参数曲线

第十三章 地震前兆识别与地震预测方法的反演与应用

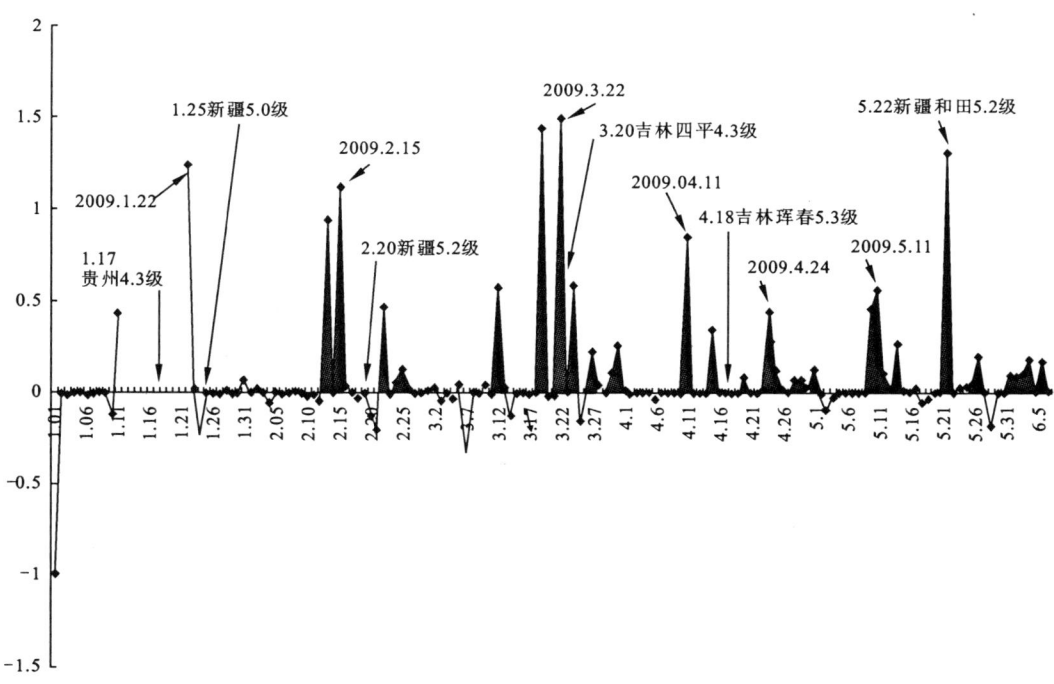

图 13-54 襄樊台 2009 年 1 月至 6 月初的三维参数曲线

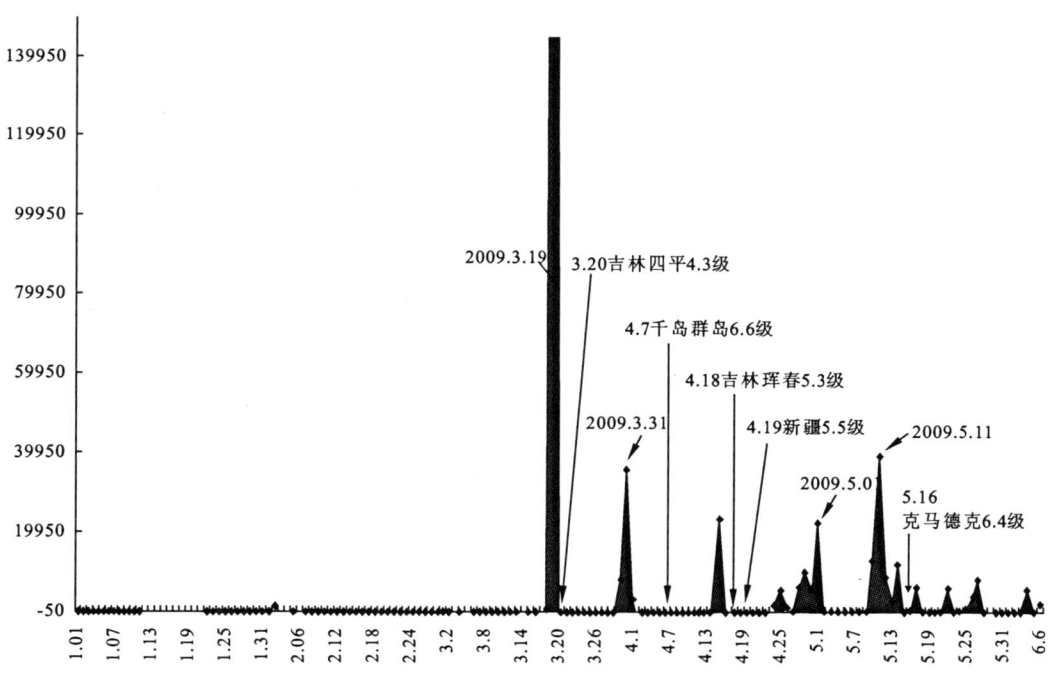

图 13-55 襄樊台 2009 年 1 月至 6 月初的复合群子参数曲线

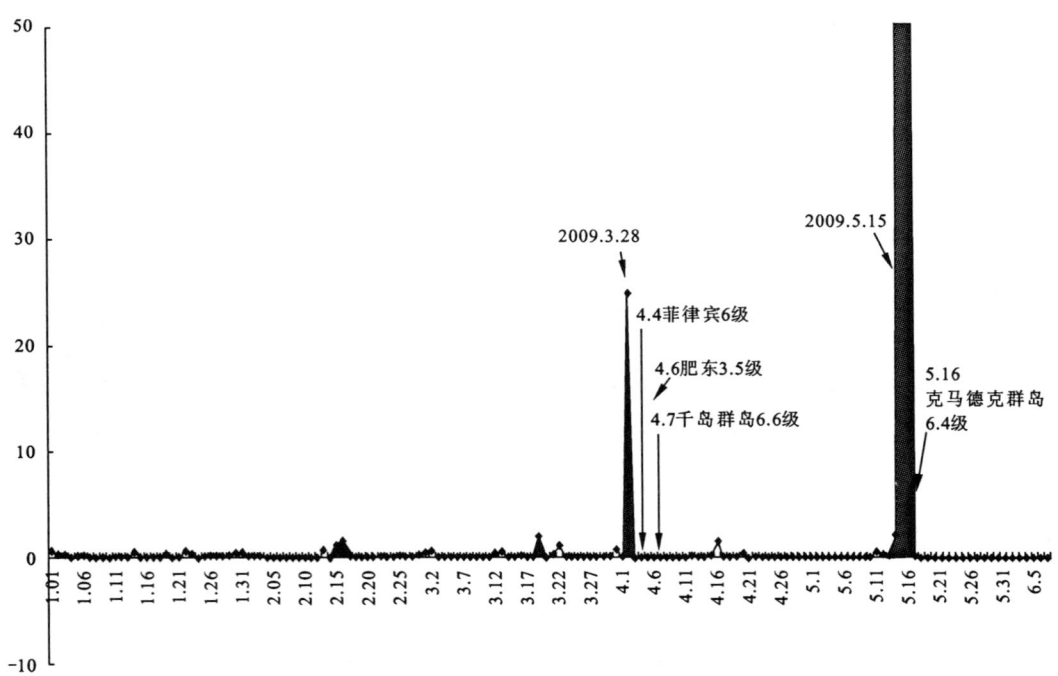

图 13-56　徐州台 2009 年 1 月至 6 月初的三维参数曲线

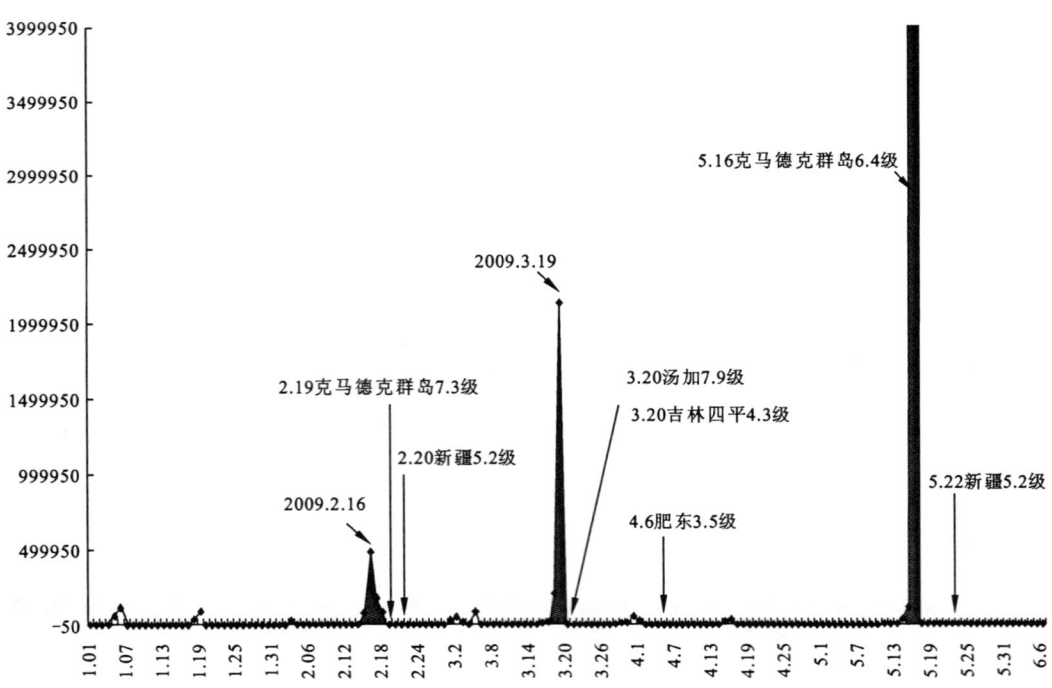

图 13-57　徐州台 2009 年 1 月至 6 月初的复合群子参数曲线

第十三章 地震前兆识别与地震预测方法的反演与应用

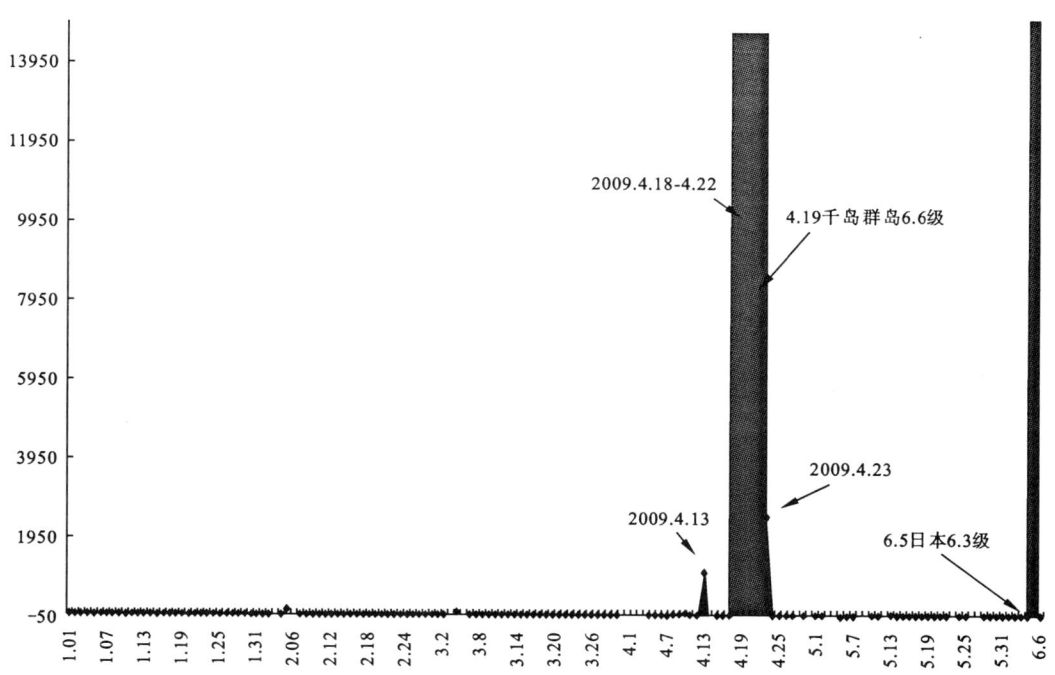

图13-58 敦化台2009年1月至6月初的复合群子参数曲线

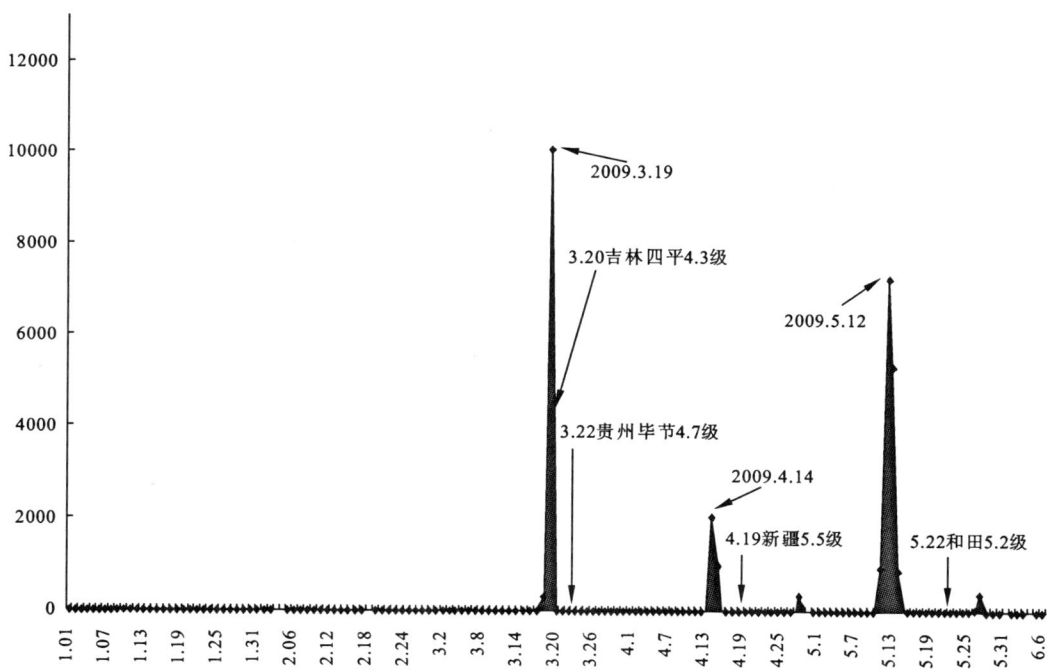

图13-59 贵阳台2009年1月至6月初的复合群子参数曲线

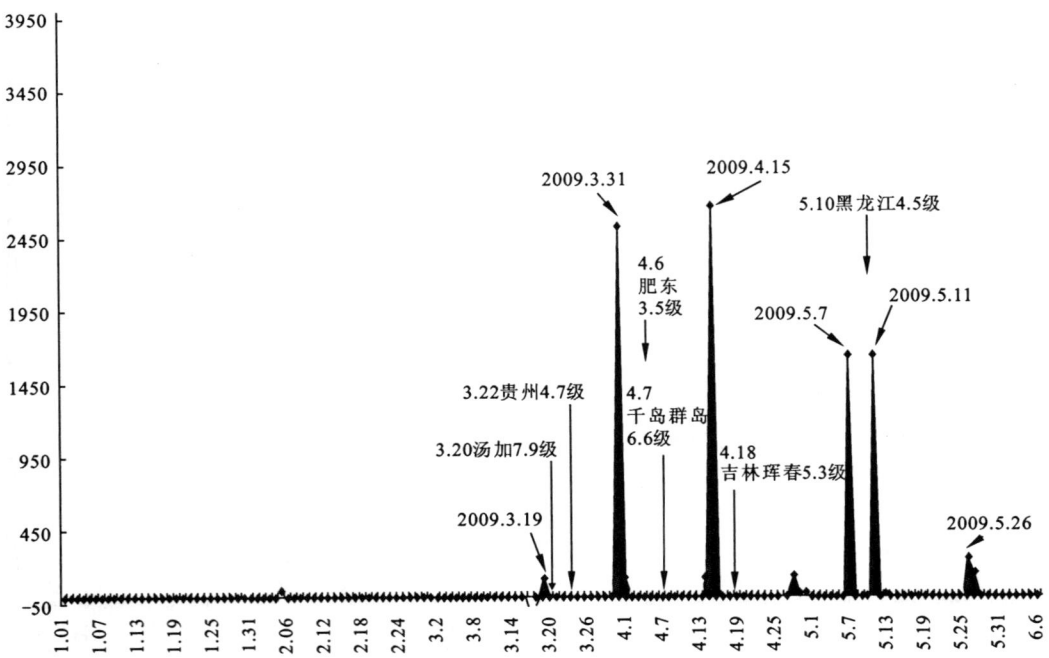

图 13-60　江宁台 2009 年 1 月至 6 月初的复合群子参数曲线

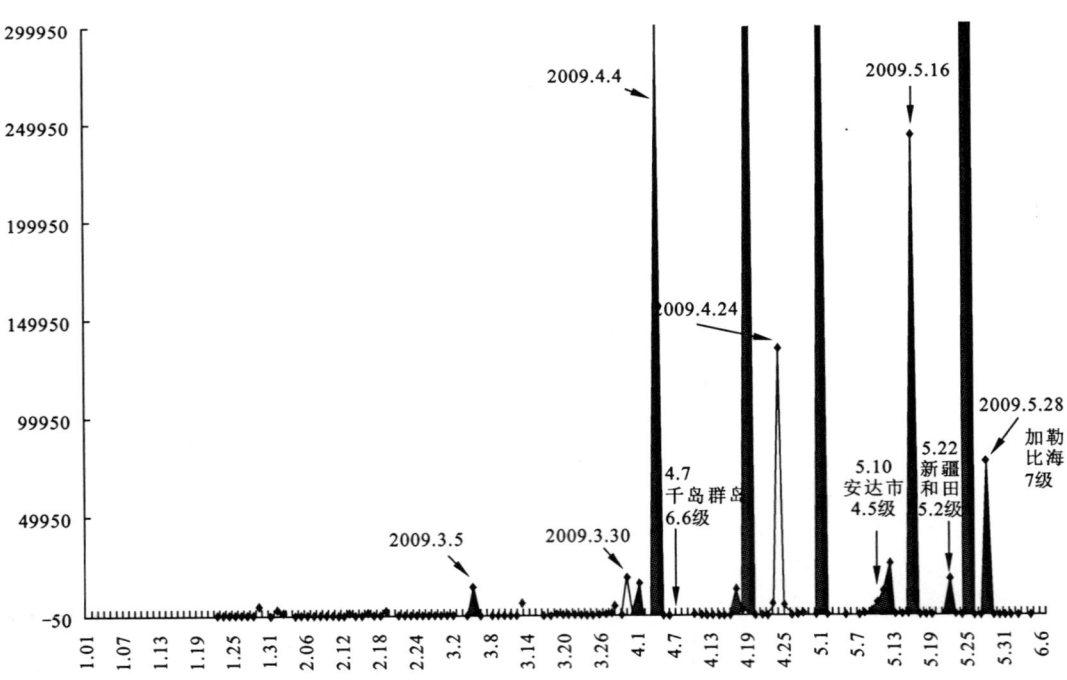

图 13-61　金河台 2009 年 1 月至 6 月初的复合群子参数曲线

第十三章 地震前兆识别与地震预测方法的反演与应用

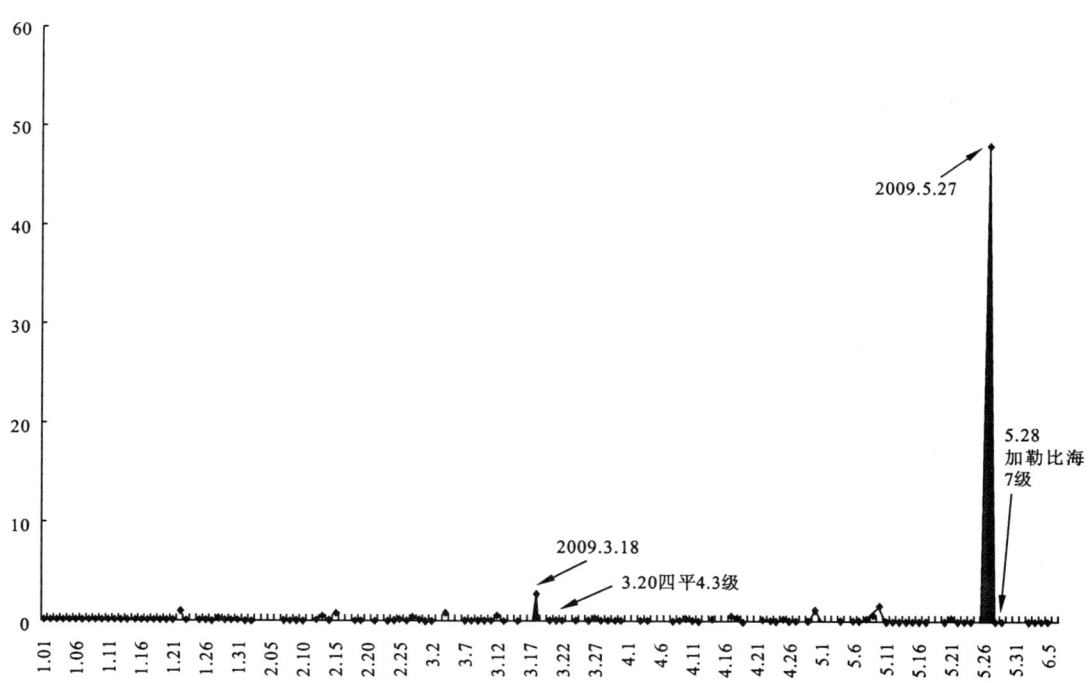

图 13-62 门源台 2009 年 1 月至 6 月初的复合群子参数曲线

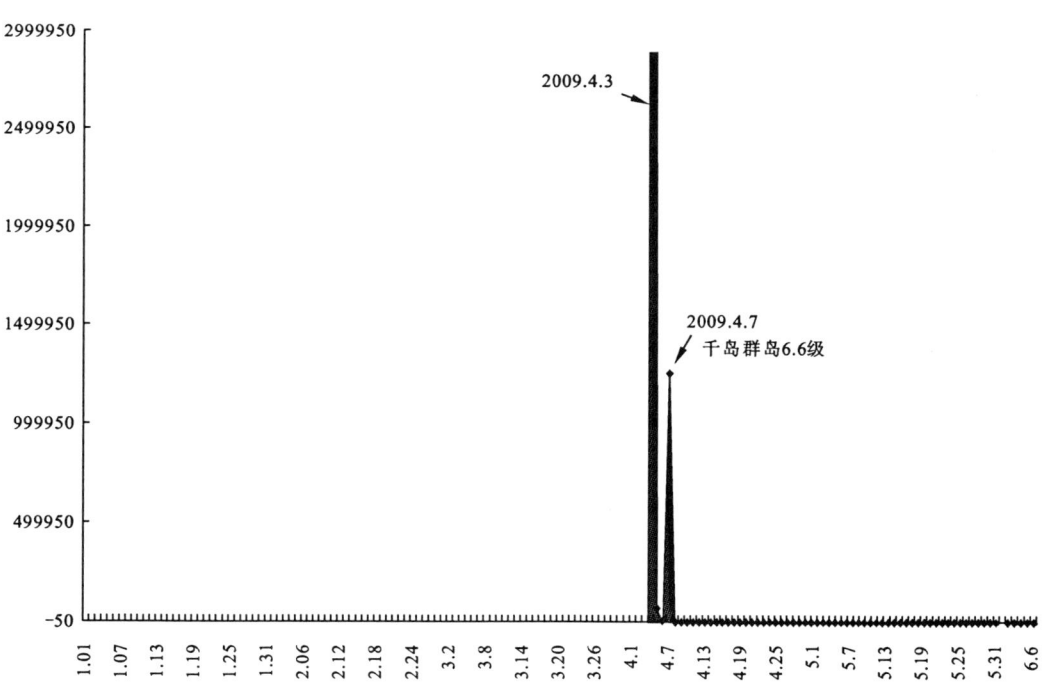

图 13-63 最近安装的南京高淳台的复合群子参数曲线

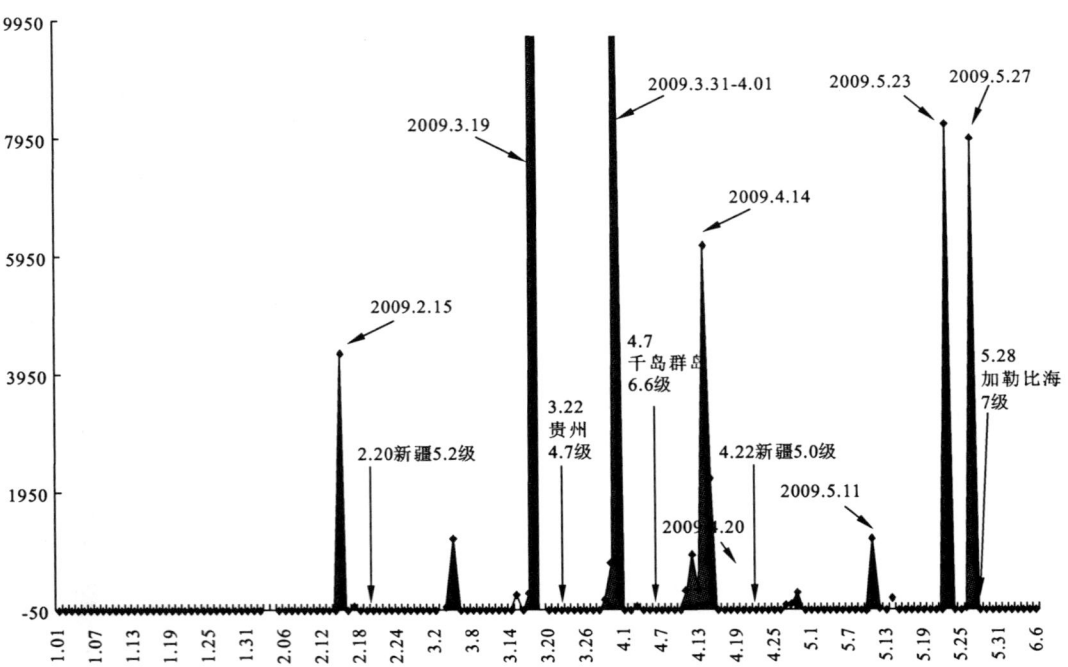

图 13-64　湟源台 2009 年 1 月至 6 月初的复合群子参数曲线

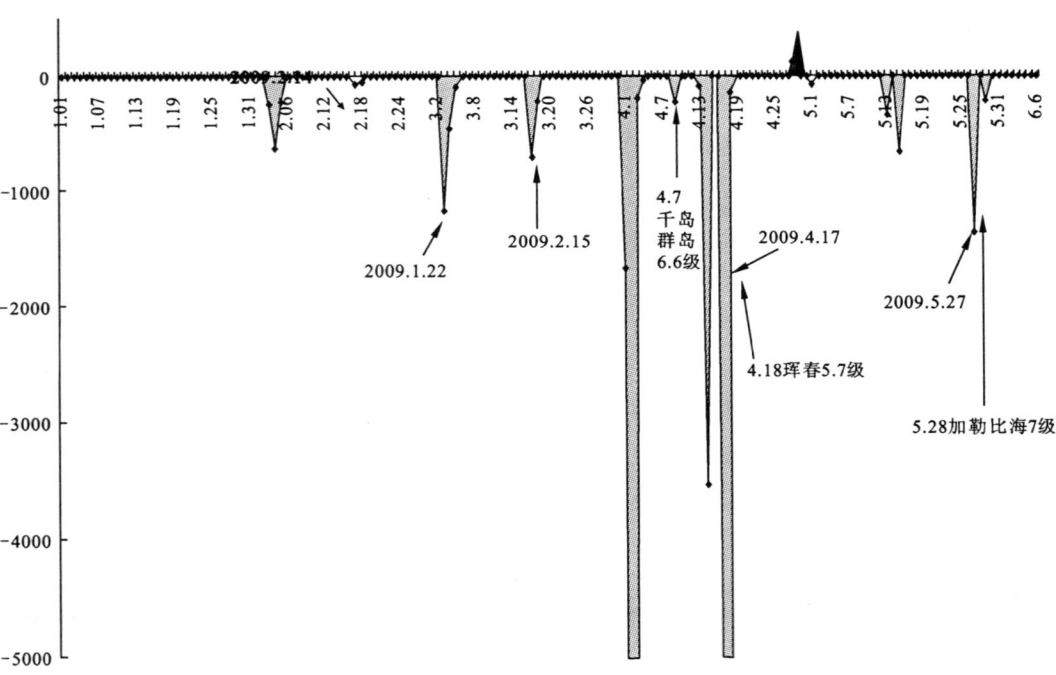

图 13-65　泰安台 2009 年 1 月至 6 月初的复合群子参数曲线

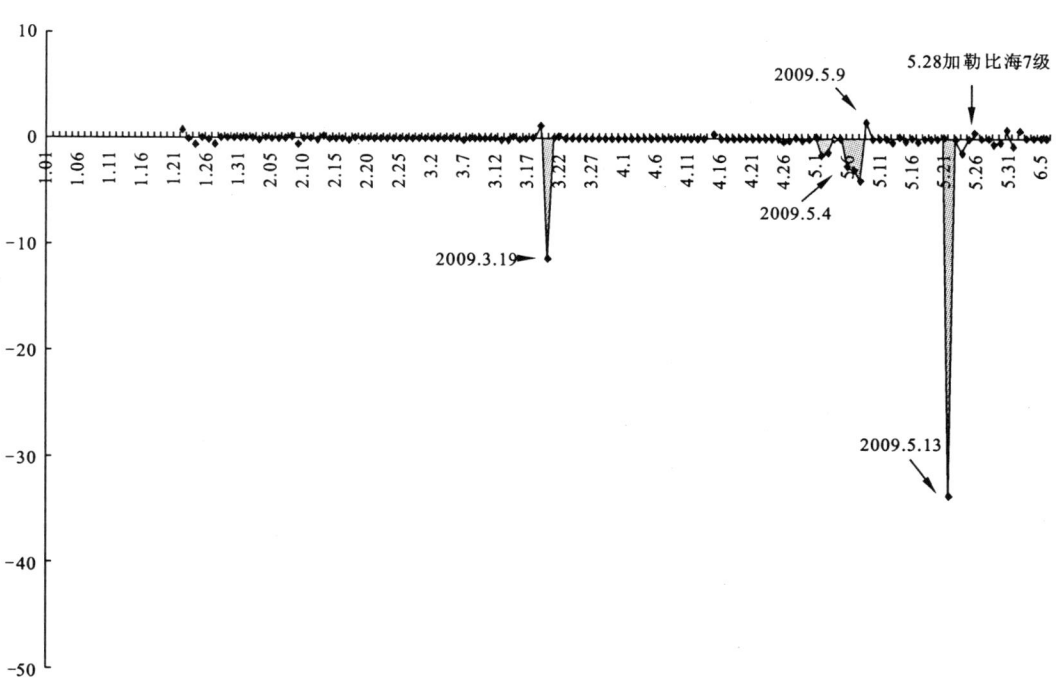

图 13-66　文安台 2009 年 1 月至 6 月初的复合群子参数曲线

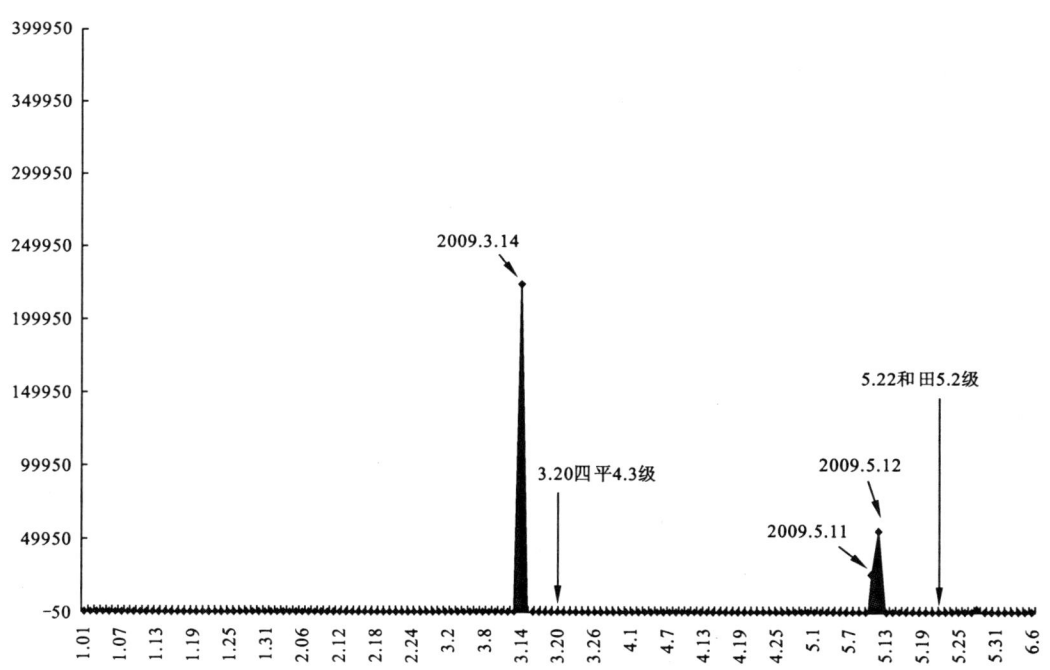

图 13-67　小庙台 2009 年 1 月至 6 月初的复合群子参数曲线

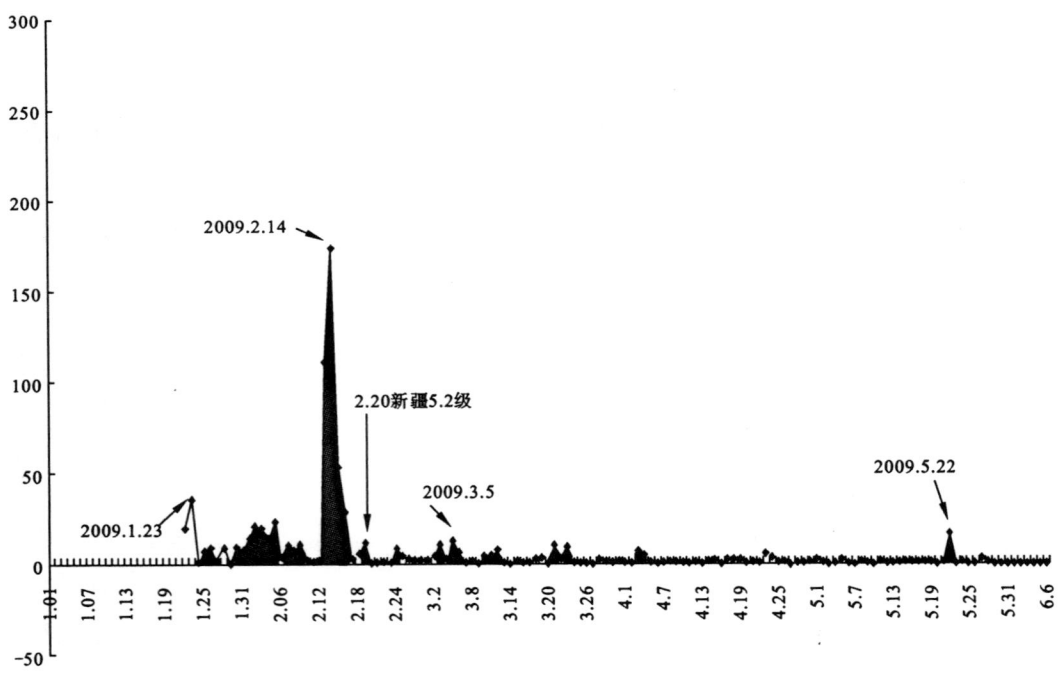

图 13-68 泸州台 2009 年 1 月至 6 月初的复合群子参数曲线

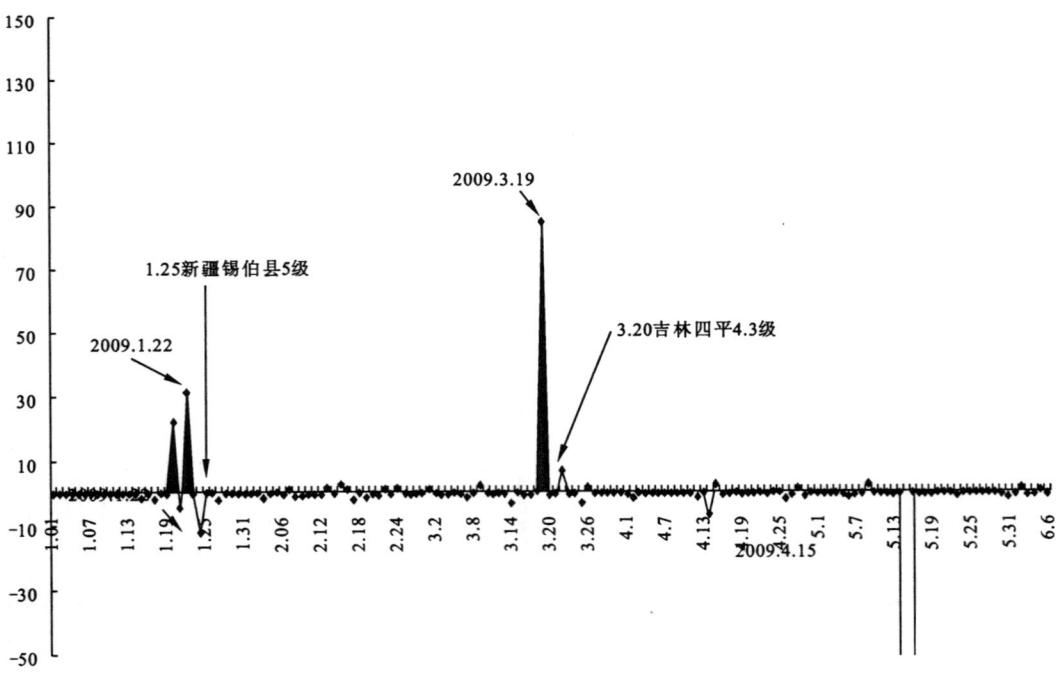

图 13-69 平谷台 2009 年 1 月至 6 月初的复合群子参数曲线

第十三章 地震前兆识别与地震预测方法的反演与应用

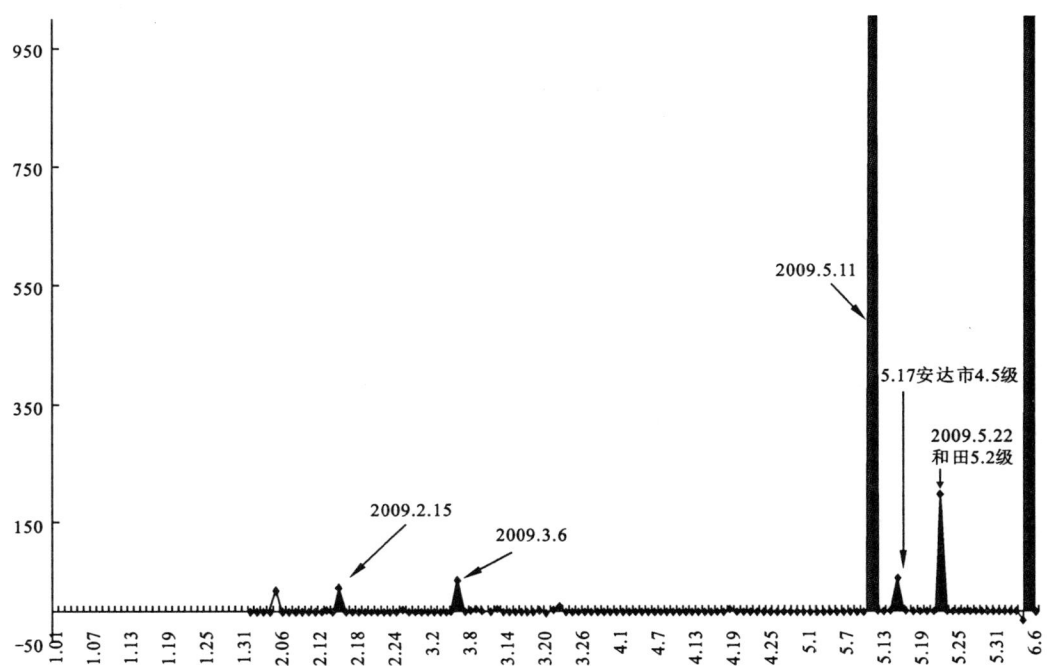

图 13-70　临沂台 2009 年 1 月至 6 月初的复合群子参数曲线

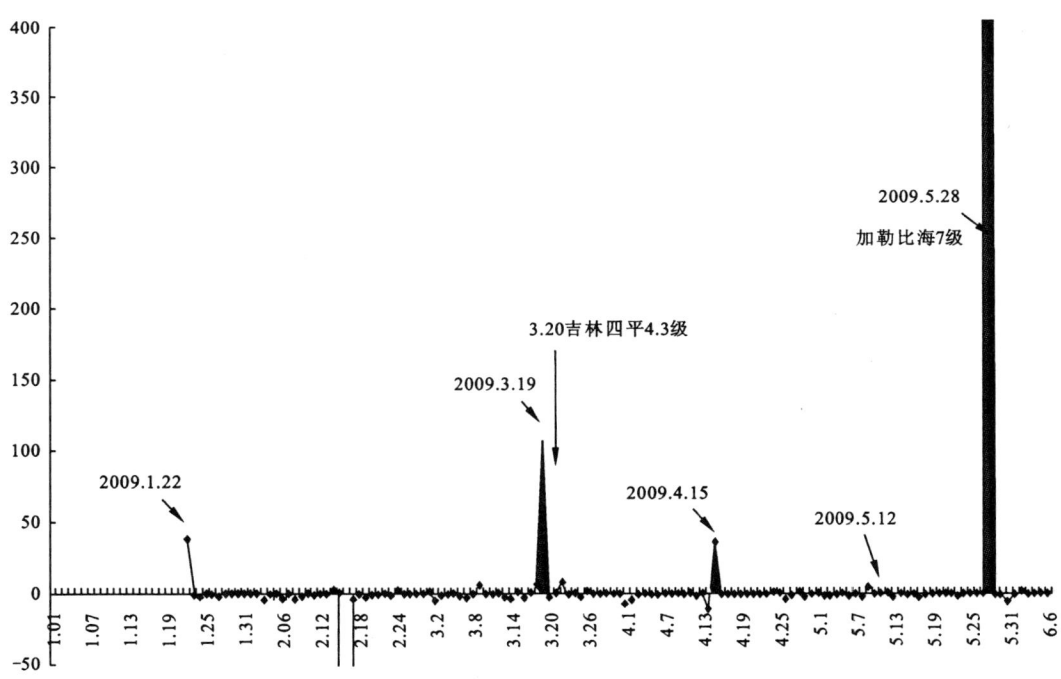

图 13-71　顺义台 2009 年 1 月至 6 月初的复合群子参数曲线

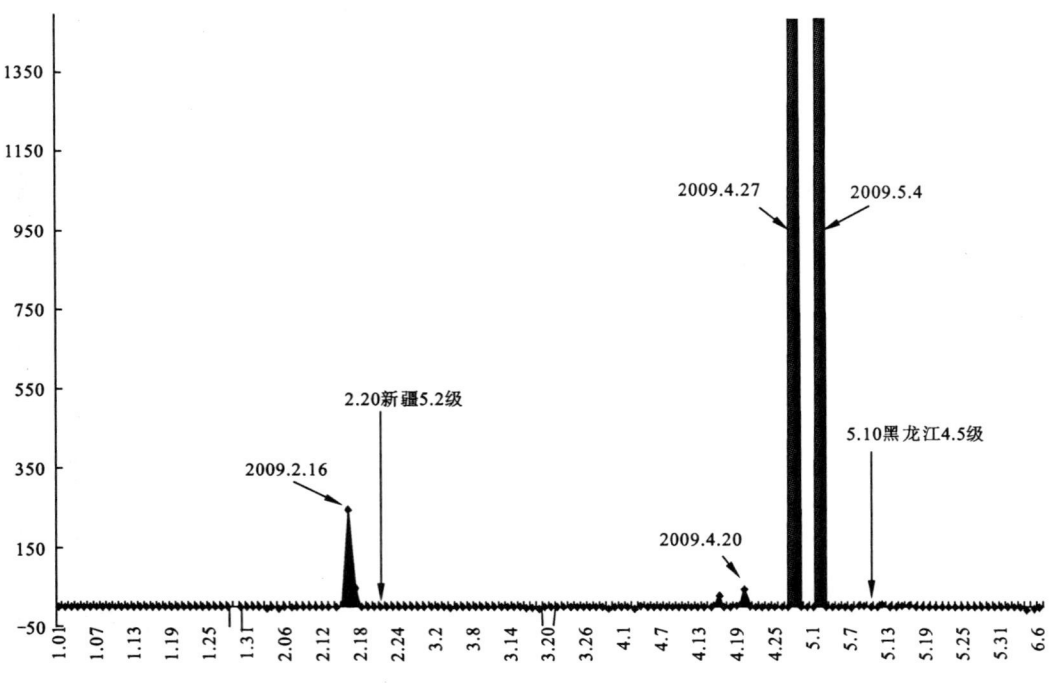

图 13-72　永胜台 2009 年 1 月至 6 月初的复合群子参数曲线

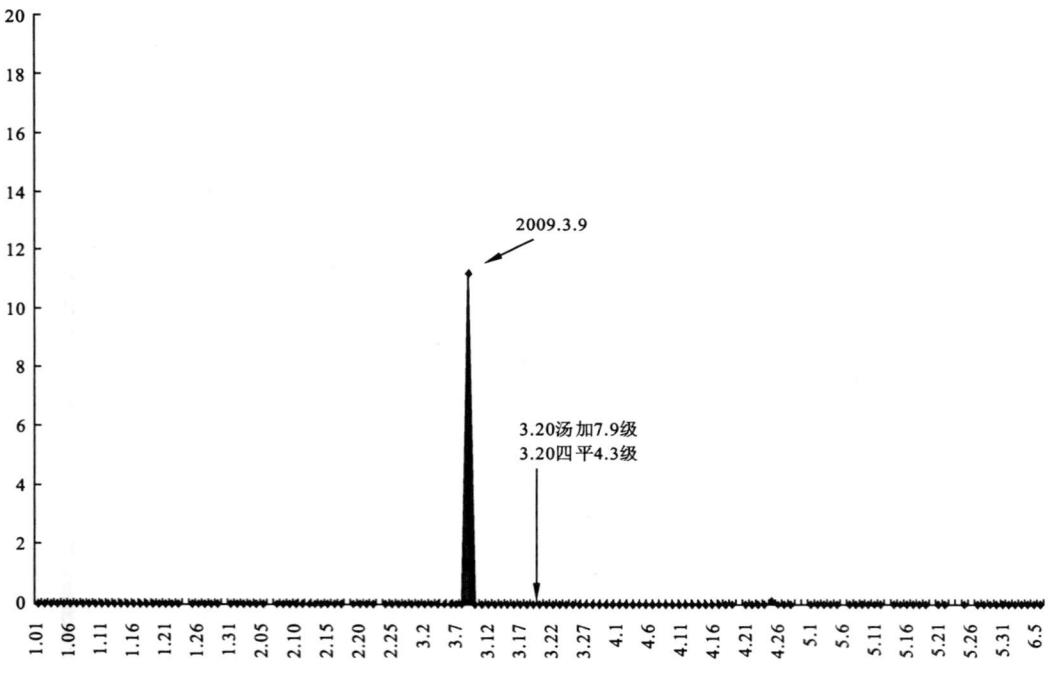

图 13-73　合川台 2009 年 1 月至 6 月初的复合群子参数曲线

通过以上应变台站数据的三维参数曲线与复合群子参数曲线的比较，以及日常的复合群子参数曲线观察，作者对运用地壳断裂流变动力学方法进行应变数据的处理，得出如下结论。

一、两种应变的竞争状态

N^-/N^+ 随时间变化，能够较好反映地壳内部挤压应变（N^-）和张弛应变（N^+）每天的变化情况，能够比较形象地了解两种应力的竞争状态。

二、固体潮汐作用的背景

$\left(\dfrac{R_1^+ \cdot R_2^+}{R_1^- \cdot R_2^-} + \dfrac{R_1^- \cdot R_2^-}{R_1^+ \cdot R_2^+}\right)$ 随时间变化，能够较好反映固体潮汐作用和地壳对固体潮汐作用的抑制程度。

三、孕震强度的变化

$\left(\dfrac{R_1^+ \cdot R_2^+}{R_1^- \cdot R_2^-} + \dfrac{R_1^- \cdot R_2^-}{R_1^+ \cdot R_2^+}\right)\left(\dfrac{N^-}{N^+}\right)^3$ 随时间变化，能较好反映地壳内部孕震强度的变化。

四、地震前兆短临危险态的挤压应变变化率的特征

$\left[\left(\dfrac{N^- - N^+}{N^+}\right) + \left(\dfrac{n^- - n^+}{n^+}\right)\right]^3$ 随时间变化，能够较好反映孕震过程中挤压应变占优势引起的地震前兆危险状态及地震灾害预警时机依据。

五、地震前兆临震高危态的挤压应变和固体潮汐异常加速率协同参数的量化特征

$\left(\dfrac{R_1^+ \cdot R_2^+}{R_1^- \cdot R_2^-} + \dfrac{R_1^- \cdot R_2^-}{R_1^+ \cdot R_2^+}\right)\left(\dfrac{N^- - N^+}{N^+} + \dfrac{n^- - n^+}{n^+}\right)^3$ 随时间变化，能较好反映地震前兆高危状态的量化特征及地震灾害预警时机依据。

六、地震前兆临震高危态的能量突变的特征

对 $\xi = \left(\dfrac{R_1^+ \cdot R_2^+}{R_1^- \cdot R_2^-} + \dfrac{R_1^- \cdot R_2^-}{R_1^+ \cdot R_2^+}\right)\left(\dfrac{N^- - N^+}{N^+} + \dfrac{n^- - n^+}{n^+}\right)^3$ 取对数，$\ln\xi$ 值随时间变化的关系，这是从能量角度量化孕震过程的临震高危突变状态。因为对 ξ 取对数，所以这种表达不仅能够显示强地震的临震高危态，而且从数学意义上看，对强度稍弱的地震前兆可以更灵敏地反映临震高危态量化特征。但是，考虑到强度稍弱的地震的破坏性有限，作者在本书中主要探讨的是 ξ 值与强地震前兆临震高危态之间的关系。

第六节 应变数据识别方法的应用

一、应变数据背景

作为特征性的地震前兆，应力－应变，其观测数据能够反映地壳应力运动的过程与特点，如何量化应变数据的物理含义，体现地震前兆状态，是衡量能否实现地震灾害预警的关键。作者依据地壳断裂流变动力学理论，运用群子统计方法，对应变观测数据进行分析处理，从中论证应变数据识别方法的科学性、可靠性，探讨分析孕震形势，为地震监测预报部门和台网提供预测意见。一般来说，在识别应变数据之前，需要了解应变数据的一些背景消息。

1. 常值特征

应变观测仪的安装、调试记录及稳定常值数据可用于判断观测数据的常值特征。

2. 固体潮汐背景信息

固体潮汐作用背景信息可用于判断观测台站环境与仪器的工作状态，以及对固体潮汐作用的反应特征。

3. 历史震例数据

对于仪器工作时间比较长且正常的台站，时间和空间最近的震例反应数据尤其重要，它是常值态和异常态分析的一个关键参照，也是孕震过程反映的一个特征参照。

4. 台站及仪器工作环境信息

由于钻孔应变仪十分敏感，对环境变化同样以数据方式记录，这种情况的数据一般被认为是干扰信息，但是它作为应变常值参照，对环境变化因素的识别也是很有意义的。气压、风力、雷暴等气象现象对应变仪都有干扰，抽水、施工等人为活动也会对仪器有干扰。了解这些信息，可以判断数据的可靠性。

二、应变数据时效

其实对于地震前兆识别而言，应变数据无所谓时效性，既然可以通过特定计算机软件处理数据信息识别，应变数据量再大也成为不了负担。从地壳应力应变过程来看，时间段越长的数据，越方便特征的定义。根据现有钻孔应变仪布设的时间来看，从安装之初，只要是正常采集的数据都可以使用。

三、应变数据识别方法的应用

对于作者再三强调的应变数据识别方法，认识和理解方法所包含的物理意义，是正确应用的基础和前提。因此，有必要将前面章节反演的识别公式和量化前兆方法进行简要归纳（表13-1）。

表13-1 地震前兆的地壳断裂流变动力学识别方法公式一览表

阶段	内容
危险度理论分析（Ⅰ）	地应变数据 → 正加速量分布 / 负加速量分布 → 正加速量群子统计参数 R_1^+, R_2^+, N^+, n^+ / 负加速量群子统计参数 R_1^-, R_2^-, N^-, n^- → 第一危险度 R_1^+, R_2^+；第三危险度 $N^-/N^+, n^-/n^+$；第二危险度 R_1^-, R_2^-
孕震阶段分析（Ⅱ）	回顾性前兆分析：(N^-/N^+)—时间关系；$\left(\dfrac{R_1^+ \cdot R_2^+}{R_1^- \cdot R_2^-} + \dfrac{R_1^- \cdot R_2^-}{R_1^+ \cdot R_2^+}\right)\left(\dfrac{N^-}{N^+}\right)^3$—时间关系
孕震趋势分析（Ⅲ）	前瞻性前兆识别（考察孕震过程的连惯性和可持续性）：(N^-/N^+)—时间关系的二次加速；$\left(\dfrac{R_1^+ \cdot R_2^+}{R_1^- \cdot R_2^-} + \dfrac{R_1^- \cdot R_2^-}{R_1^+ \cdot R_2^+}\right)\left(\dfrac{N^-}{N^+}\right)^3$—时间关系的二次加速
迫震或临震状态量化特征与孕震过程无关（Ⅳ）	预警信息识别：$\left(\dfrac{R_1^+ \cdot R_2^+}{R_1^- \cdot R_2^-} + \dfrac{R_1^- \cdot R_2^-}{R_1^+ \cdot R_2^+}\right)$—时间关系；$\left[\left(\dfrac{N^- - N^+}{N^+}\right) + \left(\dfrac{n^- - n^+}{n^+}\right)\right]^3$—时间关系 $\Rightarrow \left(\dfrac{R_1^+ \cdot R_2^+}{R_1^- \cdot R_2^-} + \dfrac{R_1^- \cdot R_2^-}{R_1^+ \cdot R_2^+}\right)\left(\dfrac{N^- - N^+}{N^+} + \dfrac{n^- - n^+}{n^+}\right)^3$—时间关系
发布预警信号（Ⅴ）	通过重力、倾斜、应力、电场、磁场、电磁场干扰等其他前兆观测手段，进一步量化短临或临震状态特征，确定"时空强"三要素，以便发布预警信息。

1. 应变过程的异常特征

在表 13-1 识别系统中,理论上的危险度分析(Ⅰ)主要反映应变过程、状态及异常程度,由于地壳内应力是一个容易受外在环境和条件影响的动态变化过程,在异常过程中的数据变化幅度大、频次多,容易造成异常情况比较多的前兆识别误读。但大多数异常情况是偶发性的,没有异常的持续性及加速增量势头;当少数异常情况达到了地壳断裂流变动力学条件,才具有趋势意义。

2. 地震前兆状态、过程及异常的量化特征

回顾性前兆分析(Ⅱ)是指通过对历史震例前兆应变过程数据的全面分析、识别,量化地震前兆过程、状态,分析应变由常态-异常态-危险态-高危态的演进特征,判断地壳应力加载、拉锯、突变、缓静、迫震、临震趋势,反映地壳内应力与固体潮汐引力之间的抗争过程。

3. 孕震趋势

前瞻性前兆识别(Ⅲ)实际上是利用数学上二次微商研究转折点的原理,对回顾性前兆进行二次加速的方法,进一步量化"潜力"和"突击力"之间比例关系,掌握应变过程的连贯性和可持续性,确定未来必然趋势。

4. 应变危险态与高危态的量化特征

预警信息前兆识别(Ⅳ)是对应变危险态或高危态的警示,与应变的异常过程无关。

四、对地震强度前兆特征量化的两种识别方法

1. 应变加速值速率参数——强度大于 6 级的地震前兆识别方法

$$\left[\left(\frac{N^- - N^+}{N^+}\right) + \left(\frac{n^- - n^+}{n^+}\right)\right]^3 、 \left(\frac{R_1^+ \cdot R_2^+}{R_1^- \cdot R_2^-} + \frac{R_1^- \cdot R_2^-}{R_1^+ \cdot R_2^+}\right) 及 \left(\frac{R_1^+ \cdot R_2^+}{R_1^- \cdot R_2^-} + \frac{R_1^- \cdot R_2^-}{R_1^+ \cdot R_2^+}\right)\left(\frac{N^- - N^+}{N^+} + \frac{n^- - n^+}{n^+}\right)^3$$

体现的是地壳应力应变加速值的速率变化状态。通过对汶川特大地震的反演,以及对之后的一年来我国大陆地区及临近国家和地区发生的不同强度地震前应变数据的识别应用,作者总结出更为细化具体的地震前兆量化特征——地震强度反映在应变加速值参数的应用上需要采用不同的量化识别方法。

$$\left[\left(\frac{N^- - N^+}{N^+}\right) + \left(\frac{n^- - n^+}{n^+}\right)\right]^3 、 \left(\frac{R_1^+ \cdot R_2^+}{R_1^- \cdot R_2^-} + \frac{R_1^- \cdot R_2^-}{R_1^+ \cdot R_2^+}\right) 及 \left(\frac{R_1^+ \cdot R_2^+}{R_1^- \cdot R_2^-} + \frac{R_1^- \cdot R_2^-}{R_1^+ \cdot R_2^+}\right)\left(\frac{N^- - N^+}{N^+} + \frac{n^- - n^+}{n^+}\right)^3$$

参数的曲线可以体现出地震前兆危险态的短临特征和高危态的临震特征。反过来推导,如果从应变加速值速率参数曲线中难以分辨出地震前兆的危险态短临特征和高危态的临震特征,那么,我们基本上可以判断地震强度不会大于 6 级。

2. 应变加速值速率参数——强度小于 6 级的地震前兆识别方法

如果 $\left[\left(\frac{N^- - N^+}{N^+}\right) + \left(\frac{n^- - n^+}{n^+}\right)\right]^3 、 \left(\frac{R_1^+ \cdot R_2^+}{R_1^- \cdot R_2^-} + \frac{R_1^- \cdot R_2^-}{R_1^+ \cdot R_2^+}\right) 及 \left(\frac{R_1^+ \cdot R_2^+}{R_1^- \cdot R_2^-} + \frac{R_1^- \cdot R_2^-}{R_1^+ \cdot R_2^+}\right)\left(\frac{N^- - N^+}{N^+} + \frac{n^- - n^+}{n^+}\right)^3$

对地震前兆的识别体现不出应变加速值危险态的短临特征和高危态的临震特征,那么就意味着地震强度不会大于 6 级,但是当采用 $\left(\frac{R_1^+ \cdot R_2^+}{R_1^- \cdot R_2^-} + \frac{R_1^- \cdot R_2^-}{R_1^+ \cdot R_2^+}\right) 及 \left(\frac{R_1^+ \cdot R_2^+}{R_1^- \cdot R_2^-} + \frac{R_1^- \cdot R_2^-}{R_1^+ \cdot R_2^+}\right)\left(\frac{N^- - N^+}{N^+} + \frac{n^- - n^+}{n^+}\right)^3$ 的正值取对数极大值时,就可以预测到强度小于 6 级的地震,从中能看到某些前兆的不同阶段,不同状态的量化特征,为不同强度的地震应急反应提供依据。

五、震例背景和应用举例

1. 震例背景

2009 年 1 月 1 日—6 月 30 日(阴历 2008 年 12 月 6 日—5 月 8 日)全球地震背景:

四川省德阳市什邡市、绵竹市交界发生 5.0 级地震

据中国地震台网测定,北京时间 2009-06-30 15:22 在四川省德阳市什邡市、绵竹市交界(北纬

31.5°,东经104.0°)发生5.0级地震。

四川省德阳市什邡市、绵竹市交界发生3.0级地震

据中国地震台网测定,北京时间2009－06－30 08:43在四川省德阳市什邡市、绵竹市交界(北纬31.5°,东经104.0°)发生3.0级地震。

四川省德阳市什邡市、绵竹市交界发生3.7级地震

据中国地震台网测定,北京时间2009－06－30 03:51在四川省德阳市什邡市、绵竹市交界(北纬31.5°,东经104.0°)发生3.7级地震。

四川省德阳市什邡市、绵竹市交界发生3.3级地震

据中国地震台网测定,北京时间2009－06－30 02:53在四川省德阳市什邡市、绵竹市交界(北纬31.5°,东经104.0°)发生3.3级地震。

四川省德阳市绵竹市发生5.6级地震

据中国地震台网测定,北京时间2009－06－30 02:03在四川省德阳市绵竹市(北纬31.4°,东经104.1°)发生5.6级地震。

台湾以东海域发生5.1级地震

据中国地震台网测定,北京时间2009－06－28 17:34在台湾以东海域(北纬24.2°,东经121.8°)发生5.1级地震。

新爱尔兰地区发生6.6级地震

据中国地震台网测定,2009－06－23 22:19在新爱尔兰地区(南纬5.3°,东经153.4°)发生6.6级地震。

哈萨克斯坦发生5.6级地震

据中国地震台网测定,2009－06－14 1:17在哈萨克斯坦(北纬44.6°,东经79.2°)发生5.6级地震。

黄海海域发生4.1级地震

据中国地震台网测定,北京时间2009－06－08 23:19在黄海海域(北纬39.2°,东经123.3°)发生4.1级地震。

中大西洋海岭北部发生6.0级地震

据中国地震台网测定,2009－06－07 4:33在中大西洋海岭北部(北纬23.8°,西经46.0°)发生6.0级地震

日本北海道地区发生6.3级地震

据中国地震台网测定,2009－06－05 11:30在日本北海道地区(北纬41.6°,东经143.7°)发生6.3级地震。

瓦努阿图发生6.4级地震

据中国地震台网测定,2009－06－02 10:17在瓦努阿图(南纬17.8°,东经168.9°)发生6.4级地震。

2009－05－28加勒比海发生7级地震

2009－05－22新疆维吾尔自治区喀什地区叶城县、和田地区皮山县交界发生5.2级地震

2009－05－16克马德克群岛地区发生6.4级地震

2009－05－10黑龙江省绥化市安达市发生4.5级地震

2009－04－22新疆维吾尔自治区克孜勒苏柯尔克孜自治州阿图什市发生5.0级地震

2009－04－19塔劳群岛发生6.1级地震

2009－04－19新疆维吾尔自治区克孜勒苏柯尔克孜自治州阿合奇县发生5.5级地震

2009－04－19千岛群岛发生6.6级地震

2009－04－18吉林省珲春市与俄罗斯交界发生5.3级地震

2009－04－18克马德克群岛地区发生6.1级地震

2009－04－17智利北部海岸近海发生6.1级地震

2009－04－16南桑德韦奇群岛地区发生6.7级地震

2009－04－16 印尼苏门答腊南部发生 6.5 级地震
2009－04－07 千岛群岛地区发生 6.6 级地震
2009－04－06 意大利中部地区发生 6.4 级地震
2009－04－04 菲律宾群岛地区发生 6.0 级地震
2009－04－01 新几内亚北海岸近海发生 6.3 级地震
2009－03－28 山西省忻州市原平市发生 4.2 级地震
2009－03－22 贵州省毕节地区威宁彝族、回族、苗族自治县发生 4.7 级地震
2009－03－20 吉林省四平市伊通满族自治县、公主岭市交界发生 4.3 级地震
2009－03－20 汤加地区发生 7.9 级地震
2009－03－06 斯瓦巴德以北地区发生 6.8 级地震
2009－02－28 南桑德韦奇群岛地区发生 6.3 级地震
2009－02－20 新疆维吾尔自治区阿克苏地区柯坪县发生 5.2 级地震
2009－02－19 克马德克群岛地区发生 7.3 级地震
2009－02－12 塔劳群岛发生 7.2 级地震
2009－02－12 塔劳群岛发生 6.1 级地震
2009－01－25 新疆维吾尔自治区伊犁哈萨克自治州察布查尔锡伯自治县发生 5.0 级地震
2009－01－17 贵州省毕节地区威宁彝族、回族、苗族自治县发生 4.0 级地震
2009－01－16 千岛群岛地区发生 7.3 级地震
2009－01－15 四川省阿坝藏族、羌族自治州汶川县发生 5.1 级地震
2009－01－04 印度尼西亚巴布亚群岛北部发生 7.5 级地震
2009－01－04 台湾花莲以东海域发生 5.0 级地震
2009－01－04 印度尼西亚巴布亚群岛北部发生 7.7 级地震
2009－01－04 阿富汗兴都库什地区发生 6.2 级地震

2. 应用举例

为了方便理解，下面列举了 4 种参数：N^-/N^+、$\left[\left(\dfrac{N^- - N^+}{N^+}\right) + \left(\dfrac{n^- - n^+}{n^+}\right)\right]^3$、$\left(\dfrac{R_1^+ \cdot R_2^+}{R_1^- \cdot R_2^-} + \dfrac{R_1^- \cdot R_2^-}{R_1^+ \cdot R_2^+}\right)$、$\left(\dfrac{R_1^+ \cdot R_2^+}{R_1^- \cdot R_2^-} + \dfrac{R_1^- \cdot R_2^-}{R_1^+ \cdot R_2^+}\right)\left(\dfrac{N^- - N^+}{N^+} + \dfrac{n^- - n^+}{n^+}\right)^3$ 与时间关系的一系列图形。在应用过程中，作者强调以下需要注意的几个要点。

(1)地震前兆识别过程是一个递进的动态过程，不会出现下列图形中所显示的多个极大值情况。实际上在地震前兆中出现一次短临危险态或临震高危态极大值量化特征后几天，就会发生地震，然后就是新一轮的孕震过程所反映的阶段特征。每次地震前兆的量化状态和临震高值都是一个完整的过程，周而复始，尽管前兆强度不同，变化量和速率也不同，但是其前兆孕震过程和状态的量化特征基本相似。

(2)在地震前兆识别实践中，必须坚持距离就近原则，在基本判断临近地震危险区域和初步量化孕震的短临危险态之后，再根据数据的时间、频率和参数的关联性，参照其他应变台站的数据变化情况，进一步印证应变观测数据的可靠性和地震危险区域的确定性。

(3)在地震前兆识别过程中，如果出现多个参数极限值，既需要依据主应变确定方位，也需要按照地质构造和地震历史分析地震危险最可几区域，还需要依据固体潮汐作用背景判断异常或危险强度。"地震动力学统计方法"也能提供地震危险最可几强度的背景参考，以及其他前兆观测体系的量化特征。确定震源位置之后，才能根据震源位置建立起强度和时间关联的应变数据参照范围，避免地震危险扩大化，提高识别精度和预测准度。

(4)由于每个应变台数据变化的 4 种曲线图形仅限于 4 种参数与时间的关系，而没有对数的参数，所以，有些强度稍弱的地震前兆，其量化特征并不很明显。

(5)通过作者提出的地震前兆识别方法的应用可以发现，四分量钻孔应变仪存在客观上的技术局

限:一是钻孔安装条件不尽相同,造成应变传感也不同,灵敏度存在差别;二是应变台与应变台之间没有参照性,相互印证缺乏,应变观测数据没有距离逻辑上的量级对应关系;三是应变仪工作时间长短,因钻孔固化和环境侵蚀条件变化,观测数据存在灵敏度差别,无法反映应变连续性和历史可比性;四是灵敏度高是双刃剑,在清晰反映固体潮汐作用规律和应力应变过程的同时,无法屏蔽干扰信息,包括气压、雷电、风暴、降水等气象干扰和抽水、碾压、爆炸、声响等人为活动干扰,都会影响数据的真实性和可靠性。

(6)作者提出的地震前兆识别方法中的"取对数"是突出量级,放大应变加速能级,体现应变加速过程所需的"活化能",也就是通过应变加速值群子参数直接"取对数",可以进一步体现地壳应力与固体潮汐作用力之间失衡竞争的能级(或强度)变化特征,适用于地震前兆量化特征不明显的孕震状态识别。

第一部分:2009年上半年西南地区各个应变台的孕震情况

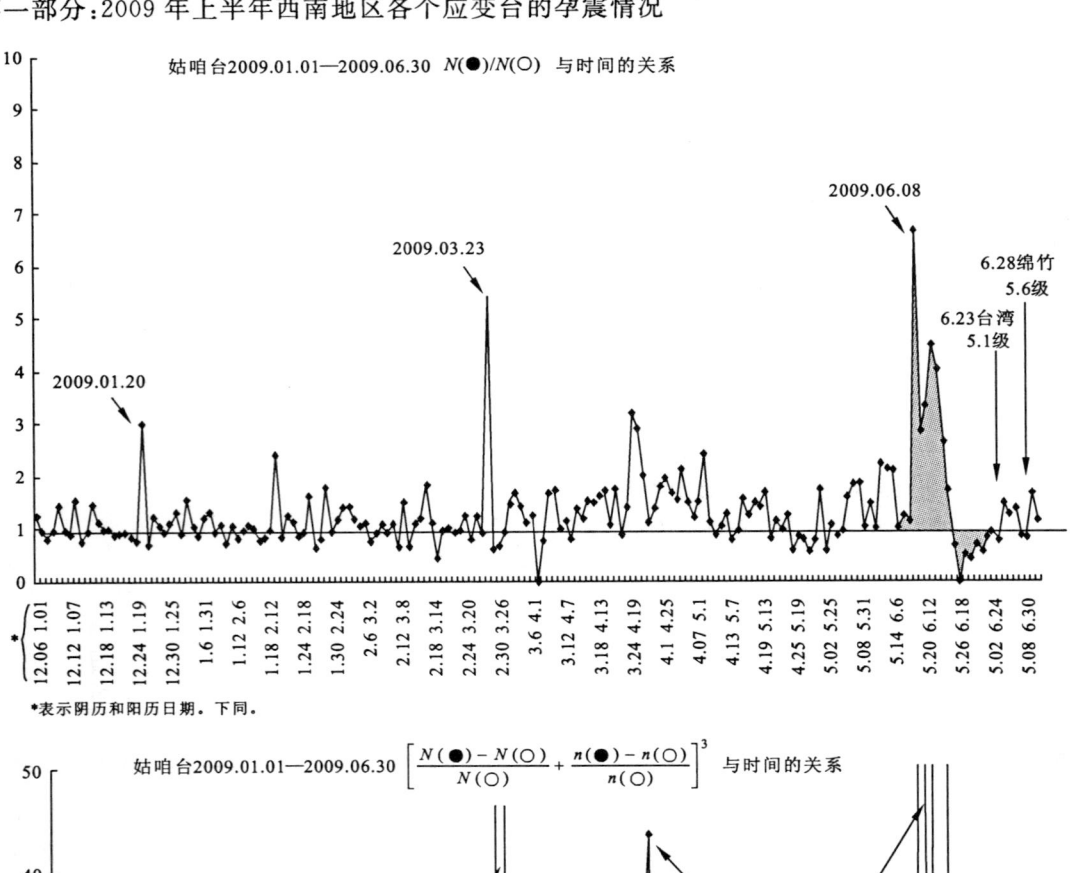

*表示阴历和阳历日期。下同。

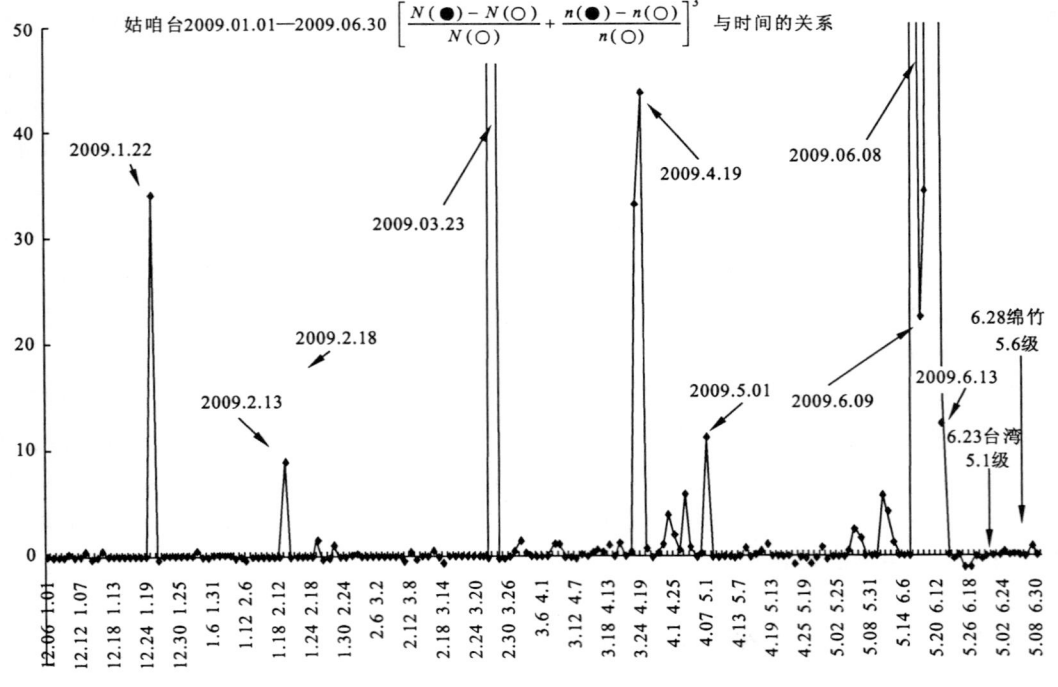

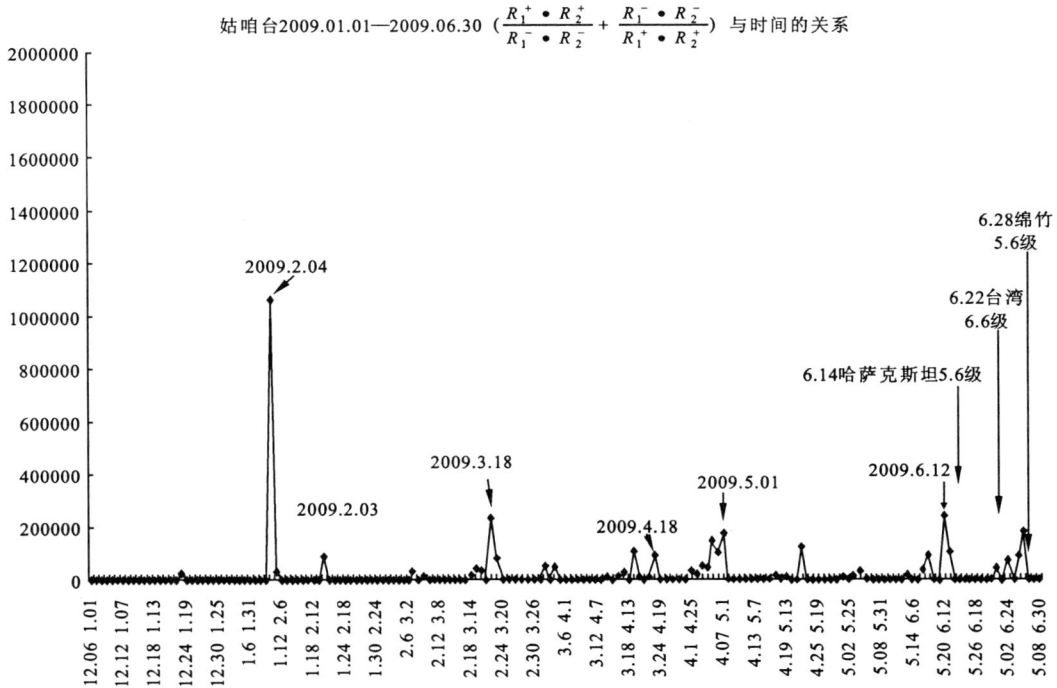

姑咱台2009.01.01—2009.06.30（$\frac{R_1^+ \cdot R_2^+}{R_1^- \cdot R_2^-} + \frac{R_1^- \cdot R_2^-}{R_1^+ \cdot R_2^+}$）与时间的关系

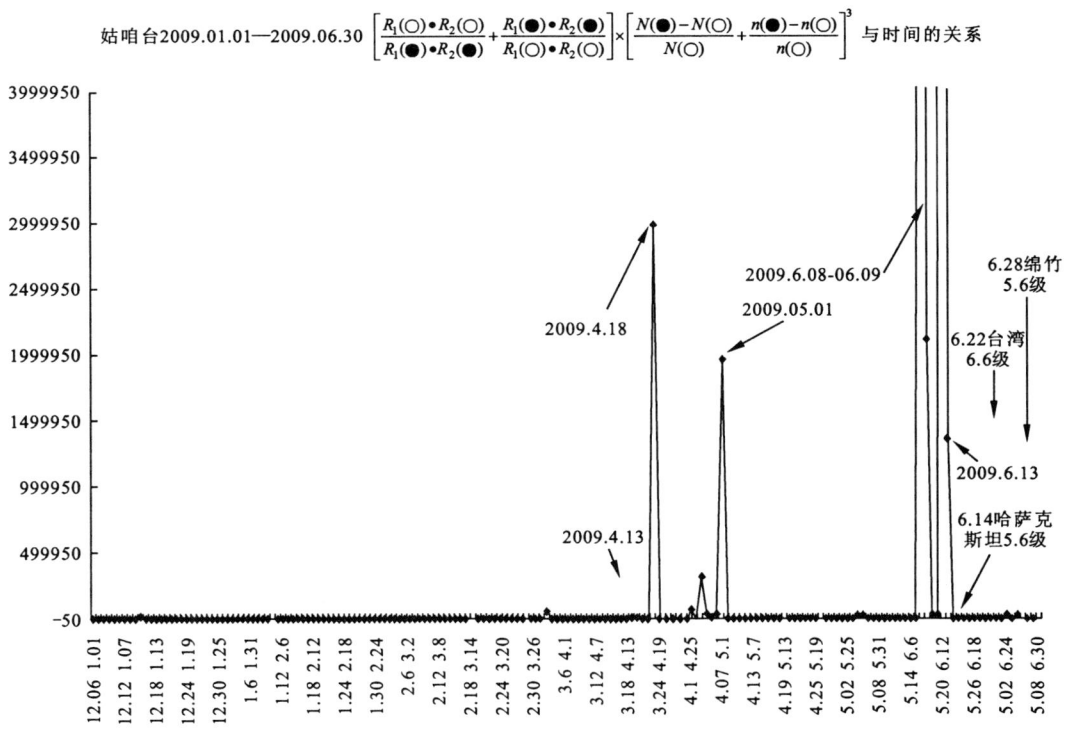

姑咱台2009.01.01—2009.06.30 $\left[\frac{R_1(\bigcirc) \cdot R_2(\bigcirc)}{R_1(\bullet) \cdot R_2(\bullet)} + \frac{R_1(\bullet) \cdot R_2(\bullet)}{R_1(\bigcirc) \cdot R_2(\bigcirc)}\right] \times \left[\frac{N(\bullet) - N(\bigcirc)}{N(\bigcirc)} + \frac{n(\bullet) - n(\bigcirc)}{n(\bigcirc)}\right]^3$ 与时间的关系

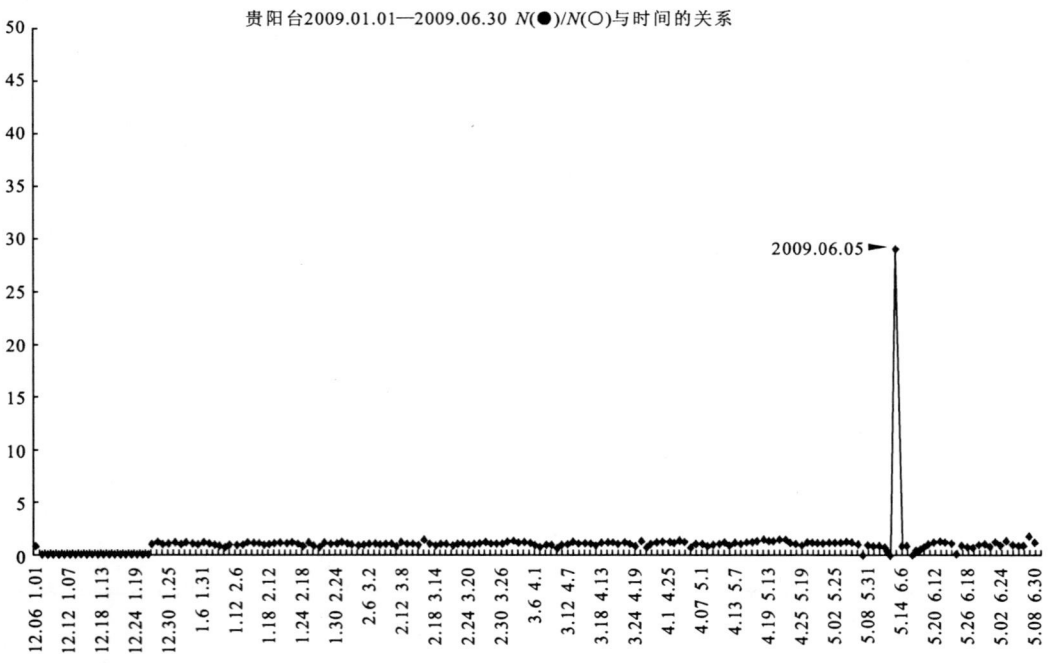

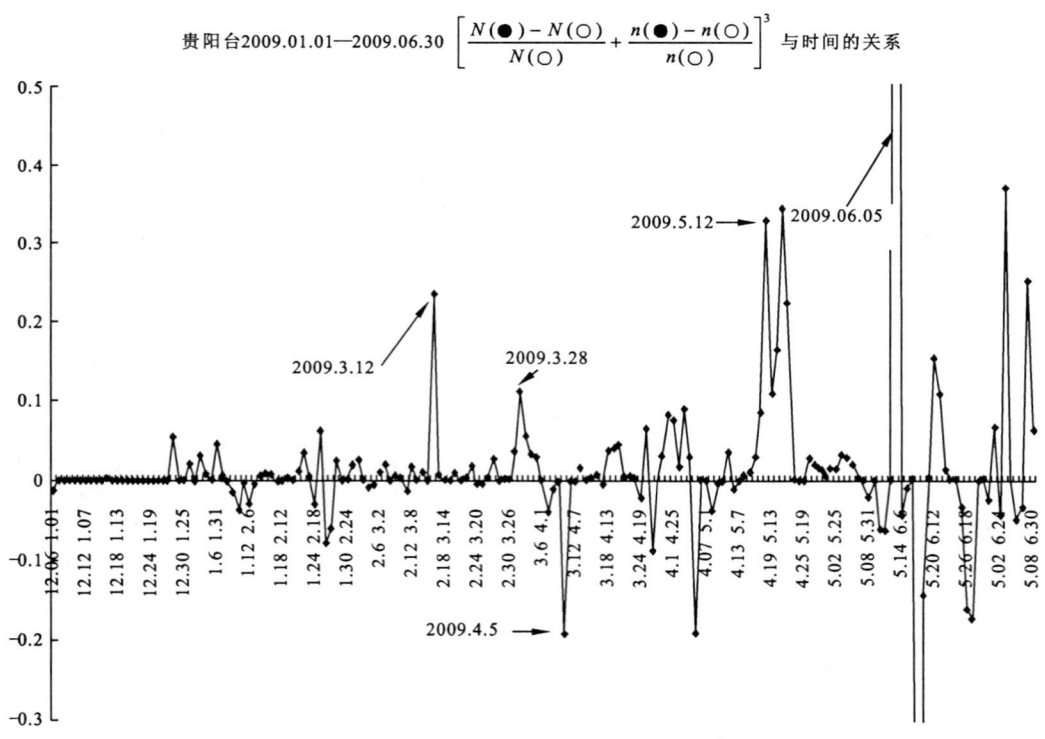

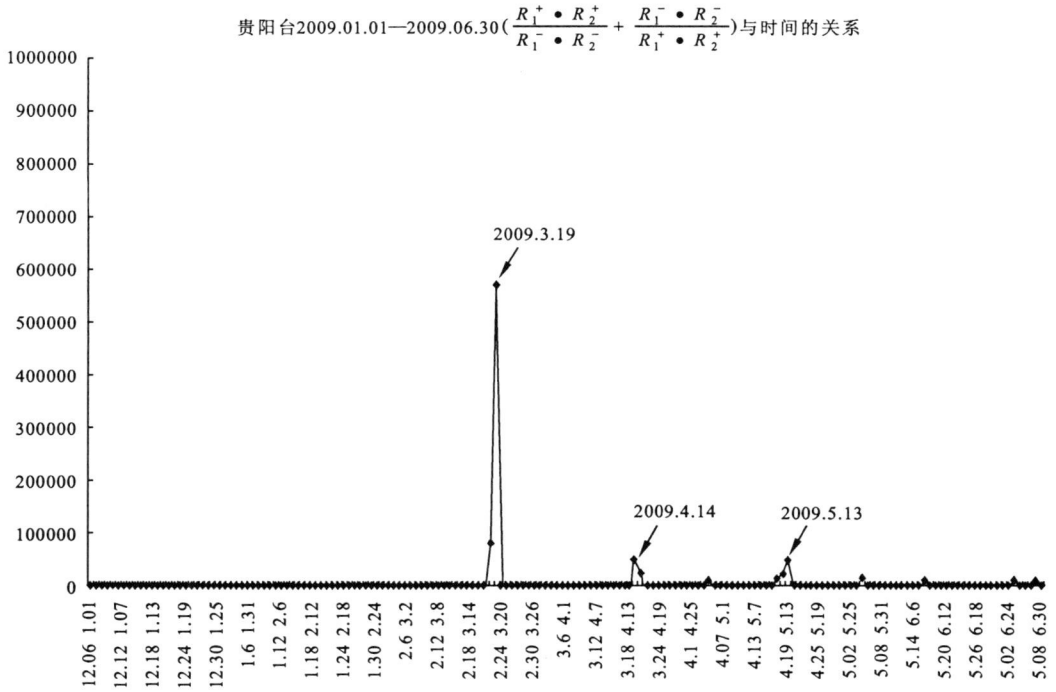

贵阳台2009.01.01—2009.06.30 $(\frac{R_1^+ \cdot R_2^+}{R_1^- \cdot R_2^-} + \frac{R_1^- \cdot R_2^-}{R_1^+ \cdot R_2^+})$ 与时间的关系

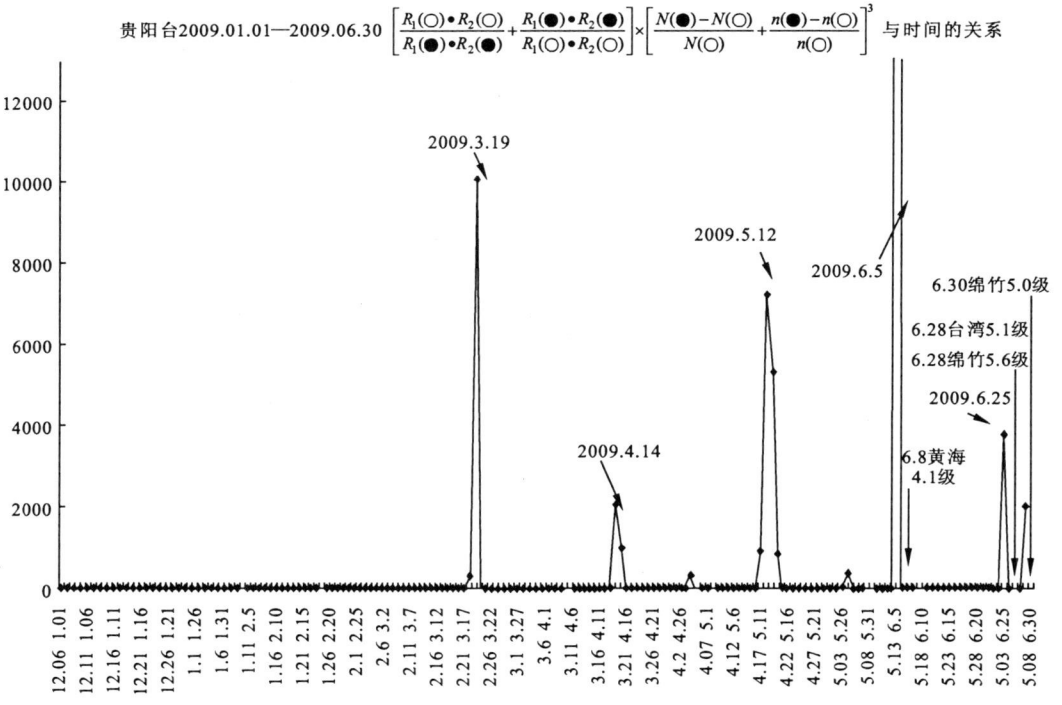

贵阳台2009.01.01—2009.06.30 $\left[\frac{R_1(\bigcirc) \cdot R_2(\bigcirc)}{R_1(\bullet) \cdot R_2(\bullet)} + \frac{R_1(\bullet) \cdot R_2(\bullet)}{R_1(\bigcirc) \cdot R_2(\bigcirc)}\right] \times \left[\frac{N(\bullet) - N(\bigcirc)}{N(\bigcirc)} + \frac{n(\bullet) - n(\bigcirc)}{n(\bigcirc)}\right]^3$ 与时间的关系

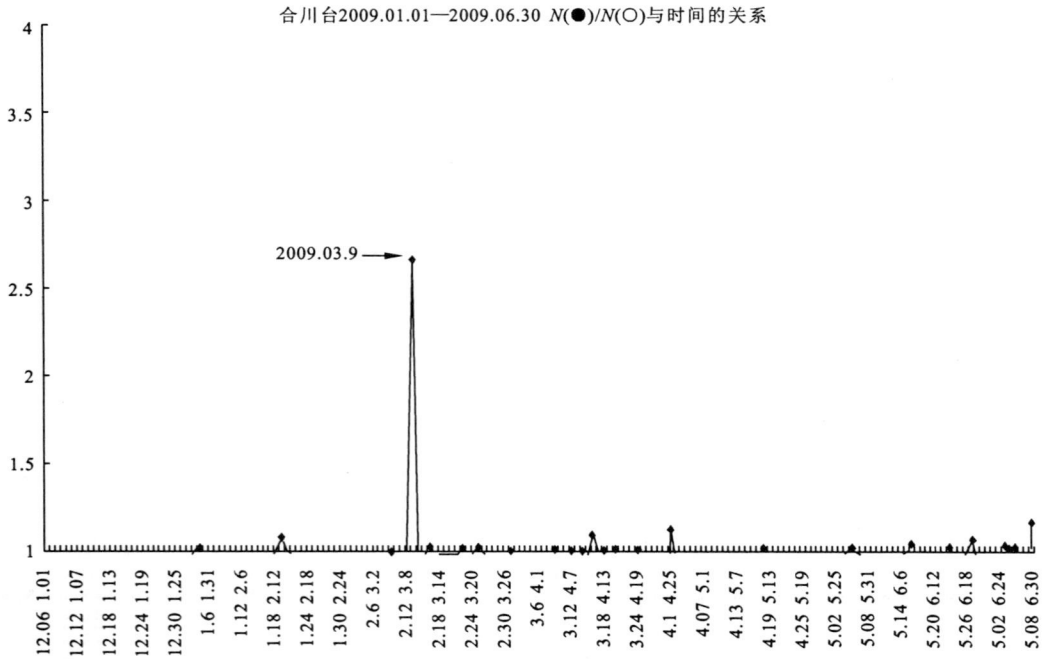

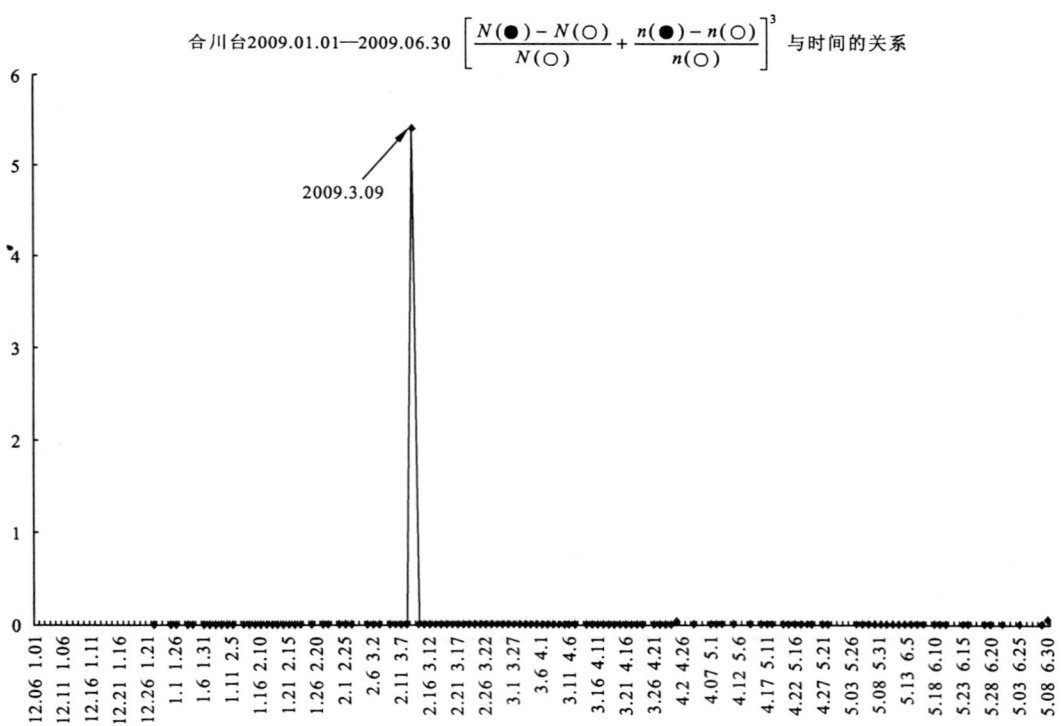

第十三章 地震前兆识别与地震预测方法的反演与应用

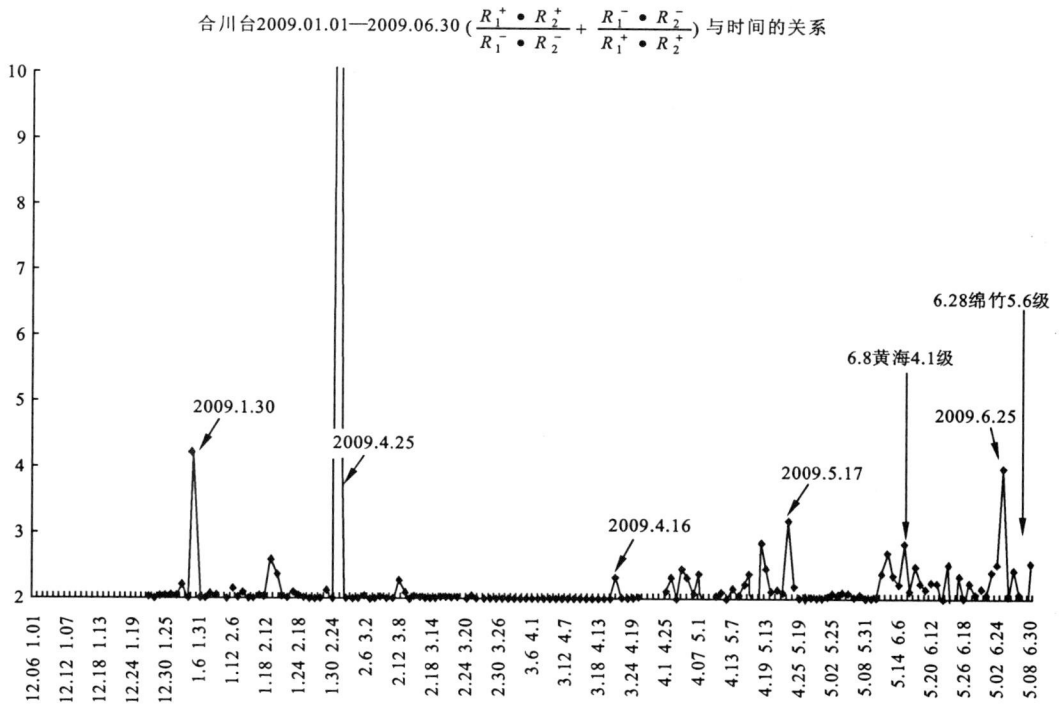

合川台2009.01.01—2009.06.30 $\left(\dfrac{R_1^+ \cdot R_2^+}{R_1^- \cdot R_2^-} + \dfrac{R_1^- \cdot R_2^-}{R_1^+ \cdot R_2^+}\right)$ 与时间的关系

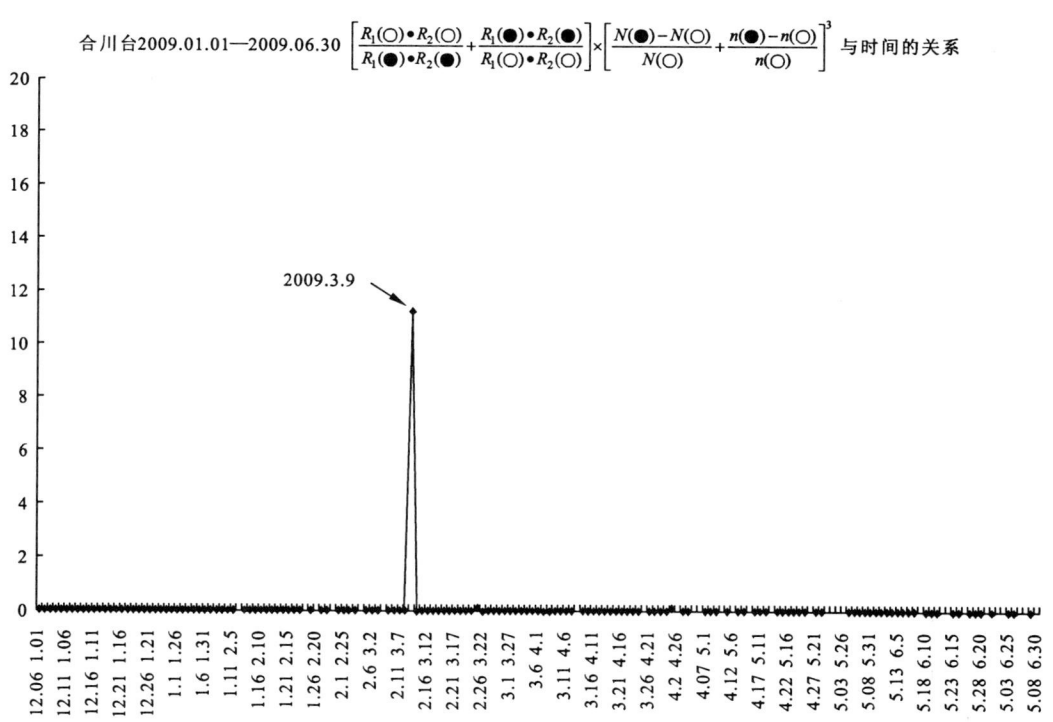

合川台2009.01.01—2009.06.30 $\left[\dfrac{R_1(\bigcirc) \cdot R_2(\bigcirc)}{R_1(\bullet) \cdot R_2(\bullet)} + \dfrac{R_1(\bullet) \cdot R_2(\bullet)}{R_1(\bigcirc) \cdot R_2(\bigcirc)}\right] \times \left[\dfrac{N(\bullet) - N(\bigcirc)}{N(\bigcirc)} + \dfrac{n(\bullet) - n(\bigcirc)}{n(\bigcirc)}\right]^3$ 与时间的关系

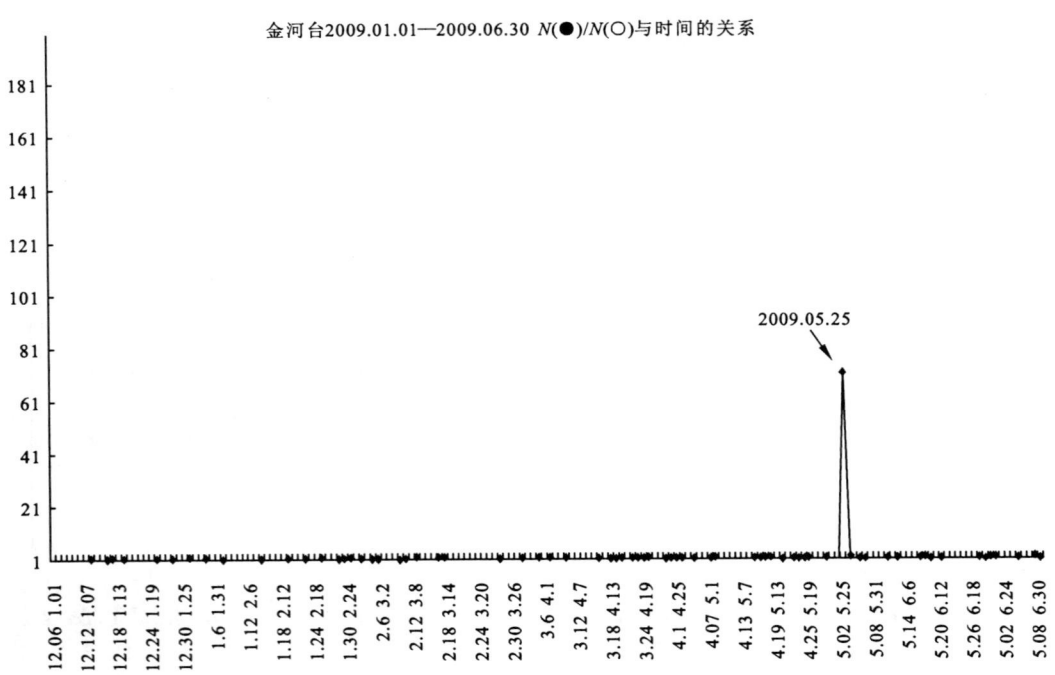

金河台2009.01.01—2009.06.30 $N(\bullet)/N(\bigcirc)$与时间的关系

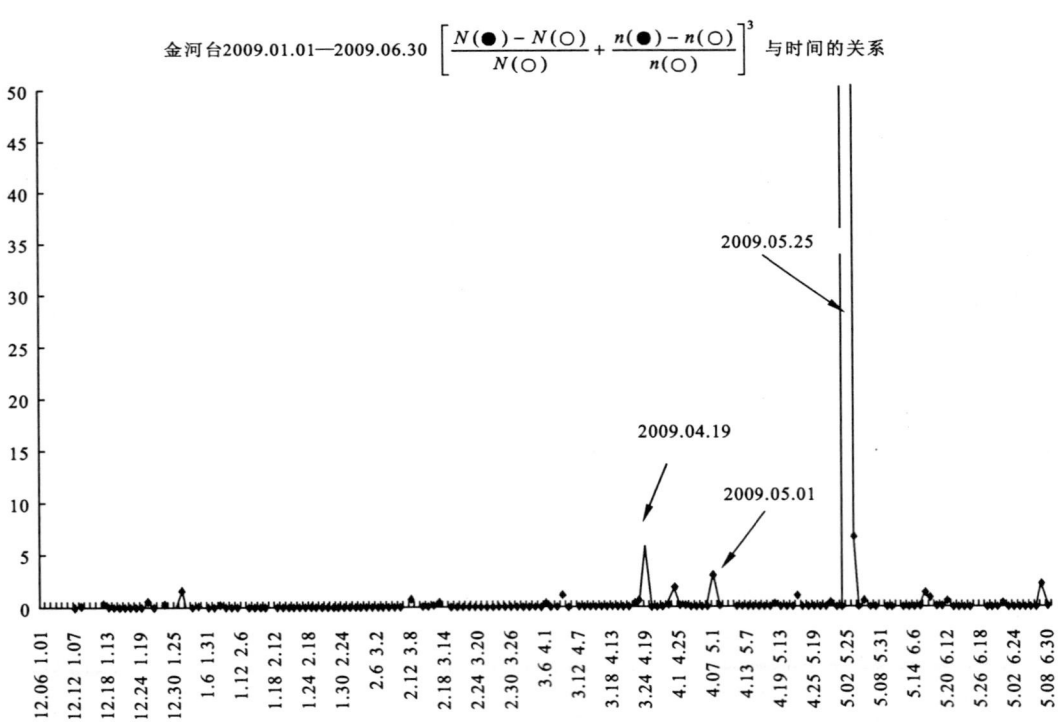

金河台2009.01.01—2009.06.30 $\left[\dfrac{N(\bullet)-N(\bigcirc)}{N(\bigcirc)}+\dfrac{n(\bullet)-n(\bigcirc)}{n(\bigcirc)}\right]^3$与时间的关系

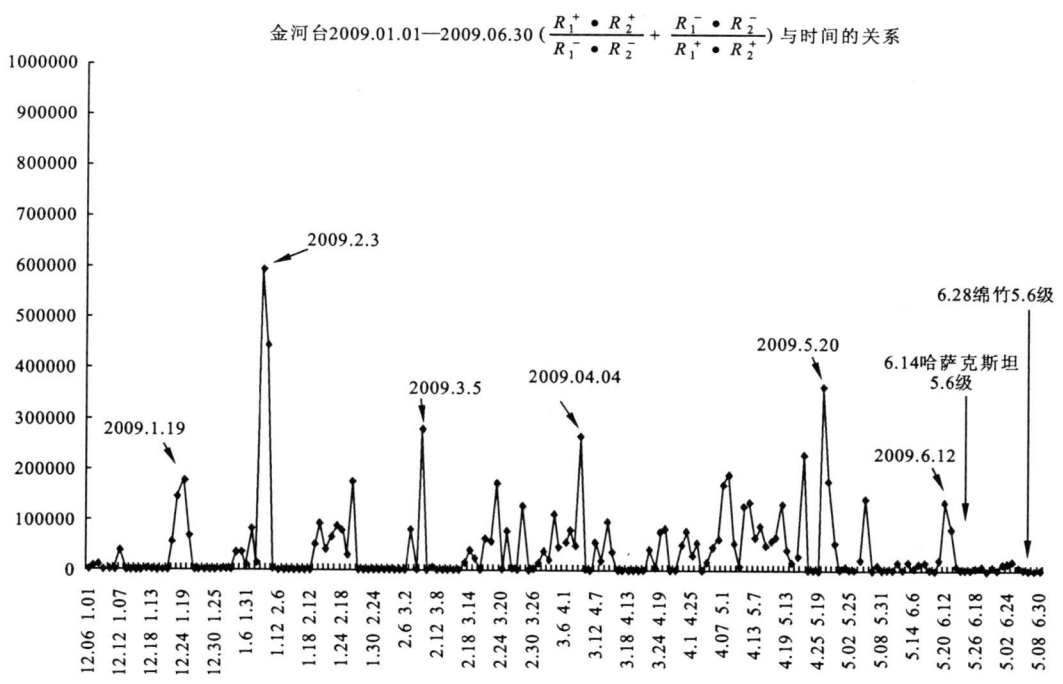

金河台2009.01.01—2009.06.30 ($\frac{R_1^+ \cdot R_2^+}{R_1^- \cdot R_2^-} + \frac{R_1^- \cdot R_2^-}{R_1^+ \cdot R_2^+}$) 与时间的关系

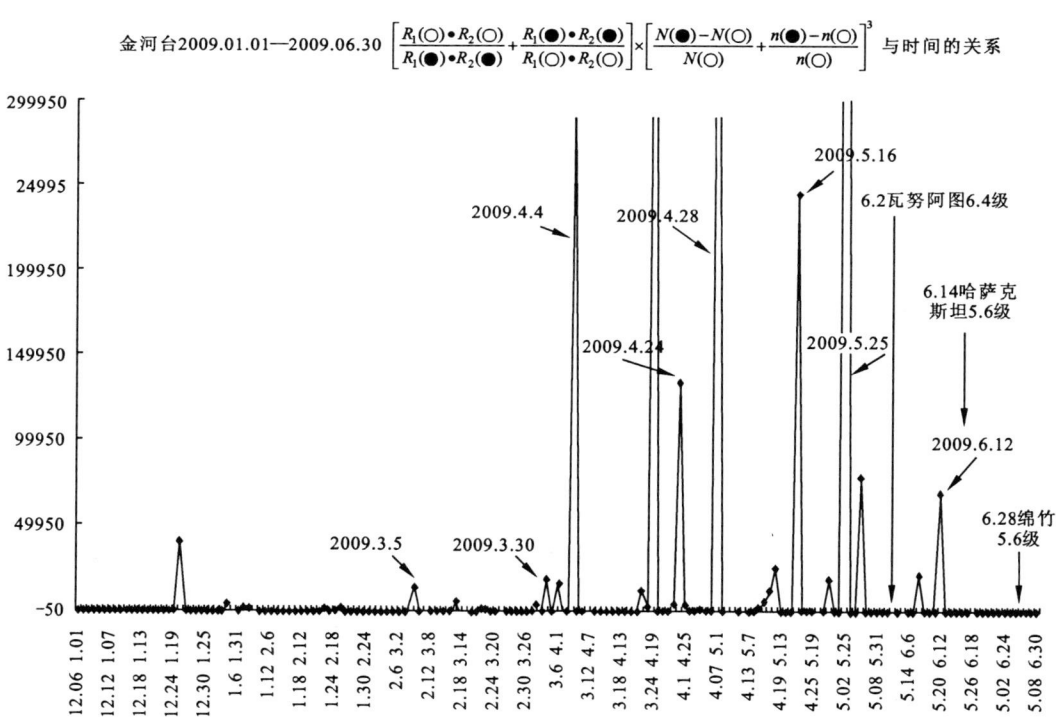

金河台2009.01.01—2009.06.30 $\left[\frac{R_1(\bigcirc) \cdot R_2(\bigcirc)}{R_1(\bullet) \cdot R_2(\bullet)} + \frac{R_1(\bullet) \cdot R_2(\bullet)}{R_1(\bigcirc) \cdot R_2(\bigcirc)}\right] \times \left[\frac{N(\bullet) - N(\bigcirc)}{N(\bigcirc)} + \frac{n(\bullet) - n(\bigcirc)}{n(\bigcirc)}\right]^3$ 与时间的关系

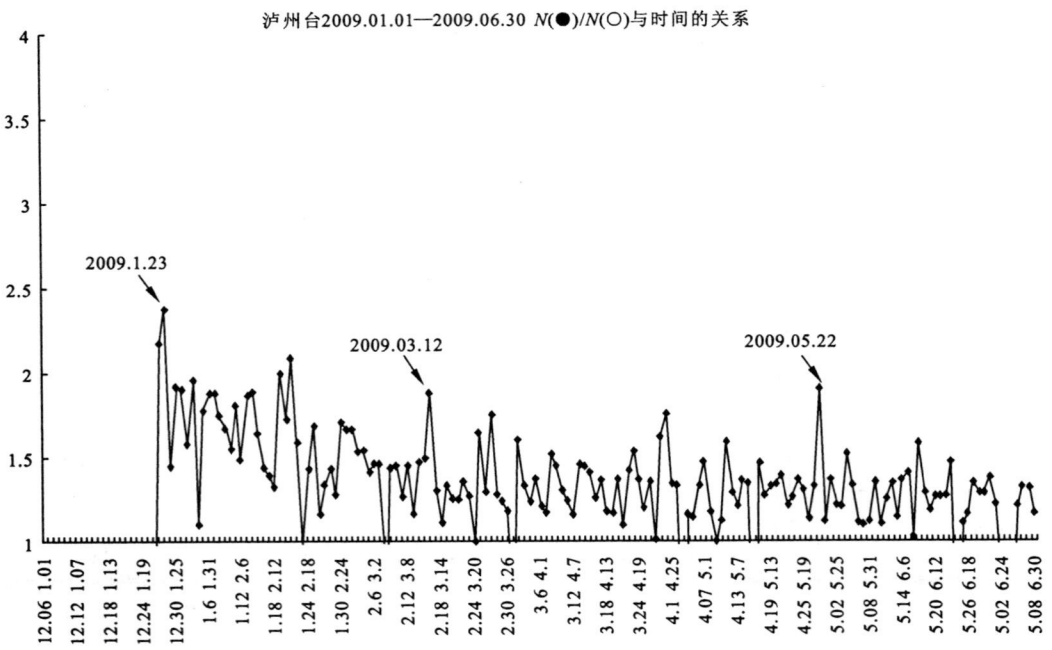

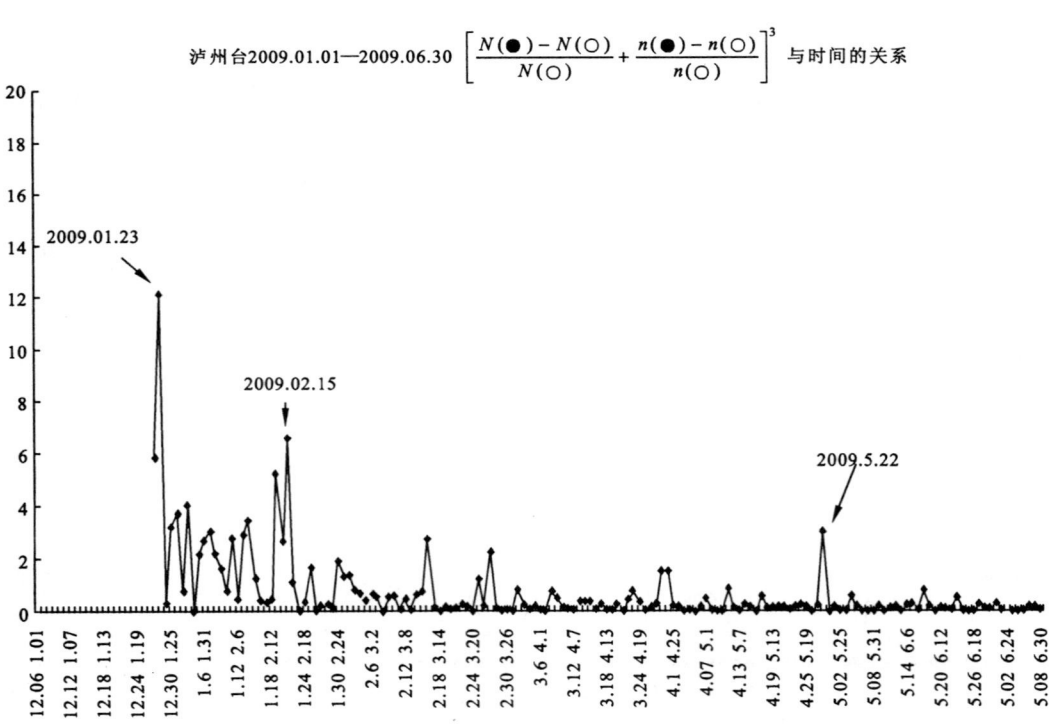

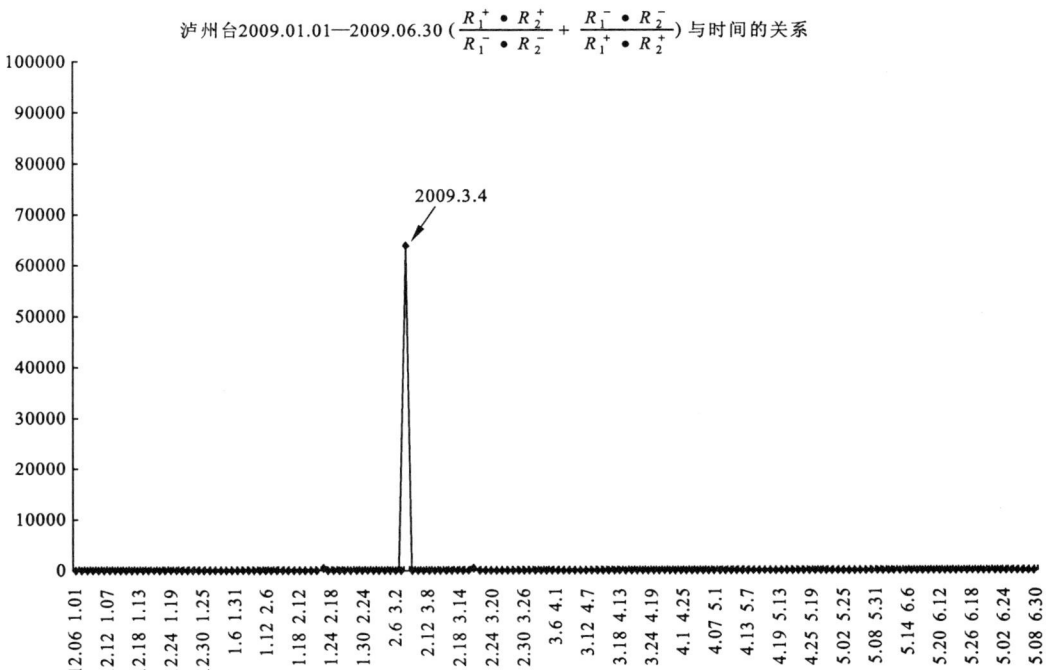

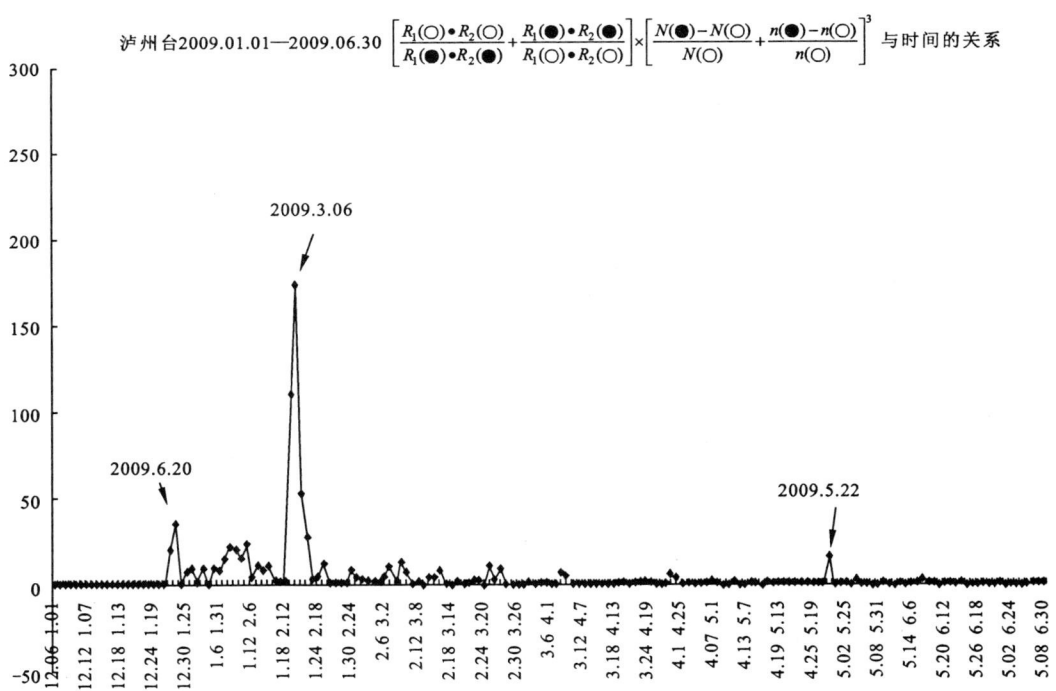

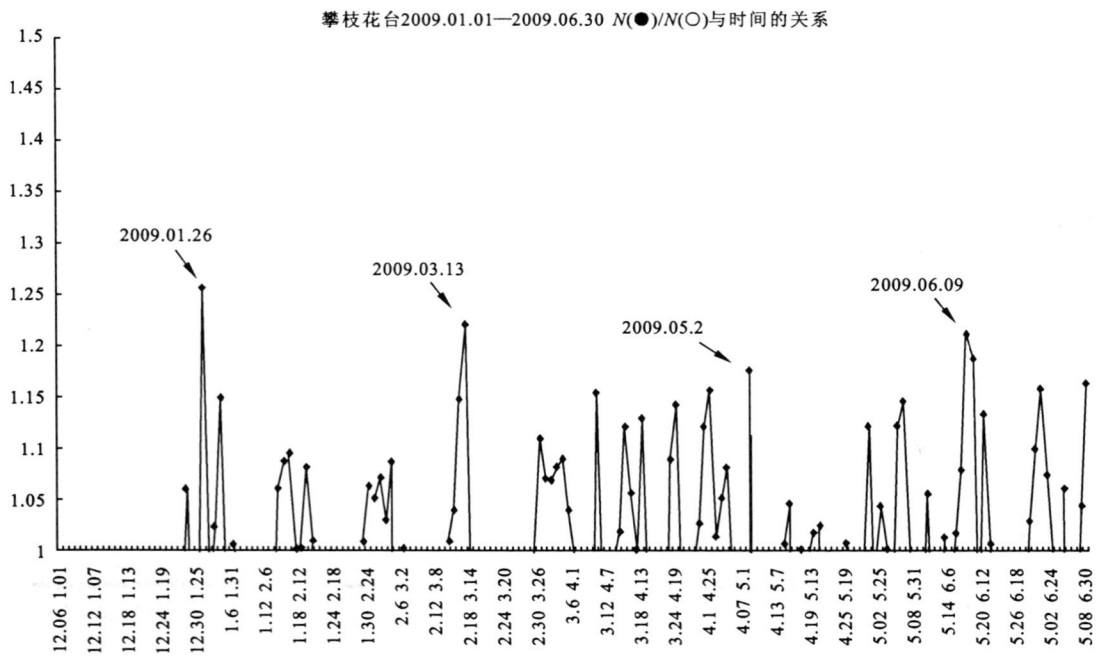

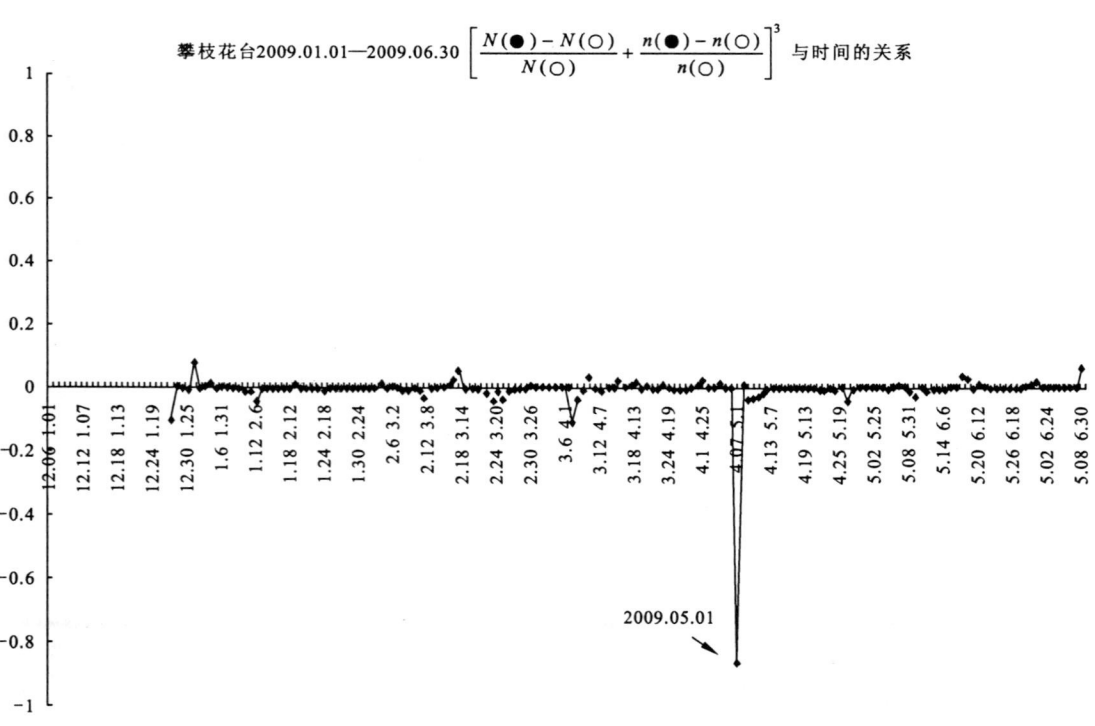

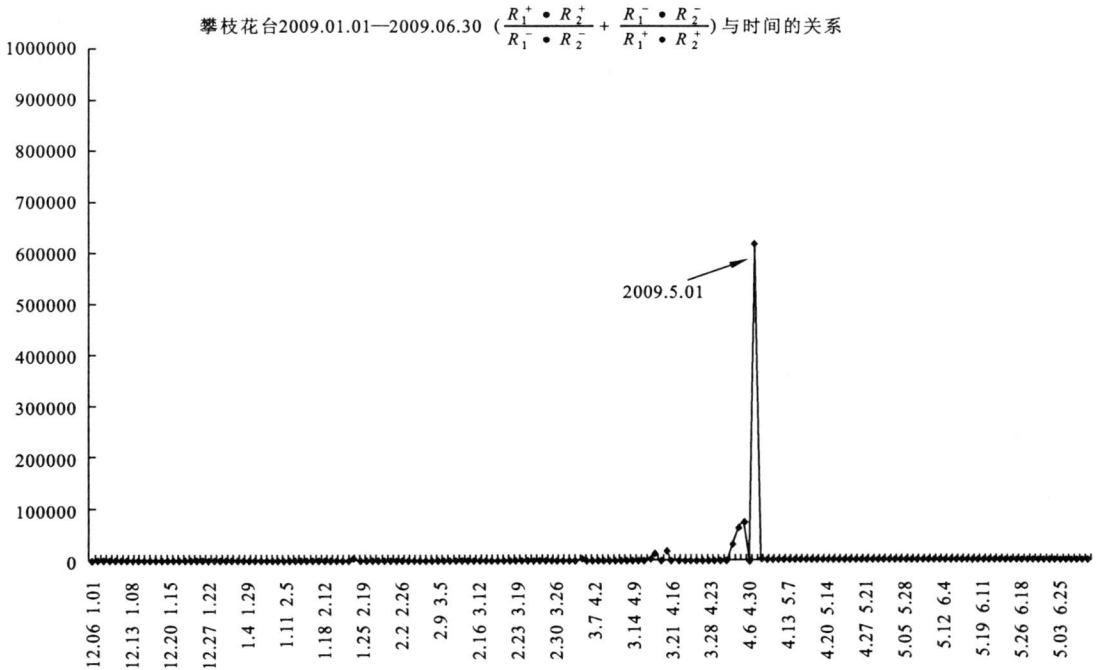

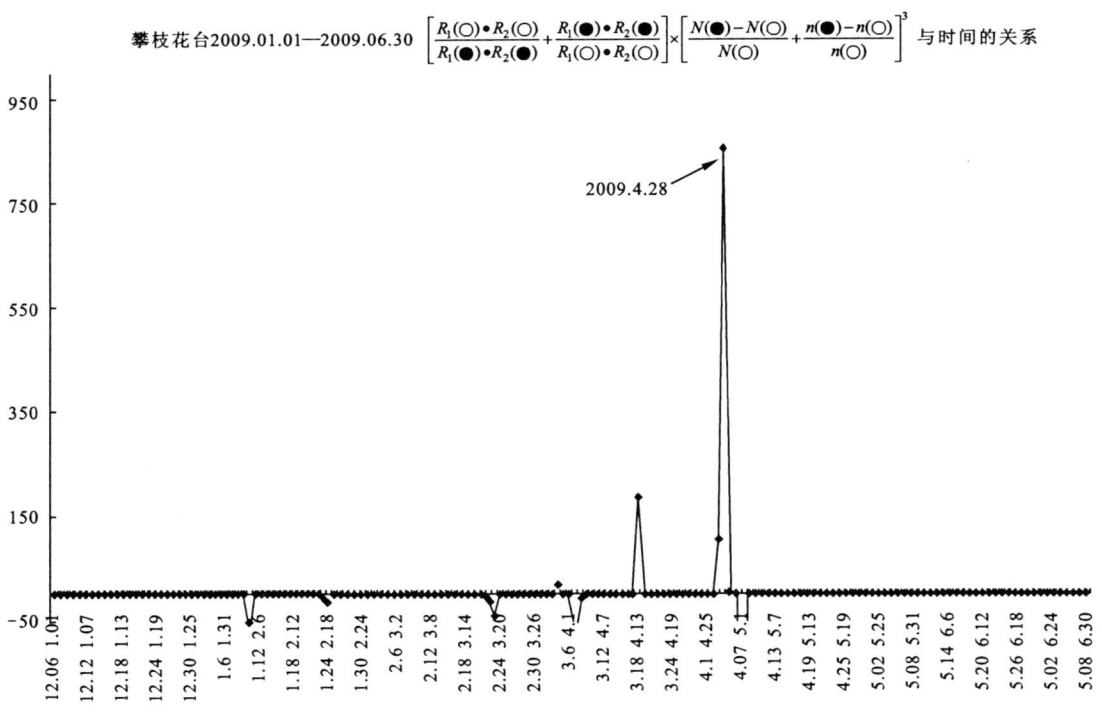

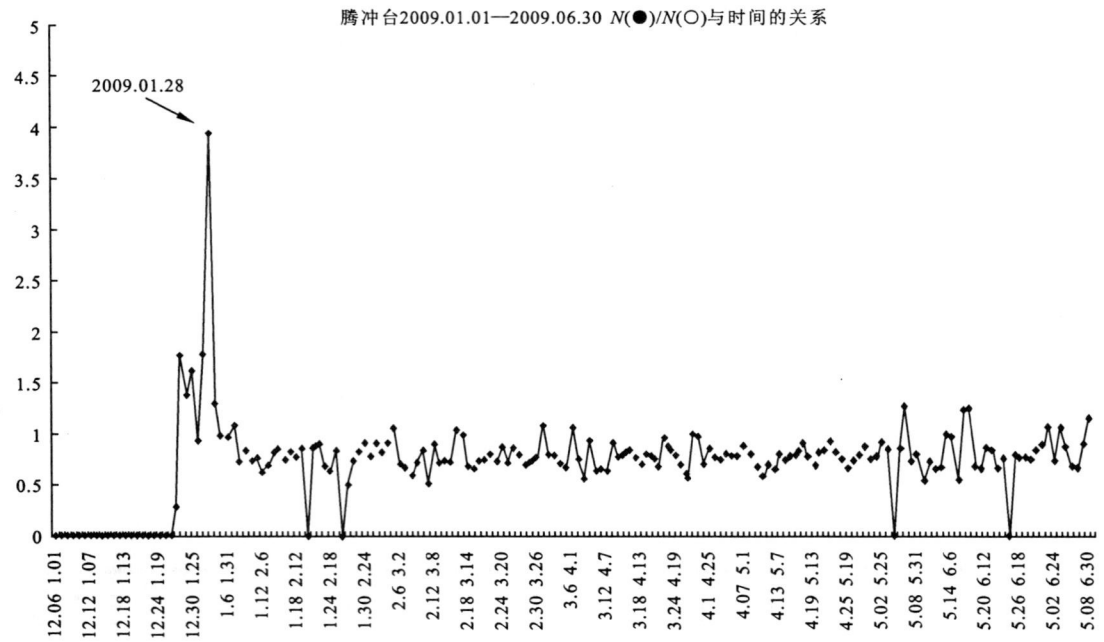

腾冲台2009.01.01—2009.06.30 $N(\bullet)/N(\bigcirc)$ 与时间的关系

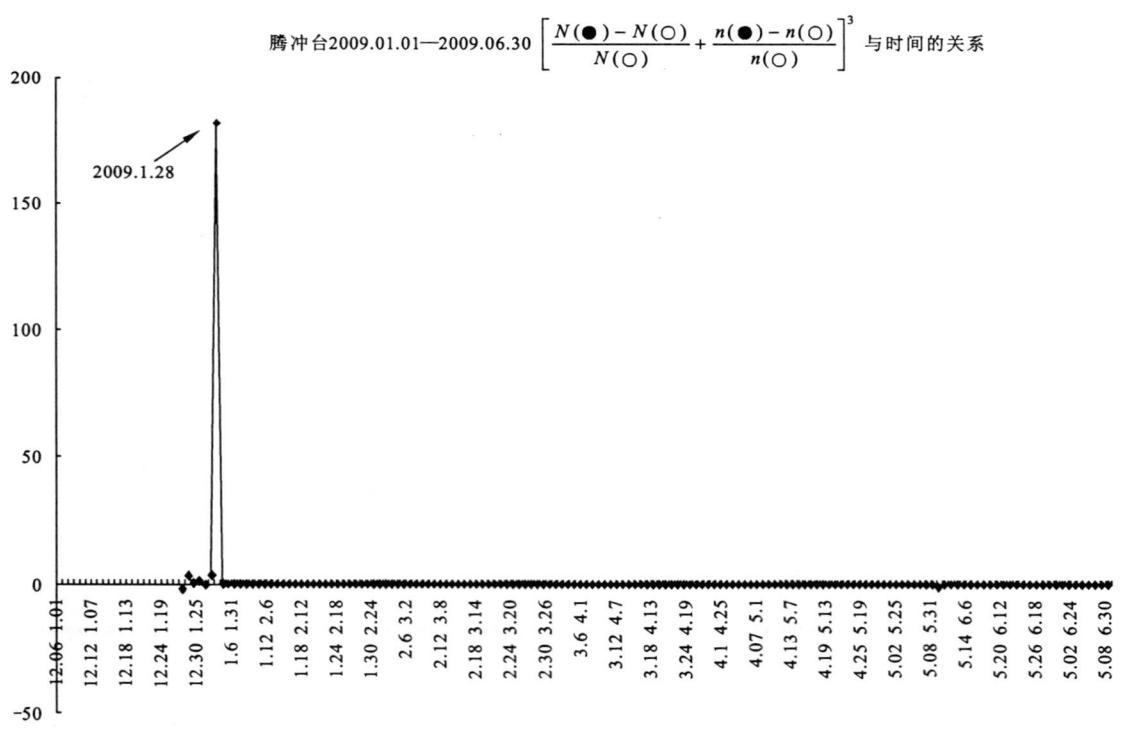

腾冲台2009.01.01—2009.06.30 $\left[\dfrac{N(\bullet)-N(\bigcirc)}{N(\bigcirc)}+\dfrac{n(\bullet)-n(\bigcirc)}{n(\bigcirc)}\right]^3$ 与时间的关系

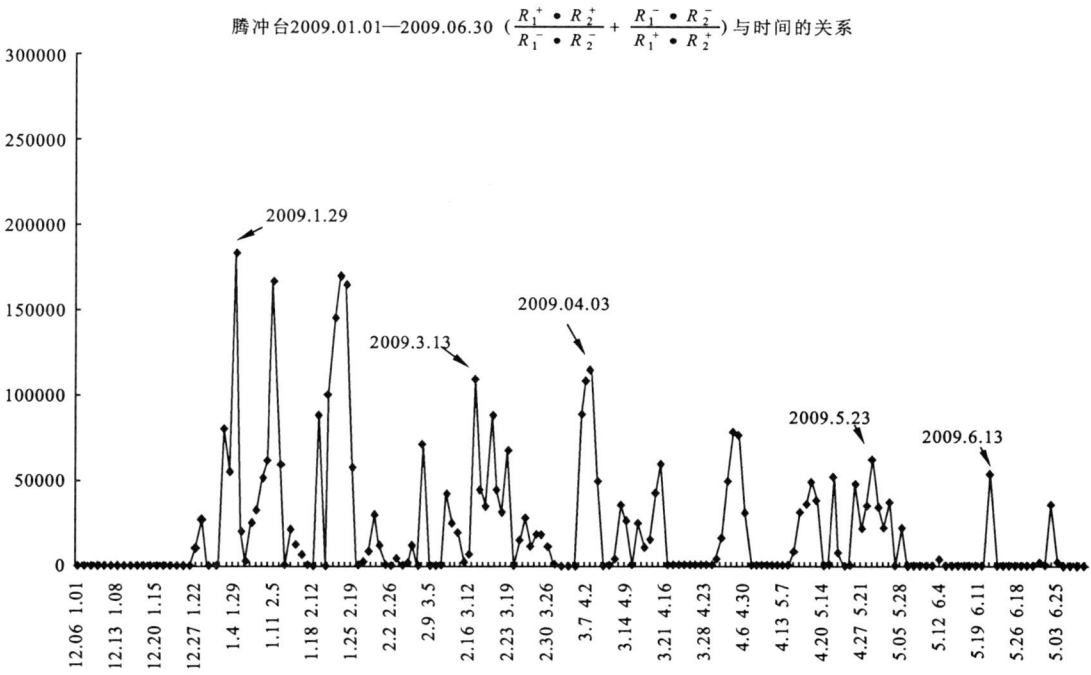

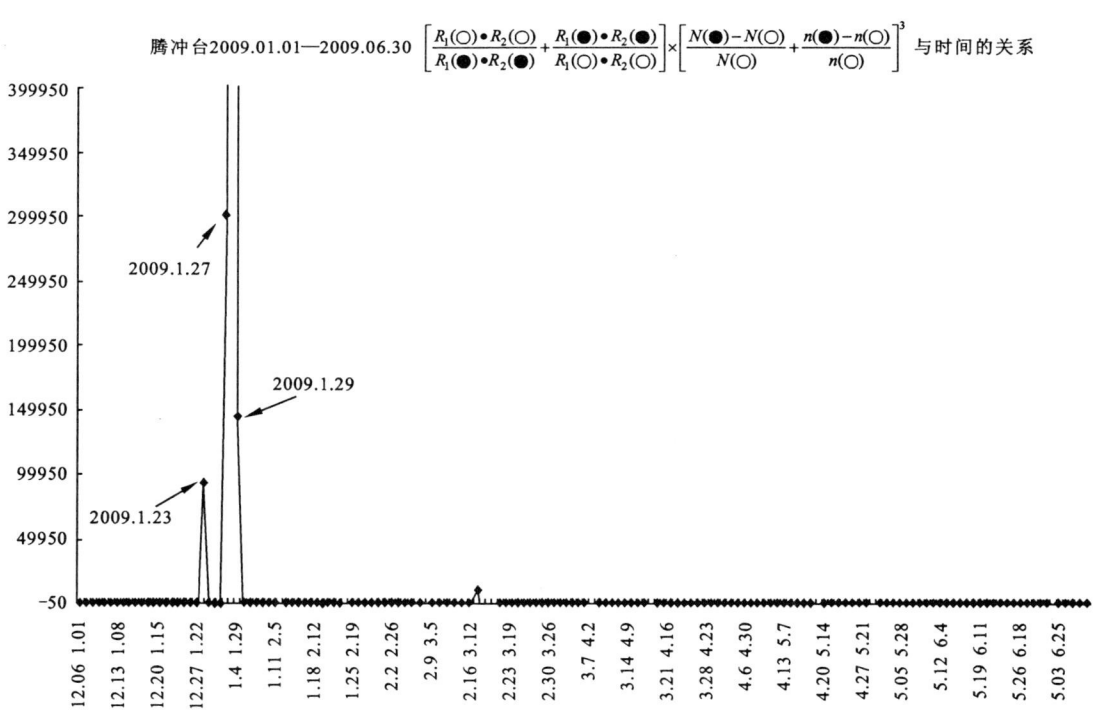

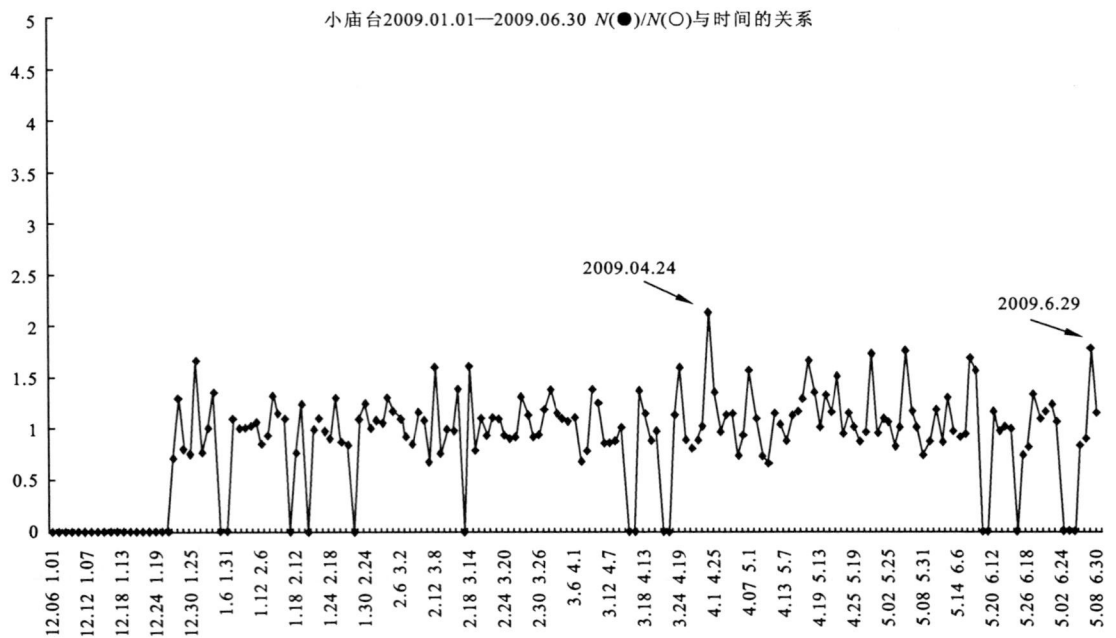

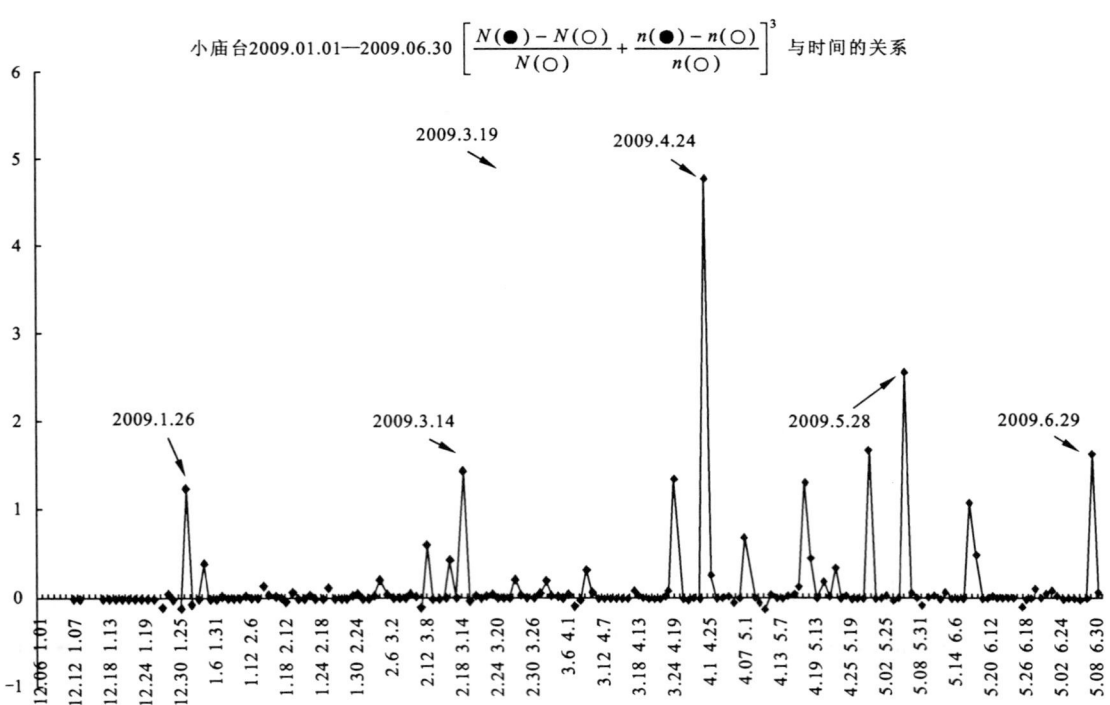

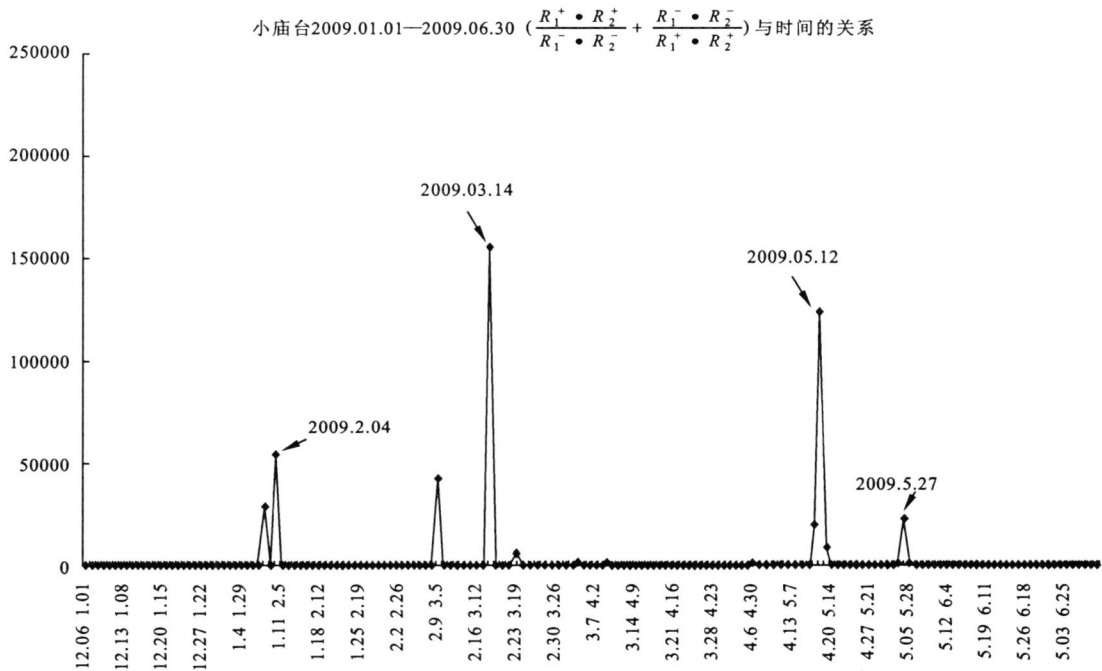

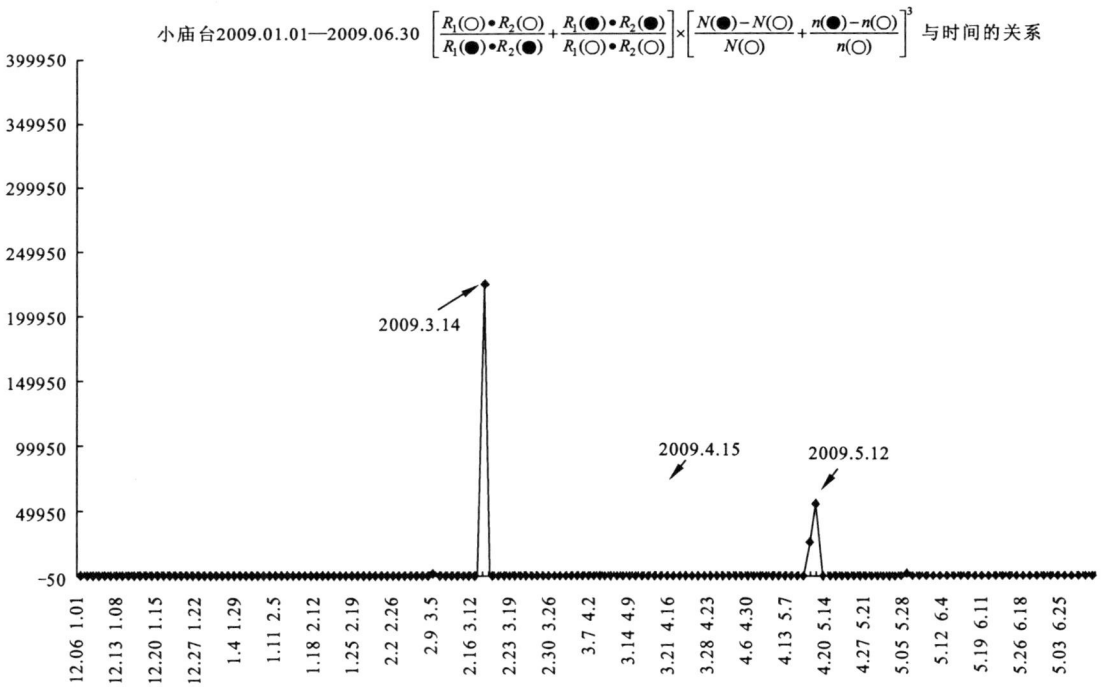

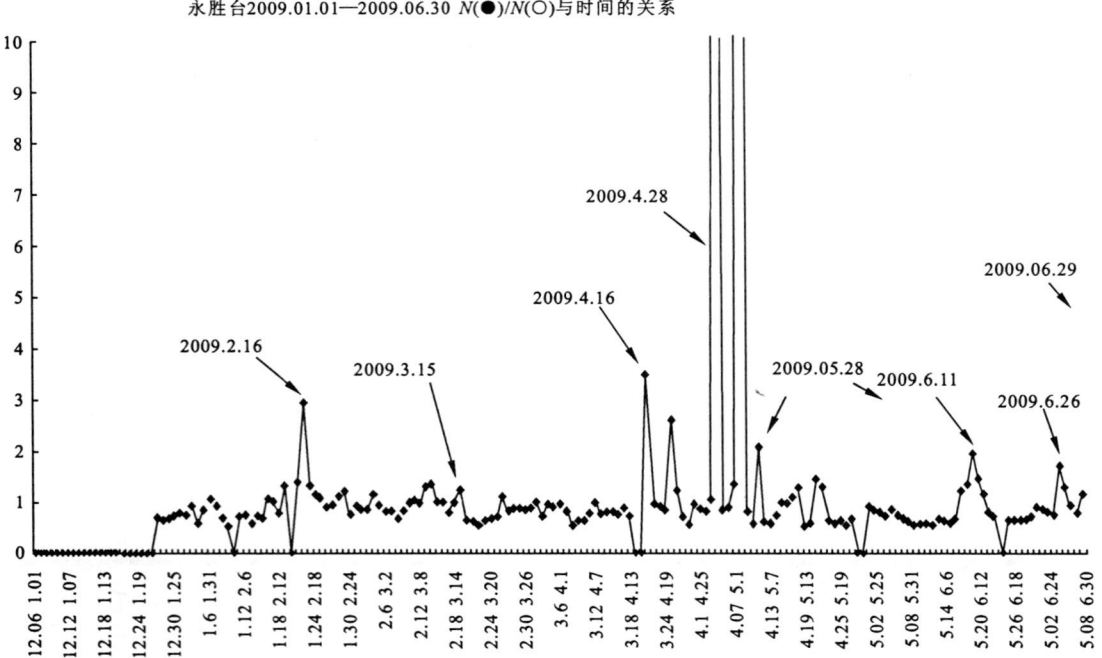

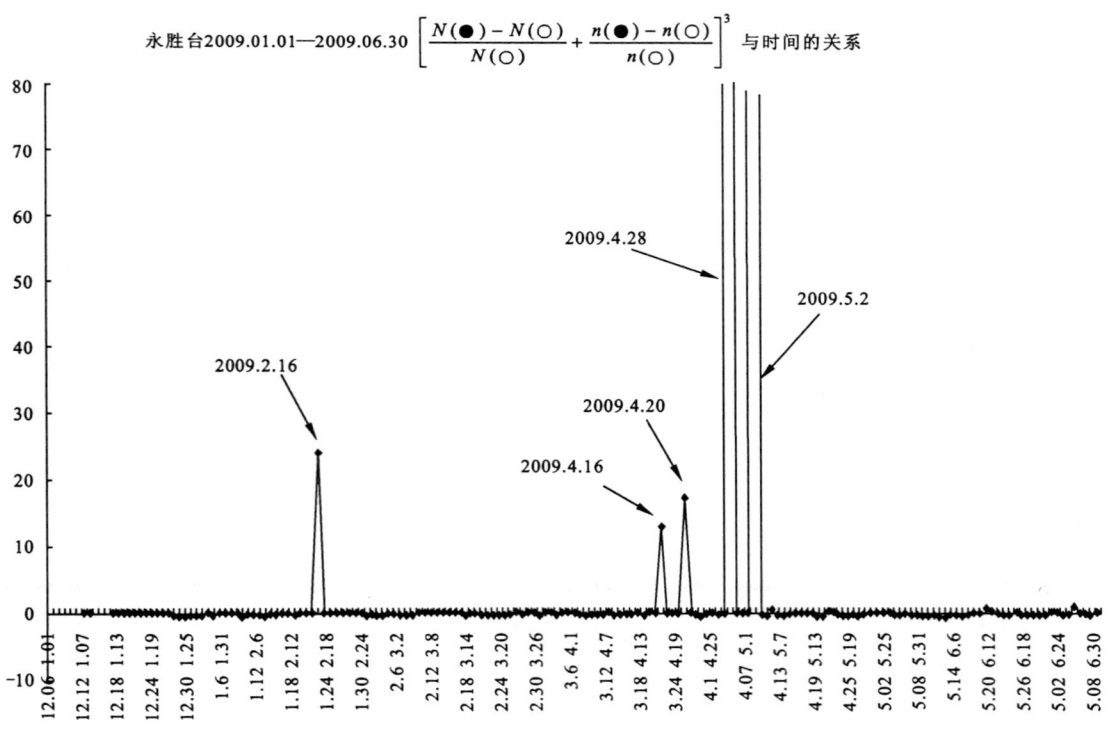

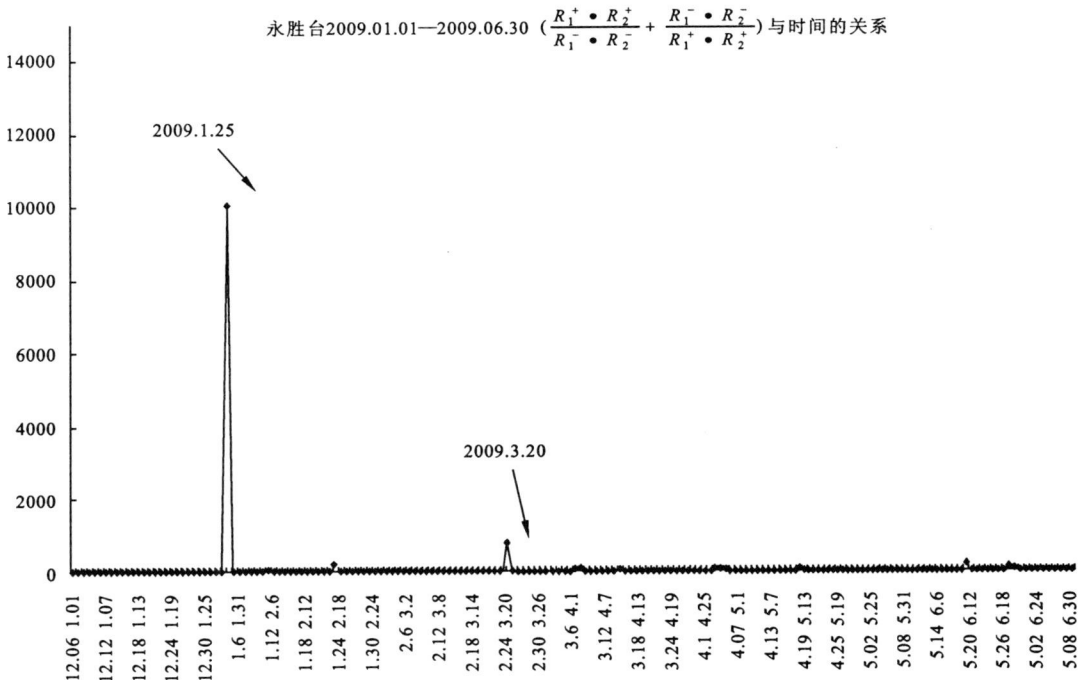

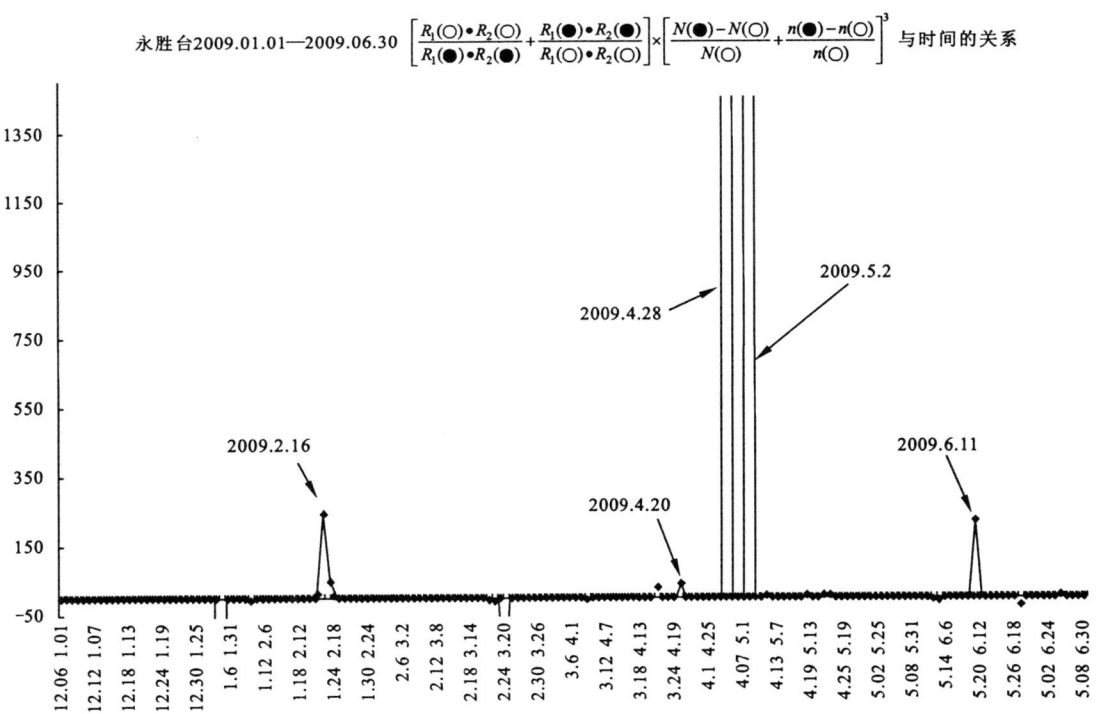

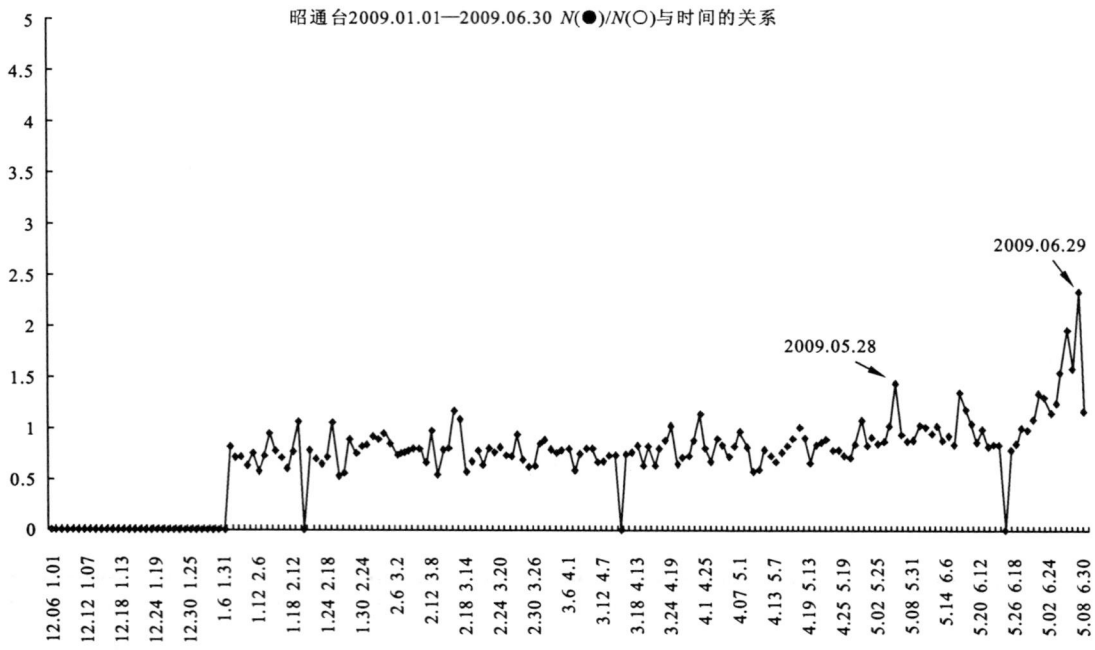

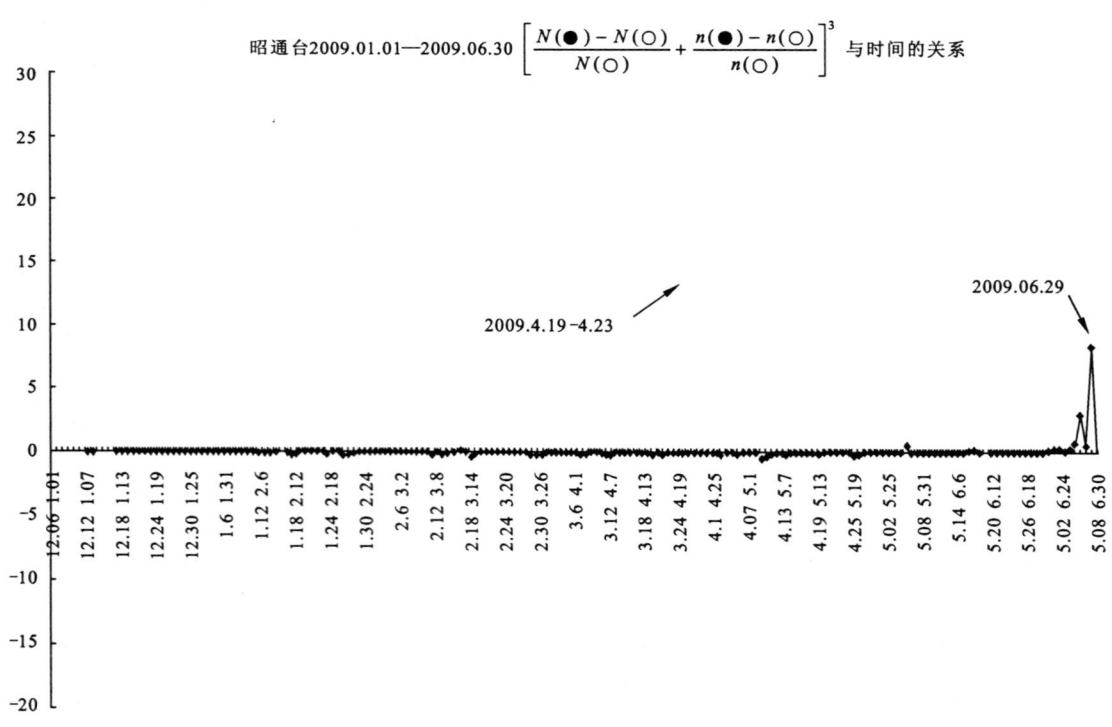

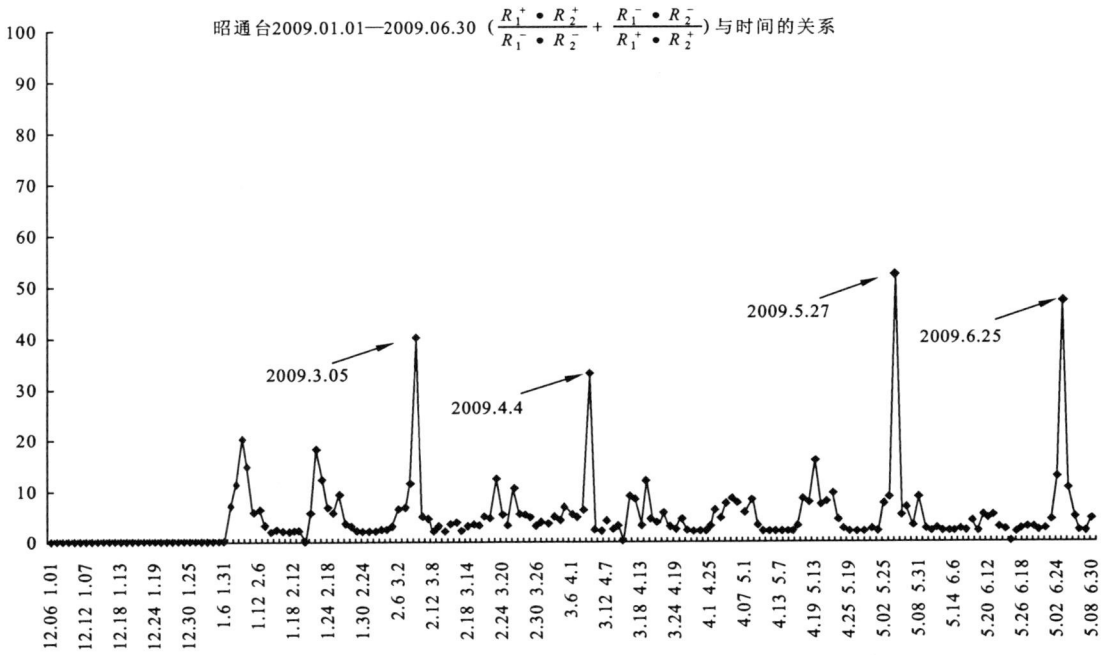

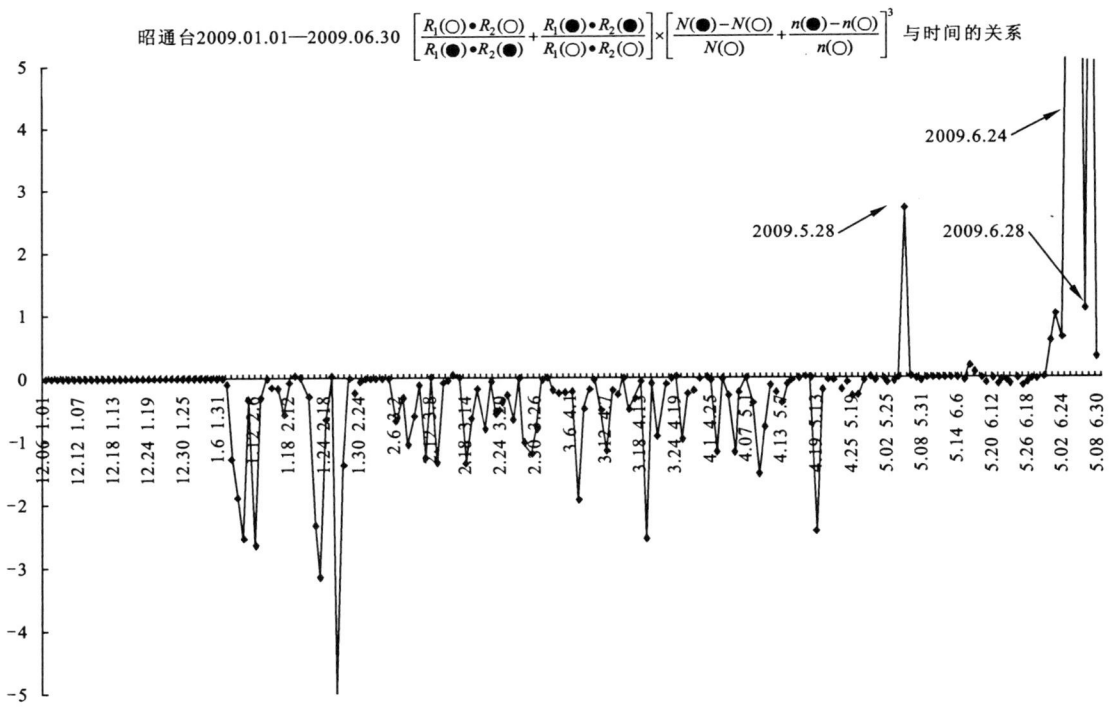

第二部分：2009年上半年西北地区各个应变台的孕震情况

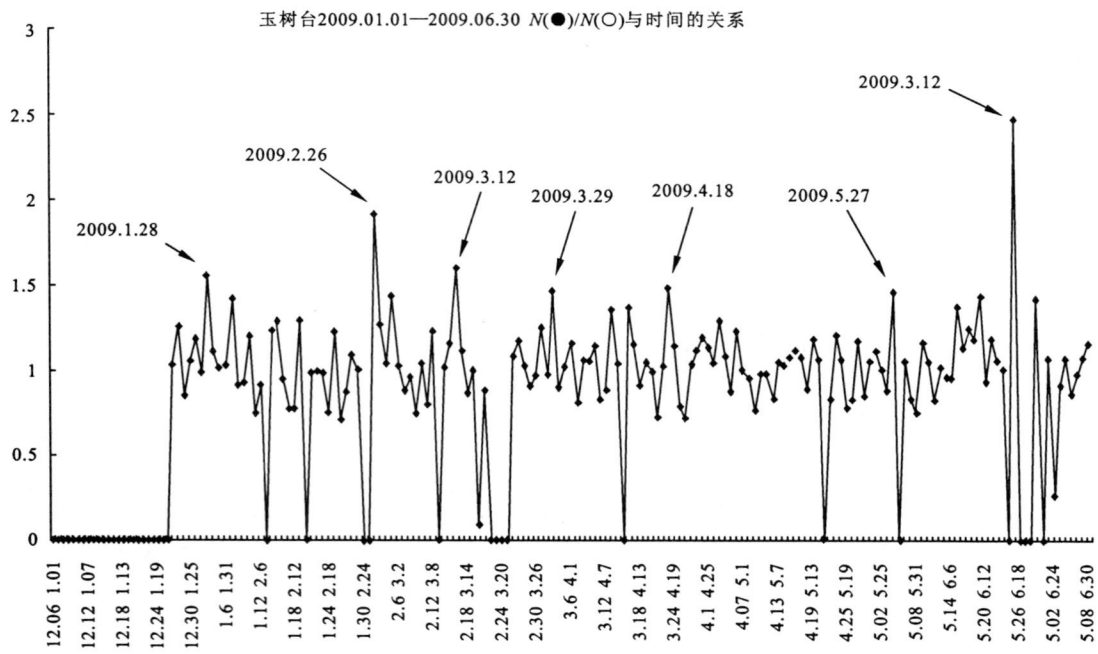

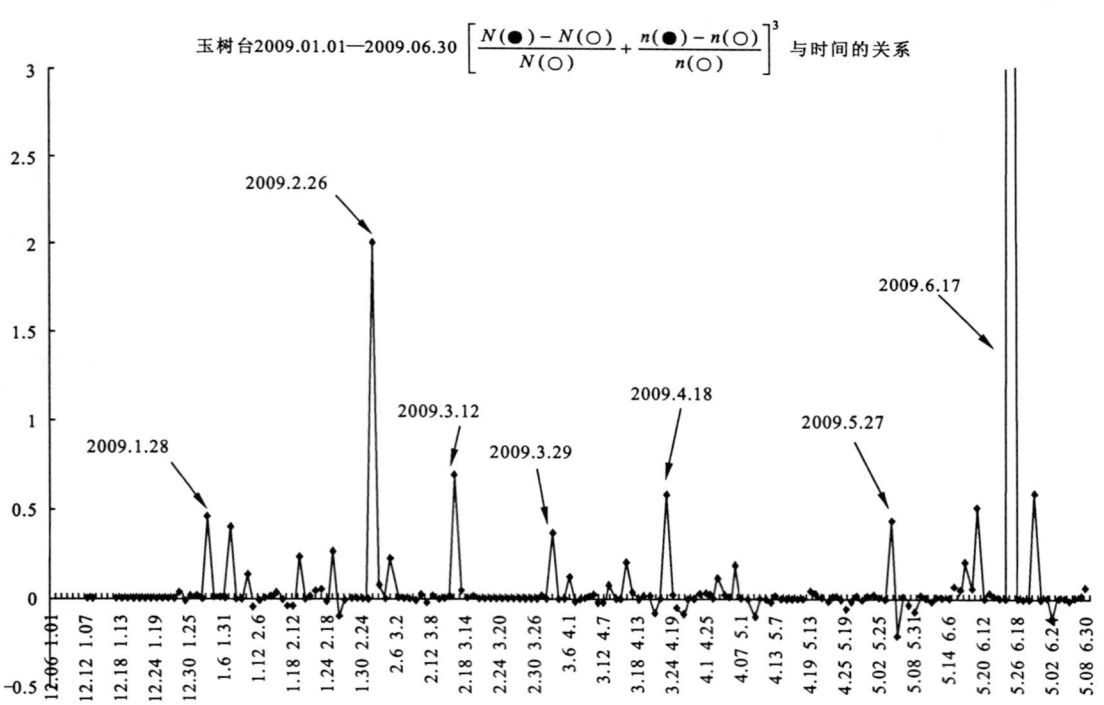

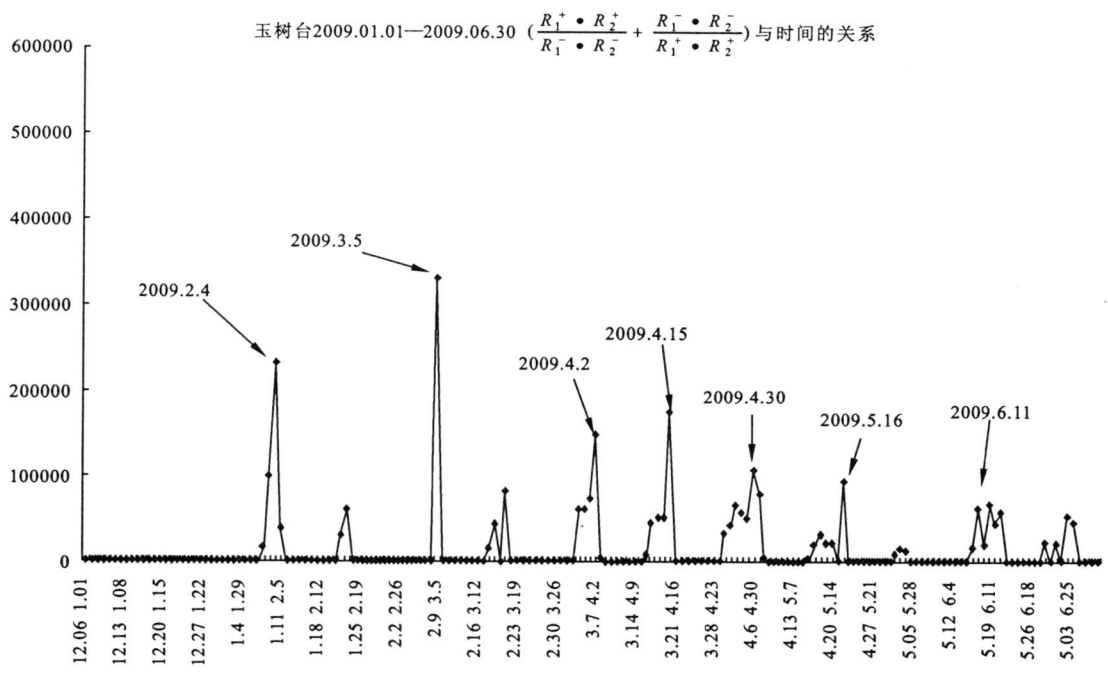

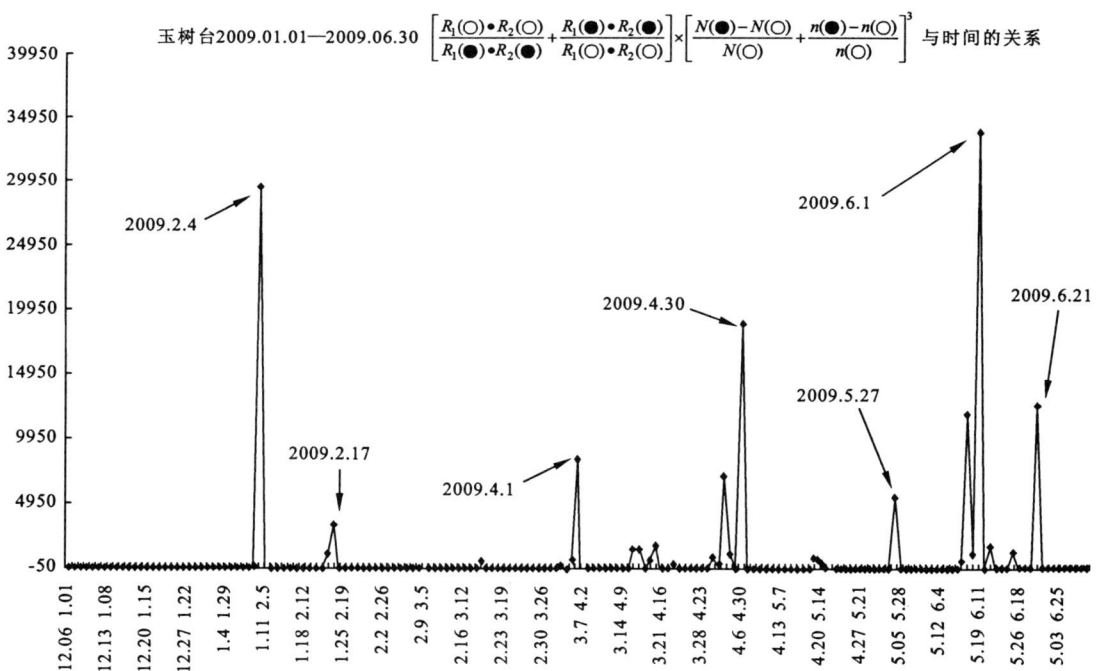

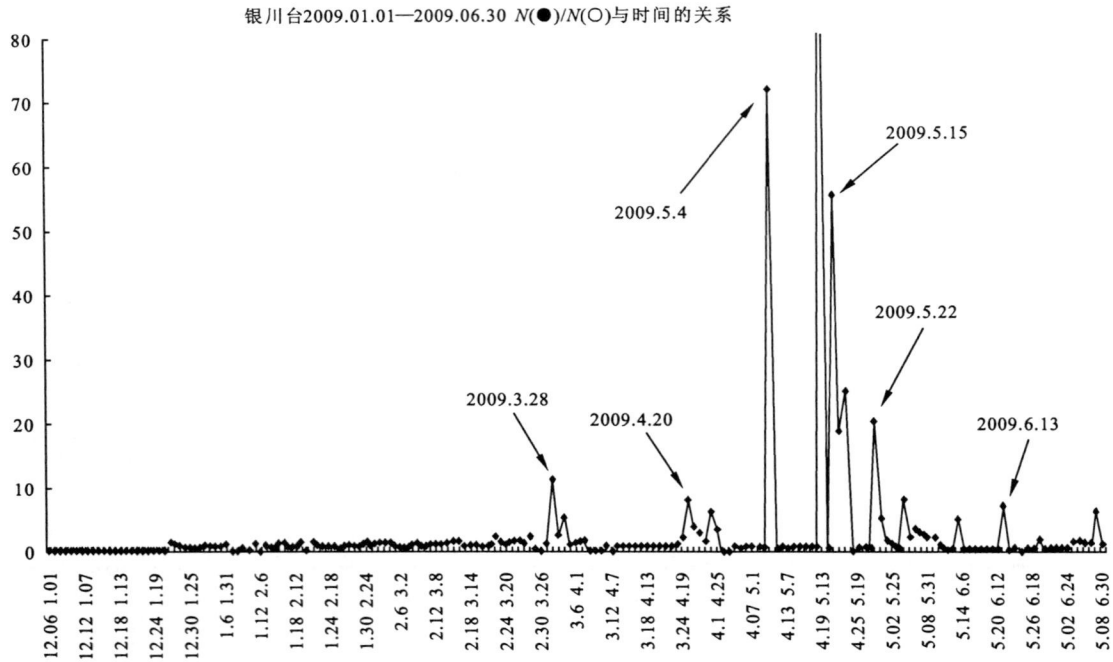

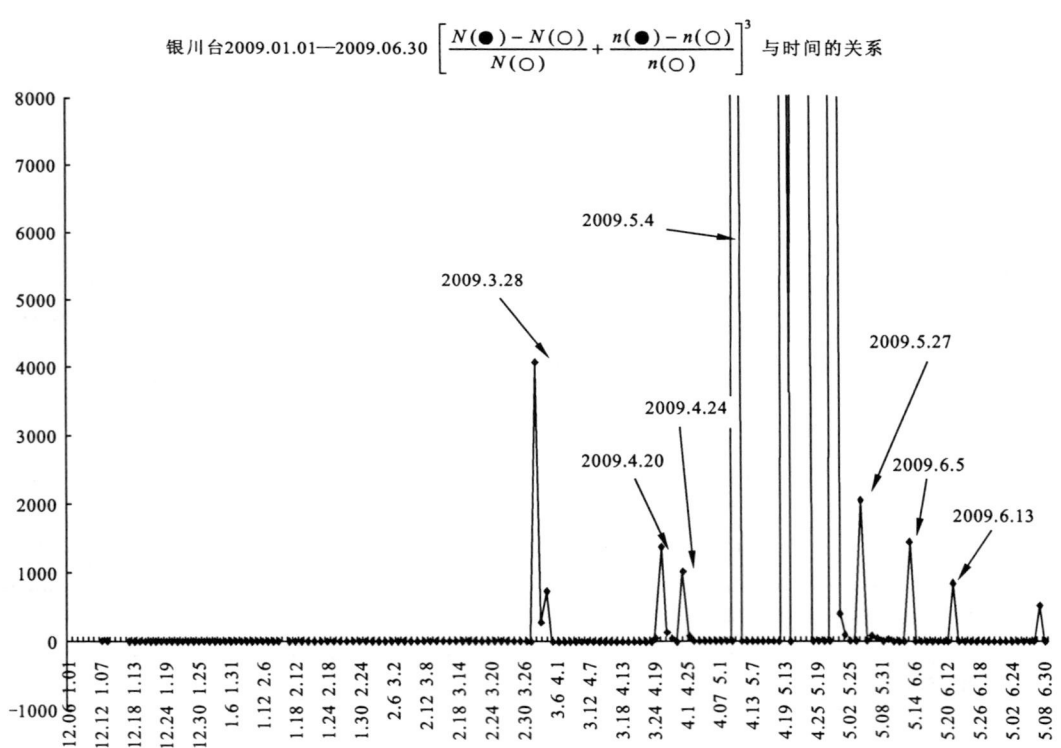

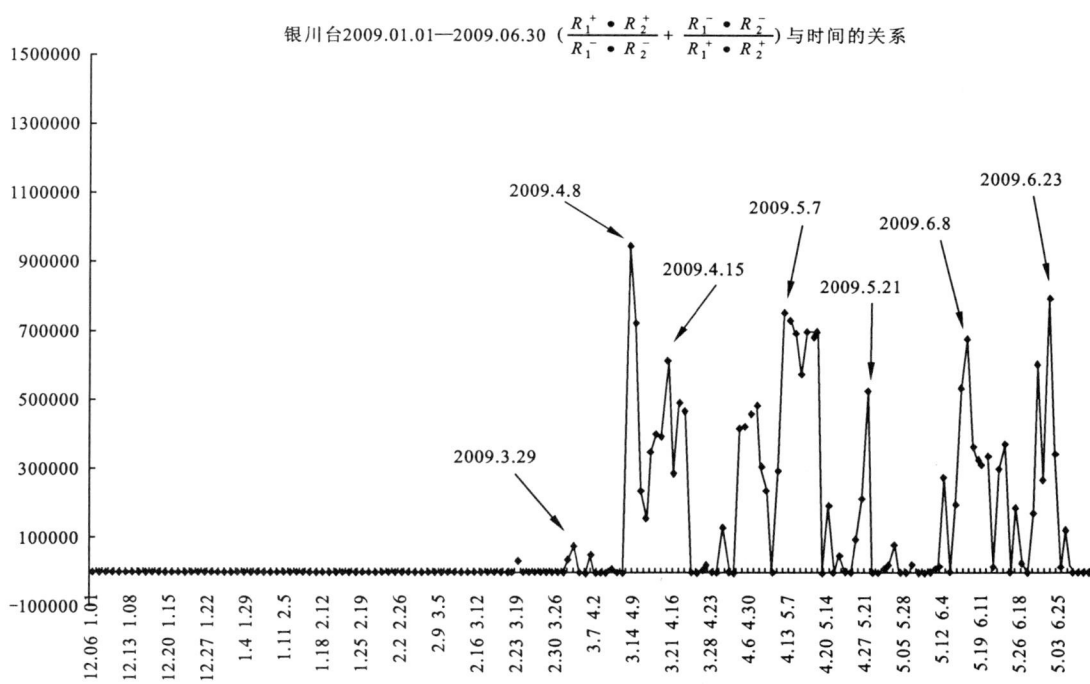

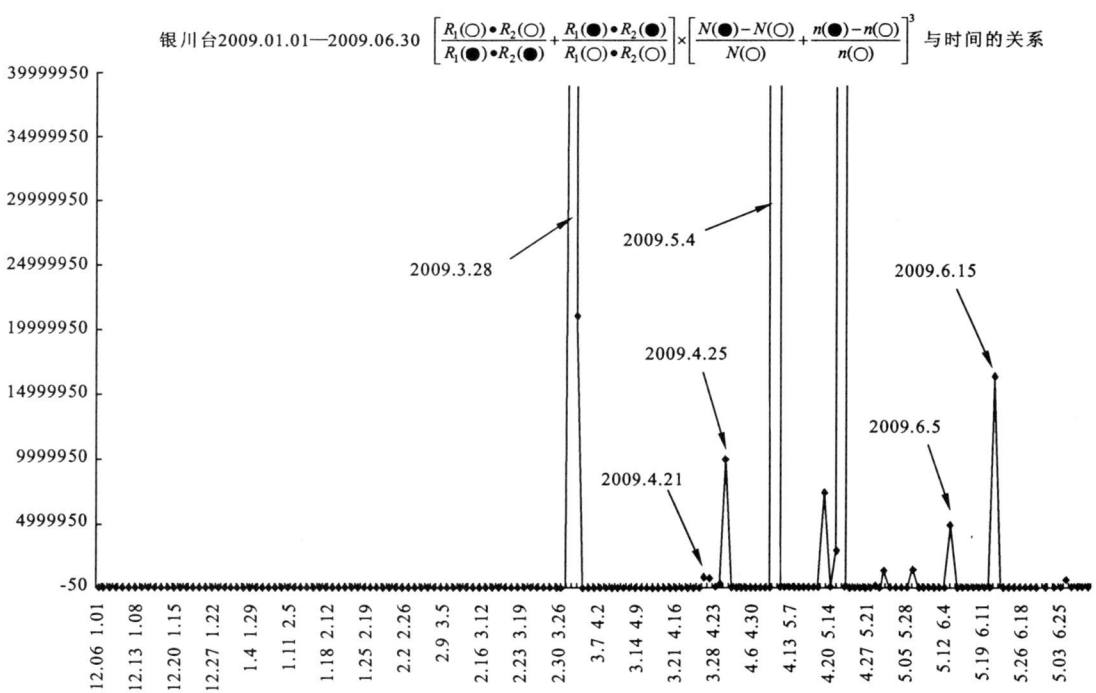

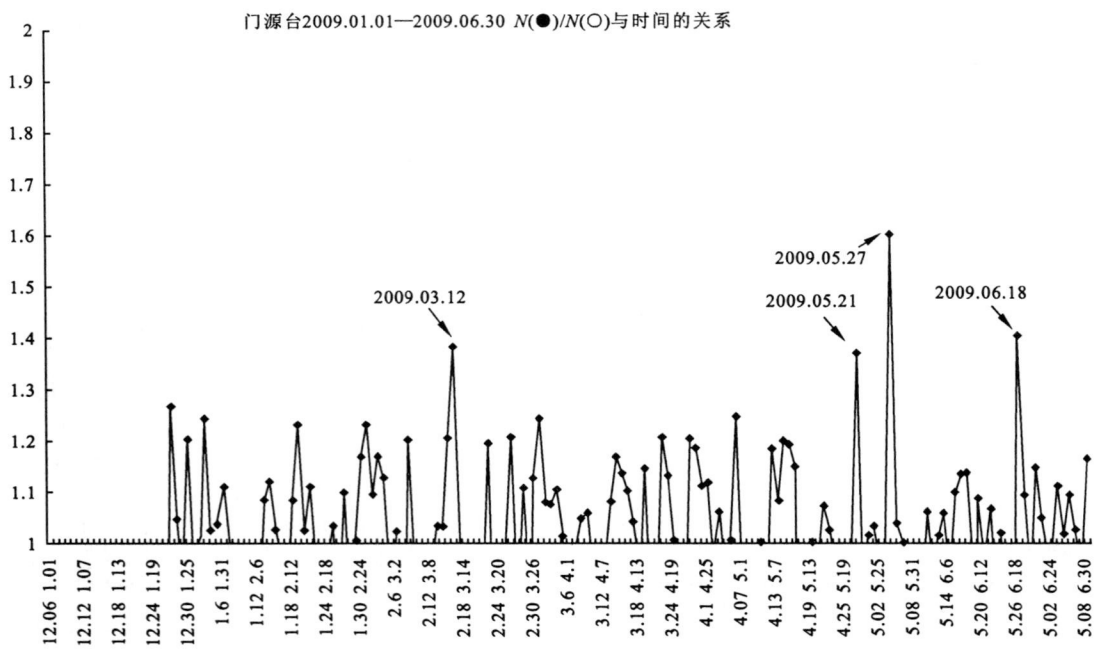

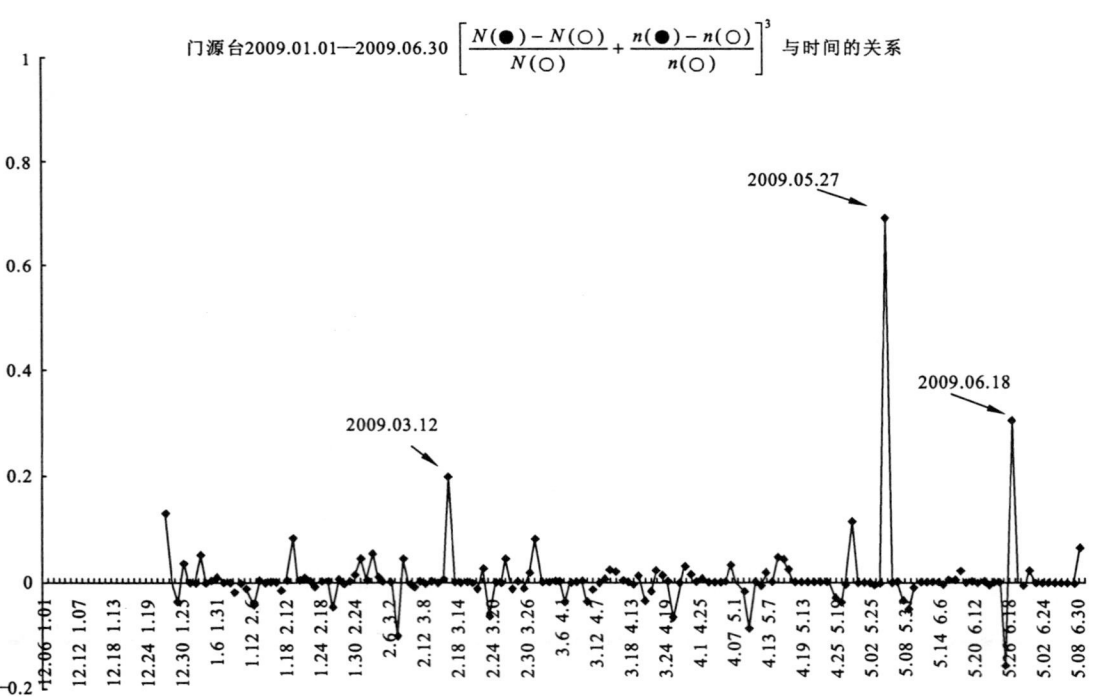

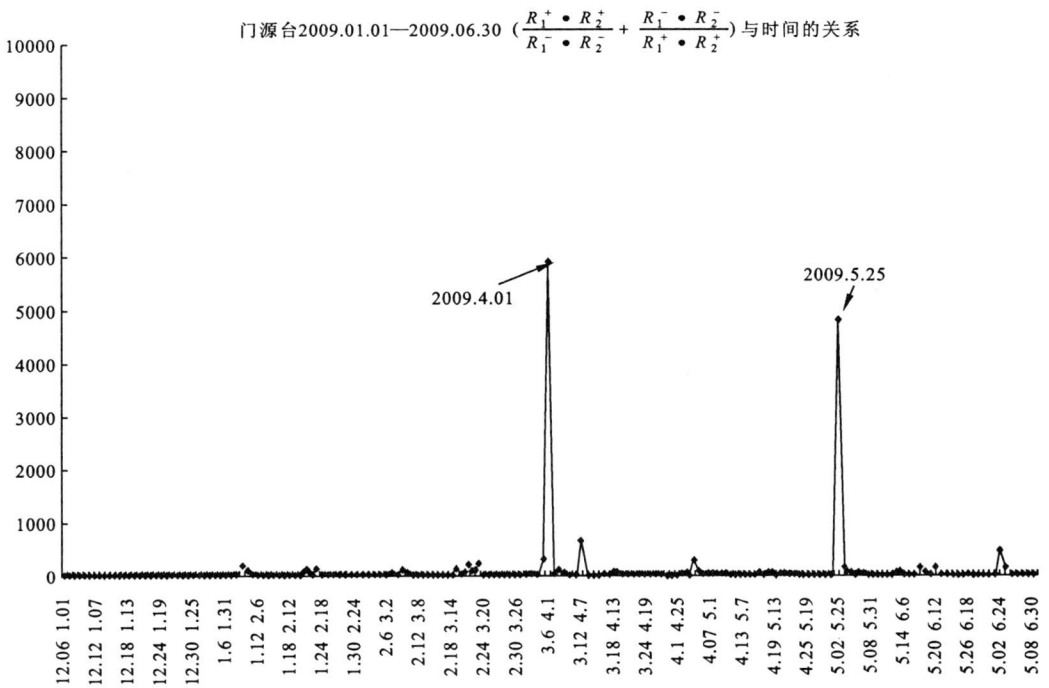

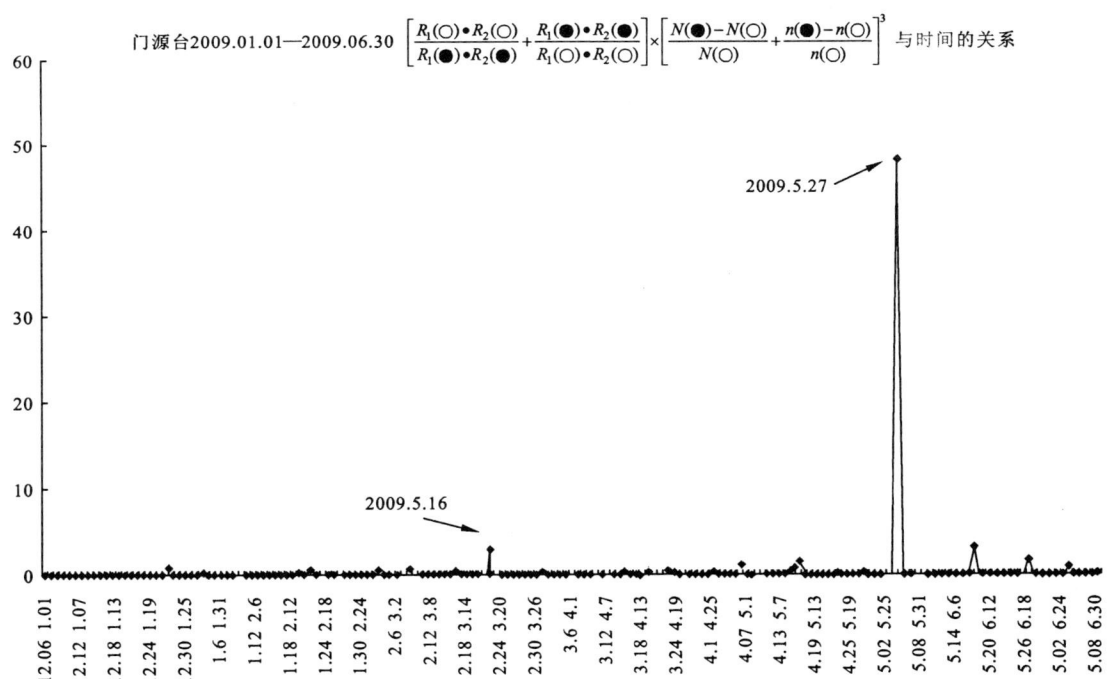

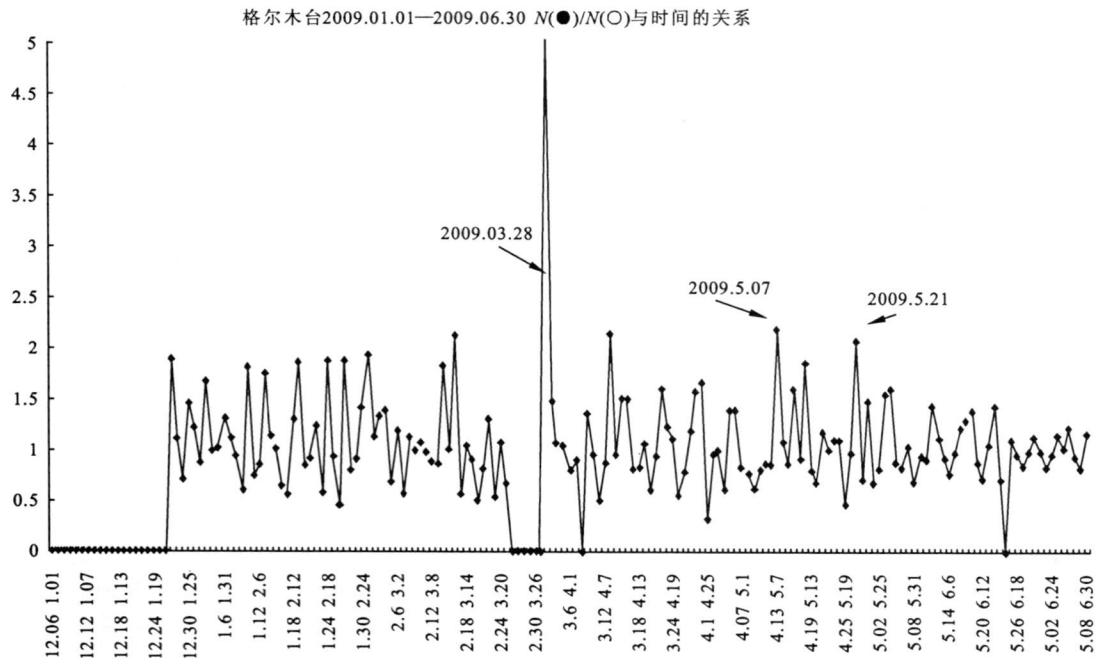

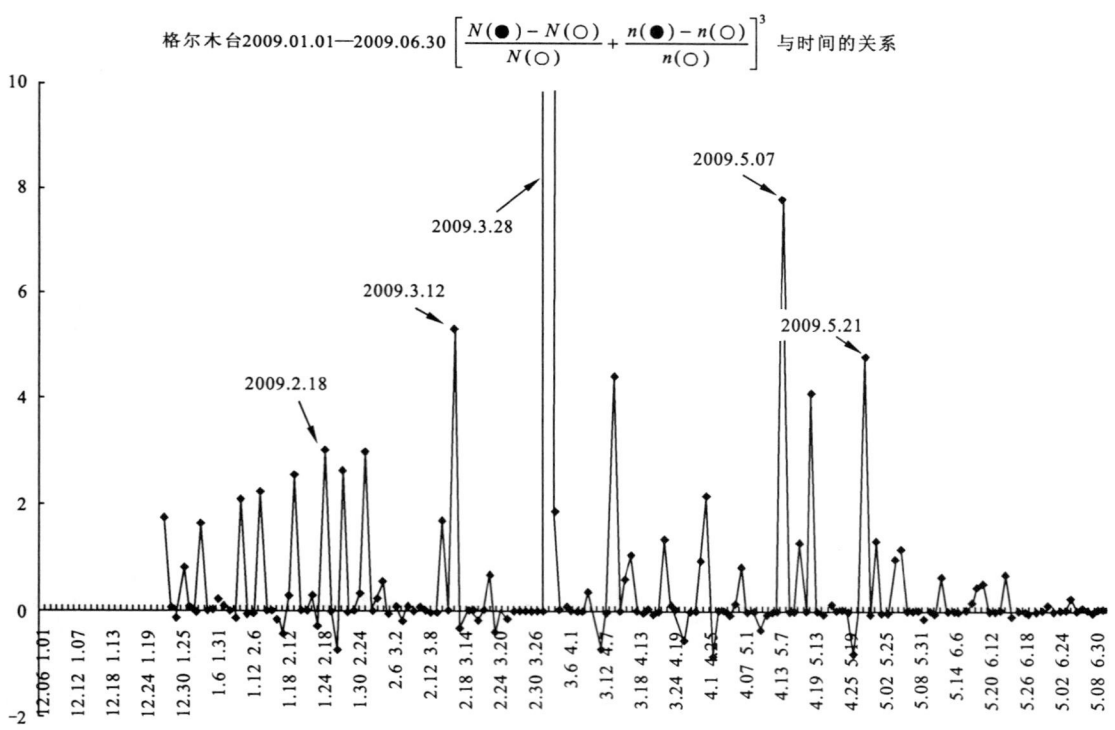

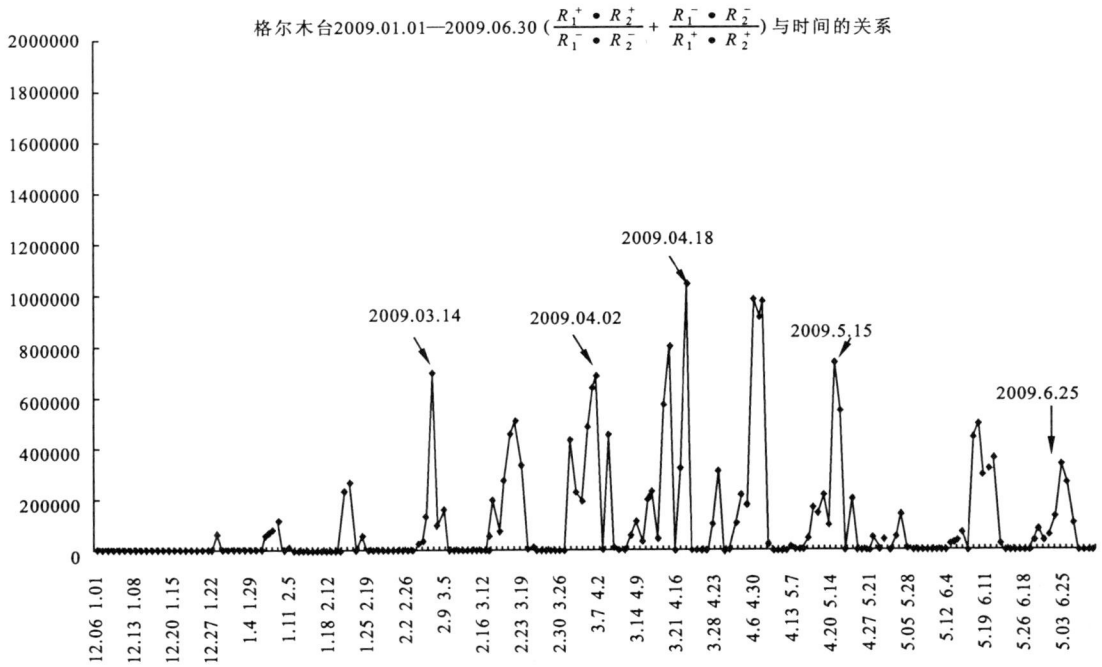

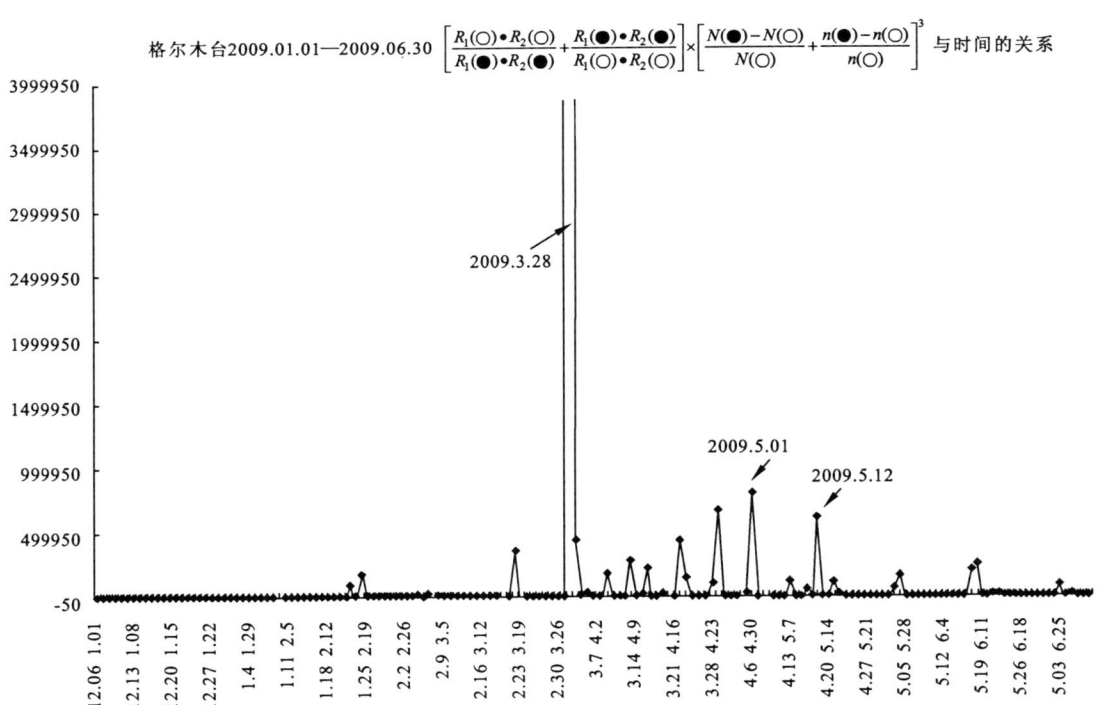

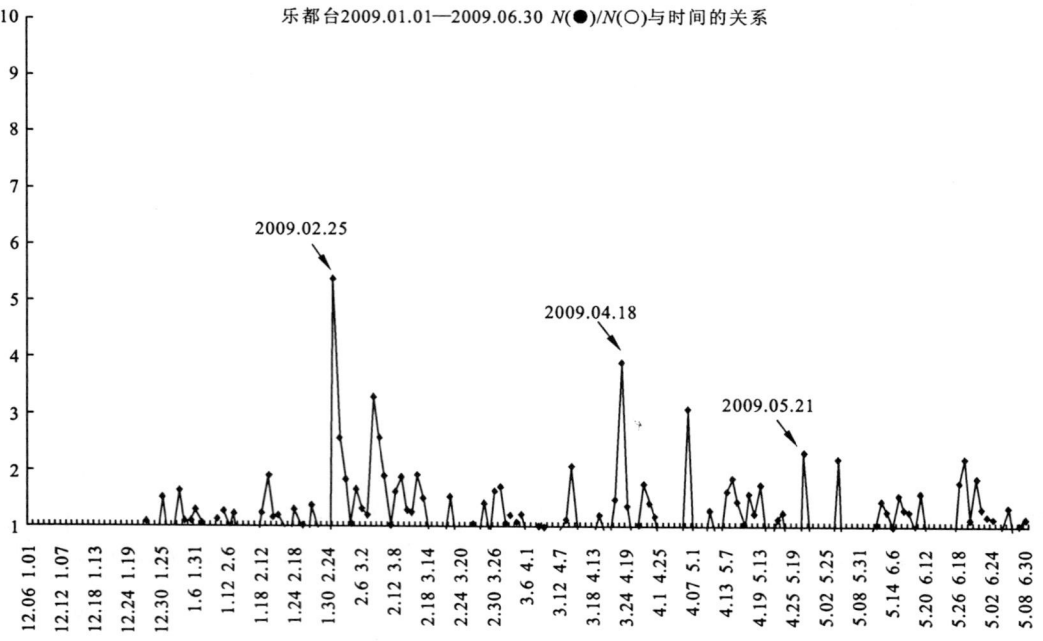

乐都台2009.01.01—2009.06.30 $N(\bullet)/N(\circ)$ 与时间的关系

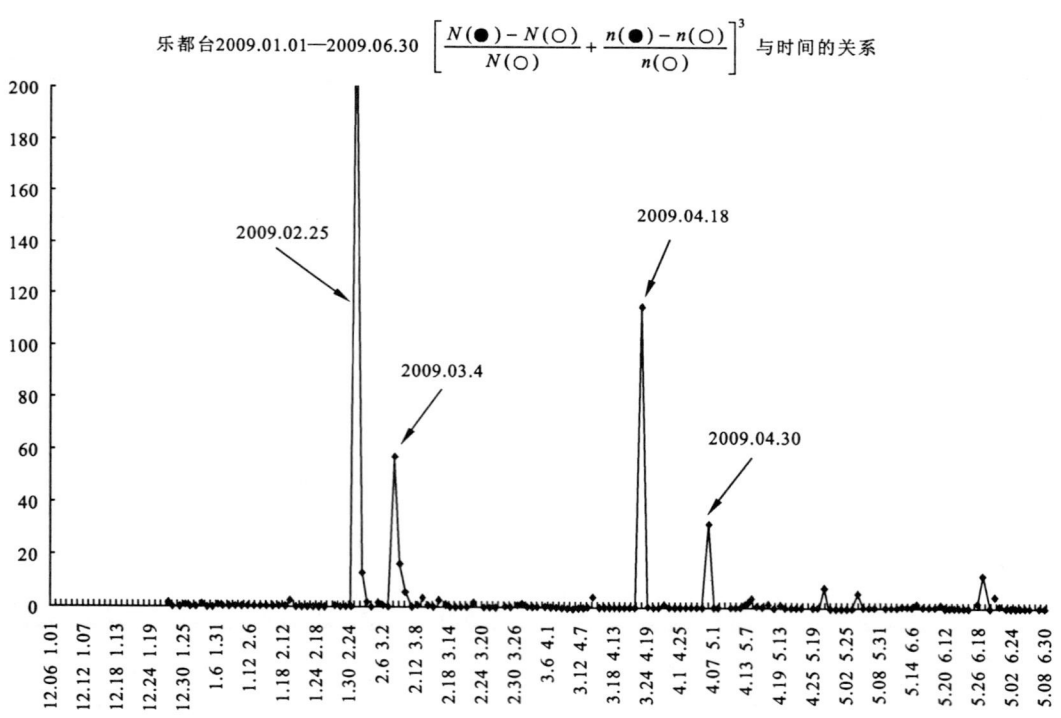

乐都台2009.01.01—2009.06.30 $\left[\dfrac{N(\bullet)-N(\circ)}{N(\circ)}+\dfrac{n(\bullet)-n(\circ)}{n(\circ)}\right]^3$ 与时间的关系

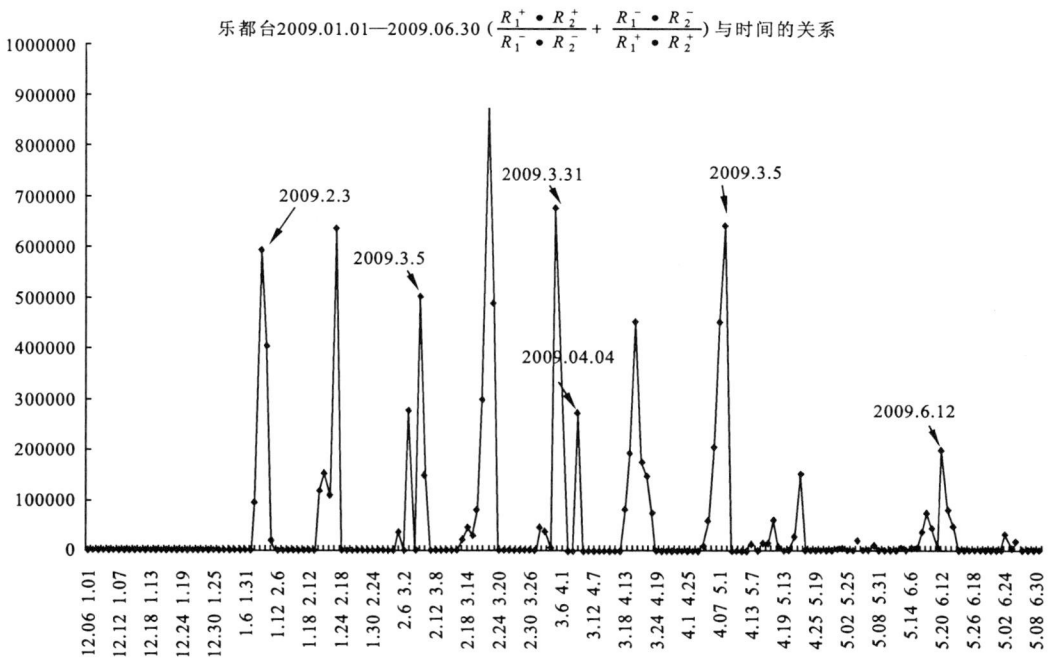

乐都台2009.01.01—2009.06.30 $(\frac{R_1^+ \cdot R_2^+}{R_1^- \cdot R_2^-} + \frac{R_1^- \cdot R_2^-}{R_1^+ \cdot R_2^+})$ 与时间的关系

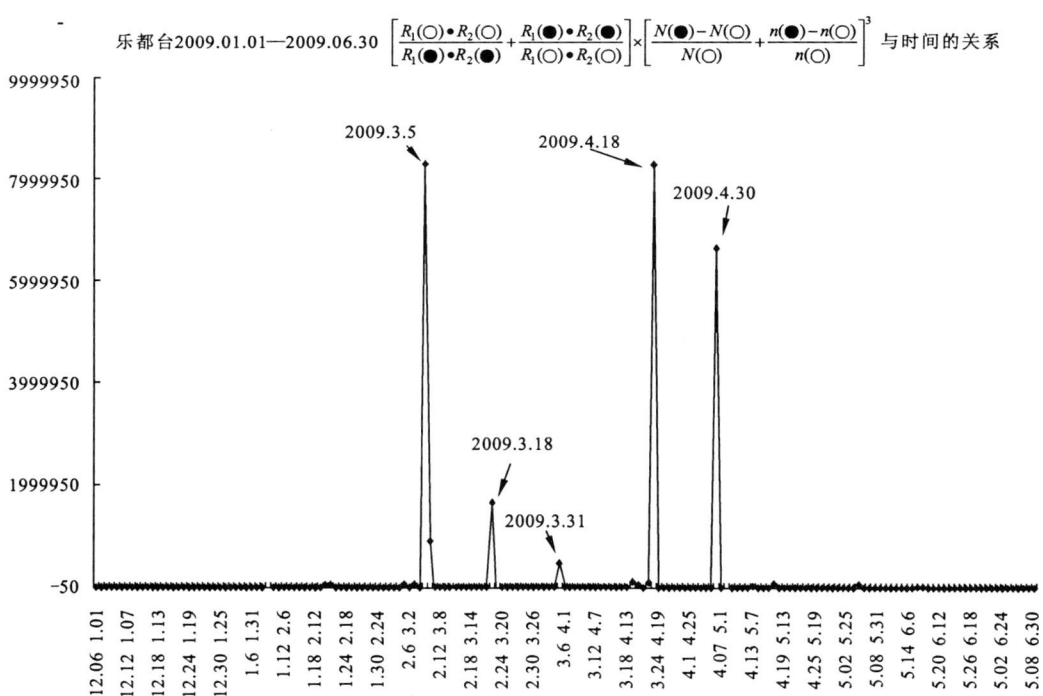

乐都台2009.01.01—2009.06.30 $\left[\frac{R_1(\bigcirc) \cdot R_2(\bigcirc)}{R_1(\bullet) \cdot R_2(\bullet)} + \frac{R_1(\bullet) \cdot R_2(\bullet)}{R_1(\bigcirc) \cdot R_2(\bigcirc)}\right] \times \left[\frac{N(\bullet) - N(\bigcirc)}{N(\bigcirc)} + \frac{n(\bullet) - n(\bigcirc)}{n(\bigcirc)}\right]^3$ 与时间的关系

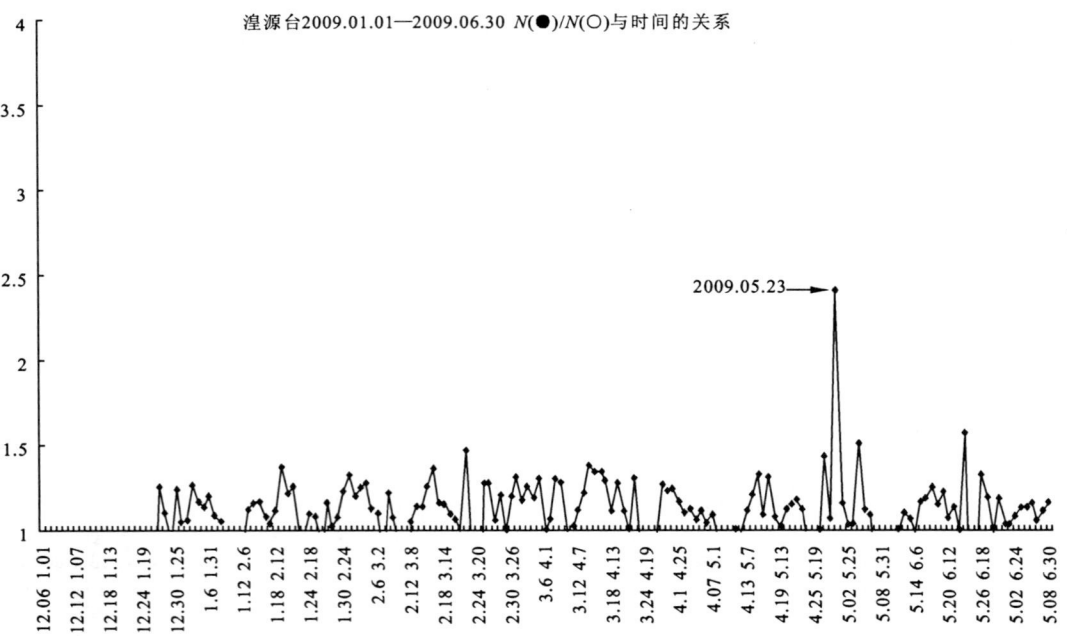

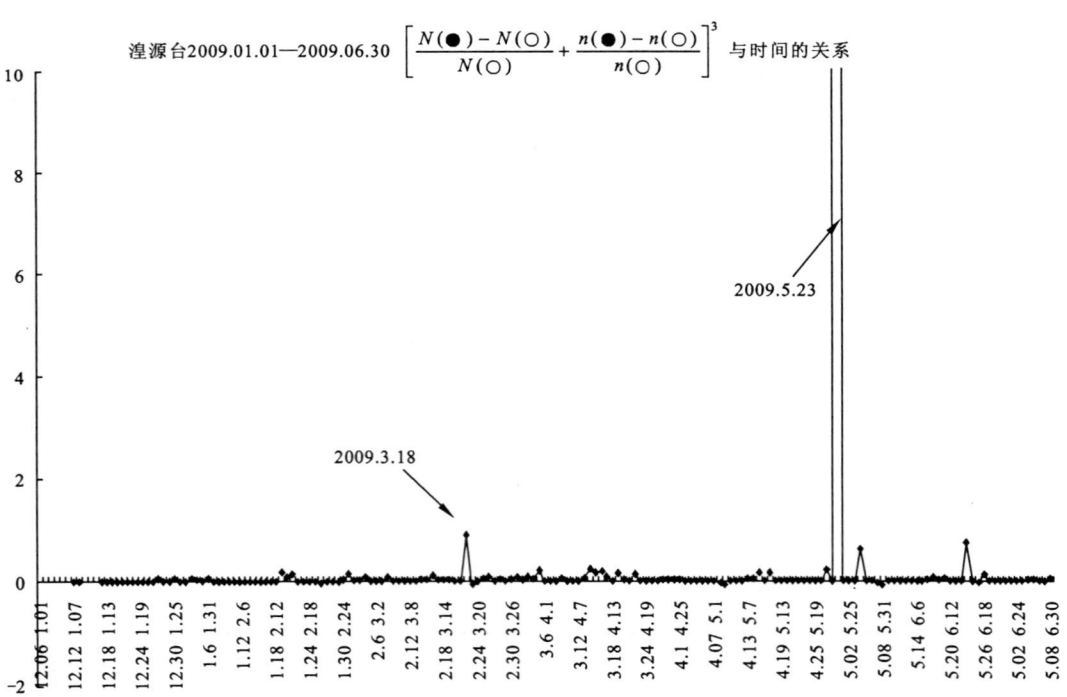

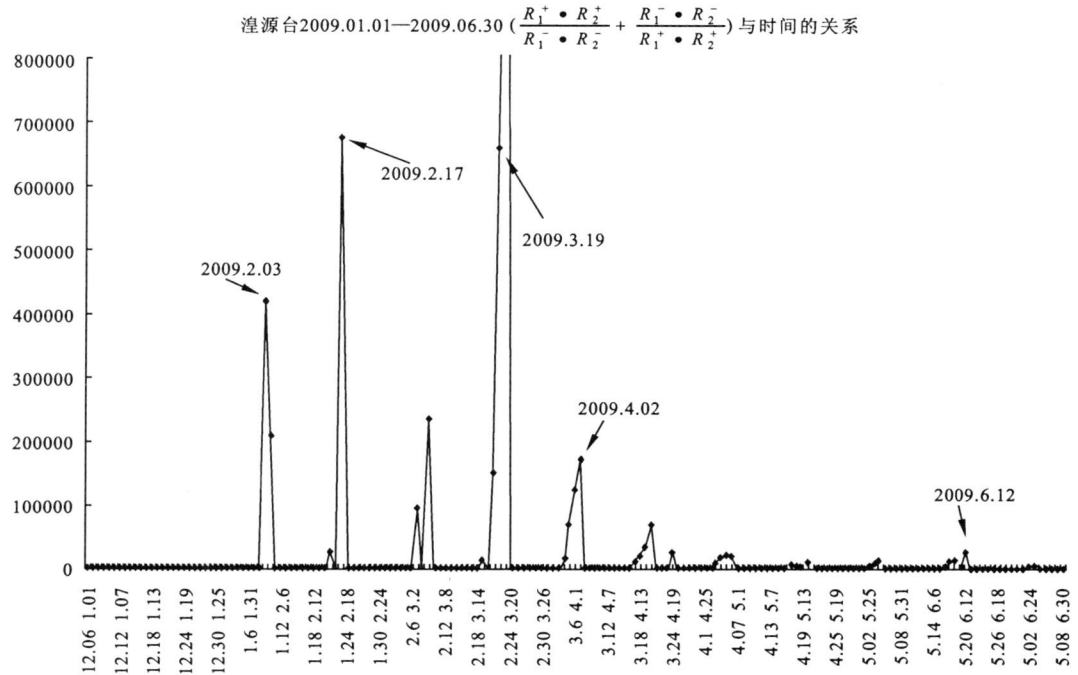

湟源台2009.01.01—2009.06.30 $\left(\dfrac{R_1^+ \cdot R_2^+}{R_1^- \cdot R_2^-} + \dfrac{R_1^- \cdot R_2^-}{R_1^+ \cdot R_2^+}\right)$ 与时间的关系

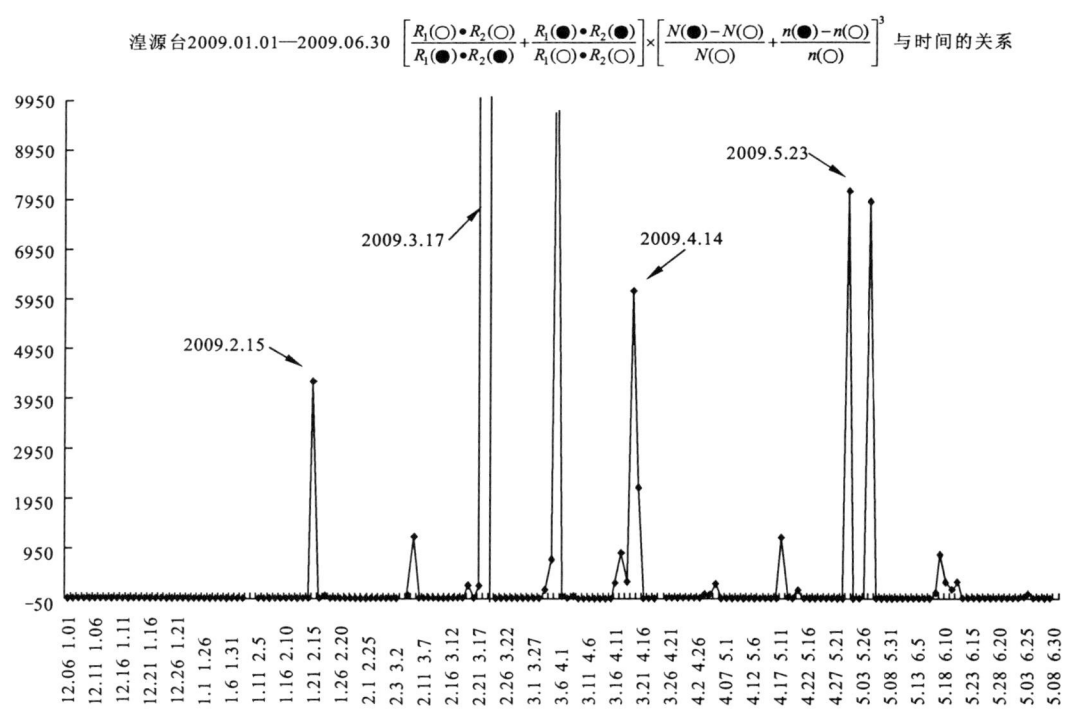

湟源台2009.01.01—2009.06.30 $\left[\dfrac{R_1(\bigcirc) \cdot R_2(\bigcirc)}{R_1(\bullet) \cdot R_2(\bullet)} + \dfrac{R_1(\bullet) \cdot R_2(\bullet)}{R_1(\bigcirc) \cdot R_2(\bigcirc)}\right] \times \left[\dfrac{N(\bullet) - N(\bigcirc)}{N(\bigcirc)} + \dfrac{n(\bullet) - n(\bigcirc)}{n(\bigcirc)}\right]^3$ 与时间的关系

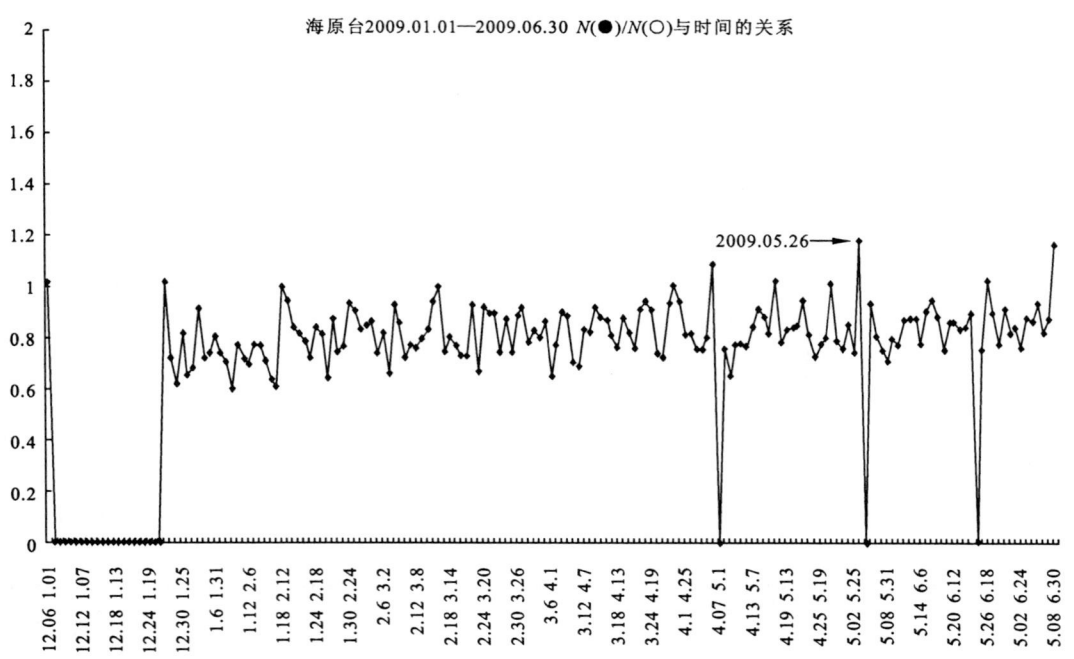

海原台2009.01.01—2009.06.30 $N(\bullet)/N(\bigcirc)$ 与时间的关系

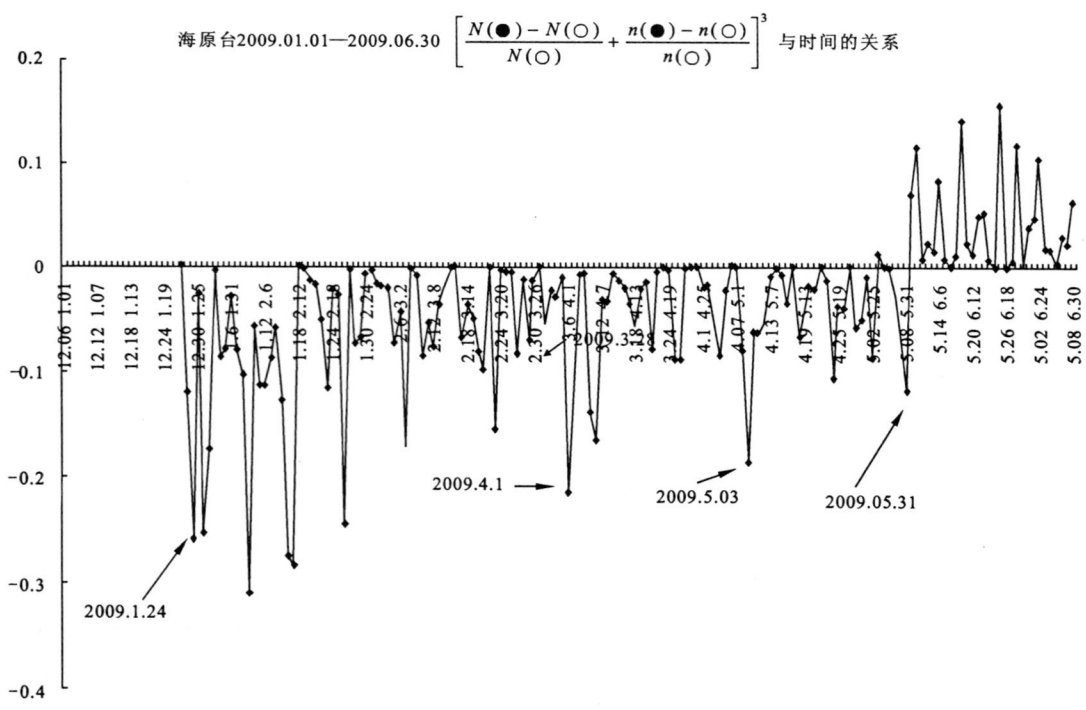

海原台2009.01.01—2009.06.30 $\left[\dfrac{N(\bullet)-N(\bigcirc)}{N(\bigcirc)}+\dfrac{n(\bullet)-n(\bigcirc)}{n(\bigcirc)}\right]^3$ 与时间的关系

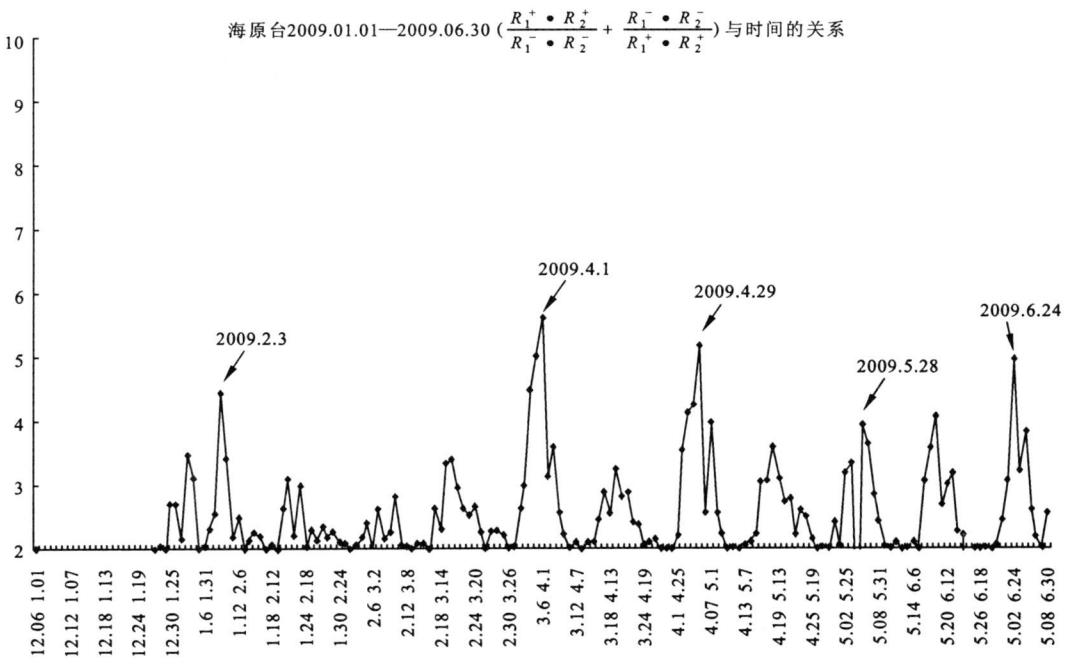

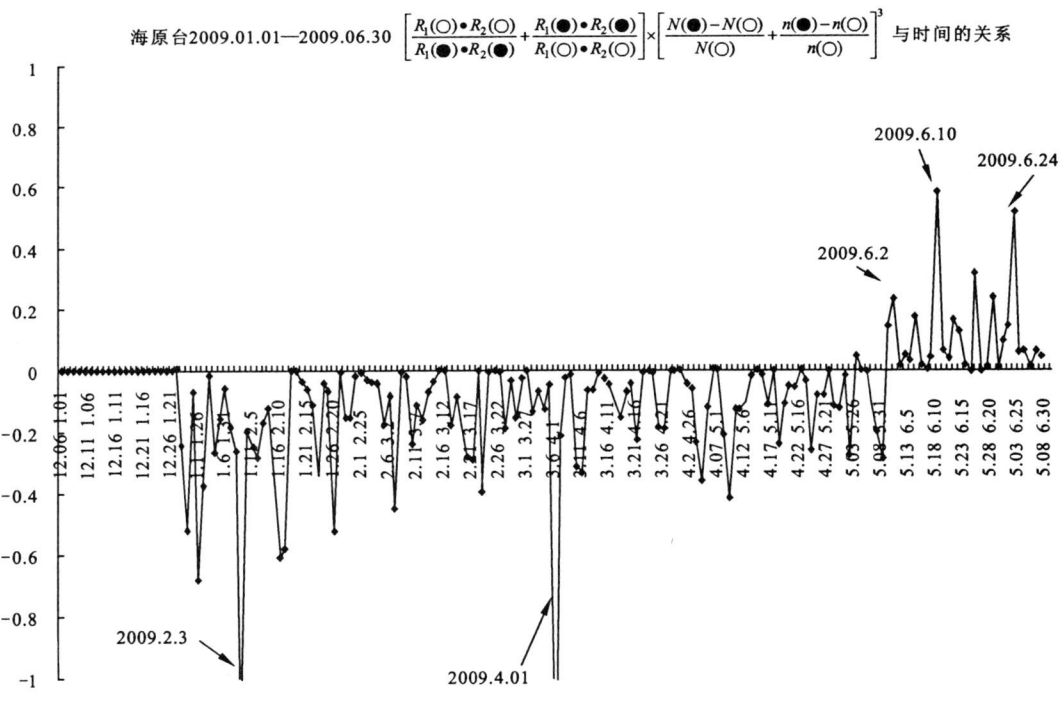

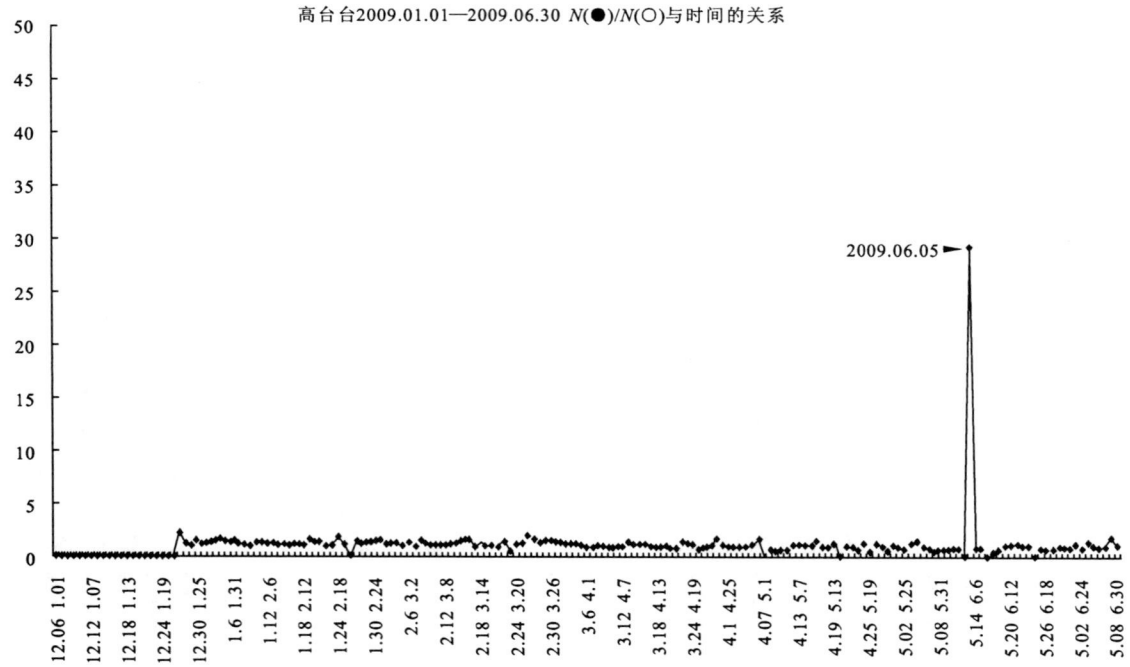

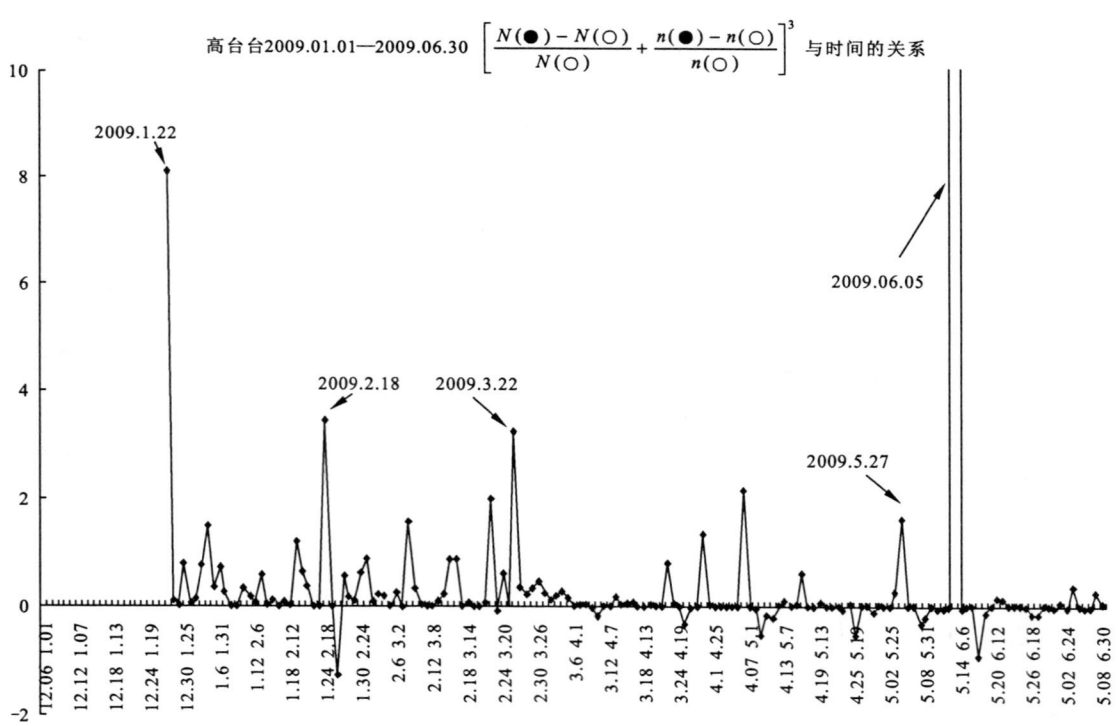

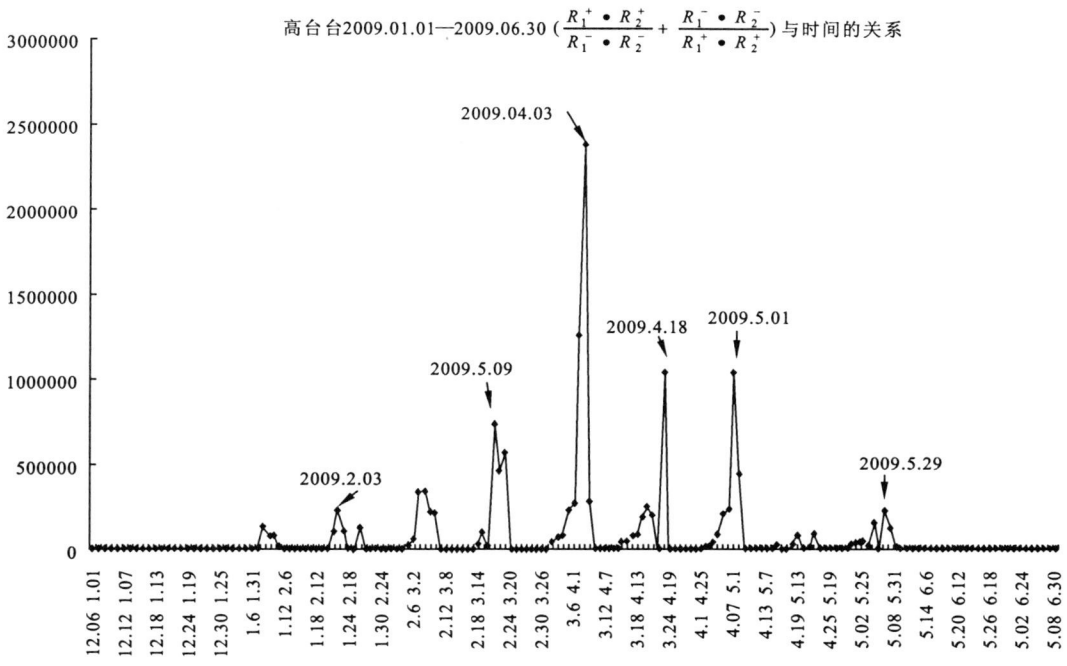

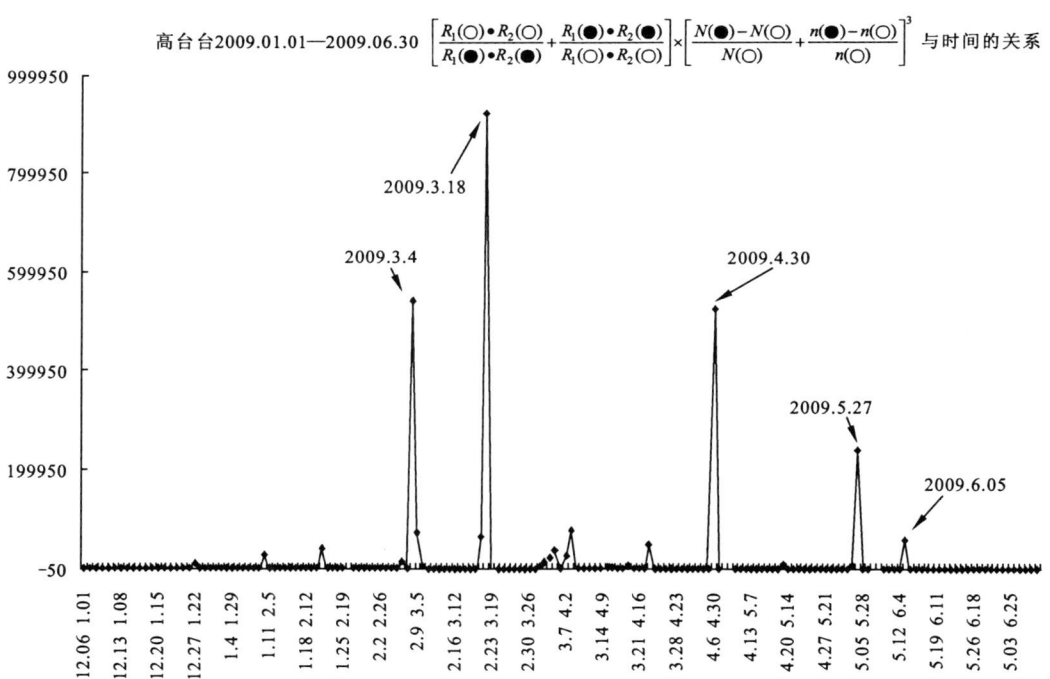

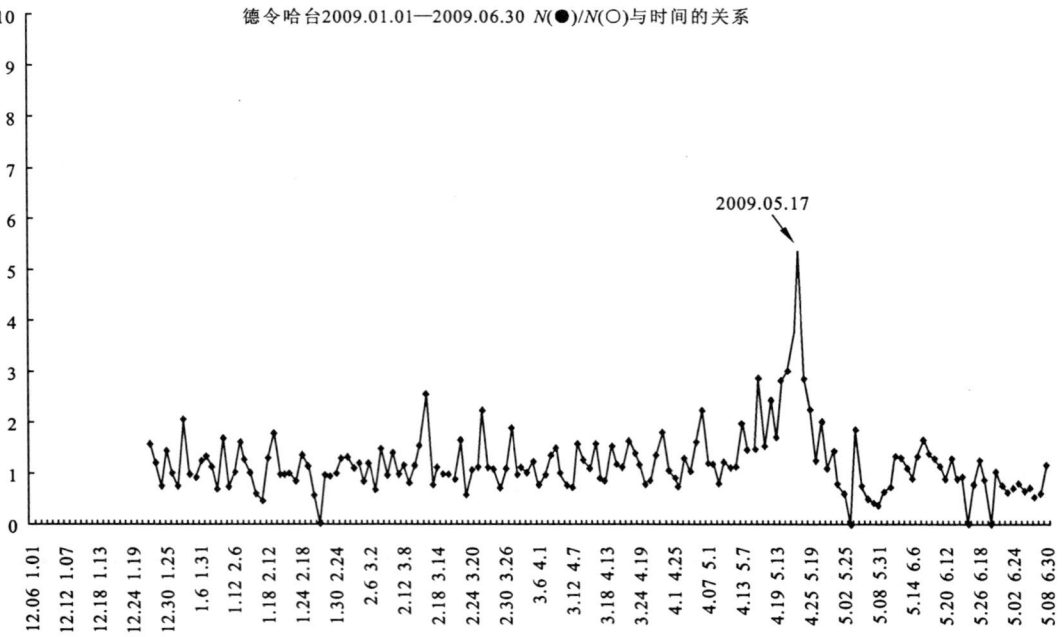

德令哈台2009.01.01—2009.06.30 $N(\bullet)/N(\circ)$ 与时间的关系

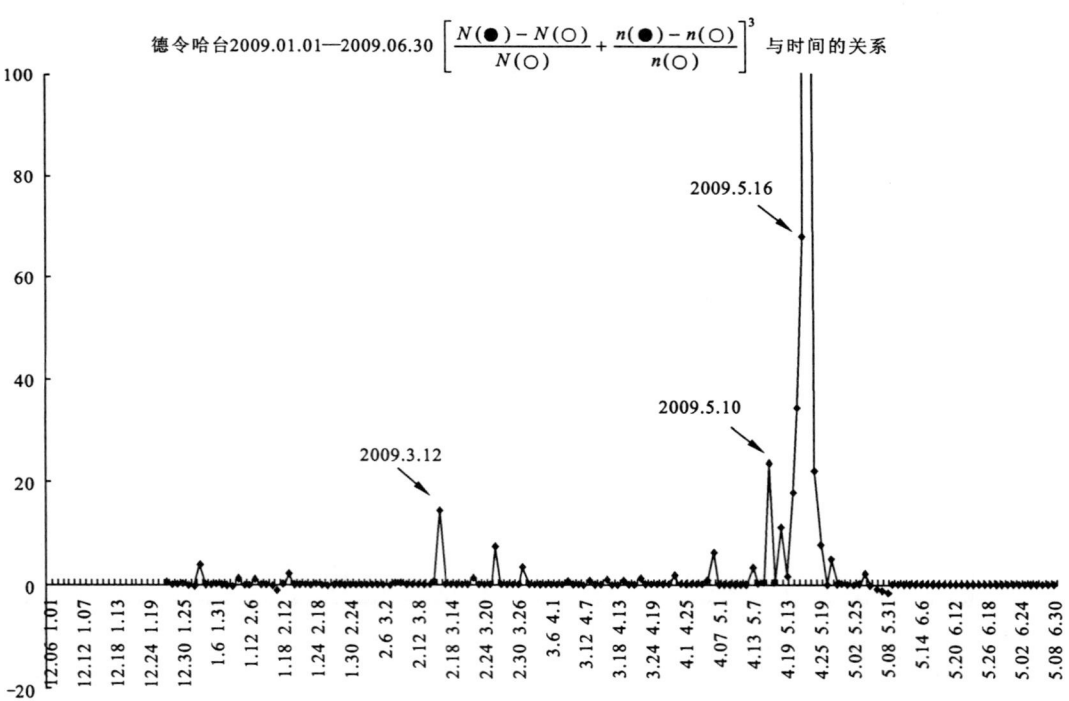

德令哈台2009.01.01—2009.06.30 $\left[\dfrac{N(\bullet)-N(\circ)}{N(\circ)}+\dfrac{n(\bullet)-n(\circ)}{n(\circ)}\right]^3$ 与时间的关系

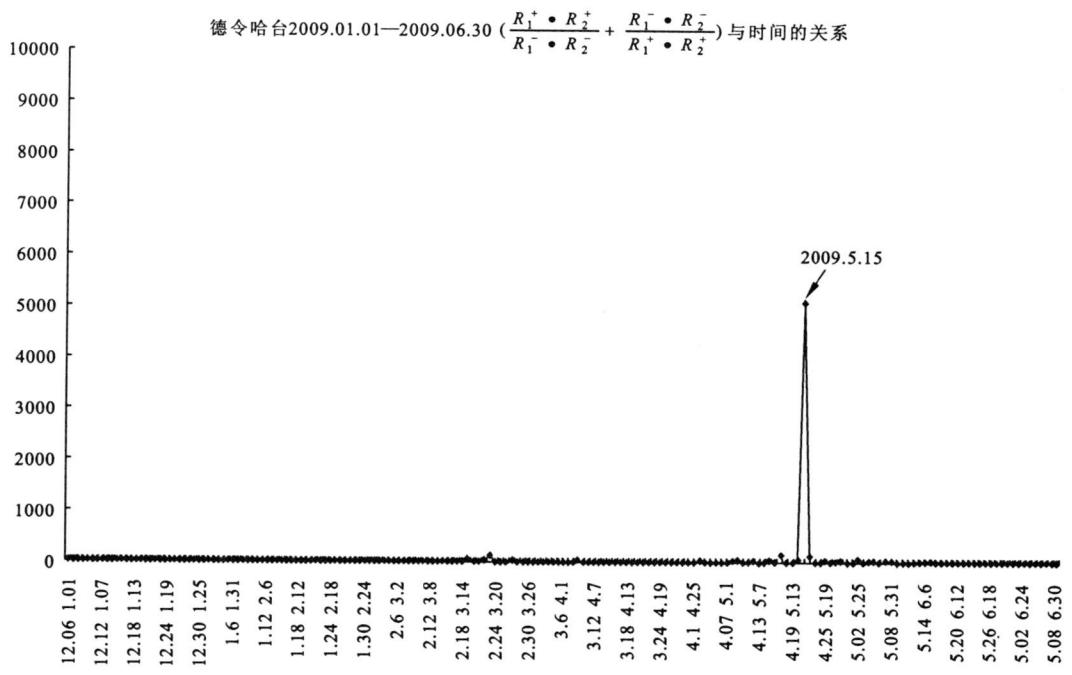

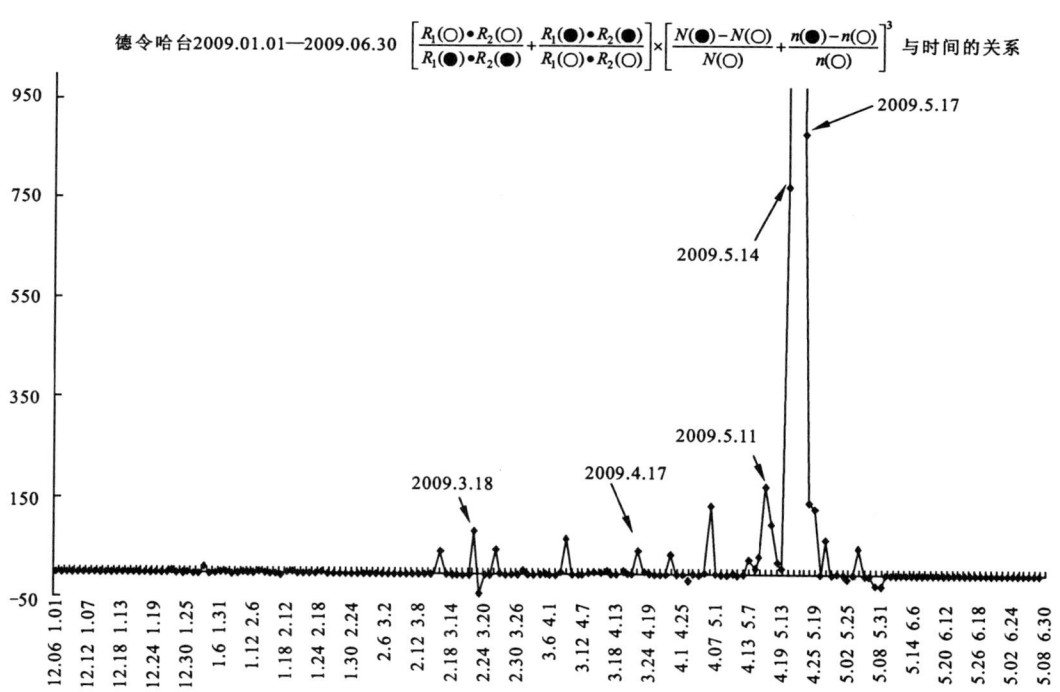

第三部分:2009 年上半年东北和北京地区各个应变台的孕震情况

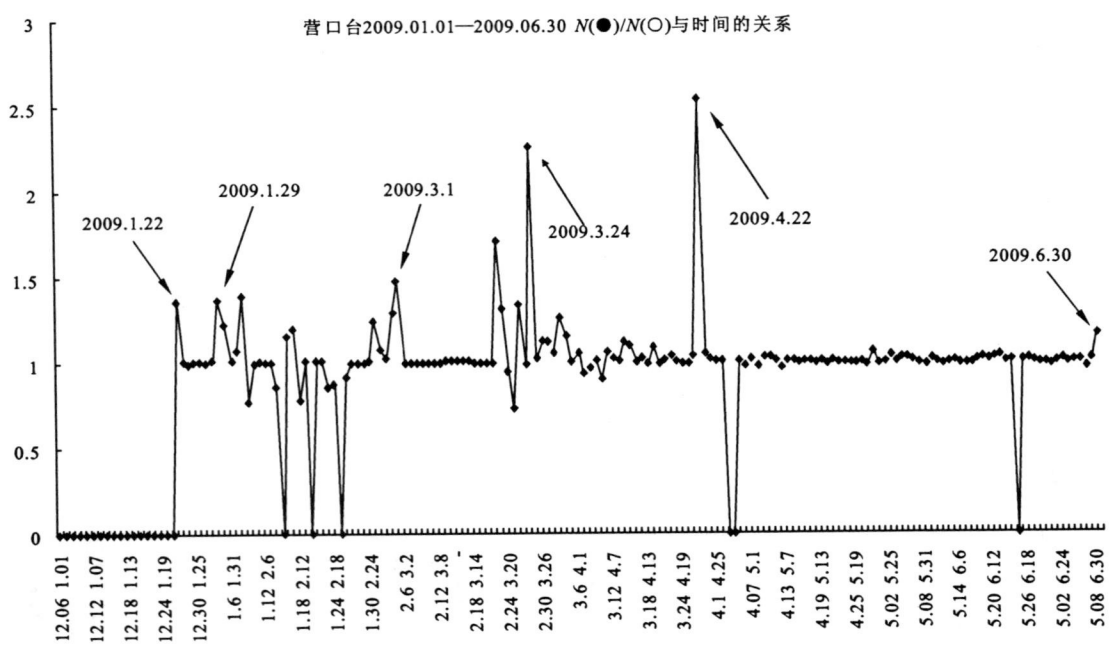

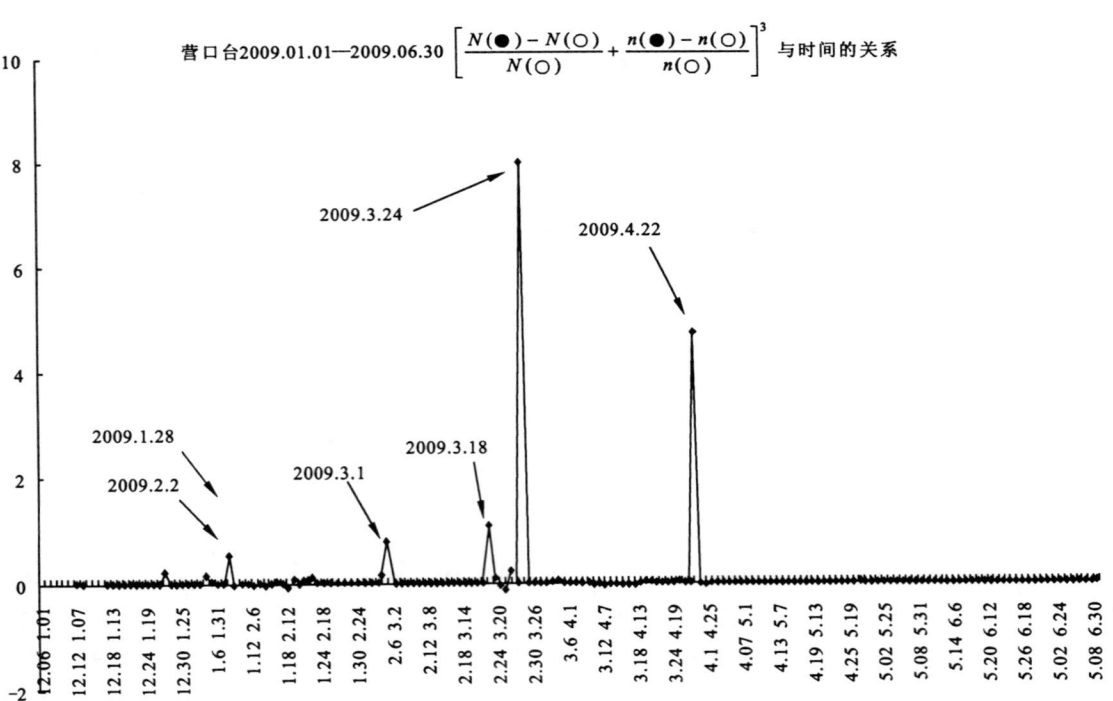

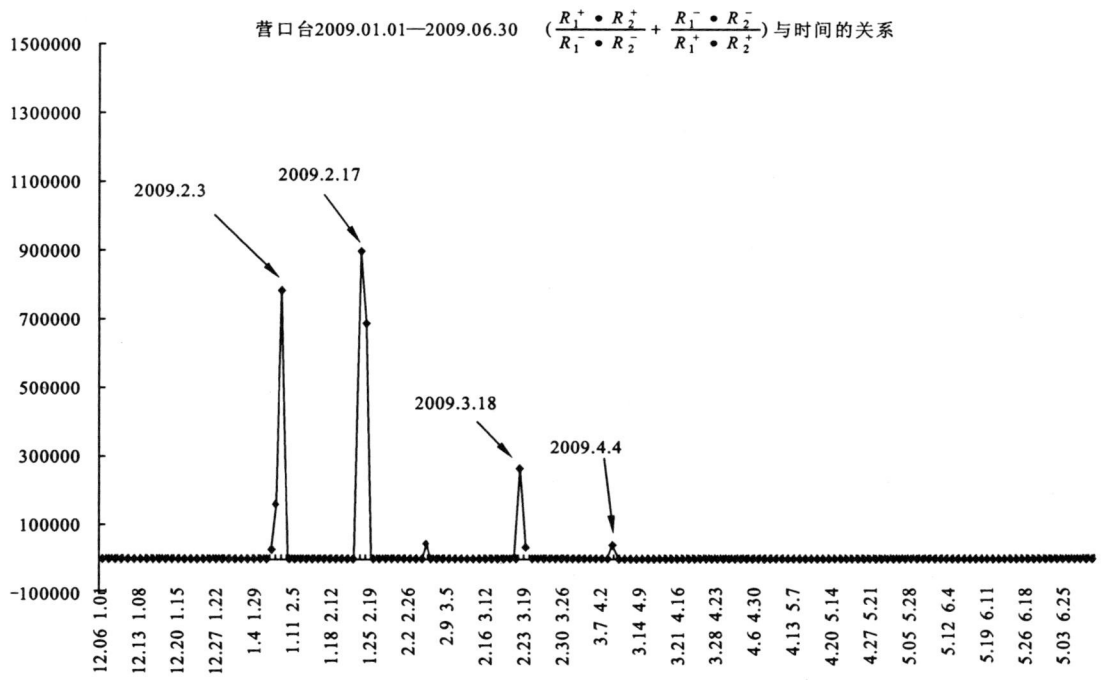

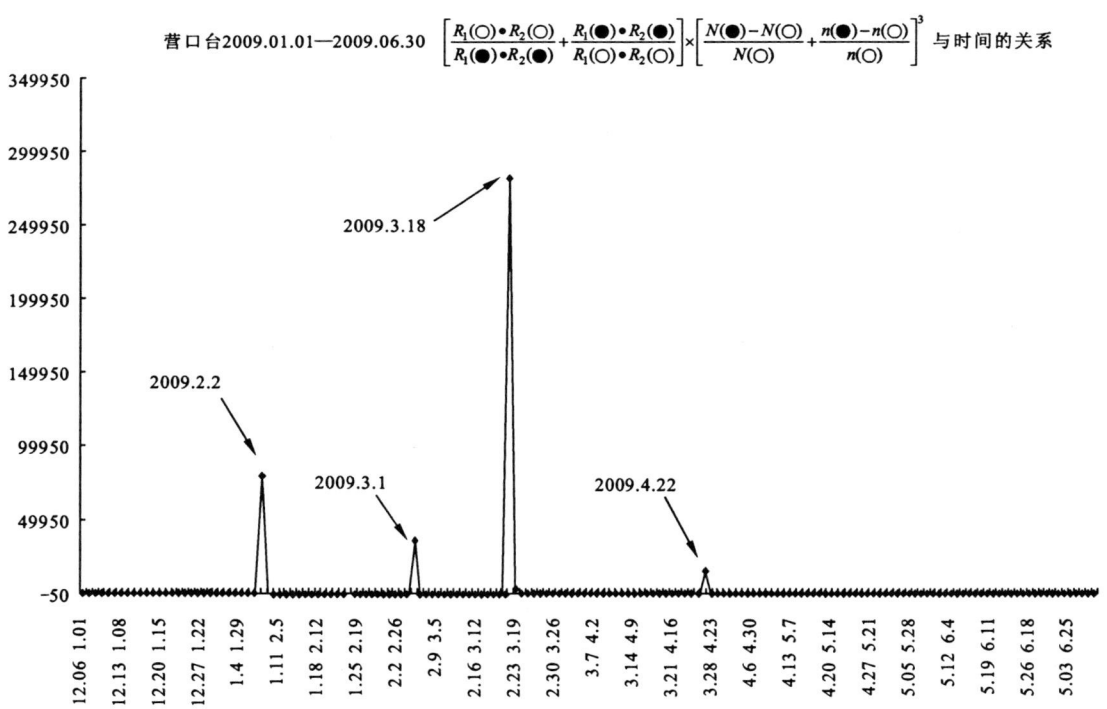

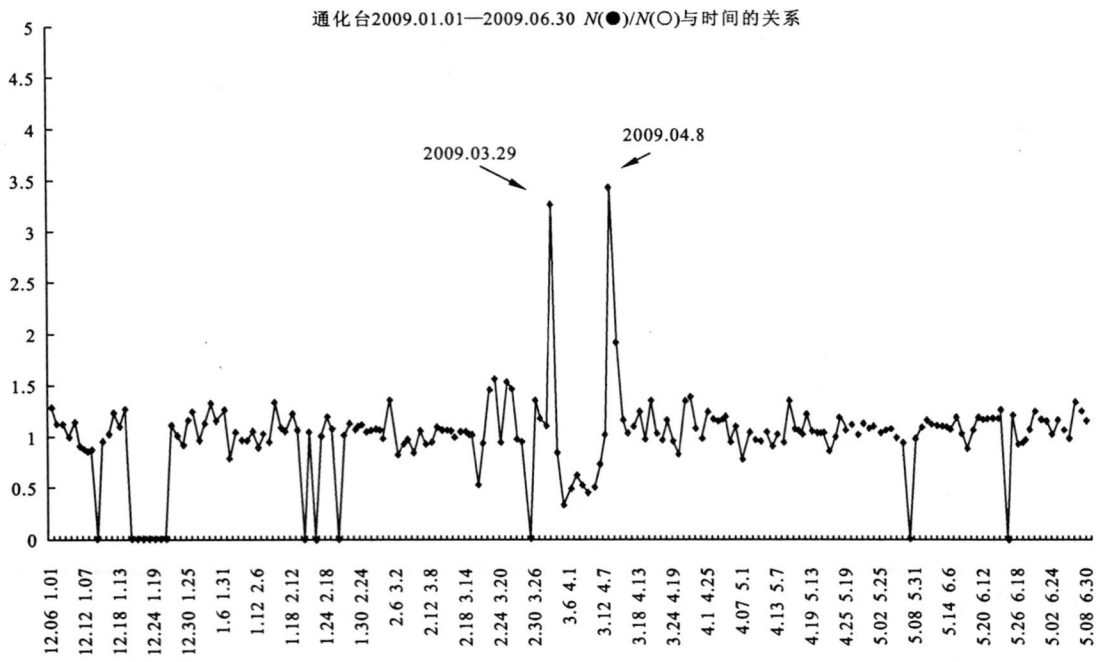

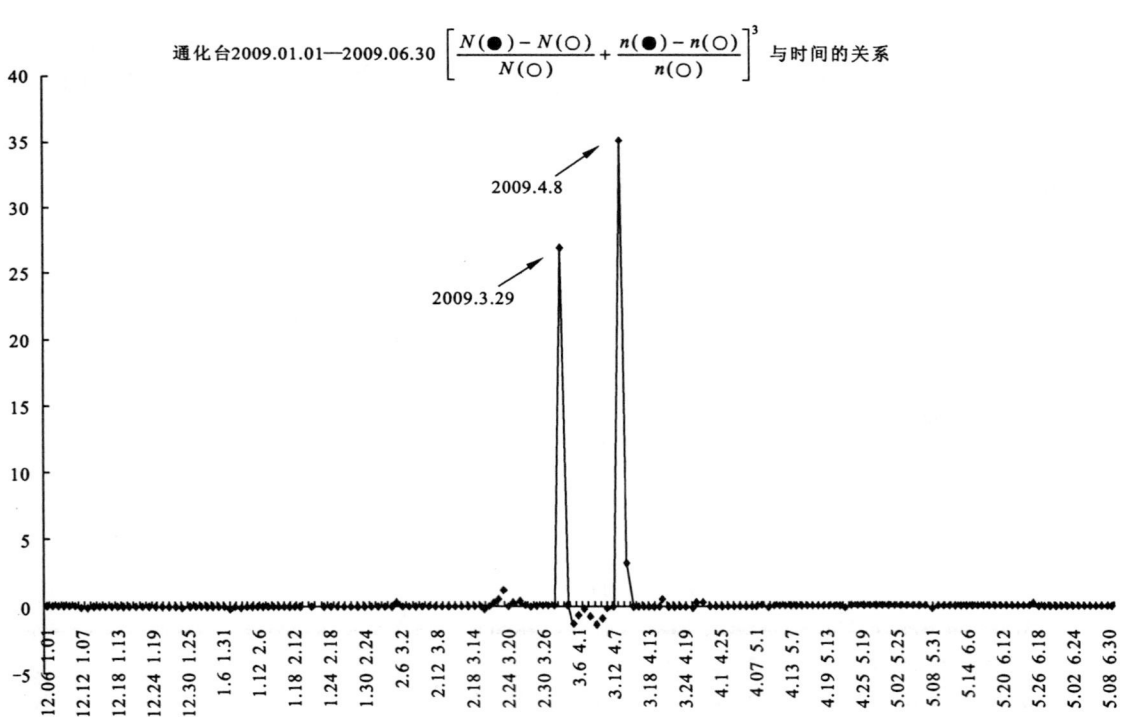

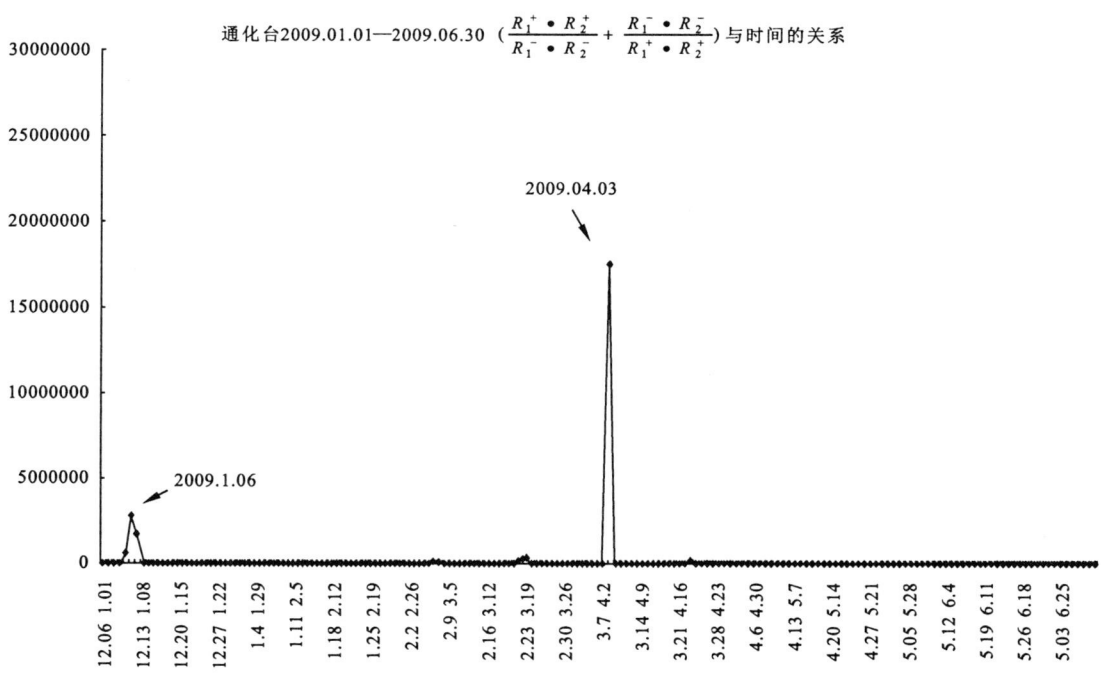

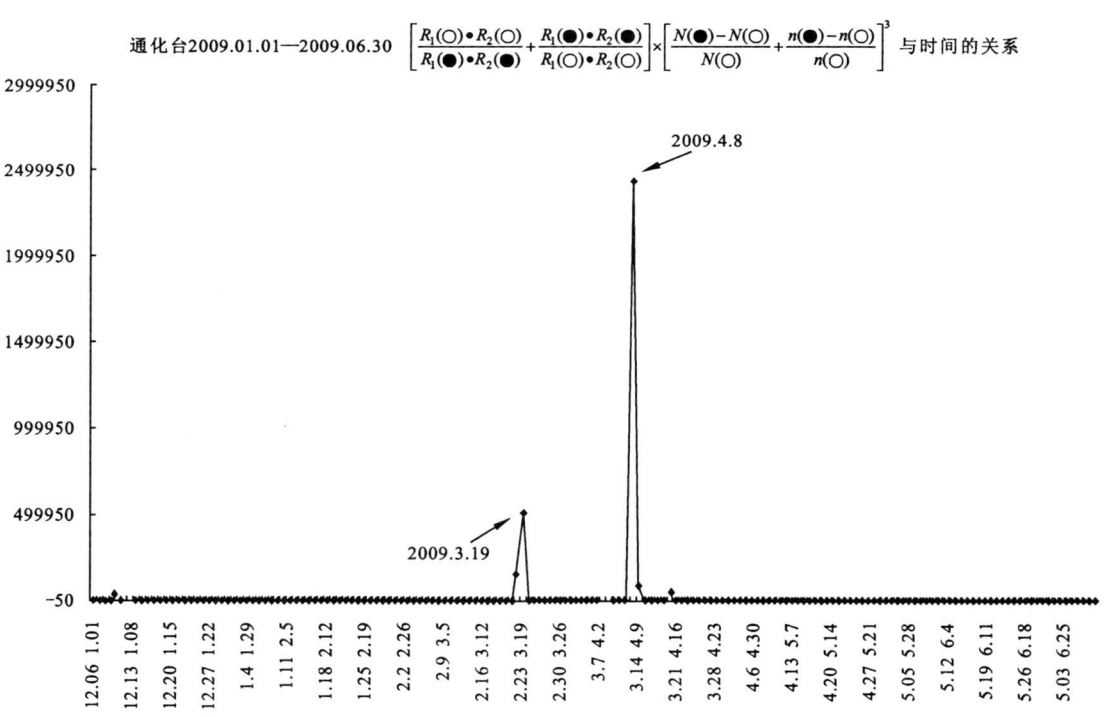

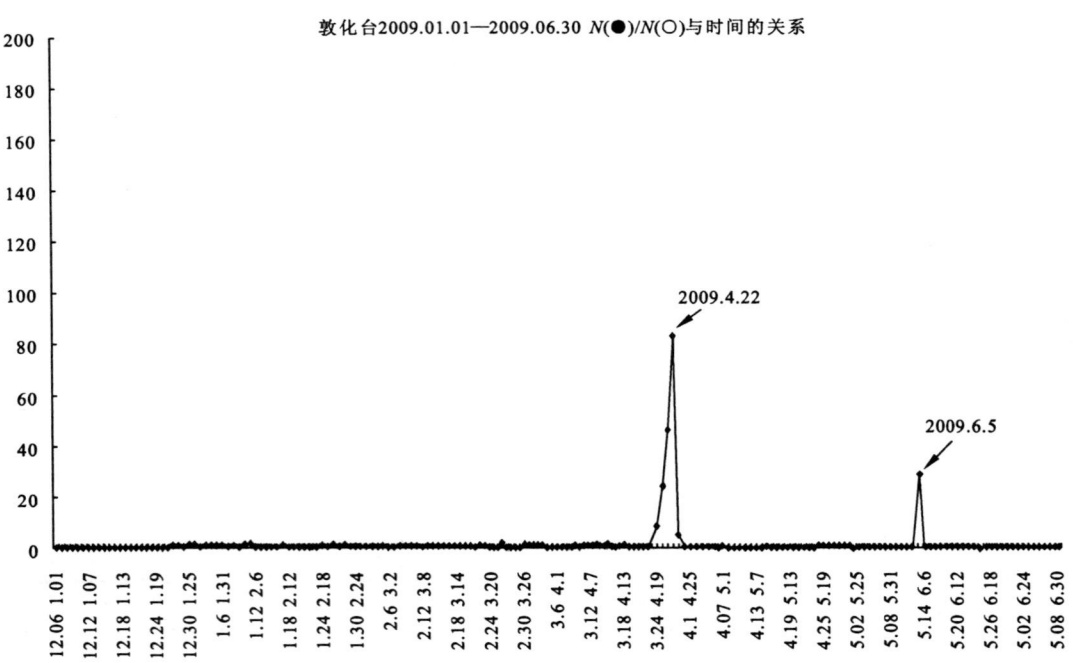

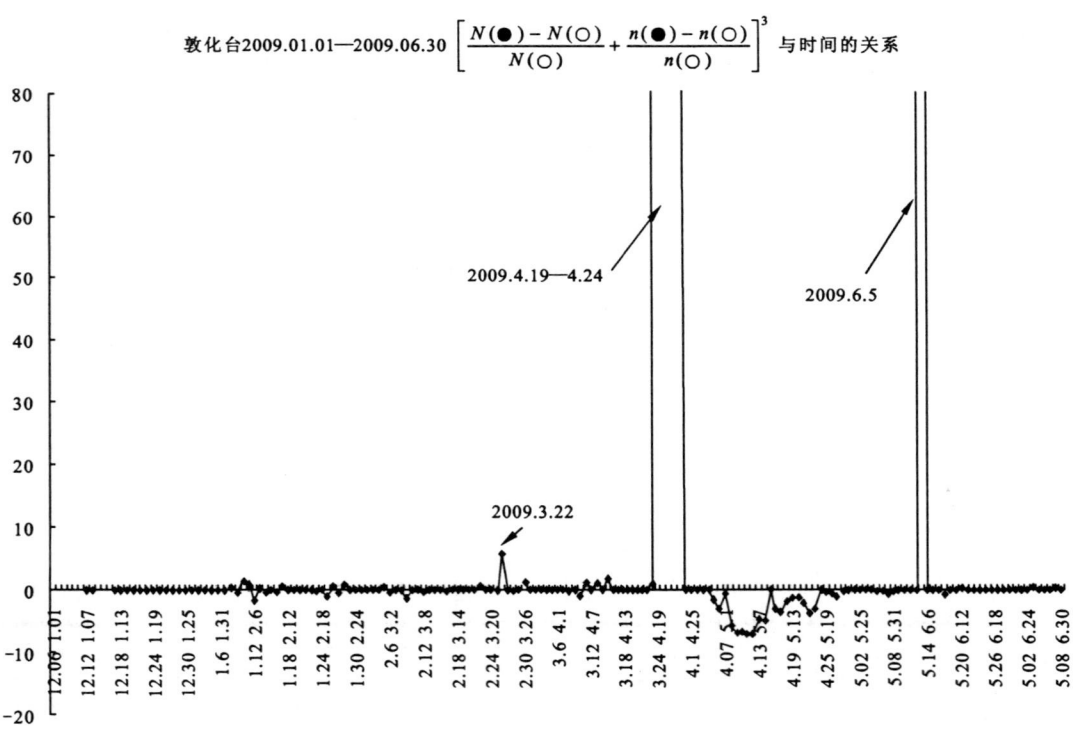

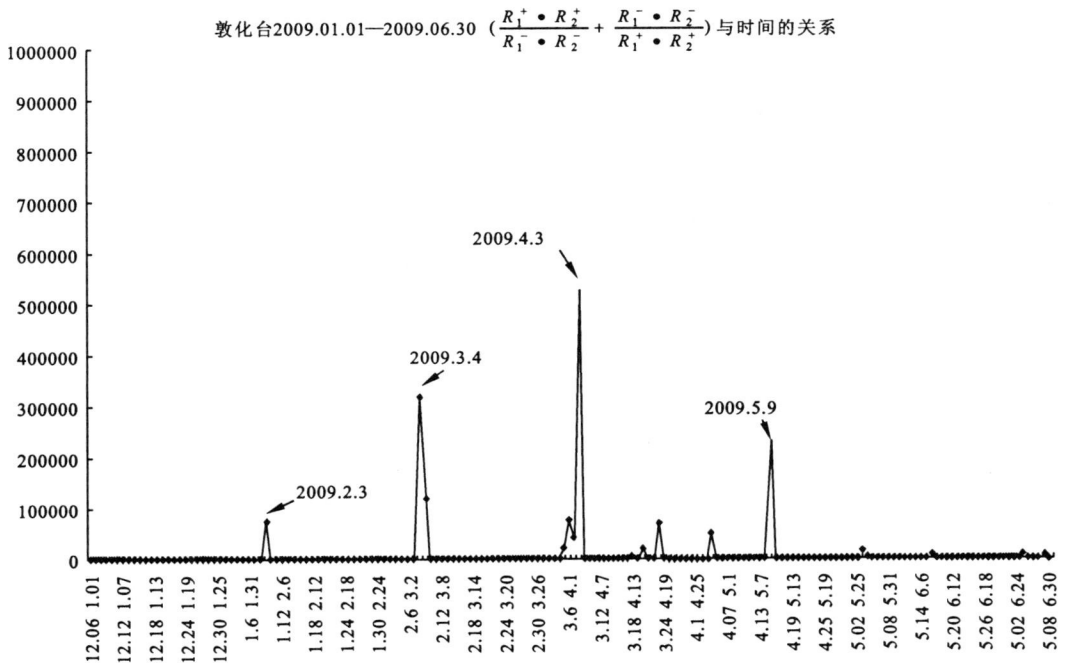

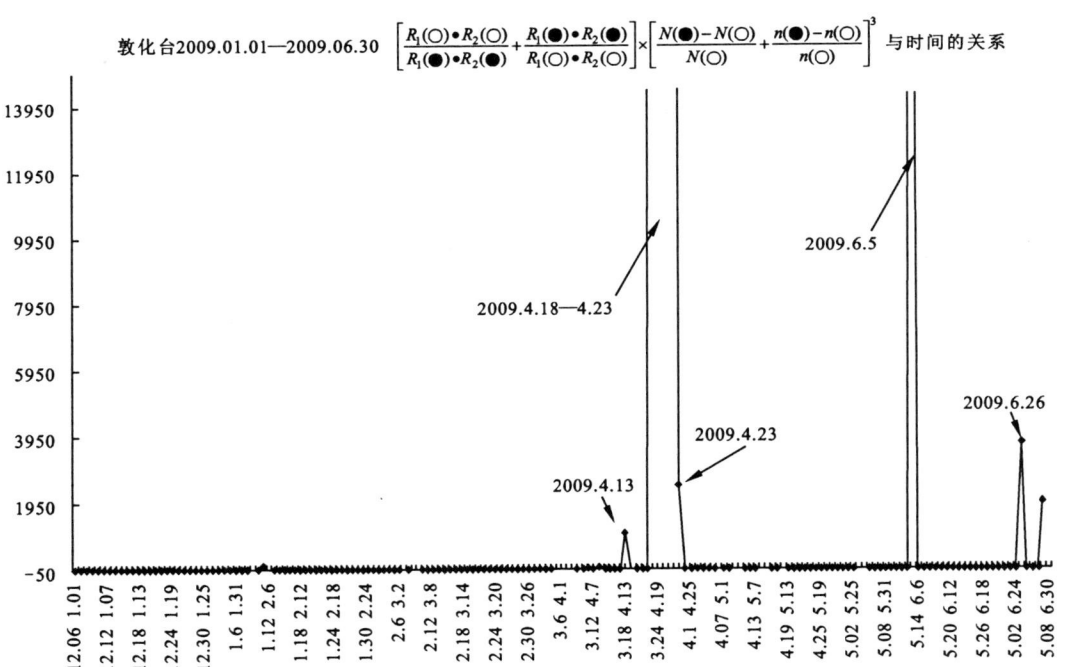

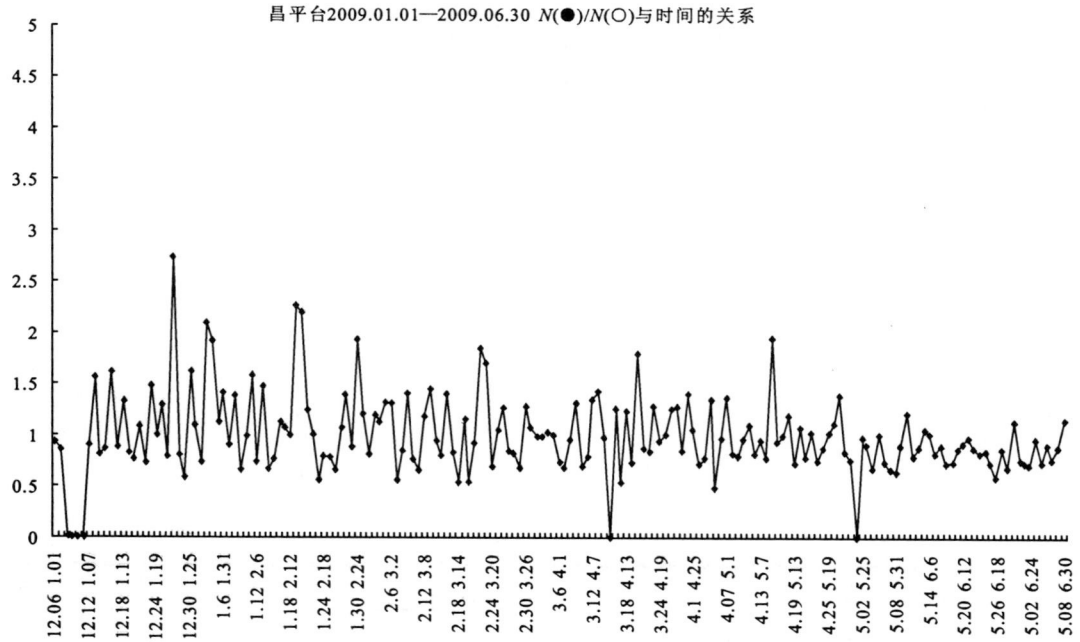

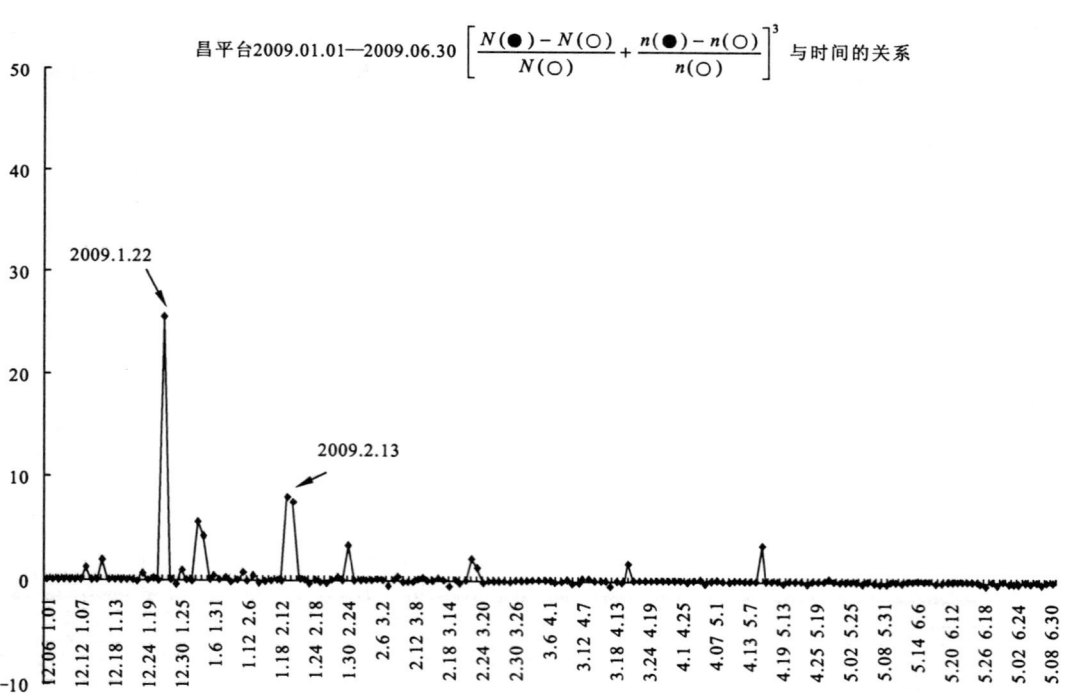

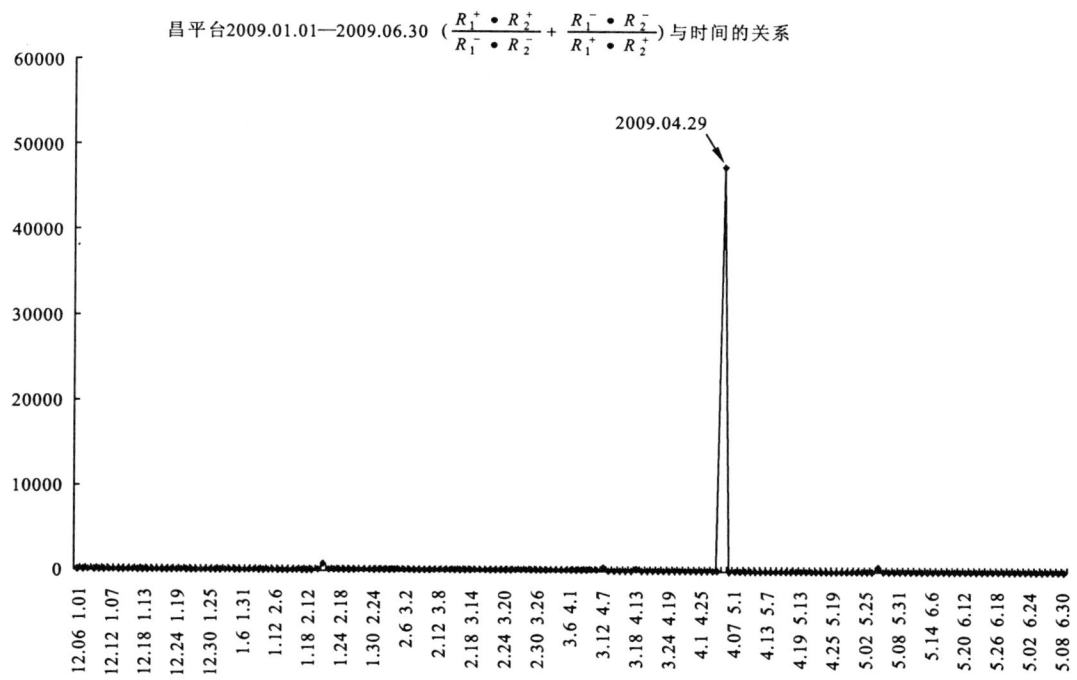

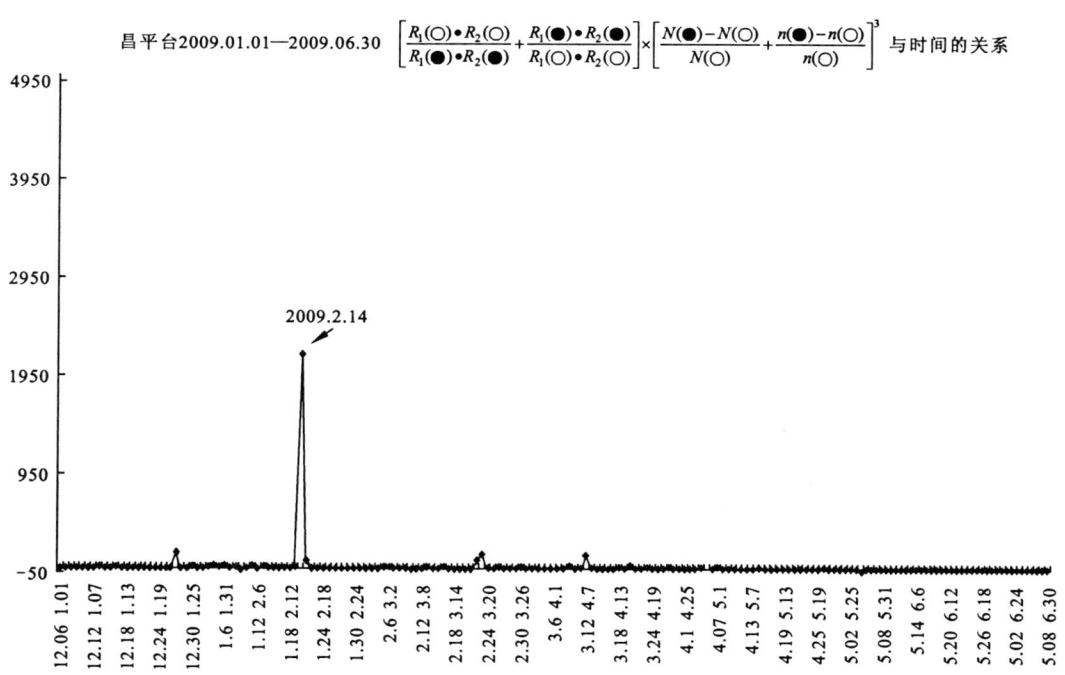

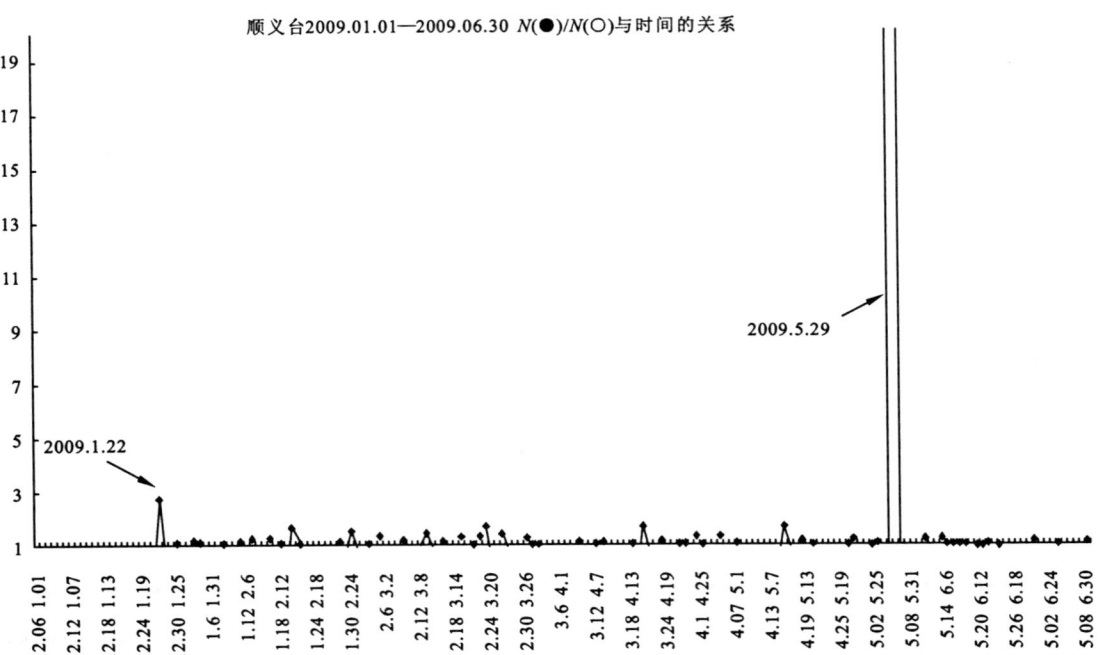

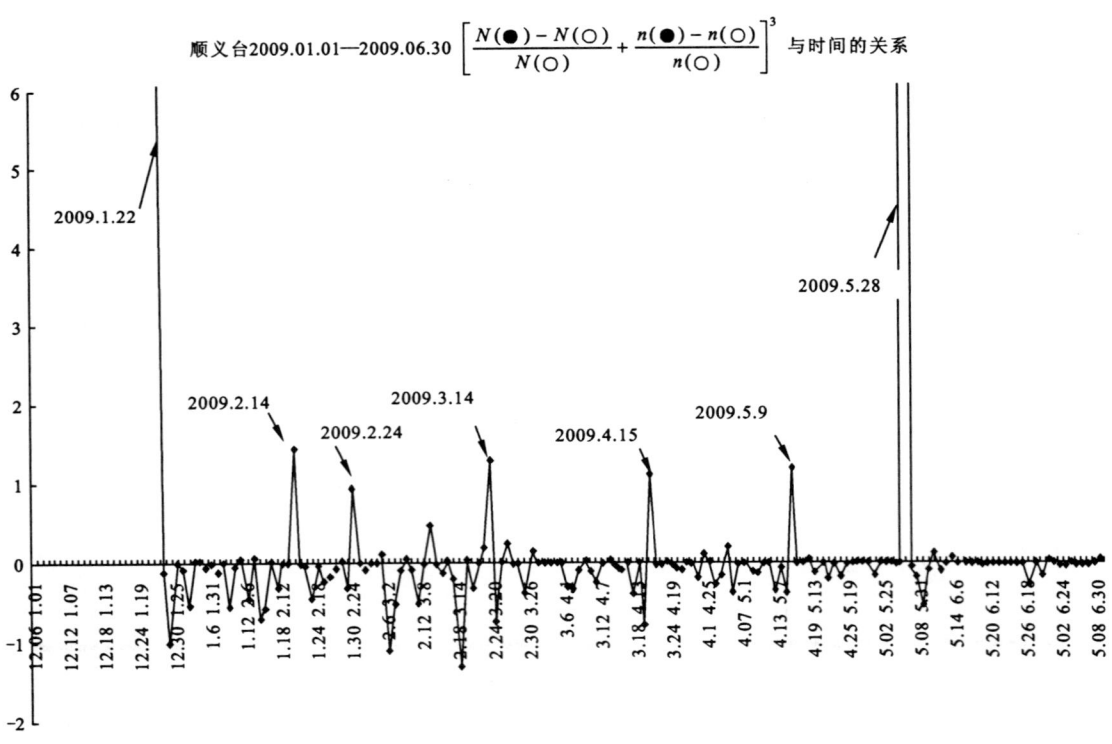

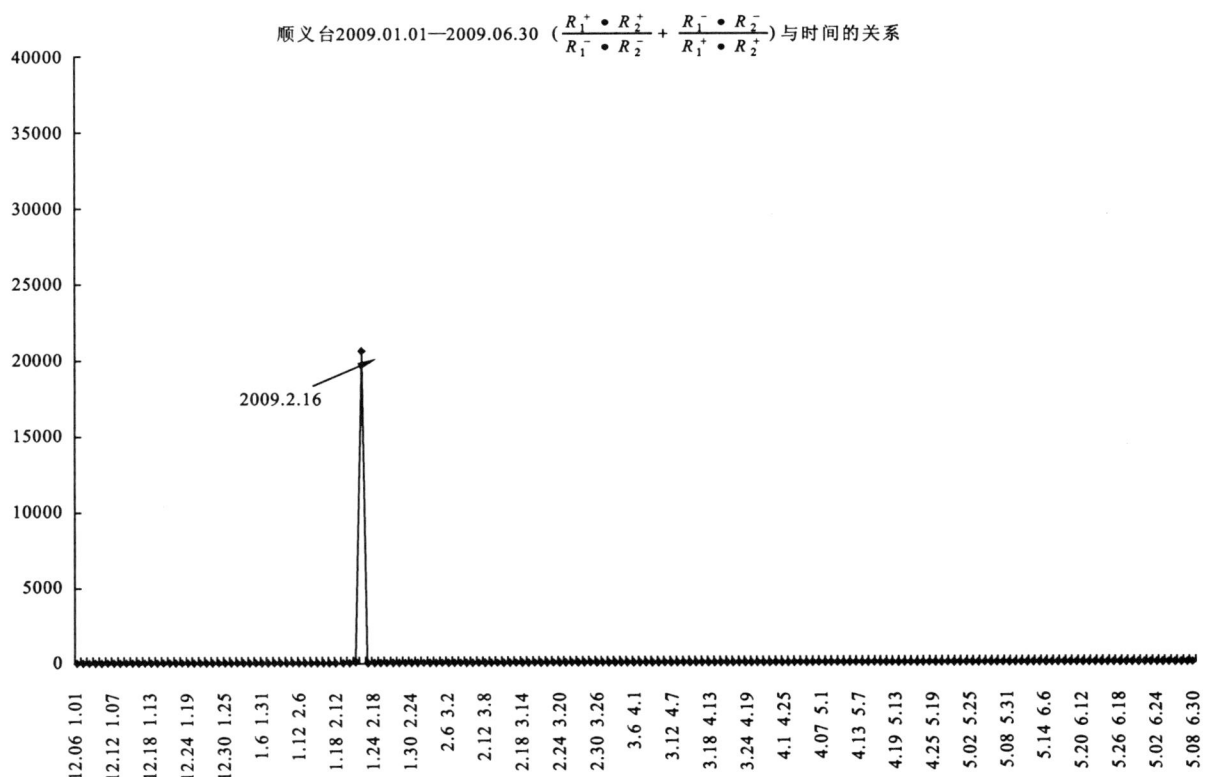

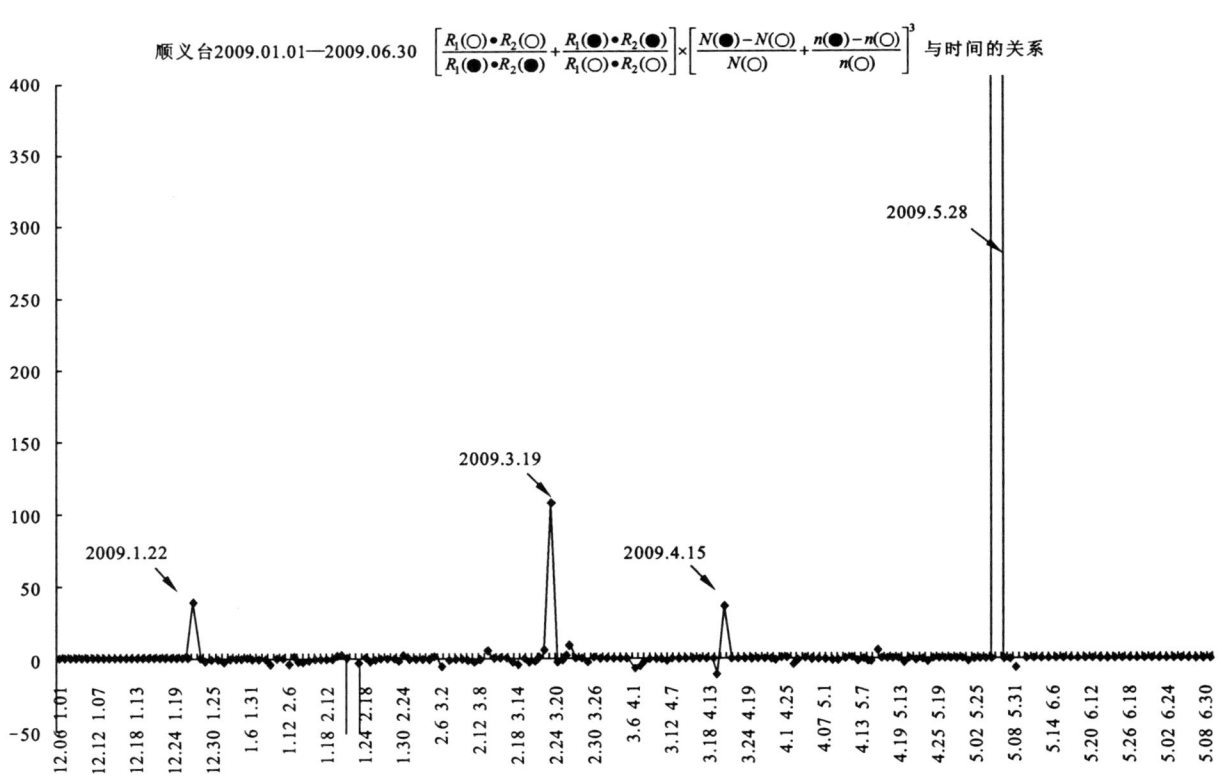

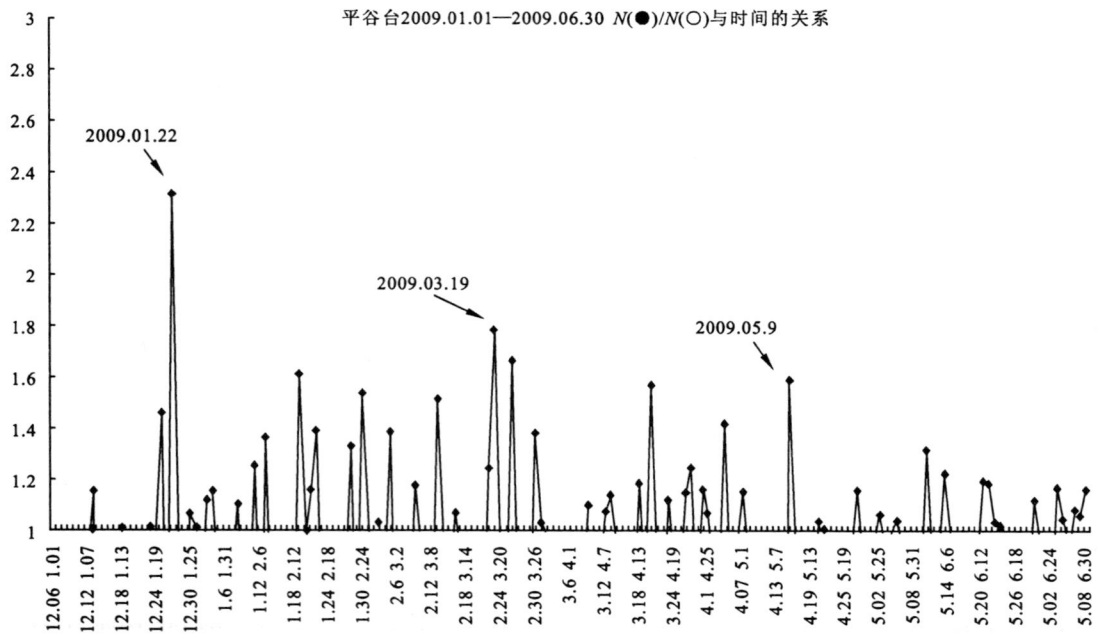

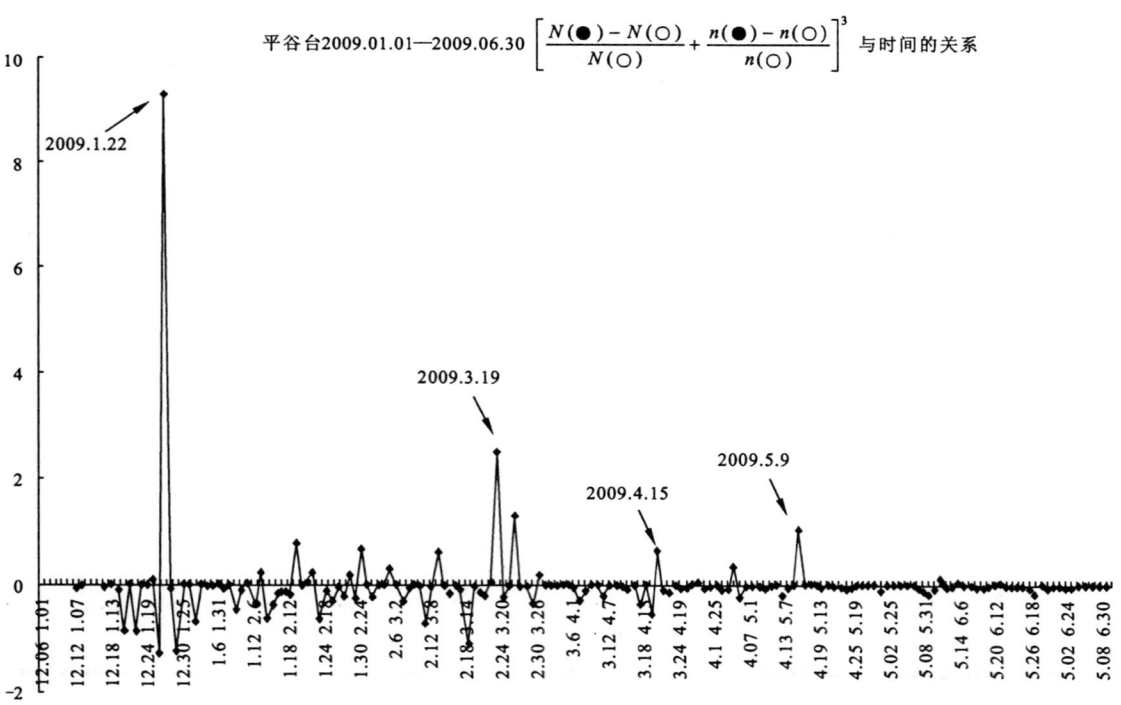

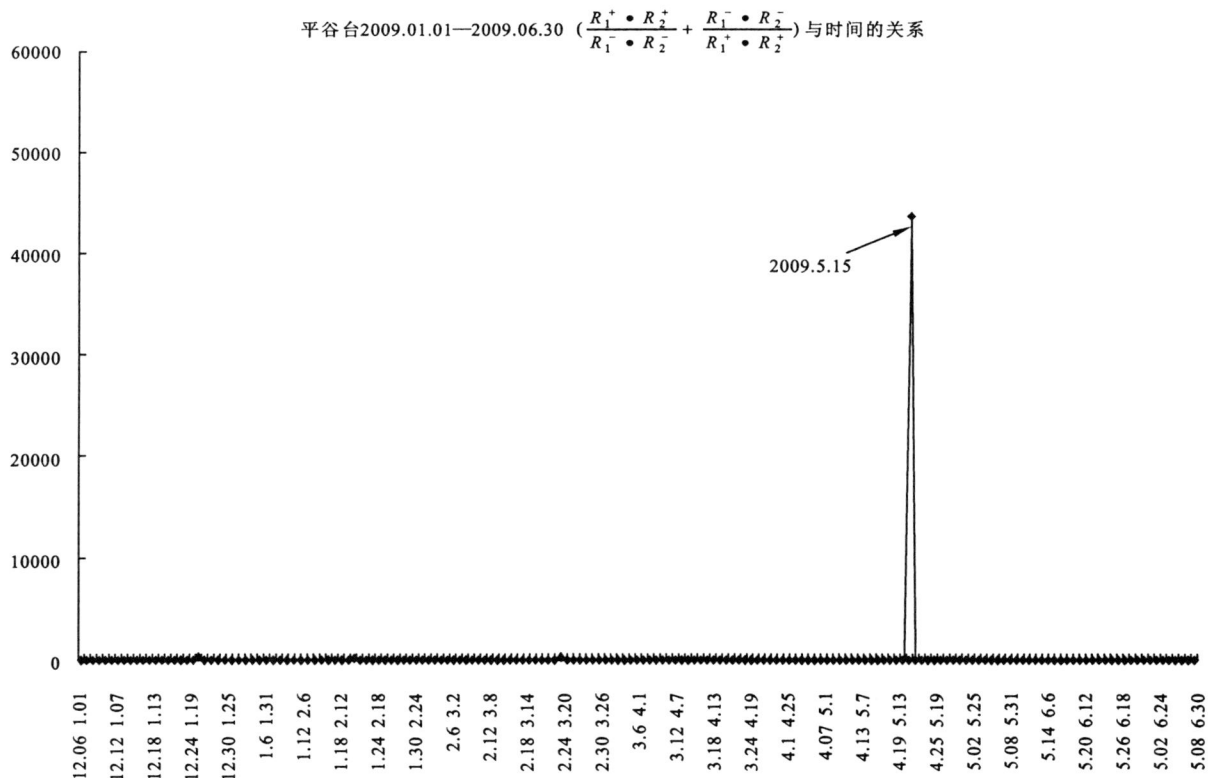

平谷台2009.01.01—2009.06.30 ($\frac{R_1^+ \cdot R_2^+}{R_1^- \cdot R_2^-} + \frac{R_1^- \cdot R_2^-}{R_1^+ \cdot R_2^+}$) 与时间的关系

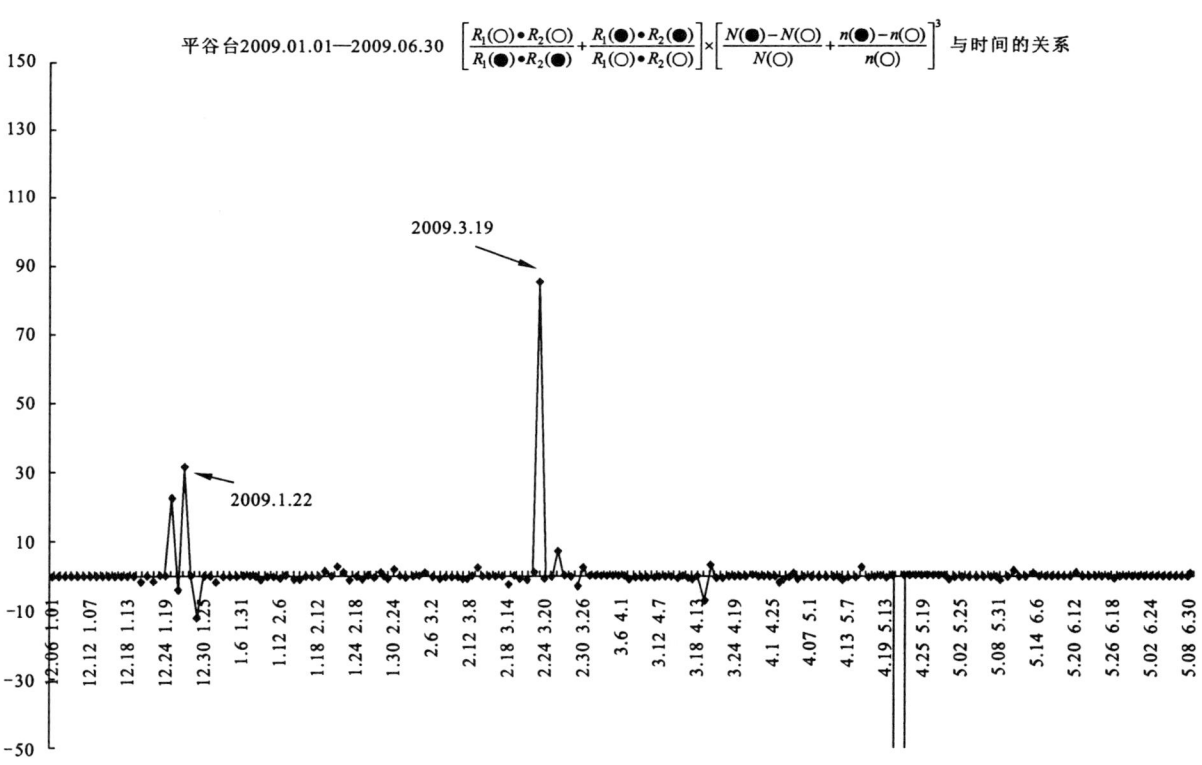

平谷台2009.01.01—2009.06.30 $\left[\frac{R_1(\bigcirc) \cdot R_2(\bigcirc)}{R_1(\bullet) \cdot R_2(\bullet)} + \frac{R_1(\bullet) \cdot R_2(\bullet)}{R_1(\bigcirc) \cdot R_2(\bigcirc)}\right] \times \left[\frac{N(\bullet) - N(\bigcirc)}{N(\bigcirc)} + \frac{n(\bullet) - n(\bigcirc)}{n(\bigcirc)}\right]^3$ 与时间的关系

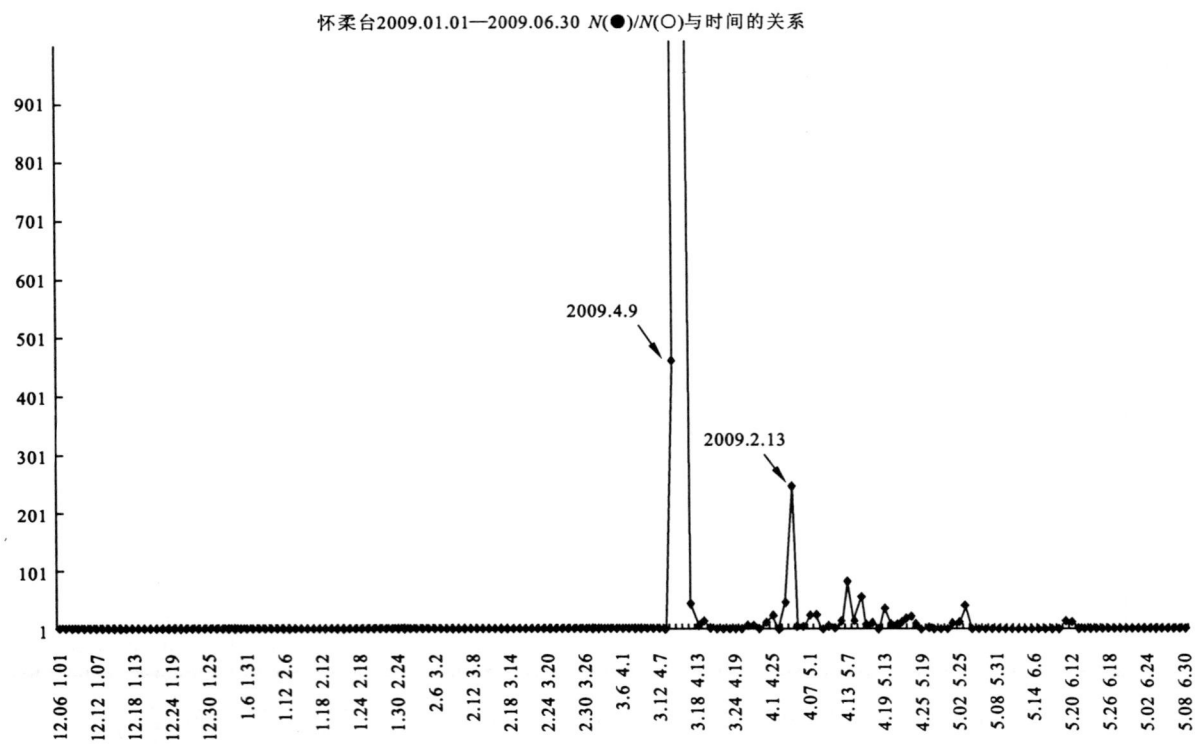

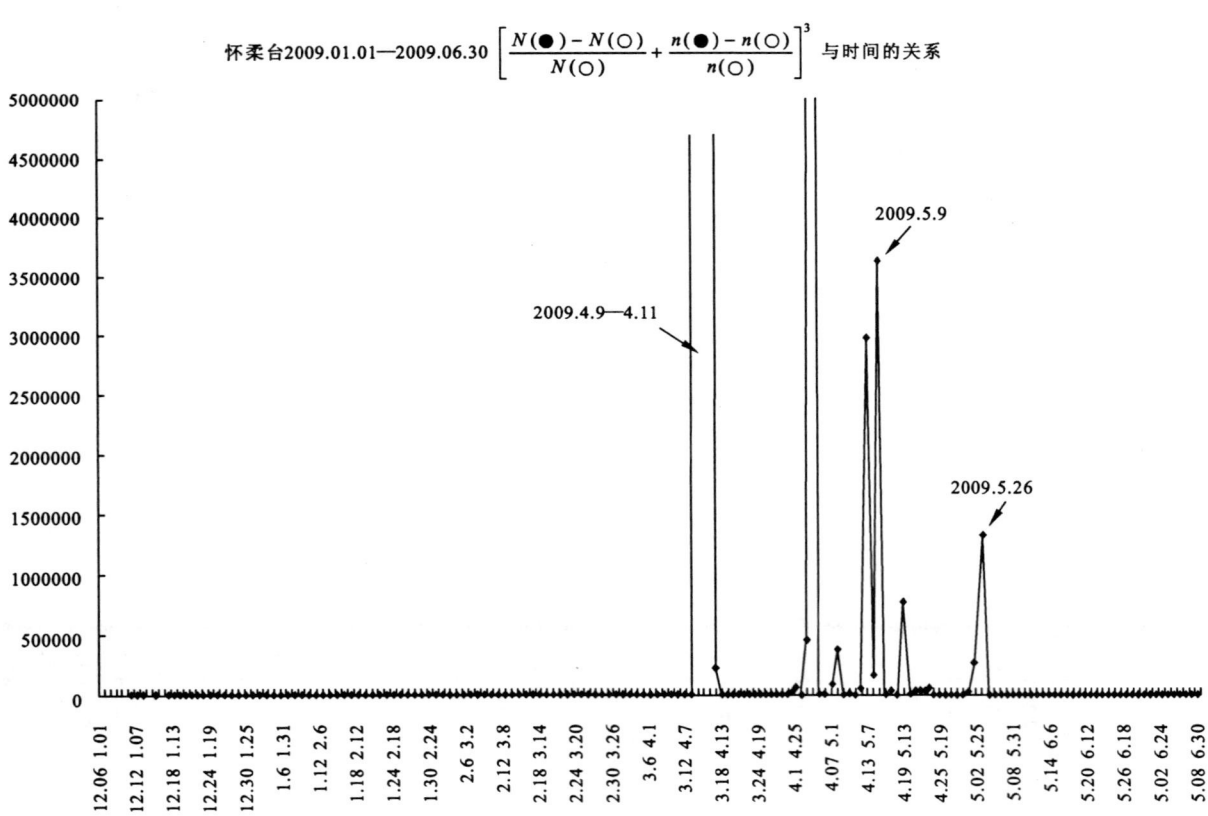

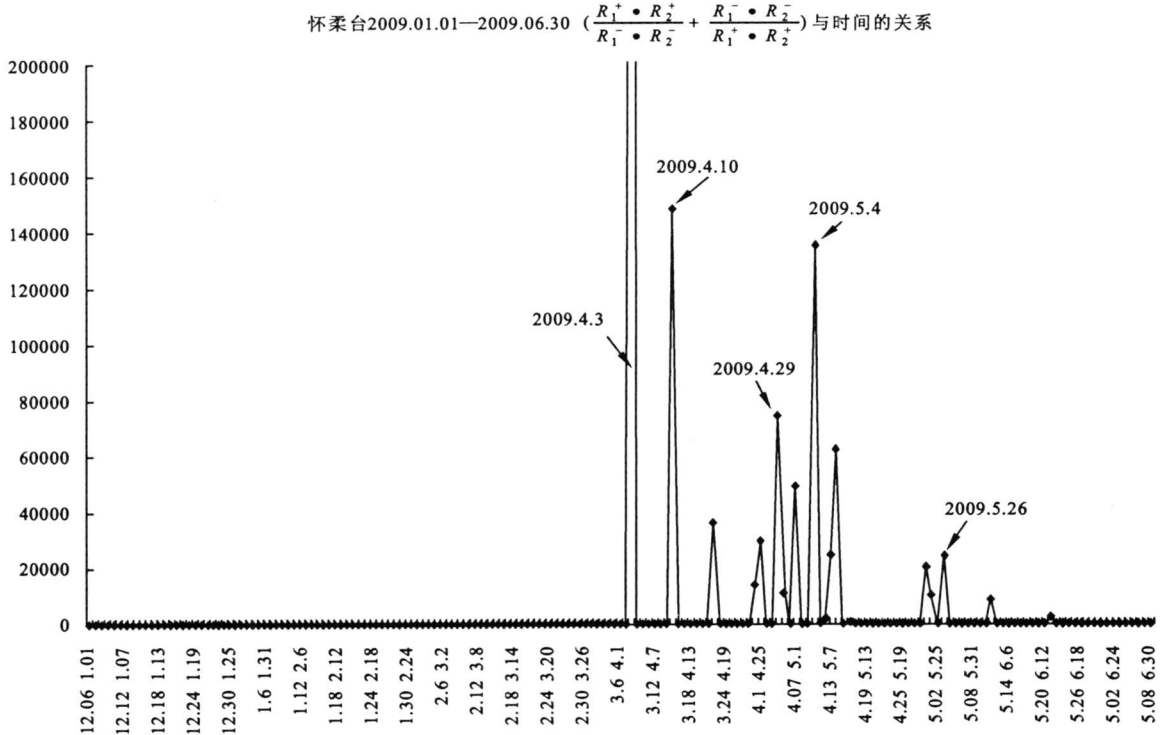

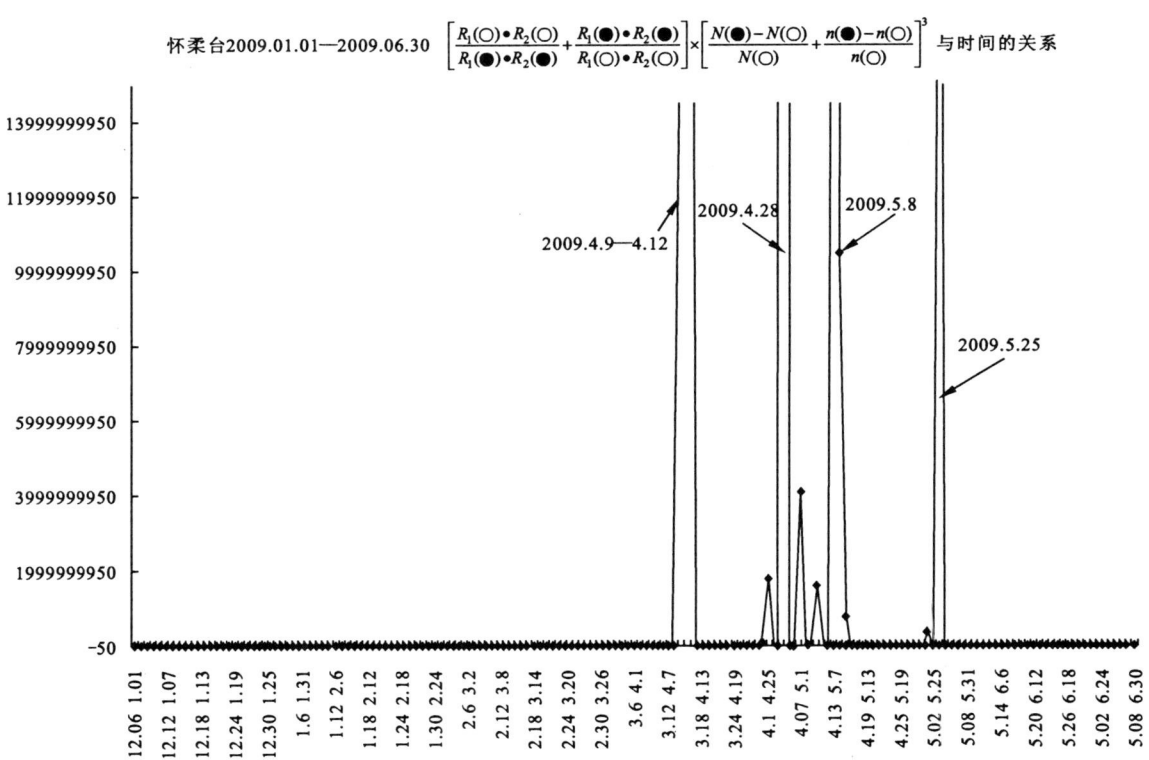

第四部分: 2009年上半年华北、华东及华中地区各个应变台的孕震情况

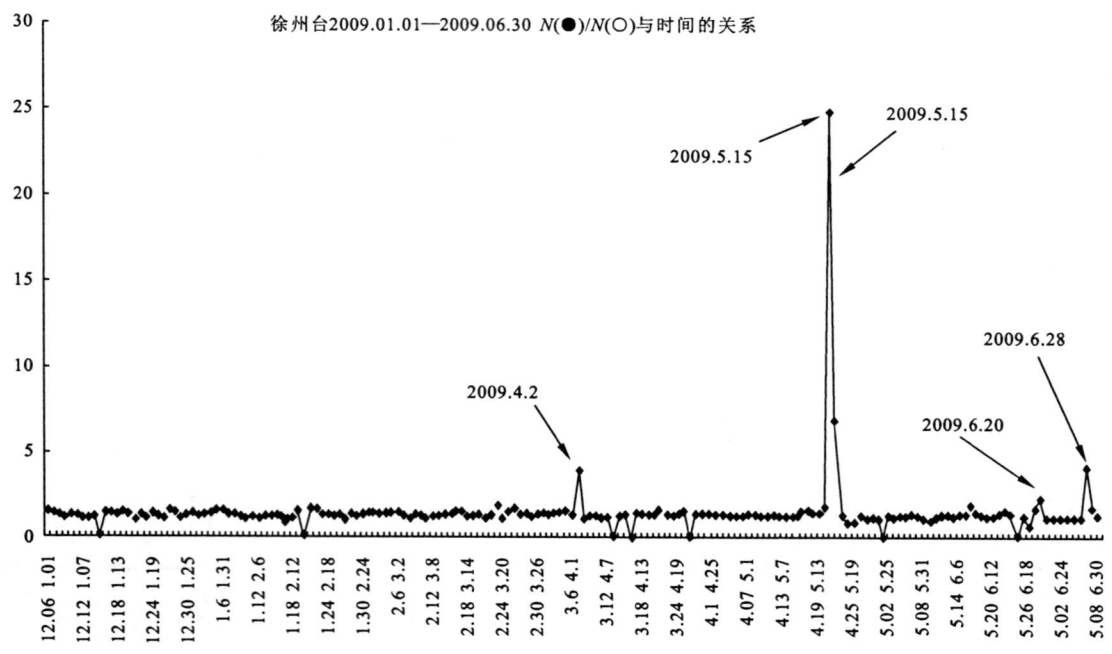

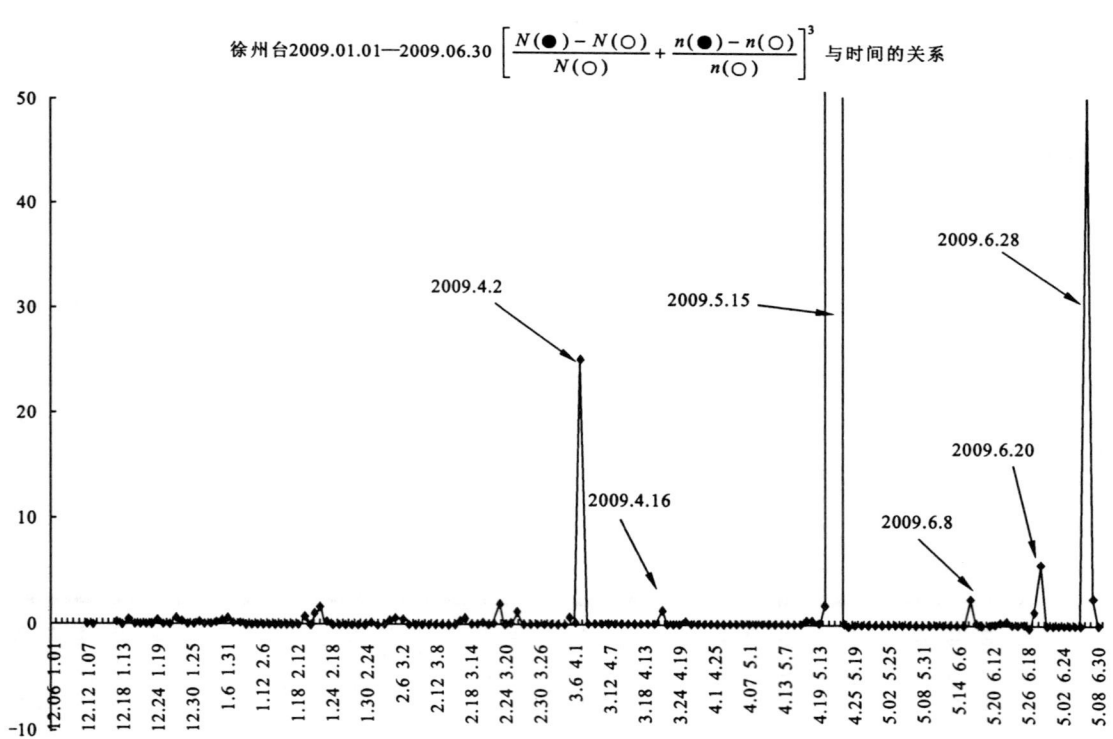

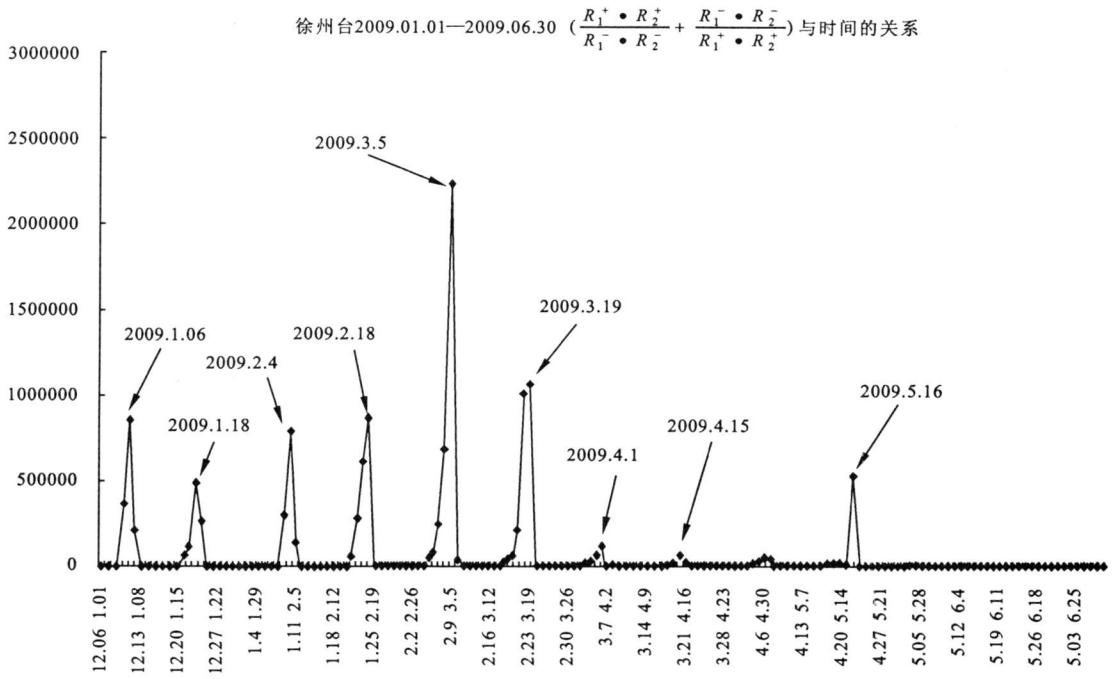

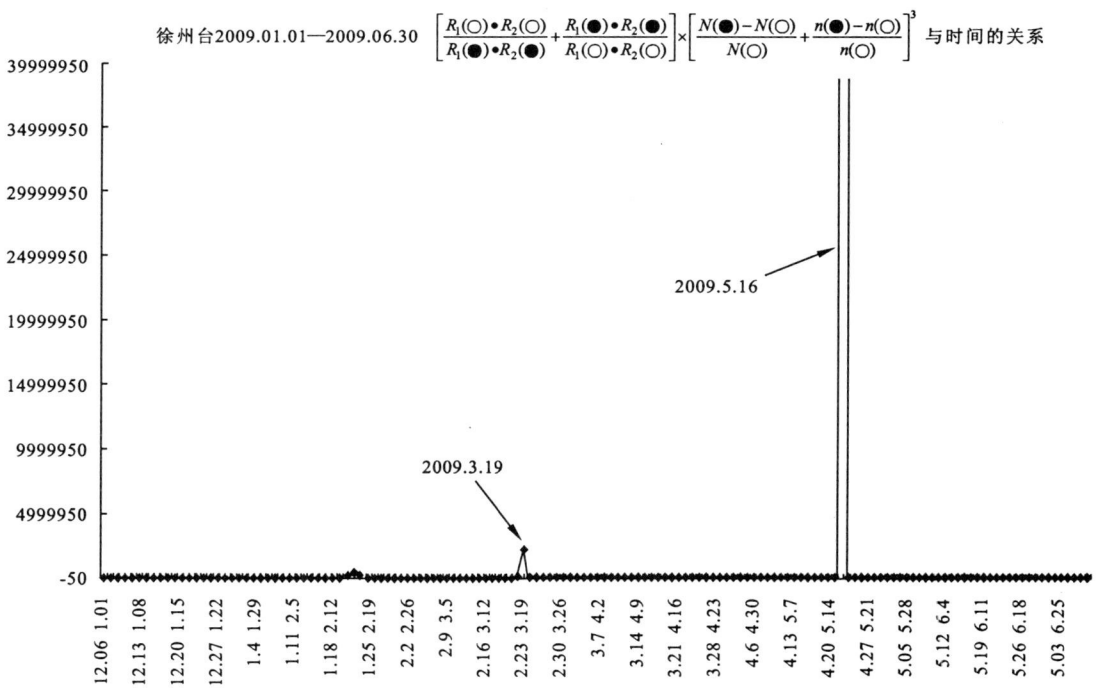

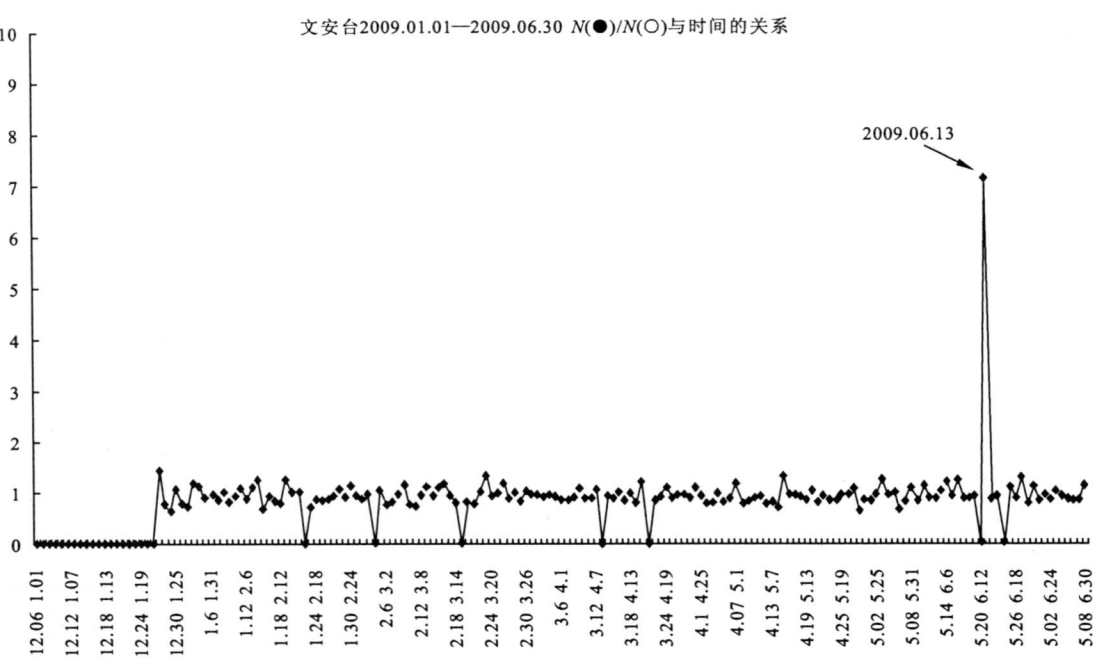

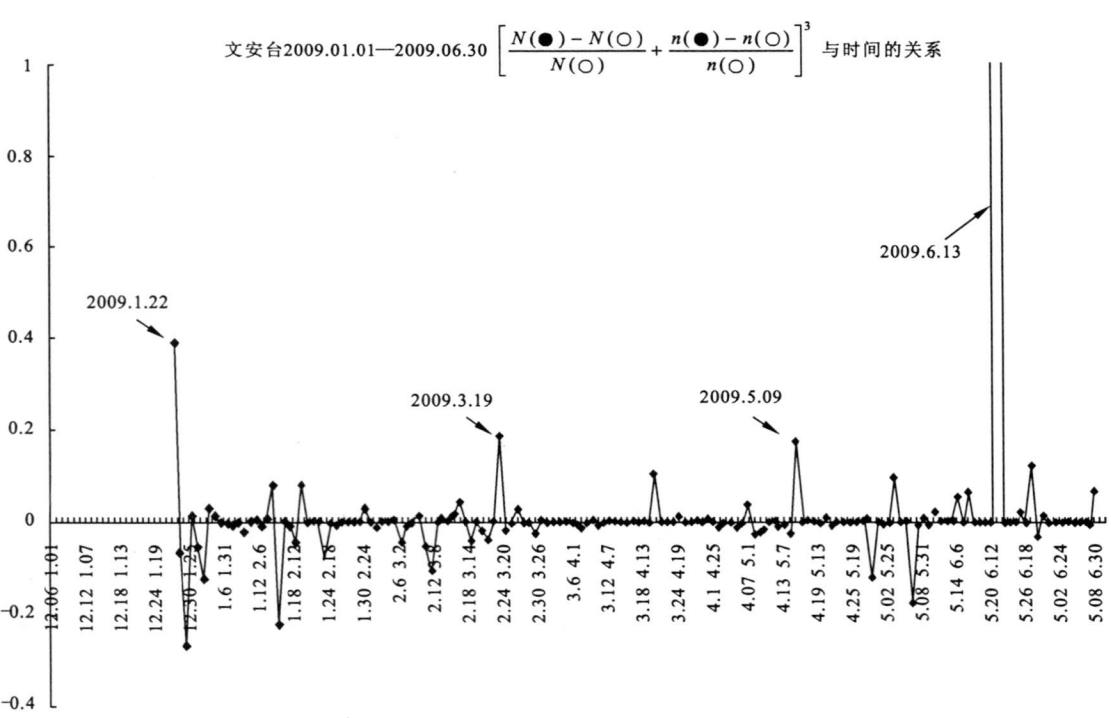

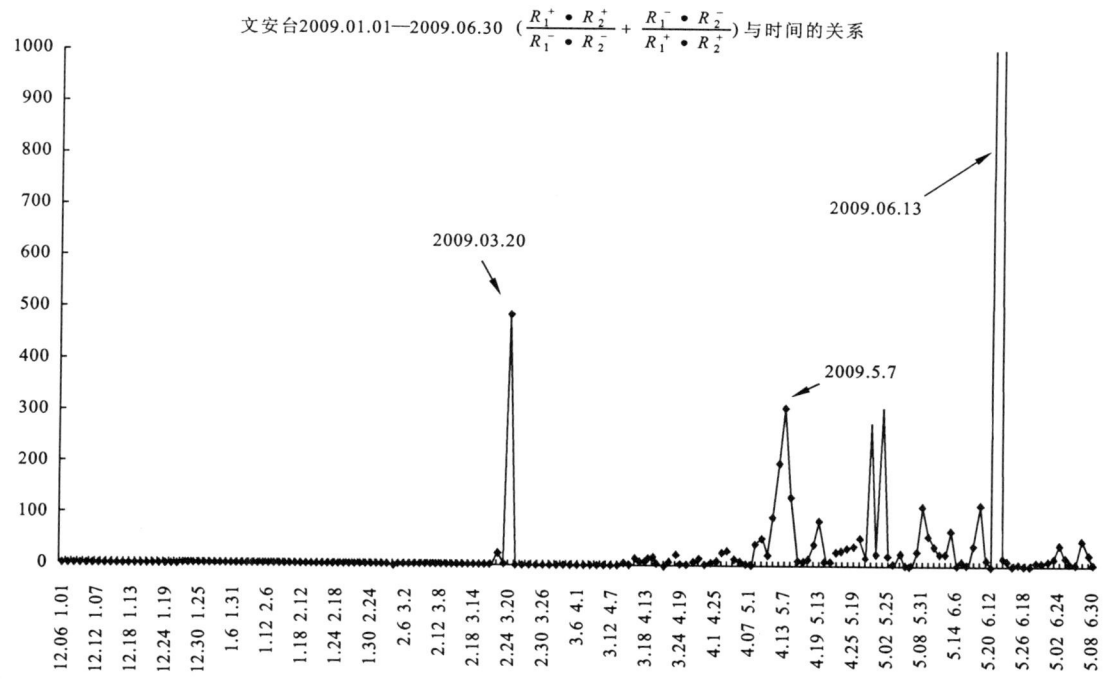

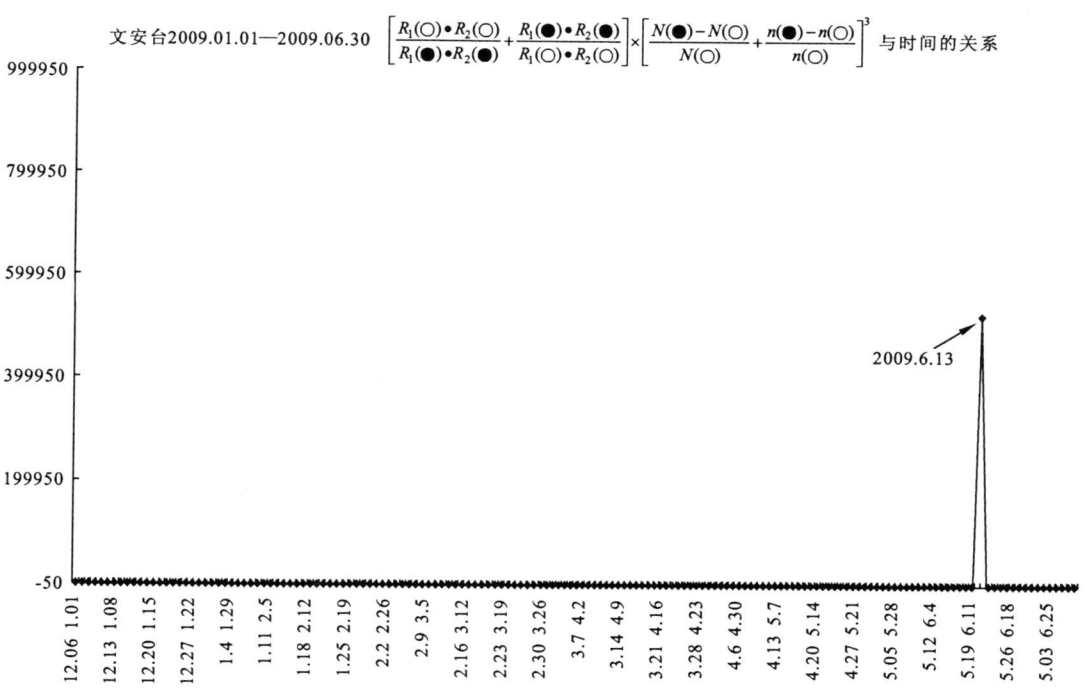

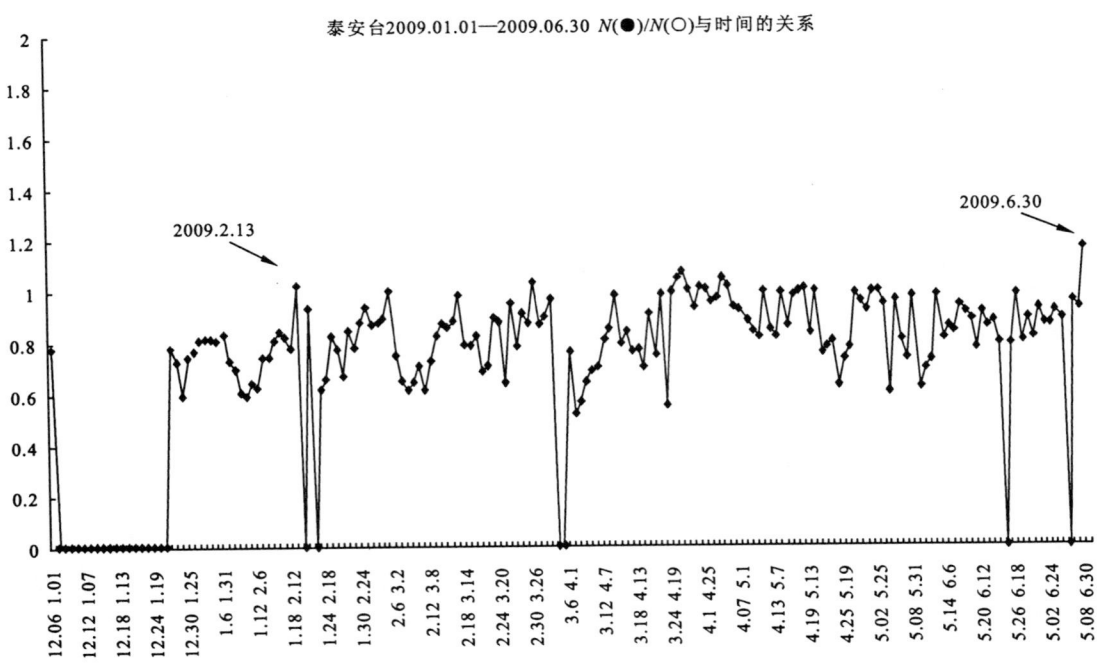

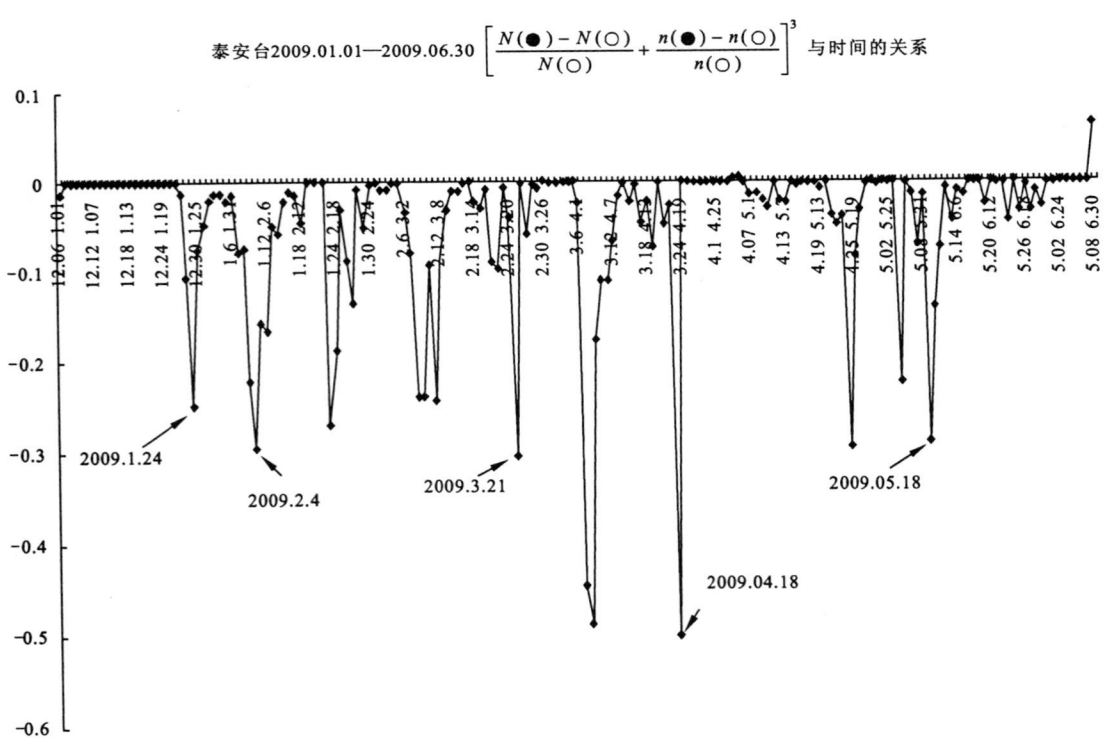

第十三章 地震前兆识别与地震预测方法的反演与应用

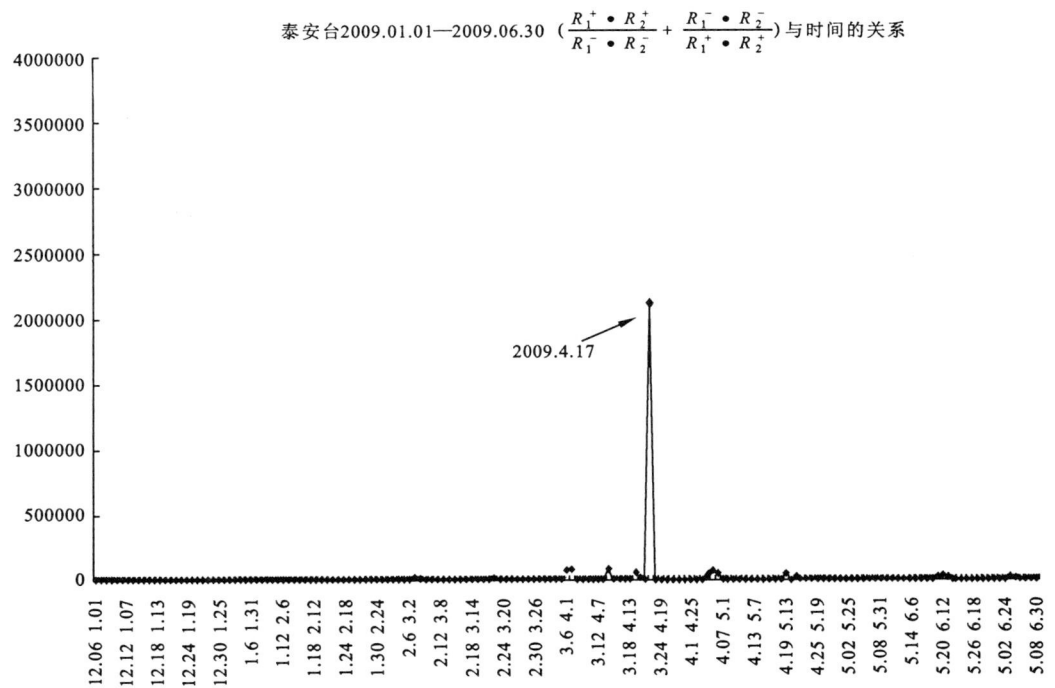

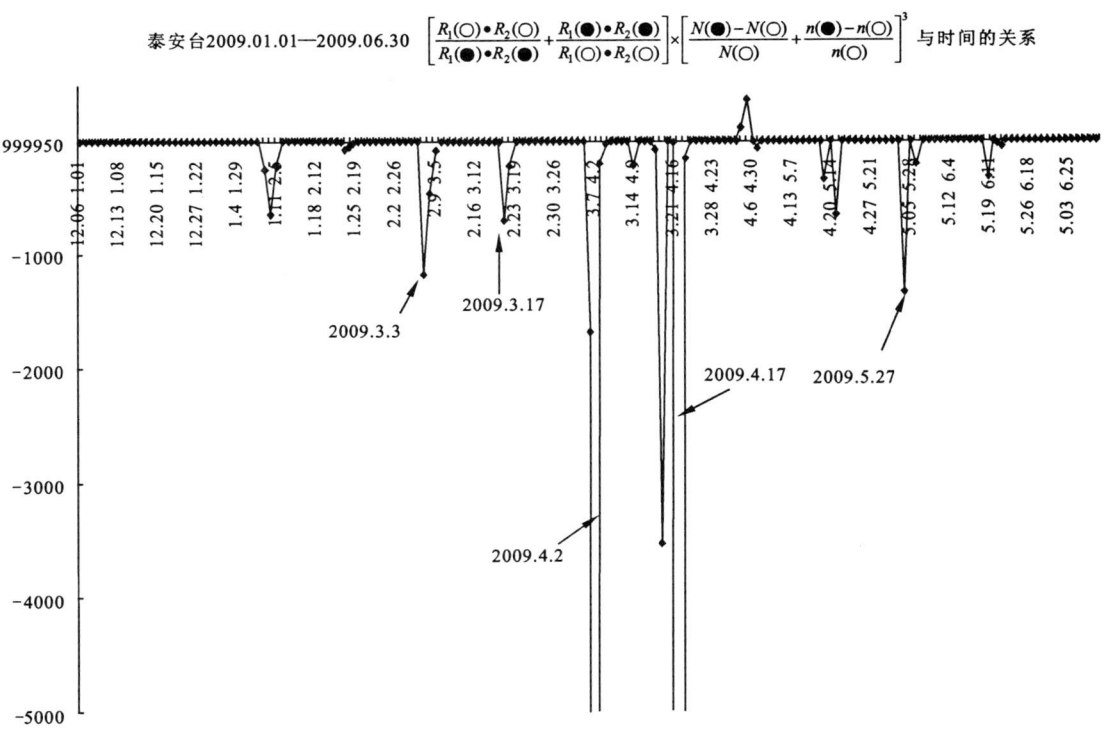

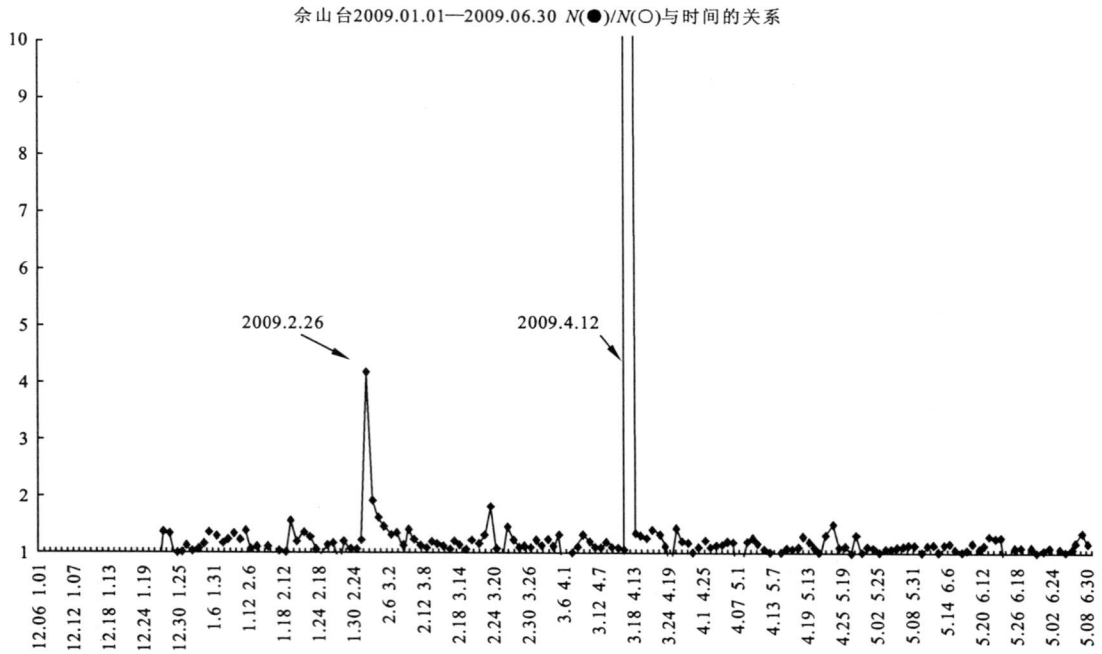

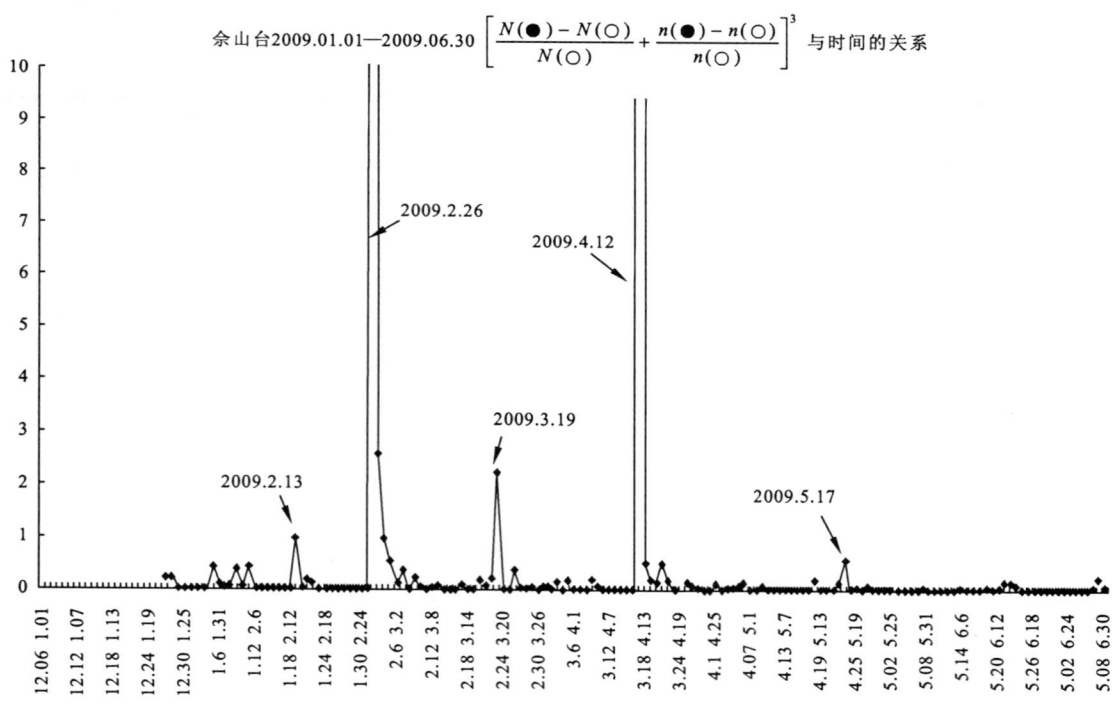

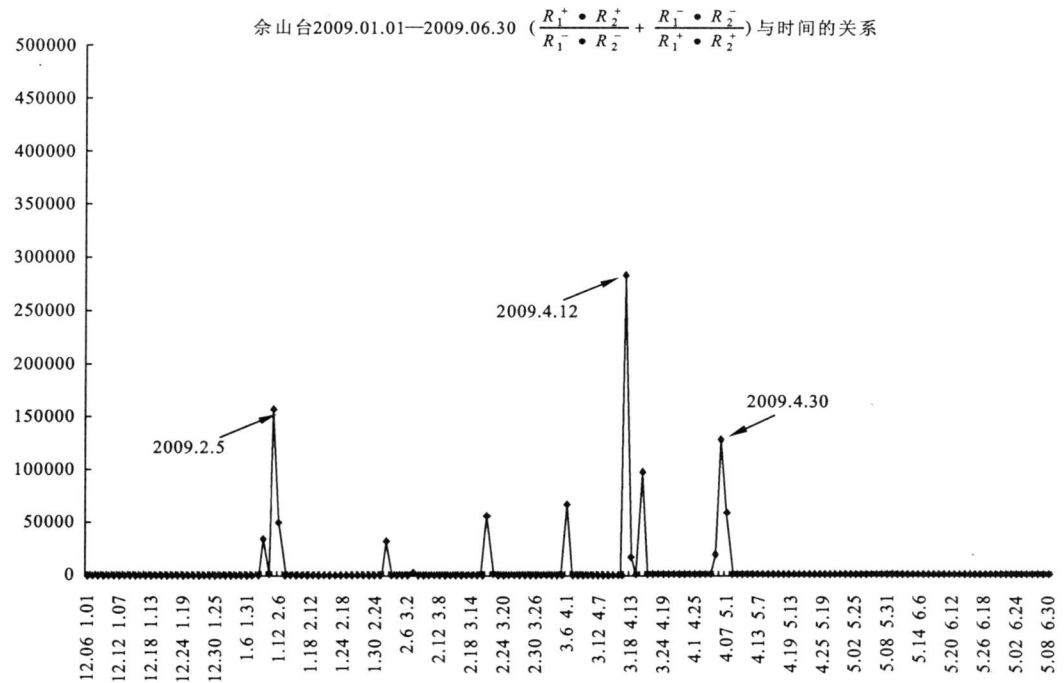

佘山台2009.01.01—2009.06.30 ($\frac{R_1^+ \cdot R_2^+}{R_1^- \cdot R_2^-} + \frac{R_1^- \cdot R_2^-}{R_1^+ \cdot R_2^+}$) 与时间的关系

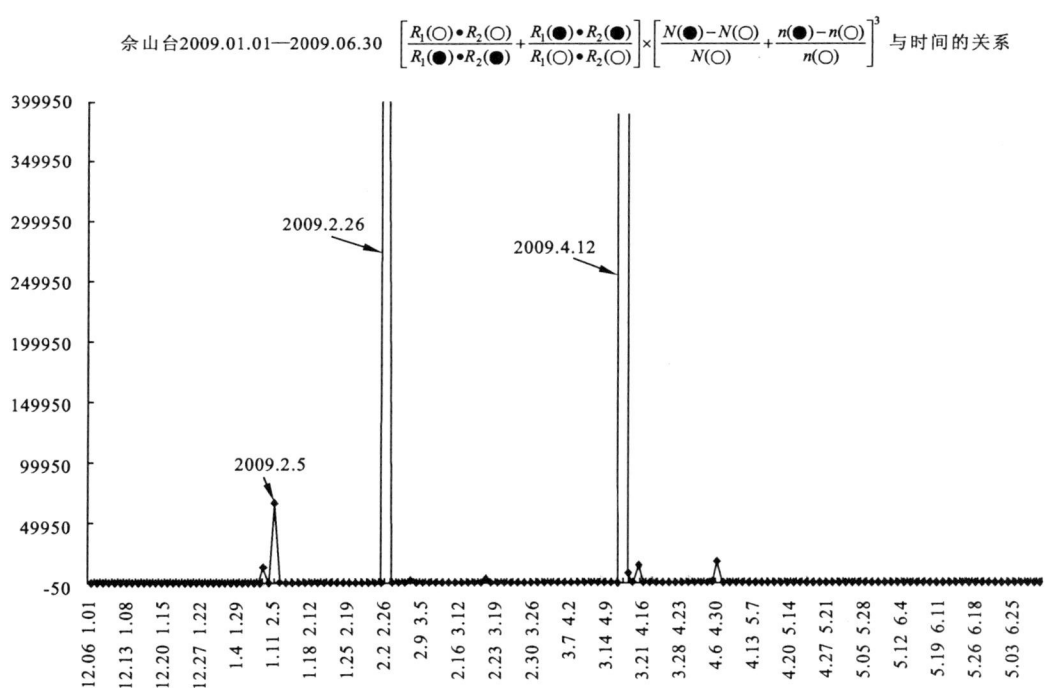

佘山台2009.01.01—2009.06.30 $\left[\frac{R_1(\bigcirc) \cdot R_2(\bigcirc)}{R_1(\bullet) \cdot R_2(\bullet)} + \frac{R_1(\bullet) \cdot R_2(\bullet)}{R_1(\bigcirc) \cdot R_2(\bigcirc)}\right] \times \left[\frac{N(\bullet) - N(\bigcirc)}{N(\bigcirc)} + \frac{n(\bullet) - n(\bigcirc)}{n(\bigcirc)}\right]^3$ 与时间的关系

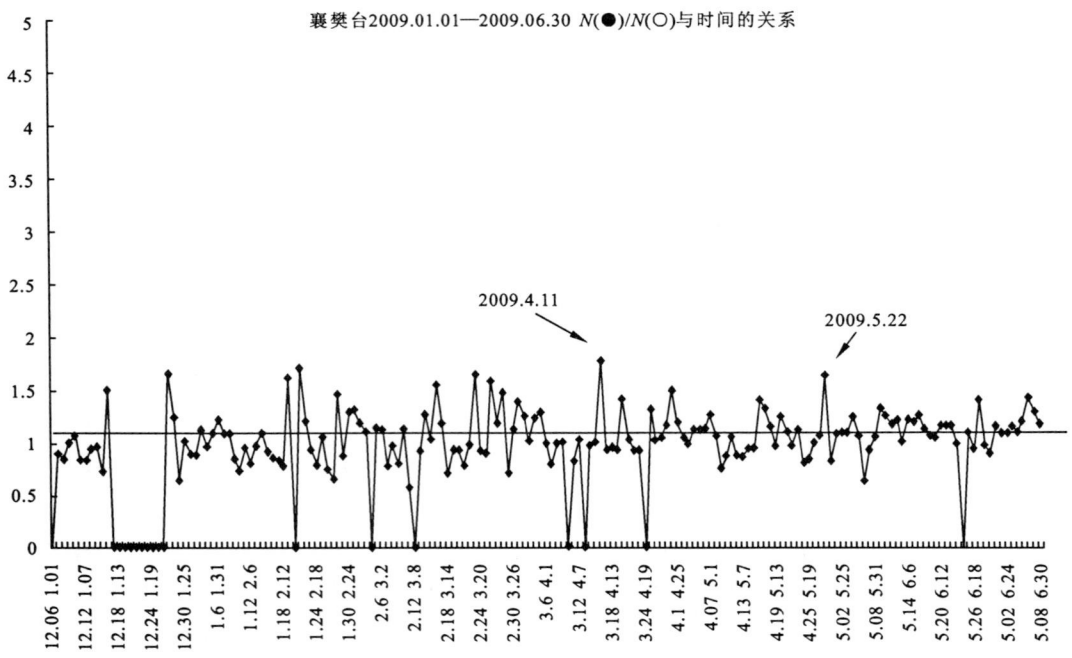

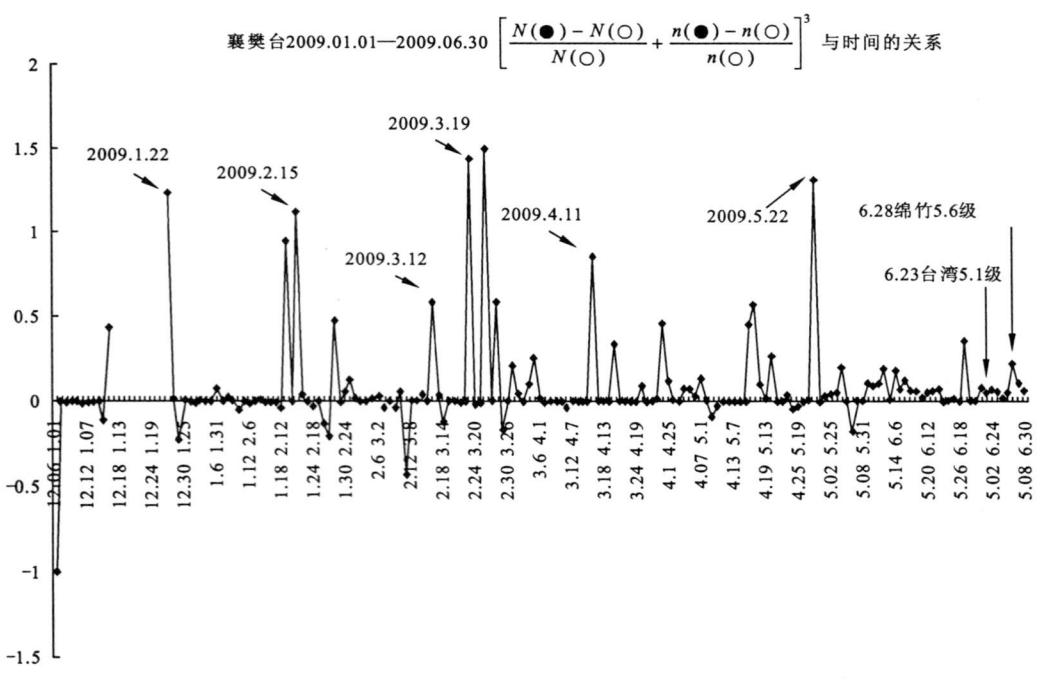

第十三章 地震前兆识别与地震预测方法的反演与应用

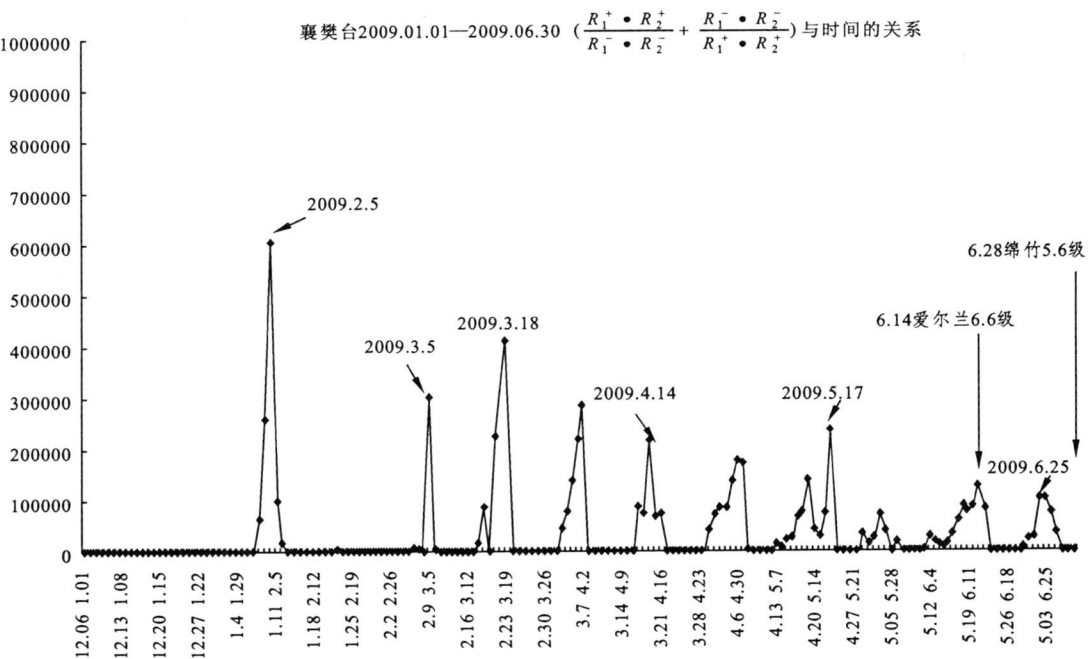

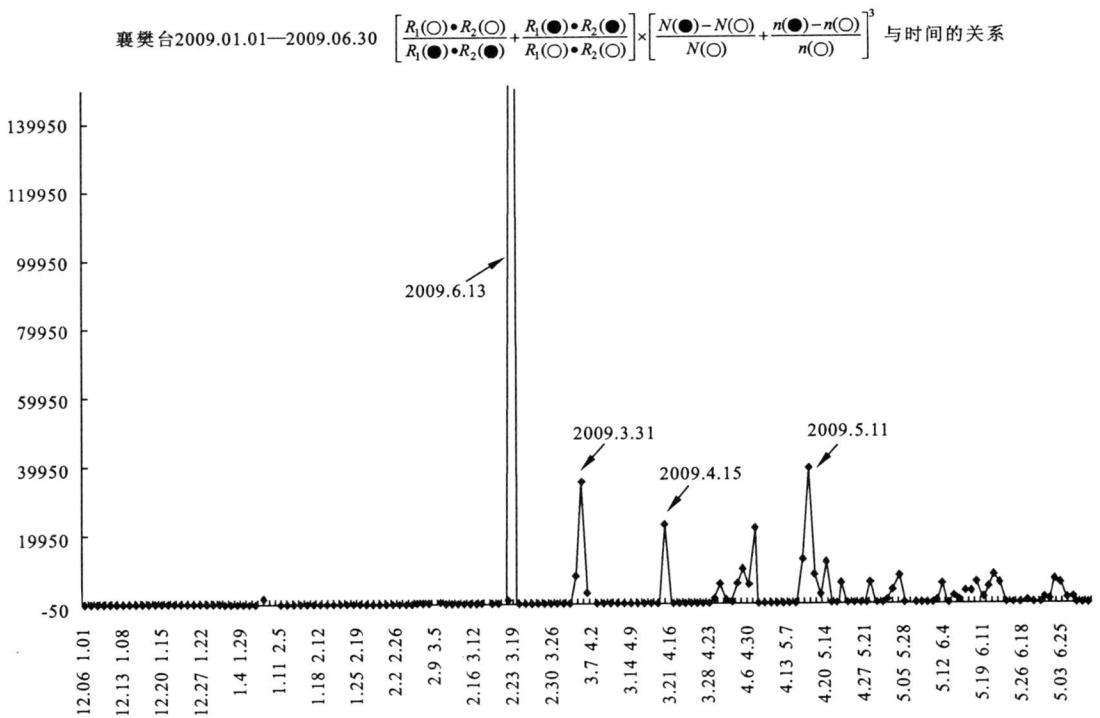

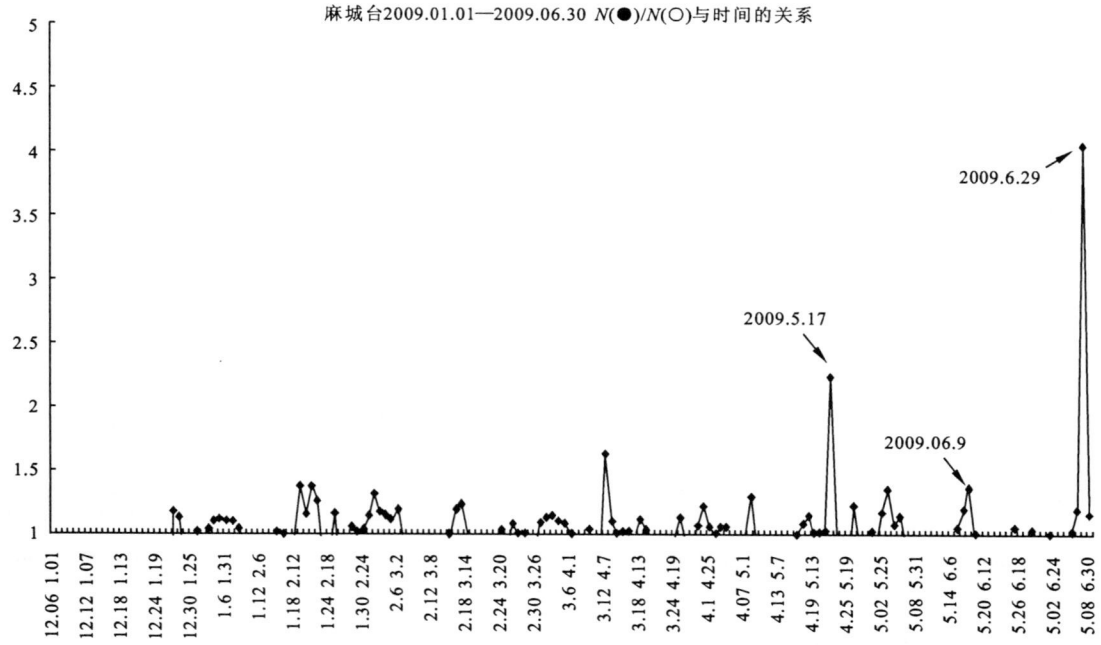

麻城台2009.01.01—2009.06.30 $N(●)/N(○)$ 与时间的关系

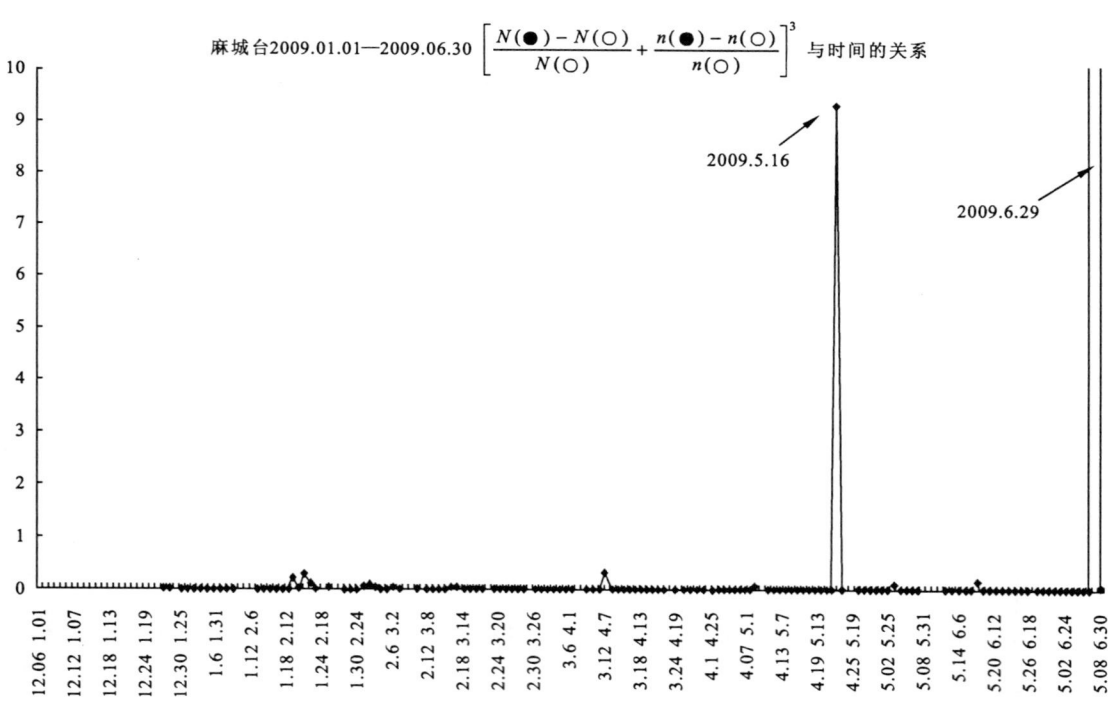

麻城台2009.01.01—2009.06.30 $\left[\dfrac{N(●)-N(○)}{N(○)}+\dfrac{n(●)-n(○)}{n(○)}\right]^3$ 与时间的关系

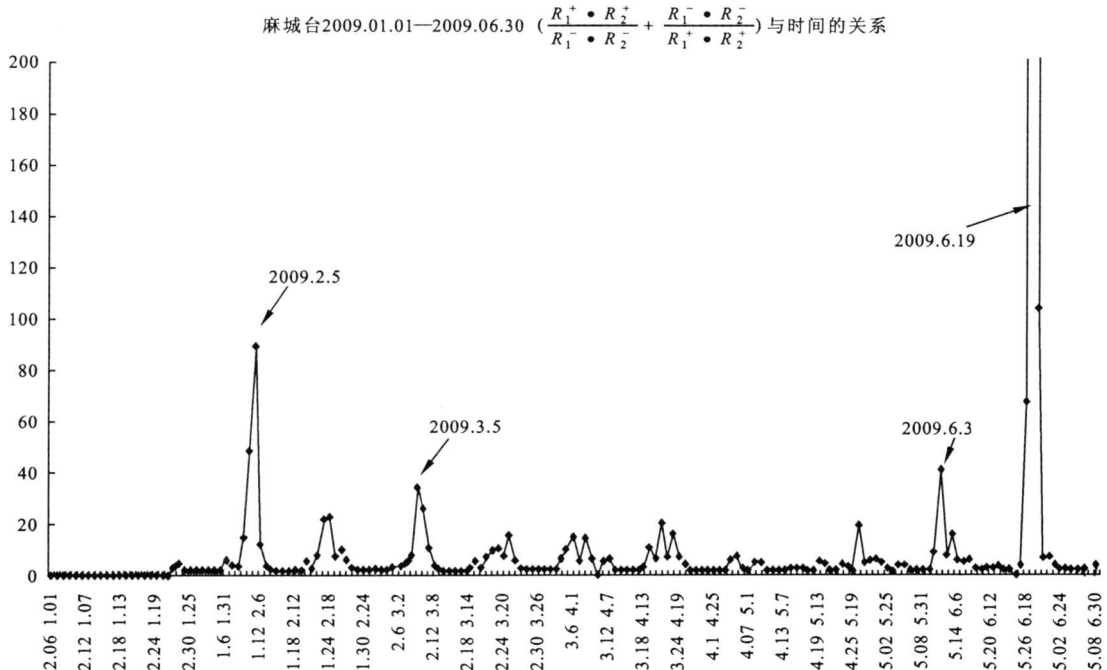

麻城台2009.01.01—2009.06.30 ($\frac{R_1^+ \cdot R_2^+}{R_1^- \cdot R_2^-} + \frac{R_1^- \cdot R_2^-}{R_1^+ \cdot R_2^+}$) 与时间的关系

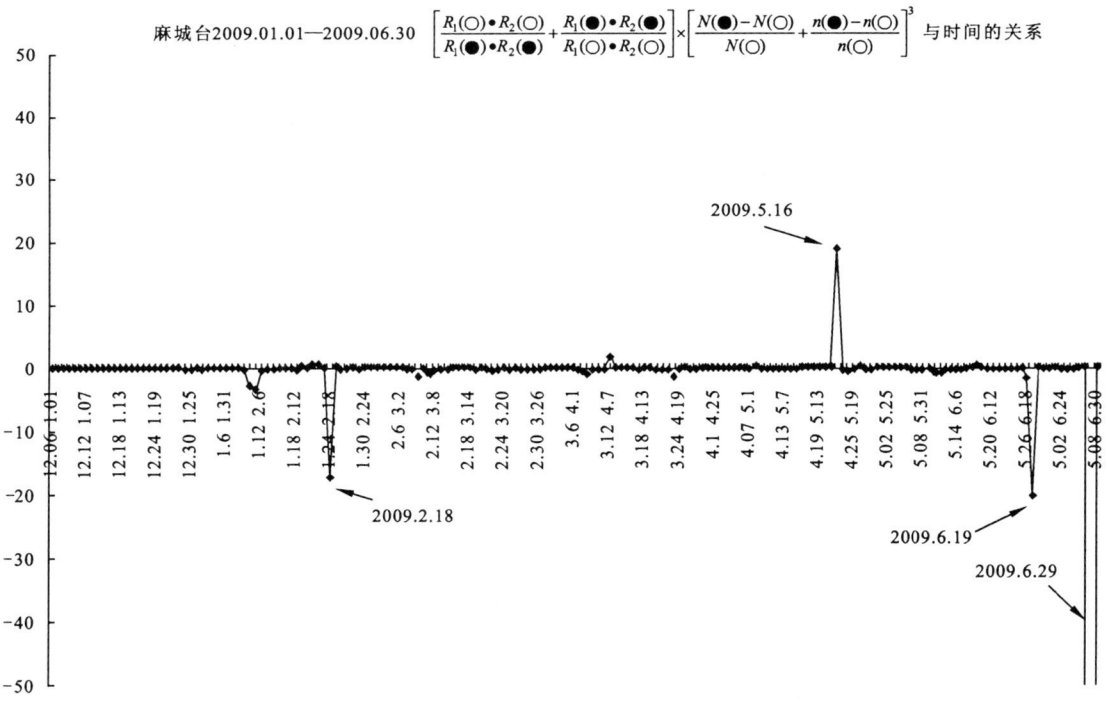

麻城台2009.01.01—2009.06.30 $\left[\frac{R_1(\bigcirc) \cdot R_2(\bigcirc)}{R_1(\bullet) \cdot R_2(\bullet)} + \frac{R_1(\bullet) \cdot R_2(\bullet)}{R_1(\bigcirc) \cdot R_2(\bigcirc)}\right] \times \left[\frac{N(\bullet) - N(\bigcirc)}{N(\bigcirc)} + \frac{n(\bullet) - n(\bigcirc)}{n(\bigcirc)}\right]^3$ 与时间的关系

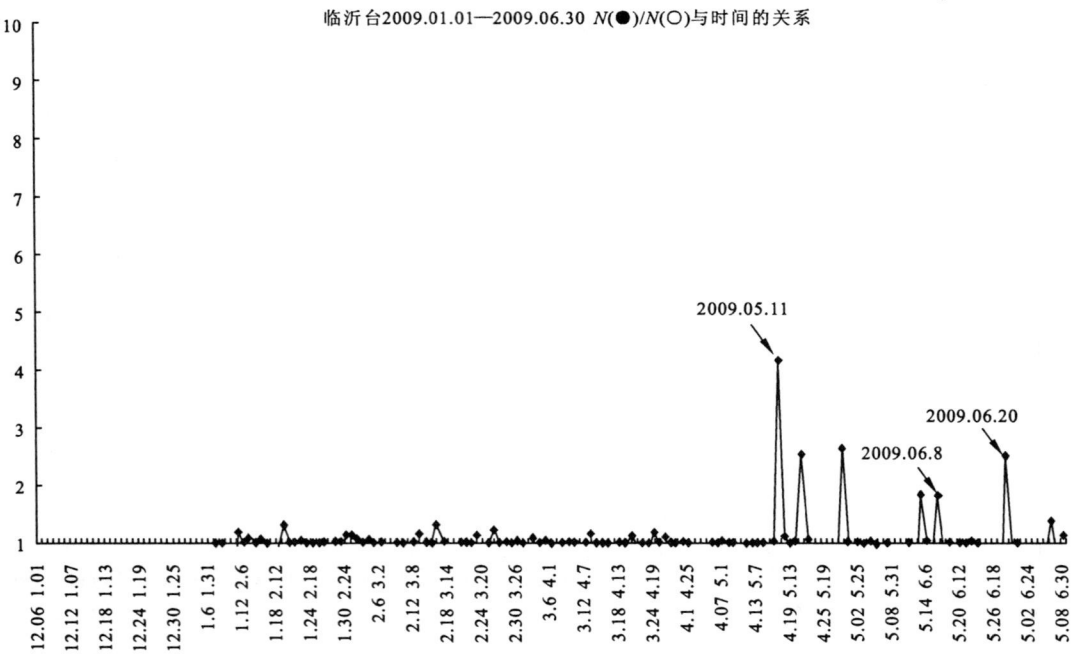

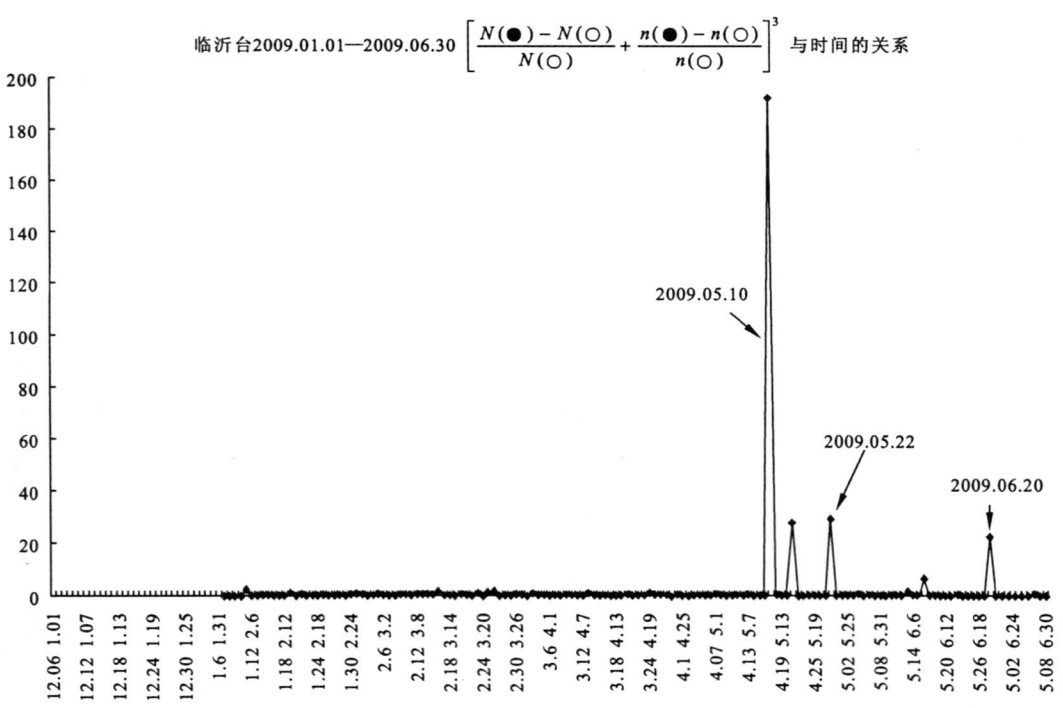

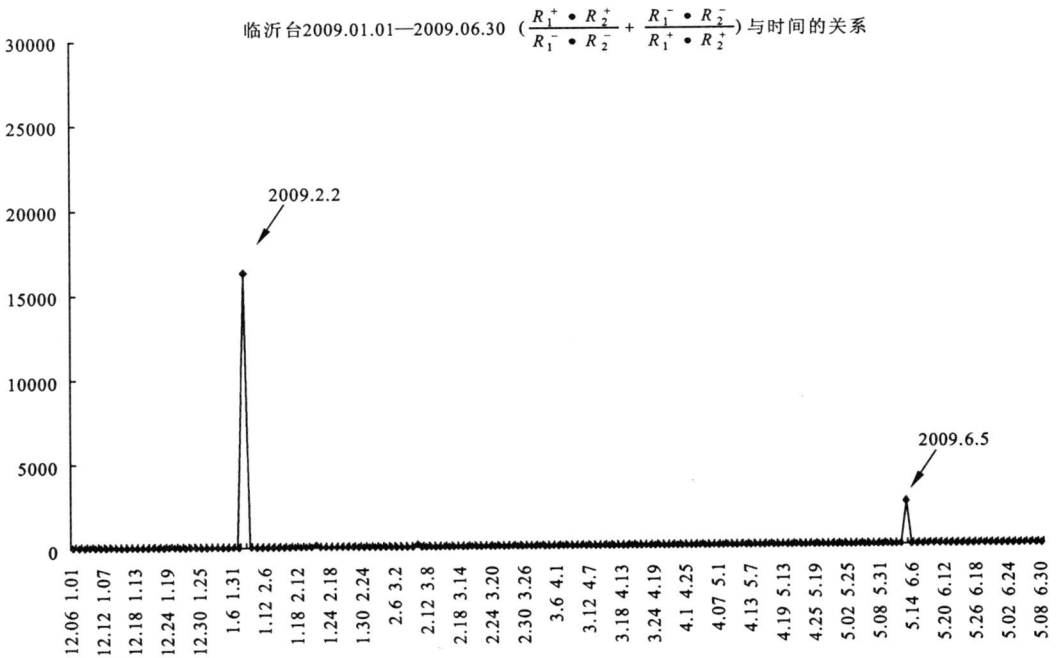

临沂台2009.01.01—2009.06.30 ($\frac{R_1^+ \cdot R_2^+}{R_1^- \cdot R_2^-} + \frac{R_1^- \cdot R_2^-}{R_1^+ \cdot R_2^+}$) 与时间的关系

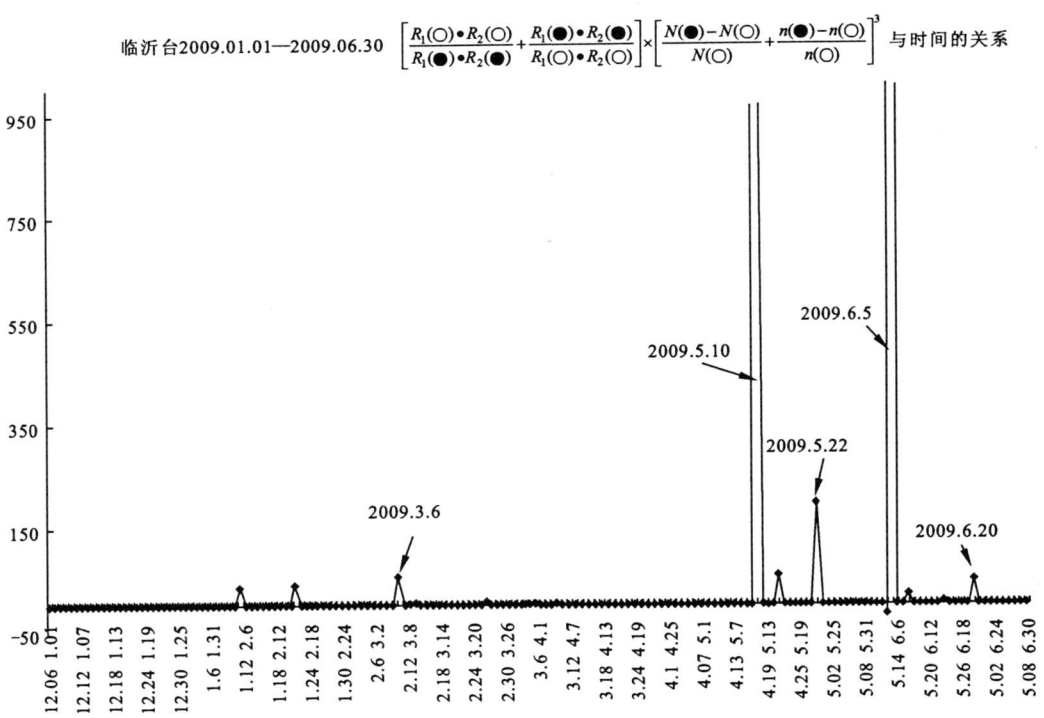

临沂台2009.01.01—2009.06.30 $\left[\frac{R_1(\bigcirc) \cdot R_2(\bigcirc)}{R_1(\bullet) \cdot R_2(\bullet)} + \frac{R_1(\bullet) \cdot R_2(\bullet)}{R_1(\bigcirc) \cdot R_2(\bigcirc)}\right] \times \left[\frac{N(\bullet) - N(\bigcirc)}{N(\bigcirc)} + \frac{n(\bullet) - n(\bigcirc)}{n(\bigcirc)}\right]^3$ 与时间的关系

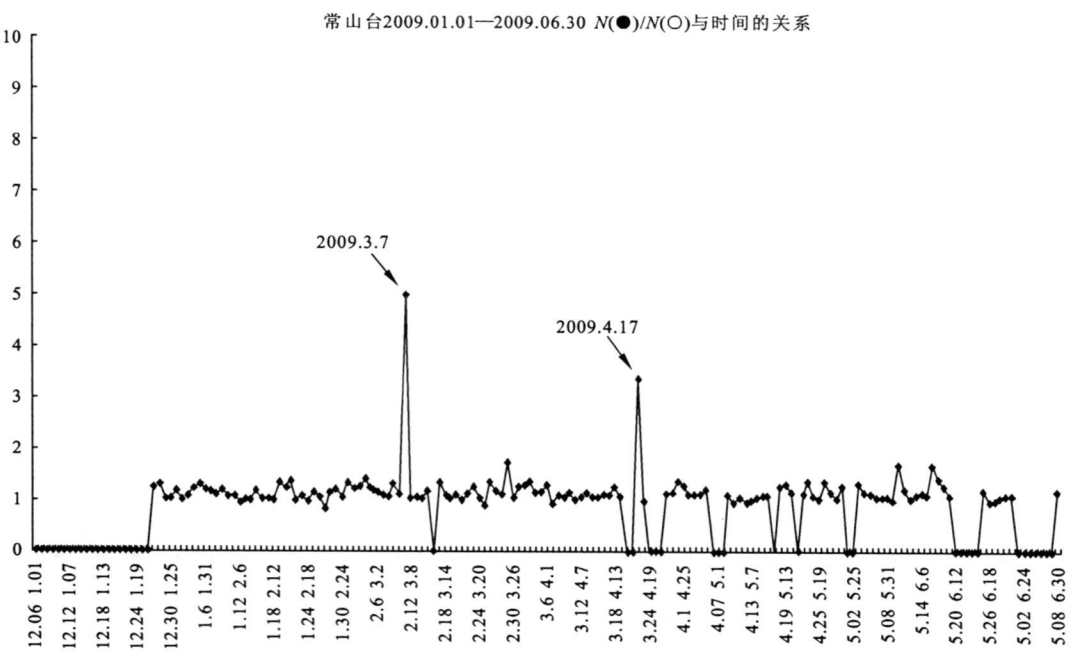

常山台2009.01.01—2009.06.30 $N(\bullet)/N(\circ)$与时间的关系

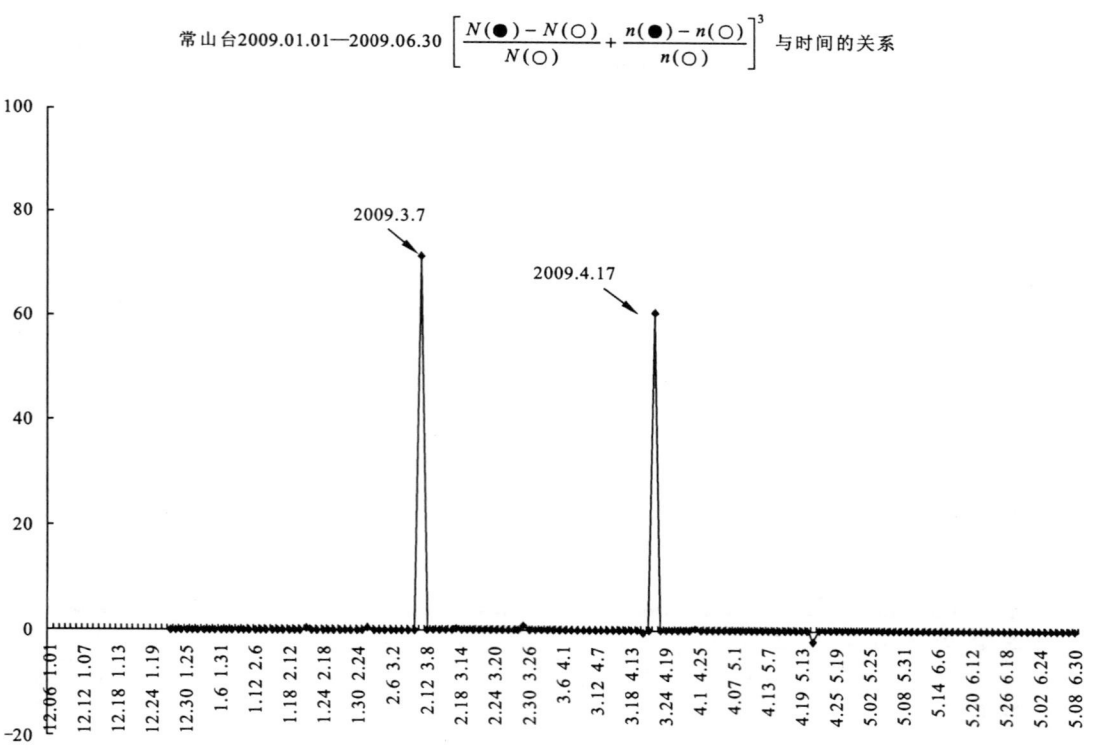

常山台2009.01.01—2009.06.30 $\left[\dfrac{N(\bullet)-N(\circ)}{N(\circ)}+\dfrac{n(\bullet)-n(\circ)}{n(\circ)}\right]^3$与时间的关系

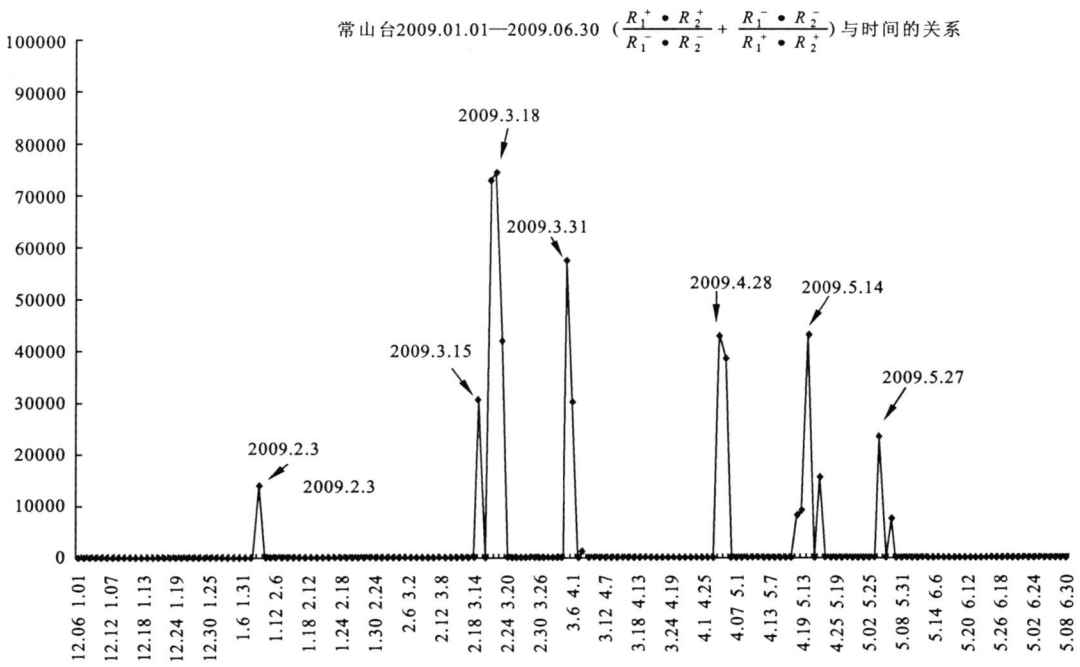

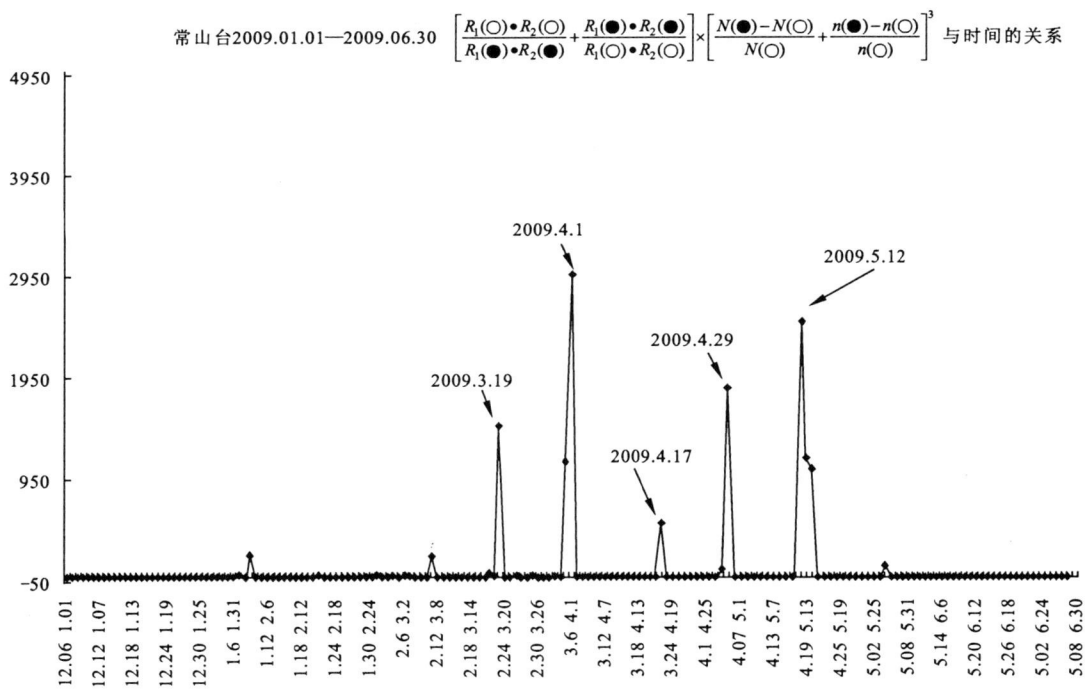

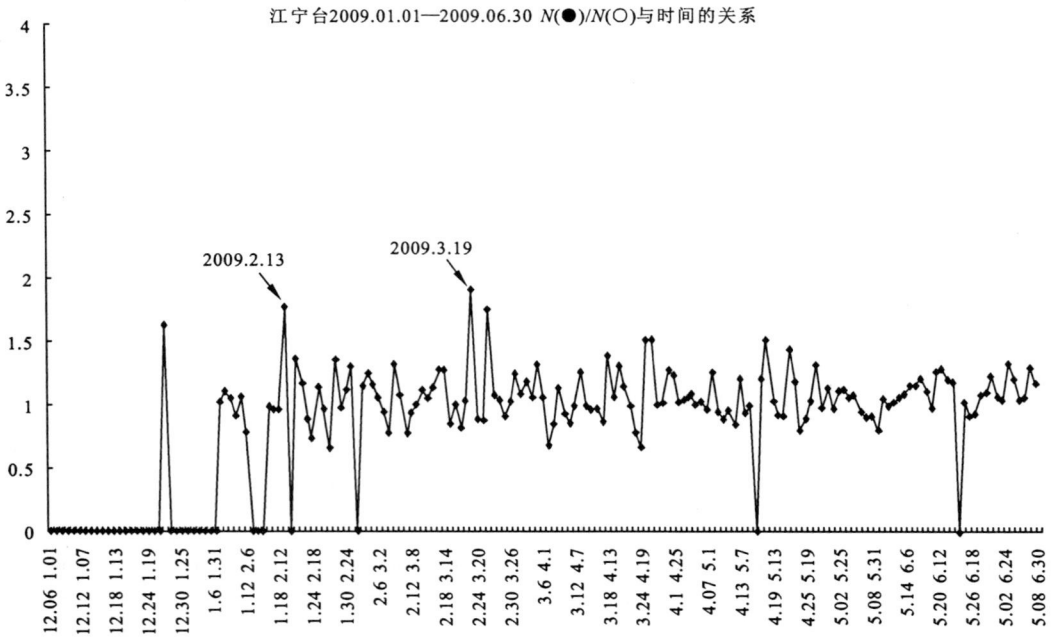

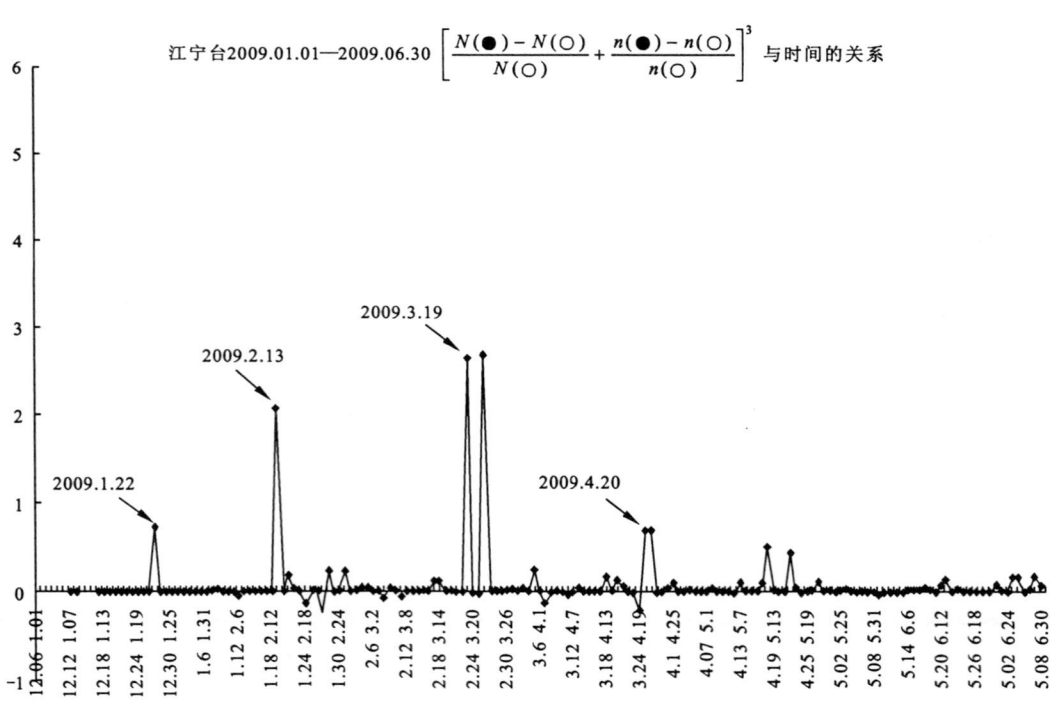

第十三章 地震前兆识别与地震预测方法的反演与应用

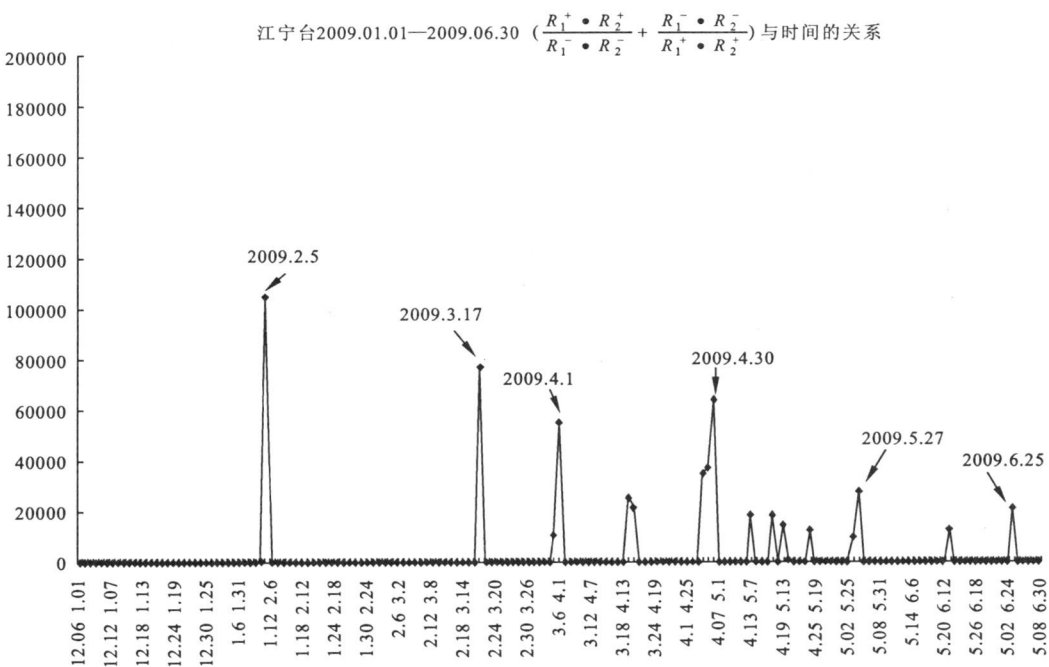

江宁台2009.01.01—2009.06.30 $\left(\dfrac{R_1^+ \cdot R_2^+}{R_1^- \cdot R_2^-} + \dfrac{R_1^- \cdot R_2^-}{R_1^+ \cdot R_2^+}\right)$ 与时间的关系

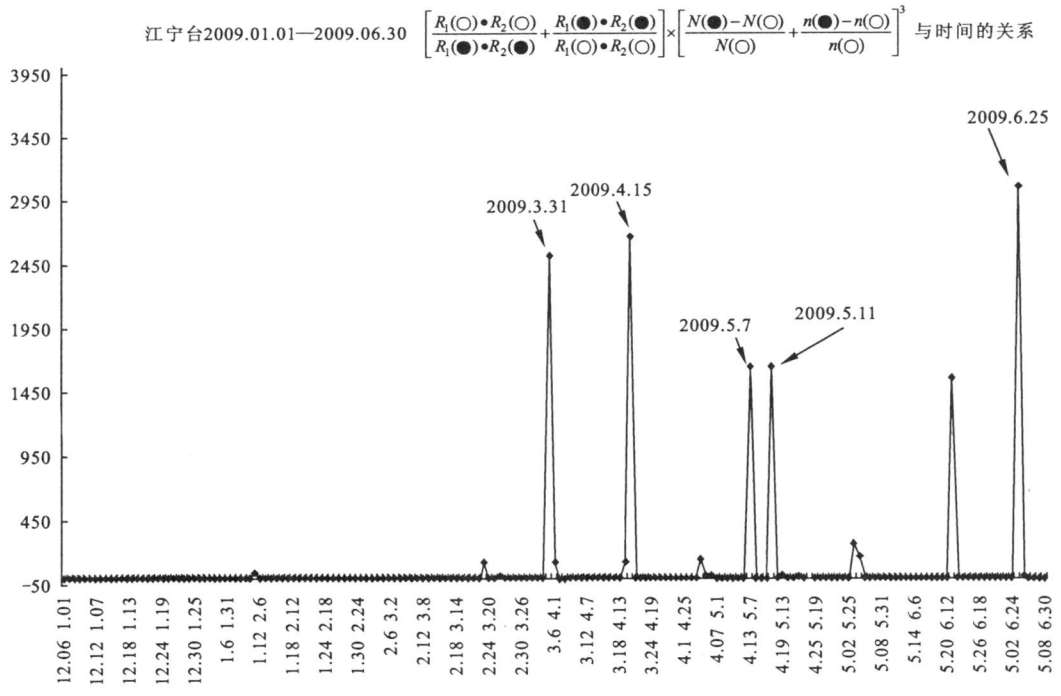

江宁台2009.01.01—2009.06.30 $\left[\dfrac{R_1(\bigcirc) \cdot R_2(\bigcirc)}{R_1(\bullet) \cdot R_2(\bullet)} + \dfrac{R_1(\bullet) \cdot R_2(\bullet)}{R_1(\bigcirc) \cdot R_2(\bigcirc)}\right] \times \left[\dfrac{N(\bullet)-N(\bigcirc)}{N(\bigcirc)} + \dfrac{n(\bullet)-n(\bigcirc)}{n(\bigcirc)}\right]^3$ 与时间的关系

从上面 4 个部分的孕震曲线中可以看出,作者运用了 4 种不同的群子参数统计方法,对 2009 年 1 月至 6 月全国近 40 台应变仪观测的应变加速值进行量化处理,以期从表观上更加直接获取孕震的量化信息。在运用 4 种群子参数识别方法的过程中,以下 4 个容易产生误判的依据值得关注。

(1)突发的应变异常峰值和单一群子参数不是地震危险前兆的量化依据

第一部分的应变加速值群子参数峰值很多,表明地壳应力活动频繁,但并不意味着某一天突然出现一个峰值时就一定会发生地震,只是应力加载活动的反映出的一种异常现象。只有结合第二部分、第三部分和第四部分应变加速值不同的群子参数峰值的递进过程,深入量化其不同参数的物理含义,才能获取孕震的确定信息。应变过程的阶段特征量化是地震应变前兆识别的重要基础。

(2)孤立的台站应变加速值不能作为地震前兆空间确定的依据

4 种应变加速值群子参数的处理是一个应变异常——危险的递进过程,异常峰值不一定在同一天出现,先确定一个最先出现的异常峰值的台站,然后综合运用 4 种群子参数的处理方法,并参照主应变方位指向分析,按照距离由近及远的原则,确定挤压应变加速量最大的方向,主应变方向延长线交叉最多的区域就是孕震的危险区域。

(3)单纯的应变加速值群子参数极大值不是地震强度的判断的依据

在对汶川特大地震前后的应变数据研究过程中,作者发现,虽然应变加速值的群子参数极大值和出现极大值的台站量,与地震强度有关,但是单纯的应变加速值群子参数极大值、信号强弱与地震强度却没有直接关联,而是需要统筹考量主应变方向交叉点的距离远近、应力传播介质的特性、地壳断裂带走向和邻近台站数据呼应等综合因素,才能运用地震强度识别方法进行震级预测分析。

(4)地壳断裂流变动力学识别方法并不只是识别强震的依据

尽管低强度小震没有实际破坏作用,但是在应变加速值的群子参数识别过程中,往往是识别和判断强震的重要基础信息,尤其是 4 种递进式的群子参数识别方法,无论应变信号强弱,无论峰值大小,无论加速应变幅度高低,都会在群子参数的系统识别体系中具有明显的量化特征。

第十四章 地震前兆观测与地震灾害预警

【摘要】 作者尝试从地震测量方法与地震前兆观测技术出发,运用概念学、逻辑学、管理学和社会学等方法,对地震预测、地震预报和地震预警的概念提出了与现行观点完全不一样的解释,并针对"地震预报"概念的反科学性进行了探讨。以此为依据,作者反对违背科学常识和科学精神的"地震预报",倡导科学的"地震灾害预警",以回归科学理性为己任,分析了地震预测能为的技术基础和理论方法,同时分析了地震预报不可为的社会学和管理学因素,为探索新的防震减灾途径提供了与传统不一样的观点。

第一节 地震前兆与地震测量

读者一定会惊诧于作者为什么总是跟概念纠缠不清,是大学老师的天性,还是科学理性的回归,作者期待着科学上的争鸣,这样会有利于科学发展、有利于科技创新。尽管概念很基础,但就是基础的概念常常被我们忽视了,实现科技进步、实现科学创新的突破口其实就在于概念的明确和规范。尤其对于敏感的地震预测预报课题,更需要科学的概念意识和概念方法。

在国务院 2004 年颁布的《地震监测管理体条例》中,无论对象如何,方式如何,技术如何,一律统称地震监测。作者仍然看重概念的科学性,因为概念是科学研究和科学探讨最基础的切入点和基本观。如果概念不清、不科学,势必影响科学探索的进程和方向,如同上节有关地震预测、预报、预警概念的不同,以及地震预报概念的反科学性,是影响和制约地震研究、灾害防治、应急管理的重要根源一样,作者认为有必要在概念上对现行的地震监测相关问题进行探讨。

一、地震测量相关概念的共性与差异

地震测量相关概念,无论是监测、观测,还是遥测,都是方法和手段,它们之间的共性在于定量化的测量和标度,只是侧重对象的属性和角度不同而已。

1. 监测

监测的对象属性是确定性的本质特征,角度是本质特征的直接可量化指标或几何物理量。如狭义上的地震监测,就是指采用测震方式,对地震震动引起的脉冲,按照摆锤波幅的形式表现出来,因此,地震监测的结果是脉冲波动曲线,具有确定性直接必然标度特性。

2. 观测

观测的对象属性是不确定性的表观特征,角度是表观特征的量化方法和表现方式。如广义上的地震前兆观测,就是采用一些间接方式,对地震前兆现象的表观特征进行量化的方法或模拟曲线表现方式。

其实,我们日常生活中的许多量化方法并不直接,如用秤来度量重量,就是采用比例重力平衡方法,间接以平衡位置的移动距离来标度质量;又如通常所说的一斤酒或食用油,也是通过 500 毫升容积的水(比重为 1∶1)来间接表示的,其实一斤酒在体积上比 500 毫升的水稍多一点,而 1 斤油的体积肯定比 500 毫升的水要少,因为直接的比重关系被通常的间接标度所取代。

地震前兆观测也一样,如地壳应力是无法直接测量的,只有通过应力在单位面积上的变化间接标度来表达。由于是仪器的形变量标度,所以没有标度单位,只是一种标度的相对量值而已;同样,重力和倾斜等前兆观测,基本上都是采用表观特征的间接量化标度方法获得。因此,观测在某种意义上具有未知的不确定性。

3. 遥测

遥测实际上是一种远距离相对测量,主要是尺度,也有标度,如地磁卫星。现在发展很快的GPS技术在地震测量上的应用前景非常好,GPS就是利用全球卫星定位技术,从空间远距离对地震过程造成的大地运动位移和地壳形变量进行直接量化尺度,具有确定性尺度意义。

二、地震测量相关概念是技术方法和理论体系的标志

不同的测量方法体现了不同的技术特性和理论体系,尤其是地震监测相关概念,更是技术方法和理论体系的标志,也在时间上具有明显的过程特征。了解和认识地震测量相关概念,对于科学地开展地震预测研究和预警体系建设具有重要意义。

1. 地震监测

狭义上的地震监测主要是指测震,严格意义上的测震,体现了地震纵波启动、横波扩散的理论认识和实际观察经验,其技术特性是纵波启动摆锤,横波扩散晃动摆锤的波幅,因此测震结果表现为纵波和横波运动的脉冲波幅曲线,直接表达了一种震动概念,所以对于地震科学来说,测震就是一种最可靠的测量方法,利用纵波和横波时间差实现地震速报,被认为是地震学界最可靠的应急反应方式,但是由于地震监测的时间无论做到多么快速反应,毕竟在状态上仍然只是现在进行时。

2. 应力应变观测

广义上的应力应变观测包括洞体伸缩应变方法、体积应变方法、钻孔应变方法和应力压容电位位移方法,都体现了不同的技术特点,也基于不同的理论体系。其实,尽管技术特性不同,原理却是一样的,那就是应力造成不同介质上的横向挤压拉伸位移量化标度,这种标度的表达形式体现了不同的理论特点,磁致伸缩、液体体积膨胀紧缩、井下横向挤压电容位移和应力直接压容电位位移,都是物理学的基本原理和常识,因此,从应力应变所体现的理论体系上看,再先进的仪器也是一种基础性物理原理和电子技术的表现,这也就是地震学界始终质疑这类仪器可靠性的根本原因。当然,测量值的不稳定性和测量对象的本质不确定性,也是这种观测无法直接反映地震科学的理论体系的重要原因。

应力被认为是地壳突发性震荡的必然条件,因此,应力应变观测在时间上可以称作将来时。

3. 重力、地倾斜观测

重力和倾斜观测反映了一定的地震科学理论特性,主要是地震物理学和地壳构造学的一些特性,以一种测量方式间接表现出来。从技术方法和所体现的地震科学理论上看,重力和倾斜是一种有价值的地球、地震科学探索,值得地震学界关注,值得地震学者深入研究。重力、倾斜观测在时间上也是将来时的提前量。

据国家地震局监测预报司著的《强地震中期预测新技术物理基础及其应用研究》(2008年)一书中的介绍得知,我国现有25个网络基准站,56个基本站,18 163个区域站,还有许多其他部门的站,以此构成了密度相当高的重力监测网络。在"十五"期间中国地震局利用这些网站做了大量的研究工作,几乎每年绘制出全国重力场变化图,但是用这些重力仪来研究地震的孕震过程不够,尤其用来发现针对某地的短临、临震信号不够,以至2008年5月12日前未能探测出汶川地震的前兆情况。其实就作者的研究来看,重力法是寻找前兆信号的最好方法之一,这是因为地壳内部某种强大的压应力作用到某一局部地方时,那里的重力加速值大幅度增加,所以通过加速值的变化应该可以看出短临或临震状态,作者期望国家地震局充分利用现有的手段,努力使这些仪器设备在观察地壳孕震过程中发挥应有的作用。

4. GPS遥测

典型的卫星遥感技术在地震领域里的应用,体现了技术的先进性和实用性,也体现了遥测的理论依

据是经典的"板块理论"和"大陆漂移学说",如果没有这种理论的依据和支撑,原来用于地理信息测量领域的 GPS 技术,不可能在其成熟性不到 15 年的时间里,迅速地应用于地震测量领域。可见这种技术的先进性。由于应用这种技术的依据是"板块理论"和"大陆漂移学说",因此,在这个理论体系遭受不断质疑的同时,GPS 对地震的测量也暴露出与初衷不相符的尴尬,主要原因是用宇宙尺寸测量地壳微观位移时发现,相对值参照体系并不明显,地壳断裂前兆位移的尺度十分有限,板块边际遥测计算过于复杂,在地震测量的时间上,基本上是过去时。

三、大地运动速率监测与大地运动位移遥测

作者在地壳断裂流变动力学研究过程中发现,传统的地震测量无论针对的是确定性结果,还是不确定性过程,都缺少了重要的一环,那就是地壳断裂流变的表观过程测量。本来这一角色理应由 GPS 承担,但是宇宙空间遥测尺寸与地壳形变微量位移之间,存在量级尺度参照体系差别过大的问题,而且 GPS 技术再高,也只是一种形态学,如同医学上的影像学检测永远替代不了病理学检验一样,GPS 遥测替代不了地壳形变位移的状态和过程测量。

中国科学技术协会常委,著名传感技术专家张开逊教授认为,从大地测量的传感技术角度看,既然 GPS 存在尺度参照体系动态化影响,相对值确定较为困难,或较为复杂,那么就要从大地运动的本质特点上寻找测量的切入点。他根据不同地震学理论的普遍性观点提出,地震前大地运动的特性是普遍认同的,那么测量大地运动状态和运动过程就不只存在一种位移尺度量化,还应该结合运动自身的本质属性,即大地运动的状态和过程不仅有尺度,而且还有速度,大地运动的结果是位移。在此基础上,他进一步认为大地运动状态和过程的相对速度仍然存在参照体系复杂的问题,但是可以简化为加速度的绝对量,也就是运动加速度的大小能够直接反映大地运动的状态和大地运动的条件。

其实,地壳运动是有规律的,地球自转和公转、固体潮汐作用等规律性运动,表现为地壳运动的速度是按照阶段性速率进行的,也就是有规律可循。固体潮汐规律在一天 24 小时的作用过程中,造成地壳运动随时间、角度变化的慢加速现象,但是地壳断裂前,由于应力作用和能量聚集作用,必然使地壳运动,也就是大地运动的速率发生突然的加速度现象,一旦测量到这种运动的加速度,或者速率的绝对量,地震必然发生,因为地壳运动出现突然加速现象之后,加速惯性和冲击必定造成地震,不像应力应变加速那样会出现应力耗散的偶然性。因此,通过测量大地运动速率的方法实现震前特征量化,具有重要的科学价值和深远的地震科学意义。

作者认为,这种大地运动加速度测量的依据是物理学"量纲原理"。

假设地壳某一区域岩体的总质量为 M,该岩体的刚性模量为 E;当其作为假塑性流体时粘度为 η 时,从量纲上可知:

[应力]=[刚性模量]×[应变]=[刚性模量][距离变化]

[应力]=[塑性粘度]×[应变速率]=[塑性粘度][距离变化速度]

[应力]=[岩体总量]×[加速度]=[岩体总质量][距离变化速度的加速变化]

在上式中,"距离变化"的内涵有些不同,前两者指岩体内部相对距离变化,后者为整体微移,但两者间有相同的张量坐标系连在一起,故都以"距离"量纲来表示。

此时:一个岩体或地壳的局部"冲动量"量纲为

$$[冲动量]=\frac{[总重量]}{[时间]}=[刚量模量][时间]=\frac{[应力]}{[应变]}\times[时间]=\frac{[应力]}{[地块间距离变化]}\times[时间]$$

$$[冲动量]=\frac{[总重量]}{[时间]}=[塑性体粘性]=\frac{[应力]}{[应变速度]}=\frac{[应力]}{[应变]}\times[时间]=\frac{[应力]}{[流动距离变化]}\times时间$$

由上面公式可以看出,当地壳应力挤压到极限时,震中区域的"冲动量"变化在一定的应力和一定的时间内,必然引起地块间距离移动的变化或总体地壳的移动,也就是说通过对大地运动三维加速度的监测,可以捕捉到地震的临震信号,其中有的反映总体位移,有的反映地块间相对位移。这就是为什么张开逊教授设计的大地运动三维加速度监测仪比测震仪更早地反映临震信号的根本原因,当然这种监测

仪对不同强度的地震所表现出信号大小有所不同,从中也有可能预测出震级大小,如:

$$[距离加速变化量] = \frac{[地应力]}{[冲动量]} \times [时间]$$

通常"地壳应力"与"冲动量"基本上平行,所以"距离加速变化量"的大小与距离加速突变量持续时间成比例关系,即加速突变的时间越长,地震动力源的能量越高,引起的震级越高,甚至震前可能出现不同强度的1~3个前震信号。反之,如果持续时间很短,或只有一次信号,且几乎没有持续性,那么意味着地震强度相对较低。

四、电场、磁场、热场、气象场与地震前兆

根据Maxwell理论,可变的电场可以产生磁场,同样可变的磁场必然生成电场,也就是说地球充满着电磁场。现在人类在地球上"制造了"各种电磁场来进行通讯联络,通过"人造电磁场"同遥远的航天器联系,并利用电磁场获得星系及星球的一些信息,但是这些"人造的"电磁场强度远比太阳的电磁场弱很多,甚至比地球自身的电磁场都弱。所以,当太阳磁暴能轻易地干扰地球上的"人造"电磁波时,也能激起地球磁场的巨大扰动。这种磁场作用强度比电场作用大。在这种情况下,太阳的磁暴可以把地壳内的强磁性大型岩体沿着磁暴线方向移动,从而进一步加剧地壳内应力场的非平衡态,引发岩体之间撞击、摩擦,造成岩体破碎,使化学键断裂,游离出大量电子,破坏地壳表面的正常电荷分布。

人们可以通过电场、磁场的变化获得地壳内应力场的平衡和非平衡等地震前兆信息,并研制出各种电磁观测仪器。在这方面,我国地震工作管理部门和地震台网做了大量的工作,成为世界上地震前兆观测手段及种类最全的国家。但是,电场、磁场观测技术本身还存在诸多局限,观测数据的处理及其曲线的识别,一直停留在电场和磁场强度变化的直观曲线上,无法量化地震前兆。

同样的道理,红外热成像也可以分辨地壳表面温度的变化。应当说这是相当直观的地震前兆观测方法,因为孕震区升温反映了其地壳内部挤压应变过大,岩相塑性体剧烈运动的状况,地表层温度高于非孕震区3℃~9℃是必然的现象,在这种情况下,突出地表现为孕震地区天气闷热和干燥,造成高温、干旱,所以,气象场也被用来观测地震前兆,但是,引起这种气象变化的因素过于庞杂,且与大气象环境交互作用,很难量化地震前兆。作者从地壳断裂流变动力学角度认为,采用两次磁暴间隔时间"双倍"的方法值得研究,这可能还影响到固体潮汐作用等许多未知领域,值得探索。

第二节 传统地震预测预报的概念误区

一、传统自然现象预报概念的误区

一个值得科学界反思的基础性问题,就是关于自然现象预报概念的反科学性。这是目前基于经济发展、社会进步必须澄清的科学原则和科学常识。当我们的行政管理部门和科技工作者长期对一种沿用的普遍概念司空见惯、不以为然的时候,更为严重的后果已经悄然迫近:制约科技创新、陷入司法诉讼、影响专业权威公信力、破坏政府形象、危及社会稳定。这不是杞人忧天似的耸人听闻,而是对待科学原则和科学精神的基本态度。

以"天气预报"为例,从来没有人质疑这个概念的反科学性,以至于许多到国外观光、留学、工作和访问的人士,在看到国外媒体有关气象方面的信息时,诧异于国外为什么不是"天气预报",而是"气象信息服务"或"weather forecast"。

在英汉词典里forecast有两层汉语含义:一是预测,含义接近forecast本意;二是预报,含义接近report。从概念学角度看,汉语关于预测预报的定义更确切。

目前我国有关自然现象的预报概念,其不科学性体现在如下几个方面。

1. 确定性原则下的不确定预报

从科学概念上看,预报是指根据事物已知状态,并把握发展进程,对未来进行确定性告知。

从逻辑概念上看,预报是对未来的一种必然性确定,具有结果的可验证性。

从社会概念上看,预报是对未来判断的一种责任行为,具有确定性。

从概念属性上看,预报是管理学概念,不是技术范畴的科学概念。如,节目预告,赛事预报等,具有人为调适因素。

但是,自然现象是一种人类逐步了解,尚未完全清晰,机理处于探索中的客观存在,虽然人类对其状态和特征有一定程度的了解,但是本质规律以及发展演变,仍然是科学家们需要不断探索和努力的待解课题,自然现象的未来存在着很多变数,具有不确定性。因此,就不可能实现对自然现象的未来进行确定性预告,如果执意预报,那只能是违背确定性科学原则进行的不确定预报,是反科学的行为。

2. 必然性原则下的概率预报

预报的逻辑条件和推理方式,必须具备充分必要条件和必然性推理,否则,概率性的可能违背了逻辑必然性原则。因此,概率预报也是反逻辑科学的行为。

如果概率性预报的结果验证与预报一致,在逻辑学上,仍然可以被认定为是偶然,不是必然。

3. 责任原则下的非责任预报

预报作为一种社会行为,具有责任原则,也就是预报者要对预报行为、预报结果承担责任,这里的责任分因误差引起的社会责任和法律责任。如,近年来相继出现的涉及因"天气预报"误差引起的财产损失诉讼,虽然气象部门没有直接成为诉讼被告,但是涉及赔偿责任的技术认定,保险公司最终成为这种误差责任的冤家,而保险公司存在和发展的社会基础和技术基础应该是低概率的责任赔付。随着经济社会的发展,公众科学素养的提高,预报的责任原则始终是预报者不能回避的社会和法律问题。因此,非责任预报的时间和空间范围正在日渐缩小。

4. 管理学意义上的技术悖论

预报在概念属性上属于管理学范畴,当然可以通过技术手段来实现。但是未来如果存在不确定性,而技术手段又无法解决其管理责任的因果矛盾,那么就意味着管理学意义的预报存在技术悖论,就必须按照科学规律,在管理领域摒弃预报这个反科学概念。

二、预测概念的科学意义

预测是指根据事物已知状态和基本规律,对未来进行趋势分析和概率判断的行为,具有不确定性,需要结果验证,反映出科学探索精神和科学责任感,无论在技术研究领域,还是在社会管理领域,预测被广泛应用。因此,从量化特征来看,预测是一门科学。

1. 预测需要百家争鸣

与预报需要一致性和相似性意见不同的是,预测需要百家争鸣。越是角度不同、观点不同、立点不同、方法不同的预测,越接近事物的本质。开放程度和方式方法决定预测的准确度。尽管如此,预测再接近事物本质,也就是再准确,仍然具有不确定性,因为,预测的逻辑本身并不是必然性推理,而是最可几率分析和可能判断。

2. 预测具有个性

由于对事物认识和研究的理论、方法不同,预测基础和条件、依据不一样,预测侧重点存在差异,因此,预测具有个性,从这个特性上看,预测被称为观点或意见,对结果不需要承担责任。

三、地震预测预报概念回归科学理性的必要性

根据以上科学定义和分析,作者认为,国务院应责成有关部门尽快组成研究小组,就地震预测预报概念回归科学理性进行相关论证,提出改革方案和程序,包括国务院直属地震工作主管部门的"三定"方

案调整和《应急预案管理条例》完善,全国人大常委会再修订《中华人民共和国防震减灾法》,以及国务院抗震救灾指挥体系和指挥方式调整,力争在如下几个方面实现科学发展观指导下的改革转型。

1. 由被动履责向主动提供服务转型

根据2009年5月1日开始实施的《中华人民共和国防震减灾法》(修订)第二十九条规定,国家对地震预报意见实行统一发布制度。这项法律规定以及有关地震监测预报的规定,包括5个方面的含义。

(1)预测意见经会商、评审后,形成预报,由国务院地震工作主管部门发布。发布主体是国务院地震工作主管部门。

(2)预测意见需要形成统一的预报意见,才能发布。对预报内容需要进行审核、确认。

(3)统一的预报意见需要按照规定的程序发布,规定了地震预报发布的主体资格。"全国范围内的地震长期和中期预报意见,由国务院发布。省、自治区、直辖市行政区域内的地震预报意见,由省、自治区、直辖市人民政府按照国务院规定的程序发布"。

(4)发布程序需要遵守"国务院地震工作主管部门和省、自治区、直辖市人民政府负责管理地震工作的部门或者机构,应当组织召开震情会商会,必要时邀请有关部门、专家和其他有关人员参加,对地震预测意见和可能与地震有关的异常现象进行综合分析研究,形成震情会商意见,报本级人民政府;经震情会商形成地震预报意见的,在报本级人民政府前,应当进行评审,作出评审结果,并提出对策建议"。

(5)在"国家鼓励、引导社会组织和个人开展地震群测群防活动,对地震进行监测和预防"的同时,也规定"任何单位和个人不得向社会散布地震预报意见及其评审结果"。

可见,实现地震预报在行为方式和程序上就非常困难。

但是,地震预测的本质属性决定了地震预测是一种科学探求,是一种科学见解,科学探索、科学探求需要科学精神,需要想象力、洞察力、逻辑力和个性。地震预测一旦成为地震预报,就是一种科学妥协,是一种现实,是一种与科学探求无关的社会学平衡,因此,没有哪一个科学工作者在这种环境和条件下,能够较为系统地阐述自己的科学见解、科学预见。科学探求不能承载过多与科学本身无关的功利性负担。试想,一个地震预报员,怎么能让他(她)承担预报误差的责任呢?在气象预报方面,由于误差最严重的后果可以通过人为补救措施调适,经济技术水平越高、社会文明越进步,人为调适能力越强。但是,在地震预报方面,无论预报是否准确,都需要承受人为无法调适的压力和责任,经济技术水平越高、社会文明越进步,人为调适的难度越大。

因此,在地震部门看来,地震预报是一项不可能完成的硬性职责,具有被动性。地震预报体现的是行政主管部门的主观意志,尽管好像经过了评审等程序,但是仍然具有指导性和强制性。作为制定法规的主体,考虑的只是职责和制度的技术基础和程序保证,考虑最多的是预报的准确性带来的防震减灾收效,没有评估预报准确性后果,更未涉及行政主体可为、不可为的管理学基本原则。

地震预测预报回归科学理性,是将被动履责的局面向主动提供服务转型的改革契机,不仅体现了科学发展观的必然要求,同时也符合科学精神,符合科学原则,符合科学常识。主动提供服务包括地震信息服务、地震中短期预测服务、地震常识普及服务、抗震救援专业培训服务、防震减灾法规咨询服务、地震科学研究服务、城乡建设抗震规范规划设计服务、地震数据服务、避震场所建设管理服务、灾害预警服务、专业避震应急服务等多个方面。其实,学习和实践科学发展观的最根本性任务就是,转变行政管理方式,建设适应中国特色的社会主义市场经济体制、行政机制,维护社会稳定,实现社会和谐。面对突发性自然灾害,行政管理部门明确可为、不可为的原则,不仅需要观念转型,而且也需要方法转型。

汶川特大地震再次呼吁地震预报工作回归科学理性,回归服务本位。震前作为总比震后反思要积极、主动,而震前能够作为的就是灾害预警和专业地震预测服务,不能作为的则是不科学地对不确定性未来作确定性预报。

2. 由专业研究向社会应急管理转型

现在的地震管理部门在发生地震时,的确发挥了应急指挥和应急管理的综合协调功能,但是无震时更像一个专业的研究机构,科研与管理不分。汶川特大地震的教训是深刻的,实现专业研究向社会应急管理转型势在必行,至于专业研究,应依法鼓励社会组织、科研院所和个人参与地震科学研究和群测群防。换句话说,应急管理才是地震工作行政主管部门的本职工作,专业研究是其规划、协调、支持、服务的工作。

3. 由抗震救灾指导向防震减灾引导转型

我国地震部门最值得骄傲和自豪的成就是国际救援队的建设和成效,严格地说,从灾害角度看,抗震救灾是一种防范失策后的补救措施,不崇高,但是很悲壮,在汶川特大地震生命关怀和社会互助的道德领域和需要作为的政府应急反应领域,抗震救灾显得十分无奈,本质上是生命力的呐喊,形式上是人伦文明的进步。因此,为了多一份崇高、少一份悲壮,为了多一份文明、少一份无奈,目前的地震工作主管部门,需要由抗震救灾指挥指导向防震减灾科学引导转型,这种转型是社会改革的深化,也是社会文明的进步。

4. 由震前不作为向震前作为转型

汶川特大地震至今,地震部门及其台网中心一直受到公众质疑,以至于发展成为对政府震前不作为的指责,其实,公平地说,地震部门不是不想作为,而是地震预报的不科学性使其无法作为。科学的预测预警,是地震部门震前不作为向震前作为转型的契机。

四、地震预测能为与地震预报不可为

1. 地震预测能为

面对地震,震前作为一般有两种方式可选择:

一种是地震速报,以可靠的测震为主导,以密集的测震监测网络为平台,以数字地震网络为手段,进行与地震波的速度赛跑。这种方法的好处就是不存在预测预报,是确定性的速报,不会出现误报。但是这种方法的最大难点在于网络技术、测震技术的高效衔接;最大弱点就是即便所有网络技术问题和测震网络密度达到要求,对于灾害应急反应的时间和空间都十分有限,因此,这种方法相对于预测预报来说是可靠的,但对于防震减灾来说则是无奈之举。许多地震工作管理者明知效果有限,但仍然将地震速报作为防震减灾工作追求的目标。

另一种是地震预测,以地震前兆观测为基础,以特定理论和方法为手段,以前兆识别为核心,进行震前预测分析和地震危险判断,这是一种相对于地震速报而言能够赢得应急反应时间的方式,但是由于具有预测结果的不确定性,所以,在预报职责压力下,地震预测尚未成为地震工作管理部门的工作重点。对于日益严峻的地震灾害形势,我国的地震预测不仅可能,而且可行,目前,前兆观测网络基本形成,前兆识别技术不断完善,预警方式不断进步,相信在不久的将来,地震预测工作能够取得重大突破。作者对此深信不疑。

2. 地震预报不可为

尽管地震预测能为,但是基于管理学和社会学意义的地震预报却不可为,这是一个非常复杂的非技术性难题,如同医生该不该对绝症病人告知病情一样,是一个人伦道德和管理科学问题。作者认为,对于依法行政的主体,不能只单向考虑地震预报准确性带来的防震减灾收效,必须同时评估地震预报准确性后果,从本质上考虑行政主体可为与不可为的管理学原则。如果地震预报是准确的,在现代社会也必然会出现类似地震预报不准确的社会不稳定后果。地震预报难以逾越社会学和人伦道德的艰难抉择。

第一,面对地震灾害危险信息的心理承受力存在个体差异。每个人都有自身面对危险信息的评估方式和标准,每个人又都有面对危险信息的心理承受能力。冷静者,会作出正确判断,也会服从避难的组织行为;脆弱者,会作出不理智判断,导致恐慌和社会混乱。这种心理承受能力的差异制约着地震预报工作的进行。

第二,面对地震灾害预报信息的承受力随社会经济发展而降低。一个非常有趣的现象和规律就是,社会经济越发达,人们面对灾害的承受能力越差。尽管新修订的《防震减灾法》(2008年)并没有明确地震预报的对象,但是根据传统做法判断,一般地震预报的对象是政府部门及其应急管理指挥部门。无论是政府的哪个部门,最终形成决策的仍然是人,不能把领导干部应对地震预报紧急危险信息的能力按照一种模式去评价,他们与寻常百姓一样,甚至比寻常百姓压力更大,个体差异将影响应急反应决策。

第三,知情权与承受力之间存在矛盾。这是一个至今仍然没有结果的争论。面对危险信息,究竟是知情权重要还是承受力重要,社会经济和社会文明仍然处于转型时期,这些现实不能被单纯的良好愿望所忽视。

第四,预报职责与人伦道德之间存在冲突。在我国,地震工作的管理部门一般把地震预报作为一种职责看待,除去地震预报概念误区不说,仅就预报职责与个体道德观念难以协调的现实,地震预报同样不能被政府的愿望和预报责任人的期待所忽视。

因此,即便地震预报是确定性的毫无误差,从管理学原则和禁区来看,行政部门需要在可为和不可为中作出预报不可为的选择。当然,作者在这里所指的地震预报不可为,并不是技术意义上的,而是管理学意义上的。也就是说与地震能否预测无关。作者坚持认为,地震可预测,并极力倡导地震灾害预警。所以,在作者看来,地震预测预警能为,但地震预报不可为。

第三节 地震灾害预警概念

一、预警概念的科学定义

预警是指根据事物已知状态和基本规律,对当前状态中的特征进行临界量化和极限危险化警告的行为,具有量化特征和警示功能,不需要验证。预警被广泛应用,因此从警示功能的社会属性来看,预警也是一门管理科学。

1. 预警需要量化特征

与预测预报着眼于判断未来不同的是,预警的基础和立点是当前。不仅如此,预警需要量化特征,即当前状态中影响趋势的特征,具有临界极限,而临界极限是基于过往经验和基本规律的量化反映,没有量化特征,预警就没有依据,没有依据就不能发布预警。

2. 预警具有可选择性

随着事物发展进程和不确定因素的影响,临界极限具有动态的调节性,因此,警示方法具有可选择性,既可以发布警告,也可以解除警告。

二、地震预报与地震灾害预警的本质区别

1. 地震预报对误差要求近乎苛刻

毋容置疑,无论基于何种形式、采用何种技术的预警,客观上都存在着误差。不承认误差的预警,是不科学的,更何况是事关社会稳定和公众生命、财产安全的地震灾害预警,误差是不能回避的事实。正是由于地震预报对误差的要求近乎苛刻,对误差没有允许值,相对于天气预报的全方位观测和预报,地震预报的零误差限制,是科学永远达不到的目标,更何况地震预报的概念本身就是反科学的,因为在科学的概念和自然现象的预测中根本就不存在着确定性预报。所以,作者认为,这就是即使技术上可以预测地震活动趋势,但地震预报也不能为的根本原因。在生命安全和社会混乱之间,政府及其地震工作的行政主管部门很难找到平衡。这是从预报误差所产生的后果而得出的定性结论。

2. 地震预报即便零误差也不可为

国际上许多地震学者认为地震不可预报,大多数都是从预报误差引起的社会后果来权衡利弊得出的基本观点。这并不说明技术上没有预报地震的能力。比较盛行的观点是,地震预报的误差,极易造成社会混乱和恐慌,经济社会损失或许比地震灾害损失还要大。但是,作者认为,即使预报准确,同样存在社会混乱和恐慌的可能。当然,也有人质疑这种分析,认为政府可以有序组织撤离,这是公众对政府的

信任和良好期待,殊不知这种信任度越大,期待越完美,政府实施的难度就越高,政府决策压力也越大。对于今天经济发展条件下流动性越来越大的城市来说,有序组织只是城市的一部分,即使这个因素也忽略掉,还存在着政府组织撤离后,因震造成的财产损失如何补偿和赔付问题,稍有不慎,都是造成社会混乱的必须考量的重要因素。维护社会稳定,是中华民族伟大复兴事业的必要基础和前提。事实上,这就是为什么说即使地震能预测,地震预报也不可为的根本原因。

3. 不确定性是产生地震预报误差的必然条件

目前地震预报基本上属于一种概率预测或可能性推论,客观上存在着很大的不确定性,而这种不确定性与预测理论和方法是否准确无关。地震活动预测不确定性的根本原因是,地壳应力在通过连续介质传播过程中,客观受地质构造断层断面影响,存在着应力连通障碍减量减速的各种复杂条件,也存在着应力传播连通过程增量加速的各种复合因素,也就是说,地壳应力在孕育、发展的过程中,存在着类似材料断裂力学中应力积聚或耗散的可能。这种可能会造成地壳产生剪切摩擦,不能产生地壳震动,这就是为什么有时地壳应力在传播过程中,看似起伏的能量加载,最终并不表现为地震的根本原因。因此,地震从孕育、发展到爆发的过程,实际上是一个动态的演进过程,存在着发生地震时间上迟早的空间因素,也存在着震级增减的时间条件,还存在着震中移动的结构和力学背景。如果静止地预测地震发生的"时空强",那么结果势必造成误差。从这个意义上来说,地震的中长期预测预报只具有学术研究意义,并没有防震减灾的实际价值。

4. 确定性误差是地震灾害预警的本质特征

地震灾害预警,就是在充分考量发生地震的必然条件——地壳应力极限时应变出现临界量化特征,定量把握地壳断裂的必要、充分条件,使灾害预警的警情发布和警情解除,都有明确的量化依据,换句话说,地震灾害预警的误差具有确定性,与地震活动预测的不确定性有本质不同:地震活动预测本质上是概率和可能的"时空强"推论,而地震灾害预警本质上是临震极限的定量判断。因此,从地震的力学逻辑本质看,地震灾害预警的误差,充其量也只会存在警而不发的可能,但是不会存在漏警的几率。既然是预警,需要量化依据才能发布警情,同样也需要量化特征解除警情。灾害预警有发有解才是科学的,只发不解,那是预报,这也是预警与预报的本质区别。

5. 定向预警的专业功能确保预警误差对社会不产生影响

诚然,地震灾害预警误差评估的极限后果,还必需考量预警的对象和功能。由于地震灾害预警的对象主要是政府应急管理部门和地震台网和抗震救灾指挥协调部门,预警的功能主要是作为这些部门应急反应的决策依据,因此,警情发布与解除,与公众对待地震危险度调适和承受没有直接关系,不会导致社会混乱和恐慌,最大限度地保持政府的应急管理有序进行。另外,预警后的临震避险通告,则是政府根据地震条件的必然趋势和量化极限发出的紧急警报,误差率极低,除非人为的玩忽职守。

作者通过一系列中小级别地震和汶川特大地震的临震极限临界值比照,进一步研究发现,强度大于6级的地震迫震信号才具有明显的必然量化特征。强度低于6级的地震,迫震信号虽然明显,但是如果不参照临近的地壳应力应变观测站点数据加速动力学统计,这个临震信号不具有必然性,也就是引发地震的应力出现震前耗散情况,存在地震不发生或减弱可能。而大于6级的地震,其迫震信号所反映的应力加速值的时间条件、空间条件、结构和力学背景,都已经达到产生地壳错动震荡和挤压断裂的极限临界,如同"箭在弦上,不得不发",是一种必然结果。根据地震专家长期对地震观测和震后评估的普遍观点认为,小于6级的地震不具有灾害性的破坏力。

因此,作者认为,为极限缩小地震灾害预警误差造成的社会影响,地震灾害预警系统,完全可以向政府应急管理部门发布的警情,设定为只限6级以上地震的预警信号;低于这个级别的预警信号,只向地震主管部门和台网发布警情,密切启动各种前兆观测,追踪应力传播过程的动态变化,如果地震危险区域为高危行业或抗震能力较差的致灾区域,也可以在震前数分钟发布灾害紧急避险警报。对于灾害性地震预警发布时间,根据政府所采取的地震灾害应急预案确定,坚持就近紧急避险的原则,切忌远程疏散。

三、地震灾害预警是最佳报平安的技术平台

1. 传统的不确定性预测不存在报平安的逻辑条件

一个值得公众思考的现象是,一些地震专家接受媒体采访时,一再强调,震前没有发现前兆,也没有收到关于发现前兆的报告,以此证明地震是突发性的自然灾害,预测预报很难;当媒体问及震后会否有较大余震时,他们回答是,根据以往经验判断,震后没有发生余震的可能。于是很多媒体发表文章,以简单的逻辑推理,反驳了专业人士的判断,既然不知道震级这么大的强震何时何地发生,又凭什么否定震后没有余震的可能呢?相信这些反驳文章的作者,对于地震的知识了解一定很有限,但就是一些逻辑常识,让我们的不确定性专业预测,变成了社会笑话的把柄,也成为社会恐慌和不安的隐忧。事实也是如此,根据汶川特大地震后半年的监测表明,截至2009年3月9日12时,汶川特大地震后发生4级以上余震294次,其中5级以上10多次,6级以上5次。当然,地震专家对此普遍采用汶川地震实在太特殊的理由,应对公众质疑。可想而知,这些逻辑和理由连他们自己都不信。

汶川特大地震后,曾经一度传言海南、广西和广东有地震,2009年4月又有重庆、宜昌、泸州地震传言,地震部门及专家出来辟谣的尴尬是有目共睹的。就连被奉为中国地震预报鼻祖的梅世荣先生都坦承,目前的地震预报基本上都是没有多少令人信服的依据。因此,传统的不确定性预测根本就不存在报平安的逻辑条件。

2. 地震学界现行评价地震预测准确性的标准不科学

地震学界现行评价地震预测准确性的标准,概括起来就是,一要满足"时空强"三要素,二要预测结果验证。对于预测本位来说,蒙对了就算成功,蒙错了就算特殊;但对于预测的评价来说,对了是巧合,错了是必然。

其实,对于预测准确性评价,应该是一个科学的体系,而不是简单的要素条件。正如作者认为,地震的孕育、发展、临震到爆发,是一个能量蓄积加速过程,并不是一层不变的简单结果,关键是,对结果的不确定性进行定性验证重要,还是对过程的确定性进行追踪量化临界分析警示重要?显然,确定性的追踪量化临界分析,比结果验证更重要,更具有科学的量化特征和动态特征。

评价地震预测是否准确具有双重属性,一是自然属性,必须符合自然规律,必须量化过程,必须逻辑科学,结果是评价过程量化确定性必然的一个指标,但不是评价预测全过程的唯一指标;二是社会属性,必须符合以人为本,必须遵守人伦道德,切忌以结果的灾害死伤数和破坏力验证地震预测的准确性。

3. 地震灾害预警的最大功用在于确定性地量化报平安

地震灾害预警的突出特性是灾害的警告作用。预警对象是政府应急管理部门和地震专业机构,对于公众来说,预警的目标是追踪导致地震的必然条件——地壳应力传播过程、重力加速趋势和倾斜加速变化的量化,确定性地获得临震极限,能够为报平安提供有说服力和具备逻辑条件的科学依据。一旦地震,紧急避险的警报就是保平安的前提和基础。因此,从这个意义说,报平安才是地震灾害预警的最大功用。

第四节 地震灾害预警的防震减灾意义探讨

一、地震灾害预警是防震减灾的科学途径

地震灾害预警是防震减灾的科学必经之路,也是最重要手段。作者极力主张建立地震灾害预警机制的目的有两个:一是及时搜集和发现地震危险量化特征信息;二是根据当前危险度及时向有关部门发布地震预警,采取应急措施,引导公众的生活生产行为,减少生命与财产损失。

预警是主动应对危机、减少损失的有效途径。有很多灾害,尤其是自然灾害,人类至今还不能对其本身进行有效的控制,如地震、海啸、台风等。但是,人类可以对危机进行控制,对危机造成的损失进行

控制。地震灾害预警即是通过采取"防"和"避"的方法来减少损失。例如,人们为了减少地震造成的损失,修建抗震的建筑;人们知道了要发生地震,就会在政府和专业人士指导下采取有效措施来规避危险。大量的事实证明,发出预警信号,是减少人员伤亡损失最有效的方法。地震预警在对地震进行预防、减少地震损失,防止地震灾害扩大或升级等方面有着不可替代的作用。

二、维护社会稳定也是一种减灾效益

尽管汶川特大地震所形成的抗震救灾精神是我们这个民族当代最宝贵的财富,但是公众对地震部门没能在震前有所作为,对政府公共应急管理能力产生怀疑,是政府形象的损失。由于目前我国各级地震工作行政主管部门,是各级政府研究与管理地震监测、地震预报、地震研究、地震应急处置的一个重要直属机构,技术和管理职能不分。技术能力所限直接引发的是公众对政府能力的质疑,影响了政府的公信力、权威性和政府形象。因此,有必要调整地震行政管理部门的研究和管理职能,将技术研究职能剥离出政府管理序列中,专职处置地震灾害应急事务,而地震技术研究应该是一个独立性的、专业性的、社会参与的纯粹研究事业。政府不应该承担因技术缺失造成的政府权威被质疑的责任。

但是,在目前政府管理的体制现状下,地震工作行政主管部门的作为,的确是一个行政区域涉及自然灾害影响社会稳定的一项重要晴雨表。因此,如何运用科学预警手段,及时掌握自然灾害情况,消除传言影响,尽职责所能,维护社会稳定,已经成为各级政府急需解决的重要课题。维稳不仅是政府管理的一项重要内容,也是公众评价政府行政管理能力的重要指标。只有通过科学的预警手段,才有可能实现维护社会稳定的艰巨任务。从这个意义上看,维护社会稳定也是一种减灾效益。

三、地震预警机制的减灾效能

基于社会应急管理层面的地震灾害预警,具有极其重要的社会效益,它不仅可以减轻人员伤亡和降低次生地震灾害的发生,而且也为震后紧急救援和重建提供第一手的资料。

(1)启动重大工程地震应急控制系统。例如,通知快速行进的列车减速以防止出轨,依次关闭煤气、天燃气供应管线以减少火灾,关闭核反应堆防止核泄露,停止某些生产操作,如高空作业等,以降低潜在损失。启动重大工程地震应急控制系统是地震灾害预警最有效的应用。

(2)启动地震紧急避难机制,可以让人们在震前提前行动,采取有效疏散、规避、撤离措施,最大限度地减少灾害损失。在地震灾害预警条件下的减灾效能,还能大大降低地震造成的心理恐慌和混乱。

(3)利用地震灾害预警,人们可以快速地估计地震产生的危险程度,为紧急救援和恢复重建提供重要依据。

第五节 地震前兆识别与地震灾害预警

一、特征性地震前兆及其特征体系

特征性地震前兆的临界量化是地震灾害预警的重要标志。

作者从地壳断裂流变动力学角度认为,特征性地震前兆不是一个简单具体的某项前兆临界量化值的设定,而是一个综合评价体系。

1. 特征性前兆的过程主体——地壳应力应变

地震的实质就是地壳应力稳定体系失衡所导致的断裂震动和挤压错动。地壳应力的实时观测及其加速应变量化,既是对地壳应力应变观测数据的量化分析,也是对其过程状态的识别,更是把握地壳应力体系变化的重要核心。因此,地壳应力应变是地震特征性前兆的过程主体,人们能够通过特定的识别方法量化其发展变化过程的阶段特征,按照正常、异常、危险、短临、缓静、迫震、临震和地震8种状态,判断分析地壳应力应变发展趋势,获得地震危险度参数,依据紧急就近避险原则,确定预警警报方式,提供应急反应水平。

但是,目前地壳应力观测仪和应变观测仪都存在一定的局限,而且全国范围的布设密度还远远不能满足地震灾害预警的需要,因此,政府必须下决心增加投入,提供地震前兆观测的有效覆盖范围。

受地壳应力应变观测技术所限,在地壳应力从稳定演变到失衡,最终导致地震的 8 种状态过程中,尽管正常、异常、危险、短临、缓静这 5 种状态的量化特征都非常明显,但是在迫震和临震信号上却不是十分确定,这其中既有应力耗散"自组织"现象,也有观测仪器安装差别带来的个别"假象"。确定把握预警警报时机,还需要其他前兆的量化特征给予逻辑必然性的支持。

2. 特征性前兆的迫震标识——重力、地电、地磁和电磁波

作为特征性前兆,围绕地壳应力应变加速极限临界量化过程和状态,重力、地电、地磁和电磁波都是典型的迫震标识。同样是因为布设密度和仪器的技术特性所限,这 4 项前兆并不能独立担当标识角色,需要相互验证和参数同步,使迫震条件的必要性更充分。尤其是重力,其加速值的变化直接反映了地壳挤压应力加速至极限饱和的临界状态,是明显确定性的迫震标识。

迫震的典型标志就是重力观测数据加速值由高峰值连续递减。

3. 特征前兆的临震信号——地倾斜

当地壳挤压应力达到极限临界后,地壳密度趋于饱和,重力加速度几乎停止,但是地倾斜开始加剧,因此,一旦从地倾斜观测数据的加速值中获得速率的逐步增大趋势,标志地壳断裂进入临震阶段。

因此,地倾斜作为临震信号的量化特征表现为方位速率的加速最大化。

4. 地震灾害预警警报依据——大地运动加速

上述特征性地震前兆阶段和状态,都是地震专业工作部门和政府应急管理部门面对孕震形势和地震危险,必须掌握的动态前兆过程,可以通过地震灾害预警技术网络智能系统联动,实现震前紧急动员和应急反应准备,并及时启动地震灾害应急指挥机制。由于目前我国尚无成熟和完善的临震紧急就近避险警报预案,因此,需要借用人防警报或防灾演习,实现紧急避险。

针对这一现状,各地方政府应该加紧研究布设大地运动三维加速度监测仪的方案和计划,这种新型多功能多分量监测仪,根据临震前大地运动加速特征,能够及时准确捕捉临震信号或地质滑坡、塌陷信号,提供网络智能报警,有效弥补地震灾害应急反应中的临震警报空白,是地震灾害确定性的避险警报。

二、地震灾害预警技术

实现震前作为,灾害预警无疑是减灾的必要手段。

地震灾害预警与地震危险警示还是有些差别的,作者认为,在地震前兆观测及其识别过程中,量化过程和状态的实时数据,如果表明震级强度并没有达到造成经济社会和生命安全破坏的程度,为保证尽可能地不影响社会正常运行,允许一定的误差,根据地震危险区域的地质构造特点和断裂方式,对于可能低于里氏 6 级强度的地震危险,可以选择只面对政府应急管理部门发出地震危险警示,而不是选择面对社会公众紧急就近避险的地震灾害预警。

地震灾害预警针对的是危险状态可能致灾的地震威胁。对人类社会造成生命安全和财产损失的地震,称为地震灾害,否则,只是一种地壳活动的自然现象。

目前,全球应用于地震灾害预警的技术很多,大致归纳起来有 P 波、S 波时间差,地震波与电波传输速度时间差,GPS 遥测位移及大地运动加速 4 种,地震前兆量化识别技术是由作者提出的一种基于现有地震前兆观测技术的地震灾害预警技术。

1. P 波、S 波时间差

利用地震 P 波与 S 波的时间差进行预警,这项技术的关键就在于:

(1)测震仪敏感监测地震波,并精确分辨 P 波和 S 波;

(2)测震仪密度越大,争取的波型时差越多,且形成计算机网络化;

(3)畅通快速的网络传输技术;

(4)及时准确的波型智能分辨技术;

(5)网络智能化的报警技术。

日本在这项技术的应用方面处于领先水平,当地时间 2008 年 6 月 14 日上午 8 点 43 分,日本东北部的岩手县和宫城县等地发生里氏 7.2 级地震,日本气象厅在这次地震中,在部分区域成功实现了由电视等媒体发布的地震预警,根据精确计算,预警时间争取了 10 秒的时间差,对紧急避险和减灾发挥了重要作用。

中国在测震仪的技术和监测台站的密度上都低于日本,尤其是网络技术和计算机智能技术都相对落后,因此,利用波型时差进行预警显然不现实。

2. 地震波与电波传输速度时间差

这是中国地震科研机构和专家学者比较看好的技术方法,即利用通讯电波比地震波传播速度快的特点,在地震波未到达之前发出预警,又称地震速报预警。这种方法对测震技术和通讯网络技术同样要求很高。福建省地震局和中国地震局工程力学研究所在 2007 年合作研发了"区域数字地震台网实时速报系统",实现了震后一分钟自动测定地震基本参数,已经成功应用于地震的自动速报,并解决了与地震预警系统相关的实时数据流传输、地震数据实时处理和地震基本参数自动速报等基础问题。但是,与应急反应所需的地震灾害预警仍然存在很大差距。

因此,中国地震监测的现状,决定了依靠地震速报实现地震灾害预警并不是立竿见影的选择。

上述两种预警方法有一个共同的特点,那就是都工作于地震发生时或发生后,属于正在进行时的争分夺秒,尽管在地震发生的确定性上非常可靠,但是任何环节的迟滞都可能影响预警的时效,最终很可能还是不可靠。

3. GPS 遥测位移

这是一种利用现代卫星定位技术,从大地运动位移的速度和幅度上,确定地震震中位置,并先于地震发生发出警示信息的预警方法。地震科学表明,在地壳孕震后期,震源区域的地表因应力集中产生人体或仪器无法感应的位移现象。GPS 遥测位移就是通过全球卫星定位系统,能够从位移的速度和幅度上确定地震危险区域和可能时间,进而实现地震提前预警。但是,这种方法存在几个方面因素的制约,也不是一种现实选择。

(1) GPS 空间尺寸对微小运动的精确测定不能出现丝毫偏差。

(2) GPS 空间遥测需要参照物,连续基准站的布设密度不是几年能够达到预警要求的。

(3) 全球目前只有美国的 GPS 系统投入了运营服务,我国还没有自己的 GPS 系统,短时间也很难建成。因此,在目前条件下,将 GPS 作为地震前兆研究还是必要的,也是有意义的地震预测探索。GPS 遥测位移尽管可靠,但是由于客观上的原因,不是中国短时间内能够指望上的现实选择。

4. 大地运动加速

这是一种类似于 GPS 应用的全新技术。为了克服 GPS 的各种制约,张开逊教授基于大地运动客观存在速率的现象,结合地震学者利用 GPS 研究孕震震源对大地运动具有加速作用的研究,研制成功了多功能大地运动三维加速度监测仪,不仅解决了位移参照体系问题,而且也突破了监测数据的实时性问题。利用这种监测技术实现地震灾害提前预警不仅可行,而且可靠。

5. 地震前兆量化识别

这是作者提出的一种基于现有地震前兆观测技术,增加布设密度,利用各种观测数据,建立以地壳应力应变主要量化特征,重力、地倾斜、地电、地磁和电磁波等为参照的地震前兆量化识别体系,运用现代计算机智能技术、网络技术和通讯技术,结合地理信息技术,对地震前兆观测网络在线数据进行实时处理、智能分析,按照"时空强"三要素的危险度,分级预警。这种方法的应用取决于 4 个基础条件。

(1) 钻孔应变仪的平均密度应达到间距 200km 一个观测台站,重点地区,尤其是地质构造复杂区域和地震带,密度还需要更大。

(2) 观测数据的传输实现网络实时同步化。

(3) 计算机智能技术、地理信息技术和安全预警技术的集成。

(4)预警技术平台与地震灾害应急指挥技术平台的集成。

通过地震前兆量化识别实现地震灾害提前预警的核心是：预警参数体系、预警背景体系、预警参照体系和临震信息测定。

三、预警体系构成

1. 地壳应力应变观测及其他前兆观测网络系统

(1)应变观测台站；
(2)其他地震前兆观测台站；
(3)观测数据传输网络；
(4)前兆观测数据库。

2. 预警背景系统

(1)固体潮汐作用规律背景；
(2)固体潮汐相关的时间背景；
(3)地震带和地质构造背景。

3. 预警参照系统

(1)地震动力学统计概率参照；
(2)震例数据分析参照；
(3)应变观测以外的其他观测数据参照；
(4)区域和关联数据比对参照。

4. 预警参数系统

(1)固体潮汐强度参数 $\left(\dfrac{R_1^+ \cdot R_2^+}{R_1^- \cdot R_2^-} + \dfrac{R_1^- \cdot R_2^-}{R_1^+ \cdot R_2^+}\right)$ 随时间变化；

(2)孕震强度参数 $\left(\dfrac{R_1^+ \cdot R_2^+}{R_1^- \cdot R_2^-} + \dfrac{R_1^- \cdot R_2^-}{R_1^+ \cdot R_2^+}\right)\left(\dfrac{N^-}{N^+}\right)^3$ 随时间变化；

(3)短临量化参数 $\left[\left(\dfrac{N^- - N^+}{N^+}\right) + \left(\dfrac{n^- - n^+}{n^+}\right)\right]^3$ 随时间变化；

(4)临震量化参数 $\left(\dfrac{R_1^+ \cdot R_2^+}{R_1^- \cdot R_2^-} + \dfrac{R_1^- \cdot R_2^-}{R_1^+ \cdot R_2^+}\right)\left(\dfrac{N^- - N^+}{N^+} + \dfrac{n^- - n^+}{n^+}\right)^3$ 随时间变化；

(5)基础参数 $R_1^+, R_2^+, R_1^-, R_2^-, N^-, N^+, n^-, n^+$；

(6)应变竞争过程参数 N^-/N^+；

(7)主应变方位确定参数；

(8)地理信息定位参数。

5. 预警发布系统

(1)技术参数发布；
(2)预警参数曲线；
(3)数据参数日报表；
(4)报警发布；
(5)紧急避险和救援指挥协调。

6. 临震信息智能测定

(1)大地运动三维加速度监测；
(2)重力、地倾斜观测；
(3)临震信息判断及智能测定。

第十五章 我国地震前兆台网与地震灾害预警体系建设的战略思考

【摘要】 本书关于地震前兆识别方法的应用,实现地震预测技术突破,其前提和基础离不开科学的地震前兆台网规划和布局,其作用和意义表现为科学应对地震灾害的应急反应方式。因此,强化和加快地震前兆台网与地震灾害预警体系建设,是我国防震减灾事业坚持"以人为本",落实和实践科学发展观,实现安全发展的重要战略需要。本章围绕地震前兆台网建设的现状和意义,探讨我国地震前兆台网建设的方式与重点,探讨我国地震灾害预警体系建设的可行性,尽快形成我国基于应对地震灾害提前反应的技术平台,抓紧完善地震防御-灾害预警-紧急避险-应急救援-灾后重建的地震工作技术手段,发挥无震报平安,有震报预警的灾害应急有序管理作用,维护社会稳定,保护人民生命和财产安全,促进经济社会又好又快发展,建设和谐社会。

第一节 地震前兆台网与地震灾害预警体系建设的战略意义

一、防震减灾行动的迫切需要

2009年5月11日,在汶川特大地震发生一周年前夕,国务院新闻办发表《中国的减灾行动》白皮书,指出"中国是世界上自然灾害最为严重的国家之一。伴随着全球气候变化以及中国经济快速发展和城市化进程不断加快,中国的资源、环境和生态压力加剧,自然灾害防范应对形势更加严峻复杂"。

《中国的减灾行动》白皮书分析了我国自然灾害的特点:灾害种类多,分布地域广,发生频率高,造成损失重,明确我国减灾行动的目标是:"建立比较完善的减灾工作管理体制和运行机制,灾害监测预警、防灾备灾、应急处置、灾害救助、恢复重建能力大幅提升,公民减灾意识和技能显著增强,人员伤亡和自然灾害造成的直接经济损失明显减少",并提出减灾行动的主要任务是:加强自然灾害风险隐患和信息管理能力建设;加强自然灾害监测预警预报能力建设;加强自然灾害综合防范防御能力建设;加强国家自然灾害应急抢险救援能力建设;加强流域防洪减灾体系建设;加强巨灾综合应对能力建设;加强城乡社区减灾能力建设;加强减灾科技支撑能力建设;加强减灾科普宣传教育能力建设等。

地震是我国面临的危害最大、防御最难的自然灾害之一。目前,我国应对地震灾害的基本立足点是,实施以抗震设防为目的的减灾工程,提高地震灾害防御能力。在汶川特大地震发生后,我国地震灾害的抢险救灾应急体系和应急处置能力经受住了考验,但是,也暴露出我国地震灾害监测预报体系和预测预警能力满足不了减灾需要的突出矛盾,既影响政府应急反应水平的发挥,也影响社会稳定。

我国地震减灾科技支撑体系建设,尽管取得了巨大进步,但是也暴露出重测震轻前兆、重机理轻预测的现实问题,人才储备和社会参与不足,在群测群防的中国特色与专业管理的应急体系之间缺乏科学统筹,没有发挥应有的减灾作用。由于地震预测客观存在风险,许多地震科技人员热衷于地震机理等基础性课题的探索和研究,不愿意涉足地震预测探索和研究,科技管理部门也将大部分财力物力投向地震机理等基础性研究,对地震预测预警能力研究的重视和支持明显不够,制约了减灾效能的发挥。探究其原因,既与我国科技管理缺乏鼓励支持风险探索和研究的机制相关,也与防震减灾科学探索相对保守消极相关,缺乏积极探索的科学精神。这不是一朝一夕能够改变的现状,需要政府决策的充分重视和观念转型,需要科技界的不懈努力和勇敢探索,才能真正实现《中国的减灾行动》白皮书提出的减灾目标,完成减灾任务。

因此,地震前兆台网与地震灾害预警体系建设,是防震减灾行动的迫切需要。

二、"以人为本"科学发展观的具体体现

胡锦涛总书记在党的十七大报告中指出,"科学发展观,第一要义是发展,核心是以人为本,基本要求是全面协调可持续,根本方法是统筹兼顾"。坚持安全发展和完善突发事件的应急管理机制,是体现"以人为本",贯彻和落实科学发展观的必然要求。

改革开放30年来,我国在应对地震类似突发性自然灾害的应急反应体系建设上取得了巨大成就。我国建成了世界上地震前兆种类最多、方法较全的地震前兆台网,以国家前兆台网为中心,区域前兆台网相衔接的中国地震前兆台网中心,观测范围基本覆盖我国大陆地区。地震前兆数据实现社会研究共享,地震预测研究鼓励开放合作,为我国进一步强化地震前兆台网建设奠定了坚实基础。

但是,由于我国在地震灾害应急体系中"预测预报"和"灾害预警"环节十分薄弱,所以,"以人为本"的科学发展观没有得到很好体现。在汶川特大地震发生后,公众质疑政府应急反应能力的主要依据,就是震前没有及时有效的灾害预警机制。因此,强化和加快地震前兆台网与地震灾害预警体系建设,是贯彻和落实科学发现观的具体体现。

三、地震科学探索的必要条件

如果说地震孕育、发生的机理研究是地震科学的基础性课题,那么,地震前兆识别与地震灾害预警就是地震科学的大胆探索与最终目标,而地震前兆台网建设就是地震科学探索的必要条件和灾害应急管理实践的基础。

作为大地测量学和防震减灾措施中最主要的手段,地震前兆观测具有重大的战略意义。国家自然科学基金项目《中国大地测量学学科发展战略研究报告》(2007年)指出:

(1)大地测量学是一门地球科学,即为人类的活动提供地球空间信息的科学。社会经济的迅速发展,人口的持续增长,人类可利用的地球空间受到日益严峻的约束。获取地球空间信息,合理利用空间资源,已成为现代社会经济发展战略的重要环节。现代大地测量将扩大在经济和社会发展中的作用,GPS定位技术将广泛用于交通工具的自动导航和引导,海洋资源开发,快速自动和半自动测图以及大型精密工程规划、设计和放样。

(2)大地测量技术将在防灾减灾和救援活动中发挥日益增强的作用,为地震灾害的预测提供大地测量监测信息,监测预报滑坡和泥石流;为预测厄尔尼诺现象提供信息。利用GPS定位技术结合卫星通讯建立灾难事件救援系统。

(3)大地测量技术正在环境监测、评价和保护等领域发挥作用,监测极地冰盖和海平面的变化;对全球环境监测系统提供大地测量信息,给出环境破坏全球分布的评估。

(4)现代大地测量将为研究地球科学面临的重大问题提供更丰富、更准确的信息,并加强该学科在地球科学中的基础性地位。

可见,地震前兆观测的意义不仅在于防震减灾的需要,而且在于地球地震科学的探索。作者关于地震前兆识别的研究,主要以地震前兆观测数据和大地测量数据为基础,借鉴流变学和材料断裂力学的理论和方法,对地震前兆数据所包含的物理意义进行当代统计力学理论的探索,为地震预测提供定量依据,也为建设地震灾害预警体系提供技术思路和方式方法。

四、维护社会稳定的科学依据

在总结汶川特大地震发生后表现出的伟大抗震救灾精神的同时,我们应该理性地看到这次特大地震灾害的惨痛教训,震前无作为已经成为影响社会稳定不可忽视的重要技术因素和管理因素。

尽管地震学界认为地震预测是一个世界性的科学难题，但是作者更愿意把地震预测当成一个世界性的技术和管理课题看待，因为世界各国在面对地震灾害时，都在积极探索建设各种技术、各种方式的地震灾害预警系统，没有哪一个国家因为地震预测难就放弃震前作为的努力，也没有哪一个国家指望地震预测技术成熟可靠后再进行地震灾害预警系统的建设。无论是地震速报，还是波型时差，无论是GPS，还是前兆观测，这些预警措施都是一种人类面对自然灾害的有益探索。何况作者认为自己提出的地震前兆系统识别，对建设地震灾害预警体系提供了理论依据和定量方法，不仅具有科学探索意义，也具有现实减灾行动的可行性。

汶川特大地震后一年多来，海南、广东、广西、重庆、湖北宜昌、福建、四川等地相继出现地震传言，居民纷纷聚集户外，不敢夜宿居家，给社会稳定带来极大压力。由于缺乏必要的技术方法和数据依据，各地地震部门的辟谣努力效果不佳。重庆2009年6月5日山体崩塌本是一次地壳应力活动所致，只有通过数据分析才能看出其自然地壳应力活动的过程，而非人为作用。类似这种并不表现为地表震荡的地壳活动，在一些地质构造缺陷区广泛存在。如果没有科学的定量识别方法和灾害预警措施，势必造成传言满天飞，安全受质疑，影响社会稳定。

因此，强化和加快地震前兆台网与地震灾害预警建设，既是破除传言、消除恐慌的科学依据，更是维护社会稳定的科学手段。

第二节 地震前兆台网与地震灾害预警体系建设的可行性

一、地震前兆特征性观测可量化

地震灾害预警体系建设的一个主要技术难题是，地震前兆状态的可量化识别。尤其是特定地震成因理论体系中的特征性前兆，需要可靠的识别方法进行状态量化，然后根据状态的量化，提供地震灾害预警体系所需的预警条件和预警时机。本书就是基于这样的探索目标，提出了地震前兆识别方法与地震灾害预警体系。因此，根据作者研究探讨，我国现有地震前兆观测的数据基本能够满足地震预警条件需要和定位技术需要，但是尚不能满足地震灾害预警的准确性和可靠性预警时机需要，主要原因就是，地震前兆观测台站的密度还很稀疏，数据网络还没有实现采集传输同步实时化，网络传输能力和在线智能化能力受到制约，需要地震部门充分重视、大力推进。

（1）作为地震灾害预警条件的地壳应力应变数据识别，可实现多参数、多体系的地震前兆状态量化，能够准确地提供地壳断裂应力失衡过程的量化特征和状态识别。我国"十五计划"布设了40多台钻孔应变仪，除台站密度和传输实时化不足外，地壳应力应变观测数据采集基本正常，观测达到连续，数据以24小时为间隔上传网络，基本可以满足预警条件的需要。

（2）作为地震灾害预警条件的定位识别，四分量钻孔应变仪按照主应变方向多线交叉的方法，基本能够满足预警定位的技术需要，当然还需要结合精确的地震带分布地理信息，以及其他前兆数据特征参照，才能实现精确定位。

（3）作为地震灾害预警的时机，除地壳应力应变数据加速值多参数体现一致的地震前兆量化过程和状态量化特征外，重力、地倾斜、地电、地磁和电磁波，既能佐证预警条件的充分必要性，也可以提供预警时机的量化参照特征，特别是重力加速值在短临危险态反映上尤为清晰，地倾斜加速值在临震高危态反应上比较明显。

由于我国重力观测仪技术一直落后于国际水平，重力观测仪主要依赖进口，成本昂贵，尽管观测点基本能够覆盖我国大陆地区和地震危险重点区域，但是基本属于流动观测点，固定台站屈指可数，绘制重力场变化曲线和图表，需要数月甚至几年时间，因此，依靠重力数据实时识别提供预警时机，还需要增加投入，加快固定观测台站建设，增加台站密度，支持和培育自有观测仪技术的研制与应用，才能为地震灾害预警提供预警时机依据。地倾斜的技术情况和台站现状与重力观测基本相当。

地电曾经被地震学界寄予厚望,钱复业先生从地电观测数据的突变中,证明了汶川特大地震前兆的客观性和特征性,但是由于经济社会的飞速发展,影响和干扰地电观测的因素越来越多,越来频繁,所以,许多台站基本上不能发挥正常的前兆观测作用,所剩台站又因经费不足面临关闭,这是地电的一个现实处境,十分困难。另外,作者认为,地电观测数据曲线突变并不是地震前兆中的量化特征,缺乏足够的可量化逻辑依据。在地电现有观测数据基础上,作者采用的多体竞争最可几强度的统计方法,能够反映出地震前兆的量化特征,也可以成为地震灾害预警条件和时机的一个重要的参照系。

地磁和电磁波通过作者提出的识别方法,都能量化地震前兆的状态特征,是以地壳应力应变为主要特征性前兆的重要补充和参考。

(4)大地运动位移是提供地震灾害预警时机的最佳观测方法。我国现有大地运动位移观测的主要手段是GPS,众所周知,依靠GPS观测建设我国地震灾害预警体系不是技术问题,而是资源非自主化和财力庞大投入难度的管理问题。我国还没有发射自己的全球定位卫星,依靠美国GPS进行的大地位移遥测,还需要基准站的大规模投入,基准站越多,观测越精确,位移毫米级的精度似乎也不能满足地震灾害预警的需要。

为了克服这个现实矛盾,从大地运动的属性出发,张开逊教授提出了以大地运动三维加速度监测为核心的地表位移监测方法,并研制出多功能多分量立体化大地运动三维加速度监测仪,只需固定安装在地表即可,灵敏度高,抗干扰性能好,数据能够实现自动实时采集上传,满足网络化的需要,而且成本低。

地震前兆观测与地震灾害预警还有一个重要功能就是能够提供滑坡性地质灾害的预警信息,在防治地质灾害中也可以发挥重要作用。

二、地震前兆识别方法与灾害预警体系具有实现智能化的技术条件

无论是地壳应变观测数据,还是应力观测数据;无论是重力观测数据,还是地倾斜观测数据;无论是地电、地磁和电磁波观测数据,还是大地运动速率监测数据,作者都是通过多体系对立竞争最可几强度的统计方法,进行参数量化分析。根据自然活动的速率变化特性,作者将所有前兆数据均进行加速值处理,在加速增量、加速时间、加速度和加速比值参数中体现地震前兆过程的状态特征,既是定量化的,也是体系化的,因此,具备实现智能化的技术条件。

如 N^-/N^+、$\left(\frac{R_1^+ \cdot R_2^+}{R_1^- \cdot R_2^-} + \frac{R_1^- \cdot R_2^-}{R_1^+ \cdot R_2^+}\right)$、$\ln\left(\frac{R_1^+ \cdot R_2^+}{R_1^- \cdot R_2^-} + \frac{R_1^- \cdot R_2^-}{R_1^+ \cdot R_2^+}\right)$、$\left(\frac{R_1^+ \cdot R_2^+}{R_1^- \cdot R_2^-} + \frac{R_1^- \cdot R_2^-}{R_1^+ \cdot R_2^+}\right)\left(\frac{N^-}{N^+}\right)^3$、$\left[\left(\frac{N^- - N^+}{N^+}\right) + \left(\frac{n^- - n^+}{n^+}\right)\right]^3$、$\left(\frac{R_1^+ \cdot R_2^+}{R_1^- \cdot R_2^-} + \frac{R_1^- \cdot R_2^-}{R_1^+ \cdot R_2^+}\right)\left(\frac{N^- - N^+}{N^+} + \frac{n^- - n^+}{n^+}\right)^3$、$\ln\left(\frac{R_1^+ \cdot R_2^+}{R_1^- \cdot R_2^-} + \frac{R_1^- \cdot R_2^-}{R_1^+ \cdot R_2^+}\right) \cdot \left(\frac{N^- - N^+}{N^+} + \frac{n^- - n^+}{n^+}\right)^3$ 等三维参数和复合参数公式,都可以通过编制计算机程序实现智能化。地震前兆识别方法的智能化,是构建地震灾害预警体系的重要技术前提和基础条件。

钻孔应变的主应变方向确定和参照多体系前兆,都可以通过量化方式,实现智能几何定位。地质构造特点和地震带分布的地理信息数字化,也是前兆定位识别智能化的重要条件。

因此,从满足地震预测"时空强"三要素的智能化条件来看,构建地震灾害预警体系技术平台的各种技术基础已经具备,具有可行性。

三、地震前兆台网与地震灾害预警体系建设的战略时机已经成熟

1. 地震灾害形势严峻与减灾行动需要

汶川特大地震的巨大损失和惨痛教训,使各级政府开始重视地震前兆观测与地震灾害预警能力建设。"5·12"汶川特大地震之后的一年时间,截至2009年6月30日,汶川地震引起的4级以上余震300多次,其中,6级以上的强余震6次,5级以上、6级以下具有破坏作用的余震达33次,余震频率和次数都是创记录的。

与此同时,"5·12"汶川地震之后,发生在我国其他地区的地震,也是值得关注的,2008年8月30

日四川攀枝花、会里交界处发生6.1级地震;2008年10月6日西藏当雄发生6.6级地震;2008年11月10日青海海西发生6.3级地震,这些都是具有破坏性的强震。进入2009年,我国大陆地区又接连发生4级以上地震7次,其中属于西南断裂带的有4次,而且地震活跃区域存在东移的可能和趋势,如2009年3月20日发生在吉林四平的4.3级地震。这些地震不同程度地造成了地震灾区的生命和财产损失。今年以来,环西太平洋地震断裂带也处于活跃状态,先后多次发生超过6级的强震。全国因地震灾害死亡的人数和因地震灾害造成的损失,是改革开放以来最严重的,极大地影响了我国社会经济的可持续发展和安全稳定发展。

2009年5月11日,国务院新闻办发表《中国的减灾行动》白皮书,指出我国面临的自然灾害形势不容乐观,明确提出了减灾行动的目标和主要任务。因此,根据地震灾害严峻形势和减灾行动要求,迫切需要强化和加快地震前兆台网与地震灾害预警体系建设。

2. 公共管理需要与维稳需要

汶川特大地震再次暴露我国在社会公共管理上还存在着不适应经济飞速发展和人民大众对安全保障的基本需要的矛盾,在突发性自然灾害应急反应的许多环节,仍然缺乏技术支撑体系的预警机制,引发了许多公众质疑和社会恐慌。东方汽轮机厂的因震损失,暴露出我国重要经济部门和能源设施、交通部门及危险品储运等关键行业和易损企业普遍缺乏有效的地震灾害预警机制,一旦因震致灾,后果不堪设想。这些企业和设施的损坏,不仅直接威胁人民的生命和财产安全,而且对生态环境造成比地震灾害还要大的深度破坏。从社会公共管理角度来看,行业性和专业性的地震灾害预警机制建设迫在眉睫。

公共管理的失序也直接造成社会的混乱和恐慌,严重影响社会稳定。因此,无论从无震报平安,还是有震报预警来看,一个高效有序的公共管理社会,绝对不能缺少地震灾害预警能力和体系。

3. 技术条件基本成熟

地震前兆台网的大规模建设取决于两个基本条件,一个是技术的可靠性和成熟度,一个是台网建设所需的财力投入是否能够承受。前一个条件是前提,后一个条件是保证。

经过多年的探索和努力,我国的地震前兆台网建设在取得巨大成就的同时,也存在着技术上不足。

一是特征性前兆技术不突出。尽管我国地震前兆观测种类齐全,但是具有地震前兆特征性意义的观测项和台站,在数量和密度上并没有得到重点强化。

二是台站建设布局缺乏技术层次。我国地震多发带大多数位于青藏高原和西南、西北几个省区,地震前兆台网也基本集中在我国大西部,经济发达,人口集中的东部地区,地震前兆台网相对较少,而且布局缺乏不同观测技术之间的相互搭配、印证和有效衔接,每种前兆观测都是孤立的数据采集,也无法过滤干扰信息和印证干扰信息,特别是不同前兆观测技术之间物理含义的内在关联不清,制约了我国现有地震前兆观测效能的发挥。

三是徘徊于可靠性的争议中。世界上现有的地震前兆观测技术,从传感技术的本质属性上看,基本上是物理变化量的相对感应,并不是严格意义上的物理尺度测量,因此,其数据本身并不能直接反映地震前兆变化的物理特征,需要进行特定理论下的数据处理和分析,受观测技术和传感技术特性所限,基本上所有的观测数据零线漂移都很厉害,对于直观的曲线识别,的确很困难,按照某种数学统计方法绘制的曲线,即使能够表现出地震前兆的某种突变和转折,但是缺乏特定理论下的物理意义解析,这种突变和转折特征往往被认为是"事后诸葛亮",没有逻辑必然性,难免出现"漏读"和"误读"的偏差,也容易引起技术不可靠的质疑。如,钻孔应变仪就处于典型的可靠性争议中,基层台站观测人员可以通过日常数据的比对,基本判断出突变和转折的危险性,也能够从几个地震预测个案中得到有效性验证,但是由于缺乏应变数据的定量化物理解析方法,难免出现一些偏差,这就成为应变观测技术不可靠的一个重要原因。其实,偏差与观测技术本身无关,与观测数据的处理和统计方法相关,如果说没有方法解析的应变观测识别误差是必然的,那么运用了特定方法解析的应变观测识别误差就是偶然的,也就是说,徘徊于应变仪可靠性争议中没有意义,对地震前兆观测与地震灾害预警没有帮助。还有一个逻辑上的悖论就是,既然钻孔应变仪不可靠,那为什么在国家"十五计划"中还要大规模布设呢?显然,地震监测预报部门的依据是钻孔应变观测能够反映地震前兆特征,只要是数据解读科学,基本上是可靠的。

这些不足或存在的问题,是可以通过人为努力和科学论证解决的,因此,只要地震工作管理部门认识到地震前兆观测的必要和重要,认识到地震灾害预警的价值和意义,地震前兆观测技术和地震灾害预警技术基本成熟,能够满足提高我国地震灾害应急反应能力和应急管理水平的需要。当然,如果强化地震前兆观测台网建设,增加台站密度,改进网络技术,提高网络化智能水平能够加快进行,我国应对地震灾害的预警能力和减灾能力将迅速提高,特别是直接提供预警时机的大地运动速率监测台站的建设,将是我国地震灾害预警体系建设的重要技术基础和技术条件。

4. 经济条件已经具备

在我国地震前兆台网规划、布局和建设过程中,财政投入能力也是一个重要因素。我国有关地震台网建设的投入,呈现出随时间变化的波浪形特点。

1966年邢台地震后,处于财政收入全面困难中的中国政府,仍然拿出在当时可以称得上是巨资的财政资金投入到地震研究和地震调查,出现了新中国第一个防震减灾事业投入高峰。文革10年期间,各种动荡因素和技术因素困扰,使地震工作的财政投入陷入低谷。1976年唐山地震的巨大损失,再次引发政府思考增加地震监测预报研究和地震防御工程技术应用的投入,出现了第二个财政投入高峰。改革开放头10年,随着"走出去,请进来"的不断增加,我国许多地震监测和前兆观测技术显得十分落后,尤其缺乏网络化、仪器数字化,且我国当时只有少数地区遭受了地震灾害,灾害强度和损失范围十分有限,地震灾害已经不是我国那个时期的主要自然灾害威胁,再加上国家建设事业处处都需要投入,因此,对地震台站建设的投入远远没有学习各种国际地震学术理论、观点和引进地震工作管理模式那样积极,与经济发展对防震减灾的要求相去甚远。1989年以后,特别是1992年邓小平南巡讲话之后,随着计算机技术和网络技术的广泛应用,国家经济飞速发展,财政实力逐年壮大,出现了地震监测(测震)台网和数字台网建设的投入增长和国际合作高潮,但是地震前兆投入相对仍然薄弱,欠缺较多。一方面前兆观测技术的可靠性依据存在争议;另一方面是地震科学研究的重点回到可靠性极高的地震孕育、发生机理的基础性研究,财政投入的重点也围绕可靠性极高的台网数字化建设和地震速报系统建设进行。

汶川特大地震后,许多政府决策者和政策研究专家,意识到地震前兆台网建设的必要和地震灾害预警体系建设的重要,出台了一系列加强地震监测、预警技术研究和台网建设投入的意见,下大力气支持地震预警探索,从科学发展观和"以人为本"的执政理念高度出发,立足于防震减灾的能力建设,立足于自然灾害预警能力建设,立足于维护社会稳定,加大财政投入力度。强化和加快地震前兆台网和地震灾害预警体系建设的经济条件和财政能力,比历史上任何一个时期都要有保障。

第三节 地震前兆台网与地震灾害预警体系建设的战略思考

一、专业研究与专业预警

地震前兆台网建设的规划和布局,需要具备战略的思考和研究,地震灾害预警体系建设的方法和架构,需要达到实现国家减灾行动目标的基本要求。

从《中华人民共和国防震减灾法》(2008年)看,地震前兆台网与地震灾害预警体系建设要坚持以专业研究和专业预警为主导。由于地震的突发特性和高危害性,新修订的《防震减灾法》(2008年)规范了发布"地震预报"的主体和程序,因此,地震前兆台网建设不仅要面向专业研究,而且部分前兆观测数据还属于国家机密,具备一定的保密级别,需要地震前兆台网的数据采集、传输和存储管理部门和人员依法履行专业保密职责。除此之外,没有保密要求的前兆数据,在共享应用研究时,需要依据法律要求,不得擅自公开发表地震预测意见。

地震灾害预警也应该面向专业"监测预报"部门和专业负责人。许多地震学者和公共管理学者不主张地震预报的主要依据就是地震预报容易引起社会恐慌和混乱,认为如果预测预警存在客观上的不确定性,存在偏差,那么在发布预警和解除预警的调整中,必然存在公众无所适从的可能性,甚至指责专业部门是在折腾人。的确,这种可能性是回避不了的公共管理矛盾,公众既希望震前预警,同时要求不要被折腾。但是,如果我们换个角度看,把预测预警偏差造成的折腾留给专业部门和专业人员,那么社会管理的压力就可以降到最低,况且专业部门和人员从情理上看,承担预测预警偏差造成的折腾,是地震工作管理部门职责的归位。因此,地震灾害预警体系在技术和管理层面,仍然是专业性的。它警示地震专业部门,及时调整灾害应急响应级别,迅速启动全方位地震前兆观测方法,包括启动宏观前兆和环境前兆的群测群防,提醒政府应急管理部门启动应急通信在线联络保障措施,随时做好抗震救灾指挥的应急准备工作,加强重点行业和危险企业的应急联动协调,强化地震危险区域监测,定时向政府首长报告地震前兆危险状态和危险度,为政府应急反应提供决策依据。

二、紧急避险与公共预警

地震灾害预警除了坚持面向专业部门和人员以外,还应面向政府应急管理部门和政府首长,在这个基础上,摸索社会公共管理预警的时机,利用城市人防警报系统,在临震前几分钟或几秒钟,由政府决定是否发布紧急就近避险警报。

我国大中城市和经济发达城市,都建立了比较完善的人防警报系统和工程,有的城市也根据历史震例的强度和危险度,配套建设了一些地震避难场所和设施,这些都是实施地震灾害紧急避险警报的重要基础,也是地震灾害预警体系最终需要达到的效果和作用。

即使地震灾害预警不面向社会公众,在专业部门进行专业性地震灾害危险形势评估后,政府应急管理部门仍然要通过某种方式进行临震紧急就近避险警报,而发布这种紧急避险警报的最佳技术平台仍然是智能化、网络化的地震灾害预警体系,因此,专业预警与公共预警在技术上并不矛盾,可以在预警时机上实现同步和共享,这是发挥地震灾害预警体系减灾功效的最好体现。

三、专业研究与应急管理相结合

在地震前兆台网和地震灾害预警体系坚持面向专业为主导的原则下,探索基于公共安全的紧急避险警报的可行性和可靠性。既满足专业研究需要,也满足应急管理需要,实现两种功效的有机结合,是地震前兆台网与地震灾害预警体系建设的战略需要,中心目的是无震报平安,有震报预警,提高政府应急管理水平,确保社会有序应急反应,实现安全发展,维护社会稳定。

四、区域预警与集中预警相结合的应急管理层次

(1)《防震减灾法》(2008年)规范了地震应急指挥和管理的依据、程序、范围和行为,属地管理是一个重要原则。因此,地震前兆台网与地震灾害预警体系建设的技术架构特点是,以区域预警为基础单元,以国家应急管理部门和抗震救灾指挥机构的应急联动为网络,以预警信息发布和传输为手段,形成区域预警与集中预警的应急管理技术平台。

(2)依据《中国的减灾行动》(2009年)白皮书中有关地震应急管理的要求,"中国实行政府统一领导,部门分工负责,灾害分级管理,属地管理为主的减灾救灾领导体制";"在国务院统一领导下,中央层面设立国家减灾委员会"和"国务院抗震救灾指挥部"等全国抗灾救灾综合协调办公室等机构,负责减灾救灾的协调和组织工作。"各级地方政府成立职能相近的减灾救灾协调机构。在减灾救灾过程中,注重发挥中国人民解放军、武警部队、民兵组织和公安民警的主力军和突击队作用,注重发挥人民团体、社会组织及志愿者的作用"。因此,区域预警与集中预警相结合的应急管理格局,既符合减灾行动需要,也符合有效实施应急管理的需要。

后 记

地震前兆识别与地震灾害预警,是一个跨学科的复合体系,作者并不期待本书就能够解决这种前沿学科体系涉及的所有问题,只是想勇敢地开个头,探个路,为地震预测和地震应急做点事,尽点力。毕竟汶川特大地震的巨大伤痛,让我们这些科技工作者感觉到,指望在人类完全认识和充分把握地震孕育、发生的机理之后,再去做可靠的地震预测,再去制定震前作为的稳妥程序,是一种对科学精神的曲解,也是一种对生命的漠视。当然,作者也并不赞同盲目扩张式地探索。

通过本书所涉及问题的研究,作者认为,地震前兆识别方法的建立和地震灾害预警平台的建设,在某种程度上是对地震工作和减灾行动信心的提升,依托地震前兆台网现有基础,加大投入,整合资源,增加密度,更新设备,结合现代计算机技术、网络技术和自动化智能技术的应用,不断创新思路,震前作为就不再是一种奢望。面对地震灾害,尽力而为就会无怨无悔,能为而不为,就是缺位失职。作者庆幸中国地震局能够从汶川特大地震的反思中,认识到中国减灾事业的社会主义特色是"以人为本",落实科学发展观。他们给予我的肯定和支持,让我深信,中国的地震工作一定会赢得社会各界的理解、支持和参与,履行减灾承诺,实现减灾目标并非遥不可及。

在本书中,作者对地震前兆识别和地震灾害预警的研究是跨学科的尝试和探索,有关地震孕育、发生机理的探讨和认识,难免不足,好在作者关注和着力的是地震前兆的识别,以及如何进行地震灾害预警的技术性问题。为此,作者有必要作补充说明,并提出建议。

(1)地壳应力应变不是地震唯一的特征性前兆,但是最本质最能反映孕震全过程的前兆。因此,地壳应力应变是地震前兆识别的核心和主线。鉴于孕震过程存在应力耗散和"自组织"现象,难免出现"识别误读",但不会出现"识别漏读"。为尽量避免这种客观上的误差,作者认为,抓紧建设以应变识别为主线,以地电、地磁和电磁波为参照,以重力为短临危险态标识,以地倾斜为临震高危态预警时机,以大地运动速率监测、识别为紧急避险警报的地震前兆识别体系和灾害预警平台,势在必行。

(2)地震孕育、发生机理的研究,不仅是地震科学的一个重要基础,而且也是一项长期性的艰苦探索,是地震科研机构所承担的重要学术任务之一,但不是地震工作部门的职责重点。地震工作部门的职责重点归根到底还是地震防御、监测预报、应急反应和救援指挥。科学的震前作为,是维护社会稳定的重要前提和保证。作者认为,正确认识地震预测是科学问题还是技术问题的差异,是实现地震工作归位的前提。

(3)新中国成立60年来,尽管我国地震前兆观测台网建设取得了巨大成就,建成了世界上前兆观测种类最全的区域台网和国家台网,但是,观测技术、台站密度和网络水平,与世界发达国家相比,仍然存在很大差距,还不能满足地震灾害预警和防震减灾的需要。作者认为,在这个基础上进行地震前兆识别和地震预测,难免会产生偏差,简单以偏差怀疑预测方法和体系不是积极和严谨的科学态度。科学看待地震前兆观测的环境差异、技术局限和影响因素,就能够理解偏差的内在本质和探索价值。

(4)地震预测没有捷径,需要对地震前兆观测数据进行细致的动态追踪实时分析,前后比照,多种前兆识别配合,相互印证,才能在地壳运动属性的本质中寻找异常突变的量化特征,把预测判断当成固定标准等待结论验证是形而上学的误区。地球不是静止的,地壳活动也不会是一成不变的,各种影响运动和活动的条件和因素演变的必然性与稳定的偶然性并存,内在本质和外在环境的交互作用,决定了地震预测、预警是动态调整的过程。能发能解是预警,只发不解是预报,因此,作者认为地震预报不科学,不可为,地震预测能为,灾害预警可行。

(5)地震前兆观测需要科学规划,合理布局。各级政府应切实加大地震前兆观测台站建设的投入力度,尽快完善一批地震前兆观测重点区域台网,抓紧布设临震信号比较明确的地倾斜和大地运动速率监测仪,真正解决震前作为和应急反应的技术问题,以应对严峻的地震灾害形势,实现安全发展。

再次感谢陈建民先生为本书作序!作者从这位专家型的中国地震工作掌门人的理性、科学、认真、坦率、积极和开放的品行中,能够看到中国地震应急反应水平突破提升的希望。

本书著述时间仓促,语言、结构和文法难免会存在这样那样的疏漏和不足,建议急切,只因汶川伤痛太深,谨请读者谅解。

金日光

己丑年初夏于北京

参考文献

陈章立. 浅论地震预报地震学方法基础[M]. 北京:地震出版社,2004
池顺良、骆鸣津,海陆的起源[M],北京:地震出版社,2002
池顺良. 深井宽频钻孔应变地震仪与高频地震学——地震预测观测技术的发展方向,实现地震预报的希望[A]. 纪念中国地球物理学会成立 60 周年专辑[C],2007
费祥俊,舒安平著,泥石流运动机理与灾害防治[M]. 北京:清华大学出版社,2004
佛教在线. 中央财大社会学系调查北京民众对汶川地震的关注情况,www.fjnet.com
古大治. 高分子流体动力学(有关法向应力)[M],成都:四川教育出版社,1988
何兵. 用有限元模拟软岩蠕变对隧道结构的影响[J],重庆:重庆交通学院学报,2003,22(4):
赫斯,大洋盆地的历史[M],美国,1962
江体乾. 化工流变学[M]. 上海:华东理工大学出版社,2004
金东吉. DGEBA 对尼龙 6/核-壳型冲击改性剂共混物相容性的影响及其增韧机理[D]. 北京:北京化工大学博士学位论文,1995
金日光. 地球起源、陆海的形成及其预测地震的理论依据[J]. 科学中国人,2008(10):
金日光. 第四统计力学——JRG 群子统计理论[M]. 汉城:韩国梅地亚出版社,1999
金日光. 高分子物理学(高聚物流变学及其加工原理)[M]. 北京:化工出版社,2007
金日光. 模糊群子论[M]. 黑龙江科技出版社,1985
金日光. 形成原子核群子结构的四项原理及其等腰三角形核素周期律[J]. 北京:北京化工大学学报,2000,27(1):33~37
金日光. 原子核幻数与群子结构之间的界定[J]. 北京:北京化工大学学报,2000,28(1):28~32
金日光. 核素的自旋角动量和群子参数间的关系[J]. 北京:北京化工大学学报,2000,27(4):26~28
劳王枢. 关于地震监测预报体系建设的思考[A]. 地震软科学研究交流与研讨论文选编(一)[C],2007
李钟华. 平衡态和非平衡态群子统计理论及其应用[D]. 北京:北京化工大学博士学位论文,1998
励杭泉. 高分子合金非线性行为的群子理论研究[D]. 北京:北京化工大学博士学位论文,1990
廖永岩. 地球科学原理[M]. 海洋出版社,2007 年 5 月
刘雄. 岩石流变学概论[M],北京:地质出版社,1994
刘正荣. 地震预报[M]. 地震出版社,2007
马宗晋. 地球构造与动力学[M]. 广东科技出版社,
梅世蓉,冯德益,张国民等. 中国地震预报概论[M]. 北京:地震出版社,1993
丘元禧. 地质力学与板块构造学:比较·联系·前瞻[M]. 北京:地质出版社,2005
邱泽华,张宝红. 构造塌陷地震[M]. 北京:地质出版社,1994
邱泽华等. 地壳构造与地壳应力文集[C]. 北京:地震出版社,2008
苏凯之,李海亮,张钧等. 钻孔地应变观测新进展[M]. 北京:地震出版社,2003
孙三祥等. 流体力学[M]. 上海:黄河水利出版社,2005
索书田. 岩石摩擦流变学[M]. 武汉:中国地质大学出版社,2002
维格纳. 海陆起源[M],德国,1915
吴其晔,巫静安. 高分子材料流变学(Bingham 塑性体)[M]. 北京:高等教育出版社,2002
徐庭栋. 非平衡晶界偏聚动力学和晶间脆性断裂[M]. 北京:科学出版社,2006
袁龙尉. 流变力学[M]. 上海:科学出版社,1986
中国地震局监测预报司,强地震中期预报. 北京:地震出版社,2008
中国工程科学,中国工程科学. 2007,9(7):
中国国务院新闻办公室,中国的减灾行动白皮书. 2009
中华人民共和国防震减灾法. 北京:人民出版社,2009

参考文献

中华人民共和国突发事件应对法. 北京：人民出版社，2008George K. Batchelor，流体动力学引论（An Introduction to Fluid Dynamics）[M].（英），机械工业出版社，2004

Hangquan li, Shijie Ding. The fourth statistics-JRG sub-cluster statistics and its applications. Proceedings of 34th IUPAC congress. Beijing：1993：818

Riguang Jin, Hangquan li. Comparison of PVC/ABS and PVC/SBS blends. Journal of material science，1994，10：181～186

Riguang Jin, Hangquan li. Essential concepts and equation of sub-cluster theory. Journal of material science，1994，10：111～116

Riguang Jin, Hangquan li. Study of polymer blends with sub-cluster theory. Proceedings of the China-Japan international conferences on rheology. Beijing：Peking university press. 1991：33～40

Riguang Jin, Yadung Chang, Guiping Chang. The correlation of the model parameters of sub-cluster groups of PVC particles sizs distribution with condition parameter of polymerization process and rheological properties. Proceeding IX international congress on rheology，1984，1：449～457

Riguang Jin. The status and prospect of the fourth statistics theory — JRG sub-cluster statistics. CA，1994，120：307744f

Shijie Ding, Hangquan li. Relationship between Tg and composition of copolymer from JRG sub-cluster reformation theory. Proceedings of 34th IUPAC congress. Beijing：1993：578